地热能技术标准手册

郭旭升　主　编
赵丰年　副主编

中国石化出版社
·北京·

图书在版编目(CIP)数据

地热能技术标准手册／郭旭升主编．—北京：中国石化出版社，2024.1
ISBN 978-7-5114-6715-7

Ⅰ．①地… Ⅱ．①赵… Ⅲ．①地热能-技术标准-手册 Ⅳ．①TK52.65

中国国家版本馆 CIP 数据核字(2023)第 256734 号

中国石化出版社出版发行
地址：北京市东城区安定门外大街 58 号
邮编：100011　电话：(010)57512500
发行部电话：(010)57512575
http://www.sinopec-press.com
E-mail:press@sinopec.com
北京鑫益晖印刷有限公司印刷
全国各地新华书店经销
*
880 毫米×1230 毫米 16 开本 68 印张 1308 千字
2024 年 1 月第 1 版　2024 年 1 月第 1 次印刷
定价：360.00 元

前　言

根据《国家能源局关于成立能源行业地热能专业标准化技术委员会的批复》（国能科技〔2016〕317号），地热能标委会于2016年成立，编号NEA/T C29。标委会主要负责能源行业地热能专业标准的归口管理，开展地热资源勘查与评价、地热钻完井工程、地热供暖与制冷、地热发电和采出水综合利用及资源保护等领域标准化工作，并研究建立地热能专业技术标准体系。地热能标委会在国家能源局领导和支持下，在地热能行业的共同努力下，紧密围绕落实“四个革命、一个合作”能源安全新战略和构建清洁低碳、安全高效能源体系，致力于构建相对完善的地热能技术标准体系、规范产行健康发展。

标委会成立7年来，面对之前地热能行业标准缺失的现实，集中行业力量，加速推进一批行业标准的制订工作。在成立第二年即组织完成并发布了NB/T 10097—2018《地热能术语》、NB/T 10098—2018《地热能直接利用项目可行性研究报告编制要求》和NB/T 10099—2018《地热回灌技术要求》三个行业急需的标准。此后陆续报批及发布行业标准49项，这52项标准基本覆盖了地热能开发利用的各主要流程和关键技术与节点，标委会“十三五”规划的地热能标准体系得以进一步完善，填补行业标准空白的任务基本得到落实。这些行业标准在雄县地热供暖项目、曹妃甸供暖项目、高阳地热供暖项目等进行了实施和验证，证明对于地热能产业的评价、设计、建设和运营发挥着行业标准的规范和引领作用，能够保证实现地热能供暖项目的可持续开发和利用。

在此基础上，2021年冰岛世界地热大会期间经与IGA的协商，确定由地热能标委会制定第一项地热能标准《中国地热供暖推荐做法》。地热能标委会组织中国石化、中国石油、北京地勘院、天津地热院、清华大学、中国石油大学、中国地质大学、中国地调局、中国科学院、中国建筑科学院、河北地矿集团、山东地勘系统等相关单位共同研究制定了《中国地热供暖推荐做法》。2023年9月17日IGA在北京世界地热大会期间召开标准发布会，正式发布了全球第一项地热能行业标准《中国地热供暖推荐做法》，这是国际地热行业的一个里程碑事件。

地热能行业标准发布实施以来为地热能行业的高质量发展打下了坚实的技术基础，逐步得到国内外地热行业的认可。先后获得1998年度中国能源研究会能源创新奖、1999年度中国石化集团公司科技进步一等奖、2020年度自然资源部国土资源科技一等奖等部级奖励，先后获国家科技进步奖提名两次、获中国标准创新贡献奖提名一次。标委会还根据上级的部署按照“世界眼光、国际标准、中国特色、高点定位”的要求承担了北京市和河北雄安新区地热供暖专业标准的研制工作。同时也得到了IGA的高度重视和认可，提出要与地热能标委会加强合作，共同推进国际地热标准化工作。这些成果标志着地热能标委会已经占领了全球地热行业制高点，成为国际地热能行业的权威专业技术组织。

为了进一步在全国推广地热能行业标准，满足行业高质量发展的需要，经与中国石化出版社协商，专门编辑出版这本汇编供大家使用。本书由中国工程院院士、能源行业地热能专业标准化技术委员会主任委员郭旭升担任主编，能源行业地热能专业标准化技术委员会首席专家赵丰年担任副主编，主要标准编写人员包括庞忠和、裴红、国殿斌、何治亮、彭新明、俞建宝、吴福邹、李永杰、施延洲、赵军、马永超、李宏武、张英、刘树亮、卢予北、陈焰华、谭现锋、王志刚、康凤新、窦斌、朱焕来、李宁波、林建旺、杜利、李巧灵、赵志宏、路保平、王磊、李公让、李红岩、张海雄、张松扬、刘亮德、刘中平、桂江波、李胜涛、马鹏鹏、常城、杨江峰、钱佃存、杨迎新、马春红、向烨等。

由于地热能技术涉及多个专业，且发展迅速，请读者对于标准使用过程中发现的问题及时反馈给我们，以便进一步优化提升，共同建设高水平的中国地热能行业技术标准体系。

目　录

基础综合

资源勘查与评价

热储工程

钻完井工程

ICS 01.040.27
F 10

NB

中华人民共和国能源行业标准

NB/T 10097—2018

地热能术语

Terminology of geothermal energy

2018-10-29 发布　　　　2019-03-01 实施

国家能源局　发布

目　次

前 言

本标准按照GB/T 1.1—2009《标准化工作导则　第1部分：标准的结构和编写》给出的规定起草。

本标准由能源行业地热能专业标准化技术委员会提出并归口。

本标准起草单位：中国石化集团新星石油有限责任公司、中国科学院地质与地球物理研究所、中国地质科学院水文地质环境地质研究所、中国科学院广州能源研究所、中国电建集团西北勘测设计研究院有限公司。

本标准主要起草人：庞忠和、李义曼、赵丰年、王贵玲、金文倩、国殿斌、马伟斌、张鹏、马春红、向烨、刘慧盈、杨卫、刘平、骆超。

本标准于2018年首次发布。

地热能术语

1 范围

本标准规定了地热能相关的术语。

本标准适用于地热能有关标准的制定，技术文件的编制，专业手册、教材和书刊等的编写和翻译。

2 术语和定义

2.1 地热能及主要类型

2.1.1

地热能 geothermal energy

赋存于地球内部岩土体、流体和岩浆体中，能够为人类开发和利用的热能。

2.1.2

地热资源 geothermal resources

地热能、地热流体及其有用组分。

2.1.3

水热型地热资源 hydrothermal resources

赋存于天然地下水及其蒸汽中的地热资源。

2.1.4

干热岩 hot dry rock

不含或仅含少量流体，温度高于180℃，其热能在当前技术经济条件下可以利用的岩体。

2.1.5

岩热型地热资源 petrothermal resources

赋存于固体岩石中的地热资源。

2.1.6

浅层地热能 shallow geothermal energy

从地表至地下200m深度范围内，储存于水体、土体、岩石中的温度低于25℃，采用热泵技术可提取用于建筑物供热或制冷等的地热能。

2.2 地热现象

2.2.1

地表热显示 surface manifestation

地热活动在地表的显示，如温泉、沸泉、间歇泉、喷气孔、冒汽地面、水热爆炸、泉华、硫华、盐华和水热蚀变等。

2.2.2

温泉 hot spring

地下热水的天然露头。理论上把水温高于当地年平均气温的泉水称为温泉，实践上把水温高于25℃的泉水称为温泉。

2.2.3

沸泉　boiling spring

泉口水温达到或超过当地沸点的泉。

2.2.4

间歇泉　geyser

间歇性喷射热水和地热蒸气的温泉。

2.2.5

喷气孔　fumarole

排出地热蒸气的天然孔洞。

2.2.6

冒汽地面　steaming ground

地热蒸气在接近地表时以蒸汽和微小液滴形式从松散沉积物的孔隙中逸出地面的区域。

2.2.7

泉华　sinter

地热流体在温泉口及地面流动过程中因矿物过饱和而结晶沉淀出的化学沉积物。

2.2.8

硫华　sulphur

地热蒸气中的硫化氢在大气中被氧化后析出的淡黄色自然硫。

2.2.9

盐华　salt

地热蒸气中硫化氢与岩石发生化学反应的产物，或者地热蒸气随风运移并在土壤表层发生化学反应的产物。

2.2.10

水热爆炸　hydrothermal explosion

饱和状态或过热状态的地热水，因压力骤然下降产生突发性气化（或沸腾），体积急剧膨胀并突破上覆松散地层出露地表的地热现象。

2.2.11

水热蚀变　hydrothermal alteration

高温地热区内围岩与地热流体发生化学反应产生新物质组分的过程。

2.3　地热地质要素

2.3.1

大地热流　heat flow

也称大地热流密度、热流，指单位面积、单位时间内由地球内部垂向传输至地表，而后散发到大气中去的热量，单位是mW/m^2。其所描述的是稳态热传导所传输的热量。在一维稳态条件下，热流在数值上等于岩石热导率和垂向地温梯度的乘积。

2.3.2

地温梯度　geothermal gradient

地温随深度变化的速率。单位为℃/100m或℃/km。

2.3.3

岩石热导率　thermal conductivity of rock

岩石导热能力的量度，即在热传导方向上单位长度温度降低1℃时，在单位时间内通过单位面积的热量，一般用符号 λ 或 K 表示，单位为W/(m·K)。岩石热导率主要取决于岩石的矿物组成和结构特点、孔隙度、孔隙充填物及含水量、温度和压力等因素。

2.3.4

岩石圈热结构　thermal structure of the lithosphere

一个地区地壳、地幔两部分热流的配分比例及其组构关系。壳幔热流的配分影响到深部温度的分布、地壳及上地幔的活动性。

2.3.5

恒温带　constant temperature zone

也称常温带，是指地表下某一深度处温度基本保持恒定不变的那个带（或层），有日、月、季、年之分，通常所说的恒温带系指年恒温带。

2.3.6

地热异常　geothermal anomaly

大地热流值、地温或地温梯度高于区域平均值的地区。

2.3.7

热源　heat source

地热储的热能补给源。常见的热源有来自壳内放射性元素的衰变热、地球深部的传导热、来自深大断裂的对流热、来自幔源的岩浆热以及壳内的构造变形热等。

2.3.8

岩浆热　magmatic heat

来源于岩浆活动的热量，包括气体组分从岩浆囊逃逸时所携带的热量和岩浆囊通过围岩传递的热量。

2.3.9

构造变形热　tectonic heat

由构造变形所产生的热量，即地壳和岩石圈不同尺度、不同类型构造变形所产生的热量，包括断层摩擦热等。

2.3.10

热储　reservoir

埋藏于地下、具有有效孔隙和渗透性的地层、岩体，其中储存的地热流体可供开发利用。

2.3.11

层状热储　layered reservoir

有效孔隙和渗透性呈层状分布的热储。大型沉积盆地中的热水含水层属于此类热储。

2.3.12

带状热储　belted reservoir

有效孔隙和渗透性呈条带状分布的热储。导水断裂带控制的热水富水带属于此类热储。

2.3.13

岩溶热储　karstic reservoir

发育岩溶化的碳酸盐岩（石灰岩、白云岩、大理岩等）、硫酸盐岩（石膏、硬石膏、芒硝等）和卤化物岩（岩盐、钾盐、镁盐等）等构成的热储。

2.3.14

盖层　cap rock

覆盖在热储之上的弱透水和低热导率的岩层。盖层是相对于热储而言的。对于大型沉积盆地，通常将覆盖在结晶基底热储上的沉积地层统称为盖层，这个盖层中也可以有热储。

2.3.15

不凝结气体　non-condensable gas

也称非冷凝气体，指在地热流体降温过程中无法随着水蒸气凝结为液态的气体总称，主要组分有CO_2、H_2S、H_2、CH_4、N_2、He、Ar等，一般采用体积分数（%）表示其含量。

2.3.16

地热流体　geothermal fluid

包括地热水及其蒸气、以及伴生的少量不凝结气体。

2.3.17

蒸汽比例　steam fraction

地热蒸气占地热流体质量之比。

2.3.18

热储温度　reservoir temperature

已开采热储的实测温度或者地热系统深部代表性热储的预测温度，基于此温度可以划分地热系统类型和评价地热田的资源储量。

2.3.19

地热流体品质　geothermal fluid quality

地热流体的物理性质、化学成分、微生物指标及其能量品位。

2.3.20

地热流体焓值　enthalpy of geothermal fluid

单位质量地热流体所含的内能，受温度、压力和蒸汽比例的控制。通常用字母h表示，单位为kJ/kg。

2.3.21

沸腾作用　boiling

地热流体在热储层或者井筒中因压力发生变化导致其由单一的液相变成气液两相的过程。

2.3.22

全球地热带　global geothermal belts

地球尺度上的高温地热资源集中分布区，包括环太平洋地热带、地中海-喜马拉雅地热带、大西洋洋中脊地热带和红海-东非裂谷地热带。

2.3.23

地热系统　geothermal system

在热量和流体循环上相对独立的地质构造单元，其中的地热能聚集到可以利用的程度。它是开展地热资源成因研究的基本单元。

2.3.24

中低温传导型地热系统　low-medium temperature conductive geothermal system

热储温度低于150℃，热传递方式以传导为主的地热系统，常见于沉积盆地中。

2.3.25

中低温对流型地热系统　low-medium temperature convective geothermal system

热储温度低于150℃，热传递方式以对流为主的地热系统，常见于断裂系统中。

2.3.26

高温对流型地热系统　high-temperature convective geothermal system

热储温度高于150℃，热传递方式以对流为主的地热系统。

2.3.27

增强地热系统　enhanced geothermal system

也称工程地热系统，为利用工程技术手段开采干热岩地热能或强化开采低孔渗性热储地热能而建造的人工地热系统。

2.3.28

地热田　geothermal field

在目前技术经济条件下可以开采的深度内，具有开发利用价值的地热能及地热流体的地域。一般包括水源、热源、热储、通道和盖层等要素，具有有关联的热储结构，可用地质、物化探方法加以圈定。

2.4　地热资源勘探开发与资源评价

2.4.1

地热资源勘查　geothermal resources exploration

为查明某一地区的地热资源而进行的探测与评价工作的总称。根据勘查工作内容，可以分为地质、地球物理、地球化学等地面调查；钻井与试验、取样测试、动态监测等钻探勘查；资源量计算、热流体质量评价、环境评价等综合评价。根据勘查工作程度，可分为调查、预可行性勘查、可行性勘查等阶段。

2.4.2

地热资源地球物理勘查　geophysical exploration for geothermal resources

利用地球物理手段进行的地热勘查。技术手段包括：浅层测温、土壤热通量、电法、重力法、磁法、微动、地震、红外线摄影等。探测对象为一定深度范围内的地球物理场。地热资源地球物理勘查是圈定地热田范围、识别控热构造的主要手段，可为地热资源评价、地热井位选址提供重要依据。

2.4.3

地温测量　geo-temperature measurement

通过在钻井，坑道或海（深湖）底沉积物中进行温度直接测量，或者利用地球物理探测手段，如红外电磁波，以及地球化学方法，比如化学地温计，获得地下温度的方法。

2.4.4

地热井　geothermal well

为开采地热资源，按一定的施工方式在地层中钻成的孔眼及其配套设施。开采时，地下热水或地热蒸气经由地热井到达地面。地热井可以分为勘探井、探采结合井、开采井、回灌井和监测井五类。

2.4.5

回灌井　reinjection well

用于将利用后的地热尾水回注至热储层的地热井。

2.4.6

地热测井　geothermal well logging

利用仪器设备对地热井进行地球物理参数测量的方法。参数有：自然电位、电导率、声波、温度、γ射线等。进而基于电化学、导电、声学和放射性等原理，分析岩性及其在钻孔中的空间分布，计算砂泥岩厚度比、孔隙度和渗透率，计算地温梯度，判断潜在热储层位等。

2.4.7

地热资源地球化学勘查　geochemical exploration for geothermal resources

利用地球化学手段进行的地热勘查。勘查的对象包括地表热显示区及周边的水样、气体样品、土壤样品。测试技术包括常量组分、微量元素、常量气体、稀有气体、稳定和放射性同位素等。地热资源地球化学勘查是估算深部热储温度、判断地热系统的热源、流体来源、认识地热成因和评价地热资源的有效方法。

2.4.8

地温计方法　geothermometry

基于地热流体化学组分和同位素组成，利用经验公式或热力学计算的方法，预测地热系统深部热储温度的方法。

2.4.9

阳离子地温计　cation geothermometers

基于地热水中阳离子比值与温度的关系预测热储温度的经验性方法，如Na-K温度计、Na-K-Mg温度计和K-Mg温度计等。

2.4.10

二氧化硅地温计　silica geothermometers

基于二氧化硅的浓度与温度之间的经验关系或二氧化硅溶解度实验数据拟合公式确定热储温度的方法，如石英温度计和玉髓温度计等。

2.4.11

同位素地温计　isotope geothermometers

基于某元素的一对单质/化合物之间同位素差异与温度的关系确定热储温度的方法，如氧同位素（$\delta^{18}O$）温度计。

2.4.12

矿物组合地温计　mineral assemblage geothermometers

基于地热流体化学组分的化学热力学模拟计算，通过绘制地热水中多种矿物的饱和指数随温度的变化曲线，得到多种矿物的平衡收敛点，所对应的温度即为热储温度。

2.4.13

地热储量　geothermal reserves

在当前技术经济可行的深度内，经过勘查工作，一定程度上查明储存于热储岩石和孔隙中地热流体和热量的资源总量。

2.4.14

地热资源评价　geothermal resources assessment

在综合分析地热资源勘查成果的基础上，运用合理的方法，如平面裂隙法、地表热通量法、岩浆热量均衡法、体积法、类比法和热储模拟法等，对已经验证的、探明的、控制的和推断的地热资源进行计算和评价。

2.4.15

可开采量　recoverable resources

在地热田勘查、开采和监测的基础上，考虑到可持续开发，经拟合计算允许每年合理开采的地热流体量和热量。

2.4.16

试井　well testing

地热井成井后的产量试验，需测定井产量、静压力、动压力、压力降、流体温度和流体品质等。

[GB/T 11615—2010，定义 3.17]

2.4.17

静压力　static pressure

地热井在非试井或非生产条件下的储层部位的井筒流体压力。

2.4.18

动压力 dynamic pressure

地热井在试井或生产条件下的储层部位的井筒流体压力。

2.4.19

压力降 pressure drop

地热井在试井条件下静压力与动压力之差，相当于抽水试验的降深。

[GB/T 11615—2010，定义 3.29]

2.4.20

产能试验 yield test

地热井完井后通过测试取得地热流体压力、产量、温度、采灌量比及热储层的渗透性等参数的试验，包括降压试验、放喷试验和回灌试验等。

2.4.21

示踪试验 tracer test

在回灌井中投放一定数量的示踪剂，在周围生产井中检测示踪剂的抵达时间和浓度变化情况，以探明回灌井和生产井之间的连通性、地热流体在储层孔隙裂隙中的运移特征而开展的试验。

2.4.22

地热回灌 reinjection

经过热能利用后的地热流体通过回灌井重新注回热储的过程。

2.4.23

动态监测 dynamic monitoring

地热资源在勘探、开采及停采阶段，连续记录水位、井口温度、井口压力、开采量、回灌量和蒸汽比例等，并定时分析地热流体化学组分和同位素值的过程。基于此来判断热储温度、压力、流体化学组份含量及资源量的动态变化，为地热资源的可持续利用与管理提供依据。

2.4.24

概念模型 conceptual model

对地热田包括补给水源、热储、盖层、热源、通道和热传递、流体运动等要素的几何及物理形态的简化描述，代表人们对一个地热系统的认识。

2.4.25

热储模型 reservoir model

在掌握热田机制和开采生产的全系列工程测试数据的基础上，建立的类比、统计、解析、数值法等模型，以拟合热储生产的历史和现状条件，预测一定时限内的变化趋势，为地热资源规划、利用、管理和保护等服务。

[GB/T 11615—2010，定义3.34]

2.4.26

热储工程 reservoir engineering

涉及热储性质的工程数据和为取得这些数据需进行的测试和研究，包括地热井井试、动态监测、热储模型和回灌等。

[GB/T 11615—2010，定义 3.32]

2.4.27

地热能优化开采 optimized production of geothermal energy

采用最优化的方法开采热储，在可持续且不会带来环境危害的基础上获得最大采热量。可优化的对象包括采灌井布局、井深、采灌流量、回灌温度以及回灌方式等。优化评价的方法包括统计学方法、数值模拟方法和经济学方法等。

2.4.28

压裂激发 **fracturing stimulation**

为使干热岩形成人造热储，对干热岩岩体所进行的高压水力压裂等各类激发措施。

2.4.29

人造热储阻抗 **artificial reservoir flow impedance**

干热岩人造热储产出每单位流量热流体所需要施加的压力，单位是MPa·s/L，是衡量增强地热系统人造热储成败的关键指标。

2.4.30

浅层地热容量 **shallow geothermal capacity**

在浅层岩土体、地下水和地表水中储存的单位温差所吸收或排出的热量，单位是 kJ/℃。

2.4.31

热均衡评价 **thermal balance evaluation**

对在一定时间内浅层岩土体、地下水和地表水中的热能补给量、热能排泄量和储存热量进行的均衡评价。

[DZ/T 0225—2009，定义 3.15]

2.4.32

岩土热响应试验 **rock-soil thermal response test**

利用测试仪器对项目所在场区的测试孔进行一定时间连续换热，获得岩土综合热物性参数及岩土初始平均温度的试验。

2.4.33

岩土综合热物性参数 **parameters of the rock-soil thermal properties**

在地埋管换热器深度范围内，不含回填材料的岩土的综合导热系数和比热容。

[GB 50366—2005，定义 2.0.26]

2.4.34

岩土初始平均温度 **initial average temperature of the rock-soil**

从自然地表下 10m～20m 至竖直地埋管换热器埋设深度范围内，岩土常年的平均温度。

[GB 50366—2005，定义 2.0.27]

2.4.35

浅层地热换热功率 **heat exchanger power**

从浅层岩土体、地下水和地表水中单位时间内通过热交换方式所获取的热量。

2.4.36

测试孔 **vertical testing exchanger**

按照测试要求和拟采用的成孔方案，将用于岩土热响应试验的竖直地埋管换热器。

[GB 50366—2005，定义 2.0.28]

2.5 地热资源利用

2.5.1

地热能直接利用 **direct use of geothermal energy**

通过地热流体的天然露头或者人工钻孔来获得其热量等，并直接用于生活生产，例如供暖、制冷、温室种植、养殖、温泉洗浴、融雪和工业干燥等。

2.5.2

地热供暖　geothermal space heating

以地热流体为热源，用直接或间接方式获取其热量用于房屋供暖的全过程。

2.5.3

温泉洗浴　SPA and bathing

利用含有一定矿物质成分且温度适宜的地热水进行洗浴。某些特殊矿物质有利于身体健康。

2.5.4

地热融雪　snow melting by geothermal energy

利用地热提供的热量融化地面上的降雪，以保证道路交通和户外活动的安全。

2.5.5

地热工业干燥　geothermal drying

利用地热提供的热量来烘干农产品、水产品和工业产品，如蔬菜脱水、制作鱼干、印染品烘干等。

2.5.6

地源热泵系统　ground-source heat pump system

以岩土体、地下水和地表水为低温热源，由水源热泵机组、浅层地热能换热系统、建筑物内系统组成的供暖制冷系统。根据地热能交换方式，可分为地埋管地源热泵系统、地下水地源热泵系统和地表水地源热泵系统。

[GB 50366—2005，定义 2.0.1]

2.5.7

地埋管换热器　ground heat exchanger

也称土壤热交换器，供传热介质与岩土体换热用的，由埋于地下的密闭循环管组构成的换热器。根据管路埋置方式，可分为水平地埋管换热器和竖直地埋管换热器。

[GB 50366—2005，定义 2.0.7]

2.5.8

地埋管换热系统　pipe heat exchanger system

也称土壤热交换系统，传热介质（通常为水或者是加入防冻剂的水）通过竖直或水平地埋管换热器与岩土体进行热交换的地热能交换系统。

[DZ 0225—2009，定义 3.7]

2.5.9

地下水换热系统　groundwater heat exchanger system

通过地下水进行热交换的地热能交换系统，分为直接地下水换热系统和间接地下水换热系统。

[GB 50366—2005，定义 2.0.10]

2.5.10

地热发电　geothermal power generation

利用地热流体所运载的热能转换为电能的发电方式。

2.5.11

双工质循环　binary cycle

地热流体和低沸点工作介质经热交换后，由后者产生的蒸气进入膨胀机做功的循环。

2.5.12

有机朗肯循环　organic Rankin cycle

以低沸点有机物为工作介质的朗肯循环，主要由余热锅炉（或换热器）、膨胀机、冷凝器和工质泵四大部分组成。

2.5.13

卡琳娜循环　**Karina cycle**

一种利用氨水混合物作为工作介质的高效动力循环。

2.5.14

水气分离器　**separator**

将地热流体中的蒸气和热水相分离的装置。

2.5.15

扩容器　**flash tank**

使热水经过减压扩容及汽水分离后产生湿蒸汽的装置。

[GB 50791—2013，定义 2.0.14]

2.5.16

地热腐蚀　**geothermal corrosion**

具有一定化学组分的地热流体在特定的温度、压力和流速条件下对井筒及地面设备产生损耗与破坏的过程，包括化学腐蚀和电化学腐蚀。

2.5.17

地热防腐　**geothermal anti-corrosion**

防止地热流体对设备腐蚀而采取的措施。

2.5.18

结垢　**scaling**

地热流体在井筒或地面管道运移过程中，因温度或压力降低导致部分矿物的溶解度达到过饱和状态而析出附着在井筒或管道内。常见碳酸盐、硫酸盐和二氧化硅结垢。

2.5.19

地热防垢　**geothermal scale prevention**

防止地热流体结垢而采取的措施。

2.5.20

地热除砂　**geothermal sand removal**

去除地热流体中固体颗粒的措施。

参 考 文 献

[1] GB 50296—2014 管井技术规范
[2] GB 50366—2005 地源热泵系统工程技术规范
[3] GB 50791—2013 地热电站设计规范
[4] GB/T 11615—2010 地热资源地质勘查规范
[5] CJJ 138—2010 城镇地热供热工程技术规程
[6] DZ/T 0225—2009 浅层地热能勘查评价规范
[7] DZ/T 0260—2014 地热钻探技术规程

索　引

汉语拼音索引

B

C

D

E

F

G

H

J

K

英文对应词索引

F

G

H

I

K

L

M

N

O

P

R

S

T

V

W

Y

ICS 27.010
F 10

NB

中华人民共和国能源行业标准

NB/T 10098—2018

地热能直接利用项目可行性研究报告编制要求

The compilation requirements for feasibility study report of geothermal energy direct use project

2018-10-29 发布　　2019-03-01 实施

国家能源局　发布

目　次

前　言

本标准按照GB/T 1.1—2009《标准化工作导则　第1部分：标准的结构和编写》给出的规则起草。

由能源行业地热能专业标准化技术委员会提出并归口。

本标准主要起草单位：中国石化集团新星石油有限责任公司、胜利油田森诺胜利工程有限公司、北京市地热研究院。

本标准主要起草人：裴红、钱猛、赵丰年、黄嘉超、黄劲、陈文刚、张进平、姜传胜、张同秀、付林、张丽萍、王刚。

本标准于2018年首次发布。

地热能直接利用项目可行性研究报告编制要求

1 范围

本标准规定了地热能直接利用项目可行性研究报告的编制原则、内容和成果要求。

本标准主要适用于地热能直接利用中水热型地热能供热项目可行性研究报告的编制，其他类型地热能直接利用项目可参照执行。

2 规范性引用文件

下列标准对于本标准的应用是必不可少的。凡是注明实施日期的引用标准，仅所注明实施日期的版本适用于本标准。凡是不注明实施日期的引用标准，其最新版本（包括所有的修改单）适用于本标准。

GB/T 2589 综合能耗计算通则

GB/T 11615 地热资源地质勘查规范

GB 17167 用能单位能源计量器具配备和管理通则

3 总则

地热能直接利用项目可行性研究应论证项目建设的必要性和可行性，包括但不限于论证项目建设是否符合国家长远规划、地区和行业发展规划、产业政策和生产力布局的合理性，进行全面的市场调查和竞争力分析，通过技术经济分析确定项目方案；根据建设方案和国家法规、政策、标准和定额计算项目工程量；通过分类估算项目总投资、资金来源和筹措方案，对项目的经济效益和社会效益进行初步分析，为项目法人和管理部门决策、审批提供可靠的依据。

可行性研究报告应在前期勘察利用和调查基础上开展。

可行性研究报告应按照本标准第4章～19章的要求编制，将“总论”列为第1章，依次类推，宜按附录B和附录C的要求进行编排。

4 总论

4.1 项目概况

4.1.1 项目名称

工程项目的全称，应与项目建议书所列的名称一致。

4.1.2 项目建设单位

建设单位的基本情况。一般包括名称、性质、法人、股东构成、业务范围、资产规模和队伍规模等。改建、扩建和技术改造项目应说明现有生产装置、生产能力、销售等情况。

4.1.3 项目建设地点

说明项目的拟建地址，应具体到省、市、县。

4.1.4 项目建设目标与建设内容

描述项目建成后达到的产量、规模以及各项技术指标，如这些指标在有关合同协议中有约定的，应单独注明。

描述项目的主要建设内容，包括地热井、地热站、管网及因工程需要所发生的拆迁等主要工程量。

4.1.5 研究范围

指研究对象、工程项目的范围，列出整个项目的工程主项。

4.1.6 编制单位

编制单位的全称、简介。若有多个单位参与研究，则需注明总负责单位及合作单位的全称及各单位的研究范围，所有参与单位均应附编制单位的资质证书。

4.2 编制依据

应列出在可行性研究中作为依据的法规、文件、资料的名称、来源、发布日期等，主要包括：

a） 国家、行业、地区的政策、法律、法规；

b） 产业政策、行业发展规划、地区发展规划；

c） 可行性研究报告编制合同（或委托书）；

d） 根据项目需要进行调研和收集的基础资料；

e） 预可行性研究报告（或项目建议书）的审核文件。

4.3 遵循的标准及规范

列出项目应用的国家、行业、企业及地区的标准、规范和图集。

4.4 研究结论

简要描述研究结论，可从项目建设的必要性，地热资源评价结果，应用的技术方案、建设规模及主要工程量，投资及主要经济指标，社会效益等方面给出简要明确的结论性意见。附主要技术经济指标表，见表1。

表1 主要技术经济指标表

序号	项目名称	单位	指标	备注
一	供热规模			
		kW		
		kW		
		kW		
二	地热资源开采			
1	开采层位			
2	开采深度			
3	单井地热流体流量	m^3/h		
4	地热流体井口温度	℃		

表 1（续）

序号	项目名称	单位	指标	备注
5	总资源量	GJ		
6	开采井数量	口		
7	回灌井数量	口		
三	总占地面积	m^2		
1	站房占地面积	m^2		
2	其他占地面积	m^2		
四	总建筑面积	m^2		
五	定员	人		
1	生产工人	人		
2	技术及管理人员	人		
六	主要能耗总量			
1	耗电量	$10^4kW\cdot h$		
2	耗水量	10^4m^3		
七	工程项目总投资	万元		
1	建设投资	万元		
2	建设期利息	万元		
3	流动资金	万元		
八	年均销售收入	万元		
九	成本和费用			
1	年均总成本费用	万元		
2	年均经营成本	万元		
3	主要产品单位生产成本	元/XX		
十	年均利润总额	万元		
十一	息税前利润（EBIT）	万元		
十二	息税折旧摊销前利润（EBITDA）	万元		
十三	年均销售税金及附加	万元		
十四	年均增值税	万元		
十五	财务分析盈利能力指标			
1	投资利润率	%		
2	资本金净利润率	%		

表 1（续）

序号	项目名称	单位	指标	备注
3	投资回收期			
3.1	所得税前	年		
3.2	所得税后	年		
4	经济增加值（EVA）			
5	项目财务内部收益率			
5.1	所得税前	%		
5.2	所得税后	%		
6	项目财务净现值（I_c=%）			
6.1	所得税前	万元		
6.2	所得税后	万元		
十六	清偿能力指标			
1	利息备付率	%		
2	偿债备付率	%		
3	借款偿还期（含建设期）	年		

5 项目背景

5.1 立项背景

简述项目前期主要内容，包括前期洽谈、合同谈判、项目建议书等内容和有关部门批复的要点及已取得的成果。

结合项目所在地区的地热资源情况、发展规划、需求分析等内容，分析项目现状市场，并对项目可持续性进行科学预判。扩建、改建工程项目应简述已有工程的概况。

5.2 基础条件

5.2.1 工程地质、水文地质及气象条件

工程地质主要指项目地点的地质构造、岩性、有无不良地质作用和地质灾害。

水文地质主要指地下水类型、赋存状态及补充排泄条件，主要含水层的分布、地下水流向、水位及其变化幅度等。

气象条件主要指项目所在地的温度、大气压力、湿度、风向、降雨、降雪等。

5.2.2 社会条件

说明项目所在行政区中的位置及该区的人文状况和社会经济简况。介绍当地的政策资源，包括各项与项目相关的优惠、鼓励、税收减免政策（或者不鼓励项目的政策），当地政府对项目建设的特殊要求等内容。

5.2.3 热用户基本情况

热用户的基本情况包括用户数量、用热形式及时间及其他。

5.2.4 配套条件

对项目建设及运营所需的配套资源以及项目所在地的配套程度进行分析，包括水、电、气、暖、交通、通讯等资源。

5.3 同类项目分析

对当地同类项目进行分析，若当地无同类项目时，分析临近地区同类项目，包括建设地点、建成时间、地热资源、工艺技术、生产能力、运营情况，总结出可以借鉴的经验和需要改善的方面。

6 项目建设的必要性分析

6.1 市场分析

分析项目所在地对地热能利用所形成产品的接受程度和规模，以及项目对区域市场的意义和对建设单位生产经营的影响。

6.2 社会效益分析

从国家能源战略、可再生能源发展规划、环境保护等角度，分析论证地热能利用的必要性。

6.3 项目结构性意义

从项目所在地用能结构方面，论述项目建设的必要性。

7 地热资源评价

地热资源评价按照GB/T 11615编制，并依托项目区域已完成地热资源评价报告的结果，包含但不限于以下内容。

7.1 区域地质概况

简述项目所属区域的区域构造特征、二级构造带的分布特征及项目所处的构造位置，以及地层发育特征。

7.2 储层特征

对储层的构造特征、沉积类型、岩性类型、物性特征、分布特征、以及对储层的导热性、导水性进行描述。

7.3 地温场分布特征及地热类型

对热储层纵向、平面温度变化特征、以及热储等地热类型等进行描述。

7.4 地层压力特征

描述热储层的地层压力、压力梯度及压力系数，确定热储层的压力系统。

7.5 地热水流体性质

对热水的矿化度、水型、离子成分、硬度、pH 值、水性等进行描述，对地热水质量、腐蚀性和结垢性进行分析和评价。

7.6 地热资源量计算

确定热储层厚度、温度、有效空隙率、岩石密度、岩石和水的平均热容量、基准温度、压缩系数、回收率等参数，采用热储法，计算地热资源量和地热流体资源量。

7.7 地热资源可开采量

分别计算热储中的地热流体可开采量和可利用的热能量。

利用理论计算或目前地热井的井口出水测量资料，预测地热井井口出水温度和地热井的井口出水量。

7.8 回灌可行性分析

说明回灌目标层的基本情况，包含岩性特征、物性特征、透水性能，预测回灌压力、回灌比例。

7.9 地热资源评价结论

综合以上论述，对储层的特征、地热流体可开采量和可利用的热能量等进行总结归纳，说明地热资源是否满足需求。

8 建设方案

方案编制过程中应针对地热能供热项目的影响因素，提出并形成两个或两个以上建设方案，综合对比不同建设方案的技术优缺点、经济效益、社会效益等内容，提出最优的推荐方案。影响因素主要包括开采层系（单独开采某一热储层还是多个热储层混合开采）、开采强度（开采井数量、回灌温度）、地热井形式（直井还是定向井）、热泵形式（压缩式、吸收式）等。

8.1 研究范围

依据建设单位及有关协议要求，明确项目的研究范围。一般包括地热井、地热站、地热井至地热站之间的流体管网。

8.2 热需求分析

对于有准确热需求的项目，可直接作为项目的计算依据，并附相关的依据文件。其他可采用指标估算法，根据相关的标准和规范，确定热需求计算指标，计算项目热需求。

8.3 热源分析

依据地热资源评价结论，选定地热流体单井设计流量和温度，结合应用工艺，计算单井供热能力，与热需求分析结果进行热平衡分析，确定地热开采井数量，同时依据地热资源评价的回灌条件，以试验为主，科学开发、可持续利用为目的原则，确定地热回灌井数量。

8.4 地热井

8.4.1 已有地热井的情况

简述项目所属区域已有地热试采井情况，包括地层情况、井身结构、完钻井深、钻井周期、出水温度、出水量、地温场等内容。

8.4.2 钻井规模及布井方式

8.4.2.1 钻井规模

根据地热资源评价及开发方案设计、供热需求及单井供热量，预测开采井的规模，设计新钻井工作量、井型、总进尺和单井进尺，并进行回灌井的设计。

8.4.2.2 地热井选址及布井方式

依据地热项目开采井的井网部署，地理位置、地域特点选择地热井井场位置。制定布井方案，明确井台数量，不同井台新钻井的井号、井型和数量。

8.4.3 钻井工程

8.4.3.1 井身结构

依据项目所属区域的地层岩性、构造及地热储层性质，结合投资效益评价和完井工程要求，选用合理的井身结构。

8.4.3.2 钻井工程配套

依据新钻井井深及钻井安全需要，确定钻机型号；依据井身结构、地层压力和岩性特征，选择钻头型号、钻井液类型。

8.4.4 固井工艺

根据新钻井固井要求和地层特点，确定各开次固井工艺、水泥浆性能，确定水泥返高。

8.4.5 测录井要求

针对不同井段及目的层，制定初步测井、录井项目。

8.5 地热站

8.5.1 工程选址

8.5.1.1 站址选择原则

站址选择应符合所在地区的规划，有利于资源合理配置，有利于节约用地和少占耕地及减少拆迁量，有利于依托社会或依托现有设施（现有管网设施等），有利于建设和运行，有利于环境保护、可持续发展，有利于劳动安全及卫生、消防等，有利于节省投资、降低成本、增强产品竞争力、提高经济效益。应附站址区域位置图及选址意见书。

8.5.1.2 站址基础条件

站址基础条件，包括站址周边道路交通、供水管线、电源进线、雨污排管线、生活区等条件。

8.5.2 总平面布置

在选定站址范围内研究地热站、地热井、输送管网及其他的平面布置。

8.5.3 工艺流程

描述热力系统工艺流程，说明工艺技术路线及特点、设计参数、关键控制方案等内容，并绘制工艺流程图。

8.5.4 参数计算

根据供暖及区域要求，进行热力系统热平衡计算，确定主要技术参数结果。一般包括压力、温度、流量等参数。

8.5.5 主要设备选型

依据工艺流程及参数计算结果，结合设备选型要求，确定主要设备的规格、数量及技术参数。

8.5.6 输送管网

依据输送流体的物性和主要技术参数，选取管网材料及规格，确定管网敷设、补偿、防腐及保温方式等。

8.5.7 主要工程量

汇总工艺部分主要工程量，见表2。

表 2 工艺部分主要工程量表

序号	名称、型号及参数	单位	数量	备注

8.6 配套工程

8.6.1 建筑结构

8.6.1.1 设计内容

说明本项目建筑结构部分设计的基本内容，包括站房、井房及室外及其他专业要求的建筑结构部分。

8.6.1.2 设计安全标准

确定工程地质概况、地下水位、冻土深度、工程等级、主要建（构）筑物级别、抗震设防标准等。

8.6.1.3 方案设计

站房、井房方案应简述建筑物的结构形式、设计使用年限、建筑做法、建筑材料、基础形式、地基处理形式等，其他有特殊要求的应予以说明。室外及其他建（构）筑物方案应说明构筑物的功能、使用条件、主要材料做法及相关的其他说明。汇总建（构）筑物主要工程量，见表3。

表 3 建（构）筑物主要工程量表

序号	建（构）筑物名称	平面尺寸 m×m	建筑面积 m^2	建筑高度 m	层数	结构形式	基础形式	耐火等级	其他要求	备注

8.6.1.4 主要工程量

汇总建筑结构部分主要工程量，见表4。

表4 建筑结构部分主要工程量表

序号	名称、型号及参数	单位	数量	备注
1	站房			
2	井房			
3	室外及其他			

8.6.2 供配电

8.6.2.1 设计内容

说明本项目供配电设计的基本内容，包括高压部分、变压器部分及低压部分等。

8.6.2.2 供电系统现状

说明电源现状，包括电压等级、导线型号、线路负荷率等内容。

8.6.2.3 负荷等级及负荷计算

确定用电设备负荷等级，进行负荷计算，确定计算功率、补偿容量、视在功率等。附负荷计算表，见表5。

表5 负荷计算表

序号	设备名称	设备功率 kW/台	电压等级 V	数量 台	工况	需要 系数	功率 因数	计算 功率 kW	视在 功率 kVA	负荷 等级
小计										
合计（K_p= ，K_q= ）		P_{js}= kW，S_{js}= kVA								
补偿（cosϕ补偿到 ）		补偿 kvar，补偿后S_{js}= kVA								

8.6.2.4 方案设计

1） 电源。根据负荷计算，结合供电系统现状，确定电源接入方案。
2） 配电。根据负荷等级及负荷计算，合理选择变配电装置，结合用电设备设施布置，确定各设备单元配电引出方案，简述动力类设备的启动和控制方式选择，并对接自控通信部分需要接入采集的电气信号。
3） 电缆敷设。简述高低压电缆的敷设方式。
4） 照明。根据建构筑物功能和使用要求，依据照明设计规范，合理选择对应的照明标准，简述灯具选择和配线方案。
5） 防雷防静电接地。简述防雷等级及措施，对要求防静电设备和管道采取的措施。

8.6.2.5 主要工程量

汇总供配电系统工程量，见表6。

表6 供配电部分主要工程量表

序号	名称、型号及参数	单位	数量	备注

8.6.3 自动控制和信息化工程

8.6.3.1 设计范围

说明工艺生产过程对自动化的要求，考虑项目的投资情况以及生产过程的要求等，确定拟建项目的自动化水平。

8.6.3.2 设计内容

根据工艺要求，详细列出检测和控制内容。主要检测内容包括但不限于：压力、温度、流量、液位等检测。

8.6.3.3 仪表选型

应说明仪表选型原则，按压力、温度、流量、液位、电动调节阀等列出选用仪表的种类，并说明对每类仪表的通用要求，如信号方式、防护等级、防腐防爆要求等。

8.6.3.4 控制系统

说明控制系统的设计原则、主要功能、供电方式及基本配置。

8.6.3.5 控制室的设置

根据生产装置、辅助生产设施的配置情况及控制系统的规模，说明控制室的位置选择、布置和面积等要求。

8.6.3.6 安全技术防范系统

说明控制系统的安全保障措施及各防护目标的区域及位置；安全技术防范系统的组成及选择；安全技术方案系统监控中心的设置。

8.6.3.7 火气系统

说明火气系统的选择、组成和自动报警联动方案，并给出火气系统探测器的布置。

8.6.3.8 通信系统

说明通信系统的组成及各部分（如通信方式、电话站）的主要功能。并对各系统进行方案设计。

8.6.3.9 信息网络系统

说明信息网络系统所支持的（办公、管理、生产过程自动控制、业务应用、信息服务等）应用系统及接口的确定；信息网络的组网方案；企业内部信息网络与外部网络的连接及安全措施。

8.6.3.10 主要工程量

汇总自动控制和信息化工程部分主要工程量，见表7。

表7 自动控制和信息化工程部分主要工程量表

序号	名称、型号及参数	单位	数量	备注

8.6.4 采暖通风

8.6.4.1 设计内容

明确需要采暖、通风的功能间，计算冷热负荷及通风量，并进行方案设计。

8.6.4.2 方案设计

选定各功能间的采暖、通风要求及设计参数，根据计算结果，选取合理的采暖、通风的实现方式。若地热流体中含有有毒有害、易燃易爆等危险气体，需根据有关劳动安全、职业卫生、环境保护等规范要求，制定通风方案。

8.6.4.3 主要工程量

汇总采暖通风部分主要工程量，见表8。

表8 暖通部分主要工程量表

序号	名称、型号及参数	单位	数量	备注

8.6.5 消防及给排水

8.6.5.1 设计内容

说明本项目给排水设计的基本内容，包括给水部分、排水部分及消防部分。

8.6.5.2 方案设计

给排水方案应说明站内生产和生活用水量、水压，水的来源及接管处的水压和管径，站内给水系统形式及给水设备情况，生产、生活的排水量及污水水质情况，站内排水系统的形式、排水出路及排水设施，站内雨水量及排除方式。

消防方案应说明站内的消防对象的耐火等级、建筑类别；设计室内消防用水量、室外消防用水量；市政管线供水量及水压情况；消防系统的形式；消防水池容积、消防泵的参数、灭火器的配置的情况。

8.6.5.3 主要工程量

汇总消防及给排水部分主要工程量，见表9。

表9 消防及给排水部分主要工程量表

序号	名称、型号及参数	单位	数量	备注

9 环境保护

9.1 执行的环境保护标准与规范

9.1.1 地热能项目执行的法律法规

1） 列出执行的环境保护法律法规；

2） 列出执行的其他法律法规（如循环经济、水土保持等）；

3） 列出执行的产业政策及污染防治技术政策。

9.1.2 地热能项目执行的标准规范

1） 列出项目所在区域执行的环境质量标准；

2） 列出执行的污染物排放标准；

3） 列出地热能项目执行的设计标准和规范。

9.1.3 合法合规分析

简要分析项目与涉及的法律法规、标准规范、设计标准、产业政策及污染防治技术政策等的符合性。

9.2 环境影响评价

说明目前项目环境影响评价工作的开展情况。

9.3 区域内环境现状

简要分析项目所在地大气、地表水、地下水、土壤、噪声环境质量现状及主要环境问题。并重点分析地热井项目区域周边地下水环境现状。

9.4 建设项目主要污染及防护措施

9.4.1 概述

根据建设项目的实际情况，简述其可能对当地环境造成的影响，对可选用的设备及施工方案从环保角度进行比选，分析设计方案中采取的污染控制措施，结合建设单位的环保理念，提出更为环保的建议。

9.4.2 建设项目污染源、污染物及防治措施

9.4.2.1 环境影响因素分析

按照废水、废气、固体废物、噪声等因素，分别分析说明地热井在建设期、运营期和废弃过程中的污染源、污染物排放情况。

9.4.2.2 污染防治措施

按照废水、废气、固体废物、噪声等因素，分别分析相应的污染防治措施、防治措施可行性及防治效果，比选出最优的污染物处理方案。

重点分析地热井项目施工中产生的钻井泥浆处理措施。

9.4.3 建设项目对生态环境的影响

9.4.3.1 对植被的影响

由项目建设期的施工方案，分析得出对项目周边植物的影响。

9.4.3.2 对土壤的影响

由项目建设期的施工方案，分析得出项目对周边土壤结构、土壤层次、土壤紧实度等因子的影响。

9.4.3.3 对地下水的影响

地热井项目运营期工艺流程中同层回灌、尾水处理等流程可能会对项目周边区域地下水有较大的影响，应结合施工方案简要分析运营期内项目对地下水环境的可能影响。

9.4.3.4 恢复生态环境措施

简述建设项目施工期内对项目区域生态环境的恢复措施。

9.5 环境管理和监督

根据相关法律、法规和有关部门对环境管理和监督的要求，提出项目建设期、运营期环境管理和监督方案，包括人员组织机构、设施、定员及环保管理要求等。

9.6 环境保护投资估算

估算建设项目的主要环境保护投资项目，列出各项环保措施、设施投资估算一览表，包括如环境影响评价、植被生态恢复、环保设施、污染物处理处置、环境监理、环保验收以及其他相关的环保投资，并说明环保投资占总投资的比例。

9.7 结论及建议

通过上述分析，从建设项目合法合规、污染防治措施可行性、生态影响恢复可行性等方面，给出项目环境可行性的结论。

10 节能

10.1 执行的标准与规范

列出地热能利用项目设计中，采用的节能方面国家、行业、地方或企业有关法律法规、标准和设计依据。

10.2 用能用水现状

项目改造前能源消耗和用水情况，包括燃料量、用电量、用水量等。

10.3 节能措施

描述项目建设及运营过程中的节能方案及措施，一般包括：热力、电气等专业的节能措施，以及给排水专业的节水节能措施。

10.4 综合能耗计算

按照GB/T 2589规定，计算项目综合能耗，见表10。

表 10 项目综合能耗表

序号	耗能种类	单位	年耗量	折标系数	折标准煤（tce）	比例（%）
综合能耗						
排放系数取值 tCO_2/t						
碳排放量=能耗总量×排放系数 t						

10.5 预期效果分析

总结项目达到的效果。比如：替代的耗能种类、耗能量等。

11 劳动安全和职业卫生

11.1 劳动安全

11.1.1 执行的标准、规范及法律法规

列出地热能利用项目设计中，采用的劳动安全方面国家、行业、地方或企业有关法律法规、标准和设计依据。

11.1.2 劳动安全危害因素分析

分析在建设和运营过程中可能对劳动者身体健康和劳动安全造成危害的物品、部位、场所，估计危害的范围和程度。

11.1.2.1 有害物品的危害

分析建设和生产使用的带有危害性的产品、原料、燃料和材料等，包括爆炸类物品；易燃、易爆、有毒气体类；液体类；固体类；其他毒害品类；腐蚀品类；辐射物质类；氧化剂和过氧化物类等。

分析有毒有害物品的物理化学性质，引起火灾爆炸危险的条件，对人体健康的危害程度以及造成职业性疾病的可能性。

11.1.2.2 危险性作业的危害

分析高空、高温、高压作业；井下作业；辐射、振动、噪声等危险性作业场所，可能造成对人身的危害。

11.1.3 劳动安全危害管理措施

根据危害因素的分析，提出主要防范措施和应急措施，切实保障预防得当、处理及时、保障健康安全卫生。一般包括减少噪声源、配备安防工作服、改善操作条件等。

11.1.4 劳动安全监督及管理

设置必要的安全卫生管理、监督机构，配备专业人员，加强安全教育，协调和组织预防工作。

11.1.5 专用投资估算

列出安全劳动卫生系统及其设施、设备和用具的投资数值及其比例。

11.1.6 预期效果分析

预测建设项目在采取了各种防护措施的前提下，各作业岗位劳动安全危害程度和可能性，分析其在建设期和运营期是否满足劳动安全方面法律、法规、标准的要求。

11.2 职业卫生

11.2.1 执行的标准、规范及法律法规

列出地热能利用项目设计中，采用的职业卫生方面国家、行业、地方或企业有关法律法规、标准和设计依据。

11.2.2 职业危害因素分析及危害程度预测

分析说明地热能利用项目建设期或运营期可能产生的职业危害因素的种类、名称、存在形态、理化特性和毒理特征，分析其来源和产生方式。

分析接触职业危害因素的作业人员情况，包括接触人数、作业岗位、接触时间等。

根据职业危害因素对人体健康的影响及可能导致的职业病，分析其潜在危害性和发生职业病的危险程度。

11.2.3 主要防护措施

11.2.3.1 平面布置

功能分区和存在职业危害因素工作场所的布置应满足国家、行业、地方或企业有关标准和规范。

11.2.3.2 工艺设计

列出在工艺、技术、设备和材料选取方案规避职业危害的措施。

11.2.3.3 防护设施设计及其防控性能

列出项目建设期和运营期拟采取的防尘、防毒、防暑、防寒、降噪、减振、防非电离辐射与电离辐射等职业病防护设施。

11.2.3.4 应急救援设施

对项目建设期和运营期可能发生的急性职业危害事故进行分析，对建设项目应配备的事故通风装置、应急救援装置、急救用品、急救场所、撤离通道、报警装置等进行设计。

11.2.3.5 职业危害警示标识

对存在或者产生职业危害的工作场所、作业岗位、设备、设施设置警示图形、警示线、警示语句等警示标识和中文警示说明。

11.2.3.6 职业危害防治管理措施

包括建设单位拟设置或指定职业卫生管理机构或者组织、拟配备专职或兼职的职业卫生管理人员情况，及其他依法拟采取的职业病防治管理措施。

11.2.4 专用投资估算

结合建设单位现状，对职业危害治理增加的工程设施、应急救援用品、个体防护用品等，进行费用估算。

11.2.5 预期效果分析

预测建设项目在采取了各种防护措施的前提下，各作业岗位职业危害因素预期浓度（强度）范围和接触水平，分析其在建设期和运营期是否满足职业病防治方面法律、法规、标准的要求。

12 项目实施进度计划

12.1 项目组织与管理

根据项目的特点和主办单位的意见，提出项目组织管理实施方案。

改建、扩建和技术改造项目可在原建设单位内专门成立筹建小组，承担各项生产准备工作。

12.2 项目实施进度安排

项目建设工期确定后，根据工程实施各阶段工作量和所需时间，对工作内容作出安排，使各阶段工作相互衔接并编制项目实施进度（横道图），见表11。

表 11 项目实施计划进度表

工作内容	建设期（月）									
	1	2	3	4	5	6	7	8	9	…
1 可行性研究报告及审查										
2 设计及采购 2.1 基础工程设计（初步设计） 2.2 详细工程设计（施工图设计） 2.3 设备及关键材料采购										
3 施工建设										
4 单机、系统试车调试										
5 竣工验收及投产										

12.3 主要问题及建议

分析项目实施过程中可能影响计划实施进度的因素，提出建设性的防范措施和解决建议。

13 劳动定员和人员培训

13.1 劳动定员

为使企业具有较强的市场竞争力，在管理和生产人员设置方面力求精简、高效。

根据国家、部门、地方的劳动政策法规，结合项目具体情况，提出生产运转班制和人员配置计划，附岗位定员表，见表12。

表 12 岗位定员表

序 号	岗位名称	学历	人数	操作班制	合 计
1	管理人员				
2	技术人员				
3	生产工人				
4	其他人员				
	合计				

13.2 人员来源与培训

13.2.1 人员来源

根据国家、部门、地方的劳动政策法规，结合项目具体情况，说明工人、技术人员和管理人员的来源。

13.2.2 人员培训

对不同岗位做定性的描述，对岗位的技能要求要根据所采用的工艺技术进行描述，对不同岗位人员要进行岗前培训，提出培训计划。

改、扩建和技术改造项目，说明依托原有人员情况。

14 投资估算及资金筹措

14.1 编制依据和说明

1） 国家、行业以及项目所在地政府有关部门的相关政策与规定；
2） 价格和取费参考市政等有关资料信息；
3） 费用估算依据；
4） 其他有关依据和说明。

14.2 建设投资估算

地热能项目投资估算一般包括地面工程费用、其他费用、预备费及地热井投资。地面工程费用包括工艺部分、建筑结构部分、供配电部分、自控部分、通信部分、采暖通风部分、消防给排水部分等。汇总建设投资估算，见表13。

表13 建设投资估算汇总表

序号	费用名称	估算投资 万元
一	地面工程费用	
1	工艺部分	
2	建筑结构部分	
3	供配电部分	
二	其他费用	
三	预备费用	
四	地热井投资	
五	建设投资	

14.3 资金筹措

14.3.1 资金来源

说明项目权益资本和债务资金的主要来源。权益资本一般包括企业资产、经营权等变现资金、扩充权益资本等；债务资金一般包括银行贷款和债券。

14.3.2 资金使用计划

根据项目的实施计划、资金的筹措情况以及使用条件等编制投资计划与资金筹措表，并附投资使用计划与资金筹措表。

14.3.3 融资成本分析

主要分析计算债务资金成本、权益资本成本和加权平均资本成本。

权益资本采用资本定价模型计算资本成本。一般可行性研究报告中，可只做债务资金成本分析，根据项目的财务分析结果和债务资金利息的抵税因素，向投资者作出提示，合理确定各种资金的使用比例。

14.4 流动资金

流动资金指拟建项目投产后为维持正常生产，按规定应列入建设工程项目总投资，准备用于支付生产费用等方面的周转资金，可采用分项详细估算法，包括应收账款、存货、现金、应收账款等费用估算。

铺底流动资金是指按规定列入建设工程项目总投资的流动资金，一般按流动资金的30%计算。

14.5 总投资估算

项目总投资包括建设投资、建设期利息和铺底流动资金。项目总投资估算见表14。

表 14 项目总投资估算表

序号	项目名称	估价投资 万元
1	建设投资	
2	建设期利息	
3	铺底流动资金	
4	项目总投资	

15 财务评价

15.1 编制依据

1）国家有关法律、法规和文件；
2）公司或企业有关规定和文件；
3）有关方面合同、协议或意向书。

15.2 财务评价的基础数据

应明确项目评价年限、基准收益率、所得税税率、借款利率等财务评价的基础数据。

15.3 销售收入和税金估算

15.3.1 销售收入估算

根据协议或合同签订的价格，项目的服务规模和工作量，逐年计算项目的销售收入。

15.3.2 税金估算

地热直接利用项目涉及的税费主要有增值税、城市维护建设税和教育费附加等。

15.4 成本费用测算

生产成本费用（总成本费用）：包括原材料、燃料、动力、人工工资及福利、维修、折旧、摊销、地热资源取用、财务、管理、销售、其他等费用。

15.5 财务指标的计算及分析

对项目内部收益率、项目财务净现值、项目投资回收期、资本金内部收益率、资本金财务净现值、资本金投资回收期等指标进行评价分析。

15.6 不确定性分析

分析项目可能存在的不确定的变化因素，及其对项目投资效益影响程度，为项目决策提供参考。

15.6.1 敏感性分析

通过图表揭示影响内部收益率的各主要因素，以及对结果的敏感程度，并提出相关的应对措施。

15.6.2 盈亏平衡分析

分析并确定项目的盈亏平衡点，判断项目对各不确定因素的承受能力，为科学决策项目提供依据。

16 社会效益分析

16.1 节能减排效果

16.1.1 节能减排量

分析项目项目比同类型传统工艺的节能减排效果，可从减少烟尘、二氧化碳、氮氧化物、二氧化硫等方面进行对比分析，得出节能减排的实际效果。

16.1.2 节能减排效益分析

可结合国家碳交易的政策，按照此地区或其他地区碳交易的平均价格，估算碳减排形成的减排收入，对项目经济效益的影响。

16.2 社会意义分析

1） 地热能利用可实现清洁供暖、清洁电力等，契合国家、地方等环保政策要求，切实保障居民供暖、企业清洁电力配比需要等。
2） 实施地热能项目，可增加就业机会、减少待业人口等，将带来一定的社会稳定效益。
3） 对于区域技术发展、基础设施水平提升、自然条件和生态环境改善的有利影响分析，可从贡献和借鉴意义等方面分析。
4） 其他有利影响分析。

17 风险分析

17.1 风险因素的识别

应针对项目特点识别风险因素，层层剖析，找出深层次的风险因素。地热能项目可以从市场、资源、技术、财务、管理、政策等方面进行分析，识别项目的风险。

17.2 风险程度的估计

采用定性或定量分析方法估计风险程度。

17.3 研究提出风险对策

有针对性地提出切实可行的防范和控制风险的对策建议。

18 结论及建议

18.1 结论

一般包括：项目是否符合国家、地区产业政策等战略要求；完成项目所需资源的可靠程度，包括矿产、人力、财力等资源；完成项目所需要各方面技术、工艺的成熟程度；环境保护和安全生产的保证程度；项目投产后的经济指标，包括投资回报和内部收益率水平等结果。

18.2 建议

项目存在主要的风险和难点，提出下一步工作中需要协调、解决的主要问题和建议。

19 附表、附图及附件

19.1 附表

附表包括：

a） 投资估算表，参见表A.1；

b） 主要财务评价指标表

1） 项目总投资使用计划与资金筹措表，参见表A.2。

2） 流动资金估算表，参见表A.3；

3） 总成本费用估算表，参见表A.4；

4） 营业收入、营业税金及附加增值税估算表，参见表A.5；

5） 利润与利润分配表，参见表A.6；

6） 项目投资现金流量表，参见表A.7；

7） 借款还本付息计划表，参见表A.8；

8） 主要经济数据及评价指标表，参见表A.9；

9） 其他相关附表。

19.2 附图

附图包括：

a） 工艺流程图；

b） 站内平面布置图；

c） 系统布置图；

d） 其他相关附图。

19.3 附件

凡属于项目可行性研究范围，但在研究报告以外单独成册的文件，需列为可行性研究报告的附件：

a） 编制可行性研究报告依据的有关文件，包括：项目建议书及其批复文件，初步可行性研究报告及其批复文件，编制单位与委托单位签订的协议书或合同，涉及有关专利技术、专有技术须附技术许可证证明文件等；

b）建设单位与有关协作单位或有关政府部门签订的动力供应、土地使用等合作配套协议书、意向性文件或意见；
c）站址选择报告和有关批准文件；
d）资金筹措意向性文件或有关证明文件；
e）环境影响报告书或环境影响报告表、批复的环境影响报告书或环境影响报告表的审批文件；
f）地热资源评价报告；
g）地热流体物性评价报告；
h）其他有关文件或者资料。

附 录 A
（资料性附录）
附 表

A.1 投资估算

投资估算表见表A.1。

表 A.1 投资估算表

序号	工程或费用名称	单位	工程量	估价（万元）	其中：设备费（万元）	备注
I	建设投资（含增值税）					
	建设投资（不含增值税）					
	第一部分：工程费用					
一	工艺部分					
二	建筑结构部分					
三	供配电部分					
四	自动控制和信息化工程部分					
五	采暖通风部分					
六	消防及给排水部分					

表 A.1（续）

序号	工程或费用名称	单位	工程量	估价（万元）	其中：设备费（万元）	备注
	第二部分：其他费用					
1	前期工作费					
1.1	可行性研究报告编制费					
2	建设管理费					
2.1	建设单位管理费					
2.2	建设工程监理费					
2.3	工程质量监管费					
3	专项评价及验收费					
3.1	环境影响及验收评价费					
3.1.1	环境影响报告表					
3.1.2	评估环境影响报告表					
3.1.3	环境影响验收评价费					
4	勘察设计费					
4.1	工程设计费					
5	联合试运转费					
	第三部分：预备费					
1	基本预备费					
	第四部分：地热井费用					

A.2 主要经济数据及评价指标

主要经济数据及评价指标表见表A.2。

表 A.2 主要经济数据及评价指标表

序号	名称	单位	数值	备注
一	投资数据			
1	项目总投资	万元		
1.1	建设投资	万元		
1.2	建设期利息	万元		
1.3	流动资金	万元		

表 A.2（续）

序号	名称	单位	数值	备注
2	资金筹措	万元		
2.1	资本金	万元		
2.2	建设贷款	万元		
2.3	流动资金贷款	万元		
二	经济指标			
1	项目评价指标			
1.1	营业收入	万元		
1.2	销售税金及附加	万元		
1.3	总成本费用	万元		
1.4	资本金净利润率	年		
1.5	项目投资财务内部收益率（所得税前）	%		
1.6	项目投资财务内部收益率（所得税后）	%		
1.7	项目投资财务净现值（所得税前）	万元		
1.8	项目投资财务净现值（所得税后）	万元		
1.9	项目投资回收期（所得税前）	年		
1.10	项目投资回收期（所得税后）	年		
1.11	利息备付率	%		
1.12	偿债备付率	%		
1.13	盈亏平衡点	%		
1.14	投资收益率（含流动资金）	%		
1.15	投资收益率（不含流动资金）	%		
1.16	评价期内 EVA 总额	万元		
1.17	评价期内税后净利润总额	万元		
1.18	年均利润总额	万元		
2	资本金评价指标			
2.1	资本金投资财务内部收益率（所得税前）	%		
2.2	资本金投资财务内部收益率（所得税后）	%		
2.3	资本金投资财务净现值（所得税前）	万元		
2.4	资本金投资财务净现值（所得税后）	万元		
2.5	资本金投资回收期（所得税前）	年		
2.6	资本金投资回收期（所得税后）	年		

附 录 B
（资料性附录）
可行性研究报告编排格式要求

B.1 报告构成

报告按封面、扉页、目录、报告正文和附表、附图、附件的顺序编排，在报告正文最后可以补加说明和引用文献名称。

B.2 报告编写要求

报告应内容完整、层次分明、语言简练、重点突出、逻辑性强、引用资料数据无误、配套图表齐全。

报告文字使用通用规范汉字表中的规范字，用阿拉伯数字或科学计数法表示数量。

计量单位名称和符合按《中华人民共和国法定计量单位》选用。文字后用单位名称表示，数字后面用单位符号表示，同一报告要统一。

涉及面积、投资、用量的数据一律保留小数点后两位。

引用的资料与成果应当正确，并明确交代其来源或依据。

报告原稿装订时，所有图表均应折叠整齐，大小与所用稿纸一致，装订部位一律位于左侧装订线处。

B.3 报告格式

B.3.1 页眉页脚的编排

封面和扉页不编入页码。将目录等前置部分单独编排页码。页码必须标注在每页页脚底部居中位置。

B.3.2 层次划分与编号

报告层次可分为章、节、条、项和小项等5个层次。章、节、条的编号采用阿拉伯数字表示，一律左起顶格书写，层次之间在数字右下角加圆点，如第1章第2节第3条应写成“1.2.3”。项用带英文小括号的阿拉伯数字书写，如（1）、（2）、（3），小项用圆圈的阿拉伯数字书写，如①、②、③。

章、节、条有标题，标题后面不应有标点符号，并单独成一行，与正文分开。项根据情况可设或者不设标题，但在同一章中必须统一设或者统一不设标题。

章的编号应在同一文件内自始至终连续排列，节的编号应在所述章内连续排列，其余类同。

1 第一章的章标题（选择样式中的标题1） 1.1 第一章第一节标题（选择样式中的标题2） 1.1.1 第一章第一节一级标题(选择样式中的标题3) (1) 层次一标题(选择样式中的正文) ① 层次二标题(选择样式中的正文) ② …… (2)……

图 B.1 正文各级标题编号的示例图

附　录　C
（资料性附录）
封面和扉页格式

可行性研究报告的封面和扉页采用标准格式，分别如例C.1、例C.2所示。

例C.1：

建设单位名称

XXXX 地热能开发利用项目

可行性研究报告

（一号黑体）

编制单位名称(三号宋体加黑)

20××年××月(三号宋体加黑)

图 C.1　可行性研究报告封面格式图

例C.2：

建设单位名称

××××地热能开发利用项目

可行性研究报告

（一号黑体）

项目编号：××××××

项目负责人：　姓　名(宋体三号)

编　制　人　：　姓　名(宋体三号)

图 C.2　可行性研究报告扉页格式图

ICS 73.020
F 15

NB

中 华 人 民 共 和 国 能 源 行 业 标 准

NB/T 10263—2019

地热储层评价方法

Evaluating methods of geothermal reservoirs

2019-11-04 发布 2020-05-01 实施

国家能源局 发布

目　次

前　言

本标准按照GB/T 1.1—2009《标准化工作导则　第1部分：标准的结构和编写》给出的规定起草。

本标准由能源行业地热能专业标准化技术委员会提出并归口。

本标准起草单位：中国石油化工股份有限公司石油勘探开发研究院、中国石化集团新星石油有限责任公司、中国石油大学（北京）、北京市地热研究院、天津地热勘查开发设计院、山东省地质矿产勘查开发局、中国石油化工股份有限公司胜利油田分公司勘探开发研究院。

本标准主要起草人：张英、冯建赟、何治亮、周总瑛、鲍志东、柯柏林、赵苏民、康凤新、杨永红、李朋威、赵丰年、向烨、罗军。

本标准于2019年首次发布。

地热储层评价方法

1 范围

本标准规定了水热型地热储层（以下简称“热储”）的术语和定义、分类、评价要求、评价内容和方法、综合评价、成果要求。

本标准适用于不同勘查阶段水热型热储的评价。

2 规范性引用文件

下列文件对于本文件的应用是必不可少的。凡是注日期的引用文件，仅注日期的版本适用于本文件。凡是不注日期的引用文件，其最新版本（包括所有的修改单）适用于本文件。

GB/T 11615 地热资源地质勘查规范

DZ/T 0275.4—2015 岩矿鉴定技术规范第4部分岩石薄片鉴定

DZ/T 0282—2015 水文地质调查规范（1:50000）

3 术语和定义

下列术语和定义适用于本标准。

3.1

热储中部温度 central temperature of geothermal reservoir

热储顶板和底板中间埋深处的温度。

3.2

热储有效厚度 effective thickness of geothermal reservoir

在一套热储的顶底板范围内，采用野外测量、钻探、测录井和地球物理解释识别的含水层的累计垂深厚度。

4 热储分类

4.1 热储中部温度分类

利用测井、地热温度计和地温梯度计算等手段获取热储中部温度。热储中部温度类型划分见表1。

表 1 热储中部温度类型

热储中部温度类型	温度 T ℃
高温热储	$T \geqslant 150$
中温热储	$150 > T \geqslant 90$
低温热储	$90 > T \geqslant 25$

4.2 热储岩性分类

热储岩性分为沉积岩、火成岩与变质岩三大类。根据地热流体赋存的岩石类型，可进一步细分为不同类型的热储岩性，如砂岩热储、碳酸盐岩热储等。

4.3 热储平面展布分类

按热储平面展布的控制因素(岩性、构造)，将热储分为层状热储和带状热储两大类。

4.4 热储储集空间分类

热储储集空间划分为孔隙、洞穴及裂缝等基本类型（见表2）。

表2 热储储集空间类型

<table>
<tr><th colspan="2">热储储集空间类型</th><th>长宽比</th><th>孔洞直径 D
mm</th></tr>
<tr><td rowspan="2">孔洞</td><td>孔隙</td><td rowspan="2">1:1～<10:1</td><td>$D<2$</td></tr>
<tr><td>洞穴</td><td>$D\geqslant 2$</td></tr>
<tr><td colspan="2">裂缝</td><td>≥10:1</td><td></td></tr>
</table>

4.5 热储孔隙度分类

主要热储类型的孔隙度分类见表3～表5。

表3 砂岩热储孔隙度类型

热储孔隙度类型	孔隙度ϕ %
高孔	$\phi\geqslant 25$
中孔	$25>\phi\geqslant 15$
低孔	$\phi<15$

表4 碳酸盐岩热储孔隙度类型

热储孔隙度类型	孔隙度ϕ %
高孔	$\phi\geqslant 20$
中孔	$20>\phi\geqslant 12$
低孔	$\phi<12$

表5 火成岩热储和变质岩热储孔隙度类型

热储孔隙度类型	孔隙度ϕ %
高孔	$\phi\geqslant 5$
中孔	$5>\phi\geqslant 2$
低孔	$\phi<2$

4.6 热储渗透率分类

主要热储类型的渗透率分类见表6、表7和表8。

表6　砂岩热储渗透率类型

热储渗透率类型	渗透率 K mD
高渗	$K \geqslant 500$
中渗	$500 > K \geqslant 100$
低渗	$K < 100$

表7　碳酸盐岩热储渗透率类型

热储渗透率类型	渗透率 K mD
高渗	$K \geqslant 100$
中渗	$100 > K \geqslant 10$
低渗	$K < 10$

表8　火成岩热储和变质岩热储渗透率类型

热储渗透率类型	渗透率 K mD
高渗	$K \geqslant 50$
中渗	$50 > K \geqslant 10$
低渗	$K < 10$

4.7 热储有效厚度分类

利用野外测量、钻探、测录井和地球物理解释等手段获取热储有效厚度数据，热储有效厚度的类型分类见表 9。

表9　热储有效厚度类型

热储有效厚度类型	有效厚度 H m
厚层	$H \geqslant 100$
中层	$100 > H \geqslant 20$
薄层	$H < 20$

4.8 地热流体产量分类

利用产能测试及邻区对比等手段获取热储的单井地热流体产量，单井地热流体产量分类见表 10。

表 10　单井地热流体产量分类表

地热流体产量类型	单井地热流体产量 Q m^3/d
高产	$Q \geqslant 2400$
中产	$2400 > Q \geqslant 1200$
低产	$Q < 1200$

5　地热勘查阶段划分

5.1　地热资源调查阶段

以地热调查区为评价对象，以明确热储类型和宏观分布为重点，利用地质、物探、化探、泉点、钻孔等资料，研究有利热储特征，指出有利热储可能分布区带，为地热资源远景评价和勘查方向选择提供依据。

5.2　地热资源预可行性勘查阶段

以有利区带或区块为评价对象，以深入认识热储特征和分布为重点，利用地质、地球物理探测、钻探、产能测试等勘查成果，基本明确热储特征、成因类型与空间展布，确定有利热储分布区，为地热资源评价、有利区带优选及地热田的发现提供依据。

5.3　地热资源可行性勘查阶段

以地热系统或地热田为评价对象，主要利用详细的地球物理探测勘查、地热勘探井和采出井等成果，详细开展微观尺度与宏观尺度相结合的热储特征研究及预测，为地热资源/储量评价、开发方案制定和地热开发项目区优选等提供依据。

5.4　地热资源开采阶段

以地热开发项目区为评价对象，结合地热项目的钻井、热储工程、动态监测与评价等工作，开展热储参数评价研究，建立热储三维地质模型与采灌数值模型，为开发方案调整、提高地热项目管理水平和实现采灌平衡提供依据。

6　热储评价内容和方法

6.1　热储中部温度

6.1.1　评价内容

热储中部温度主要评价热储岩石的温度及其在横向及纵向上的变化特征。

6.1.2　评价方法

热储中部温度可采用单井测温获取，没有实测数据时，选用区域地温梯度或地热温标计算温度数据。

6.2　热储岩石学特征

6.2.1　评价内容

热储岩石学特征评价主要是确定热储的岩石类型和岩相变化等特征。

6.2.2 评价方法

主要利用野外地质剖面、钻井柱状图的地质描述和薄片鉴定相结合的方式进行热储岩石学特征的评价。岩石学特征描述按照DZ/T 0275.4—2015的规定执行。

6.3 热储储集空间特征

6.3.1 评价内容

热储储集空间特征主要评价不同岩类热储的储集空间类型、组合类型，判断热储孔、洞、缝的有效性及其规模。砂岩和碳酸盐岩主要评价原生孔隙、次生孔隙、裂缝及其组合情况，火成岩和变质岩主要评价孔、洞、缝类型及其组合特征。

6.3.2 评价方法

综合利用露头、测录井、地球物理探测以及薄片观察等手段进行评价。

6.4 热储孔、渗物性特征

6.4.1 评价内容

热储孔、渗物性特征评价主要分析不同类型热储的孔隙度、渗透率参数，判断孔、洞、缝发育情况，确定热储孔隙度、渗透率大小及其在横向、纵向上的变化特征。

6.4.2 评价方法

热储孔、渗物性特征评价主要结合岩心和野外露头观察、岩心样品实验室测量、录井、测井解释、钻具放空长度、钻井液漏失数量和速度、降压和放喷试验等资料。

6.5 热储热物性特征

6.5.1 评价内容

热储热物性特征主要评价热储比热容、热导率及其在横向、纵向上的变化特征。

6.5.2 评价方法

热储热物性特征评价主要通过热储岩石样品的热物性测试获取热物性参数，结合热储岩性及岩相特征分析其在横向、纵向上的变化。

6.6 热储产能测试

6.6.1 评价内容

热储产能测试主要是为了获得地热流体温度、压力、涌水量、水位变化、采灌比及热储的导水系数和渗透系数等参数。

6.6.2 评价方法

热储产能测试主要通过降压试验、放喷试验和回灌试验等获取相关参数。具体方法按照GB/T 11615—2010执行。

6.7 热储发育的主控因素

6.7.1 沉积岩热储

沉积岩热储应确定沉积相，分析沉积作用、成岩作用（包括成岩阶段、成岩共生序列和成岩历史等）、构造作用、热事件、砂体展布等对热储物性的影响。应开展以下评价：

a） 确定热储沉积相类型，分析沉积相与热储物性的关系，明确有利沉积相；
b） 进行成岩阶段和成岩环境划分，评价各种成岩作用对不同类型孔隙形成、发育和消亡的影响；
c） 成岩次序与孔隙演化的关系。

6.7.2 火成岩热储

火成岩热储应开展以下评价：

a） 岩浆旋回、期次和岩石形成时代；
b） 确定火山岩体或侵入体的分布和规模，有利火山岩及侵入岩岩相；
c） 火成岩热储在埋藏及抬升过程中蚀变作用对储集空间的改造和构造裂缝对储集性能的影响，明确有利热储的横向及纵向分布规律；
d） 进行岩相划分、岩相空间分布预测、岩相和储集条件关系研究，明确有利岩相及后生改造作用，划分有利的后生改造作用类型。

6.7.3 变质岩热储

变质岩热储应开展以下评价：

a） 区域不整合面导致的风化、淋滤作用和多期构造运动对裂缝形成和分布的影响；
b） 变质变形作用对构造面理的形成及改造过程，以及深部流体作用对热储储集空间的影响；
c） 区域不整合面导致的风化、淋滤作用产生的次生孔隙；
d） 多期构造运动产生的构造裂隙；
e） 深部流体对储集空间的影响，明确变质岩储集体分布特征。

6.8 热储描述与预测

6.8.1 地热资源调查阶段

利用野外地质、钻探、地球物理及化探资料确定热储集中分布的地层层段或热储地质体部位，进行热储描述与预测：

a） 描述并预测热储中部温度及地温场特征；
b） 描述热储顶板和底板深度的起伏变化，建立热储分布格架；
c） 预测热储空间分布和储集性能的变化。

6.8.2 地热资源预可行性勘查阶段

补充地质、钻探、岩心分析、地球物理资料，深化热储描述与预测：

a） 确定有效热储几何形态、分布及非均质性特征；
b） 明确热储孔渗、热物性等特征，分析其变化及主控因素；
c） 分析一定埋深（如1000m、2000m、3000m）热储温度特征。

6.8.3 地热资源可行性勘查阶段

深化前期热储评价工作，并开展以下热储特征的描述与预测：

a） 描述并预测热储平面及空间分布；
b） 明确热储中部温度和热储地温梯度特征；
c） 建立热储概念地质模型。

6.8.4 地热资源开采阶段

综合钻探、地球物理与地热生产资料，进行热储描述与预测：
a） 编制分层（段）储层和盖层组合分布图；
b） 描述热储温度、孔渗、热物性等特征，建立热储三维地质模型；
c） 进行地热流体温度、压力、产能拟合与预测评价。

7 热储综合评价

7.1 选择热储评价参数

热储评价的参数主要包括热储温度、分布面积、有效厚度、储集空间、孔隙度、渗透率、热储产能、非均质性等。

7.2 单井热储评价

开展单井热储评价，其参数包括热储中部温度、有效厚度、孔隙度、渗透率、非均质性、单井流体产量等，按4.1～4.8和6.1～6.8进行热储分类和评价。

7.3 热储地质模型建立

在进行单井热储评价的基础上，应用多井钻井和地球物理资料进行热储平面及空间分布分析。资料较少时，建立热储概念地质模型。条件具备时，应建立热储三维地质模型。

7.4 分区块、分层段的热储综合评价

根据热储的分布范围、有效厚度及其横向上的可对比性，岩性、岩相、储层孔渗特征、热物性、孔隙结构、裂缝、非均质性、温度、地热流体产能等，确定不同区块、不同层段有利热储的分布。

8 热储评价成果

8.1 评价报告编写要求

报告内容包括区域地热地质条件、热储特征、热储发育主控因素、热储描述与预测、热储综合评价，报告编写提纲及要求可按附录 A 执行。

8.2 附图

附图可包含但不限于以下图件，并按照 DZ/T 0282—2015 规定的格式编绘：
a） 热储评价综合柱状图，包括热储厚度、中部温度、岩性、储集空间类型、岩石孔渗特征、岩石热物性等信息；
b） 热储物性特征横向对比剖面图；
c） 热储埋深等值线图；
d） 热储有效厚度等值线图

e） 热储地温梯度等值线图；
f） 热储中部温度等值线图；
g） 热储孔隙度等值线图；
h） 热储综合评价图。

8.3 附表

可附以下表格，格式参见附录B：
a） 热储地质评价基础数据表；
b） 热储地质评价关键参数表。

附 录 A
（资料性附录）
热储评价报告编写要求

A.1 报告提纲

第一章 概述
第二章 区域地热地质条件
第三章 热储特征
第四章 热储发育主控因素
第五章 热储描述与预测
第六章 热储综合评价

A.2 报告编写要求

第一章，应简述评价的目的和任务；评价区（井）勘查和研究程度。

第二章，应简述区域地质构造、主要断裂构造特征、岩石地层发育情况、区域地温场特征。

第三章，应详细阐述热储温度、岩性、平面和纵向展布、储集空间类型及特征、孔隙度、渗透率、热物性、热储产能等特征。

第四章，依据勘查阶段和热储岩性类型，按照6.7给出的细节，应详细阐述热储发育主控因素。

第五章，依据勘查阶段，按照6.8给出的细节，应进行热储描述和预测。

第六章，选择热储评价参数，单井可进行热储分类和评价，区域范围宜采用点、线、面结合的方式进行热储综合评价，确定有利热储分布。

附　录　B
（规范性附录）
热储地质评价相关数据表

B.1　热储地质评价基础数据表

热储地质评价基础数据表格式见表 B.1。

表 B.1　热储地质评价基础数据表

<table>
<tr><td colspan="2">构造单元</td><td></td><td>目的层系/地质体</td><td></td></tr>
<tr><td rowspan="25">评价内容</td><td rowspan="4">岩石学特征</td><td>岩石名称</td><td colspan="2"></td></tr>
<tr><td>主要矿物成分</td><td colspan="2"></td></tr>
<tr><td>结构</td><td colspan="2"></td></tr>
<tr><td>构造</td><td colspan="2"></td></tr>
<tr><td rowspan="2">岩相特征</td><td>岩相类型</td><td colspan="2"></td></tr>
<tr><td>岩相分布</td><td colspan="2"></td></tr>
<tr><td rowspan="4">热储特征</td><td>热储有效厚度/m</td><td colspan="2"></td></tr>
<tr><td>热储有效厚度占热储地层总厚度的比例/%</td><td colspan="2"></td></tr>
<tr><td>热储顶板埋深范围/m</td><td colspan="2"></td></tr>
<tr><td>热储底板埋深范围/m</td><td colspan="2"></td></tr>
<tr><td rowspan="3">储集空间特征</td><td>宏观孔、洞、缝发育特征</td><td colspan="2"></td></tr>
<tr><td>微观裂缝发育特征</td><td colspan="2"></td></tr>
<tr><td>微观孔隙结构特征</td><td colspan="2"></td></tr>
<tr><td rowspan="4">储集物性特征</td><td>孔隙度范围/%</td><td colspan="2"></td></tr>
<tr><td>孔隙度平均值/%</td><td colspan="2"></td></tr>
<tr><td>渗透率范围/mD</td><td colspan="2"></td></tr>
<tr><td>渗透率平均值/mD</td><td colspan="2"></td></tr>
<tr><td rowspan="2">地热流体特征</td><td>单井地热流体产量/(m^3/h)或(m^3/d)</td><td colspan="2"></td></tr>
<tr><td>地热流体温度/℃</td><td colspan="2"></td></tr>
<tr><td rowspan="2">热物性特征</td><td>比热容/[J/(kg·K)]</td><td colspan="2"></td></tr>
<tr><td>热导率/[W/(m·K)]</td><td colspan="2"></td></tr>
<tr><td rowspan="4">地温场特征</td><td>大地热流值/(mW/m^2)</td><td colspan="2"></td></tr>
<tr><td>盖层地温梯度/(℃/100m)或(℃/km)</td><td colspan="2"></td></tr>
<tr><td>热储地温梯度/(℃/100m)或(℃/km)</td><td colspan="2"></td></tr>
<tr><td>热储中部温度/℃</td><td colspan="2"></td></tr>
</table>

B.2 热储地质评价关键参数表

热储地质评价关键参数表格式见表B.2。

表B.2 热储地质评价关键参数表

构造单元		目的层系/地质体	
评价内容	评价参数	参数值	
温度特征	热储中部温度/℃		
物性特征	孔隙度平均值/%		
	渗透率平均值/mD		
热储有效厚度	热储有效厚度/m		
	热储有效厚度占热储地层总厚度的比例/%		
地热流体产量特征	单井地热流体产量/(m^3/h)或(m^3/d)		

ICS 73.020
D 14

NB

中华人民共和国能源行业标准

NB/T 10264—2019

地热地球物理勘查技术规范

Specifications for geothermal resources geophysical exploration technology

2019-11-04 发布 2020-05-01 实施

国家能源局 发布

目　次

前　言

本标准按照GB/T 1.1—2009《标准化工作导则 第1部分：标准的结构和编写》给出的规定起草。

本标准由能源行业地热能专业标准化技术委员会提出并归口。

本标准起草单位：中国石油化工股份有限公司石油物探技术研究院、中国石化集团新星石油有限责任公司、北京市地质勘察技术院、江苏省地质调查研究院。

本标准主要起草人：俞建宝、吴伟、李弘、曹辉、雷晓东、赵丰年、肖鹏飞、姜国庆、尚通晓、张松扬、向烨、关艺晓。

本标准于2019年首次发布。

地热地球物理勘查技术规范

1 范围

本标准规定了地热资源勘查中地球物理勘查的方法选取、数据采集、数据处理、资料解释、报告编写、成果提交等工作要求。

本标准适用于陆上水热型地热资源地球物理勘查。

2 规范性引用文件

下列文件对于本文件的应用是必不可少的。凡是注日期的引用文件，仅所注日期的版本适用于本文件。凡是不注日期的引用文件，其最新版本（包括所有的修改单）适用于本文件。

GB/T 7713.3 科技报告编写规则
GB/T 33583 陆上石油地震勘探资料采集技术规程
GB/T 33684 地震勘探资料解释技术规范
GB/T 33685 陆上地震勘探数据处理技术规程
DD 2006 岩矿石物性调查技术规程
DZ/T 0004 重力调查技术规范（1:50000）
DZ/T 0070 时间域激发极化法技术规程
DZ/T 0073 电阻率剖面法技术规程
DZ/T 0142 航空磁测技术规范
DZ/T 0171 大比例尺重力勘查规范
DZ/T 0280 可控源音频大地电磁法技术规程
DZ/T 0305 天然场音频大地电磁法技术规程
EJ/T 605 氡及其子体测量规范
SY/T 5819 陆上重力磁力勘探技术规程
SY/T 5820 石油大地电磁测深法采集技术规程
SY/T 6055 石油重力、磁力、电法、地球化学勘探图件编制规范
SY/T 6276 石油天然气工业健康、安全与环境管理体系
SY/T 6589 陆上可控源电磁法勘探采集技术规程
SY/T 6687 井中-地面电磁法勘探技术规程
SY/T 7070 微地震井中监测技术规程
SY/T 7072 大地电磁测深法资料处理解释技术规程
SY/T 7073 陆上可控源电磁法勘探资料处理解释技术规程
SY/T 7372 微地震地面监测技术规程

3 总则

查成本，特制定本标准。

3.2　本标准涉及的地球物理勘查技术方法，是陆上水热型地热资源勘查中常用的地球物理勘查技术方法。

4　工作准备

4.1　资料收集

地球物理勘查工作正式开展前，应先收集工区及其周边区域如下资料：

a）地形、河流、湖泊等自然地理资料；

b）居民点、道路、管线、水利设施等人文地理资料；

c）气温、雨季、冰冻期等气象信息资料；

d）发生时间、频次、深度等地震活动资料；

e）构造、地层、岩性、火成岩分布等区域地质资料；

f）地下水类型、补、径、排特征等水文地质资料；

g）井位、井深、测井、录井等钻探资料；

h）大地热流、岩石物性、以往电法勘探、重力勘探、磁法勘探、地震勘探、放射性勘探、红外线摄影等地球物理资料。

4.2　方法准备

分析收集到的地质、地球物理、地理资料，结合现场踏勘与正演模拟分析，确定适宜的地球物理勘查技术方法及方法组合。常用地球物理勘查技术方法的目标任务如下：

a）电法，适用于地热资源勘查的调查、预可行性勘查、可行性勘查、开采各个阶段。主要采用电磁测深类方法，探查与热源有关的深部岩浆活动、岩体（层），与热通道有关的深大断裂，与热储体（层）有关的岩体（层）和断裂构造，与热盖层有关的岩层的位置和顶/底板埋深；探测岩体（层）含水性、有地温测井时推断地温场分布。可行性勘查、开采阶段，采用激发极化法、复电阻率法进行地层/岩体含水性预测与含水带位置探查作为补充。开采阶段，采用井地（中）电法进行热储体（层）压裂改造与回灌的流体监测。基岩埋深小于50m～100m地段，尤其构造发育区域，采用高密度电阻率法进行地层/岩体含水性预测与含水带位置探查作为补充；

b）重力法，适用于地热资源勘查的各个阶段。探查与热源有关的深部岩浆活动、岩体（层），与热通道有关的深大断裂，与热储体（层）有关的岩体（层）、断裂构造的位置、顶/底板埋深。开采阶段，采用高精度重力测量进行地热田开采、回灌区地面沉降监测；

c）磁法，适用于地热资源勘查的调查、预可行性勘查、可行性勘查阶段。探查与热源有关的深部岩浆活动、岩体，与热通道有关的深大断裂，与热储体（层）有关的火成岩体、断裂构造分布的位置；

d）人工地震法，适用于地热资源勘查的可行性勘查、开采阶段。探查与热储体（层）有关的岩体（层）位置、顶/底板埋深、岩性，预测岩体（层）的孔隙度、渗透率等物性参数；探查与热储体（层）有关的断裂构造位置、深度、断距；探查与热盖层有关的岩层顶/底板埋深、岩性；

e）被动源地震法，适用于地热资源勘查的开采阶段。采用微地震监测技术进行热储体（层）压裂改造实时监测；

f）放射性法，适用于地热资源勘查的预可行性勘查、可行性勘查阶段。探查与热通道、热储体（层）有关的断裂构造位置、走向。

4.3　方法选择

地热资源勘查中，主要依据所处阶段、目标任务、热储类型，选择适宜的地球物理方法：

a） 电磁测深类方法，包括大地电磁测深（MT）法、音频大地电磁测深（AMT）法、可控源音频大地电磁测深（CSAMT）法、广域电磁法等，是地热资源勘查中应用最为普遍的地球物理方法。常规电法，包括激发极化法、复电阻率法、高密度电阻率法等，是地热资源勘查中目标埋深较浅时普遍应用的方法；

b） 在已知为带状热储地区，宜采用电磁测深类方法、重力法、磁法等，放射性法作为可选方法。在已知为层状热储地区，宜采用电磁测深类方法、重力法、人工地震法等，磁法作为可选方法；

c） 居民集中区、工业集中区的地热资源勘查，宜采用可控源音频大地电磁测深（CSAMT）法、广域电磁法等人工场源的电磁测深类方法，人工场源的常规电法、重力法、放射性法作为可选方法。

不同阶段、不同热储类型地球物理勘查方法的应用及其地质目标参见表1。不同阶段、不同热储类型地球物理勘查方法的选择参见表2。

表1　不同阶段、不同热储类型地球物理勘查方法应用及其地质目标

阶段	任务	热储类型	方法应用	地质目标
调查	为地热资源量预测、地热资源开发利用前景分析提供依据		收集区域航磁、地磁、重力、大地电磁测深（MT）等物探资料，大地热流、地温、地震活动等资料	圈出与热源有关的深部构造，岩浆活动位置、范围；划分出与热通道有关的深大断裂位置、走向、延伸长度；圈出可能的热储位置
预可行性调查	圈出有利地热异常区，或确定进一步进行地热勘查的区块地段，为地热资源试采及进一步勘查与开发远景规划的制定提供依据	层状热储	1:100000重、磁勘探	圈出与热储体（层）有关的隐伏构造、岩体位置、分布范围，给出大致深度
			1:100000电磁测深法（MT、AMT）勘探	圈出与热储体（层）有关的隐伏构造、岩体位置、范围、深度；预测构造、岩体含水性
		带状热储	1:50000重、磁勘探	圈出与热通道、热储体有关的断裂带、隐伏岩体位置、走向、延伸范围、大致深度
			1:50000电磁测深法（MT、AMT、CSAMT、广域电磁法）勘探	圈出与热通道、热储体有关的断裂带、隐伏岩体位置、走向、延伸范围、深度；预测断裂带、隐伏岩体含水性
			1:50000放射性法	圈出与热通道、热储体有关的断裂带、火成岩体位置、走向、延伸范围

表 1（续）

阶段	任务	热储类型	方法应用	地质目标
可行性勘查	查明勘查区地层结构、岩浆岩分布与主要控热构造，各热储体（层）的岩性、厚度、分布、埋藏条件及其相互关系，提出开采设计钻探井位及井深建议	层状热储	1:50000重、磁勘探面积测量； 1:10000重、磁勘探剖面精测	查明热储体（层）位置、边界、深度、厚度
			1:50000电磁测深法（MT、AMT、CSAMT、广域电磁法）剖面测量或面积测量； 1:50000激发极化法、复电阻率法、高密度电阻率法面积测量	查明热储体（层）位置、边界、深度、厚度；查明热盖层深度、厚度；预测热储体（层）含水性
			1:100000二维人工地震法勘探	查明热储体（层）的位置、顶/底板埋深、岩性，热储体（层）的孔隙度、渗透率等物性参数；精确划分出断裂位置、埋深、断距；准确解释出热盖层的顶/底埋深、岩性
		带状热储	1:10000重、磁勘探面积测量； 1:1 000重、磁勘探剖面精测	查明控热断裂带、火成岩体位置、走向、延伸范围、深度
			1:10000电磁测深法（AMT、CSAMT、广域电磁法）剖面测量或面积测量； 1:10000激发极化法、复电阻率法、高密度电法面积测量	查明控热断裂带、岩体位置、走向、延伸范围、深度；预测控热断裂带、岩体含水性
			1:10000放射性法	圈出与热储体有关的断裂带、火成岩体位置、走向、延伸范围
			1:50000二维或三维人工地震法勘探	查明控热断裂的位置、埋深、断距；准确解释出热盖层的顶/底埋深、岩性
开采	详细查明地热田地质构造、岩浆活动，热储体（层）岩性、厚度、深度、分布范围、与围岩关系，热盖层岩性、厚度、密封性，热通道的延伸与展布，建立准确的地热地质概念模型，为地热资源合理利用、有效保护及可持续开发，提供可靠依据	层状热储	1:10000高精度重力勘探面积测量； 1:1 000高精度重力勘探剖面测量	详细查明控热构造、岩体的位置、分布范围、深度；地热田开采、回灌区，地面沉降监测
			1:10000电磁测深法（AMT、CSAMT、广域电磁法）面积测量； 1:10000激发极化法、复电阻率法、高密度电法面积测量	详细查明控热构造、岩体的位置、分布范围、深度、含水性
			1:50000二维或小面积三维人工地震法勘探	详细查明控热构造、岩体的位置、分布范围、顶/底板埋深、岩性，热储体（层）的孔隙度、渗透率等物性参数，热盖层的顶/底埋深、岩性、密封性；详细划分出断裂位置、埋深、断距
			井地微地震监测	地热开采压裂监测
			井地（中）电法监测	地热开采压裂流体监测、地热开采回灌流体实时监测

表 1（续）

阶段	任务	热储类型	方法应用	地质目标
		带状热储	1:5000高精度重力勘探面积测量；1:1 000高精度重力勘探剖面测量	详细查明控热断裂、岩体的位置、分布范围、深度；地热田开采、回灌区，地面沉降监测
			1:5000电磁测深法（AMT、CSAMT、广域电磁法）面积测量；1:5000激发极化法、复电阻率法、高密度电法面积测量	详细查明控热断裂、岩体的位置、走向、延伸范围、深度、含水性
			1:50000二维或小面积三维人工地震法勘探	详细查明控热断裂的位置、埋深、断距、展布范围，岩层岩性、孔隙度、渗透率；详细查明热盖层的顶/底埋深、岩性、密封性
			井地微地震监测	地热开采压裂监测
			井地（中）电法监测	地热开采压裂流体监测、地热开采回灌流体实时监测

表 2　不同阶段、不同热储类型地球物理勘查方法选择参照表

阶段	热储类型	重力法	磁法	电磁测深法	常规电法	人工地震法	放射性法	井地电法监测	井地微地震监测
预可行性勘查	层状热储	○	○	○	—	—	—	—	—
	带状热储	○	○	○	—	—	△	—	—
可行性勘查	层状热储	○	△	○	△	○	—	—	—
	带状热储	○	○	○	△	△	△	—	—
开采	层状热储	○	△	○	△	○	—	○	○
	带状热储	△	△	○	△	○	—	○	○
备注：○基本　△可选									

5　工作内容与要求

5.1　技术设计

5.1.1　任务

根据地热资源勘查项目的任务目标，以及工区地质特点、地球物理资料情况，确定项目实施的具体技术路线及选用的地球物理方法技术，明确地球物理方法技术工作内容、工作量，说明预期的工作成果及经费预算等。

编写项目技术设计书，设计书编写提纲及附图附表要求参考附录 A。

5.1.2 设计准备

5.1.2.1 资料分析

对收集到的工区以及周边地区已有的各种比例尺、各种方法的地球物理勘查资料（包括原始数据采集方法及其测量精度、资料处理解释采用的方法、处理解释中间结果及最终成果图、物性资料等）进行分析，了解并掌握已有地球物理工作程度、存在的问题。

5.1.2.2 现场踏勘

到工区进行踏勘，现场了解地表地质特征、气候气象条件、交通条件、工农业生产、居民点分布、地表水系、温泉分布等情况。

在工区内开展有关地球物理方法的有效性试验工作，研究方法实施的可行性，确定地球物理数据观测的最佳技术参数，包括测网/测线布设、工期、人员、设备和车辆配置等。

5.1.3 设计内容

技术设计主要内容包括：

a） 地球物理勘查工作的地质任务；

b） 工区位置、范围；

c） 地球物理勘查工作方法、工作内容、工作量、试验方案；

d） 测网、测线，初步技术参数，数据采集精度指标；

e） 数据处理、资料解释的流程、内容，采用的方法，预期成果；

f） 设备、组织保障措施、经费预算、施工期限与进度安排、HSE 管理等。

5.1.4 技术要求

地球物理勘查数据采集宜采用稀疏测网面积测量与高精度剖面测量相结合的工作方式。技术设计要求如下：

a） 测点设计：应避免在电磁干扰、人文干扰严重的地段布设电磁测深类方法，不在工业区、居民生活区和建筑物分布区布设地面磁法勘探工作；

b） 精度设计：根据探测目标的埋深以及可能的规模大小，设计地球物理勘查方法应达到的测量数据精度，并根据相应地球物理勘查方法标准，确定精度指标及质量检查方式；

c） 测网、测线设计：设计的地球物理勘查工作范围应大于地热开发利用建设的范围，并尽量规整、连片；测网密度应与工作比例尺相对应（参见表 3）；测线应尽量垂直主要构造走向，精测剖面应通过已知钻孔和拟定钻孔；

d） 技术参数设计：根据资料分析和现场踏勘结果设计模型，通过对模型的理论计算以及现场试验结果确定相关技术参数。例如，高精度重力勘探、地面磁法勘探工作点与地铁、地下室、车库、高楼等建筑物的距离；可控源音频大地电磁测深（CSAMT）法在保证探测深度和信噪比条件下的远区截止频率、收发距；人工地震法的药量、井深、偏移距等；

e） 物性工作设计：岩样的采集与测量应覆盖各个时期、各种岩性；

f） 测地工作设计：应符合相应的地球物理勘查方法标准的要求；

g） 所采用地球物理方法的勘查深度应大于拟钻地热井深度或预估勘查目标的深度，拟钻地热井的设计应依据不少于三种地球物理方法解释成果，多种地球物理方法尽可能形成综合剖面；

h） 地球物理方法实物工作量应满足相应比例尺（参见表 3）及探测深度要求；后续涉及钻探工作的应有异常验证和再解释的设计内容。

表 3 不同阶段地球物理勘查方法工作网密度选择参照表

单位：km

阶段		预可行性勘查		可行性勘查				开采			
比例尺		1:100000	1:50000	1:100000	1:50000	1:10000	1:1000	1:50000	1:10000	1:5000	1:1000
重力法	线距	1～2	0.5	—	0.5	0.1	0.01	—	0.1	0.05	0.01
	点距	0.5～1	0.25～0.5	—	0.25～0.5	0.025	0.001～0.002	—	0.025	0.01～0.02	0.001～0.002
磁法	线距	1～2	0.5	—	0.5	0.1	0.01	—	—	—	—
	点距	0.5～1	0.1～0.25	—	0.1～0.25	0.02～0.05	0.001～0.002	—	—	—	—
电磁测深法	线距	1～4	0.5～2	—	0.5～2	0.2～0.5	—	—	0.2～0.5	0.1～0.2	—
	点距	0.5～1	0.25～0.5	—	0.25～0.5	0.05～0.1	—	—	0.05～0.1	0.02～0.05	—
常规电法	线距	—	—	—	0.5～2	0.2～0.5	—	—	0.2～0.5	0.1～0.2	—
	点距	—	—	—	0.25～0.5	0.05～0.1	—	—	0.05～0.1	0.02～0.05	—
人工地震法	线距	—	—	2～5	1～2	—	—	1～2	—	—	—
	炮点距	—	—	0.1～0.2	0.1～0.2	—	—	0.1～0.2	—	—	—
放射性法	线距	—	0.5	—	—	0.1	—	—	—	—	—
	点距	—	0.1～0.25	—	—	0.02～0.05	—		—	—	—

5.1.5 设计书审批与变更

5.1.5.1 设计书应由甲方审批。

5.1.5.2 设计书执行过程中，遇不可抗力时，可根据实际情况对设计书内容进行调整，调整内容应得到甲方的确认。

5.2 野外工作

5.2.1 工作内容

仪器设备准备、测网、测线布置、数据采集施工、数据整理、质量检查与评价、施工总结报告编写、野外验收等。

5.2.2 技术要求

a） 1:50000 及更小比例尺的重力勘探应符合 DZ/T 0004 的要求；
b） 大于 1:50000 比例尺的面积性重力勘探和剖面重力勘探应符合 DZ/T 0171 的要求；
c） 地面磁法勘探应符合 SY/T 5819 的要求；
d） 航空磁法勘探应符合 DZ/T 0142 的要求；
e） 可控源音频大地电磁法勘探应符合 DZ/T 0280 的要求；
f） 天然场音频大地电磁法勘探应符合 DZ/T 0305 的要求；
g） 大地电磁测深法勘探应符合 SY/T 5820 的要求；
h） 激发极化法勘探应符合 DZ/T 0070 的要求；
i） 复电阻率法、广域电磁法勘探应符合 SY/T 6589 的要求；
j） 高密度电阻率法勘探应符合 DZ/T 0073 的要求；
k） 人工地震法勘探应符合 GB/T 33583 的要求；
l） 微地震压裂监测应符合 SY/T 7070 和 SY/T 7372 的要求；
m）井地（中）电法流体监测应符合 SY/T 6687 的要求；
n） 放射性法测量参考 EJ/T 605 的要求；
o） 物性岩样采集参考 DD 2006 的要求；
p） 野外记录应清晰、完整；磁法、电磁测深法应详细记录测点周边干扰信息；
q） 现场应及时进行数据整理，包括：剔除错误数据、计算各项改正值、误差计算与统计、数据网格化等，数据整理应对照查看原始记录。

5.2.3 野外验收

5.2.3.1 野外工作结束时，提交各地球物理方法野外数据采集施工总结报告及原始资料文件，原始资料提交文件及要求参见附录 B。

5.2.3.2 由甲方对野外数据采集施工总结报告及提交的原始资料文件进行验收。

5.2.4 HSE 要求

HSE应符合SY/T 6276的要求。

5.3 数据处理

5.3.1 任务及内容

根据项目任务和工区地质特征、地球物理资料情况，应使用相应的处理方法及软件，对地球物理勘查数据进行处理，压制或消除干扰、噪声，突出或提取出有关信息，形成易于识别和解译的反映地热要素的地球物理信号。

5.3.2 技术要求

数据处理要求如下：

a） 重力勘探数据处理应符合 DZ/T 0004 的要求；
b） 地面磁法勘探数据处理应符合 SY/T 5819 的要求；
c） 航空磁法勘探数据处理应符合 DZ/T 0142 的要求；
d） 可控源音频大地电磁勘探数据处理应符合 DZ/T 0280 的要求；
e） 天然场音频大地电磁勘探数据处理应符合 DZ/T 0305 的要求；
f） 大地电磁勘探数据处理应符合 SY/T 7072 的要求；

g）激发极化法勘探数据处理应符合 DZ/T 0070 的要求；
h）复电阻率法勘探数据处理应符合 SY/T 7073 的要求；
i）高密度电法勘探数据处理应符合 DZ/T 0073 的要求；
j）人工地震法勘探数据处理应符合 GB/T 33685 的要求；
k）放射性测量数据背景值、标准差和异常下限的设定参考 EJ/T 605 的要求；
l）井地电法流体监测数据处理应符合 SY/T 6687 的要求；
m）微地震监测数据处理应符合 SY/T 7070 和 SY/T 7372 的要求。

5.4 资料解释

5.4.1 任务

资料解释的任务如下：
a）常规地质解释；
b）与热源、热通道、热储体（层）、热盖层有关的地质构造、岩体（层）岩性、岩体（层）含水性解释推断；
c）地热系统分析及地热要素描述；
d）地热异常特征识别与提取；
e）地热异常划分与评价，下一步勘探开发建议。

5.4.2 内容

资料解释的具体内容如下：
a）单一地球物理方法数据：定性分析、定量反演及解释，形成单一地球物理异常剖面、平面图；
b）多种地球物理方法数据：联合反演解释，形成综合解释剖面图、多信息叠合解释平面图、地热异常划分与评价平面图。

5.4.3 技术要求

遵循“点—线—面相结合，从已知推断未知”的原则，对重点异常进行现场踏勘验证。具体技术要求如下：
a）重力勘探资料解释应符合 SY/T 5819 的要求；
b）地面磁法勘探资料解释应符合 SY/T 5819 的要求；
c）航空磁法勘探资料解释应符合 DZ/T 0142 的要求；
d）可控源音频大地电磁勘探资料解释应符合 DZ/T 0280 的要求；
e）天然场音频大地电磁勘探资料解释应符合 DZ/T 0305 的要求；
f）大地电磁勘探资料解释应符合 SY/T 7072 的要求；
g）激发极化法勘探资料解释应符合 DZ/T 0070 的要求；
h）复电阻率法勘探资料解释应符合 SY/T 7073 的要求；
i）高密度电法勘探资料解释应符合 DZ/T 0073 的要求；
j）人工地震法勘探资料解释应符合 GB/T 33684 的要求；
k）放射性测量资料解释参考 EJ/T 605 的要求；
l）井地电法流体监测资料解释应符合 SY/T 6687 的要求；
m）微地震监测资料解释应符合 SY/T 7070 和 SY/T 7372 的要求；

n） 根据定性、定量和综合解释推断结果编制地质—地球物理综合解释成果剖面、平面图。同时，对解释成果的可靠性进行评估，说明可能存在的问题与不足。可靠性分级为：可靠、较可靠、可供参考和不可靠。

5.5 成果报告编写及要求

5.5.1 项目成果报告，格式要求执行 GB/T 7713.3 的规定；

5.5.2 单井勘查应提交《地热资源勘查钻井前期论证工作报告》，编写提纲及附图附表要求参见附录 C；

5.5.3 图件编制应符合 SY/T 6055 的要求。

6 报告评审与资料汇交

6.1 报告评审

由甲方对项目成果报告进行评审，通过验收后提交项目归档。

6.2 资料归档

汇交归档的资料应包括下列内容：

a） 项目合同（任务书）；

b） 项目技术设计书及评审意见书；

c） 地球物理勘查野外数据采集原始资料、野外数据采集施工总结报告及验收意见书；

d） 过程控制文件；

e） 项目成果报告（含附图、附表）及评审意见。

附 录 A
（资料性附录）
项目设计书编写提纲及附图附表要求

A.1 设计书编写提纲

设计书编写应包括以下内容：

1 项目基本情况：项目名称、组织实施单位、项目属性、测区范围、工作周期、目标任务、效益分析、项目经费预算。

2 可行性分析：项目背景、立项依据、项目实施的可行性。

3 以往工作程度及存在问题：以往工作包括地质工作、地球物理勘查工作、地热工作、水文工作等。

4 技术路线与工作方法：项目实施的技术路线、工作方法与工作内容。

5 项目风险与不确定性：项目实施过程中可能遇到的进度、管理、泄密、安全、环保事故等风险及防范措施。

6 项目组织管理：项目组织机构、项目组成员、项目负责人简介、资金条件、申报单位、组织实施单位资质等情况。

7 工作部署：具体的工作布置情况、进度安排、实物工作量及预期成果等。

8 经费预算：预算编制依据、分项编制明细及总预算。

A.2 报告附图附表

地球物理勘查工作布置图；

地球物理勘查工作量一览表。

附录 B
（资料性附录）
原始资料提交文件及要求

B.1 原始数据

B.1.1 测量资料

GPS 测量记录本（或电子文件）；
GPS 测量测点坐标高程成果表；
GPS 质量检查精度统计册。

B.1.2 重力勘探资料

仪器性能试验记录本；
重力基点联测记录本；
重力野外观测记录本（含检查点）；
重力地形改正记录本（含检查点）；
岩石物性测定工作的标本采集、各参数测定原始记录和计算统计成果。

B.1.3 磁法勘探资料

仪器性能试验记录本；
磁力野外观测记录本（含检查点）；
磁测成果计算表；
磁测日变观测曲线图册；
磁测计算质检精度统计表。

B.1.4 电法勘探资料（CSAMT、AMT、MT、广域电磁法、激发极化法、复电阻率法、高密度电法）

原始曲线图册（含检查点）；
野外施工班报表（册）；
质量检查统计表（册）。

B.1.5 放射性勘探资料

测氡仪器鉴定证书；
测氡原始记录本；
测氡数据统计表。

B.1.6 人工地震法勘探资料

地震勘探原始数据及说明；
野外施工班报记录；
地震仪、检波器、震源检测记录；
试验报告、竣工总结报告。

B.2 附图

实际施工材料图。

附　录　C
（资料性附录）
《地热资源勘查钻井前期论证工作报告》编写提纲及附图附表要求

C.1　报告编写提纲

报告编写提纲包括以下内容：

1　前言

2　地质与地球物理特征

3　工作任务完成情况及质量评述

4　地质构造解释推断

4.1　解释方法与参数选取

4.2　地热地质解译成果（构造空间展布特征、热储埋深、盖层组合特征、侵入岩分布等）

4.3　解译精度与可靠性评价

5　地热地质条件

5.1　地温场特征

5.2　地热资源类型及空间分布

5.3　地热资源分区特征

6　地热井成井地质条件

7　地热井成井可行性、风险及影响

8　结论与建议

C.2　报告主要附图

报告主要附图包括：

1　测区实际材料图

2　区域地热地质图件（基岩地质图、地热田地热资源开采条件分区图）

3　地球物理勘查方法基础图件（布格重力异常图、剩余重力异常图、重力异常垂向导数图、重力异常水平梯度图、磁测异常ΔT等值线图等）

4　推断热储体（层）顶面埋深等值线图

5　地热资源勘查开发远景区划图

6　拟钻地热井钻遇地层推断图

C.3　报告主要附表

地热勘查过程中获得的成果数据应系统整理，列表成册，与勘查报告内容有关的，应作为报告的附表，如井孔测温资料汇总表

参 考 文 献

[1] GB/T 11615—2010 地热资源地质勘查规范[S]
[2] NB/T 10097—2018 地热能术语[S]
[3] 王妙月. 勘探地球物理学[M]. 北京：地震出版社，2003
[4] M. B. 多布林. 地球物理勘探概论[M]. 吴晖，译. 北京：石油工业出版社，1983

ICS 73.020
CCS F 15

NB

中华人民共和国能源行业标准

NB/T 10697—2021

地热田勘查评价规范

Exploration and assessment standard of geothermal fields

2021-11-16 发布　　　　2022-05-16 实施

国家能源局　发布

目　次

前　言

本文件按照 GB/T 1.1—2020《标准化工作导则　第 1 部分：标准化文件的结构和起草规则》的规定起草。

本文件由中国石油化工集团有限公司提出。

本文件由能源行业地热能专业标准化技术委员会归口。

本文件起草单位：东北石油大学、中国石化集团新星石油有限责任公司、中国石油勘探开发研究院、中国石化石油勘探开发研究院、中国石油华北油田分公司、大庆油田有限责任公司。

本文件主要起草人：朱焕来、张云峰、赵丰年、王社教、闫家泓、方朝合、张英、辛守良、杨霄宇、施尚明、付晓飞、刘晓燕、杜先利、胡霞、张新成、魏华彬、张晶、曹倩、刘雨晨、向烨。

本文件于 2021 年首次发布。

地热田勘查评价规范

1 范围

本文件规定了水热型地热田勘查程序、阶段划分、工作任务、技术手段和评价的内容及技术要求等。

本文件是GB/T 11615《地热资源地质勘查规范》的细化和补充，适用于不同勘查阶段水热型地热田勘查评价方案编制、任务部署、工作验收、评审备案。

2 规范性引用文件

下列文件中的内容通过文中的规范性引用而构成本文件必不可少的条款。其中，注日期的引用文件，仅该日期对应的版本适用于本文件；不注日期的引用文件，其最新版本（包括所有的修改单）适用于本文件。

GB/T 11615 地热资源地质勘查规范

NB/T 10097 地热能术语

NB/T 10263 地热储层评价方法

NB/T 10264 地热地球物理勘查技术规范

NB/T 10268 地热井录井技术规范

NB/T 10269 地热测井技术规范

3 术语和定义

本文件没有需要界定的术语和定义。

4 地热田类型

依据地热田成因、热储分布特征不同可分为受断裂构造控制的带状地热田和受沉积控制的层状地热田。

5 勘查程序

地热田勘查评价根据勘查对象、任务及程度不同，可以分为地质调查、地热田预可行性勘查、地热田可行性勘查、地热田开采四个阶段。大、中型地热田勘查应分阶段、循序渐进地进行，对于地质资料丰富、地下研究比较成熟的地区，可根据实际情况直接进行预可行性勘查或可行性勘查。

5.1 地质调查阶段

5.1.1 地质调查阶段系指通过区域地质资料分析、地面地质调查、地球物理勘查、地球化学勘查等非探井手段对调查区形成的地质条件进行分析、预测地热田可能分布的位置和地热远景资源量的全过程，告，为政府或企业地热勘查工作部署提供依据。

5.1.2 地质调查阶段主要工作宜包括如下内容：

a）收集整理已有的地质勘查研究成果，分析区域地质背景和构造格局。

b）收集和解译航卫片图像地质解译，分析调查区基本地质特征、断裂和天然温泉露头分布情况。

c）进行野外地质调查和典型露头样品测试分析，分析和推测地下岩层类型、热储特征、断裂及岩浆活动，初步分析地热资源形成地质条件。

d）收集和分析已有的地球物理勘探资料、地球化学、钻井勘探资料，结合航卫片解译、露头调查等资料，圈定分析调查区勘查前景，初步预测地热田的可能分布的位置及成因类型。

e）依据盆地大小、热储厚度、露头温泉等信息可采用比拟法、地表热流量法初步预测调查区地热资源远景资源量，确定预可行性勘查的重点工作区域。

5.2 地热田预可行性勘查阶段

5.2.1 地热田预可行性勘查阶段系指从优选出有利区开始到钻井获得有开采价值的地热资源的全过程，勘查的对象是通过地质调查阶段确定的有利区，任务是证实及发现地热田，初步确定地热田可能的分布范围和资源潜力，提交地热田推测资源量，确定可行性勘查范围。

5.2.2 地热田预可行性勘查阶段主要工作宜包括如下内容：

a）收集整理地热田地质调查阶段的勘查成果，对确定的地热资源分布有利区开展详细地质勘查，系统开展重力、磁法、电法、地震等地球物理勘查和地球化学勘查工作。

b）对地球物理勘查及地球化学勘查进行处理和解译，初步查明深部地质结构、控热构造、深大断裂分布和有利区地下地层层序、构造特征、岩浆活动、地温异常区域，对于有温泉露头区域和有油气探采井的区域应对流体的排放量、温度、物理性质、化学性质进行分析，初步圈定地热田可能的分布范围，初步明确地热田的类型，优选出有利的钻探目标。

c）逐步对钻探目标进行钻井施工，开展测井、录井、试水等工作，取全、取准地下热储及流体地质资料，开展单井评价，证实地热田是否存在，落实单井热储的埋藏深度、温度、岩性、物性、电性、厚度、地层压力和流体性质，测试单井产能和井口温度。

d）利用少量探井勘查成果检验和修正地球物理勘探资料，结合露头及探井测试分析化验数据，初步查明地热系统成因、储层空间展布、岩性特征、物性变化规律、温度分布和流体特征况，进行初步预测，初步确定地热田成因类型和可能分布范围。

e）利用地球物理资料、地热探井或油气探井等钻探资料，采用比拟法或热储法对地热田资源潜力进行预测，确定有利的分布区域，提交地热田推测资源量，分析开发利用前景，提交地热田预可行性勘查报告，为开展地热田可行性勘查提供依据。

5.3 地热田可行性勘查阶段

5.3.1 地热田可行性勘查阶段系指从钻井发现地热田到探明地热田的全过程。勘查的对象是经过探井证实具有开采利用价值的地热田，任务主要是确定地热田分布范围和资源潜力，提交地热田推定资源量，设计开采开发方案。

5.3.2 地热田可行性勘查阶段主要工作宜包括如下内容：

a）加强地热田地球物理和地球化学勘查程度，联合钻探资料进行综合解译，初步查明地热田边界和热储空间分布特征，开展评价井部署。

b）实施评价井钻探，开展测井、录井、试水等工作，取全、取准地下热储及流体地质资料，开展单井评价，进一步检验和校正地球物理、地球化学勘查解译成果，查明地热田边界。

c）开展地热单井评价、生产测试和群井测试，分析地下热储连通、井间干扰和流体动力场变化，测试单井产能、流体温度、流体性质，初步确定合理的布井方案和生产制度。

d） 综合物探、化探、钻井、录井、测井、试水和分析化验资料进行地热田系统研究，进一步分析地质结构、断裂的分布、岩浆活动、地层分布、地热田的成因，预测地温场的分布和地层温度、地温梯度、大地热流等参数的变化规律，进一步确定热储的成因和岩性、储集空间、电性、物性、地层压力等特征，分析地热流体性质、补给通道和成因机制，确定盖层、热流及流体通道等地热系统构成要素及发育特征，建立地热系统的地质概念模型。

e） 利用评价井钻探成果，获取地热田评价关键参数，采用热储法对地热田资源潜力进行评价，提交地热田地质资源推定的资源量、地热水推定的资源量，确定地热田地热资源及地热流体地下分布特征，设计地热田开采及开发方案，提交地热田可行性勘查评价报告，为开展地热田开采提供依据。

5.4 地热田开采阶段

5.4.1 地热田开采阶段系指从地热田进入规模化开发后，基于开发井资料对地热田进行精细地质描述的全过程。勘查的对象是已经开发的地热田，任务主要是开展动态监测，开展热储三维地质建模和采灌数值模拟工作，提交地热田确定资源量，优化开发方案，为地热田高效开发和综合利用提供依据。

5.4.2 地热田开采阶段主要工作宜包括如下内容：

a） 根据地面地热资源利用需求、地热田地热资源分布特征和可行性勘查阶段设计的开发开采方案进行地热开采井规模化部署，系统开展单井评价、测试和群井测试工作，取全、取准钻井、录井、测井和流体井口温度、压力、产能数据。

b） 综合地热田已有的地质调查、地球物理勘查、钻井勘查数据和可行性勘查阶段的研究成果，详细查明并确定地层发育特征、断裂分布、地热系统构成和热储的温度、岩性、厚度、空间分布、物性，建立准确的热储三维地质模型，应根据新钻井的资料对模型进行持续检验和校正。

c） 对地热开采井应开展井下和地面长期监测工作，井下监测包括不同热储的温度、压力变化，地面监测包括井口流体产能、温度、压力、水质变化，建立渗流模型和地球化学模型。

d） 依据地热储层特征和地热田开发的实际需要，应及时开展回灌实验研究，利用群井和地球物理勘查资料开展精细地质描述，分析热储连通状况、温度和压力分布规律，确定回灌的层位、回灌井的布局和合理的采灌强度。

e） 利用地热田地热地质勘查、群井动态监测、采灌试验数据和已建立的地热田热储三维地质模型开展采灌数值模拟工作，分析地下温度场、压力场、化学场变化，优化地热田开采方案，保持地热田可持续发展。

f） 利用开采井校正的地热田三维地质模型对地热田进行滚动勘查，精细确定热储各项参数三维空间分布规律，采用数值法、解析法和热储法进一步检验和修正地热田地质资源总量、地热流体资源量和可采资源量，提交地热田确定资源量，评价地热流体的性质，制定地热田综合利用方案。

6 资料收集及准备

在进行地热田勘查时，应尽可能收集已有的区域地质勘查数据及成果，宜包括以下几个方面：

a） 自然地理概况，包括地理位置、交通网络、行政区划、地形地貌、气象水文等。

b） 区域地质资料，包括构造背景、演化历史、岩浆活动等。

c） 地球物理勘探资料，包括重、磁、电勘探资料和人工地震勘探资料等。

d） 构造资料，主要包括构造格局、断裂分布、层面埋深资料等。

e） 沉积资料，主要包括沉积背景、沉积层序、沉积格局、岩相、沉积相等数据和资料。

f） 水文地质资料，包括区域含水层分布、化学特征等。

g） 已经探井资料，包括井位、岩心、测井、录井、试油（气、水）、分析化验等数据和资料等。

h） 已有地热井资料，包括井位、岩心、测井、试水、产能、温度、分析化验等数据和资料等。

i） 已有研究成果，包括相关的典型研究成果和地热方面的研究成果及数据资料等。

7 勘查方法

地热田勘查必须在充分利用已有资料的基础上，宜遵循成本由低到高的原则，先进行航卫片解译、野外地质调查，再进行地球化学勘查、地球物理勘查，最后采用钻探的方法，没有进行综合地质研究，不宜开展钻探工作。

7.1 航卫片解译

通过航卫片解译可判断地热地质勘查区地貌形态、地层岩性、断裂分布地质构造基本轮廓及隐伏构造，分析地表温泉、泉群、地热溢出带和地表热显示的位置，初步预测地表热异常的分布范围。不同勘查阶段航卫片解译宜按照 GB 11615—2010 中 7.1 条进行。

7.2 野外地质调查

应在航卫片、地质图和区域地质调查等资料分析的基础上，对地下岩层露头、出露温泉进行实地调查，分析地热田形成的地质条件，获取典型的岩石及地热水样品，为实验室分析和室内研究奠定基础。不同勘查阶段地质调查工作宜按照 GB 11615—2010 中 6.2.1 条和 7.2 条进行。

7.3 地球化学勘查

对勘查区的出露温泉、已有钻井，选择代表性的地热流体、岩样做地球化学分析，推测深部热储温度，分析地热流体成因及演化历史，评价地热流体质量。不同勘查阶段地球化学勘查工作宜按照 GB 11615—2010 中 7.3 条进行。

7.4 地球物理勘查

地热地球物理勘查包括电法勘探、重力勘探、磁法勘探、地震勘探等，主要任务是确定热储的分布深度、范围，分析深部的断裂分布和地质结构，确定地热田类型及形成地质条件。不同勘查阶段地热地球物理勘查工作按照 NB/T 10264—2019 进行。

7.5 地热钻探

地热钻探的主要任务是查明地热田地层结构、地质构造、热储特征和分布规律，获取代表性样品和参数，为下一步勘查或评价奠定基础。不同勘查阶段地热钻探宜按照 GB 11615—2010 中 7.5 条和 7.6 条进行，测井、录井应按照 NB/T 10269—2019、NB/T 10268—2019 进行。

8 地热田评价

8.1 评价的深度

评价深度应满足如下条件：

a） 热储地层温度不宜低于 25℃。

b） 热储埋深原则上不超过 4000m，可根据具体热储特征和开发需求进行适当调整。

8.2 地热资源量评价

地热田根据类型不一样和勘查的程度不一样，宜采用不同的资源量评价方法，具体见 GB 11615—2010 附录 C 部分。建议的评价方法有热储法、地表放热量法和比拟法。

8.2.1 热储法

该方法适用于勘查程度较高、可以预测热储分布特征的地热田资源量预测。

8.2.1.1 计算方法

地热资源量计算应分别计算热储中地热资源总量、地热水资源量、地热水热量及可采地热水热量。计算公式见式（1）～式（5）：

a） 地热资源总量

$$Q=C\cdot A\cdot H\cdot(T-T_0) \tag{1}$$

$$C=C_r\cdot\rho_r\cdot(1-\phi)+C_w\cdot\rho_w\cdot\phi \tag{2}$$

式中：

Q——地热资源量，J；

C——热储岩石和水的综合比热容，J/（kg·℃）；

ρ_r、ρ_w——分别为岩石和水的密度，kg/m^3；

C_r、C_w——分别为岩石和水的比热容，J/kg·℃；

ϕ——岩石的孔隙度，%；

A——热储面积，m^2；

H——热储厚度，m；

T——热储温度，℃；

T_0——起算温度，℃。

b） 地热水资源量

$$W=A\cdot H\cdot\phi \tag{3}$$

式中：

W——热储层中的地热水资源量，m^3。

其他字符意义与式（1）、式（2）相同。

c） 地热水热量

$$Q_w=C_w\cdot\rho_w\cdot A\cdot H\cdot\phi\cdot(T-T_0) \tag{4}$$

式中：

Q_w——热储层中的地热流体热量，J。

其他字符意义与式（1）、式（2）相同。

d） 可采地热水热量

$$Q_{we}=R_e\cdot Q_w \tag{5}$$

式中：

Q_{we} —— 可采地热水热量，J；

R_e —— 可采系数。

8.2.1.2 计算参数

热储法计算参数确定方法如下：

a）岩石和水的密度宜由实验室测试获得，若初期数据较少可采用 GB/T 11615—2010 附录 C 中表 C.1 中经验值。

b）岩石和水的比热容宜由实验室测试获得，若初期数据较少可采用 GB/T 11615—2010 附录 C 中表 C.1 中经验值。

c）孔隙型热储孔隙度可由实验室测试获得，也可用测井资料解释获得；裂隙型热储孔隙度可以通过实验室测试、测井解释、抽水试验及比拟法求得。

d）热储面积由渗透率不小于 $1\times10^{-3}\mu m^2$、温度不小于 25℃的渗透性储层确定；调查阶段探井资料缺少时可用物探资料估算，探井资料较多时应用探井资料、物探资料和地质理论相结合圈定热储面积。

e）热储厚度调查阶段探井资料缺少时可用物探资料估算，探井资料较多时应用测井解释或录井成果确定单井的热储厚度，井间宜通过地震和沉积相约束下的井间插值获得厚度数据，单层热储厚度起算下限宜为 1m。

f）热储温度在有钻孔揭露热储时可以直接测量获得，钻孔条件不具备时可以通过地温梯度推算和地球化学温标计算获得（见 GB 11615—2010 附录 A）。

g）起算温度取当地年平均气温。

h）可采系数可以根据热储的岩性、有效孔隙率、热储温度及开采回灌技术条件合理确定。勘查程度较低或资料较少时，可取经验值。松散孔隙类热储，其孔隙率大于 20%时，回收率可取 25%；岩溶裂隙类热储回收率可取 15%～20%；砂岩、花岗岩、火成岩等裂隙类热储，其回收率可取 5%～10%。

8.2.2 地表热流量法

该方法适用于勘查程度较低、地表有温泉出露的带状地热田地热资源量预测时使用。

8.2.2.1 计算方法

地热田向外散发的热量可用式（6）计算：

$$Q = p_t t = (p_1 + p_2)t \quad \cdots\cdots\cdots\cdots (6)$$

式中：

Q —— 定时间段散发的热量，J；

p_t —— 单位时间内地热田散发的热量，W；

p_1 —— 单位时间内通过岩石传导散发到空气中的热量，W；

p_2 —— 单位时间内温泉、热泉和喷气孔等散发的热量，W；

t —— 计算时间段，s。

8.2.2.2 计算参数

地表热流量法计算参数确定方法如下：

a）通过岩石传导散发到空气中的热量可以依据大地热流值的测定来估算。

b） 温泉、热泉和喷气孔等散发的热量可根据泉的流量和温度来进行估算。

c） 计算时间段建议以1年（31536000s）进行计算。

8.2.3 比拟法

该方法可用于勘查程度比较低的地质调查阶段估算资源量，利用勘查程度已知地热田的地热资源量来推算地质条件相似的、勘查程度比较低的地热田地热资源量；该方法还可以用于勘查程度较高的阶段，用同一地热田已知地热资源量部分来推算其他部分的地热资源量。

8.2.3.1 计算方法

地热资源量可用式（7）进行估算：

$$Q = Q_m \cdot \gamma \quad (7)$$

式中：

Q —— 预测目标区的地热资源量，J；

Q_m —— 已知目标区的地热资源量，J；

γ —— 比拟系数，无量纲数据。

8.2.3.2 计算参数

比拟系数可通过对比预测目标区、已知目标区储层的面积、厚度或温度等参数综合确定。

8.3 地热流体质量评价

地热流体质量评价应按照GB 11615—2010第9章进行。

8.4 地热田开发利用评价

地热田开发利用评价应按照GB 11615—2010第10章进行。

9 勘查评价管理、资料整理、报告编写要求

9.1 勘查评价管理要求

9.1.1 地热田勘查评价应根据资源勘查的相关法规经相关的主管部门审批后实施，每一个阶段勘查阶段的工作设计宜经主管部门组织专家审定后方可实施。

9.1.2 地热田每个阶段勘查工作完成后，应及时进行资料归档整理和编写与阶段相适应的勘查报告，按要求提交主管部门审查、验收和存档。

9.1.3 地热井使用单位应按照GB 11615—2010中7.8条要求安装地热动态监测设备，及时向地热资源主管部门或委托组织提交监测数据，主管部门应定期对地热井监测系统、监测数据质量进行核查。

9.1.4 县级或市级地热主管部门应根据所辖区域内地热资源勘查情况，宜委托相关组织和机构建立勘查数据管理系统，对勘查实施单位提交的野外地质调查、地球化学勘查、地球物理勘查、地热钻探等勘查原始数据、研究成果、阶段勘查报告和动态监测数据进行妥善保管，以供科学研究使用。

9.2 资料整理要求

9.2.1 应对地热田勘查评价工作取得的各项资料，包括地质调查、地球物理与地球化学勘查、地热钻

行分类整理、编目、造册、存档备查，具备条件的应建立电子数据库。

9.2.2 对地热田的代表性天然露头及全部地热钻井（勘探孔和开采井）资料，按建立地理信息系统的要求，确定地理坐标位置，建立相应的数据库。

9.2.3 对地热田钻井取得的实物地质资料（岩心、岩屑等）应进行整理归位，建立标准地质剖面保存；有重要地质意义的地热钻井实物资料（岩心、岩屑）应予以长期保存。

9.3 报告编写要求

9.3.1 地热田勘查评价工作完成后，应及时编写相应的地热资源勘查评价报告。

9.3.2 地热田勘查评价报告内容编写大纲、附图可参考附录A。

附 录 A
（规范性）
地热田勘查评价报告编写提纲

地热田勘查评价报告是地热田勘查评价的阶段性或最终成果，是进行地热资源统计登记、开发利用、规划与管理的主要依据，报告内容应能反映地热资源勘查的主要成果。不同的勘查阶段、不同的地热田类型，地热田勘查评价报告内容不尽相同，下面提供的报告编写提纲和主要附图可作为参考，具体工作中可根据实际情况予以调整和增删。

A.1 报告编写提纲

1 前言

简要介绍任务来源、目标任务、完成的工作和获得的主要成果。

2 主要工作程度

主要介绍前期完成的勘查阶段、已进行的勘查评价工作、取得的成果及认识、存在的主要问题。

3 区域地质特征

主要阐述分析勘查区区域地质构造格局、地质演化过程、地层分布、岩浆活动、断裂分布等。

4 地温场特征

4.1 地热地质条件分析

4.2 地温场分布特征预测

5 热储特征

5.1 主要热储层埋深

5.2 主要热储分布特征

5.3 主要热储岩性及物性特征

6 地热流体特征

6.1 地热流体化学特征

6.2 地热流体动力场特征

6.3 地热流体成因分析

7 地热田潜力预测及有利区优选

7.1 地热资源量预测模型及参数求取

7.2 地热田资源潜力预测

7.3 地热田有利区优选

8 地热田评价

8.1 地热流体质量评价

8.2 经济与环境影响评价

9 地热田开发利用（建议）方案

结合地下地热资源分布特征、评价结果、开发利用现状和所在区域市场需求，提出开发利用建议或者编制开发利用方案。

10 结论

A.2 报告主要附图

1 地理位置图
2 区域构造位置图
3 地热田地质构造图
4 温度场预测图
4 热储埋深图
5 热储物性图
7 代表性钻井综合柱状图
8 地热田有利区评价图

参 考 文 献

[1] DZ 40—85　地热资源评价方法
[2] DZ/T 0331—2020　地热资源评价方法及估算规程

ICS 01.040.27
CCS D 14

NB

中华人民共和国能源行业标准

NB/T 10699—2021

地热地球化学勘查规范

Specification for geothermal geochemical investigation

2021-11-16 发布　　2022-05-16 实施

国家能源局　发布

目　次

前　言

本文件按照 GB/T 1.1—2020《标准化工作导则　第 1 部分：标准化文件的结构和起草规则》的规定起草。

本文件由中国石油化工集团有限公司提出。

本文件由能源行业地热能专业标准化技术委员会归口。

本文件起草单位：中国科学院地质与地球物理研究所、中国石油化工股份有限公司石油勘探开发研究院、中国石油大学（华东）、北京市地热调查研究院、吉林大学、中国石化集团新星石油有限责任公司。

本文件起草人：庞忠和、天娇、李义曼、张英、段忠丰、袁利娟、杨峰田、罗璐、黄嘉超、向烨、赵丰年。

本文件于 2021 年首次发布。

地热地球化学勘查规范

1 范围

本文件规定了不同阶段的工作要求，提供了勘查内容与方法，提出了资料整理与报告编写要求。

本文件适用于地热田地球化学勘查工作部署、工作质量验收及勘查报告评审备案等。

2 规范性引用文件

下列文件中的内容通过文中的规范性引用而构成本文件必不可少的条款。其中，注日期的引用文件，仅该日期对应的版本适用于本文件；不注日期的引用文件，其最新版本（包括所有的修改单）适用于本文件。

GBn 270—1988 天然气储量规范

GB 8978—1996 污水综合排放标准

GB/T 11615—2010 地热资源地质勘查规范

NB/T 10097—2018 地热能术语

3 术语和定义

本文件没有需要界定的术语和定义。

4 总则

4.1 地热地球化学勘查的意义是为开发与保护地热资源，提高地热能开采效率，预防开采导致的环境污染提供基础资料，以确保地热能得以科学、可持续地开发利用。

4.2 地热地球化学勘查的目标是结合地热地质背景、水文地质背景，识别地热流体的补给来源，计算热储温度，预测结垢、腐蚀趋势，分析开发前景及潜在环境影响，提出指导地热资源可持续开发利用的建议。

4.3 地热调查的范围应覆盖整个地热田；地热田边界不清时，宜根据地热资源勘查要求与区域地热地质条件圈定勘查范围；上述依据仍无法确定边界时，可取区域地下水系统边界。

4.4 地热地球化学勘查分为调查阶段、预可行性勘查阶段、可行性勘查阶段及开采阶段四个阶段。大、中型地热田的地球化学勘查应分阶段进行；地热地质条件简单的中、小型地热田的地球化学勘查可合并进行；已经开采的地热田，不具备地热地球化学勘查资料的或对照本文件自查资料不完整的，应依据本文件规定的开采阶段工作要求，补充当前状态下的地热地球化学勘查工作。

4.5 地热地球化学勘查的内容包括水文地球化学勘查，气体地球化学勘查，土壤地球化学勘查，岩石地球化学勘查，生物地球化学勘查。其中，气体地球化学勘查对象为地热流体中非冷凝气体组分，后简称“地热气体”。根据不同勘查阶段的工作要求，选择上述勘查内容的全部或部分开展工作，撰写勘查报告。

5 不同勘查阶段工作要求

5.1 调查阶段

5.1.1 查明地表热显示类型与分布位置，包括温泉、喷气孔、冒汽地面、泉华、泉华胶结岩、地表水热蚀变带等，绘制调查区热显示分布图；同时查明地热井的情况。

5.1.2 查明温泉的水流量、温度、pH 值、总溶解固体浓度（TDS）、气味、是否有气泡、是否发育泉华及泉华的颜色、硬度、规模。

5.1.3 查明地热井的深度、揭露地层情况、位置、产液量、地热流体井口和井底温度及压力、是否存在水气分离、是否结垢及垢物类型和位置；如果井口是两相流体，查明蒸汽质量比例等。

5.1.4 查明喷气孔的喷气量、温度、气味及周围土壤、岩石水热蚀变情况；多个喷气孔集中出露情况下，识别主喷气孔位置。

5.1.5 查明冒汽地面的出露范围、气味及周围土壤、岩石蚀变情况，识别冒汽主通道。

5.1.6 查明现今无温泉出露的古泉华的颜色、硬度、规模，查明泉华胶结岩岩性、规模及展布规律。

5.1.7 查明现今无温泉出露的古水热蚀变带矿物成分及分带特征。

5.1.8 撰写调查报告。

5.2 预可行性勘查阶段

5.2.1 采集温泉水样品，分析水化学类型，计算热储温度，评价地热水用途，预测结垢趋势。温泉水采样点应包括热显示区水温最高温泉和流量最大温泉，采样温泉数量应不低于温泉出露总数的 1/5。当温泉分多个区块集中出露时，应在每个区块至少选择一个温度最高温泉采样并分析。

5.2.2 采集冒气泡温泉的气体样品，分析气体组分，评价气体组分开发利用价值。温泉气体采样点应包括有气泡的温度最高温泉和出气量最大温泉，采样温泉数量应不低于冒气泡温泉总数的 1/5。当冒气泡温泉分多个区块集中出露时，应在每个区块至少选择一个出气量最大温泉采样并分析。

5.2.3 采集温泉水出口的新鲜泉华样品，分析泉华矿物成分。泉华采样点应包括有泉华的温度最高温泉和泉华规模最大温泉，采样温泉数量应不低于有泉华发育温泉总数的 1/5。当泉华发育温泉分多个区块集中出露时，应在每个区块至少选择一个泉华发育规模最大温泉采样并分析。

5.2.4 分析温泉微生物种类，评价地热开发利用时不同用途微生物的作用和影响。

5.2.5 采集地热井中的地热流体样品，分析水化学类型，计算热储温度，评价地热水用途，预测结垢趋势。如有气体，采集地热气体样品，分析气体组分，评价气体组分开发利用价值。如发生结垢，采集垢样，分析其矿物成分。

5.2.6 撰写预可行性勘查报告。

5.3 可行性勘查阶段

5.3.1 采集温泉水样品，识别补给来源、水岩反应过程，确定地热水年龄，分析结垢机理，评价腐蚀性。温泉出露区附近有河流、湖泊、冷泉等水体时，应分析地热水与上述水体的关系，如混合、排泄等。温泉水采样点应包括热显示区高温、中温、低温温泉，采样温泉数量应不低于温泉出露总数的 2/3。当温泉分多个区块集中出露时，应在每个区块至少选择一个温度最高温泉和一个温度最低温泉采样并分析。

5.3.2 采集温泉气体样品，分析气体组分、来源及演化过程。温泉气体采样点应以有气泡的高温温泉和出气量大的温泉为主，采样温泉数量应不低于冒气泡温泉总数的 2/3。当冒气泡温泉分多个区块集中出露时，应在每个区块至少选择一个出气量最大温泉采样并分析。无冒气泡温泉时应选择温度最高温泉或流量最大温泉采集地热水溶解气并分析。

5.3.3 以浅层地下水和土壤为参照，分析温泉水微生物群落特征，查明温泉水中热水微生物含量、种类和功能特征，分析微生物群落与地热水、地热气体化学成分相关性。

5.3.4 对地表没有热显示但要求勘查隐伏地热资源的，开展土壤地球化学勘查。土壤气体勘查的工作内容可选择本文件所述的一种或多种。分析数据时，应与区域背景值对比并充分考虑勘查区岩性、地下水运动、松散沉积物覆盖情况、土壤的物理性质及气候条件等对测试结果的影响，圈定地热异常区，识别地热流体升流通道。

5.3.5 在地热井中采集地热流体样品，识别补给来源、水岩反应过程，确定地热水年龄，分析结垢机理，评价腐蚀性。附近有河流、湖泊、冷泉等水体时，应分析地热水与上述水体的关系，如混合、排泄等。如有气体，分析气体组分、来源及演化过程。

5.3.6 采集火成岩地表露头的岩石样品，分析放射性元素种类及含量。

5.3.7 撰写可行性勘查报告。

5.4 开采阶段

5.4.1 对发电的高温地热井，测定井口流体压力、温度和流量；计算地热流体的焓值、蒸汽质量比例；确定地热井水年龄，还原热储中地热流体化学组成，建立地热流体地球化学演化模型，预测结垢趋势，评价腐蚀性，提出结垢、腐蚀的防治措施。

5.4.2 对直接利用的地热井，分析主要水化学组分、气体组分，计算热储温度，确定地热井水年龄，预测结垢趋势，评价腐蚀性，提出结垢、腐蚀的防治措施。

5.4.3 以浅层地下水和土壤为参照，分析地热井水微生物群落特征，查明地热井水中微生物含量、种类和功能特征，分析微生物群落与地热水、地热气体化学成分相关性。

5.4.4 对正在开采的地热井，发生结垢的，查明结垢的位置、成分与生成速率，分析结垢机理并提出解决方案。

5.4.5 对正在开采的地热井，发生腐蚀的，查明腐蚀发生的位置与速率，分析腐蚀机理并提出防治方案。

5.4.6 对正在开采的地热井，按季度、年度或供暖季监测地热流体化学组成，包括蒸汽质量比例、pH值、总溶解固体含量（TDS）、水化学组分、气体组分、微生物含量等，建立季度或年度流体化学数据库。

5.4.7 在群井开采区，同一储层开采井的采样数量应超过总开采井数的1/3，采样点位置需均匀布设；若同一区域内开采井的深度差别较大，层位不同或地质构造背景差异显著，应在各深度区间、各层位和不同构造背景区域选择开采井采样并分析。在地热井分布稀疏或总数较少的勘查区，宜对全部地热井进行采样分析。

5.4.8 建立地热流体地球化学演化数值模型，预测面向开采过程的流体地球化学变化。

5.4.9 对拟回灌的地热尾水，分析目标回灌层对地热尾水的地球化学响应。

5.4.10 对不回灌的地热尾水，评价地热尾水对排放环境的地球化学影响和潜在环境污染威胁。

5.4.11 对已有开采井但地热地球化学勘查资料不完整的，应按上述要求补齐当前状态下地球化学勘查工作。

5.4.12 撰写开采阶段勘查报告。

6 勘查内容与方法

6.1 水文地球化学勘查

水化学测试数据进行阴阳离子平衡检查，相对误差应小于±5%，见式（1）。

$$E=\frac{\sum m_c-\sum m_a}{\sum m_c+\sum m_a} \qquad (1)$$

式中：

E——相对误差，%；

m_c、m_a——分别为阳离子及阴离子的毫克当量总数/升。

对地热水样品，E 应低于±5%。

6.1.2 地热水化学分类

水化学组分测试结果，识别地热水化学类型。分类依据可为舒卡列夫分类法（参见附录A）。

6.1.3 补给高程

大气降水补给的，可基于水同位素高程效应计算补给高程，见式（2）。

$$H=\frac{\delta^2H_{gw}-\delta^2H_{lw}}{\mathrm{grad}^2H}+h \qquad (2)$$

式中：

H——补给高程，m；

δ^2H_{gw}——地热水 δ^2H 值，‰；

δ^2H_{lw}——采样点大气降水平均 δ^2H 值，‰；

grad^2H——大气降水 δ^2H 值高程梯度，‰/100m；

h——采样点高程，m。

6.1.4 混合比例

对于发生了二元混合的情况，可根据氯质量平衡计算混合比例见式（3）。

$$\alpha=\frac{C-C_d}{C_s-C_d} \qquad (3)$$

式中：

α——混合比例，无量纲；

C——地热水样品 Cl^- 浓度，mg/L；

C_d——储层流体 Cl^- 浓度，mg/L；

C_s——混入水体 Cl^- 浓度，mg/L。

6.1.5 排泄量

河流某段有温泉集中排泄且河段内无其他支流汇入或流出时，根据氯质量平衡计算温泉水向河流排泄量，见式（4）。

$$Q=\frac{C_2-C_1}{C}Q_r \qquad (4)$$

式中：

Q——　温泉向河水的集中排泄量，L/h；

C_1——　集中排泄区上游河水 Cl^- 浓度，mg/L；

C_2——　集中排泄区下游河水 Cl^- 浓度，mg/L；

C—— 温泉水中 Cl^- 浓度（或多个温泉的均值），mg/L；

Q_r—— 采样时段内河水流量，L/h。

6.1.6 水化学地温计

结合地热地质条件选择地温计，计算热储温度。各种地温计适用条件与计算方法参见附录 B。

6.1.7 地热水定年

据地热水年龄范围不同可选择以下定年方法：

a） 现代水定年（<60 年），包括 ^{222}Rn、SF_6、CFCs、^{85}Kr、^{3}H、^{3}H–^{3}He 等方法；

b） 次现代水定年（60 年～1000 年），主要用 ^{39}Ar 作为示踪同位素；

c） 古老地下水定年（>1000 年），包括 ^{14}C、^{4}He、^{40}Ar、^{36}Cl、^{81}Kr 等方法。

地热水年龄计算式见式（5）、式（6）：

$$t=-\frac{1}{\lambda}\ln\frac{C}{C_0} \qquad (5)$$

$$\lambda=\frac{\ln 2}{t_{1/2}} \qquad (6)$$

式中：

C_0—— 放射性同位素初始浓度；

C—— 测试时放射性同位素浓度；

λ—— 同位素衰变常数；

$t_{1/2}$—— 放射性同位素半衰期。

6.1.8 结垢趋势

地热流体结垢趋势按照 GB/T 11615—2010 中 9.5 描述的方法进行评价。

6.1.9 腐蚀性

地热流体腐蚀性按照 GB/T 11615—2010 中 9.4 描述的方法进行评价。

6.1.10 地热水的不同用途

地热水的不同用途按照 GB/T 11615—2010 中 9.2、9.3 描述的方法进行评价。

6.1.11 环境危害性评价

地热尾水不回灌而直接排放的，应按照 GB 8978—1996 描述的方法进行评价。

6.1.12 回灌水水质评价

地热尾水回灌的，评价目标回灌层原位水与回灌水的化学相容性，应满足以下基本要求：

a） 回灌水水质稳定，与回灌层原水相混不产生大量沉淀或络合物；

b） 回灌水注入回灌层后不使黏土矿物发生水化膨胀或悬浊；

c） 回灌水对注水设施腐蚀性小；

d） 回灌水对回灌层不会造成地球化学危害。

6.2 气体地球化学勘查

6.2.1 气体组分含量

6.2.1.1 对冒气泡温泉测定地热气体组分的体积分数（体积相对百分含量），各组分体积分数之和不应超过100%。

6.2.1.2 对地热井测定地热气体组分的绝对含量及相对含量。其中，前者以标准条件下单位质量地热水中某种非冷凝气体的量（mmol/kg）或质量（mg/kg）表示；后者以地热气体组分的体积分数表示，各组分体积分数之和不应超过100%。

6.2.1.3 对喷气孔、冒汽地面测定地热气体组分的绝对含量及相对含量。其中，前者以标准条件下单位质量地热蒸汽中某种地热气体的量（mol/kg）表示；后者以地热气体组分的体积分数表示，各组分体积分数之和不应超过100%。

6.2.1.4 计算热储层地热流体中地热气体组分的浓度：

$$m_i^{\mathrm{dl}} = m_i^{\mathrm{V}} X + m_i^{\mathrm{l}}(1-X) \quad \cdots\cdots (7)$$

式中：

m_i^{dl} —— 热储层地热流体中某种地热气体组分的质量浓度，mg/kg；

m_i^{V} 和 m_i^{l} —— 分别为地热蒸汽和地热水中某种地热气体组分的质量浓度，mg/kg；

X —— 采样时地热流体的蒸汽质量比。

6.2.2 气体组分来源

利用稳定同位素，如 $^{2}H/^{1}H$、$^{3}He/^{4}He$、$^{13}C/^{12}C$、$^{15}N/^{14}N$ 等，分析地热气体组分的来源及地球化学演化过程。

6.2.3 气体地温计

地表热显示仅由喷气孔、冒气地面组成，没有地热水出露的情况下，可选择合适的地热气体地温计计算热储温度。常用气体地温计的适用条件与计算方法见附录B。

6.2.4 气体工业开发价值

地热气体组分的工业开发价值按照GBn 270—1988描述的方法进行评价，当 H_2S 含量大于0.5%，CO_2 含量大于5%，He含量大于0.1%时，达到工业气流标准，具备工业开发的利用价值。

6.3 土壤地球化学勘查

6.3.1 测点/采样点布置

采样/测试点（以下简称采样点）测线布设主方向应垂直于区域主断裂的方向。勘查区范围较大或构造格局简单时，网格为250m×250m或150m×300m；勘查区范围较小或构造格局复杂时，网格可细化为100m×100m，50m×25m甚至10m×10m，测点控制面积一般不小于1/2地热勘查区面积。采样网格无需严格按照正方形或矩形布置，视勘查区实际情况（地形、地表覆盖或人为活动等）可调整个别测点位置。

6.3.2 二氧化碳气体通量测量

测定土壤 CO_2 气体通量，利用已知体积的树脂玻璃箱子，将开口直接扣置到地面的土壤上，箱子两侧通过硅胶管连接 CO_2 红外检测仪，形成闭路循环系统。测定箱子内 CO_2 含量随时间的线性变化系数，时间一般在 1min 以内，得到各测点土壤 CO_2 向大气的排泄通量。

6.3.3 氡气浓度测量

土壤氡气浓度测量采用环境氡测量仪。用长 80cm 的钢钎在土壤中打孔；将钢钎拔出后，迅速将取样器插入孔中，并将取样器顶端地表部分用土密封压实，以防止抽气时空气进入孔内；用软橡胶皮管将取样器与测氡仪连接，排除仪器及管路中残余空气后，测试 α 粒子强度；测试结束后，及时拔掉进气孔胶皮管，使仪器再完成排气过程。测试时应选择没有水或潮湿度不大的正常土壤进行土壤中氡气浓度的测量。

6.3.4 土壤气汞测量

在野外测点上，用铁锤将钢钎打入地下约 1m 左右深，拔出钢钎后立即将螺纹采样器旋入孔内，使与土壤保持良好密封接触。用抽气泵将土壤气抽入捕汞管，带入室内测量。测量捕汞管中的汞含量采用测汞仪。土壤气汞浓度高的区域可能为地热流体运移主通道。

6.3.5 土壤微量元素测量

在勘查区内定深采集土壤样品，送实验室烘干、研磨、筛分后，用稀盐酸溶液溶滤土壤，测试滤液中微量元素的浓度，如 As、Sb、Bi、B、Li、Rb、Cs、Be、Au、Ag、W、Sn、Mo、Cu、Pb、Zn、Mn、Ni、Co 等。

6.4 岩石地球化学勘查

6.4.1 泉华与泉华胶结岩

6.4.1.1 查明泉华的分布面积与厚度；采集代表性泉华样品，识别泉华矿物组成，包括硅华、钙华、盐风化沉积物等；分析泉华生成机理。

6.4.1.2 查明泉华胶结岩的发育规模及区域连续性，采集泉华胶结岩新鲜露头的岩石样品，分析胶结物成分和碎屑成分。

6.4.1.3 水热蚀变矿物

6.4.1.4 观察野外露头初步查明区域水热蚀变范围及分带特征，包括未蚀变岩石、高岭土化岩石、赤铁矿化蚀变岩和硫化蚀变岩石等，并研究其演化过程。

6.4.1.5 采集新鲜面处代表性样品或岩芯、岩屑样品，识别水热蚀变矿物；如发现矿物包体可进行包体测温。

6.4.2 岩石放射性元素含量，采集火成岩新鲜露头的岩石样品或岩心样品，测试放射性生热元素铀、钍、钾的含量。

6.5 微生物地球化学勘查

6.5.1 采集地热水，分析微生物群落多样性，划分生物域、门、纲、目、科、属、种等。对比分析浅层地下水和土壤样品的微生物群落特征，识别地热水中优势微生物群落及其对地热水、地热气体地球化学影响。

6.5.2 地热水中微生物的用途，应对照 6.1.10 中地热水的不同用途进行评价。

6.5.3 对拟回灌的地热尾水，应评价微生物导致回灌堵塞的风险，具体内容包括：

a） 细菌体在多孔介质中的累积效应；

b） 细菌胞外聚合物，尤其是多糖聚合物的累积效应；

c） 生物活动产生的气体滞留（如 CO_2、N_2）

d）以微生物为媒介的沉积物累积效应。

7 资料整理与报告编写要求

7.1 地热地球化学勘查区的样品采集和测试工作完成后，组织技术人员认真整理资料、绘制图件和编写地球化学图说明书，完成原始数据存档，动态数据库信息录入等要求。

7.2 报告编写要求

7.2.1 一个地热勘查区编写一份报告。若地热地球化学勘查的三个阶段时间间隔较长，勘查范围或勘查目标有所调整，应对各个勘查阶段分别编写报告。编写报告时，应以详细记录实测数据为主，结合地质、水文地质、地球物理、放射性勘查以及地热资源勘查开发资料分析地球化学结果为辅，对下一勘查或开发阶段给出合理指导与建议。

7.2.2 地热资源开采阶段，对地热流体化学变化的监测数据形成日报、月报、季报、年报，内容可相对简化，数据记录格式统一，以记录实测数据和分析变化趋势原因为主。

7.2.3 地热地球化学勘查报告需章节齐全、建议明确可行，图标清晰。说明书中用的专业术语、名词、计量单位和代号都要遵照已颁布的有关标准执行。在说明书中作者新创用的名词、术语、公式及代号等，应给予注释说明。

7.3 地球化学勘查报告编写提纲及附图附表要求见附录C。

7.4 地球化学勘查报告应进行专家评审，根据专家组的评审意见修改后提交。

7.5 原始数据建库和资料成果验收、归档

地热地球化学勘查工作的各项原始数据必须及时整理、校核，资料应包括纸质文档和电子文档；地球化学勘查报告（含文字报告、成果图件、图册、异常登记卡等）分别以纸介质和PDF电子版形式存档和汇交。电子版本数据资料，要严格按国家有关标准、软件格式进行复制，必须与纸介质各项成果资料内容相同。归档内容包括合同或任务书、立项报告、工作设计、过程控制文件、原始资料、勘查报告及附图附表、评审意见等。

附 录 A
（资料性）
地热水水化学分类

地热水化学分类与地下水化学分类一直用舒卡列夫分类（表 A.1）。根据地热水中 6 种主要离子（K^+合并于 Na^+中）及 TDS 值划分。含量大于 25%毫克当量的阴离子和阳离子进行组合，共分成 49 型水，每型以一个阿拉伯数字作为代号。按 TDS 值又划分为 4 组：A 组＜1.5g/L，B 组 1.5g/L～10g/L，C 组 10g/L～40g/L，D 组＞40g/L。

表 A.1 舒卡列夫分类表（数字为类别代号）

超过 25%毫克当量的离子	HCO_3^-	$HCO_3^-+SO_4^{2-}$	$HCO_3^-+SO_4^{2-}+Cl^-$	$HCO_3^-+Cl^-$	SO_4^{2-}	$SO_4^{2-}+Cl^-$	Cl^-
Ca^{2+}	1	8	15	22	29	36	43
$Ca^{2+}+Mg^{2+}$	2	9	16	23	30	37	44
Mg^{2+}	3	10	17	24	31	38	45
Na^++Ca^{2+}	4	11	18	25	32	39	46
$Na^++Ca^{2+}+Mg^{2+}$	5	12	19	26	33	40	47
Na^++Mg^{2+}	6	13	20	27	34	41	48
Na^+	7	14	21	28	35	42	49

附 录 B
（资料性）
地球化学地温计

对温泉和地热井都可以利用地球化学地温计来估算热储温度，预测地热田潜力。理论上，受温度控制的化学反应组分都可以作为地热地温计。实际应用中一般需要满足一下基本假定：（1）深部发生的反应只与温度有关；（2）反应物充足；（3）在热储温度下流体与岩石（或不同流体）之间的反应达到平衡；（4）当流体从热储流向地表时，在温度降低过程中，组分之间不发生再平衡，或变化很小；（5）来自深部的流体没有和浅部地下冷水发生混合。

地球化学地温计分为化学组分地温计和同位素地温计两类。目前常用的地球化学地温计主要有阳离子地温计，二氧化硅地温计，气体组分地温计，气体同位素地温计和矿物组合地温计等。

B.1 阳离子地温计

常用阳离子地温计公式如表B.1所示。

Na-K地温计基于地热水与碱性长石之间的阳离子交换平衡，主要应用于150℃以上的热水，尤其是钻孔中的热水，其优点是受稀释和蒸汽分离的影响较小。

Na-K-Ca地温计是为解释一些富Ca^{2+}水的不合理的Na/K估算温度而建立的修正方法。该地温计适用于温度较低的地热系统，优点在于对温度较低的热水和非平衡水，不会给出很高或错误结果。

对于富Mg^{2+}的中低温地热水，需用K-Mg地温计。该地温计基于钾长石转变为白云母和斜绿泥石的离子交换反应。在水岩反应体系中，K-Mg溶质达到平衡最为快速。因此K-Mg地温计适用于中低温地热水。

此外，根据水化学组分特征和具体地质条件，还可应用Mg-Li地温计、Na-Li地温计、Na-Ca地温计和K-Ca地温计等。

目前最为常用的阳离子地温计为基于Na-K地温计和K-Mg地温计建立的Na-K-Mg三角图法（图B.1），该方法的优点在于可以辨别成熟水和未成熟水。

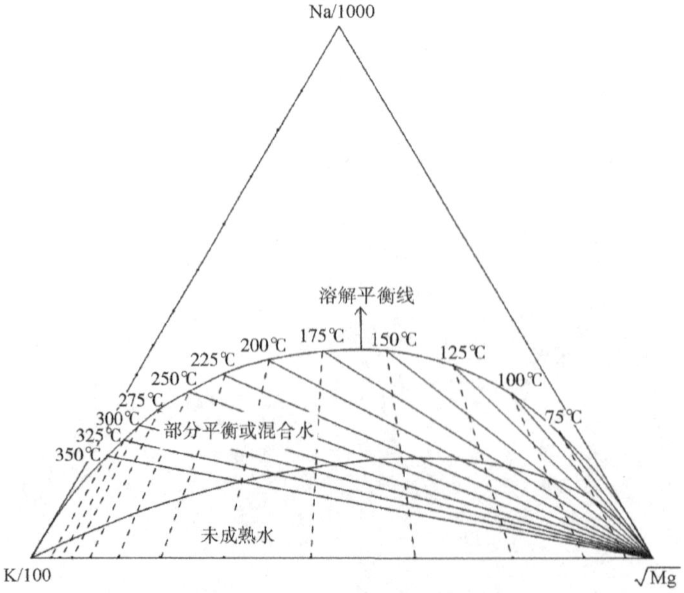

图B.1 Na-K-Mg三角图

表 B.1 常用阳离子地温计公式

地温计	公式（温度单位为℃）
Na–K	$T=\dfrac{856}{0.857+\lg(\mathrm{Na/K})}-273.15$
Na–K	$T=\dfrac{1217}{1.438+\lg(\mathrm{Na/K})}-273.15$
Na–K	$T=\dfrac{833}{0.780+\lg(\mathrm{Na/K})}-273.15$
Na–K	$T=\dfrac{933}{0.993+\lg(\mathrm{Na/K})}-273.15$
Na–K	$T=\dfrac{1319}{1.699+\lg(\mathrm{Na/K})}-273.15$
Na–K	$T=\dfrac{1390}{1.750+\lg(\mathrm{Na/K})}-273.15$
K–Mg[a]	$T=\dfrac{2330}{7.35+\lg(\mathrm{K^2/Mg})}-273.15$
K–Mg[b]	$T=\dfrac{1077}{4.033+\lg(\mathrm{K^2/Mg})}-273.15$
K–Mg	$T=\dfrac{4410}{14.0+\lg(\mathrm{K^2/Mg})}-273.15$
Li–Mg	$T=\dfrac{2200}{5.470-\lg(\mathrm{Li/Mg_{0.5}})}-273.15$
Na–Li	$T=\dfrac{1590}{0.779+\lg(\mathrm{Na/Li})}-273.15$
Na–Li[c,d]	$T=\dfrac{1000}{0.389+\lg(\mathrm{Na/Li})}-273.15$
Na–Li[d,e]	$T=\dfrac{1195}{0.130+\lg(\mathrm{Na/Li^{0.5}})}-273.15$
Na–Ca	$T=\dfrac{1096.7}{3.08-\lg(\mathrm{Na/Ca^{0.5}})}-273.15$
K–Ca	$T=\dfrac{1930}{3.861-\lg(\mathrm{K/Ca^{0.5}})}-273.15$
Na–K–Ca[f]	$T=\dfrac{1647}{\lg(\mathrm{Na/K})+\beta\lg(\mathrm{Ca^{0.5}/Na})+2.24}-273.15$

[a] 适用于 $\lg(\mathrm{K/Mg^2})>1.25$ 时。

[b] 适用于 $\lg(\mathrm{K/Mg^2})<1.25$ 时。

[c] 适用于 Cl 浓度＜0.3mol/kg 时。

[d] 单位为 mmol/kg。

[e] 适用于 Cl 浓度＞0.3mol/kg 时。

[f] 浓度单位为 mol/kg。$T<100$℃时，$\beta=4/3$；$T>100$℃且 $\lg(\mathrm{Ca^{0.5}/Na})<0$ 时，$\beta=1/3$。

B.2 二氧化硅地温计

自然界中，常见的二氧化硅矿物形态包括石英、无定形二氧化硅、玉髓和方石英等。二氧化硅地温计的假设条件是热液中的二氧化硅以硅酸形式存在。根据实验，二氧化硅矿物的溶解度是温度的函数，且对温度变化反应灵敏，压力和盐度变化对300℃以下石英和非晶质二氧化硅的溶解度影响小，因此可将地热水中的二氧化硅浓度作为地温计。不同矿物形态的二氧化硅在水中的溶解度是不同的。所以利用二氧化硅地温计时，应判断何种二氧化硅矿物控制了水中二氧化硅的浓度。常用二氧化硅地温计公式如表B.2所示。一般高于180℃～190℃的系统中，与石英的平衡控制着二氧化硅的浓度，而温度较低时，玉髓是控制相。

表B.2 常用二氧化硅地温计方程

地温计	公式（温度单位为℃，二氧化硅浓度单位为mg/kg）	适用温度范围（℃）
石英[a]	$T=\frac{1309}{5.19-\lg S}-273.15$	25～250
石英[b]	$T=\frac{1522}{5.75-\lg S}-273.15$	25～250
玉髓	$T=\frac{1032}{4.69-\lg S}-273.15$	0～250
斜硅石	$T=-30.7+0.53113S+1.2578\times10^{-4}S^2-5.9241\times10^{-7}S^3+19.576\lg S$	0～200
α-方石英	$T=\frac{731}{4.52-\lg S}-273.15$	25～250
蛋白石	$T=\frac{781}{4.51-\lg S}-273.15$	25～250
无定型二氧化硅	$T=\frac{731}{4.52-\lg S}-273.15$	25～250

[a] 无蒸汽散失的石英温度计。

[b] 绝热沸腾至100℃时蒸汽足量散失的石英温度计。

B.3 气体组分地温计

在某些地热田，地表热显示仅由喷气孔组成，没有温泉出露。在这种情况下，可用气体化学地温计估算热储温度。严格来讲，气体反应的平衡常数是气体逸度的函数，但对于低压地热系统，大部分逸度系数接近1，气体的分压能直接用逸度替换。主要的气体组分地温计方程列于表B.3中。

气体组分地温计较多，根据数据情况，采样点地质条件和可能的矿物平衡组合选择合适的计算公式。

表B.3 气体组分地温计方程

地温计（气体浓度单位）	公式（温度单位为℃）
CH_4-CO_2-H_2-H_2S (%(体积分数))	$T=24775/(2\lg(CH_4/CO_2)-6\lg(H_2/CO_2)-3\lg(H_2S/CO_2)-7\lg P_{CO_2}+36.05)$
CO_2-H_2 (lg(mmol/kg))	$T=190.3+55.97Q_{HC}-0.14Q_{HC}^2$ $Q_{HC}=\lg H_2+\frac{1}{2}\lg CO_2$

表 B.3　气体组分地温计方程（续）

地温计（气体浓度单位）	公式（温度单位为℃）
CO_2-H_2S (lg(mmol/kg))	$T=194.3+56.44Q_{SC}+1.53Q_{SC}^2$ $Q_{SC}=\lg H_2S+\frac{1}{6}\lg CO_2$
CO_2 (lg(mmol/kg))	$T=-44.1+269.25Q-76.88Q^2+9.52Q^3$
H_2S[a] (lg(mmol/kg))	$T=246.7+44.8Q$
H_2[a] (lg(mmol/kg))	$T=277.2+20.99Q$
CO_2-H_2[a] (lg(mmol/kg))	$T=341.7-28.57Q$
H_2S-H_2[a] (lg(mmol/kg))	$T=304.1-39.48Q$
H_2S[b] (lg(mmol/kg))	$T=173.2+65.04Q$
H_2[b] (lg(mmol/kg))	$T=212.2+38.59Q$
CO_2-H_2[b] (lg(mmol/kg))	$T=311.7-66.72Q$
H_2-Ar (%(摩尔分数))	$T=70\times(2.5+\lg(H_2/Ar))$
CO_2-Ar[c] (%(摩尔分数))	$\lg(CO_2/Ar)=-0.04+0.0277T+2048/T$
CH_4-CO_2 (%(摩尔分数))	$T=\frac{4625}{10.4+\lg(CH_4/CO_2)}-273.15$

注：Q 为该气体组分浓度/比值的对数值。

[a] 适用于温度高于 300℃的地热田或者温度在 200℃～300℃之间，且 Cl 浓度大于 500mg/L 的地热田。

[b] 适用于温度低于 200℃的地热田或者温度在 200℃～300℃之间，且 Cl 浓度小于 500mg/L 的地热田。

[c] 温度单位为 K。

B.4　同位素地温计

同位素地温计广义关系式：

$$\ln\alpha_{\mathrm{I-II}}=\ln\frac{R_{\mathrm{I}}}{R_{\mathrm{II}}}=A+\frac{10^3B}{T}+\frac{10^6C}{T}$$

式中：

α—— 同位素分馏系数；

R—— 同位素比值；

T——温度，℃。

常用溶质同位素地温计系数列于表B.4中。

表B.4 同位素地温计系数

地温计	同位素	适用范围（℃）	相态	A	B	C
H_2O-H_2	δ^2H	100～400	气相	−217.4	396.8	11.76
			液相	−294.0	396.8	25.196
CO_2-H_2O	$\delta^{18}O$	100～400	气相	−8.87	784.9	2.941
			液相	1961	18.29	7.626
$SO_4^{2-}-H_2O$	$\delta^{18}O$	0～300	液相	−5.6	0	3.251
				−4.1	0	2.880

B.5 矿物组合地温计

基于地热系统多组分化学平衡模拟的化学热力学地温计，是在对地热水化学组分分析的基础上，利用数值模拟软件，如SOLVEQ-XPT等，计算不同温度下矿物与水的溶解平衡指数，根据热储岩性选择主要矿物绘制 $\lg(Q/K)$值与温度变化的关系图。若各矿物饱和曲线收敛于某一温度，则认为其为流体在储层中达到水岩反应平衡时的温度，即热储温度。当地热水的化学分析缺少Al的浓度数据或流体出现稀释、脱气等现象时，可参考FixAl方法通过强制某种含铝矿物平衡模拟，认为去除水或加入H^+和HCO_3^-等加以校正。

附 录 C
（规范性）
地球化学勘查报告编写提纲

1 前言
  1.1 项目背景
  1.2 目的和任务
  1.3 完成工作量
  1.4 项目经费使用情况等
2 研究区概况
  2.1 自然地理概况
  2.2 地质背景
    2.2.1 地层
    2.2.2 褶皱构造
    2.2.3 断裂构造
    2.2.4 岩浆岩
    2.2.5 区域构造演化
    2.2.6 区域地震活动概况
  2.3 地热地质背景
    2.3.1 地热学背景
    2.3.2 水文地质背景
3 样品采集与测试
  3.1 地热水样品采集、测试方法
  3.2 地热气体样品采集、测试方法
  3.3 土壤地球化学勘查工作方法
  3.4 岩石化学勘查工作方法
  3.5 微生物勘查工作方法
4 地热水化学
  4.1 水化学类型
  4.2 主量组分特征
  4.3 微量组分特征
  4.4 水中同位素特征
  4.5 水化学地温计
  4.6 结垢腐蚀性评价
  4.7 地热尾水回灌（或排放）评价
5 地热气体化学
  5.1 地热气体组分
  5.2 地热气体同位素
  5.3 地热气体地温计
6 土壤地球化学
  6.1 土壤元素分布特征

6.2　土壤气体分布特征

6.3　土壤放射性分布特征

6.4　土壤地球化学对区域活动构造的指示

7　岩石地球化学

7.1　泉华类型及其成因

7.2　水热蚀变分带及迁移历史

8　微生物地球化学

8.1　微生物种类及含量

8.2　微生物对直接利用（或回灌）的影响

9　结论与建议

9.1　区域地球化学演化模型

9.2　拟开发利用方式评价

9.3　地球化学持续监测的主要指标和工作计划

9.4　对地热资源开发、管理的建议

10　报告主要附图

（1）地表热显示分布图

（2）地热（采/灌）井分布图

（3）采样点分布图

（4）水化学类型分布图

（5）主量气体组分分布图

（6）土壤元素浓度分布等值线图

（7）土壤气体浓度分布等值线图

（8）土壤放射性强度分布等值线图

（9）土壤温度分布等值线图

（10）区域水热蚀变分带图

（11）区域地球化学演化模式图

11　报告主要附表

（1）野外采样记录表扫描件

（2）勘查阶段进行室内实验或现场试验的数据记录

（3）地热流体、岩土、微生物化学成分（含同位素）及物理性质测试结果汇总表

（4）勘查、采样、测试、分析等各项工作负责人汇总表

参考文献

[1] Truesdell A H. 1976. Summary of Secion III. Geothermical Technics in Exploration. Second United Nations Symposium on the Development and Use of Geothermal Resources. 53 – 79.

[2] Fournier R O. 1979. A revised equation for the Na/K geothermometer. Geothermal Resources Council Transaction, 3: 221 – 224.

[3] Tonani F. 1980. Some remarks on the application of geochemical techniques in geothermal exploration. Proceedings: Adventure Europe Geothermal Research, 2nd Symposium. 428 – 433.

[4] Arnórsson S, Gunnlaugsson E, Svavarsson H. 1983. The chemistry of geothermal waters in Iceland. II. Chemical geothermometry in geothermal investigations. Geochemica et Comsmochimica Acta, 47:557 – 567.

[5] Giggenbach W F. 1988. Geothermal mineral equilibria. Geochimica et Cosmochimica Acta, 45:393 – 410.

[6] Fournier R O. 1991. Water geothermometers applied to geothermal energy. In: D'Amore F (coordinator). Applications of Geochemistry in Geothermal Reservoir Development UNITAR/UNDP publication, Rome. 37 – 69.

[7] Kharaka Y K, Mariner R H. 1989. Chemical geothermometers and their application to formation waters from sedimentary basins. In: Naeser N D, McCulloh T H (eds). Thermal History of Sedimentary Basins. Springer-Verlag, New York, USA. 99 – 117.

[8] Kharaka Y K, Lico M S, Lax L M. 1982. Chemical geothermometers applied to formation waters, Gulf of Mexico and California basins. American Association of Petroleum Geologists Bulletin, 66: 588.

[9] Fouillac C, Michard G. 1981. Sodium/lithium ratio in water applied to geothermometry of geothermal reservoirs. Geothermics, 10:55 – 70.

[10] Tonani F. 1980. Some remarks on the application of geochemical techniques in geothermal exploration. Proceedings: Adventure Europe Geothermal Research, 2nd Symposium. 438 – 433.

[11] Fournier R O, Truesdell A H. 1973. An empirical Na-K-Ca geothermometer for natural waters. Geochimica et Cosmochimica Acta, 37: 1255 – 1275.

[12] Fournier R O. 1977. Chemical geothermometers and mixing models for geothermal systems. Geothermics, 5: 31 – 40.

[13] D'Amore F, Panichi C. 1980. Evaluation of deep temperatures of hydrothermal systems by a new gas geothermometer. Geochimica et Cosmochimica Acta, 44: 549 – 556.

[14] Nehring N L, D'Amore F. 1984. Gas chemistry and thermometry of the Cerro Prito, Mexico, geothermal field. Geothermics, 13: 75 – 89.

[15] Arnórsson S, Gunnlaugsson E. 1985. New gas geothermometers for geothermal exploration-calibration and application. Geochimica et Cosmochimica Acta: 49: 1307 – 1325.

[16] Giggenbach W F. 1991. Chemical techniques in geothermal exploration. In: D'Amore F. (coordinator). Applications of Geochemistry in Geothermal Reservoir Development UNITAR/UNDP publication, Rome. 119 – 142.

[17] Lloyd R M. 1968. Oxygen isotopic behavior in the sulfate-water system. Journal of Geophysical Research, 73: 6099 – 6110.

[18] Mizutani Y, Rafter T A. 1969. Oxygen isotopic composition of sulfates-3. Oxygen isotopic fractionationin the bisulphate ionwater system. New Zealand Journal of Science, 12:54 – 59.

[19] Pang Z H, Reed M. 1998. Theoretical chemical geothermometry on geothermal waters: Problems and methods. Geochimica et Coschimica Acta, 62: 1083 – 1091.

ICS 27.010
CCS F 15

NB

中华人民共和国能源行业标准

NB/T 10700—2021

地热资源/储量分级评价方法

Classification and assessment methods for geothermal resources/reserves

2021-11-16 发布　　2022-05-16 实施

国家能源局　发布

目　次

前言

本文件按照GB/T 1.1—2020《标准化工作导则　第1部分：标准化文件的结构和起草规则》的规定起草。

本文件由中国石油化工集团有限公司提出。

本文件由能源行业地热能专业标准化技术委员会归口。

本文件起草单位：中国石油化工股份有限公司石油勘探开发研究院、中国石油勘探开发研究院、中国地质调查局水文地质环境地质研究所、东北石油大学、山东省地质矿产勘查开发局、天津地热勘查开发设计院、北京市地热调查研究院、山东省鲁南地质工程勘察院、中国石化集团新星石油有限责任公司、中国石油化工股份有限公司胜利油田分公司、中国石油华北油田分公司、宝石花地热能开发有限公司。

本文件主要起草人：何治亮、张英、冯建赟、曹艳、闫家泓、王贵玲、朱焕来、康凤新、赵苏民、柯柏林、谭现锋、毛翔、杨永红、辛守良、孙福利、李海京、罗军、向烨、马春红、赵丰年、曾彦。

本文件于2021年首次发布。

地热资源/储量分级评价方法

1 范围

本文件规定了地热资源/储量（不包括浅层地热能）的分类分级原则和评价方法。

本文件适用于地热资源/储量计算、评审和统计。

2 规范性引用文件

下列文件中的内容通过文中的规范性引用而构成本文件必不可少的条款。其中，注日期的引用文件，仅该日期对应的版本适用于本文件；不注日期的引用文件，其最新版本（包括所有的修改单）适用于本文件。

GB/T 11615—2010　地热资源地质勘查规范

NB/T 10097—2018　地热能术语

NB/T 10263—2019　地热储层评价方法

3 术语和定义

下列术语和定义适用于本文件。

3.1

地热资源基数　geothermal resource base

评价单元范围内热储中蕴藏的地热能总量。

3.2

地热资源丰度　abundance of geothermal resources

评价单元内单位面积所蕴藏的地热资源量。

3.3

地热储量丰度　abundance of geothermal reserves

评价单元内单位面积所蕴藏的地热储量。

4 地热资源/储量分级分类

4.1 总则

地热资源/储量依据其开发利用的技术经济可行性和勘查程度进行分级分类。

4.2 地热资源/储量序列

地热资源/储量序列如图 1 所示。

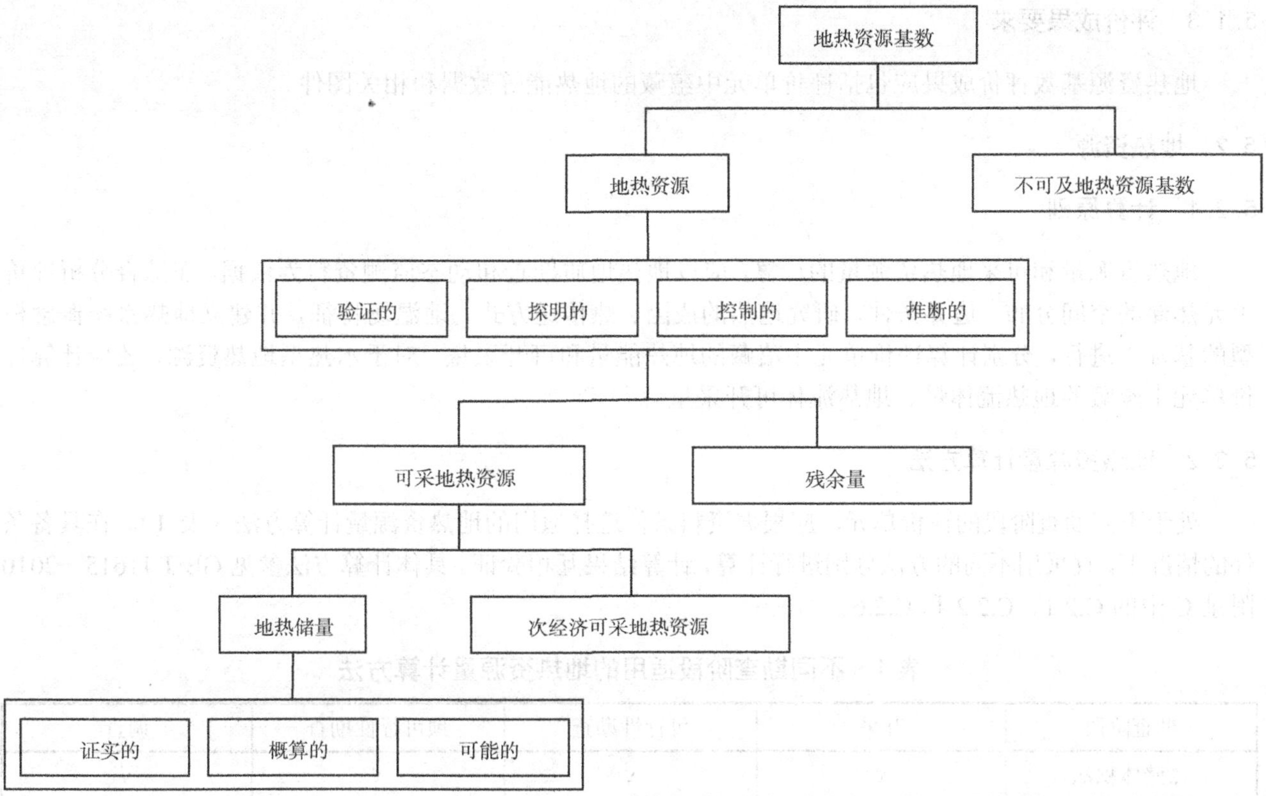

图 1　地热资源/储量序列

4.3　地热资源/储量分类

地热能按照其开发利用的技术经济可行性，分为地热资源基数、地热资源、地热储量三个类别。

4.4　地热资源分级

地热资源按照勘查程度，分为推断的、控制的、探明的和验证的四个级别，分别对应调查、预可行性勘查、可行性勘查和开采四个阶段。

4.5　地热储量分级

地热储量按照勘查程度，分为可能的、概算的和证实的三个级别，分别对应预可行性勘查、可行性勘查和开采三个阶段。

5　地热资源/储量计算与评价方法

5.1　地热资源基数

5.1.1　计算原则

地热资源基数计算，应以地热地质勘查资料为依据，综合分析评价单元内热储的空间分布、温度场、岩石物理和热物理性质，计算热储中蕴藏的地热能。

5.1.2　计算方法

宜采用热储体积法计算地热资源基数，计算公式参见 GB/T 11615—2010 附录 C.2.2。

5.1.3 评价成果要求

地热资源基数评价成果应包括评价单元中蕴藏的地热能等数据和相关图件。

5.2 地热资源

5.2.1 计算原则

地热资源量和可采地热资源量的计算，应以地热地质勘查和动态监测资料为依据，在综合分析评价单元热储的空间分布、边界条件，研究地热的成因、热传递方式、地温场特征，并建立地热系统概念模型的基础上进行，分别计算评价单元中蕴藏的地热能量和可开采量。对于水热型地热资源，还应计算评价单元中蕴藏的地热流体量、地热流体可开采量。

5.2.2 地热资源量计算方法

处于不同勘查阶段的评价单元，应根据资料条件选择适用的地热资源量计算方法（表 1）。在具备条件的情况下，宜采用不同的方法分别进行计算，计算结果互相验证。具体计算方法参见 GB/T 11615—2010 附录 C 中的 C.2.1、C.2.2 和 C.2.6。

表 1 不同勘查阶段适用的地热资源量计算方法

勘查阶段	开采	可行性勘查	预可行性勘查	调查
热储体积法	√	√	√	√
比拟法			√	√
地表热流量法				√

5.2.3 可采地热资源量计算方法选择

处于不同勘查阶段的评价单元，应根据资料条件选择适用的可采地热资源量计算方法（表 2），具体计算方法参见 GB/T 11615—2010 附录 C 中的 C.2.1、C.2.3、C.2.4、C.2.5 和 C.2.6。

表 2 不同勘查阶段适用的可采地热资源量计算方法

勘查阶段	开采	可行性勘查	预可行性勘查	调查
数值模拟法	√	√	√	√
地表热流量法				√
比拟法			√	√
解析模型法		√	√	
统计分析法	√	√		

5.2.4 评价成果要求

5.2.4.1 地热资源评价成果要求

地热资源评价成果包括地热资源量、地热资源丰度、可采地热资源量、可采地热资源丰度、相关基础和成果图件。

5.2.4.2 水热型地热资源评价成果要求

水热型地热资源评价成果，除包含“5.2.4.1 地热资源评价成果要求”内容外，还应提供地热流体量、可采地热流体量，以及相关基础和成果图件，并参考 GB/T 11615—2010 中第 9 条的规定进行地热流体质量评价。

5.3 地热储量

5.3.1 计算原则

地热储量的计算，应在综合分析区域能源需求和政策条件、现有地热项目运行及盈利状况、地热能开发利用环境影响的基础上，计算评价单元在一定时期内可经济开采的地热能。对于水热型地热资源，还应分别计算可开采地热流体量。

5.3.2 地热储量计算方法

地热储量宜在地热资源可开采量计算的基础上，设定地热能开发方案并采用现金流量法进行经济评价获得。在预可行性勘查阶段，如不具备采用现金流量法的条件，可采用类比法或深度界限法进行简单计算。

5.3.2.1 现金流量法

依据地热能开发利用方案、投资成本费用、产品销售价格和行业财政税收政策编制现金流量表。到现金流入等于现金流出时（经济寿命年），累计采出的地热资源即为评价区地热储量。具体计算方法参见附录 A。

5.3.2.2 类比法

选择与评价单元相似程度较高、采用现金流量法计算地热储量的地质单元作为类比对象。对比评价单元与类比单元的地热资源条件、开发利用技术条件、市场条件和政策支持力度等，确定相似系数，并进一步计算评价单元的地热储量。计算公式见式（1）。

$$G = G_s \times S \qquad (1)$$

式中：

G —— 评价单元地热储量，单位为吉焦（10^9J）；

G_s —— 类比单元地热储量，单位为吉焦（10^9J）；

S —— 相似系数，无量纲。

5.3.2.3 深度界限法

根据区域地热资源开发条件，确定一定的深度作为评价单元地热储量计算的深度界限，浅于该界限的地热资源可开采量作为地热储量。

5.3.3 评价成果要求

5.3.3.1 地热储量评价成果要求

地热储量评价成果应包括地热储量、地热储量丰度，以及相关基础和成果图件。

5.3.3.2 水热型地热储量评价成果要求

水热型地热储量评价成果，除包含“5.3.3.1 地热储量评价成果要求”内容外，还应提供可开采地热流体量等数据，以及相关基础和成果图件。

附 录 A
（资料性）
采用现金流量法计算地热储量的具体方法

用现金流量法计算地热储量示意如图 A.1 所示。首先在评价区范围内，针对真实或模拟地热项目，依据地热能开发方案、投资成本费用、产品销售价格和行业财政税收政策等，编制生产现金流量表。到现金流入等于现金流出时（经济寿命年），评价区累计采出的地热能即为评价区地热储量。

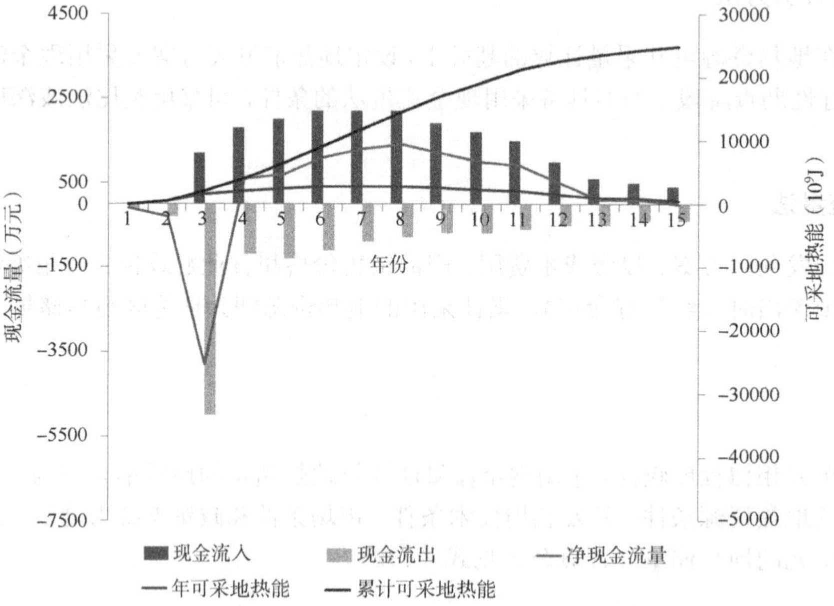

图 A.1 用现金流量法计算地热储量示意图

净现金流为现金流入与现金流出的差值，计算公式见式（A.1）。

$$C_t = CI_t - CO_t \quad \text{(A.1)}$$

现金流入包括销售收入和其他收入，计算公式见式（A.2）。

$$CI_t = CIP_t + OCIP_t \quad \text{(A.2)}$$

销售收入计算公式见式（A.3）。

$$CIP_t = P_t \times Q_t \times \eta \quad \text{(A.3)}$$

现金流出包括投资、经营成本、销售税金及附加和所得税等，计算公式见式（A.4）。

$$CO_t = I_t + CO_t + R_t \quad \text{(A.4)}$$

若第 t 年的净现金流量为零，则评价区的地热储量为第 1 年到第 t 年的地热能产量累计值，计算公式见式（A.5）：

$$G = \sum_{t=1}^{T} Q_t \quad \text{(A.5)}$$

式中：

C_t —— 第 t 年净现金流量，单位为万元；

CI_t —— 第 t 年现金流入量，单位为万元；

CO_t —— 第 t 年现金流出量，单位为万元；

CIP_t —— 第 t 年销售收入，单位为万元；

$OCIP_t$ —— 第 t 年其他收入，单位为万元；

P_t —— 第 t 年地热能销售价格，单位为万元/吉焦（万元/10^9J）；

Q_t —— 第 t 年地热能产量，单位为吉焦（10^9J）；

η —— 第 t 年地热能商品率，无量纲；

I_t —— 第 t 年投资（包括钻井投资、管线及地面工程投资等），单位为万元；

COP_t —— 第 t 年经营成本，单位为万元；

R_t —— 第 t 年税金及附加（包括城市维护建设税、教育费附加、资源税、矿产资源补偿费、所得税等），单位为万元；

G —— 评价区地热储量，单位为吉焦（10^9J）。

附　录　B
（资料性）
国内各阶段地热资源/储量分类概略对比表

来源	分类	类别			
DZ40—85	地热资源/储量	储量	查明资源	推测资源	远景资源
GB 11615—1989	地热储量分级	A 级+B 级	C 级	D 级	E 级
GB 11615—2010	勘查阶段	开采	可行性勘查	预可行性勘查	调查
	地热储量	热储存量（热储岩石及其空隙中的地热流体所赋存的地热资源量）			
	地热流体可开采量	验证的	探明的	控制的	推断的
NB/T 10700—2021（本文件）	地热资源基数				
	地热资源	验证的	探明的	控制的	推断的
	地热储量	证实的	概算的	可能的	

参 考 文 献

[1] GB/T 19492—2004 石油天然气资源/储量分类
[2] GB/T 17766—1999 固体矿产资源/储量分类
[3] GB 15218—94 地下水资源分类分级标准
[4] DZ/T0331—2020 地热资源评价方法及估算规程
[5] GB 11615—89 地热资源地质勘查规范
[6] DZ40—85 地热资源评价方法

ICS 27.010
CCS F 15

NB

中华人民共和国能源行业标准

NB/T 10701—2021

地热资源微动探测技术规程

Technical regulation for microtremor survey in geothermal exploration

2021-11-16 发布

2022-05-16 实施

国家能源局 发布

目　次

前　言

本文件按照GB/T 1.1—2020《标准化工作导则　第1部分：标准化文件的结构和起草规则》的规定起草。

本文件由中国石油化工集团有限公司提出。

本文件由能源行业地热能专业标准化技术委员会归口。

本文件起草单位：北京市生态地质研究所、中国科学院地质与地球物理研究所、北京中科吉奥能源环境科技有限公司、中国地震局地球物理研究所、北京市地热研究院、中国石化集团新星石油有限责任公司。

本文件主要起草人：李巧灵、雷晓东、冉伟彦、李晨、徐佩芬、凌甦群、何正勤、徐光辉、丁连靖、关伟、向烨、赵丰年。

本文件于2021年首次发布。

地热资源微动探测技术规程

1 范围

本文件规定了地热资源微动探测的技术设计、数据采集、数据处理与解释、报告编写等要求。

本文件适用于地热资源勘查各阶段中的微动探测技术。

2 规范性引用文件

下列文件对于本文件的应用是必不可少的。凡是注日期的引用文件，仅所注日期的版本适用于本文件；凡是不注日期的引用文件，其最新版本（包括所有的修改单）适用于本文件。

GB/T 11615 地热资源地质勘查规范

DZ/T 0069 地球物理勘查图式图例及用色标准

NB/T 10097 地热能术语

3 术语和定义

下列术语、定义适用于本文件。

3.1

微动 microtremor

微动是一种没有特定振源（震源）、任何时间和地点都可以观测到的微弱振动，其形变位移量一般只有几微米到几十微米，也被称为被动源面波（passive surface wave）、环境随机振动（ambient vibration）等，主要由地震、潮汐、气候等自然现象的变化或道路交通等人为因素引起。

3.2

微动探测 microtremor survey

基于阵列设备采集地面微动信号，通过数学计算及相关的数字处理技术提取其垂直分量中面波信号（主要为瑞雷波）的相速度频散曲线，经反演计算获得阵列下方介质 S 波速度结构，进而推断其地质结构的一种地球物理探测方法。

3.3

面波频散 surface wave dispersion

面波在层状介质（即非均匀介质）中传播的速度随频率变化而变化的现象。

3.4

频散曲线 dispersion curve

表示面波的频率（或波长、周期）与波速（相速度）间关系的曲线。地热资源微动探测主要利用微动信号中的瑞雷波（Rayleigh wave）信号提取相速度频散曲线进行后续分析，故本文件中未做特别说明的“频散曲线”皆为瑞雷波相速度频散曲线。

3.5

观测阵列 observation array

根据探测目的，结合野外条件，多个拾震器（检波器）按照一定的排列组合形成的采集方式，如圆形、十字、不规则方式等。

3.6

视 S 波速度 apparent S wave velocity

根据经验公式（见 8.1.3.2），由瑞雷波相速度换算得到的一种速度，数值上与 S 波（横波）速度相近。

3.7

相速度 phase velocity

波的相位在空间的传播速度。本文件中未做特别说明的“相速度”皆为瑞雷波相速度。在非均匀介质中，由于频散现象的存在，不同频率对应不同的相速度，且同一频率通常对应多个相速度，地热资源微动探测技术主要利用不同频率对应的最小相速度。

4 符号和缩略语

4.1

SPAC

spatial autocorrelation（空间自相关）。

4.2

ESPAC

extended spatial autocorrelation（扩展空间自相关）。

4.3

F-K

frequency-wavenumber（频率-波数法）。

5 总则

5.1 探测目的

a） 地热储层埋藏深度探测；

b） 盖层岩性、厚度及组合特征探测；

c） 断裂构造位置及产状探测。

5.2 应用条件

a） 目标体与围岩之间存在一定的速度差异；

b） 采集阵列内地形无剧烈起伏变化、无较强振动干扰；

c） 工作现场具备能布置探测仪器的条件。

5.3 阶段划分

5.3.1 地热资源微动探测工作阶段依据 GB/T 11615，可分为调查、可（预可）行性和开采阶段，按工作模式，可划分为单点微动探测、剖面或面积性微动探测。

5.3.2 调查、可（预可）行性勘查阶段以面积性或剖面探测工作为主，应进行技术设计。

5.3.3 开采阶段，可开展单点微动探测，针对拟钻井开展论证的勘查或物探工作量较少的项目，可简化技术设计，或与野外施工同时完成。

6 技术设计

6.1 资料收集与踏勘

6.1.1 系统收集整理已有地球物理、区域地质、水文地质、钻探等工作成果资料，分析已有资料的工作程度和存在的问题。

6.1.2 收集工作区主要岩石、地层纵波速度、横波速度、泊松比等物性资料。

6.1.3 现场踏勘工作区地形、地貌、植被、交通、气象、居民点等条件，了解野外作业施工条件。

6.1.4 选择已知条件较好的地段开展方法有效性试验，确定仪器设备、观测方式及技术参数等。

6.2 观测系统设计

6.2.1 单点微动探测应布置在已知孔位及拟钻井预布设孔位附近。

6.2.2 面积性或剖面性微动探测应根据地质任务、勘查对象和地形地貌等情况，按照既能满足地质任务所要求的详细程度和精确程度，又经济合理的原则进行设计（参照 GB/T 11615），地热资源微动探测常用比例尺参照表 1，测网密度参照表 2。

表 1 工作比例尺表

勘查阶段		调查	预可行性勘查	可行性勘查	开采
热田勘查类型	层状热储	1:100 000		1:50 000	1/10 000
	带状热储	1:50 000		1:25 000	1/5 000

表 2 测网密度表

工作比例尺	线距/km	点距/km
1:100 000	10.00～20.00	5.00～10.00
1:50 000	5.00～8.00	2.50～4.00
1:25 000	2.50～4.00	1.25～2.00
1:10 000	1.00～2.00	0.50～1.00
1:5 000	0.50～0.80	0.25～0.40

6.2.3 测点的平面点位误差，在相应工作比例尺成果图上应不大于 5mm。高程误差，当勘查对象的最小埋深超过 100m 时不得超过最小埋深的 5%；当勘查对象的最小埋深不足 100m 时应小于 5m。

6.2.4 面积性测量按规则测网布设，主测线应能控制区内主要地质体，若施工环境不允许，可适当调整测线，点、线距调整不超过 20%。测线距离不大于 1km，点距不大于 500m。

6.2.5 剖面测量测线方向应垂直于探测地质目标体的走向，每个剖面微动探测点应不少于 5 个。

6.2.6 测线尽可能与已有的地质、物化探勘探线和钻孔位置重合。

6.2.7 测点、测线号编排规则：测点编号从左到右、自下而上递增；测线编号由西向东、自南向北递增。

6.2.8 采集阵列可设计为圆形阵列、嵌套三点圆形阵列、十字阵列、菱形阵列、L 形阵列和不规则密集阵列等（参见附录 A）。需根据地质任务、地形地貌、工作区地质构造特征、噪声特征、仪器设备性能、现场方法试验，选择合适的采集阵列。

6.2.9 一般阵列，微动探测点为阵列中心点；L 形阵列，微动探测点为 L 形拐点。

6.2.10 采用嵌套三点圆形阵列探测的，应根据探测深度要求，初步估算阵列半径。估算公式为：$r \geq (1/3 \sim 1/5)H$（r 为最大观测半径，H 为探测深度）。探测深度小于等于 500m 时，最大观测半径不应小于探测深度的 1/5；探测深度大于 500m 时，最大观测半径不应小于探测深度的 1/3。应设计多个采集半径，开展现场试验，根据实测频散曲线的反演计算结果，对比分析试验数据，确定最佳采集半径。采用其他阵列可参考此参数，r 则为拾震器有效组合中的最大间距。

6.2.11　探测点应尽量避开断裂带等地层速度剧烈变化地带，避免跨构造单元布设。在地质情况不清楚的空白区域，单点微动测量点数不宜少于 3 个。

6.3　工作精度

6.3.1　工作精度应根据地质勘查任务、干扰强度及其他相关因素进行设计。

6.3.2　工作精度分两级：

a）Ⅰ级：频散曲线重复性好，平均相对偏差不大于 5%，低频段频点密度高；

b）Ⅱ级：频散曲线重复性较好，平均相对偏差不大于 10%，低频段频点密度较高。

6.4　方法试验

在应用条件不明或工作区地质条件比较复杂时，应选择有代表性的地段进行方法试验，确定合适的采集阵列和半径。在条件许可时，可在已知地热井旁进行试验。

6.5　设计书编写

6.5.1　设计书编写应以本文件及相关技术规范为依据，结合需要解决的具体地质问题，分析已有资料情况，论证项目实施的可行性，分析存在的风险。根据以往工作程度及存在问题，在现场踏勘基础上，编制工作设计，明确工作内容和初步技术参数，说明预期成果、组织保障措施和经费预算等（参见附录 B）。

7　野外施工

7.1　仪器设备

7.1.1　拾震器宜采用速度型传感器，电压输出灵敏度不宜小于 2V/（cm·s）。探测深度不大于 1000m 时，自然频率不宜高于 1Hz；探测深度为 1000m～2000m 时，自然频率不宜高于 0.5Hz；探测深度大于 2000m 时，自然频率不宜高于 0.2Hz；有效频带范围内，频谱曲线应变化平缓。

7.1.2　记录仪应自带内置卫星导航定位信号接收装置，且具有实时时间校正和多台传感器同步、连续记录功能。时间精度（包括时钟精度和校正精度）为 24h 误差宜在 ±2.5ms 以内。模/数转换不宜低于 24 位，采样率不应大于 100ms，动态范围不宜小于 120dB。

7.1.3　通道幅值一致性偏差不应大于 1%，通道相位一致性偏差不应大于最小采样间隔的一半，折合输入端噪声水平应低于 1μV，电压增益应大于 80dB。

7.1.4　记录仪数据存储容量不宜低于 8GB，充分蓄电后，持续工作时长不宜少于 24h。

7.2　一致性试验

7.2.1　野外工作前，必须进行仪器一致性试验。将全部仪器放置在同一点处，同步记录 10min～20min，计算各套仪器的功率谱、功率谱之比、相干系数和相位差，选择某一台拾震器记录数据为标准记录，分别与其余拾震器记录进行比较，一致性不应小于 95%。

7.2.2　每日施工前，应对参与施工的仪器进行检验和一致性测试。仪器检验应按说明书进行。一致性测试将全部仪器放置在同一点处，同步记录 5min，通过数据回放检查原始记录是否具有较好的一致性，应无坏道等仪器本身导致的异常。

7.3 数据采集

7.3.1 各阵列点坐标均需使用高精度定位仪测量，定位平面中误差不大于阵列点最小间距的10%。

7.3.2 根据设计的采集阵列和观测系统进行测网布设，当阵列点遇水域、高架桥、陡崖等特殊地形地貌的场地时，可适当调整采集阵列，避开障碍，并记录实际点位坐标。

7.3.3 采用圆形阵列时，同一阵列内拾震器平面位置移动距离不宜超过所在观测半径的 5%，若仍无法避开障碍，可将测点（即整个阵列）整体移动。

7.3.4 圆形阵列需 n+1 道拾震器同时观测（$n \geqslant 3$），将一个拾震器布设在中心点，另外 n 个拾震器均匀布设在某一采集半径的圆周上。可依次进行各半径的数据观测，在拾震器数量足够多的情况下，也可一次性完成各半径的数据观测。观测半径不宜少于 3 个。

7.3.5 野外观测应尽可能采用圆形阵列，当障碍物较多时，可采用 L 形阵列、三角形阵列、不规则密集阵列等，拾震器数量不少于 10 个。

7.3.6 数据采集前，确保各拾震器与地面耦合良好，拾震器处于水平状态。对于便携式无缆拾震器，需精确授时，时间校正精度应≤1ms。

7.3.7 观测时长不应少于 30min，干扰严重地区应延长采集时间或夜间作业。根据现场方法试验确定合理的观测时长。

7.3.8 详细记录仪器采集参数设置和野外现场工作，野外记录本（附录 C）须用 3H 及以上硬度铅笔记录，字迹清楚，少涂改。记录内容包括阵列类型、拾震器编号及位置、采集开始和结束时间等信息，同时记录观测点（拾震器埋置点）附近典型的地形地貌，尤其是可能引起噪声的干扰源。

7.3.9 仪器进入正常工作状态后，保持周围环境相对安静，尽量避免人为振动干扰。

7.3.10 收工后应及时将当天采集数据传入计算机，检查确认采集数据是否有效，并存盘备份。

7.4 安全保障

7.4.1 严格执行国家有关安全法规、标准、规范、规程的要求。坚持“安全第一、预防为主、综合治理”的方针。

7.4.2 随时观察天气情况，及时通信，靠近山区施工，要注意观察地形地貌和警示标志，远离山洪、泥石流易发区。

7.5 原始资料质量检查与评价

7.5.1 每天测量完成后，操作人员应通过回放等方式，第一时间检查原始记录有无不正常道等明显异常。并将原始记录进行初步整理，交由室内组（或专人）进行检查和初步验收，并作出评价。发现重大问题及时通知操作人员，并提出改进建议。

7.5.2 原始记录质量评价分为优良、合格和不合格三个等级，评级表见附录 D。

7.5.3 同时满足以下条件为优良记录：

a） 仪器检查记录合格；

b）观测系统和采集阵列正确，符合设计要求；

c）野外记录表格正确、齐全、整洁；

d） 原始记录信号整体平稳，无明显零值漂移；

e）同一半径各道记录无明显的方位性干扰记录，或明显的方位性干扰记录时长不大于采集时长 5%；

f） 无不正常道记录；

g） 频带范围满足探测需要。

注：方位性干扰记录指异常记录如记录幅值突然增大数倍以上，且同一半径拾震器中只有某个方位的记录存在该情

况；不正常道是指原始记录存在由仪器本身导致的异常，如记录幅值为零等。

7.5.4 有下列缺陷之一者为不合格记录：

a） 无仪器检查记录或仪器检查记录不合格的全部记录；

b） 观测系统不正确或仪器处于不正常状态所获得的记录；

c） 野外记录表格信息不正确或不齐全，导致不能利用的记录；

d） 同一半径内某道数据存在强烈的方位性干扰噪声，导致数据无法使用；

e） 采用 SPAC 法时中心道记录不正常或同一半径内存在 2 个及以上不正常道记录；

f） 频带范围不能满足探测需要。

7.5.5 不够优良条件，又不属于不合格的记录为合格记录。

7.5.6 对于不合格记录需重新采集，优良记录不应低于 70%。

7.6 野外资料验收

7.6.1 原始资料应包括以下内容：

a） 野外观测记录本（详见附录 C）；

b） 原始记录评级表（详见附录 D）；

c） 仪器一致性试验原始记录及结果；

d） 测量点采集数据原始记录波形（电子文档）。

7.6.2 基础资料应包括以下内容：

a） 实际材料图；

b） 野外工作手图；

c） 野外工作小结；

d） 其他相关资料。

7.6.3 项目承担单位先组织内部验收，形成内部验收意见，合格后向项目委托单位提交验收申请，委托单位组织专家对野外资料进行验收，并形成最终验收意见。

7.6.4 野外资料验收合格后，方可结束野外工作，并按要求向项目委托方提交原始资料。

8 数据处理与解释

8.1 数据处理

8.1.1 数据处理软件应具有 SPAC、ESPAC 或 F-K 域分析功能。

8.1.2 瑞雷波相速度频散曲线提取包括以下内容：

a） 有中心点的规则阵列（阵列中心布设有拾震器）采集的数据建议使用空间自相关法（SPAC）（见附录 A）。各半径空间自相关系数极值在低频段（第一个零值频率以低）不宜小于 0.8；贝塞尔函数拟合差不宜大于 10%。

b） 无中心点的阵列（阵列中心未布设拾震器）采集的数据宜使用扩展空间自相关法（ESPAC）。半径划分不宜少于 3 个，尽量使拾震器均匀分布在各半径内；各半径空间自相关系数极值在低频段（第一个零值频率以低）不宜小于 0.8；贝塞尔函数拟合差不宜大于 10%。

c） 拾震器数量较多（不少于 10 个）的非规则阵列采集的数据，尤其是采集过程中方位性震源明显或混入较大能量体波时，宜使用频率-波数法（F-K）。频率波数谱的峰值能量应具有较好收敛性。

8.1.3 视 S 波速度计算

8.1.3.1　面积性测量、剖面测量或者测点较密集可连成 2D 测线的情况下，瑞雷波相速度频散曲线可直接计算视 S 波速度 V_x，再内插形成视 S 波速度平面或剖面图，直接进行地质构造推断解释。

8.1.3.2　视 S 波速度计算公式见式（1）：

$$V_{x,i}=\left(\frac{t_i\cdot V_{R,i}^4-t_{i-1}\cdot V_{R,i-1}^4}{t_i-t_{i-1}}\right)^{1/4} \quad\cdots\cdots(1)$$

式中：

V_R——相速度（m/s）；

t_i——周期（s）；

i=1，2，3，…n，n为整数。

8.1.3.3　探测深度估算公式见式（2）：

$$H=\alpha V_R/2f \quad\cdots\cdots(2)$$

式中：

H——探测深度；

V_R——相速度；

f——频率；

α——校正系数，有条件的工作区可与已知钻孔资料对比，做深度校正，提高深度解释的精度。

8.1.3.4　面积性或剖面测量应提供瑞雷波相速度或视 S 波速度等值线断面图。

8.1.4　S 波速度反演

8.1.4.1　频散曲线可经反演获得阵列下方介质的横波速度结构，从垂向上解释推断地层结构。也可对反演后的 S 波速度结构数据进行内插，形成 S 波速度平面或剖面图，从平面或剖面上进行地质解译。

8.1.4.2　应利用测点附近的钻孔资料或位于同一个构造单元的钻孔资料提供初始模型信息，主要参数包括地层厚度、纵波速度、密度和初始 S 波速度。若缺少钻孔资料，可基于区域地质资料或邻近微动探测点反演成果建立初始模型；在地质背景资料空白区，可用细分法将目的反演深度等分为多个地层，浅部采用较小间隔，深部采用较大间隔。

8.1.4.3　对于成层性较好的沉积地层，可基于遗传算法（附录 E）利用初始模型反演地层 S 波速度结构。

8.2　资料解释

8.2.1　遵循从已知推断未知的原则，必要时对重点异常进行现场踏勘。

8.2.2　根据工作区及其邻近工作区已知地质、地球物理及钻探等资料建立的地质-地球物理概念模型，对处理后的数据异常进行类比解释推断。以地质理论为指导，采用平面解释和剖面解释相结合的方法，二者互为补充和约束，使推断成果更合理。

8.2.3　地热资源可（预可）行性勘查阶段，主要利用区域性速度平面图件，对工作区地层构造及岩浆活动情况进行初步解释推断；通过重点区域的速度剖面图件，基本查明热储的埋藏深度、岩性和厚度分布特征，为地热资源开发方案及井群布局提供依据。

8.2.4　地热资源开采阶段，主要利用重点区域速度结构对地热田或工作区内的地质构造、热储岩性、厚度、分布范围及其埋藏条件进行详细解释推断，为地热地质概念模型建立提供基础信息。

8.2.5　编制地质—地球物理综合解释成果图，同时对解释成果质量进行评估，说明可能存在的问题与不足。

9 报告编写与资料汇交

9.1 报告编写

9.1.1 编写要求

报告编写应内容全面，重点突出，论述及推断有理有据，文字简练，逻辑严密，插图清楚，结论客观明确，地热能术语应符合 NB/T 10097 的要求。附图、附表和附件应图幅美观，布局合理，内容准确、清晰、齐全、实用。具体编写提纲见附录 F。

9.1.2 图件

9.1.2.1 实际材料图，图面要素应包括地理底图、测点位置、检查点位置、图名、图例、责任表等。

9.1.2.2 微动数据处理解释成果图，单点测量应包括频散曲线图、反演 S 波速度结构图、反演 S 波速度统计表格（附录 G）等；剖面测量和面积性测量还应包括视 S 波速度断面图。

9.1.2.3 地质推断成果图（如推断地层柱状图、推断地质剖面图等）。

9.1.2.4 其他成果图件，所有图件应符合 DZ/T 0069 的要求。

9.1.3 报告评审

立项报告或可研报告、成果报告应进行专家评审，根据专家组的评审意见修改后提交。

9.2 资料归档

归档内容包括合同或任务书、立项报告、工作设计、过程控制文件、原始资料、成果报告及附图附表、评审意见等。

附 录 A

（资料性）

微动探测数据采集阵列示例

高质量的原始数据采集是在地热勘查领域成功应用微动探测技术的基础，在固有的硬件条件和采集环境下，决定原始数据采集质量的主要因素为阵列布设方式。试验表明，随着拾震器间距离的增大，拟合的贝塞尔曲线逐渐向低频段移动，即采集半径越大，越有利于低频微动信号采集，不同采集半径的组合则可以得到不同频段的微动信号，进而可对不同深度的地层结构进行解释推断。目前最常用的采集阵列为嵌套三点圆形观测阵列，但并不是所有情况下该采集方式都可以获得满意的原始数据，需要综合考虑采集环境、勘探目的以及后续处理手段，通过现场试验，选择适当的采集阵列和半径。

根据 Aki K 提出的空间自相关（SPAC）法，微动探测数据采集需要布设圆形阵列，即在圆形中心点布设 1 个拾震器，在半径为 r 的圆环上均匀布设 n 个拾震器[见图 A.1（a）]，然后对中心台站与圆环上的台站间的相关系数进行方位平均，最后得到 Rayleigh 波相速度频散曲线。Okada H 在不影响观测结果的前提下，对比分析了在圆环上分别布设 3、4、5、9 个台站观测数据后认为，均匀布设 3 个台站最高效，圆形半径则根据勘探深度进行选择。Roberts J, et al.则认为对于有限方位的近源振动，六边形较三角形阵列能更好地压制近源效应。Bettig B, et al.对空间自相关（SPAC）法进行了一些修改，以适用于不规则阵列。图 A.1 给出了几种观测阵列示意图，（a）为三点圆形采集阵列；（b）为十字阵列；（c）为无中心点圆形阵列；（d）为矩形阵列；（e）为三角形阵列；（f）为不规则密集阵列；（g）为嵌套三点圆形阵列；（h）为菱形阵列。其中（a）、（b）、（g）、（h）有中心点，可采用传统 SPAC 法；（c）、（d）、（e）、（f）无中心点，宜采用扩展空间自相关即（ESPAC）法或 F-K 法。不同的信号来源和采集环境，可以根据方法试验选择不同的采集阵列。（a）为传统的 3 点圆形阵列，（b）东西和南北向拾震器间隔相等的情况下可理解为 4 点圆形阵列，更适合沿城市道路施工。（g）和（h）实质上是对（a）和（b）的一种扩展，使得信号采集效率成倍提高，故推荐使用（g）和（h）。

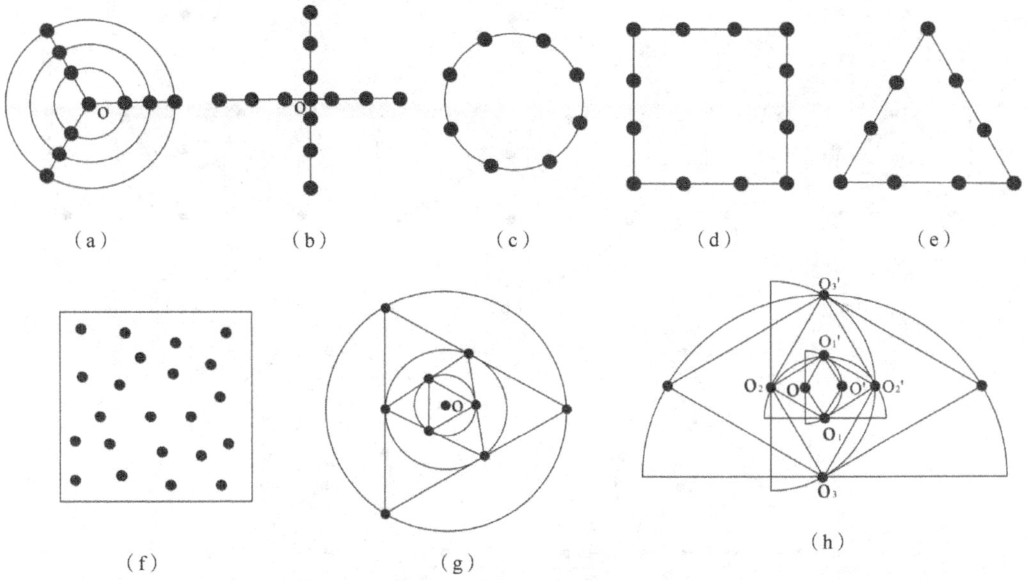

图 A.1　微动探测常见观测阵列示意图

图 A.2 为菱形阵列半径组合示意图，图 A.3 为嵌套三点圆形阵列半径组合示意图。空间自相关系数是用幅度反映相位差大小的方法，方向上相位差 180° 的微动信号在同一对拾震器间的相关系数是一致的，基于此，总结出菱形阵列采集方式。菱形阵列具有很好的对称性，对于内层菱形，既可以用 1 号点做中心点，又可以用 2 号点做中心点计算空间自相关。利用 6 个拾震器可以得到 2 种半径 6 种组合方式，图 A.2（a）、（b）、（c）组合半径为 r，图 A.2（d）、（e）、（f）组合半径为 $\sqrt{3}r$。该方法工作效率高，尤其适合沿道路布阵。嵌套三点圆形阵列从原理上讲与菱形阵列相似，每个圆周上的 3 台拾震器均匀分布，第一个圆周上各拾震器连线构成倒立的等边三角形，第二个圆周上各拾震器连线构成正立的等边三角形，且各边与第一个圆周相切。只需要 7 台拾震器就可以得到 5 种半径组合：中心点分别与圆周上 3 个拾震器组合，半径为 r[图 A.3（a）]和 $2r$[图 A.3（b）]；三角形各顶点间按某一方向组合，半径为 $\sqrt{3}r$[图 A.3（c）]和 $2\sqrt{3}r$[图 A.3（d）]；内环三角形顶点分别与外环三角形顶点间的半径组合，半径为 $3r$[图 A.3（e）]。该方法利用少量的拾震器，得到多种采集半径组合，效率高，不太容易利用道路布阵。故推荐使用嵌套三点圆形阵列，在建筑物密集等不利于阵列布设的情况下，可优先考虑菱形阵列或十字阵列。

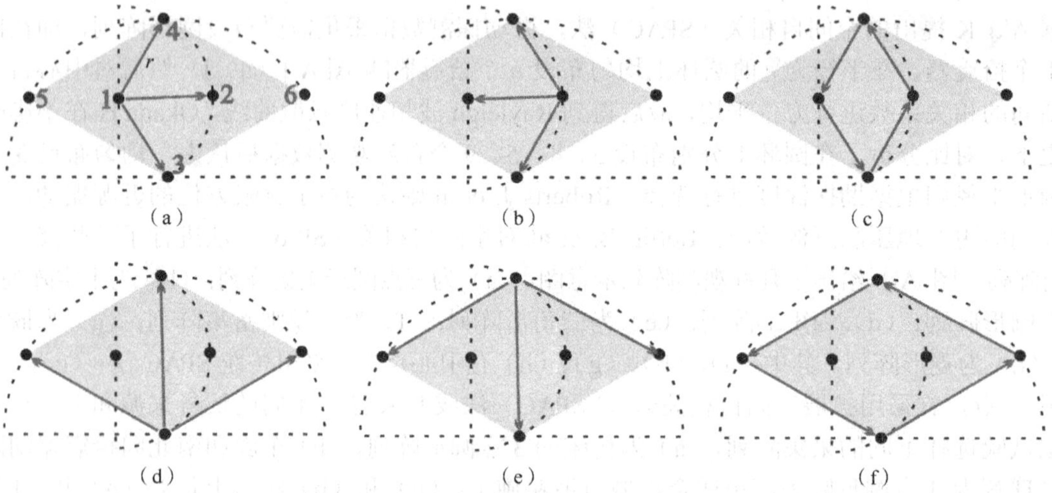

图 A.2　菱形阵列半径组合示意图

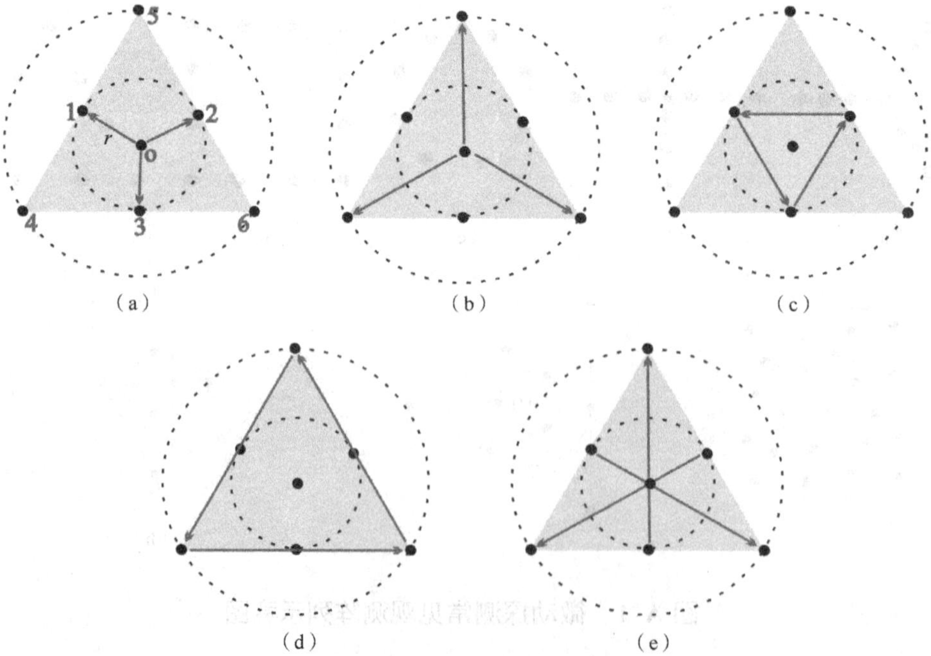

图 A.3　嵌套三点圆形阵列半径组合示意图

除单点微动探测，也可根据目的任务采用2D剖面或3D面状微动探测，图A.4和图A.5分别为基于嵌套三点圆形阵列布设的2D和3D采集系统示意图。2D剖面采集时，测线应尽量垂直工作区主要构造走向布设，在完成第一点的单点微动观测后，把观测点平移到第二点观测，依此类推，直至整条剖面测量完成。3D面状观测时，尽量按规则测网布设，主测线尽量垂直工作区内主要构造走向，如施工环境不允许，可做适当调整，尽量使测点在工作区内均匀分布。

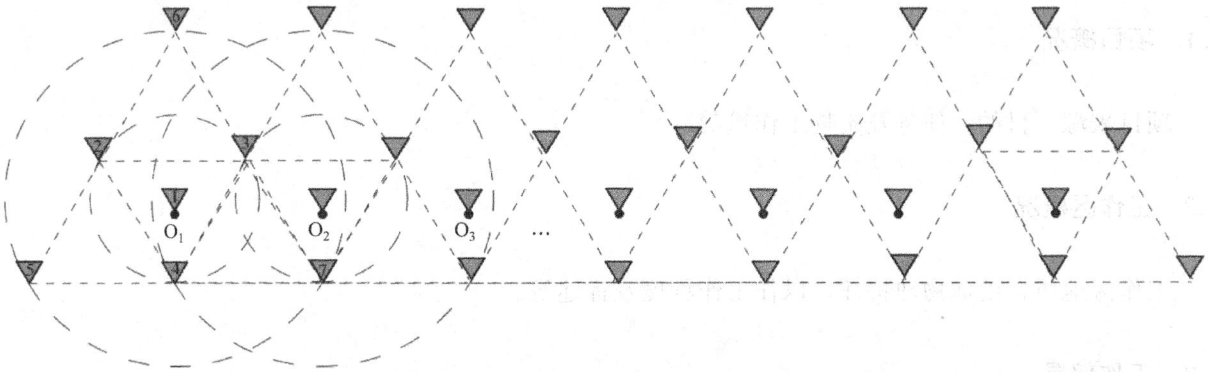

图A.4　微动探测2D剖面采集观测系统示意图

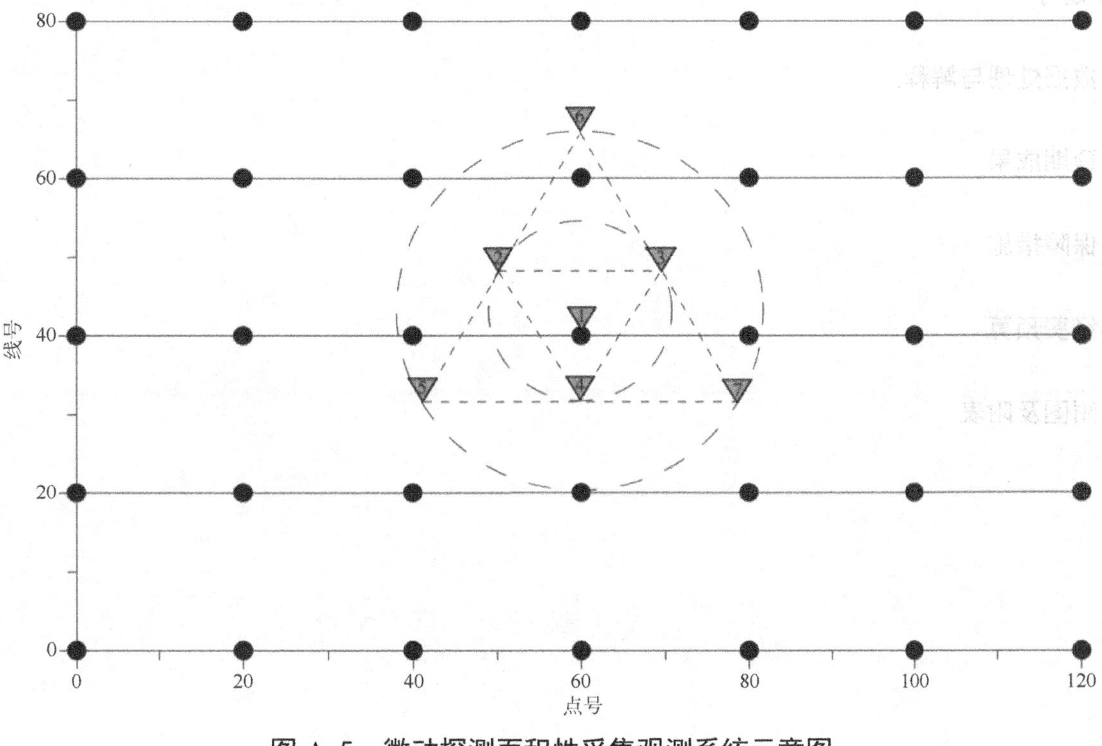

图A.5　微动探测面积性采集观测系统示意图

附 录 B
（规范性）
地热资源微动探测技术设计提纲

B.1 项目概况

项目来源、目的、任务及实物工作量等。

B.2 工作区概况

工作区地质、地球物理特征，以往工作程度及评述等。

B.3 工作部署

现场踏勘情况，测线测点布置，现场方法有效性试验、仪器设备、观测方式、技术参数，精度设计，进度计划等。

B.4 数据处理与解释

B.5 预期成果

B.6 保障措施

B.7 经费预算

B.8 附图及附表

附 录 C
（规范性）
地热资源微动探测野外数据采集记录模板

目 录

年		线号、点号	页次	备注
月	日			

第 页

工区＿＿＿＿＿工作日期＿＿＿＿＿观 测 者＿＿＿＿＿检 查 者＿＿＿＿＿

微动探测野外布设示意图

<table>
<tr><td>点号</td><td></td><td>观测方式</td><td colspan="3"></td></tr>
<tr><td>中心点坐标</td><td>X</td><td colspan="2"></td><td>Y</td><td></td></tr>
<tr><td>观测半径</td><td colspan="5"></td></tr>
<tr><td colspan="6">野外观测阵列示意图</td></tr>
<tr><td colspan="6"></td></tr>
</table>

第 页

工区______工作日期______点号______开始时间_______结束时间______观 测 者______检 查 者__________

各拾震器详细信息记录表

编号	观测半径（m）	仪器编号	Y（或纬度）	X（或经度）	布设时间	布设位置及背景噪声描述

第　　页

附 录 D
（规范性）
地热资源微动探测原始记录评级表

<table>
<tr><td colspan="6">地热资源微动探测原始记录评级表</td></tr>
<tr><td colspan="6">工区：　　测线号：　　测点号：　　评价者：　　检查者：</td></tr>
<tr><td>编号</td><td>评价内容</td><td>是</td><td>否</td><td>评价结果</td><td>备注</td></tr>
<tr><td>1</td><td>仪器检查记录是否合格</td><td>□</td><td>□</td><td rowspan="6">合格 □
不合格 □</td><td rowspan="6">1～4 中任意一项为“否”，或者 5～6 中任意一项为“是”，则原始记录不合格，无以上情况，则原始记录为合格</td></tr>
<tr><td>2</td><td>观测系统和采集阵列是否正确（是否符合设计要求）</td><td>□</td><td>□</td></tr>
<tr><td>3</td><td>野外记录表格是否正确和齐全</td><td>□</td><td>□</td></tr>
<tr><td>4</td><td>频带范围是否能满足探测需要</td><td>□</td><td>□</td></tr>
<tr><td>5</td><td>采用 SPAC 法时中心道记录是否不正常或同一半径内是否存在 2 个及以上不正常道记录</td><td>□</td><td>□</td></tr>
<tr><td>6</td><td>同一半径内是否有数据存在强烈的方位性干扰噪声，导致数据无法使用</td><td>□</td><td>□</td></tr>
<tr><td colspan="6"></td></tr>
<tr><td>7</td><td>原始记录信号整体平稳，无明显零值漂移</td><td>□</td><td>□</td><td rowspan="4">优良 □</td><td rowspan="4">1～4 项全为“是”，5～6 项全为“否”，且 7～10 项全为“是”，则原始记录为优良</td></tr>
<tr><td>8</td><td>同一半径各道记录无明显方位性干扰，或明显方位性干扰记录时长不大于采集时长的 5%</td><td>□</td><td>□</td></tr>
<tr><td>9</td><td>无不正常道记录</td><td>□</td><td>□</td></tr>
<tr><td>10</td><td>野外记录规范整洁</td><td>□</td><td>□</td></tr>
</table>

附 录 E
（资料性）
SPAC 法提取相速度频散曲线和基于遗传算法反演 S 波速度结构的基本原理

因结构与岩石矿物组分不同，地层在横向和纵向上均存在一定程度的波速差异，在地层内部，不同波长的面波以不同的速度传播，频散曲线就是表征这种波速与频率之间关系的几何曲线。Toksöz 认为利用微动相速度推断地壳浅层结构存在一些困难，因为从各个方向同时传播来的微动信号能量相当，导致存在传播方向和相速度两个求解参数。针对这一问题，Aki 认为，基于平稳随机波动理论求取随机波动相速度的方法是成功的，并且在日本东京的应用中取得了很好的效果。假设沿不同方向以不同频率传播的波在统计意义上是独立的，将空间相关定义如下：

$$\phi(r,\lambda)=\overline{\mu(x,y,t)\cdot\mu(x+r\cos\lambda,y+r\cos\lambda,t)} \quad\cdots\cdots\cdots\cdots (1)$$

式中：

$\mu(x,y,t)$ —— 圆心处波场信号；

$\mu(x+r\cos\lambda,y+r\cos\lambda,t)$ —— 半径为 r 的圆周上的波场信号；

上划线表示时间平均，对空间相关做方位平均，得到：

$$\overline{\phi(r)}=\frac{1}{\pi}\int_0^{\pi}\phi(r,\lambda)\,\mathrm{d}\lambda \quad\cdots\cdots\cdots\cdots (2)$$

可以用 $\phi(r)$ 的 Hankel 变形来表示波动时间域的功率谱 $\Phi(\omega)$：

$$\Phi(\omega)=\frac{\pi\omega}{c(\omega)u(\omega)}\int_0^{\infty}\phi(r)J_0\left(\frac{\omega r}{c(\omega)}\right)r\mathrm{d}r \quad\cdots\cdots\cdots\cdots (3)$$

反之亦然：

$$\phi(r)=\frac{1}{\pi}\int_0^{\infty}\Phi(\omega)J_0\left(\frac{\omega r}{c(\omega)}\right)\mathrm{d}\omega \quad\cdots\cdots\cdots\cdots (4)$$

式中：

ω —— 角频率；

J_0 —— 第一类零阶贝塞尔函数。

式（4）表明，相速度 $c(\omega)$ 可以通过测量功率谱 $\Phi(\omega)$ 和空间自相关的方位平均 $\phi(r)$ 来获得，而不需要知道波的传播方向。

张宝龙等（2016）认为对于长时间的观测可等效于台站间的方位平均，对于长时间的微动记录，可用下式计算自相关系数：

$$\rho_{ij}(f)=\frac{u_i(f)u_j^*(f)}{\sqrt{u_i(f)u_i^*(f)u_j(f)u_j^*(f)}}=J_0\left(\frac{\omega_0 r}{c(\omega_0)}\right) \quad\cdots\cdots\cdots\cdots (5)$$

式中：

$\rho_{ij}(f)$ —— 自相关系数，是频率 f 的函数；

$u_i(f)$ 与 $u_j(f)$ —— 表示台站 i 与台站 j 的频率域微动数据；

$*$ ——表示共轭；

ω_0 ——角频率；

r ——台站 i 与台站 j 之间的距离；

$c(\omega_0)$ ——Rayleigh 面波相速度。

当满足长时间观测时，自相关系数谱的虚部为零，实部近似为第一类零阶贝塞尔函数，即：

$$\rho_{ij}(f) \approx \left[\frac{u_i(f)u_j^*(f)}{\sqrt{u_i(f)u_i^*(f)u_j(f)u_j^*(f)}}\right] \approx J_0\left(\frac{2\pi fr}{c(f)}\right) \quad (6)$$

已知第一类零阶贝塞尔函数 $\rho_{ij}(f)=J_0(x)=J_0\left(\frac{2\pi fr}{c(f)}\right)$，则由 $x=\frac{2\pi fr}{c(f)}$ 通过分析拟合贝塞尔曲线的零值点和极值点，得到对应的台间距 x 和频率 f 值，进而计算得到每个台站对应的瑞雷波相速度频散曲线 $c(f)$，从而获得相速度的频散曲线。由于频散曲线求取的过程中存在不确定性（Wathelet M et al，2005），对偏离拟合曲线较远的数据对需剔除。然后在相速度频散曲线的约束下，可以反演 S 波速度结构。

遗传算法通过模拟达尔文生物进化论的自然选择和遗传学机理的生物进化过程来搜索最优解，是随机反演方法中速度较快、全局搜索能力较强的非线性优化方法之一，可以较好地解决多极值反演对初始模型的过度依赖。

频散特性与介质的参数相关，在给定某一介质参数后，频散曲线是通过求解面波的频散方程后得到的。频散方程是表征不同频率下相速度与 P 波波速、S 波波速、密度及厚度之间的关系，可用下列非线性特征方程 F 表示：

$$F(f_j,c_j,V_S,V_P,\rho,h)=0(j=1,2,...,m) \quad (7)$$

式中：

f_j ——频率；

c_j ——频率 f_j 对应的相速度；

$V_S=(V_{S1},V_{S2},...,V_{Sm})^T$ ——S 波波速向量；

V_{Sj} ——第 j 层的 S 波波速；

$V_P=(V_{P1},V_{P2},...,V_{Pm})^T$ ——P 波波速向量；

V_{Pj} ——第 j 层的 P 波波速；

ρ ——密度向量；

h ——厚度向量（宋先海等，2003）。

求解该频散方程的过程即为求解频散曲线的过程，是一个正演过程。

由于面波频散特性与介质层厚、密度和纵、横波速度有关，其反演计算实质上是多极值问题求解。但是面波频散对 S 波速度最为敏感，其次是地层厚度（Horike M，1985；Arai H, et al，2005），故只需反演 S 波速度和地层厚度。初始模型建立时，可以利用观测到的相速度计算得到的最大波长的一半作为反演的最大深度。在此深度范围内，若无钻孔等已知地质资料指导初始模型建立，则以区域地质理论为指导，结合频散曲线特征，用等间隔细分，得到反演层数和厚度，划分原则为：浅部细分，深部粗分。参照统计物理参数，给定初始地层 S 波速度和密度。基于遗传算法反演主要过程为：将初始模型中给定的地层 S 波速度和厚度等物性参数编码成二进制字符串，按照顺层关系串联起来，形成“染色体”，然后进行繁殖、交换和变异来选择优秀个体（石耀霖等，1995）。通常定义目标函数为：

$$O(m)=\sqrt{\frac{\sum_{i}^{N}(V_{c}^{i}-V_{o}^{i})^{2}}{N}} \quad (8)$$

式中：

V_c^i ——第 i 个频点上根据给定模型参数计算得到的速度值；

V_o^i ——同一频点上实际观测到的速度值；

N——频点个数；

m——个体数，也就是模型参数。

通过个体目标函数值计算生存概率，在种群个体总数保持不变的原则下，随机生成下一代个体。也可以通过交换和变异修改二进制数码串的字节，从而得到新的反演模型。通过适当的设置种群大小、遗传代数、交换概率、变异概率等参数，来保证搜索的完备性，实现全局搜索。

附　录　F
（规范性）
地热资源微动探测技术成果报告提纲

F.1.1　前言

前言应包含以下内容：

a）项目来源、工作任务及目的等；
b）工作区范围和自然地理条件等；
c）工作完成情况及主要成果。

F.1.2　以往工作程度及评价

F.1.3　地质及地球物理特征

F.1.4　工作方法与技术

a）野外工作方法；
b）数据处理与解释方法。

F.1.5　工作完成情况及质量评述

F.1.6　资料解释推断

F.1.7　结论和建议

F.1.8　参考文献

附 录 G

（规范性）

单点微动探测成果图册模板

单点微动探测（也称为微动测深）成果图册，应包括实测与拟合频散曲线对比图、反演横波速度结构图、推断地层结构图（图G.1）、反演S波速度结构统计表（表G.1）及综合解释推断成果图件。对于剖面微动探测，除提供以上单点反演成果图件外，还需提供视S波速度剖面图及地质解释成果图，面积性测量需提供各测线视S波速度剖面图及相应剖面、平面解释成果等图件。

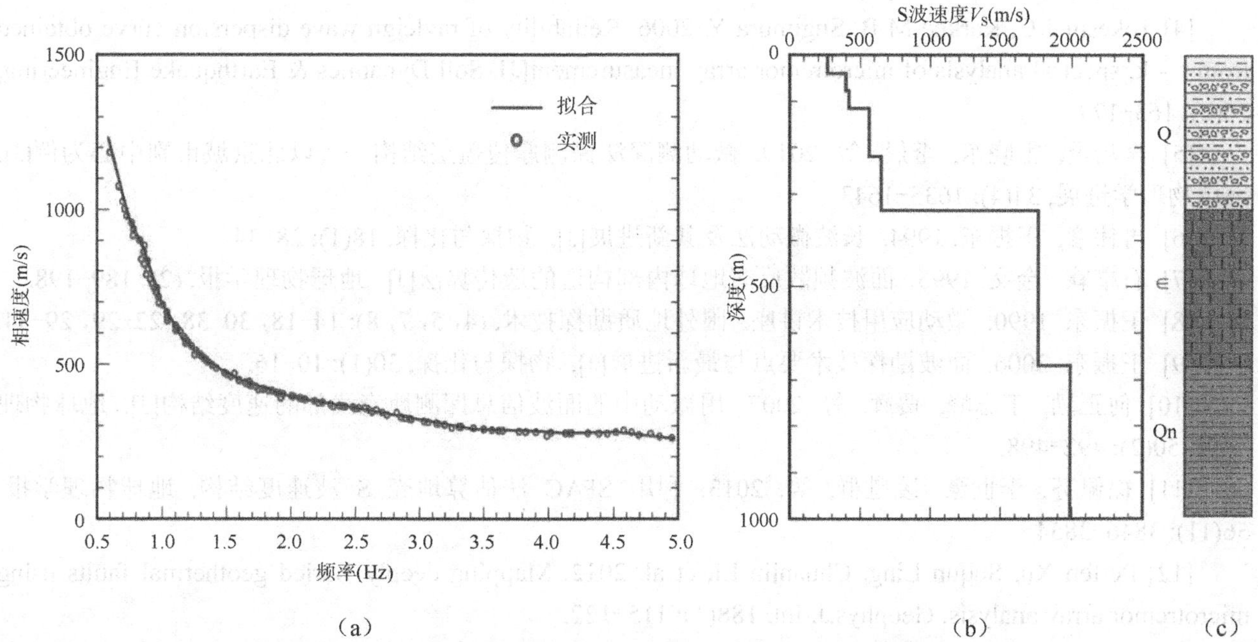

（a）　　（b）　　（c）

（a）实测与拟合频散曲线对比图；（b）横波速度结构图；（c）推断地层结构图

图G.1　单点微动探测成果示意图

表G.1　微动反演S波速结构统计表

层号	厚度（m）	深度（m）	速度（m/s）	地层解释

参 考 文 献

[1] Aki K. 1957. Space and Time Spectra of Stationary Stochastic Waves, with Special Reference to Microtremors. Bull.earthquake Res. inst. tokyo Univ, 35: 415-456.

[2] Bettig B, Bard P Y, Scherbaum F, et al. 2001. Analysis of dense array noise measurements using the modified spatial auto-correlation method (SPAC): Application to the Grenoble area. Bollettino Di Geofisica Teorica Ed Applicata, 42(3): 281-304.

[3] Okada H. 2006. Theory of efficient array observations of microtremors with special reference to the SPAC method. Exploration Geophysics, 37(9): 73-85.

[4] Tokeshi J C, Karkee M B, Sugimura Y. 2006. Reliability of rayleigh wave dispersion curve obtained from f – k, spectral analysis of microtremor array measurement[J]. Soil Dynamics & Earthquake Engineering, 26(2): 163-174.

[5] 李巧灵，雷晓东，李晨，等. 2019. 微动测深法探测厚覆盖层结构——以北京城市副中心为例[J]. 地球物理学进展, 34(4): 1635-1643.

[6] 冉伟彦，王振东. 1994. 长波微动法及其新进展[J]. 物探与化探, 18(1): 28-34.

[7] 石耀霖，金文. 1995. 面波频散反演地球内部构造的遗传算法[J]. 地球物理学报, (2): 189-198.

[8] 王振东. 1990. 微动应用技术讲座. 国外地质勘探技术, (4，5，7，8): 14-18，30-38，22-29，29-34.

[9] 王振东. 2006. 面波勘探技术要点与最新进展[J]. 物探与化探, 30(1): 10-16.

[10] 何正勤，丁志峰，贾辉，等. 2007. 用微动中的面波信息探测地壳浅部的速度结构[J]. 地球物理学报, 50(2): 492-498.

[11] 徐佩芬，李世豪，凌甦群，等. 2013. 利用 SPAC 法估算地壳 S 波速度结构. 地球物理学报, 56(11): 3846-3854.

[12] Peifen Xu, Suqun Ling, Chuanjin Li, et al. 2012. Mapping deeply-buried geothermal faults using microtremor array analysis. Geophys.J. Int, 188(1): 115-122.

[13] 徐佩芬，侍文，凌甦群，等. 2012. 二维微动剖面探测“孤石”：以深圳地铁 7 号线为例. 地球物理学报, 55(6): 2120-2128.

[14] 赵东，王光杰. 1995. 用遗传算法进行瑞利波反演[J]. 物探与化探, 19(3): 178-185.

[15] 赵东. 2010. 被动源面波勘探方法与应用[J]. 物探与化探, 34(6): 759-764.

[16] 张宝龙，李志伟，包丰，等. 2016. 基于微动方法研究五大连池火山区尾山火山锥浅层剪切波速度结构. 地球物理学报, 59(10): 3662-3673.

[17] 凌甦群，三轮滋. 2006. 瞬态面波法和微动勘探法在日本新瀉县中越地震灾区地质调查中的应用. 刘云祯主编. 工程物探新技术, 北京：地质出版社, 80–85.

[18] DZ/T 0153—2014　物化探工程测量规范

[19] GB/T 50269—97　地基动力特性测试规范

[20] SY/T 6441—2000　地震勘探数据处理成果验收规程

[21] DZ/T 0069—93　地球物理勘查图式图例及用色标准

[22] CJJ/T 7—2017　城市工程地球物理探测标准

[23] JGJ/T 143　多道瞬态面波勘察技术规程

[24] DZ/T 0280—2015　可控源声频大地电磁法技术规程

ICS 73.020
CCS D 10

NB

中华人民共和国能源行业标准

NB/T 10702—2021

地热勘查重磁电资料解释技术规范

Technical specification for interpretation of gravity, magnetic and electric data in geothermal resources exploration

2021-11-16 发布 2022-05-16 实施

国家能源局 发布

目　次

前 言

本文件按照 GB/T 1.1—2020《标准化工作导则　第 1 部分：标准化文件的结构和起草规则》的规定起草。

本文件由中国石油化工集团有限公司提出。

本文件由能源行业地热能专业标准化技术委员会归口。

本文件起草单位：中国石油化工股份有限公司石油物探技术研究院、中国石化集团新星石油有限责任公司、北京市生态地质研究所、江苏省地质调查研究院。

本文件主要起草人：俞建宝、吴伟、雷晓东、姜国庆、李弘、赵丰年、肖鹏飞、尚通晓、向烨、关艺晓。

本文件于 2021 年首次发布。

地热勘查重磁电资料解释技术规范

1 范围

本文件规定了地热资源勘查中重力勘探、磁法勘探、电法勘探资料解释与成果提交等工作的技术要求。

本文件适用于陆上地热资源地球物理勘查。

2 规范性引用文件

下列文件中的内容通过文中的规范性引用而构成本文件必不可少的条款。其中，注日期的引用文件，仅该日期对应的版本适用于本文件；不注日期的引用文件，其最新版本（包括所有的修改单）适用于本文件。

GB/T 958 区域地质图图例

GB/T 7713.3 科技报告编写规则

DZ/T 0069 地球物理勘查图图式图例及用色标准

3 术语和定义

本文件没有需要界定的术语和定义。

4 总则

4.1 为使重力勘探、磁法勘探、电法勘探资料解释符合地热资源勘查不同阶段工作任务需求，提高勘查工作效率和解释准确性，特制定本文件。

4.2 本文件涉及的重力勘探、磁法勘探、电法勘探，是陆上地热资源勘查中常用的地球物理勘查技术方法。

5 基础工作

5.1 资料收集

收集工区及周边地区基岩地质构造图、1:50000、1:200000 地质图等地质资料，以往重力勘探、磁法勘探、电法勘探、地震勘探等地球物理勘探资料，钻孔、岩石（矿物）物性、遥感影像、水文地质、地震活动、大地热流等资料。

5.2 资料初步分析

5.2.1 地质分析

分析收集到的地质、钻孔、岩石（矿物）物性、地震勘探、遥感影像、水文地质等资料，对工区地质与水文特征建立初步认识：

a） 所处大地构造单元；
b） 地层分布情况；
c） 岩浆活动情况；
d） 水文地质条件。

5.2.2 地球物理特征分析

分析收集到的重力勘探、磁法勘探、电法勘探等资料，对工区地球物理特征建立初步认识：

a） 主要的密度、磁性和电阻率界面；
b） 重力异常特征，包括形态、异常幅值、正负、梯度等信息；分析正负异常圈闭所反映的隆起、凹陷形态，线性梯度带所反映的断裂或侵入体特征；
c） 磁异常特征，包括形态、异常幅值、正负、梯度等信息；线性梯度带、串珠状磁异常等断裂构造标志的分布情况，等轴/近等轴状火山岩异常分布情况；
d） 视电阻率异常特征，包括断面电性纵向分层、横向分块及条带状异常分布情况。

5.2.3 地热异常分析

分析收集到的钻井、遥感影像、地震活动、大地热流等资料，对工区地热异常建立初步认识：

a） 大地热流背景；
b） 温泉等浅层地温异常分布情况；
c） 地温梯度异常特征。

6 调查阶段

6.1 工作任务

通过重、磁、电资料解释，初步分析热储和盖层的岩性、分布范围、埋藏情况，断裂构造位置及性质，隆起、凹陷特征，岩浆活动情况；初步分析热异常成因，为地热资源勘查开发前景分析提供依据。

6.2 工作内容

6.2.1 重力异常解释

宜以 1:100000～1:500000 布格重力异常为基础资料，开展重力异常解释：

a） 在布格重力异常图上，圈出区域重力负异常范围，选取穿过圈出的区域重力负异常的“十”字交叉剖面，应用切线法或相关重力解释软件，对该剖面布格重力异常进行二维反演计算，估算出区域重力负异常所反映深部地质构造/大型侵入岩体的深度及范围；
b） 在布格重力异常及向上延拓布格重力异常图上，根据线性梯度带、不同特征异常分界线、异常线性过渡带、线性异常带、异常错动带等断裂构造的重力异常标志，确定断裂构造位置、走向、平面延伸长度；
c） 在布格重力异常图上，圈出反映隆起构造或火成岩体的局部重力异常高位置及范围。

6.2.2 磁异常解释

宜以 1:100000～1:500000 航磁异常为基础资料，进行磁异常地质解释：

a） 根据等轴或近等轴状分布的磁异常特征，圈出火成岩体位置；

b） 根据串珠状分布的等轴或近等轴状磁异常标志，确定深大断裂位置、走向、平面延伸长度；

c） 根据不同特征磁异常的分界线、磁异常梯度带、线性异常带、异常错动带等断裂构造磁异常标志，确定一般断裂构造位置、走向、平面延伸长度。

6.2.3 电法资料解释

宜以 1:100000～1:500000 大地电磁剖面为基础资料，进行电性地质解释：

a） 圈出反映岩浆上侵活动的深部（一般深度大于 10km）块状电性高阻异常；

b） 根据层状电阻率横向上出现错断或扭曲变化，或纵向上出现条带状低阻异常与层状电性层呈交叉切割关系，且向下延伸一定的深度，确定断裂构造位置及延伸长度；

c） 根据与正常电性层相交的纵向或近纵向条带状低阻异常特征，圈出含水破碎带的位置及大致范围；

d） 根据横向分布冠状或透镜状高阻异常或高阻中的低阻异常特征，圈出隆起构造或岩体的位置及大致范围；

e） 根据高阻中横向有限延伸条带状低阻异常特征，判断构造/岩体的含水性。

6.2.4 综合地热地质分析

综合重、磁、电地质解释结果，圈出有利地热勘查开发区：

a） 根据区域重力异常解释的深部密度下降地质构造或地质体，与磁异常解释火成岩发育区、大地电磁测深解释深度大于 8km～10km 的深部块状高阻异常相对应，圈出深部热源位置；

b） 平面上延伸较长的重力异常线性梯度带、异常线性过渡带、线性异常带与串珠状磁异常、大地电磁测深剖面深部（一般深度大于 10km）块状高阻异常相对应，可以确定存在深大断裂，据此圈出有利地热对流带和热通道位置；

c） 重力异常、磁异常解释断裂构造与大地电磁解释断裂构造、含水破碎带相对应，据此圈出带状热储位置；

d） 重力解释局部隆起构造或岩体与大地电磁解释隆起构造或岩体相对应，据此圈出可能的层状热储位置；

e） 综合重、磁、电对地热系统要素的解释，结合地质、大地热流、新构造活动、水文、钻井等资料，圈出有利地热勘查开发区。

7 预可行性勘查阶段

7.1 工作任务

通过重、磁、电资料解释，初步查明工作区地层结构，热储的埋藏深度、岩性、厚度与分布，断裂构造的位置、性质和延伸情况，岩浆岩分布范围和埋藏深度。结合地质、水文资料分析热储地层、主要控热断裂、隐伏岩体的含水性，为地热资源试采及进一步勘查开发远景规划提供依据。

7.2 工作内容

7.2.1 重力异常解释

7.2.1.1 内容与方法

宜以 1:25000～1:100000 布格重力异常为基础资料，开展重力异常地质解释：

a） 在布格重力异常图上，圈出主要反映沉积地层中及一定深度范围内基底的局部隆起构造、古潜山、高密度岩体等的局部重力高异常；

b） 在向上延拓一定高度的重力垂向高阶导数图上，根据正异常圈出隆起构造、古潜山、高密度岩体等的位置及大致范围；

c） 对局部重力高异常/向上延拓一定高度上的重力垂向高阶导数正异常进行编号，依据异常的强度、范围，通过钻井、地震勘探、电法勘探等获得的已知地质信息，进行隆起构造、古潜山、火成岩体等地质属性标注；

d） 对经过分离处理的布格重力异常，以已知的钻井、地质、地震、电法资料为基础，建立初始构造地质模型，并作为约束条件，使用成熟软件进行二维剖面反演、三维视密度成像反演计算；

e） 在布格重力及向上延拓一定高度重力的一阶水平导数或一阶水平总梯度异常图上，根据极值划分出断裂构造平面分布位置及延伸长度。对比不同延拓高度上划分出的断裂构造分布信息，获得断裂构造在垂向上的延伸切割特征。依据推断的平面延伸长度和切割深度，将断裂构造划分为深大断裂、一般断裂、浅部断裂，进行编号并分类标注。

7.2.1.2 技术要求

重力异常的反演解释应符合如下技术要求：

a） 反演初始地质模型密度参数应使用工区或邻区统计分析的岩石地层密度参数；

b） 反演用的重力异常应已经过重力异常分离处理且符合已知地质认识；

c） 反演结果地质特征清楚，理论曲线应与实际曲线形态一致，拟合误差应与布格重力异常均方误差相匹配。

7.2.2 磁异常解释

7.2.2.1 内容与方法

宜以 1:25000～1:100000 航空磁测或地面磁测异常为基础资料，开展磁异常地质解释：

a） 在磁异常图上，根据等轴或近等轴状分布的磁力异常标志，圈出火成岩体位置、大致范围；

b） 对圈出的反映火成岩体的磁异常，选取十字剖面应用切线法或成熟二维反演软件，进行火成岩体深度的反演计算；

c） 在磁异常图上，根据串珠状分布的一个个等轴或近等轴状磁力异常标志，圈出深大断裂构造平面位置及延伸长度；

d） 在磁异常向上延拓一系列高度图上，根据不同特征异常分界线、异常梯度带、线性异常带、异常错动带等标志，圈出断裂构造平面位置；

e） 对解释的断裂构造进行编号，依据断裂构造延伸长度及在不同向上延拓高度上磁异常的反映，参考其他资料，进行深大断裂、一般断裂、浅部断裂分类标注。

7.2.2.2 技术要求

磁异常反演解释应符合如下技术要求：

a） 反演使用的磁化率等磁性参数应是实测或收集工区及周边地区已有的物性资料；

b） 反演结果地质特征清楚，理论曲线应与实际曲线形态一致，拟合误差应与测点观测均方误差相匹配。

7.2.3 电法资料解释

宜以 1:25000～1:100000 电磁测深法（MT、AMT、CSAMT、广域电磁法）勘探数据为基础资料，在反演视电阻率剖面上进行地质解释：

a） 纵向上划分出电性层位，结合地震勘探、钻井等资料作出地质层位解释；

b） 根据反演视电阻率呈现的横向错断或扭曲变化，或纵向条带状低阻异常与电性层呈交叉切割关系，且向下延伸一定的深度，确定断裂构造位置及纵向延伸长度；

c） 根据反演视电阻率呈现的横向有限延伸近层状高阻异常或高阻中的低阻异常特征，圈出岩体分布位置、深度和范围，结合地质、地震勘探、钻井等资料作出岩性解释；

d） 根据反演视电阻率呈现的与正常电性层相交的纵向或近纵向条带状低阻异常特征，圈出含水破碎带位置及深度；

e） 根据反演视电阻率呈现的高阻中横向有限延伸近层状低阻异常特征，圈出含水构造/岩体的位置及深度。

7.2.4 综合地热地质分析

综合重、磁、电解释结果，进行热储体（层）解释：

a） 重、磁、电都解释为火成岩体的，可确认为火成岩体；

b） 重力、电磁测深解释为隐伏隆起构造或岩体，磁异常无显示的，可确认为一般构造或岩体，结合钻井、地质、大地热流、浅层地温显示、电法预测含水性等，作出层状热储体（层）的判定；重力、电磁测深解释结果相互对比，结合钻井、地质、地震勘探资料，对解释的层状热储体（层）的深度、平面位置、范围等参数进行修正，使之更加符合实际；

c） 对重、磁、电解释的断裂构造，结合电磁测深解释的含水破碎带，作出带状热储体的判定；重、磁、电解释结果相互对比，结合钻井、地质、地震勘探资料，对解释的带状热储体进行位置、深度、厚度、范围等参数的修正，使之更加符合实际；

d） 综合重、磁、电对热储体（层）解释的结果，结合钻井、地质、大地热流、水文、新构造活动等资料，提出地热资源试采及进一步勘查开发远景规划建议。

8 可行性勘查阶段

8.1 工作任务

通过重、磁、电资料解释，基本查明勘查区地层结构、岩浆岩分布与主要控热构造，各热储体（层）的岩性、厚度、空间分布、埋藏条件及其相互关系，为地热开采设计钻探井位及井深提供可靠依据。

8.2 工作内容

8.2.1 重力反演解释

8.2.1.1 内容与方法

宜以 1:10000～1:50000 布格重力异常、1:1000～1:10000 精测剖面布格重力异常为基础资料，进行重力异常反演解释：

a） 对布格重力异常数据，使用边缘检测法（见附录 A）等方法，在平面图上圈出与热储体（层）有关的隆起构造、古潜山、岩体的边界；

b） 对精测剖面布格重力异常数据，使用二度半人机联作选择法，反演计算岩体、断裂构造、隆起构造等热储体（层）的位置、深度、边界等具体参数；

c） 对布格重力异常数据，使用欧拉反褶积技术（见附录 B）等方法，进行断裂构造反演解释；

d） 对布格重力异常数据，使用 Parker 法等成熟方法，反演计算热储体（层）顶板（盖层底板）埋深。

8.2.1.2 技术要求

重力异常的反演解释应符合如下技术要求：

a） 反演初始地质模型密度参数应使用工区或邻区统计分析的岩石、地层密度参数；
b） 反演用的重力异常应已经过重力异常分离处理且符合已知地质特征；
c） 反演结果地质特征清楚，理论曲线应与实际曲线形态一致，拟合误差应与布格重力异常均方误差相匹配。

8.2.2 磁异常反演解释

8.2.2.1 内容与方法

宜以 1:10000～1:50000 地面磁测或航空磁测异常、1:1000～1:10000 地面精测剖面磁异常为基础资料，对磁异常进行以下反演解释：

a） 对磁异常数据，使用边缘检测法（见附录 A）等方法，在平面图上圈出火成岩体边界；
b） 对地面精测剖面磁异常数据，使用二度半人机联作选择法，反演计算火成岩体的位置、埋深、边界等具体参数；
c） 对磁异常数据，使用欧拉反褶积技术（见附录 B）等方法，进行断裂构造反演解释。

8.2.2.2 技术要求

磁异常反演解释应符合如下技术要求：

a） 反演使用的磁化率等磁性参数应是工区实测而得，条件不允许时可收集工区及周边地区已有的物性资料；
b） 反演结果地质特征清楚，理论曲线应与实际曲线形态一致，拟合误差应与测点观测均方误差相匹配。

8.2.3 电法资料解释

宜以 1:50000 大地电磁测深法（MT）2D 剖面测量或 3D 面积测量，1:10000～1:50000 电磁测深法（AMT、CSAMT、广域电磁法）2D 剖面测量或 3D 面积测量资料为基础资料；热储埋深较浅地区宜以 1:10000～1:50000 激发极化法、复电阻率法、高密度电法 3D 面积测量资料为基础资料，在视电阻率剖面上进行如下地质解释：

a） 结合地震勘探、钻井等资料，纵向上准确划分出电性层位，并作出地质层位解释；
b） 根据反演视电阻率呈现的横向错断或扭曲变化特征，确定断裂构造位置及上下延伸长度；
c） 根据反演视电阻率呈现的块状分布特征，结合地质、钻井、地震勘探等资料，准确圈出岩体分布位置、深度和范围，并作出岩性解释；
d） 根据反演视电阻率呈现的条带状交叉切割电性层位低阻异常特征，圈出含水破碎带位置、深度；
e） 根据反演视电阻率呈现的高阻中横向有限延伸近层状低阻异常特征，进行地层含水性判定。

8.2.4 综合地热地质解释

综合重、磁、电解释结果，提高对热储体（层）解释的可靠性及准确度：

a） 重力、电法解释为隆起构造或岩体，未显示磁异常的，可确认为一般构造或无磁性岩体，结合钻井、地质、大地热流、浅层地温显示、电法含水性解释等，作出是否为层状热储体（层）的判定；对比重力、电法解释结果，结合钻井、地质、地震勘探资料，对解释的层状热储体（层）的埋深、厚度、范围等参数进行修正，标注其岩性；

b）对重、磁、电解释的断裂构造，结合电法资料解释的含水破碎带，作出是否为带状热储体的判定；对比重、磁、电解释结果，结合钻井、地质、地震勘探资料，对解释的带状热储体进行埋深与厚度、范围等参数的修正，标注其岩性；

c）依据电测深、电磁测深反演视电阻率剖面上电性层位的划分，参考钻井、地质、地震勘探资料，勾绘出盖层的顶板埋深图，结合本文件 7.2.1.1 重力反演的热储体（层）顶板（即盖层的底板）埋深，计算出盖层的厚度分布情况，标注出盖层的岩性；

d）综合重、磁、电对热储体（层）、盖层的解释结果，结合钻井、地质、大地热流、水文、新构造活动等资料，分析地热地质条件，提出开采井位、井深设计建议。

9 开采阶段

9.1 工作任务

详细查明工作区内热储埋深、厚度、分布范围、岩性及其埋藏条件，控热断裂构造走向、倾向、上下延伸特征，岩浆岩体分布形态及埋藏深度，为建立准确的地热地质概念模型提供地球物理依据。对成熟地热田形成的重力、电法监测资料开展解译，为地质环境变化研究、热储模拟和优化开采方案设计提供基础资料。

9.2 工作内容

9.2.1 热储体（层）概念模型建立

9.2.1.1 内容与方法

宜以 1:5000～1:10000 高精度重力测量，1:1000 高精度重力精测剖面数据为基础资料，进行重力异常反演解释；以 1:5000～1:10000 电磁测深法（AMT、CSAMT、广域电磁法）3D 面积测量，1:5000～1:10000 激发极化法、复电阻率法、高密度电法 3D 面积测量数据为基础资料，在视电阻率剖面上进行地质解释：

a）结合钻井、地质、地震等资料，在视电阻率剖面上精细划分电性层位、精细划分断裂构造，标注出地质属性，建立地质模型；

b）以钻井、地质、电法解释等资料为控制，对精测剖面重力异常数据，使用二度半人机联作选择法，反演计算热储体（层）的位置、深度、边界等参数，标注地质属性，建立二度热储体（层）概念模型；

c）以钻井、地质、电法解释等资料为控制，对面积测量高精度重力异常数据，使用三度交互可视化选择法、密度成像反演等方法，反演计算热储体（层）的位置、深度、边界等参数，标注地质属性，建立三度热储体（层）概念模型。

9.2.1.2 技术要求

重力异常的反演解释应符合如下技术要求：

a）反演初始地质模型密度参数应使用工区或邻区统计分析的岩石、地层密度参数；

b）反演用的重力异常应已经过重力异常分离处理且符合已知地质特征；

c）反演结果地质特征清楚，理论曲线应与实际曲线形态一致，拟合误差应与布格重力异常均方误差相匹配。

9.2.2 压裂、回灌流体监测

以不同时间井地（中）电法采集数据为基础资料，反演计算视电阻率的变化，进行地热开采过程中压裂液、回灌流体扩散面变化的解释。

9.2.3 地质环境变化分析

以高精度时延重力测量、时延电法勘探数据为基础资料，通过前后两次或多次密度、电性解释的差异，结合地质结构解释结果，分析研究地质环境变化，为地热田可持续开发建设规划管理提供基础数据。

10 成果提交

10.1 成果报告编写

成果报告应符合 GB/T 7713.3 的要求，报告提纲参考附录 C。

10.2 成果图件编制

10.2.1 编图内容

根据项目工作任务可选编以下图件：

a） 地热地质图；
b） 重、磁、电综合地质解释剖面图；
c） 热储体（层）顶板埋深等值线图；
d） 勘查开发远景区划图（含井位建议）；
e） 井身结构设计图。

10.2.2 编图要求

成果图件编绘，应符合 GB/T 958 和 DZ/T 0069 的要求。

10.3 成果报告评审与资料归档

10.3.1 成果报告评审

成果报告应进行答辩评审，并出具评审报告。

10.3.2 成果资料的归档

成果资料的归档内容包括：

a） 重、磁、电解释成果报告；
b） 重、磁、电解释成果图件；

成果报告、评审汇报多媒体、图件电子文档。

附　录　A
（规范性）
边缘检测法

假定重、磁高阶导数异常的0闭合等值线位置大致对应异常体的边界，重、磁向上延拓一定高度高阶导数异常的0闭合等值线位置大致对应一定深度异常体的边界。

设需要计算的重、磁高阶导数异常或向上延拓一定高度高阶导数异常为$f(x, y)$，计算$f(x, y)$的平方得$g(x, y)$，取$p(x, y)=1.0-g(x, y)$，计算$p(x, y)$的n次方（一般$n\geqslant 2$），从而使0等值线所反映的异常体边界得到增强而清晰显示。

附 录 B
（规范性）
欧拉反褶积技术

B.1 重磁 3D 欧拉反褶积岩体及断裂构造理论

针对任意起伏地形，将重力（或磁力）异常视为区域场与点源场之和，其可用欧拉方程式表示为：

$$(x-x_0)\frac{\partial f}{\partial x}+(y-y_0)\frac{\partial f}{\partial y}+(z-z_0)\frac{\partial f}{\partial z}=-N(f+B)$$

式中：

f——重力（或磁力）异常值；

B——计算窗口内重力（或磁力）异常值所存在的常量偏差（即区域背景场）；

x,y,z——分别为观测点的坐标；

x_0,y_0,z_0——分别为场源体的中心位置（或顶端位置）坐标；

N——方程齐次度，也称构造指数（场源地质体的形状参数，如表 B.1 所示），它反映了重力（或磁力）异常随场源深度变化的衰减速度。

表 B.1 欧拉反褶积构造指数

构造指数	磁异常反映的构造	重力异常反映的构造
0	无限薄板地层	岩墙，台阶
0.5	垂直接触带	薄板
1.0	台阶、断层、水平窄岩脉	直立岩脉
2.0	直立岩脉、水平宽岩脉	球状地质体
3.0	球状地质体	无

B.2 具体方法应用的步骤及过程

①输入网格化重力（或磁力）异常数据；

②计算重力（或磁力）异常在 x,y,z 方向上的一阶导数；

③根据工区地质信息及经验选择合适的构造指数 N 及滑动窗口大小；

④执行 3D 欧拉反褶积计算；

⑤输出反演计算结果，进行不同深度范围成像；

⑥根据已知地质信息判断结果的正确性，如果不合适则改变构造指数 N 及滑动窗口大小，返回步骤④重新执行 3D 欧拉反褶积计算；

⑦成图输出最终反演解释结果。

附 录 C
（资料性）
成果报告编写提纲及主要附图

C.1 报告编写提纲

报告编写提纲包括以下内容：

1 前言

2 地质与地球物理特征

3 工作任务完成情况及质量评述

4 重力资料解释

4.1 定性分析解释

4.2 反演方法及参数

4.3 反演结果解释

5 磁力资料解释

5.1 定性分析解释

5.2 反演方法及参数

5.3 反演结果解释

6 电法资料解释

6.1 反演方法及参数

6.2 反演结果解释

7 综合解释

7.1 地质解释

7.2 地热地质解释

8 结论与建议

C.2 报告主要附图

报告主要附图包括：

1 工区实际材料图

2 重、磁、电解释成果图件

参 考 文 献

[1] GB/T 11615—2010 地热资源地质勘查规范[S]
[2] DZ/T 0004—2015 重力调查技术规范（1:50000）[S]
[3] DZ/T 0070—1993 时间域激发极化法技术规程[S]
[4] DZ/T 0073—2016 电阻率剖面法技术规程[S]
[5] DZ/T 0142—2010 航空磁测技术规范[S]
[6] DZ/T 0171—1997 大比例尺重力勘查规范[S]
[7] DZ/T 0280—2015 可控源音频大地电磁法技术规程[S]
[8] NB/T 10097—2018 地热能术语[S]
[9] NB/T 10264—2019 地热地球物理勘查技术规范[S]
[10] SY/T 5819—2016 陆上重力磁力勘探技术规程[S]
[11] SY/T 5820—2014 石油大地电磁测深法采集技术规程[S]
[12] SY/T 6687—2013 井中-地面电磁法勘探技术规程[S]
[13] SY/T 6689—2007 复电阻率法勘探技术规程[S]
[14] SY/T 7072—2016 大地电磁测深法资料处理解释技术规程[S]
[15] 王家林, 王一新, 万明浩. 石油重磁解释[M]. 北京: 石油工业出版社, 1991.
[16] 傅良魁. 电法勘探教程[M]. 北京: 地质出版社, 1983.
[17] 孙文珂, 乔计花, 许德树, 等. 重力勘查资料解释手册[M]. 北京: 地质出版社, 2016.

ICS 13.060.99
CCS F 15

NB

中华人民共和国能源行业标准

NB/T 10716—2021

地热流体样品的采集与保存规范

Specification for collection and preservation of geothermal fluid samples

2021-11-16 发布 2022-05-16 实施

国家能源局 发布

目　次

前　言

本文件按照 GB/T 1.1—2020《标准化工作导则　第 1 部分：标准化文件的结构和起草规则》的规定起草。

本文件由中国石油化工集团有限公司提出。

本文件由能源行业地热能专业标准化技术委员会归口。

本文件起草单位：中国石化集团新星石油有限责任公司、中国科学院地质与地球物理研究所、中国石油大学（华东）、北京市地热研究院。

本文件主要起草人：庞忠和、李义曼、罗璐、何春艳、段忠丰、天娇、朱霞、罗霁、袁利娟、向烨、黄嘉超、赵丰年、毛翔。

本文件于 2021 年首次发布。

地热流体样品的采集与保存规范

1 范围

本文件规定了地热流体样品的采集、保存措施以及样品的运输、质量控制的技术要求。

本文件适用于水热型地热资源的勘探、开发、利用及相关研究。

2 规范性引用文件

下列文件中的内容通过文中的规范性引用而构成本文件必不可少的条款。其中，注日期的引用文件，仅该日期对应的版本适用于本文件；不注日期的引用文件，其最新版本（包括所有的修改单）适用于本文件。

GB/T 6682 分析实验室用水规格和试验方法

GB/T 11615—2010 地热资源地质勘查规范

DZ/T 0064.2—93 地下水质检验方法 水样的采集和保存

HJ-T 164—2004 地下水环境监测技术规范

HJ 493—2009 水质采样 样品的保存和管理技术规定

NB/T 10097—2018 地热能术语

3 术语和定义

NB/T 10097—2018 界定的以及下列术语和定义适用于本文件。

3.1

定深采样器 fixed-depth sampler

用于在钻孔中采集特定深度流体样品的采样装置，需要通过车载系统实现。

3.2

现场空白 field blank

现场空白是指在采样现场以纯水或者标准气样作为样品，按照测定项目的采样方法和要求，与样品相同条件下装瓶、保存、运输，直至送交实验室分析。

3.3

现场平行样 field parallel sample

现场平行样是指在同等条件下，采集平行样品送实验室分析，测定结果可反映采样与实验室测定的精密度。

4 样品容器及采样装置

4.1 样品容器

4.1.1 常用样品容器

常用的样品容器包括塑料瓶和硬质玻璃瓶两种，应根据待测组分检测要求选择样品容器。

4.1.2 专用样品容器

4.1.2.1 **Giggenbach 气样瓶**

Giggenbach 气样瓶用于采集地热系统的气体样品，其结构及使用见附录 A。

4.1.2.2 ^{81}**Kr 气体钢瓶**

容积不小于 8L 的气体钢瓶。

4.1.3 样品容器的清洗

新启用的硬质玻璃瓶和塑料瓶（材质为聚乙烯、高密度聚乙烯或聚丙烯），应先用 10%硝酸溶液浸泡 24h 后，再分别选用不同的洗涤方法进行清洗。

——硬质玻璃瓶的清洗：先用 10%盐酸溶液清洗，然后用自来水冲洗，最后用蒸馏水冲洗 3 次。
——塑料瓶的清洗：先用 10%盐酸或硝酸溶液清洗，也可用 10%的氢氧化钠溶液或碳酸钠溶液清洗，然后再用自来水冲洗，最后用蒸馏水冲洗 3 次。
——对采集供测定痕量金属元素用的样品瓶，在经上述方法清洗后，再用不含待测痕量元素的蒸馏水浸泡 24h，然后按测定待测元素相同的方法进行检验，检查合格的样品容器应密封装好，防止外来污染。
——测铬的样品容器只能用 10%硝酸溶液浸洗，不能用盐酸或铬酸洗液浸洗。
——测汞的样品容器可用硝酸溶液（1+3）清洗并浸置 24h，然后用自来水冲洗，最后用蒸馏水冲洗 3 次。

专用样品容器的清洗应按其说明书或检测项目要求进行。

4.2 采样装置

4.2.1 水气分离器

采用 Webre 分离器作为地热井水气分离装置，其结构见附录 B。

4.2.2 定深采样器

常用的定深采样器包括 U 形管、Packer 系统以及车载定深取样装置等。

4.2.3 溶解气采集装置

常用的溶解气采集装置有含球胆玻璃瓶装置和铜管装置两种，其结构见附录 C 和附录 D。

4.2.4 ^{81}**Kr 定年水中溶解气提取装置**

^{81}Kr 定年水中溶解气提取装置是一种小型溶解气提取系统，其装置示意图见附录 E。

4.2.5 沉淀法测试 ^{14}**C 采样装置**

利用传统方法测试 ^{14}C 需在现场收集碳酸盐（$BaCO_3$ 或者 $SrCO_3$）沉淀，其采样装置见附录 F。

5 样品采集

5.1 温泉流体

根据温泉出露条件的不同，将其采样方式分为在泉水出露点采集（见图1（a））和在泉水汇集区采集（见图1（b））两种情景。

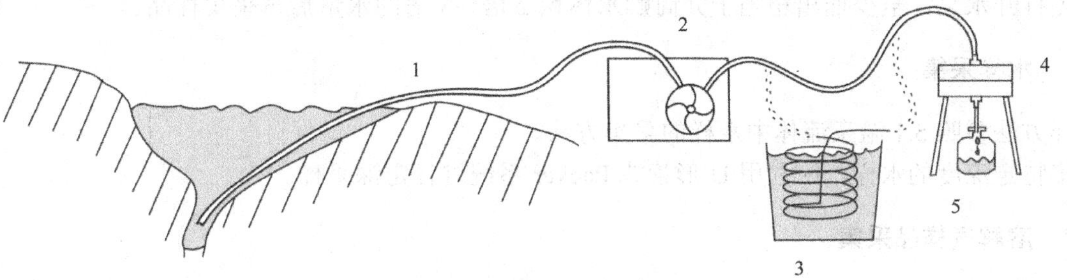

（a）

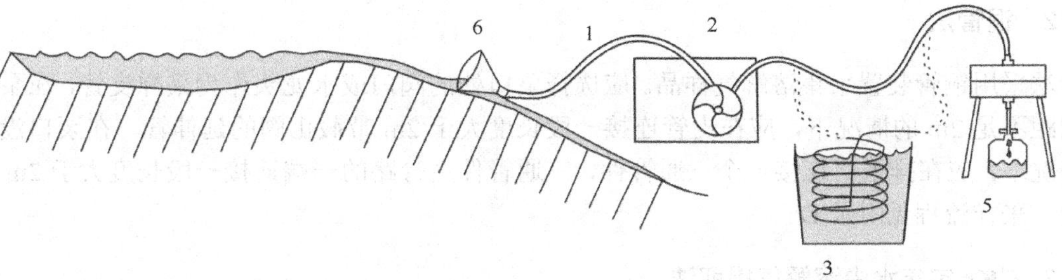

（b）

1—硅胶管；2—蠕动泵；3—铜管冷却系统；4—在线过滤装置；5—样品瓶；6—漏斗

图1　热泉采样示意图

采集水样时，应靠近温泉出露口。对于温度超过 50℃的温泉水样，应采用冷凝系统。如需采集过滤后的样品，应采用在线过滤装置。采样时先用新鲜水样将样品瓶清洗3次，再根据待测项目要求，选择适当的处理过程。

对于气体含量高的温泉，采用排水集气法采集气体样品，见图2。

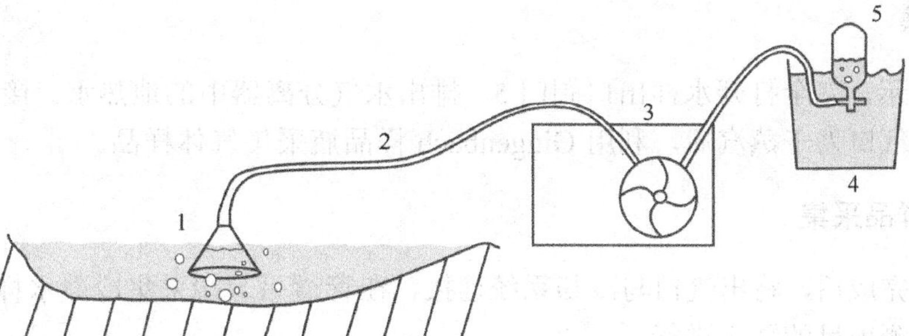

1—漏斗；2—硅胶管；3—蠕动泵；4—水桶；5—气样瓶

图2　排水集气法示意图

5.2 地热井流体

5.2.1 地热水

中-低温地热井的地热流体样品可以在井口或利用定深采样器进行采集。若地热井处于停用状态，则需要先打开水泵，至少抽出相当于井筒贮水体积2倍～3倍的水量后再采集样品。

5.2.1.1 水样采集

采样方法参照5.1温泉流体中水样的采集方法。

采集特定深度的水样，应利用U形管或Packer系统进行定深采样。

5.2.1.2 溶解气样品采集

5.2.1.2.1 负压法

负压法采用含球胆玻璃瓶装置采集溶解气样品，采样流程见附录C。

5.2.1.2.2 铜管法

铜管法采用铜管装置采集溶解气样品。应选择泵口处的阀门或水龙头作为采样支管，在泵的排水口与支管相距不足2m的情况下，应在支管连接一段长度大于2m带截止阀的延伸管。在泵口没有可利用支管的情况下，应在排水口连接一个三通管件，三通管件主管路的一端连接一段长度大于2m带截止阀的延伸管。采样流程见附录D。

5.2.1.2.3 ^{81}Kr定年水中溶解气提取法

^{81}Kr定年水中溶解气提取法采用^{81}Kr定年水中溶解气提取装置采集溶解气样品，采样流程见附录E。

5.2.2 水汽混合物

5.2.2.1 水样采集

如图3（a）所示，完全打开蒸汽出口阀门4，排出水气分离器中的蒸汽。接好管路，先打开出水口阀门5，流出水样后，在冷却系统冷凝管出口采集样品。是否在线过滤根据待测项目的要求进行。

5.2.2.2 气样采集

如图3（b）所示，完全打开水样出口阀门5，排出水气分离器中的地热水。接好管路后，打开蒸汽出口阀门，确定出气口为干蒸汽后，利用Giggenbach样品瓶采集气体样品。

5.2.2.3 冷凝水样品采集

气体样品采集完成后，将出气口与冷却系统连接，在管道另一端采集冷凝水样品[见图3（c）]，是否在线过滤根据待测项目的要求进行。

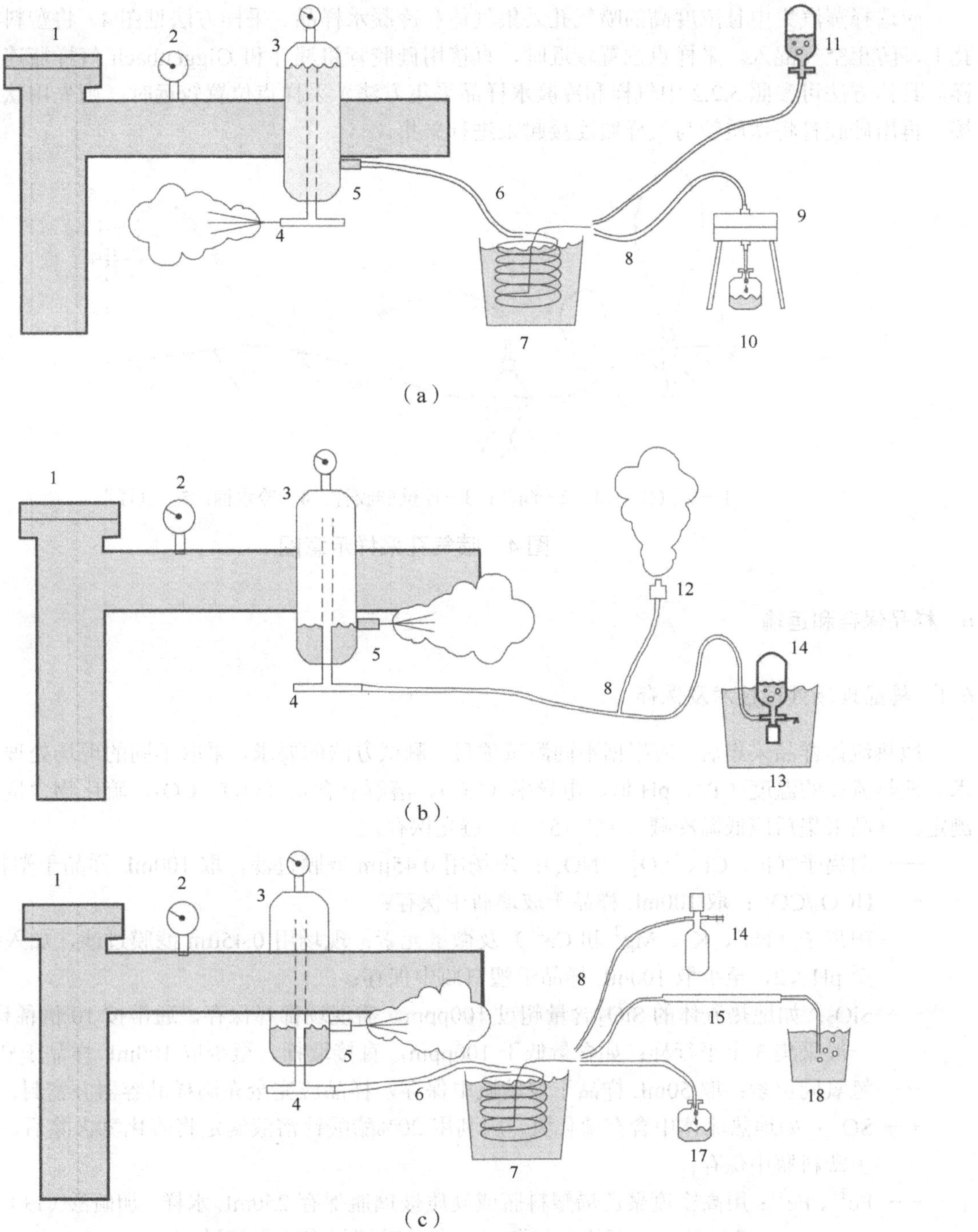

1—井头装置；2—压力表；3—水气分离器；4—干蒸汽出口阀门；5—出水口阀门；6—特氟龙管；7—含冷水和冷却管的水桶；8—直径 0.25in 的硅胶管；9—特氟龙过滤装置；10—取样瓶；11—300mL 的双口气样瓶；12—单向气阀；13—有冷水的水桶；14—300mL 气样瓶；15—长度为 30cm 的铜管；16—装水的水桶；17—冷凝水取样瓶；18—水桶

图 3　利用 Webre 水气分离器采集水样（a）、气样（b）和冷凝水（c）示意图

5.2.3　干蒸汽

采样方法参照 5.2.2.2 水汽混合物中气样的采集方法。

5.3　喷气孔流体

应选择蒸汽集中且浓度高的喷气孔采集气体和冷凝水样品。采样方法见图4，将塑料漏斗放在喷气孔上，防止空气混入。采样点位置较近时，直接用硅胶管将漏斗和 Giggenbach 气样瓶连接起来进行采样，具体方法可参照 5.2.2 中气样和冷凝水样品采集方法。采样点位置较远时，则先用钛质管与漏斗连接，再用硅胶管将钛质管与气样瓶连接起来进行采集。

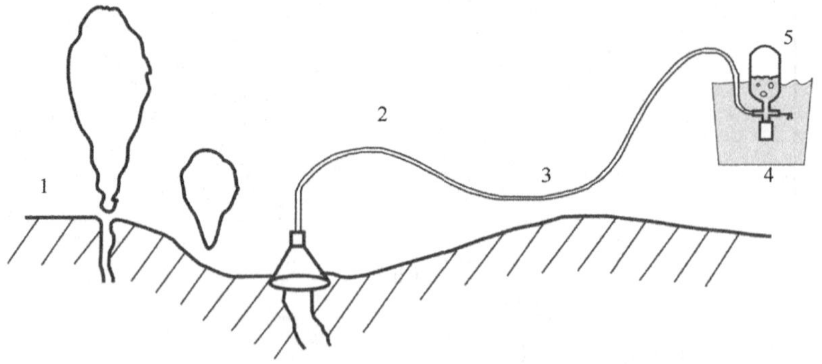

1—蒸汽排出口；2—漏斗；3—厚壁硅胶管；4—冷水桶；5—气样瓶

图4　喷气孔采样示意图

6　样品保存和运输

6.1　样品现场处理技术及保存

地热流体样品采集后，应根据不同测试项目、测试方法的要求，采取不同的现场处理技术及保存技术。地热流体的温度（T）、pH 值、电导率（EC）、溶解氧含量（O_2）、CO_2、硫化物含量等需要在现场测定。样品采集后应低温冷藏（0℃～5℃）、避光保存。

——阴离子（F^-、Cl^-、SO_4^{2-}、NO_3^-）：现场用 0.45μm 滤膜过滤，取 100mL 样品于塑料瓶中保存；

——HCO_3^-/CO_3^{2-}：取 100mL 样品于玻璃瓶中保存；

——阳离子（Na^+、K^+、Mg^{2+}和 Ca^{2+}）及微量元素：现场用 0.45μm 滤膜过滤，加入超纯硝酸酸化至 pH＜2，至少取 100mL 样品于塑料瓶中保存；

——SiO_2：如地热流体的 SiO_2 含量超过 100ppm，需现场稀释保存，通常按 10 倍稀释，无需过滤，一般采集 3 个平行样；如含量低于 100ppm，直接取样。至少取 100mL 样品于塑料瓶中保存；

——氢氧同位素：取 50mL 样品于玻璃瓶中保存，样品应完全充满样品容器并密封；

——SO_4^{2-}：如地热流体中含有硫化氢，应利用 20%醋酸锌溶液滴定将硫化氢去除后，取 50mL 样品于塑料瓶中保存；

——Fe^{2+}、Fe^{3+}：用高密度聚乙烯塑料瓶或硬质玻璃瓶保存 250mL 水样，加硫酸（1+1）溶液 2.5mL、0.5g～1.0g 硫酸铵，用石蜡密封瓶口，存放时间最多不得超过 30d；

——氚：用硬质玻璃瓶保存 500mL 水样，样品应完全充满硬质玻璃瓶并密封；

——^{14}C：目前有两种不同的 ^{14}C 测试方法，对应的样品保存方法也不同。如用加速器质谱仪（ATM）进行测试，则用塑料瓶取 1000mL 的水样、装满、密封。如需保存一段时间后测试，应每 100mL 样品加入 5 滴碘-碘化钾溶液或者 2 滴～5 滴氯化汞溶液；如用传统法进行测试，需至少 50L 的水样并应现场收集碳酸盐沉淀（见附录 F）；

——^{13}C：现场用 0.45μm 滤膜过滤，根据其浓度的不同取 250mL～1000mL 水样，装在棕色瓶中保存。如需保存一周以上后测试，需加入少量叠氮化钠或氯化汞溶液，密封避光保存；

——$^{87}Sr/^{86}Sr$：现场用 0.45μm 滤膜过滤，取 100mL 样品于塑料瓶中，加入超纯硝酸酸化至 pH＜2，密封保存；

——$^{7}Li/^{6}Li$：现场用0.45μm滤膜过滤后，用塑料瓶保存样品；

——$^{10}B/^{11}B$：需根据硼浓度确定样品量（至少需20μg硼），现场用0.45μm滤膜过滤，装入塑料瓶中保存；

——^{81}Kr：现场将通过特定装置取得的惰性气体样品装入钢瓶保存；

——气体组分：用Giggenbach气样瓶或者铜管保存样品，倒置，尽快送实验室测试；

——气体同位素：用Giggenbach气样瓶保存样品，倒置，尽快送实验室测试；

——总α、总β放射性：取3L水样于硬质玻璃瓶或塑料瓶中，加超纯硝酸l0mL，摇匀，密封保存，一周内送实验室检测。

6.2 样品标签及记录

样品装入样品容器后应在容器外壁贴上一张完整的样品标签。样品标签的设计可以根据实际情况，一般包括采样日期、采样人、测试项目、样品编号、采样地点、处理技术等（见附录G）。

需要现场测试或记录的项目，如地热流体的温度、压力、pH值、电导率、氧化还原电位、流量、颜色、坐标、井孔结构、完井方式、洗井情况、井深、钻遇地层、热储层及其埋深和厚度、井孔周围的环境等。应按附录H进行记录，并妥善进行保管。

6.3 样品运输

采集的地热流体样品从野外到实验室需要进行运输，为防止样品受到污染和损害，应遵循以下几点要求：

——为避免样品瓶因震动碰撞而破损，需要将样品瓶装箱，并用泡沫塑料减震；

——需要冷藏的样品必须达到冷藏要求，样品存放尽量远离热源或者导致水温升高的地方（如发动机旁），避免阳光直射；

——冬季采集的样品要防止结冰，采取保温措施以免样品瓶破裂；

——对西藏等高原地区的样品应采用不易变形的样品容器，且运输过程应防止压力变化等原因导致样品泄漏。

7 质量控制和安全

7.1 现场的质量控制

7.1.1 现场空白

通过现场空白与实验室内空白测定结果对照，掌握采样过程中操作步骤和环境条件对样品质量影响的状况。现场空白所用的纯水要用清洁的专用容器，由采样员带到采样现场，运输过程中应注意防止污染。

7.1.2 运输空白

运输空白是以纯水或标准气样作样品，从实验室到采样现场又返回实验室，运输空白可用来测定样品运输、现场处理和贮存期间或由容器带来的污染。

7.1.3 现场平行样

现场平行样要注意控制采样操作和条件的一致，对水质中非均匀相物质或分布不均匀的污染物，在样品灌装时摇动样品容器，使样品保持均匀。

7.2 安全

7.2.1 利用酸或碱来保存水样时，应戴上耐酸碱手套、护目镜，穿上实验服小心操作，避免试剂直接与皮肤、眼睛及衣物接触。

7.2.2 酸碱保存剂在运输期间应妥善储存，防止溢出。如有溢出，则溢出部分应立即用大量的水冲洗稀释或用化学物质中和。

7.2.3 地热流体温度较高，在样品采集过程中应避免喷溅，防止烫伤。

附 录 A

（资料性）

Giggenbach 样品瓶

该气样瓶因 W.Giggenbach 设计而得名，其结构如图 A.1 所示，包括含 1 个或 2 个端口的玻璃瓶和聚四氟乙烯材质的瓶塞，其密封性好。采样前需要对气样瓶标定体积、装入碱液及抽真空。

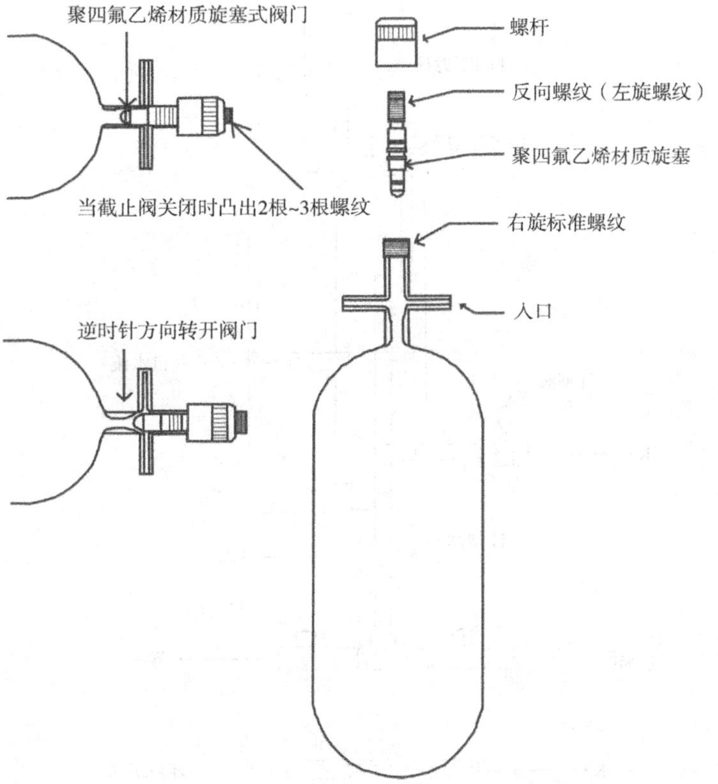

图 A.1 Giggenbach 样品瓶示意图

a） 标定体积：将新气样瓶称重，质量记为 m_1；将气样瓶装满水称重，质量记为 m_2；根据质量差以及水的密度，计算其体积。

b） 装入碱液：装入 50mL 40%氢氧化钠或氢氧化钾溶液。

c） 抽真空：将装好碱液的 Giggenbach 气样瓶的一端进口用止水夹封闭，另一端与真空泵连接，或将气样瓶放置于沸腾的锅中，将其排成真空（约 1kPa），可摇一摇通过声音来判断真空与否。

d） 气样采集：先用气样冲洗样品瓶上部，然后用止水夹夹住其中 1 个端口的硅胶管，然后缓慢拧开瓶塞，使气样进入样品瓶；取样时，气瓶底端朝上置于装满冷水的桶中，不停用冷水浇气样瓶的底端，加速其中水蒸气的冷却，待压力逐渐平衡后，关闭各阀门。

附 录 B
（资料性）
Webre 水气分离器

Webre 水气分离器结构示意图如图 B.1 所示，可同时采集水样和气样。主要由压力计、温度计、地热流体进口、地热水出口、地热蒸汽出口以及腔体构成。

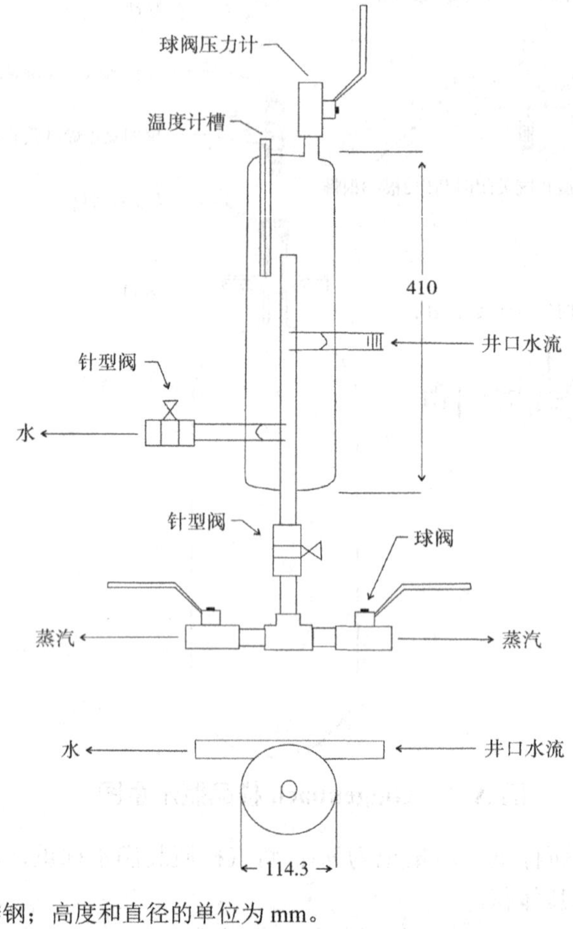

材料为 403 不锈钢；高度和直径的单位为 mm。

图 B.1 Webre 水气分离器结构示意图

附 录 C
（资料性）
含球胆玻璃瓶装置

该装置基本原理是利用负压来采集气体样品，结构如图 C.1 所示，主要由玻璃瓶、橡胶塞、厚壁硅胶管、球胆、真空泵、玻璃管、注射器和气样瓶等构成。

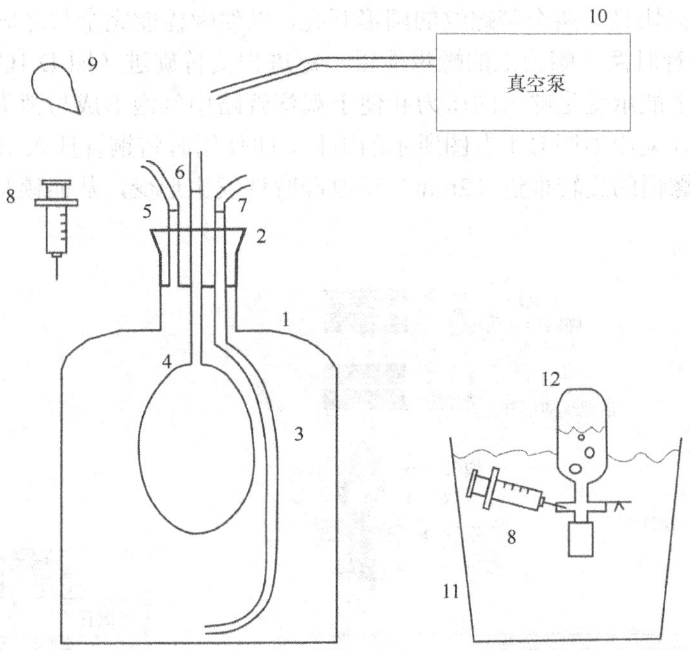

1—25L 广口玻璃瓶；2—橡胶塞；3—厚壁硅胶管；4—橡胶球胆；5—上部连接厚壁硅胶管的玻璃管；6—上部连接厚壁硅胶管，下部连接球胆的玻璃管；7—上部和下部都连接厚壁硅胶管的玻璃管；8—100mL 玻璃材质的注射器；9—洗耳球；10—无油真空泵；11—水桶；12—玻璃材质的采样瓶

图 C.1 溶解气取样装置

采样流程包括：将水样灌满广口瓶，不留气泡，用止水夹夹住 5，再通过洗耳球向球胆充气，待从 7 排出的水约 1L 后用止水夹将其夹住，将 6 连接到真空泵后进行抽气，当瓶内水位下降接近 1/3 时缓慢断开真空泵的连接，此时瓶内水位会缓慢上升一定高度，最终剩下的气体即为溶解气，用注射器从 5 处将气体取出，再利用排水集气法转移至气样瓶中。

附 录 D
（资料性）
铜管装置

常用的铜管装置一般包括以下特征：a.采用壁厚 1mm 的高纯度无缝紫铜管；b.用由两个夹块构成的不锈钢封口夹和硅胶垫压封铜管端口（图 D.1D、D.1E）；c.将封口夹固定在铝制槽上（图 D.1B）；d.夹口韧宽约为 2mm；e.下夹块具有两个带螺纹的圆形开孔，以便螺栓能完全与之固定。上夹块具有两个椭圆形开孔，以便压封铜管时两个螺栓上的螺母能以一定进程交替旋进（图 D.1C）；f.铜管两端与高透明度塑料管紧密连接，使之能承受足够大的压力和便于观察管路中气泡形成与消失过程。为了更好解决铜管与管线连接问题，建议采用如图 D.1 右图所示的组件，即使用时将铜管插入组件一端的硅橡胶件中心孔（ϕ8mm）中，借助螺帽的旋转推进（2mm）压迫硅胶件发生形变，从而锁紧铜管。

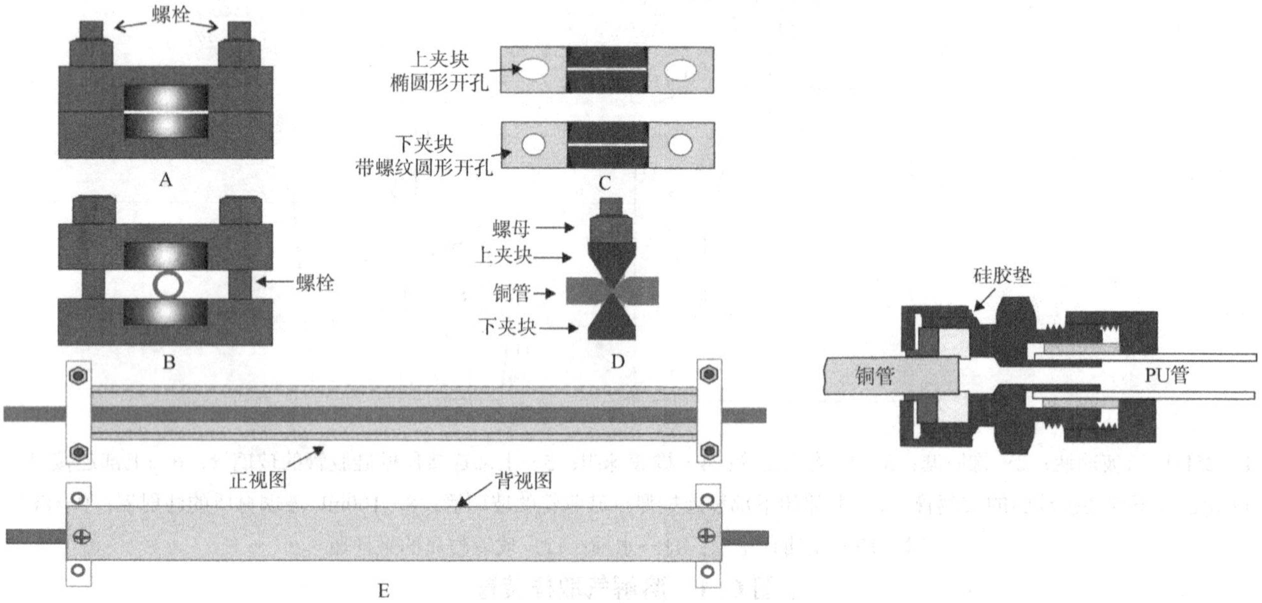

左图：A—夹块闭合时夹口保持精确的 1mm 缝隙；B—采样前将铜管固定在夹口中心；C，D—夹口间有约 2mm 的韧宽；E—被固定在铝制槽上的封口夹和用铝制槽保护的铜管。

右图：改进的铜管装置。

图 D.1 铜管采样装置结构示意图

采样流程包括：

a） 采样管路连接：取下铜管保护帽，将铜管置于两个封口夹夹口的中心位置，使铜管的两个端口距夹口基本等距。适度旋紧封口夹上的两个螺母固定铜管。使用铜管连接组件分别将 PVC 排水管和 PU 进水管连接到铜管两端（见图 D.1 左图和右图）。在 PVC 管靠近排水口处装上专用止水夹（见图 D.1 右图）。将 PU 进水管的另一端通过密闭方式接到采样支管上。

b） 排除气泡：打开采样支管阀门，使水流过采样管路，然后彻底关闭排水口处的止水夹，检查各管件连接是否密闭。确认密闭后通过止水夹将流量调至 1.0L/min～1.5L/min，冲洗采样管路 1min～2min。手持铝制槽使铜管倾斜约 45°，出水口向上，用棘轮扳手轻击铝制槽，清除铜管中的大气泡。逐步关闭止水夹，使管路逐步增压，同时用棘轮扳手不时击打气泡滞留处，直至气泡全部消失。

c） 样品采集：继续冲洗管路至少 1min，同时检查并确认铜管在夹口中心。首先关闭铜管出水口封口夹，用棘轮扳手使封口夹一边的螺母旋进半程，然后将对称的另一螺母旋进 3/4 程，再使第一次旋进的螺母完全旋紧，同样完全旋紧对称的另一螺母。以同样方式旋紧铜管进水口封口夹。从采样管路上取下铜管，不可拆掉铝制槽，贴标签后放入专用箱中。

附 录 E
（资料性）
^{81}Kr定年水中溶解气提取装置

^{81}Kr定年水中溶解气提取装置采用的是双微型隔膜累压缩模式。原理示意图如图 E.1 所示。系统清洗过程和采样过程由两个三通阀控制。

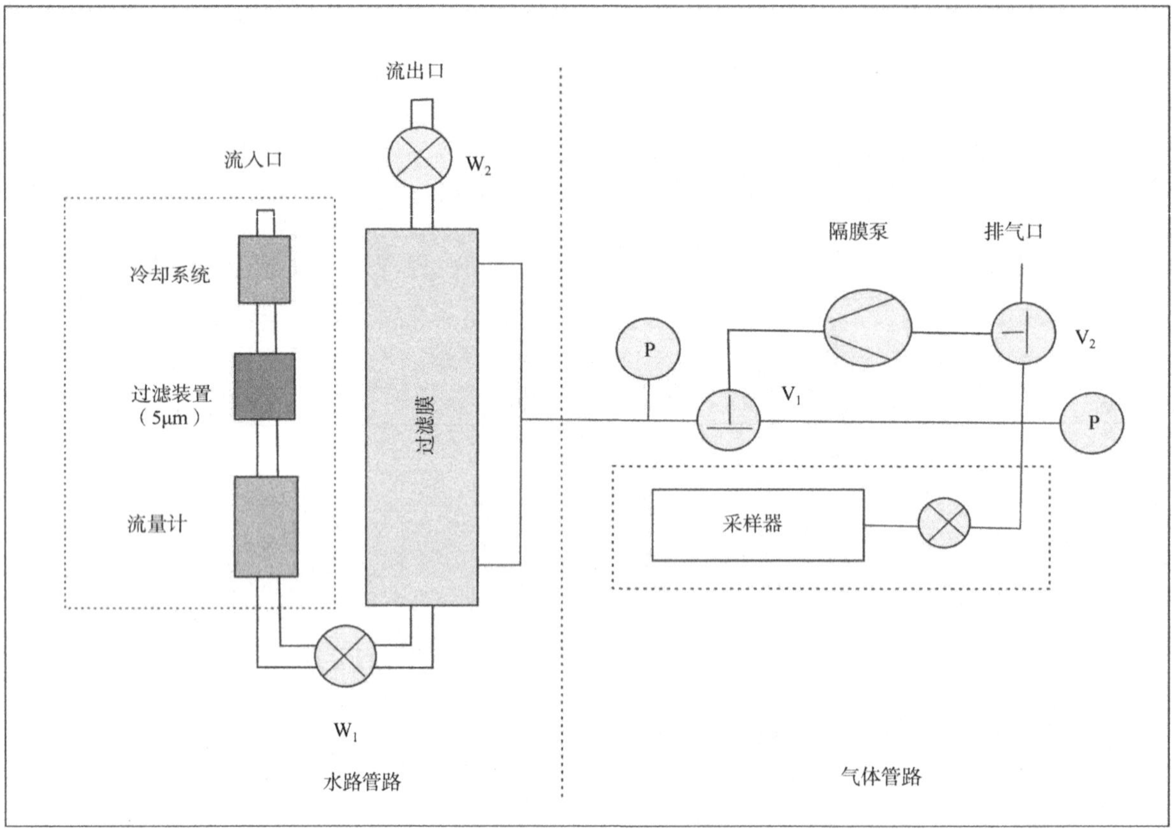

W_1、W_2—水阀；V_1和V_2—气路三通阀；P—气压表

图 E.1 小型溶解气提取装置原理示意图

采样流程包括：

a） 清洗过程：将三通阀V_1旋至气瓶-泵组方向，三通阀V_2旋至泵组-排气口方向，使用串联泵组将采样气瓶中的高纯氮气排空至泵的极限真空（约 4kPa）；然后将V_1旋至脱气膜-泵组方向，向脱气膜内通水，利用泵组将脱出的溶解气排出系统外，实现脱气膜和气路部分的清洗；随后将V_2旋至泵组-气瓶方向，将提取的溶解气收集至气瓶中，待气压达到 0.1MPa 时，依次将V_2、V_1分别旋至泵组-排气口和气瓶-泵组方向，排空气瓶中的气体实现对气瓶的清洗。

b） 采样过程：待完成系统的清洗，依次将V_1、V_2分别旋至脱气膜-泵组和泵组-气瓶方向，开始采样，期间记录水流量计的流速以及总的地下水采样量，并记录两个压力计的示数变化。

附 录 F
（资料性）
沉淀法测试 ^{14}C 采样装置

利用传统方法测试 ^{14}C 常采用图 F.1 所示的采样装置。该装置包括 403 不锈钢的搅拌棒、塑料桶（一般体积为 50L，下端呈漏斗状）、沉淀收集瓶（体积 1L 的塑料瓶）和支架。

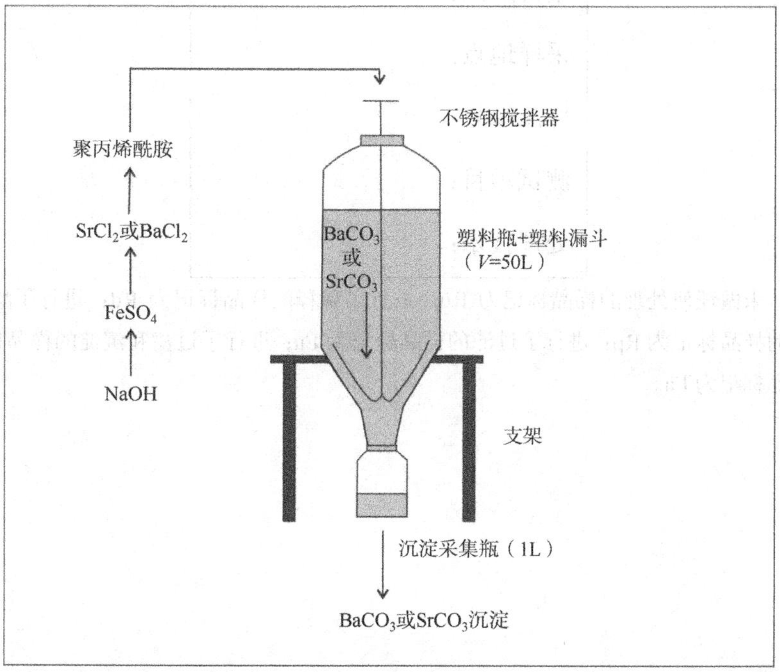

图 F.1 沉淀法测试 ^{14}C 采样装置图

^{14}C 现场沉淀流程包括：

a） 将塑料桶放在架子上，用水样润洗。装满水样，盖上盖子以隔绝空气。把 1L 的沉淀收集瓶固定在最底部。

b） 通过气味判断水样中是否含有硫化氢气体，如无硫化氢气味，则向塑料桶中加入 5g 的硫酸亚铁（$FeSO_4 \cdot 7H_2O$），搅拌均匀。

c） 在塑料桶中加入 50mL 浓度为 20mol/L 氢氧化钠溶液并搅拌均匀，使溶液的 pH=10，使水中的碳全部以碳酸盐形式存在。

d） 将 170g 氯化锶粉末溶解于 800mL 水样中，留出 30mL 用于检测，其余倒入塑料桶中，盖好盖子，搅动 5min。

e） 向塑料桶中加入 40mL 的聚丙烯酰胺溶液加速沉淀，并每隔 30min 轻轻搅动 1min，此时沉淀物变成絮团迅速下沉，停一段时间后，向塑料桶中再加入少许饱和氯化锶溶液，检查共沉淀的效果，待沉淀完全，则盖好盖子，静置数小时。如果还有沉淀物，则需要加入更多的氯化锶溶液和氢氧化钠溶液，使沉淀完全。

f） 打开塑料桶下部的放水阀门，把清液排尽，取下沉淀采集瓶，迅速盖好密封；如由于絮凝特性，使沉淀不完全，可把底液用虹吸管抽到若干个瓶子，等通宵沉淀后，装入到沉淀采集瓶中。

附 录 G
（规范性）
采样标签

采样日期：
采 样 人：
采样地点：
样品编号：
测试项目：
处理技术：

注：处理技术中，未做任何处理的样品标记为 Ru；进行了稀释的样品标记为 Rd；进行了酸化的样品标记为 Ra；进行了沉淀的样品标记为 Rp；进行了过滤的样品标记为 Fu；进行了过滤和沉淀的样品标记为 Fp；进行了过滤和酸化的样品标记为 Fa。

附　录　H
（规范性）
采样信息统计表

项目名称：________________________样品编号：________________________

采样日期：________________________经纬度：________________________

采样位置：________________________采样人：________________________

检测人：________________________记录人：________________________

采样点描述：____

____

____

地热井深度（m）：____________________井口/泉口温度（℃）：________________

流量（m^3/h）：____________________井口压力（MPa）：________________

电导率（μs/cm）：____________________pH：________________________

溶解氧（mg/L）：____________________H_2S（mg/L）：________________

氧化还原电位（mV）：____________________

备注：采样点描述中应记录井孔结构、完井方式、井深、是否洗井、洗井方式、洗井时间、钻遇地层、热储层及其埋深和厚度；描述井孔周围的环境，包括地表水体、地表热显示、是否发生结垢等。

测试项目

水样

☐　水样阴离子（F^-、Cl^-、NO_3^-、SO_4^{2-}）：0.45μm 滤膜过滤；若水样中含 H_2S，需用醋酸锌进行沉淀。

☐　水样阳离子（K^+、Na^+、Mg^{2+}、Ca^{2+}）及微量元素：0.45μm 滤膜过滤、加入超纯硝酸至 pH＜2。

☐　SiO_2：如果浓度超过 100ppm，需按 1:10 的比例现场过滤，装 3 个样品。

☐　稳定同位素：$\delta^{18}O_{H_2O}$、$\delta^2H_{H_2O}$、$\delta^{13}C_{DIC}$、$\delta^{87}Sr$、$\delta^{10}B$、δ^7Li。

☐　定年方法：T、^{14}C、^{81}Kr、^{85}Kr。

气样

☐　不凝气组分和同位素：H_2、He、Ar、CH_4、N_2 等；$\delta^{13}C_{CH_4}$、$\delta^2H_{CH_4}$、δ^3He、$\delta^{10}Ne$ 等。

☐　CO_2 和 H_2S 含量：利用 Giggenbach 样品瓶及碱液采集。

冷凝水：

☐　pH、CO_2 和 H_2S、Na、Cl、NH_3、B、$\delta^{18}O_{H_2O}$、$\delta^2H_{H_2O}$。

附 录 I
（资料性）
所需试剂及制备方法

本标准所用试剂除非另有说明，应使用符合国家标准的分析纯及分析纯以上级别试剂。实验用水应符合 GB/T 6682《分析实验室用水规格和试验方法》的要求。

检测中应使用符合国家标准的 A 级玻璃量器。

a） 超纯硝酸：分析纯的硝酸经二次蒸馏后得到的硝酸即为超纯硝酸，用于酸化样品；

b） 10%硝酸溶液：量取 120mL 优级纯浓硝酸，用去离子水稀释至 1000mL；

c） 硝酸溶液（1+3）：在 300mL 去离子水中加入 100mL 优级纯浓硝酸；

d） 10%盐酸溶液：量取 240mL 优级纯浓盐酸，用去离子水稀释至 1000mL；

e） 硫酸溶液（1+1）：将 100mL 浓硫酸缓慢注入 100mL 去离子水中；

f） 40% 氢氧化钠溶液：将 40g 氢氧化钠溶解于 100g 去离子水中；

g） 10% 氢氧化钠溶液：将 10g 氢氧化钠溶解于 100g 去离子水中；

h） 5mol/L 氢氧化钠溶液：将 200g 氢氧化钠溶解于 1L 去离子水中；

i） 20mol/L 氢氧化钠溶液：将 650g 氢氧化钠溶解于 800mL 煮沸的去离子水中，存放 2 周～3 周，使得碳酸钠沉淀析出，将表面溶液小心地倒入容器并与空气隔绝；

j） 20%醋酸锌溶液：将 20g 醋酸锌溶解于 100mL 去离子水中；

k） 聚丙烯酰胺溶液：称取 5g 聚丙烯酰胺于 1000mL 烧杯中，加入适量去 CO_2 水，以玻璃棒搅拌使之成为糊状。继续添加去 CO_2 水，边加边搅拌，期间可加热，直到得到 1000mL 清亮的溶液；

l） 碘-碘化钾溶液：称取 1.5g 优级纯碘和 3g 优级纯碘化钾溶解于 100mL 去离子水中；

m） 氯化汞溶液：称取 1.5g 优级纯氯化汞溶解于 100mL 去离子水中。

参 考 文 献

[1] Arnórsson S, Bjarnason J, Giroud N, Gunnarsson I, Stefánsson A. 2006. Sampling and analysis of geothermal fluids. Geofluids, 6(3), 203-216.

[2] Arnórsson H and Olafsson M. 2006. Collection of geothermal fluids for chemical analysis. Iceland geosurvey, ISOR-2006/016.

[3] Water resources program, IAEA. 2014. Sampling procedures for isotope hydrology.

[4] Gabelmana A, Hwang S T. 1999. Hollow fiber membrane contactors. J. Membr. Sci. 159, 61.

[5] 齐继祥, 彭玉荣, 郭华良, 等. 2010. 地下水溶解惰性气体含量及同位素组成分析采样方法. 全国地下水与环境科学研讨会.

[6] 涂乐义. 2015. 地下水溶解氪气分析用于放射性氪同位素测年. 合肥: 中国科学技术大学, 博士学位论文.

ICS 07.060
F 15

NB

中华人民共和国能源行业标准

NB/T 11149—2023

基于可持续开发利用的地热能评价方法

Evaluation method of geothermal energy based on sustainable development and utilization

2023-02-06 发布　　2023-08-06 实施

国家能源局　发布

目　次

前　言

本文件按照 GB/T 1.1—2020《标准化工作导则　第 1 部分：标准化文件的结构和起草》给出的规定起草。

本文件由中国石油化工集团有限公司提出。

本文件由能源行业地热能专业标准化技术委员会（NEA/TC29）归口。

本文件起草单位：中国石化集团新星石油有限责任公司、北京市地质工程勘察院、天津地热勘查开发设计院、中国地质调查局水文地质环境地质研究所、中国地质调查局水文地质环境地质调查中心、中石化绿源地热能开发有限公司。

本文件主要起草人：杜利、贾艳雨、杨亚军、徐巍、向烨、赵丰年、李海京、刘清晓、王雨石、马峰、田光辉、李胜涛、马春红、王茜、高飞、孙彩霞。

本文件为 2023 年首次发布。

基于可持续开发利用的地热能评价方法

1 范围

文件规定了基于可持续开发利用要求下的水热型地热资源供热利用评价方法，包括地热供热资源评价的名词术语、总则、可行性论证和开采阶段的资源量计算方法、资源评价方法、资料整理与报告编写等相关要求。

本文件适用于水热型地热资源供热利用条件下的可行性论证阶段和开采阶段的资源量计算和评价、登记统计、地热能源管理和开发利用规划等，其他类型的地热资源可持续利用评价可参照执行。

2 规范性引用文件

下列文件中的内容通过文中的规范性引用而构成本文件必不可少的条款。其中，注日期的引用文件，仅该日期对应的版本适用于本文件；不注日期的引用文件，其最新版本（包括所有的修改单）适用于本文件。

GB/T 11615 地热资源地质勘查规范

DZ/T 0331 地热资源评价方法及估算规程

3 术语和定义

下列术语和定义适用于本文件。

3.1

地热资源可持续利用 sustainable utilization of geothermal resources

从地下热储中开采出的地热流体经过热能利用之后，将尾水通过回灌的方式重新灌入热储，进行地热流体的人工补给，使热储压力保持平衡，开采井温度和水化学成分不发生明显变化，实现地热资源可持续利用。目前地热供暖的项目应实施采灌结合的可持续利用方式。

3.2

允许开采量 exploitable reserves

经勘查或经开采验证的在当前开采经济技术条件下能够从热储中开采出来的部分资源量，是地热资源量的一部分。通常是在地热田或工作区勘查、开采和监测的基础上，考虑到地热资源可持续利用，经拟合计算允许每年合理开采的地热流体量和热量。

3.3

地热地质模型 geothermal geological model

对地热田或工作区包括断裂、热储、盖层、地温场、地热流体等地热地质要素的几何及物理形态的三维精细描述，代表人们对地热田或工作区的地热地质认识。

3.4

数值模型 numerical model

在掌握热田成因机制和开采生产的全系列工程测试数据的基础上，建立数值法模型，以拟合热储生产的历史和现状条件，预测地热资源利用可持续性，为地热资源规划、利用、管理和保护等服务。

4 总则

4.1 本文件涉及的地热能评价方法为采灌结合供热利用条件下的水热型地热资源评价。

4.2 本文件评价目的是为了实现地热资源可持续利用，提供科学可靠的资源量及开发建议，以减少开发风险、取得地热能开发利用最大的经济效益和社会效益。

4.3 本文件根据地热田或工作区地热勘查和开发程度，分为可行性论证和开采两个阶段，提出相应的地热资源可持续利用评价方法，确定资源承载能力。

5 地热资源评价应满足的要求

5.1 可行性论证阶段

在地热资源可行性勘查阶段选定的地区或拟规模化开发的工作区进行，应满足以下要求：

a） 详细进行地温调查，地质及地球物理、地球化学勘查，查明地热田或工作区的地层结构、岩浆岩分布与主要控热构造，拟利用热储的岩性、厚度、分布、埋藏条件及相互关系。

b） 投入控制性地热钻井工程，平均每 $10km^2$～$15km^2$ 范围内至少分布 2 口采灌井（复杂构造区应根据构造区域划分，每个构造区域至少分布 2 口采灌井），做好地质编录、测井、完井产能试验等地质工作，取全取准各项地热地质资料，分析并查明地热田的地层结构，地热增温率，热储的埋藏深度、岩性、厚度、分布、物性、岩石热物性，地热流体温度、压力和化学组分；对热储进行产能测试、回灌试验及降压实验，了解拟利用热储的渗流能力、产出和回灌能力，初步查明回灌对地温场与渗流场的影响，确定最佳的采灌比、采灌井的合理布局及保持地热资源可持续利用的采灌强度。

c） 应开展 1 年及以上的地热动态监测工作，监测内容包括：所有地热开采井的开采量和回灌井的回灌量，代表性开采井（可监测到评价热储）的流体压力（水位）、流体产出温度和流体化学成分（水质），代表性回灌井（可监测到评价热储）的流体压力（水位）、流体回灌温度。地热开采量、流体压力、流体产出温度、流体回灌温度等参数的监测要求单个供暖季每月不少于 1 次。

5.2 开采阶段

在已开展地热供热利用项目的地热田或工作区进行，应满足以下要求：

a） 综合分析区内已有的地质、水文地质、地热地质、深部地热钻井及地球物理勘查资料，平均每 $5km^2$～$10km^2$ 至少分布 2 口采灌井（复杂构造区应根据构造区域划分，每个构造区域至少 2 口采灌井），详细查明地热田或工作区内的地质构造、岩浆活动，热储岩性、厚度、分布范围及其埋藏条件，拟利用热储的特征（渗透性、有效空隙率等）、地热流体温度、压力、产量及化学组分等，具备建立相对准确地热地质模型的条件。

b） 全面分析地热井测温资料，明确区内的地热增温率、开采深度内地温场的空间变化规律，准确确定热储温度。

c） 对热储开展示踪试验研究，进一步查明回灌对地温场与渗流场的影响。

d） 应开展 2 年及以上的地热动态监测工作，监测内容包括开采量、回灌量、流体压力、温度、流体化学成分、回灌情况以及井温等，具体要求如下：

□开采量和回灌量监测要求应覆盖区域内所有地热井，按日进行监测；

□流体压力（水位）监测要求对各热储层按照不同构造部位分别设立至少 1 口监测井，每季度对静止流体压力（水位）进行监测；

□温度监测要求对所有开采井安装温度计进行水温监测，工作区内各热储层按照构造部位分别设立至少 1 个代表性地热井进行井温监测，回灌前后至少各监测 1 次，如果发现有温度下降现象，应立即加密监测；

□地热流体化学成分监测要求对工作区内的各热储层设立动态监测井进行监测，监测频率每年不少于 1 次；

□回灌情况监测要求对工作区内各热储层按照构造部位分别设置至少 1 个代表性回灌井进行压力（水位）监测，回灌前后各测量 1 次。

6　资源量计算方法

6.1　计算方法的选择

可行性论证阶段和开采阶段均采用热储法计算热储中储存的热量和地热流体储存量。可行性论证阶段采用解析法和数值法分别计算地热田或工作区的允许开采量；开采阶段采用数值法计算地热田或工作区的允许开采量。

6.2　热储法

主要用于计算热储中储存的热量和地热流体储存量，评价地热田或工作区的资源潜力。

6.2.1　热储中储存的热量计算

热储中储存的热量计算，表达式为：

$$Q = C_r \rho_r (1-\varphi) V (T_1 - T_0) + C_w \rho_w q_w (T_1 - T_0) \quad (1)$$

式中：

Q——热储中储存的热量，kJ；

C_r，C_w——分别为热储岩石比热容和地热流体的比热容，kJ/（kg·℃）；

ρ_r，ρ_w——分别为热储岩石密度和地热流体的密度，kg/m^3；

φ——热储岩石孔隙率（或裂隙率）；

q_w——地热流体储存量，包括静储量和弹性储量，m^3；

T_1——热储温度，℃；

T_0——恒温层温度，℃；

V——热储体积，m^3。

6.2.2　地热流体储存量

包括容积储存量与弹性储存量两部分。计算公式如下：

$$Q_{ws} = \varphi V + S(h - H)A \quad (2)$$

式中：

Q_{ws}——地热流体储存量，m^3；

φ——热储岩石孔隙率（或裂隙率）；

V——热储体积，m^3；

S——弹性释水系数；

h——平均承压水头标高，m；

H——平均热储顶面标高，m；

A——评价热储面积，m^2。

6.3 解析法

6.3.1 考虑回灌条件下的地热流体可开采量

按回灌条件下开采100年，根据热量平衡计算影响半径和地热流体可开采量公式如下：

$$R=\sqrt{1-\alpha\beta}\times\sqrt{\frac{Q_{pro}tf}{\lambda H\pi}} \quad (3)$$

$$f=\frac{\rho_w C_w}{\rho_e C_e} \quad (4)$$

$$\rho_e C_e=\varphi\rho_w C_w+(1-\varphi)\rho_r C_r \quad (5)$$

$$\alpha=\frac{Q_{in}}{Q_{pro}} \quad (6)$$

$$\beta=\frac{T_2-T_0}{T_1-T_0} \quad (7)$$

$$Q_{wk}=\frac{AQ_{pro}}{\pi R^2}=\frac{\lambda AH}{(1-\alpha\beta)tf} \quad (8)$$

式中：

λ——可采系数（无量纲），考虑深层热补给问题取值15%～30%，具体取值根据地热水补给强度和开发经验决定；

R——回灌条件下的影响半径，m；

ρ_w，ρ_r——分别为地热流体的密度和岩石的密度，kg/m^3；

C_w，C_r——分别为地热流体的比热容和岩石的比热容，kJ/kg·℃；

φ——热储岩石孔隙率（或裂隙率）；

t——时间，取100年，36500d；

Q_{pro}——地热井单井开采量，m^3/d；

Q_{in}——地热井单井回灌量，m^3/d；

T_1——采水井井口地热流体温度，℃；

T_2——回灌温度，取25℃；

T_0——恒温层温度，℃；

α——回灌率，根据回灌试验确定的回灌能力取值；

Q_{wk}——地热流体可开采量，m^3/d；

A——评价面积，m^2；

H——热储层厚度，m。

6.3.2 考虑回灌条件下地热流体可开采热量计算

回灌条件下地热流体可开采热量可用下式计算：

$$Q_{wr} = Q_{wk} C_w \rho_w (T_1 - T_0) t_d \quad \cdots\cdots(9)$$

式中：

Q_{wr} —— 地热流体年可开采热量，kJ/a；

C_w —— 地热流体的比热容，kJ/（kg·℃）；

ρ_w —— 地热流体的密度，kg/m³；

t_d —— 年开采天数，d。

6.4 数值法

6.4.1 原则

采用数值法应遵循以下原则：

a） 根据热储的热恢复能力和回灌能力确定允许开采量。

b） 以监测井多年流体压力保持基本稳定或一定时限内可趋于稳定、地热开采井温度和流体化学成分不发生明显变化作为计算的约束条件。

6.4.2 建立地热地质模型

地热地质模型应反映工作区的构造、断裂特征、热储和盖层的分布特征、地热水的补给来源、重要的热流体和热传递通道、流体动力特征等，为了满足地热资源量计算/资源评价的需要，应为精细化三维模型。需要准备的资料包括：

a） 工作区构造纲要图，划定模型范围。

b） 地层顶底界面埋深等值线图，构建三维模型中的地层。

c） 断层分布与产状资料，构建三维模型中的断层。

d） 热储水文地质与物性相关参数，包括：密度、孔隙率（裂隙率）、渗透率、储水系数。

e） 热储热物性相关参数，包括：导热系数、比热容。

f） 地热流体相关参数，包括：密度、动力黏度、导热系数、比热容。

g） 工作区热储水位分布图和各地层地温梯度分布图，获取模型的初始条件。

h） 地热流体流动特征和补给排泄情况资料，设定模型的边界条件。

i） 断裂性质，断层界面条件设定。

j） 地热井位置分布图及坐标，确定地热井在模型中的位置。

k） 地热井成井结构图，获取取水层顶、底埋深，取水层厚度等。

6.4.3 网格剖分

网格剖分的要求：

a） 要根据模型的求解方法、计算程序的要求决定，可以剖分成立方体、长方体、棱柱体。

b） 单元体的大小视资料的多少而定，在集中开采区、压力变化显著处网格应相对密集，在地热田的外围和压力变化不明显处网格可以相对稀疏。

6.4.4 天然状态模拟

对地热田或工作区未进行开发之前的压力、温度、热流体的流动状态和热传导情况进行模拟。

6.4.5 开采状态模拟

对地热田或工作区开采状态下的压力、温度、热流体的流动状态和热传导情况进行模拟。

6.4.6 模型识别和检验

根据地热田或工作区的监测资料，对地热田或工作区开采状态下的压力和温度进行拟合，又称为参数识别或模型校正。采用间接解法进行参数识别，具体做法是逐步调整模型参数，使模型的计算结果尽可能地逼近实际监测资料。控制监测井压力和温度的观测值与模拟计算值的拟合误差应小于拟合计算期间变化值的10%。模型识别和检验是建立数值模型的两个阶段，应利用不同时间段的资料分别进行。在模型识别中，不同参数分区和热源通道上应有水位和温度观测井的资料作为拟合依据。模拟流场与实测流场、模拟温度场与实测温度场的形态应一致。经过识别和检验，最终得到一个当前勘查阶段可靠的模型，可以用来预测对未来开采的反映。

6.4.7 计算储存热量和地热流体储存量

利用数值模型，采用热储法公式计算热储中储存的热量和地热流体储存量。

6.4.8 计算可开采地热流体量和热量

根据资源条件、考虑市场需求，按照供热后尾水全部同层回灌的原则制定采灌方案，将采灌方案井网添加到三维数值模型中，为三维数值模型设置时间周期函数，将每年离散成供暖季和非供暖季两个时间段，选择有限单元法、有限差分法等模拟计算地热田或工作区内不同部署方案下开采井水量、压力、温度等在保持稳定条件下合理的开采井采水量、回灌井回灌温度、采灌比和采灌井距，比选确定最优采灌方案。以最优方案确定的采水井井数、采水量、回灌温度为基础，求取可采地热流体量和热量。

可开采热量根据以下公式来计算：

$$Q_{\mathrm{wr}} = N_{\mathrm{well}} Q_{\mathrm{pro}} t_{\mathrm{d}} \rho_{\mathrm{w}} C_{\mathrm{w}} (T_1 - T_2) \qquad (10)$$

式中：

Q_{wr}—— 地热流体年可开采热量，kJ/a；

N_{well}—— 开采井数量，口。

7 地热能可持续利用的资源评价

7.1 可行性论证阶段计算地热田或工作区的允许开采量，精度略低，可用于指导地热供热示范项目的建设、地热田或工作区的开发潜力分析；开采阶段利用数值法计算地热田或工作区的允许开采量，精度高，可用于规模化地热供热利用的规划、设计和管理等。

7.2 可行性论证阶段采用热储法计算热储中储存的热量和地热流体储存量，采用解析法和数值法分别计算地热田或工作区的允许开采量，最终取以上述两种计算方法求取的最小值作为地热田或工作区允许开采量的上限。

7.3 依据资源条件及技术经济条件，开采阶段逐步建立更为准确的开发管理模型，确定合理的采灌方案，并预测温度场、压力场、流体化学成分等的变化趋势，对不利因素进行预警预报和调整。

7.4 开采阶段应根据最新研究成果和动态监测资料对数值模型进行修正，对地热田或工作区的允许开采量进行重新计算和评价。

8 资料整理与报告编写

8.1 资料整理要求

8.1.1 应对地热资源评价取得的各项资料进行分类整理、编目、造册、存档备查。

8.1.2 对全部地热钻井资料，按建立地理信息系统的要求，确定地理坐标位置，建立相应的数据库。

8.1.3 对地热钻井取得的实物地质资料（岩芯、岩屑等）应进行整理，建立标准地质剖面保存。

8.1.4 重要地质意义的地热钻井实物资料（岩芯、岩屑）应予以长期保存。

8.2 报告编写

8.2.1 地热资源可持续利用评价报告内容包括：

1 前言
2 地热地质研究程度及勘查工作质量评述
3 区域地热地质条件
4 地热赋存特征
4.1 地热资源赋存空间特征
4.2 压力场分布特征
4.3 温度场分布特征
4.4 流体化学分布特征
4.5 地热地质模型
5 热储工程研究
5.1 地热开发试验
5.2 地热动态监测
5.3 地热系统数值模拟与预测
6 可持续利用条件下的地热资源量计算
6.1 计算和评价原则
6.2 主要计算参数
6.3 地热资源量计算
6.4 允许开采量计算
6.5 资源评价
7 采灌方案建议
8 结论

8.2.2 报告主要附图包括：

1 项目区域实际材料图；
2 区域地热地质图及剖面；
3 地球物理勘探成果图；
4 热储顶底板埋深等值线图（碳酸盐岩热储只要求顶板埋深）；
5 热储顶底板温度等值线图（碳酸盐岩热储只要求顶板温度）；
6 地热增温率等值线图；
7 地热流体化学类型分区图；
8 热储孔隙率等值线图；

9 热储渗透率等值线图；

10 地热动态监测曲线图（包括开采量、回灌量、水位、水温、水质、井温等）；

11 典型地热井综合地质柱状图。

参 考 文 献

[1] 刘志明，王贵玲，蔺文静．地热回灌条件下单晶开采权益保护半径的计算[J]．地下水，2014, 36(6): 72，75.

[2] 胡秋韵，高俊，马峰等.雄安新区容城凸起区地热可采资源量动态预测[J]．地质学报, 2020, 94(7): 2013, 2024.

[3] 张洪波．地热资源可循环利用井网模式评价方法——以东营凹陷中央隆起带地热田为例[J]．油气地质与采收率, 2017, 24(1): 86, 90.

ICS 01.040.27
CCS F 15

NB

中华人民共和国能源行业标准

NB/T 11157—2023

地热流体化学和同位素分析测试规范

Standards for chemical and isotopic analysis of geothermal fluids

2023-02-06 发布　　2023-08-06 实施

国家能源局　发布

目　次

前　　言

本文件按照 GB/T 1.1—2020《标准化工作导则　第 1 部分：标准化文件的结构和起草规则》的规定起草。

本文件由中国石油化工集团有限公司提出。

本文件由能源行业地热能专业标准化技术委员会归口。

本文件的标准化管理机构为中国石油化工集团公司。

本文件起草单位：中国科学院地质与地球物理研究所、中国科学技术大学、核工业北京地质研究院、中国科学院西北生态环境资源研究院、中国科学院生态环境研究中心、中国石化集团新星石油有限责任公司、中国石油大学（华东）、北京市地热调查研究所。

本文件主要起草人：庞忠和、李义曼、蒋蔚、刘汉彬、邢蓝田、佟娟、李军杰、天娇、罗璐、段忠丰、袁利娟、黄天明、赵丰年、向烨。

本文件为 2023 年首次发布。

引　言

本文件主要内容是由 7 个部分组成，包括地热流体现场物理化学指标测试、地热水化学测试、地热水同位素测试、地热气体化学测试、地热气体同位素测试、地热水微生物测试和热储流体组成重建。

第 1 部分（对应第 5 章）是地热流体物理化学指标测试，包括了现场条件下地热流体温度、pH 值、电导率（EC）、氧化还原电位（Eh）、硫化物含量、铁元素含量和溶解氧含量的测试方法。

第 2 部分（对应第 6 章）是地热水化学测试，包括矿化度、悬浮固体颗粒物含量、氟离子、氯离子、硝酸根离子、硫酸根离子、碳酸氢根/碳酸根、二氧化硅、硼、铝、锂、铷、铯、砷、锶以及其他微量元素（锌、铜、铬等）。考虑到成本和仪器获取的难易程度，同一种离子或者元素可能推荐多种测试方法。

第 3 部分（对应第 7 章）是地热水同位素，主要包括稳定同位素（氢氧同位素，碳同位素，锶同位素）和放射性同位素（氚和碳 14）。

第 4 部分（对应第 8 章）是地热气体化学测试，这部分包括气体相对含量和绝对含量的测试。

第 5 部分（对应第 9 章）是地热气体同位素测试，包括稳定同位素（如 CO_2 和 CH_4 的碳同位素、CO_2 的氧同位素、CH_4 和 H_2 的氢同位素、He 同位素以及 Ne 同位素）和放射性同位素（^{85}Kr、^{81}Kr 和 ^{39}Ar）。

第 6 部分（对应第 10 章）是地热水典型微生物测试，主要包括目前地热水中常见的 3 种微生物，即硫酸盐还原菌、铁细菌和腐生菌。

第 7 部分（对应第 11 章）是热储流体组成重建，主要是针对两相流样品，即热储温度超过当地沸点的情形，根据在泉口或者井口采集到的地热水和气体样品的定量数据，重建深部热储流体组成，为地热流体质量评价等提供代表性的数据。

地热流体化学和同位素分析测试规范

1 范围

本文件规定了地热水现场物理化学指标、水化学和同位素、气体化学和同位素以及典型微生物的测试方法相关的一般性技术要求。

本文件适用于地热流体（含地热水和气体）主要化学和同位素的测试以及基于两相流水样和气样测试结果重建热储流体组成。

2 规范性引用文件

下列文件中的内容通过文中的规范性引用而构成本文件必不可少的条款。其中，注日期的引用文件，仅该日期对应的版本适用于本文件；不注日期的引用文件，其最新版本（包括所有的修改单）适用于本文件。

GB/T 8538 食品安全国家标准 饮用天然矿泉水检验方法

GB/T 11615 地热资源地质勘查规范

DZ/T 0064 地下水质分析方法

NB/T 10097 地热能术语

NB/T 10716 地热流体样品的采集与保存规范

3 术语和定义

下列术语和定义适用于本文件。

3.1

恒重 constant weight

物质连续两次称量的重量差小于 0.3mg 的状态。

3.2

定容 specific volume

用去离子水将样品等稀释至一定体积容量瓶的刻度标线，将所需量的 X 溶液移入至 100mL 容量瓶中，用去离子水定容。即用去离子水将 X 溶液稀释至 100mL 容量瓶的刻度线处。

3.3

最低检测量 minimum detection limit

指所列方法标准曲线中除零点外的第一个点所对应的被测物的浓度。

3.4

最低检测浓度 minimum detection concentration

指所列方法标准系列中除空白外的最低含量标准溶液所含被测物质的浓度。

3.5

最佳测定范围 optimum detection range

指在该检测方法条件下，标准曲线呈线性区段的被测物质的浓度范围，如水样中被测物质的含量较大或较小时，可以适当减少或增大吸取试样的体积。

3.6

总溶解性固体含量 total dissolved solids

水中溶解组分的总量，包括水中的离子、分子及络合物，但不包括悬浮物和气体。

3.7

空白试验 blank test

除另有规定外，均指用去离子水代替水样，并与水样在同样条件下进行的试验。

3.8

硫酸盐还原菌 sulfate-reducing bacteria

一类在厌氧或缺氧状态下，能将水中可溶性的硫酸盐还原为硫化氢的细菌。

3.9

铁细菌 iron bacteria

一类能将溶于水中的亚铁离子转变为不溶于水的褐色或黑色三氧化二铁水合物的细菌。

3.10

腐生菌 saprophytic bacteria

一类可产生黏性物质并可与某些细菌代谢产物形成沉淀的异养菌。

3.11

MPN 法 MPN （most probable number） method

最大或然数法，一种采用概率理论估算细菌浓度的方法。

3.12

细菌测试瓶 bacteria testing bottle

用于接种、培养细菌进行菌量测定的培养瓶，每个测试瓶中均装有 9mL 液体培养基。

3.13

阳性瓶和阴性瓶 positive bottle and negative bottle

经过接种培养后，有细菌生长的测试瓶呈阳性变化，称为阳性瓶；反之则称为阴性瓶。

3.14

稀释等级 dilution grade

在对水样进行多组逐级接种稀释时，同样稀释倍数的一组平行样瓶之间细菌浓度在一个数量级上，为一个稀释倍数。

3.15

生长指标 growth index

菌量计数统计时所选取的三个稀释等级，由每一稀释等级阳性瓶个数所组成的一组数字叫做生长指标。

4 总则

4.1 地热流体组分测试的基本原则：选择代表性的地热流体样品进行测试，或者查明样品的采集和保存条件后对其进行测试；对于易发生变化的组分，应在现场测定，如温度、pH 值、硫化物含量、溶解氧含量等。

4.2 勘查或研究的目的不同，地热流体组分测试重点不同。热储温度估算通常仅需要测试 SiO_2 和阳离子含量，条件允许还可开展地热水和气体同位素测试；地热流体质量评价通常仅需测试地热水化学组成；地热流体来源识别及循环更新能力需开展地热水和气体同位素测试。

4.3　测试方法中用于配制试剂或稀释样品的纯水，除另有规定外，均应符合 GB/T 6582 二级水的标准。

4.4　本文件对金属组分、非金属无机组分及有机化合物的测试结果的质量浓度用 mg/L、μg/L 表示，同位素的测试结果用千分值‰表示。

4.5　测试用试剂除另有规定外，均指符合国家标准或专业标准的分析纯试剂；当试剂纯度达不到特定要求需要提纯处理时，在相应测试方法中指出。对指示剂规格不作规定。

4.6　在未指明何种溶剂时，溶液均指水溶液。

4.7　本文件中试剂的浓度，标准滴定溶液、基准溶液均以物质的量浓度（单位为摩尔每升 mol/L）表示。标准溶液以物质的质量浓度（单位为克每升或其分倍数）表示；“%”符号指质量分数（m/m）或体积分数（V/V），质量分数用于溶液化学浓度的表示，体积分数常用于气体含量的表达。

4.8　配制和储存试剂溶液必须采用硬质玻璃容器；对玻璃有腐蚀性的试剂，在检测方法中，已指明使用何种材料的容器储存。

4.9　洗涤玻璃仪器时应注意防止对试样中待测组分的影响，防止新的污染。如测铬时使用的器皿不能用铬酸溶液洗涤；测汞的容器，应用 1+3 硝酸溶液浸泡洗涤等。

4.10　容器器皿（容量瓶、滴定管、移液管等）应选用国家标准 A 级或 B 级，并按国家有关规定或规程进行。

5　地热流体现场物理化学指标测试

5.1　pH 值——玻璃电极法

参见 DZ/T 0064.5《地下水质分析方法　第 5 部分：pH 值的测定　玻璃电极法》。

5.2　电导率（EC）——电极法

参见 DZ/T 0064.6《地下水质分析方法　第 6 部分：电导率的测定　电极法》。

5.3　氧化还原电位（Eh）——电位法

参见 DZ/T 0064.7《地下水质分析方法　第 7 部分：Eh 的测定　电位法》。

5.4　硫化物含量——滴定法

5.4.1　适用范围

本方法适用于地热流体硫化物含量的测定；地热流体硫化物含量宜在现场进行测定；此方法的精度是 0.01ppm。

5.4.2　基本原理

醋酸汞与 S^{2-} 反应生成黑色的 HgS 沉淀，当所有的 S^{2-} 都反应后，Hg^{2+} 会与双硫腙反应生成粉色的 Hg-双硫腙络合物，指示滴定终点。

5.4.3　材料和仪器设备

（1）2mL 的微型滴定管，刻度间隔校正至 0.002mL；

（2）5mL 和 1mL 的移液管；

（3）50mL 容量瓶、100mL 锥形瓶；

（4）玻璃棒。

5.4.4 试剂

除非另有说明，在分析中均使用符合国家标准的优级纯或基准试剂。

a）5mol/L NaOH：将 200gNaOH 试剂溶解于 1L 去离子水中；

b）双硫腙；二苯硫卡巴腙（dithizone）；

c）丙酮（acetone）；

c）0.001mol/L 醋酸汞[（CH_3COO）$_2Hg$]：将 0.3187g 分析纯醋酸汞溶解于 1L 去离子水中，储存于较黑的地方，该试剂至少在 1 个月内是稳定的。

5.4.5 分析方法

a）取 5mL 5mol/L NaOH 溶液和 5mL 丙酮加至 100mL 锥形瓶中；

b）取 1mL～50mL 样品至锥形瓶中（样品量取决于 H_2S 的大概含量，见 f）注意事项）；如果样品量小于 10mL，加去离子水使其达到 10mL；

c）用玻璃棒往锥形瓶中加入一小块双硫腙，此时溶液呈灰黄色；

d）在锥形瓶中放入一个转子，并置于旋转台上；

e）利用 2mL 的微型滴定管（如 GS-1200-A），装上 0.001mol/L 的醋酸汞溶液，慢慢转动滴定仪（每次 0.001mL）至出现粉色终点，记录醋酸汞的消耗量，并用以下的公式进行计算：

$$c_{H_2S} = V_{HgAC_2} \times 34 / V_{sample} \quad (1)$$

式中：

c_{H_2S} ——H_2S 的质量浓度，mg/L；

V_{HgAC_2} ——滴定过程消耗的醋酸汞的量，mL；

V_{sample} ——滴定时吸取的地热水体积，mL。

f）注意事项

如果 H_2S 含量小于 0.3ppm，建议取 50mL 样品量；

如果 H_2S 含量为 0.3ppm～5ppm，建议取 10mL 样品量；

如果 H_2S 含量大于 5ppm，建议取小于 10mL 的样品量；

对于 H_2S 含量较高的冷凝水，建议取 0.05mL 的样品量。

对于取自温泉的地热水样品，H_2S 的浓度应该通过每 kg 溶液来确定，所以需要进行体积的温度校正。如果需要使用冷却装置，应该使用不锈钢的冷却管，而不是铜的。

5.4.6 质量保证和控制

a）三次滴定结果误差不超过±5%。

b）滴定宜使用一个月内新配制的醋酸汞标准液。

5.5 铁含量——分光光度法

5.5.1 适用范围

本方法适用于地热水中铁的测定。测定范围是 0.12mg/L～5.00mg/L。对铁离子大于 5.00mg/L 的水样，可适当稀释后再按本方法进行测定。

5.5.2 基本原理

亚铁离子在 pH 3～9 之间的溶液中与邻菲罗啉生成稳定的橙红色络合物，此络合物在避光时可稳定保存半年。测量波长为510nm。

5.5.3 材料和仪器设备

a）50mL 量筒；
b）5mL 和 1mL 的移液管；
c）100mL、1000mL 容量瓶；
d）滴管；
e）玻璃棒；
f）天平；
g）分光光度计，10mm 比色皿。

5.5.4 试剂

除非另有说明，在分析中均使用符合国家标准的优级纯或基准试剂。
a）盐酸（HCl）：ρ_{20}=1.18g/mL，优级纯；
b）（1+3）盐酸；
c）10%（m/V）盐酸羟胺溶液；
d）缓冲溶液：40g 乙酸铵加 50mL 冰乙酸用去离子水稀释至 100mL；
e）0.5%（m/V）邻菲罗啉（1,10-phenanthroline）水溶液，加数滴盐酸帮助溶解；
f）铁标准储备液：
准确称取 0.7020g 硫酸亚铁铵[$(NH_4)_2Fe(SO_4)_2 \cdot 6H_2O$]，溶于（1+1）硫酸 50mL 中，转移至 1000mL 容量瓶中，加去离子水至标线，摇匀。此溶液每毫升含 100μg 铁。
g）铁标准使用液：
准确移取铁标准储备液 25.00mL 至 100mL 容量瓶中，加去离子水至标线，摇匀，此溶液每毫升含 25.0μg 铁。

5.5.5 分析方法

5.5.5.1 标准曲线的绘制

依次移取铁标准使用液 0mL、2.00mL、4.00mL、6.00mL、8.00mL、10.00mL 置于 150mL 锥形瓶中，加入蒸馏水至 50.0mL，再加（1+3）盐酸 1mL，10%盐酸羟胺 1mL，玻璃珠 1 粒～2 粒。加热煮沸至溶液剩 15mL 左右，冷却至室温，定量转移至 50mL 具比色管中。加一小片刚果红试纸，滴加饱和乙酸钠溶液至试纸刚刚变红，加入 5mL 缓冲溶液、0.5%邻菲罗啉溶液 2mL，加水至标线，摇匀。显色 15min 后，用 10mm 比色皿（若水样含铁量较高，可适当稀释；浓度低时可换用 30mm 或 50mm 的比色皿），以水为参比，在 510nm 处测量吸光度，由经过空白校正的吸光度对铁的微克数作图。各批试剂的铁含量如有不同，每新配一次试液，都需要重新绘制校准曲线。

5.5.5.2 总铁的测定

采样后立即将样品用盐酸酸化至 pH＜1（含 CN^- 或 S^{2-} 离子的水样酸化时，必须小心进行，因为会产生有毒气体），分析时取 50.0mL 混匀水样于 150mL 锥形瓶中，加（1+3）盐酸 1mL，盐酸羟胺溶液 1mL，加热煮沸至体积减少到 15mL 左右，以保证全部铁的溶解和还原。若仍有沉淀应过滤除去。以下按绘制标准曲线同样操作，测量吸光度并作空白校正。

5.5.5.1 亚铁的测定

采样时将 2mL 盐酸放在一个 100mL 水样瓶内，直接将水样注满样品瓶，塞好瓶塞以防氧化，一直保存到进行显色和测量（最好现场测定或现场显色）。分析时只需取适量水样，直接加入缓冲溶液与邻菲罗啉溶液，显色 5min～10min，在 510nm 处以水为参比测量吸光度，并做空白校正。

5.5.5.4 可过滤铁的测定

在采样现场，用 0.45μm 滤膜过滤水样，并立即用盐酸酸化过滤水至 pH＜1，准确吸取样品 50mL 置于 150mL 锥形瓶中，以下操作与步骤 8.5 中相同。

5.5.5.5 结果的计算

铁的含量按下式计算

$$c_{Fe}(mg/L) = m / V \quad \cdots\cdots (2)$$

式中：

m——根据校准曲线计算出的水样中铁的含量，μg；

V——取样体积，mL。

5.5.6 质量保证和控制

a）强氧化剂、氰化物、亚硝酸盐、焦磷酸盐、偏聚磷酸盐及某些重金属离子会干扰测定。经过加酸煮沸可将氰化物及亚硝酸盐除去，并使焦磷酸、偏聚磷酸盐转化为正磷酸盐以减轻干扰。加入盐酸羟胺则可消除强氧化剂的影响。

b）邻菲罗啉能与某些金属离子形成有色络合物而干扰测定。但在乙酸-乙酸铵的缓冲溶液中，不大于铁浓度 10 倍的铜、锌、钴、铬及小于 2mg/L 的镍，不干扰测定，当浓度再高时，可加入过量显色剂予以消除。汞、镉、银等能与邻菲罗啉形成沉淀，若浓度低时，可加过量邻菲罗啉来消除；浓度高时，可将沉淀过滤除去。水样有底色，可用不加邻菲罗啉的试液作参比，对水样的底色进行校正。

5.6 溶解氧——比色法

5.6.1 适用范围

本方法适用于现场测定地热流体溶解氧含量。本方法的测试范围是 0.40ppm～5.00ppm，精度是 0.01ppm。

5.6.2 基本原理

利用靛蓝胭脂红法和 Rhodazine D™ 方法进行溶解氧含量的确定。

5.6.3 材料和仪器设备

CHEMetrics 溶解氧测试仪。

5.6.4 试剂

自吸式安瓿瓶试剂包。

5.6.5 分析方法

a）将 CHEMet™ 安瓿瓶浸没在样品中，折断安瓿瓶顶端（第 1 步），定量体积的样品被自动吸入安瓿瓶中，并在瓶中残留一个惰性气体小气泡。

b）为加快样品与试剂的混合，反复倾斜安瓿瓶，让泡沫从瓶顶部到底端来回移动（第 2 步），在 2min 或更短的时间内，将已变色的安瓿瓶同标准比色剂比较，找出一致的颜色，从而定量出测试的结果（第 3 步）。

c）分析浓度较高的样品时，使用平板形包装的比色管；分析中低浓度者，使用圆形包装的比色管。比较安瓿瓶与标准品颜色，直到二者颜色一致。

d）注意事项

如果氧含量在 0ppb～100ppb，则用含 Rhodazine D 的一次性玻璃瓶；如果氧含量更高，则用含 Indigo Carmine 的一次性玻璃瓶；现场采集地热流体时要避免其受到污染。

5.6.6 质量保证和控制

每个样品测试 3 次，3 次结果的误差要小于 5%。

5.7 温度——温度计/测温仪法

5.7.1 适用范围

本方法利用温度计或热敏电阻测温仪或红外测温计测定地热流体的温度；适用于天然出露和钻孔揭露的地热流体温度的测量。本方法一般的检出限为 0.1℃。

5.7.2 基本原理

根据地热流体类型和温度范围，选用适宜的温度计或测温仪。将探头伸入水体或者对着合适的测量点，待温度达到平衡后，观察并记录相应的流体温度。

5.7.3 材料和仪器设备

a）温度计（最小刻度值 0.1℃）或热敏电阻测温仪（精度±0.1℃，分辨率 0.01℃）；

b）红外测温计；

c）便携式水质分析仪；

d）500mL 烧杯。

5.7.4 分析方法

对于天然出露的温泉，可将温度计插入泉口或将测温仪或便携式水质分析仪探头放入合适深度处 3min～5min，待温度达到平衡后，记录水体温度。同时测量和记录气温。

对于钻孔揭露的地热流体，如果井口或者距离井口 7m 处管道上装有热电偶温度计，可直接读取并做好记录；如果没有，可将红外测温仪近距离（距离小于 1cm）对准距离井口 7m 处的水平管道中部 2min～3min，待数据稳定后，做好记录。同时测量和记录气温。

5.7.5 质量保证和控制

每一批次试样测量次数均为 3 次，3 次测量结果的差值应不超过 0.2℃。

6 地热水化学指标测试

6.1 悬浮物含量——重量法

参见 DZ/T 0064.8《地下水质分析方法　第 8 部分：悬浮物的测定　重量法》。

6.2 镭和氡的放射性——射气法

参见 DZ/T 0064.75《地下水质分析方法　第 75 部分：镭和氡的放射性测定　射气法》。

6.3 总 α 和总 β 放射性——放射化学法

参见 DZ/T 0064.76《地下水质分析方法　第 76 部分：总 α 和总 β 放射性的测定　放射化学法》。

6.4 氟离子、氯离子、硝酸根离子和硫酸根离子含量——离子色谱法

参见 DZ/T 0064.51《地下水质分析方法　第 51 部分：氟化物、氯化物、硝酸盐和硫酸盐的测定　离子色谱法》。

6.5 碳酸氢根、碳酸根和氢氧根含量——滴定法

参见 DZ/T 0064.49《地下水质分析方法　第 49 部分：碳酸氢根、碳酸根和氢氧根离子的测定　滴定法》。

6.6 硝酸根含量——二磺酸酚分光光度法

参见 DZ/T 0064.58《地下水质分析方法　第 58 部分：硝酸盐的测定　二磺酸酚分光光度法》。

6.7 钠和钾含量——离子色谱法

参见 DZ/T 0064.28《地下水质分析方法　第 28 部分：钾、钠、锂和铵量的测定　离子色谱法》。

6.8 钠和钾含量——火焰发射光谱法

参见 DZ/T 0064.27《地下水质分析方法　第 27 部分：钠和钾量　火焰发射光谱法》。

6.9 钙和镁含量——火焰原子吸收分光光度法

参见 DZ/T 0064.12《地下水质分析方法　第 12 部分：钙和镁量的测定　火焰原子吸收分光光度法》。

6.10 锂、铷和铯等 40 个元素含量——电感耦合等离子体质谱法

参见 DZ/T 0064.80《地下水质分析方法　第 80 部分：锂、铷和铯等 40 个元素量的测定　电感耦合等离子体质谱法》。

6.11 铷和铯含量——火焰发射光谱法

参见 DZ/T 0064.36《地下水质分析方法　第 36 部分：铷和铯量的测定　火焰发射光谱法》。

6.12 锶含量——火焰发射光谱法

参见 DZ/T 0064.39《地下水质分析方法　第 39 部分：锶量的测定　火焰发射光谱法》。

6.13 氟离子含量——离子选择电极法

6.13.1 适用范围

本方法应用离子选择电极测定水样中的可溶氟。可测定范围是 0.25mg/L～50mg/L。

6.13.2 基本原理

氟化镧单晶电极对氟化物离子有选择性响应，以氟电极为指示电极，饱和甘汞电极为参比电极，放入被测溶液中，组成一测量电池，其电位值与溶液中氟离子活度的对数值呈线性关系，借此可测定氟化物的含量。

6.13.3 材料和仪器设备

（1）烧杯，50mL；

（2）移液管，20mL；

（3）组合氟电极；

（4）磁力搅拌器；

（5）离子计；

（6）6mm 厚的软木板，隔热屏。

6.13.4 试剂

除非另有说明，在分析中均使用符合国家标准的优级纯或基准试剂。

（1）TISAB：总离子强度缓冲剂。

（2）TISABⅡ：在 1L 烧杯中加入大约 500mL 去离子水，加入 57mL 冰醋酸，58g 氯化钠 NaCl，和 4g 1,2-环己二胺四乙酸（DCTA）或乙二胺四乙酸二钠盐（EDTA），搅拌，在水中冷却，插入 pH 电极，不停搅拌缓慢加入大约 5mol/L 的 NaOH 溶液直至 pH 值为 5.0～5.5，冷却至室温转移至 1L 容量瓶，用去离子水稀释至刻度，市售商品溶液也可用于此方法。

（3）TISABⅢ：制备 1000mL，加入 385mL 冰醋酸、290g 氯化钠 NaCl 和 20g DCTA 到 150mL 去离子水中，以下同 TISABⅡ制备。

（4）氟标准溶液 1000mg/L F：称取 2.210g 氟化钠 NaF，溶于少量去离子水，以去离子水稀释至 1L，也可以用市售商品配制合适的标准溶液。

（5）氟标准溶液 100mg/L 和 10mg/L Cl：取氟标准溶液 1000mg/L 100mL 用去离子水稀释至 1L。氟工作溶液（0.5、5、50mg/L）：吸取 0.5、5、50mL100mg/L F 溶液于 100mL 容量瓶中以去离子水稀释至刻度，摇匀。

6.13.5 分析方法

（1）参考仪器操作手册，使离子计最佳化，用工作标准校正仪器。如果样品浓度超出校准范围，仪器要再次校正。

（2）取 20mL 水样加入到 50mL 烧杯里。

（3）加入 TISAB 溶液（1:1 对 TISABⅡ或 1:10 对 TISABⅢ），插入氟电极，连续搅拌。

读数稳定后，从仪器直接读数。

（4）以 mg/L 报告报告氟浓度。对稀释样品以原始读数 mg/L F 稀释因子。

6.13.6 质量保证和控制

（1）每分析一批样品要带控制标准和管理样（包括稀释样品）。每分析 5 个样品后（或一批样品少于 5 个）要检查控制标准和管理样，检查的控制标准应该是校正标准中的一个，制备双份。检查结果允许误差应是已知浓度或期望浓度的，否则整批样品要重做。

（2）标准浓度要涵盖样品浓度，样品浓度应在工作曲线范围，尤其是高浓度。分析样品前检查校正曲线斜率，建议在-54mV～-60mV 之间。

（3）分析重复样品，可接受的差值为±5%。

（4）如果有稀释的样品，要乘以稀释因子。

（5）分析样品前要先检查标准溶液和管理样；测完10个（或一批即使少于10个）样品，都应检查标准和管理样。管理样测定值和参考值偏差允许5%，每批样品要做重复检查。

6.14 氯离子含量——银量滴定法

6.14.1 适用范围

本方法适用于低-高矿化度地热水中Cl含量的测定。可分析5mg/L～150000mg/L的氯。样品可依据不同浓度的滴定液测定。

硫化物、溴化物、碘化物、硫氰酸盐、氰化物、亚硫酸盐、碳酸盐、氢氧化物和铁离子对本方法有干扰。硫化物、亚硫酸盐和硫酸盐经过过氧化处理其影响可以消除，溴化物、碘化物因其数量与氯相比很小，所以不必处理。必要时提高pH值，一些物质的氢氧化物，包括铁可以被沉淀。铁、钡、铅和铋与铬酸盐指示剂生成沉淀。

6.14.2 基本原理

银离子与氯离子作用生成氯化银沉淀，当有铬酸钾指示剂存在时，银离子与氯离子反应后，过量的银离子即与铬酸根反应，生成红色铬酸银沉淀，根据硝酸银溶液的消耗量可计算氯离子的含量。

6.14.3 材料和仪器设备

（1）滤纸，20μm～25μm；
（2）烧杯，150mL；
（3）滴定管；
（4）移液管，10mL，20mL，50mL；
（5）自动或数字滴管；
（6）磁力搅拌器。

6.14.4 试剂

除非另有说明，在分析中均使用符合国家标准的优级纯或基准试剂。

（1）0.1mol/L硝酸银溶液，用于高浓度氯离子：称取16.987g分析纯$AgNO_3$溶于1L去离子水中，标定，也可以选用市售商品1安瓿瓶0.1mol/L硝酸银，用去离子水配制为1L，标定，储存于棕色瓶中。

（2）0.01mol/L硝酸银溶液，用于低浓度氯离子：称取1.699g分析纯$AgNO_3$溶于1L去离子水中，标定，也可以用100mL 0.1mol/L硝酸银用去离子水配制为1L，标定，储存于棕色瓶中。

（3）硝酸溶液：取1个体积的硝酸加入到19个体积的去离子水中。

（4）氯标准溶液1000mg/L Cl：用于0.1mol/L硝酸银：称取1.65g氯化钠NaCl，（110℃干燥1h），溶于少量去离子水，加入2mL硝酸，以去离子水稀释至1L，也可以用市售商品配制合适的标准溶液。

（5）氯标准溶液100mg/L和10mg/L Cl：用于0.01mol/L硝酸银：用氯标准溶液1000mg/L Cl稀释，也可以用市售商品配制合适的标准溶液。

（6）碳酸氢钠，$NaHCO_3$，或碳酸钙$CaCO_3$。

（7）铬酸钾指示剂：溶解50g铬酸钾K_2CrO_4溶于少量去离子水中，在不断搅拌下，慢慢滴入硝酸银标准溶液，至产生砖红色沉淀，静置12h，过滤，将用去离子水滤液稀释至1L。

6.14.5 分析方法

（1）高含量氯：吸取20mL氯标准溶液1000mg/L，置于150mL烧杯中，用0.1mol/L硝酸银溶液标定。

（2）低含量氯：吸取 100mL 氯标准溶液 100mg/L，置于 150mL 烧杯中，用 0.01mol/L 硝酸银溶液标定。

（3）加入 1mL 铬酸钾指示剂，1g 碳酸氢钠粉末，$NaHCO_3$ 或碳酸钙 $CaCO_3$，在不断搅拌下用硝酸银滴定至出现稳定的淡黄色即为终点，记录所用滴定液体积。

（4）过滤水样，清除不溶物或悬浮物。

（5）吸取 5mL～10mL 水样于 150mL 烧杯中，按 Cl 含量在 0.15mg～10mg 选择合适硝酸银溶液滴定。

（6）加入 1mL 铬酸钾指示剂

（7）在不断搅拌下用硝酸银滴定至出现稳定的淡黄色即为终点，记录所用滴定液体积。

记录所用标准溶液体积，以 mg/L 计算氯离子浓度。

（8）Cl^- 含量计算

$$c_{Cl^-} = 35.453 \cdot V \cdot N / S \quad\quad (3)$$

式中：

V——所消耗硝酸银溶液的体积，mL；

N——硝酸银溶液的物质的量，mol；

S——每份样品的体积，mL。

6.14.6 质量保证和控制

（1）确保工作溶液标定准确

（2）分析样品前要先检查标准溶液和管理样；测完 10 个（或一批即使少于 10 个）样品，都应检查标准和管理样。管理样测定值和参考值允许±5%，每批样品要做重复检查。

（3）每 10 个（或一批即使少于 10 个）样品，要做 1 个重复检查，重复检查的偏差允许±5%。

（4）每 10 个（或一批即使少于 10 个）样品，要做 1 个标准加入回收，标准加入回收率应在 95%～105%之间。否则样品应该重测。

6.15 硫酸根含量——铬酸钡溴酚蓝间接光度法

6.15.1 适用范围

本方法适用于水样中浓度为 20mg/L～100mg/L 的硫酸根的测定。稀释样品可以扩大应用范围。样品酸化可以消除碳酸根和硫离子的干扰。

6.15.2 基本原理

硫酸根与铬酸钡反应生成难溶于水的硫酸铬，被释放的铬离子在 385nm 用光度计测定。

6.15.3 材料和仪器设备

（1）紫外-可见分光光度计；

（2）水浴锅；

（3）比色管，50mL；

（4）容量瓶，50mL；

（5）移液管，10mL；

（6）滤纸。

6.15.4 试剂

除非另有说明，在分析中均使用符合国家标准的优级纯或基准试剂。

（1）冰醋酸，$C_2H_4O_2$。

（2）碳酸钙，$CaCO_3$。

（3）浓氨水，NH_4OH。

（4）1N 盐酸 HCl：用二次去离子水稀释 82.6mL 浓盐酸至 1L 或稀释市售一安瓿瓶 1mol/L 盐酸于 1L。

（5）0.02mol/L 盐酸 HCl：用二次去离子水稀释 20mL 1mol/L 盐酸 HCl 于 1L。

1mol/L 氢氧化钠 NaOH 储备液：称取 40.08g 氢氧化钠 NaOH 溶于 1L 去离子水中。也可以购买市售商品溶于 1L 容量瓶中制备。

（6）0.02mol/L 氢氧化钠 NaOH 溶液：用去离子水稀释 20mL 1mol/L 氢氧化钠 NaOH 储备液至 1L。

（7）2.5%（m/V）铬酸钡 $BaCrO_4$ 悬浮液，混合 10mL 1mol/L 盐酸 HCl，3mL 冰醋酸稀释至 100mL。

（8）加入 2.5g，铬酸钡 $BaCrO_4$ 储存于聚乙烯容器。

（9）45%氨-钙溶液，NH_3-Ca 溶液：溶解 0.25g 碳酸钙于最小体积的 1mol/L 盐酸中，煮沸逐出二氧化碳，加入 45mL 浓氨水，稀释至 100mL。现用现配，出现白色絮状沉淀，要重新配置。

（10）无水乙醇，C_2H_6O。

（11）溴酚蓝指示剂：溶解 0.05g 粉末状溴酚蓝于 20mL 无水乙醇中，以二次去离子水稀释至 100mL。

（12）工作标准溶液：至少准备涵盖样品预期浓度的 4 个标准溶液。

6.15.5 分析方法

（1）吸取 10 或 20mL 标准样或样品于 50mL 玻璃容量瓶中。

（2）以 20mL 二次去离子水按同样方法配制试剂空白。

（3）加入 2 滴～3 滴溴酚蓝指示剂，滴加 0.02mol/L 盐酸调为黄色，摇匀。

（4）用 0.02mol/L 氢氧化钠调为微蓝色，摇匀。

（5）加入 2mL 铬酸钡 $BaCrO_4$ 悬浮液，摇匀，静置 5min。

（6）加入 0.5mLNH_3-Ca 溶液，摇匀。

（7）加入 5mL 乙醇，用二次去离子水稀释至刻度。

（8）盖住瓶塞，充分摇匀，松开塞，释放压力。

（9）盖住瓶塞，在 80℃水浴加热 1h。

（10）冷却，摇匀。把溶液滤入 50mL 烧杯（注意用滤液漂洗烧杯）。

（11）以试剂空白为参比，在 385nm 处测吸光度。

（12）浓度计算

浓度直读或以标准曲线法计算硫酸根浓度（mg/L），如果是稀释样品应乘以稀释因子。

6.15.6 质量保证和控制

（1）分析过程中一直要带试剂和样品空白。

（2）样品浓度应在曲线工作范围内。必要时稀释样品。

（3）吸光度应在可接受的范围内，参照仪器操作手册。

（4）检查线性关系。曲线相关系数 $r^2 \geqslant 0.999$。

（5）确信吸光度与标准浓度值比要在 95%的置信区间内，若某一点标准超出可接受范围，则该点需要舍弃。

（6）分析样品前要先做空白和控标或标准标样，控标和校正标准要分别制作。控标的误差不应超过±5%。

（7）重复样偏差不应超过±5%。必要时稀释样品。分析样品前要先做空白和管理标准/监控样。

（8）每5个样品（或一组即使少于5个），都应检查空白和控标/标样。检查的标准应选自校正曲线。

6.16 硫酸根含量——比浊法

6.16.1 适用范围

本部分规定了利用比浊法测定地下水中硫酸盐浓度。适用于测定未经处理地热水样品中浓度为0mg/L～40mg/L的硫酸根。

6.16.2 基本原理

硫酸根与氯化钡定量沉淀，据此可以测定硫酸根。因为区分硫酸钡的混浊度可以定量地确定硫酸根在水样中的比例，所以依据混浊度的数值可以定量测定硫酸根的浓度。

6.16.3 材料与仪器设备

（1）磁力搅拌器；

（2）浊度计；

（3）计时器或电子钟；

（4）定量匙；

（5）容量瓶，100mL；

（6）移液管，1mL，2mL，5mL，10mL和20mL；

（7）锥型瓶，250mL。

6.16.4 试剂

除非另有说明，在分析中均使用符合国家标准的优级纯或基准试剂。

（1）氯化钡晶体$BaCl_2$：干燥24h，然后过20目～30目筛。

（2）缓冲液A（用于硫酸根SO_4^{2-}浓度大于10mg/L）：溶解30.0g氯化镁（$MgCl_2 \cdot 6H_2O$），5.0g醋酸钠（$CH_3COONa \cdot 3H_2O$），1.0g硝酸钾（KNO_3），20mL醋酸（CH_3COOH，99%）于500mL去离子水中，稀释至1L。

（3）缓冲液B（用于硫酸根SO_4^{2-}浓度小于10mg/L）：溶解30.0g氯化镁（$MgCl_2 \cdot 6H_2O$），5.0g醋酸钠（$CH_3COONa \cdot 3H_2O$），1.0g硝酸钾（KNO_3），20mL醋酸（CH_3COOH，99%）和0.111 g硫酸钠（Na_2SO_4）于500mL去离子水中，稀释至1L。

（4）硫酸根标准溶液100mg/L：溶解0.1479 g无水硫酸钠Na_2SO_4于去离子水中，稀释至1L。

（5）工作标准溶液（0mg/L～40mg/L）：至少制备4个标准溶液，要能够涵盖样品浓度。

6.16.5 分析方法

（1）配备100mL至250mL锥形瓶，测量100mL样品或合适的量，加入20mL缓冲溶液，搅拌中加入一定量氯化钡晶体（大约0.352g），开始计时60s±2s。

（2）将溶液倒入浊度计的吸收池内测量混浊度5min±0.5min。

（3）重复上述步骤，制备校正曲线，标准由0mg/L～40mg/L浓度范围的硫酸根SO_4^{2-}。

（4）参照校正曲线计算硼硫酸根SO_4^{2-}浓度（mg/L）；如果是稀释样品应乘以稀释因子。

6.16.6 质量保证和控制

（1）重复样偏差不应超过±5%。

（2）分析过程中要一直带试剂和样品空白。

（3）标准浓度应涵盖样品浓度，样品浓度应在曲线工作范围内，必要时可以稀释样品。检查校正曲线的相关性，$r^2 \geqslant 0.999$。

6.17 碳酸氢根、碳酸根和总二氧化碳含量——电位滴定法

6.17.1 适用范围

本方法适用于硫化物和亚硫酸盐含量低的地热水样和地下水样，校正了其他弱酸的影响，包括硼酸、硅酸和铵根离子。该方法的范围是 HCO_3 含量为 5mg/L～500mg/L，对于 HCO_3 含量超过 500mg/L 的水样，可以用相应浓度高的 HCl/NaOH。需要分析无空气的水样避免来自大气的 CO_2 吸附导致的干扰。滴定前应该加入硝酸银（$AgNO_3$）去除 H_2S 干扰。

6.17.2 基本原理

HCO_3^-、CO_3^{2-} 和总 CO_2 的含量分布受水样 pH 值和温度的控制，根据不同 pH 值条件下其分布特征，采用标准盐酸滴定的方法确定 HCO_3^-、CO_3^{2-} 和总 CO_2 的含量。

6.17.3 材料和仪器设备

（1）pH/mV 表；

（2）pH 探头；

（3）自动或者电子化的滴定管；

（4）磁性搅拌器；

（5）150mL 烧杯；

（6）压缩空气或者氮气；

（7）50mL 移液管。

6.17.4 试剂

除非另有说明，在分析中均使用符合国家标准的优级纯或基准试剂。

（1）0.10mol/L $AgNO_3$：将 16.987g$AgNO_3$，溶解于 1L 去离子水中；

1mol/L NaOH 溶液：将 40.08gNaOH 溶解于 1L 去离子水中，或者将已有的 1 安剖 1mol/L NaOH 标准液加稀释于 1L 的容量瓶中；

（2）0.02mol/L NaOH 试剂：用蒸馏水将 20mL 1mol/L NaOH 溶液稀释至 1L，用 $KC_8H_5O_4$ 标准化。

（3）1.0mol/L HCl 溶液：将 82.6mL 一定浓度的 HCl 稀释到 1 升或者用去离子水将 1 安瓿 1mol/L HCl 标准溶加液至 1L 容量瓶中；

（4）0.02mol/L HCl 试剂：用移液管将 20mL 1.0mol/L HCl 溶液加至 1L 容量瓶中，用去离子水稀释至 1L。用 NaOH 标准化。

6.17.5 分析方法

（1）HCO_3^- 和总 CO_2（pH 小于 8.25 的样品）

用 pH 4.00 和 7.00 缓冲液，根据仪器手册校正 pH/mV 仪表。

将 50mL 样品用移液管移至 150mL 烧杯中，测定 pH 值。

加入 0.10mol/L $AgNO_3$ 溶液至出现白色沉淀物，通过加入 NaOH 或者 HCl 调至原始值。

用 0.02mol/L NaOH 溶液将 pH 调至 8.25。注意体积标记为 *A*。滴定过程中保持持续搅拌。

用 0.02mol/L HCl 溶液将其从 pH 为 8.25 滴定到 pH 为 4.5，体积标记为 B，继续加入 HCl 至 pH 为 2～3。用空气或者氮气使样品起泡约 15min，当用空气去除样品中的溶解气时，大气中的 CO_2 必须通过 6mol/L NaOH 溶液去除。

通过去溶解气后，将 pH 调整至 4.5，并用 0.02mol/L NaOH 将其滴定至原始 pH。注意用到的 NaOH 体积记为 C。

继续滴定至 pH 为 8.25，注意，将 pH 从原始值调整至 8.25 用到的 NaOH 体积记为 D。

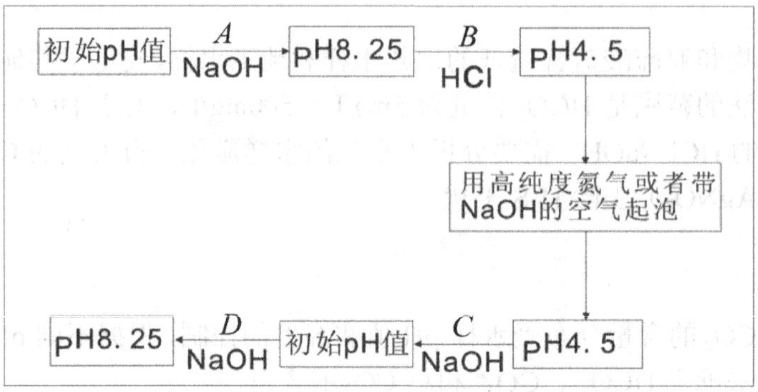

（2）HCO_3^-和总 CO_2（pH 大于 8.25 的样品）

用 pH 4.00 和 7.00 缓冲液，根据仪器手册校正 pH/mV 仪表；

将 50mL 样品用移液管移至 150mL 烧杯中，测定 pH 值；

加入 0.10mol/L $AgNO_3$ 溶液至出现白色沉淀物，通过加入 NaOH 或者 HCl 调至原始。

用 0.02mol/L HCl 溶液将 pH 调至 8.25。注意体积标记为 A'。滴定过程中保持持续搅拌。

用 0.02mol/L HCl 溶液将其从 pH 为 8.25 滴定到 pH 为 4.5，体积标记为 B'，继续加入 HCl 至 pH 为 2～3。

用空气或者氮气使样品起泡约 15min，当用空气去除样品中的溶解气时，大气中的 CO_2 必须通过 6mol/L NaOH 溶液去除。

去除溶解气后，将 pH 调整至 4.5，并用 0.02mol/L NaOH 将其滴定至 pH 为 8.25。注意用到的 NaOH 体积记为 C'。

继续滴定至 pH 原始值，注意，将 pH 从 8.25 调整至原始值用到的 NaOH 体积为 D'。

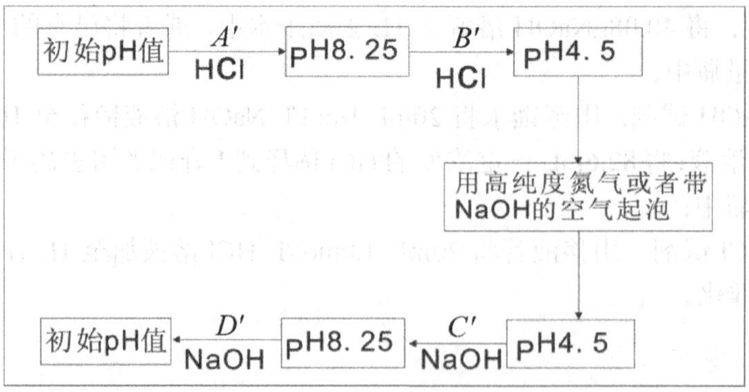

（3）计算方法

对于 pH＜8.25 的样品，计算公式如式（4）和（5）所示：

$$c_{HCO_3^-}(mg/L)=[(B\cdot N_{HCl})-(A\cdot N_{NaOH})-(C\cdot N_{NaOH})]\cdot 61017/S \quad \cdots\cdots (4)$$

$$T_{CO_2}(mg/L)=[(B\cdot N_{HCl})-(C+D)\cdot N_{NaOH}]\cdot 44010/S \quad \cdots\cdots\cdots\cdots \quad (5)$$

对于 pH＞8.25 的样品，计算公式如式（6）、（7）和（8）所示：

$$c_{HCO_3^-}(mg/L)=[(B'-A')\cdot N_{HCl}-(C'-D')\cdot N_{NaOH}]\cdot 61017/S \quad \cdots\cdots\cdots\cdots \quad (6)$$

$$T_{CO_2}(mg/L)=[B'\cdot N_{HCl}-C'\cdot N_{NaOH}]\cdot 44010/S \quad \cdots\cdots\cdots\cdots \quad (7)$$

$$c_{CO_3^{2-}}(mg/L)=(A'\cdot N_{HCl}-D'\cdot N_{NaOH})\cdot 60000/S \quad \cdots\cdots\cdots\cdots \quad (8)$$

式中：

N_{HCl}——HCl 滴定的物质的量，mol；

N_{NaOH}——NaOH 滴定的物质的量，mol；

S——样品量，mL。

6.17.6 质量保证和控制

（1）确保工作溶液标定准确。

（2）分析前要确认得到的斜率在推荐范围之内。

（3）pH7.0 的标准溶液在 25℃毫伏（mV）读数应为 0±0.3，pH4.0 的标准溶液的读数应比 pH7.0 的读数大 160 毫伏（mV）。

（4）分析样品前要先测试控制标准溶液 $NaHCO_3$ 和管理样；测完 10 个（或一批即使少于 10 个）样品，都应检查控制标样，可接受误差极限±5%。

（5）每测完 5 个样品要检查标准缓冲溶液，与理论标称值的差别应在±0.1pH 单位。否则，要重校 pH 计。

（6）每 10 个（或一批即使少于 10 个）样品，要做 1 个重复检查，重复检查的偏差允许±15%。

6.18 钙含量——乙二胺四乙酸二钠（EDTA）滴定法

6.18.1 适用范围

本方法适用于用（EDTA 滴定法）测定过滤酸化水样中的钙。借助于钙离子选择电极确定滴定终点。

本方法应用范围是 10mg/L～100mg/L 的钙。稀释样品可以扩大应用范围。如果 pH 值调得不合适，镁离子 2mg/L 以上干扰测定。

6.18.2 基本原理

在 pH≥12 的强碱性溶液中，钙离子与指示剂（酸性铬蓝 K）反应，生成红色络合物，滴入乙二胺四乙酸二钠溶液后，乙二胺四乙酸二钠与钙络合，当试液由红色变为指示剂本身的蓝色时，即为滴定终点。镁离子在 pH≥12 的强碱性溶液中，生成氢氧化镁沉淀而不参与反应。

6.18.3 材料和仪器设备

（1）自动滴定仪（如 Radiometer Tim900）；

（2）钙离子选择电极；

（3）参比电极；

（4）移液管，1mL，2mL，10mL，25mL；

（5）容量瓶，100mL，500mL 和 1000mL，

（6）烧杯，50mL。

6.18.4 试剂

除非另有说明，在分析中均使用符合国家标准的分析纯化学试剂。

（1）0.01mol/L EDTA 二钠盐：称取 3.75g 优级纯 EDTA 二钠盐（$C_{10}H_{14}N_2Na_2O_8 \cdot 2H_2O$，摩尔质量 372.24）溶于去离子水中，稀释至 1000mL，摇匀。溶液标定按 4.3 节所述进行。

（2）氯化铵-氨缓冲溶液：称取 6.75g 氯化铵溶于 57mL 浓氨水（*D*=0.90g/mL）中，用去离子水稀释至 100mL。

（3）0.008mol/L 钙标准溶液：称取 0.4000g 无水碳酸钙（容量法标准试剂），用 100mL 去离子水，将试剂转移至 500mL 容量瓶，滴加 HCl（1+1）至试剂全部溶解，冷却至室温用去离子水稀释到刻度，摇匀。

（4）钙标准储备液 1000mg/L：称取 1.000g 无水碳酸钙（标准试剂），于 500mL 烧杯中，滴加 HCl（1+1）至试剂全部溶解，加入 200mL 去离子水，煮沸数分钟，去除 CO_2。加入几滴甲基橙指示剂，用 3mol/L NaOH 或 HCl（1+1）调为橙色，定量转移至 1000mL 容量瓶，以去离子水稀释至刻度，摇匀。也可以选用市售商品 1 安瓿瓶 1000mg/L 钙，用适当试剂（按说明书以去离子水或 0.1mol/L HCl）稀释。

6.18.5 分析方法

（1）按仪器操作手册，预热，调整至最优化。

（2）准确吸取 2.00mL（A）钙标准溶液（0.008mol/L ）于 50mL 烧杯中。

（3）加入 1mL 缓冲溶液，混匀。

（4）溶液中插入电极，用 EDTA 溶液滴定。

（5）用仪器自动检测滴定终点，记录体积（B）。

（6）滴定样品

按仪器操作手册，预热，调整至最优化。

稀释含钙高的样品，使其浓度落在标准曲线范围内（10mL～100mL）。

准确吸取 10.0mL 样品（D）于 50mL 烧杯中。

加入 1mL 缓冲溶液，混匀，pH 值应在 12～13，如果不在，要调整到这个范围。

加入 25mL 去离子水。

用仪器自动检测滴定终点，记录体积（*C*），仪器可以设置程序，自动计算钙浓度。

如果自动滴定仪不适用，可用 pH/mV 计确定终点。方法如下：

在烧杯内安置电极或组合电极；搅拌溶液记录 mV 数；逐滴加入 0.5mL～1mL 滴定液，搅拌溶液记录 mV 数，不断重复直到终点；每次加入 0.1mL 或不足 0.1mL 记录 mV 数，直到过等当点 1.0mL～2.0mL；拟合滴定曲线（mV 与 EDTA 溶液加入量），等当点是曲线拐点的峰值；滴定终点可用指示剂判断，例如紫脲酸铵指示剂。

（7）计算

钙标准溶液浓度按下式计算：

$$[Ca] = g / (MW \times V) \quad (9)$$

式中：

[Ca]——钙浓度，mol/L；

g——碳酸钙质量，g；

MW——碳酸钙，摩尔质量，100.09g/mol；

V——滴定消耗的最终体积。

EDTA 溶液浓度按下式计算：

$$[\mathrm{EDTA}] = M \times A / B \quad \cdots\cdots (10)$$

式中：

EDTA ——EDTA 浓度，mol/L；

M——钙标准溶液浓度，100.09g/mol；

A——钙标准溶液的体积，mL；

B——滴定钙标准溶液所用去的体积，mL。

样品中钙的含量：

$$m_{\mathrm{Ca}} = CEDTA \times C \times 40.09 \times 1000 / \text{mL样品}\,(D) \quad \cdots\cdots (11)$$

式中：

$CEDTA$——EDTA 标准溶液浓度；

C——每 mL EDTA 溶液滴定用去的体积，mL；

D——样品体积，mL。

对于稀释样品，样品原始浓度用：m_{Ca}=浓度*稀释因子

6.18.6 质量保证和控制

（1）分析过程中要一直带试剂和样品空白。分析样品前要先做空白和管理标准/管理样。

（2）样品浓度应在滴定工作范围内。必要时稀释样品。

（3）测完 10 个（或一批即使少于 10 个）样品，都应检查空白标准和管理样。已知含量偏差不应超过±1%（5%是可以接受的）；否则样品应该重测；重复样偏差不应超过±1%。

6.19 二氧化硅含量——原子吸收光谱法

6.19.1 适用范围

本方法含盖了用原子吸收分光光度计（AAS）测定经过滤酸化（pH 1.2～1.5）的普通地下热水中二氧化硅的方法。

测定范围：利用 250.7nm 波长的光可测定 SiO_2 浓度范围是 50mg/L～500mg/L。在氢氟酸、硼酸和钾的存在高于 1%的显著水平时二氧化硅的吸收严重缺失。调节火焰至化学计量焰可以使这种缺失最小化，但伴随的是灵敏度损失。

6.19.2 基本原理

对火焰原子吸收分光光度计（AAS），样品被吸入火焰和原子化器后，光束直接通过火焰进入单色仪，同时光的强度被原子化的元素吸收在检测器中被测量。一些金属元素原子吸收的灵敏度优于火焰发射。由于每一种元素都有其特征吸收波长，因此要使用与其相配的灯源，这样就避免了光谱和辐射干扰。在极限浓度范围内，在火焰中被吸收的特征谱线的能量和样品中元素的浓度成比例。

6.19.3 材料和仪器设备

（1）原子吸收分光光度计（ABS）；

（2）硅空心阴极灯；

（3）容量瓶，50mL、100mL 和 200mL；

（4）移液管，2mL～10mL；

（5）500mL 塑料瓶；

（6）滤纸，Whatman 42 号；

（7）稀释样品的自动泵。

6.19.4 试剂

除非另有说明，在分析中均使用符合国家标准的优级纯或基准试剂。

（1）纯度不低于 98.%的乙炔气。

（2）乙炔罐中要有丙酮存在。当乙炔压力低于 80psig 时可以避免一系列的危险情况。

（3）压缩空气要经过相配的洗气装置除去油污、水汽和其他杂质。

（4）氧化亚氮气纯度不低于 99.2%。

（5）氧化亚氮气瓶要装有专用调节器或可加热的外包装以防止氧化亚氮气冷凝在燃烧器头出现倒灌。

（6）酸化去离子水：每 500mL 二次去离子水加入 10mL 浓硝酸。

（7）酸化的 1000mg/L 硅储备液：可以购买有资质证明的硅标准溶液，也可以按下列方法制备。在白金坩埚以 2g 碳酸钠熔融 0.2139g 二氧化硅，以二次水溶解并转移至 100mL 容量瓶，以酸化的的二次水稀释至刻度，摇匀。

6.19.5 分析方法

（1）按仪器使用手册优化仪器，详情参阅仪器操作手册安全指南。

（2）用二次水清洗稀释样品的自动泵 15min，清除系统的污染物。

（3）以 4 个标准溶液制备校正曲线，用最高标准检查灵敏度和稳定性，（例如：在波长 250.7nm 处，240mg/L 吸光度应达到 0.2）。

（4）吸收强度稳定后测空白吸收值（借助稀释样品的自动泵），从低到高测定吸收值扣除空白吸收值，手工制备校正曲线。如果有自动稀释程序，可以在清洗阶段设置。

（5）如果没有自动清洗系统，可以配制标准溶液 100mg/L、200mg/L、300mg/L、400mg/L 和 500mg/L，制备标准曲线。测试 1 个监控样或标准和 14 个样品。每测完一个样品后，都要清洗系统。

（6）当样品浓度超过校正曲线范围时，要使用自动稀释系统，如果稀释系统未安装，则要配置合适的标准溶液。测完 14 个样品后，重新校正曲线。

（7）参照校正曲线计算 SiO_2 浓度（mg/L），用这个公式计算 SiO_2 含量：m_{SiO_2} =2.14×Si 浓度（mg/L）。对于稀释样品计算 SiO_2 原始浓度（mg/L）：m_{SiO_2} =2.14×Si 浓度（mg/L）×稀释因子。

6.19.6 质量保证和控制

（1）所有样品必须预先过滤酸化，以保持溶液中二氧化硅的状态。

（2）分析中要带试剂和样品空白。

（3）标准溶液浓度要涵盖样品浓度并在曲线工作范围内，必要时稀释样品。吸光度应在仪器操作手册的可接受的工作范围内。

（4）检查标准曲线稳定性要＜0.1%。

（5）分析样品前，要先分析管理控制标样，控制标样要在校正曲线上均匀分布，测定值和已知值的偏差要＜5%。

（6）每分析 14 个样品要重新校正仪器。校正仪器后重新测定管理控制标样，检查测定值与已知值的偏差，如果超差，要重新制备标准曲线。

（7）每测 5 个样品（或者一批即使不到 5 个）要抽出一件样品做标准加入回收。加入回收率应在 95%～105%之间，否则整批样品要重做。

6.20 二氧化硅含量——钼酸铵光度法

6.20.1 适用范围

本方法应用硅钼酸盐测定天然水和地热卤水中的硅。本方法利用碱打破硅的聚合。本方法对酸化水的测定范围：10mg/L～800mg/L。高含量样品经过稀释可以测定。

如果样品未经过滤或蒸馏，颜色和浊度是主要干扰。磷、硫和三价铁干扰颜色反应。加入草酸可以消除磷和三价铁离子干扰。样品中吹入空气可以消除 H_2S 干扰。加入碘离子可以消除硫离子干扰，然后加入硫代硫酸盐消除多余碘离子。避免使用玻璃器皿，试剂的硅含量应为最小。

6.20.2 基本原理

钼酸铵在 pH 值为 1.2 时与水中可溶性硅酸反应有少量磷存在时生成杂多酸。加入草酸可以掩蔽钼磷酸而不影响硅钼酸。在 410nm 处黄颜色的强度与硅钼酸盐浓度成正比。

6.20.3 材料与仪器设备

（1）紫外-可见分光光度计；

（2）水浴锅；

（3）容量瓶，100mL，塑料带螺旋盖；

（4）移液管，5mL～20mL；

（5）分液器或移液器。

6.20.4 试剂

除非另有说明，在分析中均使用符合国家标准的优级纯或基准试剂。

（1）钼酸铵溶液（10%）：称取 10g 钼酸铵[$(NH_4)_6Mo_7O_{24}\cdot H_2O$]溶于 100mL 去离子水中，滴加氢氧化钠溶液调至 pH 值为 7，储于聚塑料瓶中。

（2）盐酸溶液 6mol/L：等体积盐酸与去离子水混合。

（3）氢氧化钠溶液 6mol/L：溶解 24g 颗粒状氢氧化钠于去离子水中，稀释至 100mL。

（4）草酸溶液 15%（m/V）：称取 15g 草酸（$C_2H_2O_4\cdot H_2O$）试剂于去离子水中，稀释至 100mL。

（5）酚酞指示剂 1%（m/V）：称取 1g 酚酞试剂溶于 50mL 乙醇，以去离子水稀释至 100mL，储存于塑料瓶中。

（6）1.000mg/L 硅储备液：溶解 10.1190g 硅酸钠（$NaSiO_3\cdot 9H_2O$）于含有 50mL 浓硝酸的 700mL 去离子水中，转移溶液至 1L 容量瓶中用去离子水稀释至刻度，摇匀。或使用 1000mg/L 市售商品稀释至 1L。储存于塑料瓶中。

（7）工作溶液（10mg/L～100mg/L 相当于 21.4mg/L～214mg/L SiO_2）：至少准备 4 个涵盖样品浓度的标准溶液。

（8）高浓度标准溶液（100mg/L～800mg/L 相当于 214mg/L～1712mg/L SiO_2）至少准备 4 个涵盖样品浓度的标准溶液。

6.20.5 分析方法

（1）摇动，混匀样品。高含量样品取 2mL，低含量样品取 10mL 或 20mL 注入 100mL 容量瓶。

（2）按需要分取 2mL、10mL 或 20mL 去离子水制备空白。

（3）加入 2 滴～3 滴酚酞指示剂。

（4）加入 0.5mL 氢氧化钠溶液 6mol/L，以去离子水稀释冲洗内壁。

（5）盖好瓶盖，在 80℃～90℃水浴中加热 45min 至 1h。

（6）从水浴中取出，冷却。

（7）加入 2mL 6mol/L HCl 和 5mL 钼酸铵溶液，摇匀放置 15min。

（8）加入 2mL 草酸溶液，以去离子水稀释至刻度，摇匀。

（9）以试剂空白为参比，在 410nm 测吸光度。

（10）可以直接得到二氧化硅含量（mg/L），或制作校正曲线，查出二氧化硅含量（mg/L），注意得到的浓度是二氧化硅而不是全硅。

（11）对于稀释样品，需要乘以稀释倍数。

6.20.6　质量保证和控制

（1）分析过程中要一直带试剂和样品空白。

（2）标准浓度要涵盖样品浓度，应在工作范围内。必要时稀释样品。

（3）吸光度应在可接受的工作范围之内，详情参阅仪器操作手册。

（4）检查校正曲线的相关性，$r^2 \geqslant 0.999$。

（5）确保吸光度与标准曲线浓度之比在 95%的置信范围保持一致。

（6）分析样品前要测定空白、监控样和标准溶液，监控标准和在校正曲线标准要分别制备。监控样的测定值偏差应在±5%以内。

（7）以 10 个样品为 1 批。重复样分析允许偏差应在±5%以内。

（8）每测 5 个样品（或者一批即使不到 5 个）要测一个空白、标准和监控样。检查标准溶液应选自合标准曲线。管理标准和监控样，要单独制作。测定值和已知浓度偏差为±5%。否则整批样品要重做。

6.21　铝含量——光度法

6.21.1　适用范围

这个方法应用于 Al 浓度大于 0.05μg/L 的酸化水样；但当 Al 的浓度超过 50μg/L 时，需要稀释。在浓度大于 200μg/L 时 Fe 会对其形成干扰，但这通常可以通过稀释作用避免，有机物也会干扰反应，这个可以通过紫外线照射避免。pH 值为 5 的时候，Al 和镓试剂形成一种荧光络合物，玻璃器皿可能会干扰反应，所以最好选择塑料容器。

6.21.2　基本原理

pH 值为 5 的时候，Al 和镓试剂形成一种荧光络合物，利用荧光计测定其强度并转化为 Al 的浓度。

6.21.3　材料和仪器设备

（1）塑料试剂瓶：100mL；

（2）塑料长颈瓶：25mL，50mL，100mL 和 250mL；

（3）塑料量筒：50mL；

（4）移液管：0.5mL～2mL；

（5）塑料薄膜；pH 计；有过滤嘴或单色仪的荧光计。

6.21.4　试剂

除非另有说明，在分析中均使用符合国家标准的优级纯或基准试剂。

（1）缓冲溶液：溶解 45 g 醋酸钠（$CH_3COONa \cdot H_2O$）于去离子水中，加入 6.5mL 醋酸，并稀释到 100mL；

（2）氨水溶液：25%；

（3）镓溶液：溶解 0.02g 镓于去离子水中并稀释到 100mL；

（4）Al 储备溶液：1g/L；

（5）Al 工作溶液：1μg/L～4μg/L，每天利用储存溶液制备。

6.21.5 分析方法

（1）如果需要稀释，加 10mL～50mL 酸化的水样（1mL 浓 HNO_3+499mL 水），并用相似条件下酸化的去离子水稀释至 250mL。利用 50mL 的量筒分别转移 5 份稀释的或未稀释的样品到 100mL 的干净的聚丙烯瓶中，并加入表 1 中的试剂。在加入镓试剂之前，检查溶液的 pH 值为 5.0±0.1。如果不是这个值，用醋酸或氨水进行调整。用 50mL 酸化的去离子水准备试剂空白，1mL 的氨水，0.5mL 缓冲液和 0.5mL 镓试剂。

表 1 Al 含量分析参考表格

试剂瓶编号	氨水 M1	缓冲液 M1	Al 含量 mL，μg	镓 M1
1	1	0.5	0	0
2	1	0.5	0	0.5
3	1	0.5	1	0.5
4	1	0.5	1.5	0.5
5	1	0.5	2	0.5

（2）把瓶子用塑料薄膜盖上。

（3）置于 70℃～80℃的水浴中 1h，使 Al 能够和镓充分络合，并将试剂瓶冷却到常温。

（4）用 505nm 磁化波和 565nm 发射波测量每个瓶子中的荧光度，在测量之前应该给灯预热 30min。1 号瓶中的溶液应该表示出没有荧光除非样品本身就发出荧光，这种情况下在 2～5 号瓶中溶液的荧光度应该扣除掉背景荧光值。

（5）计算：给每一个样品准备一个校正曲线，并加入标准。2 号瓶中溶液的荧光度减去空白样的荧光度得到样品的荧光度以及 Al 的浓度，如果样品被稀释过，则乘以稀释的倍数来得到总的 Al 的浓度。

6.21.6 质量保证和控制

（1）分析样品之前先分析控制样或者标准样，检查 2 号瓶中的荧光度至少是试剂空白样中的 8 倍，否则重现性会很差，这样的话要重新调试一个新的试剂来提高试剂空白的质量。

（2）如果图上的线不呈线性关系，试着减少样品体积再进行测试。

（3）标准浓度应该覆盖样品的浓度且应该在工作浓度范围之内。

（4）对于这五个样品都应该做平行样，可接受的误差应该是±5%。

（5）对于五个样品中的一个，假如已知量的试剂重分析来确定可回收性，如果加入 Al 的可回收性在 95%～105%，则可接受，否则全部样品重新测定。

6.22 硼含量——甲亚胺-H 酸光度法

6.22.1 适用范围

本方法适用于测定地热水中含量为 0.10mg/L～10mg/L 的硼。

6.22.2 基本原理

硼与甲亚胺-H 酸生成的黄色化合物，可在波长 410nm 用分光光度法分析。EDTA 在缓冲液中作为掩蔽剂，掩蔽各种金属离子络合物的干扰。

6.22.3 材料和仪器设备

（1）聚丙烯容量瓶，50mL；

（2）移液管，5mL 和 10mL；

（3）快速定量滤纸（例如 whatman 541）；

（4）滤纸，0.45μm；

（5）聚丙烯塑料锥型瓶，50mL；

（6）紫外-可见分光光度计。

6.22.4 试剂

除非另有说明，在分析中均使用符合国家标准的优级纯或基准试剂。

（1）浓硝酸，HNO_3。

（2）冰醋酸，HAc $C_2H_4O_2$。

（3）醋酸铵，$C_2H_7NO_2$。

（4）EDTA 二钠盐，$C_{10}H_{18}N_2Na_2O_{10}$。

（5）抗坏血酸，$C_6H_8O_6$。

（6）缓冲溶液：pH=5.9，称取 3.0g EDTA 二钠盐溶于 75mL 去离子水中，加入 125mL 冰醋酸和 250g 醋酸铵加热至钠盐全部溶解。溶液在通风橱内制备。

（7）甲亚胺-H 酸粉末，$C_{17}H_{12}NNaO_8S_2$。

（8）甲亚胺-H 酸试剂：溶解 0.98g 甲亚胺-H 酸粉末于 80mL 冷的去离子水中。加入 1.0g 抗坏血酸，充分搅拌。过滤，稀释体积至 200mL 储存于棕色聚丙烯容器内，置于冰箱保存，现用现配。

（9）硼标准溶液（0.10mg/L～3.00mg/L）：至少制备 4 个能涵盖样品浓度的标准溶液。

6.22.5 分析方法

（1）过滤样品。

（2）分取 15mL 标准样和水样加入到 50mL 聚丙烯塑料锥型瓶。

（3）加入 5mL 缓冲溶液 5mL 甲亚胺-H 酸试剂，充分混匀，放置 1h。

（4）分取 15mL 水样制备试剂空白。

（5）必要时校正浑浊度，只用 15mL 水样和缓冲液。

（6）启动紫外可见分光光度计，预热 30min。

（7）在 410nm 处测标准样和样品的吸光度（相对于试剂空白或以试剂空白为参比）。

（8）计算

浓度直读或以标准曲线法计算硼浓度 mg/L；如果是稀释样品应乘以稀释因子。浊度校正，从样品浓度中减去空白浊度。

6.22.6 质量保证和控制

（1）分析过程中要一直带试剂和样品空白。

（2）标准浓度应涵盖样品浓度，样品浓度应在曲线工作范围内，必要时稀释样品参照仪器操作手册。

（3）检查一阶校正曲线的相关性，$r^2 \geqslant 0.999$。

（4）确保吸光度与校正标准曲线的比值在95%的置信区间，讨论曲线可接受的偏离值。

（5）分析样品前要先做空白和管理标准/管理样，管理样与曲线的标准要分开制备，管理样的测定值允许误差在±5%以内。重复样偏差不应超过15%。

（6）测完5个（或一组即使少于5个）样品，都应检查空白、标准和管理样。检查的标准应是标准曲线中的一个。可接受的误差为±5%。

6.23 硼含量——原子吸收光谱法

6.23.1 适用范围

本方法应用原子吸收光谱AAS测定地下热水中的硼。水样应过滤，酸化至pH=1.2～1.5。使用波长为249.8nm，测定范围为30mg/L～300mg/L。

6.23.2 基本原理

由于每一种金属元素都有自己的特征吸收波长，其光源灯由该元素组成，这样可以避免特殊干扰或辐射干扰。在一定的浓度范围内，特征吸收的强度和样品该元素的浓度成正比。

已经证实钠与硼之比很高时，能引起干扰，把火焰调至中性化学计量焰（红色锥体0.5cm～1cm）可以限制干扰，但灵敏度会降低。

6.23.3 材料和仪器设备

（1）聚丙烯容量瓶，50mL，100mL和200mL；

（2）500mL塑料烧瓶；

（3）滤纸，0.45μm（Whatman 42号）；

（4）原子吸收分光光度计；

（5）自动吸样泵（SIPS）；

（6）硼空心阴极灯。

6.23.4 试剂

除非另有说明，在分析中均使用符合国家标准的优级纯或基准试剂。

（1）浓硝酸，HNO_3。

（2）乙炔气纯度98%以上，储存于高压气瓶瓶内压力不少于80psig，保证乙炔气不倒灌，损坏燃烧器。

（3）空气压缩机有适当的净化装置，清除油、水和其他异物。

（4）笑气氧化亚氮纯度不低于99.2%。

（5）笑气高压瓶应置于防冻装置或缠绕加热装置，防止其进入燃烧器时回灌。

（6）酸化的去离子水，500mL水中加入10mL浓硝酸。

（7）酸化的硼标准溶液1000mg/L。

（8）购买市售商品或按下列方法制备。

溶解0.5716g硼酸（H_3BO_3）于去离子水中稀释至1000mL。此溶液1mL=1μgB。

（9）硼标准溶液（50.0mg/L～200mg/L）：至少制备4个能涵盖样品浓度的标准溶液。

（10）标准空白溶液：取2mL浓硝酸（HNO_3）稀释至100mL。

6.23.5 分析方法

（1）按仪器操作手册，预热，调整至最优化。

（2）清洗仪器进样系统，清洗燃烧器头和雾化系统。

（3）用最高校正标准，验证仪器灵敏度和稳定性（例如在波长 249.8nm，400mg/L 吸光度为 0.2）。

（4）待到仪器稳定时仪器调零，借助稀释系统准备标准曲线各点的溶液，即仪器从空白开始。

（5）由低到高的标准溶液得到校正曲线。在测完曲线后自动稀释系统。

（6）没有安装自动清洗系统，测完标准样后手动清洗。测定 50mg/L、100mg/L、150mg/L、200mg/L 溶液，建立校正标准曲线。

（7）读取标准样的校正值。

（8）测定一个管理样带 14 个样品，测定一个读数后要清洗系统。

（9）如果样品浓度超线，要采用稀释系统做出稀释，如果未安装稀释系统，要各自相应稀释。测试 14 个样品后要重校系统。

（10）计算：按标准曲线法计算硼 B 浓度（mg/L）；如果是稀释样品应乘以稀释因子。

6.23.6 质量保证和控制

（1）样品要预先酸化和过滤，以保证分析质量。

（2）测定中要带试剂和样品空白。

（3）标准溶液浓度要大于样品浓度并在仪器工作范围内，必要时稀释样品。

（4）吸光度值应在可接受的工作范围内，详情请参照仪器工作手册。

（5）检查一阶校正曲线的相关性，$r^2 \geqslant 0.999$。

（6）分析样品前要测定监控标准样和监控样，监控标准样的浓度应在校正曲线均匀分布。监控样的测定值允许误差在±5%以内。

（7）每测 14 个样品后要重新校正仪器。验证监控样品的理论值和监测值的百分差值，如结果超出范围，要重新设立曲线。

（8）对于每 5 个样品（或一批不足 5 个）要取出一个做标准加入。加入回收率在 95%～105%之间。否则整批样品要重测。

6.24 铁含量——基于 TPTZ 的分光光度计法

6.24.1 适用范围

这个方法用于确定含量大于 0.001mg/L 的水中 Fe 的含量，大于 2mg/L 的可以通过适当的稀释后确定。

这个方法对 pH 很敏感。如果一个标准或者一个样品表现为非常低的吸光度（或说值得怀疑的吸光度），则可以用普通的 pH 试纸检测其 pH 值。如果 pH 在 3.5～5.8 范围之外，可以用酸或碱中和一下或者重新准备样品。

如果观测到很奇怪的颜色，把抗坏血酸加入到溶液中，测量吸光度。得到的值（颜色空白）已经从观测到的样品的 Fe 浓度中扣除掉了。

Fe 在环境中广泛分布，所以在操作玻璃和塑料器皿时要非常小心。所有新的东西都应该酸洗，其他的每次都应该用去离子水洗干净。

6.24.2 基本原理

Fe^{2+}在 pH 为 3.5～5.8 时会与 TPTZ 形成一种紫色的络合物。抗坏血酸能把 Fe^{3+}还原为 Fe^{2+}，并且增加少量盐酸溶液后溶液能用 NaOH 和醋酸铵缓冲。

6.24.3 材料和仪器设备

（1）试剂瓶：100mL；

（2）容量瓶：100mL；50mL；25mL（各几个）；

（3）聚乙烯瓶子：50mL～100mL；

（4）移液管：0.05mL～5mL；

（5）pH 计；

（6）带适当尺寸的样品池（1cm～10cm）的紫外可见光分光光度计。

6.24.4 试剂

除非另有说明，在分析中均使用符合国家标准的优级纯或基准试剂。

（1）6mol/L 的盐酸溶液：把 54mL 浓盐酸加入到 46mL 去离子水中。

（2）2mol/L 的 NaOH 溶液：把 8gNaOH 溶解于 100mL 去离子水中。

（3）抗坏血酸溶液：把 7g 抗坏血酸溶解于 100mL 去离子水中，储存于冰箱中，当其开始变黄的时候重新配制新溶液。

（4）TPTZ 溶液：把 0.5mL 浓盐酸加入到 0.08g 中，并用去离子水稀释到 100mL，储存于冰箱中。

（5）醋酸铵溶液：把 5 g 醋酸铵溶解于 100mL 去离子水中。

（6）Fe 标准溶液：每天把 1000ppm Fe 储备溶液稀释到 10ppm，并加入 0.12mL 6mol/L 的盐酸溶液到每 100mL 溶液中。

6.24.5 分析方法

（1）稀释 Fe 储备溶液，分别配制 0.1ppm，0.2ppm，0.3ppm 的 Fe 标准溶液，并加入 0.12mL 6mol/L 的盐酸溶液到每 100mL 溶液中。

（2）把去离子水装在 25mL 的容量瓶中，加入 0.03mL 6mol/L 的盐酸，加去离子水使其中一个达到刻度处作为空白样，但加 0.1mL 样品到其他每个瓶子中。

（3）把 25mL 等分标样，空白样和稀释样放入 50mL～100mL 的聚乙烯瓶中。

（4）加入 0.05mL2mol/LNaOH 溶液，混合均匀。

（5）加入 0.5mL 抗坏血酸溶液，摇匀，静置至 30s。

（6）加入 0.5mLTPTZ 溶液，摇匀。

（7）加入 0.5mL 醋酸铵溶液，摇匀。

（8）在 595 nm 波长条件下，测量空白样、标准样和样品的吸光度。

（9）直接从仪器上读取 Fe 的浓度（mg/L），或者准备标准校正曲线来计算样品的浓度。

6.24.6 质量保证和控制

（1）在分析样品之前，分析控制标准样品。

（2）每五个样或者每一批样，就分析试剂空白，检查标准和控制样。检查标准选自校正标准，而控制样是分开准备的。得到的值应该在已知值±5%以内，否则，本批次所有的样品应该重测。

（3）标准样的浓度应该覆盖样品的浓度且应该在工作范围之内。

（4）每五个样就分析一次平行样，可接受的误差为±5%。

（5）五个样品中的一个样品，加入已知量的 Fe 标准并重分析来确定可回收性，加入的 Fe 的回收率应该为 95%～105%，否则，重新分析整批样品。

6.25 锂含量——原子吸收光谱法

6.25.1 适用范围

本方法应用原子吸收光谱法AAS测定酸化水样中的锂。使用波长670.8nm，测定范围为0.10mg/L～5.00mg/L，稀释样品可扩大其应用范围。加入大量易电离元素，如钾离子，抑制电离干扰。

6.25.2 基本原理

每一种金属元素都有自己的特征吸收波长，其光源灯由该元素组成，这样可以避免特殊干扰或辐射干扰。在一定的浓度范围内，特征吸收的强度和样品该元素的浓度成正比。

6.25.3 材料和仪器设备

（1）原子吸收分光光度计；
（2）锂空心阴极灯；
（3）容量瓶，50mL和100mL；
（4）自动移液器；
（5）移液管，1mL～25mL；
（6）锥形瓶（艾伦美氏烧瓶）50mL，塑料瓶亦可使用；
（7）塑料试剂瓶，1L和250mL；
（8）滤纸，20μm～25μm。

6.25.4 试剂

（1）50mg/L氯化钾抑制溶液：称取95.84g KCl溶于去离子水中稀释至1000mL。
（2）乙炔气纯度99.5%以上，储存于高压气瓶，瓶内压力不少于75psig。
（3）空气压缩机有适当的净化装置，清除油、水和其他异物。
（4）酸化的去离子水，每升去离子水加入1mL浓硝酸HNO_3。
（5）50%硝酸：等体积的硝酸注入等体积的去离子水。
（6）1000mg/L锂标准储备液：称取经105℃烘干的高纯Li_2CO_3 5.323g装入存有少量50%。
（7）硝酸溶液的1000mL容量瓶中，缓缓加入10mL浓硝酸，用去离子水稀释至刻度，摇匀。也可以选用市售商品1安瓿瓶1000mg/L Li，用去离子水配制为1L。
（8）锂标准溶液：0.10mg/L～5.0mg/L，至少制备4个涵盖样品浓度的标准溶液。
（9）标准空白溶液：每20mL酸化的去离子水中加入1mL KCl氯化钾抑制溶液。

6.25.5 分析方法

（1）按仪器操作手册，预热，调整至最优化。
（2）稀释含锂高的样品，使其浓度落在标准曲线范围内。
（3）吸取20mL样品于50mL锥型瓶中加入1mL氯化钾抑制液（50mg/L）。
（4）输入试剂空白清洗仪器，调整“零”点。
（5）每次测完标准，记录读数后，以去离子水清洗仪器，再测定下一个标准。
（6）每次测完样品，记录读数后，以去离子水清洗仪器，再测定下一个样品。
（7）计算

按标准曲线法计算Li浓度（mg/L）；如果是稀释样品应乘以稀释因子：c_{Li}（mg/L）=浓度×稀释因子。

6.25.6 质量保证和控制

（1）制备样品和标准必须用酸化的去离子水。

（2）测定中要带试剂和样品空白。空白、标准和样品都要加抑制液。

（3）标准溶液浓度要涵盖样品，并且在工作范围之内。必要时稀释样品。

（4）参照仪器工作手册要求，吸光度值应在可接受的工作范围内。检查校正曲线的相关性，$r^2 \geqslant 0.999$。

（5）分析样品前要测定管理样，管理样的浓度在校正曲线上均匀分布。管理样的测定值允许误差在±5%以内。

（6）每分析10个样品（或者一批即使不到10个）要测一个重复样，重复样允许偏差低含量为15%，高含量为5%。

（7）标准溶液浓度要大于样品浓度并在仪器工作范围内，必要时稀释样品。

（8）每测10个样品（或者一批即使不到10个）要测一个空白、标准和管理样。检查标准选自校正标准。管理标准和管理样，要单独制作。测定值和已知浓度偏差为±5%。否则所有样品要重做。

7 地热水同位素指标测试

7.1 氧同位素（$\delta^{18}O-CO_2-H_2O$ 平衡法+气体同位素质谱法

参见DZ/T 0064.77《地下水质分析方法 第77部分：^{18}O 的测定 CO_2-H_2O 平衡-气体同位素质谱法》。

7.2 氢同位素（δ^2H）——金属锌还原法+气体同位素质谱法

参见DZ/T 0064.78《地下水质分析方法 第78部分：氘的测定 金属锌还原-气体同位素质谱法》。

7.3 碳同位素（$\delta^{13}C$）的测定——在线磷酸酸解+气体同位素质谱法

参见DZ/T 0064.87《地下水质分析方法 第87部分：^{13}C 的测定 在线磷酸酸解+气体同位素质谱法》。

7.4 氚（^3H）——放射化学法

参见DZ/T 0064.79《地下水质分析方法 第79部分：氚（3H）-放射化学法的内容》。

7.5 碳14（^{14}C）——合成苯+液体闪烁计数法

参见DZ/T 0064.88《地下水质分析方法 第88部分：^{14}C 的测定 合成苯+液体闪烁计数法》。

7.6 氢氧同位素（$\delta^{18}O$、δ^2H）的测定——激光水同位素分析法

7.6.1 适用范围

本方法利用波长扫描光腔衰荡光谱技术（WS-CRDS）来测试水中的氢氧同位素。本方法适用于矿化度小于40g/L的样品。δ^2H 和 $\delta^{18}O$ 精度一般为<0.1‰和<0.03‰，24h漂移量<0.8‰和0.2‰。

7.6.2 基本原理

本方法是用被检测化合物的吸收光谱来测量其浓度，即基于CRDS专利技术，使光极快速地反复穿过气体样品多次，产生一种极大增益的有效光程，使光与样品进行充分相互作用，从而实现采用小巧简易分析系统进行高精度测量的功能。

7.6.3 材料和仪器设备

（1）2mL 样品瓶；

（2）5mL 一次性注射器；

（3）0.22μm 一次性过滤头；

（4）Picarro 水同位素分析仪或者 LGR 水同位素分析仪。

7.6.4 试剂

（1）去离子水；

（2）氢氧同位素标准物质；

（3）高纯氮气（纯度大于 99.99%）。

7.6.5 分析方法

（1）打开干性气体（N_2或者干空气），调节压力至 2.5 psi；通电开机，打开汽化装置外置泵；预热仪器（约 1h～2h），同时打开汽化室和自动进样器，装上进样针（装针前用超纯水清洗进样针 2 次～3 次），待汽化室温度达到 110℃，腔压达到 50torr，腔温达到 80℃，温箱温度达到 45℃时，显示预热完成，可开始测样。

（2）进入自动进样器的控制面板，编辑测试方法，根据样品在盘中的位置编辑工作序列，每次测样前最好测试超纯水 10 针～20 针来确认仪器测试是否正常，水汽浓度是否在 20000ppm 左右。

（3）打开桌面上的控制软件，选择要使用的测量模式，进入测样。

（4）测量开始后的任何时间可以载入样品描述文件。样品描述文件编辑好后，方便后期数据处理。

（5）测样结束后，关闭控制软件和自动进样器测试序列。如果再次测量，重新放置样品和编辑工作序列，打开控制软件再次开始测量。

（6）测量结束后，关闭仪器。点击“Shut down”按钮，选择“shut down analyzer and prepare for shipping”，点击 OK 确认，等待 cavity pressure 升至与大气压平衡的时候，软件会在 1min 后自动关机，软件关闭后再关闭主机系统，拔掉电源线，关闭汽化室，汽化室泵，取下针关闭自动进样器，关闭钢瓶气。取下的针用 NMP 溶液多次涮洗。

（7）数据处理。

7.6.6 质量保证和控制

（1）每批样品应插入标准物质进行准确度控制，标准物质及控制样应按照头、中、尾分布在每批试样中，测定结果应在标准物质认定值合成不确定度内。

（2）每批样品按不少于 15%的比例进行平行样分析，分析结果应满足标准偏差≤0.1‰。

（3）样针应该每天手动清洗，推荐清洗液为 NMP；每支样针大概使用 500 针～600 针；我们发现 95%的数据质量问题都与样针相关。

（4）汽化室隔片大概能使用 300 针，请注意更换。

（5）当发现测试时前后几针的浓度波动变化（±1000ppm）时，检查样品小瓶的液体是否装的太少导致样针吸取不够；是否装的太满，小瓶内压力较高导致样针压迫吸取了更多体积；检查样针是否润滑，可通过按下自动进样器控制面板的洗针程序自动清洗，也可按下换针程序手动洗针（推荐手动洗针）；检查汽化室隔片是否使用过度（超过 300 针，或者能清楚地看到中间有较大的小孔），按下协调程序的更换隔片按钮进行更换。

7.7 硫酸盐硫同位素（$\delta^{34}S$）的测定-连续流质谱仪法

7.7.1 适用范围

本方法是利用化学沉淀法和质谱法测试地热水硫酸盐的硫同位素。本方法所需样品量与地热水中硫酸根含量有关。

7.7.2 基本原理

利用 $BaCl_2$ 将地热水中的硫酸根离子转化为 $BaSO_4$ 沉淀形式，在此基础上采用元素分析仪的高温分解将其转化成 SO_2，用质谱仪进行测试，如式（12）～式（14）所示。

$$BaSO_4 \rightarrow BaO + SO_2 + O_2 \quad (12)$$

$$BaSO_4 \rightarrow BaO + SO_3 \quad (13)$$

$$SO_3 \rightarrow SO_2 + O_2 \quad (14)$$

7.7.3 材料和仪器设备

（1）天平；
（2）试剂勺；
（3）50mL、100mL、500mL、2500mL 烧杯；
（4）1000mL 容量瓶；
（5）5mL 移液枪；
（6）实验室用抽滤装置；
（7）直径 0.45μm 的一次性滤膜；
（8）烘箱；
（9）气体同位素质谱仪：配备连续流模块。

7.7.4 试剂

（1）去离子水；
（2）分析纯 $BaCl_2$；
（3）1:1 盐酸；
（4）分析纯 V_2O_5；
（5）还原性铜；
（6）氧化剂 WO_3。

7.7.5 分析方法

（1）$BaSO_4$ 制备-化学沉淀法

用适量去离子水将 100g $BaCl_2$ 溶解于 500mL 烧杯中，溶解好的 $BaCl_2$ 溶液转移至 1000mL 容量瓶中备用。

往装有 $BaCl_2$ 溶液的 1000mL 容量瓶中加入 400mL 1:1 的盐酸（HCl），并用去离子水定容至 1000mL 刻度线。配制好的溶液即沉淀剂，备用。

根据地热水中硫酸盐的含量，对一定体积的地热水用沉淀剂进行化学沉淀。通常，500mL 水样可加 25mL 的沉淀剂。

一般地热水的硫酸根含量不高，建议先取 2000mL 地热水样品于 2500mL 烧杯中，加入相匹配的沉淀剂，静置 1 天～2 天，可见白色的 $BaSO_4$ 沉淀。

用抽滤装置和直径 0.45μm 的滤膜将硫酸钡沉淀过滤烘干，烘箱温度一般设置为 50℃～60℃。

（2）离线制备双路测试方法

上紧压阀。

系统真空抽至 10^{-4}Pa，加热炉升温至 1150℃，同时将冷凝液套住冷井（-80℃）。

关闭真空阀使系统呈静真空状态，将装有样品的磁舟推进高温区。

15min 后高温反应完成，抽去系统中的杂气，冻住水分，用戊烷冷井分开 CO_2，将纯净的 SO_2 吸入样品管中备用。

将制备好的 SO_2 气体装入质谱仪上进行测试。

（3）在线测试方法

将取得的 $BaSO_4$ 沉淀与其质量 3 倍～5 倍的氧化剂 V_2O_5 混合均匀后共同包裹于锡杯中密封。

用自动进样器将密封的锡杯送入填充氧化剂（WO_3）和还原铜的反应管中，反应器温度设为 1020℃。

自动进样器每次投入燃烧反应器中一个样品，样品落入反应管的同时送入纯度大于 99.999%的 O_2，此时反应管中富集纯氧样品在锡杯的闪燃下迅速充分燃烧，生成 SO_3，SO_3 在 Cu 的还原下生成 SO_2，之后被纯度大于 99.9%的 H_2 气流载入质谱分析。

（4）读取测试数据。

7.7.6 质量保证和控制

（1）实验过程中同时测试分析国际标准物质 NBS 127（+20.3‰）IAEA-SO-5（0.5‰），采用两点法对原始数据进行校正。

（2）测试数据的重复性为±0.3‰。

7.8 硫酸盐氧同位素（$\delta^{18}O$）——基于离线双路进样法和在线连续流法的质谱仪法

7.8.1 适用范围

本方法是利用 TC/EA 的高温裂解法测试地热水硫酸盐的氧同位素。本方法中样品测试包括离线双路进样方法和在线连续流方法。离线法优点：精度高，缺点测试效率低，前处理比较麻烦，耗时耗力；连续流法优点：效率高，操作简便；缺点：精度比离线要差一些。

7.8.2 基本原理

基于 TC/EA 的高温裂解反应，硫酸钡在高温条件下与还原碳反应，生成一氧化碳，一氧化碳由载气导入至气体同位素质谱仪进行氧同位素分析，如式（15）所示，反应温度为 1100℃。

$$BaSO_4 + C \rightarrow BaS + CO \quad (15)$$

7.8.3 材料和仪器设备

（1）天平；

（2）试剂勺；

（3）50mL、100mL、500mL、2500mL 烧杯；

（4）1000mL 容量瓶；

（5）5mL 移液枪；

（6）实验室用抽滤装置；

（7）直径 0.45μm 的一次性滤膜；

（8）烘箱；

（9）元素分析仪（TC/EA）；

（10）MAT-253EM 质谱仪。

7.8.4 试剂

（1）去离子水；
（2）分析纯 $BaCl_2$；
（3）1:1 盐酸；
（4）石墨；
（5）玻璃油；
（6）金属镍。

7.8.5 分析方法

（1）$BaSO_4$ 样品制备-化学沉淀法

用适量去离子水将 100g $BaCl_2$ 溶解于 500mL 烧杯中，溶解好的 $BaCl_2$ 溶液转移至 1000mL 容量瓶中备用。

往装有 $BaCl_2$ 溶液的 1000mL 容量瓶中加入 400mL 1:1 的盐酸（HCl），并用去离子水定容至 1000mL 刻度线。配制好的溶液即沉淀剂，备用。

根据地热水中硫酸盐的含量，对一定体积的地热水用沉淀剂进行化学沉淀。通常，500mL 水样可加 25mL 的沉淀剂。

一般地热水的硫酸根含量不高，建议先取 2000mL 地热水样品于 2500mL 烧杯中，加入相匹配的沉淀剂，静置 1 天～2 天，可见白色的 $BaSO_4$ 沉淀。

用抽滤装置和直径 0.45μm 的滤膜将有 $BaSO_4$ 沉淀的溶液过滤出来，放入烘箱，将温度调到 50℃～60℃，烘干备用。

（2）离线双路进样测试方法

将硫酸钡 10mg～30mg 与纯净的石墨粉按 1:1 研磨混合均匀，置于磁舟中。用磁铁将样品推入石英燃烧管内，上紧压阀。

将系统真空抽至 10^{-4}Pa，加热炉升温至 1100℃，同时将冷凝液套住冷井（-80℃）。

关闭真空阀使系统呈静真空状态，将装有样品的磁舟推进高温区。（磁舟内加上纯净的金属镍，起转化一氧化碳的作用），20min 后高温反应完成。

抽去系统中的杂气，用干冰冷井（-78℃）冻住水分。

用液态氮将纯净的 CO_2 吸入样品管中。

上机测试。

（3）在线连续流方法

将 $BaSO_4$ 样品（200μg）装入银囊中，并将其引入热解炉中。

将热解炉温度设置为 1400℃，在氦气环境下 $BaSO_4$ 样品将分解出 CO 气体。

CO 气体将被接入质谱仪检测，并记录测试结果。

7.8.6 质量保证和控制

（1）测量使用国际硫酸盐标准 NBS 127（+8.6‰，VSMOW）、IAEA-SO-5（+12.13‰，VSMOW）进行校准。

（2）要求国际标准氧同位素的重复测量（每个标准每次运行 4 次测量）优于 0.2‰（1σ）。

7.9 锶同位素（$^{87}Sr/^{86}Sr$）——热电离质谱仪法

7.9.1 适用范围

本方法是利用化学分离提纯和热电离质谱法测试地热水的 $^{87}Sr/^{86}Sr$。本方法所需样品量与地热水中 Sr 含量有关。

7.9.2 基本原理

通过改变仪器高压和磁流的极性，利用质量分析器完成不同荷质比（m/z）离子的分离，并通过测定子体的同位素比值来确定 $^{87}Sr/^{86}Sr$ 的比值。

7.9.3 材料和仪器设备

（1）一次性 0.22μm 醋酸纤维过滤头；
（2）5mL 移液器；
（3）10mL 聚四氟熔样器；
（4）电热板；
（5）AG50W 阳离子交换柱；
（6）AG50W-12 树脂（200 目～400 目）；
（7）离心机；
（8）高分子膜若干；
（9）热电离质谱仪；
（10）单 Re 灯丝。

7.9.4 试剂

（1）去离子水；
（2）2.5mol/L 高纯盐酸；
（3）6mol/L 高纯盐酸；
（4）2mol/L 盐酸；
（5）发射剂：由 1μL TaF_5 和 1μL 0.2mol/L 磷酸溶液构成。

7.9.5 分析方法

（1）水样预处理

水样先采用 0.22μm 的醋酸纤维滤膜进行过滤，然后用移液器移取 4mL～5mL 过滤后的水样置于 10mL 的 PFA 聚四氟乙烯溶样器中；

将溶样器置于 100℃的电热板上，将水样蒸干；

加入 1.5mL 2.5mol/L 高纯盐酸，密闭溶样器于 100℃的电热板上保温 2h～3h，待样品彻底溶解后，将样品液降至室温后，准备化学分离 Sr。

（2）化学分离纯化

采用 AG50W 阳离子交换柱用于水样 Sr 同位素样品制备。石英交换柱尺寸如下：内径 6mm，柱高 9cm，储液罐体积 30mL；采用湿法装柱，用移液器提取 2mL 美国伯乐公司生产的 AG50W-12 树脂（200 目～400 目），填充于石英柱中，待其自然沉降后，加入 30mL 6mol/L 高纯盐酸再生阳离子交换柱；

加入 10mL 高纯水淋洗交换柱子至中性；

将样品溶液在 4000r/min 转速下离心 10min，吸取 1mL 样品清液加入至交换柱（将样品溶液直接加载于树脂上，尽量减少样品溶液与交换柱内壁的接触），剩余的 0.5mL 样品溶液保留在离心管中作为副样备用；

加入 0.5mL 高纯 2.5mol/L 盐酸洗涤交换柱内壁四次；

加入 7.2mL 高纯 5mol/L 盐酸，淋洗基体元素和 Rb；

加入 3.3mL 高纯 5mol/L 盐酸，采用 PFA 小杯接收 Sr 组分；

在电热板上蒸干 Sr 接收液后，用高分子膜包裹接样小杯，供热电离质谱仪（TIMS）测定。

（3）上机测试

采用单 Re 灯丝进行灯丝点样，在 Re 灯丝上先点少量发射剂用于增强 Sr 的测试灵敏度。将灯丝电流调整至 1A，低温蒸干发射剂。

待发射剂蒸干后，用 2μL 2mol/L 盐酸溶解纯化好的 Sr 样品，将样品涂覆于灯丝表面，低温蒸干，然后缓慢升高灯丝电流至灯丝变红，在此条件下保持灯丝电流 3s～5s，然后将灯丝电流归零。

将样品装入热电离质谱仪中（Triton Plus），待离子源真空优于 2×10^{-7}mbar 后，在冷阱中加入适量液氮，以保持测试过程中离子源真空条件稳定，开始质谱测试。

采用静态多接收法拉第杯模式进行 Sr 同位素分析，缓慢升高 Re 灯丝电流至 1450℃左右（升温速率 500mA/min），升温期间反复多次小心调整 Sr 同位素信号至理想强度（通常 ^{88}Sr 信号强度至少大于 4V）。

待 ^{88}Sr 信号强度大于 5V 且发射平稳后，开始采集数据。一般采集 160～180 组数据，积分时间 4s，采用指数律和 $^{88}Sr/^{86}Sr=8.375209$ 进行 TIMS 的质量分馏校正，校正后的 $^{87}Sr/^{86}Sr$ 比值测定内部精度需优于 0.002%（2RSD）。

采集数据期间，需密切监控 ^{85}Rb 信号（一般应小于 0.5mV），以评价 ^{87}Rb 的干扰程度，通常 $^{85}Rb/^{86}Sr$ 比值需至少小于 0.0001，采用 $^{87}Rb/^{85}Rb=0.3850$ 进行同质异位素干扰校正。

7.9.6 质量保证和控制

（1）采用国际标样 NIST SRM987 监控测定期间 TIMS 的仪器状态和稳定性，通常其 $^{87}Sr/^{86}Sr$ 比值应为 0.710250±0.000025。

（2）样品预处理和分离提纯过程中要避免样品被污染。

8 地热气体化学指标测试

8.1 地热气体（CO_2、CH_4、H_2、N_2、O_2、Ar、CO 和 H_2S）相对含量——气体色谱法

参见 DZ/T 0064.74《地下水质分析方法　第 74 部分：氦气、氢气、氧气、氩气、氮气、甲烷、一氧化碳、二氧化碳和硫化氢的测定　气相色谱法》。

8.2 地热气体（CO_2、CH_4、H_2、N_2、O_2、Ar、CO 和 H_2S）绝对含量——气体质谱仪法+滴定法

8.2.1 适用范围

本方法是利用气相色谱法和滴定法测定经井口水气分离器采集到的地热流体中的氦气、氢气、氧气、氩气、氮气、甲烷、一氧化碳、二氧化碳和硫化氢等气体的绝对含量。经水气分离器采集到的地热气体通常储存于 Giggenbach 气样瓶中。本方法得到的数据可以以表 2 中的形式表达。

表 2　地热流体中气体定量结果形式表

序号	气体数据表达形式	数据表达形式
1	总蒸汽，mg 气体/kg H_2O	蒸汽中 CO_2，H_2S，NH_3，H_2，CH_4，O_2，N_2 的含量（mg/kg）
2	总蒸汽，mmol 气体/kg H_2O	蒸汽中 CO_2，H_2S，NH_3，H_2，CH_4，O_2，N_2 的含量（mmol/kg）

表 2　地热流体中气体定量结果形式表（续）

序号	气体数据表达形式	数据表达形式
3	Total steam，mmol gas/mol H_2O	蒸汽中 CO_2，H_2S，NH_3，H_2，CH_4，O_2，N_2 的含量（mmol/mol）
4	Total steam，mol% gas including H_2O	蒸汽中 CO_2，H_2S，NH_3，H_2，CH_4，O_2，N_2 的含量（mmol %）
5	Total steam，weight% gas including H_2O	CO_2，H_2S，NH_3，H_2，CH_4，O_2，N_2，H_2O in steam（weight %）
6	Volume% dry gas and mg gas/kg condensate	CO_2，H_2S，NH_3，H_2，CH_4，O_2，N_2 in gas（vol%）；liters gas/kg condensate；gas temperature
7	Volume% dry gas and mmol gas/kg condensate	CO_2，H_2S，NH_3，H_2，CH_4，O_2，N_2 in gas（vol%）；liters gas/kg condensate；gas temperature
8	Volume% the residual gas and CO_2，H_2S，NH_3 m total steam mg/kg	总蒸汽中的 CO_2，H_2S，NH_3 含量（mmol/kg）； 气体中 H_2，CH_4，O_2，N_2 含量（vol%）； 每 kg 冷凝水中气体体积 L/kg； 气体温度（℃）。
9	Volume% the residual gas and CO_2，H_2S，NH_3 m total steam mmol/kg	总蒸汽中的 CO_2，H_2S，NH_3 含量（mmol/kg）； 气体中 H_2，CH_4，O_2，N_2 含量（vol%）； 每 kg 冷凝水中气体体积 L/kg； 气体温度（℃）。

8.2.2　基本原理

气体经 5A 分子筛色谱柱、多孔层壁聚苯乙烯-二乙烯基苯色谱柱分离，气相色谱-热导检测器检测，以色谱峰保留时间定性、峰面积（峰高）定量分析，得到 N_2、H_2、CH_4、CO 等气体的相对体积百分比。

滴定法是利用电位滴定和指示剂方法分别确定 CO_2 和 H_2S 含量。

8.2.3　材料和仪器设备

（1）pH/mV 表；

（2）pH 探头；

（3）自动或者电子化的滴定管；

（4）磁性搅拌器；

（5）150mL 烧杯；

（6）压缩空气或者氮气；

（7）50mL 移液管；

（8）气相色谱仪：色谱炉具有程序升温、升压功能；并配置分流/不分流进样口，热导检测器及色谱工作站。仪器应检定合格后使用，仪器灵敏度达到方法检出限；

（9）色谱柱：填料分别为 5A 分子筛和聚苯乙烯-二乙烯苯的 PLOT 毛细管气相色谱柱；

（10）气密注射器：容积 250μL，1.00mL，100mL；

（11）2mL 的微型滴定管，刻度间隔校正至 0.002mL；

（12）5mL 和 1mL 的移液管；

（13）50mL 容量瓶、100mL 锥形瓶；

（14）玻璃棒。

8.2.4 试剂

（1）氢气：纯度为99.999%。（警告：爆炸危险品，防止爆炸！）

（2）氦气：纯度为99.999%。

（3）氩气：纯度为99.999%。

（4）氧气：纯度为99.999%。（警告：爆炸危险品，高浓度下易引起中毒，防止爆炸和中毒！）

（5）氦气、氢气、氧气、氩气、氮气、甲烷、一氧化碳、二氧化碳标准气体为已知浓度的单一或混合有证标准气体。

（6）硫化氢：已知单一浓度有证标准气体。（警告：有毒危险品，必要时佩戴防毒面具，并注意通风，防止中毒！）

（7）盐酸：优级纯，ρ_{20}=1.19g/mL，经检查合格后使用。

（8）氯化钠：分析纯。

（9）饱和氯化钠水溶液：1%盐酸，氯化钠加入蒸馏水中溶解至过量，煮沸0.5h，冷却，添加浓盐酸至盐酸浓度为1 %，密闭保存备用。

（10）0.10mol/L $AgNO_3$：将16.987g $AgNO_3$，溶解于1L去离子水中。

（11）1mol/L NaOH溶液：将40.08g NaOH溶解于1L去离子水中，或者将已有的1安瓿1mol/L NaOH标准液稀释于1L的容量瓶中。

（12）0.02mol/L NaOH试剂：用蒸馏水将20mL 1mol/L NaOH溶液稀释至1L，用$KC_8H_5O_4$标准化。

（13）1.0mol/L HCl溶液：将82.6mL一定浓度的HCl稀释到1L或者用去离子水将1安瓿1mol/L HCl标准溶液加至1L容量瓶中。

（14）0.02mol/L HCl试剂：用移液管将20mL 1.0mol/L HCl溶液至1L容量瓶中，用去离子水稀释至1L。用NaOH标准化。

（15）5mol/L NaOH：将200g NaOH试剂溶解于1L去离子水中。

（16）双硫腙；二苯硫卡巴腙（dithizone）。

（17）丙酮（acetone），去离子水。

（18）0.001mol/L 醋酸汞[$(CH_3COO)_2Hg$]：将0.3187g分析纯醋酸汞溶解于1L去离子水中，储存于较黑的地方，该试剂至少在1个月内是稳定的。

8.2.5 分析方法

（1）将Giggenbach气样瓶连接于装有压力计的气相色谱仪上，进样前，记录气样瓶中的气体压力为P。

（2）参照DZ/T 0064规范第72部分关于氦气、氢气、氧气、氩气、氮气、甲烷、一氧化碳、二氧化碳和硫化氢等气体含量的测试流程，测定不凝气（氢气、氧气、氮气、氦气等）的含量，结果表达为体积百分比[1%（体积）]。

（3）待不凝气相对体积含量测试完成后，参照第2部分关于CO_2和H_2S的滴定方法，确定冷凝水中CO_2和H_2S的含量，结果以mmol/kg冷凝水形式表达。

（4）结果计算

Giggenbach样品瓶中不凝气的体积v_{gas}：

取样前称取抽真空后，含50mL 40% NaOH溶液的气样瓶的质量，记为m_{before}；样品取回来后，称取气样瓶的质量，记为m_{after}；则增加的质量用式（16）计算：

$$\Delta m = m_{after} - m_{before} = m_{H_2O} + m_{CO_2} + m_{H_2S} \quad \cdots\cdots (16)$$

式中：

m_{before}、m_{after}、m_{H_2O}、m_{CO_2} 和 m_{H_2S} ——分别表示采集气体之前样品瓶质量、采集气体后样品瓶质量、冷凝水质量、气相中 CO_2 含量和 H_2S 含量，mg;

Δm ——不凝气增量，mg/kg 冷凝水。

对取样后的样品瓶中的混合溶液（$NaOH+H_2O+CO_2+H_2S$），分 5 次，每次取 5mL，称重，求其密度，用式（17）取平均值：

$$\rho_{mix} = (m_{mix1} + m_{mix2} + m_{mix3} + m_{mix4} + m_{mix5}) / 25 \quad (17)$$

式中：

ρ_{mix} —— 采集气体后样品瓶中溶液的密度，mg/mL；

m_{mix1}、m_{mix2}、m_{mix3}、m_{mix4} 和 m_{mix5} —— 5 次称取的混合液质量，mg。

样品瓶中的混合溶液（$NaOH+H_2O+CO_2+H_2S$）的体积即为：

$$v_{mix} = \Delta m / \rho_{mix} \quad (18)$$

式中：

v_{mix} ——采集气体后的混合溶液的体积，mL。

气样瓶中不凝气的体积可用式（19）计算：

$$v_{gas} = v_{giggen} - v_{mix} \quad (19)$$

式中：

v_{gas} ——不凝气气体体积，mL；

v_{mix} ——采集气体后的混合溶液的体积，mL；

v_{giggen} ——样品瓶的体积，mL。

不凝气气体组分含量（CH_4、H_2、Ar、O_2、N_2 等）：

利用气相色谱（GC）进行气体组分的测定，结果用体积百分比[%（体积），x]表达；

根据气体状态方程式（20）：

$$n = \frac{P \cdot v}{R \cdot T} = \frac{P \cdot v_{gas} \cdot x}{R \cdot T} \quad (20)$$

式中：

P ——不凝气的压力，Pa;

R ——气体常数，J/（mol·K）；

T ——温度，K;

n ——气体的摩尔量，mol;

x ——气体体积百分比，%。

各不凝气气体含量可用式（21）计算，单位是 mol/kg 冷凝水，即：

$$n_{gas} = \frac{n_{gas}}{m_{H_2O}} \quad (21)$$

8.2.6 质量保证和控制

（1）利用标准气体样品按照本方法进行组分分析，其测得结果误差小于 5%。

（2）定义 20 个样品为一批，总量不足 20 个样品也为一批。每批至少应进行一个实验室空白样品分析，以监测环境空气、溶剂气体等带来的干扰。

（3）每批样品至少应进行一个实验室平行样分析，以评价检测是否稳定。

9 地热气体同位素指标测试

9.1 气体稳定同位素（碳、氢、氧、氮）组成的测定-气体质谱仪法

9.1.1 适用范围

本标准规定了地热水/温泉水气体中碳、氢、氧、氮等元素同位素组成质谱仪分析的一般方法。本标准适用于气体稳定同位素比质谱仪（GSIRMS）类型仪器测量同位素组成。

9.1.2 基本原理

不同元素的同位素测试是通过将其转化成可被质谱仪测试的气体，并根据荷质比和参考标准确定出其同位素比值。

9.1.3 材料和仪器设备

（1）高纯二氧化碳气体（CO_2）：纯度≥99.999%。

（2）高纯氢气（H_2）：纯度≥99.999%。

（3）高纯氮气（N_2）：纯度≥99.999%。

（4）空气，氮同位素工作标准。

（5）标准物质：天然气碳、氢同位素有证标准物质。

（6）微量进样针，50μL；注射器，1mL。

（7）气体同位素质谱计，配备气相色谱，参数如表 3 所示。

表 3 气相色谱仪参数信息参考表

参数名称	技术性能指标
质量数范围	1～80 dalton at 3kV
分辨率	$m/\Delta m$=110（10% vally）
绝对灵敏度	1200 molecules/Ion
离子源线性	0.02‰/nA
加速电压	3kV
放大器输出范围	0～50V（3×10^8 欧姆放大器）
系统稳定性	10ppm
气相色谱仪与同位素质谱仪联用外精度	^{13}C: 0.18‰（10ng C） ^{15}N: 0.5‰（50ng N） D/H: 2.5‰（30ng H）

9.1.4 分析方法

（1）仪器调试

仪器运行前，应检查三相电压是否正常，检查空压机是否打开并正常工作，检查机械泵、分子泵运

行是否正常，查看载气、参考气等仪表确认压力是否达到要求。上述检查均正常后，打开控制软件，调节进样控制程序，并检查离子源真空情况，当真空度达到 3×10^{-6}hPa 时，可以准备进行样品分析。

（2）参数设置

打开色谱仪，设置色谱参数（包括色谱柱型号、长度、直径、涂层厚度，进样口温度，载气压力，载气流速，分流模式及分流比等）。

利用控制软件，设置氧化反应炉温度为 950℃。反应炉温度由低到高宜分段调节，可先升温至 300℃，稳定后再次调节至 600℃，最后可调节至 950℃，以延长反应炉的使用寿命。打开离子源，根据样品类型建立和调用相应的分析方法。离子源高压 9.5kV，发射电流 1.5mA。实际测试中高压略有上下浮动。

（3）测试

进样系统样品 SA 一路引入样品 CO_2，标准 ST 一路引入工作标准-钢瓶 CO_2 气体，在已设定好的实验条件下进行有证标准物质或样品的测试。有证标准物质测试和样品测试宜保持相同的测试条件（色谱参数、反应温度、质谱条件等）。试样分析按照编定程序由试样与标准物质（或参考气）不少于 3 次平行测定的数据，计算平均值并算出标准偏差。每 5～10 次试样测试后应进行有证标准物质的测试，以监测质谱仪的运行状态及反应装置的稳定性和有效性。

（4）结果分析

根据需要采用同位素比校正值或同位素组成 δ 值两种方式表达分析结果。同位素比校正值计算见公式（22）。

$$R_{ij(\text{校正})}=K_{ij}\cdot R_{ij(\text{测量})} \qquad (22)$$

式中：

δ 值计算公式见公式（23）。

$$\delta=\frac{R_{ij(\text{样品})}\cdot R_{ij(\text{标准})}}{R_{ij(\text{标准})}}\times1000 \qquad (23)$$

式中：

$R_{ij(\text{样品})}$ ——样品的同位素 i 与同位素 j 丰度比测量值；

$R_{ij(\text{标准})}$ ——标准物质的同位素 i 与同位素 j 丰度比测量值。

以碳为例，所测的碳同位素组成结果，不管用何种工作标准，都要将工作标准校准到国际标准 PDB 的值，按照公式（24）自动计算 $\delta^{13}C_{PDB}$（‰）值。

$$\delta^{13}C_{SA-PDB}=\delta^{13}C_{SA-ST}+\delta^{13}C_{SA-PDB}+\delta^{13}C_{SA-ST}\cdot\delta^{13}C_{SA-PDB}\cdot10^{-3} \qquad (24)$$

式中：

$\delta^{13}C_{SA-PDB}$ ——样品相对 V-PDB 的 $\delta^{13}C$ 同位素值；

$\delta^{13}C_{SA-ST}$ ——样品对标准的 $\delta^{13}C$ 同位素值；

$\delta^{13}C_{ST-PDB}$ ——标准物质相对 V-PDB 的 $\delta^{13}C$ 同位素值。

测量结果的不确定度主要包括质谱仪校正系数的不确定度、待测样品测量的不确定度和标准物质的不确定度等。待测样品测量的不确定度涉及了样品前处理方法及过程、质谱测量方法及过程等方面，可参照 GB/T 27411—2012 和 JJF 1508—2015 的相关内容进行不确定度评定。测量结果的不确定度以扩展不确定度表示，当取扩展因子 k=2，扩展不确定度表达见公式（25）。

$$U=2u_c \qquad (25)$$

式中：

U——扩展不确定度；

u_c——标准合成不确定度。

9.1.5 质量保证和控制

（1）操作人员应具备从事相应实验技术的资质和能力。

（2）分析中所用仪器设备应具有有效的计量检定及校准证书。

（3）在使用测量方法时，应使用具有溯源性的有证标准物质，或是国际公认的同位素标准物质（如：氢氧同位素标准水样；碳酸钙中碳、氧同位素标准物质；硫化银中硫同位素标准物质等），以保证测量结果的溯源性和可比性。

（4）对被测量的元素同位素应做好预研究实验，对灵敏度、检出限、本底、测量精度等方面进行优化实验。

（5）使用具有与被测物质相同或相近形态的同位素标准物质，或参加相关的实验室间比对、能力验证，以验证方法的可靠性。

9.2 稀有气体（He、Ne、Ar、Kr、Xe）同位素组成的测定——气体质谱仪法

9.2.1 适用范围

本标准规定了水中溶解性稀有气体氦（He）、氖（Ne）、氩（Ar）、氪（Kr）、氙（Xe）同位素组成的测定方法。本标准适用于地表水、地热水等多种类型水样中溶解稀有气体同位素组成的测定。

9.2.2 基本原理

水样密封在铜管内，在真空条件下将铜管压裂释放水样，稀有气体及其他溶解性气体从水中析出，用分子筛干燥剂除去水蒸气，用锆铝泵吸附去除氧气、氮气等活性气体，根据稀有气体不同的凝固点，采用温度分离法对五种稀有气体依次分离，利用稀有气体质谱仪对其同位素组成进行测试。

9.2.3 材料和仪器设备

（1）铜管压裂器；

（2）卡套，内径 12.8mm，黄铜材质；

（3）玻璃观察窗；

（4）不锈钢罐，用于析出气体；

（5）超声震荡仪；

（6）对流真空规，量程 10^{-2}Pa～10^{5}Pa，测试精度±10Pa；

（7）不锈钢毛细管，长 20mm，外径 1.5mm，内径 0.5mm；

（8）玻璃冷阱；

（9）分子泵，无油，抽速 70L/s，极限真空 10^{-8}Pa；

（10）涡旋式干泵，无油，抽速 2L/s，极限真空 10^{-2}Pa；

（11）锆铝泵，共两个，其中一个为室温，另一个为 450℃；

（12）干燥器，装有 3Å 分子筛；

（13）不锈钢冷阱，共两个，其中一个装 5Å 分子筛，另一个装活性炭；

（14）不锈钢稀释罐，容积为 1000mL；

（15）小体积容器，容积为 0.5mL；

（16）低温冷凝泵，内装不锈钢冷阱，冷阱温度范围-265.0℃～72.0℃，精度±0.1℃；

（18）离子规，量程 10^{-9}Pa～10^{-1}Pa；

（19）稀有气体质谱仪，Nier 型离子源，配备法拉第杯和二次电子倍增器，分析精度优于 0.1%。

9.2.4 分析方法

在测试样品前，按照 JJF 1158 稳定同位素气体质谱仪校准规范和 JJG（核工）027-98 气体同位素质谱计检定规程，对稀有气体质谱仪进行校准和检定。

（1）水中溶解稀有气体提取及纯化

利用水中溶解性稀有气体提纯纯化装置（附录 A）将气体样品进行纯化。

（2）测试过程空白的测定

在压裂铜管释放水样前，依次按照样品提取、纯化及测试的处理流程，获得待测稀有气体同位素强度的空白值。全流程 ^{4}He 空白值低于 1.0×10^{-15}mol，^{20}Ne 空白值低于 3.0×10^{-15}mol，^{40}Ar 空白值低于 5.0×10^{-15}mol，^{84}Kr 空白值低于 1.0×10^{-15}mol，^{129}Xe 空白值低于×10^{-15}mol，方可进行样品中稀有气体的测试。

（3）溶解性气体的提取

待气体提取系统真空达到要求后，关闭阀门 V1，用铜管压裂器打开采样铜管，水样在重力和压力的作用下流入不锈钢罐内，不锈钢罐浸泡在超声振荡仪内振荡 5min，同时关闭阀门 V3、V5、V6 和 V7，打开阀门 V2、V4，并在玻璃冷阱和装有 5Å 分子筛的不锈钢冷阱外套上液氮，水蒸气和溶解气体在两侧压力差的作用下通过不锈钢毛细向气体纯化部分转移，除了氦气和氖气外，其他气体均被冷凝至玻璃冷阱和装有 5Å 分子筛的不锈钢冷阱内，转移时间 10min，转移过程结束。关闭阀门 V2，玻璃冷阱和装有 5Å 分子筛的不锈钢冷阱继续冷冻 5min，使得残余在毛细管等部分的水蒸气和溶解性气体完全转移至冷阱内，对流真空规的读数小于 0.2Pa 时，气体提取过程结束。

（4）稀有气体的干燥

关闭阀门 V4，移除玻璃冷阱上的液氮，使被冷冻在其中的水溶解，释放转移过程中被水蒸气冷凝结冰过程中包裹的溶解性气体，待对流真空规的示数上升并稳定后，在玻璃冷阱套上干冰-乙醇混合冷冻剂，将水蒸气重新冷冻至玻璃冷阱内，待对流真空规示数下降并稳定后，打开阀门 V4，将干燥的气体转移至装有 5Å 分子筛不锈钢冷阱内，转移时间为 5min。关闭阀门 V4、V9、V10 和 V12，在装有活性炭不锈钢冷阱外套上液氮，撤掉装有 5Å 分子筛的不锈钢冷阱的液氮，并对此冷阱加热至 180℃，加热时间 10min，充分释放冷冻在其中的气体，打开阀门 V6 和 V8，使气体经过装有 3Å 分子筛的干燥器，进一步干燥气体，干燥的气体转移至装有活性炭的不锈钢冷阱内，转移时间 10min。

（5）测试

氦同位素组成及含量的测试：

将提取的气体充分干燥并转移至装有活性炭不锈钢冷阱后，除氦气和氖气外的其他惰性气体及活性气体全部冷冻到装有活性炭不锈钢冷阱内。将低温冷凝泵降至-264℃，关闭阀门 V13、V16、V17 和 V18，打开阀门 V12，将氖气全部转移至低温冷凝泵的不锈钢冷阱内，打开阀门 V18，将氦气扩散至稀有气体质谱仪并平衡 30s，关闭阀门 V18，稀有气体质谱仪调至氦同位素测试参数，分别利用法拉第杯和电子倍增器对 ^{4}He 和 ^{3}He 进行同时测定，获得样品中 ^{3}He 和 ^{4}He 的强度值及同位素组成测试值 $R(^{3}He/^{4}He)$。

氖同位素组成及含量的测试：

待样品中的氦同位素分析结束后，打开阀门 V17 和稀有气体质谱仪的离子泵阀门抽走残余在系统内的氦，关闭阀门 V14 和 V17，将低温冷凝泵升温至-253℃并保持 3min，充分释放其中的氖气，打开阀门 V18，氖气扩散至稀有气体质谱仪并平衡 40s，稀有气体质谱仪切换至氖同位素测试参数，采用“跳峰”的方式对氖同位素组成进行测定，其中 ^{20}Ne 和 ^{22}Ne 采用法拉第杯测定，^{21}Ne 采用电子倍增器测定，

获得样品中 ^{20}Ne、^{21}Ne 和 ^{22}Ne 的强度值及同位素组成测试值 $R(^{20}Ne/^{22}Ne)$和 $R(^{21}Ne/^{22}Ne)$。

氩同位素组成及含量的测试：

待样品中的氖同位素分析结束后，打开阀门 V17 和稀有气体质谱仪的离子泵阀门抽走残余在系统内的氖。关闭阀门 V6 和 V8，打开阀门 V5、V7 和 V9，移除套在装有活性炭不锈钢冷阱外的液氮，加热不锈钢冷阱至 180℃充分释放其中的气体，锆铝泵吸附其中的活性气体，对稀有气体进行纯化，纯化时间 10min，仅留氩、氪和氙气体以备分析。

关闭阀门 V16、V17，打开阀门 V12、V14 和 V19，低温冷泵调至-243℃，氩、氪、氙气体转移至低温冷凝泵的不锈钢冷阱内，转移时间 10min，关闭阀门 V13、V14 和 V20，打开阀门 V15、V16、V18，将低温冷凝泵升温至-221℃，低温冷凝泵内不锈钢冷阱内的氩全部释放并扩散至不锈钢稀释罐内，扩散时间 2min，关闭阀门 V15、V16，截取 0.5mL 的氩气在小体积容器内，打开阀门 V17，抽走残余在低温冷凝泵的不锈钢冷阱内的氩气，关闭阀门 V17、V18、V19，打开阀门 V16 和 V20，将截取在小体积容器内的氩气扩散至稀有气体质谱仪并平衡 40s，稀有气体质谱仪切换至氩同位素测试参数，采用“跳峰”的方式对氩同位素组成进行测定，^{40}Ar 和 ^{36}Ar 采用法拉第杯测定，而 ^{38}Ar 采用电子倍增器测定，获得样品中 ^{40}Ar、^{38}Ar 和 ^{36}Ar 的强度值及同位素组成测试值 $R(^{40}Ar/^{36}Ar)$和 $R(^{38}Ar/^{36}Ar)$。

氪同位素组成及含量的测试：

待氩同位素组成分析结束后，打开阀门 V17 和稀有气体质谱仪的离子泵阀门抽走残余在系统内的氩气。关闭阀门 V16、V17 和 V18，低温冷凝泵升温至-178℃，释放冷冻在不锈钢冷阱内的氪，打开阀门 V18，氪扩散至稀有气体质谱仪并平衡 60s，稀有气体质谱仪切换至氪同位素测试参数，采用“跳峰”的方式对氪同位素组成进行测定，其中，^{78}Kr 采用电子倍增器测定，而其他 Kr 同位素均采用法拉第杯进行测定，获得样品中各个 ^{78}Kr、^{80}Kr、^{82}Kr、^{83}Kr、^{84}Kr 和 ^{86}Kr 的强度值及同位素组成测试值 $R(^{i}Kr/^{j}Kr)$，（i，j=78，80，82，83，84，86）。

氙同位素组成及含量的测试：

待氪同位素分析结束后，打开阀门 V17 和稀有气体质谱仪的离子泵阀门抽走残余在系统内的氪。关闭阀门 V16、V17 和 V18，低温冷凝泵升温至-93℃，释放冷冻在不锈钢冷阱的氙，打开阀门 V18，氙扩散至稀有气体质谱仪并平衡 60s，稀有气体质谱仪切换至氙同位素测试参数，采用“跳峰”的方式对氙同位素组成进行测定，其中，^{124}Xe 和 ^{126}Xe 采用电子倍增器测定，而其他 Xe 同位素组成采用法拉第杯测定，获得样品中各个 ^{124}Xe、^{126}Xe、^{128}Xe、^{129}Xe、^{130}Xe、^{131}Xe、^{132}Xe、^{134}Xe 和 ^{136}Xe 的强度值及同位素组成测试值 $R(^{m}Xe/^{n}Xe)$，（m，n=124，126，128，129，130，131，132，134，136）。

（6）数据处理

对空气中稀有气体同位素组成进行测定，通过对 $R(^{3}He/^{4}He)$、$R(^{20}Ne/^{22}Ne)$、$R(^{21}Ne/^{22}Ne)$，$R(^{40}Ar/^{36}Ar)$、$R(^{38}Ar/^{36}Ar)$，$R(^{i}Kr/^{j}Kr)$（i，j=78、80、82、83、84、86）和 $R(^{m}Xe/^{n}Xe)$（m，n=124、126、128、129、130、131、132、134、136）测试值零点线性回归，获得空气中各个同位素组成的测试值。由于空气中稀有气体同位素组成恒定，通过测试值与实际值比较，采用公式（1）～（7），分别对质谱仪测试过程的质量歧视效应进行校正，最终分别获得样品中 $R(^{3}He/^{4}He)_s$、$R(^{20}Ne/^{22}Ne)_s$、$R(^{21}Ne/^{22}Ne)_s$，$R(^{40}Ar/^{36}Ar)_s$、$R(^{38}Ar/^{36}Ar)_s$，$R(^{i}Kr/^{j}Kr)_s$ 和 $R(^{m}Xe/^{n}Xe)_s$。

$$R(^{3}He/^{4}He)_s=[R(^{3}He/^{4}He)_m]/[R(^{3}He/^{4}He)_a]\times[R(^{3}He/^{4}He)_t] \quad (26)$$

$$R(^{20}Ne/^{22}Ne)_s=[R(^{20}Ne/^{22}Ne)_m]/[R(^{20}Ne/^{20}Ne)_a]\times[R(^{20}Ne/^{22}Ne)_t] \quad (27)$$

$$R(^{21}Ne/^{22}Ne)_s=[R(^{21}Ne/^{22}Ne)_m]/[R(^{21}Ne/^{20}Ne)_a]\times[R(^{21}Ne/^{22}Ne)_t] \quad (28)$$

$$R(^{40}Ar/^{36}Ar)_s=[R(^{40}Ar/^{36}Ar)_m]/[R(^{40}Ar/^{36}Ar)_a]\times[R(^{40}Ar/^{36}Ar)_t] \quad (29)$$

$$R(^{38}Ar/^{36}Ar)_s=[R(^{38}Ar/^{36}Ar)_m]/[R(^{38}Ar/^{36}Ar)_a]\times[R(^{38}Ar/^{36}Ar)_t] \quad (30)$$

$$R({}^{i}Kr/{}^{j}Kr)_s=[R({}^{i}Kr/{}^{j}Kr)_m]/[R({}^{i}Kr/{}^{j}Kr)_a]\times[R({}^{i}Kr/{}^{j}Kr)_t] \quad (i,j=82, 83, 84, 86) \cdots\cdots\cdots (31)$$

$$R({}^{m}Xe/{}^{n}Xe)_s=[R({}^{m}Xe/{}^{n}Xe)_m]/[R({}^{m}Xe/{}^{n}Xe)_a]\times[R({}^{m}Xe/{}^{n}Xe)_t]$$

$$(m, n=124, 126, 128, 129, 130, 131, 132, 134, 136) \cdots\cdots\cdots (32)$$

式中：

R_s——待测样品中稀有气体同位素组成实际值；

R_m——待测样品中稀有气体同位素组成测试值；

R_a——空气中稀有气体同位素组成测试值；

R_t——空气中稀有气体同位素组成实际值。

9.2.5 质量保证和控制

样品测量之前，为确保样品在提取纯化过程中系统的可靠性，首先需要对测试全流程空白值进行测定，然后对测试空气中稀有气体同位素组成进行全流程的质量控制，在此基础上，方可对实际样品进行测试。

测试结果要求：对空气饱和水中稀有气体同位素和含量平行测试 5 次，$R({}^{3}He/{}^{4}He)$，$R({}^{20}He/{}^{22}He)$，$R({}^{40}Ar/{}^{36}Ar)$，$R({}^{78}Kr/{}^{84}Kr)$和 $R({}^{132}Xe/{}^{136}Xe)$的测试精度分别优于±0.6%，±0.5%，±0.2%，±0.2%和±0.9%；He、Ne、Ar、Kr 和 Xe 含量的测试精度分别优于±1%，±1.5%，±2.0%，±3.0%和±3.0%。

9.3 ^{85}Kr 同位素相对丰度的测定-原子阱痕量分析方法

9.3.1 适用范围

本方法规定了采用原子阱痕量分析方法测定地热水中放射性 ^{85}Kr 同位素活度和计算 ^{85}Kr 年龄的方法。适用于地热流体中 ^{85}Kr 同位素放射性活度的测定。需要的样品量为 0.5 至 2.5μL STP 氩气。检出限、测量范围、测量精度和定年范围见表 4。

表 4 检出限、定量限及测定范围（dpm/cc: decay per minute per cubic centimeter Kr）

测定同位素	检出限（dpm/cc）	测量范围（dpm/cc）	丰度测量精度	定年范围（年）	定年精度
^{85}Kr	0.2	1～100	3%（现代样品）	2～50	5%～10%

9.3.2 基本原理

氪-85（^{85}Kr）是一个裂变产物，由人类的核活动产生，其半衰期 10.8 年。它在大气中的含量呈缓慢增加的趋势。^{85}Kr 的产生源集中在北半球，其全球分布并不完全均匀，北半球大气中 ^{85}Kr 的浓度要比南半球高约 15%。98%的 ^{85}Kr 存在于大气中，其余的存在于各种环境水体里。当地下水与空气隔绝后，其中的 ^{85}Kr 含量会因为核衰变随时间逐渐减小，通过测量地下水中的 ^{85}Kr 同位素丰度可以推算出地下水的年龄，即地下水与大气隔绝的时间。地下水的 ^{85}Kr 表观年龄通过以下公式（33）计算：

$$R_{85}=F(t)\cdot 2^{-\frac{t_m-t}{t_{1/2}}} \cdots\cdots\cdots (33)$$

式中：

R_{85}——样品的 ^{85}Kr 活度；

$F(t)$——^{85}Kr 的大气输入函数，即 ^{85}Kr 在大气中活度的历史函数；

t——样品年代；

t_m——测量样品的日期，a；

$t_{1/2}$——^{85}Kr 的半衰期（10.8a）。

9.3.3 材料和仪器设备

（1）氪氩样品预处理系统：从地热水提取的溶解气样品中分离提纯氪、氩。

（2）氪同位素原子阱痕量分析（ATTA）仪器：分析预处理后氪气样品中 ^{81}Kr 的相对同位素丰度或 ^{85}Kr 放射性活度。

9.3.4 分析方法

（1）样品预处理

通过样品预处理系统将地热流体溶解气体中的氪气分离。要求分离效率＞90%，纯度＞50%，提纯样品中 Kr/Ar＞4:1，样品量需达到 0.5μL～2.5μL STP Kr。

（2）样品测量

进样：将氪同位素原子阱痕量分析（ATTA）仪器设置到闭循环模式，安装样品池至 ATTA 仪器进样端，将待测 Kr 样品导入真空系统，记录进样后系统的压力。

原子计数测量：将激光锁定至参考同位素 ^{83}Kr，启动测量程序，开启 ATTA 仪器射频放电源，确认参考同位素可以被激光俘获、原子阱正常工作。切换到测量模式，程序自动在被测同位素 ^{85}Kr 和参考同位素 ^{83}Kr 之间反复切换测量，进行 ^{85}Kr 原子计数，测量时间 2h～4h。测量结束后，对程序记录的数据进行处理。

（3）实验数据处理

处理测量数据得到待测样品的 ^{85}Kr 原子计数率，计算得到 ^{85}Kr 计数率与参考同位素 ^{83}Kr 装载率的比值 $(LR_{85Kr}/LR_{83Kr})_{sample}$。

利用式（34）计算待测样品的 ^{85}Kr 同位素放射性活度 R_{85}：

$$R_{85}=k(LR_{85Kr}/LR_{83Kr})_{sample} \qquad (34)$$

式中：

k——ATTA 仪器的 ^{85}Kr 活度转换系数，通过测量一系列不同 ^{85}Kr 活度的标准氪气样品定标得到。

利用式（34）计算待测样品的 ^{85}Kr 表观年龄：

（4）误差估计

数据处理程序在计算（LR_{85Kr}/LR_{83Kr}）比值时会给出相应的测量误差，其贡献来自于 ^{85}Kr 同位素原子计数的统计误差和参考同位素 ^{83}Kr 的测量误差。通过误差传递公式将待测样品中 ^{85}Kr 同位素相对丰度 R_{85} 的误差以及待测样品 ^{85}Kr 表观年龄的测量误差逐一算出。

9.3.5 质量保证和控制

（1）数据统计分布检验：测量完成后用数据处理程序检验测量数据的原子计数是否满足泊松分布，如果不满足则数据需要丢弃。

（2）平行样品测量：每批样品至少安排一个平行样重复测量作为质量控制（建议每 10 个样品一个平行样）。

9.4 ^{39}Ar 同位素相对丰度的测定——原子阱痕量分析方法

9.4.1 适用范围

本方法规定了采用原子阱痕量分析方法测定地热水中放射性 ^{39}Ar 同位素相对丰度和计算 ^{39}Ar 年龄的方法。适用于地热流体中溶解的 ^{39}Ar 同位素相对丰度的测定。需要的样品量为 1mL～2mL STP 氩气。检出限、测量范围、测量精度和定年范围见表 5。适合测量年代在 50 年～1800 年之间的环境水（或冰）样品。

表 5 检出限、定量限及测定范围（pMAr：percent modern Ar）

测定同位素	检出限（pMAr）	测量范围（pMAr）	丰度测量精度	定年范围（年）	定年精度
^{39}Ar	1	2～100	5%（现代样品）	50～1800	10%

9.4.2 基本原理

当地下水与空气隔绝后，其中溶解的 ^{39}Ar 含量会因为核衰变的原因随时间逐渐减小，因此通过测量地下水中的 ^{39}Ar 同位素丰度可以推算出地下水的年龄，即地下水与大气隔绝的时间。地下水的 ^{39}Ar 表观年龄可以通过以下公式（35）计算：

$$age = -t_{1/2}\cdot\ln[R_{39}(\mathrm{pMAr})/100]/\ln2 \qquad (35)$$

式中：

R_{39}——^{39}Ar 的相对同位素丰度，现代样品的 R_{39} 为 100 pMAr，单位 pMAr 是 percent modern Ar 的缩写；

$t_{1/2}$——^{39}Ar 的半衰期（269 年）。

9.4.3 材料和仪器设备

（1）氪氩样品预处理系统：从地热水提取的溶解气样品中分离提纯氪、氩。

（2）氪同位素原子阱痕量分析（ATTA）仪器：分析预处理后氩气样品中 ^{39}Ar 的相对同位素丰度。

9.4.4 分析方法

（1）样品测量

进样：将氩同位素原子阱痕量分析（ATTA）仪器设置到闭循环模式，将待测试 Ar 样品安装至 ATTA 仪器的进样端，缓慢将样品导入真空系统。进样完毕后记录 ATTA 仪器真空系统的压力。

原子计数测量：将测量激光锁定至参考同位素 ^{38}Ar，启动测量程序，开启 ATTA 仪器的射频放电源，确认参考同位素可以被激光俘获、原子阱正常工作。将程序切换到测量模式，此时程序会自动在被测同位素 ^{39}Ar 和参考同位素 ^{38}Ar 之间反复切换测量，直至测量结束。测量过程中监视 ^{39}Ar 的原子计数，一般测量时间在 12h～24h。测量结束后，停止测量程序，将程序自动记录的数据拷贝至数据存储文件夹，留待数据处理。

（2）标准样品测量

进样：用氙气放电清洗氩同位素原子阱痕量分析（ATTA）仪器，将氩同位素原子阱痕量分析（ATTA）仪器设置到闭循环模式，将标准 10×富集 Ar 样品导入 ATTA 仪器，控制微漏阀使 ATTA 仪器真空系统中 Ar 压力达到测量气压，记录 ATTA 仪器真空系统的压力。

原子计数测量：开始测量，步骤与上述样品测量中的相同。

（3）数据处理

利用原子计数数据处理程序处理待测样品的原子计数数据，获得 ^{39}Ar 的原子计数，计算得到 ^{39}Ar 计数率与参考同位素 ^{38}Ar 装载率的比值（LR_{39Ar}/LR_{38Ar}）$_{sample}$。

利用原子计数数据处理程序处理标准现代氩气样品的原子计数数据，获得 ^{39}Ar 的原子计数，计算得到 ^{39}Ar 计数率与参考同位素 ^{38}Ar 装载率的比值（LR_{39Ar}/LR_{38Ar}）$_{modern}$。

利用式（36）计算待测样品的 ^{39}Ar 同位素相对丰度 R_{39}：

$$R_{39} = \frac{(LR_{39Ar} / LR_{38Ar})_{sample}}{(LR_{39Ar} / LR_{38Ar})_{modern}} \times 100(\mathrm{pMAr}) \qquad (36)$$

（4）误差估计

原子计数数据处理程序在计算（LR_{39Ar}/LR_{38Ar}）比值时会给出相应的测量误差，其贡献来自于 ^{39}Ar 同位素的原子计数统计误差和参考同位素 ^{38}Ar 的测量误差。通过误差传递公式可以将待测样品的 ^{39}Ar 同位素相对丰度 R_{39} 的误差以及待测样品 ^{39}Ar 表观年龄的测量误差逐一算出。

9.4.5 质量保证和控制

（1）数据统计分布检验：原子计数数据处理程序会检验原子计数是否满足泊松分布，如果不满足则说明在原子计数时出现问题，数据不能使用。

（2）平行样品盲测：每批样品至少有一个平行重复样品作为质量控制样品（建议每 10 个样品一个平行样）。该样品信息隐藏，对其进行"盲测"。测量完成后再把样品信息公开，找到与其相同样品的测量结果。

9.5 ^{81}Kr 同位素相对丰度的测定——原子阱痕量分析方法

9.5.1 适用范围

本方法规定了采用原子阱痕量分析方法测定地下水中放射性 ^{81}Kr 同位素相对丰度和计算 ^{81}Kr 年龄的方法。适用于地热流体中溶解的 ^{81}Kr 同位素相对丰度的测定。需要的样品量为 0.5μL～2.5μL STP 氪气。检出限、测量范围、测量精度和定年范围见表 6。

表 6 检出限、定量限及测定范围（pMKr: percent modern Kr）

测定同位素	检出限（pMKr）	测量范围（pMKr）	丰度测量精度	定年范围（万年）	定年精度
^{81}Kr	2	2～100	3%（现代样品）	4～130	5%～10%

9.5.2 基本原理

氪-81（^{81}Kr）由宇宙射线与地球大气中的稳定氪同位素作用产生，其半衰期 22.9 万年。它的产生与衰变在大气中是平衡的，适合测量年代在 4 万到 130 万年之间的环境水（或冰）样品。^{81}Kr 在全球大气中得到充分混合，其区域分布是均匀的。98%的 81Kr 存在于大气中，其余的存在于各种环境水体里。

当地下水与空气隔绝后，其中溶解的 ^{81}Kr 含量会因为核衰变的原因随时间逐渐减小，因此通过测量地下水中的 ^{81}Kr 同位素丰度可以推算出地下水的年龄，即地下水与大气隔绝的时间。地下水的 ^{81}Kr 表观年龄可以通过以下公式（37）计算：

$$age = -t_{1/2} \cdot \ln(R_{81}(\mathrm{pMKr})/100)/\ln 2 \quad \cdots\cdots (37)$$

式中：

R_{81}——^{81}Kr 的相对同位素丰度，现代样品的 R_{81} 为 100pMKr，单位 pMKr 是 percent modern Kr 的缩写；

$t_{1/2}$——^{81}Kr 的半衰期（22.9 万年）。

9.5.3 材料和仪器设备

（1）氪氩样品预处理系统：从地热水提取的溶解气样品中分离提纯氪、氩。

（2）氪同位素原子阱痕量分析（ATTA）仪器：分析预处理后氪气样品中 ^{81}Kr 的相对同位素丰度或 ^{85}Kr 放射性活度。

9.5.4 分析方法

（1）样品预处理

收集到的地热流体溶解气体需通过样品预处理系统将其中的氪气分离出来。要求分离效率＞90%，纯度＞50%，提纯样品中 Kr/Ar＞4:1，样品量需达到 0.5μL～2.5μL STP Kr。

（2）样品测量

进样：将氪同位素原子阱痕量分析（ATTA）仪器设置到闭循环模式，将待测试 Kr 样品安装至 ATTA 仪器的进样端，缓慢将样品导入真空系统。进样完毕后记录 ATTA 仪器真空系统的压力。

原子计数测量：将测量激光锁定至参考同位素 ^{83}Kr，启动测量程序，开启 ATTA 仪器的射频放电源，确认参考同位素可以被激光俘获、原子阱正常工作。将程序切换到测量模式，此时程序会自动在被测同位素 ^{81}Kr 和参考同位素 ^{83}Kr 之间反复切换测量，直至测量结束。测量过程中监视 ^{81}Kr 的原子计数，一般测量时间在 2h～4h。测量结束后，停止测量程序，将程序自动记录的数据拷贝至数据存储文件夹，留待数据处理。

（3）标准现代样品测量

进样：将氪同位素原子阱痕量分析（ATTA）仪器设置到流气模式，将标准现代 Kr 样品导入 ATTA 仪器，控制微漏阀使 ATTA 仪器真空系统中 Kr 压力达到测量气压，记录 ATTA 仪器真空系统的压力。

原子计数测量：开始测量，步骤与上述样品测量相同。

（4）数据处理

利用原子计数数据处理程序处理待测样品的原子计数数据，获得 ^{81}Kr 的原子计数，计算得到 ^{81}Kr 计数率与参考同位素 ^{83}Kr 装载率的比值（LR_{81Kr}/LR_{83Kr}）$_{sample}$。

利用原子计数数据处理程序处理标准现代氪气样品的原子计数数据，获得 ^{81}Kr 的原子计数，计算得到 ^{81}Kr 计数率与参考同位素 ^{83}Kr 装载率的比值（LR_{81Kr}/LR_{83Kr}）$_{modern}$。

利用式（38）计算待测样品的 81Kr 同位素相对丰度 R_{81}：

$$R_{81}=\frac{(LR_{81Kr}/LR_{83Kr})_{sample}}{(LR_{81Kr}/LR_{83Kr})_{modern}}\times 100(\text{pMKr}) \quad \cdots\cdots\cdots\cdots\cdots\cdots \quad (38)$$

利用式（38）计算待测样品的 ^{81}Kr 表观年龄。

（5）误差估计

原子计数数据处理程序在计算（LR_{81Kr}/LR_{83Kr}）比值时会给出相应的测量误差，其贡献来自于 ^{81}Kr 同位素的原子计数统计误差和参考同位素 ^{83}Kr 的测量误差。通过误差传递公式可以将待测样品的 ^{81}Kr 同位素相对丰度 R_{81} 的误差以及待测样品 ^{81}Kr 表观年龄的测量误差逐一算出。

9.5.5 质量保证和控制

（1）数据统计分布检验：原子计数数据处理程序会检验原子计数是否满足泊松分布，如果不满足则说明在原子计数时出现问题，数据不能使用。

（2）平行样品盲测：每批样品至少有一个平行重复样品作为质量控制样品（建议每 10 个样品一个平行样）。该样品信息隐藏，对其进行“盲测”。测量完成后再把样品信息公开，找到与其相同样品的测量结果进行比对，两个样品的测量结果应该在误差范围内一致。

10 地热水典型微生物指标测试

10.1 适用范围

本部分规定了地热水中典型微生物硫酸盐还原菌、铁细菌和腐生菌的分析测试方法。

10.2 基本原理

采用绝迹稀释法，用无菌注射器将待测水样逐级注入到测试瓶中进行接种稀释，将各稀释倍数的测试瓶置于恒温培养箱中培养。根据细菌生长情况和稀释倍数，采用 MPN 法对被测试样中的硫酸盐还原菌、铁细菌和腐生菌进行计数。

10.3 材料和仪器设备

（1）涡旋振荡器；
（2）恒温培养箱；
（3）注射器：1.0mL（0.02mL 分度）；
（4）硫酸盐还原菌测试瓶；
（5）铁细菌测试瓶；
（6）腐生菌测试瓶；
（7）脱脂棉（医用）。

10.4 试剂

75%酒精。

10.5 分析方法

（1）根据测试需求，对水样中硫酸盐还原菌、铁细菌做两组或三组平行样实验。每组实验应用三个以上测试瓶，每一组测试瓶按照稀释等级排成一排，依次编上序号 0，1，2，3，…。两组平行样实验排成两排，三组平行样实验排成三排。

（2）用 75%的酒精棉球将启封后的测试瓶盖及操作者的手进行消毒。

（3）用无菌注射器吸取 1mL 水样注入到 1 号瓶中，充分振摇，待用。

（4）另取一支无菌注射器，从 1 号瓶中吸取 1mL 经过充分振摇的水样注入到 2 号瓶中，充分振摇，待用。

（5）另取一组测试瓶，接种 1mL 无菌去离子水作为空白对照。

（6）按上述操作依次接种稀释到最后一瓶为止，放入恒温培养箱中于 35℃±1℃下培养。硫酸盐还原菌培养 14d～21d 后观察，测试瓶中液体由微黄色透明变为黑色或生成黑色沉淀，即表示有硫酸盐还原菌生长。铁细菌培养 7d～14d 后观察，测试瓶中液体变浑浊，生成棕色或黑色沉淀，即表示有铁细菌生长。腐生菌培养 5d～7d 后观察，测试瓶中液体由红色变为黄色或浑浊变浅，即表示有腐生菌生长。

（7）结果计算

细菌测试瓶经过一定时间培养后，测试瓶发生阳性反应记作“+”，发生阴性反应记作“-”；如果空白对照出现阳性反应，表明测定过程中有污染，本次测定无效。按照瓶号列出稀释等级，并根据细菌测试瓶发生阳性反应的个数，确定生长指标和级数。在附录 B 的表 3 中查到生长指标，根据生长指标确定细菌量基数并乘以级数，即为细菌量总数。

细菌量总数=细菌量基数×级数

10.6 质量检查与控制

实验室应根据需要设置阳性对照、阴性对照和空白对照，定期对检验过程进行质量控制。

11 地热流体组分重建方法

11.1 适用范围

本部分规定了利用地表采集到的地热水和地热气体的化学数据重建深部热储流体的方法。

本部分适用于发生了水气分离的两相流样品。

水样和气样组分的分析数据都以 mg/L 或者 mmol/L 或 mmol/kgs 的形式定量表达。

11.2 基本原理

地热流体温度高于当地沸点时，在上升至地表或井口过程中因压力降低，发生水气分离，使得一部分水以水蒸气形式散失，甚至一部分化学组分从地热流体中结垢析出，导致剩余地热水中的化学组分发生变化。地热流体组成重建方法即利用井口采集到的地热水和气体化学数据，或者析出的矿物数据以及蒸汽质量比例，将散失掉的水气和析出的矿物还原到地热流体中。

11.3 数据和方法

11.3.1 地热水化学分析数据

需要的地热水化学组分数据包括 CO_2（水中碳以 CO_2 形式表示）、H_2S、NH_3、B、SiO_2、Na、K、Mg、Ca、F、Cl、SO_4、Al 和 Fe 含量、TDS、pH 值以及测 pH 值时的温度。

11.3.2 地热气体组分数据

地热气体组分数据按照表 2 所示整理。

11.4 重建方法

深部热储流体化学组成计算方法详见式 39，

$$m_i^{dl} = m_i^{v} X^{v} + m_i^{l}(1 - X^{v}) \quad (39)$$

式中：

m_i^{dl}、m_i^{v} 和 m_i^{l} —— 分别为 i 组分在深部热储流体以及水气分离后气相和地热水中的含量，mg/L 或者 mmol/L 或 mmol/kgs；

X^{v} —— 蒸汽散失比例，无量纲。

11.5 注意事项

（1）本方法仅针对没有发生结垢的情景。

（2）对于发生了钙垢的情况，建议将得到的组分数据输入到 PHREEQC 中，同时加入方解石至平衡态来重建深部流体组分。

（3）对于发生了水气分离的地热水，重建后的流体组成才是真实的深部热储流体组成，而在井口或地表采集到的地热水化学组成通常较深部流体组成更加富集。

附 录 A
（资料性）
水中溶解性稀有气体提取和纯化装置

水中溶解性稀有气体提取纯化装置如图 A.1 所示，气体提取系统主要包括铜管压裂器和不锈钢罐。准确称量装满水的采样铜管质量 *m*1（质量精确至万分之一），采用黄铜卡套将采样铜管固定在提取系统上，透过固定在压裂器上的玻璃观察窗调整采样铜管高度，使得采样铜管密封面位于压裂器的压杆处，然后拧紧黄铜卡套对采样铜管进行密封。打开阀门 V1，利用涡旋式干泵和前级分子泵对压裂器和不锈钢罐抽真空，使得气体提取部分真空度优于 10^{-3}Pa。

气体纯化系统主要包括锆铝泵、分子筛干燥器和低温冷凝泵等，用于干燥水蒸气后，吸附活性气体，最后实现稀有气体有效分离，此部分真空采用无油分子泵组保持，其真空度优于 10^{-6}Pa。

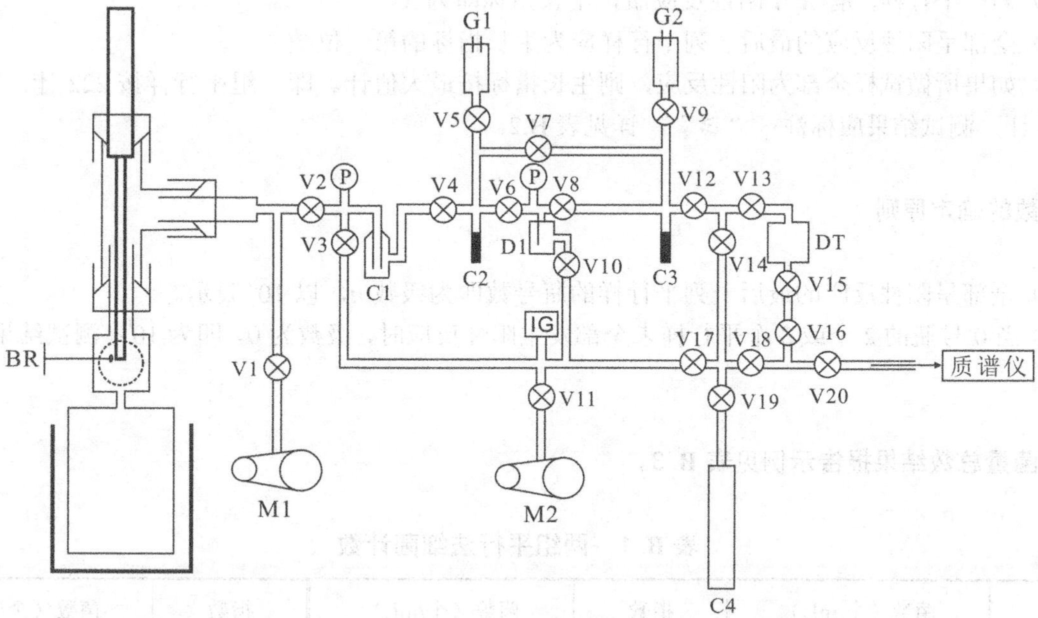

图 A.1 水中溶解性稀有气体提取纯化装置

V1～V20—阀门；BR—铜管压裂器；CP—毛细管；T1—小体积；P—对流真空规；C1—玻璃冷阱；C2—不锈钢冷阱（装有 5Å 分子筛）；C3—不锈钢冷阱（装有活性炭）；C4—低温冷凝泵；G1、G2—锆铝泵；D1—干燥器（装有 3Å 分子筛）；DT—不锈钢罐（容积：1000ml）；M1、M2—分子泵组

附 录 B
（资料性）
细菌计数方法

B.1 多组测试瓶细菌计数法

为准确地测定细菌浓度，每个样品应同时做 2～3 组平行样检测。水样应稀释至测试瓶在培养箱培养后不长菌的稀释倍数，详见表 B.1。

B.2 生长指标确定原则

（1）同一平行样，有 *X* 个阳性反应瓶，生长指标即为 *X*。

（2）全部呈阳性反应的最后一列平行样应为生长指标的第一位数。

（3）如果所做试样全部为阳性反应，则生长指标按最大值计。即二组平行样按 222 计，三组平行样按 333 计，测试结果应标注：“≥”，详见表 B.2。

B.3 级数的确定原则

（1）全部呈阳性反应的最后一列平行样的瓶号数即为级数 *n*，以 10^n 表示。

（2）当 0 号瓶的 2 个或 3 个平行样未全部发生阳性反应时，级数为 0，即为 10^0，测试结果应标注：“≤”。

B.4 细菌量总数结果报告示例见表 B.3。

表 B.1 两组平行法细菌计数

指数	菌数（个/mL）	指数	菌数（个/mL）	指数	菌数（个/mL）
000	0.0	110	1.3	211	13.0
001	0.5	111	2.0	212	20.0
010	0.5	120	2.0	220	25.0
011	0.9	121	3.0	221	70.0
020	0.9	200	2.5	222	110.0
100	0.6	201	5.0		
101	1.2	210	6.0		

表 B.2　三组平行法细菌计数

指数	菌数（个/mL）	指数	菌数（个/mL）	指数	菌数（个/mL）
000	0.0	122	1.8	232	4.0
001	0.3	123	2.2	233	4.5
002	0.6	130	1.6	300	2.5
003	0.8	131	1.9	301	4.0
010	0.3	132	2.1	302	6.5
011	0.6	133	2.4	303	10.0
012	0.8	200	0.9	310	4.5
020	0.6	201	1.4	311	7.5
021	0.8	202	2.0	312	11.5
022	1.0	210	1.5	313	16.0
100	0.4	211	2.0	320	9.5
101	0.7	212	3.0	321	15.0
102	1.1	220	2.0	322	20.0
110	0.7	221	3.0	323	30.0
111	1.1	222	3.5	330	25.0
112	1.4	223	4.0	331	45.0
120	1.1	230	3.0	332	110.0
121	1.5	231	3.5	333	140.0

表 B.3　细菌量总数结果报告示例

示例	长菌结果观察记录					生长指标	级数	细菌量总数（个/mL）
	0 号瓶	1 号瓶	2 号瓶	3 号瓶	4 号瓶			
	0 级	1 级	2 级	3 级	4 级			
1	+-	+-	--	--	--	110	10^0	$\leqslant 1.3\times 10^0$
2	++	++	+-	--	--	210	10^1	6.0×10^1
3	++	++	++	+-	--	210	10^2	6.0×10^2
4	++	++	++	++	++	222	10^4	$\geqslant 1.1\times 10^6$
5	+--	+--	---	---	---	110	10^0	$\leqslant 0.7\times 10^0$
6	+++	+++	+--	+--	---	311	10^1	7.5×10^1
7	+++	+++	+++	+--	+--	311	10^2	7.5×10^2
8	+++	+++	+++	+++	+++	333	10^4	$\geqslant 1.4\times 10^6$

注 1：测试瓶发生阳性反应记作“+”，发生阴性反应记作“-”；

注 2：灰色单元格即确定生长指标和级数所依据的测试结果。

参 考 文 献

[1] American Public Health Association, American Water Works Association, Water Environment Federation (2017)

[2] Giggenbach, W. F. and Goguel, R. L. 1989. Collection and analysis of geothermal and volcanic water and gas discharges. 4th edition. Department of Scientific and Industrial Research, Petone, New Zealand, 81 pp.

[3] Ellis, A.J and Mahon, W.A.J. 1977. Chemistry and Geothermal Systems, Academic Press, N.Y., 392 pp.

[4] Vitense, K.R. and McGown, L.B. 1987. Simultaneous determination of aluminum (III) and gallium (III) with lumogallion by phase-resolved fluorimetry. Analyst 1, 12, 1273−1277.

[5] Koroleff, F. 1983. Determination of ammonia. In Grasshoff, K:, Erhardt, M. and KremLing, K. (editors): Methods of seawater analysis. Verlag Chemie, Weinheim, 150−157

[6]Arnórsson, S., Bjarnason, J., Giroud, N., Gunnarsson, I., Stefánsson, A.2006.Sampling and analysis of geothermal fluids. Geofluids, 6(3), 203−216.

[7] Ármannsson, H., Pang, Z.H. 2005. Analytical Procedures and Quality Assurance for Geothermal Water Chemistry. United nations University Geothermal Training Program.

[8] Li, J., Pang, Z.H., Yang, G.M., Tian, J., Tong, A.L., Zhang, X.Y., Hu, S.M. 2017. Million−year−old groundwater revealed by krypton−81 dating in Guanzhong Basin, China. Science Bulletin, 62: 181−1184.

[9] Li, Y.M., Pang, Z.H., Galeczka, I.M. 2020. Quantitative assessment of calcite scaling of a high temperature geothermal well in the Kangding geothermal field of Eastern Himalayan Syntax. Geothermics, 87: 101844.

[10] 王延欣，刘世良，边庆玉，鄢斌，刘学峰，刘金侠，王海燕，卜宪标. 2015. 甘孜地热井结垢分析及防垢对策. 新能源进展, 3(3): 202−206.

ICS 73.020
D 10

NB

中华人民共和国能源行业标准

NB/T 10099—2018

地热回灌技术要求

Technical requirements for geothermal reinjection

2018-10-29 发布　　2019-03-01 实施

目　次

前　言

本标准按照GB/T 1.1—2009《标准化工作导则　第1部分：标准的结构和编写》给出的规定起草。

本标准能源行业地热能专业标准化技术委员会提出并归口。

本标准起草单位：中国石化集团新星石油有限责任公司、天津地热勘查开发设计院、河北省地热资源开发研究所、中国地质科学院水文地质环境地质研究所、中国石油天然气集团有限公司辽河油田供水公司。

本标准主要起草人：赵丰年、向烨、赵苏民、张德忠、王贵玲、国殿斌、金文倩、郭世炎、姚艳华、袁明叶、杨卫、周鑫。

本标准于2018年首次发布。

地热回灌技术要求

1 范围

本标准规定了地热回灌的名词术语、总则、基础资料的准备、地热回灌工程设计、地热回灌系统主要装置及设备、地热回灌运行维护和动态监测的要求。

本标准适用于水热型地热能开发利用项目中回灌工程的设计、施工、验收、运行维护和监测，其他类型的地热回灌工程参照执行。

2 规范性引用文件

下列文件对于本文件的应用是必不可少的。凡是注日期的引用文件，仅所注日期的版本适用于本文件。凡是不注日期的引用文件，其最新版本（包括所有的修改单）适用于本文件。

GB/T 11615　地热资源地质勘查规范

GB 50027　供水水文地质勘察规范

DZ/T 0260　地热钻探技术规程

3 术语和定义

下列术语和定义适用于本文件。

3.1

同层回灌　geothermal reinjection into the same reservoir

将地热流体回灌至与开采井相同的热储层。

3.2

自然回灌　natural reinjection

在不用加压泵加压的情况下，将利用后的地热流体直接注入回灌井进行回灌。

3.3

加压回灌　pressurized reinjection

在采用加压泵加压的情况下将利用后的地热流体注入回灌井进行回灌。

3.4

回灌系统　reinjection system

地热回灌中，包括开采井、回灌井以及连通采、灌井之间的地面管路、水质净化、排气、加压、监测等装置及设备在内的完整的封闭系统。

3.5

回扬　pump lifting

利用抽水的方式除去回灌井中堵塞物和附着物的方法。

4 总则

地热能开发利用项目应通过科学回灌防止环境污染，保护地热资源，实现地热能的可持续开发和利用。

5 基础资料准备与回灌试验

5.1 基础资料准备

地热回灌工作前，宜结合前期的地质勘查和试生产情况准备以下基础资料：

a） 地热田的地质构造、岩浆活动、控热构造及地热流体的动力场、温度场和循环途径；

b） 地热井位置、深度、生产能力、温度、压力、流体化学成分等地热井参数；

c） 边界位置、面积、顶板深度、底板深度等热储几何参数；

d） 温度、储层压力、岩石密度、比热、热导率和压缩系数等热储物理性质；

e） 渗透率、渗透系数、水力传导系数、弹性释水系数、孔隙率、有效孔隙率等热储渗透性和储存流体能力的参数；

f） 密度、热焓、热导率、比热、组分、粘滞系数和压缩系数等热流体性质。

5.2 回灌试验

开展回灌试验测定回灌井的回灌量、压力、流体温度随时间的变化。结合示踪试验进行回灌能力评价、确定回灌影响范围及影响区内热储温度、储层压力和化学组分的变化特点等并形成回灌能力评价报告。回灌试验的具体要求按照 GB/T 11615 执行。

6 回灌系统设计

6.1 回灌井设计要求

6.1.1 应在基础资料准备和回灌试验的基础上，建立热储模型，设计开发方案。

6.1.2 回灌井与开采井的目的层宜在同一热储层，宜通过数值模拟确定开采井、回灌井的合理数量和井位布置及保持地热田实现可持续开发利用的采灌强度。

6.1.3 井位布置应避免开采井和回灌井的井距过近，防止出现热突破。

6.1.4 回灌井钻井工程设计按照 DZ/T 0260 执行。

6.1.5 回灌井成井工艺原则：

a） 选择条件好、渗透能力强的热储；

b） 将目的层与非目的层隔开；

c） 加强井壁的稳定性；

d） 采用高过流面积的成井工艺。

6.1.6 回灌井储层保护要求：

a） 加强钻井过程中钻井液性能和质量管理，减少钻井液对储层的伤害；

b） 成井时对目的层进行洗井，洗井应清除孔内及热储层段井壁的泥浆、岩屑、岩粉等堵塞物，具体按照 GB/T 11615 和 GB 50027 的要求执行。具体洗井工艺及要求根据实际情况而定。

6.2 回灌系统设计要求

6.2.1 回灌方式选择

回灌可采用自然回灌或加压回灌方式。自然回灌不能满足全部回灌情况下进行加压回灌。

6.2.2 回灌系统工艺流程设计

6.2.2.1 地热水从开采井抽取出来，经过换热利用后输送至回灌井，过程中采用除砂、过滤、排气等工艺，自然或加压回灌至回灌井，实现同层回灌。工艺流程示意图见图1。

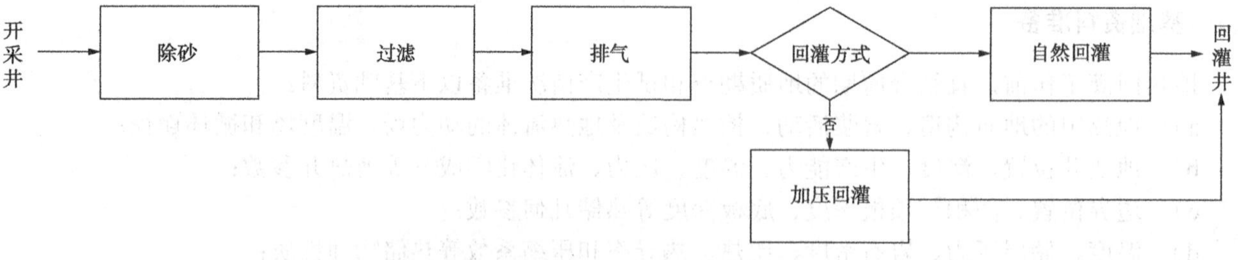

图1 回灌系统工艺流程示意图

6.2.2.2 回灌管网设计应保证气体的排出和清洗方便。

6.2.2.3 回灌水水质净化处理符合下列要求：

a） 对裂隙型热储，回灌过滤精度应小于50μm；

b） 对孔隙型热储，过滤精度应小于5μm；

c） 宜具有排气装置，防止气体堵塞。

7 回灌系统主要装置及设备

7.1 除砂器

除去地热流体中的砂粒和杂质，分离粒径应达0.1mm。

7.2 过滤器

用于滤除地热流体中的小粒径颗粒和悬浮物，防止堵塞。根据热储层特征选择相应的过滤精度，过滤材料要考虑耐温和耐压。

7.3 排气装置

用于排除流体中的气体，防止气体堵塞。排气装置流量应满足回灌设计的流量要求。排气装置容许的工作压力应高于回灌系统的最大工作压力。

7.4 回灌加压泵

用于加压回灌，加压泵电机应具有变频控制功能。原则是回灌井底压力要高于储层压力，加压泵压力不超过系统额定系统压力。

7.5 井口装置

安装完成后应进行密封检查，压力测试应满足系统设计的回灌压力要求。

7.6 回扬潜水泵

用于返排井管中的堵塞物和附着物，回扬潜水泵应采用变频控制功能。当回扬泵在回灌井中，利用泵管作为回灌管时，泵头应有抽水和灌水转换装置。

7.7 动态监测装置

用于监测地热井液位及回灌系统中井口压力、温度、流量等数据的监测仪表，应根据检定规程定期检定或校验。监测仪器仪表所有接触液体部分应满足于地热应用工况要求。

8 地热回灌运行、维护与管理

8.1 回灌前准备

8.1.1 对系统装置检查要求

开采井、回灌井的井口动态监测仪器仪表正常，回灌系统电源、设备和阀门状态正常。

8.1.2 冲洗回扬

在回灌前对回灌井进行冲洗回扬，清除井筒内的死水及杂质。根据目测冲洗排水的透明度与原水相同时，结束回扬作业。冲洗回扬结束后对整个回灌系统的管网试运行测试，保证回灌管网完好、无渗漏，各设备运行正常。

8.2 回灌系统运行

回灌系统运行时应要求：

a） 回灌开始前，记录开采井流量表、回灌井流量表的起始读数，开采井、回灌井液位埋深及温度；
b） 回灌开始后，应及时检查整个回灌系统的密封情况，检查排气装置和过滤装置是否正常；
c） 当过滤装置两端的压力差持续增大，数值达 50kPa～60kPa 时，应进行清洗或更换滤料；
d） 回灌系统运行稳定后，在回灌井井口取样进行水质分析，15 天内完成；
e） 当采用加压回灌时，回灌压力不超过系统额定工作压力；
f） 回灌运行出现下列现象之一时，可判断回灌井出现堵塞：
——当保持一定的压力时，随着回灌时间的增长回灌量逐渐减小；
——当保持一定的回灌量时，随着回灌时间的增长，回灌液位持续上升；
——连续回灌一段时间后，进行回扬时井的动水位显著下降或出现断水；
g） 判断回灌井发生堵塞时应及时采取有效措施。

8.3 回灌结束后系统设施的养护

系统设施的养护内容包括：

a） 停灌后，对回灌井进行回扬；
b） 做好设备的维护保养及防腐、防锈等工作；
c） 在停灌期间，宜将停用的地热井（开采井、回灌井）液面以上的井管部分充满惰性气体，对系统各部分定期进行密封检查；
d） 停灌后每季度期应监测液位并记录。

9 动态监测

9.1 总体要求

根据日常开采动态监测数据保证回灌系统正常，地热水在回灌系统中密闭运行，实现原水回灌。地热井应进行日常开采回灌动态监测、开发利用管理动态监测。

9.2 开采井及回灌井监测数据记录

记录的内容包括：

a） 开采井监测内容：压力、水位、出水温度、开采量、累计开采量等；

b） 回灌井监测内容：压力、水位、回灌温度、回灌量、累计回灌量等；

c） 水质监测：根据所在地区开发利用的要求监测回灌井水质，每年至少一次水质分析。

9.3 动态监测管理

资料档案内容及管理要求：

a） 各动态数据的获得可自动记录或由人工记录。自动记录数据应做好储存和备份，人工记录的数据应定期收集整理成电子版并存档。

b） 地热井动态监测各项原始数据必须及时整理、校核、并应编制地热井动态监测资料统计表，资料应包括纸质文件和电子文档，应按档案管理规定对资料进行系统归档保存。

c） 在回灌结束后对项目动态监测资料进行系统分析，分析内容包括：地热井开采量、回灌量、温度、水位、压力、水质等，对回灌系统中的回灌设备设施做出评价，分析热储的动态变化趋势，编制回灌运行分析报告，以指导和改进后续的回灌工作，保证实现采储平衡。

ICS 27.010
CCS F 15

NB

中华人民共和国能源行业标准

NB/T 10703—2021

热储示踪试验技术规程

Technical regulation for tracer test in geothermal reservoir

2021-11-16 发布　　2022-05-16 实施

目　次

前　言

本文件按照 GB/T 1.1—2020《标准化工作导则　第 1 部分：标准化文件的结构和起草规则》的规定起草。

本文件由中国石油化工集团有限公司提出。

本文件由能源行业地热能专业标准化技术委员会归口。

本文件起草单位：清华大学、中国地质科学院水文地质环境地质研究所、天津地热勘查开发设计院、中国石化集团新星石油有限责任公司、中国科学院地质与地球物理研究所、山东省鲁南地质工程勘察院、山东省地质矿产勘查开发局、北京市地热研究院、中国石油大学（北京）、河北省煤田地质局第二地质队、中国矿业大学、中国科学院武汉岩土力学研究所、绍兴文理学院。

本文件主要起草人：赵志宏、王贵玲、刘桂宏、曾梅香、赵丰年、庞忠和、刘彦广、谭现锋、康凤新、刘耀儒、林天懿、黄中伟、上官拴通、浦海、胡大伟、李博、向烨。

本文件于 2021 年首次发布。

热储示踪试验技术规程

1 范围

本文件规定了热储示踪试验设计、实施、结果解释与报告编写要求。

本文件适用于各类地热开发的热储示踪。

2 规范性引用文件

下列文件中的内容通过文中的规范性引用而构成本文件必不可少的条款。其中，注日期的引用文件，仅该日期对应的版本适用于本文件；不注日期的引用文件，其最新版本（包括所有的修改单）适用于本文件。

注：对于不注日期的引用文件，如果最新版本未包含所引用的内容，那么包含了所引用内容的最后版本适用。

GB/T 11615—2010 地热资源地质勘查规范

NB/T 10097—2018 地热能术语

NB/T 10716—2021 地热流体样品的采集与保存规范

NB/T 10699—2021 地热地球化学勘查规范

3 术语和定义

NB/T 10097—2018 界定的以及下列术语和定义适用于本文件。

3.1

地热回灌 geothermal reinjection

经过热能利用后的地热尾水通过回灌井重新注回热储的过程。

[来源：NB/T 10097—2018，2.4.22]

3.2

示踪剂 tracer

为研究流体在热储中的渗流过程而加入的一种标记物。

3.3

注入井 injection well

投放示踪剂的地热井。

3.4

观测井 monitoring well

用于采集水样和检测示踪剂浓度、水位、温度的地热井。

3.5

示踪试验 tracer test

在注入井（回灌井）中投放一定数量的示踪剂，在周围观测井（生产井）中检测示踪剂的抵达时间和浓度变化情况，以探明注入井（回灌井）和观测井（生产井）之间的连通性、地热水在储层孔隙裂隙中的运移特征而开展的试验。

[来源：NB/T 10097—2018，2.4.21]

3.6

本底值　baseline value

示踪试验前热储中示踪剂的含量。

3.7

回收率　recovery rate

在观测井回收的示踪剂质量与在注入井投放的示踪剂质量之比。

3.8

吸附　sorption

物理或化学作用下示踪剂在热储孔隙或裂隙表面的吸附行为。

3.9

热对流　heat convection

渗流过程中回灌水的各部分之间发生相对位移（对流），冷热流体相互掺混引起的热量传递过程。

3.10

热传导　heat conduction

热储岩石或回灌水内热量从高温向低温部分传递的过程。

3.11

热交换　heat exchange

由于温差而引起的热储岩石与回灌水之间的热量传递过程。

3.12

热突破　thermal breakthrough

由于低温回灌水运移至开采井导致开采井内流体温度降低的现象。

3.13

浓度保留率　concentration retention rate

在示踪剂热稳定性试验中，加热后测定的示踪剂浓度与加热前测定的示踪剂浓度之比。

4　总则

4.1　目的

热储示踪试验的目的是获取热储渗流和溶质运移的基本参数，包括流速、水动力扩散系数等。

4.2　基本原理

按设计要求由注入井投放定量的示踪剂，使其随回灌水在热储中运移，在观测井按一定频率采集水样并检测示踪剂浓度，获得示踪剂浓度演化规律。根据观测中水样示踪剂初始到达时间、示踪剂峰值浓度值与到达时间、示踪剂浓度响应曲线等数据，定量反演井间连通性、回灌水运移通道、流动方向和流动速度等参数，并预测观测井热突破时间。

5　热储资料收集与分析

5.1　热储资料收集

热储资料收集主要包括：区域地质构造、地层结构、热储特征、地温场分布、热储岩性、水位、流体化学特征、单井产能测试和以往示踪试验资料。

5.2 热储资料分析

通过热储资料分析，确定热储的构造特征、地热异常区范围、地热水补、径、排条件、热储水动力场特征、单井产能分布以及注入井和周边地热井之间的水力联系。

6 示踪剂选择原则与类型

6.1 示踪剂选择原则

a） 具有足够的化学稳定性、热稳定性和生物稳定性，易溶于地热水但不被储层岩石吸附，与储层岩石及地热水不发生化学反应，与回灌水配伍性好；
b） 热储中不存在的物质或示踪剂本底值足够低且波动小；
c） 对人体、动植物以及周边水体和其他各类工程无损害，不危害环境；
d） 检测灵敏度高，且检测下限低于或接近本底值；
e） 多元示踪时，示踪剂相互之间无干扰；
f） 现场可操作性强，经济性满足设计要求。

6.2 保守型示踪剂

a） 与热储岩石和地热水无化学反应发生；
b） 常用的保守型示踪剂有：卤化物、奈磺酸盐、钼酸铵、荧光剂、有机化合物等。

6.3 反应型示踪剂

a） 示踪剂自身会发生衰变等反应，或在特定条件下与热储岩石和地热水可发生化学反应；
b） 常用的反应型示踪剂有：放射性同位素、酯类和酰胺类等。

7 试验方案设计

7.1 注入井和观测井的选择

确定注入井和观测井（一眼或多眼、同层或异层）的位置。在考虑注入井与观测井之间的地面距离和地下目的层的井底距离、目的热储层（同层或异层）的同时，还要综合考虑地热水补给方向、径流通道、主要断裂性质及发育影响、主要裂隙通道、储层非均质特征。

7.2 地热水示踪剂背景检测

无论是否收集到背景资料，开展示踪试验前，都应该采集地热水样品进行示踪剂本底值分析。

7.3 热稳定性试验

当对拟选示踪剂的热稳定性不确定时，应进行示踪剂热稳定性试验，测定示踪剂的浓度保留率。示踪剂热稳定性试验操作步骤，参见附录 A。

7.4 化学稳定性试验

当对拟选示踪剂与地热水的配伍性不确定时，应开展化学稳定性试验，检验地热水与示踪剂混合后是否产生沉淀及其他化学变化。

示踪剂化学稳定性试验操作步骤，参见附录B。

7.5 吸附性试验

当对拟选示踪剂在热储层中的吸附特性不确定时，应开展吸附性试验，筛选不被热储吸附或吸附较弱的示踪剂。

示踪剂吸附性试验操作步骤，参见附录C。

7.6 示踪剂投放量计算方法

影响示踪试验中示踪剂投放量的最主要的因素有三个，分别为测试仪器的灵敏度，所追踪的热储中的地热水的最大体积，以及所选示踪剂在地热水中的本底值。

7.6.1 保守型示踪剂投放量计算方法

示踪剂最低投放量（G）可按式（1）计算。

$$G = \pi R^2 H \phi S \quad (1)$$

式中：

G——示踪剂最低投放量（kg）；

R——注入井和观测井之间的距离（m），如存在多个观测井，取值按距离最远的观测井考虑；

H——热储层厚度（m）；

ϕ——热储孔隙度（无量纲）；

S——测试仪器的测试灵敏度（mg/L）。

示踪剂最低投放量亦可借鉴在油田示踪试验中广泛应用的 Brigham-Smith 经验公式[式（2）]进行估算。

$$G = 1.44 \times 10^{-6} \frac{M_s}{nYM_a} \beta H \phi S_w C_{ph} \alpha^{0.265} R^{1.735} \quad (2)$$

式中：

M_s——示踪剂的摩尔质量（g/mol）；

n——每摩尔示踪剂中有效示踪物质的物质的量（mol）；

M_a——有效示踪物质的摩尔质量（g/mol）；

Y——化学示踪剂的商品纯度（无量纲）；

β——修正系数，根据监测范围确定（无量纲）；

S_w——饱和度（无量纲）；

C_{ph}——示踪剂最大采出浓度（mg/L），通常为测试仪器最低检测极限的50倍～100倍；

α——分散常数（无量纲），一般取值0.015。

7.6.2 反应型示踪剂投放量计算方法

放射性同位素示踪剂的最低投放量可按式（3）计算。

$$A_0 = 3.38 H \phi S_w C_{pt} \alpha^{0.265} R^{1.735} e^{\frac{0.693 t_p}{T^{1/2}}} \times 10^{-6} \quad (3)$$

式中：

A_0——放射性同位素示踪剂活度（Bq）；

C_{pt}——放射性示踪剂最大采出比活度（Bq/mL），通常为测试仪器最低检测极限的 50 倍～100 倍；
t_p——预计峰值出现时所要经历的时间（d）；
$T_{1/2}$——同位素的半衰期（d）；
其余符号意义同前。

实际进行试验操作时，示踪剂投放量应大于计算所得的最低投放量（G）。

7.7 环境影响评价

应对示踪试验方案进行环境影响评价，并经主管部门审批通过后方可进入试验实施阶段。

8 试验实施

8.1 示踪剂投放

a） 投放前应先对注入井进行抽水回扬洗井，至水清砂净后停泵，其后进行地热水回灌，并在正常回灌 6h 后方可投放示踪剂；
b） 示踪剂用热储地热水溶解，且充分搅拌均匀至完全溶解后，将含示踪剂的溶液快速倒入注入井中，然后持续回灌直至试验结束；
c） 在观测井中放入温度和水位探头，监测并记录试验过程中观测井水位与温度变化数据。

8.2 取样方法与频率

a） 为避免污染，配制示踪剂、投放示踪剂和检测示踪剂的人员应该不同，须安排专人负责在观测井采集地热水样，按样瓶清洗、取样、滴加稳定剂、贴标签、分类避光保存等流程完成取样，并安排专车及时将水样运至检测地点进行示踪剂浓度测试；
b） 取样频率、周期应根据热储水文地质条件、采灌井间距及采灌量的大小来确定。示踪剂投放后取样频率不低于 1 次/d，边取样边检测，若首次检出示踪剂成分异常后还应调整频率加密取样，不低于 2 次/d，示踪剂浓度曲线出现持续上升时还应增加取样频率，不低于 4 次/d，待示踪剂浓度曲线出现峰值拐点之后可适当降低取样频率，不低于 1 次/d，每次应取水样不少于 2 瓶，其中 1 瓶作为复检样备存。

8.3 水样检测与数据整理

a） 应根据所选示踪剂选择相应的检测方法，常用示踪剂检测方法，参见附录 D；
b） 详细整理示踪剂浓度检测数据，按附录 E 要求记录所有观测井示踪试验原始数据，当检测浓度值出现异常时，应通过复检的方式来确认检测浓度的正确性，复检可仍由实验人员完成；
c） 绘制观测井示踪剂浓度演化曲线，确定峰值浓度及其到达时间。

9 试验结果解释与报告编写

9.1 热储特征参数反演模型

9.1.1 均质热储

示踪剂在均质热储中的对流-扩散过程可近似采用对流-扩散方程式（4）来描述。

$$\frac{\partial C}{\partial t}=-u\frac{\partial C}{\partial s}+D\frac{\partial^2 C}{\partial s^2} \quad\cdots\cdots\cdots\cdots(4)$$

式中：

C——示踪剂浓度（kg/m³）；

t——时间（s）；

u——回灌水流速（m/s）；

s——与注入井的间距（m）；

D——水动力扩散系数（m²/s）。

当在注入井瞬时投放质量为 m 的示踪剂后，观测井监测到的示踪剂浓度（C_{obs}）随时间演化曲线可由式（5）来描述。

$$C_{\text{obs}} = L\frac{1}{\sqrt{t}}\frac{2t_{\text{m}}}{t}\exp\left[-\frac{w}{4}\frac{(t-t_{\text{m}})^2}{t_{\text{m}}t}\right] \quad \cdots\cdots (5)$$

式中：

$t_{\text{m}} = R/u$；

$w = uR/D$；

$L = \dfrac{m}{4Q}\left(\dfrac{w}{\pi t_{\text{m}}}\right)^{1/2}$；

Q——观测井流量（m³/s）。

9.1.2 非均质热储

示踪剂在非均质热储中的对流-扩散过程可用等效渗流通道模型来描述，假设观测井与注入井之间有 N 条优势渗流通道，则每条渗流通道内的示踪剂对流扩散过程可由式（4）来描述。

当在注入井瞬时投放质量为 m 的示踪剂后，观测井监测到的示踪剂浓度（C_{obs}）随时间演化曲线可由式（6）来描述。

$$C_{\text{obs}}(t) = \sum_{i=1}^{N}\frac{\rho_{\text{w}} m_i x_i}{2q_{\text{out}} t\sqrt{\pi D_i t}}\exp\left(\frac{-(x_i-u_i t)^2}{4D_i t}\right) \quad \cdots\cdots (6)$$

式中：

$u_i = \dfrac{q_i}{\rho_{\text{w}} A_i \phi}$；

$D_i = \alpha_{\text{L}i} u_i$；

$q_i = \dfrac{m_i}{m} q_{\text{in}}$；

N——优势渗流通道数；

ρ_{w}——地热水密度（kg/m³）；

m_i——第 i 条等效渗流通道中示踪剂的质量（kg）；

x_i——第 i 条等效渗流通道长度（m）；

q_{out}——开采率（kg/s）；

D_i——第 i 条等效渗流通道中的纵向弥散系数（m²/s）；

第 i 条等效渗流通道中的流速（m/s）

q_i——第 i 条等效渗流通道中的回灌率（kg/s）；
A_i——第 i 条等效渗流通道截面积（m^2）；
α_{Li}——第 i 条等效渗流通道中的纵向弥散度（m）；
m——投入示踪剂的质量（kg）；
q_{in}——回灌率（kg/s）；
其余符号意义同前。

9.1.3 参数反演方法

均质热储特征参数为回灌水流速、水动力扩散系数。

非均质热储特征参数为通道数目（可通过示踪剂峰值浓度个数近似确定），以及每条渗流通道的长度、平均流速、纵向弥散度和截面积。

参数反演方法可采用最小二乘法或其他优化算法（见附录 F）。

9.2 热突破预测模型

9.2.1 均质热储

在均质热储内，在注入井连续注入温度为 T_{in} 的流体，则在观测井中回灌水的温度变化可用式（7）描述。

$$T=\begin{cases}T_0+\dfrac{T_{in}-T_0}{2}\left[\operatorname{ercf}\left(\dfrac{R-vt}{2\sqrt{\lambda T}}\right)+\exp\left(\dfrac{xv}{\lambda}\right)\operatorname{ercf}\left(\dfrac{R+vt}{2\sqrt{\lambda T}}\right)\right],t>x/v\\ T_0,t\leqslant x/v\end{cases} \quad\cdots\cdots\cdots\cdots\cdots\cdots\quad (7)$$

式中：

$v=u\dfrac{\phi\rho_w c_w}{\phi\rho_w c_w+(1-\phi)\rho_r c_r}$；
T_0——热储层初始温度（℃）；
T_{in}——回灌温度（℃）；
v——温度速度（m/s）；
λ——回灌水热传导系数[W/（m·K）]；
c_w——地热水比热容[J/（kg·K）]；
ρ_r——热储岩石密度（kg/m^3）；
c_r——热储岩石比热容[J/（kg·K）]。

考虑观测井处热量守恒，观测井内流体温度可用式（8）描述。

$$T_p=T_0-\frac{q_{in}}{q_{out}}(T_0-T) \quad\cdots\cdots\cdots\cdots\cdots\cdots\quad (8)$$

式中：

T_p——观测井内流体温度（℃）；
其余符号意义同前。

9.2.2 非均质热储

对于非均质砂岩热储，回灌水经每条渗流通道加热后，到达观测井的温度可用式（9）描述。

$$T_i=\begin{cases}T_{\text{in}}+(T_0-T_{\text{in}})\operatorname{erf}\left(\dfrac{xk_rh}{q_ic_w\sqrt{\dfrac{k_r}{(\rho c)_f}(t-x/\beta)}}\right),t>x/\beta_i \\ T_{\text{in}},t\leqslant x/\beta_i\end{cases} \quad \cdots\cdots\cdots\cdots (9)$$

式中：

$\beta_i=\dfrac{q_ic_w}{(\rho c)_f b_ih_i}$；

$(\rho c)_f=\rho_w c_w\phi+\rho_r c_r(1-\phi)$；

T_i——第 i 条等效渗流通道中的温度（℃）；

k_r——热储岩石导热系数[W/（m·K）]；

b_i——第 i 条等效渗流通道宽度（m）；

h_i——第 i 条等效渗流通道高度（m）。

考虑观测井处热量守恒，开采井内流体温度可用式（10）描述。

$$T_p=T_0-\frac{q_{\text{in}}}{q_{\text{out}}}\sum_{i=1}^{N}\left(\frac{m_i}{m}(T_0-T_i)\right) \quad \cdots\cdots\cdots\cdots (10)$$

9.2.3 热突破预测

将 9.1.3 反演得到的热储特征参数代入 9.2.1 或 9.2.2 中即可预测观测井温度变化。

9.3 示踪试验报告编写要求

试验报告主要内容应至少包括前言、研究区概况、示踪试验研究、结论与建议 4 个章节，其中，前言章节建议包括项目来源、研究现状、研究内容、研究方法与技术路线、主要工作量；研究区概况章节建议包括自然地理概况、区域地质背景、区域水文地质条件、地热地质条件；示踪试验研究章节建议包括示踪试验概况、示踪剂选择及投放量计算、示踪剂的投放、采样与检测、结果分析与解释；结论与建议章节建议包括结论、建议。此外，结果分析与解释还可细分为理论基础（见 9.1.1～9.1.2）、参数反演（见 9.1.3）和热突破预测（见 9.2）。

示踪试验报告编写提纲，参见附录 G。

附 录 A
（规范性）
示踪剂热稳定性试验方案

热稳定性试验是将示踪剂配成一定浓度的溶液，在一定条件下进行一定时间的热稳定性试验，观察示踪剂是否发生物理或化学变化，并测定示踪剂的浓度保留率。

试验步骤：

a） 配制不同浓度的示踪剂溶液；

b） 将试验温度控制在热储温度；

c） 分别在不同时间段内测其浓度；

d） 绘制示踪剂浓度与时间的曲线，观察示踪剂的浓度变化。

若浓度保留率（浓度保留率=加热后测定的浓度/加热前的浓度×100%）在 80%以上，就说明所选的示踪剂具有较好的热稳定性，可以经受地层高温，保证有效检出。

附 录 B
（规范性）
示踪剂化学稳定性试验方案

研究地热水与示踪剂化学稳定性试验的目的，是检验地热水与示踪剂混合后是否产生沉淀及其他化学变化。

试验步骤：

a） 取回灌井中的原水、回灌尾水和蒸馏水与示踪剂配制不同浓度的示踪剂溶液；

b） 将试验温度控制在热储温度；

c） 一段时间后检验样品的浓度，并绘制配制浓度与实测浓度曲线。

若曲线的相关系数高（R^2>95%），说明示踪剂与原水和尾水的化学稳定性好。

附　录　C
（规范性）
示踪剂吸附性试验方案

吸附性试验的目的是了解所选示踪剂在地层中被吸附的情况，以便筛选地层不吸附或吸附较弱的示踪剂以及确定示踪剂的注入浓度。

试验步骤：

a）选取热储层岩样，破碎成岩屑；

b）用地热水配制一定浓度的标准示踪剂溶液，并将溶液和岩屑以一定的比例混合；

c）将试验温度控制在热储温度；

d）一段时间后测定示踪剂溶液浓度，并与示踪剂标准溶液进行对比分析。

若检验统计量绝对值小于临界值，则判定示踪剂未发生吸附。

附 录 D
（资料性）
常用示踪剂检测方法

表 D.1 列举了在水文地质中常用的示踪剂及相应的检测方法。

表 D.1 常用示踪剂检测方法

示踪剂	检测精度	检测方法
高锰酸钾、胭脂红	10^{-6}～10^{-4}	紫外可见分光光度法
氯化铵	10^{-6}～10^{-4}	硝酸银容量法、钠氏试剂分光光度法
碘化钾	10^{-6}～10^{-4}	数字离子计、碘-淀粉光度法
氟苯甲酸	10^{-6}～10^{-4}	气相色谱质谱技术
钼酸铵	10^{-6}～10^{-4}	电感耦合等离子质谱仪、催化剂极谱分析法、苯勿酮-CTAB 分析比色法
氯化锌	10^{-6}～10^{-4}	原子吸收法
氯化钠	10^{-6}～10^{-4}	电导率检测法
硫氰酸铵	10^{-6}～10^{-4}	分光光度法
荧光素钠、碱性荧光红	10^{-9}	荧光光谱分析法、目视/比色法
氚水、氚化烷烃、氚化醇	10^{-9}	低本底液体闪烁谱仪

附 录 E
（资料性）
示踪试验原始记录表

表 E.1 建议了示踪试验原始数据记录表。

表 E.1 ××观测井示踪试验原始数据记录表

样品编号	应取样时间	实际取样时间	累计回灌时长	测试时间	浓度值	测试人	复检人

附　录　F
（资料性）
参数反演方法

移动近似法（MMA）

目标函数即原始优化问题 P 可定义为：

$$\begin{aligned}&\text{Minimize}: f_0(\mathbf{x})=\frac{1}{2}\sum_{i=1}^{m}\left(h_i(\mathbf{x})-\bar{h}_i\right)^2\\&\text{Subject to}: h_i(\mathbf{x})\geqslant 0\\&x_j^{\min}\leqslant x_j\leqslant x_j^{\max}, j=1,\cdots,n\end{aligned} \qquad \text{(F.1)}$$

式中：

$h_i(\mathbf{x})$ ——式（6）计算的示踪剂浓度值（kg/m^3）；

$\bar{h}_i$ ——示踪试验测量值（kg/m^3）；

$x_j^{\min}$ ——给定的下界；

$x_j^{\max}$ ——给定的上界；

$\mathbf{x}=\{x_1,\cdots x_n\}^T$ ——式（6）中的未知参数。

拟合优度 R^2 是衡量拟合程度的重要指标，其定义如下：

$$R^2=1-\frac{\sum_{i=1}^{N}(h_{\mathrm{m}i}-h_{\mathrm{e}i})^2}{\sum_{i=1}^{N}(h_{\mathrm{m}i}-\bar{h})^2} \qquad \text{(F.2)}$$

式中：

$\bar{h}=\sum_{i=1}^{N}h_{\mathrm{m}i}/N$；

$h_{\mathrm{m}i}$ ——第 i 组浓度测量值（kg/m^3）；

$h_{\mathrm{e}i}$ ——第 i 组浓度估计值（kg/m^3）；

$\bar{h}$ ——测量浓度平均值（kg/m^3）。

R^2 的取值范围为[0,1]，R^2 的值越接近 1，说明拟合程度越好；反之，R^2 的值越接近 0，说明拟合程度越差。

MMA 算法是由 Svanberg 提出，特别适合应用于多变量的优化问题。MMA 算法需要先指定优化变量的上下界，之后按照如下步骤进行优化计算：

a） 选择初始计算点 $\mathbf{x}^{(1)}$；

b） 计算在该迭代点处的目标函数和约束函数各自的函数值 $f_i(\mathbf{x}^{(k)})$ 和梯度值 $\nabla f_i(\mathbf{x}^{(k)})$；

c） 生成一个子问题 $P^{(k)}$ 来近似原始问题 P，基于步骤 b）的计算，原始问题 P 中的函数 f_i 被子问题 $P^{(k)}$ 中的函数 $\tilde{f}_i^{(k)}$ 近似替代；

d） 求解子问题 $P^{(k)}$，并令所得到的最优解成为下一个迭代点 $\mathbf{x}^{(k+1)}$，然后重复步骤 b）～d）；

e） 满足收敛判据时，迭代停止。计算所得子问题 $P^{(k)}$ 的最优解就是原始问题 P 的唯一最优解。

Svanberg 给出了如下收敛判据的形式

$$\left|x_j^{(k+1)} - x_j^{(k)}\right| < \varepsilon \cdot (x_j^{\max} - x_j^{\min}) \quad \text{(F.3)}$$

式中：

ε 对于所有的 $j = 1,\cdots,n$，是一个极小值。

附　录　G
（规范性）
示踪试验报告编写提纲

以下建议了示踪试验报告编写提纲。

1　前言

1.1　项目来源

1.2　研究现状

1.3　研究内容

1.4　研究方法与技术路线

1.5　主要工作量

2　研究区概况

2.1　自然地理概况

2.2　区域地质背景

2.2.1　区域地质构造单元

2.2.2　断裂构造

2.2.3　地层

2.3　区域水文地质条件

2.4　地热地质条件

3　示踪试验研究

3.1　示踪试验概况

3.2　示踪剂选择及投放量计算

3.2.1　示踪剂的选择

3.2.2　示踪剂投放量的估算

3.3　示踪剂的投放、采样与检测

3.3.1　投放与采样

3.3.2　样品的检测

3.4　结果分析与解释

3.4.1　理论基础

3.4.2　参数反演

3.4.3　热突破预测

4　结论与建议

4.1　结论

4.2　建议

附 录 H
（资料性）
热储示踪试验案例库

表 H.1 列举了国内外热储示踪试验案例。

表 H.1 热储示踪试验案例库

时间	地点	示踪剂	试验方案	试验结果
1998～1999[7]	天津市 河西区	碘化钾 20kg	回灌井：HX-25B（100m^3/h） 观测井：HX-25、HX-26、HX-14、HX-09 井间距：728m～1950m 取样频率：1 次/d	观测井 HX-14 地热水中检出的 I^- 比原始浓度明显偏高，I^- 响应曲线比其他三眼观测井变化幅度相对要大；HX-25、HX-26、HX-09 的 I^- 产出浓度与其原始浓度基本相近，没有观测到较为明显的变化
1998～1999[12]	天津市 西青区	碘化钾 10kg	回灌井：WR45（80m^3/h） 观测井：GC45-1、GC45-2、GC45-3、GC45-4（100m^3/h） 井间距：850m～2200m	在 GC45-2 观测到的示踪剂浓度明显高于其他观测井（通道截面积 1.5m^2～54.68m^2，纵向弥散度 10m～355.5m，回收率 10.27%～38.9%）
2001～2002[6]	天津市 河西区	^{35}S （$T_{1/2}$=87d） 350mCi	回灌井：HX-25B 观测井：HD-25、HX-14、HX-26、HX-13 井间距：728m～1939m 取样频率：1 次/2d～2 次/d	观测井 HX-14 在第 53d 首次检出示踪剂，并在 86d 出现一个相对高值，大约在 126d 后示踪剂成分大量检出，至 130d 达到最高峰值出现拐点，150d 后示踪剂骤然减少（平均流速 14.9m/d）；其余各观测井均未检出示踪剂成分
2008～2009[9]	北京市 崇文区	钼酸铵 8kg 碘化钾 10kg	回灌井：京热 123（35m^3/h） 观测井：京热 122（35m^3/h） 井间距：240m 取样频率：144 次/d	以钼酸铵为示踪剂，经过 68.66h 检测到钼元素浓度峰值；碘化钾为示踪剂，曲线有两个高浓度点突出显示，P1 点 57.5h 和 P2 点 69.66h，两点时间间隔 11.16h，中间无浓度梯度降低衔接点（平均流速 3.35m/h～4m/h）
2010[13]	雄县	氟苯甲酸 22kg	回灌井：ST0902 观测井：ST0901、ST0801、ST0704、ST0703、ST0307 井间距：350m～2000m	没有从观测井中检测到示踪剂
2010～2011[8]	雄县	荧光素钠	回灌井：ST0902 观测井：ST0603、ST0801、shi3 井间距：816m～1477m	ST0603 井在 2d 左右检测到浓度峰值（平均流速 370m/d，回收率 0.19%）；ST0801 井在 5d 左右检测到浓度峰值（回收率 0.0016%）；Shi3 井在 21d 左右检测到浓度峰值
2011[14]	西安	硫氰酸铵	回灌井：XG 小区回灌井（3.2m^3/h） 观测井：XG 小区开采井（16.8m^3/h） 井间距：202m 取样频率：1 次/4d～1 次/2d	大约 42d 左右在开采井中开始有示踪剂出现，52d 的时候达到峰值（平均流速 0.19m/h）

表 H.1 热储示踪试验案例库（续）

时间	地点	示踪剂	试验方案	试验结果
2013[10,22]	雄县	荧光素钠 50kg	回灌井：WQ2 观测井：WQ1、EXJ、SCJ、LJJ、GH2、YYJ、HXJ、WCJ、XZJ、NFH（开采量 $150m^3/h$） 采灌井间距：250m～1180m 取样频率：1 次/d～6 次/d	3 眼井（NFH、SCJ、YYJ）示踪剂回收浓度值较低，其余 7 眼观测井中均回收到了示踪剂。WQ1（通道长度 780m～890m，平均流速 32m/d～210m/d，纵向弥散度 8.4m～76m，回收率 0.026%～0.054%）、WCJ（通道长度 770m，平均流速 83m/d，纵向弥散度 17.1m，回收率 0.01%）、EXJ（通道长度 760m～890m，流速 31m/d～140m/d，纵向弥散度 12.8m～17.2m，回收率 0.022%～0.038%）、HXJ（通道长度 620m，平均流速 24m/d，纵向弥散度 5.8m，回收率 0.001%）、XZJ（通道长度 550m～630m，平均流速 34m/d～359m/d，纵向弥散度 0.2m～35.8m，回收率 0.001%～0.002%）、GH2（通道长度 420m，平均流速 14m/d，纵向弥散度 52.3m，回收率 0.003%）、LJL（通道长度 950m～1050m，平均流速 16m/d～25m/d，纵向弥散度 0.5m～8.5m，回收率 0.006%～0.024%）
2014[15]	咸阳	硫氰酸氨 3t	回灌井：WH2（$70m^3/h$） 观测井：WR1（$90m^3/h$）、WR2（$85m^3/h$）、WR9（$65m^3/h$） 采灌井间距：414m～1238m 取样频率：1 次/3d～1 次/2d	WR1、WR2 和 WR9 水样检测结果示踪剂浓度始终在本底值附近上下波动，未见明显峰值，故本次示踪试验未能监测到示踪剂
2015～2016[17]	乐陵	荧光素钠 150kg	回灌井：SJC-HG1（$69.05m^3/h$） 观测井：SJC-KC1（$52.3m^3/h$）、SJC-KC2（$52.3m^3/h$）、TS-KC2（$91.36m^3/h$） 采灌井间距：489m～1039m 取样频率：1 次/d～3 次/d	SJC-KC1：从 65d 开始，示踪剂的浓度开始增高，90d 后示踪剂浓度有一个缓慢下降的趋势。（通道长度 500m，平均流速 5.4m/d，通道截面积 $325m^2$，纵向弥散度 1.125m，回收率 0.42e-2）。 SJC-KC2：从 85d 左右开始，荧光素钠浓度增大，在 90d 左右，示踪剂浓度有所缓慢下降（通道长度 600m，平均流速 8.6m/d，通道截面积 $203m^2$，纵向弥散度 1.984m，回收率 0.15e-2）。 TS-KC2：示踪剂浓度有一定程度的波动，但没有出现显著的示踪剂浓度增加的趋势
2015[11]	德州市平原县	钼酸铵 50kg	回灌井：12-06-3（$20m^3/h$） 观测井：12-06-4（$65m^3/h$） 采灌井间距：231m 取样频率：1 次/h～2 次/d	观测井在 750h 时检测到示踪剂浓度峰值，供暖季结束时又检测到第二个浓度峰值（通道长度 240.43m ～ 298.75m，流速 6.08e-5m/s ～ 8.47e-5m/s，纵向弥散度 1.65m～4m，通道截面积 $0.66m^2$～$0.967m^2$）

表 H.1 热储示踪试验案例库（续）

时间	地点	示踪剂	试验方案	试验结果
2016[11]	德州市德城区	钼酸铵 100kg	回灌井：14-09-01（$10.36m^3/h$） 观测井：新井（$10.58m^3/h$） 采灌井间距：172m 取样频率：1 次/2h	示踪剂到达观测井的时间为 75d，浓度峰值到达时间为 81d，消失时间为 101d（通道长度 286m，流速 3.8e-5m/s，纵向弥散度 2.86m，通道截面积 $0.2m^2$）
2017[16]	献县	萘磺酸钠 400kg	回灌井：XXZK2（$105m^3/h$） 观测井：XXZK1（$96m^3/h$） 采灌井间距：270m 取样频率：6 次/d～72 次/d	大约在 136d 左右在观测井检测到示踪剂浓度峰值通道长度 513.7m，流速 4.019e-5m/s，纵向弥散度 30m，通道截面积 $1.84m^2$）
2017[18]	西藏	萘磺酸钠 500kg	回灌井：ZK211，ZK208、ZK202、ZK204 、 ZK503（$45m^3/h$～$52m^3/h$） 开采井：ZK203、ZK200、ZK403 采灌井间距：174m～2729m 取样频率：12 次/d	在 ZK211 注入示踪剂后，开采井 ZK203 于第 5d 首次检出此示踪剂，大约在 25d 后示踪剂成分大量检出，至 27d 达到最高峰值，而 31d 后示踪剂成分则骤然减少，显示出一个完整的试验周期（平均流速 6.44m/d，回收率 36%）。 在 ZK202 注入示踪剂后，开采井 ZK208 于第 10d 首次检出此示踪剂，大约在 16d 后示踪剂成分大量检出，并在第 16、21d 出现两个相对高值，至 30d 达到最高峰值，而 35d 后示踪剂成分则逐渐减少，显示出一个相对完整的试验周期。而曲线特征呈多峰，说明投放点与接收点间存在多条通道（平均流速 8.63m/d，回收率 22%）。 在 ZK202 注入示踪剂后，开采井 ZK403 于第 26d 首次检出此示踪剂，至 32d 达到最高峰值，而 34d 后示踪剂成分则骤然减少，显示出一个完整的试验周期（平均流速 42.71m/d，回收率 3%）
1997～1999[2]	冰岛	荧光素钠 10kg	回灌井：LJ-08、LN-10（6L/s～21L/s） 开采井：LN-12、LJ-05、LJ-07（33L/s～41L/s） 采灌井间距：96m～930m	LJ-05 中检测到了大量的荧光素钠的回收（21%），而 LJ-07 和 LJ-12 的荧光素回收率低（1%～8%）。LJ-08/LJ-12 对井系统的示踪试验反演结果为：通道长度 300m～1000m，平均流速 1.7m/s～7.3e-4m/s，通道截面积 $0.098m^2$～$1.08m^2$，纵向弥散度 61m～246m，回收率 6%
2000～2005[4]	法国	苯甲酸钠 萘二磺酸盐 荧光素	注入井：GPK-1、GPK-3（21L/s～25L/s） 开采井：GPK-2、GPK-4（16L/s） 采灌井间距：450m	在 GPK-1 开始注入后的 6d～10d 在 GPK-2 检测到示踪剂峰值，估算平均流速 0.25m/h～0.45m/h，回收率 25%～30%。 在 GPK-3 注入示踪剂后，在 GPK-2 的回收率 30%～70%，估算平均流速 2.6m/h～3.7m/h。 GPK-4 中没有检测到示踪剂的浓度变化

表 H.1　热储示踪试验案例库（续）

时间	地点	示踪剂	试验方案	试验结果
2015[19]	土耳其	荧光素钠 300kg 萘磺酸盐 150kg	注入井：KD-32C、KD-27A、KD-38C、KD-25A 监测井：KD-6、KD-9、KD-13、KD-20、KD-21、R-1、KD-22 取样频率：1 次/d～3 次/d	通过检测发现示踪剂向 KD-6 和 KD-9 方向扩散，随后又进入 KD-13、KD-21、KD-20 和 KD-22，最后，示踪剂到达 KD-16。荧光素钠在测试期间从未到达 KD-14、KD-15 和 R-1。根据示踪剂平均到达时间计算的速度变化在 3.77m/d～5.85m/d 之间
2014～2016[20]	印度尼西亚	氚水 20Ci～30Ci	注入井：MBE-5、WWS-1 监测井：WWQ2 等 27 口 井间距：596m～3948m 取样频率：1 次/d～3 次/d	WWQ-5 和 WWS-1 的回收率最高，分别为 4.5% 和 5%，示踪剂突破时间最短（60d～80d），MBB 没有检测到示踪剂返回
2017[21]	美国	萘二磺酸钠 25kg 氯化铯 00kg 丁酰胺 00kg	注入井：I（35L/s） 监测井：P（34.7L/s～60L/s） 井间距：245m 取样频率：1 次/d～2 次/d	试验结果显示 I 井与 P 井之间至少存在 2 条渗流路径（通道 1：裂隙开度 0.06cm～0.23cm，基质孔隙率 0.01～0.2，扩散距离 0.05cm～0.22cm；通道 2：裂隙开度 0.17cm～0.68cm，基质孔隙率 0.01～0.2，扩散距离 0.05cm～0.42cm）

参 考 文 献

[1] Chrysikopoulos CV. Artificial tracers for geothermal reservoir studies[J]. Environmental Geology, 1993, 22: 60-70.

[2] Axelsson G, Flovenz OG, Hauksdottir S, Hjartarson A, Liu J. Analysis of tracer test data, and injection-induced cooling, in the Laugaland geothermal field, N-Iceland[J]. Geothermics, 2001, 30: 697-725.

[3] Shook GM. Predicting thermal breakthrough in heterogeneous media from tracer tests[J]. Geothermics, 2001, 30: 573-589.

[4] Sanjuan B, Pinault J-L, Rose P, Gérard A, Brach M, Braibant G, Crouzet C, Foucher J-C, Gautier A, Touzelet S. Tracer testing of the geothermal heat exchanger at Soultz-Sous-Forêts （France） between 2000 and 2005[J]. Geothermics, 2006, 35: 622-653.

[5] Zhao Z, Skelton A. Simultaneous calculation of metamorphic fluid fluxes, reaction rates and fluid-rock interaction timescales using a novel inverse modeling[J]. Earth and Planetary Science Letters, 2013, 373: 217-227.

[6] 孙宝成, 曾梅香, 林黎, 等. 天津地热对井回灌系统中的同位素示踪技术[J]. 地质调查与研究, 2005, 28: 187-192.

[7] 曾梅香, 阮传侠, 赵越波, 等. 岩溶裂隙热储层采、灌井井间连通试验研究—以天津市王兰庄地热田回灌井 HX-25B 示踪测试为例[J]. 地质与勘探, 2008, 44: 105-109.

[8] 王树芳, 刘久荣, 林沛, 等. 岩溶热储回灌实验与示踪试验研究[J]. 水文地质工程地质, 2013, 40: 129-133.

[9] 李元杰. 地热回灌示踪技术及热储模拟实验研究[D]. 中国地质科学院, 2010.

[10] 庞菊梅, 庞忠和, 孔彦龙, 等. 岩溶热储井间连通性的示踪研究[J]. 地质科学, 2014, 49: 915-923.

[11] 赵志宏, 刘桂宏, 谭现锋, 等. 基于等效渗流通道模型的地热尾水回灌理论模型[J]. 水文地质工程地质, 2017, 44: 158-164.

[12] 王坤, 朱家玲. 天津基岩热储对井系统回灌与示踪剂试验研究[J]. 太阳能学报, 2003, 2:162-166.

[13] 庞菊梅. 基于开采条件评价及回灌潜力分析的地热可持续开发研究[D]. 首都师范大学, 2011.

[14] 陈玉林. 西安地热田地热水回灌试验研究[D]. 西北大学, 2012.

[15] 云智汉. 深层孔隙型热储地热尾水回灌堵塞机理及示踪技术研究[D]. 长安大学, 2014.

[16] Liu Y, Liu G, Zhao Z, et al. Theoretical model of geothermal tail water reinjection based on an equivalent flow channel model: A case study in Xianxian, North China Plain[J]. Energy Exploration & Exploitation, 2019, 37: 849-864.

[17] 罗霁. 乐陵地热田热储特征、示踪与优化开采研究[D]. 中国科学院大学, 2017.

[18] 王程, 李延军, 王慧军, 等. 西藏羊易地热田采灌井连通性示踪试验[J]. 中国煤炭地质, 2018, 30: 64-68.

[19] Akin S, Guney A, Senturk E, et al. Tracer Testing at Kizildere Geothermal Field, Turkey, Using Naphtalene Sulphonates[C]. Proceedings, 41st Woekshop on Geothermal Reservoir Engineering, Stanford University, California, 2016: 24-26.

[20] Malik D, Abidin Z, Pramono B. Tritium tracer Injection test at Wayang Windu Geothermal Field, West Java, Indonesia[J]. Geothermics, 2020, 83: 101718.

[21] Reimus P, Caporuscio F, Marina O, et al. Field demonstration of the combined use of

thermally-degrading and cation-exchanging tracers to predict thermal drawdown in a geothermal reservoir[J]. Geothermics, 2020, 83: 101712.

[22] 王树芳. 水热过程示踪与模拟及地热资源优化开采研究[D]. 中国科学院大学, 2013.

ICS 73.020
CCS F 15

NB

中华人民共和国能源行业标准

NB/T 10714—2021

热储开发方案编制技术要求

Technical requirement of preparing geothermal reservoir development plan

2021-11-16 发布　　2022-05-16 实施

国家能源局　发布

目　次

前　言

本文件按照 GB/T 1.1—2020《标准化工作导则　第 1 部分：标准化文件的结构和起草规则》的规定起草。

本文件由中国石油化工集团有限公司提出。

本文件由能源行业地热能专业标准化技术委员会归口。

本文件起草单位：中国石化集团新星石油有限责任公司、北京市工程地质研究所、中石化新星（北京）新能源研究院有限公司、天津地热勘查开发设计院、中国地质调查局水文地质环境地质调查中心、中国地质大学（武汉）。

本文件主要起草人：赵丰年、赵磊、李天舒、杨亚军、徐巍、曾梅香、田光辉、向烨、王登峰、黄嘉超、马春红、李胜涛、贾艳雨、魏广仁、窦斌、毛翔。

本文件于 2021 年首次发布。

热储开发方案编制技术要求

1 范围

本文件规定了水热型热储开发方案编制的内容、方法及技术要求。

本文件适用于水热型热储的总体开发方案的编制。

2 规范性引用文件

下列文件中的内容通过文中的规范性引用而构成本文件必不可少的条款。其中，注日期的引用文件，仅该日期对应的版本适用于本文件；不注日期的引用文件，其最新版本（包括所有的修改单）适用于本文件。

GB/T 11615—2010 地热资源地质勘查规范

3 术语和定义

3.1

热储开发方案 geothermal reservoir development plan

指在热储开发的前期研究阶段结束时提交的方案，包括地热地质条件、热储评价、热储开发方案、储层保护等各个方面的已优化了的研究成果，是热储开发决策的依据和指导性文件。

4 总则

热储开发方案编制的目的是掌握热储地质特征和开发规律，明确热储适宜的开发方式与主体开发技术，确定最佳开发方案，为地热资源市场开发、产能建设、热储保护、生产运行管理提供技术依据，实现地热能的可持续开发和利用。

5 热储开发方案编制的内容

5.1 基础资料

5.1.1 地理位置

区域所处地理位置、行政区（省、县级）、最近的重要城市、海拔高度、经纬度坐标（范围）等。应附区域地理位置图。

5.1.2 自然地理和社会环境

包括该区域所处范围内对热储开发工程建设有影响的社会环境、自然地理、自然环境、气象、地震条件。

5.1.3 矿权情况

周围已有矿权情况、矿权开发规模、矿权保护范围、矿权登记情况、矿权使用批文号、登记单位名称、面积、矿区拐点经纬度坐标、开采标高、有效期限。

5.1.4 热储开发利用现状

简述区域以往地热资源勘查程度，地热资源勘查开发和利用工作状况及主要成果进展。

5.2 区域地热地质条件

5.2.1 区域构造位置

简述区域大地构造位置。

5.2.2 区域主要断裂构造特征

描述区域主要边界断层及大中型断层的性质、产状、断距、分布及其导水、导热性质等。

5.2.3 地层

简述区域地层时代、岩性特征等。应附地层柱状图。

5.2.4 沉积相

利用岩心、测井资料进行单井划相，建立沉积相序和相模式，对各个沉积（微）相进行评价，指出有利于储层发育的沉积（微）相的分布范围。

应附含水层典型井的测井曲线图、单井相分析图、主要储层沉积相图等图表。

5.3 热储评价

5.3.1 热储结构特征

根据钻井、测录井等资料，结合区域内地质研究成果，确定储层空间展布形态、平面展布范围、顶底板埋深、储层总厚度、有效储层厚度等参数。

5.3.2 物性特征

以岩心分析资料为基础，结合测井解释结果，描述储层的孔隙度、渗透率的大小及分布特征。

5.3.3 地温场特征

确定区域内的大地热流、地温梯度分布、热源与通道、热传递方式等。

5.3.4 地热流体化学特征

分析地热流体化学性质，包括但不限于主要阴离子、阳离子、特殊组分、微量元素、总溶解固体、流体化学类型等。

5.3.5 热储压力特征

根据已有资料确定水位埋深、水位下降速率。

5.3.6 地热地质建模

对于已完成地热资源预可行性勘察阶段的区域，应充分利用物探、钻井、测井和其他地质等资料，针对热储赋存特点，建立地质模型。

5.3.7 目的层确定

根据地热地质条件和热储评价数据，确定需开发的主要目的层。

5.3.8 地热资源/储量计算

按 GB/T 11615—2010 的规定执行。

5.3.9 允许开采量

利用数值模拟法，预测区域内代表性监测井多年水头压力和热储温度保持稳定或一定时限内可趋于稳定条件下的允许开采量。

5.4 热储开发方案

5.4.1 原则

a） 充分考虑热储地质特点；
b） 遵循以灌定采、100%原水回灌的原则；
c） 合理的回灌强度；
d） 采用合理的采水强度；
e） 合理利用热储的天然热量；
f） 采用合理的采灌井布局和采灌规模，防止储层压力及温度大幅度下降或者热突破；
g） 坚持可持续开发；
h） 充分吸收类似地热田的开发经验；
i） 保证较好的经济效益。

5.4.2 有利的地热开采层段和开采区优选

综合考虑地热赋存条件，优选易回灌、热储埋藏浅，以及地热出水温度、地温梯度、渗透率、（孔）裂隙率等指标参数高值叠合区，并结合地面条件确定有利的地热开采层段和开采区，确定平面开发区域。

5.4.3 产能、回灌能力评价

综合运用有利的地热开采层段和开采区内已钻地热井产能测试资料，采用类比法、解析法、数值模拟等方法，预测地热井的生产能力、采水温度和回灌井的最大回灌能力。

5.4.4 开发部署

5.4.4.1 井型

分析各种井型的适应性，优选生产井和回灌井井型。

5.4.4.2 井距

根据热储非均质性、地层物性、连通情况和开采方式，采用解析法和数值模拟等方法，考虑可持续开发、经济、热突破年限等因素，确定生产井、回灌井的井距和最多井数。

井网部署依据：综合考虑构造条件、储层特征、资源基础、地面情况、环境等因素。

井网方式：根据开采强度、裂隙展布方位和井间干扰程度确定合理的井网方式。

应附井网部署图。

5.4.5 方案设计

确定单井配产、可部署井数、开发井实施批次和实施时间、回灌井回灌强度和回灌温度、生产规模的合理范围。

5.4.6 方案模拟与优选

在地质建模基础上，可利用数值模拟模型预测每一方案评价期内的生产动态，计算各方案对区域带来的长期影响，包括区域的单井产量变化趋势、温度场变化趋势、压力场变化趋势、回灌情况及储量动用程度。通过比选确定推荐方案和备选方案。

附推荐方案的开发指标预测成果表和预测成果曲线。

5.5 开发潜力和风险分析

应论述推荐方案的主要开发潜力和主要开发风险（如地热水及水溶气危险性分析）。

5.6 方案实施要求

应提出开发井钻探和评价区投产阶段工作的实施要求，包括：

a） 对钻完井的要求（包括钻井程序、钻完井质量、投产井顺序、储层保护、防砂层段、射孔和套管尺寸等）；

b） 对资料录取和动态监测的要求（包括地面流体取样、测井、产量和温度计量、动液面、回灌量等方面），提出监测井的比例、位置和监测方式；

c） 对后续研究工作的要求（包括对随钻跟踪、钻后评价和开发生产动态研究的要求、工作量和费用估算）。

5.7 储层保护

根据储层特点，预测钻井及开发过程中可能造成储层伤害的因素，提出储层保护方案。

5.8 健康、安全、环境管理

根据热储安全开发需要，设置相应的管理机构，制定管理体系及运行制度和应急保障体系。

6 热储开发方案报告

6.1 报告内容

报告内容包括：

a） 基本情况概述；

b） 地热地质条件；

c） 热储评价；

d） 热储开发方案；

e） 开发潜力和风险分析；

f） 方案实施要求；

g） 储层保护；

h） 健康、安全、环境管理。

6.2 附图

附图包括但不限于：区域地层综合柱状图、地质剖面图、断裂分布图、热储厚度等值线图、热储顶面埋深等值线图、盖层地温梯度等值线图、热储顶板温度等值线图、热储孔隙度（裂隙率）分布等值线图、热储渗透率分布等值线图、地热井降压试验历时过程曲线图、地热井降压试验降深-流量曲线图、建产有利区井位部署图。

参 考 文 献

[1] DB41/T 1891—2019　地热资源开发利用方案编制规范
[2] DZ/T 0249—2010　煤层气田开发方案编制规范
[3] SY/T 6106—2014　气田开发方案编制技术要求
[4] SY/T 10011—2006　油田总体开发方案编制指南

ICS 07.060
CCS F 15

NB

中华人民共和国能源行业标准

NB/T 10715—2021

地热资源动态监测规程

Standard for geothermal resources dynamic monitoring

2021-11-16 发布

2022-05-16 实施

目　次

前　言

本文件按照 GB/T 1.1—2020《标准化工作导则　第 1 部分：标准化文件的结构和起草规则》的规定起草。

本文件由中国石油化工集团有限公司提出。

本文件由能源行业地热能专业标准化技术委员会归口。

本文件起草单位：中国地质调查局水文地质环境地质调查中心、中国石化集团新星石油有限责任公司、北京市工程地质研究所、天津地热勘查开发设计院、北京市地热调查研究院、天津星通九恒科技有限公司、北京玛斯莱特科技有限公司。

本文件主要起草人：李胜涛、郝文杰、赵丰年、杨亚军、刘东林、田光辉、徐巍、郑佳、宗振海、贾小丰、孟宪玮、孙彩霞、史彦新、李天舒、姚亚辉、张建伟、向烨、蒿书利、张秋霞、陈必亮。

本文件于 2021 年首次发布。

地热资源动态监测规程

1 范围

本文件规定了地热资源动态监测的术语和定义、总则、动态监测网（点）的布设、动态监测内容及要求、维护与管理、监测资料的整编与分析、成果资料编制等内容及要求。

本文件适用于水热型地热资源的动态监测项目部署、报告编制、结题验收，及与此相关的水热型地热资源动态评价等。

2 规范性引用文件

下列文件中的内容通过文中的规范性引用而构成本文件必不可少的条款。其中，注日期的引用文件，仅该日期对应的版本适用于本文件；不注日期的引用文件，其最新版本（包括所有的修改单）适用于本文件。

GB/T 11615—2010 地热资源地质勘查规范

CJJ/T 138—2010 城镇地热供热工程技术规程

HJ/T 164—2019 地下水环境监测技术规范

NB/T 10097—2018 地热能术语

3 术语和定义

下列术语和定义适用于本标准。

3.1

地热资源动态监测 geothermal resources dynamic monitoring

在地热勘查、开采及停采阶段，连续记录水位、井口温度、开采量、回灌量和蒸汽比例等，并定时分析地热流体化学组分和同位素值的过程。

3.2

监测网 monitoring network

为掌握地热系统流体/气体的流量、温度、压力、化学成分及其地质环境等的动态变化，在划定的区域范围内对一定数量的地热控制点进行长期观测，这些控制点组成的网络称为地热资源动态监测网。根据监测控制目的和范围，可分为区域监测网和局部监测网。

3.3

区域监测网 regional monitoring network

为掌握完整地热系统、地热田或构造单元区域热储总体动态而设置的基本监测网，是地热监测的骨干网络。

3.4

局部监测网 local monitoring network

在区域监测网基础上，针对重要地热地质单元、集中开采区等重点地区设置的补充性监测网。

3.5

监测点 monitoring point

地热资源动态监测网中的控制点即为监测点。监测点是监测网的基本组成单元。根据监测点控制作用的不同，可分为重点监测点、一般监测点和统测点。

3.6

重点监测点 key monitoring point

对区域上各构造单元的热储动态具有控制意义，且基础资料完整翔实、观测条件和监测设施完好、具备连续监测数据的代表性监测点。

3.7

一般监测点 ordinary monitoring point

在重点监测点的基础上进行布设，对热储动态具有进一步控制作用，且基础资料、监测条件基本良好、监测数据基本连续的监测点。

3.8

统测点 general monitoring point

除重点监测点和一般监测点以外，为掌握特定时期地热资源动态，设置监测数据不连续、监测条件随机变动的监测点，可作为重点监测点和一般监测点的参考和补充。

3.9

专用监测井 specialized monitoring well

不参与开采、回灌，仅用于动态监测的地热井。

4 总则

4.1 本文件涉及的地热资源动态监测适用于水热型地热资源的动态监测。不包括浅层地热能和干热岩型地热资源。

4.2 地热资源动态监测应贯穿地热资源勘查、开发和管理的全过程，拟投入或已投入开采的地热田，应建立地热资源动态监测网，并随着地热田开发利用程度的加深，不断地优化和完善。

4.3 地热资源动态监测应由地热管理部门主导并推行，并建章立制，由专业监测机构和专业化队伍承担，开发利用单位有义务给予配合与协助。

4.4 地热资源动态监测应在查明地热系统，特别是储层、流体天然状态的前提下开展。

4.5 重点监测点非特殊情况不得随意变更，监测方式应尽可能采用自动化监测、远程数据传输，并重视新技术、新方法的应用。

4.6 地热资源动态监测项目包括水位、温度、水质、开采量和回灌量等，且应保障各监测项目数据的连续性。

4.7 监测网布设宜在涵盖全部开采井、回灌井的基础上设置一定数量的专用监测井。

4.8 应做好动态监测网（点）维护，确保各项设备运行稳定。

4.9 应及时做好监测数据整编和阶段性成果总结，按年度对监测成果进行系统分析，编制年度监测报告。

5 动态监测网（点）的布设

5.1 监测网布设

5.1.1 区域监测网的布设应遵循以下原则：

b） 有效控制已探明的不同地热热储，重点控制开采的主力储层，兼顾其他储层；

c） 充分考虑区域地热流体的补径排特征，以平行和垂直地热流体补径排方向主线布设。

5.1.2 局部监测网的布设应遵循以下原则：

a） 局部监测网点的布设应与区域监测网点相结合；

b） 局部监测网布局应以目前开发利用的主要热储层为监测重点；

c） 局部监测网应能够有效控制重点地段，并能够对局部突变有效控制；

d） 局部监测网点应根据地热流体的补径排条件，围绕需要解决的具体问题进行设置。

5.2 监测点布设

5.2.1 监测点的布设应遵循以下原则：

a） 监测点选取应以资料翔实的地热井为主，要求钻孔资料详细、准确，成井工艺合理，井孔与热储层之间具有良好沟通条件，能灵敏反映热储层动态变化；

b） 专用监测井应作为重点监测点。长期停用的空井眼、测管通畅或周期性提泵作业的开采井和回灌井可布设为重点监测点；

c） 重点监测点应布设自动化监测设备；一般监测点宜采用自动化监测和人工监测相结合的方式；统测点可以人工监测为主；

d） 一般监测点应在重点监测点的基础上进行布设，进一步掌握和补充监测区热储动态特征。在重点监测网（点）的基础上加密监测线，以弥补重点监测点之间的监测空白区。

5.2.2 监测点的布设密度应遵循以下原则：

a） 监测点布设密度可根据勘查程度的提高，逐步增加：预可行性勘查阶段，应选择不少于 1 个～2 个代表性监测点进行监测，了解地热田的天然动态规律；可行性勘查阶段，应对地热田的各热储层分别设立 2 个～3 个动态监测点，了解地热田各热储的动态差异及其变化规律；开采阶段，应在已有监测点网的基础上，适当增加监测点，应按照表 1 的布设密度，控制地热田不同构造部位的动态变化；

表 1 监测点布设密度表

监测网类别	监测点类别	热储类型	
		孔隙型热储	裂隙型热储
区域监测网	重点监测点（点/100km²）	≥1～2	≥2～4
	一般监测点（点/100km²）	≥2～3	≥4～6
局部监测网	重点监测点（点/10km²）	≥1～2	≥2～4
	一般监测点（点/10km²）	≥2～4	≥2～6

b） 对于相同类型热储，在区域监测网中，重点监测点和一般监测点的数量比例宜控制在 1:3；在局部监测网中，重点监测点和一般监测点的数量比例宜控制在 1:2；

c） 若达不到表 1 的布设密度要求，可按照实际监测需求布设。在必要的情况下，应建设专门的监测点。

6 动态监测内容及要求

6.1 水位（压力）监测

6.1.1 重点监测点监测频率每月不少于2次；一般监测点每月不少于1次；统测点每年不少于2次。

6.1.2 监测日期设置应尽可能有规律安排。每月监测3次时，应逢10测（2月为月末日）；每月监测2次时，可安排在每月5日和20日；每月监测1次时，可安排在每月相同1天；统测点应安排在最高水位（压力）和最低水位（压力）可能出现的月份，北方地区应安排在供暖前和供暖后。

6.1.3 水位（压力）监测误差不应大于千分之一。

6.1.4 应尽可能自动记录水位（压力）；自动化监测传感器应投放到水面以下，并确保传感器在监测周期内不露出水面。

6.1.5 测量工具需至少每季度校核一次，及时消除系统误差。温度高于50℃、水位埋深大于100m时，校核频率应适当增大，及时消除线缆拉长和热胀冷缩带来的误差。

6.2 温度监测

6.2.1 温度监测应包括地热井液面温度、开采井出水温度和回灌井尾水温度。

6.2.2 温度监测频率、日期设置应与水位（压力）监测同步；液面温度应与水位监测同位置；出水温度和尾水温度监测的位置应靠近井口。

6.2.3 温度监测误差不应大于0.2℃。

6.2.4 应尽可能自动记录温度。

6.3 流量监测

6.3.1 流量监测应包括开采量监测和回灌量监测。

6.3.2 应对地热系统或地热田的全部开采井、回灌井进行流量监测。应同步记录累计流量和瞬时流量。

6.3.3 流量监测的位置宜靠近井口。

6.3.4 瞬时流量和日累计流量监测应每天至少1次，月累计流量统计每月至少1次。

6.3.5 开采量、回灌量监测必须记录每个监测年度的累计量。

6.3.6 计量流量的仪器设备，应每季度至少校验1次。

6.4 水质监测

6.4.1 应选择地热生产井开展水质监测。监测点布设数量宜控制在重点监测点和一般监测点总数的1/2左右。

6.4.2 水质监测项目应为水质全分析，监测频率每年不少于1次。

6.4.3 对于多年稳定的项目，可以适当降低监测频率；对于特殊地区，可以适当增加必要的专项分析；对于地热回灌尾水监测，可增加硫、铁、悬浮物、微生物等专项分析。

6.4.4 水质取样点应靠近井口，采样要求应遵照GB/T 11615—2010附录B执行。

6.5 温泉监测

6.5.1 温泉监测应包括泉口温度监测、流量监测和流体质量监测。

6.5.2 新增温泉泉口温度和流量监测的第一个水文年应每月监测1次。流量监测可选择容积法、堰测法或流速仪法。在掌握其动态规律后，应根据流量稳定程度按照表2设定监测频率。流体质量监测每年不少于1次。

表 2　温泉监测频率表

<table>
<tr><th>泉的稳定程度</th><th>稳定系数（最小流量/最大流量）</th><th>监测频率</th></tr>
<tr><td>极稳定的</td><td>1.0</td><td rowspan="2">每季末、季中日各监测一次</td></tr>
<tr><td>稳定的</td><td>1.0～0.5</td></tr>
<tr><td>较稳定的</td><td>0.5～0.1</td><td>每月末、月中日各监测一次</td></tr>
<tr><td>不稳定的</td><td>0.1～0.03</td><td rowspan="2">每月监测三次逢 10 日监测
（二月为月末日）</td></tr>
<tr><td>极不稳定的</td><td><0.03</td></tr>
</table>

6.5.3　温度监测和流体质量监测应靠近温泉眼中心位置，流体样品采样要求应遵照 GB/T 11615—2010 附录 B 执行。

6.6　稳态测温测压

6.6.1　宜结合实际需求选取重点监测井开展全井稳态温度、压力监测，以了解重点井全井段温度、压力动态变化规律。

6.6.2　全井稳态温度、压力监测应选取周边区域无常年生活热水开采井的专用监测井，且 7 日以内无人工扰动，温度、压力处于自然条件下的稳定状态。

6.6.3　监测频率每年不少于 2 次，供暖季前、后各 1 次。

7　维护与管理

7.1　监测网（点）

7.1.1　重点监测点设置完成后，非特殊情况不得随意变更，对于损坏无法修复的监测点，应及时撤销，并及时增补新的监测点。

7.1.2　一般监测点，特别是为专门研究所设置的监测点，根据新的认识，可结合管理和研究需要，及时调整监测点数量、监测频次或监测内容。

7.1.3　监测点管理应建立现场巡视检查和数据校验检查制度。定期对监测点进行检查、维护，排除故障或隐患。应定期对自动记录数据进行校验，对监测数据不准确的设备进行及时维修、更换。

7.1.4　重点监测点至少每季进行一次监测设备检查，发现潜在问题应及时采取处理措施。

7.1.5　地面高程、井口变动等引起基点高度发生变化，应在监测过程中进行重测并校核，更新井的基本信息，所有井每年进行一次统一校准。

7.2　监测设备

7.2.1　监测设备应安装相应的防护装置，由专人定期检修维护，避免人为破坏和恶劣环境条件的影响，发现问题或故障，应及时与相关部门沟通，查找故障原因并进行处理，无法修复的设备应及时更换。

7.2.2　测管应定期进行防腐处理，在进行提下泵作业时，应注意测管对齐，防止测管错位，锈蚀严重的测管段应及时更换，发生堵塞的管段应疏通后再下入。

7.2.3　人工测线应在测量前校准，标签松动、字迹模糊的应重新标记。

7.2.4　自动化温度、压力监测点应做好专门的井口防护装置，确保数据发射的灵敏度和准确性。信息平台应定期进行系统维护，防止断电和网络系统故障导致数据中断。

8 监测资料的整编与分析

8.1 一般规定

8.1.1 应充分利用信息化手段，采用无纸化方式实现监测数据采集。不能实现无纸化采集的原始记录表，填写格式应规范统一，字迹清楚工整、禁止涂抹。

8.1.2 应及时做好资料整编与分析，原始数据按照监测项目、监测时间分类整理，校核不合格的监测数据，应予以标注，进行复核或作另外备份处理。

8.1.3 对于无法查找原因的异常数据，不应使用。

8.1.4 应按月、按季度、按年度进行阶段性成果总结，并及时汇交地热管理部门。

8.2 数据处理

8.2.1 自动化监测方式采集的水位、水温、流量数据应在每月 5 日前完成上月数据整理和质量审核。

8.2.2 人工统测的水位、水温、流量和水质数据应在完成后及时整理分析，并采取自检、互检和抽检等形式做好质量控制，自检、互检率为 100%，抽检率应大于 30%。

8.2.3 对于偶然缺测的数据，不超过一次时，可予以插补后进行特征值统计。

8.2.4 水位数据应进行统一温度校正，消除井筒效应的影响。可采用公式（1）进行温度校正。

$$h_2 = H - \frac{\rho_1}{\rho_2}[H-(h_1-h_0)] \qquad (1)$$

式中：

h_2——校正后水位埋深（m）；

H——取热储富集段中点埋深（m）；

ρ_1——热储温度和液面温度的平均值所对应的流体密度（kg/m^3）；

ρ_2——热储温度所对应的流体密度（kg/m^3）；

h_1——观测水位埋深（m）；

h_0——基点高度（m）。

8.2.5 水质检测数据应在一个监测周期内由专业性检测机构一次性提供，对检测报告的异常数据进行及时反馈，条件具备时可复测。

8.3 数据分析

8.3.1 应编制单井水位、水温随时间变化曲线，分析水位、水温动态变化规律，及分析动态影响因素。

8.3.2 应采用校正到统一温度的水位数据，结合区域其他地热井监测数据，编制区域水位等值线图。

8.3.3 应采用相邻两年内同期静水位差值确定水位年降幅，结合区域其他地热井监测数据，绘制年降幅等值线图，应以每年 10 月底静水位数据差值为宜。

8.3.4 水位等值线与年降幅等值线图应按热储分层绘制，确定水位降落漏斗区和年降幅高值区范围。

8.3.5 按行政区或地质构造单元分区，按热储分类统计年度地热流体累计采、灌量，计算年度消耗量，分析同比变化情况，绘制各储层年度开采强度或消耗强度平面图，初步分析采灌量与水位埋深、年降幅变化的相关性。

8.3.6 水质分析应采用舒卡列夫分类法确定水质类型，结合区域其他地热井测试数据绘制水化学类型及矿化度平面分布图。根据同一地区不同深度热储水质检测结果，绘制水化学组分及矿化度垂向变化分布图。

来某时段内监测要素的变化量，并以报告或者图件的形式予以展示。

9 成果资料编制

9.1 报告编写

9.1.1 报告的编制形式包括月报、年报以及研究报告。

9.1.2 月报编写以对应月份的水位、采灌量等数据为依据，对数据采集情况、水位及采灌量环比、同比变化情况进行简要分析和总结。

9.1.3 年报编写主要内容应包括地热开发利用现状、动态要素（压力、温度、流量、水质等）变化特征及影响因素分析、资源合理开发利用措施等。

9.1.4 研究报告应对近几年地热动态进行综合分析和深入研究，并查找监测工作的不足之处。编写周期以3年～5年为宜。

9.1.5 报告编写的要求参照附录A。

9.2 图件编制

9.2.1 图件绘制要素应能直观反映地热资源动态、开发利用现状、开发利用潜力等信息。

9.2.2 报告中水位埋深、温度、水化学及开采强度等平面分布图的插图应统一比例尺和地理底图。

9.2.3 编制图件内容应包括：

a） 监测井分布图；

b） 地热开采井和回灌井分布图；

c） 主要热储开采状况分区图；

d） 主要热储压力（水位）平面分布图；

e） 主要热储压力（水位）年降幅等值线图；

f） 主要热储或热储顶板温度等值线图；

g） 主要热储流体化学分区图。

9.3 资料归档

9.3.1 地热资源动态监测各项原始数据应及时录入系统数据库，并由检查人员将录入数据与原始数据逐一核对。

9.3.2 将动态监测原始记录、过程文件、成果资料等按原始地质资料立卷归档规则进行分类、编号、立卷归档。

9.3.3 资料应包括纸质文件和电子文档，且应按档案管理规定对资料进行系统归档保存。

附　录　A
（规范性）
地热资源动态监测报告编写要求

A.1　前言

a）项目背景；
b）目的和任务；
c）完成工作量；
d）项目经费使用情况等。

A.2　地热地质条件

a）主要地质背景；
b）监测区断裂构造；
c）热储层分布等。

A.3　开发利用情况动态监测

a）不同行政区、不同热储层的采、灌井分布；
b）开采量和回灌量统计；
c）资源利用状况统计；
d）与上年度做比较，进行数据分析和趋势预测。

A.4　水位（压力）动态监测

根据测压水头历时曲线、平面等值线（热储测压水头、下降速率等值线等）等相关数据，分析热储压力在时间、空间上的变化及分布，推测地热流体的运移特征，对集中采灌区和典型降幅较大井点进行分析。

A.5　温度动态监测

根据温度历时曲线、平面等值线等相关数据，分析热储温度在时间、空间上的变化及分布，推测热储温度的变化趋势。

A.6　流体化学动态监测

根据流体特征离子、气体历时曲线、平面等值线等相关数据，分析地热流体特征离子、气体在时间和空间上的变化及分布，推测地热流体化学类型的变化趋势。

A.7 流量动态监测

a） 统计年度地热流体累计采、灌量，计算年度消耗量，分析同比变化情况及其与水位埋深、年降幅变化的相关性；

b） 分析回灌井利用状况，包括回灌率、回灌压力、回灌温度、流体化学特征等，分析影响回灌效果的因素，提出回灌建议。

A.8 地热动态监测结果分析与研究

根据动态监测结果，结合地热开发利用现状及未来对资源的需求，分析地热田开采量、回灌量与热储压力、温度和流体化学之间的变化关系，预测未来发展趋势，提出应对建议，为地热管理和决策提供依据。

A.9 结论和建议

A.9.1 结论

结论应包括：

a） 地热井总数、开采量、回灌量；

b） 监测网调整情况，数据采集率、质量保证程度；

c） 分层分区开采量、回灌量、静水位、动水位、水位年降幅；

d） 不同热储层化学场；

e） 不同热储层温度场；

f） 对热储动态变化特征的新认识。

A.9.2 建议

建议应包括：

a） 下一年度动态监测网调整、工作计划；

b） 下一年度改进措施；

c） 对地热资源开发、管理的建议。

ICS 23.100.60
CCS J 77

NB

中华人民共和国能源行业标准

NB/T 11148—2023

地热回灌过滤装置技术要求

Technical specification for geothermal reinjection filtration device

2023-02-06 发布　　2023-08-06 实施

目　次

前　言

本文件按照 GB/T 1.1—2020《标准化工作导则　第 1 部分：标准化文件的结构和起草规则》的规定起草。

本文件由中国石油化工集团有限公司提出。

本文件由能源行业地热能专业标准化技术委员会归口。

本文件起草单位：新乡市万和过滤技术股份公司、中国石化集团新星石油有限责任公司。

本文件主要起草人：常城、李霞蔚、王延欣、万传铜、及文霞、赵丰年、马春红、李冬、李平。

本标准为 2023 年首次发布。

地热回灌过滤装置技术要求

1 范围

本文件规定了地热回灌过滤装置的基础资料准备、分类、设计要求、功能说明及装置的材料、制造要求、试验与检验、现场安装、运行、标志、运输、贮存技术要求。

本文件适用于地热回灌过滤装置的设计、制造、试验、现场安装、运行等技术要求。

2 规范性引用文件

下列文件中的内容通过文中的规范性引用而构成本文件必不可少的条款。其中，注日期的引用文件，仅该日期对应的版本适用于本文件；不注日期的引用文件，其最新版本（包括所有的修改单）适用于本文件。

GB/T 150.3　压力容器　第 3 部分：设计

GB/T 191　包装储运图示标志

GB/T 699　优质碳素结构钢

GB/T 700　碳素结构钢

GB/T 711　优质碳素结构钢热轧钢板和钢带

GB/T 713　锅炉和压力容器用钢板

GB/T 1804　一般公差　未注公差的线形和角度尺寸公差

GB/T 2346　流体传动系统及元件公称压力

GB/T 3280　不锈钢冷轧钢板和钢带

GB/T 4237　不锈钢热轧钢板和钢带

GB/T 8163　输送流体用无缝钢管

GB/T 9019　压力容器公称直径

GB/T 9119　板式平焊钢制管法兰

GB/T 12771　流体输送用不锈钢焊接钢管

GB/T 13922　水处理设备性能实验

GB/T 14976　流体输送用不锈钢无缝钢管

GB/T 17446　流体传动系统及元件术语

GB/T 17486　液压过滤器　压降流量特性的评定

GB/T 18853　液压传动过滤器评定滤芯过滤性能的多次通过方法

GB/T 25295　电气设备安全设计导则

GB/T 26114　液体过滤用过滤器　通用技术规范

GB/T 50254　电气装置安装工程施工及验收规范

JB/T 4709　压力容器焊接规范

JB/T 4711　设备的油漆、包装和运输

JB/T 7218　筒式加压液体过滤滤芯

JB/T 7219　筒式加压液体过滤滤芯性能试验方法

3 术语和定义

下列术语和定义适用于本文件。

3.1

地热回灌过滤装置 geothermal recharge filtration device

地热回灌过滤装置是将热能交换后的尾水，进行单级或多级物理净化过滤，确保地热供暖及回灌系统的安全、稳定、高效、优质运行。地热回灌过滤装置主要包含初效过滤装置和高效过滤装置。

3.1.1

初效过滤装置 primary filtration device

初效过滤装置是可拦截回灌尾水中颗粒尺寸≥10μm 的装置，由过滤器壳体、滤芯及辅助设备空压机、储气罐、电气、除垢等多个单元组成。

3.1.2

高效过滤装置 high efficiency filtration device

高效过滤装置是可拦截回灌尾水中颗粒尺寸＜10μm 的装置，由过滤器壳体、滤芯等组成。

3.2

过滤比 filtration ratio

过滤器进口流体介质单位体积内所含大于某一给定尺寸的颗粒数与经过过滤器后出口流体介质单位体积内所含大于同一尺寸的颗粒数之比。通常用 β_x 表示。

即：

$$\beta_x = \frac{N_b}{N_a} \quad \cdots\cdots (1)$$

式中：

x——给定尺寸（μm）；

N_b——过滤前单位体积中所含大于 x 微米的颗粒数；

N_a——过滤后单位体积中所含大于 x 微米的颗粒数。

3.3

过滤效率 filtration efficiency

过滤效率是反映过滤器滤除地热尾水中污染颗粒的能力。

过滤器对于大于某给定尺寸（x）的颗粒的过滤效率按下面公式计算，用 η_x 表示。

即：

$$\eta_x = (1 - 1 \div \beta_x) \times 100\% \quad \cdots\cdots (2)$$

3.4

过滤精度 filtration accuracy

过滤器有效拦截（$\beta_x \geqslant 100$ 时）的最小颗粒尺寸 x，以微米为计量单位，用 μm 表示。

4 设计要求

4.1 一般要求

地热回灌过滤装置的额定工作压力、额定工作流量等参数，须满足地热回灌工程系统总体设计要求。

4.2 过滤装置设计要求

a） 过滤装置的型式选择、壳体材料选择，须按地热回灌工程系统总体设计要求确定；
b） 过滤装置的本体应符合特种设备设计的规定；
c） 过滤装置的过滤器可采用串联或者并联方式连接。

4.3 结构要求

a） 结构设计宜简洁方便，更换过滤元件时无需拆卸管路、底座，并实现可靠密封；
b） 筒体、顶盖、固定件的强度和刚度须能承受在管路连接以及更换过滤元件时的外力；
c） 整体设计需考虑现场吊装和插装，需设计便于拆装的组件；
d） 每个过滤器顶部需设计易于拆装的排气装置；
e） 对外连接管路、法兰等应选择标准配件。

4.4 安全性要求

a） 地热回灌过滤装置的设计压力、温度、流量等满足设计要求。依据 GB 150.3 计算装置的强度并校核；
b） 压力容器类产品应有详细的设计资料、生产资料、监检报告、试验报告等，并出具相应的产品合格证；
c） 自动控制系统需设置安全报警，并安装可视报警灯；
d） 具有快开设置的过滤器需配置安全联锁装置；
e） 顶盖开启采用铰链结构的过滤器，应设置保险装置，防止顶盖开启后，发生回落或整体倾覆。

4.5 耐持久性要求

a） 地热回灌过滤装置主体设计使用寿命不低于 10 年；
b） 常用零部件使用寿命见表 1。

表 1　常用零部件使用寿命表

序号	名称	使用寿命	备注
1	密封件	≥4 个月	使用温度范围内
2	自动排气阀	≥4 个月	
3	阀门	≥1a	包含球阀、蝶阀等
4	压力表	≥1a	
5	空压机机油	4000h	
6	空压机油滤	3000h	
7	空压机油分	3000h	
8	空压机空滤	3000h	
9	精密滤芯	4000h	

c） 滤芯的实际耐压差能力须不低于规定的耐压差能力。常用滤芯耐压差能力见表 2。

表 2 常用滤芯耐压差能力

序号	名称	耐压差能力，MPa	备注
1	金属滤芯	≥1.0	
2	大流量滤芯	≥0.2	使用温度 0℃～80℃
3	线绕滤芯	≥0.2	使用温度 0℃～80℃
4	PP 折叠滤芯	≥0.2	使用温度 0℃～80℃

4.6 过滤效果要求

a） 初效滤芯的过滤效率应大于等于 80%；
b） 高效滤芯的过滤效率应大于等于 90%。

4.7 过滤量要求

在初始阻力小于等于 0.02MPa 时，装置设计流量应大于等于实际过滤量的 120%。

5 装置的选型应用

5.1 选型资料准备

地热回灌过滤装置选型设计，需提供以下基础资料：
a） 地热回灌系统的回灌流体流量、流体温度、系统压力；
b） 地热流体初始化学组分及经换热器出口水质污染度等级报告。

5.2 选型应用

1） 公称流量系列选型参照表 3 的规定；

表 3 公称流量系列选型表

实际回灌流量 m^3/h	设计选型流量 m^3/h	实际回灌流量 m^3/h	设计选型流量 m^3/h	实际回灌流量 m^3/h	设计选型流量 m^3/h
≤30	30	81～90	90	181～200	200
31～40	40	91～100	100	201～220	220
41～50	50	101～120	120	221～240	240
51～60	60	121～140	140	241～260	260
61～70	70	141～160	160	261～280	280
71～80	80	161～180	180	281～300	300

2） 公称压力一般为 0～1.6MPa；
3） 初效过滤装置常选过滤精度为 10～50μm，高效过滤装置常选过滤精度为 1～10μm，过滤精度大于 50μm 时，可由制造厂自行确定；依据地热尾水进过滤单元前的污染度等级检测报告，进行地热回灌过滤装置的过滤精度、过滤等级、结构组成的选型。污染度等级检测依据 NAS1638 或者 ISO4406 标准进行检测。过滤精度及结构组成选取需参照表 4 的规定。

表 4　过滤精度及结构组成选型

<table>
<tr><th rowspan="3">颗粒分布
x，μm</th><th rowspan="3">颗粒
占比</th><th colspan="5">初效选型</th><th colspan="2">高效选型</th></tr>
<tr><th rowspan="2">初效过滤
及精度
μm</th><th rowspan="2">在线清洗
控制形式</th><th colspan="3">辅助单元选型</th><th rowspan="2">高效过滤
及精度
μm</th><th rowspan="2">是否具备
反洗</th></tr>
<tr><th>PLC 控制
单元</th><th>清洗动力
单元</th><th>除垢单元</th></tr>
<tr><td>x≤5</td><td>≥80%</td><td>无</td><td>无</td><td>无</td><td>无</td><td>无</td><td>1～3</td><td rowspan="8">否</td></tr>
<tr><td>x≤10</td><td>≥80%</td><td>无</td><td>无</td><td>无</td><td>无</td><td>无</td><td>3～5</td></tr>
<tr><td rowspan="2">x≥10</td><td rowspan="2">≥30%</td><td rowspan="2">10</td><td>手动</td><td>无</td><td>无</td><td>无</td><td rowspan="2">3～5</td></tr>
<tr><td>自动</td><td>有</td><td>有</td><td>无</td></tr>
<tr><td rowspan="2">x≥15</td><td rowspan="2">≥30%</td><td rowspan="2">15</td><td>手动</td><td>无</td><td>无</td><td>无</td><td rowspan="2">3～5</td></tr>
<tr><td>自动</td><td>有</td><td>有</td><td>无</td></tr>
<tr><td rowspan="2">x≥25</td><td rowspan="2">≥30%</td><td rowspan="2">25</td><td>手动</td><td>无</td><td>无</td><td>选择增加</td><td rowspan="2">3～5</td></tr>
<tr><td>自动</td><td>有</td><td>有</td><td>选择增加</td></tr>
</table>

6　地热回灌装置组成与分类

6.1　地热回灌过滤装置分类

按照过滤精度分为初效过滤装置、高效过滤装置等。按清洗功能分为在线清洗过滤装置和离线清洗过滤装置。按控制方式可分为自动控制过滤装置和手动过滤装置。

6.2　地热回灌过滤装置组成

地热回灌过滤装置由单个或多个模块结构组成，模块结构分为过滤单元、控制单元、清洗动力单元、除垢单元等。

6.2.1　过滤单元

6.2.1.1　主要作用

过滤单元主要作用为去除地热尾水中不同粒径的固体杂质，满足回灌系统对水质的要求，提高回灌效率。根据水质、回灌量等现场条件，需选取不同的过滤精度、过滤级别及控制方式等。

6.2.1.2　组成

过滤单元主要由过滤器壳体、滤芯、阀门、管路接口、框架组成。

6.2.1.3　主要技术要求

a）过滤器的设计按 GB/T 150 执行并校核；
b）过滤单元根据设计要求及水质情况，选取不同的过滤精度的过滤单元；
c）过滤精度须满足设计要求；
d）与地热流体直接接触的设备及部件需根据水质特性选择耐腐材料；
e）需配置摇臂、千斤顶等提升或快开装置，便于拆装设备或更换滤芯等；
f）应结合场地情况及回灌系统稳定运行进行过滤装置结构设计，尽量节省占地面积；

g） 需在装置的顶部设计自动排气阀，及时排出管路中的气体，防止气体在储层内形成气堵；

h） 应在每个过滤器的顶部设计吊装结构，便于拆装、运输等；

i） 具有在线清洗能力的过滤单元，滤芯须承受≥0.2MPa 的压差；阀门应选取开启速度快、安全系数高、故障率低的自动阀门，执行器具备信号输出、开关显示等功能，出现异常能够及时报警；

j） 框架应具备防腐能力。

6.2.2 控制单元

6.2.2.1 主要作用

控制单元应具备对地热回灌过滤装置的压力、压差、运行时间等运行参数自动采集、储存、上传等功能，当系统运行出现异常，应及时输出报警信号。

6.2.2.2 组成

控制单元主要由控制柜、PLC 模块、控制屏、端子、报警器、电缆、桥架等组成。

6.2.2.3 主要技术要求

a） 控制柜应具备防腐功能，能适应地热回灌运行的现场环境；

b） 在线清洗操作应实现时间、压差、手动控制，且互不干扰；

c） 控制系统具备故障检测和报警功能，需配置声光报警器；

d） 具备远程通信及监测功能；

e） 具有数据采集、存储、上传等功能；

f） 须设计超压、超压差等关键参数的报警功能；

g） 操作界面应简洁友好，易操作；

h） 控制柜顶部需设计吊装结构；

i） 控制柜各部件需标示明确，方便后期维护。

6.2.3 清洗动力单元

6.2.3.1 主要作用

清洗动力单元主要为过滤器在线清洗时提供清洗动力。当系统无清洗动力或动力不足时，由独立的清洗动力单元介入或补充，达到高效的在线清洗目的，提高滤芯的再生能力，延长滤芯的使用寿命。清洗动力主要为压缩气体，气体可为空气或者惰性气体。当系统具备充足的在线清洗动力时，可利用系统动力实现在线清洗。

6.2.3.2 组成

清洗动力单元主要分为压缩空气清洗动力单元和压缩惰性气体清洗动力单元。压缩空气清洗动力单元主要由空压机、储气罐、安全阀及管路等元件组成。压缩惰性气体清洗动力单元主要由空压机、储气罐、安全阀、冷干机、惰性气体处理装置、检测装置及管路等元件组成。

6.2.3.3 主要技术要求

a） 压力容器类的零部件应具备完整的压力容器设计、生产、监检等资料，用户可进行备案；

b） 空压机的排气压力不低于 0.8MPa，功率不低于 5.5kW；

d） 安全阀、压力表等元器件出厂前应进行校验并提供合格的校验报告；
e） 空压机与储气罐之间须采用柔性连接，避免产生共振；
f） 在线清洗使用的压缩气体应经过除油、除水、除杂过滤，避免造成过滤系统二次污染；
g） 压缩惰性气体系统应具备惰性气体检测装置，合格率满足设计要求；
h） 清洗动力单元框架具备吊装结构，便于拆装运输。

6.2.4 除垢单元

6.2.4.1 主要作用

除垢单元主要是通过不同配比的溶液，去除不易清洗的污垢，提高滤芯的再生能力，延长滤芯的使用寿命。溶液的特性与配比应根据结垢的成分及与设备的相容性进行合理的选取。

6.2.4.2 组成

除垢单元主要由泵、配比水箱、过滤器、阀门、管路及框架等零部件组成。

6.2.4.3 主要技术要求

a） 泵的选型与所需配比的溶液符合相容性要求；
b） 泵的流量不低于 $2m^3/h$；
c） 配比水箱容积不低于 $1m^3$，宜采用非金属材质；
d） 除垢单元应具备搅拌、排污功能；
e） 除垢单元的结构宜设计简单、重量轻，便于移动；
f） 框架设计具备防腐功能。

7 一般规定

7.1 材料和外购件要求

a） 地热回灌过滤装置所用材料须有质量证明书，或按有关标准进行检验，合格后方能使用。金属材料应符合 GB/T 699、GB/T 700、GB/T 711、GB 713、GB/T 3280、GB/T 4237、GB/T 8163、GB/T 14976、GB/T 12771 等的规定；非金属材料应符合相应的国家标准和行业标准规定；
b） 材料应与地热尾水相容且符合应用行业标准；
c） 采用替代材料时，应保证性能相同或较优的材料；
d） 外购件须有供应商提供的合格证；
e） 常用金属材料宜选 304、316L、2205、Q345R、Q235 等；常用非金属材料宜选 PP、PPH、PE、PTFE-2 等。

7.2 制造要求

7.2.1 焊接

7.2.1.1 焊接应符合 JB/T 4709 的要求。

7.2.1.2 焊接接头的无损检测应符合 GB/T 150 的要求。

7.2.2 装置的密封性

过滤装置在设计压力试验条件下，各部件密封处、结合面及焊接接头无任何渗漏、无变形现象。

7.3 外观要求

7.3.1 不锈钢金属壳体外表面采用工业级抛光，其他壳体加以表面处理。

7.3.2 过滤装置的外观、装配质量、外形尺寸等符合产品图样的规定。

7.3.3 过滤装置表面应光滑、无毛刺、清洁、无磕碰、无锈斑及其他缺陷。

7.4 电气控制

7.4.1 电气设计遵循 GB/T 25295《电气设备安全设计导则》。

7.4.2 运行：设备具有良好的可控性能，合理的运行操作方式，自动运行时能显示出设备的各个运行参数、状态及故障信号。

7.4.3 电气控制系统：具备参数设置、自动运行、手动操作、系统报警及诊断功能、系统历史数据保存、系统通信等功能。

7.4.4 系统报警及诊断功能：系统在出现故障后能够出现报警声光指示功能，设有系统超压、超压差报警和自动泄压保护系统。

7.4.5 系统历史数据保存功能：系统具备自动记录数据、自动保存及查询功能，掉电状态下系统的数据可以保存一年时间。

7.4.6 系统通信功能：系统装置预留远程控制接口，可以和现场的监测系统以及各种监测设备进行数据通信。

8 试验方法和检验规则

8.1 技术参数试验

8.1.1 过滤精度

过滤精度用初始过滤比标定，试验应参照 GB/T 18853 进行。滤芯过滤精度试验粉尘选用标准球形粉尘[ISO12103-1（A3）粉尘]，在符合 3.4 要求的过滤精度下，过滤比应大于等于 100。

8.1.2 压降-流量特性

在规定的压力下，试验液在通过被测过滤器时，测量过滤器压降随流量变化的数值；试验应参照 GB/T 17486 的规定进行。

8.1.3 密封试验

在地热回灌过滤装置进液口供液过程中，压力应保持缓慢上升，达到 1.25 倍的公称压力后，停止打压，并保压 30min，试验结果符合 7.2.2 的要求。

8.2 检验规则

8.2.1 检验分类

过滤装置的检验分为出厂检验和型式检验。

8.2.2 出厂检验

地热回灌过滤装置出厂须进行出厂检验，检验由制造厂的质检部门进行。

8.2.3 型式检验

型式检验由国家授权的监督检验部门进行。

8.2.4 检验项目

地热回灌过滤装置出厂检验和型式检验的项目和要求见表5。

表5 过滤装置检验项目及要求

序号	检验项目	试验方法	出厂检验	型式检验
1	外观质量	目测	√	×
2	外形尺寸	卡尺、盒尺等	√	×
3	密封试验	8.1.3	√	×
4	过滤精度试验	8.1.1	×	√
5	压降-流量特性	8.1.2	×	√

9 现场安装

a） 安装前应根据实际的场地条件与设计方案，对现场做合理的布局设计；

b） 安装应保证设备整体进场空间，避免二次拆建；

c） 安装时设备四周及顶部应预留足够的维修空间及操作空间。人行及操作空间不低于800mm；滤芯更换空间不低于滤芯可垂直取出的高度；其他维修空间不低于300mm；

d） 有多个模块安装时，每个模块都应预留足够的操作及维修空间；

e） 安装电气部分时，应考虑电气的安全性，符合相关的电气标准；

f） 地热回灌过滤装置在更换滤芯或清洗时存在排水现象，设备安装时应考虑场地的排污能力，避免排水过多导致站点出现安全事故；

g） 地热回灌过滤装置进场后，根据设备预留的进出口、排污口等与现场管路进行对接。对接时须考虑设备维修时地热回灌过滤装置停机运行，回灌尾水的旁通问题。

10 使用效果评价

10.1 运行效果评价

10.1.1 地热回灌过滤装置正常运行后应记录运行阻力，初始阻力满足4.7要求。

10.1.2 地热回灌过滤装置正式运行后，应对过滤效率进行检测，检测结果不低于4.6要求。

10.1.3 地热回灌过滤装置运行安全性能应满足4.4要求。

10.1.4 地热回灌过滤装置操作方便。

10.2 维护效果评价

10.2.1 耗材的使用寿命不低于4.5要求。

10.2.2 每次更换耗材的时间≤4h。

10.2.3 可靠性特征，平均无故障时间MTBF≥2000h。

11 标志、包装、运输和贮存

11.1 标志

11.1.1 标识应符合 GB/T 191 的规定。

11.1.2 每台地热回灌过滤装置应在明显部位固定铭牌，铭牌内容包括：

a) 产品型号、名称；
b) 物料名称；
c) 主要技术参数；
d) 设计压力，单位为 MPa；
e) 设计温度，单位为℃；
f) 设计流量，单位为 m^3/h；
g) 过滤精度，单位为 μm；
h) 设备质量，单位为 kg；
i) 出厂编号；
j) 出厂日期；
k) 制造单位。

11.1.3 发货要求

a) 地热回灌过滤装置外接连接口处，应做出醒目的标记并封堵；
b) 产品合格证（产品名称、型号、规格、主要性能指标）；
c) 外形图；
d) 产品说明书；
e) 随机附件清单；
f) 装箱单。

11.2 包装、运输

地热回灌过滤装置的包装与运输应符合 JB/T 4711 的规定，过滤元件独立包装，包装应有防潮、防锈等措施，结实可靠。地热回灌过滤装置在运输过程中，不应有剧烈振动、冲击、碰撞，应有防雨雪、防撞击措施。

11.3 贮存

产品检验合格后，应排尽工作液，进出口、排污口等所有通内腔的孔应即时封堵，过滤元件应存放在干燥无腐蚀的环境中。

ICS 73.020
CCS D 10

NB

中华人民共和国能源行业标准

NB/T 11158—2023

水热型地热尾水回灌技术规程

Technical specification for hydrothermal geothermal return water reinjection

2023-02-06 发布 2023-08-06 实施

国家能源局 发布

目　次

前 言

本文件按照 GB/T 1.1—2020《标准化工作导则　第 1 部分：标准化文件的结构和起草规则》的规定起草。

本文件由中国石油化工集团有限公司提出。

本文件由能源行业地热能专业标准化技术委员会归口。

本文件起草单位：山东地子新能源科技有限公司、中国石化集团新星石油有限责任公司、山东省地质矿产勘查开发局、陕西省煤田地质集团有限公司、山东省地质矿产勘查开发局八〇一水文地质工程地质大队（山东省地矿工程勘察院）、山东省鲁南地质工程勘察院（山东省地质矿产勘查开发局第二地质大队）、清华大学、中国石油化工股份有限公司石油勘探开发研究院、中国地质大学（武汉）、天津地热勘查开发设计院、北京市地质环境监测所、中国地质科学院、河北省地质矿产勘查开发局第三水文工程地质大队（河北省地热资源开发研究所）。

本文件主要起草人：康凤新、周群道、张廷会、郑婷婷、隋海波、谭现锋、赵志宏、张英、周建伟、赵丰年、薛宇泽、阮传侠、赵苏民、刘久荣、张保建、史启朋、李郡、沈健、王树芳、袁明叶。

本文件为 2023 年首次发布。

水热型地热尾水回灌技术规程

1 范围

本文件规定了可回灌性论证与地质设计、回灌井钻井技术设计与施工、压裂增产技术、地面回灌系统设计与安装、回灌试验、回灌工艺、回灌监测与评价、系统维护与保养、成果验收与资料提交等内容的技术要求。

本文件适用于砂岩热储、碳酸盐岩热储水热型地热尾水回灌。

2 规范性引用文件

下列文件中的内容通过文中的规范性引用而构成本文件必不可少的条款。其中，注日期的引用文件，仅该日期对应的版本适用于本文件；不注日期的引用文件，其最新版本（包括所有的修改单）适用于本文件。

GB/T 11615 地热资源地质勘查规范

DZ/T 0260 地热钻探技术规程

DZ/T 0330 砂岩热储地热尾水回灌技术规程

3 术语和定义

下列术语和定义适用于本文件。

3.1

砂岩热储 sandstone geothermal reservoir

埋藏于地下，具有一定的胶结或成岩性，且有一定有效孔隙度和渗透性的多孔介质，其中存储的地热流体可供开发利用。

3.2

碳酸盐岩热储 carbonate geothermal reservoir

发育岩溶化的碳酸盐岩，如石灰岩、白云岩等构成的热储。

3.3

地热尾水 geothermal return water

供暖或发电利用为主的密闭系统，提取热量后的地热流体。

3.4

地热尾水回灌 geothermal return water reinjection

将地热尾水通过回灌井注入热储层的过程。

3.5

自然回灌 natural reinjection

天然压力、温度条件下的尾水回灌。

3.6

加压回灌 pressurized reinjection

人工增加压力的方式进行的回灌。

3.7

回灌系统 reinjection system

地热回灌中，包括开采井、回灌井以及连通采、灌井之间的管路装置、过滤设备、排气设施、加压设备和监测设施等组成的系统。

3.8

回灌井 reinjection well

用于将地热尾水注入热储层的地热井。

3.9

回灌监测 reinjection monitoring

利用仪器仪表和其他装置对地热流体的采、灌进行监测，主要内容包括：地热流体压力、流量、温度及化学成分等，监测周期和频率可根据需要而定。

3.10

回扬 flow reversal

为清除回灌井中的沉淀物和热储层中的堵塞物，利用回扬设备在回灌井中进行的抽水工作。

3.11

热突破 geothermal breakthrough

地热尾水的回灌造成开采井温度降低的现象。

3.12

合理采灌井距 reasonable distance between production and reinjection wells

在100年开采、回灌周期内，开采井不产生热突破的前提下，采、灌井在回灌目的热储层的适宜距离。

3.13

回灌率 reinjection ratio

回灌量占开采量的比例。回灌率可分为瞬时回灌率、累计回灌率和某个区域的回灌率。

3.14

单位回灌量 specific reinjection rate

每米水位升幅的回灌量。

3.15

大口径填砾井 large diameter gravel packing well

滤水段孔径不小于ϕ400mm、管径不小于ϕ177.8mm、保持合理孔管环状间隙，环隙填充一定规格砾料的地热井。

3.16

贯眼组合过滤井 through hole combined filter well

以贯眼套管为基础，可与包网、缠丝工艺组合使用的地热井。

3.17

堵塞比 clogging ratio

回灌井回灌末期单位回灌量的减少量与回灌初期的单位回灌量之比。

3.18

疏通比 clearance ratio

回灌井回扬末期的单位涌水量与回灌前单位涌水量之比。

3.19

热储层损害　geothermal reservoir damage

热储层空隙被缩小或被堵塞而造成渗透性能降低的现象。

4　总则

4.1　水热型地热尾水回灌主要流程包括可回灌性论证、回灌井地质设计、回灌井钻进技术设计、回灌井施工、地面回灌系统设计、地面回灌系统安装、回灌试验、生产性回灌、回灌监测、回灌评价和系统维护与保养等，工作流程如图1所示。

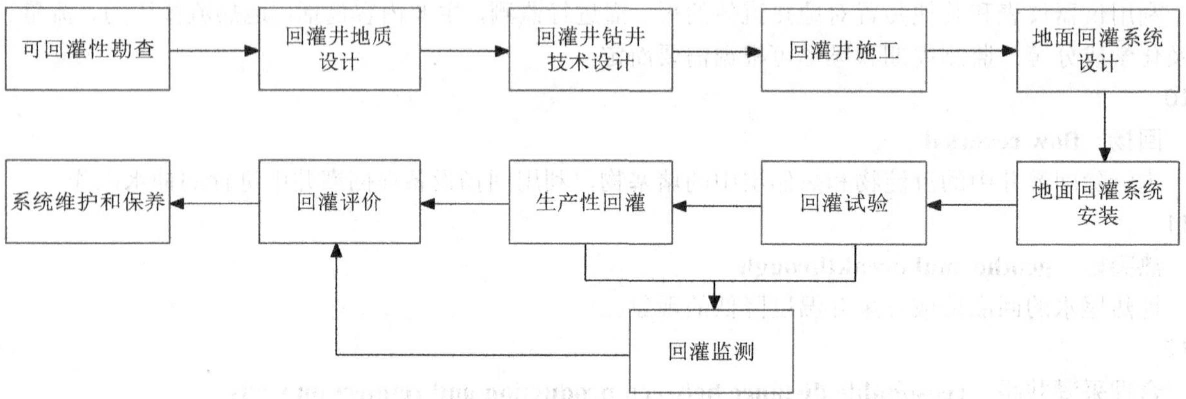

图1　水热型地热尾水回灌工作流程图

4.2　水热型地热资源开发时，应配套施工回灌井和建设地面回灌系统，实施采灌平衡，维持开发热储层压力。

4.3　应进行同层回灌，维护热储层原有水质。

4.4　应不改变热储层的结构和不影响开采井水温。

4.5　回灌工程的施工实施过程中应满足绿色勘查的要求。

5　可回灌性论证与地质设计

5.1　回灌目的层勘查

5.1.1　地热地质参数

5.1.1.1　砂岩热储

砂岩热储地热地质参数的勘查，应符合下列要求：

a）应进行综合测井，解译回灌热储的地层岩性、渗透率、孔隙度、单层厚度、热储厚度、含水率、泥质含量、含油饱和度等参数；

b）应开展稳定流抽水试验，确定回灌热储层的涌水量、降深等出水能力参数；应开展非稳定流抽水试验，确定回灌热储层的渗透系数、弹性释水系数、导水系数等参数；

c）前期未做勘探工作时，应进行砂粒大小和级配的实验分析工作：

1）砂岩分类，用主要粒径颗粒质量占总质量百分比判定，见表1；

2） 砂粒级配，用不均匀系数（C_u，$C_u=d_{60}/d_{10}$）判定，见表2。

注1：d_{60}为热储层砂、土试样筛分中能通过网眼的颗粒，其累计质量占试样总质量的60%时的最大颗粒直径。

注2：d_{10}为热储层砂、土试样筛分中能通过网眼的颗粒，其累计质量占试样总质量的10%时的最大颗粒直径。

表1 砂岩分类与定名

砂岩分类	砂粒级配
砾砂岩	粒径大于2mm的颗粒质量占总质量25%～50%
粗砂岩	粒径大于0.5mm的颗粒质量超过总质量50%
中砂岩	粒径大于0.25mm的颗粒质量超过总质量50%
细砂岩	粒径大于0.1mm的颗粒质量超过总质量75%
粉砂岩	粒径大于0.1mm的颗粒质量不超过总质量75%

表2 回灌热储层砂粒级配判定

不均匀系数C_u	$1<C_u\leqslant3$	$3<C_u\leqslant5$	$5<C_u\leqslant10$	$C_u>10$
级配评价	均匀质砂	较均匀质砂	较不均匀质砂	不均匀质砂

5.1.1.2 碳酸盐岩热储

碳酸盐岩热储地热地质参数的勘查，应符合下列要求：

a） 应进行综合测井，解译回灌热储的岩溶发育段、裂隙岩溶率等参数；

b） 应开展稳定流抽水试验，确定回灌热储层的涌水量、降深等出水能力参数；应开展非稳定流抽水试验，确定回灌热储层的渗透系数、弹性释水系数、导水系数等参数。

5.1.2 沉积环境

沉积环境的勘查，应满足下列要求：

a） 达到可行性勘查阶段以上的地区，砂岩热储应进行回灌热储层沉积环境、分布特征、矿物组分、颗粒形态（颗粒大小及组分含量、分选性、磨圆度、胶结状态）、平面及垂向的演化规律、成岩作用及杂基的勘查研究；碳酸盐岩热储应进行岩石的组分结构、风化程度、裂隙岩溶率及分布特征的勘查研究。

b） 未达到可行性勘查阶段以上的地区，宜开展地热地质勘查和施工探采结合井工作。

5.1.3 流体特征

流体特征的勘查，应满足下列要求：

a） 应进行水质全分析、同位素分析，分析项目按GB/T 11615执行，确定地热流体水化学性质及补给条件，年龄，更新速度等；

b） 应进行悬浮物测试，确定其物理成分；

c） 进行水位、水温监测，确定回灌热储层的流场及温度场特征。

5.2 回灌目的段的确定

5.2.1 砂岩热储

5.2.1.1 回灌目的层应选择与开采井对应的热储层、段。

度再进行选取和可回灌性判定。砂岩段的可选性及可回灌性判定依据如下：

a） 根据孔隙度（n）进行砂岩段选取和可回灌性判定，见表3。

表3 砂岩段孔隙度可回灌性条件

n	可回灌性	可选性
$n \leqslant 10\%$	差	不应选取
$10\% < n \leqslant 15\%$	较差	不宜选取
$15\% < n \leqslant 20\%$	较好	宜选取
$n > 20\%$	好	应选取

b） 根据渗透率（k）进行砂岩段选取和可回灌性判定，见表4。

表4 砂岩段渗透率可回灌性条件

$k/10^{-3}\mu m^2$	可回灌性	可选性
$k \leqslant 100$	差	不应选取
$100 < k \leqslant 200$	较差	不宜选取
$200 < k \leqslant 500$	较好	宜选取
$k > 500$	好	应选取

c） 根据单层厚度（h）进行砂岩段选取和可回灌性判定，见表5。

表5 砂岩段单层厚度可回灌性条件

h/m	可回灌性	可选性
$h \leqslant 5$	差	不应选取
$5 < h \leqslant 10$	较差	不宜选取
$10 < h \leqslant 20$	较好	宜选取
$h > 20$	好	应选取

5.2.1.3 回灌目的段的选择，应满足下列要求：

a） 砂岩段颗粒为细砂级（0.01mm）以上、不均匀系数小于5；

b） 砂岩单层段孔隙度大于15%；

c） 砂岩单层段渗透率大于$200 \times 10^{-3}\mu m^2$；

d） 砂岩单层段厚度宜大于10m；

e） 满足b）～d）条件的砂岩层，累计厚度应大于80m。

5.2.2 碳酸盐岩热储

5.2.2.1 回灌井位确定及施工前，应先开展物探勘查工作。

5.2.2.2 回灌目的层应选择与开采井对应的热储层、段。

5.2.2.3 回灌目的段应符合下列要求：

a） 裂隙岩溶率大于2%且热储厚度大于80m时，可直接进行回灌；

b） 裂隙岩溶率不大于2%或热储厚度不大于80m时，宜先开展储层优化再进行回灌；

c） 裂隙岩溶率小于2%且热储厚度小于80m时，应先开展储层优化再进行回灌。

5.2.3 回灌井地质设计

回灌井地质设计参见附录A。

6 回灌井钻井技术设计与施工

6.1 回灌井钻井技术设计

6.1.1 砂岩热储井身结构

6.1.1.1 大口径填砾井身结构

大口径填砾井身结构参见附录C，应满足下列要求：

a) 泵室段，孔径不小于550mm，管径不小于273.1mm，长度不小于300m；

b) 井壁段，孔径不小于400mm，管径不小于177.8mm，长度根据实际需求确定；

c) 滤水段，孔径不小于400mm，管径不小于177.8mm，长度根据开采井的层位和回灌目的层条件确定；

d) 若套管有重叠，重叠段应大于30m。

6.1.1.2 固井射孔井身结构

固井射孔井井身结构参见附录D，应满足下列要求：

a) 泵室段，孔径不小于444.5mm，管径不小于339.7mm，长度不小于300m；

b) 井壁段，孔径不小于215.9mm，管径不小于177.8mm，长度根据实际需求确定；

c) 滤水段，孔径不小于215.9mm，管径不小于177.8mm，长度根据开采井的层位和回灌目的层条件确定；

d) 若套管有重叠，重叠段应大于30m。

6.1.1.3 贯眼组合过滤井井身结构

贯眼组合过滤井井身结构参见附录E，应满足下列要求：

a) 泵室段，孔径不小于444.5mm，管径不小于273.1mm，长度不小于300m；

b) 井壁段，孔径不小于215.9mm，管径不小于177.8mm，长度根据实际需求确定；

c) 滤水段，孔径不小于215.9mm，管径不小于177.8mm，长度根据开采井的层位和回灌目的层条件确定；

d) 过滤器根据实际需要，可选取包网过滤器或梯形缠丝过滤器。

6.1.2 碳酸盐岩热储井身结构

6.1.2.1 泵室段，孔径不小于444.5mm，管径不小于339.7mm，长度不小于300m。

6.1.2.2 井壁段，孔径不小于215.9mm，管径不小于177.8mm，长度根据实际需求确定；

6.1.2.3 滤水段，孔径不小于152.4mm。

6.1.2.4 地层稳定时可裸眼成井；地层不稳定时应下入套管成井，套管重叠段长度应大于30m。

6.1.2.5 常用井身结构有三开井身结构、四开井身结构。

6.1.3 钻井工艺

钻井工艺应满足下列要求：

a) 各井段钻井方法、钻头类型、钻具组合、钻进参数和技术要求；取心井段与取心方法，取心钻

b） 根据场地条件、热储层深度、合理采灌井距，选用适宜钻井工艺。定向钻井按 DZ/T 0260 执行，井身结构参见附录 F。

6.1.4 钻井液

6.1.4.1 热储温度条件

应根据热储层的温度选择适宜的钻井液：

a） 小于 90℃的低温地热井，一般选用膨润土低固相钻井液；

b） 90℃～150℃的中温地热井，一般采用膨润土、高岭土或海泡土及其混合土配浆，采用铬褐煤、丙烯酸盐、特种树脂等处理剂处理并加温石棉；

c） 大于 150℃的高温地热井，主要用海泡土配浆，采用铬褐煤、丙烯酸盐、特种树脂和温石棉进行处理。

6.1.4.2 地层条件

应根据地层的条件选择适宜的钻井液：

a） 地层稳定时，可选用清水、无固相钻井液；

b） 地层松散、破碎时，应适当提高钻进液的黏度和切力，选用高密度优质钻井液；

c） 在易水化膨胀坍塌的地层钻进时，应使用失水量低的钻井液，宜选用钾基钻井液、钙处理钻井液等具有较强抑制性能的钻井液。

6.1.4.3 水源条件

在缺水地区施工时，应选用节水钻井液。

6.1.5 成井工艺的选取原则

6.1.5.1 大口径填砾工艺

单井回灌量大于 $40m^3/h$ 时，应选用大口径填砾工艺，且满足下列规定：

a） 回灌目的段的渗透率小于 $500 \times 10^{-3} \mu m^2$；

b） 回灌目的段砂岩层的颗粒为中砂以下；

c） 回灌目的段砂岩层为弱固结～半固结（成岩程度低）；

d） 孔壁稳定；

e） 回灌目的段易出砂；

f） 成井深度宜小于 2000m。

6.1.5.2 贯眼组合过滤井

单井回灌量小于或等于 $40m^3/h$，且满足 6.1.5.1 中 a）～f）条件时，可选用贯眼组合过滤井工艺。

6.1.5.3 固井射孔工艺

选用固井射孔工艺时，应满足下列规定：

a） 回灌目的段的渗透率大于 $500 \times 10^{-3} \mu m^2$；

b） 回灌目的段砂岩层的颗粒为中砂以上；

c） 回灌目的段砂岩层为半固结～固结（成岩程度高）；

d） 回灌目的段不易出砂；

e） 成井深度宜大于 2000m。

6.1.6 其他要求

事故预防措施、抽水试验、井口装置和钻井交付、安全技术措施、施工组织与进度计划、工程预算等内容，按 DZ/T 0260 执行。

6.2 施工工艺及要求

6.2.1 钻井施工

按 DZ/T 0260 执行。

6.2.2 钻井液

宜选用对热储层有保护作用或对热储层损害小的钻井液，并满足下列要求：

a） 钻井液宜选用低密度、满足热储层近平衡钻井的需要；
b） 钻井液应与热储层岩石、热储层中流体相配伍；
c） 应具有良好的封堵能力，减少对热储层的渗透污染；固井射孔工艺成井时回灌层段应选用高封堵钻井液；
d） 钻井液应易解堵，渗透性能恢复率应大于 80%。

6.2.3 测井

应进行测井工作，并符合以下要求：

a） 测井前应保持钻井液性能良好，保持井壁稳定，井底干净；
b） 常用测井项目包括：双感应-八侧向、视电阻率、自然电位、自然伽玛、声波时差、声波幅度、井温、井径、井斜、含油饱和度测定和磁定位测定；
c） 提升（或下放）测井时要缓慢匀速，提升（或下放）速度小于 0.25m/s。

6.2.4 冲孔换浆

6.2.4.1 测井之后进行破壁，破壁结束后，可利用井内原钻具进行排渣和冲孔换浆。
6.2.4.2 较稳定地层换浆，钻井液黏度控制在 15s～20s，密度小于 1.15g/cm^3；稳定性较差地层换浆，钻井液黏度控制在 20s～25s，密度 1.15g/cm^3～1.20 g/cm^3。

6.2.5 下管

6.2.5.1 井管及套管材质应为石油套管，套管规格参见附录 G，套管连接应使用套管钳上扣，上扣扭矩应符合石油套管标准。
6.2.5.2 根据测井及解译结果，确定目的热储层及滤水管的深度和长度，要求滤水管与主要砂层的对准率达到 90%以上。
6.2.5.3 下管前应校正孔深。
6.2.5.4 全井下管时，应在底部有 10m～30m 沉淀管。
6.2.5.5 井管下放速度不宜过快,不稳定地层应小于 0.3m/s。

6.2.6 填砾

6.2.6.1 砾料质量要求

砾料的质量应满足下列要求：

a） 砾料应选择石英含量60%以上，质地坚硬，密度大，浑圆度好的砂砾；

b） 在标准土酸（3%HF+12%HCl）中，砾石的溶解质量百分数不应超过1%。

6.2.6.2 砾料的砾径

砾径的选择应符合下列要求：

a） 对回灌含水层进行颗粒分析，确定含水层的粒度中值（即 d_{50}）。

b） 所填砾料规格应为 D_{50}=（6～8）d_{50}。

注：D_{50}为砾料筛分中能通过网眼的颗粒，其累计质量占试样总质量的50%时的最大颗粒直径；d_{50}为回灌目的层砂样筛分中能通过网眼的颗粒，其累计质量占试样总质量的50%时的最大颗粒直径。

6.2.6.3 填砾厚度及高度

填砾的厚度及高度应符合下列要求：

a） 填砾厚度应大于 $12D_{50}$，一般控制在75mm～150mm。

b） 填砾高度应高出滤水管顶界面30m～50m。

6.2.6.4 填砾的方法

6.2.6.4.1 大口径填砾工艺在下管后，填砾前，应进行二次换浆，换至钻井液黏度不大于18s，遇孔壁不稳定地层时，钻井液黏度可适当提高。

6.2.6.4.2 常用填砾方法为：

a） 动水填砾，井管底、井管口密封，冲洗液从井管返到环隙，从环隙返到地面，冲洗液黏度达18Pa·s、密度达1.05g/cm^{3}左右时，把砾料从环隙均匀填入，一般填入速度为3m^3/h～6m^3/h。填砾过程中注意返水量、泵压及冲洗液黏度的变化。当砾料超过最上部滤水管时，压力达到最大值，应注意调整冲洗液黏度。

b） 静水填砾，将砾料从环隙均匀投入，利用砾料密度大于冲洗液的性质，将冲洗液从井管内压出，通过导管将溢出的冲洗液导入环隙内，应保持环隙冲洗液面与地面基本持平，若环隙冲洗液面下降，应从泥浆池抽取冲洗液进行补充，投砾速度控制在10m^3/h～15m^3/h之间为宜。

c） 抽水填砾，将砾料从环隙均匀投入，利用潜水泵从井管内抽水，将抽出的冲洗液导入环隙内，应保持环隙冲洗液面与地面基本持平，投砾速度控制在15m^3/h～20m^3/h之间为宜。

6.2.7 止水及方法

6.2.7.1 大口径填砾工艺地热井砾料底部宜用橡胶止水，砾料顶部宜用黏土止水或水泥固井止水；多开孔或射孔工艺井，应采用水泥固井止水。

6.2.7.2 常用止水方法为：

a） 黏土止水，可选用直径为15mm～30mm的半干黏土球止水，止水厚度大于或等于50m；

b） 橡胶止水，止水位置应在泥岩密实井段，安装橡胶伞2组～4组；

c） 固井止水，表层套管固井时，水泥浆返至地表；技术套管固井时，水泥浆返高应不低于400m，套管重叠段用水泥封固严密；水泥标号不宜小于P.O 42.5；回灌目的层固井时，宜采用G级油井水泥。

6.2.8 固井

固井时应符合下列要求：

a） 固井前应做好水泥浆稠化时间试验工作，确保施工质量和固井安全；固井段内井管应安装扶正器，保证井管居中；

b） 固井前应循环钻井液不少于 2 个循环周；

c） 注水泥浆前应泵入 2 m^3～3m^3 的清水作为隔离液；

d） 注水泥浆液过程中，应随时监控水泥浆密度和泵压变化；水泥浆密度一般控制在 1.60g/cm^3～1.85 g/cm^3；

e） G 级油井水泥候凝时间大于等于 48h。矿渣硅酸盐水泥候凝时间大于等于 72h；

f） 固井结束后，应及时清洗有关设备和工具。

6.2.9 射孔

6.2.9.1 射孔作业前应根据地层的特性配制与地层相配伍的射孔液（地层条件较好时，可将钻井液全部替换为清水）。

6.2.9.2 射孔井段的深度应以测井资料为基准进行校对，保证射孔枪下到正确位置。

6.2.9.3 射孔井段长度应根据地质录井及测井资料确定，一般不小于 80m，射孔参数参考表 6。

6.2.9.4 同一射孔段，不应为了增加孔密而进行重复射孔。

表 6 射孔参数参考表

射孔套管直径ϕ mm	射孔枪直径ϕ mm	射孔直径ϕ mm	孔密度 孔/m	孔道深度 mm
244.5	127	12	≥15	≥600
177.8	89	8	≥15	≥400
	127	12	≥15	≥600
注：射孔枪应配备相应型号的射孔弹。				

6.2.10 洗井

6.2.10.1 应根据地热井类型、成井工艺、地热地质条件等确定洗井方法和洗井时间。

6.2.10.2 常用以下洗井方法：活塞洗井、潜水泵抽水洗井、焦磷酸钠洗井（质量浓度 0.6%～1.0%、井内浸泡 4h～8h）、高压喷射洗井、空压机气举洗井等。宜采用多种洗井方法联合洗井：

a） 大口径填砾工艺成井宜采用活塞洗井、潜水泵抽水洗井或空压机气举洗井；

b） 固井射孔工艺成井采用空压机气举洗井，潜水泵抽水洗井；

c） 洗井至水清砂净，涌水量和水温无明显变化后做抽水试验。

6.2.11 抽水试验

抽水试验按 GB/T 11615 执行。

6.2.12 水质测试

水样采集、保存与测试按 GB/T 11615 执行，热储层含有其他气体时，应按照相关规定取样检测。

7 压裂增产技术

7.1 一般要求

7.1.1 压裂增产技术用于碳酸盐岩热储地热井的增产及回灌井的增灌处理中。

7.1.2 热储层裂隙岩溶发育程度满足回灌需求时，在涌水量或回灌量不能满足预期要求的情况下，宜采用酸化压裂技术；热储层裂隙岩溶发育程度不满足回灌需求时，宜采用支撑剂压裂技术。

7.1.3 碳酸盐岩热储钻探时，若岩屑连同泥浆漏失进入地层堵塞了含水裂隙，应采用酸化裂隙扩大技术进行优化。

7.1.4 回灌时若发生了结垢堵塞，应采用酸化裂隙扩大技术处理。

7.2 酸化压裂技术

7.2.1 施工工艺

7.2.1.1 酸化压裂的工艺流程是:选择酸化裂隙扩大热储段→下入套管及封隔器→加平衡压力→前置液增压形成裂缝(克服热储层地应力和岩石张力)→破裂形成裂缝→高压泵入酸液使裂缝酸蚀成沟槽(填塞压酸)→排酸（汽化水排酸）。

7.2.1.2 进行酸化裂隙扩大时,先下入封隔器,从套管向井内注入清水（前置液），较高的注入速度使井筒内压力增高,达到克服热储层地应力和岩石张力的强度，使酸化段出现破裂形成裂缝,然后再高压泵入酸液使裂缝酸蚀成沟槽。

7.2.2 施工要点

7.2.2.1 选取酸化压裂热储段

酸化热储段的选取应满足下列要求：

a） 在热储层段选取之前，应进行物探测井；

b） 宜选择物探测井显示热储层含水量好，而抽水效果差的层段。

7.2.2.2 溶蚀试验

室内溶蚀试验应满足下列要求：

a） 在进行酸化压裂作业之前，应对处理岩层进行一系列室内物理化学性质的实验分析；

b） 通过录井岩屑了解地层内部的岩石及流体的物理化学性质；

c） 模拟井下压力、温度条件选择与之相容性较好的酸化液体，选用酸化裂隙扩大措施材料，确定注酸量等施工参数。

7.2.2.3 前置液酸压

前置液酸压设计满足下列要求：

a） 用高黏液体作为前置裂隙扩大液先把地层压出裂缝；

b） 前置液酸压后再泵入黏度较低的酸液，向缝中注入酸液。

7.2.2.4 酸液种类选择

根据热储层岩性及井深合理使用酸液及添加剂且满足下列要求：

a） 采用强酸裂隙扩大时，宜选取约 20%的盐酸；

b） 采用有机弱酸裂隙扩大时，甲酸浓度不宜超过 10%，乙酸液的浓度不宜超过 15%。

7.2.2.5 排（液）酸

常用的排液方法有放喷、抽汲、气举法和增注液态 CO_2 及氮气助喷排液法。

7.3 支撑剂压裂技术

7.3.1 选层要求

支撑剂压裂时应满足下列要求：

a） 根据物探测井资料对热储层进行预测；

b） 根据热储层地质资料、物探测井资料、录井、岩芯、测井和抽水资料对热储层进行分类；

c） 选取溶洞不发育，微裂缝发育或微裂缝-基质孔隙型的热储层。

7.3.2 压裂液要求

压裂液应满足下列要求：

a） 压裂液应具有良好的耐温耐剪切性能及流变性能，压裂液应具有可控的延迟交联时间，压裂液应具有低伤害性；

b） 压裂液配方应减少残渣，消除裂缝内滤饼和浓缩胶的影响；

c） 压裂液基础配方：0.35%～0.55%GHPG 低伤害超级瓜尔胶+2.0%～6.0%KCl+1.0%DJ-02 助排剂+1.0%DJ-10 破乳剂+0.1%HCHO 杀菌剂+0.3%DJ-14 温度稳定剂+0.025%柠檬酸 pH 调节剂+5.0%甲醇；胶联液：ZYT-A，ZYT-B 有机硼胶联剂；破胶剂：0.002%～0.04%（NBA-101+APS）。

7.3.3 支撑剂要求

支撑剂应满足下列要求：

a） 应对支撑剂进行酸化；

b） 泵注前置液阶段，应用 100 目的陶粒进行地层天然裂缝的堵塞；在射孔方式下，前置液阶段应混入 40 目～50 目或 30 目～50 目小粒径陶粒打磨裂缝壁面；

c） 宜选取 40 目～50 目或 30 目～50 目小粒径陶粒作为支撑剂，宜采用小陶粒在前，大陶粒尾追在后；

d） 应通过石油套管将支撑剂注入施工段，全井宜采用ϕ88.9mm 的石油套管；

e） 砂比浓度宜控制在 360kg/m^3 以下。

8 地面回灌系统设计与安装

8.1 地面回灌系统设计

8.1.1 地面回灌系统选择应依据地热尾水的流量、温度、水质确定，过滤精度应依据地热尾水颗粒物、悬浮物的颗粒直径和数量确定。

8.1.2 地面回灌系统应包括井口装置、回灌管道、过滤器（除砂器、粗过滤器、精过滤器）、排气罐、加压泵、回扬泵及监测、计量等设备（设施），安装流程参见附录 H。

8.1.3 回灌设备的安装应依据设计施工。

8.2 地面回灌系统安装要求

8.2.1 回灌井井口装置

8.2.1.1 回灌井井口装置应进行加固、密闭，回灌水管、测管、仪表、阀门等应采取耐腐蚀措施和密封连接方式。

8.2.1.2 在回灌井井口宜安装氮气保护设施隔绝氧气，充氮装置应设有压力自动调节控制系统

8.2.2 回灌管道

8.2.2.1 地面回灌系统采用的管材和管件应符合相关标准的技术要求，且满足回灌系统工作压力的要求。

8.2.2.2 地面回灌系统的输送管径应根据地热尾水输送量确定，一般不宜小于ϕ150mm。

8.2.2.3 地面回灌系统的管材和管件的材质应根据地热尾水的水温、水质选定，且满足耐腐蚀和安装连接方便的要求，应符合下列规定：

a） 地热尾水具有腐蚀性时，应选用玻璃钢管、碳钢管材或不锈钢钢管；

b） 地热尾水无腐蚀性时，可选用防腐处理的无缝石油钢管或碳钢管材；

c） 地热尾水温度高于当地平均气温时，不应选用 PE 管材。

8.2.3 过滤设备

8.2.3.1 地热回灌尾水应先经过除砂器处理，选用的除砂器应符合下列规定：

a） 对地热流体中，直径大于 0.075mm 的固体颗粒的整体除砂效率应不小于 90%；

b） 应满足排砂方便、温度降低少、水头损失小，地热流体不与空气接触等要求；

c） 进水口直径宜大于或等于出水口直径，最高使用压力不大于 1MPa；

d） 外露金属面喷涂防锈底漆和面漆，内衬玻璃钢厚不小于 1.5mm 或静电喷涂环氧树脂厚度大于 0.2mm。

8.2.3.2 除砂后的地热尾水应经过滤设备处理，过滤器设备应符合下列规定：

a） 过滤精度应达到 1μm～3μm，泥质含量较高时，宜在粗过滤装置前加装排污器。

b） 过滤设备应由单个或多个过滤器组成，精度相同的过滤器采用并联方式连接，精度不同的过滤器采用串联方式连接，过滤设备宜一用一备。

c） 应根据回灌水量确定单个过滤器过滤量和过滤器数量，过滤器整体外壳承受压力应高于回灌系统最大工作压力。

d） 每个过滤器应配有精确度等级达到 1.0 级的差压变送器，或在过滤器进、出水两端分别安装精度为 0.01MPa 的表盘式压力监测仪。

e） 滤芯材料耐温性能高于地热尾水最高温度；过滤精度应满足系统所需精度要求；应满足可反冲洗或更换要求。

f） 当过滤装置两端的压差达到 50kPa～60kPa 时，应进行反冲洗或更换滤芯。

g） 反冲洗应采用大水量清洗，具体水量宜根据过滤装置的过水能力确定，反冲洗的持续时间不小于 20min。

8.2.4 排气设备

回灌系统应安装排气设备，排气设备应符合下列规定：

a） 在油气区开展地热尾水回灌工作，宜进行二级排气；地热流体应先进行一级排气后进入管路，二级排气设备应安装在回灌加压泵之前。

b） 在非油气区开展地热尾水回灌工作，排气装置应安装在回灌加压泵之前。

c） 一级排气设备应放置在室外，二级排气设备应通过排气管道将释放出的气体排出设备间，若气体具有易燃易爆性或有毒性，应按相关标准、规范进行处理。

d） 排气装置的罐体顶部应设置自动排气阀，排气点应设在排气罐的最高点。

e） 排气罐的进出水口应安装在排气罐的最低点，排气罐的容积不小于 1m^3。

f） 排气罐体容许的工作压力应高于回灌系统的最大工作压力。

8.2.5 加压泵

回灌系统应安装加压泵，加压泵应符合下列规定：

a） 加压泵应安装在排气罐的排水端。

b） 加压泵宜选用可变频的管道泵。

c） 加压泵的规格、型号应根据回灌压力和回灌量的要求确定，并符合压力容器的设计安装要求。

8.2.6 回扬泵

回灌系统应安装回扬泵，回扬泵应符合下列规定：

a） 选择带有抽灌转换装置的潜水泵。

b） 根据抽水试验最大出水量选择适宜的潜水泵，泵头下入深度应大于抽水试验最大降深 5m。

c） 潜水泵和泵管应经过防腐防垢处理，确保无锈、无腐蚀，测管畅通。

8.2.7 变频器

开采泵、回扬泵、加压泵应用变频器来控制，变频器应符合下列规定：

a） 变频器的功率宜大于控制设备的额定功率。

b） 变频器的工作功率宜为额定功率的 60%～80%。

c） 变频器与所控制设备的距离不应大于 100m。

d） 变频器应安装在通风条件好的室内场地；如果需露天安放，变频器外壳应具有防雨功能。

8.2.8 监测设备

应安装监测水位、水温、水量、温度场、压力的监测设备，并满足 11.2 的要求。

9 回灌试验

9.1 一般规定

生产性回灌前应进行回灌试验，确定可回灌性和方法。

9.2 梯级流量试验

梯级流量试验应在定水温条件下进行，控制灌入流量，确定该井的可回灌性，试验方法如下：

a）以 $20m^3/h$ 的回灌流量梯度增量进行回灌，水位每级应稳定 48h。

b） 最大自然回灌量以回灌井水位距井口不少于 10m，稳定时间应大于 120h 为准。

9.3 梯级温度试验

梯级温度试验应在定流量回灌条件下进行，通过调节温度，确定温度对回灌的影响，试验方法如下：

a） 原水温度回灌试验（与开采井井口水温相同）时，水位应稳定 48h。

b） 35℃（模拟地板辐射供暖尾水温度试验）时，水位应稳定 48h。

c） 25℃（模拟热泵利用供暖尾水温度试验）时，水位应稳定 48h。

注：在易堵塞地区（回灌目的层泥质含量较高的地区），每个试验阶段结束后应进行回扬，至水清砂净。

10 回灌工艺

10.1 一般规定

10.1.1 生产性回灌前，应分别对开采井和回灌井进行回扬，直至水清砂净，按抽水试验要求做好水温、水位、水量数据记录，并进行相应的分析对比。

10.1.2 应通过回灌管进行回灌，回灌管应保持密封，浸入水中深度应大于 5m。

10.1.3 砂岩热储瞬时回灌率应不低于 80%，碳酸盐岩热储瞬时回灌率应不低于 90%。

10.2 回灌方式

10.2.1 自然回灌

采用自然回灌的方式进行回灌应符合下列要求：

a） 回灌前应记录回灌井流量表起始读数、水位、液面温度等。

b） 检查并保证回灌系统密封。关闭回扬水阀和回扬排水阀，开足回灌进水阀，再缓慢打开控制阀，让地热尾水从回灌管中进入回灌井。

c） 回灌过程中密切关注回灌系统畅通和回灌井水位变化情况。当回灌井水位无快速上升，回灌量稳定时，持续回灌；当回灌井水位上升较快时应加密观测，水位距井口小于 10m 时，应停止回灌采取措施。

d） 回灌开始至结束后一定时间内，按要求连续观测、记录瞬时回灌量和累计回灌量、水位、温度等数据。对异常情况发生的时间、现象、原因分析、处理措施和效果要详细记录，确保回灌过程中数据记录准确、完整。

10.2.2 加压回灌

加压回灌应先排出井筒内的气体，加压回灌应符合下列要求：

a） 加压回灌前观测、记录好流量表起始读数、回灌井水位、压力等原始数据。

b） 当管网余压不足时开启加压泵进行加压回灌，压力从小到大逐渐迭加，直至回灌量正常。

c） 加压回灌时回灌系统应通畅，井口压力无明显、快速上升，加压管道无异响、泄漏、变形等异常现象，确保人员与设备安全。

d） 记录加压回灌量（瞬时回灌量和累计回灌量）、水温、井口管道压力表读数，确保数据记录准确完整。

e） 当井口压力达到加压回灌设计值时，应停止加压回灌，待井口压力减小到 0 时，再进行检查、维护。

10.3 回扬

10.3.1 回灌井堵塞时（见 11.3.2），宜用回扬的方法处理，恢复至初始单位开采量 90%以上，方可进行回灌。

10.3.2 回扬过程中应按时记录回扬量与静、动水位，宜取水样分析悬浮物含量及离子成分。

10.3.3 回扬的时机

10.3.3.1 适时回扬

生产性回灌时，发生下列情况时应进行回扬：

a） 回灌量稳定，水位或压力持续上升时；

b） 水位或压力稳定，回灌量逐步减小时；

c） 水质发生恶化时。

10.3.3.2 定时回扬

回灌堵塞规律明显的地热回灌井，应定期进行回扬清洗；每次回扬应掌握好回扬次数和持续时间，回扬至水清砂净。回扬的次数和持续时间宜根据下列因素确定：

a） 含水层中颗粒越细，宜增加回扬的次数和持续时间；

b） 回灌量越大，宜增加回扬的次数和持续时间；

c） 用机械压力加压回灌时，压力越大，宜增加回扬的次数和持续时间。

10.3.3.3 延时回扬

发生以下情况时，应延长回扬的持续时间：

a） 回扬水质浑浊不清时；

b） 动水位持续下降时；

c） 回扬量持续减小时。

10.3.4 回扬的方法

10.3.4.1 连续回扬

宜用最大涌水量连续抽水的方式进行回扬，中途不停，至水清砂净。连续回扬适用于下列情况：

a） 回灌井洗井不彻底；

b） 回灌井轻微堵塞（见 11.3.2）时；

c） 连续回扬可以疏通（见 11.3.3）时。

10.3.4.2 间隔回扬

宜用最大涌水量抽水的方式进行回扬至水清砂净，停抽不小于 4h 后，再次回扬至水清砂净；依次循环至回灌井疏通。间隔回扬适用于下列情况：

a） 回灌井洗井不彻底；

b） 回灌井中等堵塞时；

c） 连续回扬不能疏通时。

10.3.4.3 回灌回扬

宜用最大涌水量抽水的方式进行回扬至水清砂净后，用不溢出井口的水量（一般不大于开采井采量的 25%）进行回灌，回灌时间不小于 8h，再次回扬至水清砂净；依次循环至回灌井疏通。回灌回扬适用于下列情况：

a） 回灌井严重堵塞时；

b） 间隔回扬不能疏通时。

10.4 回灌数据统计分析

应对回灌数据进行统计分析，满足下列要求：

a） 绘制回灌量与回灌井水位埋深、回灌井水位升幅历时曲线；

b） 绘制回灌量与开采井水位埋深、开采井水位升（降）幅历时曲线；

d） 将回灌后的回扬水位、流量与回灌前的抽水数据进行对比分析，评价可回灌性。

10.5 生产性回灌方案

根据回灌试验结果，制定适宜的回灌方案。回灌方案应包括最大回灌量、适宜的尾水温度、回灌方式、回扬周期及方法、堵塞处理预案等。

11 回灌监测与评价

11.1 一般规定

11.1.1 在回灌过程中，应对开采井和回灌井进行监测，重点监测水位、水质、水温变化。

11.1.2 应进行自动化监测，监测数据应具备远程实时传送、记录、储存、管理和可视化界面。

11.1.3 水位、水温和采灌量应同步监测、记录，监测记录表见附录I、附录J。

11.2 回灌监测的内容

11.2.1 水位监测

应对开采井、回灌井的水位进行监测，水位监测应符合下列规定：

a） 在回灌前确定回灌井、开采井和观测井的初始水位；

b） 对开采井、回灌井和观测井动水位进行同步监测，监测频率30min一次，监测记录精确到厘米；

c） 应在定压条件下测量。

11.2.2 水量监测

应对开采量、回灌量、回扬量、排放量进行监测，水量监测应符合下列规定：

a） 观测记录的频率30min一次，监测记录精确到0.1m^3；

b） 回灌时应采用电磁流量计、声波流量计或水表等流量计进行计量；

c） 流量计进水前端直管长度不小于70cm，后端直管长度不小于30cm。

11.2.3 水温监测

应对开采井井口水温、尾水温度和回灌井的液面水温进行监测，水温监测应符合下列规定：

a） 在开采井口、回灌井口、除砂器前端分别安装温度计；

b） 观测记录的频率30min一次，监测记录精确到0.1℃；

c） 应采用电磁温度计、机械温度计或分布式光纤测温系统，不宜采用液体温度计。

11.2.4 水质监测

应对开采井水质、地热尾水水质、回扬水质进行定期监测，水质监测应符合下列规定：

a） 地热开采井、地热尾水水质宜每2个月监测1次；回扬水质宜每月监测1次；

b） 水质监测应进行水质全分析（分析项目按GB/T 11615执行）、悬浮物分析和细菌分析。

11.2.5 温度场监测

应进行温度场监测，温度场监测应符合下列规定：

a） 回灌前进行井内测温，观测回灌井垂向上的温度序列，作为温度场演变研究的初始值；

b） 回灌结束后，应对回灌井不同深度的温度每30d～60d监测1次，分析回灌对热储温度场的影响。

11.2.6 回扬监测

应进行回扬监测，回扬监测应符合下列规定：

a） 对单次回扬的持续时间进行监测记录；

b） 对回扬的间隔、周期进行监测记录。

11.2.7 压力监测

应进行压力监测，压力监测应符合下列规定：

a） 在开采井口、回灌井口、过滤器前端和末端、排气灌顶端分别安装压力计；

b） 观测记录的频率 30min 一次，监测记录精确到 0.01MPa；

c） 压力计宜安装在该部位的最高点。

11.3 回灌评价

11.3.1 回灌效果评价

11.3.1.1 回灌评价时，回灌井初始水位应参照非稳定流抽水试验观测井水位进行修正。

11.3.1.2 回灌量和回灌井水位同步稳定时，该水位为该回灌量所对应的稳定水位。

11.3.1.3 稳定水位与初始水位的差，为该回灌量下的水位升幅。

11.3.1.4 用单位回灌量（q_r）即回灌量与水位升幅的比值来评价该井的回灌效果；回灌效果按表 7 进行评价。

11.3.1.5 如果进行了加压，水位应换算为自然条件下的数值。

表 7 回灌效果评价表

q_r [$m^3/(h·m)$]	$q_r<0.5$	$0.5 \leq q_r \leq 1.0$	$q_r>1.0$
回灌效果评价	较差	一般	较好

11.3.2 回灌堵塞评价

11.3.2.1 根据回灌量、回扬量与水位的关系，分析、评价回灌井的堵塞情况。

11.3.2.2 回灌时，回灌井水位突然上升或连续上升，回扬时的动水位突然下降或连续下降，不能稳定在某一标高，判定为回灌井堵塞。

11.3.2.3 回灌井的堵塞程度，可通过堵塞比（ε_s）来判别：

a） 在一个回灌期内，当 $\varepsilon_s \leq 0.3$ 时，为轻度堵塞；

b） 当 $0.3<\varepsilon_s<0.6$ 时，为中等堵塞；

c） 当 $\varepsilon_s \geq 0.6$ 时，为严重堵塞。

11.3.3 回扬疏通评价

11.3.3.1 回扬时水位不能稳定，应停止回灌，待问题解决后继续回灌。

11.3.3.2 回扬效果用疏通比（ε_d）进行评价：

a） 当 $\varepsilon_d \geq 0.8$ 时，疏通良好；

b） 当 $0.5 \leq \varepsilon_d<0.8$ 时，中等；

c） 当 $\varepsilon_d<0.5$ 时，疏通较差。

11.3.4 热储层损害评价

11.3.4.1 应根据回灌前后回灌井的渗透系数来判别热储层的损害情况。

11.3.4.2 当回灌后的渗透系数（k_r）大于回灌前的渗透系数（k_e），判断为热储层改良。

11.3.4.3 回灌热储层参数变化分析：

a） 采用非稳定流抽水试验计算相关地热地质参数；

b） 对比分析回灌前后地热井地热地质参数的变化；

c） 对比分析多年回灌的地热地质参数及其变化规律。

11.3.4.4 当回灌后的渗透系数小于回灌前的渗透系数时，判断为热储层损害，损害程度用 k_r/k_e 进行评价：

a） 当 $0.8 \leqslant k_r/k_e < 1$ 时，轻度损害；

b） 当 $0.5 \leqslant k_r/k_e < 0.8$ 时，中度损害；

c） 当 $k_r/k_e < 0.5$ 时，严重损害。

12 系统维护与保养

12.1 回灌运行前的养护

12.1.1 回灌前应用回灌水对整个系统管路进行冲洗，排掉系统中的气体及固体颗粒。

12.1.2 应检查回灌管路漏水、漏气情况；检查仪器仪表和设备的正常工作情况。

12.1.3 回灌管路应做保温处理。

12.2 回灌运行期的养护

12.2.1 回灌期间应做好设备、仪器的防冻、防雨保护措施，防止他人损坏或对人身安全产生影响。

12.2.2 应定期对过滤设备进行排污、反冲洗或清洗。

12.2.3 应定时检查管道的密闭性，是否存在漏水、进气情况。

12.2.4 应定时检查温度计、流量计、压力计的工作情况。

12.3 停灌后的养护

12.3.1 停灌前，需对过滤设备进行排污、反冲洗或清洗。

12.3.2 回灌结束后，应进行回扬洗井。

12.3.3 回扬洗井后，排出管道和过滤设备内的积水，对设备进行检查维护。

12.3.4 当回灌井发生严重堵塞，用回扬的方法不能疏通时，宜采用酸洗或空压机洗井。

12.3.5 各项工作结束后，应将井下设备提至地面，清理附着杂物，涂刷防腐层，并密封井口。

13 资料编制与管理

13.1 成果报告编制与验收

13.1.1 成果验收的依据

成果验收的依据如下：

a） 项目任务书（合同）；

b） 项目设计书；

c） 有关规范和地方政策文件、规定要求。

13.1.2 成果报告编制

应编写成果报告，成果报告应包含下列内容：

a） 回灌目的层可回灌性论证报告编制参见附录K；

b） 年度回灌总结报告编制参见附录L。

13.1.3 成果验收

13.1.3.1 应取得不少于一个采暖季的开采、回灌监测数据，并经过第三方机构编制年度回灌总结报告。

13.1.3.2 申请成果报告评审，应提供下述技术文件：

a） 项目任务书（合同）；

b） 项目设计书及审查意见；

c） 质量检查意见；

d） 野外验收意见。

13.1.3.3 最终成果报告须经任务来源单位组织验收。

13.2 资料提交

应包括以下资料：

a） 成果类：成果报告，以及专题报告、附图、附表、数据库及评审意见书等附件；

b） 技术文件类：中标通知书、合同书、项目任务书、设计书及其审批意见书、野外验收意见书等文件；

c） 电子类文件：工作中形成的各类电子介质载体的文件、图表、数据、图像等；

d） 其他应提交的原始资料。

附 录 A
（资料性）
回灌井地质设计

A.1 设计要求

A.1.1 设计应由地质、钻探技术人员共同编制，经施工单位技术人员负责审核后提交任务来源单位，经评审和审批后，方可实施。

A.1.2 设计的内容应符合国家、行业及地方有关地热回灌的要求和规定。

A.1.3 井身结构应满足钻井、回灌、回扬及获取水文地质参数的需要。

A.1.4 钻井工艺选择应有利于保护热储层、避免或减少对热储层的污染。

A.1.5 设计与实际情况不符时，应及时变更设计并报批。

A.2 设计内容

A.2.1 前言

A.2.1.1 工程概况

项目来源、钻井编号、钻井类型、井口坐标、设计井深、设计回灌目的层、钻井目的及任务；交通位置、气象、周边环境情况等。

A.2.1.2 设计编写的依据

项目任务书（合同）、相关标准及规范、相关技术成果及资料等。

A.2.2 设计井地热地质条件

地质构造概况、地层概况、钻遇地层预测、目的热储层特征预测、水位预测、水温预测、水量预测等。

A.2.3 合理采灌井距

A.2.3.1 砂岩热储

应根据回灌目的热储层的渗透率、孔隙度、热储层厚度，以及回灌量、回灌尾水温度、回灌时间等控制因素，采用解析法或数值模拟法计算确定，参见附录B。

A.2.3.2 碳酸盐岩热储

应根据回灌目的热储层的裂隙岩溶率、热储层厚度，以及开采井影响半径、回灌量、回灌尾水温度、回灌时间等控制因素，采用解析法或数值模拟法计算确定，参见附录B。回灌井宜布设在开采井的下游。

A.2.4 钻井设备及场地布设

钻井主要设备和技术参数；地热井井控装置；施工场地面积、通水、通电、通路措施、场地平整；钻井平台搭建、设备安装及钻前准备。

A.2.5 回灌井钻井质量

A.2.5.1 地质录井：岩心录井、岩屑录井、泥浆录井、钻时录井；综合测井、抽水试验、回灌试验等。

A.2.5.2 成井质量：钻井液要求，过滤器类型、长度及质量要求，井壁管要求，洗井要求，井斜要求等。

附 录 B
（资料性）
合理采灌井距

B.1 相对独立的对井同层回灌

若砂岩热储该对井采灌井与其他采灌井距离较远，其他采灌井对该对井采灌井的影响可以忽略，回灌量等于开采量时，可参考式（B.1）进行合理采灌井距计算：

$$r_T = \sqrt{\frac{\beta_w Qt}{\pi H < \rho\beta >}} \quad \cdots\cdots\cdots\cdots\text{（B.1）}$$

式中：

r_T——合理井距，单位为米（m）；

β_w——地热水比热容，单位为焦耳每千克摄氏度[J/(kg·℃)]；

Q——开采量（回灌量），单位为千克每秒（kg/s）；

t——热突破时间，单位为秒（s）；

H——回灌层段砂岩层总厚度，单位为米（m）；

$< \rho\beta >$——含水层单位体积热容量，单位为焦耳每立方米摄氏度[J/(m³·℃)]，可用式（B.2）计算：

$$< \rho\beta > = \phi\beta_w \rho_w + (1-\phi)\beta_r \rho_r \quad \cdots\cdots\cdots\cdots\text{（B.2）}$$

式中：

ϕ——砂岩孔隙度；

ρ_r——砂岩密度，单位为千克每立方米（kg/m^3）；

β_r——砂岩比热容，单位为焦耳每千克摄氏度[J/(kg·℃)]；

β_w——地热水比热容，单位为焦耳每千克摄氏度[J/(kg·℃)]；

ρ_w——地热水密度，单位为千克每立方米（kg/m^3）。

B.2 受其他采灌井影响的对井同层回灌

当该对井采灌井与其他采灌井距离较近，受其他采灌井影响，或回灌量不等于开采量时，合理采灌井距宜用数值模拟法确定。

B.3 碳酸盐岩热储对井同层回灌

合理采灌井距宜用数值模拟法确定。

附 录 C
（资料性）
砂岩热储大口径填砾井身结构

砂岩热储大口径填砾井身结构见图C.1。

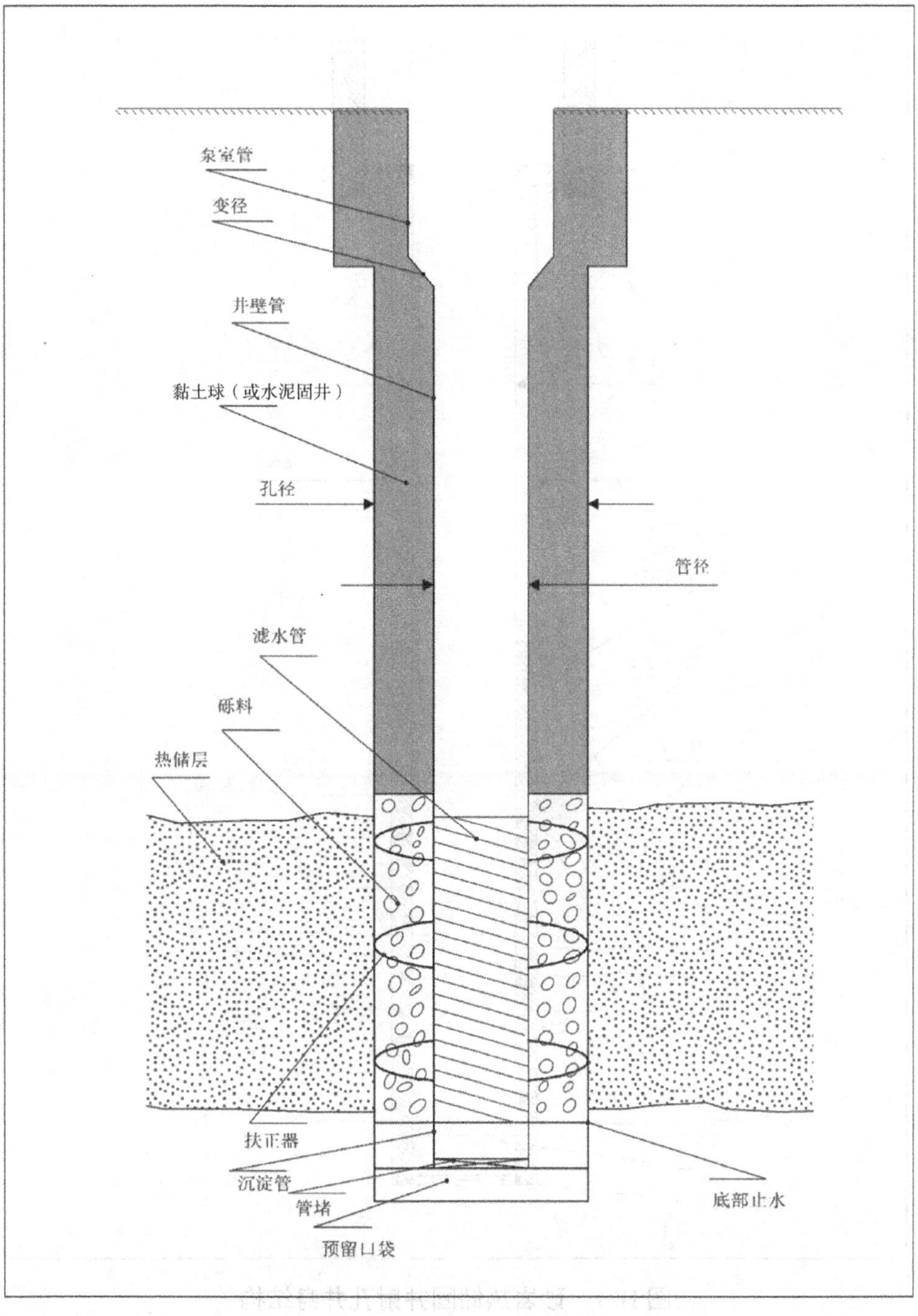

图C.1 砂岩热储大口径填砾井身结构

附 录 D
（资料性）
砂岩热储固井射孔井身结构

砂岩热储固井射孔井身结构见图 D.1。

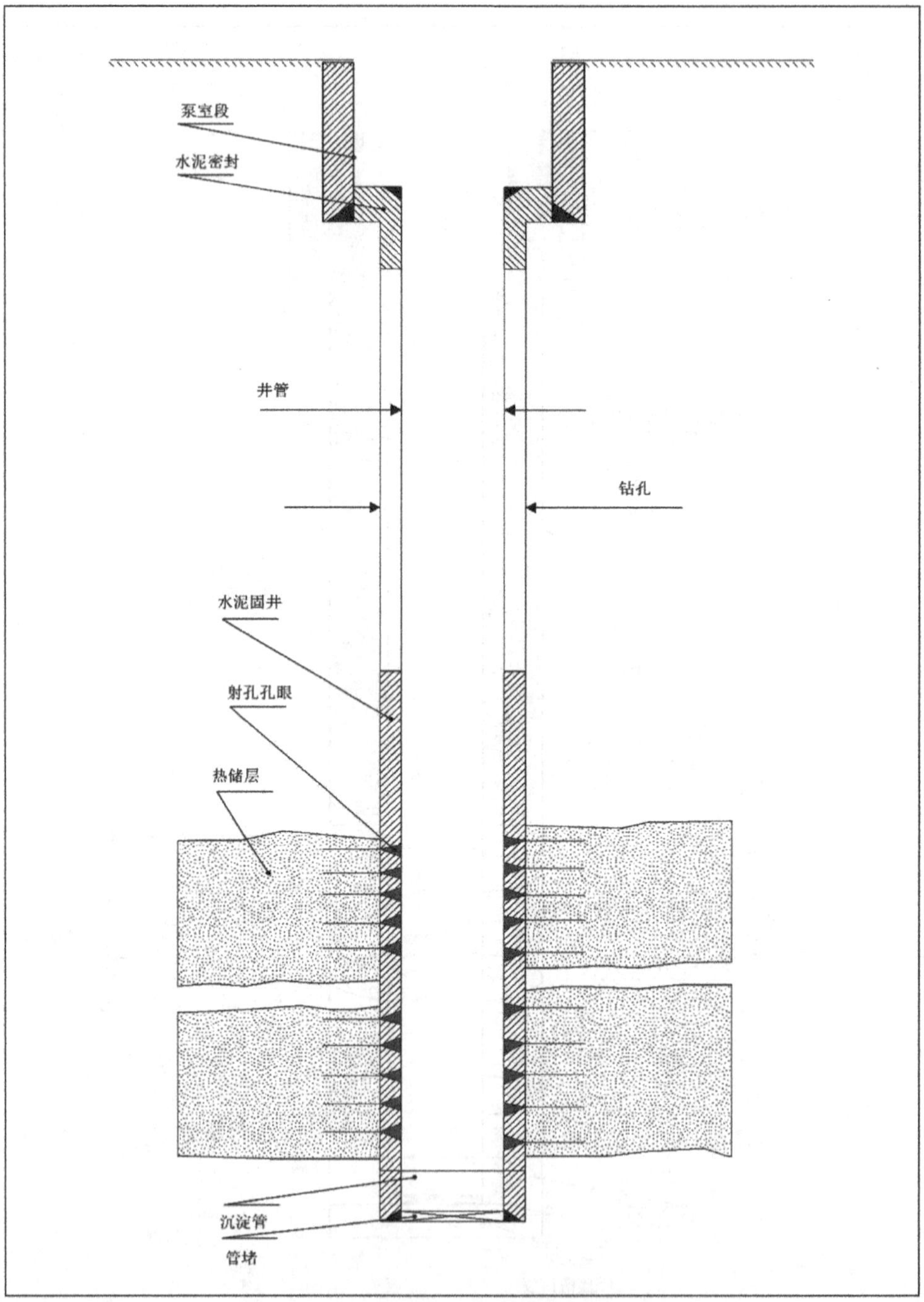

图 D.1 砂岩热储固井射孔井身结构

附 录 E
（资料性）
贯眼组合过滤井井身结构

贯眼组合过滤井井身结构参见图 E.1。

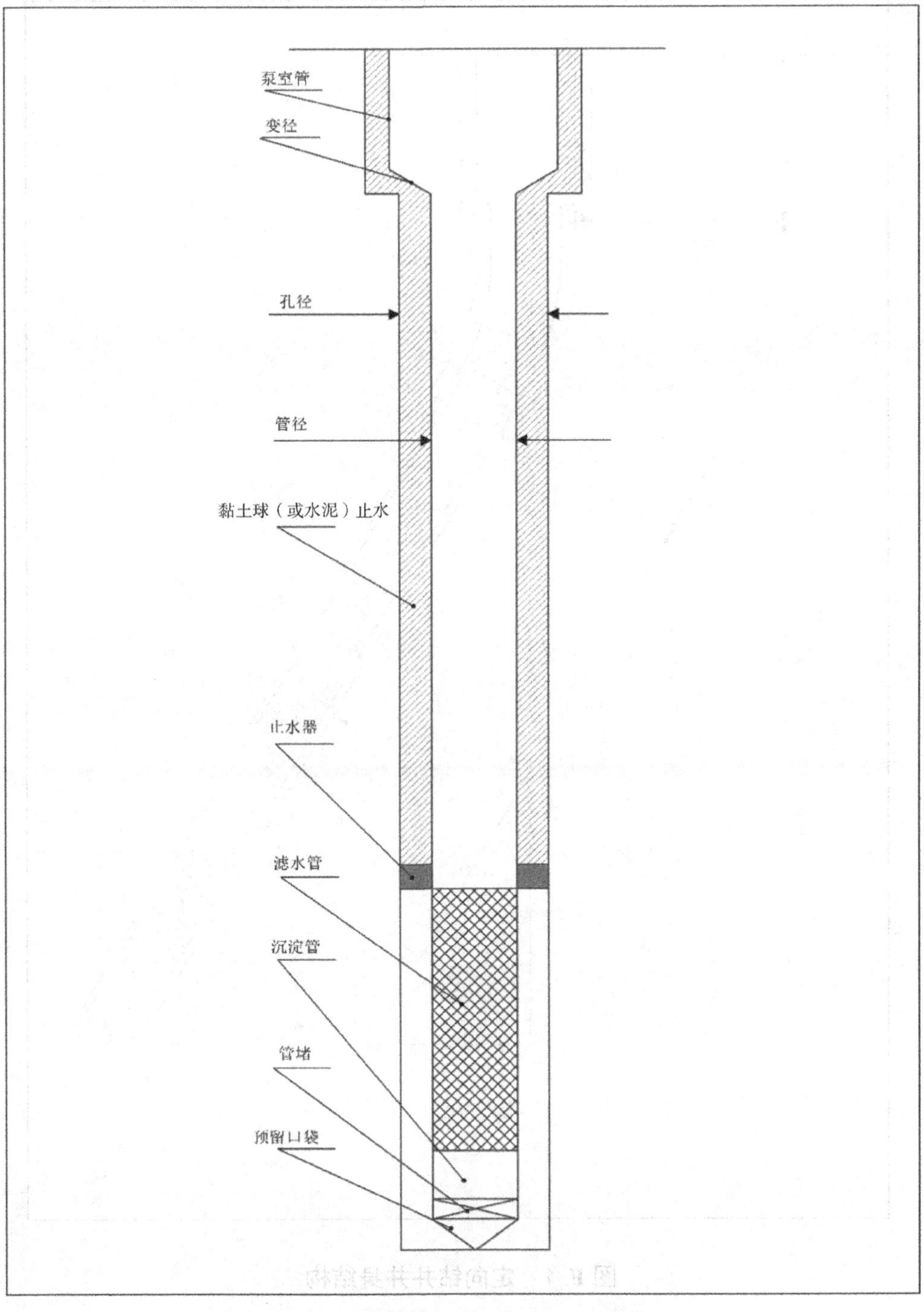

图 E.1 贯眼组合过滤井井身结构

附　录　F
（资料性）
定向钻井井身结构

定向钻井井身结构参见图 F.1。

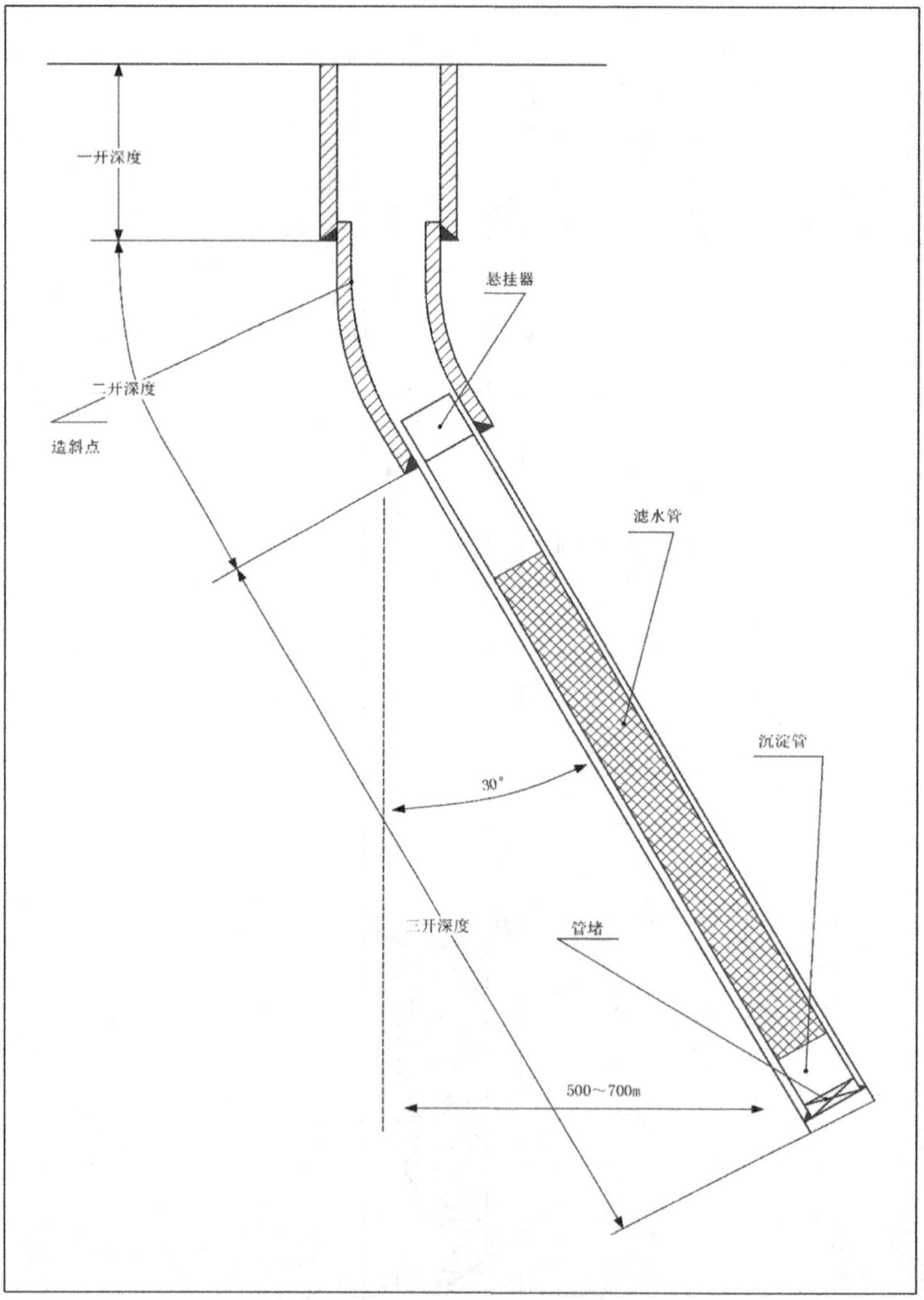

图 F.1　定向钻井井身结构

附　录　G
（资料性）
常用套管尺寸及规格

常用套管规格见表 G.1。

表 G.1　常用套管尺寸及规格

外径 mm（in）	名义重量 kg/m（lb/ft）	壁厚 mm（in）	内径 mm（in）	通径 mm（in）	接箍外径 mm（in）	螺纹类型	钢级	长度 m（ft）
177.8 （7）	25.52（17.00）	5.87（0.231）	166.1（6.538）	162.9（6.413）	194.5 （7.656）	圆螺纹 偏梯螺纹	J55 N80 P110	8～12 （26.2～39.4）
	29.79（20.00）	6.91（0.272）	164.2（6.456）	160.8（6.331）				
	34.26（23.00）	8.05（0.317）	161.7（6.366）	158.5（6.204）				
	38.73（26.00）	9.19（0.362）	159.4（6.276）	156.2（6.151）				
	43.20（29.00）	10.36（0.408）	157.1（6.180）	153.9（6.059）				
	47.66（32.00）	11.51（0.453）	154.8（6.090）	151.6（5.969）				
	52.13（35.00）	12.65（0.498）	152.5（6.004）	149.3（5.879）				
	56.60（38.00）	13.72（0.540）	150.4（5.430）	147.2（5.795）				
219.1 （$8^{5}/_{8}$）	35.75（24.00）	6.71（0.264）	205.7（8.093）	202.5（7.972）	244.5 （9.625）	圆螺纹 偏梯螺纹	J55 N80 P110	8～12 （26.2～39.4）
	41.71（28.00）	7.72（0.304）	203.7（8.020）	200.5（7.894）				
	47.66（32.00）	8.94（0.352）	201.2（7.927）	198.0（7.795）				
	53.62（36.00）	10.16（0.400）	198.8（7.827）	195.6（7.701）				
	59.58（40.00）	11.43（0.450）	196.2（7.724）	193.0（7.598）				
244.5 （$9^{5}/_{8}$）	48.11（32.30）	7.92（0.312）	328.7（9.001）	244.7（8.845）	269.6 （10.625）	圆螺纹 偏梯螺纹	J55 N80 P110	8～12 （26.2～39.4）
	53.62（36.00）	8.94（0.352）	236.6（8.921）	222.6（8.765）				
	59.58（40.00）	10.03（0.395）	224.4（8.835）	220.4（8.679）				
	64.79（43.50）	11.05（0.435）	232.4（8.755）	218.4（8.599）				
	70.01（47.00）	11.99（0.472）	320.5（8.681）	216.5（8.525）				
	71.69（53.50）	13.84（0.545）	216.8（8.535）	212.8（8.379）				
273.1 （$10^{3}/_{4}$）	48.78（32.75）	7.09（0.279）	258.9（10.192）	254.9（10.035）	298.5 （11.752）	圆螺纹 偏梯螺纹	J55 N80 P110	8～12 （26.2～39.4）
	60.32（40.50）	8.89（0.350）	255.3（10.050）	251.3（9.894）				
	67.77（45.50）	10.26（0.400）	252.7（9.950）	248.8（9.794）				
	75.96（51.00）	11.43（0.450）	250.2（9.850）	246.2（9.694）				
	82.67（55.50）	12.57（0.495）	247.9（9.760）	243.9（9.604）				
339.7 （$13^{3}/_{8}$）	71.50（48.00）	8.38（0.330）	322.9（12.715）	319.0（12.559）	365.1 （14.374）	圆螺纹 偏梯螺纹	J55 N80 P110	8～12 （26.2～39.4）
	81.18（54.50）	9.65（0.380）	320.4（12.615）	316.5（12.459）				
	90.86（61.00）	10.92（0.430）	317.9（12.515）	313.9（12.359）				
	101.69（68.00）	12.19（0.480）	315.3（12.415）	311.4（12.259）				

附 录 H
（资料性）
回灌系统运行流程图

回灌系统的设计与安装流程见图 H.1。

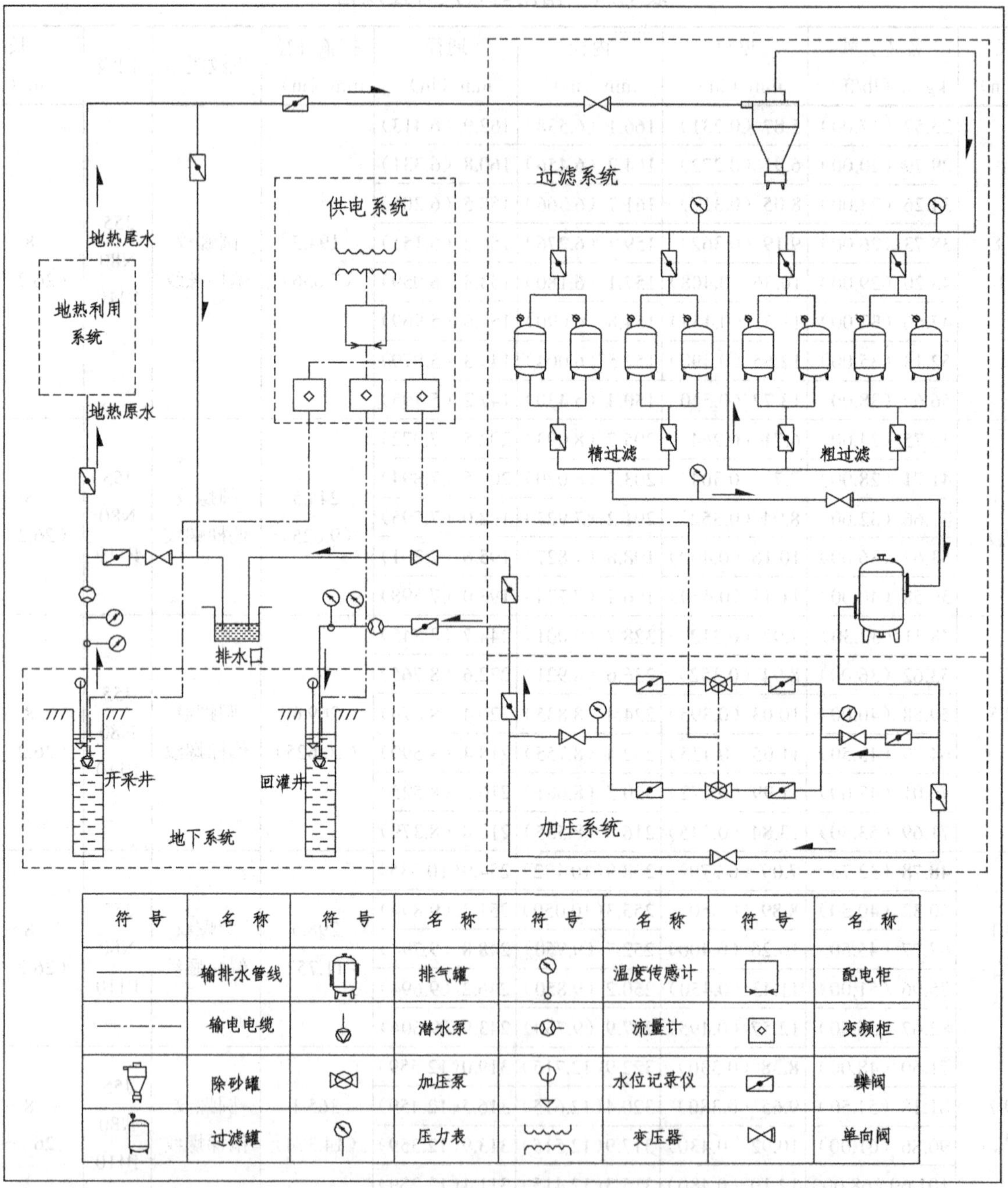

注：加压泵、精过滤和粗过滤设备宜一用一备。

图 H.1 回灌系统运行流程图

附 录 I
（规范性）
回灌井回灌监测记录表

回灌井数据监测与记录表见表 I.1。

表 I.1 回灌井回灌监测记录表

井号：________；地面标高：________；测点标高：________；静水位：________；液面温度：________												
观测时间				水位观测		回灌观测				回扬观测		
月日	时	分	延续时分 min	由测点算起的深度 m	升幅 m	水表读数 m^3	水量 m^3/h	压力 MPa	水温 ℃	水表读数 m^3	水量 m^3/h	水温 ℃
监测记录人：________；校对人：________；监测日期：________；第__页；共__页												

附 录 J
（规范性）
开采井回灌监测记录表

开采井数据监测与记录表见表 J.1。

表 J.1 开采井回灌监测记录表

井号：__________；地面标高：__________；测点标高：__________；静水位：__________；液面温度：__________									
观测时间				水位观测		开采观测			
月日	时	分	延续时分 min	由测点算起的深度 m	降深 m	水表读数 m^3	水量 m^3/h	压力 MPa	水温 ℃
监测记录人：________；校对人：________； 监测日期：________；第__页；共__页									

附 录 K
（资料性）
可回灌性论证报告提纲

K.1 可回灌性论证报告的作用及要求

回灌目的层可回灌性论证报告是水热型热储地热尾水回灌勘查的阶段性成果，是回灌井技术设计、地面回灌系统设计的主要依据，报告内容应能反映回灌目的层可回灌性论证的主要成果，参照K.2、K.3要求编制。

K.2 可回灌性论证报告提纲

论证报告编写提纲应包含以下内容：

1 前言

1.1 项目由来

1.2 目的任务

2 回灌场地地热地质条件

2.1 地层

2.2 构造与断裂

2.3 热储特征

2.4 地热资源开发及回灌现状

3 回灌条件勘查

3.1 沉积环境

3.2 回灌井钻遇地层

3.3 地球物理测井

3.4 回灌目的层颗粒分析

3.5 回灌目的层确定

4 抽水试验与回灌试验

4.1 抽水试验及数据分析

4.2 回灌试验系统设计

4.3 回灌试验及数据分析

4.4 可回灌性评价

5 地热流体及尾水水质特征

5.1 地热流体水质特征

5.2 尾水水质特征

6 生产性回灌方法及工艺设计

6.1 地面回灌系统设计

6.2 生产性回灌方法

6.3 生产性回灌工艺

7 结论与建议

K.3 可回灌性论证报告附件

论证过程中取得的各项数据应系统整理，列表成册，与回灌目的层可回灌性论证报告有关的应作为附件，一般包括：

a） 地热井完井报告；

b） 钻井地质综合图表；

c） 抽水试验观测记录表；

d） 抽水试验小结报告；

e） 回灌试验观测记录表；

f） 回灌试验小结报告；

g） 水、岩分析与实验报告。

附 录 L
（资料性）
年度回灌总结报告提纲

L.1 年度总结报告的作用及要求

年度回灌总结报告是水热型热储地热尾水回灌勘查的阶段性或最终成果，是水热型热储地热尾回灌可行性评价、地热资源开发利用规划与管理的主要依据，报告内容应能反映本年度回灌的主要成果，参照 L.2、L.3 要求编制。

L.2 年度总结报告提纲

年度回灌总结报告编写提纲应包含以下内容：

1 前言

1.1 项目由来

1.2 目的任务

2 地热地质条件

2.1 地层

2.2 地质构造

2.3 回灌目的层地热地质特征

3 回灌工程建设情况

3.1 地下回灌系统的建设情况

3.2 地面回灌系统的建设情况

3.3 回灌系统工艺流程

4 年度回灌数据分析评价

4.1 开采量与回灌量数据分析

4.2 回灌量与回灌井水位分析

4.3 回灌量与开采井水位分析

4.4 回扬数据分析

4.5 温度场分析

4.6 水质分析

4.7 年度回灌评价

4.8 与往年回灌结果对比分析

4.9 存在问题及分析

5 结论与建议

L.3 年度总结报告附件

回灌过程中取得的各项数据应系统整理，列表成册，与年度回灌总结报告有关的应作为附件，一般包括：

a） 回灌井回灌监测记录表；

b） 开采井回灌监测记录表；

c） 回灌井井内测温记录表；

d） 开采井井内测温记录表；

e） 水质分析报告。

参 考 文 献

[1] GB 50021—2001 岩土工程勘察规范
[2] GB 50027—2001 供水水文地质勘查规范
[3] GB 50052—2016 供电系统设计规范
[4] GB 50217—2016 电力工程电缆设计规范
[5] GB 50235 工业金属管道工程施工及验收规范
[6] GB 50236 现场设备、工业管道焊接工程施工质量验收规范
[7] GB 12228 通用阀门、碳素钢锻件技术条件
[8] CJJ 13—2013 供水水文地质钻探与凿井操作规程
[9] CJJ 138—2010 城镇地热供热工程技术规范
[10] CJJ 28 城镇供热管网工程施工及验收规范
[11] CJJ 34—2010 城镇供热管网设计规范
[12] DZ/T 0054 定向钻探技术规程
[13] DZ/T 0148 水文地质钻探规程
[14] Axelsson G (2012) The Physics of Geothermal Energy. In: Sayigh A, (ed.) Comprehensive Renewable Energy, Vol 7, pp. 3–50. Oxford: Elsevier
[15] Bödvarsson G (1972) Thermal problems in the siting of reinjection wells. Geothermics 1: 63–66

ICS 27.010
F 15

NB

中华人民共和国能源行业标准

NB/T 10266—2019

地热井钻井工程设计规范

Specification for geothermal well drilling engineering design

2019-11-04 发布　　2020-05-01 实施

国家能源局 发布

目　次

前　言

本标准按照GB/T 1.1—2009《标准化工作导则　第1部分：标准的结构和编写》给出的规定起草。

本标准能源行业地热能专业标准化技术委员会提出并归口。

本标准起草单位：中国石化集团新星石油有限责任公司、北京市地质勘察技术院、天津地热勘查开发设计院。

本标准主要起草人：彭新明、张海雄、赵丰年、国殿斌、王培义、许振华、杨忠彦、杨全台、斯容、袁明叶、张海涛、朱咸涛、孙彭光、郭永岩、李天舒、贾艳雨。

本标准于2019年首次发布。

地热井钻井工程设计规范

1 范围

本规范规定了地热井钻井工程设计的原则、基本内容和格式要求。

本规范适用于水热型地热井钻井工程设计。

2 规范性引用文件

下列文件对于本文件的应用是必不可少的。凡是注日期的引用文件，仅所注日期的版本适用于本文件。凡是不注日期的引用文件，其最新版本（包括所有的修改单）适用于本文件。

GB/T 11615　地热资源地质勘查规范

NB/T 10099　地热回灌技术要求

DZ/T 0260　地热钻探技术规程

DZ/T 0148　水文水井地质钻探规程

DZ/T 0064.2　地下水质检验方法　水样的采集和保存

SY/T 5172　直井井眼轨迹控制技术

SY/T 5347　钻井取心作业规程

SY/T 5435　定向井轨道设计与轨迹计算

SY/T 5593　钻井取心质量指标

SY/T 5619　定向井下部钻具组合设计方法

SY/T 6592　固井质量评价方法

3 设计原则

3.1　符合质量、安全、环境与健康体系要求。

3.2　有利于降低地热井施工难度和提高钻井速度。

3.3　有利于避免钻井过程中出现塌、卡、涌等复杂情况。

3.4　目的层段设计应有利于发现和保护热储层；非目的层段应满足钻井施工及生产需求。

3.5　推广应用技术成熟的钻探新设备、新方法、新工艺，提高经济效益。

4 设计内容

4.1 地质概况

地质概况内容包括而不限于基础资料（项目井网部署方案、井号、井别、井型、井口坐标、靶点数据、地面海拔、构造位置、地理位置、钻探目的、设计井深/垂深、取水/回灌层位及深度、完钻层位、完钻原则、成井方式等）、地理环境资料、地质特征、水温水量预测、地层压力预测、地温梯度、邻井资料、风险分析。

4.2 设计依据

依据国家法律法规、行业标准、钻井地质设计及邻井资料。

4.3 质量要求

4.3.1 井身质量要求

4.3.1.1 井身质量要求井斜、方位、垂深、全角变化率、靶心半径指标应达到设计要求。

4.3.1.2 井径扩大率要求：针对套管固井射孔成井的地热井目的层井段平均井径扩大率宜小于 15%。

4.3.1.3 直井井斜、全角变化率及井底水平位移考核指标宜参考并执行表 1。

表 1 直井井斜、全角变化率及井底水平位移要求表

井深（m）	探井			生产井		
	井斜角（°）	全角变化率（°/30m）	井底水平位移（m）	井斜角（°）	全角变换率（°/30m）	井底水平位移（m）
0～300（泵室段）	≤1	≤2.00	≤5	≤1	≤2.00	≤5
300～1000	≤3	≤2.50	≤30	≤3	≤2.50	≤30
1000～2000	≤7	≤3.00	≤50	≤6	≤3.00	≤50
2000～3000	≤9	≤4.00	≤80	≤8	≤4.00	≤75
3000～4000	≤11	≤4.50	≤120	≤10	≤4.50	≤90
4000～5000	≤13	≤5.00	≤160	≤12	≤5.00	≤120

注：泵室段井斜角≤1°。

4.3.1.4 定向井的最大全角变化率以钻杆防疲劳破坏的全角变化率限定值和套管柱抗弯曲强度的全角变化率限定值中的最小值为准。

4.3.1.5 常规定向井的最大全角变化率宜不超过 5°/30m，如果连续三个测点的全角变化率超过 5°/30m 为全角变化率超标，常规定向井的靶区半径按设计目标点的不同垂直深度确定，宜符合表 2 要求。

表 2 定向井靶区半径数据表

井段（m）	探井（m）	生产井（m）	井段（m）	探井（m）	生产井（m）	井段（m）
0～1000	≤20	≤20	0～1000	≤20	≤20	0～1000
1000～2000	≤30	≤30	1000～2000	≤30	≤30	1000～2000
2000～3000	≤50	≤50	2000～3000	≤50	≤50	2000～3000
3000～4000	≤75	≤70	3000～4000	≤75	≤70	3000～4000
4000～5000	≤100	≤90	4000～5000	≤100	≤90	4000～5000

4.3.1.6 丛式井井眼轨道间距不宜小于 4m。

4.3.1.7 对于其他特殊要求的定向井，应在设计中明确要求。

4.3.2 固井质量要求

固井后各层套管都应进行试压，套管试压值不应小于6MPa，稳压30min，压降不大于0.5MPa。

4.3.3 取心质量要求

4.3.3.1 地热井取心质量应达到设计要求，可按照 SY/T 5593 执行。
4.3.3.2 常规地层取心收获率不小于 75%；破碎、松散地层取心收获率不小于 50%。

4.4 定向井剖面设计

4.4.1 定向井剖面设计原则

——定向井剖面设计可按 SY/T 5435 要求执行；
——有利于实现定向地热井的地质勘探开发目的；
——有利于满足地热井采水和回灌工艺要求；
——有利于安全、优质、快速钻井。

4.4.2 定向井剖面设计内容

4.4.2.1 剖面设计应包括剖面设计基本参数、剖面设计数据、投影示意图、防碰设计及测量要求。
4.4.2.2 定向井剖面设计基本参数包括有磁倾角、磁场强度、磁偏角、收敛角和方位修正角，宜用表 A.4 形式给出基本参数。
4.4.2.3 设计剖面参数主要包括井深、井斜、方位、垂深、南北位移、东西位移、全角变化率、闭合位移、闭合方位等，宜用表 A.5 形式给出剖面数据。
4.4.2.4 投影示意图应包括水平投影图和垂直投影图。
4.4.2.5 防碰设计扫描结果数据宜用表 A.6 形式给出（可绘出防碰扫描图）。
4.4.2.6 应根据井深测量间隔要求选择相应测量工具。

4.5 井身结构设计

4.5.1 井身结构设计原则

——应根据地质岩性剖面、地层压力剖面及地热井生产需要设计；
——应满足钻井施工、成井出水及获取参数的需要；
——应满足出现漏、塌、卡、涌等复杂情况的处理作业需要；
——探井井身结构设计应留有余量。

4.5.2 井身结构设计内容

4.5.2.1 井身结构设计应包括井身结构设计依据、井身结构示意图、井身结构设计数据表及说明。
4.5.2.2 井身结构示意图应标出钻头直径与井深、套管尺寸与下深、水泥返深、悬挂位置等数据。
4.5.2.3 井身结构设计数据表应包括开钻次序、钻头尺寸、井段、管柱尺寸、管柱下入深度、水泥返深等，宜用表 A.8 形式给出。
4.5.2.4 各开次井管重叠段 30～50m 为宜。
4.5.2.5 泵室管尺寸宜为ϕ339.7mm，满足水泵下入、封固上部不稳定地层和保护地表水的要求。
4.5.2.6 井身结构常用二开次、三开次和四开次，且最后一个开次的井眼直径不宜小于 152.4mm。

4.5.3 地热井成井方式

4.5.3.1 砂岩地热井根据井别和地层特征情况，宜采用缠丝过滤器、桥式过滤器、贴砾过滤器或套管固井射孔等成井方式。全井下管时，应在底部有 10m～30m 沉淀管。
4.5.3.2 砂岩地热井（直井）必要时采用填砾成井方式。

4.5.3.3 地层稳定的基岩地热井宜采用裸眼成井方式；地层不稳定的基岩地热井宜采用过滤管成井方式。

4.6 钻进工艺设计

根据岩石的力学性质、可钻性、井眼尺寸、深度、施工条件、钻探目的，分别选择取心钻进、全面钻进及扩眼钻进等相适应的钻进方法与工艺。钻进方法选择遵循DZ/T 0260执行,并确定相应的钻进技术参数。

4.7 钻井设备选型

4.7.1 设计内容应包括钻机选型依据和钻井主要设备。
4.7.2 地热井钻井设备应综合考虑设计井深、井身结构、钻具组合、地层特点、摩擦阻力、井控需要等因素对钻机设备及相关配套辅助设施进行选择，可选择满足施工要求的石油或水文钻机。
4.7.3 钻机设备表可根据钻机选择的类型填写，包括设备名称、型号、规格、数量等，宜用表A.9形式给出。

4.8 钻具组合与强度校核设计

4.8.1 钻具组合设计

4.8.1.1 钻具组合设计可按照SY/T 5172和SY/T 5619规定执行。
4.8.1.2 钻具选择应能有效地控制井斜、方位角和全角变化率，保证井身质量满足设计要求和成井需要。
4.8.1.3 采用气举反循环钻进时，双壁钻具的数量应保障沉没比不宜小于0.5。

4.8.2 钻具组合设计内容

4.8.2.1 设计应包括各开次钻具组合、钻柱强度校核、钻具、工具、打捞工具配套等。
4.8.2.2 各开次钻具组合内容应包括井眼尺寸、井段、钻具组合名称，宜用表A.10形式给出。
4.8.2.3 钻柱强度校核应满足地热井施工要求，设计内容包括井眼尺寸、井段、钻井液密度、钻具名称、钢级、外径、内径、长度、单位重量、累计重量、抗拉、抗扭、抗拉余量等参数，宜用表A.11形式给出。
4.8.2.4 应对送管的钻具进行强度校核，选择满足施工要求的送管钻具。
4.8.2.5 复杂结构井应有钻柱的摩阻扭矩的计算和分析，确保钻柱能够顺利下入井底。
4.8.2.6 钻具和工具应包括名称、尺寸、单位重量及数量，宜用表A.12形式给出。
4.8.2.7 测量工具应包括名称、规格、型号、数量等，宜用表A.13形式给出。

4.9 钻头选型与钻井参数设计

4.9.1 钻头选型设计应明确所钻井段、地层、钻头直径、进尺、纯钻时间、机械钻速以及钻头型号推荐，宜用表A.15形式给出。
4.9.2 钻井参数设计应明确所钻井段、钻头直径、钻头型号、钻压、转速、排量、泵压等，设计的参数应能够满足钻井设备额定功率，宜用表A.16形式给出。
4.9.3 水力参数设计应明确所钻井段、钻头直径、喷嘴面积、排量、泵压、循环压降、环空返速及钻井液密度等，宜用表A.17形式给出。水力参数设计应满足井底净化和提高机械钻速的需要。

4.10 取心设计

4.10.1 根据钻井地质设计的要求，进行钻井取心设计。

4.10.2 取心设计应明确取心序号、层位、预计井段、进尺、取心收获率、取心直径和取心目的，宜用表 A.18 形式给出。

4.10.3 取心钻井参数包括取心工具和钻具组合设计和钻进参数设计（钻压、转速、排量、机械钻速及钻进时间等），宜用表 A.19 形式给出。

4.10.4 取心技术措施主要包括：工具准备、井眼准备、下钻操作、取心钻进、割心、起钻要求及其他内容。

4.11 钻井液设计

4.11.1 钻井液设计原则

——钻井液设计应能够满足地热钻井安全施工的要求；

——针对井身结构、地层岩性和地层流体性质配制不同类型、不同性能的钻井液；

——有利安全钻进和保护热储层；

——钻井液耐温要大于预测地层温度，保证钻井液性能良好；

——应满足地热井井控要求。

4.11.2 钻井液内容设计

4.11.2.1 钻井液设计包括钻井液设计依据、体系配方、性能参数、各开次维护处理措施、钻井液用量及材料用量、固控设备及使用要求、加重装置要求、测试仪器配备、钻井液地面管理、钻井液资料录取要求。

4.11.2.2 根据地层压力、岩性特征、井下安全和热储层保护的要求，进行钻井液体系配方设计，宜用表 A.20 形式给出。

4.11.2.3 钻井液性能参数设计包括井段、密度、漏斗黏度、失水、泥饼厚度、pH 值、含砂、摩擦系数、流变参数、固相含量等，宜用表 A.21 形式给出。

4.11.2.4 钻井液用量设计根据钻头直径、井段长度计算钻井液用量，钻井液总量=井筒容积+循环系统量+消耗量，宜用表 A.22 形式给出。

4.11.2.5 按照不同井段的地质特点，制定钻井液维护处理措施。

4.11.2.6 合理使用四级固控，并强化固控管理，以使钻井液含砂量、固相含量控制在合理范围内，为快速钻进创造良好条件，固控设备要求，宜用表 A.25 形式给出。

4.12 热储层保护要求

4.12.1 根据设计井热储层的物性和敏感性参数，制定热储层保护技术要求和措施。

4.12.2 目的层段不应使用重晶石、沥青类材料、磺化类材料等会造成储层堵塞的处理剂。

4.12.3 不应加入影响录井结果的钻井液处理剂。

4.12.4 在较稳定地层可选用清水、空气、无固相、气液混合物等钻井液。

4.13 地热井井控设计

4.13.1 根据不同地热井类型选择相应级别的井控设备。

4.13.2 井控内容应包括井控装置选择依据、井控装置、井控装置示意图、井控装置试压要求、钻具内防喷工具要求、地层孔隙压力监测、地层漏失试验要求、钻井各工况井控技术措施。

4.14 固井设计

4.14.1 固井设计可按照 DZ/T 0260 要求执行。

4.14.2 应满足固井施工要求及地热井采水和回灌要求。

4.14.3 应包括固井设计依据、套管柱设计、各层次套管串结构数据、套管试压要求、注水泥设计、水泥浆性能要求、固井添加剂及附件、固井技术要求。

4.14.4 套管柱设计内容应包括套管次序、井段、长度、外径、通径、钢级、壁厚、扣型、每米重量、抗拉强度、抗外挤强度、抗内压强度、套管柱校核等，宜用表A.31、表A.32、表A.33形式给出。

4.14.5 根据井身结构数据进行注水泥设计，应包括套管层次、套管尺寸、下深、水泥返深、封固段长度、水泥塞面、水泥用量及水泥等级，宜用表A.36形式给出。

4.14.6 按照地层物性和流体性质进行水泥浆性能设计，设计内容应包括水泥浆密度、初始稠度、稠化时间、可泵时间、游离液、滤失量、流变性、抗压强度、渗透率、沉降稳定性等参数，宜用表A.37形式给出。

4.15 洗井

根据DZ/T 0260规定执行，包括洗井方法、洗井介质选择与洗井技术措施。

4.16 抽水（放喷）试验及水样采集

4.16.1 抽水（放喷）试验设计可按照DZ/T 0260规定执行。

4.16.2 设计内容包括抽水试验类型选择、抽水设备与观测设备选择、抽水试验技术要求、放喷管线要求等。

4.16.3 在抽水（放喷）试验结束时采集水样，采集水样与保存可按照DZ/T 0064.2中相关要求执行，水样及时送检。

4.16.4 依据水质化验结果，必要时设计水处理工艺。

4.17 回灌试验设计

4.17.1 回灌井和开采井应遵循同层采灌原则，确定回灌井和采水井的合理布局和采灌强度。

4.17.2 回灌井成井工艺要求。

4.17.3 回灌试验系统要求。

4.17.4 回灌试验监测执行NB/T 10099要求。

4.18 钻井施工重点技术

钻井施工重点技术内容包括钻井重点提示、开钻前及安装工程要求、各开次钻井重点技术措施、成井作业要求、复杂情况（如防卡、防斜、防塌、防漏、冬季安全施工等）预防及处理措施等。钻井施工应有质量保证措施。

4.19 测试要求

根据地热井钻井地质设计要求进行测试，包括测试前的井眼准备、测试后的压井和安全措施等要求。

4.20 完井井口装置要求

4.20.1 完井井口装置选择原则。

4.20.2 完井井口装置要求。

4.21 弃井要求

4.21.1 井口处理要求：要求井口用钢板焊死，并点焊本井井号。

4.21.2 井下处理要求：

4.21.2.1 各套鞋处和井口各打一个 50m～100m 长的水泥塞。必要时全井封固和恢复地貌。

4.21.2.2 封固段水泥浆密度应达到 1.85g/cm^3 以上。

4.21.2.3 水泥塞凝固后，采用钻头加压探塞和关井憋压两种方法检验封固质量。

a） 钻头探套管鞋处水泥塞，加压 40kN～60kN，压住刹把，保持钻压不下降为合格；

b） 关井憋压 10MPa，10min 压力不降为合格。

4.22 职业健康、安全、环保要求

设计内容应包括基本要求、职业健康、安全、环保管理的要求。

4.23 钻井进度计划

包括钻井进度计划和钻井进度计划图。按钻井开次对应的井深、预测作业时间、绘出全井钻成井折线图，宜用表A.39和表A.40形式给出。

4.24 钻井资料要求

4.24.1 成井后钻井队应及时送交资料的清单，包括验收资料和上交资料。

4.24.2 验收资料和上交资料包括：

1） 钻井井史；

2） 成井报告；

3） 固井施工方案；

4） 钻井工程班报表；

5） 钻井施工方案；

6） 固井质量检测报告（含检测曲线）；

7） 抽水（放喷）试验记录、回灌试验记录、水质化验报告；

8） 现场验收表；

9） 钻井工程交井资料表；

10）甲方要求的其他资料。

4.24.3 上交资料应齐全、真实、详细、字迹整洁清晰，并上交相应的电子版资料

4.25 地热井设计表

地热井钻井施工现场宜张贴地热井设计表，可参照附录B。

5 设计格式要求

5.1 幅面

钻井工程设计文本的幅面为A4，即297mm×210mm，允差-3mm。

5.2 字体与字号

5.2.1 字体

地热井钻井工程设计的文本汉字字体宜采用宋体；西文字母、数字字体可自行选择。

5.2.2 字号

5.2.2.1　**封面字号**

封面见图A.1。位于页面右上角的“设计编号”及填写的内容宜采用小四号字；页面上部的“项目”及填写的内容宜采用二号加粗字；页面上部的“××钻井工程设计”宜采用小初号加粗字；位于页面中部的“井号”“井别”“井型”及填写的内容宜采用二号加粗字；位于页面下部的业主单位名称处宜采用三号加粗字。

5.2.2.2　**内封面字号**

内封页见图A.2。位于页面上部的“（项目名称）”处填写的内容宜采用二号加粗字；页面上部的“××井钻井工程设计”及要填写的井号宜采用小初号加粗字；位于页面下部的“（设计单位名称）”处、“年月日”及填写的内容宜采用三号字。

5.2.2.3　**目录字号**

目录页见图A.5。位于页面上部的“目录”宜采用三号加粗字；其余宜采用小四号字。

5.2.2.4　正文字号

正文内容：一级标题宜采用三号字，二级标题宜采用小三号字，三级标题宜采用四号字，内容宜采用小四号字；表头、图名宜采用五号加粗字，表格内容宜采用五号字。

5.2.2.5　**其他字号**

设计单位审核页见图A.3，业主单位审批页见图A.4。使用的字体宜采用四号字。

5.3　文本结构

5.3.1　封面

封面见图A.1。“设计编号”栏宜采用7位数字，前4位为年份，后3位为设计顺序号；“井号”“井别”“井型”栏填写应与钻井地质设计一致；“（业主单位名称）”栏填写内容应为业主方单位全称。

5.3.2　内封面

内封页见图A.2。“（项目名称）”一栏与“××井钻井工程设计”中的井号应按照钻井地质设计填写，“（设计单位名称）”填写内容应为设计单位的全称，日期应填写设计完成日期。

5.3.3　审核（批）

设计人和各级审批、批准人员应签署姓名与日期。对于组织会议评审的井，评审意见及专家组人员签字名单需附在业主单位审批页后面。

5.3.4　目录

目录页见图A.3。目录由基本内容一级标题构成。

5.3.5　正文

设计内容见附录A。由章、一级、二级条目构成，根据具体设计内容可增加条目。因井别、井型的不同，可对设计文本的内容进行取舍。

附　录　A
（规范性附录）
地热井钻井工程设计格式

设计编号：

项目

××钻井工程设计

井号：________________

井型：________________

井别：________________

建设单位名称

注：根据需要设置保密级别。

图 A.1　封面

项目

××钻井工程设计

设计单位名称

年 月 日

图 A.2 内封页

目　录

图 A.3　目录页

A.1 地质概况

A.1.1 地理基础资料

A.1.1.1 井网部署情况：
A.1.1.2 井号：
A.1.1.3 井别：
A.1.1.4 井型：
A.1.1.5 井口坐标：纵（*X*）：m　横（*Y*）：m
A.1.1.6 方位修正角：(°)；磁倾角：(°)；磁场强度：(μT)。
A.1.1.7 靶点坐标：

表 A.1 靶点数据表

序号	名称	垂深 m	靶点坐标（m）		闭合位移 m	闭合方位 (°)	靶心半径 m
			纵坐标（*X*）	横坐标（*Y*）			

A.1.1.8 钻井目的：
A.1.1.9 设计井深和垂深：
A.1.1.10 目的层层位：
A.1.1.11 完钻层位：
A.1.1.12 完钻原则：
A.1.1.13 成井方式：
A.1.1.14 地面海拔：
A.1.1.15 构造位置：
A.1.1.16 地理位置：
A.1.1.17 测线位置：
A.1.1.18 气象资料：
A.1.1.19 地形地貌及交通情况：

A.1.2 地质特征

A.1.2.1 地质分层及岩性：

表 A.2 地质分层表

地质年代	地质分层	底界深度 m	分层厚度 m	地层		岩性描述	热储预测	故障提示
				倾角（°）	倾向（°）			

A.1.2.2 热储特征：

A.1.3 水温和水量预测

A.1.4 地层压力梯度预测

A.1.5 地温梯度

A.1.6 邻井资料

A.1.7 风险分析

A.2 设计依据

A.2.1 钻井技术规范

A.2.2 钻井地质设计

A.2.3 邻井实钻资料

A.3 质量要求

A.3.1 井身质量要求

A.3.1.1 直井段井身质量要求

表 A.3 井身质量要求

井深 m	井斜角 （°）	全角变化率 （°）/30m	水平位移 m	平均井径扩大率 %

A.3.1.2 斜井段井身质量要求

A.3.2 取心质量要求

A.3.3 固井质量要求

A.4 定向井剖面设计

A.4.1 剖面参数设计

表 A.4 基本参数表

井号： 轨道类型：

井底垂深 m	井底闭合距 m	井底闭合方位 （°）	造斜点 m	最大井斜角 （°）		
磁倾角 （°）	磁场强度 μT	磁偏角 （°）	收敛角 （°）	方位修正角 （°）		
井口坐标：X= ； Y=						
名称	垂深 m	纵坐标（X）	横坐标（Y）	闭合位移 m	闭合方位 （°）	靶心半径 m

注：磁倾角、磁偏角和磁场强度等施工前现场复核。

表 A.5 剖面参数表

井深 m	井斜 （°）	方位 （°）	垂深 m	南北 m	东西 m	全角变化率 （°）/100m	闭合位移 m	闭合方位 （°）	备注

A.4.2 剖面设计垂直投影示意图

A.4.3 剖面设计水平投影示意图

A.4.4 轨道防碰设计

表 A.6 轨道防碰数据表

序号	设计井号		邻井井号		最近距离 m
	井深 m	垂深 m	井深 m	垂深 m	

A.4.5　测量要求

A.5　井身结构设计

A.5.1　设计依据

A.5.1.1　设计系数

表 A.7　设计系数表

名称	抽吸压力当量密度 g/cm³	激动压力当量密度 g/cm³	溢流允许值 g/cm³	地层破裂压力安全当量密度允许值 g/cm³	钻井液密度附加值 g/cm³	异常压力地层压差卡钻临近值 MPa	正常压力地层压差卡钻临近值 MPa
数值							

A.5.1.2　必封点说明

A.5.2　井身结构示意图

A.5.3　井身结构设计数据

表 A.8　井身结构设计数据表

开钻次序	钻头尺寸 mm	井段 m	管柱尺寸 mm	管柱下深 m	水泥返深 m	备　注
一开						
二开						
三开						
四开						

A.5.4　井身结构设计说明

A.6　钻进工艺设计

A.7　钻井设备选型

A.7.1　钻机选型依据

A.7.2　钻井主要设备

表 A.9　钻井主要设备表

序号	名称		型号	规格	数量	备注
1	钻机					
2	井架					底座高度，m
3	提升系统	绞车				
		天车				
		游动滑车				
		大钩				
		水龙头				
4	顶部驱动装置					
5	转盘					
6	循环系统配置	钻井泵 1#				
		钻井泵 2#				
		钻井液罐				含储备罐
7	机械钻机动力系统	柴油机 1#				
		柴油机 2#				
		柴油机 3#				
	电动钻机动力系统	发电机				
		柴油机				
		直流电机				
		SCR 房				
		电机控制中心				
		主变压器				
8	发电机组	发电机 1#				
		发电机 2#				
		发电机 3#				
		MCC 房				
9	钻机控制系统	自动压风机				
		电动压风机				
		气源净化装置				
		刹车系统				
		辅助刹车				
10	固控系统	震动筛 1#				
		震动筛 2#				
		除砂器				
		除泥器				
		离心机				
		除气器				

A.8 钻具组合与强度校核设计

A.8.1 钻具组合选择原则

A.8.2 各开次钻具组合

表 A.10 各开次钻具组合

开钻次序	井段 m	井眼尺寸 mm	钻具组合

A.8.3 钻具强度分析

表 A.11 钻具强度校核表

井眼尺寸 mm	井段 m	钻井液密度 g/cm³	钻具参数						累计重量 kN	安全系数		
			钻具名称	钢级	外径 mm	内径 mm	长度 m	重量 kN		抗拉	抗扭	抗拉余量 kN

A.8.4 钻具及工具

表 A.12 钻具及工具表

名称	规格	型号	数量	备注

A.8.5 测量仪器

表 A.13 测量仪器表

名称	规格	型号	数量	备注

A.8.6 打捞工具配套标准

表 A.14　打捞工具配套表

名称	规格	数量

A.9　钻头选型与钻井参数设计

A.9.1　钻头选型及钻井参数设计

表 A.15　钻头设计表

井段		地层组段	钻头直径 mm	进尺 m	纯钻时间 h	机械钻速 m/h	钻头型号推荐
下入井深 m	起出井深 m						

A.9.2　钻井参数设计

表 A.16　钻井参数设计表

井段		钻头直径 mm	钻头型号	钻压 kN	转速 r/min	排量 L/s	泵压 MPa
下入井深 m	起出井深 m						

A.9.3　钻井水力参数设计

表 A.17　钻井水力参数设计

井段		钻头直径 mm	喷嘴面积 mm^2	排量 L/s	泵压 MPa	钻头压降 MPa	循环压降 MPa	钻头水功率 kW	比水功率 W/mm^2	喷射速度 m/s	冲击力 kN	环空返速 m/s	钻井液密度 g/cm^3
下入井深 m	起出井深 m												

A.10 取心设计

A.10.1 取心井段及工具

表 A.18 取心井段及工具

层位	取心井段 m	取心进尺 m	回次	收获率 %	岩心直径 mm	推荐取心钻头类型×外径×内径	备注

A.10.2 取心钻具组合及钻进参数设计

表 A.19 取心钻具组合及钻进参数设计

序号	取心井段 m	钻具组合	钻进参数				
			钻压 kN	转速 r/min	排量 L/s	机械钻速 m/h	钻进时间 h

A.10.3 取心技术措施

A.11 钻井液设计

A.11.1 钻井液设计依据

A.11.2 总体要求

A.11.3 重点提示

A.11.4 目的层钻井液性能要求

A.11.5 密度设计原则

A.11.6 钻井液体系

表 A.20 钻井液体系表

开钻次序	井眼尺寸 mm	井段 m	钻井液体系

A.11.7 钻井液配方

A.11.8 分段钻井液性能

表 A.21 分段钻井液性能表

开钻次序	井段 m	常规性能										流变参数				固相含量 %	膨润土含量 g/L
		密度 g/cm³	漏斗粘度 s	API滤失量 mL	泥饼厚度 mm	pH值	含砂量 %	HT-HP滤失量 mL	摩擦系数	静切力 Pa		塑性黏度 mPa·s	动切力 Pa	N值	K值		
										初切	终切						

A.11.9 钻井液维护处理措施

A.11.10 钻井液数量及材料用量

表 A.22 钻井液用量表

开钻次序	钻头直径 mm	井段 m	井筒容积 m³	循环系统 m³	钻井液消耗量 m³	总需求量 m³

表 A.23 钻井液储备表

开钻次序	低密度钻井液		加重钻井液	
	密度 g/cm³	数量 m³	密度 g/cm³	数量 m³

表 A.24 钻井液材料用量表

材料名称	单位	用量				
		一开	二开	三开		合计

A.11.11 固控设备及使用要求

表 A.25 固控设备及使用要求

井段 m	固控指标			振动筛		除砂器除泥器		离心机	
	密度 g/cm^3	含砂量 %	固含 %	目数	运转率 %	处理量 m^3/h	运转率 %	处理量 m^3/h	运转率 %

A.11.12 钻井液测试仪器配套要求

表 A.26 钻井液测试仪器配套要求

名称	数量	名称	数量

A.11.13 钻井液地面管理要求

A.11.14 钻井液加重装置要求

A.11.15 钻井液资料录取要求

A.12 热储层保护要求

A.13 地热井井控设计

A.13.1 井控装置选择依据

表 A.27 各开次预测最大地层压力表

开钻次序	钻头直径 mm	设计井深 m	地层压力梯度 MPa/100m	最大地层压力 MPa

A.13.2　井控装置

表 A.28　井控装置表

开钻次序	名称	规格型号	数量	备注

A.13.3　井控装置示意图

A.13.4　井控装置试压要求

A.13.4.1　井控装置试压要求：

表 A.29　井控装置试压表

开钻次序	名称	型号	试压要求			
			介质	试压值 MPa	稳压时间 min	允许压降 MPa

A.13.4.2　压井管汇和节流管汇试压要求：

A.13.5　钻具内防喷工具要求

A.13.6　地层孔隙压力监测

A.13.7　地层漏失试验要求

表 A.30　地层破裂（漏失）压力试验数据

井地层破裂（漏失）压力试验数据				
试验时间	年　月　日		套管直径，mm	
井深，m			套管钢级	
地层岩性			套管壁厚，mm	
钻井液密度，g/cm^3			套管下深，m	
泵型号			防喷器额定压力，MPa	
试验方式	钻具内加压□		环空内加压□	
时间—泵入量—压力				
时间 min	总泵人量 L	立管压力 MPa	套管压力 MPa	备注

A.13.8　井控技术措施

A.14 固井设计

A.14.1 套管柱设计

表 A.31 套管数据表

套管程序	井段 m	套管规范					理论强度值		
		直径 mm	钢级	壁厚 mm	扣型	推荐上扣扭矩 N·m	抗外挤 MPa	抗内压 MPa	抗拉 kN

表 A.32 套管强度校核表

套管程序	井段 m	长度 m	套管重量			抗外挤		抗内压		抗拉		钻井液
			每米重量 N/m	段重量 kN	累计重量 kN	最大载荷 MPa	安全系数	最大载荷 MPa	安全系数	最大载荷 kN	安全系数	密度 g/cm³

A.14.2 各层次套管串结构数据

表 A.33 各层次套管串结构数据表

套管程序	套管串结构（自下而上）	备注

A.14.3 套管试压要求

表 A.34 套管试压表

开钻次序	套管直径 mm	介质	试压值 MPa	稳压时间 min	允许压降 MPa

A.14.4 水泥浆体系

表 A.35 水泥浆体系表

套管程序	水泥浆体系

A.14.5 注水泥设计

表 A.36 注水泥设计表

套管层次	套管尺寸 mm	套管下深 m	水泥塞面深度 m	水泥返深 m	管外封固段长度 m	水泥浆密度 g/cm^3	水泥用量 t	水泥等级
表层套管								
技术套管								
生产套管								

A.14.6 水泥浆性能要求

表 A.37 水泥浆性能要求表

性 能	一开	二开		三开
密度，g/cm^3				
初始稠度，Bc				
稠化时间，min				
可泵时间，min				
游离液，%				
相容性				
6.9MPa，30min 滤失量，mL				
流变性				
抗压强度，MPa/8h				
抗压强度，MPa/24h				
渗透率，$10^{-3}\mu m^2$				
沉降稳定性，g/cm^3				

A.14.7 固井添加剂及附件

表 A.38 固井材料表

材料名称		单位	数量						备注
			导管	一开	二开	三开		合计	
水泥添加剂									
固井附件									
套管扶正器									

A.14.8 固井技术要求

A.15 洗井

A.16 抽水（放喷）试验及水样采集

A.16.1 抽水（放喷）试验

A.16.2 水样采集

A.17 回灌试验设计

A.17.1 回灌试验原则

A.17.2 回灌井成井工艺要求

A.17.3 回灌试验系统要求

A.17.4 回灌试验监测要求

A.18 钻井施工重点技术要求

A.18.1 钻前及安装工程要求

A.18.2 各开次钻井重点技术措施

A.18.3 特殊工艺技术要求

A.19 测试要求

A.20 完井井口装置要求

A.21 弃井要求

A.22 职业健康、安全、环保要求

A.23 钻井资料要求

A.24 钻井进度计划

表 A.39 钻井进度计划表

开钻次序	钻头直径	井段	施工作业项目	速度指标		计划天数 d	累计天数 d
				段长	钻速 m/h		

表 A.40 钻井进度计划表

开钻次序	井深 m	作业时间 d																		

A.25 地热井设计表

附 录 B
（规范性附录）
地热钻井设计表

<table>
<tr><td>地质年代</td><td>层底深度m</td><td>柱状图（比例尺）</td><td>地层简述</td><td>井身结构</td><td>岩石等级</td><td>钻井故障提示</td><td>预计水位埋深m</td><td>取心及岩样要求</td><td>井深井斜误差要求</td><td>地球物理测井要求</td><td>取水样要求</td><td>完井要求</td><td>抽水试验方法要求</td><td>钻井方法</td><td>钻井液性能及要求</td><td>洗井方法与要求</td><td>设计依据</td><td>安全措施</td><td>环保措施</td><td>井号</td><td></td><td>井别</td><td></td></tr>
<tr><td>1</td><td>2</td><td>3</td><td>4</td><td>5</td><td>6</td><td>7</td><td>8</td><td>9</td><td>10</td><td>11</td><td>12</td><td>13</td><td>14</td><td>15</td><td>16</td><td>17</td><td>18</td><td>19</td><td>20</td><td>设计井深</td><td></td><td>目的层</td><td></td></tr>
<tr><td rowspan="11"></td><td rowspan="11"></td><td rowspan="11"></td><td rowspan="11"></td><td rowspan="11"></td><td rowspan="11"></td><td rowspan="11"></td><td rowspan="11"></td><td rowspan="11"></td><td rowspan="11"></td><td rowspan="11"></td><td rowspan="11"></td><td rowspan="11"></td><td rowspan="11"></td><td rowspan="11"></td><td rowspan="11"></td><td rowspan="11"></td><td rowspan="11"></td><td rowspan="11"></td><td rowspan="11"></td><td colspan="2">地理位置</td><td colspan="2"></td></tr>
<tr><td colspan="2" rowspan="2">井位坐标</td><td colspan="2"></td></tr>
<tr><td colspan="2"></td></tr>
<tr><td colspan="2">建设方</td><td colspan="2"></td></tr>
<tr><td colspan="2">承建方</td><td colspan="2"></td></tr>
<tr><td>施工钻机</td><td></td><td>开钻日期</td><td></td></tr>
<tr><td colspan="2">设计单位</td><td colspan="2"></td></tr>
<tr><td>设计人</td><td></td><td>审核人</td><td></td></tr>
<tr><td colspan="2">专家意见</td><td colspan="2"></td></tr>
<tr><td colspan="2">批准意见</td><td colspan="2"></td></tr>
</table>

ICS 27.010
F 15

NB

中华人民共和国能源行业标准

NB/T 10267—2019

地热井钻井地质设计规范

Drilling geological design specification for geothermal wells

2019-11-04 发布　　2020-05-01 实施

国家能源局　发布

目　次

前　言

本标准按照GB/T 1.1—2009《标准化工作导则　第1部分：标准的结构和编写》给出的规定起草。

本标准由能源行业地热能专业标准化技术委员会提出并归口。

本标准起草单位：中国石化集团新星石油有限责任公司、北京市地质勘察技术院、天津地热勘查开发设计院、河南省地热能开发利用有限公司。

本标准主要起草人：国殿斌、孙彭光、赵丰年、隋少强、汪新伟、彭新明、杨全合、周国庆、杨忠彦、卢予北、王永军、赵磊、杨卫、张海雄、朱咸涛、乔勇、唐果、熊轲、魏广仁、贾艳雨、雷海飞。

本标准于2019年首次发布。

地热井钻井地质设计规范

1 范围

本标准规定了水热型地热井钻井地质设计的规范性引用文件、总则、设计内容及设计文本格式。

本标准适用于水热型地热资源地热井钻井地质设计编制，其他类型地热井可参照执行。

2 规范性引用文件

下列文件对于本文件的应用是必不可少的。凡是注日期的引用文件，仅所注日期的版本适用于本文件。凡是不注日期的引用文件，其最新版本（包括所有的修改单）适用于本文件。

GB/T 11615 地热资源地质勘查规范

DZ/T 0260 地热钻探技术规程

SY/T 5965 油气探井地质设计规范

3 设计原则

3.1 地热井钻井地质设计的目的是最大限度地保持地热资源的可持续开发利用，以减少开发风险、取得地热资源开发利用最大的社会经济效益和环境效益。

3.2 地热井钻井地质设计工作应是在查明地热地质背景的前提下，有效应用地面地质、水文地质、地球化学、地球物理等研究成果进行科学编写。

3.3 应满足地热资源调查、预可行性勘查、可行性勘查和开采四个地热资源勘查阶段的不同要求，取全取准各项钻井地质及地热参数资料，为地热田地质研究和资源的开发利用与保护提供资料。

4 设计内容及要求

4.1 设计依据及钻探目的

4.1.1 设计依据

设计依据包括：

a） 根据任务书或者地热能直接利用项目可行性研究报告；

b） 设计所依据的图幅包括地理位置图、区域地质图、主要目的层构造图、物探解释剖面、地热田地温分布图或勘查深度内地温等值线图等；

c） 邻区地球物理资料，邻井钻井、录井、测井、测试等资料。

4.1.2 钻探目的

根据项目任务书或者地热能利用项目可行性研究报告等填写。

4.2 基础数据

4.2.1 基础数据内容

4.2.1.1 钻探项目、井号、井别、井型、设计井深、完钻层位和原则

根据项目任务书或者地热能利用项目可行性研究报告等填写。

4.2.1.2 井位

井位内容包括：

a） 地理位置：填写顺序为省(自治区)、市(县、旗)、区(乡、镇)、街道（村或屯）的方位和距离。距离单位：km，数值修约到两位小数；

b） 构造位置：写明设计井所在的盆地及三级或四级构造单元名称；

c） 井位坐标：纵（*X*）、横（*Y*），单位：m，数值修约到两位小数，并标注测量系统；经纬度，单位：（°）、（′）、（″），其中秒修约到两位小数；应给出设计井井口坐标、各靶点的层位、垂深、靶心坐标、靶区要求、靶心方位；

d） 地面海拔，单位：m，数值修约到两位小数。

4.2.2 基础数据格式

基础数据格式参见表1。

表 1 基础数据格式

<table>
<tr><td rowspan="9">基本数据</td><td>钻探项目</td><td colspan="6"></td></tr>
<tr><td>井号</td><td></td><td>井别</td><td colspan="2"></td><td>井型</td><td></td></tr>
<tr><td>地理位置</td><td colspan="6"></td></tr>
<tr><td>构造位置</td><td></td><td></td><td></td><td></td><td></td><td></td></tr>
<tr><td rowspan="2">井位坐标</td><td>X</td><td></td><td></td><td></td><td></td><td></td></tr>
<tr><td>Y</td><td></td><td></td><td></td><td></td><td></td></tr>
<tr><td>地面海拔</td><td colspan="2">m</td><td rowspan="2">完钻原则</td><td colspan="3" rowspan="2"></td></tr>
<tr><td>完钻层位</td><td colspan="2"></td></tr>
<tr><td>设计井深</td><td colspan="2">m</td><td>目的层</td><td colspan="3"></td></tr>
<tr><td rowspan="5">靶心数据</td><td colspan="2">设计分层</td><td colspan="5">靶点设计</td></tr>
<tr><td rowspan="2">层位</td><td rowspan="2">设计靶点垂深
m</td><td rowspan="2">靶点</td><td colspan="2">靶心坐标
m</td><td rowspan="2">靶区半径
m</td><td rowspan="2">靶区方位
（°）</td></tr>
<tr><td>X</td><td>Y</td></tr>
<tr><td></td><td></td><td></td><td></td><td></td><td></td><td></td></tr>
<tr><td></td><td></td><td></td><td></td><td></td><td></td><td></td></tr>
</table>

4.3 井区自然状况

4.3.1 地理环境

对井场周围地形地物进行描述，包括自然环境、地貌特征、水资源、高空障碍物、民宅、学校、医院、国防设施、矿井、地下管网、油库、水库、人口密集及高危场所等。

4.3.2 交通、通信

对井场周围交通、通讯情况进行描述，其中包括设计井井口与铁路、公路、机场、码头的距离等。

4.3.3 气象、水文

设计井所在地区的气温、风情、冰情、雨量、汛期水位等。

4.3.4 灾害性地理地质现象

设计井所在地区季节性、地域性地理地质灾害现象。

4.4 区域地质简介

4.4.1 构造概况

4.4.1.1 区域构造背景

简述设计井所在区域构造背景（概况）、构造发育史及构造单元划分。

4.4.1.2 构造基本特征

简述地热田周边及相关地区的地质构造展布、形态、走向及断层基本特征。

4.4.2 地层概况

4.4.2.1 地层序列及岩性简述

简述地热田（区域）地层分布、纵横向变化情况。按地层分层自上而下简述设计井可能钻遇的各地质时期的岩性、厚度、产状、分层特性。

4.4.2.2 标准层

简述地热田（区域）标准层(标志层)层位及岩性。

4.4.2.3 特殊岩性及其他矿产

简述地热田（区域）地层分布的其他特殊岩性（如膏岩、盐岩层、火成岩、煤层等）及其他矿产的产层层位、埋藏深度等。

4.4.3 地热地质条件分析

根据地热田的地层、构造、岩浆（火山）活动及地热显示等特点，简述热储、盖层、控热构造及热储类型。结合地热田周边及相关地区的地质调查、地球物理和地球化学勘查成果，简述地热田形成的地质背景。简述地热田不同地块、不同深度的地温变化、恒温带深度，热储盖层的地热增温率和热储层温度，简述勘查深度内的地温场特征。

4.4.4 邻井钻探成果

邻井钻井、录井、测井和测试等成果。

4.5 设计井预测

4.5.1 地层分层预测

设计井钻遇地层预测数据及故障提示见表2。其中设计地层底界深度、厚度，单位：m，数值保留整数。

表 2　地层分层数据表

地层				设计分层		岩性描述	故障提示
界	系	统	组	底界深度 m	厚度 m		
断点位置及断距							

4.5.2　热储层简述

根据任务书、项目可行性研究报告及邻井资料，按设计井钻探揭示顺序依次填写热储层的层位、埋深等，预测目的热储层特征。

4.5.3　水温、水量预测

根据区域地质勘查资料及邻井资料，预测设计井水温、水量。

4.5.4　风险分析

4.5.4.1　地质风险分析

a）地层岩性变化、构造的落实和断层平面、空间展布等对钻探效果有影响的地质因素分析；
b）对可能含有 H_2S、CO_2 等有毒有害气体的特殊层位、埋藏深度、含量情况预测；
c）对可能钻遇的油气层埋藏深度的预测。

4.5.4.2　钻井风险分析

a）邻井钻井过程中发生溢流、井涌、井喷、井漏、井塌、易斜层位等有关工程情况的提示；
b）设计井可能钻遇的断层、油气层、漏失层、高压层、高温层分布层位及井段的提示；
c）区域内可能钻遇的浅层气、煤层气分布层位、井段的提示。

4.6　地层压力与地温梯度预测及钻井液使用要求

4.6.1　地层压力

4.6.1.1　邻井实测压力成果

列出邻井实测压力成果见表3。

表 3　邻井地层压力

井号	层位	测深 m	地层压力 MPa	地层压力系数	备注

4.6.1.2 地层压力预测

依据物探资料、邻井钻井、录井、测井、测试资料，故障复杂情况及钻井液使用情况等，对地层压力进行预测。

4.6.2 地温梯度

4.6.2.1 邻井实测地温成果

列出邻井实测地温成果见表4。

表4 邻井地温成果表

井号	层位	测深 m	地层温度 ℃	地温梯度 ℃/100m	备注

4.6.2.2 地层温度预测

依据邻井钻井、录井、测井、测试资料及钻井液使用情况等，对地层温度进行预测。

4.6.3 钻井液使用要求及原则

钻井液应满足钻井施工安全、保护热储层和资料录取要求。

4.7 录井项目及要求

4.7.1 岩屑录井

结合钻探目的提出取样井段、间距、数量、实测迟到时间。

4.7.2 综合录井

仪器类型、测量项目、井段、间距。

4.7.3 循环观察

地质观察和取资料要求。

4.7.4 钻井取心

钻井取心设计目的、原则、层位、设计井段（单位：m）、取心进尺（单位：m）、最低收获率（单位：%）、取心方式及要求。

4.7.5 其他录井要求

根据钻探目的要求增加其他的录井项目。

4.7.6 岩样化验分析选送样品要求

化验分析选送样品要求包括：

a） 岩心、岩屑选样原则、分析化验项目、样品选取密度及规格；

b） 特殊分析项目选样原则、分析化验项目及要求。

4.8 地球物理测井

测井内容包括：

a） 表层测井、中途测井、完钻测井的测井系列、项目、井段及要求等；

b） 特殊测井项目及增加测井项目的井段及要求等。

4.9 抽水（放喷）、回灌试验及要求

4.9.1 抽水（放喷）试验

应对各类地热井进行试验，取得地热流体压力、产量、温度及热储层的渗透性等水文地质参数。

4.9.2 回灌试验

宜采取“同层回灌”模式，以维持开采热储的压力。根据热储层特征采用自然重力回灌法或加压回灌法原水回灌，获取地热井回灌量、渗透系数、回灌压力、水位变化与时间的关系曲线等水文地质参数，确定热储层回灌能力。

4.9.3 地热流体测试

测量分析地热井地热流体的化学组份、微生物含量、同位素组成、放射性、有用组分及有害成分。

4.10 井身结构及井身质量的要求

根据钻探目的提出井身结构及井身质量的设计原则和技术要求。

4.11 热储层保护要求

根据热储物性和敏感性参数，提出钻井过程中热储层保护的要求。

4.12 资料录取与整理要求

应对地热井钻井过程中取得的各项资料，包括地热钻井、地球物理测井、录井资料，以及抽水回灌试验和地热流体化学分析等资料，进行分类整理、编写、存档备查。

4.13 钻井地质设计附表、附图

4.13.1 附表

附表包括：

a） 邻井地层分层数据表；

b） 邻井实钻地层深度与物探预测深度对照表。

4.13.2 附图

附图包括：

a） ××井区井位及地理位置图（标注设计井位置）；

b） ××井区热储目的层构造图（标注设计井位置）；

c） ××井区过设计井地质解释剖面图；

d） 设计井钻遇地层柱状图。

5 设计文本的格式、结构及要求

5.1 设计幅面

纸张采用A4幅面。

5.2 版面设计

页边距：上32mm、下32mm、左23 mm、右23mm；页眉：15 mm，页脚：20mm。

5.3 设计文本结构、格式

5.3.1 封面

5.3.1.1 封面的编排格式见附录 A。
5.3.1.2 封面页眉左侧，可根据需要设置保密级别。
5.3.1.3 封面左上角为企业标志。
5.3.1.4 设计(建设)单位写全称。
5.3.1.5 设计日期“××××年××月××日”为设计完成日期，月、日中不足两位的用“0”补足。

5.3.2 目录

5.3.2.1 目录的编排格式见附录 B。
5.3.2.2 目录内容应依地质设计中正文的一级、二级标题自动生成，不需手工编排。

5.3.3 正文

5.3.3.1 正文首页的编排格式见附录 C。
5.3.3.2 一级标题，编号与标题文字之间空一个汉字的间隙；二级及以下级别标题，编号与标题文字之间空一个汉字的间隙。
5.3.3.3 正文文字页编排页码，位于页眉右侧；附图不编排页眉、页脚和页码。

5.4 设计文本的字体和字号

封面、扉页、目录和正文文字的字体、字号的规定见附录D。

附 录 A
（资料性附录）
封面格式

密级：（三号黑体）

项目名称

××井钻井地质设计

（行间距38磅，题名上边缘距顶界65mm）

单位名称（建设单位）

××××年××月××日

（三号黑体、行间距28磅，单位名称上边缘距页面底边55mm）

注：根据需要设置保密级别。

图 A.1 地热井钻井地质设计封面格式

附 录 B
（资料性附录）
目录格式

××井钻井地质设计

目 录

1 基础数据
1.1 基础数据内容
1.2 基础数据格式
2 井区自然状况
2.1 地理环境
2.2 交通、通讯
2.3 气象、水文
2.4 灾害性地理地质现象
3 区域地质简介
3.1 构造概况
3.2 地层概况
3.3 地热地质条件分析
3.4 邻井钻探成果
4 设计依据及钻探目的
4.1 设计依据
4.2 钻探目的
5 设计井预测
5.1 钻遇地层分层
5.2 热储层简述
5.3 水温、水量预测
5.4 风险分析
6 地层压力与地温梯度预测及钻井液使用要求

单位名称 ××××年××月××日

图 B.1 地热井钻井地质设计目录格式

××井钻井地质设计

目　录

单位名称　　　　　　　　　　××××年××月××日

图 B.2　地热井钻井地质设计目录格式

附 录 C
（资料性附录）
正文首页格式

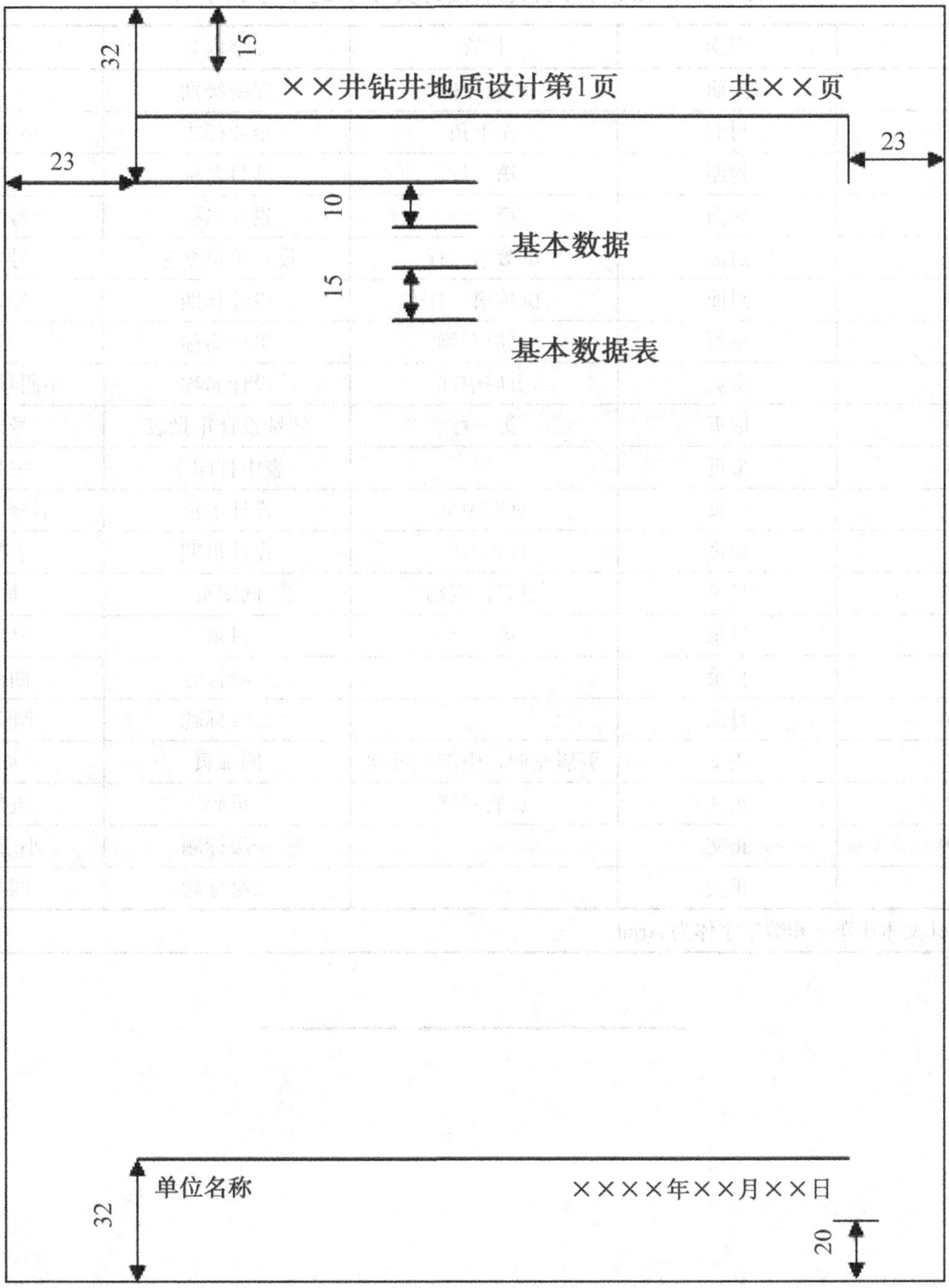

注：单位为毫米。

图 C.1　地热井钻井地质设计正文首页格式

附　录　D
（资料性附录）
设计文本中的字体和字号

表 D.1　地热井钻井地质设计文本中的字体和字号

序号	页别	位置	文字内容	字号和字体
01	封面	页眉左侧	保密级别	三号黑体
02	封面	左上角	企业标志	小三号黑体
03	封面	第一行	项目名称	一号宋体加黑
04	封面	第二行	设计名称	一号宋体加黑
05	封面	倒数第二行	设计单位全称	三号宋体加黑
06	封面	倒数第一行	设计日期	三号宋体加黑
07	扉页	页眉左侧	单位简称	小三号宋体加黑
08	扉页	页眉中部	设计名称	小四号宋体加黑
09	扉页	第一行	地址设计审批表	三号宋体加黑
10	扉页		表中打印字	三号宋体
11	扉页	页脚中部	设计单位	五号宋体加黑
12	扉页	页脚右侧	设计日期	五号宋体
13	目录	页眉、页脚	同扉页	同扉页
14	目录	第一行	目录	三号宋体加黑
15	目录		一级标题	四号宋体
16	目录		二级标题	小四号宋体
17	正文	页眉左侧、中部、页脚	同扉页	同扉页
18	正文	页眉右侧	页码	五号宋体
19	正文		一级标题	小三号宋体
20	正文		二级标题	四号宋体
注：设计文本中英文和数字字体为 Arial.				

ICS 27.010
F 15

NB

中华人民共和国能源行业标准

NB/T 10268—2019

地热井录井技术规范

Technical specification for mud logging of geothermal wells

2019-11-04 发布 2020-05-01 实施

国家能源局 发布

目　次

前　言

本标准按照GB/T 1.1—2009《标准化工作导则　第1部分：标准的结构和编写》给出的规定起草。

本标准由能源行业地热能专业标准化技术委员会提出并归口。

本标准起草单位：中石化华北石油工程有限公司、中国石化集团新星石油有限责任公司、中国石油化工股份有限公司石油工程技术研究院。

本标准主要起草人：吴福邹、李三明、方锡贤、王志战、张卫、赵丰年、马春红、杨卫。

本标准于2019年首次发布。

地热井录井技术规范

1 范围

本标准规定了地热井的录井技术系列、录井技术要求、录井解释、完井报告和资料归档。

本标准适用于地热井录井。

2 规范性引用文件

下列文件对于本文件的应用是必不可少的。凡是注日期的引用文件，仅所注日期的版本适用于本文件。凡是不注日期的引用文件，其最新版本（包括所有的修改单）适用于本文件。

DZ/T 0260 地热钻探技术规程

SY/T 6348 录井作业安全规程

3 录井技术系列

3.1 录井项目

录井项目包括但不限于：

——钻时录井；

——岩屑录井；

——荧光录井；

——钻井液录井；

——气测录井；

——岩心录井；

——工程录井；

——综合录井。

3.2 录井技术系列

3.2.1 勘探井采用钻时录井、岩屑录井、荧光录井、钻井液录井、岩心录井和工程录井，根据需要可选择综合录井。

3.2.2 探采结合井采用钻时录井、岩屑录井、钻井液录井，根据需要可选择岩心录井和工程录井。

3.2.3 开采井、回灌井和监测井采用钻时录井、岩屑录井和钻井液录井。

4 录井技术要求

4.1 钻时录井

记录井深、钻时、进尺和放空井段等。

4.2 岩屑录井

4.2.1 依据钻井地质设计书要求的井段和取样间距采集岩屑。

4.2.2 采集岩屑

a） 在振动筛固定位置捞取，取样重量不少于 500g，捞取后清洗干净，去掉杂物和掉块，进行深度标识，干燥后装袋；

b） 地质构造复杂或地层变化井段，宜加密取样。接近易漏失层基岩顶板时，连续捞取岩屑，卡准漏失层基岩顶部风化壳；

c） 每 100m 测量一次岩屑迟到时间。

4.2.3 岩屑描述

a） 岩屑分层深度以钻具深度为准，描述时先确定第一层顶界深度和底界深度，以后只写底界深度；

b） 定名时按颜色和岩性的顺序进行岩石定名；

c） 描述内容包括颜色、矿物成分、结构、化石及含有物、物理性质和化学性质等其它内容；

d） 测井后发现岩性与电性不符时宜复查岩屑；

e） 岩屑录井草图格式参见附录 A。

4.3 岩心录井

4.3.1 依据钻井地质设计书要求的层位和井段卡准取心层位。

4.3.2 岩心整理

a） 按岩心出筒的方向和顺序排放岩心，严重破碎岩心装入袋中并归放到相应位置；

b） 岩心清洗干净见岩心本色；

c） 用红铅笔在岩心上画出方向线，箭头指向岩心底部；

d） 用钢卷尺沿方向线一次性丈量岩心总长，每半米标深度记号；

e） 计算单筒岩心收获率和累计岩心收获率。

4.3.3 岩心描述

a） 记录岩心出筒是否顺利及破碎程度；

b） 描述颜色、矿物成分（主要矿物、次要矿物和特征矿物）、结构、化石及含有物等；

c） 描述构造、岩层之间的接触关系、地层倾角等；

d） 描述物理性质、化学性质、岩心孔洞裂隙（缝）发育情况（裂缝、溶洞的分布状态、开启程度、连通性、数量、角度）等；

e） 进行水性质判定，记录岩心含水性质、滴水实验和久置是否有盐霜等；

f） 岩心录井草图格式参见附录 B。

4.4 钻井液录井

4.4.1 记录钻井液密度、粘度、失水量、含砂量、静切力变化，需要时可加密测量并记录。

4.4.2 记录钻井液入口和出口温度。

4.4.3 记录发生井漏的井深、层位、漏失量、漏速、井漏原因及井漏处理措施。

4.4.4 记录发生井涌的井深、层位、涌出量、涌出物、涌速、井涌原因及井涌处理措施。

4.5 工程录井

记录钻压、转盘转速、泵压、悬重、排量和泥浆池体积等。

4.6 洗井

记录洗井方法和过程，记录格式参见附录C。

4.7 试水情况

4.7.1 按 DZ/T 0260 的相关要求记录抽水试验采用的方法和试验过程。
4.7.2 记录试水时间、静水位、动水位、降深、稳定时间、流量和水温等。
4.7.3 记录格式参见附录 C。

4.8 录井记录

4.8.1 记录井位、井别、井型、井位坐标、海拔高程、补心高、开钻日期、完钻日期和完井日期等。
4.8.2 记录设计井深、完钻井深、完钻原则、完钻层位、钻头尺寸、类型、钻达井深、套管数据、固井数据、完井方法和完井时间等。
4.8.3 记录井深、井斜角、方位角、垂直井深、总位移和总方位等。
4.8.4 记录测井作业资料、钻井工程事故和其他相关资料。
4.8.5 按地质设计书的要求取全取准各项资料。

4.9 其它要求

4.9.1 钻遇含油气层时宜进行气测录井和荧光录井。记录钻遇含油气层时的井深、层位和含油气情况。
4.9.2 预测地层压力异常区域勘探时进行地层压力录井。
4.9.3 按 SY/T 6348 的相关要求做好录井施工过程中的环境保护和安全工作。

5 录井解释

5.1 解释原则

5.1.1 任一录井参数的异常井段均为解释井段。
5.1.2 在无特定要求的情况下，录取的任一参数的变量及变化趋势符合下列情况则为异常：
——钻时突然增大或减小，呈趋势性减小或增大；
——钻压、大钩载荷、转盘转速、立管压力和转盘扭矩等工程参数出现大幅度波动；
——钻井液总体积相对变化量超过 $3m^3$；
——钻井液出口密度突然减小 $0.04g/cm^3$ 以上或逐渐增大；
——钻井液出口温度突然增大（或减小）或出入口温度差逐渐增大；
——碳酸盐含量明显改变，碳酸盐岩岩屑次生方解石增多；
——砂岩变纯、颗粒变粗，胶结物变少。

5.2 解释内容

5.2.1 热储层解释分类

依据录井实物资料，利用录井参数，结合测井资料对热储层进行解释，解释结果可分为：主产水层、次产水层和微产水层。

5.2.2 热储层描述

a） 依据录井和测井资料确定热储层的顶界深度和底界深度、厚度、含水层岩性特征；
b） 基岩热储层描述裂隙发育情况、裂隙度、泥质含量、渗透率等参数；孔隙型热储层描述颗粒成分、胶结物、胶结程度、砂岩厚度及所占比例、孔隙度、泥质含量、渗透率等；
c） 记录水质类型、pH 值和矿化度等。

5.2.3 热储层解释

依据岩性、钻时、自然伽马、电阻率、声波时差、泥质含量，孔隙度，渗透率、电导和出口流量等参数进行综合解释，填写解释成果表，格式参见附录D。

6 完井报告

6.1 报告格式

完井报告格式参见附录E。

6.2 报告内容

6.2.1 概况

简述地热井的基本数据和录井队伍。

6.2.2 录井综述

叙述钻井简史、录井概况、工程与录井、其他与录井有关资料。

6.2.3 地质成果

a） 简述钻遇的地层层序、岩性特征、电性特征、分层依据、接触关系和地层变化情况等；
b） 综述主要水层的层位、井段、厚度、岩性等，水层的电性特征和解释结果；
c） 简述构造位置及构造特征；
d） 简述洗井、试水、产出剖面测试解释及结论和水样分析等。

6.2.4 结论与建议

依据钻探成果分析地质设计任务完成情况，提出热储层的结论认识以及下步钻探建议。

6.2.5 报告附表和附图

完井报告附表格式参见附录F，附图格式参见附录G。

7 资料归档

7.1 按地质设计书或施工合同的相关条款要求上交录井资料。

7.2 上交资料包括但不限于以下内容：岩屑描述记录、岩屑录井草图、岩心描述记录、岩心录井草图、钻时数据表、录井日报、地质类原始资料汇编、录井完井报告、录井综合图、岩屑实物资料、岩心实物资料和资料电子版等。

附 录 A
（资料性附录）
岩屑录井草图

××× 井岩屑录井草图

1:500

编制单位：　　　　　　　　　　　　　　　　　　　　　　　　年　　月　　日

地层					井深 m	钻时曲线 min/m	颜色	岩性剖面	化石构造及含有物	地层综述	备注 （描述人）
界	系	统	组	段							
8mm	8mm	8mm	8mm	8mm	15mm	70mm	5mm	30mm	10mm	60mm	20mm

←　　　　250mm　　　　→

附 录 B
（资料性附录）
岩心录井草图

×××井岩心录井草图

1:100

编制单位： 年 月 日

地层		井深 m	取心井段(次数) 心长，m / 进尺，m 收获率，%	岩样位置	岩心位置	颜色	岩心剖面	化石构造及含有物	岩心编号 m	分段长度 m	破碎位置	备注与描述人
组	段											
10 mm	10 mm	15 mm	15 mm	20 mm		10 mm	30 20 mm		10 mm	10 mm	10 mm	20 mm

40mm

180mm

附　录　C
（资料性附录）
基本数据表

××× 井基本数据表

<table>
<tr><td rowspan="7">洗井</td><td rowspan="2">序号</td><td rowspan="2" colspan="2">时间</td><td colspan="2">井段（m）</td><td rowspan="2" colspan="4">洗井方法</td><td rowspan="2">水位（m）</td><td rowspan="2">流量（m^3/h）</td><td rowspan="2">水温（℃）</td><td rowspan="2">气温（℃）</td></tr>
<tr><td>自</td><td>至</td></tr>
<tr><td></td><td colspan="2"></td><td></td><td></td><td colspan="4"></td><td></td><td></td><td></td><td></td></tr>
<tr><td></td><td colspan="2"></td><td></td><td></td><td colspan="4"></td><td></td><td></td><td></td><td></td></tr>
<tr><td></td><td colspan="2"></td><td></td><td></td><td colspan="4"></td><td></td><td></td><td></td><td></td></tr>
<tr><td></td><td colspan="2"></td><td></td><td></td><td colspan="4"></td><td></td><td></td><td></td><td></td></tr>
<tr><td></td><td colspan="2"></td><td></td><td></td><td colspan="4"></td><td></td><td></td><td></td><td></td></tr>
<tr><td rowspan="6">回灌试验</td><td colspan="2">回灌时间</td><td>回灌压力（MPa）</td><td colspan="2">回灌排量（L）</td><td colspan="2">持续时间（h）</td><td colspan="2">灌入量（m^3）</td><td colspan="2">累计灌入量（m^3）</td><td colspan="2">回灌能力（m^3/h）</td></tr>
<tr><td colspan="2"></td><td></td><td colspan="2"></td><td colspan="2"></td><td colspan="2"></td><td colspan="2"></td><td colspan="2"></td></tr>
<tr><td colspan="2"></td><td></td><td colspan="2"></td><td colspan="2"></td><td colspan="2"></td><td colspan="2"></td><td colspan="2"></td></tr>
<tr><td colspan="2"></td><td></td><td colspan="2"></td><td colspan="2"></td><td colspan="2"></td><td colspan="2"></td><td colspan="2"></td></tr>
<tr><td colspan="2"></td><td></td><td colspan="2"></td><td colspan="2"></td><td colspan="2"></td><td colspan="2"></td><td colspan="2"></td></tr>
<tr><td colspan="2"></td><td></td><td colspan="2"></td><td colspan="2"></td><td colspan="2"></td><td colspan="2"></td><td colspan="2"></td></tr>
<tr><td rowspan="5">抽水试验</td><td rowspan="2">序号</td><td rowspan="2">类型</td><td rowspan="2" colspan="2">试水时间</td><td colspan="2">静水位（m）</td><td rowspan="2">动水位（m）</td><td rowspan="2">降深（m）</td><td rowspan="2">稳定时间（h）</td><td rowspan="2">延续时间（h）</td><td rowspan="2">流量（m^3/h）</td><td rowspan="2">水温（℃）</td><td rowspan="2">气温（℃）</td></tr>
<tr><td>前</td><td>后</td></tr>
<tr><td></td><td></td><td></td><td></td><td></td><td></td><td></td><td></td><td></td><td></td><td></td><td></td><td></td></tr>
<tr><td></td><td></td><td></td><td></td><td></td><td></td><td></td><td></td><td></td><td></td><td></td><td></td><td></td></tr>
<tr><td></td><td></td><td></td><td></td><td></td><td></td><td></td><td></td><td></td><td></td><td></td><td></td><td></td></tr>
</table>

填写人：　　　　　　　　　　　　　　　　　　　　　　　　审核人：

附　录　D
（资料性附录）
解释成果表

××× 井解释成果表

序号	地层	井段（m）	厚度（m）	岩性	钻时（min/m）	自然伽马（API）	声波时差（μs/m）	电阻率（Ω·m）	泥质含量（%）	孔隙度（%）	渗透率（mD）	解释结果

填写人：　　　　　　　　　　　　审核人：

附 录 E
（资料性附录）
录井完井报告

录井完井报告格式见表 E.1～表 E.4。

表E.1 录井完井报告封面

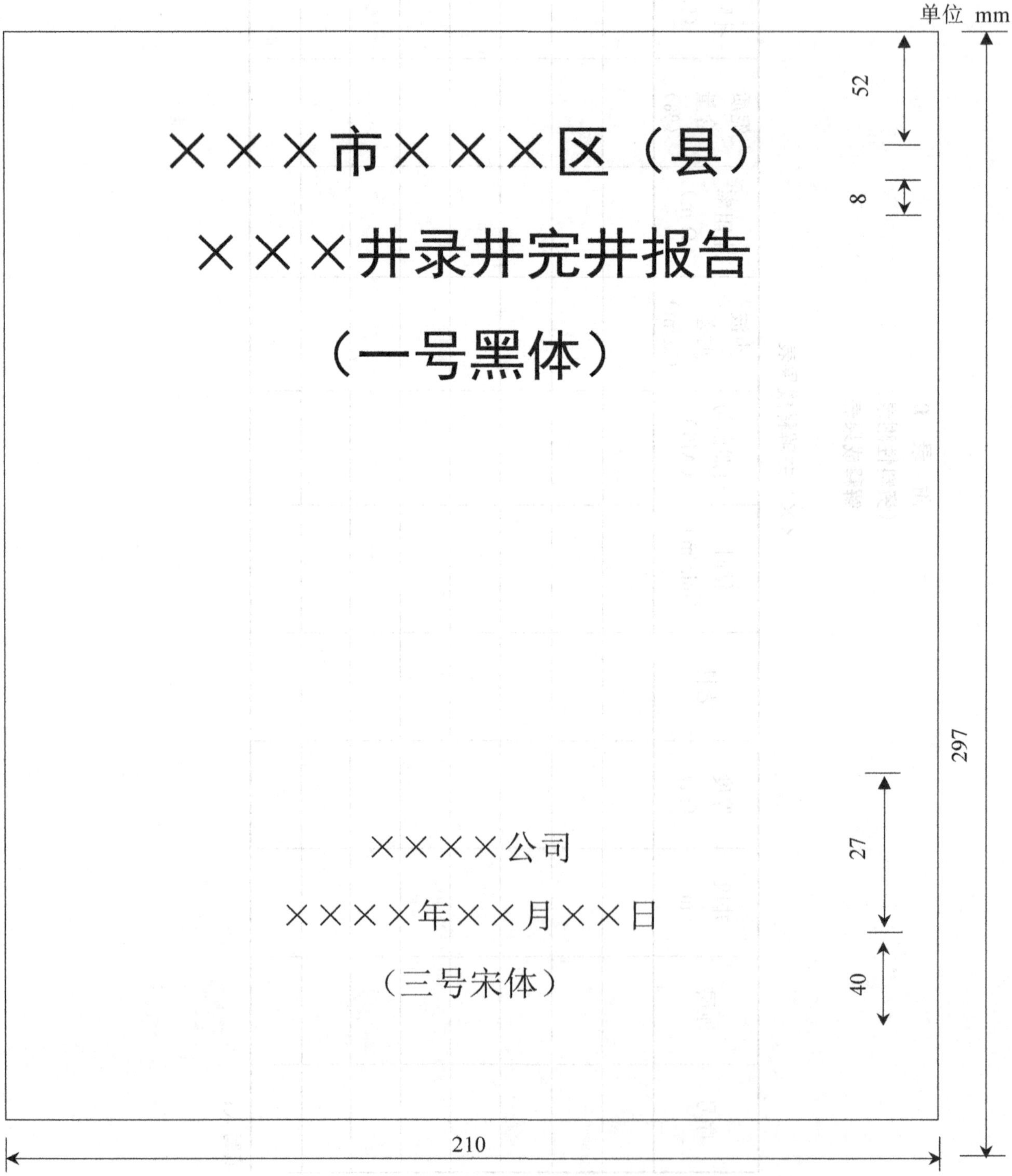

表 E.2　录井完井报告扉页

单位 mm

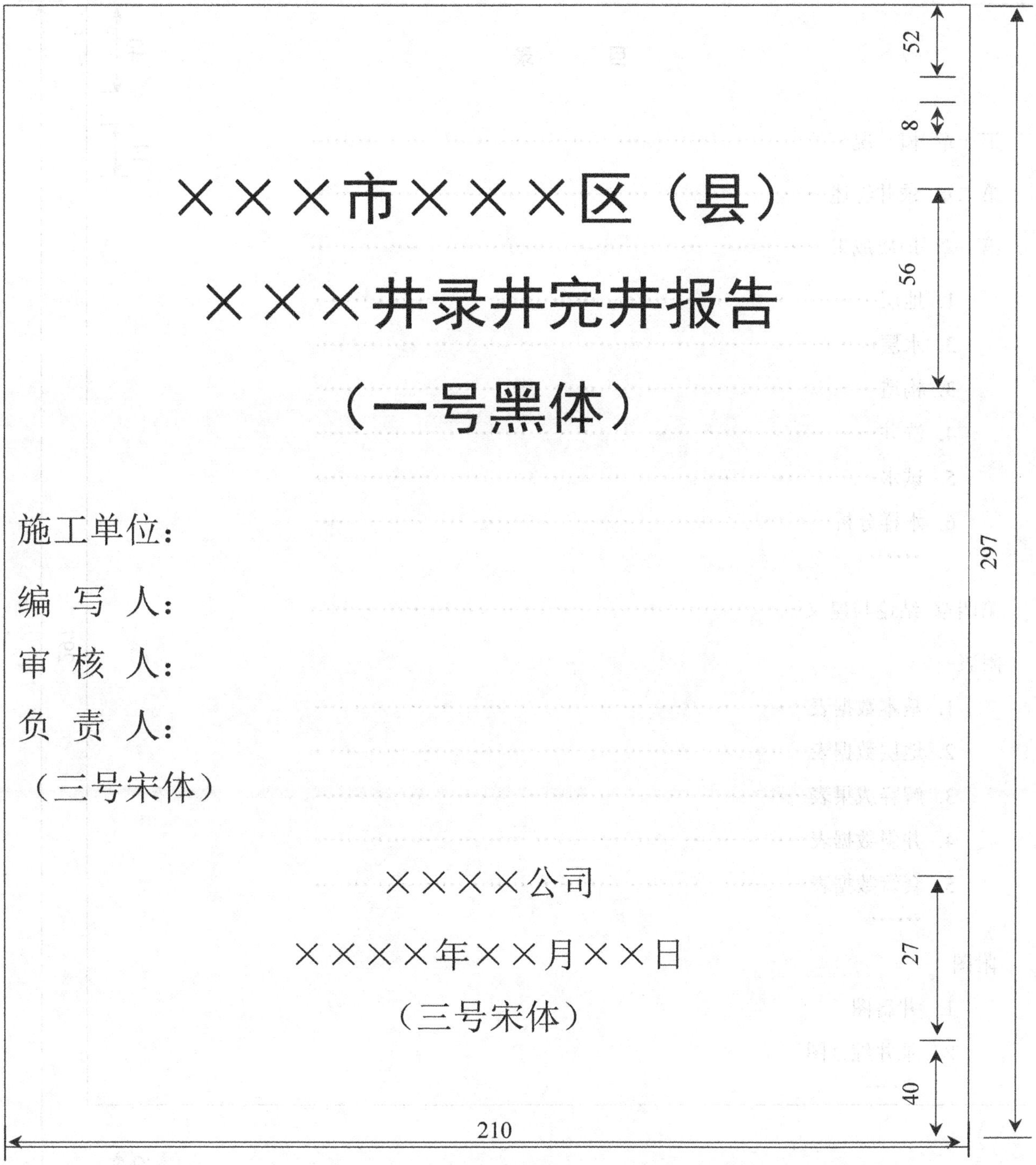

表 E.3 录井完井报告目录

单位 mm

目　　录

40

14

297

25

210

表 E.4 录井完井报告正文

单位 mm

×××井录井完井报告

一、概况

×××××××××××××××××××××××××××××××××
×××××××××××××××××。

二、录井综述

×××××××××××××××××××××××××××。

三、地质成果

（一）地层

××××××××××××××××××××××××××××××××
×××××××××××××××××。

（二）水层

×××××××××××××××××××××××××××。

……

25　210　20　25　297　25

附　录　F
（资料性附录）
录井完井报告附表

录井完井报告附表见表 F.1～表 F.5。

表 F.1　×××井基本数据表（一）

地理位置								井别			
构造位置								目的层			
测线位置											
钻井目的											
井身结构示意图	钻头尺寸（mm）	井深（m）	套管尺寸（mm）	套管总长（m）	管鞋井深（m）	套管出地高（m）	固井日期	水泥用量（t）	水泥浆密度（g/cm^3）	水泥返高（m）	固井质量
	地质录井项目	井深（m）	间距（m）	工作量（点、包）	井深（m）	间距（m）	工作量（点、包）	井深（m）	间距（m）	工作量（点、包）	总工作量
	地球物理测井	项目 / 日期		标准测井		组合测井		工程测井		特殊测井	

填写人：　　　　　　　　　　审核人：

表 F.2　×××井基本数据表（二）

<table>
<tr><td rowspan="4">井位坐标</td><td>纵坐标</td><td></td><td>设计井深（m）</td><td colspan="3"></td><td>一开日期</td><td colspan="6"></td></tr>
<tr><td>横坐标</td><td></td><td>完钻井深（m）</td><td colspan="3"></td><td>二开日期</td><td colspan="6"></td></tr>
<tr><td>地面海拔（m）</td><td></td><td>完钻层位</td><td colspan="3"></td><td>三开日期</td><td colspan="6"></td></tr>
<tr><td>补心高（m）</td><td></td><td>完钻日期</td><td colspan="3"></td><td>完井日期</td><td colspan="6"></td></tr>
<tr><td rowspan="4">完钻依据</td><td colspan="6" rowspan="4"></td><td>钻井队</td><td colspan="6"></td></tr>
<tr><td>钻机类型</td><td colspan="6"></td></tr>
<tr><td>录井队</td><td colspan="6"></td></tr>
<tr><td>录井仪型号</td><td colspan="6"></td></tr>
<tr><td rowspan="4">钻井取心</td><td>回次</td><td>层位</td><td>井段（m）</td><td>进尺（m）</td><td>心长（m）</td><td>收获率（%）</td><td colspan="3">岩性简述</td><td colspan="2">裂缝发育情况</td><td colspan="2">入水试验</td></tr>
<tr><td></td><td></td><td></td><td></td><td></td><td></td><td colspan="3"></td><td colspan="2"></td><td colspan="2"></td></tr>
<tr><td></td><td></td><td></td><td></td><td></td><td></td><td colspan="3"></td><td colspan="2"></td><td colspan="2"></td></tr>
<tr><td colspan="2">合计</td><td></td><td></td><td></td><td></td><td colspan="3"></td><td colspan="2"></td><td colspan="2"></td></tr>
<tr><td rowspan="6">中靶数据</td><td colspan="4">设计</td><td colspan="4">实钻</td><td colspan="5">中靶情况</td></tr>
<tr><td colspan="2">A 靶</td><td colspan="2">B 靶</td><td colspan="2">A 靶</td><td colspan="2">B 靶</td><td colspan="2">A 靶</td><td colspan="2">B 靶</td><td>质量评定</td></tr>
<tr><td>纵坐标</td><td></td><td>纵坐标</td><td></td><td>纵坐标</td><td></td><td>纵坐标</td><td></td><td>井斜（°）</td><td></td><td>井斜（°）</td><td></td><td></td></tr>
<tr><td>横坐标</td><td></td><td>横坐标</td><td></td><td>横坐标</td><td></td><td>横坐标</td><td></td><td>方位（°）</td><td></td><td>方位（°）</td><td></td><td></td></tr>
<tr><td>垂深（m）</td><td></td><td>垂深（m）</td><td></td><td>井深（m）</td><td></td><td>井深（m）</td><td></td><td>靶心距（m）</td><td></td><td>靶心距（m）</td><td></td><td></td></tr>
<tr><td>靶心距（m）</td><td></td><td>靶心距（m）</td><td></td><td>垂深（m）</td><td></td><td>垂深（m）</td><td></td><td>中靶情况</td><td></td><td>中靶情况</td><td></td><td></td></tr>
<tr><td rowspan="4">分析化验样品</td><td colspan="2" rowspan="2">层位项目</td><td colspan="11">样品数量（块、个、瓶）</td></tr>
<tr><td>薄片</td><td>孢粉</td><td>轮藻</td><td>有孔虫</td><td>介形虫</td><td>牙形石</td><td>物性</td><td>水理</td><td>气样</td><td>水样</td><td>其他</td></tr>
<tr><td colspan="2"></td><td></td><td></td><td></td><td></td><td></td><td></td><td></td><td></td><td></td><td></td><td></td></tr>
<tr><td colspan="2">合计</td><td></td><td></td><td></td><td></td><td></td><td></td><td></td><td></td><td></td><td></td><td></td></tr>
</table>

填写人：　　　　　　　　　　　　　　　　　　　　　　　　审核人：

表 F.3 ×××井地层数据表

地层					设计		实钻	
界	系	统	组	段	底界深度（m）	厚度（m）	底界深度（m）	厚度（m）

填写人：　　　　　　　　　　审核人：

表 F.4 ×××井井斜数据表

序号	井深（m）	井斜角（°）	方位角（°）	垂直深度（m）	N（m）	E（m）	闭合方位（°）	闭合距（m）	测量时间	备注

填写人：　　　　　　　　　　审核人：

表 F.5　×××井套管数据表

序号	产地	钢级	尺寸 mm	壁厚 mm	长度 m	累计长度 m	下深 m	备注	序号	产地	钢级	尺寸 mm	壁厚 mm	长度 m	累计长度 m	下深 m	备注

填写人：　　　　　　　　　　审核人：

附　录　G
（资料性附录）
录井综合图

×××井录井综合图

1:500

绘图人：　　　　　　　　　　　　　　　　　　　　　　　　绘图日期：××××年××月××日

盆地名称：		构造名称：		井别：	30
构造位置：		地理位置：			
钻探目的：					
纵座标（X）： 横座标（Y）：	经度： 纬度：	地面海拔：　　m 补心高度：　　m	设计井深：　　m 完钻井深：　　m 完钻层位：	开钻日期：　年　月　日 完钻日期：　年　月　日 完井日期：　年　月　日	30
主管部门： 录井单位： 录井队长：	钻头程序：	套管程序：	录井井段： 录井时间：	审核人： 负责人：	50
图例					70

钻时曲线 min/m 井径（cm）	自然电位（mV） 自然伽玛（API） 声波时差（μs/m）	层位	井深 m	颜色	岩性剖面	钻井 井壁 取取 心心	电阻率曲线 深侧向（Ω·m） 浅侧向（Ω·m）	密度（g/cm^3） 黏度（S） 温度（℃）	综合解释	40
50	50	10	15	10	30	20	50	50	20	

单位 mm

ICS 27.010
F 15

NB

中华人民共和国能源行业标准

NB/T 10269—2019

地热测井技术规范

Geothermal well logging technical specification

2019-11-04 发布

2020-05-01 实施

国家能源局 发布

目　次

前言

本标准按照GB/T 1.1—2009《标准化工作导则　第1部分：标准的结构和编写》给出的规定起草。

本标准由能源行业地热能专业标准化技术委员会提出并归口。

本标准起草单位：中国石油化工股份有限公司石油工程技术研究院、中石化华北石油工程有限公司测井分公司、中国石油大学（北京）、中石化新星（北京）新能源研究院有限公司。

本标准主要起草人：李永杰、谢关宝、李健伟、赵文杰、岳文正、王磊、赵丰年、孙俊、袁多、田飞、张元春、李天舒。

本标准于2019年首次发布。

地热测井技术规范

1 范围

本规范规定了水热型地热井的测井系列、测井设计、测井作业、技术要求、测井资料处理解释、成果报告编写。

本规范适用于水热型地热井测井。其他型地热井测井可参照执行。

2 规范性引用文件

下列文件中的条款通过本标准的引用而成为本标准的条款，对于本文件的应用是必不可少的，其最新版本（包括所有的修改单）适用于本文件。

GBZ 118 油（气）田非密封型放射源测井卫生防护标准

GBZ 142 油（气）田测井用密封型放射源卫生防护标准

GB/T 7714 信息与文献参考文献著录规则

GB/T 31033 石油天然气钻井井控技术规范

SY 5131 石油放射性测井辐射防护安全规程

SY/T 5132 石油测井原始资料质量规范

SY/T 5360 裸眼井单井测井资料处理流程

SY/T 5600 石油电缆测井作业技术规范

SY/T 5633 石油测井图件格式

SY 5726 石油测井作业安全规范

SY/T 5783.1 注入、产出剖面测井资料处理与解释规范 第1部分：直井

SY/T 5783.2 注入、产出剖面测井资料处理与解释规范 第1部分：斜井

SY/T 5940 储层参数的测井计算方法

SY/T 6030 钻杆及油管输送测井作业技术规范

SY/T 6277 硫化氢环境人身防护规范

SY/T 6548 石油测井电缆和连接器的使用与维护

SY/T 6592 固井质量评价方法

3 总则

3.1 水热型地热井测井设计、作业，应满足安全环保的要求、满足热储评价的需求，促进地热资源的高效勘查、开采、利用；地热井测井资料处理解释、报告编写，应正确反映热储特性。

3.2 地热测井的设计、作业、处理解释、报告编写等应由专业测井技术单位承担。各阶段测井完成后，应提供相应的报告并验收合格。

4 地热测井系列

4.1 基本原则

a） 地热测井系列应满足热储勘探、开采的需要；

b） 地热测井系列应满足地热资源开发利用的合理性、有效性和经济性的要求。

4.2 基本要求

4.2.1 裸眼井

a） 能够有效识别岩性、评价热储与富水性；

b） 定量计算热储孔隙度、渗透率、井温，满足地层对比需求；

c） 特殊要求井需要满足井旁构造、沉积环境、裂缝、地应力分析、工程应用等评价需求。

4.2.2 套管井

a） 固井质量检查测井应依据固井水泥浆性能进行设计；

b） 回灌测井应能够评价回灌层位、地温变化及回灌量；

c） 产水剖面测井应能够评价产水层位、地温性能、产水量等产出特性。

4.3 地热测井系列选择

a） 地热测井系列包括必测项目和选测项目；

b） 砂岩、碳酸盐岩地热井裸眼测井系列必测与选测项目见表1，其它岩性地热测井系列依据所在地热田区域地质测井响应特征确定；

c） 套管井测井系列推荐必测与选测项目见表2。

表1 裸眼井测井系列

岩性	测井项目	
碳酸盐岩	自然伽马、自然电位、井径、连续井斜、双侧向-微球聚焦、声波、井温	必测
	补偿中子、补偿（岩性）密度、微电阻率成像、阵列声波、核磁共振等	选测
砂　岩	自然伽马、自然电位、井径、连续井斜、双感应-八侧向、声波、井温	必测
	补偿中子、补偿（岩性）密度、微电阻率成像、阵列声波、核磁共振等	选测

表2 套管井测井系列

类型	测井项目	
固井质量检查测井	自然伽马、磁定位、声幅	必测
	变密度、井周声波扫描测井、扇区水泥胶结测井等	选测
回灌井注入测井	自然伽马、磁定位、流量、井温	必测
产液剖面测井	自然伽马、磁定位、流量、井温、压力	必测

4.4 选测测井项目建议

主要选测测井项目能够解决的地热地质、工程问题参见表3。

表 3　选测测井项目

序号	特殊测井项目	评价成果
1	微电阻率扫描成像	裂缝、溶孔评价、构造与沉积解释、地应力
2	阵列声波	岩石力学评价、地应力评价
3	补偿中子	岩性、孔隙度
4	补偿（岩性）密度	岩性、孔隙度
5	核磁共振测井	孔隙及孔隙结构分析
6	井周声波扫描测井	裂缝、溶孔评价；第一胶结面固井质量评价
7	声波变密度测井	第二胶结面固井质量评价
8	扇区水泥胶结测井	扇区固井质量评价

5　地热测井设计

5.1　地热测井方案设计

5.1.1　基本原则

a）测井方案为录取地热井测井资料所进行的设计，应满足地热勘探井、勘探开采井、开采井、回灌井等不同井型的测井要求；

b）每口井均应有测井方案，一般情况下可以在钻井地质设计中给出，重点井需依据实际情况单独编制单井测井方案设计。

5.1.2　基本要求

a）表层套管至井底的裸眼井段，均应进行测井方案设计；固井质量检查测井根据生产实际需求并结合固井设计确定；回灌测井和产水剖面测井按动态监测需求设计；

b）测井方案设计，应确定每口井的测井次数、时间，并明确每次测井的测井项目、测量井段、深度比例的具体要求，必要时还应给出测井仪器系列、测井方法等内容。

5.1.3　设计内容

5.1.3.1　测井项目

a）明确测井项目名称，测井系列选择依据本规范4.3；

b）原始测井资料质量以满足SY/T 5132要求为原则，如因施工条件、地质因素可能会对一些测井项目有影响的，方案设计中应进行相应提示；

c）需要特定的测井仪器系列测量时，方案设计中应明确。

5.1.3.2　测量井段及比例尺

a）标准项目测量井段为表层套管至井底，测井比例尺一般为1:500；

b）综合测井段以不漏测热储为原则，至少测至最上部热储以上50m，比例尺一般为1:200；

c）固井质量检测测井至少测出5个自由套管接箍，比例尺一般为1:200；

d）特殊测井项目测量井段可根据地质目标和评价目的确定，比例尺遵循该测井项目技术要求。

5.1.3.3 作业方式

a） 可通过电缆测井作业方式完成的，测井方案设计中无需说明；
b） 大斜度井或地质情况复杂井中，测井方案设计中要考虑电缆与钻具组合输送测井、钻具输送存储式测井等作业方式；
c） 如要求井温或其它测井项目采用下放测量方式，需在测井方案设计中说明。

5.1.3.4 测井时间

a） 裸眼井测井一般为地热井某一开次钻井结束后进行；
b） 固井质量检查测井时间应满足SY/T 6592要求。

5.1.3.5 测井资料提交

依据地质设计或合同要求，明确提交的测井资料内容、质量、数量、格式、时间和交接方式。

5.1.3.6 健康、安全和环保要求

a） 保障作业人员健康的工作条件要求；
b） 现场安全措施、劳动保护用品的配备和使用要求；
c） 现场作业的环保要求；
d） 放射性物品、火工品的使用要求。

5.2 地热测井作业设计

5.2.1 基本原则

a） 测井作业设计是指导和实施测井工作的数据采集、处理、解释及报告编制、成果提交的依据；
b） 当建设方有明确要求时，需制定测井作业设计；
c） 测井作业设计应由测井专业技术人员编写；
d） 测井作业设计须通过相关部门评审，核准后发送至测井作业相关所有单位。如因地质、工程等因素导致测井作业设计需要变更时，应及时修改、审批发放。

5.2.2 设计依据

a） 钻孔基础数据、钻井工程数据；
b） 地热地质条件，热储性能、预测产水量等；
c） 项目任务书/合同、测井方案、相关标准及规范、相关技术成果及资料等。

5.2.3 设计内容

5.2.3.1 基础信息

a） 钻孔基础数据；
b） 地质数据及资料；
c） 钻井工程数据；
d） 测井系列及相关要求。

5.2.3.2 测井队伍信息

a） 测井队伍名称、资质及相关业绩；

b） 测井设备、下井仪器相关技术指标；

c） 测井人员及持证情况。

5.2.3.3 测井现场施工方案

a） 测井仪器组合设计；

b） 测井顺序设计。

5.2.3.4 测井作业保障措施

a） 设备、工具及备件的检查、保养；

b） 测井仪器的准备、地面配接、刻度检查；

c） 适合井况的配套专用工具的准备；

d） 电缆测井遇阻遇卡的解决措施；

e） 现场出现疑问测井资料时的验证方案。

5.2.3.5 健康、安全和环保保障措施

a） 安全防护设配备及培训情况；

b） 放射性物品的存储、运输、使用遵守SY 5131 要求；

c） 火工品的存储、运输、使用遵守SY/T 5325、SY/T 6253要求；

d） 针对可能出现的风险制定相关的应急措施及培训情况；

e） 现场井控保障措施；

f） 现场作业的环保措施。

5.2.3.6 测井资料处理解释及成果提交

a） 测井原始资料、仪器刻度、仪器校验等相关资料；

b） 测井成果资料的内容、质量、数量、格式以及提交时间、交接方式。

5.3 地热测井设计格式

5.3.1 封面

a） 编排格式参见附录 A.1；

b） 建设单位名称写全称。

5.3.2 扉页

a） 编排格式参见附录 A.2；

b） 设计单位名称写全称。

5.3.3 设计书目录、正文、附件

设计书目录、正文、附件的编写格式及要求见附录B。

6 地热测井作业

6.1 测井作业准备

6.1.1 测井作业人员要求

a) 测井作业人员应经过测井技术培训及健康、安全和环保知识培训，并取得相应上岗资质；
b) 工作期间应正确穿戴劳动防护用品，正确使用健康、安全和环保设施；
c) 应遵守现场作业的相关规定。

6.1.2 测井设备要求

a）地面仪器、下井仪器、井口设备、绞车动力、绞车面板、测井车辆应符合 SY/T 5600 要求；
b）测井电缆、测井连接部件的性能、检查与维修应符合 SY/T 6548 要求；
c）钻具输送测井时，下井仪器串应具备张力测量功能，测井绞车应具备恒张力随动功能，输送专用工具齐全、性能正常。

6.1.3 测井任务书下达

a）测井主管部门应根据测井合同，以测井任务书的形式下达测井任务；
b）测井队伍依据测井任务书的要求完成相关准备，应在约定时间前到达指定的作业井场。如有特殊情况，不能及时到达，请将计划到达时间及时通知有关部门。

6.2 测井作业施工

6.2.1 井场条件要求

a）测井绞车与井口间距离一般应不小于 10m 且通视；
b）井场条件应满足 SY/T 5600 要求；
c）测井作业前应进行通孔，通孔至井底后开泵循环，使井内钻井液性能指标上下保持一致；
d）输送测井中，钻杆及油管应符合 SY/T 6030 要求。

6.2.2 测前会议

a）测井前，现场负责人应组织召开测井施工协调会，相互通报情况，对测井任务、安全措施进行交底，明确配合事项；
b）测井队依据井孔情况，完善测井作业设计。

6.2.3 现场设备安装

a）现场车辆摆放、井口安装、仪器连接，按照 SY/T 5600、SY 5726 执行；
b）放射性测井作业，作业人员应当做好健康防护和安全防护，按照 SY 5131 执行；
c）高压井作业时，井口应按设计压力要求安装防喷器。

6.2.4 测井仪器配接

a）依据测井作业设计的仪器组合序列，连接下井仪器，仪器连接可靠、密封良好；
b）正确安装扶正器、偏心器、间隙器、柔性短节、防转短节等辅助装置；
c）钻具输送测井时井口安装、仪器连接和检查，应按照 SY/T 6030 执行。

6.2.5 电缆控制

a）电缆下放、上提控制，应按照 SY/T 5600 执行；
b）按照多种仪器组合测井时，按其中最低测速要求控制测井速度；

c） 电缆运行过程中，严禁绞车操作人员离开操作岗位、严禁人员进入电缆滚筒室；严禁人员跨越、接触电缆，严禁人员在电缆下停留；
d） 钻杆输送测井作业中输送仪器到对接位置、泵下枪总成安装、湿接头对接、电缆卡子的固定与电缆的导向、下放测量、上提测量、旁通短节拆卸、施工收尾等工序按照 SY/T 6030 执行。

6.2.6 现场测井施工

a） 测井软件与现场操作应按照 SY/T 5600 执行；
b） 测井资料图件格式应符合 SY/T 5633 的规定；
c） 按照测井项目要求合理选择采集参数，并实时监控仪器运行情况；
d） 如遇 7 级以上大风、大雨、雷电、沙尘暴等恶劣天气，不得进行作业，将仪器提至套管内；
e） 测井完毕后，操作工程师回放、编辑测井资料，绘制测井曲线图，按设计要求提交现场测井图。

6.3 测井技术要求

6.3.1 测量方式

a） 依据仪器自身设计要求选择测量方式，包括上提测量、下放测量、偏心测量、居中测量、多点测量和连续测量方式；
b） 生产测井组合仪测井时，应同时记录测量的全部参数，如自然伽马、磁性定位、流量、井温、压力、密度及持水率等。

6.3.2 技术要求

裸眼井测井、套管井测井、工程参数测井等技术要求应符合SY/T 5600的要求。

6.3.3 原始测井曲线质量要求

a） 地面刻度环境和误差、井下刻度位置和误差应符合测井项目要求，刻度文件应当保存；测前、测后校验的地面环境和误差、井下位置和误差应符合测井项目要求，校验文件应当保存；
b） 主测曲线和重复曲线应符合SY/T 5132《石油测井原始资料质量规范》要求，重复曲线不少于50m，重复测量误差在允许范围内；
c） 曲线异常应分析原因，采取重复测井进行验证，必要时更换仪器或队伍进行验证；
d） 因井筒原因无法取得合格资料时，测井队伍应及时与现场监督、作业者沟通并取得认可。

6.4 特殊情况处置措施

a） 电缆测井时出现遇阻、遇卡、打扭、缠绕等复杂情况，按照SY/T 5600处理；
b） 钻具输送测井时出现脱枪、遇阻、遇卡等复杂情况，按照SY/T 6030处理；
c） 当发生井筒溢流时，按照GB/T 31033规定执行。

6.5 健康、安全、环保要求

a） 现场施工安全应符合 SY 5726 的规定；
b） 含硫井测井作业应符合 SY/T 6277 的规定；
c） 放射性的运输、安全使用应符合 GBZ 142、GBZ 118、SY 5131 的规定；
d） 火工品的运输、使用应符合 SY 5436 的规定；
e） 测井过程发生安全生产事故时，应及时启动相应的应急处置预案；
f） 测井结束后，应巡查现场，清理工作环境，回收垃圾。

7 地热测井资料处理解释

7.1 资料收集

7.1.1 钻井资料

a）井号、井别、井位坐标、地面海拔、井型、井深、钻头程序、井身结构、套管结构、钻时、钻井液性能等；

b）钻井过程中发生的井喷、井涌、井漏等工程事故，以及处理情况。

7.1.2 录井资料

a）岩屑录井：岩性、含油气显示、含水层显示等；

b）钻井液录井：槽面显示、钻时录井、地化录井等；

c）钻井取心资料：取心回次、取心井段、进尺、心长、取心收获率、岩心描述等；

d）其它录井资料。

7.1.3 其它资料

a）地质设计资料：钻井目的、地理位置、构造位置、构造特征、岩心特征、热储分布等；

b）实验分析资料：水分析资料、孔隙度、渗透率等；

c）邻井资料：测井资料、热储资料、产水情况等。

7.2 测井资料预处理

测井资料预处理按照SY/T 5360的规定执行。

7.3 测井资料处理

7.3.1 泥质含量计算方法

泥质含量计算方法按照SY/T 5940执行，泥质参数的选取按照SY/T 5360执行。

7.3.2 孔隙度计算方法

a）只有一种孔隙度测井时，选用单孔隙度计算程序；

b）有两种以上孔隙度测井时，选用两种曲线交会计算孔隙度；

c）有核磁共振测井时，可用核磁共振资料计算地层孔隙度、束缚流体孔隙度、可动流体孔隙度；

d）采用地区统计经验公式；

e）计算方法按照SY/T 5940执行。

7.3.3 岩性计算方法

a）单矿物岩石根据矿物成分选取骨架值；

b）非单一矿物，用双孔隙度测井交会计算孔隙度和岩石成分；如果只有一种孔隙度测井曲线，应选用混合骨架参数计算孔隙度。

7.3.4 渗透率计算方法

渗透率计算方法按照SY/T 5940执行。

7.3.5 岩石力学参数计算

a) 有阵列声波测井资料时，应用阵列声波测井资料提取的纵波、横波时差，结合密度测井，计算纵横波速度比、泊松比、杨氏模量、切变模量、体积模量、体积压缩系数、地层破裂压力梯度等岩石力学参数，并分析地层各向异性和地层主应力方向；
b) 无阵列声波测井资料时，利用纵波时差、密度曲线等拟合计算横波时差，再计算泊松比、杨氏模量、切变模量、体积模量、体积压缩系数、地层破裂压力梯度等岩石力学参数。

7.3.6 地层温度计算

地层温度计算参照SY/T 5360。

7.3.7 回灌参数计算

回灌剖面测井资料解释流程及方法按照SY/T 5783.1规定执行。

7.3.8 产出剖面参数计算

a) 直井产出剖面测井资料解释流程及方法按照SY/T 5783.1规定执行；
b) 斜井产出剖面测井资料解释流程及方法按照SY/T 5783.2规定执行。

7.4 热储测井评价

a) 热储测井响应特征；
b) 热储温度特性、地温梯度；
c) 热储有效厚度、渗透系数、孔隙度、岩石力学等特性；
d) 热储盖层特性；
e) 热储富水性；
f) 热储类型。

8 地热测井成果报告编写

8.1 成果报告构成

a) 前置部分，包括封面、扉页、摘要和关键词、目次页；
b) 主体部分，包括前言、正文、参考文献；
c) 附录，包括附表、附图。

8.2 设计文本结构、格式

8.2.1 封面

a) 编排格式参见附录 C.1；
b) 建设单位写全称。

8.2.2 扉页

a) 编排格式参见附录 C.2；
b) 编写单位写全称。

8.2.3 报告目录、正文、附录

报告目录、正文、附录的编写格式及要求见附录B。

8.3 编写内容

8.3.1 前言

8.3.2 钻井、地质概况

a）钻井施工单位及相关信息；
b）井别、井位坐标、完钻日期；
c）地质背景、本井构造、钻探目的、钻遇地层及邻井地热能分析情况；
d）井身结构及钻井液性能及相关内容；
e）录井项目及相关情况。

8.3.3 测井情况

a）测井施工单位及测井仪器型号；
b）测井时间、测井内容、测时井深、测量井段及测井过程中出现的遇阻、遇卡现象等；
c）测井项目完成情况；
d）特殊测井项目参数设计；
e）测井资料质量评价及测井环境对测井资料的影响描述。

8.3.4 特殊测井项目

根据需要，简述测井基本原理、资料解释原理，描述测井解释成果。

8.3.5 测井资料数据处理

a）测井资料预处理；
b）测井解释模型的选择；
c）数据处理程序及主要解释参数的选择；
d）成果图件说明。

8.3.6 工程测井评价

a）井身结构评价成果，井身结构评价标准依据地质设计要求；
b）固井质量评价成果，固井质量评价标准应依据SY/T 6592要求。

8.3.7 热储富水性评价

a）热储划分；
b）测井响应特征分析；
c）热储岩性、物性特征分析；
d）热储温度性能、流体分析；
e）邻井测井资料、富水性对比。

8.3.8 建议试水层位、井段及措施

附 录 A
（资料性附录）
地热测井设计格式

A.1 地热测井设计封面格式

密级：（三号黑体）
项目名称（小一号黑体） ××井测井设计（小一号黑体）
（行间距38磅，题名上边缘距顶界65mm）
单位名称（建设单位） ××××年××月××日
（三号黑体、行间距28磅，单位名称上边缘距页面底边55mm）

A.2　地热测井设计扉页格式

项目名称（小一号黑体）

××井测井设计（小一号）

（行间距38磅，题名上边缘距顶界65mm）

编写单位：××

编写人：××

审核人：××

技术负责人：××

（三号黑体、行间距28磅，人员名称为三号宋体）

设计单位名称（加盖公章）

××××年××月××日

（三号黑体、行间距28磅，单位名称上边缘距页面底边55mm）

附　录　B
（资料性附录）
文本格式要求

B.1　摘要和关键词

B.1.1　摘要：三号、黑体、行间距25磅。
B.1.2　摘要内容：小四号、宋体、行间距20磅。
B.1.3　关键词：三号、黑体、行间距25磅。
B.1.4　关键词内容：小四号、宋体。

B.2　目录

B.2.1　目录：　三号、黑体，行间距25磅
B.2.2　目录内容：小四号、宋体、行间距20磅。
B.2.3　目录内容应依正文的一级、二级标题自动生成，不需手工编排。

B.3　正文

B.3.1　报告一级编号“第一章或1”、标题：，三号、黑体、行间距25磅、段前段后间距12磅，居中，数字编号、标题间空1汉字位置；
B.3.2　报告二级编号“第一节或1.1”、标题：四号、黑体、行间距20磅、段前段后间距6磅，居中，数字编号、标题间空1汉字位置；
B.3.3　报告三级编号“一或1.1.1”、标题：小四号、黑体、行间距20磅、段前段后间距3磅，左对齐，首行缩进2个汉字，数字编号、标题间空1汉字位置；
B.3.4　报告四级编号“（一）或1.1.1.1”、标题：小四号、宋体、行间距20磅、段前段后间距3磅，左对齐，首行缩进2个汉字，数字编号、标题间空1汉字位置；
B.3.5　正文：小四号、宋体，段前段后间距0磅，文字部分间距为固定值20磅，数学公式、插图、插表、插照部分为单倍或1.5倍行间距，首行缩进2个汉字。
B.3.6　插图、插表名为五号黑体。正文中的插图、插表编号一律用阿拉伯数字依序编码，其标注形式一般为图1、图2；表1、表2 等。如插图、插表较多可按章分别编号，其标注形式为“章顺序号-图、表顺序号”。如：图2-3 为第二章第3号图；表3-2 为第三章第2 号表。表名在表上方，居中；图名在图下方，居中。

B.4　参考文献

B.4.1　参考文献另起页。
B.4.2　按照GB/T 7714的规定执行。

B.5　附录

B.5.1 附录为正文之后的补充内容或参考性资料，非必备。

B.5.2 附录依序用大写英文字母编序号。

B.5.3 每一附录均另起页。

B.5.4 附录格式等同于正文的一级标题的格式。

B.5.5 附录内文字、图表格式同正文。

附　录　C
（资料性附录）
地热测井成果报告

C.1　地热测井成果报告封面格式

密级：（三号黑体）

项目名称
××井测井解释报告

（小一号黑体，行间距38磅，题名上边缘距顶界80mm）

单位名称（建设单位）
××××年××月××日

（三号黑体、行间距28磅，单位名称上边缘距页面底边55mm）

C.2　地热测井成果报告扉页格式

密级：（三号黑体）

××井测井解释报告

（小一号黑体，行间距38磅，题名上边缘距顶界65㎜）

施工单位：××

编写单位：××（加盖公章）

编写人：××

审核人：××

技术负责人：××

单位负责人：××

（三号黑体、行间距28磅，人员名称为三号宋体）

编写单位名称（与封面相同、加盖公章）

××××年××月××日

（三号黑体、行间距28磅，单位名称上边缘距页面底边55㎜）

ICS 01.040.25
D 10

NB

中华人民共和国能源行业标准

NB/T 10272—2019

地热井口装置技术要求

Technical requirements for geothermal wellhead device

2019-11-04 发布
2020-05-01 实施

国家能源局 发布

目　次

前　言

本标准按照GB/T 1.1—2009《标准化工作导则　第1部分：标准的结构和编写》给出的规定起草。

本标准由能源行业地热专业标准化技术委员会提出并归口。

本标准起草单位：中国石油天然气集团公司辽河油田供水公司、中国石化集团新星石油有限责任公司、北京迪威尔石油天然气技术开发有限公司、中国石油工程建设有限公司非常规能源研发中心、中国石化集团胜利石油管理局有限公司新能源开发中心。

本标准主要起草人：马永超、郭玉润、孙晓辉、陈再华、宋玉太、李晓晨、赵丰年、杨卫、马春红、雷刚、姚艳华、朱颖超、吕亳龙。

本标准于2019年首次发布。

地热井口装置技术要求

1　范围

本标准规定了中低温（温度不高于150℃）水热型通用地热井口装置的基础资料准备、分类、设计要求及功能说明、材料、质量要求、试验与检验、现场安装和试运、标志、运输、储存技术要求。

本标准适用水热型地热井口装置的设计、制造、试验、现场安装、试运行等技术要求。

本标准设定的额定工作压力等级为1.0MPa、1.6MPa、2.5MPa、4.0MPa四种，其他压力等级，可参照本标准。

2　规范性引用文件

下列文件对于本文件的应用是必不可少的。凡是注日期的引用文件，仅所注日期的版本适用于本文件。凡是不注日期的引用文件，其最新版本（包括所有的修改单）适用于本文件。

GB/T 150.1～150.4　压力容器
GB/T 191　包装储运图示标志
GB/T 222　钢的成品化学成分允许偏差
GB/T 228.1　金属材料　拉伸试验　第1部分：室温试验方法
GB/T 848　小垫圈　A级
GB/T 901　等长双头螺柱　B级
GB/T 1348—2009　球墨铸铁件
GB/T 1804　一般公差　未注公差的线性和角度尺寸的公差
GB/T 3985　石棉橡胶板
GB/T 5677　铸钢件射线照相检测
GB/T 5782　六角头螺栓
GB/T 6060.1　表面粗糙度比较样块　铸造表面
GB/T 6170　Ⅰ型六角螺母
GB/T 6414　铸件　尺寸公差与机械加工余量
GB/T 7306.1　55°密封管螺纹　第1部分：圆柱内螺纹与圆锥外螺纹
GB/T 7306.2　55°密封管螺纹　第2部分：圆锥内螺纹与圆锥外螺纹
GB/T 9113　整体钢制管法兰
GB/T 9119　板式平焊钢制管法兰
GB/T 9123　钢制管法兰盖
GB/T 9124　钢制管法兰　技术条件
GB/T 9125　管法兰连接用紧固件
GB/T 9126　管法兰用非金属平垫片　尺寸
GB/T 9129　管法兰用非金属平垫片　技术条件
GB/T 11351　铸件重量公差
GB/T 13927—2008　工业阀门　压力试验

GB/T 15169　钢熔化焊焊工技能评定
GB/T 16923　钢件的正火与退火
GB/T 20066　化学成分测定用试样的取样和制样方法
JB/T 7927　阀门铸钢件外观质量要求
NB/T 10097—2018　地热能术语
HG 20531—93　铸钢　铸铁容器
NB/T 47014　承压设备焊接工艺评定

3　术语、定义和符号

3.1　术语和定义

3.1.1

地热井口装置　geothermal wellhead device

安装在地热井管上端，用于封闭井口、连接管线，便于采水、回灌和数据采集的装置。地热井口装置分为伸缩型（A型）地热井口装置和非伸缩型（B型）地热井口装置。

3.1.2

地热井口装置本体　geothermal wellhead device body

地热井口装置上部，附有多种管件，实现井口装置各种功能的主体部分。是由圆柱形和半球形合铸成型。对于A型地热井口装置，本体与下部伸缩套管通过法兰相连接，合成地热井口装置。对于B型地热井口装置，本体与井管上法兰连接，合成地热井口装置，无伸缩套管部分。

3.1.3

地热井口装置伸缩套管　telescopic casing of geothermal wellhead device

A型地热井口装置下部一部件，主要起到防止地热井管热胀冷缩，导致拉坏地面设施的作用。它通过压紧的盘根使井管空间与外面大气相隔绝，而井管又可自由上下窜动，起到伸缩器的作用。同时对井口装置具有支撑的基础作用和抵御工作压力对井口装置的向上推力，以保证地面设施的安全稳固。

3.1.4

压环　pressure ring

安装在伸缩套管之上，用于压紧地热井管与伸缩套管之间环形空间密封盘根的环形零件。

3.2　符号

D_0　地热井管外径，mm；
D_1　伸缩套管内孔内径，mm；
D_2　伸缩套管压环内径，D_1=D_2，mm；
D_3　伸缩套管压环外径，mm；
DN_0　地热井口装置本体和其下法兰、伸缩套管和其上法兰的公称通径，mm；
DN_1　中心管及其上下法兰的公称通径，mm；
DN_2　侧向管及其法兰公称通径，mm；
DN_3　测水位管公称通径，mm；
DN_4　排气管公称通径，mm；
DN_5　压力表管公称通径，mm；
DN_6　电缆管及其法兰公称通径，mm。

4 基础资料准备

地热井口装置设计前，应提供如下基础资料：

a） 地热井身结构示意图；

b） 地热井管材质、规格；

c） 地热井固井报告；

d） 抽水试验的历时曲线；

e） 抽水试验的地热井管热胀冷缩数据；

f） 回灌试验的历时曲线；

g） 水质检测报告；

h） 自流采水井的关井压力；

i） 地热供热系统的设计流量、压力、温度、水质及分解到每口单井的流量、压力等。

5 分类

5.1 依据地热井管在热胀冷缩时，地面上端是否存在上升和下降的现象，将地热井口装置分为 A、B 两大类型。A 型为井管上端受热上升，冷却下降，井口装置下部设置了伸缩套管部分。否则为 B 型，即不设置下部伸缩套管部分，井口装置本体部分与地热井管上法兰直接硬性连接。

5.2 依据常用地热井管外径 D_0，A 型井口装置设置 6 种不同公称通径的井口装置与之对应，B 型井口装置设置 6 种不同公称通径的井口装置与之对应。

5.3 本标准设置额定工作压力 4 个等级，具体为 1.0MPa、1.6MPa、2.5MPa、4.0MPa。

5.4 本装置的中心管、侧向管的公称通径，由设计人依据地面地热系统工程总体设计，自行计算确定。

5.5 A 型地热井口装置结构见图 1。

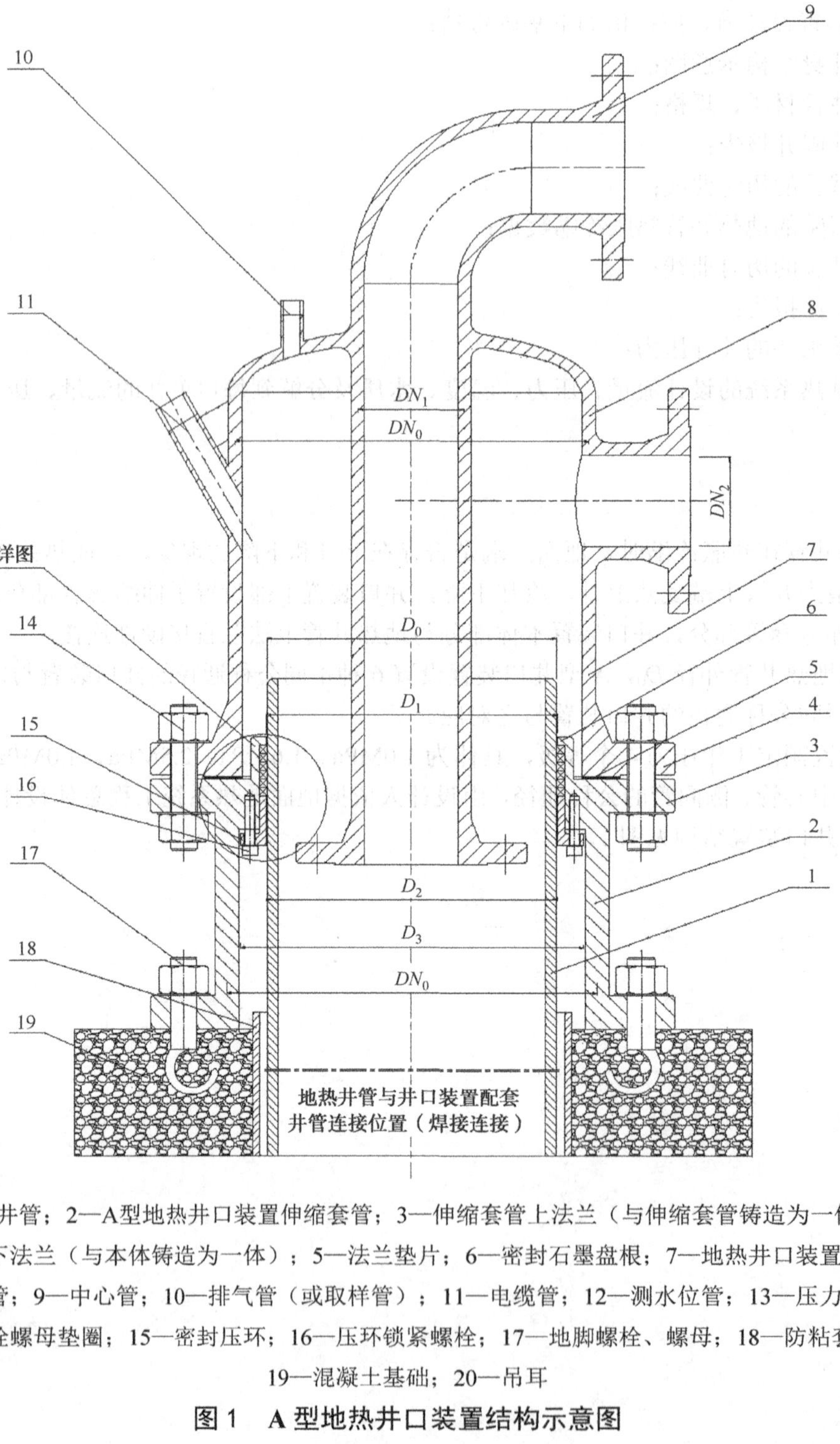

1—地热井管；2—A型地热井口装置伸缩套管；3—伸缩套管上法兰（与伸缩套管铸造为一体）；4—本体下法兰（与本体铸造为一体）；5—法兰垫片；6—密封石墨盘根；7—地热井口装置本体；8—侧向管；9—中心管；10—排气管（或取样管）；11—电缆管；12—测水位管；13—压力表管；14—螺栓螺母垫圈；15—密封压环；16—压环锁紧螺栓；17—地脚螺栓、螺母；18—防粘套管；19—混凝土基础；20—吊耳

图1　A型地热井口装置结构示意图

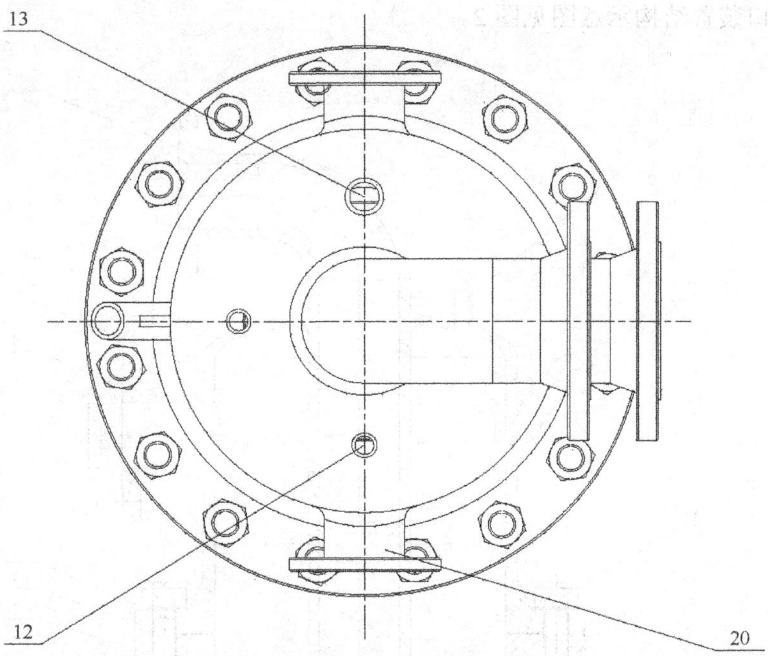

图 1（续） 平面图

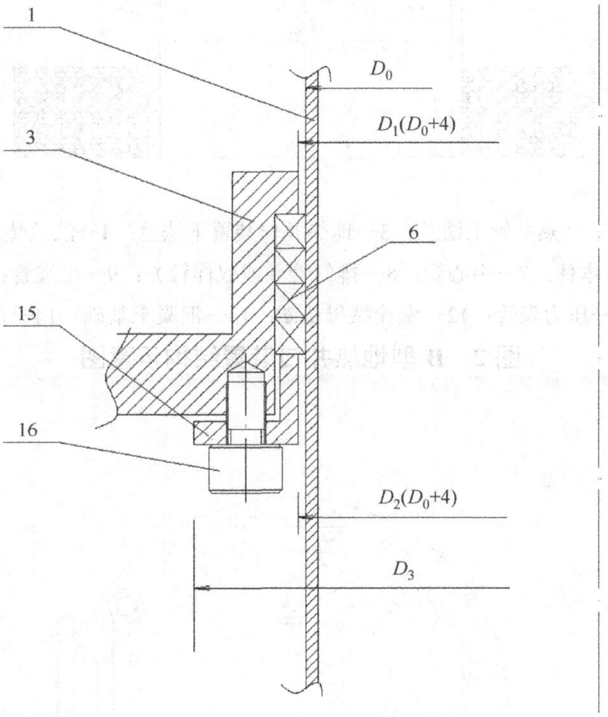

图 1（续） 局部剖面图

5.6 B型地热井口装置结构示意图见图2。

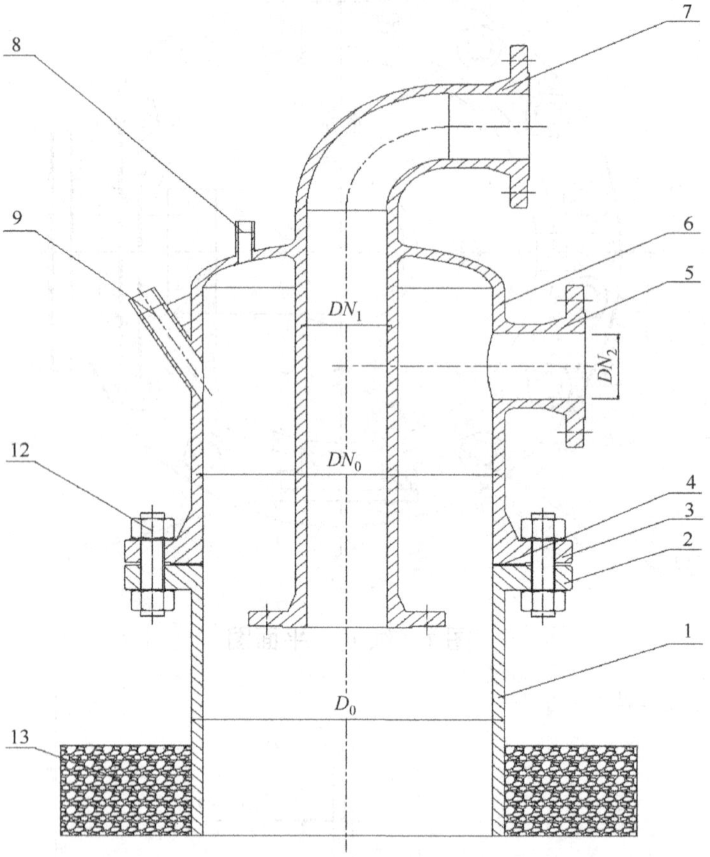

1—地热井管；2—地热井管上法兰；3—地热井口装置下法兰；4—法兰垫片；5—侧向管；6—地热井口装置本体；7—中心管；8—排气管（或取样管）；9—电缆管；10—测水位管；11—压力表管；12—螺栓螺母垫圈；13—混凝土基础；14—吊耳

图2 B型地热井口装置结构示意图

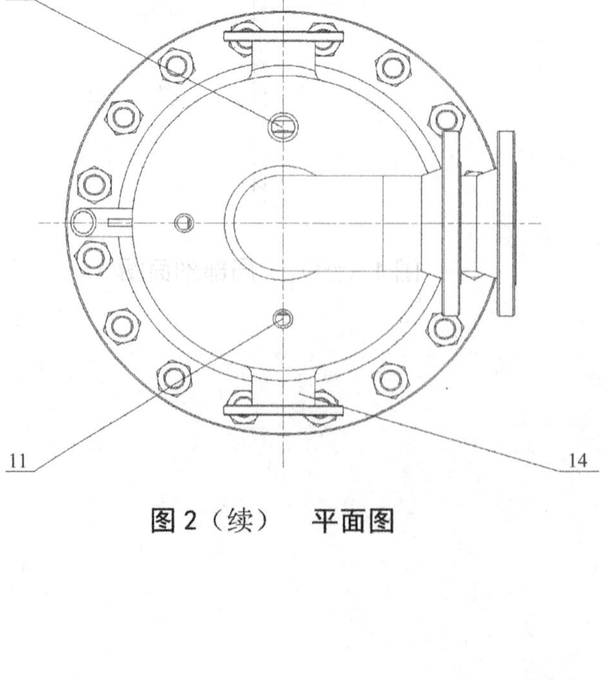

图2（续） 平面图

5.7 地热井管尺寸基本参数

地热井管常用管材为无缝钢管和焊接钢管（包括螺旋焊接钢管），常用井管的外径有如下6种，具体为177.8mm、219mm、244.5mm、273mm、325mm、339.7mm。

对于A型地热井口装置，本标准共设有2种井口装置公称通径系列与之对应，具体基准尺寸系列见表1。

表 1 A 型地热井口装置基准尺寸系列

<table>
<tr><th>地热井管外径（D_0）</th><th>地热井口装置本体及其下法兰公称通径（DN_0）</th><th>伸缩套管及其上法兰公称通径（DN_0）</th><th>伸缩套管内孔内径（D_1）</th><th>伸缩套管压环内径（D_2）</th><th>伸缩套管压环外径（D_3）</th></tr>
<tr><td>177.8</td><td rowspan="3">350</td><td rowspan="3">350</td><td rowspan="3">249</td><td rowspan="3">249</td><td rowspan="3">309</td></tr>
<tr><td>219</td></tr>
<tr><td>244.5</td></tr>
<tr><td>273</td><td rowspan="3">450</td><td rowspan="3">450</td><td rowspan="3">344</td><td rowspan="3">344</td><td rowspan="3">404</td></tr>
<tr><td>325</td></tr>
<tr><td>339.7</td></tr>
<tr><td colspan="6">注 1：中心管及其上下法兰、侧向管及其端法兰的公称尺寸，由设计人依据地热工程系统设计要求确定。
注 2：排气管、电缆管、测水位管、压力表管的公称尺寸分别统一确定为 DN25、DN32、DN32、DN25。
注 3：电缆管出口端为法兰，排气管、测水位管、压力表管出口端为密封管螺纹。</td></tr>
</table>

对于B型地热井口装置，共设有2种井口装置公称通径系列与之对应，其具体基准尺寸系列见表2。

表 1 B 型地热井口装置基准尺寸系列

<table>
<tr><th>地热井管外径（D_0）</th><th>地热井管上法兰公称通径（DN_0）</th><th>地热井口装置本体及其下法兰公称通径（DN_0）</th></tr>
<tr><td>177.8</td><td rowspan="3">225</td><td rowspan="3">225</td></tr>
<tr><td>219</td></tr>
<tr><td>244.5</td></tr>
<tr><td>273</td><td rowspan="3">350</td><td rowspan="3">350</td></tr>
<tr><td>325</td></tr>
<tr><td>339.7</td></tr>
<tr><td colspan="3">注 1：中心管及其上下法兰、侧向管及端法兰的公称通径，由设计人员依据地热工程系统设计需要确定。
注 2：排气管、电缆管、测水位管、压力表管的公称尺寸分别统一确定为 DN25、DN32、DN32、DN25。
注 3：电缆管出口端为法兰，排气管、测水位管、压力表管出口端为密封管螺纹。</td></tr>
</table>

5.8 型号表示方法

型号表示方法解释见图3。

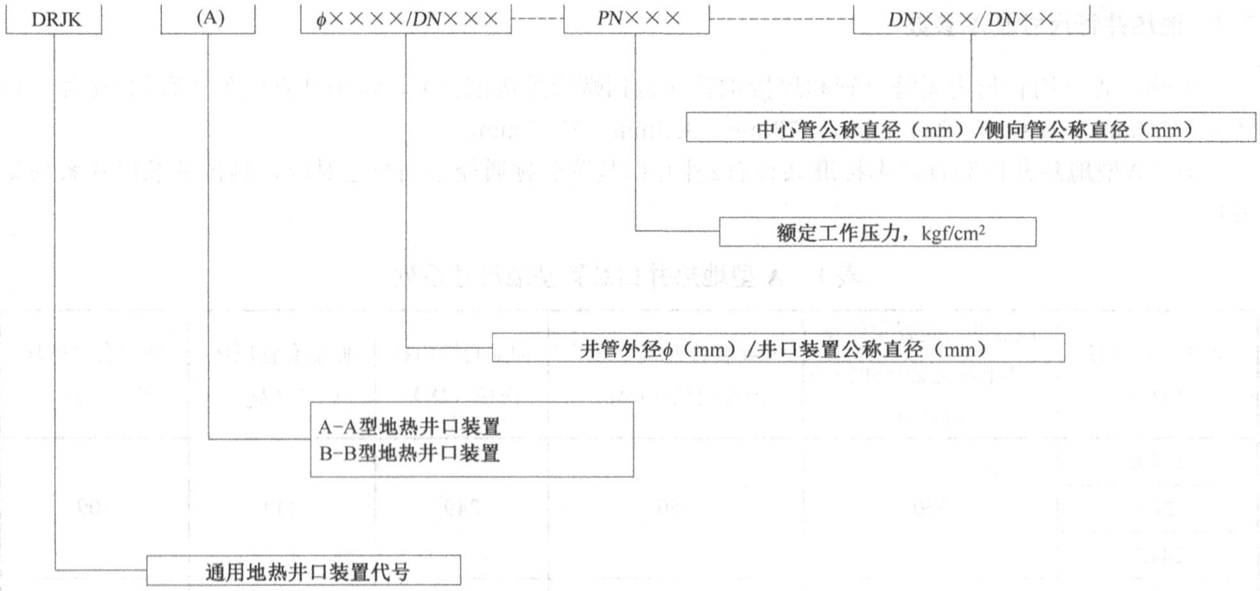

示例：DRJK(A) D339.7/*DN*450—*PN*16—*DN*150/*DN*100

示例解释：A型地热井口装置，井管外径D339.7mm、井口装置公称直径*DN*450、额定工作压力1.6MPa，中心管公称直径*DN*150，侧向管公称直径*DN*100。

图3 型号表示方法解释图

6 设计要求

6.1 一般要求

6.1.1 本装置的设计应由具有特种设备设计资质的单位完成。

6.1.2 装置的额定工作压力和中心管、侧向管公称通径应按地热工程系统总体设计要求确定。

6.1.3 本装置的受压元件的强度计算应符合特种设备设计的规定。

6.1.4 装置类型选用方法：抽水试验时对井管胀缩测量未发现井管有伸缩变化，且同类型地热井井管在地面以上没有出现上升下降现象时，可选用 B 型井口装置，否则应选用 A 型井口装置。

6.1.5 地热井管伸缩长度的确定：以抽水试验实测数据再加 100mm。

6.1.6 A 型地热井口配套井管应用与地热井管同材质、同规格的钢管制作，以保证电焊连接的可焊性和对接精度。配套井管的椭圆度不应超过（长轴外径 - 短轴外径）0.5mm，并做防腐处理。

6.1.7 当地热井口装置用作单井换热井时，根据引导管长度及载荷，应对井口装置的伸缩套管边壁、中心管、本体顶部球面的强度进行复核。

6.1.8 A 型地热井口装置的基础应符合 GB/T 50107 的规定。

6.1.9 地热井口装置使用功能说明参见附录 A。

6.2 A 型地热井口装置的伸缩套管

6.2.1 伸缩套管的高度不宜小于 200mm。

6.2.2 伸缩套管上法兰与地热井管之间采用盘根密封，用压环压紧。

6.2.3 地热井管与混凝土基础进行隔离处理。

6.3 井口装置本体

6.3.1 在A型井口装置中，本体下法兰与伸缩套管上法兰相连接；在B型井口装置中，本体下法兰与地热井管上法兰相连接。

6.3.2 A 型地热井口装置本体高度应不小于地热井管伸缩量加 400mm；B 型本体的高度应不小于300mm。

6.3.3 A型地热井口装置本体上的测水位管铅垂线应在井管与中心管环形空间的中间位置。

7 质量要求

7.1 铸造工艺要求

7.1.1 铸造工艺应符合 GB/T 12227 的 3.1 和 GB/T 12229 的 3.1 规定。

7.1.2 铸件的力学性能和化学成分应符合图样和 GB/T 12227 和 GB/T 12229 的 3.2、3.3 的规定。

7.1.3 毛坯件的形状、位置、尺寸和偏差及加工余量应符合图样和 GB/T 6414 的规定。

7.1.4 铸件的硬度应适中，适宜切削加工。

7.2 球墨铸铁件质量要求

7.2.1 表面的粘砂、浇口、冒口、夹砂、结疤、毛刺等物应清理干净。

7.2.2 铸铁件不得有裂纹、气孔、夹砂、冷隔等有害缺陷。

7.2.3 铸件表面粗糙度应符合 GB/T 6060.1 的规定。

7.3 铸钢件质量要求

铸钢件表面质量按 JB/T 7929 规定。

7.4 铸件重量偏差要求

铸件的重量偏差应符合 GB/T 11351 的规定。

7.5 机械加工部分的质量要求

7.5.1 各部分的形状、位置、尺寸、角度应符合图样和 GB/T 6414 的规定，未注尺寸公差应符合 GB/T 1804 的规定。

7.5.2 法兰的技术要求应符合 GB/T 9124 的规定，密封面均采用突面（RF）形式。本体上的各法兰和伸缩套管上法兰为整体法兰，尺寸和形式执行 GB/T 9113；井管上法兰尺寸和形式，执行 GB/T 9119。

7.5.3 装置本体上，电缆管法兰盖按 GB/T 9123 要求，密封管螺纹应符合 GB/T 7306.1 和 GB/T 730 6.2 的规定。

7.6 铸件焊补要求

7.6.1 当检验和试验发现铸件有质量缺陷时允许焊补，以消除缺陷。

7.6.2 制造厂家应按 NB/T 47014 的规定进行焊接，并提供焊接工艺评定报告；焊补铸件的焊工应按 GB/T15169 的规定考试合格。

7.6.3 焊补后的铸件应满足本标准 8.3、8.4 条要求。对于压力试验渗漏的铸件，焊补的凹陷深度超过壁厚 20%或者 25mm（取小值）的铸件或焊补后的凹陷面积大于 65cm^2 的铸件，焊补处应做射线照相检验。焊补后需进行消除应力处理或热处理。

7.6.4 铸件具有下列缺陷之一者不允许焊补：

a） 图样中规定的不允许焊补的缺陷；

b）有影响使用功能的铸造缺陷（如裂纹、冷隔、缩孔、夹渣等）存在；

c）成品试压渗漏且焊补后无法保证质量者；

d）同一部位的焊补次数超过3次者。

8 试验方法和检验规则

8.1 铸件力学性能试验及检验规则

8.1.1 球墨铸铁件

a）取样批次和检验数量的构成按GB/T 1348的8.6执行；

b）拉伸试验按GB/T 1348的9.1执行；

c）焊补的射线照相检验按GB/T 5677执行。

8.1.2 铸钢件

a）铸钢件按GB/T 12229的4.1～4.6执行；

b）铸钢件化学成分检测按GB/T 16253的3.1、3.2、5.1.1、5.2.1和GB/T 228.1、GB/T 20066执行，判定规则按GB/T 222和GB/T 12229的3.2.1规定。

8.2 压力试验

8.2.1 压力试验执行GB/T 13927，分两次进行。先做本体中心管的压力试验，按阀门壳体试验方法和标准执行。第二次试验分为两种情况，对于B型地热井口装置按壳体试验标准执行，即试验压力值为额定工作压力（CWP）的1.5倍。对于A型地热井口装置，按阀门上密封试验方法和GB/T 13927执行，试验压力值为额定工作压力（CWP）的1.1倍。

8.2.2 压力试验介质采用清水，试验温度控制在室温，稳压时间按GB/T 13927的4.9.1表2执行。试验结果要求按GB/T 13927的6.1和6.2执行。

8.2.3 中心管和B型地热井口装置壳体的压力试验按GB/T 13927的5.1执行。

8.2.4 A型地热井口装置壳体的压力试验：先将密封盘根按标准程序装入填料函内，用压环压紧。压紧时宜采用扭力扳手控制各压紧螺栓的压力均衡；再将本体下法兰与伸缩套管上法兰按标准装配在一起，封闭各进出口，参照GB/T 13927的5.2程序试压。

9 现场安装及试运行

9.1 地热井口配套井管与地热井管连接时，如有试验盲板，应先将配套井管下端试压盲板去除，再将配套井管与地热井管按规程和质量标准电焊连接。

9.2 A型地热井口装置的混凝土基础设计应能抵御额定工作压力对井口装置向上的推力，同时地热井管与混凝土基础进行隔离处理。

9.3 系统试运行时，应控制井口装置工作压力，达到或接近额定工作压力时，检查井口装置有无渗漏、浸润，井管密封盘根有无渗漏，基础和地脚螺栓的受力和稳定情况。

9.4 系统运行时，实际运行压力应高于相应温度下水的饱和蒸汽压力，防止热水汽化。

10 标志、运输、贮存

10.1 标志

10.1.1 标志应符合 GB/T 191 的规定。

10.1.2 井口装置在本体显著位置应设置持久清晰的标志或铭牌，包括以下内容：

a） 产品名称、型号；

b） 生产商全称及商标；

c） 主要参数；

d） 出厂日期及编号。

10.2 发货要求

产品未加工面应做防腐处理；加工面应涂防锈保护油脂，应有防撞、防划伤措施。产品应配有质量证明书、产品说明书和装箱清单，具体内容包括：

a） 产品名称、型号、规格、主要性能指标；

b） 生产厂家全称；

c） 订货合同号；

d） 铸件名称、图号、钢种号、批号、热处理类型；

e） 配件清单；

f） 各类检验结果；

g） 本标准号。

质量证明书应由生产厂家检验部门的代表签字。

10.3 包装方式

包装方式由供需双方商定。

10.4 运输、贮存

10.4.1 装置在运输过程中，不应有剧烈振动、冲击、碰撞，应有防雨雪、防撞击措施。

10.4.2 长期不用的装置应存放在无酸、碱、盐及腐蚀性气体的环境中，防锈、防雨雪。

附 录 A
（资料性附录）
地热井口装置使用功能说明

1.当装置用于自然采水井时，中心管作为出水管，侧向管作为压水管，电缆管封闭，其余各辅助管(测水位管，排气管，压力表管）按正常功能使用。

2.当装置用于机械采水井时，中心管作为出水管，中心管下法兰连接扬水管和潜水泵，侧向管封闭，电缆管穿潜水泵电缆（可不密封），其余辅助管按正常功能使用。

3.当装置用于自然回灌井且不需要回扬时，中心管作为回灌管，并由下法兰接管到静水位以下，侧向管、电缆管封闭，其余各辅助管按正常功能使用。

4.当装置用于需回扬的自然回灌井或者用于压力回灌井时，中心管作为回扬管（下法兰连接潜水泵），侧向管作为回灌管，电缆管穿潜水泵电缆，并密封之，其余各辅助管按正常功能使用。

5.当装置用于压力回灌采水井时，中心管作为采水或回扬出水管，侧向管作为回灌管，电缆管穿潜水泵电缆并密封之。此类井可随时转换功能，但不能两种功能同时使用。

6.当装置用于换热井时，中心管下法兰连接隔热管，侧向管作为换热介质进水管，中心管作为换热介质出水管，循环压力由地面设备提供。

ICS 27.010
CCS F 15

NB

中华人民共和国能源行业标准

NB/T 10696—2021

地热井井身结构设计方法

Design method of borehole structure of geothermal well

2021-11-16 发布　　2022-05-16 实施

国家能源局　发布

目　次

前　言

本文件按照 GB/T 1.1—2020《标准化工作导则　第 1 部分：标准化文件的结构和起草规则》的规定起草。

本文件由中国石油化工集团有限公司提出。

本文件由能源行业地热能专业标准化技术委员会归口。

本文件起草单位：中国地质大学（武汉）、长江三峡勘测研究院有限公司（武汉）、中国电建集团华东勘测设计研究院有限公司、河北省煤田地质局第二地质队、北京天和众邦勘探技术股份有限公司、中煤科工集团西安研究院有限公司、西南石油大学、中科院武汉岩土力学研究所、中国石化集团新星石油有限责任公司、河南省地质矿产勘查开发局第二地质环境调查院、河南省深部探矿工程技术研究中心。

本文件主要起草人：窦斌、郑君、田红、吴天予、胡郁乐、崔国栋、周光辉、罗文行、张国斌、李建华、房艳国、程万强、刘现川、张海雄、杨迎新、刘贺娟、赵丰年、李天舒、王吉亮、孙冠军、肖鹏、陈金龙、陈莹、卢玮。

本文件于 2021 年首次发布。

地热井井身结构设计方法

1 范围

本文件规定了地热井井身结构设计中的术语和定义、地热井井身结构的基本要求、设计依据以及设计步骤。

本文件适用于水热型地热勘探井、探采结合井、开采井与回灌井。

2 规范性引用文件

下列文件中的内容通过文中的规范性引用而构成本文件必不可少的条款。其中，注日期的引用文件，仅该日期对应的版本适用于本文件；不注日期的引用文件，其最新版本（包括所有的修改单）适用于本文件。

GB/T 11615 地热资源地质勘查规范

GB 50027 供水水文地质勘查规范

GB 50296 供水管井技术规范

DZ/T 0148 水文水井地质钻探规程

DZ/T 0260 地热钻探技术规程

NB/T 10097 地热能术语

SY/T 5313 钻井工程术语

SY/T 5341 井身结构设计方法

SY/T 5724 套管柱结构与强度设计

3 术语和定义

下列术语和定义适用于本文件。

3.1

自下而上设计方法 up-the-hole design criteria

根据地热资源需求及裸眼井段安全钻进应满足的约束条件，自开采段设计开始，自下而上逐次设计各层套管尺寸及下入深度的井身结构设计方法。

[来源：改写 SY/T 5431—2008，3.7]

3.2

开采段 product section

位于目的层，用于开采地热的井段。回灌井的回灌段亦为开采段。

3.3

泵室段 pump chamber section

表层套管中用于安装抽水泵的井段。

3.4

过滤管 screen pipe

缠丝过滤器和填砾（贴砾）过滤器的骨架管。单独使用时亦称为过滤器。

[来源：DZ/T 0148—2014，3.13]

3.5

过滤器 screen assembly

位于开采段（回灌段），起滤水、挡砂和护壁作用的装置。

[来源：DZ/T 0148—2014，3.15]

3.6

填砾 gravel packing

将一定级配的砾料填入过滤管与孔壁之间环状间隙中的工序。

[来源：DZ/T 0148—2014，3.22]

3.7

沉淀管 blank casing slump

在井管底部用以沉淀砂粒和沉淀物的无孔管。

[来源：DZ/T 0148—2014，3.14]

3.8

必封点 seal point

裸露井眼中满足压力不等式条件的极限长度井段定义为可行裸露段，这一井深区间的顶端为上一层套管的必封点，底端为该层套管的必封点。

4 基本规定

4.1 基本准则

4.1.1 符合安全、环保、经济、高效的施工要求。

4.1.2 采取自下而上的设计方法；从目的层开采段设计开始，逐级向上对各级技术套管和表层套管进行设计。

4.1.3 勘探井设计时，宜适当增大开采段（终孔）孔径，为下入下一级套管提供尺寸余量。

4.1.4 应充分考虑地热水的水温、水量及储层初见水位，使整体设计能有效保护目的层。

4.1.5 应避免产生井漏、井塌、卡钻等井下复杂情况和事故。

4.1.6 有利于控制异常地层压力，保证井控作业顺利进行。

4.2 井眼直径系列

地热井井眼直径和钻头尺寸可参考附录A选择。

5 设计依据

5.1 钻井地质设计

5.1.1 地层孔隙压力、地层破裂压力。

5.1.2 地层岩性预测剖面

5.2 相邻区块参考井、同区块邻井实钻资料。

5.3　钻井装备及工艺技术水平，完井方式和过滤管尺寸要求。

5.4　井位附近水源分布情况，邻近河流河床底部深度，地下水水温、水量及初见水位。

5.5　钻井技术规范。

5.6　设计参数及取值范围

5.6.1　根据当地统计数据分析确定。

5.6.2　抽汲压力当量密度 S_b 和激动压力当量密度 S_g 一般取 0.015g/cm³～0.040g/cm³。

5.6.3　地层破裂压力当量密度安全允许值 S_t 一般取 0.03g/cm³。

5.6.4　正常压力地层压差卡钻临界值 Δp_n 一般取 12MPa～15MPa，异常压力地层压差卡钻临界值 Δp_a 一般取 15MPa～20MPa。

5.7　约束条件

5.7.1　钻井液密度

钻井液密度即最小液柱压力当量密度大于或等于裸眼井段的最大地层孔隙压力当量密度，且不大于地层破裂压力当量密度安全允许值，见式（1）。

$$\rho_f \geqslant \rho_m \geqslant \rho_{pmax} \quad \cdots\cdots (1)$$

式中：

ρ_m —— 钻井液密度，g/cm³；

ρ_{pmax} —— 裸眼井段最大地层孔隙压力当量密度，g/cm³；

ρ_f —— 地层破裂压力当量密度安全允许值，g/cm³。

5.7.2　压力平衡约束条件

裸眼井段内某一深度处的压力当量密度 ρ_b 应小于或等于裸眼井段最小安全地层破裂压力当量密度 ρ_{ffmin}，见式（2）。

$$\rho_b \leqslant \rho_{ffmin} \quad \cdots\cdots (2)$$

式中：

ρ_b —— 裸眼井段内某一深度处的压力当量密度，g/cm³；

ρ_{ffmin} —— 裸眼井段最小安全地层破裂压力当量密度，g/cm³。

5.7.3　压差卡钻约束条件

钻井作业过程中，钻井液液柱压力与地层孔隙压力最大压差不大于 Δp_n 或 Δp_a，见式（3）。

$$\Delta p = 0.00981 \times (\rho_{mmax} - \rho_{pmin}) \cdot D_n \leqslant \Delta p_n(\Delta p_a) \quad \cdots\cdots (3)$$

式中：

Δp —— 钻井液柱压力与地层孔隙压力最大压差，MPa；

ρ_{mmax} —— 裸眼井段最大钻井液密度，g/cm³；

ρ_{pmin} —— 裸眼井段正常或最小地层孔隙压力当量密度，g/cm³；

D_n —— 最深正常地层孔隙压力当量密度或最深最小地层孔隙压力当量密度对应井身，m；

Δp_n —— 正常压力地层压差卡钻临界值，MPa；

Δp_a —— 异常压力地层压差卡钻临界值，MPa。

5.8 必封点

应将下述情况作为主要考虑因素确定必封点。

a） 膏盐层、复合盐岩层等盐溶性地层；

b） 塑性泥岩层、泥页岩层及页岩层等易坍塌地层；

c） 断层破碎带、不整合交界面等漏失性地层；

d） 水温、水质或水量不满足生产要求的含水层；

e） 井眼轨迹控制等施工特殊要求，欠平衡钻进等工艺特殊要求；

f） 附近河流河床底部深度、附近饮用水源的地下水底部深度；

g） 附近矿井采掘坑道、城区附近地下管线及地下交通网的分布、深度和走向。

6 自下而上设计步骤

6.1 确定井身结构设计参数

6.1.1 从目的层深度 H 开始，根据 5.7 裸眼井段应满足的约束条件，向上确定出安全裸眼井段的长度 L_1，从而确定出倒数第一层技术套管下入的深度 $H_1 = H - L_1$。

6.1.2 从倒数第一层技术套管应下入的深度 H_1 开始，根据 5.7 裸眼井段应满足的约束条件，确定出 H_1 上部的安全裸眼井段的长度 L_2，从而确定出倒数第二层技术套管的应下入深度 $H_2 = H_1 - L_2$。

6.1.3 参照 6.1.2，向上逐层确定出每层套管的下入深度。

6.1.4 在确定了钻探设备能力前提下进行设计时，各级套管下入深度应满足设备能力要求。

6.2 开采段设计

依据目的层含水层厚度及地层稳定性确定开采段长度 L_1，依据储层岩性确定过滤管类型，依据出水量要求确定开采段孔径（d）。

6.2.1 开采段长度（L_1）设计

开采段长度应根据目的层厚度，出水量要求和过滤形式确定。

6.2.1.1 孔隙型热储

a） 开采段长度应保证能使过滤管安装在井内动水位以下。

b） 目的层厚度在 30m 以下时，开采段长度可设计为储层厚度；目的层厚度超过 30m，储层均质性能较好时可设计为目的层厚度的 70%～80%，储层非均质情况下可设计为目的层厚度的 33%～50%。储层透水性差时可在此基础上适当增加开采段长度。

实钻过程中，过滤管、井壁管等的排列依据测井、录井等成果确定。

c） 采用填砾工艺时，填砾高度宜超过过滤管不少于 20m。

d） 采用沉淀管时，沉淀管宜不少于 15m。

6.2.1.2 裂隙型热储开采段长度应钻穿岩溶、断裂构造等含水层段，并进入完整层段不少于 15m。

6.2.2 开采段孔径（d）设计

开采段孔径根据出水量要求、过滤管直径及地层情况确定。

6.2.2.1　下入过滤管成井

a）下入过滤管成井时，开采段孔径应根据过滤管外径 D_0 确定，可参考公式（4）：

$$D_0=\frac{Q}{\pi\cdot Lmv} \quad (4)$$

式中：

Q —— 设计出水量，m^3/s；

L —— 过滤器工作部分长度，m；

m —— 过滤器表层进水面有效孔隙率（可按过滤管表层进水面孔隙率的50%考虑），%；

v —— 最大允许进水流速（与含水层渗透系数有关），m/s，一般 v 宜按式（5）计算：

$$V=\sqrt{K}/15 \quad (5)$$

式中：

K —— 含水层的渗透系数（m/s）。

b）采用填砾工艺时，开采段直径取值时应在过滤管外径 D_0 基础上附加填砾厚度 D_1。

$$d=D_0+2D_1 \quad (6)$$

填砾厚度宜根据地层稳定性及砂岩粒度确定，粗粒砂岩、砾岩宜设计为75mm～100mm，中、细、粉粒砂岩宜设计为100mm～150mm。

6.2.2.2　裸眼成井

a）　四开及以上井身结构，开采段孔径宜不小于152.4mm；

b）　三开及以下井身结构，开采段孔径宜不小于215.9mm。

6.3　技术套管设计

6.3.1　技术套管结构及下深设计

技术套管的结构及下入深度设计主要根据储层上覆地层情况、压力梯度及必封点确定。

6.3.1.1　依据6.1确定技术套管下入深度。

6.3.1.2　目的层上覆地层主要为稳定的第四纪地层或基岩层，且无大的漏失、破碎带等不稳定地层时，钻孔结构宜采用一径成孔的形式，可不下技术套管。

6.3.1.3　目的层上覆地层主要为易出现漏、塌、缩等不稳定地层时，宜下技术套管封隔复杂地层；在同一井段有两个以上压力梯度不同的地层(即存在窄密度窗口)且钻井工艺难以保证安全钻进的情况下，应下技术套管封隔后换径下钻，换径应位于稳定岩层。一口地热井一般不宜超过两径技术套管。

6.3.2　技术套管直径设计

技术套管直径及与钻孔孔径的常用尺寸配合见附录A。

6.3.3　水泥返高设计

宜采用全封固井，管外水泥应返至套管重叠段；根据地层压力梯度判断地层存在异常低压时可采用部分封固的形式，管外水泥上返高度不应低于400m，并自套管重叠段再压入垂向深度不小于100m水泥浆。

采用悬挂方式的技术套管封固时水泥应返至上层套管鞋以上不少于30m。

6.4　表层套管设计

6.4.1　表层套管直径设计

表层套管直径应充分考虑地质条件、地热水水量及钻机卷扬能力，表层套管直径不宜小于 339.7mm；表层套管尺寸参数可参照附录 A。

6.4.2　泵室段长度设计

泵室段长度应考虑设备的抽汲能力、地下热水静水位和动水位，宜设计为 300m～500m；地热水动水位较浅、水量大、回灌好、补给充分的情况下泵室段长度可低于 300m。

特殊情况下泵室段兼做技术套管，在抽水设备和钻机卷扬能力满足要求的情况下可设计为 700m～800m。

6.4.3　水泥返高设计

宜采用全封固井，管外水泥应上返至地表。

6.5　套管重叠段设计

根据井下具体情况设计套管重叠段，一般不少于 30m，宜设计为 30m～50m。

6.6　套管螺纹扣型设计

地热井套管螺纹扣型通常情况下可采用长圆扣，大口径定向井可以采用偏梯形扣。

6.7　套管与孔壁间隙设计

套管与孔壁的间隙应确保水泥注浆时不存在压裂地层或水泥过早脱落形成水泥桥的可能，间隙值一般不小于 19mm。

套管与孔壁（钻头尺寸）间隙可参考附录 A 选择。

附　录　A
（规范性）
套管与钻头尺寸选择图

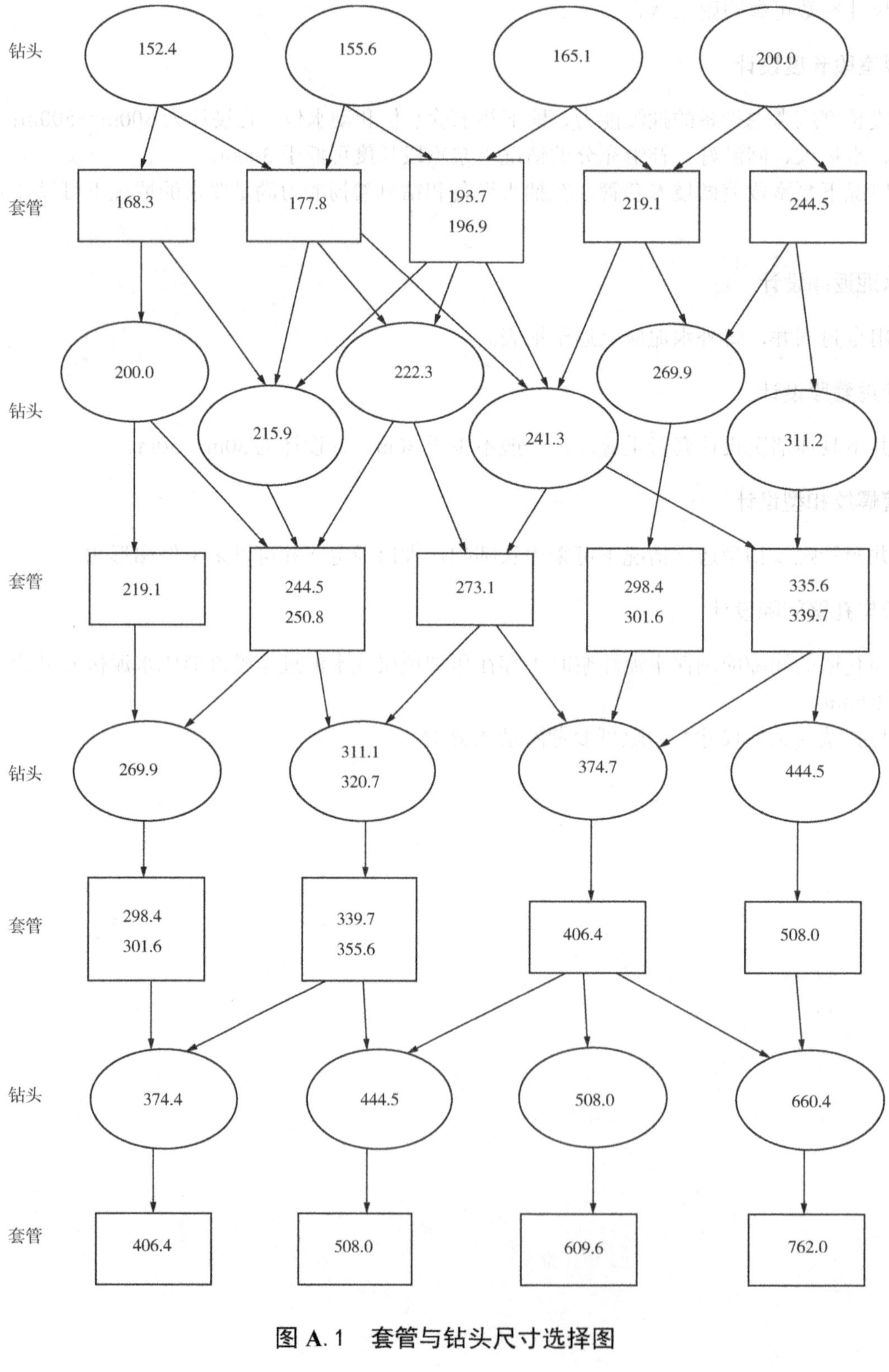

图 A.1　套管与钻头尺寸选择图

参 考 文 献

[1] ASTM E957-2003（2011）e1　有关地热能名词的定义
[2] NZS 2403-2015　地热深井作业守则

ICS 73.020
CCS D 14

NB

中华人民共和国能源行业标准

NB/T 10698—2021

地热井产能评价技术规程

Technical specification for productivity evaluation of geothermal well

2021-11-16 发布　　　　2022-05-16 实施

国家能源局　发布

目　次

前　言

本文件按照 GB/T 1.1—2020《标准化工作导则　第 1 部分：标准化文件的结构和起草规则》的规定起草。

本文件由中国石油化工集团有限公司提出。

本文件由能源行业地热能专业标准化技术委员会归口。

本文件起草单位：天津地热勘查开发设计院、东北石油大学、中国石化集团新星石油有限责任公司。

本文件主要起草人员：林建旺、曾梅香、赵苏民、岳丽燕、刘东林、沈健、蔡芸、李嫄嫄、刘九龙、黄嘉超、向烨、赵丰年。

本文件于 2021 年首次发布。

地热井产能评价技术规程

1 范围

本文件规定了中低温水热型地热井产能评价的名词术语、总则、降压试验热储参数计算、回灌试验注水热储参数计算、地热井产能评价、地热资源开发利用评价以及资料归档与报告编写的要求。

本文件适用于地热资源开发利用阶段地热井产能测试、热储参数计算和产能评价等。

2 规范性引用文件

下列文件中的内容通过文中的规范性引用而构成本文件必不可少的条款。其中，注日期的引用文件，仅该日期对应的版本适用于本文件；不注日期的引用文件，其最新版本（包括所有的修改单）适用于本文件。

GB/T 11615—2010 地热资源地质勘查规范

GB 50027—2001 供水水文地质勘察规范

DZ/T 0331—2020 地热资源评价方法及估算规程

NB/T 10097—2018 地热能术语

DB 12/T 664—2016 地热单（对）井资源评价技术规程

3 术语和定义

GB/T 11615—2010 和 NB/T 10097—2018 界定的以及下列术语和定义适用于本文件。

3.1

试验降压 trial pumping test

正式降压试验之前，为检查抽水设备及其安装情况，掌握地热井最大出水量而进行的试验。

3.2

井筒效应 wellbore effect

地热井在抽水期间，尤其是在抽水的初期，井口流体温度随着时间的延续不断升高，而由于水的密度与温度的变化成反比，此时尽管地热井内水位上升或保持不变，但热储压力却下降，这种地热流体普遍具有的现象即为井筒效应。

3.3

静水位 static water level

地热井在非试井条件下的闭井流体压力，在地热井产能测试中通常以静水位埋深或静水位表征。其数值是产能测试之前，消除了井筒效应的静止液面到自然地面的垂直距离。

3.4

热水头 geothermal water head

热储静压力按储层温度换算的地热井承压水头称为热水头，是井筒内流体上下形成统一热力场、隔水顶板之上的热液柱高度。以自然地面为基点到热水头液面之间的距离则为热水头埋深。

3.5

动水位　dynamic water level

地热井在试井时带有压力下降的流体压力，相当于动水位埋深或动水位。即产能测试过程中，井筒内某一时刻的水位埋深。

3.6

降深　drawdown

地热井在试井条件下所产生的热流体水位变化或压力下降值。降压试验的稳定水位降深为稳定动水位埋深与热水头埋深之差。

3.7

单位产量　specific yield

地热井在试井时，每米水位降或压力降的地热流体产量，即单位涌水量。

3.8

地热尾水　geothermal return water

地热流体经过换热后，温度降低但水质未受污染的地热原水。

3.9

开采权益保护半径　protection radius of exploitation rights

地热井按许可开采量进行开采时对热储的影响半径。以此圈定地热井按许可开采量进行开采时的热储权益保护范围。

3.10

许可开采量　licensed production

依据区域热储水位年降幅、合理降深、回灌井回灌能力及其 50 年热突破半径、开采井降压影响半径、相邻已有地热井的开采权益保护半径，按照以灌定采原则，同时结合地热资源规划等多种因素确定的地热流体可采资源量，是可提供给行政管理部门储量审批的地热井许可开采量。

3.11

地热回灌　geothermal injection

为保持热储压力、充分利用能源和减少地热流体直接排放对环境的污染，将经过利用（降低了温度）的地热流体通过地热井重新注回热储，也可利用其他清洁水源进行回灌。

3.12

可采系数　recovery rate

可采资源量占地热资源总量的比例。

4　总则

4.1　热储层顶、底板埋深及地热井静水位、动水位、热水头埋深统一以自然地面为零点进行计算。

4.2　评价热储导水性能时，统一用渗透率表征，或明确指出某一温度下的渗透系数（如热储温度）。

4.3　产能测试宜充分利用周围已有的同层地热井做观测井（如对井），进行多井降压试验。

4.4　地热井产能评价工作应在掌握区域地热地质资料，附近已有地热井钻探、物探测井、降压试验、回灌试验、水质以及动态监测等数据基础上，遵循采灌平衡原则进行综合性评价。

5　地热井产能测试

5.1　工作部署要求

5.1.1 地热井产能测试包括降压试验、放喷试验和回灌试验，通过试验取得目的热储层压力、产能、温度、单位产量、井流方程和采灌量比及热储层渗透性等参数。

5.1.2 对负水头承压井采用定流量降压试验，对自流井（正水头）采用放喷试验。

5.1.3 试验操作人员应明确各类试验目的、方法，编写产能测试详细方案，提示试验过程中可能出现的各种风险及困难，并应提出应对预案。

5.1.4 产能测试所采用的设施均应是耐高温防腐蚀材质。

5.1.5 在同一降压试验中，应采用同一方法和工具进行数据观测和采集。

5.1.6 试验前应进行以下工作：

a） 观测自然水位动态，观测时间为一个潮汐周期，观测频率为 1 次/h，精度达到 cm；
b） 洗井；
c） 检查排水管道和测管是否通畅；
d） 测试仪器和工具是否能正常使用；
e） 测定试验井的井口标高、井位坐标、测点至自然地面的距离；
f） 测量试验井的静水位埋深及对应的液面温度；
g） 进行试验降压，确定地热井最大出水量（Q_{max}）、最大动水位埋深（h_{max}）和最大降深（s_{max}）。

5.1.7 热储压力测量宜采用井下压力计测量压力变化，条件不具备只能从井口测量水位（压力）时，应同步观测对应的液面温度。

5.1.8 产能测试结束之前，应按 GB/T 11615—2010 中附录 B 的要求进行地热流体分析样的采集与保存。对于需要酸化处理的地热井应在酸化前采集流体样品。

5.1.9 产能测试现场应做好试验原始数据记录工作，表格见附录 B、附录 C，现场审查、校对水位、水量、观测时间等数据，发现有误可根据情况进行修正，誊清一份归档，并制成电子版及时录入地热钻井数据库。

5.2 降压试验技术要求

5.2.1 依据勘查工作需要，分为单井和多井降压试验。

5.2.2 单井降压试验技术要求

5.2.2.1 宜做三次稳定流或非稳定流降压试验，先进行大流量（Q_3=Q_{max}）抽水，停泵之后立即进行水位（压力）恢复试验，恢复时间不少于 6h，之后再进行中（Q_2）、小（Q_1）流量降压试验。Q_2、Q_1 分别为大流量的 2/3 和 1/3 左右。

5.2.2.2 单位产量小于 10m^3/（d·m）及流体压力持续下降的，应适当延长试验时间。

5.2.2.3 根据三次降压试验数据，建立井流方程 $s_w=aQ+bQ^2$ 或 Q–f（h），计算热水头。

5.2.2.4 降压试验资料应能满足确定流体运动方程 s_w–f（t），计算储层渗透系数、降压影响半径，初步确定弹性释水系数、压力传导系数等热储参数。

5.2.3 多井降压试验技术要求

5.2.3.1 指带有一个或多个观测井的主孔降压试验，主要在对井中第二眼井成井时的降压试验中采用。

5.2.3.2 当地热地质条件复杂、对井及附近地热井尤其是同层地热井较多且相距较近时，具备观测条件的宜进行多井降压试验。

5.2.3.3 宜进行 1 次～2 次的稳定流或非稳定流降压试验，最大一次降压的延续时间不少于 120h。如果同期观测井出现水位持续下降或水位波动较大情况，应适当延长试验时间。

5.2.3.4 抽水井抽水对最近观测井引起的水位下降值不小于 20cm。

5.2.3.5 试验资料除满足单井试验的各项要求外，还应能确定降压影响半径、井间干扰系数等参数。

5.2.4 降压试验数据采集要求

5.2.4.1 各流量降压试验是否达到稳定，以观测出水量、动水位与时间关系曲线只在一定范围内波动、波动幅度小于 2cm～3cm，且水位动态数据没有持续下降或上升趋势为标准。

5.2.4.2 降压试验过程中，抽水井和观测井均要求动水位、液面温度及流量同步观测。

5.2.4.3 观测数据精度要求如下：

a） 水位读数应精确到 1cm；

b） 水温读数应精确到 0.5℃；

c） 流量采用堰板计量时，读数应精确到 1mm；采用水表计量时，读数应精确到 $0.1m^3$。

5.2.4.4 稳定流观测时间为开泵后第 5min、10min、15min、20min、25min、30min、40min、60min、80min、100min、120min 各测一次，稳定后每 30min 或 60min 观测一次。

5.2.4.5 非稳定流观测时间为开泵后第 1min、2min、3min、4min、6min、8min、10min、15min、20min、25min、30min、40min、50min、60min、80min、100min、120min 各测一次，之后每隔 30min 观测一次。

5.2.4.6 最大流量降压试验的延续时间不少于 48h，稳定延续时间不少于 24h。中、小流量降压试验稳定延续时间分别不少于 12h、8h。

5.2.4.7 大降压试验停泵后立即按非稳定流间隔时间要求观测恢复水位，持续时间不少于 6h。

5.2.4.8 应现场绘制 Q-s、s_w-lg$t$ 及 s_w-$\sqrt{t}$ 曲线，判断是否存在管道流和降压反曲线等问题，相应调整试验方案，现场及时纠正或补做试验。

5.3 回灌试验技术要求

5.3.1 回灌方式

宜采用回灌管内进水方式进行回灌，回灌管应下至回灌井静水液面以下 10m～15m 深度，保证回灌在密闭条件下进行。

5.3.2 回灌系统工艺

5.3.2.1 水质处理系统

回灌流体回灌时，应做除砂、除污水质处理，应依据试验井目的层热储类型，选择精度适宜的过滤设备：

a） 目的层为砂岩孔隙型热储时，需同时安装粗效过滤和精细过滤两级过滤装置，粗效过滤精度为 30μm～50μm，精细过滤精度为 3μm～5μm；

b） 目的层为基岩岩溶裂隙型热储时，仅需安装粗效过滤装置。

5.3.2.2 排气设备

回灌管路上须安装排气装置，用以排出回灌流体中的气体。试验时应检查排气阀门，罐体内压力应大于大气压，严禁空气进入，同时保证排气通道畅通。

5.3.2.3 系统管路

采、灌井内分别下入泵管及回灌管，系统管路应达到密闭状态，仪表、仪器正常运行。正式回灌试验前应对管道及过滤设备内部污垢杂物进行冲洗，要求水清砂净。

5.3.3 试验操作

5.3.3.1 宜采用定流量方法进行三组及以上回灌试验，回灌量从小到大依次进行。第一组小灌量以其开采井产能测试时最大抽水流量的 1/2 为宜，后续每组逐级增加最大抽水流量的 1/4，最大组灌量应达到或接近开采井产能测试时的最大涌水量。

5.3.3.2 测试资料应满足确定流体运动方程的要求。利用多组回灌试验数据建立井流方程，计算热储注水渗透系数、导水系数和回灌影响半径等热储参数，并评价单井合理可灌量

5.3.4 回灌试验观测数据要求

5.3.4.1 回灌试验过程中，要求动水位、液面温度、回灌量同步观测。

5.3.4.2 观测精度要求同降压试验。

5.3.4.3 在回灌开始后第 5min、10min、15min、20min、25min、30min、40min、50min、60min、80min、100min、120min 各观测一次，之后每 30min 观测一次。

5.3.4.4 第一组试验的动水位需稳定 8h 以上，第二、三组试验动水位需分别稳定 16h、24h 以上。

5.3.4.5 各组试验是否达到稳定以观测水位波动幅度小于 5cm/30min，且不再持续下降或上升为准。

5.4 放喷试验

5.4.1 热储水头高于地面的地热井（即自流井）应进行放喷试验，分为单井放喷试验和多井放喷试验。

5.4.2 放喷试验的方法和技术要求按 GB/T 11615—2010 中第 7.6.4 条执行。

6 降压试验热储参数计算

6.1 水位校正

为消除井筒效应，将产能测试获得的不同温度的观测水位，按公式（1）统一换算到某一温度下的校正水位。

$$h = H_{中} - \frac{\rho_{平} \times [H_{中} - (h_t - H_0)]}{\rho_{高}} \qquad (1)$$

式中：

h——校正后从自然地面起算的水位埋深，m；

$H_{中}$——热储富集段中点垂深，m；

$\rho_{平}$——井筒内水柱平均密度（即热储温度与液面温度的平均值所对应的流体密度），kg/m^3；

h_t——观测水位埋深，m；

H_0——观测基点距自然地面的高度，m；

$\rho_{高}$——热储温度所对应流体密度，kg/m^3。

6.2 热水头埋深（h_0）的确定方法

热水头埋深（h_0）应采用以下三种方法综合分析确定：

a） 静水位校正法：将抽水前测得的静水位埋深按照公式（1）校正到热储平均温度下的水位，即为热储平均温度下的静水位埋深；

b） Q–h 曲线修正法：根据 3 个校正后的稳定动水位埋深（h）和对应的涌水量（Q），绘制 Q–h 关系曲线图，其与纵轴截距即热水头埋深（h_0）；

c） 水位恢复法：大落程降压试验停泵后，立即观测恢复水位，恢复水位出现的峰值即为热水头埋

深（h_0）。

6.3 单位产量计算方法

地热井单位产量 q 可采用公式（2）进行计算求得。

$$q = \frac{Q}{s_w} \quad \cdots\cdots (2)$$

式中：

q——单位产量，$m^3/(h \cdot m)$；

Q——抽水流量，m^3/h；

s_w——抽水产生的稳定水位降深（校正后稳定动水位埋深 h 与热水头埋深 h_0 之差），m。

6.4 稳定流降压试验求参方法

6.4.1 单井降压试验求参方法

6.4.1.1 渗透系数和降压影响半径计算方法

根据裘布依（Dupuit）公式（3）及奚哈德（W.Sihardt）影响半径经验公式（4），应用叠代法求取热储渗透系数 K 和降压影响半径 R。

$$K = \frac{0.366Q}{s_w M} \lg \frac{R}{r_w} \quad \cdots\cdots (3)$$

$$R = 10 s_w \sqrt{K} \quad \cdots\cdots (4)$$

式中：

K——热储平均温度下的热储渗透系数，m/d；

Q——抽水流量，m^3/d；

M——热储层有效厚度，m；

R——降压影响半径，m；

s_w——抽水井稳定水位降深，m；

r_w——抽水井热储段井半径，m。

6.4.1.2 热储有效厚度（M）的确定

a） 岩溶裂隙型热储有效厚度为测井结果划分的Ⅰ类、Ⅱ类裂隙厚度之和。采取酸洗压裂措施后其厚度为Ⅰ类、Ⅱ类、Ⅲ类裂隙厚度之和。

b） 孔隙型热储有效厚度的确定应根据测井结果及滤水器（射孔段）位置，为滤水器（射孔段）对应的热储段厚度之和。

6.4.1.3 热储导水系数计算方法

热储导水系数按式（5）计算。

$$T = KM \quad \cdots\cdots (5)$$

式中：

T——导水系数，m^2/d；

K——渗透系数，m/d；

M——热储层有效厚度，m。

6.4.1.4 热储渗透率计算方法

热储渗透率按式（6）计算。

$$k=\frac{\eta}{g}K \tag{6}$$

式中：

k——热储渗透率，m^2；

K——渗透系数，m/s；

η——热储平均温度下地热流体的运动黏滞系数，m^2/s（查 GB/T 11615—2010 中附录 C 表 C.3）；

g——重力加速度，m/s^2（$9.8m/s^2$）。

6.4.2 多井降压试验求参方法

6.4.2.1 当带有一个观测井时，如果观测井受抽水主井影响水位有变化，采用式（7）、式（8）计算降压影响半径和热储渗透系数。

$$\lg R=\frac{s_w\lg r-s_1\lg r_w}{s_w-s_1} \tag{7}$$

$$K=\frac{0.366Q}{M(s_w-s_1)}\lg\frac{r}{r_w} \tag{8}$$

式中：

s_w——抽水井稳定水位降深，m；

s_1——观测井稳定水位降深，m；

r——观测井与抽水井井底水平距离，m；

其余符号意义同前。

6.4.2.2 当带有两个观测井时，如果观测井受抽水主井影响水位有变化，采用式（9）、式（10）计算降压影响半径和热储渗透系数。

$$\lg R=\frac{s_1\lg r_2-s_2\lg r_1}{s_1-s_2} \tag{9}$$

$$K=\frac{0.366Q}{M(s_1-s_2)}\lg\frac{r_2}{r_1} \tag{10}$$

式中：

s_1——近观测井稳定水位降深，m；

s_2——远观测井稳定水位降深，m；

r_1——近观测井与抽水井井底水平距离，m；

r_2——远观测井与抽水井井底水平距离，m；

其余符号意义同前。

6.4.2.3 应用压力测试方法时，采用公式（11）计算热储渗透系数（带一个观测井）。

$$K=\frac{Qg}{2\pi\Delta PM}\ln\frac{r_1}{r_w} \tag{11}$$

式中：

K——热储层渗透系数，m/s；

Q——抽水流量，kg/s；

ΔP——试验达到稳定状态时抽水井与观测井之间的流体压力差，Pa；

其余符号意义同前。

6.5 非稳定流降压试验求参方法

6.5.1 Jacob 直线图解法

当降压试验时间较长，$u=r^2/(4at)<0.01$ 时，可采用 Jacob 公式（12）计算参数。

$$s=\frac{Q}{4\pi T}\ln\frac{2.25Tt}{r^2\mu^*}=\frac{0.183Q}{T}\lg\frac{2.25Tt}{r^2\mu^*} \quad (12)$$

将上式改写成 $s=\frac{0.183Q}{T}\lg\frac{2.25T}{\mu^*}+\frac{0.183Q}{T}\lg\frac{t}{r^2}$，即 s 与 $\lg\frac{t}{r^2}$ 呈线性关系，具体步骤如下：

a） 绘制 $s-\lg\frac{t}{r^2}$ 曲线，拟合成直线形式，求直线斜率 i。可在 excel 拟合公式上直接读取，也可取和一个对数周期对应的降深 Δs，这就是斜率 i。$i=\frac{0.183Q}{T}$，可求出导水系数 T。

b） 将直线部分延长，在零降深线上的截距为 $\left(\frac{t_0}{r^2}\right)$，代入式（12）有 $\lg\frac{2.25Tt_0}{r^2\mu^*}=0$，即 $\mu^*=2.25T\left(\frac{t_0}{r^2}\right)$，可求出弹性释水系数 μ^*。

6.5.2 水位恢复资料求参方法

当 $u<0.01$ 时，依据 Theis 叠加公式（13），使用 Excel 表绘制降深-历时对数曲线，以历时 $\lg(t/(t-t_0))$ 为 x 轴、剩余降深 s_r 为 y 轴，添加线性趋势线获得趋势线斜率 $i=\frac{2.3Q}{4\pi T}$，求取导水系数 T。

$$s_r=\frac{2.3Q}{4\pi T}\lg\frac{t}{t-t_0} \quad (13)$$

式中：

s_r——剩余降深值，m；

t——抽水开始到计算时的延续时间，d；

t_0——恢复观测距抽水开始的时间，d；

i——剩余降深对数历时曲线趋势线斜率；

其余符号意义同前。

6.5.3 有越流补给热储求参方法

越流系统中降压试验可采用 Hantush-Jacob 公式（14）、公式（15）计算参数。

$$s=\frac{Q}{2\pi T}K_0\left(\frac{r}{B}\right) \quad (14)$$

$$R=1.123B \quad (15)$$

式中：

$K_0\left(\frac{r}{B}\right)$——零阶第二类虚宗量 Bessel 函数；

B——越流因素，m；

其余符号意义同前。

s-$\lg t$ 曲线的斜率变化规律是由小到大，又由大变到小，存在着拐点 P（见图 1）。

拐点 P 处降深 s_p 与最大降深 s_{max} 的关系为：

$$s_p=\frac{Q}{4\pi T}K_0\left(\frac{r}{B}\right)=\frac{1}{2}s_{max} \quad \cdots\cdots (16)$$

拐点 P 处的时间 t_p 为：

$$t_p=\frac{\mu^* Br}{2T} \quad \cdots\cdots (17)$$

拐点 P 处切线的斜率为：

$$i_p=\frac{2.3Q}{4\pi T}e^{-\frac{r}{B}} \quad \cdots\cdots (18)$$

拐点 P 处降深 s_p 与斜率 i_p 之间的关系为：

$$\frac{2.3s_p}{i_p}=K_0\left(\frac{r}{B}\right)e^{\frac{r}{B}} \quad \cdots\cdots (19)$$

应用上述原理，具体计算参数步骤如下：

a） 在单对数坐标纸上绘制 s-lg$t$ 曲线（图 1），用外推法确定最大降深 s_{max}，并用公式（16）计算拐点 P 处降深 s_p。

b） 根据 s_p 确定拐点 P 位置，并从图上读出拐点出现的时间 t_p。

c） 做拐点 P 处曲线的切线，并从图上确定拐点 P 处切线的斜率 i_p（一个对数周期对应的降深 Δs）。

d） 应用公式（19），求出有关数值后，查 Bessel 函数数值表确定 $\left(\frac{r}{B}\right)$ 和 $e^{\frac{r}{B}}$ 值。

e） 根据 $\left(\frac{r}{B}\right)$ 值求 B 值：$B=\frac{r}{\left(\frac{r}{B}\right)}$。

f） 用式（18）、式（17）和式（15）分别计算 T、μ^* 和 R 值。

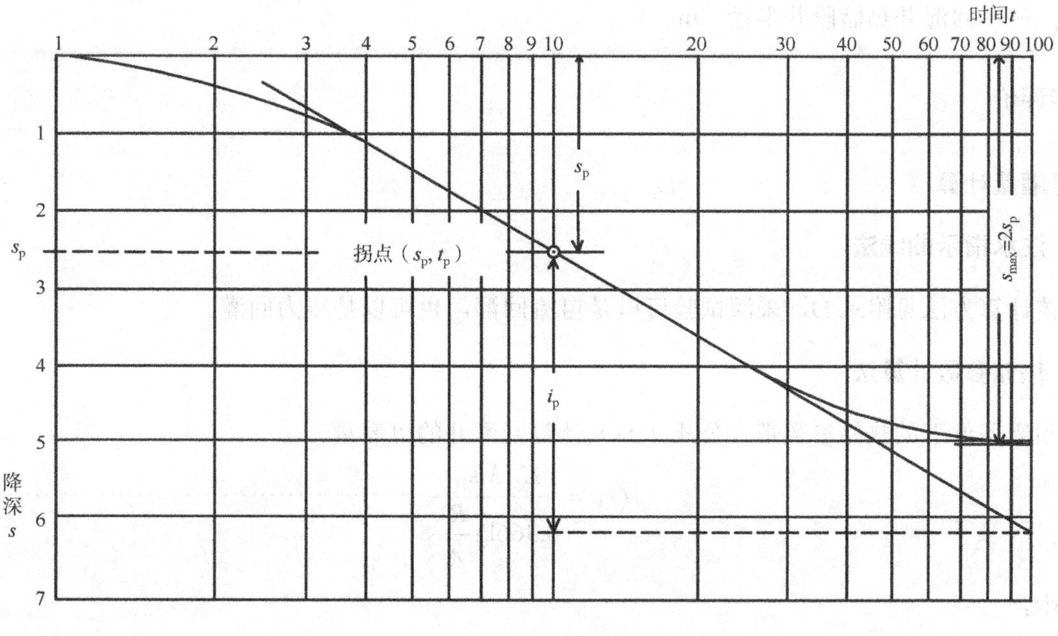

图 1 s-lg$t$ 曲线

6.6 复杂条件下热储参数计算

如果降压试验受到不同水文地质边界影响，则应根据实际情况选取符合水文地质条件的方法进行计算，具体方法参见《供水水文地质手册　第二册　水文地质计算》《试井分析》等，或按边界水力性质设置虚拟井按势叠加原理进行计算。

6.7 热储参数选取

选取大降深产能测试资料所求得的相关参数作为该地热井的热储参数。

7 回灌试验热储参数计算

回灌条件下热储参数按式（20）、式（21）和式（22）进行计算。

$$K_{注}=\frac{0.366Q_{注}}{Ms_{注}}\lg\frac{R}{r_w} \quad (20)$$

$$R=10s_{注}\sqrt{K_{注}} \quad (21)$$

$$T_{注}=K_{注}M \quad (22)$$

式中：

$K_{注}$ —— 回灌流体温度为25℃时热储注水渗透系数，m/d；

$T_{注}$ —— 回灌流体温度为25℃时热储注水导水系数，m^2/d；

$Q_{注}$ —— 回灌井稳定回灌量，m^3/d；

$s_{注}$ —— 回灌试验时井筒流体稳定水位与试验前校正后静水位之差，m；

M —— 热储注水段有效厚度，m；

R —— 回灌影响半径，m；

r_w —— 回灌井热储段井半径，m。

8 产能评价

8.1 可灌量计算

8.1.1 注水指示曲线法

具体计算方法见附录D，采灌试验可以是自流回灌，也可以是压力回灌。

8.1.2 热储参数计算法

将回灌条件下的热储参数带入公式（23）计算回灌井的可灌量。

$$Q_{注}=\frac{K_{注}Ms_{注}}{0.366\lg\frac{R_{注}}{r_w}} \quad (23)$$

式中：

$Q_{注}$ —— 回灌流体温度为25℃时回灌井稳定可灌量，m^3/d；

$K_{注}$ —— 回灌流体温度为25℃时的热储注水渗透系数，m/d；

$s_{注}$ —— 回灌井内流体水位上升到允许的最大值（统一取距离井口10m，水位统一以25℃校正）；

M —— 热储注水段有效厚度，m。

8.1.3 冷锋面运移估算法

8.1.3.1 基岩岩溶裂隙型热储层，采用公式（24）计算。

$$Q_{注}=\frac{\pi D^{2}M\left(\rho_{a}\beta_{a}\right)}{3t\left(\rho_{w}\beta_{w}\right)} \quad (24)$$

式中：

D —— 同层采、灌对井井底距离，m；

t —— 冷峰面到达开采井的允许时间，d，按50年计算；

$\rho_{w}\beta_{w}$ —— 25℃时地热流体的密度与比热容之乘积，MJ/（m^{3}·℃）；

$\rho_{a}\beta_{a}$ —— 25℃时储层岩石的密度与比热容之乘积，MJ/（m^{3}·℃）；

其余符号意义同前。

8.1.3.2 松散孔隙型热储层，采用公式（25）计算。

$$Q_{注}=\frac{\pi nD^{2}M}{3t} \quad (25)$$

式中：

n——热储平均孔隙度（无量纲）；

其余符号意义同前。

8.1.4 综合确定法

可灌量应在回灌试验实际情况的基础上，结合以上三种方法计算出的回灌量，取最小值综合确定。

8.1.5 特殊情况下回灌井可灌量的评价

确定回灌井合理可灌量时，有两种特殊情况应酌情考虑：

a） 回灌能力极弱（小于出水量的1/3）时，宜以该井回灌试验过程中相对延续时间较长的一段回灌量作为其可灌量。并采用类比方法，对比分析相同地质构造条件下、成井工艺相同的同类型地热井的回灌能力，作为确定其可灌量的依据。

b） 回灌能力极强（大于最大出水量）时，应主要考虑冷锋面的运移，以对井中的开采井和附近其他同层开采井流体温度不应下降、不产生热突破为宜。

8.2 可开采量计算

8.2.1 评价地热井可开采量（Q）影响因素

应综合考虑影响因素指标，不应以单一指标来简单评价。

a） 区域水位年降幅；

b） 热（量）均衡条件下的开采合理降深；

c） 采灌对井合理井距；

d） 降压影响半径；

e） 开采权益保护半径；

f） 以灌定采；

g） 地热资源开发利用区域整体规划和地区局部规划。

8.2.2 单井可开采量计算

8.2.2.1 井流方程估算法

根据3次降压试验降深，采用公式（26）二次拟合确定井流方程，然后反推单井可开采量。

$$s_w = aQ + bQ^2 \quad \cdots\cdots（26）$$

式中：

a——热储层流损失系数；

b——井筒紊流损失系数；

其余符号意义同前。

8.2.2.2 内插法

根据降压试验资料采用内插法估算单井可开采量，计算使用的压力降低值即推算降深，见表1。

表1 单井地热流体可开采量计算水位降深约束条件一览表

热储类型	水位年降幅（m/a）	推算降深（m）
裂隙型	≤3	≤30
	>3	≤20
孔隙型	≤2.5	≤30
	>2.5	≤20

8.2.3 采灌对井可开采量评价

8.2.3.1 “以灌定采”法

“以灌定采”确定对井可开采量应同时满足以下两个条件：

a） 回灌率不低于100%；

b） 地热流体回灌后，50年内冷峰面不得到达开采井，即不产生热突破。

对井系统估算可开采量时，应结合实际回灌试验，依据“以灌定采”的原则，计算其保持水头压力、热（量）均衡条件下的合理开采强度，充分考虑到流体回灌对热储的回补作用。

8.2.3.2 内插法

根据降压试验资料采用内插法估算对井可开采量时，计算使用的压力降低值即推算降深，见表2。

表2 对井地热流体可开采量计算水位降深约束条件一览表

热储类型	水位年降幅（m/a）	推算降深（m）
裂隙型	≤3	≤40
	＞3	≤30
孔隙型	≤2.5	≤40
	＞2.5	≤30

8.3 开采可靠性评价

8.3.1 权益保护半径计算

依据初步估算的地热井可开采量，按式（27）、式（28）计算地热井开采50年对热储的影响半径即热补给半径$R_{热}$，视其为地热井开采权益保护半径。

$$R_{热}=\sqrt{\frac{NQ_{估}f}{\pi M_{储}\lambda_{w}}} \quad\cdots\cdots(27)$$

$$f=\frac{\rho_{w}\beta_{w}}{\rho_{a}\beta_{a}} \quad\cdots\cdots(28)$$

式中：

$R_{热}$——开采50年地热井权益保护半径（定向井以目的层中部为圆心），m；

N——地热井50年开采期内的开采总天数，d；

$Q_{估}$——地热井估算开采量，m^3/d；

f——地热流体比热与储层岩石比热的比值；

$M_{储}$——热储层厚度，m；

λ_{w}——可采系数（对大型沉积盆地的新生代砂岩，当孔隙度大于20%时，热储回收率定为0.25；碳酸盐岩裂隙热储定为0.15；中生代砂岩和花岗岩等火成岩类热储则根据裂隙发育情况定为0.05～0.1）；

其余符号意义同前。

8.3.2 许可开采量评价

8.3.2.1 同一热储层各开采井之间的合理井距应同时大于2倍热补给半径和降压影响半径。

8.3.2.2 若地热井周边尚无其他同一热储层开采井或与其井距超过2$R_{热}$，估算可开采量可作为开采井的许可开采量Q。

8.3.2.3 若井距小于2$R_{热}$，则首先应保证不能侵犯已取得采矿权证的现有开采井的权益保护范围，应以实际井距与已有开采井的热补给半径之差作为该开采井的权益保护半径，并以该范围内的可采热储存量作为该井地热流体开采允许排放的热量，采用公式（27）反求其可开采量，以此作为开采井的许可开采量Q。

8.3.2.4 当降压影响半径R大于热补给半径$R_{热}$时，应以$2R$作为合理布井井距，并以此计算地热井许可开采量Q。

8.3.3 50年开采热量评价

根据确定的许可开采量 Q，采用公式（29）计算50年开采期内开采地热流体所排放的总热量（kJ），并折合相应标准煤（kCal）、电量（kW·h）。

$$W = QC_{\mathrm{w}}T(t_{\mathrm{r}} - t_0) \quad \cdots\cdots (29)$$

式中：

W——50年开采期内所排放的总热量，kJ；

Q——地热流体许可开采量，m^3/d；

C_{w}——地热流体平均比热容，kJ/（m^3·℃）；

T——50年内单井累计开采天数，d；

t_{r}——地热流体温度，℃；

t_0——当地年平均气温，℃。

8.3.4 鉴于现阶段地热资源开采现状和规模、热储层压力场动态变化特点，以可持续性集约节约开发利用为前提，在集中开采区，单井应严格控制开采量。

9 报告编写

9.1 地热井产能评价报告编写具体要求见附录A。

附 录 A
（规范性）
地热井产能评价报告编写要求

A.1 产能评价报告内容要求

A.1.1 地热井产能评价报告依据实际需要可分为：单井产能评价报告和对井产能评价报告。

A.1.2 报告内容一般包括：

a） 前言：简述地热勘查项目概况；地热井所处的地理位置；探矿权、采矿权登记概况；以往开展地热地质工作概况及地热地质研究程度；勘查目的和任务；勘查工作量及质量评述等。

b） 地热地质特征：简述地热井所处的地质构造部位；构造特征；地层概况；地温场及热储层特征；勘查项目附近地热开发利用现状。

c） 钻井工程：详述地热井钻探工程实施情况与问题；成井地质剖面；物探测井及井身结构；钻遇地层情况及特征；地温梯度及热储发育特点。

d） 产能测试与可开采量计算评价：成井产能测试（降压、回灌试验等）资料分析；数据整理及热储参数计算；地热井可灌性分析及合理回灌量确定；估算地热井开采量及热补给半径。最终评价确定地热井开采权益保护半径、许可开采量，并计算整个开采期内的热储层可采热量、热能、电能。

e） 开采保护区评价：结合地热井降压影响半径、热补给半径，评价并圈定地热开采权益保护范围，提出合理井距的建议。

f） 结论及开发利用建议：侧重热储层特征、地热井可开采量、开采权益保护范围及其合理井距等方面的结论和意见。

A.2 产能评价报告编写提纲

第一章　前言
　第一节　项目概况
　第二节　地热勘查研究程度
　第三节　勘查目的任务
　第四节　勘探工作质量评述
第二章　区域地热地质条件
　第一节　构造特征
　第二节　地层概况
　第三节　地温场特征
　第四节　热储层特征
　第五节　开发利用现状及区域热储开发动态
第三章　地热井热储工程
　第一节　地热井工程
　第二节　地球物理测井
　第三节　钻遇地层特征

第四节　地热井热储特征

第四章　降压试验与可开采量计算评价

第一节　降压试验概况

第二节　热储参数计算

第三节　可开采量计算评价

第五章　回灌试验与可灌量计算评价

第一节　回灌试验概况

第二节　注水热储参数计算

第三节　可灌量计算评价

第六章　地热井许可开采量计算评价

第一节　许可开采量计算评价

第二节　开采保护区论证

第三节　地热井开采初步预报

结论及建议

附：① 钻井地质综合柱状图；

② 降压试验观测记录表；

③ 回灌试验观测记录表；

④ 地热井竣工验收表。

附　录　B
（资料性）
降压试验观测原始记录表

降压试验观测原始记录表

井号 ________　　井位 ______________　　静水位埋深 ______ m/液面温度 ______ ℃　　第 ____ 页

测点距井口距离 ____ m　　压力表中心距井口距离 ____ m　　堰形 ______　　落程（大、恢复、中、小）______　　共 ____ 页

观测时间						水量观测			水位观测				井口流温（℃）	气温（℃）	备注
月	日	时	分	间隔时间（min）	累计时间（h或min）	堰口读数（cm）	涌水量（L/s）	涌水量（m^3/h）	由测点算起（m）	压力表读数（MPa）	水位埋深（m）	水位降落（m）			

注：压力表中心距进口距离、压力表读数仅在放喷试验中填写；水位恢复试验只填写观测时间和水位观测数据即可。

记录：　　　　审核：　　　　时间：

附　录　C
（资料性）
回灌试验观测原始记录表

回灌试验回灌井观测原始记录表

井号________　　测点距井口距离________m　　静水位埋深________m/液面温度________℃　　第____页

井位____________________　　组号（第一组、第二组、第三组、恢复）________　　共____页

测时间						观测数据						备注
月	日	时	分	间隔时间（min）	累计时间（min）	瞬时流量（m^3/h）	累计流量（m^3）	水位埋深（m）	水位升值（m）	回灌水温（℃）	气温（℃）	

记录：　　审核：　　时间：

回灌试验抽水井观测原始记录表

井号 ________ 测点距井口距离________m 静水位埋深________m/液面温度________℃ 第____页

井位________ 组号（第一组、第二组、第三组、恢复）________ 共____页

观测时间				观测数据							备注
月	日	时	分	间隔时间（min）	累计时间（min）	涌水量（m^3/h）	水位埋深（m^3/h）	水位降值（m）	井口流温（℃）	气温（℃）	

记录： 审核： 时间：

附 录 D
（资料性）
回灌井注水指示曲线

常见的回灌井注水指示曲线有三种类型（图 D.1）：

Ⅰ型为直线递增式指示曲线，它反映地层吸水量与注入压力成正比，在直线上任取一点可求出吸水指数（单位压差下的注水量）。

$$I_w = \frac{Q_{注}}{\Delta P} = \frac{Q_{注}}{P_{wf} - P_{ws}} \quad (0.1)$$

式中：

I_w —— 吸水指数；

$Q_{注}$ —— 回灌井稳定回灌量，m^3/d；

ΔP —— 回灌井注水压差，Pa；

P_{ws} —— 回灌井储层原始静压，Pa；

P_{wf} —— 回灌井井底流压，Pa。

Ⅱ型为上翘式曲线，反映有断层蔽挡或连通性差，需要高压回灌或水力压裂增产。

Ⅲ型为下折式曲线，反映洗井不彻底或岩屑堵塞裂缝带，应进行酸化增产。

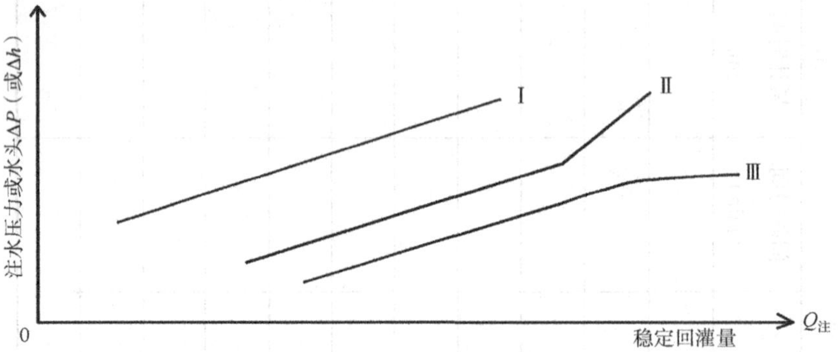

图 D.1 注水指示曲线图

ICS 73.100.30
CCS D 14

NB

中华人民共和国能源行业标准

NB/T 10704—2021

地热井钻前工程和设备安装技术规范

Technical specification for pre-drilling engineering and equipment installation of geothermal well

2021-11-16 发布 2022-05-16 实施

国家能源局 发布

目　次

前言

本文件按照 GB/T 1.1—2020《标准化工作导则　第 1 部分：标准化文件的结构和起草规则》的规定起草。

本文件由中国石油化工集团有限公司提出。

本文件由能源行业地热能专业标准化技术委员会归口。

本文件起草单位：中国石油化工股份有限公司石油工程技术研究院、中国石化集团新星石油有限责任公司、北京大地开源钻井公司、陕西省煤田地质集团有限公司、中国石油大学（北京）、北京玛斯莱特科技有限公司。

本文件主要起草人：王磊、王恒、孙鹏、张东清、张海雄、张晓宏、刘小康、赵华永、杨卫、周号博、张逸群、马春红。

本文件于 2021 年首次发布。

地热井钻前工程和设备安装技术规范

1 范围

本文件规定了地热井的钻前工程和井场设备安装的技术要求，主要包括钻前工程、设备布置及安装、井场安全与环保、设备试运行与检查等开钻前内容和要求。

本文件适用于地热井的钻前工程和钻井一开钻进前相关技术要求。

2 规范性引用文件

下列文件中的内容通过文中的规范性引用而构成本文件必不可少的条款。其中，注日期的引用文件，仅该日期对应的版本适用于本文件。不注日期的引用文件，其最新版本（包括所有的修改单）适用于本文件。

GB 8978 污水综合排放标准

GB 12348 工业企业厂界环境噪声排放标准

GB 50150 电气装置安装工程 电气设备交接试验标准

AQ 2004 地质勘探安全规程

AQ-T 9006 企业安全生产标准化基本规范

DZ/T 0260 地热钻探技术规程

JTG B01 公路工程技术标准

SY/T 5087 硫化氢环境钻井场所作业安全规范

SY/T 5466 钻前工程及井场布置技术要求

SY 5974 钻井井场、设备、作业安全技术规程

SY/T 6199 钻井设施基础规范

SY/T 6276 石油天然气工业 健康、安全与环境管理体系

SY 6355 石油天然气生产专用安全标志

SY/T 6586 石油钻机现场安装及检验

3 术语和定义

下列术语和定义适用于本文件。

3.1

钻前工程 pre-drilling engineering

为地热井工程正常开展所进行的前期准备工程。主要包括井场、道路、设备基础、池类及排污系统、供水供电、生活营地等分项工程。

3.2

防渗布 impervious material

由涂料、聚乙烯、强度高的涤纶网布、各种添加剂经高温高压融合在一起形成的一种防水防油防渗漏材料。

4 钻前工程

4.1 井场布置

4.1.1 城市地热井位置应避开城市的天然气管道、地下管网、消防设施等，不与城镇地下空间规划冲突。

4.1.2 工作场地布置应符合安全施工、文明施工及环保要求。

4.1.3 钻探主体设备的布置应以确定的井位中心为基准，进行合理就位与安装。

4.1.4 附属设备布置应紧凑、整齐，便于维修维护和安全操作。

4.1.5 井场布置图见附录 A。

4.2 井场修建

4.2.1 井场面积应根据钻机主要设备、固控设施、污水池、生产用房和地面道路等所占面积进行确定，大小应满足钻井设备的安装要求。

4.2.2 井场形状及面积，应能满足各类井管、钻具、泥浆材料、辅助设备安装的占地要求。

4.2.3 井场的大小还应满足电测井、固井、压裂等阶段性作业设备设施的布置、安装基本要求。

4.2.4 在空旷区作业，井场面积按照 SY/T 5466。当井场在城镇、居民小区等受限区作业时，井场面积应按照极限标准制定，各类型钻机井场参考面积见表 1。

表 1　各类型钻机井场参考面积

钻机井深级别	井场面积（m^2）	长度（m）	宽度（m）
1000m（ZJ10）	1500	50	30
2000m（ZJ20）	1500	50	30
3000m（ZJ30）	1950	65	30
4000m（ZJ40）	1950	65	30
5000m（ZJ50）及以上	3200	80	40

4.2.5 井场平面以井口为中心，应向四方倾斜，其坡度为 1:100，以利排水。

4.2.6 井场内地基应坚固，保证重载车辆、作业吊车的安全通行与作业。

4.2.7 井场地基修建时，应保证井边缘距地下动力电缆线路、高压输气管道等水平距离大于 5m，距地下通讯电缆、构筑物、给排水管道等水平距离大于 2m，距公路距离应符合《公路安全保护条例》规定。

4.2.8 井场地基修建时，应确保井架在安装（起落）过程中或工作时，井架主体及附属的绷绳、避雷器等设施与场地上空的高压输电线路的安全距离符合 AQ 2004 的要求。

4.2.9 井场周围应设置防洪排水措施。在山谷、河沟、地势低洼地带或雨季施工时，井场地基周围应修建防水堤等防洪设施。

4.2.10 农田内施工的地热井，应四周挖沟或围堤，边沟底宽和深度应大于 0.5m，围堤宜根据实际需要修筑，防止井场内污油、污水、钻井液等流入田间或水溪。

4.2.11 井场、钻台、泵房、机房下应挖有通向污水池的排水沟。

4.3 大门方向的确定

4.3.1 大门方向应符合井控规定。

4.3.2 布置大门方向应考虑风频、风向。大门方向应背向季节风。

4.3.3 大门方向应面向进入井场的道路。

4.4 井场道路

4.4.1 入井场道路及路面

4.4.1.1 根据地热田地质构造和井位布局确定道路走向。

4.4.1.2 山岭丘陵地区选定井场道路应避开滑坡、泥石流等不良地质地段。

4.4.1.3 通往井场的道路，应满足建井周期内各型车辆安全通行，特别应考虑满足抢险车辆的通行。

4.4.1.4 入井场道路应满足 JTG B01 规定的四级公路标准。

4.4.1.5 路面平坦、坚实、尽量取直，留有会车台。

4.4.1.6 井场逃生道路应有两条以上，其夹角大于 90°，达到路面平整，便于人员及时撤离疏散。

4.4.1.7 雨季泥泞道路应采取必要的防滑、防陷措施，如铺设钢管排、砖渣、煤矸石等，确保道路通畅。

4.4.2 桥涵

4.4.2.1 通往井场的道路桥涵应根据地热井运输车辆的特殊性和钻探区的实际情况而定。

4.4.2.2 桥涵荷载等级应符合 JTG B01 的规定。

4.4.2.3 修筑道路应根据地形合理设置涵洞以利排水。涵洞顶部覆盖土的深度一般不小于 0.5m。

4.5 基础选型和施工

4.5.1 基础选型

基础的选型应符合 SY/T 6586 中 4.2 的规定，满足钻井施工要求。

4.5.2 浇注基础

4.5.2.1 混凝土原材料和用料配合比例应符合 SY/T 6199 的规定。

4.5.2.2 基础所用水泥标号及砂石要求：春、夏、秋三季水泥标号不低于 P.O.32.5 号，冬季不低于 P.O.42.5 号，气温低于 0℃施工基础时，应有保温措施；混凝土配比中砂和粗砂应掺拌使用，碎石一般要达到质地坚硬。

4.5.2.3 基础表面应刻有设备摆放中心线。

4.5.2.4 当井架整拖时，基础面应与周围地面平齐。

4.5.2.5 基础侯凝 7 天后使用。基础承压强度：井架底座、钻井泵基础应不低于 2MPa，机房及其他辅助设备基础应不低 1.5MPa。

4.5.3 钢筋混凝土、钢管排、条石、木方预制基础

4.5.3.1 根据地表层承载能力选用预制基础。

4.5.3.2 基础摆放位置应符合设计要求。

4.5.3.3 基础坑面以最低点找平，基础底面不应存有松土。

4.5.3.4 基础块周围培土应夯实。

4.5.3.5 基础块应完整、无裂缝及其他缺陷。

4.5.3.6 基础面水平高差应小于 5mm。

4.5.3.7 井架整拖时，新井基础上表面应低于周围地面 50mm，并用土覆盖。

4.5.4 钢木基础

4.5.4.1 根据地层承载能力和现场地质条件，选用钢木基础。
4.5.4.2 钢木基础放置位置应符合设计，大小鼠洞和井口位置要准确。
4.5.4.3 对不同地基土质情况宜采用以下措施：

a） 黏土地基压实找平；
b） 沙土地区推掉浮沙，加固压实找平；
c） 沼泽地区垫土加固、压实、找平。

4.5.4.4 基础摆放就位后划出设备摆放中心线。
4.5.4.5 设备基础地基承载能力不小于 0.15MPa，遇不良地基应进行技术处理。
4.5.4.6 设备基础顶面应高于场面 100mm。
4.5.4.7 为防止基础积水，基础之间的地表应采用适当水泥抹成水泥面，并挖出排水沟。

5 设备布置及安装

5.1 设备布置

5.1.1 主要设备的布置

5.1.1.1 根据大门方向及不同机型布置井架底座、绞车、柴油机、发电机组、电动机、钻井泵的位置。
5.1.1.2 柴油机排气管出口应避免指向油罐区和居民区。
5.1.1.3 容易产生引火源的设施宜部署在井口、节流管汇、放喷管线、液气分离器、钻井液罐、备用池等排出或聚集气体装置的上风方向。

5.1.2 循环净化系统

5.1.2.1 循环罐一般布置在井场的右侧，中心线距井口 11m～18m，从振动筛依次向后设置。
5.1.2.2 除气器、除砂器、除泥器、离心机依次安装在循环罐上。
5.1.2.3 钻井液储备罐应布置在井场右后方。
5.1.2.4 井场沉砂池、废液池原则上应布置在泥浆罐和固控设备右侧。
5.1.2.5 泥浆不落地设备应沿井场泥浆罐和固控设备右侧平行摆放。

5.1.3 发电房及油罐区

5.1.3.1 机械钻机发电房应布置在井场的左方，罐区应布置在井场的左后方，发电房与油料区相距不少于 20m。
5.1.3.2 电动钻机发电机组和电控房（SCR/MCC）应并排置于井场的后方，油罐区应布置在发电机组的后方或左后方，发电房与油料区相距不少于 20m。

5.1.4 井控设备

5.1.4.1 防喷器应根据地热井井控等级进行选择和安装。
5.1.4.2 防喷器远程控制台应安装在面对井架大门左侧，距井口不小于 25m 的专用活动房内，并在周围保持 2m 以上的行人通道。
5.1.4.3 放喷管线出口不应正对电力线、油料区、宿舍及其他障碍物。
5.1.4.4 防喷器远程控制台和备用探照灯应有专线控制。

5.1.5 井场用房

5.1.5.1 地质编录房、值班房应摆放在大门右前方。
5.1.5.2 材料房等井场用房应摆放在有利于生产的位置。
5.1.5.3 井场施工用发电房、值班房与井口和油料间距离不应小于 20m。
5.1.5.4 消防房应布置在井场左侧。

5.2 设备安装

5.2.1 井架

5.2.1.1 应按照确定的井位以及钻机各部分的安装顺序进行安装。
5.2.1.2 井架及其附属设施的安装，应符合 SY/T 6586 和 AQ 2004 的要求。
5.2.1.3 井架的起落作业，应有专人指挥，各岗位人员必须按指令操作；在钻塔的拆安过程中，塔上、塔下作业人员，应相互配合，按规程操作，严禁违章作业。
5.2.1.4 钻机安装完毕，调整对正孔位后，应紧固各个部位的连接螺丝，锁紧支腿螺母，调紧并锁住绷绳调整花篮。
5.2.1.5 钻机安装完毕，应对各部位的连接螺丝、螺栓再检查、紧固一遍。

5.2.2 循环净化系统

5.2.2.1 高架钻井液槽应设置一定的坡度并满足录井要求。
5.2.2.2 泥浆循环管线的安装，应满足钻井施工各种工况下的作业工序、流量及压力要求。
5.2.2.3 上浆灌、泥浆搅拌罐、喷射加料斗、振动筛等固控装置的布置与安装，应以方便泥浆配制，有利于泥浆泵供液及除泥、除砂、运砂为宜。
5.2.2.4 螺旋输送器应安装在振动筛、除砂器、除泥器的出口下方接收固相及废液。
5.2.2.5 钻屑甩干机、离心机宜采用橇座安装。
5.2.2.6 离心机排液口宜采用管线与储浆罐或固控系统相连。

5.2.3 电气设备

5.2.3.1 用电装备、控制开关、连接线路的布置及技术参数，应完全满足钻完井施工要求，并有一定的能力储备。
5.2.3.2 电气设备的安装，应符合 GB 50150 的技术规范和安全规范。
5.2.3.3 井队电工应对井场电气设备、设施的安全性、可靠性，进行经常性检查。
5.2.3.4 采用电网供电时，变压器距离井口不应小于 50m，超过 500m 应架设高压线。
5.2.3.5 变压器安装在支座架上，其高度应距地面 2.5m，摆放平稳。变压器周围宜用不低于 2m 的钢网做围栏，围栏距变压器外壳不应小于 800mm。
5.2.3.6 井场动力、照明、电控动力及通讯等接口集中到 SCR/VFD/MCC 房出线柜。
5.2.3.7 钻台、机房、泵房、循环净化系统及照明灯具应分设开关控制。
5.2.3.8 配电房至井场、井架、机房、泵房、循环净化系统线路，应采用 YCW 重型防油橡套软电缆。
5.2.3.9 电缆采用金属电缆桥架敷设或埋地敷设的方式。
5.2.3.10 生活、生产区域内架设的电缆，动力线应保证无破皮、无绝缘皮老化或龟裂现象。插头、插座等导电体间的连接应松紧适当、接触良好。各种密封插接件装配完后，应紧固到位。备用或分离后的防爆插头、插座，应及时加盖封好，做好防水、防爆处理。

6 井场安全与环保

6.1 安全防护

6.1.1 井场安全设施包括：消防器材、避雷器、绷绳、皮带防护罩、泥浆池护栏、动力机灭火罩及安全标识、标牌等。安全设施的安装，应符合安装安全规范，确保齐全、有效。

6.1.2 消防器材配备数量应按照 SY 5974 的要求执行。

6.1.3 消防砂应堆放在柴油罐和发电房附近。

6.1.4 消防器材由专人挂牌管理，定期维护保养。消防器材摆放处，应保持通道畅通，取用方便，悬挂牢靠。

6.1.5 在草原、苇塘、林区的井场布置时，应按照防火、防爆等国家及地方法规执行。

6.1.6 在河床、海滩、湖泊、盐田、水库、水产养殖场钻井时，井场应设置防洪、防腐蚀、防污染安全防护设施。

6.1.7 在居民小区施工的地热井周围应设置安全防护墙或屏障。

6.1.8 对井场的安全设施、设备，井队应对其有效性进行经常性的检查，并督促责任者及时整改。

6.2 安全标志

6.2.1 在井场明显处设置“安全第一，预防为主”的标志。

6.2.2 在井场入口处设置“禁止非工作人员入内、禁止酒后上岗、严禁烟火”等标志。

6.2.3 在上钻台处设置“戴安全帽、必须穿戴防护用品、防掉、防滑、防坠落”等标志。

6.2.4 在绞车、柴油机、发电机等机械设备处设置“防机械伤人”标志。

6.2.5 在井架梯子入口处、高空作业处，设置“必须系保险带”标志。

6.2.6 在油罐区设置“严禁烟火”标志。

6.2.7 在发电房闸刀盒等处设置“危险有电”标志。

6.2.8 在闸门处设置“禁止乱动阀门”标志。

6.2.9 在消防器材房、消防器材箱处设置“禁止乱动消防器材”标志。

6.2.10 在电、气焊房处设置“禁止混放”标志。

6.2.11 在大门坡道处设置“禁止吊管下过人”标志。

6.2.12 在井队食堂设置“讲究卫生、防止食品变质中毒”标志。

6.2.13 在钻井液材料房设置“注意通风”标志。

6.2.14 在绞车和辅助小绞车附近设置“当心缠乱”标志。

6.2.15 在井场的上风口位置设置“应急集合”标志和“逃生路线”标志。

6.2.16 所有安全标志图案应符合国家、地方法规以及行业规定。

6.3 环境保护

6.3.1 在钻前准备过程中，环境保护按照 SY/T 6276 的要求执行。

6.3.2 井场内应有良好的清污分流系统。

6.3.3 放喷池、沉砂池、污水池应铺设防渗布防止液体渗漏。

6.3.4 循环净化系统一侧应修建废液处理池，配备废液处理装置。振动筛附近应修建堆砂坑。

6.3.5 发电房和油罐区四周应有环形水沟，并配备污油回收罐。

6.3.6 井场铺设 0.5mm 防渗布。

6.3.7 居民小区施工的地热井应安装噪声消减装置，井场噪声防护标准应符合 GB 12348 的规定要求。

7 设备试运行与检查

7.1 钻机安装完毕应进行试运行与检查。

7.2 技术检查：对施工井场的主体钻井设备、附属设备，按照专业安装技术要求，进行全面检查。

7.3 安全检查：对施工井场的所有安全设施及装备，按安全规范要求，进行全面检查。

7.4 设备部件、附件、安全装置、护罩应齐全、完好，固定牢靠。

7.5 紧固件、连接件应紧固牢靠。

7.6 绞车制动系统能迅速、有效地进行制动与解除，防碰天车及保险阀应工作灵活可靠，离合器能快速离合。

7.7 所有管线按设计最大压力值的1.2倍～1.5倍试压30min以上，不应有泄漏且流动畅通。

7.8 检查项目及要求见附录B。

附 录 A
（资料性）
井场布置示意图

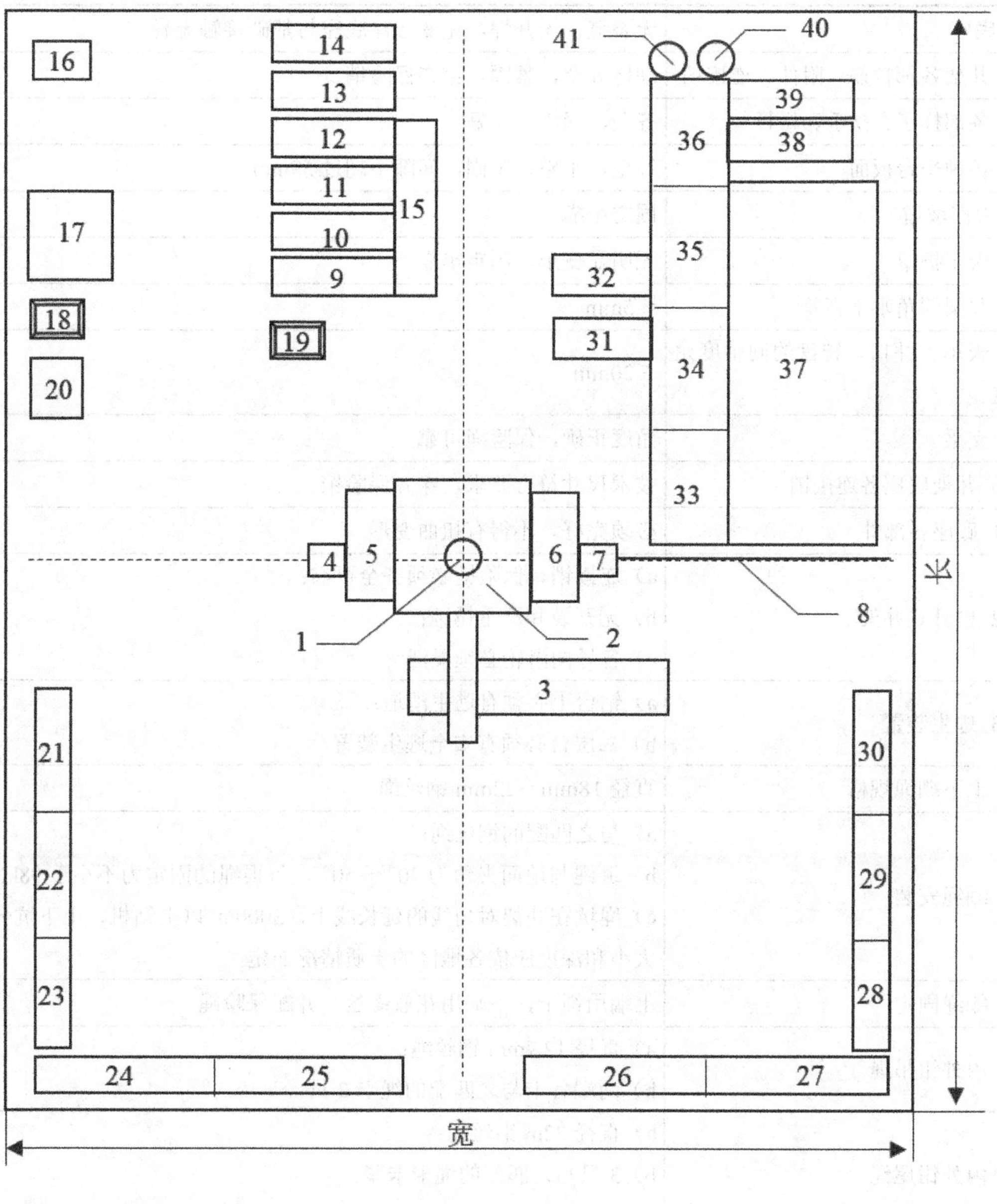

1—井口；2—钻台；3—管架；4—压井管汇；5—左偏房；6—右偏房；7—节流管汇；8—放喷管线；9～12—主发电机组；13—气源净化装置；14—辅助发电机组；15—VFD/MCC房；16—厕所；17—油罐区；18、19—消防砂；20—消防房；21、22—材料房；23—工具房；24—机械修理房；25—井场值班房；26—工程技术房；27—地质房；28—泥浆化验房；29、30—药品房；31、32—钻井泵；33～36—循环罐；37—沉砂池；38、39—泥浆储备罐；40、41—加重石粉罐

图 A.1 井场布置示意图

附 录 B
（规范性）
设备安装检查项目及要求

分类	检查项目	技术要求
井架与底座	1 底座	无裂缝，无开焊，无变形，底座与基础接触无悬空
	2 井架各部拉筋、附件、连接销	规格齐全，紧固，穿齐保险销
	3 各部梯子、扶手、栏杆	齐全，紧固，完好
	4 各种平台板面	齐全，平整，牢固，间隙不超过 59mm
	5 大门坡道	固定牢靠
	6 天车护罩	无明显变形，固定牢靠
	7 井架四角水平高差	≤5mm
	8 天车、井口、转盘的同轴度允差	≤20mm
	9 支梁	角度正确，保险绳可靠
	10 井架底座各连接销	技术尺寸符合要求，穿齐保险销
	11 底座各部件	必须完好，不得有扭曲变形
	12 自升式井架	a）连接销、保险销必须齐全可靠； b）无开裂和严重锈蚀； c）各导向滑轮必须灵活
	13 逃生装置	a）钻台上必须有逃生滑道； b）二层台必须有安全逃生装置
绳索部分	1 上下绷绳规格	直径 18mm～22mm 钢丝绳
	2 绷绳安装	a）与之匹配的钢丝绳； b）绷绳与地面夹角为 40°～50°，每根绳的固定力不小于 98kN； c）绳坑在井架对角线的延长线上，3000m 以上钻机，上下坑分开，绳坑的大小和深度应依各地区的土质情况而定
	3 绷绳固定	上端用绳卡，下端用花篮螺丝，并配保险绳
	4 内外钳吊绳	a）直径 12.7mm 钢丝绳； b）两端各卡与之匹配的绳卡 2 只
	5 内外钳尾绳	a）直径 22m 钢丝绳； b）3 只与之匹配的绳卡卡紧； c）必须有保险装置
	6 液压大钳吊绳	直径 12.7mm 钢丝绳，尾桩固定牢靠
	7 大绳死端	a）穿齐防跳螺杆； b）压板并帽齐全，防滑卡 2 只，方向正确
	8 大绳活端	防滑卡 3 只，有压板不少于 2 只
	9 自升式井架起升绳	无明显变形、扭曲、磨损、腐蚀，每扭上断丝不得超过 2 丝

表（续）

分类	检查项目	技术要求
绳索部分	10 所有部件、附件保险绳	a）直径 12.7mm 钢丝绳； b）位置正确，卡牢； c）各种导轮固定牢靠、安全、灵活
	11 钢丝绳目测检查	a）6×7 钢丝绳的一扭中断丝小于 3 根； b）5×6 钢丝绳一扭绳中随机分布断丝少于 6 根； c）5×6 钢丝绳一扭中一小股断丝少于 3 根； d）抗扭转，一扭绳中随机分布断丝少于 4 根； e）抗扭转，一扭绳中一小股断丝少于 2 根； f）固定不动绳索的钢丝绳，如绷绳、撤离绳、悬挂绳等，扭绳中的一小股断丝少于 3 根；端部连接部分不得有锈蚀、开裂、弯曲、磨损，不得有明显的扭纹、挤压、切口、冷变形
传动系统	1 绞车水平度允差	≤2/1000（滚筒面）
	2 转盘水平度允差	≤2/1000（旋转平面）
	3 绞车与正车箱（链轮）	a）偏差≤1.5mm； b）水平度≤1.5mm
	4 绞车与转盘（链轮）	a）偏差≤1mm； b）水平度≤1mm
	5 绞车刹把曲轴	无垫物，无油污
	6 绞车滚筒排绳器	安装正确
	7 过桥轴与绞车、正车箱（链轮）	a）偏差≤1.5mm； b）水平度≤1mm
	8 各联动机底座水平度允差	≤0.5mm
	9 各联动机间（皮带轮）	a）偏差≤2mm； b）水平度≤1mm
	10 采用法兰连接的平行度允差	≤1mm
	11 水刹车端面同轴度允差（牙嵌为准）	≤1mm
	12 气胎式离合器圆轴度允差（ϕ300 和 ϕ500）	≤0.8mm
	13 气胎式离合器圆轴度允差（ϕ700 和 ϕ1070）	≤1.5mm
	14 防碰天车装置	符合规定要求
	15 联动机皮带单根长短差	≤20mm
	16 钻井泵皮带单根长短差	≤25mm
	17 压风机	位置合理、固定牢靠
	18 水龙头	转动灵活，油和钻井液不渗漏
循环系统	1 钻井泵前后水平度允差（阀箱顶平面）	≤3.0mm

表（续）

分类	检查项目	技术要求
循环系统	2 钻井泵左右水平度允差（皮带轮）	≤2.0mm
	3 钻井泵与联动机（皮带轮）	a）偏差≤3.0mm； b）水平度≤2.0mm
	4 钻井泵空气包	预充压缩空气或氮气，充压值为工程设计泵压的1/3～1/4
	5 钻井泵安全阀和保险销	符合说明书和设计要求
	6 钻井泵上水管	有过滤装置
	7 高压循环部分	进行刚性固定
	8 循环槽	前高后低，有1%的坡度
	9 所有循环罐	既能单独使用，又能合并使用
	10 循环罐搅拌器	每个罐不少于2台
	11 固控设备	齐全，完好，满足设计要求
	12 立管固定	a）专用固定胶块不少于4个； b）卡在横拉筋上，并上紧
仪表部分	1 钻井仪表固定	有减震和避震措施
	2 指重表、压力表	a）位置正确； b）灵敏、可靠； c）压力等级应与之匹配
	3 气控、液控管线	排列整齐，标志清晰，固定牢靠
	4 储油罐流量计	计量准确，有过滤装置
	5 其他仪表	灵敏、准确、可靠
	6 所有仪表	经法定机构校准并在有效期内
柴油机	1 柴油机连同底盘	安装在具有足够刚性的底座或紧固的基础之上，支承表面应平整
	2 柴油机与被驱动的联动机	其相对位置应统一找正、调平，用符合要求的压板均匀固定
	3 柴油机与减速机	不允许采用刚性连接
	4 采用万向轴连接时	两连接端面间的平行度为0.5mm，径向跳动为1mm，万向节花键轴向位移为15mm～20mm
	5 柴油机安装间距	不得少于0.8m，与之连接的各联动机的皮带张紧度应一致，且需用顶丝和压帽加以固定
	6 万向轴连接盘	调试好后用螺栓紧固，紧扣力矩为250N·m～280N·m
电动钻机	所有不同类型的电动钻机安装，均应按照生产厂家提供的安装和使用说明书的要求进行安装	
电器安装	按SY/T 5957的规定执行	

参 考 文 献

[1] GB 8978　污水综合排放标准
[2] GB12348—2008　工业企业厂界环境噪声排放标准
[3] DZ0260—2014　地热钻探技术规程
[4] SY 6355—2017　石油天然气生产专用安全标志
[5] SY/T 5087—2017　硫化氢环境钻井场所作业安全规范
[6] SY/T 5466—2013　钻前工程及井场布置技术要求
[7] GB 50150—2016　电气装置安装工程 电气设备交接试验标准
[8] SY 5974　钻井井场、设备、作业安全技术规程
[9] SY/T 6199—2004　钻井设施基础规范
[10] SY/T 6276　石油天然气工业 健康、安全与环境管理体系
[11] SY/T 6586—2014　石油钻机现场安装及检验
[12] JTG B01—2014　公路工程技术标准
[13] AQ/T 9006　企业安全生产标准化基本规范
[14] AQ 2004—2005　地质勘探安全规程
[15] 赵金洲, 张桂林. 钻井工程技术手册. 北京: 中国石化出版社, 2005.
[16] 赵国隆, 刘广志, 李常茂. 勘探工程技术. 上海: 上海科学技术出版社, 2003.
[17] 耿瑞伦, 陈星庆. 多工艺空气钻探. 北京: 地质出版社, 1985.

ICS 01.040.27
CCS F 10

NB

中华人民共和国能源行业标准

NB/T 10705—2021

地热井用钻井液环保性评价规程

Regulation for environmental protection evaluation of drilling fluid for geothermal well

2021-11-16 发布　　2022-05-16 实施

国家能源局 发布

目　次

前　言

本文件按照 GB/T 1.1—2020《标准化工作导则　第 1 部分：标准化文件的结构和起草规则》的规定起草。

本文件由中国石油化工集团有限公司提出。

本文件由能源行业地热能专业标准化技术委员会归口。

本文件起草单位：中国石化胜利石油工程有限公司钻井工艺研究院、中国石化胜利石油管理局有限公司新能源开发中心、中国石化集团新星石油有限责任公司。

本文件主要起草人：李公让、李景营、朱铁军、李相远、刘青峰、郭宏亮、史培玉、李卉、周晓蕾、夏晔、经淑惠、牟鲜、李凤鸣、张振宇、康厂、王登峰、王东、郭保雨、王宝田、李炳太、王旭东、刘振东、刘均一、蓝强、孙浩玉、高凯、李天舒、赵丰年。

本文件于 2021 年首次发布。

地热井用钻井液环保性评价规程

1 范围

本文件规定了地热井用水基钻井液体系和化学剂的环保性评价内容、评价方法、原始记录及安全环保要求。

本文件适用于地热井用水基钻井液化学剂和体系的环保性评价。

2 规范性引用文件

下列文件中的内容通过文中的规范性引用而构成本文件必不可少的条款。其中，注日期的引用文件，仅该日期对应的版本适用于本文件；不注日期的引用文件，其最新版本（包括所有的修改单）适用于本文件。

GB 5085.3—2007 危险废物鉴别标准 浸出毒性鉴别

GB/T 6679 固体化工产品采样通则

GB/T 6680 液体化工产品采样通则

GB/T 6682 分析实验室用水规格和试验方法

GB/T 6920 水质 pH 值的测定 玻璃电极法

GB/T 11914 水质 化学需氧量的测定 重铬酸盐法

GB/T 16783.1 石油天然气工业 钻井液现场测试 第 1 部分：水基钻井液

GB/T 17136—1997 土壤质量 总汞的测定 冷原子吸收分光光度法

GB/T 17140—1997 土壤质量 铅、镉的测定 KI-MIBK 萃取火焰原子吸收分光光度法

HJ/T 86 水质 生化需氧量（BOD）的测定 微生物传感器快速测定法

HJ/T 299 固体废物 浸出毒性浸出方法 硫酸硝酸法

HJ 491—2019 土壤和沉积物 铜、锌、铅、镍、铬的测定 火焰原子吸收分光光度法

HJ 832 土壤和沉积物 金属元素总量的消解 微波消解法

SY/T 6787 水溶性油田化学剂环境保护技术要求

SY/T 6788 水溶性油田化学剂环境保护技术评价方法

3 术语和定义

下列术语和定义适用于本文件。

3.1

生物毒性 biological toxicity

受试生物在一定浓度的产品溶液中所产生中毒反应的性质。

3.2

生物降解性 biodegradability

有机物质被土壤、天然水体或废水处理系统中的微生物通过生物代谢作用转化为简单无机物的性质。

3.3

重金属 heavy metal

密度大于 5.0g/cm^3 的金属。本标准特指汞、砷、铅、镉、铬 5 种重金属。

3.4

环境敏感区域 **environmentally sensitive areas**

依法设立的各级各类自然、文化保护地，以及对建设项目的某类污染因子或者生态影响因子特别敏感的区域。

4 样品的取样、标识、保存与运输

4.1 取样

4.1.1 钻井液化学剂

固体产品按 GB/T 6679 的规定执行；液体产品按 GB/T 6680 的规定执行。

4.1.2 钻井液体系

开钻前根据钻井液配方设计，对室内配制钻井液进行评价。

完钻后对现场剩余或废弃的钻井液取样。应在钻井液循环罐中取样，取样时应在钻井液充分搅拌后 5min 内立即取样。若钻井液搅拌或循环停止超过 5min，应采用取样器在循环罐的表层、中层和底层分别取 1000mL 分样，再合并成为钻井液样品。

钻井液样品应使用高密度聚乙烯容器密封，样品需充满容器，不应留有空间。

4.2 标识

样品容器上应贴标识，标明样品名称、采样时间、采样地点、采样方式、采样数量、采样人姓名、生产者或使用者等。钻井液样品应标明钻井液类型及其主要处理剂名称，现场钻井液样品还需标明完钻井深。

4.3 保存与运输

液体样品要求在温度为 2℃～5℃的冰箱中冷藏，固体样品要保存在阴凉干燥处。取样后应在 48h 内进行测试。

5 评价内容

地热井用钻井液环保性评价内容见表 1。

表 1 地热井开发用钻井液环保性评价内容

	井温	pH 值	重金属元素					生物降解性	生物毒性
			铅 Pb	铬 Cr	镉 Cd	汞 Hg	砷 As	BOD/COD$_{cr}$	EC$_{50}$ 值
非环境敏感区域	≤90℃	√	√	√	√	—	—	—	√
	90℃～150℃	√	√	√	√	—	—	√	√
	≥150℃	√	√	√	√	√	√	√	√
环境敏感区域	/	√	√	√	√	√	√	√	√

注：√为测试项目，—为非测试项目；井温指钻井过程中的井底温度。

6 测试方法

6.1 pH 值的测定

6.1.1 钻井液化学剂

称取试样 1.0g（称准至 0.1g）在室温下溶于 50mL 蒸馏水中，用磁力搅拌器搅拌溶解 30min，按 GB/T 6920 的规定执行。

6.1.2 钻井液体系

执行 GB/T 16783.1 中 pH 值测定要求。

6.2 生物毒性的测定

6.2.1 试剂和材料

a） 氯化钠（NaCl）：分析纯；
b） 30g/L 氯化钠溶液：称取氯化钠 30g 于容量瓶内，加蒸馏水至 1000mL，溶解后备用；
c） 2.5g/100mL 氯化钠溶液：称取氯化钠 2.5g 于容量瓶内，加蒸馏水至 100mL，溶解后 2℃～5℃保存；
d） 明亮发光杆菌 T_3 小种（*Photobacterium phosphoreum* T_3 spp.）：冻干粉，安瓿瓶包装，每瓶 0.5g，在 2℃～5℃保存，有效保存期为 6 个月；
e） 氢氧化钠（NaOH）：分析纯；
f） 1mol/L 氢氧化钠溶液：称取氢氧化钠 40g 于容量瓶内，加蒸馏水至 1000mL，溶解定容后备用；
g） 盐酸（HCl）：ρ_{20}=1.19g/cm^3，优级纯；
h） 1mol/L 盐酸溶液：按照盐酸浓度及密度计算配制 1mol/L 盐酸溶液所需的盐酸体积，用量筒量取后置于容量瓶中，加蒸馏水至 1000mL，溶解定容后备用。

6.2.2 仪器和设备

a） 生物发光光度计：DXY-2 生物毒性测试仪或其他同类产品，配 2mL、5mL 测试样品管；
b） 高速搅拌器：3000r/min～12000r/min；
c） 冰箱：冷藏＜6℃，冷冻-18℃～-26℃；
d） 注射器：1mL；
e） 定量加液瓶：250mL；
f） 可调微量注射器：2μL～20μL；
g） 移液管：2mL、5mL、10mL；
h） 试剂瓶：100mL、200mL；
i） 量筒：50mL、100mL；
j） 烧杯：1000mL；
k） 保温瓶；
l） 天平：感量 0.01g；
m） 高搅杯；
n） 秒表；
o） 试管架。

6.2.3 测定前的准备

6.2.3.1 环境条件

实验室温度控制在20℃～25℃。同一批样品在测定过程中要求温度波动不超过±1℃。所有测试器皿及试剂、溶液测前1h均应置于控温的测试室内。

6.2.3.2 样品液制备

a) 钻井液化学剂样品液：将固体或液体的钻井液用化学剂，按常规使用浓度，用30g/L氯化钠溶液配制成样品液。按体积比取1份钻井液用化学剂溶液加入9份30g/L氯化钠溶液，用转速为11000r/min±300r/min的搅拌器搅拌30min，静置60min后，将此样品液的浓度定为10^6mg/L；取中层混悬液再依次将其稀释成不同浓度的样品液（10^5mg/L、10^4mg/L、10^3mg/L、10^2mg/L、10mg/L、1mg/L）。测定样品液的稀释浓度以接近相对发光度为50%时为宜。
b) 钻井液样品液：按体积比取1份钻井液样品加入9份30g/L氯化钠溶液，用转速为11000r/min±300r/min的搅拌器搅拌30min，静置60min后，将此样品液的浓度定为10^6mg/L；取中层混悬液依次将其稀释成不同浓度的样品液（10^5mg/L、10^4mg/L、10^3mg/L、10^2mg/L、10mg/L、1mg/L）。样品的稀释浓度以接近相对发光度为50%时为宜。

6.2.3.3 冻干粉菌剂复苏

从2℃～5℃冰箱中取出含有0.5g冻干粉的安瓿瓶和2.5g/100mL氯化钠溶液。将1mL冷的2.5g/100mL氯化钠溶液注入已开口的冻干粉安瓿瓶中充分混合，然后将冻干粉安瓿瓶置于有冰块的保温瓶中。2min后，冻干粉菌剂即复苏发光，为复苏菌液，备用。

6.2.3.4 仪器的预热和调零

接通生物发光光度计电源，预热15min，调零，备用。

6.2.3.5 检验发光细菌冻干粉质量

取2mL测试管1支，加2mL 30g/L氯化钠溶液，加10μL复苏菌液，盖上瓶塞，用手颠倒5次以达均匀。拔去瓶塞，将该管放入生物发光光度计测试舱内测试，若发光量立即显示600mV以上，此瓶冻干粉可用于测试，否则更换冻干粉。

6.2.4 测定

6.2.4.1 测试管的排列

于测试管架上按下列顺序排列测试管：前排放置样品测试管（简称样品管），后排放置对照测试管（简称CK管）。同一浓度的样品重复测定3次。

6.2.4.2 加30g/L氯化钠溶液

用定量加液瓶给每个CK管加30g/L氯化钠溶液2mL。

6.2.4.3 加样品液

测定前用1mol/L NaOH溶液和1mol/L HCl溶液调节样品液的pH值至6.5～8.5。用2mL移液管给每个样品管加2mL样品液。

6.2.4.4 加复苏菌液

在发光菌液复苏稳定（约 0.5h）后，在测试管架上从左到右，按样品管—CK 管—样品管—CK 管顺序，用微量注射器准确吸取 10μL 复苏菌液，逐一加入各管，盖上瓶塞，用手颠倒 5 次，拔出瓶塞，放回原位。每管在加菌液的同时须精确计时到秒，即样品与发光菌反应起始时间。15min 后，记作各管反应终止时间。

6.2.4.5 测试与记录

当样品管和 CK 管内的液体与发光菌反应 15min 后，按各管原来加菌液的先后顺序，立即将测试管放入仪器测试舱，并读取记录仪器显示的各自发光量（以 mV 表示）。

6.2.4.6 有色样品测定干扰的校正

a） 拿掉仪器样品舱上的黑色塑料管口；
b） 取 2mL 测试管 1 支，加 2.5g/100mL 氯化钠溶液 2mL，将该管放进 1 支装有少量 2.5g/100mL 氯化钠溶液的 5mL 测试管内，要使外管和内管的氯化钠溶液液面平齐。此管作为 CK_a 管；
c） 另取 2mL 测试管 1 支，加 2.5g/100mL 氯化钠溶液 2mL，放入另 1 支装有少量有色待测样品液的 5mL 测试管内，要使外管的样品液与内管的氯化钠溶液液面平齐。此管作为 CK_c 管；
d） 于 CK_a 管和 CK_c 两管的内管中同时加复苏菌液 10μL，立刻记录到秒，等反应满 15min，迅速放入仪器测试舱，测定两个带有内管的 5mL 测试管的发光量，分别记下发光量 L_1（CK_a 管）和 L_2（CK_c 管）；
e） 计算因颜色引起的发光量（mV）校正值 $\Delta L=L_1-L_2$；
f） 按 6.2.4.4 和 6.2.4.5 所述常规步骤测试带色样品管及其 CK 管（30g/L 氯化钠溶液）的发光量（mV）。所有 CK 管测得的发光量（mV）均需减去校正值 ΔL（mV）后才能作为 CK 发光量（mV）。

6.2.5 结果处理

6.2.5.1 回归方程法

按式（1）计算样品相对发光度：

$$T=\frac{E_{样品}}{E_{CK}}=\times 100\% \quad\cdots\cdots(1)$$

式中：

T —— 相对发光度，%；
$E_{样品}$ —— 样品管发光量，mV；
E_{CK} —— 对照管发光量，mV。

按式（2）计算样品相对发光度平均值：

$$\overline{T}=\frac{T_1+T_2+T_3}{3} \quad\cdots\cdots(2)$$

式中：

$\overline{T}$ —— 相对发光度平均值，%；
T_1, T_2, T_3 —— 同一个浓度样品 3 次重复的相对发光度，%。

按式（3）计算 EC_{50} 值：

求出一元一次线性回归方程的 a（截距）、b（斜率、回归系数）和 r（相关系数）并列出方程：

$$\bar{T} = a + b \times C_{样品} \quad \cdots\cdots (3)$$

查相关系数 r 临界值表（参见附录 A），若相关系数 r 大于表 A.1 所查到的 r 临界值，则 $P \leqslant 0.05$，所求相关方程成立，并将 $\bar{T}=50$ 代入式（3），则 $C_{样品}=(50-a)/b$，求出样品的浓度值即为样品的 EC_{50} 值。

6.2.5.2 绘制曲线法

若检验相关方程不成立，则按曲线法求出 EC_{50} 值，以浓度 C 为横坐标，相对发光度平均值 $\bar{T}$ 为纵坐标，绘制 C-$\bar{T}$ 曲线；对照 C-$\bar{T}$ 曲线，找出与样品相对发光度对应的浓度值。

6.3 生物降解性的测定

生物降解性评价方法采用 BOD/COD_{cr} 比值的评价方法，需分别测定试验液 BOD 和 COD_{cr} 的含量。

6.3.1 试验液制备

6.3.1.1 不含有机物蒸馏水

向 2000mL 蒸馏水中加入适量碱性高锰酸钾溶液，进行蒸馏，蒸馏过程中，溶液应保持浅紫红色。弃去前 100mL 馏出液，然后将馏出液收集在具塞磨口玻璃瓶中。待蒸馏器中剩下约 500mL 溶液时，停止收集馏出液。

6.3.1.2 钻井液化学剂试验液

将钻井液化学剂按常规使用浓度，用不含有机物的蒸馏水配制成样品溶液。若样品溶液分层，则取中层悬混液为试验液；否则，以样品溶液为试验液。

6.3.1.3 钻井液试验液

按体积比取 1 份钻井液样品加入 9 份不含有机物的蒸馏水，用 11000r/min±300r/min 的搅拌器搅拌 30min，静置 60min 后，取中层悬混液作试验液。

6.3.2 测定方法

按照 GB/T 11914 的要求测定试验液的化学需氧量 COD_{cr}；根据 COD_{cr} 的测定结果，按照 HJ/T 86 的要求测定该实验液的生化需氧量 BOD。

6.3.3 计算

生物降解性指标（BOD/COD_{cr}，%）按式（4）计算：

$$生物降解性=\frac{BOD}{COD_{cr}} \times 100\% \quad \cdots\cdots (4)$$

6.4 重金属的测定

6.4.1 试剂和材料

所用的试剂除另有注明外，均为符合国家标准的分析纯化学试剂，实验用水为新制备的去离子水。

a) 硝酸（HNO_3）：$\rho=1.42g/cm^3$，优级纯；

b） 盐酸（HCl）：ρ=1.19g/cm^3，优级纯；

c） 高氯酸（$HClO_4$）：ρ=1.68g/cm^3，优级纯；

d） 王水：将盐酸与硝酸按体积比 3:1 配制，现配现用；

e） 1%草酸溶液：溶解 1g 草酸（$C_2H_2O_4$）于水中，用水稀释至 100mL；

f） 1%高锰酸钾溶液：溶解 1g 高锰酸钾（$KMnO_4$）于水中，用水稀释至 100mL。

6.4.2 仪器和设备

a） 原子吸收分光光度计及相应辅助设备；

b） 马弗炉：最高温度 1000℃，精度±10℃；

c） 电子天平：感量 0.01g、0.1mg；

d） 恒温干燥箱：控温范围（50～200）℃，精度±3℃；

e） 控温电热板：控温精度±1℃；

f） 恒温水浴锅：控温范围（室温～100）℃；精度±0.5℃；

g） 聚四氟乙烯烧杯：100mL，200mL；

h） 聚四氟乙烯试管；

i） 聚四氟乙烯坩埚：50mL。

6.4.3 样品测定前的预处理

6.4.3.1 钻井液化学剂样品的预处理

a） 重金属铅、镉和铬的消解方法。

1） 称取一定量的钻井液化学剂样品（固体样品取样量小于 1g，液体样品取样量小于 10g；称准至 0.01g）于聚四氟乙烯坩埚中，置于 500℃～540℃马弗炉中灰化 6h～8h。

2） 待温度降至室温后，从马弗炉中取出，用 5%的硝酸转移到 100mL 聚四氟乙烯烧杯中，在电热板上蒸发至近干，加入 10mL 王水，加 3 粒～4 粒小玻璃珠，盖上干净表面皿，放在电热板上加热 2h。保持王水处于微沸状态。

3） 移去表面皿，将全部酸液蒸发至黏稠状，冷却。用 5%的硝酸定容到 20mL 或 25mL 的刻度试管中，待测。对于没有完全消解的样品，继续上述过程直至完全消解为止。

4） 在消解样品的同时，应带相应的标准样品和试剂空白，整个消解过程应在通风橱内进行。如实验室配备有微波消解，可依据设备操作说明书或 HJ 832 测试要求对样品进行消解。

b） 重金属汞的消解方法。

1） 称取钻井液化学剂样品（固体样品 0.1g～0.2g，液体样品 1g 左右；称准至 0.01g）于聚四氟乙烯试管中，加 5mL 蒸馏水将样品润湿。

2） 向试管中加入 10mL 王水摇匀，置于沸水浴中保待 1h，期间摇动一次。取出样品冷却至室温，加入 1%高锰酸钾溶液 1mL，摇匀后放置 30min，用 1%草酸溶液定容至 25mL，摇匀后放置沉清备测。

3） 在样品的消解过程中，应带相应的标准样品和试剂空白，整个消解过程应在通风橱内进行。如实验室配备有微波消解，可依据设备操作说明书或 HJ 832 测试要求对样品进行消解。

c） 准金属砷的消解方法。

1） 称取钻井液化学剂样品（固体样品 0.1g～0.2g，液体样品 1g 左右；称准至 0.01g）于聚四氟乙烯烧杯中。加 5mL 蒸馏水将样品润湿。

2） 加入 10:1 的硝酸-高氯酸溶液 5mL，摇匀，盖上表面皿于电热板上 100℃下回流 1h 后，升温至 120℃下消解，至产生白烟，待白烟冒尽后，样品液体澄清或略带颜色为消解完全，否则应继续加酸消解。

3） 将消解后的样品取出冷却至室温，加入 10mL 王水溶解，再加入 1mL 高锰酸钾溶液，摇匀后放置 30min，再用 1%草酸溶液定容至 20mL，摇匀后放置沉清备测。

4） 在样品的消解过程中，应带相应的标准样品和试剂空白，整个消解过程应在通风橱内进行。如实验室配备有微波消解，可依据设备操作说明书或 HJ 832 测试要求对样品进行消解。

6.4.3.2 钻井液样品的预处理

a） 样品浸出液的制备：按照 HJ/T 299 的规定制备钻井液样品的浸出液。

b） 重金属汞、铅、镉和铬，准金属砷的消解方法：按照 6.4.3.1 中的规定执行。

6.4.4 样品的测定

6.4.4.1 重金属铅、镉和铬的测定方法

采用 6.4.3 预处理后的样品，按照 GB/T 17140—1997 中 6.2～6.4 的测定方法测定样品中铅、镉的含量；按照 HJ 491—2019 中分析步骤 8 的测定方法测定样品中铬的含量。

6.4.4.2 重金属汞的测定方法

采用 6.4.3 预处理后的样品，按照 GB/T 17136—1997 中分析步骤 6.2～6.4 的测定方法测定样品中汞的含量。

6.4.4.3 准重金属砷的测定方法

采用 6.4.3 预处理后的样品，按照 GB/T 5085.3—2007 附录 C 中砷的测定方法测定样品中砷的含量。

7 原始记录

原始记录应正确、完整，包括采（送）样人、实验的时间和地点、实验人员、取样记录、样品流转记录、样品名称和编号、样品检测项目及检测依据、样品的保存方法、质量控制记录、检测报告等（参见附录 B）。

8 安全环保要求

8.1 安全要求

避免样品进入口内，避免与眼睛和皮肤接触，一旦接触，立即用大量清水清洗。取样人员应完整穿戴劳保用品，佩戴口罩，保障操作安全。实验使用的部分试剂对人体有毒有害，配制过程应在通风橱中完成，使用时应注意防止迸溅。实验室应保持通风，保障实验人员安全。

8.2 环境要求

在搬运、贮存期间，应避免包装袋破损，防止物料散落。一旦物料散落，应将散落的物料进行收集，并妥善处理。用过的包装袋也应妥善处理，防止污染环境。实验完成后，未使用的样品应进行回收处理，不可随意丢弃。实验用后的试剂需倒入废液桶中，及时处理。

附 录 A

（规范性）

相关系数 *r* 临界值表

相关系数 *r* 临界值表见表 A.1（同 SY/T 6788 附录 A）。

表 A. 1 相 关系数 *r* 临界值表

n−2	显著水平 *a*		*n*−2	显著水平 *a*		*n*−2	显著水平 *a*	
	0.05	0.01		0.05	0.01		0.05	0.01
1	0.997	1.000	16	0.468	0.590	31	0.325	0.418
2	0.950	0.990	17	0.456	0.575	32	0.304	0.392
3	0.878	0.959	18	0.444	0.561	33	0.288	0.372
4	0.811	0.917	19	0.433	0.549	34	0.273	0.354
5	0.754	0.874	20	0.423	0.537	35	0.250	0.325
6	0.707	0.834	21	0.413	0.526	36	0.232	0.302
7	0.666	0.798	22	0.404	0.515	37	0.217	0.283
8	0.632	0.765	23	0.396	0.505	38	0.205	0.267
9	0.602	0.735	24	0.388	0.496	39	0.195	0.254
10	0.576	0.708	25	0.381	0.487	40	0.174	0.228
11	0.553	0.684	26	0.374	0.3478	41	0.159	0.208
12	0.532	0.661	27	0.367	0.470	42	0.138	0.181
13	0.514	0.641	28	0.361	0.463	43	0.113	0.148
14	0.497	0.623	29	0.355	0.456	44	0.098	0.128
15	0.482	0.606	30	0.349	0.449	45	0.062	0.081

附 录 B
（资料性）
地热井用钻井液环保性评价原始记录表

表 B.1 地热井用钻井液环保性评价原始记录表

<table>
<tr><td rowspan="5">委托样品</td><td colspan="2">样品名称</td><td></td><td>样品编号</td><td></td></tr>
<tr><td colspan="2">委托单位</td><td></td><td>委托单位地址</td><td></td></tr>
<tr><td colspan="2">委托人</td><td></td><td>联系电话</td><td></td></tr>
<tr><td colspan="2">委托时间</td><td></td><td>样品数量</td><td></td></tr>
<tr><td colspan="2">样品状态</td><td></td><td>样品保存方式</td><td></td></tr>
<tr><td rowspan="5">采样</td><td colspan="2">样品名称</td><td></td><td>样品编号</td><td></td></tr>
<tr><td colspan="2">采样时间</td><td></td><td>采样地点（井深）</td><td></td></tr>
<tr><td colspan="2">采样人</td><td></td><td>样品数量</td><td></td></tr>
<tr><td colspan="2">样品状态</td><td></td><td>样品主要成分</td><td></td></tr>
<tr><td colspan="2"></td><td></td><td></td><td></td></tr>
<tr><td rowspan="9">分析检测依据</td><td colspan="2">项目</td><td>依据标准名称</td><td>仪器设备名称及型号</td><td>检测结果</td></tr>
<tr><td colspan="2">pH 值</td><td></td><td></td><td></td></tr>
<tr><td colspan="2">生物毒性 EC_{50} 值，mg/L</td><td></td><td></td><td></td></tr>
<tr><td colspan="2">生物降解性 BOD/COD_{cr}</td><td></td><td></td><td></td></tr>
<tr><td rowspan="5">重金属含量</td><td>铅 Pb，mg/kg</td><td></td><td></td><td></td></tr>
<tr><td>镉 Cr，mg/kg</td><td></td><td></td><td></td></tr>
<tr><td>铬 Cd，mg/kg</td><td></td><td></td><td></td></tr>
<tr><td>汞 Hg，mg/kg</td><td></td><td></td><td></td></tr>
<tr><td>砷 As，mg/kg</td><td></td><td></td><td></td></tr>
<tr><td>分析检测时间</td><td colspan="5"></td></tr>
<tr><td>备注</td><td colspan="5"></td></tr>
</table>

审核人： 主检人：

附 录 C
（资料性）
地热井用钻井液环保性评价参考值

表 C.1-1　地热井用钻井液 pH 值、重金属允许含量

项目	允许含量
pH	6～12
铅 Pb，mg/kg	≤1000
铬 Cr，mg/kg	≤1000
镉 Cd，mg/kg	≤20
汞 Hg，mg/kg	≤15
砷 As，mg/kg	≤75

表 C.1-2　地热井用钻井液生物降解性指标

BOD/COD_{cr}	$Y \geq 0.05$	$0.01 \leq Y < 0.05$	$Y < 0.01$
生物降解性	易	较难	难
注：Y 指 BOD/COD_{cr} 的比值。			

表 C.1-3　地热井用钻井液生物毒性指标

生物毒性等级	发光细菌 EC_{50}，mg/L
剧毒	＜1
重毒	1～100
中毒	100～1000
微毒	10000～20000
无毒	＞20000

备注：该表格中的数值参考 SY/T 6787 的要求确定。

ICS 73.020
CCS D 10

NB

中华人民共和国能源行业标准

NB/T 10706—2021

地热井固井技术规范

Technical specification for cementing geothermal well

2021-11-16 发布 2022-05-16 实施

国家能源局 发布

目　次

前　言

本文件按照 GB/T 1.1—2020《标准化工作导则　第 1 部分：标准化文件的结构和起草规则》的规定起草。

本文件由中国石油化工集团有限公司提出。

本文件由能源行业地热能专业标准化技术委员会归口。

本文件起草单位：中国石化集团新星石油有限责任公司、辽河石油勘探局有限公司、中国石油天然气股份有限公司规划总院、陕西省煤田地质集团有限公司、北京市工程咨询有限公司、北京玛斯莱特科技有限公司。

本文件主要起草人：李红岩、马永超、谭扬军、赵丰年、李晓晨、解红军、吕亳龙、刘海洋、张磊、王登峰、熊轲、杨卫、张海雄、张晓宏、王鹏、李天舒、魏江东。

本文件于 2021 年首次发布。

地热井固井技术规范

1 范围

本文件规定了地热井的固井设计、固井准备、固井施工和固井质量验收的技术规范。

本文件适用于水热型地热井的固井设计和施工。

2 规范性引用文件

下列文件中的内容通过文中的规范性引用而构成本文件必不可少的条款。其中，注日期的引用文件，仅该日期对应的版本适用于本文件；不注日期的引用文件，其最新版本（包括所有的修改单）适用于本文件。

GB/T 19139 油井水泥试验方法

DZ/T 0260 地热钻探技术规程

SY/T 5374.1 固井作业规程 第1部分：常规固井

SY/T 5374.2 固井作业规程 第2部分：特殊固井

SY/T 5412 下套管作业规程

SY/T 5467 套管柱试压规范

SY/T 5724 套管柱结构与强度设计

SY/T 5840 固井设计规范

SY/T 6592 固井质量评价方法

SY/T 6641 固井水泥胶结测井资料处理及解释规范

3 术语和定义

本文件没有需要界定的术语和定义。

4 固井施工设计

4.1 基础资料

需收集的基础资料主要包括：

a） 钻井地质设计书、钻井工程设计书；

b） 井身结构；

c） 上层套管的套管串结构及钢级、壁厚、机械性能、套管损伤情况；

d） 地质分层及岩性、地层孔隙压力、测（录）井资料、井史、完钻时的排量和泵压、钻井液性能、钻具结构、温度等数据。

4.1.1 井底温度

井底温度包含井底静止温度和井底循环温度，井底静止温度以实测为主，或用地温梯度法计算，井底循环温度用经验推算法或数值模拟法确定，根据大值选取水泥型号。

4.1.1.1 地温梯度法。井底静止温度地温梯度法计算见式（1）：

$$T_z = T_b + D_T \times H \quad\cdots\cdots(1)$$

式中：

T_z——井底静止温度，℃；

T_b——地表平均温度，地表以下100m处恒温层的温度，℃；

D_T——地温梯度，℃/m；

H——垂直井深，m。

4.1.1.2 经验推算法。井底循环温度经验推算法计算见式（2）：

$$T_x = T_c + H/168 \quad\cdots\cdots(2)$$

式中：

T_x——井底循环温度，℃；

T_c——钻井液循环出口温度，取循环1周～2周的出口温度，℃；

H——垂直井深，m。

或：

$$T_x = T_z \times \kappa \quad\cdots\cdots(3)$$

式中：

T_x——井底循环温度，℃；

T_z——井底静止温度，℃；

κ——地区经验系数，取值范围一般为0.75～0.90。

4.1.1.3 数值模拟法。采用专用设计软件中的温度模拟器计算井下循环温度。

4.1.2 压力

根据钻井地质设计、钻井工程设计、实钻资料、测井资料评估或验证地层孔隙压力、估算破裂压力。

4.2 前置液用量设计

技术套管固井时前置液用量应占环空高度300m以上，生产套管固井时前置液用量应占环空高度450m以上，或按照紊流接触时间不小于10min计算。

4.3 水泥浆设计

4.3.1 水泥标号选择

表层套管固井选用普通水泥，井深2000m以浅且温度不高于75℃时选用普通水泥，其他情况选用油井水泥。

4.3.2 水泥浆性能要求

水泥浆要求按GB/T 19139执行，主要包括温度、密度、稠化时间、滤失量、抗压强度、流变性能、和水泥浆沉降稳定性等。

4.3.3 水泥浆密度设计

固井水泥浆密度至少应比同井使用的钻井液密度高20%以上。

4.3.4 水泥用量

为计算水泥用量需先计算出固井所需的水泥浆量（水泥浆体积）。

4.3.4.1 水泥浆量。水泥浆量计算见式（4）～式（6）：

$$V_{sl} = V_{sla} + V_{slp} \quad (4)$$

式中：

V_{sl}——固井所需水泥浆量，m^3；

V_{sla}——环空水泥浆量，m^3；

V_{slp}——管内水泥塞体积，m^3。

根据电测井径，将环空水泥浆封固段分为若干段（设为n段），环空水泥浆量为：

$$V_{sla} = \frac{1}{10000}\sum_{1}^{n}\frac{\pi}{4}(D_{hi}^2 - D_c^2)h_i \quad (5)$$

式中：

D_h——井径，cm；

D_c——套管外径，cm；

h——环空段高度，m；

i——下标，表示环空段的序号。

管内水泥塞体积为：

$$V_{slp} = \frac{\pi}{40000}D_{p1}^2 h_p \quad (6)$$

式中：

D_{p1}——水泥塞处套管内径，cm；

h_p——水泥塞高度，m。

4.3.4.2 水泥用量。计算干水泥的用量时视配浆水的密度值为$1g/cm^3$，水泥用量计算见式（7）：

$$W_c = \frac{\rho_{sl}}{1+m}V_{sl} = \frac{\rho_c}{1+\rho_c m}V_{sl} \quad (7)$$

式中：

W_c——水泥用量，t。

配浆水用量计算见式（8）：

$$W_w = mW_c \quad (8)$$

式中：

W_w——配浆水用量，m^3。

在现场，实际水泥准备量和配浆用水准备量都要在理论计算的基础上附加一定数量，一般附加0.1～0.2。

4.4 施工压力

施工压力设计应做到固井前压稳、固井过程中压稳和候凝过程中压稳。环空静液柱压力与环空流动阻力之和应小于地层破裂压力。

4.5 施工排量

施工排量选用紊流临界排量，按钻井手册规定计算。

4.6 技术套管固井设计

为保证重叠段固井质量，技术套管应预留 20m～30m 上塞。

4.7 生产套管固井设计

生产套管固井时，封固段顶部水泥 24h～48h 抗压强度应不小于 7MPa，热储层段水泥 24h～48h 抗压强度应不小于 14MPa，其养护压力和温度依据井深条件而定。

若生产套管含有筛管井段，固井注水泥浆时应采用井下分隔工具隔离该井段，并严格计算水泥浆及顶替液用量。

4.8 候凝方式

一般应采取管内敞压方式候凝，有条件时应在环空憋入一定压力候凝。

5 固井准备

5.1 井眼准备

井眼准备按 SY/T 5374.1 执行。

5.2 设备准备

5.2.1 提升、动力系统

下套管和固井作业前应对提升系统及动力系统进行检查保养。

5.2.2 循环系统

固井作业前应对钻井泵、循环灌、循环管线、水龙头等循环系统进行检查保养；连接各钻井液罐的闸门应灵活可靠；实测各钻井泵的上水效率。

5.2.3 仪器仪表

下套管和固井作业前应对所有钻井仪器仪表进行认真仔细的检查保养，保证完好。

5.2.4 配注系统

固井前应对供水车、压风机、配浆车、批混车、注浆车、管线、闸门、流量计等仪器设备进行全面检查，保证连续施工的要求。

5.2.5 水泥头

水泥头的额定工作压力应达到以下要求：公称直径 339.7mm 的水泥头试压 21MPa；公称直径 244.5mm 和 177.8mm 的水泥头试压 35MPa；公称直径小于 177.8mm 的水泥头试压 49MPa。水泥头应每井次保养一次并定期试压、探伤。水泥头在送井前应进行全面检查、保养。其螺纹应与所连接套管、钻具的螺纹一致，所有阀门应做到开关灵活。水泥头内的胶塞应装配合格，胶塞挡销应能够灵活打开。

5.3 套管准备

按 SY/T 5412 要求对送井套管逐项进行检查。

5.4 固井材料

固井前做好以下固井材料准备工作：

a） 下套管前，应根据固井设计，取现场水、水泥及外加剂，做好水泥浆、前置液实验工作，性能达到设计要求；

b） 装水泥前，应将储灰罐清扫干净；

c） 在准备配浆水前，应将所有的储水装置清洗干净；

d） 井场储备水泥存放超过 20d，应倒罐一次以上；

e） 注水泥前，配好配浆水，混配好水泥样，并进行大样复查实验；

f） 现场配制的配浆水超过 3d，应进行二次大样复查实验；

g） 注水泥前，应根据固井设计要求，配制好前置液。

5.5 注水泥准备

a） 检查、核对钻井液性能和钻井泵排量；

b） 应按不小于预计最高施工压力的 1.2 倍对注水泥管线试压。

6 固井施工

6.1 下套管作业

下套管作业按照 SY/T 5412 执行。

6.2 固井交底会

在下完套管注水泥前，召开固井交底会，参加人员包括钻井、固井、地质、钻井液、录井、工具等监督和技术人员，交底会主要内容包括：

a） 通报下套管情况；

b） 通报固井作业准备情况；

c） 通报固井设计中注水泥施工程序和要求，明确参加注水泥施工各方的职责；

d） 通报固井配合岗位人员落实情况；

e） 强调固井作业中需要注意的问题。

6.3 固井施工作业程序

固井施工作业程序按照 SY/T 5374.1 执行，并严格按照固井设计施工作业。注水泥作业应按设计连续施工，水泥浆密度应保持均匀，平均密度与设计密度误差不超过 $0.03g/cm^3$。

6.4 计量

采用仪表计量和人工计量方式同时计量注替参数和数量并相互核对，应采用固井压力、排量、密度实时采集系统连续监控施工过程。

6.5 候凝

一般采用井口敞压方式候凝，候凝时间应不少于 24h。当浮箍失效时，采用憋压方式候凝，控制套管内压力高于管外静压力 2.0MPa～3.0MPa，并有专人观察井口压力，按要求及时放压。

6.6 施工资料整理

固井施工资料整理按 SY/T 5374.1 附录要求执行。

7 固井质量验收

7.1 水泥返高验收

7.1.1 表层套管

表层套管固井水泥要求返至地面。

7.1.2 技术套管和生产套管

地热井各开次间套管主要通过悬挂器相连，固井时水泥要求返至悬挂器以上并符合设计要求。

7.2 水泥环胶结质量评价

水泥环胶结质量评价参照 SY/T 6592 执行，以声幅测井和声波变密度测井综合解释水泥胶结质量，经声幅测井和声波变密度测井后仍不能明确鉴定胶结质量及其他特殊情况下，可用扇区水泥胶结测井或其他方法鉴定。水泥胶结测井时，候凝时间不少于 24h。

7.3 技术套管顶部和底部固井质量验收

技术套管顶部 30m 和底部 30m 胶结不合格应视为固井不合格，应采取挤水泥等措施。

7.4 筛管井段固井质量验收

若生产套管中含有筛管井段，在验收固井质量时应检测筛管井段是否被封堵，无堵塞现象则固井质量合格。

7.5 固井质量统计

固井质量统计考核一次合格率和优质率。固井质量不合格的经过补救措施达标者，可视为合格。

ICS 01.040.27
CCS D 14

NB

中华人民共和国能源行业标准

NB/T 10707—2021

地热完井技术规范

Technical specification for geothermal well completion

2021-11-16 发布 2022-05-16 实施

国家能源局 发布

目　次

前言

本文件按照 GB/T 1.1—2020《标准化工作导则　第 1 部分：标准化文件的结构和起草规则》的规定起草。

本文件由中国石油化工集团有限公司提出。

本文件由能源行业地热能专业标准化技术委员会归口。

本文件起草单位：中国石油化工股份有限公司石油工程技术研究院、中国石化集团新星石油有限责任公司、中国石油化工股份有限公司胜利油田分公司、中国冶金地质总局山东正元地质勘查院、中国石油大学（北京）、中国石油大学（华东）、辽河石油勘探局有限公司、保定顺昌钻井工程有限公司。

本文件主要起草人：路保平、孙鹏、王磊、刘珂、鹿腾、彭汉修、王恒、吕亮、赵方剑、尹红坤、何祖清、王小玉、樊祥健、张海雄、马清明、伊伟锴、吴俊霞、李天舒、赵丰年、蒋海涛。

本文件于 2021 年首次发布。

地热完井技术规范

1 范围

本文件规定了地热完井工艺的设计原则、完井基础资料、完井方式选择、技术要求、QHSE 管理要求。

本文件适用于地热完井工程设计及现场施工。

2 规范性引用文件

下列文件中的内容通过文中的规范性引用而构成本文件必不可少的条款。其中，注日期的引用文件，仅该日期对应的版本适用于本文件；不注日期的引用文件，其最新版本（包括所有的修改单）适用于本文件。

DZ/T 0148 水文水井地质钻探规程

DZ/T 0260 地热钻探技术规程

NB/T 10272 地热井口装置技术要求

SY/T 5727 井下作业安全规程

SY/T 5911 射孔优化设计规范

SY/T 6690 井下作业井控技术规程

3 术语和定义

下列术语和定义适用于本文件。

3.1

过滤管 screen pipe

缠丝过滤器和填砾过滤器的骨架管。

4 完井工艺设计原则

4.1 完井方式根据热储类型、热储特性、热储物性参数及工艺技术发展状况进行选择。

4.2 热储和井筒之间应具有尽可能大的渗流面积，满足全生命周期的生产、增产、修井作业及生产测试等生产技术要求。

4.3 完井工艺应保持井眼稳定，且安全、经济、高效、可靠。

4.4 满足热储保护的要求，减少对储层的伤害。

4.5 满足井下作业、健康、安全及环境保护的要求。

5 完井基础资料

5.1 热储概况：热储类型、热储层物性、水温水量、流体成分、压力系统。

5.2　工程资料：同区块钻完井资料及相关作业措施资料。

5.3　生产数据：邻井同层系的生产数据及适应性分析。

6　完井方式选择

6.1　根据热储类型、热储特性、热储物性参数、经济效益等因素优化选择地热井完井方式。

6.2　地热井完井方式推荐见表1。

表1　地热完井方式

热储类型	地质条件	推荐完井方式
砂岩孔隙型热储	热储胶结良好、不易出砂	花管完井
	热储胶结疏松，易出砂	过滤管完井/套管固井射孔完井
基岩裂缝型热储	岩性欠致密，井壁欠稳定	过滤管完井
	岩性致密，井壁稳定，不易出砂	裸眼完井

7　技术要求

7.1　热储保护

7.1.1　钻井工艺选择应有利于保护热储层，避免或减少对热储层的伤害，钻井液性能应有利于保证钻井过程的安全高效。

7.1.2　完井试水时，应根据热储实际情况及热储敏感性评价结果选择低伤害入井液及完井液体系。

7.2　完井井口装置

7.2.1　地热完井井口装置应具有承压耐热、密封性良好、监测水位功能，能适应自流、大小泵换用等不同情况。

7.2.2　根据套管型号选配相应规格的井口装置，按NB/T 10272执行。

7.3　完井生产管柱

7.3.1　过滤管主要有桥式过滤管、梯形丝过滤管、贴砾（陶粒或砾石充填）过滤管、钻孔缠丝管等。

7.3.2　泵室段井管直径应满足下入开采泵和测量（动、静液面）的要求，深度应满足与开采量相应的动水位的要求。

7.3.3　全井下管时，在井底应有10m～20m沉淀管。

7.4　洗井

7.4.1　根据热储类型、钻完井情况选择有效的洗井措施，提高生产能力。孔隙型地热井洗井推荐采用潜水泵-空压机、活塞-空压机、焦磷酸钠（盐酸）-二氧化碳、二氧化碳-空压机等方法洗井；基岩裂缝型地热井推荐采用爆破-空压机、压裂-焦磷酸钠（盐酸）-空压机等方法洗井。

7.4.2　洗井应清除孔内及热储层段井壁的泥浆、岩屑、岩粉等堵塞物，应达到如下标准（要求）：

a）抽水试验前达到水清砂净；

b）出水量应接近设计要求或连续两次单位出水量之差应小于10%；

c）流体中悬浮物含量小于1/20000。

7.5 抽水试验

7.5.1 抽水设备应有空压机、潜水泵等，温度超过 50℃时宜采用高温潜水泵。

7.5.2 地热井的抽水试验要求应按照 DZ/T 0148 执行。

7.5.3 抽水试验期间，出现水位、水量突然变化、水质变浑时，要立即查明原因、详细记录，并采取措施使恢复正常后再继续抽水。

7.6 防砂工艺

7.6.1 对于采用过滤管完井的地热井，过滤管参数的确定原则是能够防排结合，且保持尽可能高的采液强度。

7.6.2 过滤管的滤缝宽度：按管外填砾和管外不填砾两种类型，分别根据管外填砾的规则或含水层颗粒筛分数据确定，管外填砾的过滤管滤缝宽度等关于填砾试样在筛分时能通过筛眼的颗粒，其累计重量占试样重量的 10%时的最大颗粒直径或筛眼直径；管外不填砾的过滤管滤缝宽度可按照表 2 选用。

表 2 管外不填砾的过滤管滤缝宽度

过滤管类型	含水层类型		
	均匀的中粗砂	非均匀的	
		中砂	粗砂
包网式过滤管	D=(1.5～2.0) d_{50}	d_{40}～d_{50}	d_{30}～d_{50}
缠丝过滤管或其他	D=(1.0～1.5) d_{50}		

注：D 为滤缝宽度，d_{30}，d_{40}，d_{50} 分别为含水层试样，在筛分时能通过筛眼的颗粒，其累计重量占试样全重分别为 30%，40%，50%时最大颗粒直径或筛眼直径。

7.7 射孔工艺

对于套管固井射孔完井的地热井，按 SY/T 5911 的相关规定执行。

8 QHSE 管理要求

8.1 地热完井设计应有健康、安全、环境保护的技术要求及应急预案。

8.2 井下作业施工安全按 SY/T 5727 的相关规定执行，作业过程中的压力控制按 SY/T 6690 的相关规定执行。

ICS 73.080
CCS F 15

NB

中华人民共和国能源行业标准

NB/T 10708—2021

水热型地热井钻井井控技术规程

Technical regulation for drilling well control in hydrothermal well

2021-11-16 发布　　2022-05-16 实施

国家能源局 发布

目　次

前　言

本文件按照 GB/T 1.1—2020《标准化工作导则　第 1 部分：标准化文件的结构和起草规则》的规定起草。

本文件由中国石油化工集团有限公司提出。

本文件由能源行业地热能专业标准化技术委员会归口。

本文件起草单位：中国石化新星石油有限责任公司、中国石油化工集团公司华东石油局华东石油技师学院、中石化绿源地热能开发有限公司、辽河石油勘探局有限公司。

本文件主要起草人：李红岩、杨卫、王存喜、陈旭、荣海波、郭世炎、张学云、邵林、宋玉太、丁畅、谭扬军、王登峰、马鹏鹏、时建虎、李海泉、赵丰年、谷雪曦、马春红。

本文件于 2021 年首次发布。

水热型地热井钻井井控技术规程

1 范围

本文件规定了水热型地热井钻井的井控设计、井控装置安装及试压、钻井过程中井控作业的技术规程。

本文件适用于水热型地热井钻井中的井控作业。

2 规范性引用文件

下列文件中的内容通过文中的规范性引用而构成本文件必不可少的条款。其中，注日期的引用文件，仅该日期对应的版本适用于本文件；不注日期的引用文件，其最新版本（包括所有的修改单）适用于本文件。

GB/T 20174　石油天然气工业钻井和采油设备　钻通设备

GB/T 22513　石油天然气工业钻井和采油设备　井口装置和采油树

GB/T 31033　石油天然气钻井井控技术规范

DZ/T 0260　地热钻探技术规程

SY 5974　钻井井场、设备、作业安全技术规程

SY/T 5053　钻井井口控制设备及分流设备控制系统规范、防喷器及控制装置　防喷器

SY/T 5964　钻井井控装置组合配套安装调试与维护

3 术语和定义

下列术语和定义适用于本文件。

3.1

异常高压地热井　geothermal well of abnormal high pressure

压力系数大于 1.2 的地热井。

3.2

含硫地热井　sulfur-bearing geothermal well

地层流体中硫化氢含量大于 75mg/m^3（50ppm）的地热井。

4 井控风险分类

4.1 一类井控风险地热井

满足以下条件之一的地热井属于一类井控风险地热井：

a） 所钻地层有异常高压的地热井；

b） 所钻目的层为地热蒸汽田的地热井；

c） 所钻遇地层有易燃易爆或有毒有害伴生气的地热井；

d）不能排除上述 a）、b）、c）条件的新区地热勘探井。

4.2 二类井控风险地热井

满足以下条件之一的地热井属于二类井控风险地热井：

a）井口水温大于或等于当地汽化温度的地热井；

b）所钻地层含有浅层气的地热井；

c）所钻地层有油气显示的地热井。

4.3 三类井控风险地热井

井口水温小于当地汽化温度的地热井属于三类井控风险地热井。

5 井控设计

5.1 地质设计中所提供的井位应符合下列安全距离要求：

a）一类井控风险地热井的井口距高压线及其他永久性设施不小于 75m；距民宅不小于 100m；距铁路及高速公路不小于 200m；距学校、医院、油库、人口密集及高危场所等不小于 500m；井筒与地下矿产采掘坑道、矿井通道之间的距离不小于 100m。

b）二类、三类井控风险地热井的选址应综合考虑与永久性设施、民宅、学校、医院、人口密集场所的安全距离，以及现场设施、地理地质特点等因素。

5.2 地质设计中应提供本井预测全井段地层孔隙压力、地层温度、浅层气资料、油气水显示和复杂情况。地质设计中应对硫化氢、二氧化碳等有毒有害气体层位、埋藏深度和含量进行预测，工程设计中应明确相应的安全技术措施。

5.3 钻井液密度设计以各裸眼井段中最高地层孔隙压力当量密度为基准，附加一个安全值：

a）一类井控风险地热井附加安全值为 $0.05g/cm^3 \sim 0.1g/cm^3$；

b）二类井控风险地热井附加安全值为 $0.02g/cm^3 \sim 0.1g/cm^3$；

c）三类井控风险地热井附加安全值为 $0g/cm^3 \sim 0.02g/cm^3$；

d）含有有毒有害伴生气的地热井钻井液密度设计，其附加值应取上限。

5.4 压井材料配置要求

a）一类井控风险地热井钻开风险层位之前储备至少提高井内钻井液密度 $0.1g/cm^3$ 的加重钻井液或加重材料；含硫地热井，还需储备足够数量的除硫剂；

b）二类井控风险地热井现场储备一定数量的加重材料；

c）三类井控风险地热井可在本工区内就近集中存放一定数量的加重材料。

5.5 井身结构设计的井控要求

a）同一裸眼井段不应有两个及以上压力梯度差值过大易产生喷漏矛盾的油气水层；

b）一类井控风险地热井在地下矿产采掘区钻井，表层套管或技术套管下深应封住开采段并超过其 100m；

c）异常高压地热井的技术套管、生产套管水泥应返至上一级套管内或地面；

d）含硫地热井生产套管应使用抗硫套管。

5.6 新区地热勘探井应做地层破裂压力试验或地层承压能力试验。

5.7 井控装置配置要求

a） 一类井控风险地热井按最大关井压力选择防喷器，井口防喷器组合按附录 A 中 A.1.1（a）、（b）形式配置；节流管汇按 A.2（a）、（b）组合形式配置；压井管汇按 A.3 的组合形式配置；井口井控管汇按 A.4.1 形式布置。节流、压井管汇压力等级应与井口防喷器压力等级相匹配；

b） 二类井控风险地热井的井口防喷器组合应按附录 A 中图 A.1.2（a）、（b）形式配置，井口井控管汇按 A.4.2 形式布置。井口管汇闸阀的压力等级应与防喷器压力等级相匹配；

c） 三类井控风险地热井可安装具有导流能力的简易井口。

5.8 钻具内防喷工具的配置要求

a） 一类井控风险地热井应配备钻具内防喷工具（止回阀、旋塞阀等）和防喷单根；

b） 二类井控风险地热井应配备钻具内防喷工具（止回阀、旋塞阀等）。

5.9 钻井工程设计应绘制各开次井口装置组合及井控管汇示意图，并提出安装、试压要求。

6 井控装置安装及试压

6.1 防喷器、四通、套管头、闸阀、节流管汇、压井管汇和放喷管汇的额定压力与公称通径系列及法兰、法兰用密封垫环的型式、尺寸连接等技术要求，应符合 GB/T 20174、GB/T 22513 的规定。

6.2 一类井控风险地热井的井控装置安装应按照 GB/T 31033 执行。

6.3 二类井控风险地热井的井控装置安装要求

6.3.1 防喷器的安装要求

a） 防喷器顶部应安装防溢管，其通径应不小于入井套管、工具外径，管内不应有台肩。防溢管处应安装挡泥伞，井口圆井处应安装防护盖；

b） 防喷器组安装完毕后，应校正井口、转盘、天车中心，固定牢靠；

c） 双闸板防喷器上闸板宜安装全封闸板，下闸板宜安装半封闸板。

6.3.2 钻井四通两侧闸阀处于常闭状态。

6.3.3 应安装方钻杆上旋塞和下旋塞，旋塞的压力等级应与井口防喷器压力等级相匹配。

6.4 钻井队应按标准安装风向标、配备便携式气体监测仪和报警装置。含硫地热井应按 SY/T 6277 标准配备硫化氢监测与人身安全防护装备。

6.5 井控装置的试压要求

a） 一类井控风险地热井井控装置试压按照 GB/T 31033 的要求执行；

b） 二类井控风险地热井井口装置安装后，在不超过表层套管抗内压强度 80%的前提下，应对闸板防喷器、钻井四通及防喷管汇阀门做额定压力密封试验；

c） 试验稳压时间不少于 10min，低压实验压降不超过 0.07MPa，高压试验压降不超过 0.7MPa，密封部位无渗漏为合格。

7 钻井过程中井控作业

7.1 每次开钻前，应向施工人员进行地质、工程和应急预案等井控措施交底，明确职责及分工。

7.2 在施工过程中，钻井队应严格按工程设计选择钻井液体系和钻井液密度值。当发现设计与实际不相符合时，应按审批程序及时申报更改设计，经批准后方可实施；当遇紧急情况，已危及安全生产时，钻井队可先处理，同时上报。

7.3 对一类、二类井控风险地热井应进行地层压力及地层温度监测，根据监测结果及时调整钻井液性能。

7.4 钻井过程中的坐岗要求

a）一类、二类井控风险地热井自钻开目的层位前100m至完井，应安排专人24h坐岗观察溢流；
b）坐岗人员要定时观察和记录循环罐液面变化及起下钻灌入或返出钻井液情况，及时发现溢流显示。

7.5 钻井过程中的溢流监测要求

a）钻进中出现钻速突然加快、放空、井漏、气测及槽面显示异常等情况，应立即停钻观察，地质和钻井技术人员进行分析判断并采取相应的措施；
b）发生井漏，应将钻具提离井底以便观察，处理时遵守“先保持压力，后处理井漏”的原则；
c）起下钻过程中应注意观察、记录、核对起出（下入）钻具体积和灌入（流出）钻井液体积；
d）一类井控风险地热井应做到溢流量 $1m^3$ 发现、$2m^3$ 关井；二类井控风险地热井应做到溢流量 $2m^3$ 发现、$3m^3$ 关井。

7.6 关井作业

7.6.1 关井原则

a）一类井控风险地热井发现溢流立即关井，疑似溢流关井检查；二类井控风险地热井发现溢流，依据溢流情况决定是否关井；
b）最大允许关井套压不应超过井口装置额定压力、套管抗内压强度的80%和薄弱地层破裂压力所允许关井套压三者中的最小值。

7.6.2 发生溢流后可采用软关井或硬关井的方式进行关井，关井程序见附录B。

7.7 压井作业

7.7.1 关井后应及时求得关井立压、关井套压和溢流量，并根据关井立压和套压的不同情况，采取相应的处理措施。
7.7.2 空井关井后，根据溢流的严重程度，可采用强行下钻分段循环法、置换法、压回法等方法进行处理。

7.8 井喷失控的处理原则

7.8.1 采取措施保护井口装置。
7.8.2 按应急程序进行报告。
7.8.3 设置观察点，定时取样，测定井场周边易燃易爆及有毒有害气体含量，划定安全范围。
7.8.4 制定应急抢险方案，按方案进行抢险作业。

7.9 测井作业井控要求

7.9.1 测井（射孔）车辆应停放在井架大门前，且距离井口25m以外。
7.9.2 测井前应进行通井循环，保证井眼通畅、钻井液性能稳定和压稳气水层。
7.9.3 测井作业过程中应控制电缆起下速度，并及时灌满钻井液。
7.9.4 测井时发生溢流应尽快起出井内电缆，若条件不允许，应立即剪断电缆关井。

7.10 固井作业井控要求

7.10.1 下套管作业前，应更换与套管外径一致的防喷器闸板芯子或准备套管转换接头，并试压合格。

7.10.2 固井和候凝过程应确保井筒液柱平衡地层压力，观察井口溢流情况。

附　录　A
（规范性）
井口装置及井控管汇组合图

A.1　防喷器井口组合形式

A.1.1　一类井控风险地热井防喷器井口组合形式

一类井控风险地热井防喷器井口组合形式见图A.1。

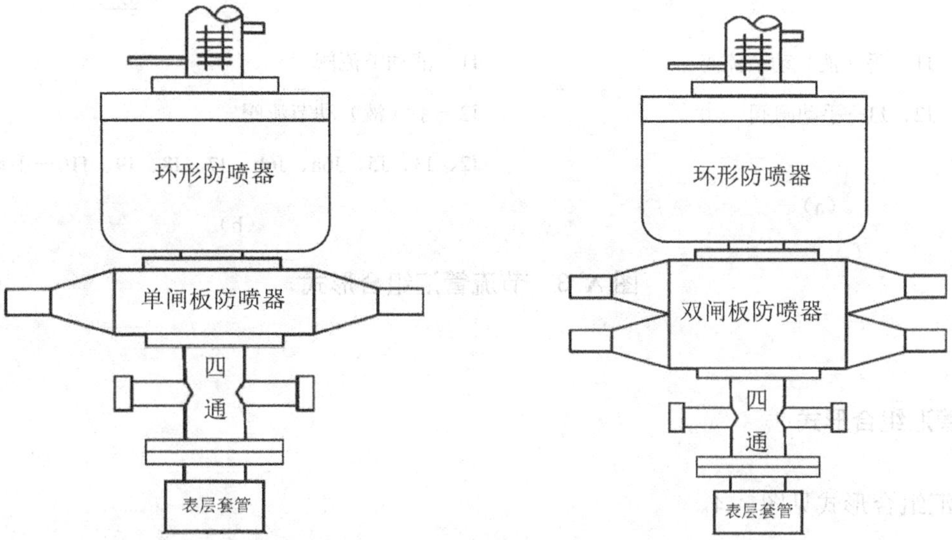

（a）　　　　（b）

图 A.1　一类井控风险地热井防喷器井口组合形式

A.1.2　二类井控风险地热井防喷器井口组合形式

二类井控风险地热井防喷器井口组合形式见图A.2。

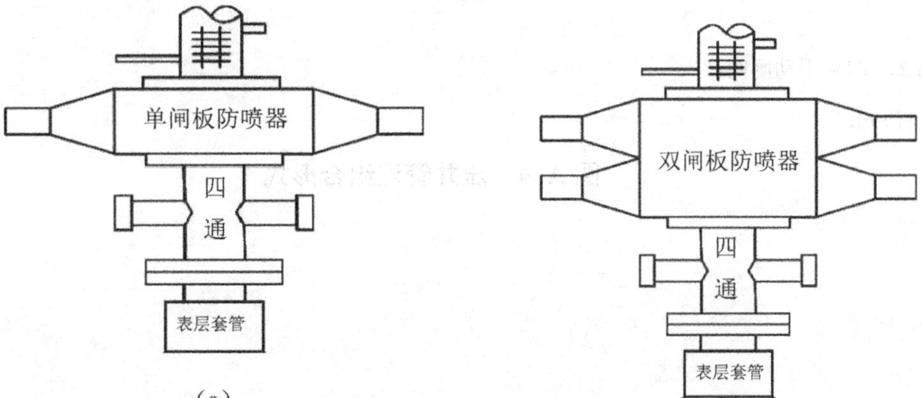

（a）　　　　（b）

图 A.2　二类井控风险地热井防喷器井口组合形式

A.2　节流管汇组合形式

节流管汇组合形式见图A.3。

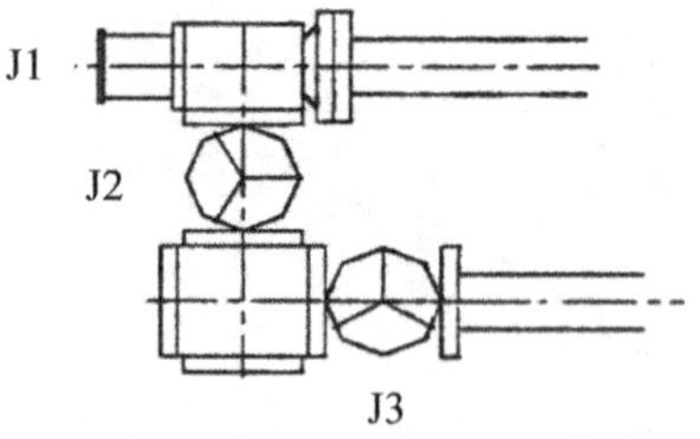

J1—手（液）动节流阀

J2、J3—手动闸阀

（a）

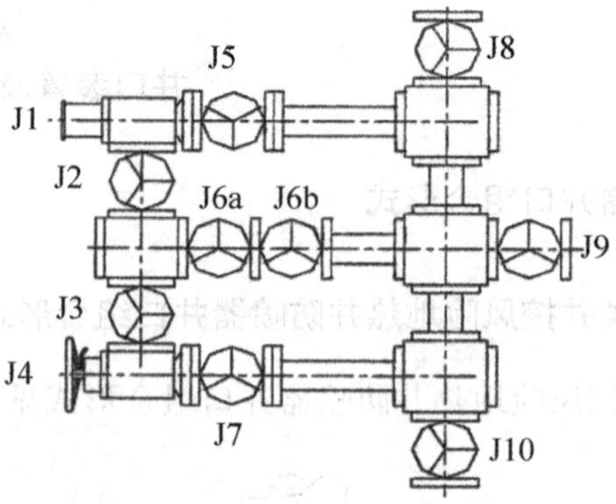

J1—液动节流阀

J2—手（液）动节流阀

J2、J3、J5、J6a、J6b、J7、J8、J9、J10—手动闸阀

（b）

图A.3　节流管汇组合形式

A.3　压井管汇组合形式

压井管汇组合形式见图A.4。

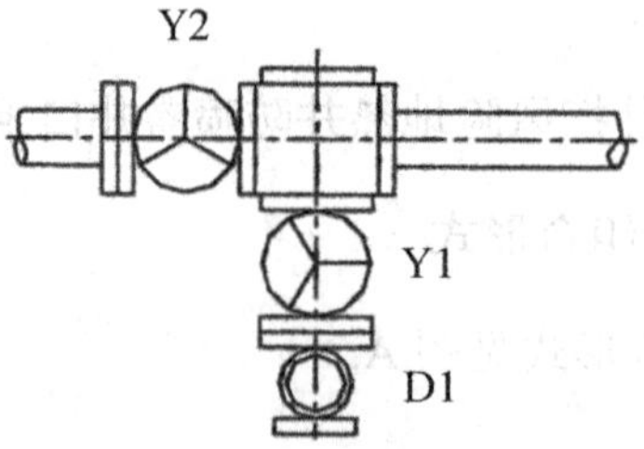

Y1、Y2、Y3—手动闸阀；

D1—单流阀。

图A.4　压井管汇组合形式

A.4 井口井控管汇布置形式

A.4.1 一类井控风险地热井井控管汇布置形式

一类井控风险地热井井控管汇布置形式见图 A.5。

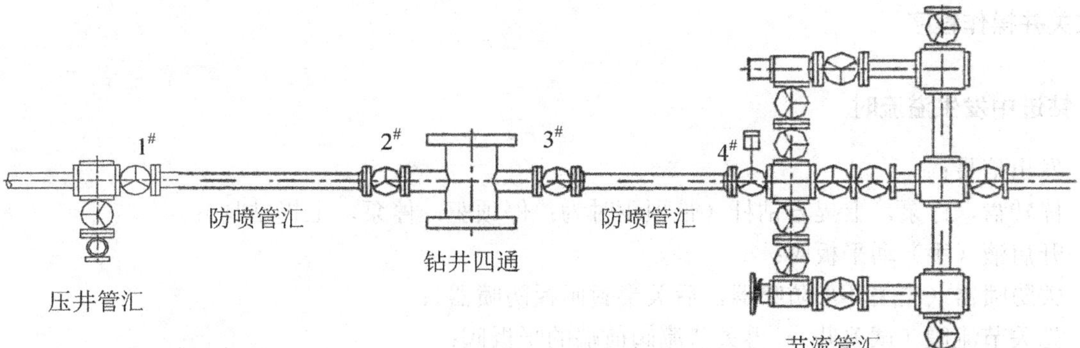

1#、2#、3#—手动闸阀；

4#—液动闸阀。

图 A.5 一类井控风险地热井井控管汇布置形式

A.4.2 二类井控风险地热井井控管汇布置形式

二类井控风险地热井井控管汇布置形式见图 A.6。

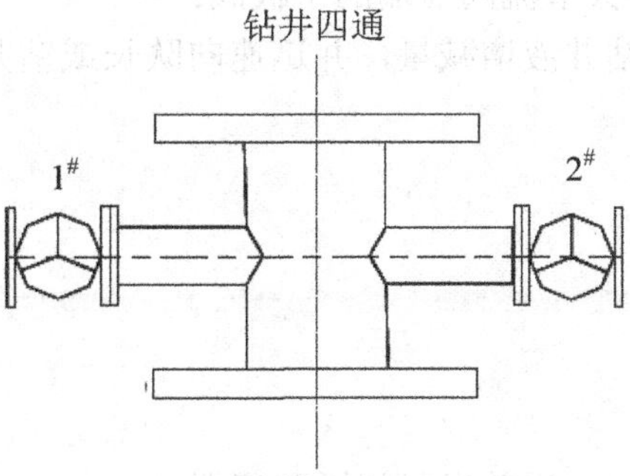

1#、2#—手动闸阀。

图 A.6 二类井控风险地热井井控管汇布置形式

附 录 B
（规范性）
关井操作程序

B.1 软关井操作程序

B.1.1 钻进中发生溢流时

a） 发出信号；
b） 停转盘，停泵，上提方钻杆（带顶驱时为：停顶驱，停泵，上提钻具）；
c） 开启液（手）动平板阀；
d） 关防喷器（先关环形防喷器，后关半封闸板防喷器）；
e） 先关节流阀（试关井），再关节流阀前端的平板阀；
f） 观察、记录立管和套管压力以及钻井液增减量，并迅速向队长或钻井技术人员及甲方监督报告。

B.1.2 起下钻杆中发生溢流时

a） 发出信号；
b） 停止起下钻作业；
c） 抢接钻具止回阀或旋塞阀；
d） 开启液（手）动平板阀；
e） 关防喷器（先关环形防喷器，后关半封闸板防喷器）；
f） 先关节流阀（试关井），再关节流阀前端的平板阀；
g） 观察、记录套管压力以及钻井液增减量，并迅速向队长或钻井技术人员及甲方监督报告。

B.1.3 起下钻铤中发生溢流时

a） 发出信号；
b） 停止起下钻作业；
c） 抢接防喷单根或防喷立柱；
d） 开启液（手）动平板阀；
e） 关防喷器（先关环形防喷器，后关半封闸板防喷器）；
f） 观察、记录套管压力以及钻井液增减量，并迅速向队长或钻井技术人员及甲方监督报告。

B.1.4 空井发生溢流时

a） 发出信号；
b） 开启液（手）动平板阀；
c） 关全封闸板防喷器；
d） 先关节流阀（试关井），再关节流阀前端的平板阀；
e） 观察、记录套管压力以及钻井液增减量，并迅速向队长或钻井技术人员及甲方监督报告。

注：空井发生溢流时，若井内情况允许，可在发出信号后抢下几柱钻杆，然后实施关井。

B.2 硬关井操作程序

B.2.1 钻进中发生溢流时

a） 发出信号；
b） 停转盘，停泵，上提方钻杆（带顶驱时为：停顶驱，停泵，上提钻具）；
c） 关防喷器（先关环形防喷器，后关半封闸板防喷器）；
d） 关节流阀前端的平板阀；
e） 开启液（手）动平板阀；
f） 观察、记录立管和套管压力以及钻井液增减量，并迅速向队长或钻井技术人员及甲方监督报告。

B.2.2 起下钻杆中发生溢流时

a） 发出信号；
b） 停止起下钻作业；
c） 抢接钻具止回阀或旋塞阀；
d） 关防喷器（先关环形防喷器，后关半封闸板防喷器）；
e） 关节流阀前端的平板阀；
f） 开启液（手）动平板阀；
g） 观察、记录套管压力以及钻井液增减量，并迅速向队长或钻井技术人员及甲方监督报告。

B.2.3 起下钻铤中发生溢流时

a） 发出信号；
b） 停止起下钻作业；
c） 抢接防喷单根或防喷立柱；
d） 关防喷器（先关环形防喷器，后关半封闸板防喷器）；
e） 关节流阀前端的平板阀；
f） 开启液（手）动平板阀；
g） 观察、记录套管压力以及钻井液增减量，并迅速向队长或钻井技术人员及甲方监督报告。

B.2.4 空井发生溢流时

a） 发出信号；
b） 关全封闸板防喷器；
c） 关节流阀前端的平板阀；
d） 开启液（手）动平板阀；
e） 观察、记录套管压力以及钻井液增减量，并迅速向队长或钻井技术人员及甲方监督报告。

注：空井发生溢流时，若井内情况允许，可在发出信号后抢下几柱钻杆，然后实施关井。

ICS 27.010
CCS F 15

NB

中华人民共和国能源行业标准

NB/T 10709—2021

地热井钻完井工程验收规范

Code for acceptance of geothermal well drilling and completion engineering

2021-11-16 发布　　2022-05-16 实施

国家能源局　发布

目　次

前　言

本文件按照 GB/T 1.1—2020《标准化工作导则　第 1 部分：标准化文件的结构和起草规则》的规定起草。

本文件由中国石油化工集团有限公司提出。

本文件由能源行业地热能专业标准化技术委员会归口。

本文件起草单位：中国石化集团新星石油有限责任公司、陕西省煤田地质集团有限公司、中国石油辽河石油勘探局有限公司、河南万江新能源开发有限公司、中国地质大学（武汉）、北京泰利新能源科技发展有限公司、中国石油化工股份有限公司石油工程技术研究院、中国石油化工股份有限公司华北油气分公司石油工程技术研究院、保定顺昌钻井工程有限公司。

本文件主要起草人：张海雄、斯容、赵丰年、许振华、王培义、张廷会、马永超、雷炯、韩亮、王磊、王登峰、窦斌、张海涛、方伟、袁明叶、雷刚、马春红、李天舒、贾艳雨、孙鹏、叶宏宇、翟志祥、李晓晨、毛翔、蒋海涛。

本文件于 2021 年首次发布。

地热井钻完井工程验收规范

1 范围

本文件规定了地热井钻完井工程验收内容与总体要求、工程质量、资料验收、验收程序与组织。

本文件适用于地热资源勘探开发利用项目的地热井钻完井工程验收。

2 规范性引用文件

下列文件中的内容通过文中的规范性引用而构成本文件必不可少的条款。其中，注日期的引用文件，仅该日期对应的版本适用于本文件；不注日期的引用文件，其最新版本（包括所有的修改单）适用于本文件。

GB/T 11615 地热资源地质勘查规范

DZ/T 0260 地热钻探技术规程

NB/T 10266 地热井钻井工程设计规范

NB/T 10267 地热井钻井地质设计规范

NB/T 10268 地热井录井技术规范

NB/T 10269 地热测井技术规范

SY/T 5593 井筒取心质量规范

SY/T 6592 固井质量评价方法

3 术语和定义

本文件没有需要界定的术语和定义。

4 验收内容与总体要求

4.1 验收内容

地热井钻完井工程竣工后，建设单位应进行验收，验收内容包括工程质量和资料验收。

4.2 总体要求

各项资料报告内容应客观、详实；数据应真实、准确；字迹应整洁、清晰。

5 工程质量

5.1 工程质量内容

地热井钻完井工程质量主要包含井身质量、固井质量、取心质量、抽水（回灌）试验和井口装置质量。地热井钻完井工程质量验收标准执行 DZ/T 0260 的 13.2.6 要求，并按照附录 A 交接书和附录 B 综合评价表和验收意见表填写内容。

5.2 井身质量

5.2.1 井身质量验收以完井电测数据为依据，数据包括：斜深、井斜、方位、垂深、闭合位移、闭合方位、全角变化率、靶心距和井径扩大率。

5.2.2 斜深、井斜、方位、垂深、闭合位移、闭合方位、全角变化率、靶心距的数据应符合 NB/T 10266 和钻井工程设计要求。

5.2.3 完钻井深数据验收以录井深度为评价依据。

5.2.4 固井段平均井径扩大率应不大于钻头直径的 15%，有特殊要求时以设计要求为准。

5.3 固井质量

5.3.1 固井质量验收应包含套管质量、水泥返深、水泥环胶结质量和井筒试压。

5.3.2 套管质量验收内容包含套管尺寸、钢级、壁厚、扣型和长度，验收时应提供套管质量合格检测报告。

5.3.3 水泥返深和水泥环胶结质量验收以第三方测井解释成果进行评定，评定方式依据 SY/T 6592 执行，并满足各个重叠段及以深 100m 井段固井质量合格。

5.3.4 井筒试压要求，试压值不小于 6MPa，稳压 30min，压降不大于 0.5MPa，未达到井筒试压要求为不合格。

5.4 取心质量

5.4.1 取心质量应包括：取心深度、取心进尺、岩心直径、长度、取心收获率五项内容。

5.4.2 常规地层取心收获率不小于 75%；破碎、松散地层取心收获率不小于 50%。

5.4.3 其他特殊取心要求，执行钻井地质设计和 SY/T 5593 要求。

5.5 抽水（回灌）试验

5.5.1 抽水（回灌）试验验收内容应包括三个不同抽水落程的井口地热水温度、抽水量、静水位、动水位、降深及回灌量。

5.5.2 抽水（回灌）试验应执行 GB/T 11615、DZ/T 0260 和钻井工程设计要求。

5.5.3 井口温度、水量和降深数据应采用标准化仪器监测，动水位和静水位数据精确到厘米，并做好记录。

5.5.4 抽水（回灌）试验时间应做到水量与水位稳定，且稳定时间不低于 8h。

5.5.5 三个不同落程抽水试验的井口地热水温度、抽水量、静水位、动水位和降深以稳定 8h 后的数据为准。

5.5.6 回灌试验数据以地层能够持续稳定回灌地热水的量为准。

5.6 井口装置质量

5.6.1 井口质量能够满足地热井采水或回灌的要求。

5.6.2 井口装置应满足测量水温、水量和压力的要求，以利于地热井的动态监测。

5.6.3 井口装置应无渗漏、功能完好、开关灵活、附件齐全，应有生产许可证、产品合格证、试压合格证、试压记录。

5.7 其他工程质量内容验收执行设计要求。

6 资料验收

6.1 资料验收包括钻完井资料、录井资料、测井资料、监理资料、抽水（回灌）试验、地热流体与岩土成分分析报告、储层改造资料，上述各项资料均提供纸质存档版本和电子版本。

6.2 钻完井资料包括：钻井工程设计、钻井施工设计、钻井井史、成井报告、钻井班报表、钻井液班报表、固井施工设计、固井施工记录、水泥浆检验报告、钻井复杂及事故报告。钻井井史格式参照附录C，成井报告格式参照附录D。

6.3 测井资料包括测井项目原始数据、测井解释报告、测井标准图（中完、完井)、测井组合成果图（中完、完井)、测井井斜标准图（中完、完井)、固井质量测井图、固井质量检测报告、井身投影图、定向井校直图（包括标准图和组合图)、产液剖面测井组合图、产液剖面测井解释报告。测井解释成果报告格式参照附录E。

6.4 录井资料包括：钻井地质设计要求的 1:500 综合录井图、1:1000 岩性实物剖面图(探采井要求)、岩屑描述记录、钻时记录、录井地质日报、录井原始资料汇编、录井地质总结报告。录井地质总结报告格式参照附录F。

6.5 抽水（回灌）试验应按照地热资源地质勘查规范 GB/T 11615 执行，验收资料洗井记录数据、三个不同落程的抽水试验记录、回灌试验记录资料。试验报告格式参照附录G。

6.6 监理资料包括：监理总结报告、监理日志和监理资料汇编。监理报告格式参照附录H。

6.7 按钻井地质设计要求提供相应的地热流体与岩土成分分析检测成果报告。

6.8 储层改造资料包括酸化、压裂、防砂、防腐、除垢、解堵的设计及施工设计、施工总结资料。

7 验收程序与组织

7.1 承包单位自检。地热井钻完井工程竣工后，达到检查验收阶段，承包单位应先进行自检自查，并进行整改，再由监理单位进行复检。

7.2 监理单位复检。承包单位完成自检后，由钻完井工程监理单位根据设计及标准规范的要求进行复检。

7.3 建设单位验收。监理单位完成复检后，由建设单位牵头组织现场验收与资料验收。建设单位自行（或邀请专家）对地热井钻完井工程的验收进行监督、检查，达到钻井地质设计和钻井工程设计目标。

7.4 现场和资料验收应当由承包方向建设单位提出书面申请，建设单位收到书面申请后，组织现场和资料验收。

7.5 现场验收主要流程包括：提出现场验收申请、听取汇报、现场验收、成果评价，出具现场验收书。

7.6 资料验收主要流程包括：提出资料验收申请、听取汇报、审查资料、结果汇总、下达验收整改通知书、再申报、复检、出具验收意见。

7.7 资料按照各项设计和标准规范要求逐项验收。

7.8 交接验收完成后，建设单位和承包单位进行地热井钻完井工程交接书签字确认，地热井资料汇交。

附 录 A
（规范性）
交接书格式

A.1 封面格式见表A.1。

表 A.1 交接书封面

××公司 ××井交接书 施工单位： 建设单位： 监理单位： 交接日期：

注：根据需要设置保密级别。

A.2 验收人员签字见表 A.2。

表 A.2 验收人员签字表

甲方单位		甲方单位代表	
乙方单位		乙方单位代表	
监理方		监理部门代表	
地热井管理部门（单位）		姓 名	职 务
甲方			
乙方			
监理			

A.3　交井验收甲方评价表见表A.3。

表 A.3　交井验收甲方评价表

<table>
<tr><th>序　号</th><th colspan="2">内　　容</th><th>评　　价</th></tr>
<tr><td>1</td><td colspan="2">井口质量</td><td></td></tr>
<tr><td>2</td><td>设计水温__________℃</td><td>实际水温__________℃</td><td></td></tr>
<tr><td>3</td><td>设计水量_________m³/h</td><td>实际水量_________m³/h</td><td></td></tr>
<tr><td>4</td><td colspan="2">静水位_________m</td><td></td></tr>
<tr><td>5</td><td colspan="2">动水位_________m</td><td></td></tr>
<tr><td>6</td><td colspan="2">降深_________m</td><td></td></tr>
<tr><td>7</td><td colspan="2">井场基本建筑物是否完整</td><td></td></tr>
<tr><td>8</td><td colspan="2">井场环境保护状况：（合格、不合格）</td><td></td></tr>
<tr><td>9</td><td colspan="2">井场排污地（坑）状况：（合格、不合格）</td><td></td></tr>
<tr><td>10</td><td colspan="2">井下有无落物</td><td></td></tr>
<tr><td>11</td><td colspan="2">井口保护及标志状况：（合格、不合格）</td><td></td></tr>
<tr><td>12</td><td colspan="3">验收结论：</td></tr>
<tr><td rowspan="3">13</td><td colspan="2">甲方签字：</td><td>年　　月　　日</td></tr>
<tr><td colspan="2">乙方签字：</td><td>年　　月　　日</td></tr>
<tr><td colspan="2">监理签字：</td><td>年　　月　　日</td></tr>
</table>

A.4　基本数据表见表A.4。

表 A.4　基本数据表

井　别		井　号	
地理位置			
构造位置			
钻探目的			
施工单位			
井位坐标 m	纵：		
	横：		

补心海拔	m	地面海拔	m	补心距	m
开钻日期		完钻日期		成井日期	
完钻井深	m	完钻层位		成井方法	
交井地层		人工井底			m
钻机型号		钻井队编号		队　长	

钻头程序：mm×m

尺寸 mm				
深度 m				

井身结构（套管程序）

名称	尺寸	钢级	壁厚	下入深度	套管外钻井液密度	水泥返深，m		声幅质量	试压情况
						设计	电测		
表层									
技术									
生产									

井身质量

最大井斜				靶点			最大全角变化率	
井深 m	斜度 （°）	方位角 （°）	闭合位移 m	闭合方位 （°）	闭合位移 m	靶心距 m	井深 m	全角变化率 （°）/30m

试压最高压力	MPa	筛　管	位　置	m
完井套管（滤水管）尺寸及井深	m		长　度	m
封隔器井深	m		孔眼排列	
			孔　距	mm
回压阀井深	m		排　距	mm
			孔径及孔数	

A.5 上交资料清单见表 A.5。

表 A.5 上交资料清单

序号	资料类型	资料清单	备注
1	钻完井资料		
2	测井资料		
3	录井资料		
4	监理资料		
5	抽水（回灌）试验资料		
6	流体与岩土分析资料		
7	储层改造资料		
8	其他资料		
9			
…			

附 录 B
（规范性）
综合评价表和验收意见表格式

B.1 综合评价表见表 B.1。

表 B.1 综合评价表

一、______________井概况 地理位置： 构造名称： 井　　别：　　　　　　　　施工队伍： 开钻日期：　　　　　　　　完井日期： 设计井深：　　　　　　　　完钻井深： 二、钻井工程质量 1.井身质量： 2.固井质量： 3.取心质量： 4.抽水（回灌）质量： 5.井口质量： 三、钻井时效 1.生产：　　% 2.纯钻：　　% 3.事故：　　% 4.复杂：　　% 四、 工程质量综合评价 1.全井钻井工程质量：　　□合格　　□不合格 2.全井重大井下、人身、设备事故：　　□无　　□有 3.全井环保污染事故：　　□无　　□有 4.全井工程综合评定：　　□优良　　□合格　　□不合格 验收组：______________（签名） 年　　月　　日

B.2 综合质量验收意见表见表 B.2。

表 B.2 综合质量验收意见表

验收组意见： 存在问题及建议/要求： 经验收组成员查看相关资料，并就验收的内容进行全面认真评定，综合质量评定为________________。
验收组成员签字 组长： 成员： 年 月 日

附 录 C
（规范性）
钻井井史报告内容模板

C.1 钻井井史封面

项目名称 ××井钻井井史 编制单位名称 ××××年××月××日

注释：排版格式以模板为准。

C.2 钻井井史扉页

××井钻井井史 项目名称： 建设单位： 施工单位： 钻机编号： 技术负责人： 报告编写人： 报告审核人： **编制单位名称** ××××年××月××日

注释：排版格式以模板为准。本页加盖公章。

C.3 钻井井史目次

目次

注释：排版格式以模板为准。本目次为常规目次，可根据工序需要增加目次项。

附 录 D
（规范性）
成井报告内容模板

D.1 成井报告封面

项目名称

××井成井报告

编制单位名称

××××年××月××日

注释：排版格式以模板为准。

D.2　成井报告扉页

××井成井报告

项目名称：

建设单位：

施工单位：

技术负责人：

报告编写人：

报告审核人：

施工起止日期：　　年　月　日—　年　月　日

提交单位：

提交日期：

编制单位名称

××××年××月××日

注释：排版格式以模板为准。本页加盖公章。

D.3 成井报告目次

目次

注释：排版格式以模板为准。本目次为常规目次，可根据实际需要增加目次项。

附 录 E
（规范性）
测井解释成果报告内容模板

E.1 测井解释成果报告封面

项目名称 ××井测井解释成果报告 编制单位名称 ××××年××月××日

注释：排版格式以模板为准。

E.2 测井解释成果报告扉页

××井测井解释报告

项目名称：

建设单位：

施工单位：

技术负责人：

报告编写人：

报告审核人：

编制单位名称

××××年××月××日

注释：排版格式以模板为准。本页加盖公章。

E.3 测井解释报告目次

目次

注释：排版格式以模板为准。本目次为常规目次，可根据工序需要增加目次项。

附　录　F
（规范性）
地质录井总结报告内容模板

F.1　录井地质总结报告封面

项目名称
××井地质录井总结报告
编制单位名称
××××年××月××日

注释：排版格式以模板为准。

F.2　录井地质总结报告扉页

××井地质录井总结报告

项目名称：

建设单位：

施工单位：

技术负责人：

报告编写人：

报告审核人：

编制单位名称

××××年××月××日

注释：排版格式以模板为准。本页加盖公章。

F.3 录井地质总结报告目次

目次

注释：排版格式以模板为准。本目次为常规目次，可根据实际需要增加目次项。

附 录 G
（规范性）
抽水（回灌）报告内容模板

G.1 抽水（回灌）报告封面

项目名称 ××井抽水（回灌）报告 编制单位名称 ××××年××月××日

注释：排版格式以模板为准。

G.2 抽水（回灌）报告扉页

××井抽水（回灌）报告

项目名称：

建设单位：

施工单位：

技术负责人：

报告编写人：

报告审核人：

施工起止日期：　　年　月　日—　　年　月　日

提交单位：

提交日期：

注释：排版格式以模板为准。本页加盖公章。

G.3 抽水（回灌）报告目次

目次

注释：排版格式以模板为准。本目次为常规目次，可根据工序需要增加目次项。

附 录 H
（规范性）
钻井监理报告内容模板

H.1 钻井监理报告封面

<table><tr><td>

项目名称

××井钻井监理报告

编制单位名称

××××年××月××日

</td></tr></table>

注释：排版格式以模板为准。

H.2 钻井监理报告扉页

××井钻井监理报告 项目名称： 建设单位： 施工单位： 监理单位： 钻井监理： 报告编写人： 报告审核人： **编制单位名称**

注释：排版格式以模板为准。本页加盖公章。

H.3 钻井监理报告目次

目次

注释：排版格式以模板为准。本目次为常规目次，可根据实际需要增加目次项。

ICS 73.020
CCS D 10

NB

中华人民共和国能源行业标准

NB/T 10710—2021

地热测井原始资料质量要求及评价规范

Quality requirement and evaluation specification for original geothermal well logging information

2021-11-16 发布 2022-05-16 实施

国家能源局 发布

目　次

前　言

本文件按照 GB/T 1.1—2020《标准化工作导则　第 1 部分：标准化文件的结构和起草规则》的规定起草。

本文件由中国石油化工集团有限公司提出。

本文件由能源行业地热能专业标准化技术委员会归口。

本文件起草单位：中国石油化工股份有限公司石油物探技术研究院、中石化经纬有限公司胜利测井公司、中国石化集团新星石油有限责任公司、中石化经纬有限公司华北测控分公司、中石化经纬有限公司华东测控分公司、北京市生态地质研究所、北京市工程地质研究所。

本文件主要起草人：张松扬、冷洪涛、吴伟、曾玉峰、王静、龚劲松、赵全忠、苗荣、李功强、田飞、王磊、毛克宇、赵丰年、马春红、李天舒、范明、盖建宾、张羽。

本文件于 2021 年首次发布。

地热测井原始资料质量要求及评价规范

1 范围

本文件规定了水热型地热井常规测井系列项目分类、测井原始资料基本要求、单项测井原始资料质量要求、测井原始资料质量评价和测井原始资料井场提交及归档。

本文件适用于水热型地热井的测井原始资料的质量监督、验收、评价及成果归档。

2 规范性引用文件

下列文件中的内容通过文中的规范性引用而构成本文件必不可少的条款。其中，注日期的引用文件，仅该日期对应的版本适用于本文件；不注日期的引用文件，其最新版本（包括所有的修改单）适用于本文件。

SY/T 5132 石油测井原始资料质量规范

3 术语和定义

下列术语和定义适用于本文件。

3.1

地热测井方法 geothermal well logging methods

以勘查或开发利用地热能为目的的测井方法。

3.2

地热测井原始资料 original geothermal well logging information

针对不同性质地热井，利用地热测井方法采集得到的地热储层测井数据及相关记录。

4 测井系列项目分类

4.1 分类

地热常规测井系列分为裸眼井测井系列和套管井测井系列。根据地热储层岩性剖面的特点、地热储层参数评价的需要和测量环境等，合理选择地热井常规测井系列项目。

4.2 裸眼井测井系列

地热裸眼井常规测井系列主要分为砂岩和碳酸盐岩测井系列(其他岩性测井系列依据所在地热田区域地质测井响应特征确定)：

——砂岩地热井常规测井项目为：自然伽马、自然电位、井径、井斜、双感应-八侧向（盐水泥浆宜用“双侧向-微球聚焦”代替“双感应-八侧向”）、补偿声波、井温；

——碳酸盐岩地热井常规测井项目为：自然伽马、自然电位、井径、井斜、双侧向-微球聚焦、补偿声波、井温。

4.3 套管井测井系列

4.3.1 固井质量检查测井系列常规测井项目为：自然伽马、磁定位、声幅、变密度。

4.3.2 注入剖面测井系列常规测井项目为：自然伽马、磁定位、流量、井温。

4.3.3 产出剖面测井系列常规测井项目为：自然伽马、磁定位、流量、井温、压力。

5 测井原始资料基本要求

5.1 仪器、设备及刻度

按 SY/T 5132 中“测井仪器、设备”和“刻度”的要求执行。

5.2 曲线图头

测井曲线有效记录应有正式的图头，图头原始记录或技术说明等应在井场及时填写，做到信息准确、齐全。原图应在现场打印，图头信息应包括：

a） 标题、作业单位、井名和井区；

b） 井位坐标、海拔高度、测井基准面、钻台高度、地面高度；

c） 测井日期、测井项目、测井井段、钻井井深、测井井深和下井次数；

d） 套管内径、套管下深、测量的套管下深和钻头程序；

e） 钻井液性能参数，钻井液电阻率及温度等；

f） 钻井液循环时间、仪器到达井底时间和井底温度；

g） 地面测井系统、测井队、作业工程师和测井监督；

h） 下井仪器系列、仪器编号、仪器在仪器串中的位置和零长；

i） 附注（需要说明的其他信息）。

5.3 测井曲线原始图

5.3.1 图面整洁。曲线、深度码及专用标记应清晰、齐全和完整。

5.3.2 测井原始图应记录刻度校验值、井下仪器参数和有关测井参数。

5.3.3 测井原始图应同时记录张力、速度和电缆深度记号曲线。

5.3.4 测井曲线绘图规范，曲线布局和线型选择合理，便于储层识别和岩性分析。同次测量的曲线能相互分辨。

5.3.5 同一次测量各曲线间的深度应一致。同次测井曲线补接测量时，每 500m 井段内只允许补接一次，每条曲线补接不超过三段，且补接处应重复测量 50m 以上。

5.3.6 因下井仪器组合连接或井底沉砂等原因造成的漏测井段应小于 20m，遇阻曲线应平直稳定。

5.3.7 曲线形态和测值正常，不应出现与井下地层无关的限幅、跳动和大段平直等异常现象，否则应重复测量，如不能说明原因，应更换仪器验证。

5.3.8 主测井曲线有接图或曲线间深度误差超出规定范围时，应编辑回放完整曲线，连同原始曲线图交现场测井监督处理。

5.4 测井数据记录

5.4.1 井场应回放数据记录，数据记录与明记录不一致时，应补测和重新测井。

5.4.2 原始数据记录清单应填写齐全，清单内容一般情况下包括：井号、井段、曲线名称、测量日期、测井队和文件名，同时应标注主曲线、重复曲线和重复测井（接图用）曲线的文件名。

5.4.3　编辑的数据记录应按资料处理要求的数据格式拷贝；各条曲线深度对齐，曲线间的深度误差小于 0.4m；数据记录贴标签，标明：井号、测井日期、处理井段、数据格式、文件名、采样密度、测井队、操作员及队长。

5.4.4　数据文件应打印检索目录，标明正式、重复文件资料的文件名。

5.4.5　测井数据记录盘所记录的内容与所提交的原始测井资料内容应完全一致。

5.5　测井曲线深度

5.5.1　测井电缆的深度记录应定期进行深度校正（在深度标准井内校正或在地面对电缆丈量进行注磁标记），深度误差不超过 0.2‰，保证地热井测井深度精度。

5.5.2　同一口井不同次测量或不同电缆测量时，在钻井液密度稳定的情况下，每千米井段深度不超过 0.5m。

5.5.3　测出的套管鞋深度与套管鞋实际深度之间的误差应不大于 0.1%，超出允许误差时，应在现场查明原因并予以相应处理。

5.5.4　几种仪器组合测井时，同次测量的各条曲线深度误差不超过 0.2m，每次测井应测量用于校深的自然伽马曲线。

5.5.5　曲线不可连续缺失深度记号，井底和套管鞋附近不应缺失深度记号。

5.5.6　测井曲线确定的表层套管深度与实际下深误差不超过 0.5m，测井曲线确定的技术套管、生产套管（包括尾管）深度与实际深度误差不应大于 0.1%；深度误差若超出规定，应将自然伽马曲线由井底（套管内同时测接箍曲线）测到井口，查明深度误差原因并予以相应处理。

5.5.7　套管井测井资料深度应与裸眼井测井资料深度一致，每次测井应测量校深用的自然伽马曲线或磁性定位曲线。

5.6　测量速度和曲线深度比例

5.6.1　测井过程中应测速均匀，测井速度不应超出仪器技术指标要求。

5.6.2　当多条曲线并测时，应满足仪器组合中测速最低者的要求。

5.6.3　常规测井曲线深度比例宜采用 1:500，热储层、标志层等深度比例宜采用 1:200。

5.7　重复曲线测量

5.7.1　测重复曲线时应在测量井段上部进行，测量时宜选井径规则且曲线幅度变化明显井段，测量井段不少于 50m。

5.7.2　与主测井相比，重复测井相对误差应在规定范围内。重复曲线测量值相对误差按式（1）计算：

$$X = \frac{|B-A|}{A} \times 100\% \quad \cdots\cdots (1)$$

式中：

A——主曲线测量值；

B——重复曲线测量值；

X——测量值相对误差。

6　单项测井原始资料质量要求

6.1　双侧向曲线

6.1.1　测前、测后校验相对误差应小于 5%。

6.1.2 在仪器测量范围内，曲线不应出现与地层无关的“零值”或限幅。

6.1.3 深、浅侧向曲线在井径基本规则的无孔隙、无裂缝的泥岩段和非渗透层段应基本重合。

6.1.4 在渗透性储层处，双侧向曲线的幅度差应正确反映地层电阻率的径向分布关系，具体特征如下：

——对于厚度大于 2m 的渗透性砂岩地热储层，当钻井泥浆滤液电阻率小于地层水电阻率时，水层深侧向测量值应大于浅侧向测量值；当钻井泥浆滤液电阻率大于地层水电阻率时，水层的深侧向测量值应小于浅侧向测量值；

——对于碳酸盐岩岩溶地热储层，溶孔发育段的双侧向测井响应特征与砂泥岩剖面的地热储层相似；裂缝发育段的测井响应特征与裂缝的发育程度、流体性质和侵入情况有关；深、浅侧向的差异与裂缝的角度具有相关性。

6.1.5 重复曲线应与主曲线形态一致，重复测量值相对误差应小于 5%。

6.1.6 仪器进套管时，曲线应有回零趋势。

6.2 微球聚焦曲线

6.2.1 测井前后应进行井场校验，校验值在 0.2Ω·m～200Ω·m 之间时，误差小于 5%；校验值在 200Ω·m～2000Ω·m 之间时，误差小于 15%。

6.2.2 在井眼规则井段，曲线形态与双侧向曲线相似，应符合侵入特性：

——对于砂泥岩剖面，在井径规则井段，泥岩或致密非渗透砂岩地层的微球聚焦曲线与双侧向曲线应基本重合（曲线形态相似，数值相近）；在渗透性层段应反映冲洗带电阻率的变化并符合地层的径向侵入关系；

——对于碳酸盐岩地热储层，致密层段的微球聚焦测井值一般情况下低于双侧向测井值，储层段及泥岩段接近双侧向测井值。

6.2.3 在仪器测量范围内，曲线不应出现限幅现象。

6.2.4 在高电阻率薄层，微球聚焦测井值应高于双侧向测井值。

6.2.5 重复曲线与主曲线形态相似，在井径规则的渗透层段，重复测量值的相对误差应小于 10%。

6.3 双感应-八侧向曲线

6.3.1 双感应测井，测前、测后内刻度零值误差绝对值不应超过 3mS/m，高值（500mS/m）处的误差应在 25mS/m 以内，低值（1mS/m）处的误差绝对值不得超过 2mS/m。对于八侧向测井，测前线性刻度误差小于 10%，测前、测后内刻度相对误差应小于 5%。

6.3.2 除高、低电阻率薄互层或受井内环境影响引起的异常外，在仪器测量范围内，曲线应平滑无跳动，不应出现与地层无关的“零值”或限幅。

6.3.3 对于砂泥岩剖面地热地层，深、中、浅电阻率曲线应正确反映地层电阻率的径向分布规律，井径规则井段测量值变化应符合以下规律：

——在厚层泥岩和致密砂岩均质非渗透地层中，双感应-八侧向曲线基本重合；

——当钻井液电阻率小于地层水电阻率时，水层的双感应-八侧向曲线呈低侵特征（有侵入情况下）；

——当钻井液电阻率大于地层水电阻率时，水层的双感应-八侧向曲线呈高侵特征（有侵入情况下）。

6.3.4 重复曲线与主测井曲线形状一致，测量值在 1Ω·m～50Ω·m 范围内，曲线重复测量值相对误差小于 5%。

6.4 自然伽马曲线

6.4.1 测前、测后校验相对误差应小于 5%。

6.4.2 自然伽马测井曲线变化应与地热田地质剖面相吻合，变化特征如下：

——对于砂泥岩地层，砂岩层一般呈低自然伽马特征，而泥岩或富含放射性物质的砂岩地层呈高自然伽马特征；

——对于碳酸盐岩地层，纯白云岩或灰岩地层一般呈低自然伽马特征，而泥岩风化壳或泥质充填条带呈高自然伽马特征。

6.4.3 测量曲线与自然电位、补偿声波及双感应或双侧向曲线具有相关性。

6.4.4 重复测井曲线与主测井曲线形状基本一致，重复测量值相对误差小于5%。

6.5 补偿声波曲线

6.5.1 铝筒刻度值在182μs/m～189μs/m范围内，测井前、后应分别在自由套管中测量不少于10m的时差曲线，测量值应在180μs/m～194μs/m范围内。

6.5.2 在地热储层段的时差曲线不应出现与井眼及地层无关的跳动，如有严重跳动，应降低速度进行验证测量。

6.5.3 声波时差测井曲线应符合地热田地质剖面变化规律。

6.5.4 对于砂泥岩剖面，声波时差测量值不应低于其岩石骨架值，一般情况下，渗透性层段纵波时差计算的地层孔隙度应与地区变化规律一致或与取心实测孔隙度接近。

6.5.5 重复测量曲线与主测井曲线形状一致，渗透性地热储层段的时差曲线重复测量误差绝对值应小于7μs/m。

6.6 自然电位曲线

6.6.1 在大段泥岩处，每100m井段基线偏移应小于10mV。

6.6.2 自然电位极性符合钻井泥浆滤液电阻率和地层水电阻率的关系，曲线变化与岩性剖面一致。

6.6.3 对于砂泥岩地热储层剖面，砂岩渗透性层段自然电位曲线的幅度变化与钻井液电阻率/地层水电阻率比值有关，变化规律如下：

——当砂岩井段钻井泥浆滤液电阻率大于地层水电阻率时，自然电位曲线为负幅度变化；

——当砂岩井段钻井泥浆滤液电阻率小于地层水电阻率时，自然电位曲线为正幅度变化。

6.6.4 自然电位曲线干扰幅度应小于2.5mV。

6.6.5 重复测量曲线与主测井曲线形状一致，幅度大于10mV的地层，曲线重复测量值的相对误差应小于10%。

6.7 井径曲线

6.7.1 测前绝对误差小于1.5cm。

6.7.2 井径仪连续测量进入套管，直到井径曲线平直稳定段长度超过10m，且套管测量值和标称内径之间绝对误差应小于1.5cm。

6.7.3 致密层段井径测量数值应接近钻头直径。

6.7.4 当测量曲线变化平稳时，井壁规则的渗透层段曲线数值应接近或略小于钻头尺寸。

6.7.5 井径腿全部张开、合拢时的最大、最小值与实际标称值对比，其相对误差应小于5%。

6.7.6 重复测井与主测井曲线形状一致，重复测量值相对误差应小于5%。

6.8 井斜曲线

6.8.1 曲线应平稳，无负值、无抖动和畸变，井斜、方位角测量值均符合正常变化趋势。

6.8.2 重复测井与主测井对比，井斜角重复误差不应超过0.5°，当井斜大于1°时，井斜方位角测量的重复误差应小于10°。

6.8.3 当井斜角小于 1° 时，方位曲线不作为井斜方位的评价依据。

6.9 井温曲线

6.9.1 测井仪器应按期进行刻度，仪器在井口处读值与实际地面温度误差绝对值应小于 1.5℃。
6.9.2 采用下放测量，井温异常井段应重复测量，测速降低至允许测速的 80%以内。
6.9.3 井底井温测量值与温度计记录应基本一致。
6.9.4 井温曲线反映本地区的地温梯度变化规律，如果出现大段平直和畸变等异常现象，应对井温仪器进行校验后重新测量。

6.10 声幅曲线

6.10.1 在水泥面以上的自由套管井段，曲线幅度应保证在相对幅度 80%～120%范围内。
6.10.2 测量井段应从遇阻曲线连续测到水泥返高面以上曲线变化稳定带，并测出 5 个以上套管接箍；套管接箍应清晰可辨，相对套管幅度低 20%以上。
6.10.3 其他原因造成的曲线跳动，每 200m 井段不应多于 3 次，抖动长度不应超过全井段的 1/2。
6.10.4 最佳测量时间应根据所使用水泥浆的性质而定，一般为 24h～48h。
6.10.5 在测量井段上部自由套管井段测量重复曲线重复误差应在 10%以内。

6.11 磁性定位曲线

6.11.1 磁性定位曲线应连续记录，曲线变化显示清楚，应测出标志套管位置。
6.11.2 接箍信号峰值与深度记号峰值明显可辨，且峰值无畸变。干扰信号幅度小于接箍信号幅度的 1/3。
6.11.3 目的层不应缺失接箍信号，非目的层段不应连续缺失 2 个以上接箍信号。
6.11.4 接箍、封隔器等井下工具在曲线上应有明显的指示。

6.12 声波变密度曲线

6.12.1 测井时间应根据所使用水泥浆的性质而定，一般应在固井 24h 后测井。
6.12.2 测井前在水泥面上的自由套管井段进行声幅刻度，无自由套管的井，参考以前的刻度值。
6.12.3 测量井段由井底遇阻位置测到水泥返高以上曲线变化平稳的井段，并测出 5 个以上自由套管接箍，且每个套管接箍反映清晰。
6.12.4 自由套管井段，声波变密度套管波显示清晰平直，明暗条纹可辨；声波幅度数值稳定，套管接箍信号明显。
6.12.5 声波幅度曲线变化与声波变密度套管波显示应有相关性，声波幅度曲线数值小，对应的声波变密度套管波显示弱或无，反之，套管波显示强。
6.12.6 在混浆带及自由套管井段测量重复曲线 50m 以上，与主曲线相比，重复测量值相对误差应小于 10%。

6.13 压力曲线

6.13.1 密闭测井情况下，据压力测井曲线折算到井口的压力应与井口计算压力相一致，绝对误差应在 1MPa 以内。
6.13.2 重复测量压力曲线，重复测量值相对误差应小于 5%。

6.14 非集流涡轮流量曲线

6.14.1 非集流涡轮流量测井采用连续测量方式进行，应分别采用上提、下放方式，以不同的测井速度测量 4 次以上。

6.14.2 测井速度按等差法选择，应使流量曲线间隔数值不小于 1.5cps 或 1rps，并同时记录测速曲线，单次测井的测井速度稳定，变化应小于 10%。

6.14.3 不同测速的上测或下测流量曲线变化趋势应一致。

6.14.4 零流量曲线应记录到最下一个射孔段以下，总流量曲线应记录到最上一个射孔段以上 20m，零流量曲线和总流量曲线的稳定段应不小于 2m。

6.14.5 测井速度稳定条件下，两个射孔层之间流量曲线波动幅度应小于流量平均值的 10%。

6.14.6 在流速变化处，流量曲线应有明显的异常变化。

6.15 井温曲线（套管内测井）

6.15.1 井温测井曲线应符合本文件 6.9 的要求。

6.15.2 井温曲线在静水区的温度数值应接近该深度地温数值。

6.15.3 井温异常井段应在停测 30min 后重复测量，重复误差绝对值应不超过 1℃。

6.15.4 静止、加压和恢复温度曲线在静水段测量值应基本一致。

7 测井原始资料质量评价

7.1 分类

测井原始资料质量评价分单条（组合）曲线评定和单井次资料评级。

7.2 等级划分

资料的评价等级分“优”“合格”“不合格”三级。

7.3 记录格式

原始资料质量评价记录格式参见附录 A。

7.4 单条曲线质量评定依据

7.4.1 测井曲线全面符合原始测井资料质量要求，同时又满足以下条件者，曲线评为“优”：

a） 刻度校验误差不超过允许范围的 70%；

b） 曲线无超出允许范围的异常测值，且未出现与井下地层情况无关的跳动和畸变等现象；

c） 曲线重复误差不超过允许范围的 70%。

7.4.2 测井曲线全面符合原始测井资料质量要求，但达不到“优”级别的资料，评为“合格”。

7.4.3 有下列情况之一者，原始测井曲线评为“不合格”：

a） 刻度校验重复误差等关键技术指标超出允许范围；

b） 未按规定的井段进行测量或测量井段不足；

c） 曲线的纵、横向比例不符合规定要求，且无法补救；

d） 曲线深度无法确定；

e） 曲线形态发生与井下地层情况无关的畸变；

f） 测量速度超出规定。

7.4.4 在下列情况下，不影响测井资料质量等级评定：

a） 测井环境超出井下仪器技术指标范围；

b） 非目的层段，由于遇卡引起测井资料失真，一次不大于 3m，累计长度所占比例不大于测量井段的 1%；

c） 井眼扩径、井壁不规则等井筒条件造成的贴井壁测井测量的资料失真；

d） 测井资料出现异常，经证实为非仪器因素造成的。

7.5 单井次原始资料质量评级依据

单井次资料质量评级在各单条曲线评定的基础上进行，评级依据如下：

a） 曲线全部达到合格以上等级，且曲线“优等率”75%及以上，则该井次资料质量评为“优”；

b） 曲线全部达到合格以上等级，但曲线“优等率”低于 75%，则该井次资料质量评为“合格”；

c） 原始曲线质量出现“不合格者”，则该井次资料质量为“不合格”。

8 测井原始资料井场提交及归档

现场测井作业完成后应及时提交原始资料，并进行成果归档，内容包括：

a） 作业任务书及作业设计书；

b） 原始曲线和数据记录；

c） 地热井原始资料验收表（见附录 B）、数据表及文档等相关资料。

附　录　A

（资料性）

测井原始资料评价表

年　　月　　日

序号	曲线名称	测量井段	质量评价	备注
1				
2				
3				
4				
5				
6				
7				
8				
9				
曲线总数	优等曲线条数	优等率，%	合格曲线条数	合格率，%

制表：　　　　　　　　　　　　　　　　审核：

附 录 B
（规范性）
测井原始资料验收表

<table>
<tr><td>测井日期</td><td>地热井类型</td><td>测井井段</td><td>测井设备</td><td>测井队长</td><td>下井次数</td><td>备注</td></tr>
<tr><td></td><td></td><td></td><td></td><td></td><td></td><td rowspan="3"></td></tr>
<tr><td colspan="2">测井项目（曲线）</td><td>有效测量井段</td><td>质量评价</td><td>文件名</td><td>操作工程师</td></tr>
<tr><td colspan="2"></td><td></td><td></td><td></td><td></td></tr>
<tr><td>测井质量
评价</td><td colspan="6"></td></tr>
<tr><td colspan="7">本次测井施工验收小结：</td></tr>
<tr><td colspan="7">测井队长意见：

签名：</td></tr>
<tr><td colspan="7">测井监督意见：

签名：</td></tr>
<tr><td colspan="7">解释员意见：

签名：</td></tr>
</table>

制表：　　　　　　　　　　　　　　　　　　审核：

参 考 文 献

[1] GB/T 11615—2010　地热资源地质勘查规范[S]
[2] DZ/T 0260—2014　地热钻探技术规程[S]
[3] NB/T 10269—2019　地热测井技术规范[S]
[4] SY/T 5600—2016　石油电缆测井作业技术规范[S]
[5] SY/T 6580—2004　石油天然气勘探开发常用量和单位[S]

ICS 73.010
CCS D 10

NB

中华人民共和国能源行业标准

NB/T 11150—2023

地热测井资料处理解释规程

Geothermal well logs data processing interpretation procedure

2023-02-06 发布　　2023-08-06 实施

国家能源局　发布

目　次

前言

本文件按照 GB/T 1.1—2020《标准化工作导则　第 1 部分：标准化文件的结构和起草规则》的规定起草。

本文件由中国石油化工集团有限公司提出。

本文件由能源行业地热能专业标准化技术委员会归口。

本文件起草单位：中国石油化工股份有限公司石油物探技术研究院、中国石化经纬有限公司胜利测井公司、中国地质科学院地球物理地球化学勘查研究所、中国石化集团新星石油有限责任公司、中国石化经纬有限公司华北测控公司、中国石化经纬有限公司华东测控分公司、北京市工程地质研究所、北京市生态地质研究所、宝石同方能源科技有限公司、杭州丰禾石油科技有限公司。

本文件主要起草人：杨江峰、张松扬、梁明星、吴伟、张沁瑞、冷洪涛、曾玉峰、龚劲松、林可英、汪忠德、张丽、王静、李功强、田飞、王磊、赵丰年、马春红、盖建宾、范明、张羽、郭永岩、段正中、李立伟。

本文件为 2023 年首次发布。

地热测井资料处理解释规程

1 范围

本文件规定了地热井常规测井资料处理解释的基本要求和工作内容，包括现场测井处理解释、测井处理解释、测井解释成果资料归档。

本文件适用于水热型地热裸眼井的测井资料处理解释。

2 规范性引用文件

下列文件中的内容通过文中的规范性引用而构成本文件必不可少的条款。其中，注日期的引用文件，仅该日期对应的版本适用于本文件；不注日期的引用文件，其最新版本（包括所有的修改单）适用于本文件。

NB/T 10710 地热测井原始资料质量要求及评价规范

SY/T 5360 裸眼井单井测井资料处理流程

SY/T 5940 储层参数的测井计算方法

SY/T 6489 水平井测井资料处理与解释规范

3 术语和定义

本文件没有需要界定的术语和定义。

4 现场测井处理解释

测井项目及原始资料质量应按 NB/T 10710 规定的要求执行。

4.1 现场资料验收

测井项目及原始资料质量应按 NB/T 10710 规定的要求执行。

4.2 现场预处理

对各项测井曲线进行深度检查与校正，在确保单条（项）曲线深度无误的前提下，做拼接、合并等处理。

4.3 现场快速解释

现场解释工程师根据预处理测井曲线资料，结合录井、取心等相关资料进行初步综合分析和解释，包括：井温分析、水层深度及厚度划分、开发完井建议等。

4.4 现场资料提交

现场测井解释成果表（格式参见附录 A），主要内容包括：

a） 解释层段与主要测井响应特征（值）；
b） 有利地热层位。

5 测井处理解释

5.1 资料收集

5.1.1 本井资料

本井资料包括：
a） 本井地理与构造位置；
b） 本井地质分层；
c） 岩屑、气测、泥浆录井等资料；
d） 钻井取心资料；
e） 井壁取心资料；
f） 钻井工程资料；
g） 中途测试资料。
测井地质录井资料收集表参见附录B。

5.1.2 邻井资料

邻井资料包括：
a） 地热田井区试水资料；
b） 地热田邻井的岩心分析资料及测井资料；
c） 试水层在纵向和横向分布特征；
d） 含油气层分布情况；
e） 地热测井相关研究成果。

5.1.3 区域地质资料

区域资料包括：
a） 井区主要地热储层构造特征、沉积环境及热储类型等；
b） 井区主要地热储层的岩性、物性、含水性特性；
c） 地热储层地质分布规律等；
d） 本区地热储层发育层段含油气情况。

5.2 测井资料预处理

测井资料预处理参照SY/T 5360的规定执行。

5.3 测井资料处理解释

5.3.1 处理解释模块选择

地热储层主要包括碎屑岩、碳酸盐岩、火成岩等，应根据储层岩性及测井项目，选择相应的解释模型和处理程序。

5.3.2 储层参数计算方法

5.3.2.1 泥质含量

采用相对值法，按式（1）、式（2）计算：

$$SH_1 = \frac{SHLG - GMIN}{GMAX - GMIN} \quad \cdots\cdots (1)$$

式中：

SH_1——用来计算泥质含量的测井曲线的相对值；

$SHLG$——用来计算泥质含量的曲线的测井值；

$GMIN$——用来计算泥质含量的曲线在纯岩石的测井最小值；

$GMAX$——用来计算泥质含量的曲线在纯泥岩的测井最大值。

$$SH = \frac{2^{GCUR \cdot SH_1} - 1}{2^{GCUR} - 1} \quad \cdots\cdots (2)$$

式中：

SH——泥质含量；

$GCUR$——经验系数（第三系地层取 3.7，老地层取 2.0，或采用地区统计经验值）。

5.3.2.2 孔隙度

5.3.2.2.1 声波测井计算孔隙度按式（3）计算：

$$\phi = \left(\frac{t_b - t_{ma}}{t_f - t_{ma}} \right) \times \left(\frac{1}{C_p} \right) - SH \times \left(\frac{t_{sh} - t_{ma}}{t_f - t_{ma}} \right) \quad \cdots\cdots (3)$$

式中：

ϕ——地层孔隙度；

C_p——地层压实校正系数，压实的岩石等于 1.0，未压实的岩石大于 1.0；

t_b——地层声波时差测井值，μs/m；

t_{sh}——地层泥岩声波时差测井值，μs/m；

t_{ma}——地层骨架声波时差，μs/m；

t_f——地层流体声波时差，μs/m。

5.3.2.2.2 其他的孔隙度计算方法参照 SY/T 5940 规定执行。

5.3.2.3 渗透率

5.3.2.3.1 用输入的束缚水饱和度 S_{wir} 和孔隙度 ϕ 的经验公式计算，见式（4）或式（5）：

$$PERM = 0.136 \frac{\phi^{4.4}}{S_{wir}^2} \quad \cdots\cdots (4)$$

$$PERM = \left(\beta_1 \frac{\phi^3}{S_{wir}} \right)^2 \quad \cdots\cdots (5)$$

式（4）、式（5）中：

$PERM$——地层渗透率，单位为毫达西 mD（1mD=10^{-3}μm^2）；

β_1——可供选择的系数。

5.3.2.3.2 用粒度中值 M_d 和孔隙度 ϕ 的经验公式计算，见式（6）：

$$\lg PERM = \beta_2 + A \lg M_d + B \lg \phi \quad \cdots\cdots (6)$$

式中：

β_2——经验系数，一般取值为 7.0～9.5；

A——经验值，一般取值为 1.7；

B——经验值，一般取值为 7.1。

5.3.2.4 **地温梯度**

地温梯度计算公式如下：

$$G = 100 \times \frac{T - T_0}{H} \quad \cdots\cdots (7)$$

式中：

G——地温梯度，℃/100m；

T——井深 H 处的温度，℃；

T_0——平均地面温度或恒温带温度，℃；

H——井下测温点与恒温带深度之差，m。

5.3.2.5 **地层温度**

5.3.2.5.1 对同一深度进行多次井温测井，利用经验方程式（8）计算：

$$\frac{T_n - T_{n-1}}{\lg\dfrac{\Delta t_n}{t+\Delta t_n}\lg\dfrac{\Delta t_{n-1}}{t+\Delta t_{n-1}}} = -\frac{T - T_n}{\lg\dfrac{\Delta t_n}{t+\Delta t_n}} \quad \cdots\cdots (8)$$

式中：

T_n——第 n 次（最后一次）仪器下井，测得的同一深度井筒温度，℃；

T_{n-1}——第 n-1 次仪器下井，测得的同一深度井筒温度，℃；

Δt_n——第 n 次仪器下井，测得的同一深度井温时，钻井液循环停止到第 n 次测量的时间间隔，h；

Δt_{n-1}——第 n-1 次仪器下井，测得的同一深度井温时，钻井液循环停止到第 n-1 次测量的时间间隔，h；

t——钻井液循环时间，h。

5.3.2.5.2 用公式（9）计算：

$$T = T_{\mathrm{h}} + C\lg\frac{t+\Delta t}{\Delta t} \quad \cdots\cdots (9)$$

式中：

T——在 Δt 时刻的地层温度，℃；

T_{h}——井底 h 深度处的地层温度，℃；

t——测量时间，h；

Δt——关井时间，h；

C——与地层性质有关的常数。

5.3.2.5.3 用公式（10）计算：

$$T = T_0 + K_1 H_1/100 + K_2(H_2 - H_1)/100 \quad \cdots\cdots (10)$$

式中：

T_0——地表恒温层的温度，℃；

K_1——新生代地层地温梯度，℃/100m；

H_1——新生代地层底界深度，m；

K_2——新生代以下地层地温梯度，℃/100m；

H_2——新生代以下地层钻遇的深度，m。

5.3.2.5.4 按地区地温经验公式计算。

5.3.3 综合解释

5.3.3.1 地层组段划分

根据测井资料结合钻井、录井及邻井资料等综合确定。

5.3.3.2 水层识别

根据以下特征进行水层的识别：

a） 碳酸盐岩与碎屑岩热储水层一般呈低自然伽马、低电阻率、高声波时差特征，碎屑岩储层在钻井液滤液电阻率大于地层水电阻率时，不同探测深度的电阻率曲线一般呈增阻侵入特征；

b） 复杂岩性（火成岩、变质岩）热储水层识别方法应根据实际地区地层测井响应特征（相对高孔隙度、低电阻率等）进行识别；

c） 各项录井资料未见油气显示。

5.3.3.3 水层厚度划分

水层厚度划分要求如下：

a） 碎屑岩和碳酸盐岩地热井中，水层主要以自然伽马半幅点结合电阻率、自然电位和声波时差曲线等进行识别划分，水层厚度的确定参照 SY/T 5360 规定执行；

b） 复杂岩性（火成岩、变质岩）热储水层应根据实际地区地层测井识别特征进行划分。

5.3.3.4 水层与井温分析

开展水层及井温分析评价，提出热储综合解释结论及选层开发建议。

5.3.3.5 井身轨迹分析

根据井斜测井进行井身轨迹分析，选择相应程序处理，解释标准参照 SY/T 6489 要求执行。

5.3.4 解释结论

5.3.4.1 碎屑岩类地热储层解释结论一般分为以下两类：

a） 干层；

b） 水层。

5.3.4.2 碳酸盐岩、火成岩等裂缝性复杂岩性地热储层解释结论一般分为以下三类：

a） Ⅰ类储层：以孔洞为主的储层，$\varphi \geqslant 10\%$；以裂缝为主的储层，$\varphi \geqslant 5\%$；

b） Ⅱ类储层：以孔隙为主的储层，$10\% > \varphi \geqslant 5\%$；以裂缝为主的储层，$\varphi \geqslant 3\%$；

c） Ⅲ类储层：以微裂缝-孔隙型为主，$5\% > \varphi \geqslant 2\%$。

5.4 测井解释成果

5.4.1 解释报告

测井解释报告包含但不限于下述内容：

a） 钻井、地质概况；

b） 测井作业及资料质量情况；
c） 测井资料预处理；
d） 测井资料处理解释；
e） 井身轨迹分析情况；
f） 问题、结论及建议。

5.4.2 成果图表

成果图表包括：
a） 测井井斜数据表，格式参见附录C；
b） 测井解释成果数据表，格式参见附录D；
c） 测井解释成果图，格式参见附录E；
d） 1∶200综合测井成果图；
e） 1∶500标准测井曲线图；
f） 测井井斜数据表；
g） 测井解释成果数据表。

6 测井解释成果资料归档

归档资料包括纸质版和电子文档，内容如下：
a） 测井成果数据体；
b） 测井解释报告；
c） 测井解释成果附图及附表。

附 录 A
（资料性）
现场测井解释成果表

表 A.1 ________井现场解释成果表

________年____月____日

层号	起止深度 m	层厚 m	井温 ℃	井径 cm	自然伽马 API	自然电位 mV	声波时差 μs/m	深探测电阻率 Ω·m	浅探测电阻率 Ω·m	结论	备注
1											
2											
3											
4											
5											
6											
7											
8											
9											
10											
11											
12											
地质分层情况：											
测井作业情况：											
现场解释说明：											

测井队长：　　　　　　　　　　　　解释员：

附　录　B
（资料性）
测井地质录井资料收集表

表 B.1 ________井测井地质录井资料收集表

________年____月____日

<table>
<tr><td>地理位置</td><td></td><td>构造位置</td><td></td><td>钻井队长</td><td></td></tr>
<tr><td>测井日期</td><td></td><td>补心高</td><td></td><td>录井公司</td><td></td></tr>
<tr><td>测量井段</td><td></td><td>测时井深</td><td></td><td>测井分队</td><td></td></tr>
<tr><td>井底温度</td><td></td><td></td><td></td><td></td><td></td></tr>
<tr><td rowspan="6">井身结构</td><td colspan="2" rowspan="4">钻头：</td><td rowspan="6">泥浆性能</td><td>性质</td><td></td></tr>
<tr><td>密度</td><td></td></tr>
<tr><td>黏度</td><td></td></tr>
<tr><td>电阻率/温度</td><td></td></tr>
<tr><td colspan="2" rowspan="2">套管：</td><td>异常成分（含砂量）</td><td></td></tr>
<tr><td>pH 值</td><td></td></tr>
<tr><td colspan="6">测井项目：</td></tr>
<tr><td colspan="6">井内安全情况：</td></tr>
</table>

地质界限	岩 性 描 述

制表：　　　　　　　　　　　　　　　　　　　　　　　　　　审核：

附 录 C
（资料性）
测井井斜数据表

表 C.1 ________井井斜数据表

________年____月____日

深度 m	垂深 m	井斜 °	方位 °	总方位 m	总位移 m	东西位移 m	南北位移 m

制表：　　　　　　　　　　　　　　　　　　审核：

附 录 D
（资料性）
测井解释成果数据表

表 D.1 ________井测井解释成果数据表

________年____月____日

层号	起止深度 m	层厚 m	井径 cm	自然伽马 API	自然电位 mV	声波时差 μs/m	深探测电阻率 Ω·m	浅探测电阻率 Ω·m	泥质含量 %	孔隙度 %	渗透率 mD	井温 ℃	结论
1													
2													
3													
4													
5													
6													
7													
8													
9													
10													
11													
12													

制表： 审核：

附 录 E
（资料性）
测井解释成果图

××××公司					
××××井 测 井 解 释 成 果 图					
1:200					
（测井公司名称）					
地　　区		补心高度		测井日期	
测时井深	m	测量井段		解释日期	
钻头程序	mm/　　m	钻井液性能	性质		处理程序	
	mm/　　m		密度	g/cm³	解　　释	
	mm/　　m		黏度	s	审　　核	
套管程序	mm/　　m		电阻率/温度	Ω·m/℃	技术负责	
	mm/　　m	井底温度		℃	单位负责	
技术说明					
图例	水 层　干 层　一类储层　二类储层　三类储层				

自然伽马 0 API 150	深度 m	深探测电阻率 0.2 Ω·m 2000	声波时差 600 μs/m 100	孔隙度 50 % 0	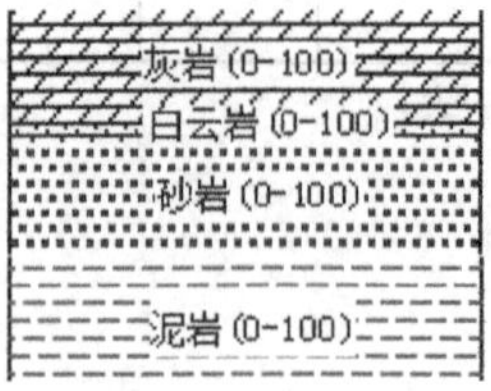	解释结论
自然电位 0 mV 100		中探测电阻率 0.2 Ω·m 2000				
井　径 10 cm 60		浅探测电阻率 0.2 Ω·m 2000	井　温 0 ℃ 150	渗透率 0.1 mD 10000	孔隙度 100 % 0	

图 E.1　测井解释成果图

参 考 文 献

[1] SY/T 6451—2017 探井测井资料处理与解释规范
[2] SY/T 6546—2011 复杂岩性地层测井数据处理解释规范
[3] SY/T 6992—2014 碳酸盐岩地层测井资料处理与解释规范
[4] NB/T 10269—2019 地热测井技术规范
[5] 孙焕泉, 运华云, 侯庆功等. 胜利油区油气层测井响应特征[M]. 北京: 石油工业出版社, 2008

ICS 73.020
CCS D 10

NB

中华人民共和国能源行业标准

NB/T 11151—2023

地热钻井液技术规范

Technical specification for geothermal drilling fluids

2023-02-06 发布　　2023-08-06 实施

国家能源局　发布

目　次

前　言

本文件按照 GB/T 1.1—2020《标准化工作导则　第 1 部分：标准化文件的结构和起草规则》的规定起草。

本文件由中国石油化工集团有限公司提出。

本文件由能源行业地热能专业标准化技术委员会归口。

本文件起草单位：中国石油集团工程技术研究院有限公司、中国石化集团新星石油有限责任公司、中国石油勘探开发研究院、北京市生态地质研究所、中国石化集团石油工程技术研究院有限公司、宝石花同方能源科技有限公司、山东省鲁南地质工程勘察院（山东省地质矿产勘查开发局第二地质大队）。

本文件主要起草人：钱佃存、程荣超、李成嵩、赵丰年、张沁瑞、刘岩生、孙金声、闫家泓、屈沅治、冯杰、唐纯静、范春英、张洁、杨泽星、王茂功、张天怡、郝惠军、黄宏军、李龙、孙明光、段正中、彭新明、谭现锋、王建华、杨海军、王立辉、张志磊、闫丽丽、杨洪、李爽、张蝶、杨峥。

本文件为 2023 年首次发布。

地热钻井液技术规范

1 范围

本文件规定了地热钻井液的总体要求和类型、设计、工艺以及复杂情况预防和处理、热储层保护、环境保护等要求。

本文件适用于地层温度不大于260℃的地热井用钻井液，其他钻井工程用钻井液参照执行。

2 规范性引用文件

下列文件中的内容通过文中的规范性引用而构成本文件必不可少的条款。其中，注日期的引用文件，仅该日期对应的版本适用于本文件；不注日期的引用文件，其最新版本（包括所有的修改单）适用于本文件。

GB/T 11651 个体防护装备选用规范

GB 13690 化学品分类和危险性公式 通则

GB/T 16783.1 石油天然气工业钻井液现场测试 第1部分：水基钻井液

GB/T 31033 石油天然气钻井井控技术规范

DZ/T 0260 地热钻探技术规程

NB/T 10266 地热井钻井工程设计规范

NB/T 10277 浅层地热能钻探工程技术规范

NB/T 10705 地热井用钻井液环保性评价规程

SY/T 5247 钻井井下故障处理推荐方法

SY/T 5350 钻井液用发泡剂评价程序

SY/T 6543 欠平衡钻井技术规范

SY/T 6871 石油天然气钻采设备 钻井液固相控制设备安装、使用、维护和保养

SY/T 7298 陆上石油天然气开采钻井废物处置污染控制技术要求

SY/T 7336 钻井液现场工艺技术规程

SY/T 7377 钻井液设计规范

SY/T 7467 钻井液环保性能评价技术规范

3 术语和定义

下列术语和定义适用于本文件。

3.1

黏土容量限 clay capacity limit

在某一温度下，钻井液发生胶凝时所对应的最低黏土含量。

3.2

泡沫质量 foam quality

在一定的温度、压力下，泡沫中所含气体的体积分数。

4 总体要求

4.1 地热钻井液应符合国家、行业等相关标准的健康安全环保的规定。

4.2 地热钻井液应满足地热井钻探地质目的的要求。

4.3 地热钻井液应满足地热井钻井工程安全施工、井身质量控制及施工效益的要求。

4.4 地热钻井液施工前宜进行钻井液设计，设计书与实际情况不符时，宜及时变更设计书并报批。地热钻井液施工按照设计书要求进行。

4.5 宜优先选用钻井液新体系、新材料、新工艺。地热井所处区域环境保护要求严格，不宜选用油基钻井液体系。

5 地热钻井液类型

5.1 地热井钻井液常用类型与适用条件见 DZ/T 0260。浅层地热井钻井液要求见 NB/T 10277。

5.2 地热钻井液宜选择最大耐温能力不小于全井实际地层最高温度的水基钻井液体系。井底最高地层温度小于 150℃的中低温地热井宜选用常规水基钻井液体系；井底最高地层温度在 150℃～260℃范围内的高温地热钻井宜选用抗高温水基钻井液体系。

5.3 易漏地层或干热岩地层段，在地层条件允许采用欠平衡钻井技术的情况下，宜选用耐温泡沫钻井液等低密度钻井液体系。根据密度要求和施工条件要求选择可循环泡沫钻井液体系或一次性泡沫钻井液体系。

6 地热钻井液设计

6.1 设计书内容

地热钻井液设计书主要内容有：

——设计原则、设计依据、基本概况；

——钻井液体系、性能参数、钻井液配方；

——钻井液工艺（包括性能指标、钻井液用量、储备量、材料计划、成本估算、配制方法、维护与处理等）；

——复杂情况的预防与处理；

——地热储层保护；

——循环、固控、储备、冷却、环保处理等系统；

——性能检测仪器试剂；

——地热钻井液环保等要求；

——资料要求等。

6.2 设计依据

列出地热钻井液设计依据，设计依据有地热钻井地质设计、地热钻井工程设计、邻井的井史、相关的技术标准和法律法规、地热钻井液实验报告与技术文献等资料名称。

6.3 基本概况

列出拟设计地热井的基础数据、地质概况、井身结构、邻井钻井液重点资料、技术重点与难点预测等基本情况。

6.4 钻井液体系

6.4.1 设计要求

设计前对地层岩性、地层压力、地层温度、储层性质、完井方式、录井要求、测井要求、环保要求、井别、井型、井身结构以及邻井资料、相关技术标准、成熟钻井液新体系新技术和钻井液实验报告等因素与资料进行综合研究分析，设计时分井段设计各井段的钻井液体系。

6.4.2 体系选择

地热井稳定地层或浅层，宜选用清水、膨润土钻井液、无固相钻井液、低固相钻井液、泡沫钻井液等水基钻井液，也可以选择空气钻井等方式；松散、破碎地层，宜选择高黏切的聚合物钻井液；高压流体地层，宜选用加重钻井液；易水化的泥页岩地层，应选用钾基钻井液、钙处理钻井液等抑制性的钻井液；易漏地层，宜选用泡沫钻井液等密度较低的钻井液或空气钻井方式；大段含盐、膏地层，宜选用过饱和、饱和或欠饱和的盐水钻井液；高温地层或干热岩地层，宜选用抗高温钻井液或泡沫钻井液；水热储层，宜选用无固相钻井液、低固相钻井液或低密度钻井液；蒸汽储层，宜选用泡沫钻井液或空气钻井方式等。

6.5 水基钻井液主要性能参数

6.5.1 密度

地热钻井液密度遵照地热钻井地质设计书和地热钻井工程设计书中的相应内容要求进行设计。密度附加安全值应符合 GB/T 31033 的规定。盐膏软泥岩等塑性地层，对上覆岩层力学平衡所需压力值和地层孔隙压力值以及破裂压力值或漏失压力值等进行综合分析，在不压漏地层的情况下，密度附加安全值宜取上限。

6.5.2 流变性

地热钻井快速钻进井段和定向井（包括水平井）的造斜段、水平段等井段的钻井液流变性要求应具有更好的悬浮携砂能力和井眼清洁能力。

6.5.3 滤失量

6.5.3.1 高渗透性地层、易水化坍塌井段，钻井液低压滤失量（API 滤失量）宜设计为不大于 5mL；渗透性低、水化膨胀率小、井壁稳定性好或采用强抑制性钻井液体系的非储层井段，可放宽 API 滤失量设计指标，宜设计为不大于 10mL。

6.5.3.2 高温高压深井段（井底地层温度大于 100℃时）应设计高温高压滤失量（HTHP 滤失量）指标，并标明测定温度与压力。井壁不稳定和储层井段，HTHP 滤失量宜设计为不大于 15mL；井壁稳定性好、渗透性低或采用强抑制性钻井液体系的非储层井段，可放宽 HTHP 滤失量设计指标，HTHP 滤失量宜设计为不大于 30mL。HTHP 滤失量测定温度选择方法如表 1 所示。

表 1 HTHP 滤失量测量温度选择表

序号	地层温度 ℃	HTHP 滤失量测量温度 ℃
1	101～120	120
2	121～150	150

表 1　HTHP 滤失量测量温度选择表（续）

序号	地层温度 ℃	HTHP 滤失量测量温度 ℃
3	151～180	180
4	181～200	200
5	＞200	依据地层温度选择。

6.5.4　**pH 值**

水基钻井液 pH 值的设计应遵循以下要求：

——聚合物低固相钻井液 pH 值设计为不小于 8.0；

——抗高温聚磺钻井液 pH 值设计为不小于 9.0；

——盐水钻井液 pH 值设计为不小于 9.0；

——硅酸盐钻井液 pH 值设计为不小于 11.0；

——含二氧化碳或硫化氢等酸性气体地层用水基钻井液， pH 值设计为 9.5～11.0。

6.6　钻井液用量

6.6.1　列出每个井段的钻井液体积用量。根据地面循环系统有效体积、上部套管体积、裸眼段井筒体积和维护消耗量来计算该井段的钻井液总需求量。列出钻井液或加重钻井液（压井液）的储备量，储备量宜符合 GB/T 31033 的规定。

6.6.2　每个井段的钻井液体积用量设计如表 2 所示。

表 2　钻井液用量设计表

项目	用量 m^3	备注
地面循环系统中体积，V_s		
套管内体积，V_c		
裸眼井段内体积，V_o		
维护补充量，V_m		维护补充量估算宜根据地层、井型、井眼尺寸、钻井速度、钻井进度计划、固井水泥污染浆排放量、固控效率和转入量等因素确定
本井段总需求量，V_a		$V_a=V_s+V_c+V_o+V_m$

6.6.3　分段列出钻井液材料与处理剂计划量和应急材料与处理剂储备量，并算出全井各种钻井液材料与处理剂计划总量。

6.6.4　分段列出钻井液的每米成本、每方成本、每开成本等，并核算出全井钻井液材料和处理剂成本。

6.7　配制与维护

6.7.1　描述各个主要处理剂的功能与使用方法。描述各个井段钻井液体系的配制方法、加料顺序、搅拌时间等配制工艺要点。描述不同体系之间转换工艺的技术要点与注意事项。

6.7.2　列出各个井段钻井液的日常维护处理措施，性能检测要求。描述各个井段钻井液潜在污染因素（主要包括钻屑、盐膏、地层水、油气、二氧化碳或硫化氢等污染）的预防与处理方法。描述使用特种钻井工艺的井或井段的针对性维护处理技术。

6.7.3　列出井壁失稳、遇阻遇卡、井漏、溢流、卡钻等复杂情况的预防与处理措施。

6.7.4 列出地热钻井液储层保护技术要求及技术措施。地热钻井液应与储层性质和完井方式相匹配，地热钻井液污染储层岩心后，渗透率恢复值指标要求大于 80%。

6.8 文本与格式

地热钻井液设计文本内容与格式要求详见 NB/T 10266 与 SY/T 7377。

7 地热钻井液工艺

7.1 常规水基钻井液

7.1.1 施工准备

常规水基钻井液的施工准备工作包括但不限于以下几个方面。

——地热钻井液的设计要求见第 6 章和 NB/T 10266、SY/T 7377 的规定。

——地热钻井液现场作业人员应具有相应岗位技能。现场作业人员劳动保护用品按照 GB/T 11651 的规定配备。

——现场钻井液循环、净化与储备系统的配备安装调试要求见 SY/T 6871。井场上根据需要配备钻井液冷却系统、自动加重系统、钻井液回收系统、钻井液废弃物处置系统等设施。

——现场钻井液检测用仪器与试剂宜按照 GB/T 16783.1 的测试要求配置。地热钻井液现场检测用仪器基本配置参见附录 A。

——准备足量钻井液材料和处理剂，每批钻井液材料和处理剂都应有对应的技术应用文件、安全使用文件和合格证书。现场钻井液材料管理要求见 SY/T 7336。

——对配制钻井液用水进行取样检测分析，以确定是否需要预处理。

——进行钻井液配方验证实验，使设计地热钻井液的实验性能满足该井地质条件下钻探的要求。

7.1.2 配制与维护

常规水基钻井液的配制与维护处理按照 DZ/T 0260、SY/T 7336 的规定进行。水基钻井液现场性能检测宜按照 GB/T 16783.1 的规定进行。

7.1.3 污染处理

7.1.3.1 劣质固相侵

宜采用增强钻井液的包被抑制性、增加固控设备使用时长和提高效率、补充新的处理剂胶液和新钻井液、定期清理沉砂罐等方法来预防和处理由于劣质固相侵造成的钻井液固相含量增加和性能污染。

7.1.3.2 盐水侵

宜优先选择盐水或饱和盐水钻井液体系钻进盐水层或盐膏层。在使用淡水钻井液钻进盐水层时，宜适当提高钻井液密度，防止地层盐水大量侵入钻井液，当淡水钻井液体系受到大量地层盐水侵污后，宜根据污染程度适当排放盐水或受污染的钻井液，并用抗盐处理剂、胶液或新的钻井液及时处理和调整钻井液性能。

7.1.3.3 钙镁侵

在钻井液被含有钙、镁离子的污染物（如水泥浆、石膏等）污染前，做好钻井液抗钙、镁离子污染预处理，向钻井液中补充适量的纯碱、烧碱和能耐钙、镁离子污染的处理剂；当钻井液受到大量含有钙、镁离子污染物污染后，宜根据污染程度加入适量纯碱、烧碱及耐污染的降黏剂、降滤失剂等处理剂或处理剂溶液来处理和调整钻井液性能，严重时可以更换部分或全部钻井液。

7.1.3.4 二氧化碳侵

钻进含二氧化碳气体层前，做好钻井液被二氧化碳气体侵的预防，应调整钻井液 pH 值在 9.5～11.0，并适当提高并维持钻井液密度；发生二氧化碳气体侵后，宜用氧化钙等材料处理，氧化钙的加量宜以钻井液中含有 CO_3^{2-}、HCO_3^-的浓度为依据，并维护钻井液的性能。

7.1.3.5 硫化氢侵

进入含硫化氢地层前，应将钻井液 pH 值调整在 9.5～11.0，并按设计要求加入足量除硫剂进行预处理；发现有硫化氢侵入钻井液后，应加大除硫剂用量，保持钻井液 pH 值在 9.5～11.0，并适当提高钻井液密度。

7.1.3.6 水侵

钻井液施工中，应防止雨水、冲洗设备水、地层水等水大量进入钻井液，进而影响钻井液性能。钻井液受到大量地层水等外来水侵入后，宜根据侵入多少程度，排放多余的水或被水稀释的钻井液，并加入相应处理剂或其胶液来调整钻井液性能，以满足正常钻进要求。

7.2 抗高温水基钻井液

7.2.1 施工准备

抗高温钻井液体系的施工准备工作包括但不限于以下几项。

——常规准备工作见 6.1。

——根据地层最高温度等地质条件，设计相应的抗高温水基钻井液体系。常用抗高温钻井液体系有水基钻井液、泡沫钻井液和空气等体系，聚磺钻井液是抗高温水基钻井液的常用代表体系。

——根据需要配备钻井液冷却系统。

——准备抗高温钻井液材料与处理剂，种类包括配浆土、烧碱、增黏剂、降滤失剂、高温保护剂、高温降黏剂等。常用抗高温钻井液材料与处理剂参见附录 B。

——根据需要配备高温滚子炉、高温高压滤失仪、控温搅拌器等钻井液抗高温性能检测仪器。

7.2.2 配制工艺

抗高温水基钻井液配制工艺要点包括但不限于以下几项。

——现场配制前，进行钻井液配方的优选实验。

——按照 DZ/T 0260、SY/T 7336 的规定，根据膨润土浆、处理剂胶液、淡水钻井液、某种盐水溶液、盐水钻井液等配制顺序依次配制形成高温钻井液基浆，检测并调整基浆性能。抗高温钻井液的黏土含量不应超过黏土容量限。

——在不断搅拌和循环情况下，补足含盐量、各种处理剂，需要加重时，计算加重剂用量，循环均匀加重，持续搅拌或循环至钻井液均匀、性能稳定，检测钻井液的常温性能和抗高温性能，配制的抗高温水基钻井液性能指标应符合地热钻探钻井液施工设计要求。

7.2.3 维护处理

抗高温水基钻井液维护处理要点包括但不限于以下几项。

——制定抗高温水基钻井液维护与处理方案，持续保持抗高温钻井液的流变性、滤失量、悬浮稳定性、抑制性、润滑性等性能指标满足地热钻进施工要求。

——控制钻井液中膨润土含量在合适的范围内，将膨润土的实际含量严格控制在其黏土容量限以内，需要时宜使用或添加适量的海泡石土或凹凸棒石土，保证体系的高温胶体稳定性。

——根据高温条件下钻井液中处理剂的消耗情况和性能失效情况，及时补充处理剂或处理剂胶液或新钻井液，保持钻井液的抗高温性能稳定，避免发生不可逆性能变化。维护处理用胶液或新钻井液一般使用设计配方配制而得，根据施工实际性能变化和需要，可适当调整胶液或新钻井液中各种处理剂的浓度。

——向钻井液中加增黏剂等处理剂或胶液调节流变性时避免加得过快和过多，使体系中保持合理的自由水含量，以避免造成钻井液的黏切过高。

——采用对钻井液黏度影响小的耐高温降滤失剂，控制钻井液的高温高压滤失量。

——在稳定高温地层，有时需要间歇向井内注入冷水以降低热储层井壁的温度。

——抗高温水基钻井液的污染处理参照 7.1.3 进行。

——井口返出的钻井液温度高于 75℃时，使用钻井液冷却系统降低钻井液循环温度，并保持运转良好，控制钻井液的出口和入口温度在合适范围。

——提高固控设备使用时长和频率，保持钻井液循环及固相清洁控制系统运转良好，及时清洁净化钻井液，控制钻井液中固相含量、含砂量，维护钻井液的良好性能。

——按照 GB/T 16783.1 规定定期检测现场钻井液的常规性能，重点检测抗高温性能，如 HTHP 滤失量和流变性。钻井液在模拟地层温度下滚动老化后，若其表观黏度、动切力、HTHP 滤失量变化较大，且超出设计范围，则表明钻井液抗高温性能不好；钻井液在模拟地层温度下滚动老化后，若出现固化或分层等现象，则表明该钻井液体系配方不适应地层温度。

7.3 泡沫钻井液

7.3.1 可循环泡沫钻井液

7.3.1.1 施工准备

可循环泡沫钻井液的施工准备工作包括但不限于以下几项。

——基本施工准备工作见 6.1。

——进行可循环泡沫钻井液的设计。可循环泡沫钻井液的密度范围为 0.5g/cm^3～0.99g/cm^3。可循环泡沫钻井液常用基本配方参见附录 C。

——按设计要求准备膨润土、纯碱或烧碱、水、发泡剂、稳泡剂、增稠剂、降滤失剂、封堵剂、黏土稳定剂等各种处理剂。

——配备可循环泡沫钻井液的检测仪器等。

——储备压井液和加重剂等应急材料。

7.3.1.2 配制与维护

可循环泡沫钻井液的配制工艺与维护处理要点见 SY/T 7336。可循环泡沫钻井液检测按照 SY/T 5350 和 GB/T 16783.1 规定进行。需要压井或需要停止欠平衡钻井时，可按照 7.3.3 的要求和 SY/T 6543 和 GB/T 31033 的规定进行压井或钻井液转换。

7.3.2 一次性泡沫钻井液

7.3.2.1 施工准备

一次性泡沫钻井液的施工准备工作要点包括但不限于以下几项。

——基本施工准备见6.1。
——根据地质资料，确定使用泡沫钻井液的井段，进行泡沫钻井液设计。一次性泡沫的密度范围为0.07g/cm^3～0.35g/cm^3。一次性泡沫钻井液常用基本配方参见附录C。
——对技术人员与施工人员进行技能培训。
——备足相应的泡沫钻井液材料和处理剂，种类包括发泡剂、稳泡剂、增黏剂等。并准备储备浆或配制材料。
——检查配备一次性泡沫钻井液配套设备。配备冷却系统或较大的冷却池。
——配备泡沫钻井液检测仪器。
——在现场配制前，先进行泡沫钻井液小型配制实验，泡沫钻井液的性能要求包括密度、发泡率、泡沫质量、半衰期等性能。
——各项准备工作验收合格后方可开钻。

7.3.2.2 配制工艺

一次性泡沫钻井液的配制工艺要点包括但不限于以下各项。
——泡沫钻井液体系应满足地热井地层钻探条件的要求。井口泡沫质量应不大于97%，井底泡沫质量应不小于55%。泡沫半衰期应在一个井下循环时间的1.2倍～1.5倍内。泡沫钻井液基液应与储层流体具有良好的配伍性。
——配备足量的泡沫钻井液基液。泡沫基液应具有稳定井壁的作用，应能使充入的气体均匀地包裹在液相中，返出井口的流体应易进行气液分离。
——储备足够的常规钻井液或压井液。
——调整气量和液量，调整泡沫质量和性能直至合格。

7.3.2.3 维护处理

一次性泡沫钻井液的施工与维护处理要点包括但不限于以下各项。
——关井试压试运转时间不少于10min，检查井口及套管的密封情况。
——用常规钻井液钻水泥塞和套管鞋，并充分循环洗井。
——井筒排空，打开入井阀门向井内注入泡沫钻井液。
——泡沫钻井液入井后，记录循环时间，待泡沫返出，控制环空井口回压，正常后，轻加压试钻，均匀注入泡沫钻井液。
——采用泡沫钻井液钻井过程中，及时补充发泡剂、稳泡剂等钻井液处理剂，悬浮性和携带能力较差时应提高增黏剂的加量，保持入井泡沫钻井液泡沫质量和半衰期等各项泡沫性能与抗温性能符合施工要求。
——现场泡沫基液配方应根据泡沫钻井液钻井的井深来选择，井深较浅时，泡沫在井内循环的时间较短，可选择半衰期较短的基液配方，泡沫返至地面后破泡时间较短，破泡后泡沫基液能及时回收利用，深井段则应选择半衰期相对较长的泡沫基液配方，根据出口带砂和接单根时的情况，进行现场配方的调整。
——观察反出井口的泡沫状态，判断水侵或气侵情况，调整液体注入量，增加起泡剂和稳泡剂。
——接单根或起钻前，观察井内钻屑携带干净，保持井下压力平衡。
——详细记录施工过程中各项数据，包括气体与基液流量、注入压力、井口回压、出口温度、岩性、井底压力、进出口泡沫钻井液的性能以及岩屑返出情况等。
——不适宜继续用泡沫钻井液欠平衡钻进时，转换成常规钻井液体系。

7.3.3 体系转换

泡沫钻井液转换成常规水基钻井液体系技术要点包括但不限于下面各项。

——使用泡沫钻井液钻井过程中，做好水基钻井液体系储备，不适宜继续使用泡沫钻井液时，转换成水基钻井液体系。

——定期检验和调整储备浆的性能，性能要求有密度、流变性、滤失量、抗高温能力等。

——替浆前，简化钻具结构，检查循环固控系统。

——替浆时，循序渐进提高钻井液密度至设计值，做好防塌、防漏、防卡等事故的预防工作。

——替浆后，调整维护好钻井液性能，循环清洁井眼。

——钻进时，维护好钻井液的常规性能和防漏、防塌等性能，用固控系统控制好钻井液的固相含量和含砂量。

7.3.4 储备要求

使用泡沫钻井液进行钻井施工中，压井液与材料储备应遵循以下各项要求。

——非目的层钻进，应储备相当于井筒容积倍数 1.0～1.5 的近平衡常规钻井液，并定期维护储备钻井液的性能。

——目的层钻进，应储备相当于井筒容积倍数 1.0～2.0 的压井液，并定期维护压井液性能。

——压井液密度设计应以裸露地层最高孔隙压力为基准，再增加一个安全附加值：$0.15g/cm^3$～$0.40g/cm^3$。

——储备钻井液或压井液的性能应与地层岩性、流体具有良好的配伍性。

——按设计要求储备相应的加重材料、堵漏材料以及钻井液发泡剂、稳泡剂、常用处理剂等材料。

——欠平衡钻井的压井液与材料储备应符合 SY/T 6543 和 GB/T 31033 的井控规定。

8 复杂情况的预防与处理

8.1 井壁失稳

井壁坍塌、漏失等井壁失稳复杂情况的预防与处理见 DZ/T 0260、SY/T 7336 的相应规定。

8.2 溢流

8.2.1 预防

溢流的预防应遵循以下要求。

——钻开水层或其他高压层前，应对监测可燃气体和有毒气体的探测器、计量罐、流量计、液面探测器等进行安全检查与校正。

——在预测会发生溢流、井涌或井喷的井段钻进，应采用地层压力平衡钻井技术，不宜采用泡沫钻井液等欠平衡钻井技术。及时调整使用合理的钻井液密度，使其所形成的液柱压力稍高于裸眼井段最高地层孔隙压力 $0.05g/cm^3$～$0.15g/cm^3$，并低于地层漏失压力。

——进入水层或其他高压层前，调整好钻井液性能。在保证钻井液正常悬浮携带钻屑的前提下，应尽可能采用较低的钻井液黏度与切力，特别是终切力不宜过大，以防止开泵或起下钻时当量密度变化过大引起漏失或溢流。

——对于含有高压地热流体地层或蒸汽储层，应尽量保持地热井环空压力与地层压力之间为近平衡或过平衡状态。

——注意防止因井漏诱发溢流和因预防溢流诱发井漏。加重钻井液时，按循环周依次控制加重速度，开泵泵压不宜过大。当下部井段存在高压水层、卤水层等高压层并且地层压力系数超过上部裸眼井段地层的漏失压力系数或破裂压力系数时，宜在钻入高压地层之前进行上部井段承压堵漏（或下管封隔），提高上部地层的承压能力。

——在水层或气层钻进过程中对钻井液性能和液面高度加强坐岗监测，以便及时发现溢流。起下钻过程中，准确计量钻井液灌入和返出体积，并与相应钻具内体积进行对比，随时发现和掌握钻井液总量的异常变化情况，以便及时发现溢流。

——维护处理钻井液时，准确计量因加入处理剂的胶液、补充钻井液、加重剂、盐等引起的钻井液体积变化，随时掌握钻井液液面的异常变化情况，以便及时发现溢流。

——地层压力活跃的井，起下钻应平稳操作，起钻时每隔约 50m～100m 向孔内灌浆一次，下钻时应分段循环钻井液，避免因压力变化大引发溢流或井涌。

8.2.2 处理

溢流的处理应遵循以下要求。

——发现溢流应立即启用防喷器，用较高密度的压井液进行压井，迅速恢复液柱压力重新建立压力平衡，制止溢流。加重钻井液压井时，应适当控制钻井液加重速度，防止压井过程中引发井漏和卡钻等复杂情况。

——使用泡沫钻井液钻井时，若发生出水严重或溢流，应逐步调整泡沫钻井液质量，增加泡沫钻井液密度，由一次性泡沫钻井液转化成可循环泡沫钻井液，需要时改为水基钻井液体系，严重时使用压井液压井。

——钻井液遭受到水侵、气侵或发生溢流时，随时监测钻井液密度和性能，及时调整恢复钻井液密度和性能。水侵时，通过排水、添加处理剂、加重等方式恢复钻井液密度和性能。气侵时，宜采用液气分离器或除气器除气，并根据需要加入乳化剂、消泡剂及合适的稀释剂等处理剂处理，适当提高钻井液密度，调整好钻井液性能。

——储备适量其密度高于井筒内钻井液的压井液，以备压井时使用。压井液的体系、配方与性能的要求与压井前钻井液相同，其 24h 悬浮稳定性应小于 0.05g/cm^3。

——使用压井液压井时，压井液循环量宜为井筒内和地面循环钻井液体积总和的 1.0 倍～2.0 倍。

——采取循环加重压井时，加重应按循环周加重，每个循环周钻井液密度提高值控制在 0.05g/cm^3～0.10g/cm^3。

——气侵或溢流时的井控操作方法宜遵守 GB/T 31033 的规定。

8.3 卡钻

8.3.1 预防

地热钻井液预防卡钻应遵循但不限于以下要求。

——针对不同类型卡钻，如压差（粘附）卡钻、缩径卡钻、坍塌卡钻、泥包卡钻或砂桥卡钻等，采取相对应的预防处理措施。

——预防压差卡钻，在渗透性好的地层钻进，在确保不喷不塌不缩径的前提下，采用较低的钻井液密度，增加封堵性，增加泥饼柔韧性和润滑性，降低黏度和切力。

——预防缩径卡钻，在易缩径地层钻进，宜提高钻井液密度。钻进水敏性地层前，宜预处理钻井液，提高封堵性，改善钻井液的泥饼质量，降低滤失量，提高抑制性，提高密度，选择合理的矿化度。

——预防坍塌卡钻，使用合理的钻井液密度，增强抑制性。使用欠平衡钻井时如出现井壁坍塌和大量掉块的情况，宜改为平衡地层压力钻井方式。

——预防泥包卡钻，在易造浆地层钻进，使用抑制性强的钻井液，并提高井底钻头清洁能力。
——预防砂桥卡钻，对于大位移井和水平井，应依据所钻井的井斜角大小，调整钻井液流变参数及环空流型和环空返速，增强钻井液携砂和清洁能力，以防止或减少岩屑床的形成，定期短起下钻及时清理井壁积累的岩屑。用好固控设备，降低钻井液的含砂量和固相含量。在钻井液中使用润滑剂或混油，增强井壁润滑性。
——在处理井塌、井漏、井喷等复杂情况时，预防卡钻发生。

8.3.2 处理

卡钻的处理应遵循但不限于以下要求。
——发现卡钻后，尽可能维持钻井液循环畅通，防止钻头水眼或环空堵塞。
——确定卡钻类型和卡点位置。
——各种类型卡钻解卡施工程序见 DZ/T 0260 和 SY/T 5247。

9 热储层保护

9.1 根据地热井热储层的物性和敏感性参数，制定相适应的热储层保护技术和措施。
9.2 目的层段钻进，宜选用对热储层有保护作用或对热储层损害小的钻井液，宜选用低密度、岩心渗透率恢复值大于 80%的无固相或低固相钻井液，调整好钻完井液性能，严格控制常用钻井液的滤失量。在较稳定热储层钻进时也可选用清水、泡沫钻井液等欠平衡钻井液体系或空气钻井方式。
9.3 正常施工情况下，目的层钻进宜使用钻井液密度设计下限进行压力平衡钻进。
9.4 加强固控设备的使用和维护，严格控制含砂量、膨润土含量、低密度固相含量、岩屑等固相含量。
9.5 进入储层前加入足量屏蔽暂堵剂等储层保护剂。
9.6 进入易漏储层前做好防漏措施，采用暂堵性防漏材料，宜尽量避免在储层进行堵漏作业。进入储层后，若发生井漏，应首先考虑降低钻井液密度，必须堵漏时应优先选择不伤害储层的堵漏措施，选用可酸化和可解堵的材料，不宜使用会造成储层空隙永久堵塞的惰性材料堵漏。
9.7 钻开目的层后，起下钻操作要平稳，控制速度，减小井底抽吸压力或激动压力，避免诱发井喷或井漏事故发生，减少产层伤害。
9.8 目的层钻完井施工，应做好井漏、井塌、卡钻及井喷等各项复杂事故的预防工作，确保目的层钻完井施工顺利进行。完钻前要充分循环洗井，提高裸眼井段电测一次成功率。目的层钻完井施工中，应加强管理和生产组织协调，维护好设备，快速钻穿目的层并快速完井，避免在钻开储层后组织停工，尽可能缩短储层段各项施工时间，缩短钻完井液对储层的浸泡时间，减少钻完井液对储层的污染。

10 环境保护

10.1 在地热钻井液施工的全周期过程中不得污染井场及其周围自然环境，依据有关标准和法规，制定符合环境保护要求的必要措施方案。在地热钻井液设计和施工方案中，应有对钻井液的处理剂材料的环保要求、钻井液施工的环保要求以及完井后废弃钻井液和岩屑的处理和处置要求。
10.2 配制地热钻井液应优先选择无毒或低毒处理剂，地热井用钻井液的环保性评价规程见 NB/T 10705。地热钻井优先选用环保型钻井液，环保钻井液的判定要求见 SY/T 7467。
10.3 井场试剂、处理剂和材料应有安全技术文件与台账，规范管理、存放和使用试剂、处理剂和材料。
10.4 有毒化学品按照 GB 13690 规定分类管理。
10.5 执行不落地零排放零污染环保管理政策，地热钻井液施工过程中采用专用灌、专用池收集和储存废弃钻井液和岩屑等污染物。

10.6 地热钻井过程中或竣工后，对于废弃钻井液和岩屑等废弃物应进行分离、固化或无害化处理，处理后可以回收利用的回收利用，将废弃物运到允许填埋、倾倒或存放的地方，并定期监测。完工后井场除了必要的设施场地，其余部分宜恢复原貌。废弃钻井液和岩屑的处置污染控制技术要求见 SY/T 7298。

10.7 钻井液废物处理处置过程宜使用环境友好的材料。钻井液废物处理处置过程中采取必要措施，保护处置场地周边地表水、地下水、土壤、空气、植被以及野生动植物栖息环境，避免造成环境污染和生态破坏。

10.8 钻井液废物处理单位应建立钻井液废物管理台账和记录，包括废物名称、处理数量、处理时间、处理方法、处理施工单位、负责人、处理结果等，做到处理状况可查，处理后果可追溯。

附 录 A
（资料性）
钻井液现场检测仪器基本配置

钻井液现场检验仪器基本配置见表 A.1。

表 A.1 钻井液现场检测仪器基本配置

序号	仪器设备名称	数量 台（套、个）		备注
		＜90℃	≥90℃	
1	密度计，最高量程为 2.00g/cm^3，（台）	2	2	常规钻井液用
	密度计，最高量程为 3.00g/cm^3，（台）	2	2	密度大于 2.00g/cm^3 配备
	加压密度计，最高量程为 3.00g/cm^3，（台）	1	1	地层含有气的井配备
	密度计，最高量程为 1.50g/cm^3，最低量程为 0.50g/cm^3，（台）	1	1	泡沫钻井液配备
	液体密度计，最高量程为 1.00g/cm^3，最低量程为 0.10g/cm^3，（支）	1	1	泡沫钻井液配备
2	漏斗黏度计（台）	2	2	
3	六速旋转黏度计（台）	1	1	
4	低温低压滤失仪（套）	1	1	
5	固相含量测定仪（台）	1	1	
6	含砂量测定仪（套）	2	2	
7	pH 计或 pH 试纸（套）	1	1	
8	高温高压滤失仪（套）		1	
9	滤饼黏附系数测定仪（台）	1	1	定向井、水平井和超深井配备
10	小型滚子加热炉（台）		1	最高使用温度 180℃
	高温滚子加热炉（台）		1	最高使用温度 300℃
11	润滑系数测定仪（台）	1	1	定向井和水平井配备
12	膨润土含量测定装置与试剂（套）	1	1	
13	钾、钙、镁、氯离子分析装置与试剂（套）	1	1	根据需要配备
14	秒表（个）	2	2	
15	1000mL 钻井液杯（个）	4	4	
16	电动搅拌机（台）	2	2	
17	控温电动搅拌机（台）		2	
18	高速搅拌器（套）	2	2	
19	电加热器，220V，500W～800W，（个）	2	2	
20	氮气瓶（个）	1	1	
21	1000mL 量筒（个）	2	2	泡沫钻井液用

表 A.1　钻井液现场检测仪器基本配置（续）

序号	仪器设备名称	数量　台（套、个）		备注
		＜90℃	≥90℃	
22	电子天平，称量精度 0.1g，（台）	1	1	
23	电子天平，称量精度 0.001g，（台）	1	1	泡沫钻井液用
24	台式电脑或笔记本电脑（台）	1	1	
25	打印机（台）	1	1	

附 录 B
（资料性）
常用抗高温水基钻井液材料与处理剂

常用抗高温水基钻井液材料与处理剂见表 B.1

表 B.1 常用抗高温水基钻井液材料与处理剂

名称	功能	抗温能力（℃）
配浆土（膨润土、海泡石土、凹凸棒石土）	造浆剂	260
乙烯基磺酸盐共聚物（COP-1、COP-2）	降滤失剂	260
抗高温保护材料（GBH）	高温保护剂	260
抗高温稳定材料 HT-1	高温保护剂	240
共聚物 LP-528	降滤失剂	240
共聚物 P（AMPS-AM-AA）/SMP	降滤失剂	240
水解聚丙烯腈	降滤失剂	230
磺化苯乙烯马来酸酐共聚物（SSMA）	降黏剂	230
褐煤树脂（SPNH、Resinex）	降滤失剂	230
共聚物 HTASP	降滤失剂	220
磺化酚醛树脂（SMP-1、SMP-2）	降滤失剂	220
无铬磺化褐煤	降滤失剂、降黏剂	220
无铬磺化单宁	分散剂	200
磺化木质素磺甲基酚醛树脂（SLSP）	降滤失剂	200
无铬磺化栲胶	分散剂	180
无铬木质素磺酸盐	分散剂	180
聚合物类（80A51、FA367、PAC141、KPAM、SK）	增黏剂、包被剂	180
两性离子聚合物稀释剂（XY-27）	降黏剂	180

附　录　C
（资料性）
常用泡沫钻井液基本配方

C.1　可循环泡沫钻井液基本配方见表 C.1。

表 C.1　可循环泡沫钻井液基本配方

材料和处理剂	加量（kg/m^3）
水	按需
膨润土	10～30
增稠剂	30～70
发泡剂	8～12
稳泡剂	5～15
降滤失剂	10～20

C.2　一次性泡沫钻井液常用配方见表 C.2。

表 C.2　一次性泡沫钻井液基本配方

材料和处理剂	加量（kg/m^3）
水	按需
增稠剂	30～70
发泡剂	10～20
稳泡剂	8～25
降滤失剂	10～20

ICS 73.020
CCS D 10

NB

中华人民共和国能源行业标准

NB/T 11152—2023

地热钻井钻头使用基本规则和磨损评定方法

Basic rule for the use of geothermal drilling bits and the evaluation method for bit wear

2023-02-06 发布 2023-08-06 实施

国家能源局 发布

目　次

前言

本文件按照 GB/T 1.1—2020《标准化工作导则　第 1 部分：标准化文件的结构和起草规则》的规定起草。

本文件由中国石油化工集团有限公司提出。

本文件由能源行业地热能专业标准化技术委员会归口。

本文件起草单位：西南石油大学、中石化江钻石油机械有限公司、四川川石.克锐达金刚石钻头有限公司、中国石油集团长城钻探工程有限公司、四川宝石机械石油钻头有限责任公司、中国地质大学（武汉）、中石化胜利石油工程有限公司钻井工艺研究院、中国石化集团新星石油有限责任公司。

本文件主要起草人：杨迎新、全兵、范晓勒、任海涛、张召峰、王霞、刘晓波、段隆臣、解巧云、况雨春、郑家伟、陈炼、窦斌、许友斌、于洪波、李斌、高清春、周学军、赵丰年。

本文件为 2023 年首次发布。

地热钻井钻头使用基本规则和磨损评定方法

1 范围

本文件规定了钻头使用基本规则和磨损评定方法。

本文件适用于地热钻井全面钻进钻头和取心钻头，也可用于石油天然气等其他钻井工程中作为钻头选择、使用和磨损评定的借鉴和指导。

2 规范性引用文件

下列文件中的内容通过文中的规范性引用而构成本文件必不可少的条款。其中，注日期的引用文件，仅该日期对应的版本适用于本文件；不注日期的引用文件，其最新版本（包括所有的修改单）适用于本文件。

DZ/T 0260 地热钻探技术规程

SY/T 5164 牙轮钻头

SY/T 5217 金刚石钻头

SY/T 5234 钻井参数优选基本方法

SY/T 5426 石油天然气钻井工程 岩石可钻性测定与分级

3 术语和定义

下列术语和定义适用于本文件。

3.1

钻头 drill bit & rock bit

钻井中直接接触并破碎井底岩石形成井眼的工具。结构类型包括固定切削齿钻头、牙轮钻头、复合钻头和潜孔锤钻头等。按功用可分为全面钻进钻头、取心钻头和特殊工艺用钻头。

3.2

切削元件/切削齿 cutter

钻头上与井底岩石直接接触以破碎岩石的元件，也称切削齿或牙齿。

3.3

固定切削齿钻头 fixed cutter drill bit

全部切削齿均固定在钻头体上的钻头。主要有刮刀钻头、金刚石钻头、潜孔锤钻头三类。

3.4

牙轮钻头 roller cone drill bit

通过牙轮的滚动带动其上的切削齿以冲击、压入和刮削作用破碎岩石的钻头，由牙轮、牙掌、轴承和喷嘴等部分组成。按钻头牙齿类型可分为钢齿钻头和硬质合金镶齿钻头两类。按轴承类型主要分为滚动轴承钻头和滑动轴承钻头两类。

3.5

金刚石钻头 diamond drill bit

以金刚石或金刚石制品作为切削元件的固定切削齿钻头，是金刚石全面钻进钻头、金刚石取心钻头和金刚石扩眼钻头的统称，包括聚晶金刚石复合片钻头（PDC 钻头）、热稳定聚晶金刚石钻头（TSP 钻头）、天然金刚石钻头和孕镶金刚石钻头等类型。

3.6

聚晶金刚石复合片钻头　PDC bit

以聚晶金刚石复合片为主要切削元件的金刚石钻头，简称 PDC 钻头。按钻头体材料及制造工艺的不同可分为胎体式 PDC 钻头和钢体式 PDC 钻头两类。聚晶金刚石复合片也称为 PDC 齿或复合片。

3.7

孕镶金刚石钻头　impregnated diamond bit

以孕镶块或孕镶齿作为主要切削元件的金刚石钻头。

3.8

PDC-牙轮复合钻头　PDC and roller-cone hybrid bit

同时包含 PDC 刀翼和牙轮两种切削结构的钻头，也称 PDC-牙轮混合钻头，简称复合钻头或混合钻头。复合钻头采用钢体式结构，牙轮牙掌部件通常采用焊接方式连接在钻头体上。

3.9

取心钻头　coring bit

用于钻取岩心的钻头。

3.10

双心钻头　bi-center bit & eccentric bit

随钻扩孔金刚石钻头或工具的一种，包括领眼部分和扩眼部分，能通过套管内孔下入，并实现边钻进边扩孔的功能。也称偏心钻头。

3.11

外排齿　outter rows

金刚石钻头外排齿是指钻头 2/3 半径以外区域的切削齿。牙轮钻头外排齿是指各牙轮上接触井壁的齿圈上的切削齿。PDC-牙轮复合钻头的外排齿包括刀翼外排齿和牙轮外排齿两部分：刀翼外排齿是指从钻头中心至钻头 2/3 半径以外区域内的 PDC 齿；牙轮外排齿是指各牙轮上距离井壁最近的齿圈上的切削齿。

3.12

内排齿　inner rows

金刚石钻头内排齿是指从钻头中心至钻头 2/3 半径区域内的切削齿。牙轮钻头内排齿是指各牙轮上不接触井壁的齿圈上的切削齿。PDC-牙轮复合钻头的内排齿包括刀翼内排齿和牙轮内排齿两部分：刀翼内排齿是指从钻头中心至钻头 2/3 半径区域内的 PDC 齿；牙轮内排齿是指各牙轮上除外排齿之外的其余齿圈上的切削齿。

3.13

保径结构　gauge preserving structure

用于延缓钻头直径因磨损而缩小的结构称为保径结构。金刚石钻头的保径结构也称保径块或保径瓣，保径块与井壁相对的面为保径工作面，简称保径面。设置在保径结构上的切削齿称为保径齿。

3.14

规径结构/规径齿　gauge/gauge cutter

钻头冠部表面上直接决定或形成钻头直径的切削结构称为规径结构，简称规径。规径结构中的切削齿称为规径齿。

3.15

刀翼号 serial number of blade in drill bit

指金刚石钻头和 PDC-牙轮复合钻头上各个刀翼的编号。1 号刀翼是指最接近钻头回转中心的切削齿所在的刀翼。其余刀翼的编号规则为：观察者面对钻头工作端面，自 1 号刀翼起，按照顺时针方向，其后的刀翼依次为 2 号刀翼、3 号刀翼等。

3.16

牙轮号 serial number of cone in drill bit

指牙轮钻头和 PDC-牙轮复合钻头上各个牙轮的编号。

三牙轮钻头 1 号轮，是指含有最接近钻头回转中心的牙齿的牙轮；2 号轮、3 号轮的编号规则为：观察者面对牙轮钻头工作端面，自 1 号轮起，按照顺时针方向，其后的牙轮依次为 2 号轮、3 号轮。

复合钻头 1 号轮，是指在面对钻头工作端面时，位于 1 号刀翼前方的第一个牙轮。其他牙轮按照顺时针方向依次为 2 号轮、3 号轮等。

3.17

钻头修复 bit repair

将使用后已经发生一定程度磨损的钻头，通过更换切削齿等方式，使钻头恢复工作能力的制造过程。钻头修复通常只针对 PDC 钻头进行。

3.18

钻头的可修复性 bit repairability

依据出井后钻头的磨损程度，对钻头作出的是否可修复以及修复难易度的评价。

3.19

热磨损 thermal wear

PDC 齿等金刚石切削齿在工作过程中，由于高温使金刚石材料内应力增加，或使金刚石材料发生石墨化，从而导致切削齿工作寿命显著下降的现象。

3.20

复合片脱钴 cobalt removal of Polycrystalline Diamond Compact

通过酸蚀等方法将聚晶金刚石复合片金刚石聚晶层中的触媒金属钴除去，以提高复合片抗热磨损能力的方法。

4 钻头使用基本规则

4.1 钻头选择

4.1.1 应结合邻井地质资料、钻头使用资料和钻井工艺，在保证功能性要求的前提下，全面分析所钻进的地层、钻井工艺和钻井设备等条件，根据综合成本最低的原则优选钻头。

4.1.2 牙轮钻头、金刚石钻头（含金刚石取心钻头）以及 PDC-牙轮复合钻头参考表 1 进行钻头分类号的选择。

4.1.3 根据地层岩石选择钻头的一般原则

4.1.3.1 深部地层，应优先选用固定切削齿钻头，特别是 PDC 钻头，以保障深部井段的钻井安全性。

4.1.3.2 极软～软地层，应优先选用 PDC 钻头和钢齿牙轮钻头。

4.1.3.3 中硬及中硬以上地层，牙轮钻头宜优先选用密封滑动轴承镶齿钻头。

4.1.3.4 地层温度高于 150℃的高温井段，PDC 钻头、PDC-牙轮复合钻头应优先选用脱钴复合片，牙轮钻头或 PDC-牙轮复合钻头应优先选用耐高温橡胶密封或金属密封的产品。

4.1.3.5 硬地层、高研磨性地层和严重不均质地层，宜优先选用镶齿牙轮钻头或PDC-牙轮复合钻头。

4.1.3.6 超硬地层和超强研磨性地层，宜优先选用孕镶金刚石钻头。

4.1.3.7 易泥包地层，宜优先选用优化水力参数的宽、深水道钢体PDC钻头。

4.1.3.8 在井段中有易卡钻地层时，应选用有倒划眼齿的钻头。

表1 钻头类型与地层级别对应关系表

地层级别		Ⅰ～Ⅲ	Ⅲ～Ⅳ	Ⅳ～Ⅵ	Ⅵ～Ⅷ	Ⅷ～Ⅹ	＞Ⅹ
地层可钻性级值		＜3	3≤～＜4	4≤～＜6	6≤～＜8	8≤～＜10	≥10
代表性地层		强黏土，黏土，泥灰岩	泥灰岩，盐岩，石膏岩，页岩，砂岩	页岩，砂岩，白垩岩，大理岩，白云岩	页岩，砂岩，灰岩，白云岩，片麻岩，火成岩	砂岩，页岩，灰岩，花岗岩，片麻岩，火成岩	火成岩
牙轮钻头分类号	钢齿牙轮钻头	1-1	1-2	1-3 1-4 2-1 2-2	2-3 2-4 3-1 3-2	3-3 3-4	
	镶齿牙轮钻头	4-1 4-2 4-3	4-4	5-1 5-2 5-3 5-4	6-1 6-2 6-3 6-4	7-1 7-2 7-3 7-4	8-1 8-2 8-3 8-4
金刚石钻头分类号	PDC钻头	1-1 1-2	2-1 2-2	2-2 2-3	3-2 3-3	4-2 4-3	
	天然金刚石钻头、TSP钻头和孕镶金刚石钻头			6-1 6-2	6-3 7-1	7-2 7-3 8-1 8-2	8-2 8-3 8-4

注1：牙轮钻头的分类号遵照SY/T 5164的规定；金刚石钻头及金刚石取心钻头的分类号遵照SY/T 5217的规定。

注2：牙轮钻头分类号只计表征地层类别的前两位代码。例如："4-1"表示地层系列号为4，分级号为1。

注3：金刚石钻头分类号只计表征切削齿密度的地层系列号和表征切削齿直径的分级号。例如："3-2"表示地层系列号为3（软到中），分级号为2（PDC齿直径为14-24）。

注4：PDC-牙轮复合钻头的分类号以钻头上的PDC齿切削结构为依据，按照PDC钻头的分类号来确定。例如："3-2"表示复合钻头上PDC齿切削结构的地层系列号为3（软到中），分级号为2（PDC齿直径为14-24）。

4.1.4 根据钻井工艺选择钻头的一般原则

4.1.4.1 根据钻井工艺选择钻头时，应优先考虑钻井工艺对钻头的功能性要求，其次考虑钻头的破岩性能。

4.1.4.2 针对采用气体或泡沫循环介质的欠平衡地热钻井条件，PDC钻头应优先选用胎体式钻头，或强化抗冲蚀性能的钢体式钻头。

4.1.4.3 针对定向钻井工艺条件，宜优先选择工作扭矩低、侧向切削能力强的钻头。

4.1.4.4 金刚石钻头、复合钻头的保径块长度的选用原则和推荐范围见附录A。

4.1.4.5 在地层可钻性较差的定向钻井条件下，宜优先选择牙轮钻头或PDC-牙轮复合钻头。

4.1.4.6 针对小井眼钻井条件，牙轮钻头中宜优先选择单牙轮钻头。

4.1.4.7 针对随钻扩孔钻进工况，宜优先选择双心钻头。

4.1.4.8 牙轮钻头与金刚石钻头的分类号见附录B。

4.2 检查井眼、钻头

4.2.1 检查井眼情况，确定前一只钻头是否有牙齿、喷嘴等井底落物。必要时应进行打捞作业。

4.2.2 检查前一只钻头的直径磨损情况。如果前一只钻头直径明显缩小，则应考虑通井，或在下钻过程中根据需要进行划眼。

4.2.3 检查待入井钻头。

4.2.3.1 测量钻头直径是否符合要求。钻头的直径及公差规范见附录C。

4.2.3.2 核实连接螺纹规格，并检查有无损伤。钻头连接螺纹的规格见附录D。

4.2.3.3 检查钻头切削齿是否完好。新钻头切削齿应无裂纹、崩损等损伤，旧钻头切削齿无脱落，且其镶固结构无严重冲蚀。

4.2.3.4 对于牙轮钻头和PDC-牙轮复合钻头，应检查各牙轮转动是否正常。

4.2.3.5 检查钻头水道是否通畅，钻头内是否有异物。

4.2.3.6 确认各喷嘴安装正确。

4.2.3.7 检查钻头的保径结构，金刚石钻头和复合钻头需测量保径块长度。

4.3 上卸钻头

4.3.1 清理钻头连接螺纹并涂抹螺纹密封脂。

4.3.2 上卸钻头应使用卸扣器。

4.3.3 钻头的上紧扭矩应符合附录D中的要求。

4.3.4 上卸扣时不得用大钳夹持金刚石钻头、复合钻头的保径块。

4.4 下钻

4.4.1 钻头缓慢通过转盘、防喷器。

4.4.2 钻头通过井眼中的套管鞋、台阶、高井眼曲率、缩径段时，应放慢下钻速度。

4.4.3 若下钻遇阻需要划眼，划眼时应在低转速、低钻压和较大的流量条件下进行。

4.4.4 下最后一个单根时，宜缓慢开泵，逐渐加大排量，低转速缓慢下放，冲洗井底。

4.5 井底造型/磨合

4.5.1 当钻头接近井底时，观察显示仪表。钻压和扭矩增加时，表明钻头已经到达井底。

4.5.2 以低于每毫米钻头直径90N的钻压，进行井底造型0.3m以上。

4.5.3 井底造型完成后，应及时调整钻井参数以获得最佳钻井参数组合。

4.6 钻进

4.6.1 确定钻压、转速和排量

4.6.1.1 选择钻井参数一般应按照直接钻井成本最低原则。

4.6.1.2 附录E中列出了各种类型、常用尺寸规格钻头的钻压、转速和排量的推荐范围，以及相关注意事项。钻头在正常钻进过程中的钻压、转速和排量一般应在推荐参数范围内选择，但不得同时使用高转速、高钻压。

4.6.1.3 当设备能力和钻具强度不足时，应优先保障安全性需要，适当降低钻压和转速推荐范围的低限和高限。

4.6.1.4 在确定具体型号钻头的钻压、转速和排量时，如果厂家的推荐范围与附录E有明显差异，应优先参照厂家的推荐范围。

4.6.1.5 要提高牙轮钻头、PDC-牙轮复合钻头的钻速，宜优先增大钻压；要提高PDC钻头在中硬以下均质地层的钻速，宜优先提高转速。

4.6.2 钻进过程

4.6.2.1 钻进中加压应均匀，匀速下放钻具，避免出现溜钻。

4.6.2.2 在正常钻进期间，应对钻进情况进行观察与分析，判断井下情况，并采取相应的技术措施。

4.6.2.3 若出现异常情况，应及时修正钻头的预期使用寿命。

4.6.2.4 钻进过程中与钻头相关的常见复杂情况处理措施见附录F。

4.7 起出钻头

4.7.1 正常情况下，根据邻井资料初步确定新钻头下井的预期使用寿命。

4.7.2 若出现以下异常情况等，考虑起出钻头：

a） 泵压异常变化，地面未发现原因。

b） 顿钻、溜钻。

c） 蹩跳现象严重，扭矩增大。

d） 处理井下事故，钻头在深井高温高压下长时间浸泡。

4.7.3 钻头起至复杂井段，应采用低速上提。

4.7.4 钻头起出后，进行磨损分级描述，并对钻头的整体磨损状态和主要磨损特征拍摄照片，作为磨损分析的辅助说明。

5 钻头磨损评定方法

5.1 钻头磨损分级

用字母及数字复合代码来记录钻头的切削结构、轴承/密封、直径的磨损，以及起钻原因、可修复性等共13项内容，以综合反映钻头使用后的磨损情况，见表2。

表2 钻头磨损分级表

钻头结构	切削结构磨损				轴承/密封	直径（mm）	其他磨损特征	起钻原因	可修复性
	内排齿	外排齿	磨损特征	位置					
固定齿	I_F（a）	O_F（b）	D_F（c）	L_F（d）	B（i）	G（j）	O（k）	R（l）	R_P（m）
牙轮	I_C（e）	O_C（f）	D_C（g）	L_C（h）					

对牙轮钻头，对应于固定切削齿钻头的4个表项无意义，即I_F、O_F、D_F、L_F四栏为空白。

对PDC齿等固定切削齿钻头，对应于牙轮切削结构和轴承的5个表项无意义，即I_C、O_C、D_C、L_C、B五栏为空白。

对PDC-牙轮复合钻头，全部13个表项均有意义，其中I_F、O_F、D_F、L_F四栏对应于复合钻头的固定刀翼，而I_C、O_C、D_C、L_C、B五栏则对应于复合钻头的牙轮。

用于表达钻头磨损的13项内容分别为：

I_F——固定切削结构内排齿磨损级值（固定切削齿钻头、PDC-牙轮复合钻头）；

O_F——固定切削结构外排齿磨损级值（固定切削齿钻头、PDC-牙轮复合钻头）；
D_F——固定切削结构磨损特征代码（固定切削齿钻头、PDC-牙轮复合钻头）；
L_F——固定切削结构磨损位置代码（固定切削齿钻头、PDC-牙轮复合钻头）；
I_C——牙轮内排齿磨损级值（牙轮钻头、PDC-牙轮复合钻头）；
O_C——牙轮外排齿磨损级值（牙轮钻头、PDC-牙轮复合钻头）；
D_C——牙轮磨损特征代码（牙轮钻头、PDC-牙轮复合钻头）；
L_C——牙轮磨损位置代码（牙轮钻头、PDC-牙轮复合钻头）；
B——轴承/密封磨损代码（牙轮钻头、PDC-牙轮复合钻头）；
G——钻头直径磨损量数值（单位 mm）；
O——钻头上的其他磨损特征代码；
R——起钻原因代码；
R_P——钻头的可修复性分级代码。

5.1.1 固定切削结构的磨损分级

5.1.1.1 内排齿 I_F

a） 固定切削齿磨损：以旧钻头上崩齿、断齿、掉齿及脱层 PDC 齿的总数与新钻头总齿数比值的 8 倍，以及其余齿磨损高度与新齿高度比值的 8 倍，作为分级依据。按公式（1）计算：

$$C_1 = \frac{8 \times N}{N_0} + \frac{8 \times (N_0 - N)(H_0 - H)}{N_0 \cdot H_0} \quad \cdots\cdots\cdots\cdots (1)$$

式中：

C_1——切削齿磨损比值；
N——旧钻头上崩齿、断齿、掉齿及脱层 PDC 齿的总数，单位为个；
N_0——总齿数，单位为个；
H——切削齿磨损后的平均高度，单位为毫米（mm）；
H_0——新钻头切削齿平均高度，单位为毫米（mm）。

b） 根据公式（1）计算结果，切削齿磨损分级见表 3。

表 3 切削齿磨损分级

齿磨损比值 C_1 或 C_2	0	(0，1]	(1，2]	(2，3]	(3，4]	(4，5]	(5，6]	(6，7]	(7，8]
齿磨损分级	0	1	2	3	4	5	6	7	8
注：表中 (0，1]，表示齿磨损比值 $0 < C_1 \leq 1$ 或 $0 < C_2 \leq 1$，以此类推。0 表示切削结构无磨损，8 表示切削结构全磨损，以此类推。									

c） 表 2 中的（a）处记录钻头内排齿磨损级值 0～8。

5.1.1.2 外排齿 O_F

a） 磨损级值计算同内排齿。

b） 表 2 中的（b）处记录钻头固定切削结构外排齿磨损级值 0～8。

5.1.1.3 磨损特征 D_F

a） 指钻头使用后固定切削结构上发生的主要磨损或失效形式，用字母表示的特征代码。

b） 表 2 中（c）处只需记录钻头固定切削结构磨损特征中最严重的一项。钻头磨损特征代码及其含义见附录 G。

5.1.1.4 位置 L_F

a） 用于说明钻头上固定切削结构主要磨损特征所在位置的代码，用字母或数字表示。位置代码及其含义见表4。

表4 钻头切削结构磨损特征位置

切削结构类型	位置代码	英文全称	位置	切削结构类型	位置代码	英文全称	位置
牙轮（牙轮钻头、复合钻头）	1	Con#1	1号轮	刀翼（金刚石钻头、复合钻头）	C	Cone	内锥
	2	Con#2	2号轮		N	Nose	鼻部
	3	Con#3	3号轮		T	Taper	外锥
	N	Nose Row	顶排齿		S	Shoulder	肩部
	M	Middle Row	中排齿		G	Gage	保径
	G	Gage Row	外排齿		A	All Areas	全部
	A	All Row	全部				

b） 表2中（d）处记录固定切削结构主要磨损特征的位置。

5.1.2 牙轮切削结构的磨损分级

5.1.2.1 内排齿 I_C

a） 钢齿牙轮切削齿磨损：以切削齿磨损、折断的高度与新齿高度比值的8倍作为分级依据。按公式（2）计算：

$$C_2 = \frac{8 \times (H_0 - H)}{H_0} \quad \cdots\cdots\cdots\cdots (2)$$

式中：

C_2——钻头切削齿磨损比值；

H_0——新钻头切削齿平均高度，单位为毫米（mm）；

H——旧钻头切削齿磨损、折断后的平均高度，单位为毫米（mm）。

根据计算结果，钢齿牙轮钻头切削齿磨损分级见表3。

b） 镶齿牙轮切削齿磨损：以旧钻头牙轮上崩齿、断齿、掉齿的总数与新钻头牙轮总齿数比值的8倍，以及其余齿磨损高度与新齿高度比值的8倍，作为分级依据。按公式（1）计算：

c） 根据公式（1）或公式（2）计算结果，切削齿磨损分级见表3。

d） 表2中（e）处记录钻头上牙轮内排齿磨损级值0～8。

5.1.2.2 外排齿 O_C

a） 磨损级值计算同内排齿。

b） 表2中（f）处记录钻头外排齿磨损级值0～8。

5.1.2.3 磨损特征 D_C

a） 指钻头使用后牙轮上发生的主要磨损或失效形式，用字母表示的特征代码。

b） 表2中（g）处只需记录磨损特征中最严重的一项。牙轮钻头磨损特征代码及其含义见附录G。

5.1.2.4 位置 L_C

a） 用于说明钻头上牙轮主要磨损特征所在位置的代码，用字母或数字表示。位置代码及其含义见表4。

b） 表2中（h）处记录牙轮主要磨损特征的位置。

5.1.3 轴承/密封 *B*

5.1.3.1 非密封轴承

用数字0～8表示轴承寿命使用程度，0表示新轴承，1表示使用时间达到轴承寿命的1/8，以此类推，8表示轴承寿命使用完，包括轴承咬死和牙轮脱落。非密封轴承磨损分级和现场评价规定见表5。

表5 非密封轴承磨损分级和现场评价规定

非密封轴承磨损分级	磨损程度	
	使用时间	现场评价
0	新轴承	新钻头
1	0＜轴承已用掉≤1/8	转动灵活，轴承不旷动
2	1/8＜轴承已用掉≤2/8	转动灵活，轴承基本不旷动
3	2/8＜轴承已用掉≤3/8	
4	3/8＜轴承已用掉≤4/8	转动灵活，稍有旷动
5	4/8＜轴承已用掉≤5/8	轴向旷动小于1mm；径向旷动小于2mm
6	5/8＜轴承已用掉≤6/8	轴向旷动小于1～2mm；径向旷动小于2～3mm
7	6/8＜轴承已用掉≤7/8	轴向旷动大于2mm；径向旷动大于3mm
8	轴承寿命已用完	轴承完全失效

5.1.3.2 密封轴承

用一个字母表示轴承密封情况。E表示密封有效，F表示密封无效，N表示不能做出评价。

5.1.3.3 固定切削齿钻头

用字母X表示无此项评价内容。

5.1.3.4 评价记录

表2中（i）处记录牙轮钻头、PDC-牙轮复合钻头使用后的轴承/密封情况。

5.1.4 直径 *G*

5.1.4.1 用于表示钻头直径的磨损量。磨损量按照四舍五入法圆整到最近的整数，单位为毫米（mm）。0表示直径无磨损。

5.1.4.2 表2中（j）处记录钻头直径磨损量。

5.1.5 其他磨损特征 *O*

5.1.5.1 指钻头上除主要磨损特征 D_F、D_C 之外的次要磨损或失效形式，用字母表示的特征代码。其他磨损特征可记录钻头整体的磨损特征，也可以进一步描述切削结构的第二磨损特征。其他磨损特征代码及含义见附录G。

5.1.5.2 表2中（k）处记录钻头使用后的其他磨损特征。

5.1.6 起钻原因 *P*

5.1.6.1 起钻原因用字母代码表示，起钻原因代码及含义见附录H。

5.1.6.2 表2中（l）处记录钻头起钻原因。

5.1.7 可修复性 *R*

5.1.7.1 可修复性用字母代码表示，可修复性代码及含义见表6。

5.1.7.2　表 2 中（m）处记录钻头的可修复性。

5.1.7.3　为保障修复钻头的质量和工作可靠性，同一只 PDC 钻头的最多修复次数为：胎体钻头 3 次；钢体钻头 5 次。

表 6　钻头的可修复性分级及说明

序号	分级代码	英文全称	含义
1	Ⅰ	Low repairing cost	PDC 钻头：易于修复
2	Ⅱ	Medium repairing cost	PDC 钻头：可以修复，修复难度中等
3	Ⅲ	High repairing cost	PDC 钻头：可以修复，修复难度高
4	Ⅳ	Irrepairable	PDC 钻头：不可修复
5	Ⅴ	Unsuitable for repairing	除 PDC 钻头以外的其他钻头：不修复

注 1：只有 PDC 钻头的切削结构具有可修复性，PDC 钻头的可修复性分级代码为Ⅰ、Ⅱ、Ⅲ、Ⅳ，分别用以表示“易于修复”、“修复难度中等”、“修复难度高”、“不可修复”四种难度级别。

注 2：钻头修复通常包括针对切削结构磨损（含冲蚀）的修复、连接螺纹的修复、钻头体的修复等内容。本文件中关于可修复性及分级的内容主要针对切削结构（包括保径结构）磨损的修复。因为各种除切削结构磨损以外的因素导致钻头无法通过修复重新恢复工作能力的情况，如钻头体裂纹、局部损坏、过度磨损、严重冲蚀等，均应直接判定钻头为不可修复，钻头的可修复性分级代码为Ⅳ。

注3：牙轮钻头、PDC-牙轮复合钻头以及除PDC钻头以外的其他种类的金刚石钻头，不适于做修复，可修复性分级代码均用Ⅴ表示。

注 4：对 PDC 钻头可修复性分级的具体说明：

（1）钢体 PDC 钻头

Ⅰ级：刀翼体——无磨损；内、外排齿——可将原齿转换工作位置后焊接修复，不需要更换新的切削齿；钻头直径——仍处于钻头直径公差范围之内。

Ⅱ级：刀翼体——无磨损；内、外排齿——需更换新切削齿的数量不大于修复切削齿总数的 1/3；钻头直径——钻头直径的磨损量不大于规径齿直径的 1/2。

Ⅲ级：刀翼体——有轻度磨损，需修补；内、外排齿——需更换新切削齿的数量大于修复切削齿总数的 1/3；钻头直径——钻头直径的磨损量不大于规径齿的直径。

Ⅳ级：刀翼体——严重磨损，不可修复，或修补难度大，无法保证钎焊固齿质量；内、外排齿——至少 1 枚切削齿的磨损分级评定超过 4 级；钻头直径——钻头直径的磨损量大于钻头规径齿的直径。

（2）胎体 PDC 钻头

Ⅰ级：刀翼体——无磨损；内、外排齿——可将原齿转换工作位置后焊接修复，不需要更换新的切削齿；钻头直径——仍处于钻头直径公差范围之内。

Ⅱ级：刀翼体——无磨损；内、外排齿——需更换新切削齿的数量不大于修复切削齿总数的 1/3；钻头直径——仍处于钻头直径公差范围之内。

Ⅲ级：刀翼体——有轻度磨损，能保证钎焊固齿质量；内、外排齿——需更换新切削齿的数量大于修复切削齿总数的 1/3；钻头直径——仍处于钻头直径公差范围之内。

Ⅳ级：刀翼体——严重磨损，无法保证钎焊固齿质量；内、外排齿——至少 1 枚切削齿的磨损分级评定超过 4 级；钻头直径——小于钻头直径公差下限。

（3）除PDC钻头以外的其他种类钻头（含牙轮钻头、PDC-牙轮复合钻头等），均不适于修复，分级代码为Ⅴ级。

5.2 钻头磨损测定

5.2.1 切削结构磨损测定

5.2.1.1 钢齿牙轮

用深度游标卡尺，将主尺尺头插入牙齿根部，副尺端面贴紧齿顶，读出的数值为磨损、折断后的齿高（齿高是齿顶相对于齿根处垂高）。然后以齿高的算术平均值作为公式（2）中的 H 值，计算齿磨损比值 C_2。

5.2.1.2 镶齿牙轮和固定切削结构

观察记录旧钻头上崩齿、断齿、掉齿以及脱层 PDC 齿的总数 N，并用 5.2.1.1 的方法测量切削齿磨损后的高度的算术平均值 H，然后用公式（1）计算齿磨损比值 C_1。

5.2.2 非密封轴承旷动值测定

5.2.2.1 非密封轴承轴向旷动值

用手将牙轮沿轴线方向向外移动至极限，测量出牙轮底平面与牙掌最后加工面间的间隙值；再将牙轮沿轴线方向向钻头中心推动至极限，同样测量出其间隙值，两间隙值之差即为轴向旷动值。

5.2.2.2 非密封轴承径向旷动值

用手将牙轮沿轴线的垂直方向向下移动至最下端，在牙轮底平面与牙掌接触处划一条线，再将牙轮沿牙轮轴线的垂直方向向上提至最高点，测量出牙掌与刻线之间的距离，即为径向旷动值。

5.2.2.3 直径磨损测定

钻头工作端面向上，用钻头规贴紧钻头最大直径处，保持与钻头轴线垂直，读出该钻头直径。新旧钻头直径之差为钻头直径磨损量。

5.3 钻头使用与磨损记录

钻头使用与磨损记录内容及格式见表 7。

表 7 钻头使用与磨损记录

钻头使用记录								
生产厂商	钻头直径（mm）	钻头型号	钻头序列号	IADC 分类代码	连接螺纹	喷嘴直径组合（mm）	井斜度（°）	地层岩性
入井深度（m）	起钻深度（m）	总进尺（m）	纯钻时间（h）	机械钻速（m/h）	钻压（kN）	转速（r/min）	泵压（MPa）	排量（L/s）
井底温度（℃）	钻具组合							
钻头磨损记录								
钻头结构	切削结构磨损				B	G	说明	
	内排齿	外排齿	磨损特征	位置	轴承/密封	直径	其他磨损特征	起钻原因	可修复性
固定齿								
牙轮								

附 录 A
（规范性）
钻头的直径及公差

表 A.1 牙轮钻头直径及公差

牙轮钻头		公差（mm）
直径代号	钻头直径（mm）	
$3\,^{1}/_{2}$～$13\,^{3}/_{4}$	88.9～349.2	+0.8 0
14～$17\,^{1}/_{2}$	355.6～444.5	+1.6 0
≥$17\,^{5}/_{8}$	≥447.7	+2.4 0
注：如用户所需的钻头直径不在此表范围内，公差可由用户和制造厂协商确定。		

表 A.2 金刚石钻头、复合钻头直径及公差

金刚石钻头、复合钻头		公差（mm）
直径代号	钻头外径（mm）	
<$6\,^{3}/_{4}$	<171.4	0 −0.38
$6\,^{25}/_{32}$～9	172.2～228.6	0 −0.51
$9\,^{1}/_{32}$～$13\,^{3}/_{4}$	229.4～349.2	0 −0.76
$13\,^{25}/_{32}$～$17\,^{1}/_{2}$	350.0～444.5	0 −1.14
≥$17\,^{17}/_{32}$	≥445.3	0 −1.60
注：如用户所需的钻头直径不在此表范围内，公差可由用户和制造厂协商确定。		

表 A.3 金刚石取心钻头内径尺寸及公差

钻头内径（mm）	公差（mm）
66，70，82	0 −0.38
101	0 −0.51
105，133	0 −0.76
注：如用户所需的钻头直径不在此表范围内，公差可由用户和制造厂协商确定。	

附　录　B
（规范性）
起钻原因及代码

表 B　起钻原因及代码

序号	代码	英文全称	起钻原因
1	BHA	Change Bottomhole Assembly	改变井底钻具组合
2	CM	Condition Mud	处理钻井液
3	CP	Core Point	到达取心井深
4	DP	Drill Plug	钻完水泥塞
5	DMF	Downhole Motor Failure	井下马达失效
6	DTF	Drill Toll Failure	井下工具失效
7	DSF	Drill String Failure	钻柱失效
8	DST	Drill Stem Test	钻杆测试
9	FM	Formation Change	地层变化
10	HP	Hole problems	井眼有问题
11	HR	Hours On Bit	已到钻头使用寿命
12	LIH	Left In Hole	井下落物
13	LOG	Run Logs	测井
14	PP	Pump Pressure	泵压问题
15	PR	Penetration Rate	机械钻速低
16	RIG	Rig Repair	钻机修理
17	TD	Target Depth	钻达目标井深
18	TQ	Torque	扭矩变化
19	TW	Twist Off	钻具扭坏
20	WC	Weather Condition	天气异常
21	WO	Washout Drill String	钻柱冲蚀

附 录 C
（规范性）
金刚石钻头及复合钻头的保径块长度

表 C 金刚石钻头及复合钻头的保径块长度

钻头直径		PDC 钻头、复合钻头		孕镶金刚石钻头、TSP、天然金刚石钻头	
英寸（in）	毫米（mm）	英寸（in）	毫米（mm）	英寸（in）	毫米（mm）
4 $^1/_8$	104.8	0.5～3	12.7～76.2	0.5～6	12.7～152.4
5 $^7/_8$	149.2	0.5～4	12.7～101.6	0.5～8	12.7～203.2
6	152.4	0.5～4	12.7～101.6	0.5～8	12.7～203.2
6 $^1/_2$	165.1	0.5～4	12.7～101.6	0.5～8	12.7～203.2
8 $^1/_2$	215.9	1～6	25.4～152.4	1～10	25.4～254.0
9 $^1/_2$	241.3	1～6	25.4～152.4	1～10	25.4～254.0
12 $^1/_4$	311.2	1～7	25.4～177.8	1～12	25.4～254.0
16	406.4	1.5～7	38.1～177.8	1.5～12	38.1～304.8
17 $^1/_2$	444.5	1.5～7	38.1～177.8	1.5～12	38.1～304.8
26	660.4	2～8	50.8～203.2	2～15	50.8～381.0

注 1：表中钻头保径块长度的范围较宽，基本能满足常规钻具组合、定向钻具组合以及带各类提速工具的钻具组合等工况对钻头保径的要求，在设计或选用时可参考表中数据，根据实际需要确定钻头的保径块长度，必要时可以超出推荐范围。

注 2：表中仅列举了部分典型尺寸钻头的保径块长度，对其他直径的钻头，可以参考表中相近直径钻头的数据做选定。

注 3：中硬以下、研磨性中等以下的地层，钻头的保径块长度可取中等或中等以下数值。

注 4：硬地层、高研磨性地层对钻头保径能力要求较高，钻头的保径块长度宜取中等以上数值。

注 5：定向造斜用钻头，宜选择较短的保径块长度。

注 6：孕镶金刚石钻头、TSP 钻头、天然金刚石钻头转速在 300r/min 以上的工况，应在高值范围选择保径块长度。

注 7：特殊钻头（如双心钻头、取心钻头）的保径块长度，亦可以表中数据作为参考。

附　录　D
（规范性）
钻头分类号

表 D.1　牙轮钻头分类号

钻头类别	适用地层			结构特征						
	系列	岩性	分级	普通滚动轴承 1	空气冷却滚动轴承 2	滚动轴承 3	密封滚动轴承 4	密封滚动轴承 5	密封滑动轴承 6	密封滑动轴承 7
钢齿钻头	1	低抗压强度高可钻性的软地层	1							
			2							
			3							
			4							
	2	高抗压强度的中等到中硬地层	1							
			2							
			3							
			4							
	3	半研磨性及研磨性的硬地层	1							
			2							
			3							
			4							
镶齿钻头	4	低抗压强度高可钻性的软地层	1							
			2							
			3							
			4							
	5	低抗压强度的软到中等地层	1							
			2							
			3							
			4							
	6	高抗压强度的中硬地层	1							
			2							
			3							
			4							

表 D.1 牙轮钻头分类号（续）

钻头类别	适用地层			结构特征						
	系列	岩性	分级	普通滚动轴承 1	空气冷却滚动轴承 2	滚动轴承 3	密封滚动轴承 4	密封滚动轴承 5	密封滑动轴承 6	密封滑动轴承 7
镶齿钻头	7	半研磨性的硬地层	1							
			2							
			3							
			4							
	8	高研磨性的极硬地层	1							
			2							
			3							
			4							
示例：$8^1/_2$ ZT536 钻头型号中的钻头分类号为“536”，其含义为：钻头为镶齿钻头，适用于钻进低抗压强度的软到中等第 3 级地层，采用密封滑动轴承。										

表 D.2 金刚石钻头分类号

钻头体材料		适用地层			切削元件代号			冠部轮廓代号			
胎体	钢体	系列	岩性	切削元件密度	分级代号	类型	直径（mm）	鱼尾形/扁平型	短 ≤1/4*D*	中 1/4*D*～1/2*D*	长 ≥1/2*D*
M	S	1	极软	≤0.139*D*	1	PDC 齿	＞24	1	2	3	4
					2	PDC 齿	14～24				
					3	PDC 齿	＜14				
		2	软	0.139*D*～0.185*D*	1	PDC 齿	＞24				
					2	PDC 齿	14～24				
					3	PDC 齿	＜14				
		3	软到中	0.185*D*～0.232*D*	1	PDC 齿	＞24				
					2	PDC 齿	14～24				
					3	PDC 齿	＜14				
		4	中到中硬	＞0.232*D*	1	PDC 齿	＞24				
					2	PDC 齿	14～24				
					3	PDC 齿	＜14				
		5	—	—	—	—	—	—	—	—	—
		6	中硬	＜3SPC	1	天然金刚石	—	1	2	3	4
					2	TSP	—				
					3	混合金刚石	—				

表 D.2 金刚石钻头分类号（续）

钻头体材料		适用地层			切削元件代号			冠部轮廓代号			
胎体	钢体	系列	岩性	切削元件密度	分级代号	类型	直径（mm）	鱼尾形/扁平型	短 ≤1/4D	中 1/4D～1/2D	长 ≥1/2D
M	S	7	硬	3～5SPC	1	天然金刚石	—				
					2	TSP	—				
					3	混合金刚石	—				
		8	极硬	＞7SPC	1	天然金刚石	—	1	2	3	4
					2	TSP	—				
					3	混合金刚石	—				
					4	孕镶金刚石	—				

注 1：表中的“切削元件密度”，对 PDC 钻头来说为“当量切削元件数”，即除规径外的 PDC 齿以及第一个规径 PDC 齿按直径ϕ12.7mm（1/2in）折算后的 PDC 齿数量。具体折算公式如下：

$$Z=\sum_{i=2}^{n} Z_i d_i / 12.7$$

式中：

Z——钻头的当量 PDC 齿数；

n——钻头上 PDC 齿的直径规格数（相同直径的 PDC 齿归入一类）；

$Z_i d_i$——第 i 种 PDC 齿的数量和直径（不包括规径面上的和不参与切削的后排 PDC 齿）。

注 2：表中的字母“D”为钻头直径，其前的系数表示与 IADC[11]钻头分类法给定的基准钻头直径 215.9mm 的比值。

注 3：对天然金刚石钻头及 TSP 等钻头来说，“切削元件密度”采用每克拉中切削元件的粒数（SPC）。

注 4：当同一只钻头上出现多种尺寸的切削元件时，切削元件直径的确定应以数量最多的为依据。

附 录 E
（规范性）
钻头的连接螺纹及上紧扭矩

各种直径钻头对应的 API 连接螺纹规格和相应的上紧扭矩要求见表 D.1 和表 D.2。

表 E.1 牙轮钻头的连接螺纹及上紧扭矩

连接螺纹代号（in）	上紧扭矩（kN·m）	
	推荐值下限	推荐值上限
$2\,^3/_8$ REG	4.1	4.7
$2\,^7/_8$ REG	6.1	7.5
$3\,^1/_2$ REG	9.5	12.2
$4\,^1/_2$ REG	16.3	21.7
$6\,^5/_8$ REG	38.0	43.4
$7\,^5/_8$ REG	46.1	54.2
$8\,^5/_8$ REG	54.2	81.3

注：如所使用钻头连接螺纹不在此表范围内，则上紧扭矩推荐值与制造厂协商确定。

表 E.2 金刚石钻头和复合钻头的连接螺纹及上紧扭矩

连接螺纹代号（in）	上紧扭矩（kN·m）	
	推荐值下限	推荐值上限
1 REG	0.25	0.27
$1\,^1/_2$ REG	0.90	0.99
$2\,^3/_8$ REG	2.5	4.5
$2\,^7/_8$ REG	4.2	6.9
$3\,^1/_2$ REG	7.1	11.4
$4\,^1/_2$ REG	16.9	26.4
$6\,^5/_8$ REG	50.3	57.4
$7\,^5/_8$ REG	65.5	90.7

注：如所使用钻头连接螺纹不在此表范围内，则上紧扭矩推荐值与制造厂协商确定。

附 录 F
（规范性）
钻头钻压、钻速和排量的推荐范围

F.1 推荐范围

牙轮钻头的钻井参数推荐范围见表 E.1。

PDC 钻头、PDC-牙轮复合钻头的钻井参数推荐范围见表 E.2。

孕镶金刚石钻头、TSP 钻头和天然金刚石钻头的钻井参数推荐范围见附表 E.3。

取心钻头的钻井参数推荐范围见附表 E.4。

表 F.1 牙轮钻头的钻井参数推荐范围

钻头直径		三牙轮钻头			单牙轮钻头		
英寸 in	毫米 mm	钻压（kN）	转速（r/min）	排量（L/s）	钻压（kN）	转速（r/min）	排量（L/s）
3 1/2～4	88.9～101.6	10～30	40～500	6～10	10～40	40～500	6～10
4 1/8～4 1/2	104.8～114.3	10～40	40～500	8～12	10～50	40～500	8～12
4 5/8～5 1/2	117.5～139.7	10～50	40～500	8～12	10～80	40～500	8～12
5 7/8～6 3/4	149.2～171. 5	35～140	40～280	12～20	35～150	40～500	8～16
7 1/2～8 3/4	190.5～222.3	55～240	40～300	25～35	—	—	—
9 1/2～9 7/8	241.3～250.8	60～270	40～300	25～45	—	—	—
10 5/8～11 5/8	269.9～295.3	65～320	40～300	25～45	—	—	—
12 1/4～13 3/4	311.2～349.3	75～350	40～300	25～45	—	—	—
14 3/4～16	374.7～406.4	90～440	40～300	30～70	—	—	—
17～17 1/2	431.8～444.5	90～480	40～300	30～70	—	—	—
18～26	457.2～660.4	90～400	40～200	30～70	—	—	—
27～36	685.8～914.4	50～250	40～200	30～70	—	—	—

表 F.2 PDC 钻头、PDC-牙轮复合钻头的钻井参数推荐范围

钻头直径		PDC 钻头			PDC-牙轮复合钻头		
英寸 in	毫米 mm	钻压（kN）	转速（r/min）	排量（L/s）	钻压（kN）	转速（r/min）	排量（L/s）
4 1/2	114.3	10～60	50～350	6～16	—	—	—
5 7/8～6 1/2	149.2～165.1	20～80	50～260	10～20	30～80	50～260	10～20
8 3/8～8 3/4	212.7～220.7	30～120	50～260	25～35	40～120	50～260	25～35
9 1/2～9 7/8	241.3～250.8	30～120	50～240	25～45	50～150	50～240	25～45
10 5/8～11 5/8	269.9～295.3	30～140	50～220	25～45	60～170	50～220	25～45
12～13 1/8	304.8～333.4	30～140	50～220	25～70	80～220	50～200	30～70
15 1/2～17 1/2	393.7～444.5	30～200	50～200	30～70	100～240	50～200	30～70
26	660.4	30～250	50～150	40～100	30～250	50～150	40～100

表 F.3 孕镶金刚石钻头、TSP 钻头和天然金刚石钻头的钻井参数推荐范围

钻头直径		孕镶金刚石钻头			TSP、天然金刚石钻头		
英寸 in	毫米 mm	钻压（kN）	转速（r/min）	排量（L/s）	钻压（kN）	转速（r/min）	排量（L/s）
4 $^{1}/_{2}$	114.3	10～80	50～1000	10～20	20～75	80～500	8～16
5 $^{7}/_{8}$～6	149.2～152.4	20～100	50～1000	10～25	20～90	80～500	8～16
6 $^{1}/_{2}$	165.1	20～120	50～1000	10～25	25～100	80～500	10～20
8 $^{3}/_{8}$～8 $^{3}/_{4}$	212.7～220.7	30～160	50～1000	25～40	45～135	80～500	15～30
9 $^{1}/_{2}$～9 $^{7}/_{8}$	241.30～250.8	30～160	50～1000	25～45	45～160	80～500	20～35
10 $^{5}/_{8}$	295.3	30～180	50～1000	30～70	45～160	80～500	20～45
12～12 $^{1}/_{4}$	304.8～311.2	30～200	50～1000	30～70	45～208	80～500	25～50
15 $^{1}/_{2}$～16	393.7～406.4	30～220	50～1000	30～80	50～220	80～500	30～70
17 $^{1}/_{2}$	444.5	30～220	50～1000	30～90	60～240	80～500	30～70

表 F.4 取心钻头的钻井参数推荐范围

钻头外径		PDC 取心钻头			孕镶金刚石、TSP 以及天然金刚石取心钻头		
英寸 in	毫米 mm	钻压（kN）	转速（r/min）	排量（L/s）	钻压（kN）	转速（r/min）	排量（L/s）
4	101.6	9～68	40～150	6～16	9～60	40～200	6～12
5 $^{7}/_{8}$	149.2	9～68	40～150	6～16	9～60	40～200	6～16
6	152.4	9～68	40～150	6～16	9～60	40～200	6～16
8 $^{1}/_{2}$	215.9	23～90	40～150	11～20	20～90	40～200	11～22
12 $^{1}/_{4}$	311.2	45～115	40～150	11～20	45～130	40～200	22～32

F.2 注意事项

（1）硬地层宜按推荐钻压参数范围的较大值选择使用，软地层宜按较小值推荐使用。

（2）在高温、超硬、严重不均质地层条件下，宜选较低转速，钻头的转速可低于推荐范围的低限。

（3）26in 及以上尺寸的钻头一般用于钻表层，钻压和转速宜取较低数值，必要时可以低于推荐范围的低限。

（4）钻头高转速使用时，钻压参数应取适当的较低值。

（5）在高温地层以及高研磨性地层、硬地层和严重不均质地层使用 PDC 钻头或 PDC-牙轮复合钻头时，应尽量避免高转速。若需使用螺杆钻具，应优先选择工作转速低的产品。

（6）孕镶金刚石钻头、TSP 钻头和天然金刚石钻头主要用于超硬、强研磨性等极难钻地层，应在设备能力、钻具性能许可的条件下优先选用较高转速，宜配合井底动力钻具高转速钻进。

（7）金属密封钻头可按转速推荐范围的较大值使用，橡胶密封产品可按较小值推荐使用。

（8）牙轮钻头排量超出推荐范围时，宜选用带中心喷嘴的钻头，18in 及以上尺寸带中心喷嘴钻头的最高使用排量可推荐至 80L/s。

（9）取心钻头钻压转速的确定还需参考取心工艺和取心工具的性能。

附 录 G
（规范性）
钻头井下复杂情况处理技术措施

表G 钻头井下复杂工况及处理技术措施

<table>
<tr><th>序号</th><th>井下复杂情况的地面表现</th><th>可能原因</th><th>处理措施</th></tr>
<tr><td>1</td><td>扭矩增加</td><td>地层变硬
非最佳钻压、转速
钻头保径磨损
井斜增加
泥饼增加
钻具刺漏</td><td rowspan="5">钻头泥包的处理措施：
1. 上提钻头脱离井底，大排量循环钻井液 10min～15min，加强水力冲洗效果。
2. 高速旋转钻头，利用离心力甩掉黏附在钻头表面的泥块。
若反复处理无效，则应起钻。

钻头蹩、跳的处理措施：
1. 对于地层原因引起的蹩跳现象，可以通过改变钻井参数加以克服，如果改变钻井参数后无好转，且机械钻速大大降低，可以考虑起钻。
2. 使用牙轮钻头和复合钻头时，若出现连续蹩跳钻现象，且不是地面设备的问题，应立即起钻，避免掉牙轮。
3. 对于小的井底落物（如断齿、掉齿等）引起的蹩跳现象可以采用以下处理方法：
（a）将钻头提起至距离井底 0.5m 左右，大排量循环钻井液，同时低转速（40r/min～60r/min）转动钻头 5min 左右；
（b）继续大排量循环钻井液，同时将低速旋转的钻头缓慢下放至井底；
（c）将钻头重新提起，重复上述操作步骤数次，然后以低转速（40r/min～60r/min），小钻压（5kN～10kN）钻进 0.5m 左右，将落物等挤至井壁；
（d）钻头蹩跳现象消除后，可继续钻进，否则考虑起钻打捞。</td></tr>
<tr><td>2</td><td>扭矩减小</td><td>地层变软
非最佳钻压、转速
井斜降低
泥饼减少
钻头泥包</td></tr>
<tr><td>3</td><td>扭矩波动</td><td>钻压波动
地层垮塌、掉块
地层岩性不均质
钻柱黏滑
托压导致钻头进给不稳定
钻具摩阻动态变化</td></tr>
<tr><td>4</td><td>立管压力增加</td><td>流量增加
井筒堵塞
钻头环磨或出芯
钻井液密度或黏度增加
钻头泥包</td></tr>
<tr><td>5</td><td>立管压力降低</td><td>钻具刺漏
流量降低
钻井液密度或黏度下降
钻井液内冲入空气
气体“井涌”
破碎性地层钻井液流失</td></tr>
</table>

表 G　钻头井下复杂工况及处理技术措施（续）

<table>
<tr><th>序号</th><th>井下复杂情况的地面表现</th><th>可能原因</th><th>处理措施</th></tr>
<tr><td>6</td><td>机械钻速降低</td><td>地层变硬
钻头磨损
钻井液密度增加或性能恶化
非最佳钻压、转速
清洗效果降低
钻头泥包、钻具刺漏</td><td rowspan="3">钻遇硬夹层、研磨性或硬泥砂岩的处理措施：
1. 如果预测夹层厚度较薄，用低转速缓慢穿过夹层，以延长钻头使用寿命。
2. 如果预测夹层厚度较厚，可在夹层或研磨性硬地层形成井底后，重新寻找新最佳钻井参数组合</td></tr>
<tr><td>7</td><td>机械钻速不稳定</td><td>层状地层
软硬夹层
破碎性地层
钻头泥包</td></tr>
<tr><td>8</td><td>钻头蹩跳</td><td>不均质及软硬交错地层、裂缝性地层、破碎性地层等引起蹩跳
牙轮钻头、复合钻头轴承过度磨损使牙轮蹩卡从而导致蹩跳
牙轮脱落、金刚石钻头断刀翼、喷嘴脱落、钻头断齿或掉齿等因井底落物引起蹩跳</td></tr>
<tr><td colspan="4">注：井下复杂事件应根据实际情况进行综合分析判断，采取适宜处理措施解决。</td></tr>
</table>

附 录 H
（规范性）
钻头的磨损特征及代码

表 H 钻头的磨损特征及代码

序号	特征代码	英文全称	磨损特征	适用钻头种类
1	BC	Broken Cone	牙轮破裂	牙轮钻头，复合钻头
2	BF	Bond Failure	切削齿联结失效	PDC 钻头，复合钻头
3	BT	Broken Teeth/Cutters	断齿	PDC 钻头，牙轮钻头，复合钻头
4	BU	Balled Up Bit	钻头泥包	各种钻头
5	CC	Cracked Cone	牙轮裂纹	牙轮切削结构磨损特征
6	CD	Cone Dragged	牙轮卡死	牙轮钻头，复合钻头
7	CI	Cone Interference	牙轮干涉	牙轮钻头，复合钻头
8	CR	Cored	钻头心部磨凹	各种全面钻进钻头
9	CT	Chipped Teeth/Cutters	切削齿崩损	各种钻头
10	ER	Erosion	切削齿和基体冲蚀	各种钻头
11	FC	Flat Crested Wear	齿顶磨平	牙轮钻头，复合钻头
12	HC	Heating Checking	热裂纹	各种钻头
13	JD	Junk damage	落物损坏	各种钻头
14	LC	Lost cone	掉牙轮	牙轮钻头，复合钻头
15	LN	Lost nozzle	掉喷嘴	各种钻头
16	LT	Lost Teeth/Cutters	掉齿	PDC 钻头，牙轮钻头，复合钻头
17	NO	No dull characteristics	无主要或其他磨损特征	各种钻头
18	NR	Not rerunnable	不可再用	各种钻头
19	OC	Off center wear	偏心磨损	牙轮钻头
20	PB	Pinched bit	钻头缩径	各种钻头
21	PN	Plugged nozzle/flow passage	喷嘴堵塞	各种钻头
22	RG	Rounded gage	保径结构磨圆	牙轮钻头
23	RO	Ring out	钻头环磨	金刚石钻头
24	RR	Rerunnable	可再用	各种钻头
25	SD	Shirttail damage	掌尖损坏	牙轮钻头，复合钻头
26	SS	Self sharpening wear	自锐磨损	钢齿牙轮钻头
27	TR	Tracking	轨迹磨损	牙轮钻头
28	WO	Washed out bit	钻头焊缝冲蚀	牙轮钻头，复合钻头
29	WT	Worn Teeth/Cutters	切削齿磨损	各种钻头
30	DD	Broken blade	断刀翼	金刚石钻头，复合钻头
31	DY	Broken Leg	断牙掌	牙轮钻头，复合钻头

参 考 文 献

[1]《钻井手册（第二版）》编写组. 钻井手册(第二版). 北京: 石油工业出版社, 2013

[2] IADC/SPE 16145 Application of the NEW IADC dull grading system for fixed cutter bits

[3] IADC/SPE 16146 Application of the 1987 IADC roller bit dull grading system

[4] IADC/SPE 23937 The IADC roller bit dull classification system

[5] IADC/SPE 23938 The IADC roller bit dull grading system

[6] IADC/SPE 23939 First revision of the IADC fixed cutter dull grading system

[7] IADC/SPE 23940 Development of a new IADC fixed cutter drill bit classification system

[8] Drill Bit Classifier, OCTOBER 2015

[9] API Spec7-1 Specification for rotary drill stem elements, 2021

[10] "IADC drilling manual" (12th edition) Copyright©2014, International Association of Drilling Contractors

ICS 01.040.27
CCS F 15

NB

中华人民共和国能源行业标准

NB/T 11154—2023

干热岩钻井技术规范

Technical specification for HDR well drilling

2023-02-06 发布　　　　2023-08-06 实施

国家能源局　发布

目　次

前　言

本文件按照 GB/T 1.1—2020《标准化工作导则　第 1 部分：标准化文件的结构和起草规则》的规定起草。

本文件由中国石油化工集团有限公司提出。

本文件由能源行业地热能专业标准化技术委员会归口。

本文件起草单位：山东省鲁南地质工程勘察院（山东省地质矿产勘查开发局第二地质大队）、中国石油集团长城钻探工程有限公司工程技术研究院、山东省地勘局第二水文地质工程地质大队（山东省鲁北地质工程勘察院）、中国地质科学院水文地质环境地质研究所、中国地质科学院勘探技术研究所、河北省煤田地质局第二地质队（河北省干热岩研究中心）、中国石化集团新星石油有限责任公司、山东省地质矿产勘查开发局、中国地质大学（武汉）、中国石油大学（北京）、吉林大学、中国科学院武汉岩土力学研究所、北京泰利新能源科技发展有限公司、中国地质科学院探矿工艺研究所、河南省地质矿产勘查开发局第二地质环境调查院。

本文件主要起草人：谭现锋、高清春、赵长亮、王贵玲、李宽、刘现川、康凤新、段隆臣、王景广、黄中伟、赵丰年、胡大伟、马春红、战启帅、郭明义、叶弘宇、周策、王天放、孙立伟、张召峰、夏泊洢、王勇军、范存章、张云、陈莹、卢玮、罗光强。

本文件为 2023 年首次发布。

干热岩钻井技术规范

1 范围

本文件规定了干热岩钻井工程的钻井工程设计、钻井设备选择与安装、钻进方法、钻井液、测井、井控、固井、完井、井下复杂情况的预防与处理、钻井工程质量、工程技术报告与资料归档、健康安全与环保等相关技术要求。

本文件适用于为勘探开发干热岩资源而进行的钻井工程设计、施工和过程管理。

2 规范性引用文件

下列文件中的内容通过文中的规范性引用而构成本文件必不可少的条款。其中，注日期的引用文件，仅该日期对应的版本适用于本文件；不注日期的引用文件，其最新版本（包括所有的修改单）适用于本文件。

GB/T 5005 钻井液材料规范

GB 6067 起重机械安全规程

GB 6722 爆破安全规程

GB/T 11615 地热资源地质勘查规范

GB/T 39800.1 个体防护装备规范 第1部分：总则

GB/T 16950 地质岩心钻探钻具

GB 50194 建筑工程施工现场供电安全规范

AQ 2004—2005 地质勘探安全规程

AQ/T 9006 企业安全生产标准化基本规范

DZ/T 0227 地质岩心钻探规程

DZ/T 0260 地热钻探技术规程

NB/T 10097 地热能术语

NB/T 10704 地热井钻前工程和设备安装技术规范

SY/T 5216 石油天然气工业 钻井和采油设备 钻井取心工具

SY/T 5217 金刚石钻头

SY/T 5374.1 固井作业规程 第1部分：常规固井

SY/T 5412 下套管作业规程

SY/T 5466 钻井工程及井场布置技术要求

SY/T 5480 固井设计规范

SY/T 5483 常规地层测试技术规程

SY/T 5547 螺杆钻具使用、维护和管理

SY 5724 套管柱结构与强度设计

SY/T 5964 钻井井控装置组合配套、安装调试与使用规范

SY/T 6415 油气井录井资料质量评定规范

SY/T 6592 固井质量评价方法

SY/T 6692　随钻测井作业技术规范
SY 6952.1　基本应变设计的热采井套管柱　第1部分：设计方法
T/CMAS 0001　绿色勘查指南

3　术语和定义

下列名词和定义适用于本文件。

3.1

干热岩（HDR）　hot dry rock

不含或仅含少量流体，温度高于180℃，其热能在当前技术经济条件下可以利用的岩体。

[来源：NB/T 10097，2.1.4]

3.2

干热岩型地热资源　HDR thermal resources

在当前技术经济条件下，可从干热岩岩体中开采利用的热能。

3.3

干热岩钻井　HDR drilling

以勘探或开发干热岩型地热资源为目的而实施的钻井工程。

3.4

干热岩井　HDR well

为勘探或开发干热岩型地热资源，按照一定的施工方式在地层中钻成的井眼。

3.5

开采井　production well

用于将在干热岩岩体内经过换热后的换热工质从干热岩岩体内开采至地面的井。

[来源：DZ/T 0260，4.2.1，有修改]

3.6

注入井（回灌井）　reinjection well

用于将换热工质注入（回灌）至干热岩岩体的井。

[来源：DZ/T 0260，4.2.1，有修改]

3.7

干热岩井井身结构　HDR wellbore structure

干热岩钻井井径、下入井内套管直径、水泥固井随井深变化的层次。井身结构要素包括各井段直径与深度，以及下入套管的规格与深度、水泥封固的长度等。

3.8

干热岩复合钻井　HDR Compound drilling

干热岩钻进过程中通过地表转盘或顶驱驱动钻杆柱和井底动力钻具给钻头提供扭矩或冲击功来实现高效碎岩的钻井工艺。

3.9

干热岩高温钻井液　HDR high-temperature drilling fluid

在干热岩钻井过程中，钻井液耐温能力应不低于井底静止温度，以其多种工况来满足钻井工作孔壁稳定需要，在高温和循环条件下具有良好和稳定的流变性、滤失性、抑制性、润滑性、悬浮携渣性能的循环流体的总称，包括高温水基钻井液、油基钻井液、复合基钻井液及含气循环介质。

3.10

高温钻井液冷却系统 **High-temperature drilling fluid cooling system**

为实现干热岩高温井段安全高效钻进，对井下返回的高温钻井液进行快速降温且能确保钻井液在合适的温度下保持稳定性能的钻井液冷却系统。

3.11

高温固井 **High-temperature well cementing**

在干热岩钻井的套管柱与井壁的环状空间注入耐高温的水泥浆液使之固结封闭的工艺过程。

4 总则

4.1 基本要求

4.1.1 应充分搜集利用已有资料，在区域地质调查、遥感解译、地球化学、地球物理勘查等工作基础上，按照勘探与开采相结合的原则进行钻井工程设计。在规模开采的井田区宜以开采目的进行钻井工程设计。

4.1.2 干热岩钻井，施工前应进行钻井工程设计，审查批准后方可进行钻井施工。

4.1.3 干热岩井井口和井径应满足取样、测井、完井、压裂和监测及开发等工艺和设备要求。

4.1.4 应采用安全、高效、绿色环保的钻完井技术。

4.2 干热岩井类型

干热岩井类型包括勘探井、勘探开采井、开采井和注入井（回灌井）及监测井。

——勘探井一般为直井，多用于基本地质情况不明、勘探风险很大的地区，了解勘探区有关地层结构、厚度、埋藏深度、地温梯度、裂隙发育程度以及断裂构造等情况，为干热岩型地热资源评价和开发利用奠定基础。通常采用能满足做简单抽水试验、物探综合测井、放射性测试和岩石力学物理指标测试等要求的小井径取心钻进。

——勘探开采井一般为直井和定向井，多用于通过对勘探区进行地球物理勘探、资料收集和综合分析后，认为具有干热岩型地热热储的形成条件的地区，但还有某些重要资料有待查明，布设的勘探与开采结合的钻井。一般井径要求较大，根据所要探求的地质问题，可分段采取少量岩心。

——开采井一般为直井、定向井和水平井，多用于已经发现了干热岩型地热资源，并且控制了其范围，以开采干热岩型地热资源为目的的地区。在干热岩岩体分布范围内按照合理的井距、井径钻井，由于干热岩热储层的空间分布位置等都比较明确，对录井工作的要求低，一般不需要取心。

——注入井（回灌井）一般为直井、定向井和水平井，多用于在干热岩型地热资源开发利用过程中。为使换热工质注入地下干热岩岩体并进入热储层而实施的钻井，换热工质在运移过程中完成与干热岩岩体的热交换，通过开采井运移至地表转变为高温高压的水蒸气流驱动涡轮机产生电能或直接用于供热。

——监测井可为直井、定向井或水平井，多用于干热岩型地热资源在勘探、开采及停采阶段，用于连续记录水位、温度、压力、开采量、注入（回灌）量和蒸汽比例等，并定时取样分析工质化学组分和同位素值的钻井。基于此井取得的数据来判断热储温度、压力、工质化学组分含量及资源量的动态变化，为干热岩型地热资源的可持续开发利用与管理提供科学依据。

4.3 井身结构

4.3.1 干热岩井身结构的设计宜综合考虑钻井工程的顺利进行和节约成本，且应满足不同阶段对勘探、测试、压裂、开发与监测的要求。

4.3.2 应根据干热岩井类型、地质条件、完钻井径及深度、钻完井工艺方法、钻井设备等综合因素确定。设计井身结构时，一般宜预留 1 级～2 级口径。

4.3.3 勘探井和监测井完钻井径一般不小于 122mm，勘探开采井一般不小于 152.4mm，开采井和注入井（回灌井）完钻井径一般不小于 215.9mm，具体完钻井径以满足地质要求和完井要求为准。

4.3.4 常用干热岩钻井井身结构见表 1。

表 1 常用干热岩钻井井身结构（5000m 以浅）

开次	井径 mm	套管直径 mm
一开	660.4（26in）	508.0（20in）
二开	444.5（$17\,^1/_2$in）	339.7（$13\,^3/_8$in）
三开	311.1（$12\,^1/_4$in）	244.5（$9\,^5/_8$in）
四开	215.9（$8\,^1/_2$in）	177.8（7in）或 139.7（$5\,^1/_2$in）
五开	152.4（6in）	114.3（$4\,^1/_2$in）

注 1：井身结构应根据钻遇地层、设计井深、完钻井径综合调整。
注 2：勘探井井身结构设计宜综合考虑后期的开采利用。
注 3：开采井最后一开套管，应满足后期压裂作业和开采要求。

5 干热岩钻井工程设计

5.1 设计要求

干热岩钻井工程设计除应满足 DZ/T 0260《地热钻探技术规程》的规定外，还应满足以下要求：

a） 钻进工艺选择应满足安全、高效、绿色环保的原则，并有利于保护干热岩储层、避免或减少对干热岩储层的污染；
b） 钻井平台高度应满足安装井控装置要求；
c） 钻井液性能应有利于在高温工况下保证钻井过程顺利、安全、高效，钻井液及相关措施应符合环保要求；
d） 套管强度须满足高温工况下固井和压裂作业要求；
e） 井控设计中井口装置、防喷器组、地面循环系统等耐温级别和额定工作压力应不低于预测工作温度和预测的最高地层孔隙压力，钻井装置上的液气分离器处理能力应满足井控的要求；
f） 应优先选用环保节能装备和材料；
g） 有关内容宜以图表形式表述，设计用表参见附录 A；
h） 设计和实际情况不符时，应及时申请设计变更并报批。

5.2 设计内容

5.2.1 前言

5.2.1.1 工程概况

项目来源、钻井编号、钻井类型、井口坐标、设计井深、设计目的层、钻井目的及任务；地理位置、交通位置、气象、自然灾害、周边环境、周边建筑物抗震设防等级等情况。

5.2.1.2 设计编写依据

项目任务书/合同/地质设计、相关标准及规范等、相关技术成果及资料。

5.2.2 地质条件

区域地质与水文条件、地质构造概况、地层概况、钻遇地层预测、放射性特征预测、地磁环境、取心井段要求、井温、热储层特征与储层改造预测、临井地层条件等。

5.2.3 钻井设备及场地布设

钻机、平台、井架、泥浆泵等主要设备和技术参数；钻井液固控设备、井控与钻井液降温循环装置；施工场地面积，通水、通电、通路措施，场地平整要求；钻井平台搭建、设备安装及钻前准备。

5.2.4 钻井质量

a）抽水试验和注水试验质量要求；
b）高温工况下固井和完井质量要求；
c）高温工况下测井、井内试验对钻井质量要求；
d）储层保护质量要求；
e）其他质量要求遵循 DZ/T 0260《地热钻探技术规程》相关要求。

5.2.5 钻井技术设计

5.2.5.1 井身结构

各井段钻井井径及深度、套管直径、水泥返深；表层套管、技术套管、生产套管下入深度；裸眼或衬管成井井段；套管壁厚、钢级技术性能和扣形要求；衬管孔隙度、缠丝间距要求；定向（水平）井段轨道设计及压裂井段位置；各井段试验测试对井径的要求等技术要求。

5.2.5.2 钻井工艺

各井段钻进方法、钻头类型、钻具组合、钻进参数及技术要求；取心井段与取心方法，取心钻具的配备、使用及操作要求。

5.2.5.3 钻井液

各井段钻井液类型、性能要求，钻井液维护与管理，钻井液降温措施，防漏与堵漏措施，防缩径与防掉块措施，井控措施，储层保护措施，绿色环保等措施。

5.2.5.4 完井工艺

根据钻井地层、储层保护与改造、开采和回灌以及监测等要求确定完井工艺。包括储层（目的层）的完井方式；各井段套管串结构设计和强度设计；各井段下套管技术和工程措施；各井段水泥浆及隔离液设计；各井段注水泥设计。高温段注水泥固井设计应满足高温固井和压裂施工工艺要求。

5.2.5.5 井控装置

各井段井控装置及安装要求，防喷和放喷工具及使用要求，井控技术措施和工程措施。

5.2.5.6 完钻井口装置

钻井交付要求，完钻井口装置及安装要求。

5.2.5.7 井下复杂情况的预防及处理

对各井段施工重点提出要求，对可能出现的井内事故及复杂情况、工程风险提出预防与处理措施。

5.2.6 职业健康与应急处理预案

钻前钻后、钻井、完井、试验测试、压裂等过程中的绿色勘查和职业健康措施、应急处置预案（包括井口防喷及套管磨损、井控、井漏、井塌、卡钻、高温、腐蚀及有毒有害气体等）。

5.2.7 工程预算

预算编制依据、编制方法、预算总表和明细表。

6 钻井设备选择与安装

6.1 设备选择

6.1.1 根据干热岩型地热资源地质情况、设计井深、完钻井径、井身结构、钻进工艺方法、井口装置和井控装置安装要求以及压裂设计等条件，综合选择钻机、泥浆泵、井架及平台等钻井设备，3000m 以深的直井或定向井，宜配备顶驱，以准确控制钻进参数、提高井下复杂情况的处理能力。

6.1.2 根据钻机的类型、井身结构、钻井工艺和绿色环保施工要求选择钻井液固控及冷却系统，冷却系统的处置能力应满足高温工况下钻井液循环要求。

6.1.3 根据预期井口压力及安装套管的尺寸选择井口防喷器及配套管汇系统，其额定压力应大于预测井口压力的 1.5 倍。

6.1.4 井控装置和钻井液降温装置应配置齐全，除井口装置、井控管汇外，还应配备钻具内防喷工具、井控监测装备、液气分离器、除气器等。

6.1.5 其他钻井设备选择遵循 DZ/T 0260《地热钻探技术规程》相关要求。

6.2 井场布设与设备安装

6.2.1 井场布设

6.2.1.1 井场修建

井场修建除满足 DZ/T 0260《地热钻探技术规程》的规定外，井场还应满足后续测井、固井、压裂、开发、监测等阶段性作业的设备安装要求。

6.2.1.2 井场布置

井场布置应符合职业健康和绿色环保施工等要求。

6.2.2 设备安装

6.2.2.1 井架的安装和起落

井架安装和起落应符合 AQ 2004—2005《地质勘探安全规程》和 DZ/T 0260《地热钻探技术规程》的要求。

6.2.2.2 钻机安装

钻机安装应符合 AQ 2004—2005《地质勘探安全规程》和 DZ/T 0260《地热钻探技术规程》的要求。

6.2.2.3 钻井液循环及冷却系统安装

a） 应满足钻井施工各种工况特别是高温工况下的作业工序、循环流量、压力及高温安全防护要求；

b）上浆罐、钻井液搅拌罐、储液罐、喷射加料斗安装应方便钻井液配制和有利于泥浆泵供液，振动筛等固控装置的布设应有利于除泥、除砂、降温、运渣。

6.2.2.4 安全设施安装

安全设施的安装除应满足 DZ/T 0260《地热钻探技术规程》的规定外，还应加装防烫伤保护装置及安全警示标示、标牌等。

6.2.2.5 电气设备及电气系统安装

电气设备的安装应符合 AQ 2004—2005《地质勘探安全规程》和 DZ/T 0260《地热钻探技术规程》的规定。

6.2.2.6 动力机组的安装

动力机组的安装应符合 AQ 2004—2005《地质勘探安全规程》和 DZ/T 0260《地热钻探技术规程》的规定。

6.2.2.7 泥浆泵及管汇安装

泥浆泵及管汇安装应符合 DZ/T 0260《地热钻探技术规程》以及 SY/T 5466《钻井工程及井场布置技术要求》等相关规定，泥浆泵和管汇还应满足耐高温和易冷却要求。

6.2.2.8 固控系统安装

固控系统的安装应符合 DZ/T 0260《地热钻探技术规程》以及 SY/T 5466《钻井工程及井场布置技术要求》等相关规定。

6.2.2.9 防喷装置安装

防喷装置的安装应符合 SY/T 5964《钻井井控装置组合配套、安装调试与维护》和 NB/T 10272《地热井口装置技术要求》等相关规定。

6.2.2.10 综合录井仪的安装与连接

综合录井仪应满足耐高温和高温工况下稳定性要求，安装与连接参考录井仪安装使用说明。

6.3 工具与材料准备

应根据钻井工程设计及高温钻井要求准备工具与材料。

6.4 开工检查

a）对施工井场的主体钻井设备、钻井液循环及冷却系统、附属设备进行检查；

b）对施工井场的人员安全防护装备、安全防护设施，应按相关安全规范要求进行检查；

c）对施工井场的钻井液化学材料、废渣、废液和生活垃圾的放置与处理方案的合理性，堆放场地、容器的容量等进行检查。

7 钻井工艺

7.1 钻井工艺选择

7.1.1 根据干热岩型地热资源赋存地层岩性、井温、井场条件、钻井设计技术要求、设备及施工条件等因素选择安全、环保、高效的钻井工艺，可参照表2综合考虑确定。

表2 常用钻井工艺表

循环方式	碎碎方式	循环介质	钻井工艺	适用条件及特点
正循环	回转钻进	水基钻井液	转盘（或顶驱）回转钻井工艺	适用地层范围广
			“转盘（或顶驱）+螺杆”复合钻井工艺	井底温度低于200℃，可提高机械钻速
			“转盘（或顶驱）+涡轮”复合钻井工艺	井底温度高于200℃的深井中
		清水	转盘（或顶驱）回转钻井工艺	适用于正常地层压力的稳定地层，适应温度高
		水基钻井液	“转盘（或顶驱）+螺杆”复合钻井工艺	适用于正常地层压力的稳定地层，且井底温度低于200℃
		水基钻井液	“转盘（或顶驱）+涡轮”复合钻井工艺	适用于正常地层压力的稳定地层，井底温度高于200℃的深井中；综合成本较高
		空气、雾化、一次性泡沫	转盘（或顶驱）回转钻井工艺	适用于正常地层压力的稳定地层，不含水或含水很少，机械钻速较高；适应温度高
			“转盘（或顶驱）+螺杆”复合钻井工艺	适用于正常地层压力低的稳定地层，不含水或含水很少，机械钻速高；适应温度高
		可循环泡沫	转盘（或顶驱）回转钻井工艺	适用于低地层压力、对钻井液护壁性有要求的地层；适应温度高
	回转冲击钻进	水基钻井液	冲击回转钻井工艺	适合于硬度高、研磨性强的地层中全面钻进；机械钻速较高，适应温度受冲击器的限制
		清水	冲击回转钻井工艺	适用于正常地层压力的稳定地层，硬度高、研磨性强的稳定地层中全面钻进；适应温度受冲击器的限制
		空气、雾化	气动潜孔锤冲击回转钻井工艺	适用于正常地层压力且硬度大、研磨性强的稳定地层，机械钻速极高；适应温度受冲击器的限制
反循环	回转钻进	清水	气举反循环钻井工艺	地层压力低、易漏失的稳定地层；适应温度受双壁钻具密封材料的限制

7.1.2 软至中硬地层，宜采用喷射钻井工艺。

7.1.3 无流体或含少量流体的硬岩，宜采用空气潜孔锤钻井工艺（含雾化钻井工艺、空气泡沫钻井工艺）。

7.1.4 易漏失的稳定地层，宜采用气举反循环钻井工艺。

7.1.5 易漏失的不稳定地层，宜采用可循环泡沫钻井液钻井工艺。

7.1.6 条件具备时宜优先考虑喷射钻井和多工艺复合钻井工艺。

7.2 取心钻进

7.2.1 取心钻具

干热岩取心工具主要分为常规取心工具和特殊取心工具，可根据地层岩性和取心要求按表3选择，其中常规取心工具可依据 SY/T 5216《钻井取心工具》的规定选择。

表 3　取心工具及适用条件

取心工具类型	取心工具名称	适用条件
常规取心工具	自锁式取心工具	中硬至硬地层取心
	加压式取心工具	松软或破碎地层取心
特殊取心工具	大斜度井、水平井取心工具	适用于井斜度≥45° 井段取心
	定向取心工具	可取出有方位标志的岩心，以确定地层参数
	绳索取心工具	中硬至坚硬地层取心，适用于勘探井或探采结合井取心

7.2.2　取心钻头

取心钻头可依据干热岩型地热资源钻遇地层和钻探设备及钻进工艺进行选取，火成岩和变质岩地层一般选用 PDC 钻头、孕镶金刚石钻头；花岗岩地层应选用孕镶金刚石钻头或表镶金刚石钻头。宜按表 4 选择。

表 4　取心钻头

钻头类型	适用条件
硬质合金取心钻头	软至中硬地层钻进取心
聚晶人造金刚石取心钻头	地层软硬变化频繁的地层钻进取心
表镶金刚石取心钻头	均质的中硬至硬地层钻进取心
孕镶金刚石取心钻头	硬至极硬地层钻进取心
金刚石复合片取心钻头	软到中硬地层钻进取心
注：取心钻头根据工程要求，按 GB/T 16950、SY/T 5216 选择，也可根据需要选用或设计、制造其他类型的取心钻头。	

7.2.3　钻进技术参数

可根据钻遇地层、选择的钻井工艺和井径、井深，遵照相应操作规程和使用手册执行。

7.2.4　钻进操作要求

7.2.4.1　提钻取心操作要求

提钻取心操作应符合 DZ/T 0227《地质岩心钻探规程》和 DZ/T 0260《地热钻探技术规程》的相关规定。

7.2.4.2　绳索取心操作要求

绳索取心操作应符合 DZ/T 0227《地质岩心钻探规程》的相关规定。

7.3　全面钻进

7.3.1　钻具组合

7.3.1.1　钻井井径应满足下套管的需要，且能够为套铣作业、侧钻、套管开窗等处理孔内事故留有足够的空间。

7.3.1.2　钻铤直径应满足下套管的需要，且为套铣留足空间；钻铤长度可根据中和点法计算确定。

7.3.1.3　4000m 以深的直井及 3000m 以深的定向井，应进行钻柱强度和抗高温强度设计（参见附录表 A.5）。

7.3.1.4　宜设计采用随钻震击器及井底动力钻具；当选用井底动力钻具复合钻井工艺时，井底动力钻具的规格应与井径相匹配。

7.3.1.5　钻具组合宜采用防磨和随钻纠斜等措施，下部钻具组合中部分钻杆接头宜带碎岩功能。

7.3.1.6　高温井段，应设计并使用内防喷工具。

7.3.1.7　常用钻具组合规格尺寸见表 5。

表 5　全面钻进常用钻具组合规格尺寸

钻头直径 mm	钻　具　组　合
≥444.5	钻头+ϕ203mm 钻铤+ϕ177.8mm 钻铤+ϕ127mm 钻杆
311.1	钻头+ϕ203mm 钻铤+ ϕ177.8mm 钻铤+ϕ127mm 钻杆 或钻头+ϕ177.8mm 钻铤+ ϕ159mm（或 146mm）钻铤+ϕ127mm 钻杆
241.3	钻头+ϕ165mm（或ϕ177.8mm）钻铤+ϕ159mm（或 146mm）钻铤+ϕ127mm 钻杆 或钻头+ϕ159mm（或 146mm）钻铤+ϕ127mm 钻杆+ϕ88.9mm 钻杆
215.9	钻头+ϕ159mm（或 146mm）钻铤+ϕ127mm 钻杆+ϕ88.9mm 钻杆
152.4	钻头+ϕ121mm 钻铤+ϕ88.9mm 钻杆
注：定向井段宜优先选用随钻监测、随钻纠斜的钻具组合。	

7.3.2　钻头选择

7.3.2.1　金刚石孕镶钻头适用于硬到极硬、研磨性强的地层，宜配合井底动力钻具高转速钻进。

7.3.2.2　当井底温度大于 150℃时，宜选用金属密封的金刚石钻头或牙轮钻头。

7.3.2.3　其他参考 DZ/T 0260 《地热钻探技术规程》执行。

7.3.3　钻进技术参数

7.3.3.1　牙轮钻头钻进

钻压以达到所钻岩石的破碎强度值为宜，并结合设备能力和钻具强度等安全因素合理选择。按钻头直径单位长度所需压力计算，在中硬以上岩层中钻进宜采用 0.3kN/mm～0.4kN/mm，在中硬以下地层中钻进宜采用 0.1kN/mm～0.3kN/mm。

转速以钻头外缘回转线速度达到 0.8m/s～1.5m/s 为宜；钻遇严重破碎地层可降低到 0.6m/s 以内；地层完整、硬度较低、钻井较浅、钻进时转速 70r/min～200r/min 为宜，地层破碎、硬度较高、钻井深度大、井径大、转速 30r/min～60r/min 为宜。

泵量以满足钻井液上返速度 0.1m/s～0.5m/s 为宜，条件允许时取大值。使用空气钻进时上返风速以 15m/s～25m/s 为宜。

7.3.3.2　金刚石复合片钻头钻进

钻压按钻头直径单位长度所需压力，以 0.10kN/mm～0.49kN/mm 为宜。

转速以 60r/min～300r/min 为宜。

泵量以钻井液上返速度 0.3m/s～0.7m/s 为宜。条件允许时，尽可能采用大排量。

7.3.3.3　孕镶金刚石钻头钻进

钻压按钻头底唇单位面积所需压力，以 0.5kN/cm^2～1.0kN/cm^2 为宜。

转速以钻头底唇面线速度 1.5m/s～3.0m/s 为宜。

泵量以钻井液上返速度 0.3m/s～0.7m/s 为宜。

7.3.3.4　液动潜孔锤钻进

钻压在使用全面钻进球齿冲击钻头时，按钻头直径单位长度所需压力，中硬以上岩层钻进宜采用 0.055kN/mm～0.20kN/mm；采用牙轮钻头时，宜选用常规回转钻进钻压的 1/5～1/2。

转速一般在 30r/min～60r/min。硬岩或强研磨性岩石，转速以 30r/min～45r/min 为宜；对于裂隙发育的岩层和软塑性岩石，转速宜选用 120r/min～170r/min。

泵压和泵量按产品使用说明选择。

7.3.3.5　气动潜孔锤钻进

供气量以满足排渣通道上的上返风速不低于 15m/s 为宜。

供气压力不低于孔内最大水柱高度时的启动风压与空气潜孔锤工作风压之和。

钻压按钻头直径单位长度所需压力，宜采用 0.06kN/mm～0.08kN/mm。

转速一般以 20r/min～50r/min 为宜。

根据不同的井深、井径、地层漏失情况和地层岩性，确定使用空气泡沫的井段，并根据井深、井径和地层岩性特征计算出合理的空气注入量和相应的泡沫配方。

7.3.3.6　气举反循环钻进

沉没比（气水混合器埋入水下的深度与其至气水龙头顶端出口距离的比值）：一般气举反循环钻进沉没比应大于 0.5。

供气压力一般在 0.6MPa 以上。

供气量在气水混合比为 1.4～1.7，流体上返速度为 3m/s～4m/s 时，气举反循环达到最佳排渣效果，一般供气量≥6m^3/min。

气水混合器的位置以其以下至钻头的钻具长度一般为气水混合器沉没深度的 2～5 倍。

钻压按钻头直径单位长度所需压力，以 0.06kN/m～0.12kN/m 为宜。

转速以 40r/min～80r/min 为宜。

7.3.3.7　喷射钻进

泵压一般不低于 13MPa。

转速根据使用钻头而定。

泵量应让钻井液在钻头喷嘴的喷射速度达到 100m/s 以上。

7.4　井底动力钻具复合钻进

7.4.1　转盘（顶驱）+螺杆钻复合钻进

7.4.1.1　工作条件

主要包括：

a）螺杆钻具适用于各种类型，不同密度的钻井液，包括淡水、盐水、油基钻井液、乳化钻井液、高黏度钻井液，使用螺杆钻具应控制钻井液含砂量小于 0.3%；

b） 对于井底温度比较高的井段，应选用耐高温的螺杆钻具，宜按孔底钻井液循环温度来选择相应的耐温性能螺杆钻具；

c） 根据井径大小确定使用螺杆钻具的尺寸（见表6）。

表6 井径尺寸与螺杆公称外径对照表

单位为mm

井径尺寸	螺杆公称外径	井径尺寸	螺杆公称外径
149～165	120或127	222～241	185
172～200	140	251～270	197或203
200～216	159	270～289	210
216～222	172	289～311	216

7.4.1.2 技术参数

a） 螺杆钻具的工作排量按螺杆钻具使用说明的范围选择；

b） 螺杆钻具的工作压力按螺杆钻具使用说明的范围选择（见表7）；

c） 转盘（顶驱）应采用低转速。

表7 螺杆钻具推荐钻压表

单位为kN

钻具型号	推荐钻压	最大钻压
120/127/140	49	100
159/165	80	160
172/178/185	100	170
197/203	150	200
210/216/228/244	180～220	300～330
286	300	550

7.4.1.3 操作要求

a） 入井前检查
- 检查螺杆钻具规格型号，记录系列号等相关数据；
- 检查丝扣、外观等有无损坏；
- 检查旁通阀是否工作正常；
- 如果是弯螺杆需检查其弯度及弯向是否与其标记方向一致；
- 丈量长度和内外径并做好记录；
- 仪器、定位接头入井前要进行校正。

b） 入井使用
- 定向前最后一趟钻应充分循环清洁井底，确保螺杆钻具一次到底；
- 螺杆钻具入井前要在井口进行试运转，并记录压降，如果压降不正常不应入井，不应带钻头试运转螺杆；
- 下钻时下钻速度应小于1.5m/s。遇阻时应开泵循环划眼，应视井下情况，间断转动钻具防止划出新井眼。在深井或井下温度高的井况中，下钻时要分段进行循环。不应顿钻或将钻具压在井底。

c） 钻进

- 下钻至距井底 2m～3m 开泵循环，小排量循环正常后，排量逐步加大到推荐范围，记录此时空载泵压，然后缓慢下放到孔底；
- 在初始使用时，工作前两个小时钻压和排量控制在使用说明书推荐的 80%以内，待钻具轴承等部件得到磨合后，再逐渐增加钻压和排量至额定值；
- 钻井过程中密切注意泵压变化，使钻具在额定压降范围内工作，防止憋泵；
- 弯接头或弯外管弯角大于 1.5° 时，不能采用复合钻进；
- 在钻速较慢时，注意活动钻具，防黏、卡钻具；
- 记录螺杆钻具的使用时间，不宜超过推荐使用时间，并注意观察上返钻井液中是否含破损橡胶，以判断螺杆定子是否损坏；
- 为防止螺杆砂卡，下放钻具速度不宜大于 20m/s，通过复杂井段、过砂桥时，应周期性开泵中途循环；
- 起钻前应充分循环冷却井筒，对于出现的多个较大的高温漏层，应实行逐个冷却，确保起下钻过程中的井下安全。

d） 空气螺杆钻进

- 由于空气螺杆的特殊性，到井底后先开泥浆泵，正常后再开空气泵，钻进结束后，先停空气泵，再停泥浆泵；
- 泥浆泵排量为 30L/s～35L/s，空气排量为 $50m^3/min$。如果携砂不好，可增加泡沫浓度或空气量；
- 定向钻进和扭方位时要校准钻压值，钻压控制在 80kN 以内，并保持稳定，防止由于钻压变化造成反扭角的不断变化而影响施工进程；
- 每钻完 1 个单根用螺杆进行划眼 1 次，以保证下一趟钻具顺利下入；
- 在钻遇硬地层及出现“台阶”进尺缓慢时，可采用转盘、螺杆交替复合钻进。在使用转盘钻进时，转速控制在 40r/min 以内；
- 保证井底清洁，防止沉砂卡钻，井口应连接旋塞，防止测斜过程中发生钻杆内喷。

e）维护保养

- 螺杆钻具起出后，应清洗干净，保养丝扣；
- 检查各零部件的安全性（各部位丝扣有无刺坏、本体有无弯曲变形、轴承有无磨损、橡胶有无破损等），做好记录，根据使用时间及螺杆钻具使用手册要求及时进行维修；
- 若暂停使用或长时间不用，应向螺杆内注入少量的机油以防腐蚀。

7.4.2 转盘（顶驱）+涡轮钻具复合钻进

7.4.2.1 工作条件

一般要求钻井液密度不大于 $1.3g/cm^3$，含砂量应小于 0.3%。加重剂禁用铁矿粉，堵漏材料颗粒直径要求低于 2mm。

7.4.2.2 工作参数

a） 马达流量

应根据说明书规定的马达流量以及钻井作业的要求，调整泥浆泵的参数（缸径、冲次等）。

b）马达压降

马达两端应有足够的压降来满足钻具所需要的输出扭矩。泵压（注入压力）太低或钻柱循环阻力太大将降低马达工作所需要的马达压降，从而使涡轮钻具不能正常工作。应确保泥浆泵性能和钻井液管线承压能力符合要求。

c） 扭矩

为获得正常的工作扭矩，可通过观察指重表，在允许的范围内逐渐增加钻压，使钻具达到预期扭矩。

d） 钻压

涡轮钻具在井下工作，应逐渐增加钻压使扭矩和转速达到最优数值，使马达最大限度地提供破岩性能，同时应控制钻压不能超过规定钻压，避免导致涡轮钻具滞动。

7.4.2.3 操作要求

a） 入井准备

- 涡轮钻具下井使用前，应进行细致的检查，确保下井后能正常工作；
- 下井前应确为新涡轮钻具或使用后经过正常维修的涡轮钻具。如果是旧的涡轮钻具再次下井，应仔细检查螺纹部位是否有松动的迹象，以及壳体是否有影响安全的腐蚀或划伤；
- 涡轮钻具入井前应在井口试运转，检查能否容易启动和螺纹连接有无渗漏。先单泵启动，泵压不超过 1.5MPa～2MPa。单泵不能启动时，可用双泵启动。要求运转平稳，无跳动。停泵时，应逐渐平稳减速直至停止转动。如遇突然停止，则说明轴承摩擦力矩过大，应重新进行试运转；
- 要用钻头装卸器安装钻头，应用链钳反时针旋转（俯视时旋向）涡轮钻具传动轴的轴头，以防止内部螺纹松扣。

b） 下钻

- 在连接钻柱的过程中，当涡轮钻具下入井筒后，不应开动转盘旋紧钻杆螺纹，以免涡轮钻具在井眼中遭到破坏或松扣；
- 下钻速度应小于 1.5m/s，宜避免因井眼缩径、下钻速度过快、碰撞井底等原因造成涡轮钻具损坏；
- 在下放钻柱的过程中，若井段有阻碍泥浆通过旁通阀的现象或从环空溢出泥浆，应暂停下钻，待泥浆通过旁通阀灌满钻柱后再继续下钻。每下 30～40 钻柱灌浆一次，灌满后要小排量（6L/s～8L/s）顶通水眼并循环 1min～2min；
- 遇阻钻压不能超过 50kN，遇阻时可上下活动钻具尝试通过，上下活动钻具时不应猛砸。必要时开泵划眼，划眼排量为 5.5L/s 左右；
- 接近井底时，应缓慢下放钻柱，防止由于顿钻而损坏涡轮钻具。下钻时，要避免把涡轮钻具全部放到井底，亦不能把较大的钻柱重力压在涡轮钻具上；
- 任何情况下开泵，都应安装钻杆滤清器。

c） 开动钻具

- 如果钻头已经位于井底，应首先提起 0.5m 左右（如果上一次提钻前钻井介质流量较小，导致井筒中沉淀钻屑太多，则应相应加大上提距离），使钻头离开井底，然后开动泥浆泵循环，反复多次上提下放钻柱，当立管压力相对稳定后记下立管的压力表读数，此读数为空循环压力；
- 钻进过程中，司钻应控制立杆压力稳定在一定范围内，以使钻压不变、扭矩基本稳定确保涡轮钻具在井底的正常工作。

d） 起钻

起钻前钻井液循环一周以上，保证井底干净无沉砂。可用重浆压钻杆起钻。涡轮钻具在起钻过程中应保持足够通道确保能自动排浆。为防止井下形成负压抽吸及其他复杂情况，应控制好起钻速度。遇阻上提不超 50kN，若无法通过应开泵倒划眼。遇卡时应征求现场工程师意见，确定解卡方案。套管内正常速度起钻，过套管头、封井器、套管鞋时均应低速通过。

e） 涡轮钻具拆卸与保养

钻具起出转盘面，应先盖上井口，在清理钻头岩屑后用清水冲洗干净钻具并卸掉钻头，测量涡轮钻具轴承间隙，卸掉方钻杆，从顶部用清水冲洗涡轮腔。清洗完毕后，从涡轮顶部灌注机油保养定子、转子及轴承。

7.5 定向井（水平井）钻进

7.5.1 定向井（水平井）设计要求

7.5.1.1 在干热岩钻井中按开发要求（地面发电或采热装置、目的层空间展布）或受地面建筑物和设施影响采用直井无法有效勘探开发时、遇到井下事故无法处理或不易处理时设计定向井（水平井）。

7.5.1.2 定向井轨迹设计宜选择在垂直剖面内，并选择简单的轨迹以减小井眼曲率缩短井身总长度。

7.5.1.3 宜利用地层自然造斜规律进行井斜角、方位角和造斜率等的设计，造料点应避开复杂地层，选择地层硬度适中的位置。造斜点距离上层套管鞋应大于 50m。

7.5.1.4 在选择井眼曲率时，造斜钻具的造斜能力应满足钻进要求，尽量缩短造斜井段的长度。一般要求增斜率在 4.5°/30m 左右，降斜率在 1.5°/30m 左右。

7.5.2 定向井施工钻具

7.5.2.1 井底钻井液循环温度≤150℃时宜选用螺杆钻具，井底钻井液循环温度≥150℃时宜选择涡轮钻具。

7.5.2.2 定向井施工常用造斜工具可根据表 8 选择。

表 8 干热岩定向造斜工具

<table>
<tr><th colspan="3">定向造斜工具</th><th>钻具组合</th><th>适用性</th></tr>
<tr><td rowspan="4">孔底动力钻具造斜</td><td rowspan="2">弯接头+直外壳动力钻具</td><td>螺杆钻具</td><td>钻头+螺杆钻具+弯接头+无磁钻铤+钻铤+钻杆</td><td>仅适用于侧钻，国内螺杆钻具仅适用于井底循环温度≤150℃</td></tr>
<tr><td>涡轮钻具</td><td>钻头+涡轮钻具+弯接头+无磁钻铤+钻铤+钻杆</td><td>仅适用于侧钻，涡轮钻具基本不受井底温度的影响</td></tr>
<tr><td rowspan="2">弯外壳动力钻具</td><td>螺杆钻具</td><td>钻头+弯螺杆钻具+无磁钻铤+钻铤+钻杆</td><td>适用于定向钻进全过程，配定向仪器，操作简单，效率高，井底循环温度≤150℃</td></tr>
<tr><td>涡轮钻具</td><td>钻头+弯涡轮钻具+无磁钻铤+钻铤+钻杆</td><td>适用于造斜、增斜、稳斜、降斜，配定向仪器，操作简单，基本不受井底温度的影响</td></tr>
<tr><td rowspan="2">转盘钻造斜</td><td rowspan="2">定向器</td><td>注灰式斜向器</td><td>采用常规钻具组合</td><td>仅适用于裸眼侧钻、套管开窗</td></tr>
<tr><td>液压锚定斜向器</td><td>采用常规钻具组合</td><td>仅适用套管开窗</td></tr>
</table>

7.5.2.3 应优先采用旋转导向钻井系统。

7.5.3 定向方法

7.5.3.1 一般采用无线随钻测斜仪。

7.5.3.2 井底钻井液循环温度≤200℃时，可选用无线随钻测斜仪；井底钻井液循环温度＞200℃时，应采用井筒降温措施，选择带有保温筒的机械单、多点测斜仪或高温随钻测斜仪。

7.5.3.3 有磁干扰条件下的定向，应采用陀螺测斜仪。

7.5.4 定向钻进综合技术措施

7.5.4.1 根据造斜段的地层情况、深度、井眼尺寸合理选择钻具组合和钻井参数，严格控制直井段井斜角。

7.5.4.2 应做好钻井液固相控制，保证钻井液的润滑性，减少钻具的摩阻和磨损。

7.5.4.3 钻进过程中，应按规定加压，均匀送钻，实时掌握井眼轨迹并及时调整工具面使井眼轨迹沿着设计轨迹进行。

7.5.4.4 在井眼曲率大的井段，应定期下入键槽破坏器进行修理，防止键槽卡钻。

7.5.4.5 钻具组合变换时，应严格控制下放速度，遇阻不应硬压。

7.5.4.6 钻进时如出现脱压现象，钻具组合中可配备扭力冲击器。

7.5.5 定向井钻进

根据定向井轨道设计、定向方法、地层特点、地层温度参照 DZ/T 0260《地热钻探技术规程》制定定向井钻进专项施工方案。

7.6 干热岩钻井特殊要求

7.6.1 直井防斜操作要求

7.6.1.1 根据钻遇地层的类型，使用合理的钻具结构和级配，宜采用满眼钻进。一开采用塔式钻具，二开以后使用钟摆钻具，扶正器外径不宜小于钻头直径 3mm。

7.6.1.2 在高温易斜井段宜使用机械式自动垂直钻井工具。

7.6.1.3 提钻前要根据设计要求测量井斜，发现井斜有增大趋势应及时采取措施。深孔钻进时，宜采用钻铤加压和孔底动力钻具钻进。

7.6.1.4 钻遇软硬交互地层及倾角变化界面过渡带时，应及时调整钻进参数。

7.6.2 高温易漏地层井眼轨道控制技术

7.6.2.1 在高温易漏地层中，应选择低温区和稳定性较好的非破碎段岩层作为造斜段，同时宜考虑地层的可钻性、温度的增加、钻进高研磨性地层时的扭矩增大对钻具组合的影响，定向钻进宜一次定向完成，确保钻进过程中井眼轨迹。

7.6.2.2 钻进流纹岩时，宜采用清水钻进以增加螺杆的容积效率和钻进速度，但需间断地采用泡沫流体来清洁井眼。

7.6.2.3 钻进玄武岩时宜连续使用空气泡沫螺杆钻进，在保障井底清洁的同时可获得较高的机械钻速。

7.6.2.4 在造斜达到一定角度且方位稳定后，应使用转盘动力增斜钻进以提高工作效率。

7.6.2.5 宜用圆柱牙轮稳定器替代翼片式稳定器，可降低井壁对钻柱的摩擦实现全压钻井。

7.6.2.6 为减小井壁对钻柱的轴向和旋转摩擦阻力，可在空气泡沫流体基液中加液体耐高温润滑剂。

7.6.2.7 增斜稳斜段应缩短测斜间距并及时控制井眼轨迹。

7.6.2.8 在定向钻进过程中，根据井中温度和螺杆的下井时间，应适时采取分段循环冷却井筒的措施。

7.6.2.9 测斜作业前，应充分循环和冷却井筒，测斜过程中，连续向钻具内外灌清水。

7.6.3 扫孔作业要求

7.6.3.1 在新钻头下钻距井底一定距离时，在接钻杆前、软硬夹层变化段、断层前 30m 处、硬岩地层，在检修设备或其他原因停钻后重新钻进时，应进行扫孔作业。

7.6.3.2 通井过程中在井底以上一个立根、提下钻及电测井时遇阻遇卡井段和提钻后发现钻头直径磨损变小时应进行扫孔作业或更换钻头。

7.6.3.3 带弯接头或弯马达的钻柱组合不应加压扫孔，遇阻时开泵冲洗，上下活动钻具并变换方式无效时，应提钻通井，进行扫孔作业。

7.6.3.4 在破碎地层、断层处和增斜、降斜段扫孔作业时，应防止钻出新井眼。

7.6.3.5 扫孔作业完成后应停泵、停转，在单（立）根范围内上提、下放钻柱至无阻卡为止。

7.6.4 录井要求

7.6.4.1 在地层压力异常地区钻进时应进行地应力录井测量。

7.6.4.2 在地层未知地区或钻遇含气层时，应进行气测录井。记录发生逸气的井深、层位及逸气原因等。

7.6.4.3 钻进压力异常地层时应进行压力录井。

7.6.4.4 勘探井、勘探开采井和开采井应依据钻井设计书要求进行岩心采取并录井，岩心采取质量应满足放射性测试和渗透试验等测试方法的要求。

7.6.4.5 其他要求参照 DZ/T 0260《地热钻探技术规程》执行。

7.6.5 高温钻井操作要求

7.6.5.1 应安装钻井液冷却装置及井控装置。

7.6.5.2 依据地质条件合理选择钻井液类型、抗高温处理剂、耐高温钻头等。参照 SY/T 7074—2016《钻井液高温高压滤失量测试仪校准方法》测量钻井液高温高压滤失量。

7.6.5.3 注意高温防护，防止人员烫伤。

7.6.5.4 在钻头之上和主动钻杆之下各安装一个止回阀。

8 钻井液

8.1 钻井液分井段使用要求及类型

8.1.1 钻井液分井段使用原则

8.1.1.1 在常温钻进段，钻井液使用原则宜遵照 DZ/T 0260《地热钻探技术规程》相关要求。

8.1.1.2 钻进高温地层时，可选用以磺化类抗高温处理剂为主的抗高温钻井液，并严格控制钻井液高温高压失水量。

8.1.1.3 在热储层钻进时，宜选用对热储层有保护作用或对热储层损害小的钻井液，宜选用低密度、渗透恢复率大于 80%的钻井液，不应在热储层使用添加永久性堵漏材料的钻井液。

8.1.1.4 在缺水地区施工时，应采用节水冲洗介质（空气、泡沫、水雾、泡沫钻井液、雾化钻井液等）。

8.1.2 钻井液类型与适用性

常用钻井液类型与适用性可参照 DZ/T 0260《地热钻探技术规程》相关要求。

8.2 高温钻井液

8.2.1 高温钻井液材料

8.2.1.1 适宜配制高温钻井液的黏土有：膨润土、海泡石土、凹凸棒土等。

8.2.1.2 高温钻井液处理剂见表 9。

表 9　常用高温钻井液处理剂

处理剂名称	作用	抗温能力 ℃
磺甲基单宁（SMT）	各种水基钻井液降黏剂	200
磺甲基栲胶（SMK）	各种水基钻井液降黏剂	180
磺化苯乙烯马来酸酐共聚物（SSMA）	各种水基钻井液降黏剂	230
无铬木质素磺酸盐	各种水基钻井液降黏剂	180
磺甲基褐煤（SMC）	降滤失剂、降黏剂	220
磺化酚醛树脂（SMP）	降滤失剂	220
磺化木质素磺甲基酚醛树脂（SLSP）	降滤失剂	230
水解聚丙烯腈	降滤失剂	230
聚丙烯酰胺钾盐（KPAM）	增稠剂、包被剂	180
PAC141	增稠剂、包被剂	180
ZY-1	发泡剂	240
HT-1	高温保护剂	240

8.2.2　高温钻井液体系

常用高温钻井液体系见表 10。

表 10　常用高温钻井液体系

钻井液类型		特点	抗温能力 ℃
水基钻井液	聚磺钾盐钻井液	防塌能力显著、高温稳定性能好、润滑性能好、抗污染能力及携屑载砂能力强	220
	MMH 聚合物饱和盐水钻井液	较强的抑制性，悬浮护砂性能好，抗污染	230
	复合金属聚磺钻井液	抗温能力强、流变性能好、性能稳定、防塌能力强，有利于深井、超深井安全快速钻进	220
	聚磺钻井液	具有较高的黏土容量（10%钙膨润土），较强的抗水泥污染能力（抗 10%水泥污染）和相对较好的抗盐能力（抗 10%NaCl）	250
	低胶质钻井液	较广的温度范围	240
空气、泡沫钻井液	空气（含雾化）	适用于地层压力正常、不含或含水极少的稳定地层	350
	一次性泡沫钻井液	适用于地层压力正常、含水少的稳定地层	350
	可循环泡沫钻井液	适用于严重漏失和连续低压的地层，密度调节范围较大	350

8.3　钻井液性能指标

8.3.1　常规钻井液性能指标

常规钻进不同地层适用的钻井液性能指标可参照 DZ/T 0260《地热钻探技术规程》相关要求。

8.3.2 高温钻井液性能指标测试

8.3.2.1 水基钻井液

应做好以下性能测试：

a）做高温抗老化试验，测定高温高压条件下的滤失量、流变性；

b） 应监测井口返出的钻井液温度，超过75℃时应采取地面冷却措施；

c）当实际井温与设计差距较大时，应重新调整钻井液设计；

d） 抗温性评价方法见附录B。

8.3.2.2 泡沫钻井液

应做好以下性能测试：

a） 应测量发泡基液的发泡量（mL）和半衰期（min），确定发泡基液的配方和性能；

b） 应对基液的抗盐、抗钙、抗原油污染性能进行评价；

c）一次性泡沫钻井液发泡量不低于500mL，半衰期不低于60min；

d） 可循环泡沫钻井流体性能应发泡量大于250mL、半衰期大于72h，并检测泡沫流体密度、黏度、切力、滤失造壁性等性能；

e） 基液发泡量与半衰期的试验评价方法，以及基液的抗盐、抗钙、抗油性能的试验评价方法，见附录C。

8.4 高温钻井液维护与管理

8.4.1 水基钻井液

8.4.1.1 钻井液井口温度超过75℃时，应采取措施降低钻井液循环温度。

8.4.1.2 应定期检测钻井液高温高压性能，包括：滤失量、滤饼厚度、可压缩性和渗透率、摩擦系数、高温高压流变性能及其与温度的关系曲线、高温高压润滑性能。

8.4.1.3 应定期检测钻井液热稳定性，分别检测钻井液在井温、使用温度和设计温度下24h或48h老化后的性能。

8.4.1.4 应定期检测钻井液膨润土含量、低密度固相含量、总固相含量等。

8.4.1.5 黏土含量宜控制在20kg/m^{3}以内。

8.4.1.6 应定期分析钻井液滤液碱度与各种离子浓度、总矿化度、水型。

8.4.1.7 应定期检测钻井液中降滤失剂、降黏剂、润滑剂含量及pH值是否合理。

8.4.1.8 井底温度超过100℃时，钻井液应加入缓蚀剂，含硫地层应加入并储备足够的除硫剂。

8.4.2 一次性泡沫钻井液的维护与管理

8.4.2.1 携带能力较差时应提高增稠剂的加量。

8.4.2.2 应及时监测发泡基液的发泡量（mL）和半衰期（min），并达到设计要求。

8.4.2.3 应密切注意井下情况的变化，若发现井下不稳定等情况应立即采取措施。

8.4.3 可循环泡沫钻井液的维护与管理

8.4.3.1 钻井液可由膨润土、水、增稠剂、发泡剂、稳泡剂、降滤失剂、页岩抑制剂及防腐剂等配制而成。

8.4.3.2 携带能力较差时可提高增稠剂的加量或提高钻井液的密度。

8.4.3.4 钻遇不稳定地层时可加大降滤失剂、抑制剂的加量。

8.4.4 钻井液的温度控制

8.4.4.1 钻井过程中，应按不同井底温度和钻井液循环温度采取有效的钻井液温度控制措施。
8.4.4.2 为维护钻井液性能稳定、井底动力钻具和测量仪器的正常运行，钻井液入井温度宜控制在55℃以下，出井温度宜控制在75℃以下。
8.4.4.3 钻井液井口温度超过75℃时，应采取强制冷却措施降低钻井液循环温度。强制冷却方式有风冷、喷淋和交互式。

8.5 钻井护壁与堵漏

8.5.1 应选用与地层温度相适应的抗高温堵漏材料。
8.5.2 可采用水泥堵漏，但应进行高温模拟实验。
8.5.3 目的层钻进宜采用抗高温暂堵材料。
8.5.4 如地层允许和井下安全，可采用清水、空气、空气泡沫、可循环泡沫等钻井液实现平衡或欠平衡钻井。
8.5.5 常温井段护壁与堵漏可参照DZ/T 0260《地热钻探技术规程》相关要求和方法。

9 测井

9.1 随钻测井
在钻井过程中宜进行随钻测井，测井项目宜包括钻井参数、温度等。
9.2 随钻测温
9.2.1 钻井过程中宜及时进行井底测温，测量间距不宜超过100m，或采用连续测温。
9.2.2 干热岩井宜采用分布式光纤测温仪等连续测温仪进行温度场监测。
9.3 其他测井要求可参照SY/T 5483《常规地层测试技术规程》和SY/T 6692《随钻测井作业技术规范》执行。

10 井控

10.1 井控装置及工具选择依据

井控装置（防喷器、钻井四通、套管头等）的选择主要考虑地层孔隙压力、钻机底座高度、地热流体类型。热储层温度较高时，宜综合考虑井控装置的耐高温性。

10.2 井控设计

10.2.1 干热岩钻井应有井控设计，参照SY/T 6426《钻井井控技术规程》执行。
10.2.2 勘探井宜采用地层压力随钻监测技术，绘制随钻监测地层压力梯度曲线和实际钻井液密度曲线，根据监测和实钻结果及时调整钻井液密度。

10.3 井控装置的安装、试压、使用和管理

10.3.1 井控装置的安装

10.3.1.1 井口装置与井控管汇的安装

井口装置与井控管汇的安装应符合 SY/T 5964《钻井井控装置组合配套、安装调试与使用规范》中的相应规定。

10.3.1.2 钻具内防喷工具

a） 钻具内防喷工具包括上部和下部方钻杆旋塞阀、钻具止回阀和防喷钻杆；
b） 钻具内防喷工具的额定工作压力应不小于井口防喷器额定工作压力；
c） 应使用方钻杆旋塞阀，并定期活动检查，钻台上配备与钻具尺寸相符的钻具止回阀或旋塞阀；
d） 钻台上准备一根防喷钻杆单根（带与钻铤连接螺纹相符合的配合接头和钻具止回阀）。

10.3.1.3 井控监测仪器及钻井液净化、加重和灌注装置

a） 应配备钻井液循环池液面和温度监测与报警装置；
b） 按设计要求配齐钻井液净化装置，应配备钻井液气体分离器和除气器，并将液气分离器排气管线（按设计通径）接出井口 50m 以上；
c） 井场应配备泥浆加重装置，储备一定量的加重钻井液；
d） 储备足够的钻井液加重材料和堵漏材料。

10.3.2 井控装置试压及使用

井控装置的试压及使用应执行 SY/T 6426《钻井井控技术规程》。

10.3.3 井控作业及压井作业

井控作业及压井作业应执行 SY/T 6426《钻井井控技术规程》。

10.3.4 高温易漏井井控作业及操作规程

10.3.4.1 高温易漏井井控原则：不能让高温蒸汽涌出井口。
10.3.4.2 每次开钻前，应由专人负责井控设备验收并保证井控设备完好和试压合格。
10.3.4.3 返出钻井液达到 75℃时，应立即注水冷却井筒。
10.3.4.4 井控设备应状况良好，每班应严格检查井控设备。
10.3.4.5 候凝完毕应及时清洗防喷器、侧阀和套管头。
10.3.4.6 保证井场清水充足，保证供水正常。
10.3.4.7 保证压井管汇和立管闸门组灵活好用。
10.3.4.8 在双泵压井不能成功的情况下，建议采用边压井边卸压的方法进行处理。
10.3.4.9 高温井井控关井操作程序参照 SY/T 6426《钻井井控技术规程》执行。

11 固井

11.1 套管设计

11.1.1 管材要求

11.1.1.1 基本要求

应满足钻进、开采作业和压裂作业的工艺要求。
应能够满足特殊地质条件（高温、地层蠕变等）、大斜度定向井及水平井条件下的工作要求。

11.1.1.2 套管附件技术性能及安装

套管附件技术性能及安装应依据 SY/T 5724《套管柱结构与强度设计》。

11.1.2 套管强度设计

套管强度设计可参考 SY/T 5724《套管柱结构与强度设计》，高温井段的技术套管强度设计宜考虑套管强度降低系数，设计可参考 SY/T 6952.1《基于应变设计的热采井套管柱 第1部分：设计方法》。

11.1.3 下套管作业

下套管作业参照 SY/T 5412《下套管作业规程》执行。

11.2 水泥浆设计

11.2.1 水泥浆设计宜充分考虑地层压力、地层破裂压力、漏失压力，井底静止温度和循环温度，水泥封固段长度，固井施工工艺，开采井低温井段的保温要求。

11.2.2 水泥浆设计内容应包括：密度、稠化时间、配方、抗压强度、沉降稳定性、滤失量、游离液、静胶凝强度、流体相容性和水泥石的渗透率。

11.2.3 水泥浆设计应经过室内水泥浆模拟试验；水泥浆试验温度的确定，应根据电测静止井温或井底循环温度。

11.2.4 当井温超过 120℃时，水泥浆配方应添加硅粉等高温固井材料。

11.2.5 高温固井外添加剂材料：增强材料、早强剂、降失水剂 FL111、分散剂 FR3P、缓凝剂 R10。

11.2.6 固井段较长时，应分段使用不同密度和凝结速度的水泥浆。

11.2.7 水泥浆初凝时间的温度敏感性应满足±10℃的时间要求。

11.2.8 水泥稠化时间应为施工注替时间再附加 1h～2h，尾管固井稠化时间还应再附加水泥浆循环出井口的时间。

11.2.9 对水泥浆，应做水泥浆与隔离液，水泥浆与钻井液，水泥浆与钻井液、隔离液各种比例（每增减 10%为一试样）的污染试验；污染后的高温流动度≥120mm。

11.2.10 含油气地层应选用具有防窜能力的水泥浆体系，含盐岩地层应选用具有抗盐能力的水泥浆体系。

11.3 隔离液、压塞液、作业量及施工参数设计

11.3.1 水泥浆注替排量应依据实测的钻井液、水泥浆及隔离液流变参数进行优化设计。

11.3.2 隔离液、压塞液、作业量及施工参数的设计可依据 SY/T 5480《固井设计规范》。

11.4 注水泥作业

11.4.1 注水泥浆前，应按设计要求注入隔离液。

11.4.2 做好水泥浆密度监测，并留好水泥浆样。

11.4.3 注替作业应连续，上返速度应符合设计要求。

11.4.4 应根据替浆量和泵压变化确定碰压，压力上升变化值不宜超过 5MPa。

11.4.5 水泥浆密度、注替压力、排量、水泥浆量、隔离液量、替浆量和返出钻井液量，均应实时监测和计量。

11.5 固井作业要求

固井作业要求应参照 SY/T 5374.1《固井作业规程 第1部分：常规固井》执行。

12 完井

12.1 完井方式的选择

12.1.1 完井方式应根据干热岩井类型、地质设计的要求进行选择和确定。

12.1.2 主要的完井方式见表 11。

表 11 完井方式及适用条件

完井方式		主要工艺	适用条件	特点
射孔完井	套管射孔完井	钻穿目的层至设计井深，然后下生产套管至设计井深并注水泥固井、射孔	直井	施工简单，水力压裂需分段进行，完井成本大
	尾管射孔完井	钻至目的层顶板，下套管注水泥固井，然后采用小一级钻头钻至设计井深，用钻具将尾管送入并悬挂在上一级套管上，再对尾管注水泥固井、射孔	直井、定向井和水平井	水力压裂需分段进行，完井成本较大
衬管完井	衬管完井（先期固井）	钻至目的层顶板，下入技术套管并固井；再采用小一级钻头钻至设计井深，用钻具将带衬管的生产套管送至设计井深，并悬挂于上一级套管上	直井、定向井和水平井	水力压裂不做分层作业，完井成本低
	衬管完井（后期固井）	用同一级钻头钻穿目的层至设计井深，套管柱下端连接衬管下入目的层位，通过管外封隔器和注水泥接头固井封隔目的层以上环空		
裸眼完井	裸眼完井（先期固井）	钻至目的层的顶板，下入技术套管并固井；再采用小一级钻头钻至设计井深完井	直井、定向井和水平井，单一的坚硬井	施工简单，成本低
	裸眼完井（后期固井）	用同一级钻头钻穿目的层后，技术套管下至目的层位以上，通过管外封隔器和注水泥接头固井封隔目的层以上环空		

12.2 生产套管固井

12.2.1 设计

12.2.1.1 生产套管宜采用具有抗高温性能的套管；套管螺纹宜采用偏梯形螺纹或特殊螺纹连接，其最小抗拉强度大于“套管柱重力+提拉套管时的预拉力+套管柱热损抗拉强度”。

12.2.1.2 套管柱结构中应在引鞋上安装实心地锚或组合式地锚，且应装在井眼规则且强度高的井段。

12.2.1.3 应计算套管的预拉力及套管柱伸长，计算方法可参考SY/T 5729《稠油热采井固井作业规程》。

12.2.1.4 水泥浆体系应根据开采过程中井筒的温度和压力选择，宜在G级水泥中加入一定量的硅粉。

12.2.2 作业

12.2.2.1 应根据井筒温度选用并涂抹抗高温的套管螺纹密封脂。

12.2.2.2 下套管过程中应连续灌入钻井液，掏空深度应执行设计要求。

12.2.2.3 “先固井后提拉预应力”的施工工艺为：下套管至设计井深→循环钻井液→注隔离液→注水泥浆→压胶塞→替钻井液→碰压→憋压→锚爪张开→提拉预应力。

12.2.2.4 “先提拉预应力后固井”的施工工艺为：下套管至设计井深→憋压→锚爪张开→提拉预应力→憋压→循环钻井液→注隔离液→注水泥浆→压胶塞→替钻井液→碰压。

免诱发气体上涌。

13　井下复杂情况的预防与处理

13.1　主要类型

井下复杂情况的主要类型有：卡钻、钻具事故、井下落物、井漏、井斜、高温内喷、测井事故、固井事故等。

13.2　预防和处理的原则

13.2.1　地质、工程技术人员应根据地层岩性特点、地层压力、井温、钻井液的 pH 值等做好井下复杂情况的技术预防措施，并组织井队施工人员进行学习和掌握。

13.2.2　井队施工人员应结合人员、设备、钻具等具体情况做好井下复杂情况的工程预防措施，并制定相应的操作规程。

13.2.3　井下复杂情况发生后，应做到原因清、类型清、位置清。

13.2.4　井下复杂情况的处理应遵循安全、快速、灵活、经济的原则。

13.3　井下复杂情况的预防和处理

13.3.1　卡钻

13.3.1.1　落物及掉块卡钻

a）落物与掉块卡钻的预防：

- 提钻、停待及测井时应及时盖好井口；
- 定时检查井口设备或工具，防止配件落井；
- 在下部钻具组合中，宜使用有碎岩功能的特殊钻杆或接头、螺旋钻铤，具有倒划眼功能的钻头、随钻震击器；
- 应使用优质钻井液，确保钻井液柱压力能平衡地层压力和抑制地层蠕变；
- 合理控制固井口袋长度，防止水泥环脱落或掉块造成卡钻。

b）落物与掉块卡钻的处理

- 宜采用转动和上下活动钻具的方法，如钻头在井底，争取转动解卡；如钻头不在井底，可采取快速下压的方法解卡；
- 在钻具未卡死的情况下，采取上下划眼的方法破碎掉块或落物；
- 可采取震击器震击的方法解卡；
- 以上方法无效时，可采取爆炸松扣或反丝钻杆倒扣、套铣、侧钻绕障等措施处理。

13.3.1.2　其他卡钻的预防与处理参照 DZ/T 0260《地热钻探技术规程》执行。

13.3.2　钻具事故

钻具事故的预防与处理可参照 DZ/T 0260《地热钻探技术规程》相关要求和办法。

当井下温度超过 100℃时，钻井液中应加入缓蚀剂；当钻遇含硫地层时应加入并储备足够的除硫剂；高矿化度钻井液的 pH 值应不小于 9.5；井下温度超过 150℃时，钻井液和螺纹脂中宜避免含硫的成分。

13.3.3　井内落物

井内落物的预防和处理与处理可参照 DZ/T 0260《地热钻探技术规程》相关要求和办法。

13.3.4 高温井漏

13.3.4.1 高温井漏的预防

a) 优化井身结构设计和技术套管下入方式；

b) 针对断层、裂缝发育等易漏地层，优化井眼轨迹控制与监测方式；

c) 降低井筒中的钻井液的动压力。

13.3.4.2 高温井漏的处理

a) 钻井过程中（三开以前），钻遇漏失严重地层时宜采用清水钻进和盲钻，并及时对井底进行探砂，用高黏钻井液进行携砂和悬砂；

b) 在清水中加入适量的发泡剂作为泡沫基液，并根据井深和地层漏失状况在泡沫基液中充入一定量的空气，建立一个良好的循环来保证携岩效果；

c) 在不能建立循环的漏失地层，在泡沫注入参数不变的情况下，可进行盲钻。但在盲钻过程中要经常测试井眼是否清洁，然后再次下入钻具，若井底没有沉砂则开泵继续钻进；

d) 能建立循环时要进行循环，返出的钻井液在除气后进行降温处理；

e) 循环流体再利用时要适当补充发泡剂，可有效地抑制断塞流的产生并有利于清洁井眼；

f) 严格控制气体的注入量，避免在钻井环空中形成紊流或断塞流。

13.3.5 高温内喷

13.3.5.1 高温内喷的预防

可在钻具组合底部加入防内喷浮阀接头和回压凡尔，在不要求继续测斜的情况下可在钻具中部（起钻时钻头能进入套管鞋时的位置上）加装一个回压凡尔。

13.3.5.2 高温内喷的处理

当钻具底部回压凡尔和浮阀发生故障不起作用时，打完一根单根应先停气卸压并继续清水循环至立压为 0，再循环 2min，方可卸开方钻杆。

13.3.6 井喷和高温流体烫伤

a) 施工前应充分了解井位区城地质构造特性和地层特性，若存在油气、煤层气、高温流体以及采空洞（坑）等异常地层，应提前制定预防和处理井喷的预案；

b) 进入异常地层前，应配制一定数量的高密度钻井液，随时准备实施压井作业；

c) 完成一开下管固井之后，应根据地层的预测压力，选择并安装井控装置；

d) 在异常地层中钻进时，应注意观察钻井液的循环状况、泵压变化以及钻井液池液面情况，以便及早发现溢流、溢气情况为实施井控争取主动；

e) 在异常地层中提下钻，要求平稳、缓慢，防止因提钻抽吸而诱发井喷；

f) 发现井喷的预兆，应先向井内打入高密度钻井液争取一次井控成功，若不成功再实施二次井控；

g) 实施二次井控关井后，井口压力会不断上升，应合理控制井口压力值使其不应超过井口装置的额定工作压力、套管最大抗压强度的 80%、套管鞋处的地层破裂压力的最小值。发现井喷的预兆，应立即清除井台上及附近的一切火源并撤出无关人员，以防止井喷发生后造成火灾或发生热烫伤事故。

13.3.7.1 卡套管事故

a） 卡套管事故的预防：
- 下套管前宜进行通井，并做到起下无阻力；
- 下套管前，钻井液循环时间不少于 2 个循环周时间；
- 下套管前，井壁稳定，不塌、不缩、不喷、不漏；
- 定向井和水平井宜使用润滑剂降低摩阻；
- 钻具的刚性宜大于套管刚性；
- 下套管时定时灌满钻井液，缩短套管上扣时间。

b） 卡套管事故的处理：
- 如为吸附卡，可注入解卡剂；
- 如为砂桥卡或坍塌卡，可小排量低速循环，再逐步提高钻井液黏度和切力，恢复正常后再试下；
- 如套管已下至井底，宜立即组织固井；如套管未到井底，可先固井再通井并下尾管固井；

13.3.7.2 套管下完后循环不通事故

a） 套管下完后循环不通事故的预防：
- 通井时，宜进行承压堵漏，提高地层承压能力；
- 通井后，尽快组织下套管；
- 合理设计扶正器的数量，慎用刮泥器；
- 下套管时，严防套管内落物；
- 下套管中，宜安排专人观察井口，如有异常，宜接方钻杆循环，正常后再下套管，不正常应起出套管；
- 控制套管下放速度，避免激动压力压漏地层；
- 下完套管后宜小排量顶通，再逐渐恢复至正常排量。

b） 套管下完后循环不通事故的处理：
- 因回压阀堵死，可在阻流环附近射孔，恢复循环后再固井；
- 因井塌或砂桥不能循环但能憋入钻井液，可挤入水泥浆进行固井；
- 因井漏而引起的无法循环，如漏层在开采层以上，可直接固井；如漏层是开采层，可先堵漏再固井。

13.3.7.3 套管挤毁事故

a） 下套管过程中，严格按设计要求定时足额灌入钻井液；
b） 蠕变性地层，应按蠕变应力设计套管的抗挤强度或采用双层复合套管，且保证固井质量；
c） 开采井固井水泥宜返至井口。

13.3.7.4 高温固井井漏

a） 高温易漏井一般采用的是常规固井加回填的施工方法，即每次常规固完井后，隔一段时间进行一次回填作业，直到水泥浆返至地表；
b） 为保证套管与套管的环空圈闭中不存在自由水现象，固井施工中应利用反洗回填技术；
c） 准确测取空气泡沫介质井口返出温度，以实测温度调控水泥浆稠化时间，固井前用清水或空气泡沫以塞段形式充分循环冷却井眼，控制蒸汽喷出，避免因井下特殊高温情况造成水泥急剧稠化的可能性，保证施工连续；

d）针对井漏严重钻屑滞留造成固井环空憋堵问题，加强固井前期通井准备工作，要求在完钻后采用“空气泡沫-低密度稠泥浆-空气泡沫-低密度稠泥浆”段塞流在井底大排量循环3周以上，通过段塞流用空气泡沫推动低密度钻井液，降低环空液柱压力减少漏失保证建立井口循环，同时根据井口是否返出情况，调整空气泡沫和钻井液段塞的高度以建立循环；

e）增加稀水泥浆量，多注稀水泥浆可以尽可能多地将井底和裂缝中的岩屑慢慢携带至环空，减少环空憋堵；

f）设计返高到上层套管鞋下第一个最大裂缝，使常规固井时顶替的水不能到达套管与套管环空，防止在回填的时候有可能将这部分水封隔在套管之间形成水段；

g）适当增加浮箍与浮鞋之间的套管段长度，为胶塞顶替套管内虚泥饼留下空间，保证管鞋水泥石质量，另外在漏失不严重情况下，有足够水泥石填充到管鞋处；

h）对地热井常规固井水泥返出又下沉情况，采用地面回填直至水泥浆由另外一侧旁通阀返出后，关闭防喷器，对水泥外环空施加一定压力以提高环空水泥与地层的胶结质量，关井候凝防止地层流体侵入。8h候凝，待水泥凝固后探测水泥环面是否下沉，如下沉则继续进行回填。候凝期间避免水从钻台井口流入外环空。

13.3.7.5 水泥返高不够

a）可在水泥面以上射孔，循环畅通后按正循环法补注水泥；如循环不通，可在上部井段再射孔配合封隔器，采取套管外局部反循环固井；

b）如水泥面在漏失段，可从环空直接注水泥。

14 干热岩钻井工程质量

14.1 质量要求

14.1.1 井身质量

14.1.1.1 井深应满足以下要求

a）井深应达到设计要求；

b）每钻进100m、换径和下管前、钻进主要热储层井段和终孔后应校正井深。校正井深误差不大于1‰。

14.1.1.2 井径应满足以下要求

a）井径应满足工程设计要求；

b）直井井径扩大率作为参考指标，在固井段平均直径扩大率不大于15%，有特殊要求的以设计要求为准。

14.1.1.3 井斜应满足以下要求

a）直井的井斜角、全角变化率、井底水平位移质量要求可参考表12，可根据勘探阶段、钻井目的适当调整井斜要求；

表 12 直井井斜角、全角变化率及井底水平位移要求

井深（m）	勘探（监测）井			开采（回灌）井		
	井斜角（°）	全角变化率（°）/30m	井底水平位移（m）	井斜角（°）	全角变换率（°）/30m	井底水平位移（m）
0～500	≤1	≤1	≤10	≤1	≤1	≤10
500～1000	≤2	≤1	≤20	≤2	≤1	≤20
1000～2000	≤3	≤1° 15′	≤30	≤3	≤1°15′	≤25
2000～3000	≤5	≤2	≤50	≤5	≤2	≤35
3000～4000	≤7	≤2° 15′	≤80	≤6	≤2° 15′	≤50
4000～5000	≤9	≤2° 30′	≤90	≤8	≤2° 30′	≤70

b） 定向井最大全角变化率，连续 3 个测点的计算值不大于 5° /30m。特殊情况要在设计中注明，以设计要求为准；

c） 靶区半径要求，有特殊设计要求的应执行设计；无设计要求的，应执行表 13。

表 13 定向井靶区半径数据表

单位为 m

井深	勘探井	开采井
0～1000	≤20	≤20
1000～2000	≤30	≤30
2000～3000	≤50	≤50
3000～4000	≤75	≤70
4000～5000	≤100	≤90

14.1.2 岩屑样、岩心的采集与整理

14.1.2.1 岩屑样的采集要根据地质设计要求进行，一般热储层以上即覆盖层井段，一般每 5m 取一个岩样，热储井段每 1m～2m 取一个岩样；在接近或钻达热储层时应加密采取岩样。

14.1.2.2 每个岩屑样一般不少于 500g。

14.1.2.3 勘探井宜全井取心或按设计要求取心，黏性土、胶结性较好的砂岩、完整基岩岩心采取率不低于 70%，风化或破碎基岩平均岩心采取率不低于 40%。

14.1.2.4 探采结合井、开采（回灌）井取心执行地质设计要求。

14.1.2.5 岩屑样和岩心的整理、运输、保存应严格执行地质设计要求。

14.1.3 简易水文地质观测

简易水文地质观测可参照 DZ/T 0260《地热钻探技术规程》相关要求和办法。

14.1.4 抽、注水试验

抽、注水试验可参照 DZ/T 0260《地热钻探技术规程》相关要求和办法。

14.1.5 固井

14.1.5.1 勘探井固井，表层套管的水泥浆应返至地表；技术套管可采用“穿鞋戴帽”固井，水泥浆返高应不小于 300m。

14.1.5.2 勘探井套管试压压力应不小于 6MPa，稳压 30min 时的压降不大于 0.5MPa。

14.1.5.3 开采井水泥浆应返至套管顶，有特殊设计要求的除外。

14.1.5.4 开采井的固井质量评价应执行 SY/T 6592《固井质量评价办法》。

14.1.6 录井

14.1.6.1 干热岩录井严格按照规程及地质设计要求执行。

14.1.6.2 录井原始资料、成果资料、实物资料齐备，并按要求归档保存。

14.1.6.3 录井资料验收评价可参照 SY/T 6415《油气井录井资料质量评定规范》执行。

14.1.7 原始记录及技术资料整理

14.1.7.1 原始记录应采用钢笔或碳素笔填写，字迹要工整、清晰。

14.1.7.2 各项原始记录、技术档案应做到真实、齐全、准确、整洁。

14.1.7.3 钻井工程完工后，应将技术资料汇集成册并归档。

14.2 工程质量的验收与评定

14.2.1 干热岩井质量评定等级

干热岩井质量评定等级分优良井、合格井、不合格井

14.2.2 优良井应满足以下要求

a） 井身结构满足设计要求；

b） 岩屑样的捞取量及岩心采取率达到设计要求，岩心间隔未超地质要求；

c） 物探测井、测温资料采取完整；

d） 达到地质设计目的层深度，按规定要求校正井深和测量井斜且满足规定要求；

e） 固井满足设计要求；

f） 原始记录真实，钻井技术档案整洁、准确、齐全。

14.2.3 未达到优良井要求，但满足下列要求的钻井，可评定为合格井

a） 井身结构满足设计要求；

b） 岩屑样捞取量、岩心采取率基本达到地质设计要求，地层岩性、层位基本查清；

c） 物探测井、测温资料采取基本完整；

d） 井身质量和固井质量基本满足后续孔内试验、采热设计要求。

e） 原始记录真实，钻井技术档案基本整洁、准确、齐全。

14.2.4 不合格井

采取一定补救措施仍未达到合格要求的钻井为不合格井。

15 工程技术报告与资料归档

15.1 工程技术报告

干热岩钻井工程竣工后，施工单位应编写《干热岩钻井工程技术报告》，总结施工管理和技术成果，评价技术经济效果。《干热岩钻井工程技术报告》编写提纲见附录 D。不同性质的钻井工程，报告编写

可有取舍或侧重。

15.2 资料归档

15.2.1 资料归档的基本要求

15.2.1.1 干热岩钻井工程竣工后，应对工程实施整个过程中所形成的、具有保存价值的文字、图、表等技术材料进行整理、编目、造册、建档，并按规定保管。

15.2.1.2 干热岩钻井工程技术档案应以合同项目或单井为单位立档。技术档案应保持完整、准确、系统和安全。

15.2.1.3 按规定保存和汇交原始文本资料、报表和施工日志。

15.2.1.4 技术文件材料应选用优质纸，并应装订成册。

15.2.1.5 封面应有档案编号、施工起止日期、立卷人和审查人姓名以及归档日期等信息。

15.2.1.6 竣工需移交用户或业主的文件应复制存档。

15.2.1.7 存档单位应建立档案总账和明细表，并建立电子文档或数据库。

15.2.1.8 不应涂改和伪造原始记录。

15.2.2 技术档案基本内容

a） 工程投标和设计文件，包括地质设计、项目招投标文件、合同（任务）书、干热岩钻井工程设计、补充设计、环境评估及保护预案等；
b） 现场工程管理文件，包括钻井定位和安装通知书、钻井开工检查验收表、热储层预告通知书、地质设计变更通知书、地质采心补心通知书、地质井下试验通知书、岩心移交验收单、钻井弯曲度测量记录表、钻井事故登记表、钻井终孔通知书、井内遗留物登记表和钻井成井质量验收报告等；
c） 钻井成井原始报表文件，包括班报表、施工日志、生产统计报表、材料消耗统计表、钻杆钻铤和钻头使用登记表、成本核算报表、测井和录井记录表以及原始记录报表移交清单等；
d） 技术总结文件，包括工程技术总结、竣工报告、新工艺新技术试验及专题研究报告和钻井技术经济指标综合表等；
e） 其他文件，如材料（套管、水泥、泥浆材料等）质保书、质量化验单、放射性测试分析报告、水质分析报告等。

16 健康、安全与环保

16.1 健康管理

16.1.1 钻井施工单位应按照劳动保护法规和标准，为现场施工人员配备相应的劳动保护用品。

16.1.2 依据钻井施工地域、季节等特点，为现场施工人员配备相应的急救器材、药品和防疫用品。

16.1.3 应建立现场施工人员健康检查、疾病预防、饮食卫生和驻地卫生管理等制度，并认真执行。

16.2 安全管理

16.2.1 一般规定

16.2.1.1 施工单位和井队应按照国家法律、法规的要求和 AQ/T 9006 的规定，建立、健全安全生产规章制度，并认真贯彻执行。

16.2.1.2 井队应设置专职或兼职安全员。安全员应经过安全培训，并考核合格后方可上岗。

16.2.1.3 施工单位应对上岗员工进行安全生产职业培训。定期进行工地安全施工检查，消除安全隐患。

16.2.1.4 工程在油气赋存地层、高温地热田勘查施工，施工单位应针对井喷失控、有害气体和高温水蒸气危害，制定安全保障和应急救援预案，并负责组织实施。

16.2.1.5 施工现场应保留安全活动记录。

16.2.1.6 应充分利用社会资源处理突发事件。

16.2.2 设备搬迁与安装管理

16.2.2.1 应对大型钻井设备迁移路线所经过的公路、桥涵和障碍物等条件进行实地踏勘和调研，运输超长、超高和超宽设备时要采取必要的安全措施。

16.2.2.2 车装钻机迁移时，应收放塔架或桅杆。不应在高压线下和坡度超过 15° 坡上或松软和凹凸不平的地面整体迁移钻机。

16.2.2.3 在气候条件许可的情况下方可进行设备的吊装作业。

16.2.2.4 在进行高处作业时，正下方及其附近不应有人员作业、停留或通过。

16.2.2.5 吊装、搬迁钻井液罐、油罐或水罐，应先将罐内液体移除。

16.2.2.6 使用起重机械起吊钻井设备时，应遵守 GB 6067《起重机械安全规程》相关规定。

16.2.2.7 装卸桶装液态化学处理剂或油料时，应轻拿轻放，避免冲击和剧烈震荡。

16.2.3 井场人员管理

16.2.3.1 施工工作人员应接受安全生产和意外救险教育，经考核合格后方准上岗。

16.2.3.2 上班前 8h 和上班时不准饮酒。进入井场工作时，应穿戴规定的工作服和工作鞋，戴安全帽。

16.2.3.3 在钻塔上工作时，应系牢安全带，穿规定的工作鞋。

16.2.3.4 新工人或实习人员应接受安全教育，并在班长或熟练工人指导下进行操作。

16.2.4 井场管理

16.2.4.1 井场修建、钻塔基础加固、设备选型布设以及井场安全防护设施等应符合钻井工程设计的相关规定。

16.2.4.2 钻机水龙头高压胶管应有防缠绕、防坠落的安全装置和导向钢丝绳。

16.2.4.3 使用坐式天车的钻塔应设安全挡板。

16.2.4.4 吊卡或提引器、提引钩，应使用安全连锁装置。

16.2.4.5 高温、高压热储或含油气地区施工应根据 SY/T 5964《钻井井控装置组合配套、安装调试与使用规范》安设井控装置。

16.2.5 井场用电管理

16.2.5.1 井场用电应遵守 GB 50194《建设工程施工现场供电安全规范》的相关规定。

16.2.5.2 在含油气地区施工要采用防爆电机和配电设施，使用电气焊时要采取防爆措施。

16.2.6 现场操作管理

16.2.6.1 开钻前，应对设备安装情况、安全防护设施及安全措施进行检查，验收合格后方可开钻。

16.2.6.2 升降钻具前，应检查升降机的制动装置、离合装置、吊卡（提引器）、游动滑车、吊钳和其他拧卸工具等，确保灵活可靠。

16.2.6.3 操作升降机应平稳，不应猛拉猛放。钻具升降过程中不应用手触摸钢丝绳。

16.2.6.4 提落钻具或钻杆时，提引器切口应朝下，摘、挂钻具卡或提引器时，不应用手抓其底部。

16.2.6.5 钻具处于悬吊或倾斜状态时，不应用手探摸或伸头探视悬吊钻具内部。提升拧卸钻柱过程中，井口人员抽、插垫叉时不应手握垫叉底部。

16.2.6.6 设备运转时，不应进行机器部件的擦洗、拆卸和维修。不应跨越传动皮带、转动部位或从其上方传递物件。

16.2.6.7 检查、调整回转器（转盘）时应停机，并将变速手柄置于空挡位置。

16.2.6.8 钻遇溶洞、松散等复杂地层，或遇扩孔、扫孔等复杂钻进工况，应由机、班长或熟练技工操作。

16.2.7 事故处理安全规定

16.2.7.1 处理井内事故前，应全面检查钻塔构件、天车、游动滑车、钢丝绳、绳夹、提引器、吊钩、地脚螺丝、仪器仪表等，排除可预知的不安全因素。

16.2.7.2 处理井内事故时，应由机、班长操作，并设专人指挥。除直接操作人员外，其他人员应撤离至安全距离之外。

16.2.7.3 不应同时使用升降机、千斤顶或吊锤起拔井内事故钻具。

16.2.7.4 不应超设备限定负荷强行起拔井内事故钻具。

16.2.7.5 打吊锤时，吊锤下部钻杆处应安装冲击把手或其他限位装置。不应手扶、握钻杆或打箍。

16.2.7.6 使用千斤顶回杆时，不应使用升降机提吊被顶起的事故钻具。

16.2.7.7 用钻机反事故钻具时应低速慢转、操作应平稳，如反不开时应控制倒车速度。

16.2.7.8 爆炸松扣时，应由专业人员操作，无关人员应撤至安全区。

16.2.8 井内爆破安全规定

16.2.8.1 爆破作业应遵守 GB 6722《爆破安全规程》的相关规定。

16.2.8.2 进行井内爆破应由持有爆破证书的专业人员操作。

16.2.8.3 下入爆破筒前，应进行井径、井深、井身弯曲度探测。

16.2.8.4 向井内送药包时，应慢速下放。

16.2.8.5 爆破前应确定爆破危险边界，并做好爆破警戒工作。

16.2.9 有害气体预防

16.2.9.1 在易吸入硫化氢气体的场合下工作，作业人员应佩戴防毒面罩，长时间作业时，应配置带软管的防酸面罩。

16.2.9.2 在接触皮肤的情况下，应带胶手套，穿胶靴以遮蔽身体的裸露部分。

16.2.9.3 在可能有发生硫化氢的情况下，井场应安装水龙头，准备洗眼器等；硫化氢比空气重，易蓄积在低洼处，应注意经常通风换气。

16.2.9.4 钻井液施工现场，应配备气体检测器、检测纸（醋酸铅纸）及警报装置等；发现漏气应立即处理。

16.2.9.5 清除附近火源；泄露区发生灾害，应及时警告临近作业人员，迅速向上风口避开。

16.2.9.6 定期进行安全演练，在紧急情况下，现场人员可立即操作气体分离器、真空抽吸机，硫化氢高压喷射器等设备。

16.2.9.7 如地热蒸汽中含有甲烷等可燃性气体，应先用分离器分离出来，再通过高烟囱排入高空，或收集到储气罐后，加以利用。

16.2.10 高温井段安全要求

16.2.10.1 高温井段应有井控设计，并提前做好井控培训和考核；井控装置的配备、安装、试压、使用、管理及井控作业应执行 SY/T 6426《钻井井控技术规程》。

16.2.10.2　应对钻井液进出口的温度进行监控，钻井液出口温度超过 60℃时应采取措施防止人员烫伤。

16.2.10.3　钻井液循环温度如超过井控井口装置、井下动力钻具、钻头及定向仪器等的额定工作温度，均应采取措施降低钻井液循环温度。

16.2.10.4　钻具组合应设计和使用内防喷工具。

16.2.10.5　地质条件不熟悉的勘探井，如井底温度超过 120℃，应配置不少于 $60m^3$ 的高密度钻井液，密度至少比井内钻井液高 $0.3g/cm^3$。

16.2.10.6　打完一根单根应先停气卸压，继续循环至立压为 0，再循环 2min，方可卸开方钻杆。

16.2.10.7　施工时应佩戴面部有有机玻璃防护罩、颈部有防烫伤布置的防烫安全帽并穿防烫衣。

16.2.10.8　现场应配备简易药箱，应急处理轻度烫伤者，发生较重烫伤者应及时送医院治疗。

16.3　绿色勘查

16.3.1　培训

16.3.1.1　培训应在钻前阶段完成，施工期间可通过监督、例会等形式继续进行培训。

16.3.1.2　培训的主要内容为：法律法规、政策、标准及建设方的要求；规章制度和工作计划；土地和水域利用情况、保护区域；野生动植物保护；减少、收集和处理废弃物的方法等。

16.3.2　要求

16.3.2.1　钻前工程环保要求

a）井位确定后，应对井场周围的自然环境（地质、地貌、水环境、植被、生物、大气、土壤和人文环境等）进行调查或评价，依据有关法律、法规，提出达到环境保护标准和要求的必要措施；

b）修建通往井场的道路时，宜避免堵塞和填充自然排水通道，并尽力减小设备搬迁过程对自然环境的影响；

c）井场应设置废钻井液、生活污水处理设施，包括污水沟、污水池或污水处理设备等。污水沟池应进行防渗漏和防垮塌处理；

d）钻井液循环系统应尽可能配备铁皮或塑料箱槽，需要挖掘钻井液池或循环槽时，底部应做防渗处理；

e）放射源应由专人负责保管，并做好进出场记录。现场使用与处理时应由持许可证的人负责。并在保管、使用区域设置醒目标志，避免造成其他人员伤害。放射性仪器应由持许可证人负责操作与使用。

16.3.2.2　钻井施工环保要求

a）配制钻井液应优先选择无毒或低毒化学处理剂，不应使用毒性化学处理剂；

b）位于农田、湖泊或居民区附近的钻井，不应使用铁铬木质磺酸盐、亚硝酸盐、红矾等污染环境和地下水的化学处理剂，限量使用 $CaCl_2$、NaCl 等可能造成水质与土质破坏的处理剂。应尽可能使用高分子聚合物和含钾类处理剂；

c）钻井施工中产生的废钻井液、生活垃圾和污水等可经沉降隔油处理后利用，需要外排的污水应达到排放标准；

d）应控制和降低井场环境噪声，必要时安装隔音带和消声装置。在强噪声即噪声等效声级超过 70dB（A）区域工作时，现场人员应佩戴耳塞，并避免长时间连续工作。

16.3.2.3 竣工搬迁环保要求

a） 钻井工程竣工后，钻井液池、废液池和污水池中的剩余钻井液、淤泥应妥善处置；
b） 钻井过程中产生的岩屑和油料污染的土壤等应进行固化或无害化处理，处理后运抵到允许的地方倾倒；
c） 井场内的包装物、塑料、废料以及生活垃圾等，应统一回收利用，无法利用的可焚烧或掩埋；
d） 竣工撤离后，营地应恢复原来的自然地貌和景观。

附 录 A
（资料性）
钻井设计用表

表 A.1 钻井主要设备和技术性能表

序号	名称		型号	载荷 kN	功率 kW
1	钻机				
2	井架				
3	天车				
4	游动滑车				
5	大钩				
6	水龙头				
7	转盘				
8	绞车				
9	钻井泵	1 号			
		2 号			
10	动力机	1 号			
		2 号			
		3 号			

表 A.2 井身结构设计数据表

开钻次序	井段 m	钻头直径 mm	套管直径 mm	套管下深 m
一开				
二开				
三开				
四开				

表 A.3 钻井液性能设计

井段 m	钻井液类型	密度 g/cm^3	API 黏度 s	泥饼厚度 mm	含砂量 %	pH 值	初切 Pa	终切 Pa

表 A.4　固井设计表

开钻次序	井段 m	钻头直径 mm	套管直径 mm	套管下深 m	水泥型号	水泥浆密度 g/cm^3	水泥返深 m	封固段 m
一开								
二开								
三开								

表 A.5　套管强度校核表

井段 m	段长 m	钢级壁厚 mm	单重 N/m	段重 kN	累重 kN	安全系数		
						抗拉	抗挤	抗内压

附 录 B
（资料性）
水基钻井液抗温性评价方法

B.1 按配方配制钻井液，并在常温下老化 24h 后，测定其黏度、动切力、高温高压滤失量（模拟井底最高温度）、pH 值。

B.2 配制好的钻井液，在模拟井底最高温度条件下滚动老化 16h，测定钻井液黏度、切力及高温高压滤失量（模拟井底最高温度）。

B.3 钻井液经高温滚动老化后，其表观黏度、动切力变化幅度越小，且钻井液高温高压滤失量能够保持在设计范围内，则表明该钻井液配方具有较好的抗温性能。

B.4 若钻井液表观黏度、动切力变化幅度较大，且高温高压滤失量超出设计范围，则表明钻井液抗温能力不足。若钻井液经高温滚动老化后发生固化、液固分层等现象，则可判定该钻井液配方不具有相应温度的抗温能力。

附 录 C
（资料性）
发泡液基液发泡性能，抗盐、抗钙（镁）与抗油污染性能试验评价方法

C.1 发泡液基液发泡量与半衰期的试验评价方法

C.1.1 按配方配制 100mL 发泡液，高速（11000r/min±300r/min）搅拌 5min 后，倒入量筒测量泡沫体积，即发泡量（mL）。

C.1.2 静置观察，读取析出 50mL 液体时所需的时间，即半衰期（min）。

C.1.3 发泡量越大，且半衰期越长，则发泡液基液发泡性能越好，反之则越差。

C.2 发泡液抗盐、抗钙（镁）、抗油污染性能试验评价方法

C.2.1 抗盐评价：按配方配制三份相同的 100mL 发泡液基液试样，分别加入 2%、5%、10%氯化钠溶解后，分别测量其发泡量和半衰期。

C.2.2 抗钙评价：按设计配方配制三份相同的 100mL 发泡液基液试样，分别加入 0.05%、0.1%、0.3%氯化钙溶解后，分别测量其发泡量和半衰期。

C.2.3 抗油评价：按设计配方配制三份相同的 100mL 发泡液基液试样，分别加入 5%、10%、15%原油，分别测量其发泡量和半衰期。

C.2.4 抗综合污染评价实验：按设计配方分别配制两份相同的 100mL 发泡液基液试样（试样 1 和试样 2），向试样 2 中加入实验所需浓度的盐、氯化钙和原油，分别测量试样 1 和试样 2 的发泡量和半衰期。

C.2.5 发泡液基液受污染前后的发泡量与半衰期的降低率越小，该发泡液基液抗污染能力越强；反之，则该发泡液基液的抗污染能力越弱。

附 录 D
（规范性）
干热岩钻井工程技术报告编写提纲

D.1 前言

包括项目来源、工程性质和目的、工期要求、工程量和预算等。

D.2 概述

D.2.1 干热岩地理与交通概况

D.2.2 区域水文和地热地质条件概述

包括：地质构造条件、地层、目的热储层特征。

D.2.3 地层（岩石）钻进特性和施工技术条件

D.3 钻井设备

钻井设备与配套。
钻井成井设备、仪器、工具的型号、规格、数量、技术参数等。
钻井设备的布设安装。
井场动力解决方案。

D.4 钻井与成井工艺

D.4.1 钻井结构与套管程序

D.4.2 钻井工艺

说明钻前工程及设备安装、采用的钻进方法、钻进工艺及技术规程参数，定向井施工情况、技术效果等。

D.4.3 钻井综合技术措施

说明针对钻井安全、效率采取的专项技术对策及效果。

D.4.4 钻井液与固控措施

D.4.5 钻井新技术、新工艺应用

D.4.6 成井工艺

说明测录井方法，套管、衬管下管方法，固井方法等。

D.4.7　成井结构

说明成井结构情况，附完成的干热岩实际井身结构图。

D.5　干热岩钻井工程质量

D.5.1　钻井质量要求
D.5.2　采用的质量保证措施
D.5.3　钻井成井质量综合评价

D.6　施工环境保护

包括主要措施、效果及井场恢复等情况评述。

D.7　施工管理

D.7.1　生产组织形式
D.7.2　施工管理制度
D.7.3　技术管理
D.7.4　安全技术与文明施工
D.7.5　企业文化建设

D.8　主要经济技术指标

介绍达到的主要经济技术指标、经济效益和社会效益情况，可适当比对，发现差距，挖掘潜力等。

D.9　综合评述

D.9.1　干热岩钻井工程成果概述
D.9.2　主要经验
D.9.3　存在的主要问题
D.9.4　结论与建议

D.10　附件

D.10.1　钻井设计书
D.10.2　钻井工程交底记录表
D.10.3　岩样录井记录表
D.10.4　测斜测温记录表
D.10.5　综合测井成果图
D.10.6　套管结构明细表
D.10.7　水泥固井记录表
D.10.8　完井记录表

D.10.9 钻井综合柱状图

D.10.10 井孔质量验收单

附 录 E
（资料性）
抗高温钻井添加剂

E.1 [illegible]

[illegible]

E.2 [illegible]

[illegible]

E.3 [illegible]（RSTF）

[illegible]

E.4 磺甲基褐煤（SMC）

[illegible]

E.5 磺甲基酚醛树脂（SMP）

[illegible]

E.6 其他抗高温钻井液处理剂

附 录 E
（资料性）
抗高温钻井液处理剂

E.1 抗高温降黏剂硅氟共聚物（SF）

新型钻井液用抗高温降黏剂有机硅氟共聚物（SF）在聚甲基硅氧烷中引入了三氟甲氧基以提高共聚物的化学稳定性。硅氟共聚物自身的化学结构决定其具有良好的化学稳定性和很宽的工作温度。

E.2 抗高温抗盐降滤失剂（SHK-AN）

SHK-AN 由 SHK（磺甲基腐殖酸钾）与 AN（丙烯腈）接枝共聚合所得。其电阻率、线膨胀、泥饼强度、抗钙和抗盐能力均比较好，高温高压滤失量较小，可耐 200℃高温、耐饱和盐水，具有较好的降滤失作用和抑制性，适用于水基钻井液体系。

E.3 新型高温抗盐降滤失剂（RSTF）

RSTF 由两种聚合物单体与腐殖酸共聚所得。RSTF 能显著降低钻井液在各种条件下的 HTHP 滤失量，抗温达 220℃，具有较强的抗盐、抗钙污染能力，能有效提高钻井液的高温稳定性，并且能改善钻井液的流变性。

E.4 磺甲基褐煤（SMC）

SMC 的主要特点是具有很强的热稳定性，在淡水钻井液中的抗温能力达到 200℃～230℃，对各类黏土配制的钻井液均有高温稀释及降滤失能力。钻井液中所含的最高膨润土应低于 2%（体积比），劣质黏土应低于 15%。SMC 和铁铬盐配合使用，可以提高抗盐、钙的能力；与红矾配合可以提高抗温能力。SMC 加量 3%～7%，pH 值以 9～10 为宜。

E.5 磺甲基酚醛树脂（SMP）

SMP 为人工合成的有机处理剂，有 SMP-1 和 SMP-2 两种型号。SMP-1 抗温能力可达 200℃，SMP-1 在 pH=8～10 时，抗盐 10 万 ppm，抗 Ca^{2+}/Mg^{2+} 2000 ppm～10000 ppm；pH=11～12 时，可用于饱和盐水中。SMP-2 在 pH 大于 7 时即可用于饱和盐水钻井液，抗 Ca^{2+}/Mg^{2+}＞2000ppm。SMP-1 高温下可与任何钻井液处理剂配合，在抗高温不饱和盐水钻井液中 SMP-2 可代替 SMP-1，但是加量须偏大。SMP-1 不应替代 SMP-2 用于饱和盐水钻井液中。此外，磺甲基酚醛树脂还能改善滤饼的润滑性，对井壁也有一定的稳定作用。通常加量在 3%～5%之间。

E.6 其他抗高温钻井液处理剂

JHW-1、LW-2、CMHPCSPAN、DESCO、SD-101、SD-202、SD108 和 SD-109 等。

参 考 文 献

[1] 陈涛平. 石油工程[M]. 第 2 版. 北京: 石油工业出版社, 2011.

[2] 刘广志, 汤凤林. 特种钻探工艺学[M]. 上海: 上海科学技术出版社, 2005.

[3] 陈平等.钻井与完井工程[M]. 第 2 版. 北京: 石油工业出版社, 2011.

[4] 刘子春, 张召平, 石凤岐.钻井工程事故预防与处理[M]. 北京: 中国石化出版社, 2000.

[5] 胡郁乐, 张绍和.钻探事故预防与处理知识问答[M]. 长沙: 中南大学出版社, 2010.

[6] SY/T 5313—93 钻井工程术语.

[7] 马孝春, 王贵和, 李国民. 钻井工程. 北京: 地质出版社, 2010.

[8] 王清江, 毛建华, 韩金贵等.定向钻井技术[M]. 北京: 石油工业出版社, 2009.

[9] 陈庭根, 管志川. 钻井工程理论与技术[M]. 北京: 石油大学出版社, 2001.

[10] 朱家岭等. 地热能开发与应用技术[M]. 北京: 化学工业出版社, 2006.

ICS 27.010
CCS F 15

NB

中华人民共和国能源行业标准

NB/T 11155—2023

地热废弃井及长停井处置规范

Disposal code abandonment and inactive of geothermal wells

2023-02-06 发布　　2023-08-06 实施

国家能源局　发布

目 次

前　言

本文件按照 GB/T 1.1—2020《标准化工作导则　第 1 部分：标准化文件的结构和起草规则》的规定起草。

本文件由中国石油化工集团有限公司提出。

本文件由能源行业地热能专业标准化技术委员会归口。

本文件起草单位：中国石化集团新星石油有限责任公司、中国石油化工股份有限公司华北油气分公司石油工程技术研究院、北京市生态地质研究所、中石化绿源地热能开发有限公司、中国地质大学（武汉）、中国石油天然气股份有限公司辽河油田分公司、新乡市万和过滤技术股份公司。

本文件主要起草人：张海雄、斯容、李成嵩、赵丰年、赵磊、许振华、彭新明、宋玉太、窦斌、王培义、张海涛、袁明叶、孙彩霞、马永超、张沁瑞、周国庆、常城。

本文件为 2023 年首次发布。

地热废弃井及长停井处置规范

1 范围

本文件规定了地热废弃井及长停井的术语与定义、处置风险分类、封堵作业的目的、封堵井筒结构、封井设计及工艺方法、质量检验、井口处置要求及资料存档要求。

本文件适用于地热能开发利用项目的地热废弃井及长停井的处置。

2 规范性引用文件

下列文件中的内容通过文中的规范性引用而构成本文件必不可少的条款。其中，注日期的引用文件，仅该日期对应的版本适用于本文件；不注日期的引用文件，其最新版本（包括所有的修改单）适用于本文件。

GB/T 11615 地热资源地质勘查规范

NB/T 10709 地热井钻完井工程验收规范

SY/T 5587.14 常规修井作业规程 第14部分：注塞、钻塞

3 术语与定义

下列术语和定义适用于本文件。

3.1

地热废弃井 geothermal abandoned well

按程序履行了报废审批手续或批准核销的永久性废弃的地热井。

3.2

地热长停井 geothermal long stop

无法正常生产，长期停止使用，但尚未履行报废或核销的地热井。

4 地热废弃井及长停井处置风险分类

地热废弃井及长停井处置风险分类见表1，单井评价时，有任何一项指标达到较高等级，则全井按照较高的等级确定风险。

表1 风险分类表

风险类别	评价准则	
	一类	二类
井口压力	0	0<井口压力<4MPa
是否含有油/气	不含油/气	含有油/气
层间干扰	层间不干扰，不存在层间窜	层间存在沟通，存在窜层

表 1　风险分类表（续）

风险类别	评价准则	
	一类	二类
有毒有害气体	无	有
目的层热突破现象	无	有

5　地热废弃井及长停井封堵作业的目的

地热井部分井段或全部井段的永久性封堵废弃或长停作业，主要措施是在井内适当层段注水泥塞，以防井筒中形成流体窜流通道，其目的在于保护热储层整体开发井网、限制地下流体的运移和保护地质环境。

6　封堵井筒结构

6.1　一类废弃井封堵井筒结构

6.1.1　一类废弃井应自下而上，分别封堵泵室段套管鞋下部井段、套管鞋上部井段和井口。

6.1.2　套管鞋下部和上部井段封堵的水泥塞长度应大于 50m；井口封堵的水泥塞长度应大于 100m。

6.1.3　一类地热井主要有三种完井方式：裸眼完井、滤水管完井和套管射孔完井，按照完井方式，推荐一类废弃井的封堵井筒结构分别如图 1、图 2 和图 3 所示。

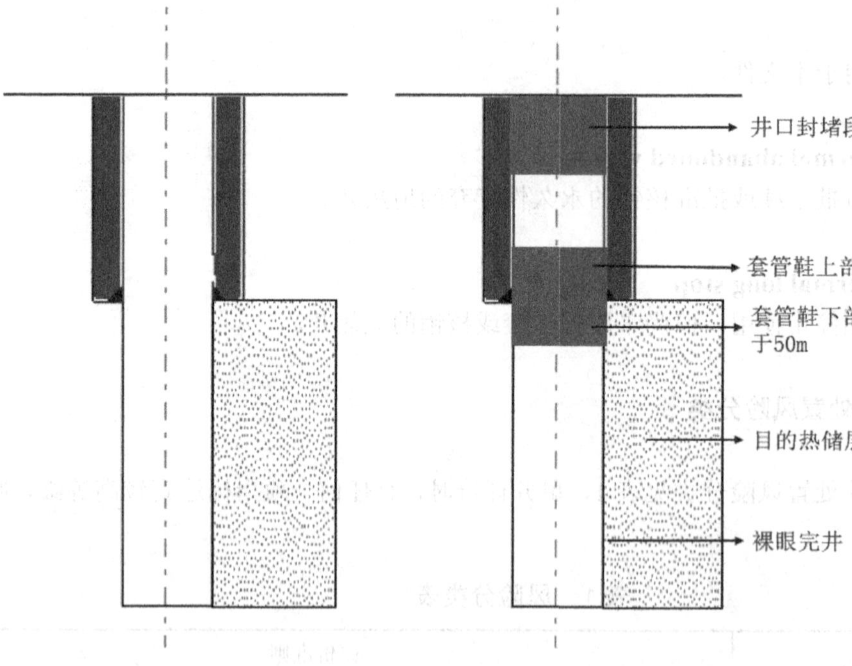

a）封堵前的井筒结构　　b）封堵后的井筒结构

图 1　一类废弃井裸眼完井方式的封堵井筒结构

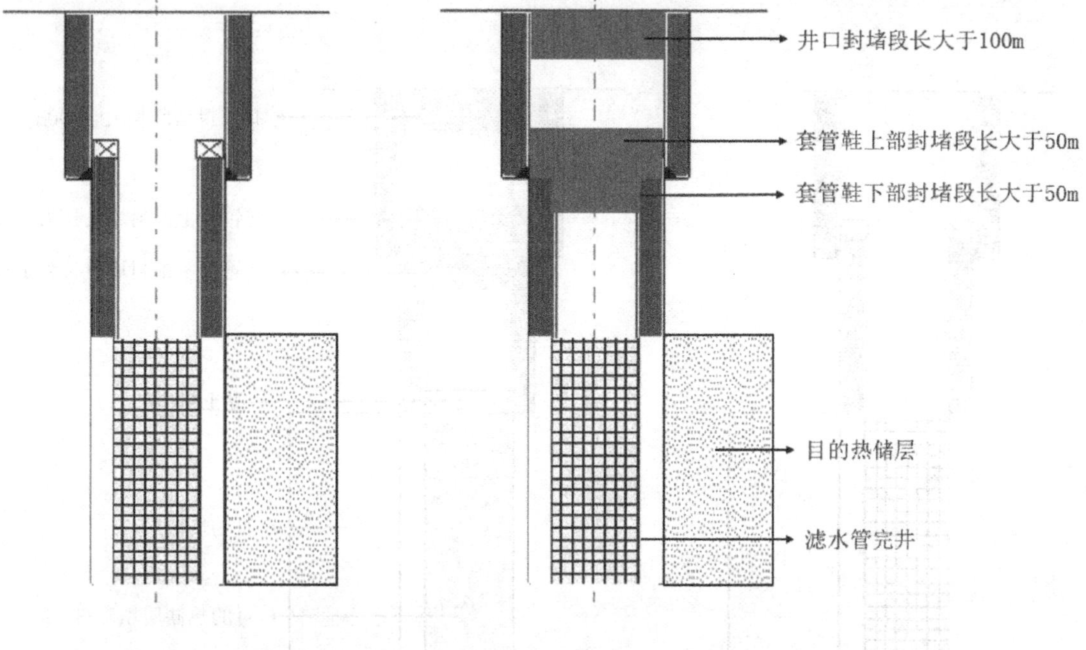

a）封堵前的井筒结构　　　　b）封堵后的井筒结构

图 2　一类废弃井滤水管完井方式的封堵井筒结构

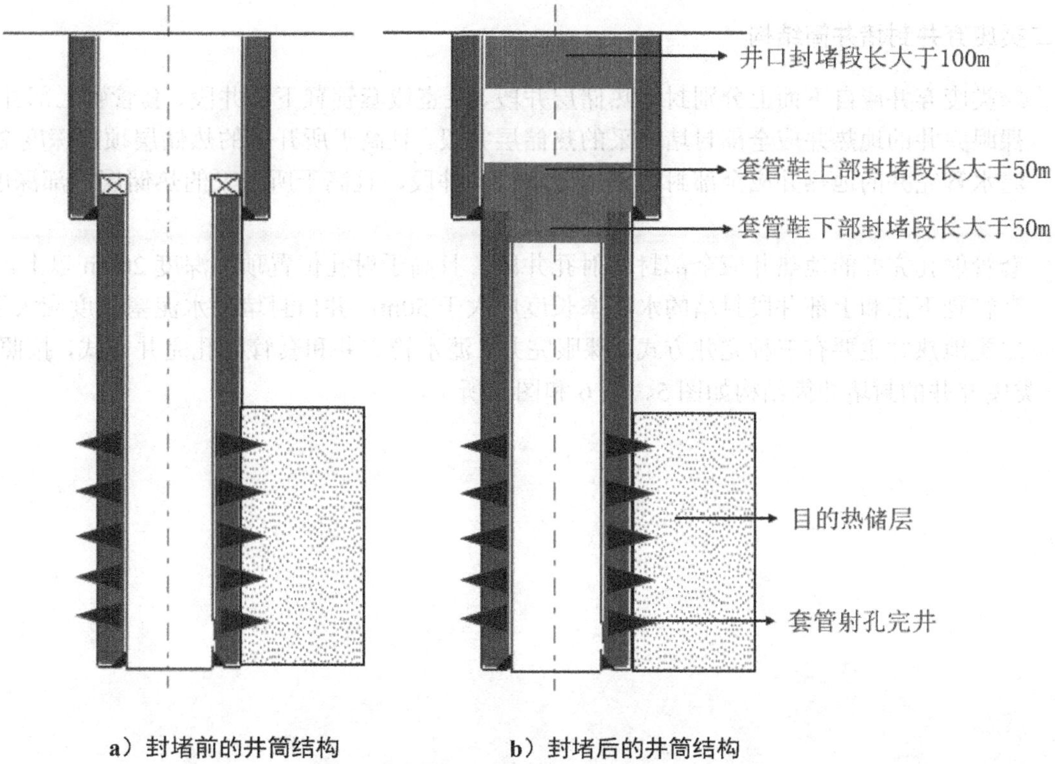

a）封堵前的井筒结构　　　　b）封堵后的井筒结构

图 3　一类废弃井套管射孔完井方式的封堵井筒结构

6.1.4 一类废弃井的目的热储层可采用无污染的砾料进行填砾并封堵目的热储层，填砾砾料应回填至热储层顶部，黏土层从热储层顶部回填，起到止水作用，黏土层段长应大于 50m，如图 4 所示。

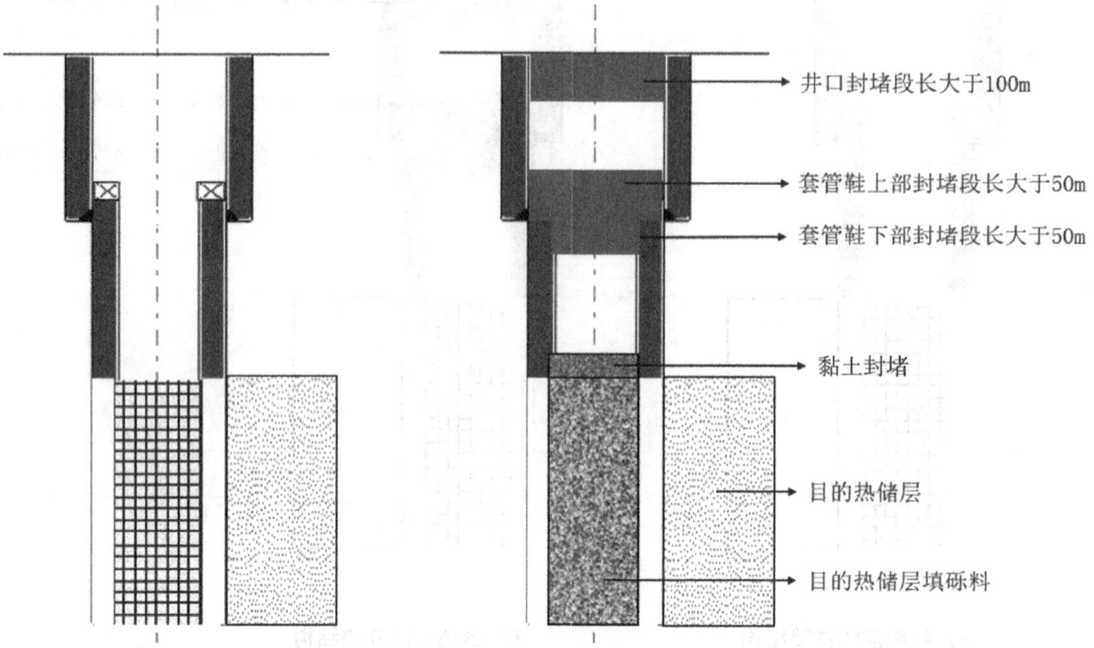

a）封堵前的井筒结构　　b）封堵后的井筒结构

图 4 一类废弃井热储层采用填砾工艺封堵的井筒结构

6.2 二类废弃井封堵井筒结构

6.2.1 二类废弃井应自下而上分别封堵热储层井段、泵室段套管鞋下部井段、套管鞋上部井段和井口。

6.2.2 裸眼完井的地热井应全部封堵开采的热储层井段，且高于所开采的热储层顶部深度 200m 以上。

6.2.3 滤水管完井的地热井应全部封堵采用滤水管的井段，且高于所开采的热储层顶部深度 200m 以上。

6.2.4 套管射孔完井的地热井应全部封堵射孔井段，且高于射孔位置顶部深度 200m 以上。

6.2.5 套管鞋下部和上部井段封堵的水泥塞长度应大于 50m；井口封堵的水泥塞长度应大于 100m。

6.2.6 二类地热井主要有三种完井方式：裸眼完井、滤水管完井和套管射孔完井方式，按照完井方式，推荐一类废弃井的封堵井筒结构如图 5、图 6 和图 7 所示。

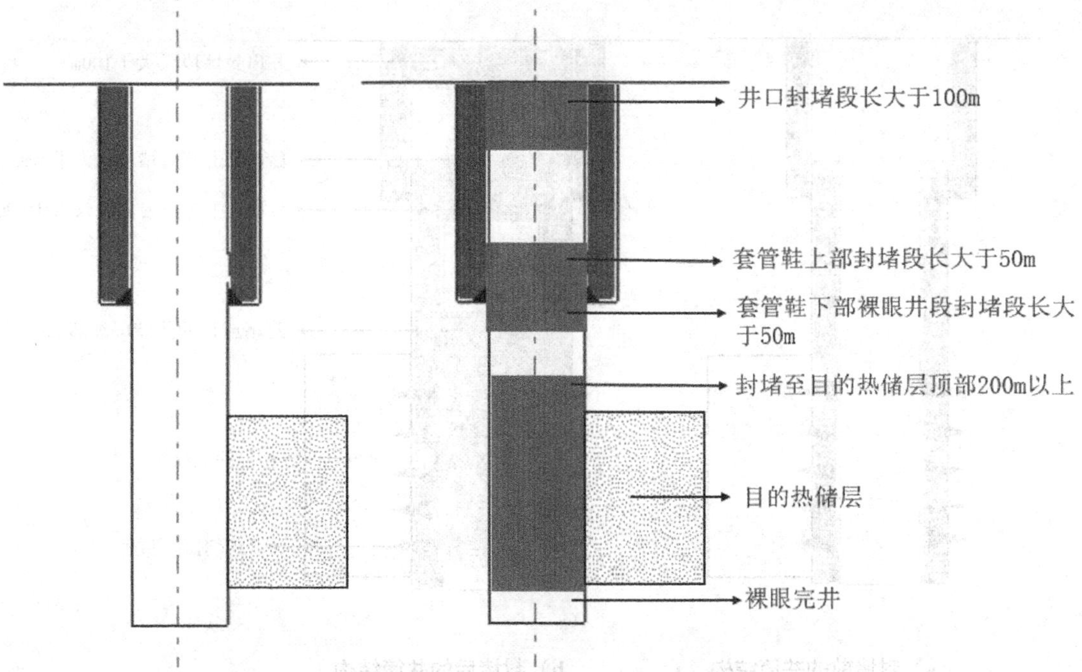

a）封堵前的井筒结构　　b）封堵后的井筒结构

图5　二类废弃井裸眼完井方式的井筒结构

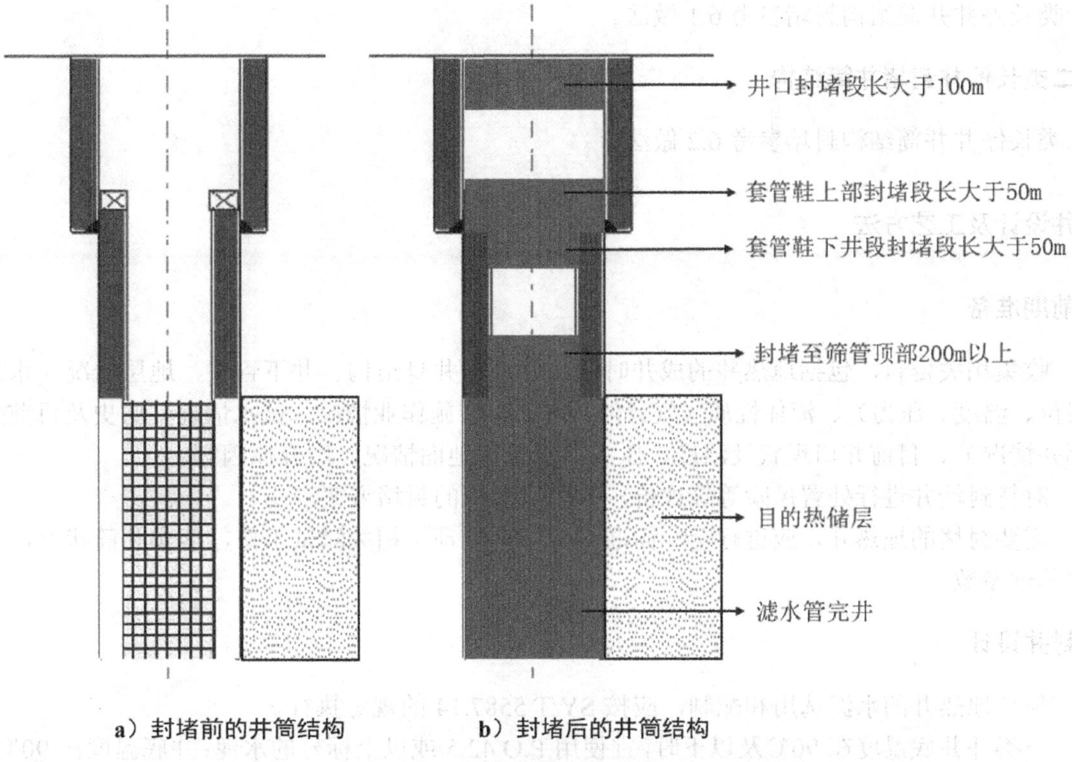

a）封堵前的井筒结构　　b）封堵后的井筒结构

图6　二类废弃井滤水管完井方式的井筒结构

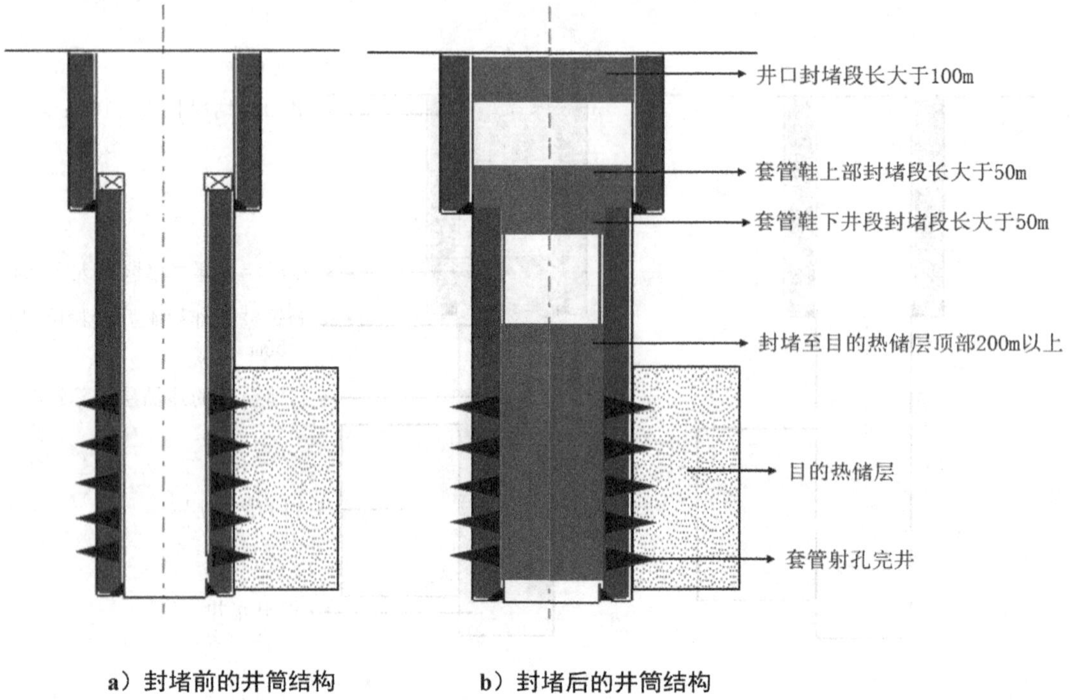

图 7　二类废弃井套管射孔完井方式的井筒结构

6.3　一类长停井封堵井筒结构

一类长停井井筒结构封堵参考 6.1 做法。

6.4　二类长停井封堵井筒结构

二类长停井井筒结构封堵参考 6.2 做法。

7　封井设计及工艺方法

7.1　前期准备

7.1.1　收集相关资料，包括地热井的成井时间、井型、井身结构、井下管柱、地层情况（水层分布、漏失层位、温度、压力）、流体性质（气、油、水）、措施作业情况、试水情况、历史及目前生产情况（含邻井情况）、目前井口现状及温度、压力、水量、地面情况、废弃原因等。

7.1.2　对待封堵井进行处置风险等级评价，并采取对应的封堵方案。

7.1.3　需要封堵的地热井，应进行全井筒通井、井下处理及相关测试工作，落实井筒状况，为封井设计提供基础参数。

7.2　封井设计

7.2.1　封堵地热井的水泥选用和配制，应按 SY/T 5587.14 的规定执行。

7.2.2　一类井井底温度在 90℃及以下时，宜使用 P.O 42.5 或以上标号的水泥；井底温度在 90℃以上时，宜使用 P.O 52.5 或以上标号的水泥，并加入抗温剂。

7.2.3　二类井应采用油气专用的 G 级水泥进行封堵；当井底温度大于 90℃时，应加入抗温剂。

7.2.4　单段封井水泥塞长度应大于 50m，井口水泥塞长度应大于 100m。

7.2.5 注水泥塞施工时，井内的静液柱压力应大于地层压力。难以实现静态平衡的高压地层或漏失地层可采用桥塞、膨胀封隔器、水泥承留器等一些机械工具进行挤注水泥浆。

7.2.6 一开次完钻的废弃地热井宜采用全井灌注水泥进行封堵。

7.2.7 周边存在采灌井干扰的废弃井封固前，应暂停周边干扰井的采水或回灌等作业，待地层压力稳定后，对可能存在井间干扰的层位进行挤注封堵。

7.2.8 封堵井的每个水泥塞均应探明准确位置，且要求试压合格。

7.2.9 封井设计要符合规定的健康、安全和环保要求。

7.3 封井方法

7.3.1 套管鞋封隔

7.3.1.1 顶替法

水泥塞在套管鞋上下的长度应大于 50m，如图 8 所示。

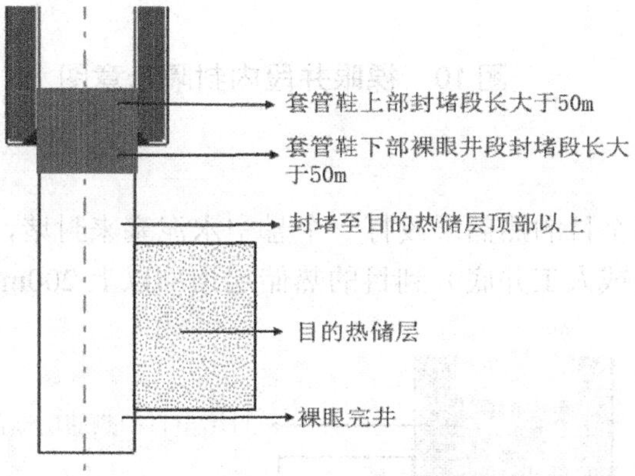

图 8 顶替法的水泥塞封堵裸眼井结构示意图

7.3.1.2 水泥承留器法

在套管鞋以上位置下一个水泥承留器，如图 9 所示，向水泥承留器下面挤水泥进行封堵，水泥浆的量应填满水泥承留器以下 50m 的裸眼井段，且留在水泥承留器上部的水泥塞长度应大于 50m。

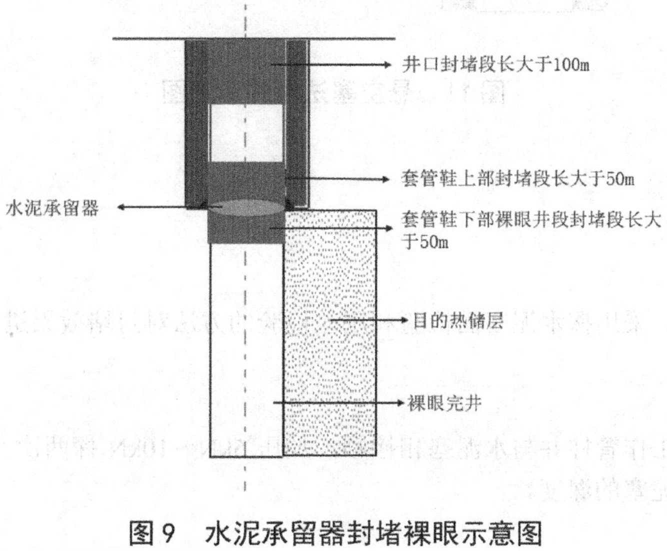

图 9 水泥承留器封堵裸眼示意图

7.3.2 裸眼井段内的封隔

7.3.2.1 裸眼井段悬空水泥塞，一类井水泥塞需包含全部应封堵目的热储层，水泥塞长度封堵至目的热储层顶部和底部各 50m 以上；二类井井筒内水泥塞应封堵至目的热储层以上 200m，如图 10 所示。

7.3.2.2 裸眼井段井壁垮塌，施工管柱无法下至待封井段的井，可在井壁垮塌位置以上裸眼井段挤注打水泥塞。垮塌深度较浅的井，从垮塌部位开始采取全井灌注水泥至井口进行封井。

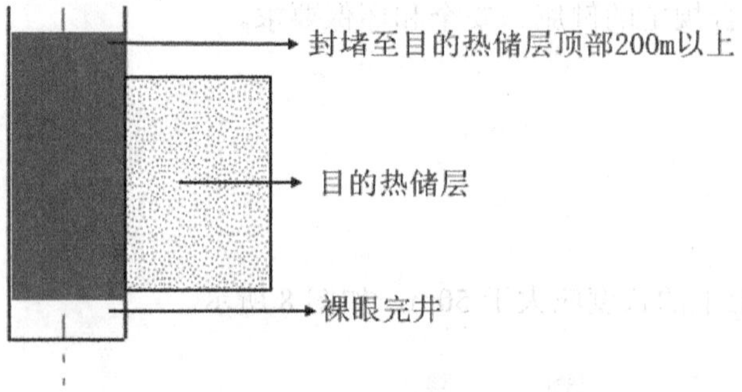

图 10 裸眼井段内封隔示意图

7.3.3 有套管井的封隔

有套管的井筒，应在整个目的热储层段打一个悬空水泥塞来封堵，如图 11 所示。水泥塞位置应从目的热储层底部以下 50m（或人工井底）到目的热储层顶部以上 200m。

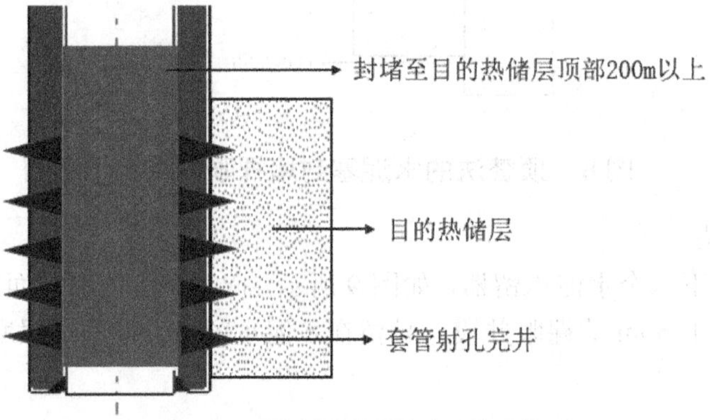

图 11 悬空塞法封井示意图

8 质量检验

8.1 检验方法

每个水泥塞凝固后，采用探水泥塞面检验和压差检验的方法对封堵效果进行检验。

8.2 探水泥塞面

使用油管、钻杆等工作管柱并与水泥塞相接触，加压 5kN～10kN 探两次。此时井内油管、钻杆等工作管柱的深度就是水泥塞的深度。

8.3 压差检验

用水泥塞封堵后,下管柱或者整井筒进行泵注加压，使井内液柱压力慢慢超过被水泥塞封堵层的压力 5MPa～10MPa，稳压观察 30min，压降不大于 0.5MPa，加压检验合格。

9 井口处置要求

9.1 不留井口

不要求保留井口的地热废弃井应在封井后，去掉井口装置和割掉一定深度的表层套管处理，并优先采用与成井资料相近的原状土进行回填，井盖覆土厚度不应低于当地冻土层厚度，且不得低于 1m，使土地能够再利用，视情况设置相应标识。

9.2 留存井口

9.2.1 要求留存井口的地热废弃井和长停井，完成封井后保留井口装置，井口装置应露出地面，并用厚度不低于 5mm 的圆形钢板焊牢，钢板面上应用焊痕标注井号和封堵日期，做好标识。

9.2.2 井口有压力和含气的地热井废弃井和长停井，封井后应安装简易井口，安装压力表和放气阀，做好标识，立碑、刻字、盖井口房，并定期进行监控、维护、保养。

10 资料存档要求

10.1 地热废弃井和长停井的作业工艺和封堵施工作业记录（井筒情况、管柱记录、套管的损害及修补记录、打水泥塞封堵记录、管柱结构等）应按要求的格式以永久性文件存档。

10.2 地热废弃井和长停井的建设单位应永久保存弃井作业的记录文件，并妥善管理，废弃井和长停井基本情况表可参照附录 A 的格式填写。

10.3 地热废弃井和长停井封堵工作完成后，应进行验收，验收时应提交以下资料：

a） 封井方案或施工设计书；

b） 施工记录；

c） 监理报告；

d） 隐蔽工程验收记录；

e） 见证取样试验记录；

f） 竣工验收报告。

10.4 验收合格的，可参照附录 B 的格式填写废弃井和长停井封井验收备案表。

10.5 验收不合格的，应采取补救措施。

附 录 A
（资料性）
废弃井/长停井基本情况

表 A.1 废弃井/长停井基本情况表

废弃井/长停井井号		废弃井/长停井类型	
省（自治区、直辖市）		地市	
区县		废弃井/长停井地址	
所属单位		建井时间	
联系人		联系电话	
废弃/长停原因		废弃/长停时间	
经度		纬度	
井管（筒）基本情况			

附：井管（筒）平面位置图、结构图等

备注：

1. 废弃井井号：按照成井时的井号填写。
2. 废弃井类型：一类或二类。
3. 省（自治区、直辖市）：废弃井所在省份（自治区、直辖市）名称，示例“河北省”。
4. 地市：废弃井所在的地级市名称（若为直辖市，则不填此项），示例“石家庄市”。
5. 区县：废弃井所在的区县名称，示例“正定县”。
6. 废弃井地址：区县名称+乡镇+村（街道），示例“正定县正定镇南牛乡南牛村向阳路兵营街1号”。
7. 所属单位：所属单位全称，无主的可填“无”。
8. 建井时间：××××年××月××日（尽可能精确）。
9. 联系人：联系人户口全名，如“张三”。
10. 联系电话：手机号、座机号等。
11. 废弃原因：说明废弃原因。
12. 废弃时间：××××年××月××日（尽可能精确）。
13. 经度：用度、分、秒表示，示例“119° 49′11″”。
14. 纬度：用度、分、秒表示，示例“119° 49′11″”。
15. 井管（筒）基本情况：包括废弃井管（筒）平面位置图、井筒高程、井管（筒）类型、结构图、水文地质条件、含水层结构特征、处理情况等。

附 录 B
（资料性）
废弃井/长停井封井验收备案

表 B.1 废弃井/长停井封井验收备案表

<table>
<tr><td>废弃井/长停井井号</td><td></td><td>联系人</td><td></td><td>电话</td><td></td></tr>
<tr><td>成井时间</td><td></td><td>经度</td><td></td><td>纬度</td><td></td></tr>
<tr><td>地下水类型</td><td></td><td>井深</td><td></td><td>封井回填日期</td><td></td></tr>
<tr><td>封井回填实施单位</td><td></td><td>建设单位</td><td colspan="3"></td></tr>
<tr><td>详细地址</td><td></td><td colspan="4"></td></tr>
<tr><td>封井回填方式</td><td></td><td colspan="4"></td></tr>
<tr><td>验收结论</td><td></td><td colspan="4"></td></tr>
<tr><td rowspan="3">相关单位意见</td><td>监理单位</td><td colspan="4">监理人（签字）： 日期：</td></tr>
<tr><td>施工单位</td><td colspan="4">项目负责人（签字）： 日期：</td></tr>
<tr><td>井权单位</td><td colspan="4">主管人员（签字）： 日期：</td></tr>
</table>

附：验收过程中形成的文档和影像资料

备注：

1. 废弃井编号：同附录 A。
2. 联系人：联系人户口全名，如“张三”。
3. 电话：手机号、座机号等。
4. 成井时间：××××年××月××日（尽可能精确）。
5. 经度：用度、分、秒表示，示例“119° 49′11″”。
6. 纬度：用度、分、秒表示，示例“119° 49′11″”。
7. 地下水类型：孔隙水、裂隙水、岩溶水等。
8. 井深：单位米（m），数字精确至小数点后 1 位。
9. 封井回填日期：××××年××月××日（尽可能精确）。
10. 封井回填实施单位：封井回填实施单位全称。
11. 建设单位：责任单位全称。
12. 详细地址：“省（自治区、直辖市）”+“地市”+“废弃井地址”。
13. 封井回填方式：根据实际情况，填写封井方式。
14. 验收结论：根据实际情况填写。

ICS 27.010
F 15
备案号：J2799-2020

NB

中华人民共和国能源行业标准

NB/T 10273—2019

地热供热站设计规范

Code for design of geothermal space heating station

2019-11-04 发布　　2020-05-01 实施

国家能源局　发布

中华人民共和国能源行业标准

地热供热站设计规范

Code for design of geothermal space heating station

NB/T 10273—2019

主编部门：中国石化集团新星石油有限责任公司

批准部门：国　家　能　源　局

施行日期：2020 年 05 月 01 日

中国石化出版社

2019　北　京

国家能源局

公告

2019年　第6号

依据《国家能源局关于印发〈能源领域行业标准化管理办法（试行）〉及实施细则的通知》（国能局科技〔2009〕52 号）有关规定，经审查，国家能源局批准《水电工程电法勘探技术规程》等384项行业标准，现予以发布。

附件：行业标准目录

国家能源局

2019年11月04日

附件：

行业标准目录

序号	标准编号	标准名称	代替标准	采标号	批准日期	实施日期
……						
50	NB/T 10273—2019	地热供热站设计规范			2019-11-04	2020-05-01
……						

目　次

前　言

本规范根据国家能源局《关于印发2017年能源领域行业标准制（修）订计划及英文版翻译出版计划的通知》（国能综通科技〔2017〕52号）的要求，由中国石化集团新星石油有限责任公司、中国石油工程建设有限公司华北分公司会同有关单位共同编制完成。

本规范共分11章，主要内容有：总则、术语、基本规定、供热站布置、工艺系统、监测和控制、供热站管道、防垢、防腐及保温、公用工程、环境保护、化验和检修等。

本规范由能源行业地热能专业标准化技术委员会提出并归口，中国石化集团新星石油有限责任公司和中国石油工程建设有限公司华北分公司负责具体技术内容的解释。本规范在执行过程中，如发现需要修改或补充之处，请将意见和建议寄交中国石化集团新星石油有限责任公司（地址：北京市海淀区北四环中路263号；邮政编码：100083），以供修订时参考。

本规范主编单位、参编单位、主要起草人和主要审查人：

主编单位：中国石化集团新星石油有限责任公司
中国石油工程建设有限公司华北分公司

参编单位：胜利油田森诺胜利工程有限公司
中信建筑设计研究总院有限公司
天津大学

主要起草人：李宏武　樊梦芳　赵丰年　刘亮德　陈焰华　何建东　刘中平
许　豪　张　焱　李希华　李　云　闻利华　张同秀　黄圆圆
雷建平　胡　磊　赵　军　许文杰　金光彬　李　昊　王　琦
经秋霞　马春红

主要审查人：周航兵　王剑波　况国华　陈情来　胡　达　郑晓菲　付　伟
陈必亮

本规范于2019年首次发布。

1 总则

1.0.1 为规范地热供热站设计，使其技术先进、安全可靠、节约能源、保护环境、经济合理，制定本规范。

1.0.2 本规范适用于以水热型地热井提取地热水为热源，供热介质为热水的新建、改扩建地热供热站的设计。

1.0.3 地热供热站的设计除应符合本规范外，尚应符合国家现行相关标准的规定。

2 术语

2.0.1 地热梯级利用 **geothermal energy cascade utilization**

将不同温度要求的用热设备串联运行，由高温到低温逐级利用地热水的热能的方式。

2.0.2 地热有效利用率 **geothermal effective utilization ratio**

地热水进出地热供热站总温降与相对于室内供暖设计温度的极限换热温降的比值。

2.0.3 换热端差 **terminal temperature difference of a heat exchanger**

换热器一次侧进水温度与二次侧出水温度之差或一次侧出水温度与二次侧进水温度之差。

2.0.4 换热器供热系统 **heating system with a heat exchanger**

采用换热器将地热水与供热循环水换热的供热系统。

2.0.5 热泵中间循环系统 **intermediate circulation heating system integrated with a heat pump**

由换热器、循环水泵、补水定压等设施及管道组成，将中介水与地热水换热，为热泵蒸发器提供热量的系统。

2.0.6 热泵供热系统 **heat pump heating system**

采用热泵直接或通过热泵中间循环系统间接提取地热水热能加热供热循环水的供热系统。

3 基本规定

3.0.1 地热供热站的设置应统筹考虑地热资源、钻井工程和地面工程，经技术经济论证后确定。

3.0.2 地热供热站应依据区域总体规划和供热规划进行设计，供热范围应通过技术经济比较确定，做到远近结合，以近期为主。

3.0.3 地热供热站设计应取得经核实的建筑物供暖、通风、空调、生活热水设计热负荷，并应取得所在地的地热水水质、气象、地质、水文和电力等有关基础资料。

3.0.4 对在原锅炉房改建并以原有锅炉作为调峰热源的供热站，应取得原有工艺设施的原始资料和运行参数，并应合理利用原有建（构）筑物、设备和管道，同时应与原有供热系统、设备和管道的布置、建（构）筑物形式相协调。

3.0.5 地热供热站宜按照地热梯级利用的原则进行设计。

3.0.6 设计调峰热负荷宜根据当地气象条件、地热有效利用率、技术经济等因素确定，调峰热负荷宜占总热负荷的20%～40%。

3.0.7 地热供热站宜按无人值守站进行监测、控制和视频监控设计，实现负荷预测、自动调节、按需供热。

3.0.8 地热供热站的设计应考虑实施地热供热对环境的影响，并根据影响程度采取减轻废气、废水、固体废弃物和噪声对环境影响的有效措施。

3.0.9 经过热能利用后的地热水应科学回灌

4 供热站布置

4.1 站址选择

4.1.1 供热站位置宜靠近热负荷中心，宜减少噪声和振动对周围建筑的影响。
4.1.2 地热供热站的选址宜有利于降低地热钻井成本和减小地热水输送距离。
4.1.3 供热站位置应满足工艺、运输、管理和设备管线布置合理等综合要求。

4.2 建（构）筑物及场地布置

4.2.1 各建（构）筑物与场地的平面布置和空间组合，应紧凑合理、功能分区明确，并应满足工艺流程顺畅、安全运行、方便运输、有利安装和检修的要求。
4.2.2 分期建设的地热供热站总体布置宜留有扩建空间。
4.2.3 控制室宜布置在采光较好、噪声和振动影响较小的位置。
4.2.4 地热供热站的净空高度应满足设备安装和检修时起吊搬运的要求。
4.2.5 地热供热站内的构筑物基础顶面标高应至少高出周围地坪 0.15m。
4.2.6 排水沟应设置盖板，宽度不宜小于 350mm；起坡深度不宜小于 200mm，坡度不宜小于 1%。
4.2.7 砂岩热储的地热供热站宜设置沉砂池。

4.3 工艺布置

4.3.1 工艺系统布置应确保设备安装、操作运行、维护检修的安全和方便，并应使各种管线流程短、结构简单，使场地和建筑物内的空间使用合理、紧凑。
4.3.2 换热器、热泵机组的布置应留有检修场地。
4.3.3 站内操作地点和通道的净空高度不应小于 2m，并应符合起吊设备操作高度的要求。
4.3.4 站内设备与周边建（构）筑物及设备的净距应符合下列要求：

a）站房主要通道宽度不宜小于 1500mm；
b）设备安装完管道、阀门和电缆后，检修通道不应小于 800mm；
c）板式换热器基础间净距不宜小于 1000mm，水泵基础间净距不宜小于 700mm，当考虑就地检修时一侧应留有大于水泵机组宽度加 0.5m 的通道；
d）其余设备基础间净距、基础与墙柱净距不宜小于 800mm；
e）热泵机组与其上方管道、烟道或电缆桥架的净空高度不宜小于 1000mm。

5 工艺系统

5.1 地热水系统

5.1.1 地热水系统应采用闭式系统，应与终端用热设备间接连接。
5.1.2 地热水系统设计地热有效利用率不宜低于 65%，地热有效利用率应按式（5.1.2）计算：

$$\eta=\frac{t_i-t_o}{t_i-t_n} \quad \cdots\cdots\cdots\cdots (5.1.2)$$

式中：

η——地热有效利用率；
t_i——地热水进站设计温度，℃；
t_o——地热水出站设计温度，℃；

t_n——室内供暖设计温度，℃。

5.1.3 地热水系统供热负荷可按下列公式计算：

5.1.3.1 换热器供热系统负荷

$$Q_1=\frac{G}{3.6}c(t_1-t_2) \quad \cdots\cdots (5.1.3\text{-}1)$$

式中：

Q_1——换热器供热系统负荷，kW；

G——地热水流量，t/h；

c——水的比热容，kJ/(kg·℃)；

t_1——地热水进换热器温度，℃；

t_2——地热水出换热器温度，℃。

5.1.3.2 热泵供热系统负荷

$$Q_2=\frac{G}{3.6}c(t_3-t_4)\frac{COP}{COP-1} \quad \cdots\cdots (5.1.3\text{-}2)$$

式中：

Q_2——热泵供热系统负荷，kW；

t_3——地热水进热泵供热系统温度，℃；

t_4——地热水出热泵供热系统温度，℃；

COP——热泵制热性能系数。

5.1.4 地热水进、出站阀组及设备的设置应符合下列规定：

a） 每条地热水进、出站管道上应设置阀门，阀门应为双向密封型，且不应采用对夹式阀门；

b） 当两条以上单井管线在站内汇集时，宜设置地热水分集水器，分集水器的筒体断面流速宜为0.5～1.0m/s；

c） 当地热井井身结构和储层条件允许采、灌井互换时，单井进、出站管路的连接方式宜能实现采、灌切换功能；

d） 单井管线宜在站内设置回扬排水旁路。

5.1.5 地热水系统应设置除砂设施，除砂设施应符合下列规定：

a） 应设置于地热水进换热器前，对于出水含砂量容积比大于1/20000的地热井，应先在井口进行一次除砂；

b） 宜选用承压运行、排砂方便、压降小的除砂设备，除砂精度不应低于0.5mm；

c） 可不设备用，其总处理能力不应低于设计地热水进站流量，台数组合应能适应负荷变化规律，并满足低负荷运行要求；

d） 排砂口应采用耐固体颗粒或耐磨性能好的阀门。

5.1.6 地热水系统宜设置气水分离设施，气水分离设施应符合下列规定：

a） 宜设置于回灌过滤设施前，当地热水含有易燃易爆气体时，应在进站前的安全区域进行一次气水分离；

b） 可不设备用，其总处理能力不应低于设计地热水进站流量；

c） 应具有自动排气功能，且应考虑防腐措施。

5.1.7 地热水系统应设置回灌过滤设施，回灌过滤设施应符合下列规定：

a） 对灰岩型热储层，回灌过滤精度应达到50μm；

b） 对砂岩型热储层，回灌过滤精度应达到5μm；

c） 对砂岩型热储层，当设置两级过滤时，粗过滤的过滤精度应根据测定的地热水悬浮颗粒粒度分布确定；

d） 每级过滤器的过滤单元均不应少于 2 个，当其中 1 个停止运行时，其余过滤单元的处理能力不应小于设计地热水出站流量；

e） 过滤器宜具有自动反冲洗功能；

f） 过滤器应考虑防腐措施，耐温应满足进入的地热水最高温度要求。

5.1.8 当回灌井需要加压回灌时，地热水系统应在回灌过滤设施后设置加压泵，加压泵的选择应符合下列要求：

a） 加压泵宜采用离心泵，台数不应少于 2 台，其中 1 台备用；

b） 加压泵宜选用调速泵，承压性能应满足其最高工作压力要求；

c） 运行加压泵的总流量不应小于设计地热水出站流量的 1.1 倍；

d） 加压泵的扬程不应小于在设计地热水出站流量下按式（5.1.8）的计算结果：

$$H = 0.1(P_i + \Delta P - p) + \Delta h \quad \cdots\cdots\cdots\cdots (5.1.8)$$

式中：

H —— 加压泵计算扬程，m；

P_i —— 回灌井井口压力，kPa；

ΔP —— 回灌管线阻力损失，kPa；

Δh —— 回灌管线终点与加压泵出口的高程差，m；

p —— 加压泵最低进口压力，kPa。

5.1.9 回灌过滤设施的每级过滤器和回灌加压泵均应设置地热水过流旁路。

5.1.10 换热器上游的地热水管道上应设置过滤器，过滤器的滤网网孔不宜低于 30 目。

5.1.11 地热水系统应设有用于在非供暖季淡水冲洗并充水保养的注水、排水、排气管路。

5.2 热泵中间循环系统

5.2.1 热泵中间循环系统的设置应根据地热水水质条件确定。

5.2.2 热泵中间循环系统应采用闭式循环。

5.2.3 热泵中间循环系统换热器的配置应符合下列规定：

a） 换热器台数不宜少于 2 台，可不设备用；

b） 换热器的设计换热负荷应按热泵所需热源负荷的 1.15～1.25 倍来设计。

5.2.4 热泵中间循环系统换热器的选择应符合本规范 5.3.3 条的有关规定。

5.2.5 热泵中间循环系统中介水进出蒸发器的温差宜为 8℃～10℃，进蒸发器的水温应尽可能高，但不应高于热泵机组允许的蒸发器最高进水温度限值。

5.2.6 热泵中间循环系统换热器应设置地热水侧流量调节旁路，并宜自动调节换热器中介水出水温度。

5.2.7 热泵中间循环系统的循环泵宜设置在板式换热器进口侧，其配置应符合下列规定：

a） 运行循环泵的台数宜与热泵机组台数相同，另应有 1 台备用泵，但总台数不宜多于 4 台；

b） 运行循环泵的总流量不应小于热泵机组在额定负荷下的热源水需要量的 1.1 倍；

c） 循环泵的扬程不应小于换热器、热泵机组蒸发器、中间循环管路的阻力损失之和。

5.2.8 热泵蒸发器进水口处应装设过滤器，过滤器的滤网网孔不宜低于 30 目。

5.2.9 热泵中间循环系统应设置补水定压，补水定压点宜设置在循环泵的进口侧，补水定压可利用供暖系统的低区补水定压设施。

5.2.10 热泵中间循环系统的补水水质硬度不应高于 3mmol/L，当超过时应与供热热水系统统一考虑补水软化处理设施。

5.3 供热热水系统

5.3.1 供热热水温度的确定应符合下列规定：

a） 用户末端采用地面辐射供暖时，供水温度宜采用35℃～45℃，供回水温差不宜大于10℃且不宜小于5℃；

b） 用户末端采用风机盘管供暖时，供水温度宜采用40℃～50℃，供回水温差不宜大于10℃且不宜小于5℃；

c） 用户末端采用散热器供暖的系统，供水温度宜采用55℃～65℃，供回水温差不宜大于20℃且不宜小于10℃；

d） 用户为下级供热站时，供回水温度应使其与地热水的传热温差满足本规范第5.3.3条第d）款的规定，并经技术经济对比确定。

5.3.2 供暖换热器的配置，应符合下列规定：

a） 换热器的总台数不宜多于4台且不应少于2台；

b） 换热器的设计换热负荷应在换热器供热系统设计热负荷的基础上乘以1.15～1.25的附加系数；

c） 当一台换热器停止工作时，剩余换热器的设计换热负荷在寒冷地区不应低于换热器供热系统设计热负荷的65%，在严寒地区不应低于换热器供热系统设计热负荷的70%。

5.3.3 供暖换热器的选择，应符合下列规定：

a） 供暖换热器宜采用可拆板式换热器，当地热流体参数超过可拆板式换热器承压或耐温上限时，可采用管壳式换热器，且地热流体宜走管程；

b） 与地热流体接触的换热板片或换热管的材料宜根据实际地热流体的腐蚀挂片试验确定；不具备条件时，不锈钢材料可根据其工作温度和氯离子含量按表5.3.3选择；当不锈钢不能满足要求时，可选择钛材质；

表5.3.3 几种不锈钢适用的地热流体中最高氯离子含量 单位：mg/L

不锈钢牌号	工作温度			
	25℃	50℃	75℃	100℃
304/304L	100	75	40	<20
316/316L	400	180	120	50
904L	1000	500	250	130
254SMO	5000	1800	750	400

c） 板式换热器的密封垫片应采用免粘接固定方式，密封垫片材料应满足地热流体温度要求；当地热流体含油时，密封垫片应采用耐油橡胶材料；

d） 在确定换热器的设计参数时，板式换热器的换热端差不宜小于2℃，板式换热器板间流速宜控制在0.4m/s～0.5m/s；管壳式换热器的换热端差不宜小于5℃。

5.3.4 生活热水换热器的选择应根据地热梯级利用工艺确定，当采用容积式水加热器时应符合下列规定：

a） 其结构设计应便于清除换热管内外水垢；

b） 换热管的材料选择应符合本规范5.3.3条第b）款的规定；

c） 设计小时供热量的确定应符合现行国家标准GB 50015《建筑给水排水设计规范》的有关规定。

5.3.5 热泵机组的选择，应符合下列规定：

a） 热泵机组的选型应与设计热源水温度和供热热水温度相匹配；

b） 热泵机组应具有优良的调节性能，适应供热负荷变化规律，并满足低负荷运行要求；

c） 当地热流体温度≥90℃时，可选用热水型吸收式热泵。

d） 压缩式热泵机组的类型宜按表 5.3.5 中的制热量范围，经技术经济对比后确定。

表 5.3.5 压缩式热泵的制热量范围

单机名义工况制热量（kW）	热泵机组压缩机类型
<1900	螺杆式
1900～3600	螺杆式或离心式
≥3600	离心式

5.3.6 调峰热源设备的配置，应符合下列规定：

a） 调峰热源设备宜通过技术经济对比确定，可选用压缩式热泵、热水型吸收式热泵、燃气吸收式热泵、热水锅炉或多种设备的组合；

b） 调峰热源设备的总装机容量不应小于设计调峰热负荷；

c） 调峰热源设备的台数应根据热负荷调节要求以及设备的类型、规格和性能特点综合确定。

5.3.7 当采用热水锅炉作为调峰热源设备时，锅炉及其配套设施的设计应符合现行国家标准 GB 50041《锅炉房设计规范》的有关规定。

5.3.8 供热热水系统循环水泵、补水定压装置及补水水质应符合现行行业标准 CJJ 34《城镇供热管网设计规范》的有关规定。

5.3.9 供热热水系统循环水泵的进、出口母管之间，应装设带止回阀的旁通管，旁通管截面积不宜小于母管的 1/2；在进口母管上，应装设除污器和安全阀，除污器的滤网网孔宜为 30 目，安全阀宜安装在除污器出水一侧。

5.3.10 供热管网分为 2 个以上区域管网时，供热热水系统宜设分水器和集水器。

5.3.11 供热热水系统与站外供热管网之间应设阀门，阀门应为双向密封型，且不应采用对夹式阀门。

6 监测和控制

6.1 监测

6.1.1 地热供热站系统装设监测参数的仪表，应符合表 6.1.1 的规定。

表 6.1.1 地热供热站装设监测参数的仪表

监测项目	指示	积算
地热井井口温度	√	—
地热井井口压力	√	—
单井地热水流量	√	√
供热热水系统供、回水总管压力	√	—
供热热水系统供、回水总管温度	√	—
供热热水系统回水总管流量	√	√
热泵机组蒸发器进、出口温度	√	—
热泵机组蒸发器进、出口压力	√	—
热泵机组冷凝器进、出口温度	√	—
热泵机组冷凝器进、出口压力	√	—
换热器一二次侧进、出口温度	√	—
换热器一二次侧进、出口压力	√	—

表 6.1.1（续）

监测项目	指示	积算
分、集水器温度	√	—
分、集水器压力（或压差）	√	—
水泵进、出口压力	√	—
过滤器前后压差	√	—
地热井水位	√	—
水箱液位	√	—
气水分离器液位	√	—

注：表中符号："√"为需装设，"—"为可不装设。

6.1.2 地热供热站装设的报警信号，应符合下列规定：

a） 补水箱的液位应设置超高液位警报、超低报警及超低低报警；

b） 气水分离器应设置超高及超低液位警报；

c） 地热井水位应设置超低报警及超低低报警。

6.1.3 地热供热站应计量下列项目，以满足经济核算的需求：

a） 单井地热水流量；

b） 地热供热站总耗电量，热泵机组及水泵耗电量宜设置单独计量；

c） 供热系统的供热量；

d） 供热系统补水量；

e） 燃料的消耗量。

6.1.4 供热站应设置通信设施，通信设施的设置应满足现行国家和行业标准的要求。

6.2 控制

6.2.1 地热供热站宜设置集中控制系统。

6.2.2 地热供热站宜设置气候补偿，根据室外环境温度调节供热输出负荷。

6.2.3 地热水系统宜设置地热水流量自动调节装置。

6.2.4 热泵中间循环系统的换热器一次侧进出水管间应设置自动调节装置，并根据换热器二次侧出口温度自动调节。

6.2.5 热泵机组、回灌过滤装置自带控制系统，系统应预留上传集中控制系统的数据通信接口。

6.2.6 当供热系统有 2 台及以上热泵机组时，热泵机组宜采用总回水温度来控制热泵机组运行台数；当仅采用热泵供热系统供热时，热泵机组宜采用由热负荷优化控制运行台数的方式。

6.2.7 地热井井泵和供热热水系统循环水泵宜采用变频控制装置。

6.2.8 地热供热站的联锁保护应符合下列规定：

a） 当地热井水位超低低时，联锁关闭地热井井泵。

b） 供热热水系统的联锁保护按现行行业标准 CJJ 34《城镇供热管网设计规范》相关规定执行。

6.2.9 对可能存在易燃易爆、有毒有害气体泄漏的供热站，应设置易燃易爆、有毒有害气体探测器，且探测器应与事故通风系统的通风机联锁，并应在工作地点设有声、光等报警状态的警示。

7 供热站管道

a） 应便于安装、操作和检修；

b） 管道宜沿墙和柱敷设；

c） 管道不应妨碍门、窗的启闭；

d） 应满足装设仪表的要求；

e） 管道布置宜短捷、整齐。

7.0.2 地热水管道、排气管道及其附件应满足下列要求：

a） 应根据介质化学成分，按其腐蚀性、结垢等特点，选用安全可靠的管道材料，并宜采用金属材料；

b） 阀门密封面应采用耐腐蚀材料，可能发生结垢的管线上宜采用蝶阀；

c） 管道及其附件应采用焊接连接或法兰连接；采用法兰连接时，应选用突面法兰，垫片应采用耐腐蚀材料。

7.0.3 供热热水管道管材、管道附件的选用应符合现行行业标准 CJJ 34《城镇供热管网设计规范》的有关规定。

7.0.4 补水水处理设备的进水管线，不宜采用碳钢管材。

7.0.5 并联工作的换热器、热泵的连接管路宜按同程连接设计。

7.0.6 管道与设备连接时，在靠近设备接口处应装设阀门；管道与泵连接时，应采用挠性接头。

7.0.7 换热器的低位接口法兰与阀门之间，应设泄水口，并安装泄水阀门。

7.0.8 排污管道应减少弯头，保证排污畅通。

7.0.9 地热水气水分离设备的排气管道应直通室外，排气管道上返处应设排水口，并在排水管上安装阻气疏水阀。

7.0.10 热泵中间循环系统管道的高点，应装设放气阀。

7.0.11 安全阀后应设泄压管，两个独立设置的安全阀的泄压管不应相连；安全阀泄压管排放口应避开操作地点和人员通道，热泵机组制冷剂安全阀泄压管应接至室外安全处。

7.0.12 管道的温度变形应充分利用管道的转角管段进行自然补偿；当自然补偿不能满足要求时，应设置补偿器。

7.0.13 管道支、吊架的设计，应计入管道、阀门与附件、管内水、保温结构等的重量以及管道热膨胀而作用在支、吊架上的力。

7.0.14 供热站金属管道的设计尚应符合现行行业标准 CJJ 34《城镇供热管网设计规范》和 CJJ 28《城镇供热管网工程施工及验收规范》的相关规定。

8 防垢、防腐及保温

8.1 防垢

8.1.1 地热供热站防垢设计中应依据水质分析报告判断地热水的结垢性。

8.1.2 地热水的结垢性宜按雷兹诺指数（*RI*）和拉申指数（*LI*）判定。当地热水中氯离子（Cl^-）占总阴离子的摩尔分数小于或等于 25%时，宜按雷兹诺指数判定地热水的结垢性；当地热水中氯离子（Cl^-）占总阴离子的摩尔分数大于 25%时，宜按拉申指数判定地热水的结垢性。雷兹诺指数和拉申指数的计算方法以及地热水结垢性的判定应符合现行行业标准 CJJ 138《城镇地热供热工程技术规程》中的有关规定。

8.1.3 当地热水具有结垢性时，应对与地热水直接接触的管道和设备采取防垢措施。防垢措施可采取下列措施之一或同时采取多种：

a） 增压法；

b） 防垢涂层法；

c） 物理场防垢法。

8.2 防腐

8.2.1 地热供热站防腐设计中应依据水质分析报告判断地热水的腐蚀性。

8.2.2 地热水的腐蚀性宜按拉申指数判定，地热水腐蚀性的判定应符合现行行业标准 CJJ 138《城镇地热供热工程技术规程》的相关要求。

8.2.3 当地热水具有腐蚀性时，应对与地热水直接接触的管道和设备采取防腐措施。防腐措施可采取下列措施之一或同时采取多种：

a） 采用防腐材料；

b） 采用防腐涂层；

c） 系统隔绝空气。

8.2.4 地热水系统不应采用添加化学药剂的防腐处理方法。

8.2.5 设备和管道的外防腐应按现行国家标准 GB 50041《锅炉房设计规范》的相关规定执行。

8.3 保温

8.3.1 地热水管道、供热热水管道、中介水管道应采取保温措施；换热器上游的设备应采取保温措施。

8.3.2 保温材料及其制品的选择应符合下列要求：

a） 宜采用成型制品；

b） 主要物理化学性能应符合现行国家标准 GB 50264《工业设备及管道绝热工程设计规范》中的相关规定；

c） 在保温材料及其制品的物理化学性能满足要求的前提下，应优先选用导热系数低、密度小、价格低廉、施工方便、便于维护的保温材料；

d） 当地热水温度高于 100℃时，保温材料及其制品应选择不低于现行国家标准 GB 8624《建筑材料及制品燃烧性能分级》规定的 A2 级材料；当地热水温度小于或等于 100℃时，保温材料及其制品应选择不低于现行国家标准 GB 8624《建筑材料及制品燃烧性能分级》规定的 C 级材料。

8.3.3 保温层厚度的确定应综合考虑工艺要求和经济性，其具体计算方法可参考现行国家标准 GB 50264《工业设备及管道绝热工程设计规范》和 GB/T 4272《设备及管道绝热技术通则》的相关部分。

9 公用工程

9.1 建筑结构

9.1.1 地热供热站火灾危险性分类和耐火等级应符合下列要求：

a） 未设置燃气（油）设施的地热供热站房属于戊类生产厂房；独立设置在地上时，耐火等级不应低于三级；独立设置在地下或半地下时，其耐火等级不应低于一级；附建在其他建筑物内时，其耐火等级应根据主体建筑的性质确定；

b） 设置燃气（油）设施的地热供热站房应符合现行国家标准 GB 50041《锅炉房设计规范》的有关规定。

9.1.2 地热供热站房的柱距、跨度及层高，在满足工艺要求的前提下，宜符合现行国家标准 GB 50006《厂房建筑模数协调标准》的有关规定。

9.1.3 地热供热站楼面、地面和屋面的活荷载，应根据工艺设备安装和检修的荷载要求确定，亦可按表 9.1.3 选取。

表 9.1.3 楼面、地面和屋面的活荷载

名　　称	活荷载（kN/m^2）
热泵主机房地面/楼面	10～15
变、配电室地面/楼面	10～15
控制室地面/楼面	7～10
屋面	0.5～1（机电设备安装处另外附加荷载）

9.1.4 地上站房的外门洞口尺寸应留有必要的净空，一般门洞口的净宽、净高应比产品、设备或运输工具的最大外廓尺寸大 300mm；地下或半地下式供热站的出入通道或预留设备吊装孔的尺寸应满足设备最大组件的运输要求，吊装孔四周应设防护栏杆。

9.1.5 地上站房应选用隔声性能良好的外窗，外窗开启方式宜采用平开，且开启扇宜设纱窗；开窗面积应满足通风和采光要求。

9.1.6 控制室、变压器室和高、低压配电室，不应设在潮湿的生产房间、淋浴间和卫生间的下方。

9.1.7 控制室在面向有噪声设备间的墙上开设观察窗时，应设置不可开启的隔声观察窗，观察窗一般采用单层或双层密闭窗。

9.1.8 地热供热站房内的热泵机组、水泵等振动较大的设备应采取减振和隔振措施。

9.1.9 地热供热站设备间的地面和设备基础应采用易于清洗的面层，地面应设有坡度。

9.1.10 穿越地上供热站基础底板和进出地下或半地下式供热站外墙的各种管道、电缆应预埋防水套管。

9.2 电气

9.2.1 地热供热站的供电负荷等级和供电方式，应根据工艺要求、热泵机组容量、用热负荷的重要性和环境特征等因素，按现行国家标准 GB 50052《供配电系统设计规范》的有关规定执行。

9.2.2 当地热供热站的用电设备总容量在 250kW 及以上时，宜采用高压供电。

9.2.3 地热供热站宜采用附建式变配电室或户外预装式变配电站，变配电设施应临近热泵机组等大型用电设备。

9.2.4 分散布置的地热井，采用低压供电时应进行线路电压损失校验，距离较远时宜设户外预装式变电站供电，如环境允许且变压器容量不大于 315kVA 时，可设杆上式变电站。

9.2.5 高、低压配电装置和干式电力变压器，设置在同一房间内，其配电设备的布置，应满足现行国家标准 GB 50053《20kV 及以下变电所设计规范》及 GB 50060《3kV～110kV 高压配电装置设计规范》的有关规定。

9.2.6 热泵机组的配电应采用放射式。当有数台热泵机组时，应按热泵机组为单元分组配电。

9.2.7 电气设备选型应充分考虑供热站高温、潮湿场所的特点和要求，当控制柜集中设置于专用控制室时，其防护等级不应低于 IP30；与主机、水泵等设备设置在同一空间时，其防护等级不应低于 IP55。

9.2.8 热泵机组功率小于 300kW 时，配线宜选择电缆；功率大于等于 300kW、小于 500kW 时，可根据实际情况选择电缆或密集母排；功率大于等于 500kW 时，宜选择密集母排。

9.2.9 单台热泵机组的输入功率大于 1200kW 时，应采用高压供电方式；输入功率大于 900kW 而小于或等于 1200kW 时，宜采用高压供电方式；输入功率大于 650kW 而小于或等于 900kW 时，可采用高压供电方式。

9.2.10 地热供热站泵房、控制室、配电室等房间地面人工照明标准照度值、显色指数及功率密度值，应符合现行国家标准 GB 50034《建筑照明设计规范》的有关规定。

9.2.11 地热供热站采用集中控制时，宜在远离操作屏的电动机旁设置事故停机按钮。

9.2.12 地热供热站应设事故照明装置，照度不宜小于 100 lx，测量仪表集中处应设局部照明。

9.2.13 电气线路宜采用穿金属管或电缆桥架布线，电缆敷设应满足现行国家标准 GB 50217《电力工程电缆设计规范》的有关规定；电气线路不应沿热力管道、热水箱和其他载热体表面敷设。

9.2.14 地热供热站站房电源进线处应设置总等电位联结，潮湿场所的房间应做局部等电位联结。

9.2.15 防雷接地应满足现行国家标准 GB 50057《建筑物防雷设计规范》的有关规定。

9.3 供暖通风

9.3.1 严寒及寒冷地区各生产房间生产时间的冬季室内计算温度，宜符合表 9.3.1 的规定。在非生产时间的冬季室内计算温度宜为 5℃。

表 9.3.1 各生产房间生产时间的冬季室内计算温度

房间名称		温度（℃）
主机房	经常有人操作时	12
	设有控制室，经常无操作人员时	5
水处理间		15
控制室、办公室、值班室		16～18

9.3.2 有设备散热的房间应进行热平衡计算，当其散热量不能满足本规范表 9.3.1 规定的冬季室内温度时，应设置供暖设备。

9.3.3 供热站房宜采用有组织的自然通风。当自然通风不能满足要求时，应设置机械通风。机械通风系统的通风量应符合下列规定：

a） 主机房换气次数不小于 6 次/h，水处理房间换气次数不小于 4 次/h；

b） 变配电室的通风量应按热平衡计算确定，排风温度不宜高于 40℃。

9.3.4 设置热泵机组的主机房应设置事故通风系统，事故通风系统的设计应符合下列规定：

a） 换气次数不小于 12 次/h；

b） 采用氟类工质的地热供热站事故排风口上沿距室内地坪的距离不应大于 1.2m。

9.3.5 设置燃气（油）设施的地热供热站的通风设计应符合现行国家标准 GB 50041《锅炉房设计规范》的有关规定。

9.4 给排水和消防

9.4.1 地热供热站的给水设计应符合现行国家标准 GB 50013《室外给水设计规范》和 GB 50015《建筑给水排水设计规范》的有关规定。

9.4.2 地热供热站设计用水量应根据补水量确定。

9.4.3 地热供热站的排水设计应符合现行国家标准 GB 50014《室外排水设计规范》和 GB 50015《建筑给水排水设计规范》的有关规定。

9.4.4 地热供热站应设置排水明沟；地下或半地下式供热站主机房和设备间排水明沟末端应设置集水坑，并应设置自动潜水排污泵。

9.4.5 地热供热站的消防设计，应按照现行国家标准 GB 50016《建筑设计防火规范》的有关规定执行。当不设置室内消火栓系统时，宜设置消防软管卷盘或轻便消防水龙。

10 环境保护

10.1 大气污染物防治

10.1.1 地热供热站排放的大气污染物，应符合现行国家标准 GB 16297《大气污染物综合排放标准》、GB 14554《恶臭污染物排放标准》和 GB 13271《锅炉大气污染物排放标准》的有关规定。当超过排放标准时，应针对超标的组分及浓度，选择合理的治理措施。

10.1.2 当采用压缩式热泵机组时，其工质应符合国家现行有关环保的规定。

10.2 噪声与振动防治

10.2.1 地热供热站噪声排放应符合现行国家标准 GB 12348《工业企业厂界环境噪声排放标准》和 GB 3096《声环境质量标准》的有关规定。

10.2.2 热泵机组、水泵等设备的噪声应首先从声源上进行控制，选择符合国家噪声控制标准的低噪声产品。

10.2.3 对于声源上无法控制的生产噪声宜采取下列降噪和减振措施：

a） 动设备与基础之间设置隔振器或隔振材料；

b） 燃烧器设置隔声罩降噪；

c） 动设备与管道连接采用挠性接头连接。

10.3 废水及固体废弃物治理

10.3.1 地热供热站的生产和生活排污水系统应分别设置，排污水水质应符合现行国家标准 GB 8978《污水综合排放标准》的有关规定。

10.3.2 地热供热站的废水排放口应设置采样点，监测项目应根据地热供热站的地热流体成分决定。

10.3.3 回灌水水质应避免受系统污染。

10.3.4 地热供热站的废水排放温度不应高于 40℃。

10.3.5 地热供热站的设备排出的泥沙、废弃滤芯应收集处理。

11 化验和检修

11.1 化验

11.1.1 站内地热水来水、回灌尾水、供热回水和补水管道上应设置取样口。

11.1.2 地热供热站应定期进行地热水、供热回水和补水水质分析，可委托专业机构化验并出具化验报告。

11.2 检修

11.2.1 地热供热站应设置热泵机组、换热器、水泵等设备和阀门的维护检修场地。

11.2.2 供热能力 8MW 以上的地热供热站宜设置检修工具间。

11.2.3 热泵机组、循环水泵、回灌过滤设备上方可设置起吊装置或考虑吊装措施。

中华人民共和国能源行业标准

地热供热站设计规范

NB/T 10273—2019

条文说明

2019 年　北京

目　次

1 总则

1.0.1 地热供热站设计应做到技术先进、安全可靠、节约能源、保护环境、经济合理。系统合理选择与设计优化是实现水热型地热供热可持续发展、推动绿色清洁供热的关键。

1.0.2 以水热型中深层地热井提取地热水为热源的中深层地热能供热已有40余年，形成了从地热水开采到地热利用后的尾水回灌全套成熟技术，而近几年西安地区出现的单井井壁换热不取水中深层地热能供热技术其成熟度尚有待经历多年实际运行的检验，因此本规范规定仅对以中深层地热井提取地热水为热源的中深层地热能供热的设计进行规范。

1.0.3 本规范为专业性的行业通用规范。为了精简规范内容，凡引用或参照其他国家或行业设计标准规范的内容，除必要的以外，本规范不再另设条文。本条强调在设计中除执行本规范外，还应执行与设计内容相关的安全、环保、节能、卫生等方面的国家和行业现行的有关标准、规范等的规定。

2 术语

2.0.1 地热梯级利用

综合考虑供能条件和用能条件，在充分利用地热能的同时降低换热的㶲损失。

2.0.2 地热有效利用率

地热有效利用率剥离了地热管网损失因素，衡量地热供热站本身在城镇供热情景下对地热能的利用程度。

2.0.3 换热端差

同样工况下，换热器换热端差越小，对数温差就越小，换热面积就越大，所以设计时应根据不同的换热器类型选择合适的换热端差。

2.0.4 换热器供热系统

当地热水温度高于供热水供水温度2℃及以上时首选采用的地热能利用方式，地热流体和供热热水直接换热，换热器一次侧为地热水，二次侧为供热水。

2.0.5 热泵中间循环系统

当地热水具有腐蚀性或结垢性时，可考虑设置热泵中间循环系统，通过热泵中间循环系统耐腐蚀、易清洗的换热器和水质好的中介水，避免地热水给热泵蒸发器带来腐蚀或结垢问题。

2.0.6 热泵供热系统

为充分利用地热水地热能，利用热泵将地热水较低温位的热能提升温位传递至供热循环水的供热系统，是地热梯级利用的组成部分。

3 基本规定

3.0.1 地热供热站的设置需要统筹考虑地热资源、钻井工程和地面工程三方面的因素影响，地热资源所需的井场场地，地面工程因素涉及建站场地、地热水输送距离和热用户的供回水温度要求。

3.0.2 地热供热站设计首先应从城市（地区）或企业的总体规划和热力规划着手，以确定地热站供热范围、规模大小、发展容量及地热站位置等设计原则。同时，从经济上考虑，地热供热站的供热面积不宜小于$8\times10^4m^2$。

3.0.3 地热供热站设计时，钻井工程一般尚未完成，当建设方不能提供地热水的水质资料时，建议建设方提供相邻地热井同层的水质资料。

3.0.4 对在原锅炉房改建并以原有锅炉作为调峰热源的供热站，需要收集的有关设计资料内容较多，本条文强调了应取得原有工艺设备和管道的原始资料，包括设备和管道的布置、原有建筑物和构筑物的土建及公用系统专业的设计图纸等有关资料，这样做可以使改、扩建的供热站设计既能充分利用原有工艺设施，又可与原有锅炉房协调一致和节约投资。

3.0.5 按照地热梯级利用的原则进行设计既能充分利用地热水的热能，又能避免能量品味浪费、降低换热的㶲损失。地热梯级利用应根据地热水来水温度、热用户的供回水温度要求等因素考虑。

3.0.6 地热供热具有建设投资高、运行费用相对较低的特点，燃气锅炉等调峰方式则具有建设投资低、运行费用高的特点，因此应根据供热负荷延续时间图以全生命周期费用最低为目标经技术经济对比确定调峰负荷占总热负荷的比例。

3.0.7 按无人值守站进行监测、控制和视频监控设计可降低人工成本，负荷预测、自动调节、按需供热是为了既保证供热效果又避免过量供热造成的能量浪费。

3.0.8 环境保护是我国的基本国策，地热供热站设计必须对废气、废水、固体废弃物和噪声进行积极的治理，以减少对周围环境的影响。

3.0.9 本条与现行行业标准NB/T 10099《地热回灌技术标准》的要求一致，具体项目设计还需符合项目所在地相关部门的规定。

4 供热站布置

4.1 站址选择

4.1.1 本条提出供热站位置要考虑靠近热负荷中心，这样可使二次网管道布置短捷，在技术、经济上比较合理；同时要采取降噪和减振措施减少对周围建筑的影响。

4.1.2 本条的规定旨在通过降低地热钻井和地热水管网的投资，使地热供热站在经济上可行。

4.1.3 为使运行管理更加便利和安全，要考虑与站外工艺管线的合理衔接，保证相关车辆的通行条件。

4.2 建（构）筑物及场地布置

4.2.1 本条对供热站的总体布置做出要求，供热站的布置基于工艺设计，但还需考虑安全运行、运输、安装和检修的要求。

4.2.3 地热供热站的控制室、值班室、工具间、卫生间等辅助间中，控制室是操作人员长期工作的场所，应当尽量避免噪声和振动的不利影响，保证采光效果，创造良好的工作条件。

4.2.4 地热供热站的热泵、回灌过滤装置等设备高大，在确定供热站高度时，要考虑足够的空间满足设备的安装和检修要求。

4.2.5 地热供热站经常进行排水或排污，要确保一定的基础高度，避免排水或排污时对设备造成不利影响。

4.2.6 地热供热站经常进行排水或排污，排水沟是必不可少的，从安全角度上考虑还要加盖盖板。

4.2.7 砂岩热储层的地热水含砂量较多，考虑在旋流除砂装置排砂口、回灌过滤装置反冲洗排水口处设置沉砂池，集中收集，定期外运。沉砂池一般宽度不小于1000mm，深度不小于1000mm。

4.3 工艺布置

4.3.1 本条是对地热供热站工艺布置的基本要求，是地热供热站设计中需要贯彻的原则。本条所述的各种管线包括输送地热水、原水、软化水、热网供水和回水等介质的管线，这些管线要合理、紧凑地布置。

4.3.2 与换热器、热泵机组本体连接的管道阀门较多，设备较为笨重，所以布置换热器、热泵机组时，需充分考虑检修和操作条件。

4.3.3 规定操作地点和通道的净空高度不小于 2m，是为了便于巡检人员能安全通过。

4.3.4 本条所列数据，都是最小值，具体工程中还需以满足所选设备的安装、更换、检修等需要为准，设计方根据具体情况适当增加。当设备制造商对安装、检修、操作等方面有特殊要求时，其通道净距以能满足其实际需要为准。

5 工艺系统

5.1 地热水系统

5.1.1 地热水系统采用闭式系统可防止地热水与空气接触而含氧，避免加速金属管道腐蚀，并抑制好氧菌滋生；采用与终端用热设备间接连接的“间接供热系统”可避免地热水由于流经供热管网和终端设备而富含铁离子，造成铁细菌滋生，同时可防止供热管网和终端设备由于直接接触地热水而发生腐蚀和结垢，并有利于减少地热水漏损量。从实际应用情况来看，闭式间接地热供热系统也是国内外地热供热工程中用得最普遍、最有成效的系统。

5.1.2 本条所指“地热有效利用率”是以室内供暖设计温度为基准，有别于现行行业标准 CJJ 138《城镇地热供热工程技术规程》中所指的“地热利用率（以当地年平均室外气温为基准）”。采用“地热有效利用率”主要是考虑到地热供热站的主要功能是冬季供暖，“地热有效利用率”不体现地域气候因素和地热水站外输送温降的影响，更能反映地热供热站本身对地热能的利用程度。

5.1.4 本条规定了地热供热站地热水进站、出站阀组和相关设备的设计要求：

a） 采用双向密封和非对夹式阀门是为了在地热供热站或站外地热管网因检修需要泄水时，使地热供热站和站外地热管网有效隔离，以尽量减小泄水范围和泄水量，特别是在非供暖季检修时，能使地热水系统尽可能保持充清水保养状态；

b） 分集水器的筒体断面流速过低可能会造成分集水器内沉砂；

c） 采、灌井能否互换根据井身结构设计、储层类型和储层物性确定，单井管线同时和地热供热站地热水进、出总管（或分、集水器）连接并分别设阀门，则能实现采、罐切换功能，此时单井管线设计压力需要考虑采水工况和回灌工况；

d） 在单井管线连接至地热供热站的情况下，回扬排水旁路选择设置在地热供热站内而不是井口，更便于阀门切换操作。

5.1.5 地热成井工艺决定了地热水含砂问题难以避免，设置除砂设施保护地热利用设备是有必要的，本条规定了地热水系统除砂设施的设计要求：

a） 本款对井口除砂的要求与现行行业标准 CJJ 138《城镇地热供热工程技术规程》的要求一致；

b） 在经济可行的前提下，提高除砂精度可有效保护后续设备并有利于减轻回灌过滤设施负担，目前地热流体除砂多采用旋流式除砂器，能够较为经济地实现 0.5mm 除砂精度，0.5mm 除砂精度折合过滤精度 35 目，已足够保护换热器及可能流经的离心泵；

c） 除砂设施为静设备，本身故障率很低且能够在线排砂，故不要求设置备用，有些除砂设备（如旋流除砂器）在低流量工况下无法保证除砂精度，处理能力富裕量过大会影响低负荷工况性能，适当增加台数有利于提高工况适应性

d） 实践证明橡胶软密封阀门耐固体颗粒性能较好，硬质合金密封面阀门耐磨性能较好，类似这两类阀门有助于避免排砂口阀门短期内出现密封面渗漏问题。

5.1.6 地热水含气的原因有些是因为地热井本身产气，有些是因为地热水在采出和利用过程中压力逐渐降低，其中溶解的气体析出，为了防止地热水系统设备及管路积气和回灌井发生气阻，设置气水分离设施以排出气体是有必要的，本条规定了地热水系统气水分离设施的设计要求：

a） 本规范对地热水系统中气水分离的次数不作规定，根据地热水含气量和流程中析出气体情况灵活设置，必要时采用多次排气，要求设置在回灌过滤设施上游流程中，是因为回灌过滤器罐体易发生积气，造成有效过滤面积减小、过滤阻力增大、金属滤芯腐蚀等问题；
易燃易爆气体的分离器如果设置在地热供热站内，会使地热供热站内大量机泵及电气设备需要防爆，造成建设和运维成本上升，而且地热供热站多靠近居住建筑或位于居住建筑的下层，易燃易爆气体在站内分离会增加安全风险；

b） 气水分离设施为静设备，本身故障率很低且能够在线排气，故不要求设置备用；

c） 自动排气是为了提高系统可靠性，减轻操作人员工作量；气水分离设施内存在气水界面，气相空间含气且含湿，是容易发生腐蚀的部位，考虑防腐措施是有必要的。

5.1.7 为减轻或避免回灌堵塞情况的发生，设置回灌过滤设施是有必要的，本条规定了地热水系统回灌过滤设施的设计要求：

a） 本款有别于现行行业标准 CJJ 138《城镇地热供热工程技术规程》所要求的“对基岩型热储层，回灌过滤精度应达到 50μm”，本规范只对“灰岩型热储层”过滤精度作出规定，是因为“基岩”所包含的岩石类型较多，“灰岩”是“基岩”的一种，目前国内地热开发中已证实灰岩地层孔隙和裂隙较发育，50μm 过滤精度已足够满足回灌要求，但是对其他类型的基岩储层难以一概而论，本规范不作规定，对于灰岩以外的基岩型热储过滤精度，建议综合考虑储层孔隙喉径和地热水悬浮颗粒粒度分布来确定；

b） 本款对砂岩型热储层回灌过滤精度的要求与现行行业标准 NB/T 10099《地热回灌技术标准》一致，在现有过滤技术条件下，可以较为经济地实现 5μm 过滤精度，过度提高过滤精度，会造成滤芯堵塞速度和阻力骤增，滤芯寿命缩短，建设和运维成本上升；当采用 5μm 以下过滤精度时，建议以测定的储层孔隙喉径为依据；

c） 当采用两级过滤时，要求根据热水悬浮颗粒粒度分布确定粗过滤精度，是为了避免粗过滤精度不足等问题发生，降低精过滤滤芯堵塞速度，延长精过滤滤芯寿命；

d） 由于过滤器的过滤单元需要定期反洗或更换滤芯，在设计时有必要考虑一定的富余量，不要求过滤单元冷备，但至少要保证在一个过滤率单元反洗或检修时，回灌过滤设施仍能承担 100% 设计负荷下的过滤流量；

e） 优先选用具有自动反洗功能的过滤器，有利于降低运维成本和操作人员劳动强度；

f） 考虑到地热水本身具有腐蚀性，且过滤器有时需要加药清洗（多为酸性），采取防腐措施是有必要的；过滤器的耐温需根据正常负荷工况、低负荷工况，必要时还有不带负荷采灌试验等工况下的最高地热水温度确定。

5.1.8 加压泵设置在回灌过滤设施后，也就是站内地热水流程的末端，有利于降低加压泵之前的地热水系统设计压力，有利于地热水中气体析出和排气，也有利于防止加压泵接触固体颗粒，改善加压泵工作条件。

5.1.9 要求回灌过滤设施设置旁路是为了提高地热供热站的可靠性，保证在设备完全故障情况下，仍具有一定的供热能力；要求回灌加压泵设置旁路是考虑到地热水采灌是一个动态过程，早期可能不需要启动回灌泵加压。

5.1.10 地热供热站多采用板式换热器，其板间距较小，粒径较大的固体颗粒进入可能造成堵塞，考虑到常规的旋流除砂器其除砂率无法做到100%，且低负荷下除砂效果难以保证，另外换热器前的管线中也可能存在施工遗留的焊渣等杂质，为了保护换热器，设置过滤器是有必要的。

5.1.11 地热水系统在非供暖季充淡水保养可减缓腐蚀，设置注水、排水、排气管路是实现相关操作的必要条件。

5.2 热泵中间循环系统

5.2.1 热泵蒸发器属于管壳式换热器，清洗维修不便，腐蚀穿孔还会造成工质泄漏，当地热水水质可能造成蒸发器腐蚀或结垢时，需要设置热泵中间循环系统。

5.2.2 采用闭式循环一方面是为了防止中介水与空气接触造成氧腐蚀，另一方面是为了降低循环泵的能耗。

5.2.3 本条规定了热泵中间循环系统换热器的配置要求，在大部分地热供热站中，换热器供热系统承担大部分负荷，热泵供热系统承担少部分负荷，热泵中间循环系统在安装2台及以上换热器的情况下，已足够保证地热供热站可靠性，但不排除少数地热供热站中出现热泵供热系统承担大部分负荷的情况，此时设计者有必要根据具体情况确定是否考虑换热器备用能力。

5.2.5 为了使热泵能够在较高制热性能系数下运行，要求在设计时中介水进出蒸发器的温差取8℃～10℃，并在所选用的热泵机组允许的前提下，取尽可能高的中介水供水温度。

5.2.6 稳定的中介水温度有利于保证热泵稳定运行，中介水温度超限可能造成热泵保护停机等问题，因此要求设置地热水侧流量调节旁路，实现中介水温度调节。

5.2.7 热泵中间循环系统的循环泵设置在板式换热器进口侧可使循环泵在较低水温下工作，有利于改善循环泵的工作条件。

5.2.8 热泵中间循环系统管路较短，设置1处过滤器已足够满足整个循环系统除污要求，考虑到热泵蒸发器清洗维护较为困难，选择设置在热泵蒸发器进水口处较为合理。

5.2.10 本条对热泵中间循环系统补水硬度的要求与现行国家标准GB/T 29044《供暖空调系统水质》要求一致。

5.3 供热热水系统

5.3.1 本条系根据国内地热供热工程经验提出，为了提高地热利用率，新建建筑地热供热按照推荐温度执行，对于既有建筑，仍有必要全面分析以往供暖季的实际运行参数，根据实际情况确定供水温度和供回水温差。

5.3.2 本条对地热供热站用于直接换热供暖的换热器的配置作出要求：

a）过多的换热器台数会增加初投资与运行成本，并对系统的水力工况稳定带来不利影响；考虑到地热水水质的特殊性，换热器在供暖期内有可能由于结垢、附着污物等原因需要短期停运清洗，为了防止供暖完全中断，要求换热器的总台数不应少于2台；

b）要求考虑附加系数主要有两方面原因，一是地热水侧可能结垢或附着污物，造成实际污垢热阻大于换热器设计计算时采用的污垢热阻；二是考虑到地热水温度的不确定性，地热水温度可能随地热开发进程出现一定下降；

c）本款与现行国家标准GB 50736《民用建筑供暖通风与空气调节设计规范》第8.11.3条第3款要求一致。

5.3.3 本条对地热供热站用于直接换热供暖的换热器的选择作出规定：

a）地热供热站换热器需要定期清洗，可拆板式换热器清洗最为方便；可拆板式换热器受限于其结构特点和密封垫片的耐温上限，有时承压和耐温能力不能满足高参数地热流体要求，需要选用承压耐温能力更高的管壳式换热器，管壳式换热器管程清洗相比壳程更方便。

b） 由于氯离子并不是造成不锈钢腐蚀的唯一元素，在具备条件时优先根据腐蚀挂片试验结果进行选材，确不具备条件时可参考表 5.3.3；

c） 为便于板式换热器定期清洗时拆装，要求采用免粘接固定的密封垫片（如搭扣式）；板式换热器密封垫片多为橡胶材料，对于含油地热流体，需要考虑垫片的耐油性能，以防垫片溶胀失效；

d） 板式换热器的板间流速过低会使地热水垢和污物更易沉积附着在板片上，流速过高则意味着需要减小流道尺寸，容垢能力相应下降，因此地热水板式换热器的板间流速需要选择在合理范围内。

5.3.4 不同热水制备工艺相应选择不同的换热器，例如采用板式换热器和水箱组合的方式，也可实现与容积式水加热器相同的效果；容积式水加热器选型时需考虑便于除垢，盘香管式的容积式水加热器管内除垢困难，避免选用诸如此类的容积式水加热器。

5.3.5 本条对地热供热站热泵机组的选型作出了规定：

b） 采用变频调速手段、选择变工况性能优良的压缩机类型、设置合理的热泵机组台数等方式均有利于提高热泵系统适应负荷变化的能力；

c） 地热流体温度过低会造成吸收式热泵机组性能下降、体积过大、建设投资上升，难以取得较好的经济性；

d） 本款根据目前国内生产的水源热泵机组单机制热量做了大致划分，供选型时参考，当螺杆式和离心式均可满足制热量要求时，可通过性能价格比，选择合适的机型。

5.3.6 本条对地热供热站调峰热源的配置作出了规定：

a） 调峰热源的经济性受地热资源条件、电力和燃气价格、调峰设备投资、用户负荷特性甚至税费政策等多种因素的影响，具体工程中有必要根据具体情况进行对比选择；

c） 调峰热负荷随环境温度变化而频繁波动，结合调峰设备的调节性能等指标选择合适的台数是有必要的。

5.3.9 在循环水泵进、出口母管之间装设带止回阀的旁通管，经实践证明，当旁通管的截面积达到母管截面积的 1/2 时，可有效防止循环水泵突然停运时产生水击现象；供热热水系统水容量较大，从冷态升温至热态时，水受热膨胀可能造成系统超压，故需要设置安全阀进行保护；为防止安全阀启闭时，热水系统中的污物堵在安全阀的阀芯和阀座之间，造成安全阀关闭不严而泄漏，故规定安全阀宜安装在除污器的出水一侧。

5.3.11 采用双向密封和非对夹式阀门是为了在地热供热站或站外供热管网因检修需要泄水时，使地热供热站和站外供热管网有效隔离，以尽量减小泄水范围和泄水量，特别是在非供暖季检修时，能使供热热水系统尽可能保持充水保养状态。

6 监测和控制

6.1 监测

6.1.1 地热供热站装有集中监控系统，仍需就地设置检测运行主要参数的仪器仪表，以便随时掌握系统运行是否正常。监测要求不仅限于规定 6.1.1，可根据实际情况和项目的具体要求增加监测点，为项目经济运行和经济核算提供可能和方便。

6.1.2 补水箱水位过高时，大量的溢流会造成水量的损失；当水位过低时，会影响补水系统正常补水，装设水位信号器不仅可以给出水位警报，而且超低低时，可以通过电气控制回路联锁关闭补水设施。

气水分离器液位过高时，会影响气水分离效果；当水位过低时，会影响增压泵正常运行。

当地热井水位超低时会影响工艺系统的正常运行，装设水位信号不仅可以给出水位警报，而且超低低时，可以通过电气控制回路联锁关闭潜水泵、加压泵及回灌加设施。

6.1.3 地热资源、总耗电量、热泵机组及水泵耗电量、系统补水量、燃料消耗量的计量有利于加强地热站经济考核，有助于分析能耗构成，寻找节能途径，选择和采取节能措施。热泵机组及水泵为地热供热站内主要能耗设施，宜单独设置电计量。

6.2 控制

6.2.3 地热水流量自动调节措施可采用地热井泵变频调节或电动旁通阀，当采用地热井泵变频调节时，设计人员选取地热井泵时应考虑足够余量。

6.2.4 自动调节装置能够实现换热器二次侧出口温度满足热泵机组蒸发器进口温度要求，避免热泵机组蒸发温度过高，润滑油压力降低导致黏稠度下降，长时间运行机械件受损，缩短机组寿命。

6.2.6 当供热系统中有换热器供热系统时，供热系统可采用的是总回水温度来控制热泵机组的台数；当系统仅为热泵供热系统时，供热系统除上述控制系统外，也可采用热负荷优化控制运行台数的方式。

由于热泵机组的最高效率点通常位于该机组的某一部分负荷区域，因此采用热负荷控制的方式比采用温度控制方式更利于热泵机组在高效率区域运行而节能，是目前最合理和节能的控制方式。同时，台数控制的基本原则是：①让设备尽可能处于高效运行；②让相同型号的设备的运行时间尽量接近以保持其同样的运行寿命（通常优先启动累计运行小时数最少的设备）；③满足用户侧低负荷运行的需求。

6.2.7 地热井泵采用变频调速控制装置自动调节流量，实现按需定采，节能降耗。供热热水系统循环水泵配置变频控制装置是用来自动调节建工系统循环水侧的循环水流量，使之与热负荷变化所需的循环水量匹配，达到节电目的。

6.2.9 事故排风系统（包括兼做事故排风用的基本排风系统）的通风机，其手动开关位置应设在室内外便于操作的地点，以便一旦发生紧急事故时，使其立即投入运行。本规定要求通风机与事故探测器进行联锁，一旦发生紧急事故可自动进行通风机开启，同时在工作地点发出警示和风机状态显示。

7 供热站管道

7.0.1 地热供热站热力系统和工艺设备布置是管道设计的依据，本条在此基础上提出了一些地热供热站管道布置的具体要求。

7.0.2 本条对地热供热站地热水管道、排气管道及其附件的选材作出了规定：

a） 由于地热供热站内管道多为支吊架敷设且管件数量和管道接头较多，非金属管道刚度低、耐候性差、管道接头处理较复杂，不建议在站内采用非金属管道；金属管道材料应根据介质化学成分确定，以避免腐蚀或取得较低的腐蚀速率；

b） 蝶阀开闭时的剪切作用使其密封面具有自洁能力，在可能发生结垢的管线上建议优先选用；

c） 在选择法兰密封垫片材料时，也不能忽视腐蚀因素的影响。

7.0.4 为防止补水携带铁离子，造成水处理设备的离子交换树脂中毒，补水水处理设备的进水管线不宜采用碳钢管材。

7.0.7 地热供热站的换热器泄水检修频率较高，设置泄水口可实现有组织排水，使检修工作更加简洁顺畅。

7.0.9 地热流体携带的气体成分多种多样，室内排放存在安全隐患；由于排出气体含湿量较高，在排气管中遇冷产生凝结水易造成排气管路堵塞、振动，故要求在排气管上返处设排水口和阻气疏水阀，及时导出凝结水。

7.0.10 热泵中间循环系统水容量较小，但也需要设置排气点，以便能够顺利注满水和泄水。

7.0.11 各安全阀的泄放管独立设置是为了防止安全阀带背压运行，保证各安全阀起跳压力和泄放量不产生互相干扰；热泵机组在火灾等事故状态时，其制冷剂安全阀可能起跳，为防止造成室内人员窒息、中毒或冻伤，将热泵机组安全阀泄放管引至室外是有必要的。

7.14 由于非金属管道材质多种多样，新材料层出不穷，本规范对其设计、接口检验、试压等事项不作统一要求，由设计者根据与具体管材相对应的标准确定。

8 防垢、防腐及保温

8.1 防垢

8.1.1 地热水的水质特征是分析和判断地热水结垢性的重要依据，也是进行地热防垢工程设计的基础材料。为了进行水质特征的论证，水质分析报告是不可缺少的。

8.1.2 现行国家标准 GB 11615《地热资源地质勘查规范》中用锅垢总量来衡量地热水结垢性的办法也可采用。

8.1.3 当地热水从热储层通过地热井管向地面运移时，或者在管道输送过程中，温度和压力的降低会使得其中一些溶解度较小的组分达到饱和状态而析出。析出的固体物质会附着于井管或管道表面形成垢层，从而增大流动阻力，降低热利用效率。此外，垢层不完整处还会造成垢下腐蚀。

防垢措施可以采用本条提出的 3 种方法中的 1 种或同时采用多种。

增压法是采用深井泵或潜水电泵输送井中地热水，提高地热水在系统中的运行压力，从而使地热水的温度低于饱和温度。这样，地热水在井内始终处于过冷状态，以此可防止 $CaCO_3$ 等碳酸盐在井管内壁沉积。增压法的缺点是井泵耗电较多。

防垢涂层法是选择合适的材料涂衬在管壁内，防止管壁上结垢。防垢涂层法的缺点是存在涂层与基底结合力小，涂层易脱落等问题。

物理场防垢法是通过对地热水施加电场、磁场和声场等物理场，抑制垢的生成，或使垢成疏散状，便于清洗。物理场防垢法的缺点主要是效果不稳定。

8.2 防腐

8.2.1 在地热防腐工程设计中，地热水的水质特征也是分析和判断地热水腐蚀性的重要依据。为了进行水质特征的论证，水质分析报告也是不可缺少的。

8.2.2 现行国家标准 GB 11615《地热资源地质勘查规范》中参照工业腐蚀系数来衡量地热水腐蚀性的办法也可采用。

8.2.3 地热水中通常含有许多化学物质，如 O_2、H_2S、CO_2、H^+、Cl^-和 SO_4^{2-}等，这些物质能与输送地热水的金属材料发生化学腐蚀和电化学腐蚀。由于地热水的腐蚀作用，往往会对地热水管道和系统设备造成严重的破坏，使输送地热水的管壁变薄和脆化。由腐蚀造成的泄漏爆管不仅会影响到用水的可靠性，同时也会造成巨大的经济损失。

防腐措施可以采用本条提出的 3 种方法中的 1 种或同时采用多种。

防腐材料如聚氯乙烯和玻璃钢等，不易与地热水发生电化学腐蚀，因此采用防腐材料可起到有效的防腐作用。采用防腐材料的缺点是存在承压、耐热、老化、接头处理和造价等一些技术问题。

在金属管材表面涂敷防腐涂层可起到保护金属管材的作用，这样可实现既防腐又经济的目的。采用防腐涂层的缺点是金属管材和防腐涂料的屈服应力不同，存在涂层易脱落等问题。

系统隔绝空气是一种十分有效的防腐措施。来自地热井深部的地热水中很少有溶解氧气，只要使系统密封，不让空气进入，就可大大减轻地热水对金属的腐蚀。

8.2.4 在某些情况下向地热水中添加化学药剂（防腐剂）是一种有效的地热防腐方法，但化学药剂中通常含有磷酸盐等对环境有污染的成分，若将其添加在地热水系统中，后续无论是对地热水进行回灌还是排放处理，都会对环境造成二次污染，因此严禁采用在地热水系统中添加化学药剂的防腐处理方法。

8.2.5 地热供热工程设备和管道的外防腐与锅炉房设备和管道的外防腐相似，但也有一些不同之处，因此需要参考锅炉房设备和管道的外防腐和地热工程设备外防腐的实际经验加以实施。

8.3 保温

8.3.1 保温是为减少设备、管道及其附件向周围环境散热，降低系统热损失。在设备和管道外表面采取保温措施可节约能源，满足工艺要求，提高经济效益以及改善工作环境。

8.3.2 保温材料及其制品的物理化学性能在符合国家相关标准的前提下，其选择应按照优质、价廉、满足工艺、节能、敷设方便、可就地取材或就近取材的原则，进行综合比较后择优选用。

8.3.3 地热供热工程中设备和管道的保温层厚度确定方法与工业设备及管道绝热工程中的保温层厚度确定方法相似，因此可参考工业设备及管道绝热工程中的保温层厚度确定方法。

9 公用工程

9.1 建筑结构

9.1.1 本条是按现行国家标准 GB 50016《建筑设计防火规范》的有关规定，结合供热站的具体设置情况，将供热站的火灾危险性加以分类，并确定其耐火等级，以便在设计中贯彻执行。

9.1.2 由于不同项目的供热站内热泵主机及配套设备尺寸、数量各不相同，设备四周的操作空间与通道尺寸有其具体的要求，因此供热站建筑设计要满足工艺设计这一前提。但为了使供热站的土建设计能够采用预制构件，主要尺寸能统一协调，故供热站房的柱距、跨度及层高宜符合现行国家标准 GB 50006《厂房建筑模数协调标准》的规定。

9.1.3 工艺要求指设备安装、检修的具体要求，经核定可按条文中表列的范围进行选用。荷载超过表列范围时，工艺设计应另行提出。

热泵主机房的荷载主要是考虑热泵机组的运转荷重，但由于不同型号的热泵主机其荷载各有差异，因此对楼板的荷载应由设计人员根据热泵机组型号及安装、检修和操作要求具体确定，但最低不宜小于 $10kN/m^2$，最高不宜大于 $15kN/m^2$。

9.1.4 由于供热站房内设备的尺寸都比较大，因此需要在设计初始详细考虑大型设备的位置和运输通道，防止建筑结构完成后设备的就位困难。

9.1.5 由于供热站设备运行时存在较大噪声，尤其是临近生活区的供热站，为不影响周边环境应选用隔声性能良好的外窗。外窗面积还要满足通风需要和Ⅴ级采光等级的需要。

9.1.6 控制室、变压器室和高、低压配电室均有较为集中的电气设备，为了防止水管和其他有腐蚀性介质管道的泄漏和损坏，影响电气设备的正常运行，特作此规定。

9.1.7 为了保护操作人员的健康、同时便于及时掌控站房内设备的运行情况，特作此规定。

9.1.8 供热站房内安装有运转和振动较大的设备（如热泵机组、水泵等），其基础设计时应考虑采取相应的减振措施，设备安装台座也应考虑相应的隔振措施。

9.1.10 采取预埋防水套管的措施可有效防止供热站房的地面渗水影响。

9.2 电气

9.2.1 供热站停电的直接后果是供热中断，因此，在本条文中供热站设备用电的负荷级别，应根据供热中断对生产经营造成的损失程度来确定，并相应决定其供电方式。对于供热中断影响较小的供热站，宜采用三级负荷供电。

9.2.2 本条参考 JGJ 16《民用建筑电气设计规范》的有关规定，供电电压等级尚需结合当地供电条件及电业相关规定执行。

9.2.4 地热井水泵布置较为分散，采用低压供电时应校验线路电压损失不超过电动机额定电压的5%，否则应就近设置户外预装式变电站供电，如环境条件允许亦可采用杆上变电站供电。

9.2.6 本条规定是指配电箱配电回路的布置应尽可能结合工艺要求，按热泵机组分配，以减少电气线路和设备由于故障或检修对生产带来的影响。

9.2.7 供热站房内压力管道较多，一旦出现管道水体泄漏，可能影响到控制柜的运行，导致供热站不能正常使用，因此要求控制柜的防护等级不应低于IP55。根据国家现行标准控制室不允许有管道穿越，当控制柜设置在控制室时，其防护等级可适当降低。

9.2.9 本条主要考虑到大型或特大型热泵机组，因其电动机额定输入功率较大，故运行电流较大，导致电缆或母排因截面较大不利于其接头安装。采用高压电机，可以减小运行电流以及电缆和母排的铜损、铁损及低压变压器的装机容量，因此也减少了低压变压器的损耗和投资。

9.3 供暖通风

9.3.1 本条规定了供热站主机房（含热泵机房、热交换间、水泵房等）及辅助房间和值班室、控制室、办公室冬季供暖的设计计算温度，是为了满足生产和劳动安全要求。

9.3.2 在有设备放热的房间，由于设备的放热特性、工艺布置和建筑形式不同，即使设备大量放热，且放热量大于建筑供暖热负荷，但由于空气流动上升，建筑围护结构下部又有从门窗等处渗入的冷空气，以致设备放散到工作区的热量尚不能保证工作区所需的供暖热负荷时，将会使工作区的温度偏低。因此规定要根据具体情况，对工作区的温度进行热平衡计算，必要时在部分区域设置供暖设备。

9.3.3 供热站房应优先采用有组织的自然通风。当自然通风不能满足要求时，应设置机械通风。为保证供热站的通风效果，本条规定了相应的换气次数要求；变配电室的通风量应按热平衡计算确定，以保证排风温度不高于40℃，否则可采取增加空调降温的措施。

9.3.4 由于氟类工质的热泵机组其制冷剂泄漏时容易在机房下层堆积，为有效排除泄漏的制冷剂，因此应在机房下部设置事故排风口，事故排风风机应采用防爆风机。

9.4 给排水和消防

9.4.4 为满足检修和清洗的要求，地热供热站地面应设有坡度和排水明沟；地下或半地下式供热站主机房和设备间排水明沟的末端应设置集水坑，并应设置自动潜水排污泵。

9.4.5 独立设置的供热站，由于本身可燃物较少，同时远离主体建筑，当建筑满足现行GB 50016《建筑设计防火规范》第8.2.2条的规定时，可不设置消火栓系统，宜采用灭火器、消防软管卷盘等灭火器材进行灭火；当供热站附设在其他建筑内时，应根据主体建筑的类型和火灾危险等级一并考虑消防灭火系统。

10 环境保护

10.1 大气污染物防治

10.1.1 地热流携带的气体组分可能有：CO_2、N_2、CO、H_2S、O_2、NH_3、CH_4、He、Ar等。同时地热站采用燃气吸收式热泵或锅炉时，会产生燃料燃烧产生的烟尘、二氧化硫和氮氧化物等有害气体。因此，应根据各个地热供热站的具体情况及执行的环保标准，选择合理的措施治理，达标排放。

10.1.2 压缩式热泵机组多采用氟利昂类工质，该类工质分子中含有氯或溴原子，可能对大气臭氧层有潜在的消耗能力，因此当采用压缩式热泵机组时，其工质须符合中华人民共和国国务院令第573号《消耗臭氧层物质管理条例》等现行环保法规的规定。

10.2 噪声与振动防治

10.2.1 根据现行国家标准 GB 12348《工业企业厂界环境噪声排放标准》的规定，工业企业界外 1m 处，高度 1.2m 以上，距任一反射面距离不小于 1m 的位置，噪声排放限值如表 1 所示。

表 1 工业企业厂界环境噪声排放限值

单位：[dB(A)]

厂界外声环境功能区类别	昼间	夜间
1	55	45
2	60	50
3	65	55
4	70	55

注：厂界外声环境功能区类别划分按国家现行标准 GB 3096《声环境质量标准》的规定执行。1 类标准适用于居住、文教机关为主的区域；2 类标准适用于居住、商业、工业混杂区及商业中心区；3 类标准适用于工业区；4 类标准适用于交通干线道路两侧区域。

10.2.2 根据现行国家标准 GB 50087《工业企业噪声控制设计规范》的规定，对于生产过程和设备产生的噪声，应首先从声源上进行控制，以低噪声的工艺和设备替代高噪声的工艺和设备。

10.2.3 根据现行国家标准 GB 50087《工业企业噪声控制设计规范》的规定，对于声源上进行控制仍达不到要求的噪声，则应采用隔声、消声、吸声、隔振以及综合控制等噪声控制措施。

a） 水泵、压缩机等设备与基础之间设置隔振器或隔振材料，使设备和基础之间的刚性连结变成弹性支撑，可有效地控制振动，减少固体噪声的传递。隔振器或隔振材料具体应根据隔振要求、安装位置和允许空间等进行选择；

b） 为降低燃烧器的噪声，可采用专门制作的设备隔声罩降噪。隔声罩可向生产厂家订购或自行制作，隔声罩应便于设备的操作维修和通风散热；

c） 采用柔性接头可实现动设备和管道之间的隔振，降低管道振动产生噪声及其他危害。

10.3 废水及固体废弃物治理

10.3.1 地热供热站的生产和生活排污水系统分别设置，防止水体污染。

10.3.2 地热供热站的废水在排出厂区时，应达到国家现行有关标准规定，为便于监督管理，地热供热站的废水排放口设置采样点。

10.3.3 回灌水水质尽量避免受到污染，除温度外应保持或接近采出地热水的水质，从而减少水质原因对热储层的影响。

10.3.4 为防止造成热污染，规定地热废水排放温度不高于 40℃。

10.3.5 地热供热站设备排出的泥沙收集后，可用于制作建筑材料或铺筑道路；有些废弃滤芯可由厂家集中回收处理后再利用。

11 化验和检修

11.1 化验

11.1.1 本条规定是考虑对地热水来水、回灌尾水、供热回水、补水进行取样分析化验的需要，地热水来水取样口设在除气和除砂之前，回灌尾水取样口设在回灌处理设施之后，供热回水取样口设在供热回水进除污器之前，补水取样口设在补水泵出口管线上。

11.1.2 地热供热站按无人值守站设计，水质化验可委托专业机构化验并出具化验报告。

11.2.1 本条规定是考虑换热器、水泵、热泵机组、管道、阀门的维护和检修的需要。维护和检修的场地可与通道结合考虑。

11.2.2 为便于检修工具和备品的管理和存放，对供热范围较大的地热供热站宜设置检修工具间。

11.2.3 热泵机组、循环水泵、回灌过滤设备需要考虑检修时的吊装条件。吊装方式及起吊荷载应根据设备大小、起吊件质量、起吊的频繁程度，由设计人员确定。如果场地条件允许，也可采取架设临时吊装措施。

ICS 27.220
F 19

NB

中华人民共和国能源行业标准

NB/T 10275—2019

油田采出水余热利用工程技术规范

Technical code for waste heat use of oilfield produced water

2019-11-04 发布

2020-05-01 实施

目　次

前　言

本标准按照GB/T 1.1—2009《标准化工作导则　第1部分：标准的结构和编写》给出的规定起草。

本标准由能源行业地热能专业标准化技术委员会提出并归口。

本标准起草单位：中国石化集团胜利石油管理局有限公司新能源开发中心、中石化石油工程设计有限公司、中国石化集团新星石油有限责任公司、中国石油辽河油田供水公司。

本标准主要起草人：刘树亮、郭子江、刘崇江、周航兵、刘子勇、宋鑫、赵书波、路智勇、赵丰年、刘建武、朱铁军、于凯、张磊、苗春华、徐英杰、李凤名、康厂、高中显、徐彬彬、范文彬、呙如地、马春红、宋昊、林媛、王东、刘庆娟、芦汉磊。

本标准于2019年首次发布。

油田采出水余热利用工程技术规范

1 范围

本标准规定了油田采出水余热利用工程中工程设计、施工验收、职业健康、安全与环境等要求。

本标准适用于陆上油田采出水余热利用新建、改建和扩建工程。

2 规范性引用文件

下列文件对于本文件的应用是必不可少的。凡是注日期的引用文件，仅所注日期的版本适用于本文件。凡是不注日期的引用文件，其最新版本（包括所有的修改单）适用于本文件。

GB 13271 锅炉大气污染物排放标准

GB 16297 大气污染物综合排放标准

GB/T 19409 水（地）源热泵机组

GB 20131 蒸气压缩循环冷水（热泵）机组安全要求

GB 50016 建筑设计防火规范

GB 50019 工业建筑供暖通风与空气调节设计规范

GB 50041 锅炉房设计规范

GB/T 50087 工业企业噪声控制设计规范

GB 50166 火灾自动报警系统施工及验收规范

GB 50183 石油天然气工程设计防火规范

GB 50231 机械设备安装工程施工及验收通用规范

GB 50235 工业金属管道工程施工规范

GB 50236 现场设备、工业管道焊接工程施工规范

GB 50493 石油化工可燃气体和有毒气体检测报警设计规范

GB 50736 民用建筑供暖通风与空气调节设计规范

GB/T 50823 油气田及管道工程计算机控制系统设计规范

GB/T 50892 油气田及管道工程仪表控制系统设计规范

SY/T 0043 油气田地面管线和设备涂色规范

3 术语和定义

下列术语和定义适用于本文件。

3.1

油田采出水 oilfield produced water

油田开采过程中产生的伴生水。

3.2

余热资源量 quantity of waste heat resources

经技术经济分析确定的可利用的油田采出水余热量。

3.3

中间传热介质 intermediate heat-transfer medium

用于采出水或原油与热泵工质热交换的中间热媒，一般为水或添加防冻剂的水溶液。

3.4

油田采出水热泵系统 heat pump system of oilfield produced water

利用油田采出水作为低温热源，并通过热泵机组提升热媒温度，最终为用户提供热量的系统。

3.5

直接式热泵系统 direct heat pump system

油田采出水直接进入热泵机组的蒸发器，换热后返回油田采出水处理系统的水源热泵系统。

3.6

间接式热泵系统 indirect heat pump system

油田采出水先与中间传热介质换热，中间传热介质再进入热泵机组的蒸发器进行换热的水源热泵系统。

3.7

辅助热源 supplementary heat source

基本热源的供热能力不能满足实际热负荷的要求或为提高系统运行经济性而设置的其他热源。

3.8

备用热源 stand-by heat source

在检维修或事故工况下投入运行的热源。

4 基本规定

4.1 油田采出水余热利用工程应遵循安全、可靠、稳定的原则，应符合所在油气站场的安全技术要求。

4.2 工程设计阶段应对油田采出水处理站、油田采出水管网的总体规划、余热资源量进行资料收集与分析，并对油田采出水的水温、流量以及水质等进行调研。

4.3 应根据供热规划、资源条件、能源价格、负荷特征、供热半径等因素进行工程技术经济分析。

4.4 油田采出水余热利用系统的工程设计、施工及验收、安全、环保与职业卫生除应符合本规范外，尚应符合国家现行有关标准的规定。

5 工程设计

5.1 一般规定

5.1.1 蓄热系统设计宜根据供热负荷的时间分布特点和当地的电价政策综合确定。

5.1.2 油田采出水供热量不能满足热负荷需求时，应设置辅助热源；全年热负荷波动幅度较大、经论证技术经济合理时，宜设置辅助热源。辅助热源容量应根据油田采出水温度及水量、全年供热负荷曲线、热泵机组效率等因素确定。

5.1.3 备用热源的设置应根据供热负荷可靠性要求确定；用于油气站场生产加热时，应设置备用热源。

5.1.4 油田采出水余热利用系统的取水方式应根据采出水输送方式、采出水管线与供热站的空间位置关系等因素综合考虑确定。

5.1.5 油田采出水取（回）水泵、供热循环水泵、中间介质循环水泵、补水泵宜设置备用泵。

5.1.6 原油换热器、油田采出水换热器周边应留有足够的空间，满足操作、清洗、维修的需要。

5.1.7 换热器材质的选择应根据采出水水质及被加热介质组分确定。

5.1.9 钢质储罐、容器、设备、管道应考虑所在站场环境条件下的腐蚀，并采取有效防腐蚀措施。

5.2 热负荷

5.2.1 热负荷应包括生产热负荷、生活热负荷、工业建筑及民用建筑的供暖、通风热负荷。最大、最小、平均生产热负荷应根据生产工艺系统的实际需求确定。

5.2.2 最大热负荷应按下式计算：

$$Q_{\max} = k(k_1Q_1 + k_2Q_2 + k_3Q_3 + k_4Q_4) \qquad (1)$$

式中：

$Q_{\max}$——最大计算热负荷（kW）；

k——供热管网热损失系数，可取1.05～1.10；

k_1——供暖热负荷同时使用系数，取1.0；

k_2——通风热负荷同时使用系数，取0.5～1.0；

k_3——生产热负荷同时使用系数，取0.5～1.0；

k_4——生活热负荷同时使用系数，取0.5～0.7；

Q_1——供暖设计热负荷（kW）；

Q_2——通风设计热负荷（kW）；

Q_3——生产设计热负荷（kW）；

Q_4——生活设计热负荷（kW）。

5.3 取、回水系统

5.3.1 取水量、取水点位置、取水方式、回水点位置、回水方式等不应影响采出水处理站的安全、稳定运行。

5.3.2 油田采出水取用后宜回输至取水点下游的采出水处理系统中，或从同级的不同储罐取用和回输。

5.3.3 余热供热站应采取措施保证管道和设备排出的水回到采出水处理系统，油田采出水不应排至市政排水系统。

5.3.4 油田采出水取水量应根据最大热负荷需求、热泵制热性能系数及取回水系统的投资、电耗等因素综合分析确定。若采出水量不足时，取水量宜按照采出水最大供水量设计。

5.3.5 油田采出水取、回水管线的流速不应低于 0.7m/s，且流速不宜高于 3m/s。

5.4 油田采出水换热系统

5.4.1 油田采出水温度高于用热温度，经论证技术经济合理时，宜采用直接换热的方式利用采出水余热。

5.4.2 采出水换热器应符合下列规定：

a） 宜根据采出水水质，选择板式、管壳式、螺旋板式等高效换热器；

b） 采出水侧宜设置清洗流程；

c） 采用管壳式换热器时，采出水应流经管程，被加热介质流经壳程；

d） 传热系数计算时应考虑污垢修正系数；

e） 换热器台数的选择和单台换热能力的确定，应满足换热负荷需求及供热可靠性的要求。

5.5 热泵系统

5.5.1 应根据采出水水质特性，选用直接式热泵系统或间接式热泵系统。

5.5.2　热泵机组台数和单机容量应满足供热负荷运行调节要求，当仅设一台时，应选调节性能优良的机型。

5.5.3　热泵机组选型应根据运行参数、驱动能源的供应条件经技术经济比选后确定。

5.5.4　直接式热泵机组应采用合理的污垢系数对制热量进行修正，宜设置清洗流程。

5.5.5　直接式热泵机组的蒸发器应根据采出水水质采用相应的防腐材质，且不宜采用奥氏体不锈钢。

5.5.6　热泵机组应符合现行国家标准 GB/T 19409 和 GB 20131 的要求。

5.5.7　被加热介质为原油时，热泵机组与原油系统之间宜设置中间换热器。

5.5.8　间接式热泵系统中间传热介质宜采用软化水。软化水系统的设计，应符合现行国家标准 GB 50041 中 9.2 的规定。

5.6　原油换热系统

5.6.1　原油-水换热器（以下简称原油换热器）的选型应满足热负荷和工艺要求，并应通过技术经济对比确定。换热器的形式可选用板式换热器、管壳式换热器或螺旋板式换热器。

5.6.2　在满足工艺过程要求的条件下，宜选用单台传热面积较大的换热器，总数量不应少于 2 台。按照生产工艺要求设置备用换热器。

5.6.3　原油换热器布置应符合以下要求：

a）应根据站场总平面以及与工艺装置、储油罐区、系统管廊、道路等相对关系确定位置，宜与油气密闭工艺装置集中布置，并应符合工艺流程要求；

b）防火间距应符合现行国家标准 GB 50183 中 5.2 的相关规定；

c）管道上的阀门、仪表和调节阀应靠近换热器的操作通道布置，操作通道的宽度不应小于 0.8m；

d）当多台原油换热器并联安装时，其进、出口管路应按照均匀分配介质流量的要求设计。

5.6.4　原油板式换热器的设计应符合下列规定：

a）波纹深度不应小于 4mm；

b）设计前应前往项目所在站场现场取样，对所取回的样品进行介质组合及流动特性分析；

c）应设计排污通道，并有针对站场油液特性而采取配套的防堵措施；

d）应根据站场需换热采出液的含气比例、流动压力不同而设计专用排气装置；

e）当设计及使用方缺乏垫片在某种介质中的使用经验时，应对垫片进行浸泡实验，测量垫片的膨胀、硬度及化学腐蚀的敏感性；浸泡时间不应小于 60 天，待确认垫片材料性质不发生变化后，方可使用；

f）不应采用粘式垫片，且设备外不得有垫片部分露出。

5.6.5　管壳式换热器管程内液体介质流速不宜大于 3m/s；螺旋板式换热器通道内液体介质流速不宜小于 1m/s；板式换热器原油或采出水侧流速宜为 0.5m/s～1m/s，清水侧流速宜为 0.2m/s～1m/s。

5.6.6　管壳式换热器应采用逆流换热流程，冷流自下而上，热流自上而下地进入换热器。

5.6.7　原油换热器热、冷介质进、出口管道上应安装必要的温度、压力检测仪表（就地、远传），检测数据可以远传接入所在油田站场控制系统。

5.7　供热站布置

5.7.1　供热站站址应根据区域总体规划、油田采出水取回水位置、热用户位置、环境卫生和管理维护要求等因素经技术经济分析确定，供热站的位置宜靠近负荷中心。

5.7.2　位于油气站场外的供热站，平面布置应符合现行国家标准 GB 50016 的要求；位于油气站场内的供热站，尚应符合现行国家标准 GB 50183 的要求。

5.7.3 供热站内各建筑物、构筑物的平面布置和空间组合，应满足紧凑合理、功能分区明确、建筑简洁协调、工艺流程流畅、安全运行、方便运输、有利安装和检修的要求。

5.7.4 各建（构）筑物和场地布置，应充分利用地形，使挖方和填方量最小，排水良好，防止水流入地下室和管沟。

5.7.5 供热站工艺布置应确保设备安装、操作运行、维护检修的安全和方便，并应使各种管线流程短、结构简单，使供热站面积和空间使用合理、紧凑。

5.7.6 供热站厂房宜分为热泵机房、换热机房、变配电室、控制室等区域。

5.7.7 变配电室宜贴近压缩式热泵间布置。

5.8 公用工程

5.8.1 建筑、结构

5.8.1.1 供热站火灾危险性分类和耐火等级应符合 GB 50016 中 3.1、3.2 的有关规定，且应符合下列要求：

a） 燃气热泵机房应属于丁类生产厂房，单台吸收式热泵机组额定热功率大于 4.5MW 时，燃气热泵间建筑不应低于二级耐火等级；单台吸收式热泵机组额定热功率小于 4.5MW 时，燃气热泵间建筑不应低于三级耐火等级；

b） 设在其他建筑物内的燃气热泵机房，燃气热泵间的耐火等级，均不应低于二级耐火等级；

c） 燃气调压间应属于甲类生产厂房，其建筑不应低于二级耐火等级，与燃气热泵机房贴临的调压间应设置防火墙与燃气热泵机房隔开，其门窗应向外开启并不应直接通向燃气热泵机房，地面应采用不产生火花地坪。

5.8.1.2 燃气热泵机房外墙、楼地面和屋面，应有相应的防爆措施，并应有相当于热泵机房占地面积10%的泄压面积，泄压方向不得朝向人员聚集的场所、房间和人行通道，泄压处不得与这些地方相邻。当泄压面积不能满足上述要求时，可采用在燃气热泵机房的内墙和顶部（顶棚）敷设金属爆炸减压板作补充。

5.8.1.3 供热站设备间的门应向外开。当采用燃气吸收式热泵供热时，供热站出入口的设置，应符合下列规定：

a） 出入口不应少于 2 个。但对独立供热站，当走道总长度小于 12m，且总建筑面积小于 200 ㎡时，其出入口可设 1 个；

b） 非独立供热站，其人员出入口必须有 1 个直通室外。

5.8.1.4 燃气热泵机房与相邻的辅助间之间的隔墙应为防火墙，隔墙上开设的门应为甲级防火门；朝燃气热泵操作面方向开设玻璃观察窗时，应采用具有抗爆能力的固定窗。

5.8.2 供暖通风

5.8.2.1 严寒及寒冷地区冬季室内供暖计算温度宜符合表 1 的规定。

表 1 室内供暖计算温度表

序号	房间名称	室内供暖计算温度（℃）
1	热泵机房、泵房	5～8
2	办公室、值班室、控制室	18～20

5.8.2.2 燃气热泵机房、燃气调压间及电驱动热泵机房宜有良好的自然通风环境，且应设置机械通风与事故通风装置。房间换气次数宜按表 2 选取。油气挥发场所的通风装置应防爆，并应与可燃气体浓度

报警装置联动。

表 2　房间通风换气次数表

序号	房间名称	正常通风 换气次数（次/h）	事故通风 换气次数（次/h）
1	燃气热泵机房	6	≥12
2	电驱动热泵机房	6	≥12
3	燃气调压间	3	≥12

5.8.2.3　燃气热泵机房、燃气调压间及可能挥发可燃气体的采出水进入的厂房，应设置可燃气体浓度报警装置，可燃气体浓度报警装置应与燃气管道及采出水管道总切断阀联动。

5.8.3　给排水及消防

5.8.3.1　供热站生活及生产用清水应取自可靠水源。

5.8.3.2　站场内生活排水及生产用清水系统的检修排水宜排入油气站场生活排水系统，当自流排入采出水系统时，应设置水封。

5.8.3.3　油气站场内设施消防按现行国家标准 GB 50183 执行。

5.8.4　电气

5.8.4.1　供电电压应根据供热站所在地区供电条件、用电设备电压及负荷等级、送电距离等因素，经技术经济对比后确定。

5.8.4.2　供热站应根据工程规模和重要性，合理确定用电负荷等级。用于油气站场生产加热时，应满足油气站场用电负荷等级要求；用于民用供热时，用电负荷等级宜为 3 级。

5.8.4.3　单台热泵机组或大型水泵的输入功率大于 650kW 时，应采用高压供电方式；输入功率大于 350kW、小于或等于 650kW 时，宜采用高压供电方式；输入功率大于 250kW、小于或等于 350kW 时，可采用高压供电方式。

5.8.4.4　厂房内电缆宜采用桥架、线槽或钢管敷设，在进入电机接线盒处应设置防水弯头或金属软管。

5.8.5　控制与监测

5.8.5.1　供热站应设置仪表及控制系统，仪表及控制系统的设计应符合现行国家标准 GB/T 50892 及 GB/T 50823 的规定。

5.8.5.2　可燃气体和有毒气体检测报警装置的设计应符合现行国家标准 GB 50493 的规定。

5.8.5.3　供热站仪表及控制系统设计应符合下列规定：

a）宜与所在油气田站场的仪表及控制系统相互兼顾、协调一致；

b）具有独立操作运行功能的成套工艺装置和设备，宜设置独立的仪表及控制系统，且应接受供热站控制系统的监控；

c）计算机控制系统供电应采用不间断电源（UPS）供电，后备时间应不小于 0.5h。

5.8.5.4　仪表及控制系统设计应实现下列监测和控制功能：

a）污水换热器、原油换热器热、冷介质进、出口温度及压力监测；

b）热泵机组蒸发器进、出口温度及压力监测；

c）热泵机组冷凝器进、出口温度及压力监测；

d）油田采出水取水流量监测；

e）辅助热源设备的启停控制及运行参数监测；
f）热泵机组启停台数的控制；
g）热泵机组运行状态监测及故障报警；
h）循环水泵进、出口水压、负荷电流监测；
i）软化水箱液位监测及高、低液位报警；
j）软化水处理装置进、出口水压监测；
k）供热站出口供热量的瞬时值和累计值计量；
l）机组自动保护；
m）换热器及热泵机组污水侧、原油侧进出口压差监测及报警；
n）应有人工或自动的供热工况间的转换措施；
o）除污器前后压差监测；
p）供热站补水量、原水用量计量；
q）供热站总耗电量计量；
r）电压缩式热泵机组用电量单独计量；
s）燃气吸收式热泵机组耗气量计量。

6 施工及验收

6.1 一般规定

6.1.1 施工前应具备正式的设计文件和图册。

6.1.2 施工企业应在施工前编制施工组织方案，根据设计文件和施工现场条件制定施工组织措施，并进行施工技术和安全技术交底。

6.1.3 主要设备应有出厂文件和图册，设备、主要材料应有产品合格证明文件。特种设备应有符合要求的设计文件、政府有关部门验收准许使用的证明等质量保证文件。

6.1.4 施工前应根据施工文件的要求和现行国家标准的规定，编制工程检验试验和检查验收计划，并应对原材料、成品、半成品和设备进行进场检查验收，并保存相关的设计文件、合格证、质量证明文件等记录。

6.2 设备及管道施工

6.2.1 设备、管道及其附件型号、规格和技术参数应符合设计要求，均应做专项验收。

6.2.2 设备安装应按设计图纸施工，并应符合现行国家标准 GB 50236 的有关规定。

6.2.3 管道、附属设备及管道附件的安装、试验均应按照现行国家标准 GB 50235 的有关规定执行。

6.2.4 地面管线、设备以及钢结构的表面涂色和标志宜按照现行行业标准 SY/T 0043 的有关规定执行。

6.3 系统调试及试运行

6.3.1 工程安装完毕后应进行初步验收，验收合格后方可进行调试。在调试前应制定完整的调试方案。调试应按单机调试、分系统调试和整套系统联合调试的次序进行，未完成上一步调试内容时，不得进行下一步调试工作。

6.3.2 单机调试应由设备厂商负责实施；分系统和整套系统调试应由建设单位负责组织实施，设备厂家、监理单位、设计单位参与配合。

6.3.3 调试前，应对主设备安装、各系统管路连接、电气接线以及通风系统、消防系统、控制系统等安装工程检查验收合格，土建工程应完工，地面应清扫完成。

6.3.4 可燃气体探测报警系统应按现行国家标准 GB 50166 的规定进行测试。

6.3.5 设备单机调试前应具备下列条件：

a）应制定单机调试方案或操作规程；

b）调试需要的能源、介质、材料、机具、检测仪器、安全防护设施（用具）、环境条件等，应符合调试要求；

c）参加调试的人员应全部到位，并切实掌握调试设备的技术文件、操作要求；

d）现场消防器材应齐备，消防水系统水源和压力应达到要求，并应处于备用状态。

6.3.6 设备单机调试应包括下列内容：

a）电气动力和操作控制系统调试；

b）设备的联锁保护校验；

c）单机的首次试运转；

d）单机试运转记录整理及验收。

6.3.7 系统整体运行及调试应符合下列规定：

a）系统调试过程中，应进行水力平衡调试，系统循环流量、压力应符合设计要求；

b）水力平衡调试完成后，应进行无负荷系统试运转，试运转的各种性能参数应调整到设计要求，整个系统应试运行 72h；

c）负荷系统试运转应按设备随机技术文件的负荷试运转工作规范和操作程序进行，运转时间及各种性能参数应达到设计要求；

d）负荷试运转时，应每隔 30min 检查系统温度、压力、流量、电流、电压等是否正常，应调试达到设计要求，并做记录；

e）系统调试结果应达到设计要求。调试完成后应编写调试报告及运行操作规程，并提交甲方确认后存档。

6.3.8 对系统试运行中发现的系统性缺陷应在试运行后及时整改。对于运行中属于影响试运行安全且必须立刻解决的问题，应停机处理。

6.4 竣工验收

6.4.1 工程总体竣工验收应在工程试运行合格后进行。

6.4.2 工程竣工验收应以现行国家有关标准、批准的设计文件、施工承包合同、工程施工许可文件和本规范为依据。

6.4.3 竣工验收应提供下列资料：

a）开工报告；

b）图纸会审记录、设计变更和工程洽商记录；

c）施工组织设计（或施工方案）、技术交底文件；

d）主要材料、成品、半成品、配件、容器和设备的质量证明文件、进场检查验收单和检验试验记录，主要设备的出厂设计文件和图册；

e）现场设备、管道安装施工检查、检验和调试记录；

f）焊接工程工艺评定、作业指导书、无损检测以及验收记录；

g）隐蔽工程验收及中间调试记录；

h）设备及管道防腐、绝热检查验收记录；

i）设备试运转、调试以及功能性试验和检测记录；

j）单机、分系统及整套系统试运行记录；

k）检验批、分项、分部及单位工程验收记录

l） 消防部门、质量技术监督部门及其他相关部门的验收材料；

m）主要设备操作和保养手册、零备件手册；

n） 竣工图；

o） 工程竣工报告；

p） 其他需要提供的资料。

6.4.4 验收材料的内容应完整、准确、有效，符合设计和规范要求。

6.4.5 竣工验收应按设计、竣工图纸对工程进行现场检查，竣工图纸应真实、准确，工程量应符合合同的规定。

6.4.6 设施和设备的安装应符合设计的要求，无明显的外观质量缺陷，且保养应完善。

7 安全、环保与职业卫生

7.1 一般规定

7.1.1 劳动安全和职业卫生设施必须与主体工程同时设计、同时施工、同时投入生产和使用。

7.1.2 劳动安全、环境保护和职业卫生的工程设计必须执行国家有关法律、法规和有关技术标准。

7.2 劳动安全

7.2.1 应对危险因素进行分析、对危险区域进行划分，并采取相应的防护措施。

7.2.2 有爆炸危险的设施（含有关电气设施、工艺系统、建构筑物），必须按照不同类型的爆炸源和危险因素采取相应的防爆防护措施。

7.2.3 电气设备的布置应满足带电设备的安全防护距离要求，并应有必要的隔离防护措施和防止误操作措施；应设置防雷击和安全接地等措施。

7.2.4 在厂区及作业场所对人员有危险、危害的地点、设备和设施之处，均应设置醒目的安全标志或安全色。

7.3 环境保护

7.3.1 直燃吸收式热泵机组排放的大气污染物，应符合现行国家标准 GB 13271、GB 16297 和所在地有关大气污染物排放标准的规定。

7.3.2 供热站各类废水的排放，应符合国家及当地环保部门的要求。

7.3.3 供热站的噪声应首先从声源上进行控制，选择符合国家噪声控制标准的设备。对于声源上无法控制的生产噪声应采取有效的噪声控制措施，并考虑设置噪声防护距离。

7.4 职业卫生

7.4.1 职业卫生设计应以职业病危害预评价报告为依据，落实各项防护措施。

7.4.2 应根据国家职业病防治的法律、法规和国家标准对危害因素进行分析，并采取相应的防护措施。

7.4.3 噪声控制的设计应符合现行国家标准 GB/T 50087 及其他有关标准、规范的规定。

7.4.4 有职业病危害的场所应设置醒目的警示标识，应注明产生职业病危害种类、后果、预防及应急救治措施等内容。警示标识的设置应符合国家现行有关工作场所职业病危害警示标识的有关规定。

附 录 A
（规范性附录）
规范条文说明

A.1 余热利用工程方案论证

工程设计前期应进行工程方案论证。对油田采出水处理站、油田采出水管网的总体规划、余热资源量进行资料收集与分析，确保油田采出水余热利用系统水源的长期稳定。

余热资源量主要是根据调研的采出水水温、水量进行评价。采出水余热利用后的水温需由油田开发主管部门确定，余热利用后的水温不得影响油田开发。采出水水量需根据近几年采出水量统计结果及未来油田开发预测结果综合确定。

A.2 工程技术经济分析

进行工程技术经济分析时，应考虑如下经济性指标：

a） 初投资：供热制冷系统各部分投资之和包括：土建费、设备购置费、安装费及其他费用（包括设计费、监理和不可预见费）；

b） 年总成本：指系统各部分的运行费，如水费、电费、燃料费；排污费；管理人员工资、管理费；设备折旧和设备维修、大修费等；

c） 净现值：净现值是指按一定的标准收益率，将各年的净现金流量折现到同一时点的现值累加值，是反映投资方案在计算期内获利能力的动态评价指标；

d） 费用年值：将初投资按资金的时间价值折算为每年的折算费用，并与每年的运行费用相加来计算。其中费用年值最小的方案为最优。

A.3 蓄热系统设计

对于峰谷电价差较大的工程，可以考虑设置蓄热系统以提高系统运行的经济性。

A.4 辅助热源系统设计

合理设计辅助热源系统，可以减小热泵装机容量，降低热泵系统投资，提高系统总效率，并确保冬季在油田采出水温度较低、热负荷较大时，热源系统仍能正常运行。

当余热资源量不足、热泵机组供热温度不满足用热需求时，经技术经济比较，可设置辅助热源系统，技术经济分析可以投资回收期作为目标。

A.5 备用热源系统设计

根据供热负荷可靠性要求，设置热源备用系统，防止热泵机组损坏时影响整个油气站场工艺生产。

供暖热负荷计算方法应符合现行国家标准GB 50736和GB 50019的有关规定。

A.7 采出水换热系统

目前油田采出水换热系统采用板式、螺旋板式、管壳式等换热器。板式换热器材质可根据污水水质特点选用钛板、316L不锈钢等。管壳式换热器优点为方便拆开清洗，材质为20钢，可通过加大换热管壁厚的方式增强换热器耐腐蚀性。螺旋板式换热器由于壁厚较薄、不方便维修等特点，目前在各油田污水换热系统应用较少。

A.8 换热设备清洗流程

由于油田采出水及被加热原油极易在换热器表面产生污垢，污垢将直接导致传热热阻增加，恶化换热性能。为了保证生产效率，只能定期对换热设备进行清洗，因此宜设置合理的清洗流程。目前各油田采出水余热利用工程中采用的换热设备清洗技术措施有：胶球在线清洗、高压水清洗、化学清洗、采出水反冲洗等。

胶球在线清洗不产生废液、操作安全，且可实现在线清洗，适用于管壳式换热器；高压水清洗速度快、效率高、应用范围广、安全性高，对黏度较大的污垢清洗效果差；化学清洗比较彻底，但清洗成本高、操作要求高、清洗废液需回收；采出水反冲洗流程简单，但清洗效果较差，可以作为辅助清洗措施。

A.9 热泵系统

热泵系统可根据热泵机组换热器是否直接与油田采出水接触分为直接式热泵系统与间接式热泵系统。

直接式热泵系统中油田采出水直接进入蒸发器，由于不需要间接热交换器，没有中间换热温差，因此系统效率较高，适用于油田采出水温度较低、水质较好的应用场合，但必须采取必要的措施以保证机组的安全运行；间接式热泵系统中油田采出水通过中间换热器将热量释放给中间介质，中间介质再进入热泵蒸发器。

根据调研情况，目前各油田油气站场加热原油均采用设置中间换热器的加热方式，有专家提出应考虑原油直接进入热泵机组工况，该工况下需考虑供热站防爆措施设计或将热泵机组冷凝器外置，且应满足防火间距要求。

A.10 原油换热器选型

螺旋板换热器具有传热效率高、结构紧凑、制造简便、价格便宜、不易结垢等优点。由于两种传热介质可进行全逆流流动，传热效率高，适用于小温差传热，有利于回收低温热源并可准确地控制出口温度。又由于长径比较管壳式换热器小，使层流区的传热系数变大，适用于高黏度流体的加热或冷却。但存在容易堵塞、检修及机械清洗困难、操作压力受限制的缺点。

可拆板式换热器清洗最为方便，胜利油田多个工程选用了改型板式换热器，但可拆板式换热器受限于其结构特点和密封垫片的耐温上限，有时承压和耐温不能满足要求，需要选用承压和耐温能力更高的管壳式换热器。板式换热器供货方缺乏垫片在油田采出液中的使用经验时，应对垫片进行浸泡试验，将垫片浸没在采出液中，测量垫片的膨胀、硬度及对化学腐蚀的敏感性。

管壳式换热器常用的有浮头式和固定管板式两种。两者相比，浮头式的优点是壳体与管束的温差不受限制，管束便于更换，同时壳程可以采用机械方法进行清扫。

原油集输系统站场全年生产，无计划检修期，且工况不稳定，故提出换热器至少应选2台。选2台时，备用率可取50%，当1台检修时，另一台可承担75%负荷。当多台换热器并联安装时，其进、出口管路设计应考虑防偏流。

A.11 供热站布置

供热站宜与其他建筑物分开，独立设置；当布置在建筑物内时，不应设置在临近人员密集的场所。

供热站厂房除设置热泵机房、换热机房、变配电室、控制室等区域外，还可以设置维修间、化验室等生产辅助间。

A.12 通风系统设计

燃气热泵机房及燃气调压间日常运行时，可能存在天然气泄漏的风险，另外部分油田采出水也含有天然气；为了防止可能泄漏的天然气浓度过高，必须保证通风良好，且考虑天然气浓度报警。另外，在夏季，良好的通风可以排除热泵及其他电气设备散发的热量，以降低燃气热泵机房内温度，改善操作人员的工作环境。事故通风是保障安全生产和保障操作人员生命安全的必要措施。

ICS 75.010
CCS P 71
备案号：J3027-2022

NB

中华人民共和国能源行业标准

NB/T 10711—2021

地热管网设计规范

Code for design of geothermal pipe network

2021-11-16 发布 2022-05-16 实施

国家能源局 发布

目　次

前　言

根据国家能源局综合司《关于印发2018年能源领域行业标准制（修）订计划及英文版翻译出版计划的通知》（国能综通科技〔2018〕100号）的要求，规范编制组经广泛调查研究，认真总结国内外地热管网工程设计、建设、管理方面的实践经验，参考国内相关标准，并在广泛征求意见的基础上，编制本规范。

本规范共分15章，主要内容有：总则、规范性引用文件、术语、基本规定、管网形式、水力计算、管网布置与敷设、管网调节，管道、附件选材及连接，管道应力计算和作用力计算、集输站场、防腐保温和防垢、监测与控制、公用工程、环境保护等。

本规范由国家能源局负责管理，由能源行业地热能专业标准化技术委员会负责日常管理，由中国石油工程建设有限公司华北分公司负责具体技术内容的解释。本规范在执行过程中，如发现需要修改和补充之处，请将意见和建议反馈至中国石油工程建设有限公司华北分公司（地址：河北省沧州市任丘市建设路中路3号，邮编：062552）。

本规范主编单位：中国石油工程建设有限公司华北分公司

本规范参编单位：中国石化集团新星石油有限责任公司
中国电力工程顾问集团西南电力设计院有限公司
中国核电工程有限公司
国网西藏电力有限公司羊八井地热发电公司
当雄县羊易地热电站有限公司
河南万江新能源开发有限公司
北京泰利新能源科技发展有限公司
北京玛斯莱特科技有限公司

本规范主要起草人：刘亮德　樊梦芳　李宏武　陈情来　张　泽　袁　益　孙传军　陈　宇
张朝阳　陈晓林　张卫兵　张志贵　张加蓉　李小龙　雷　炯　桂江波
蒋　勇　李　昊　王　丽　李宝云　齐国林　杨　畅　卢　浩　崔　豫
王立恒　杨全毅　王博凯　张旭毅　许多龙　刘发安　文宏洲　陈　伟
马春红　赵丰年

本规范主要审查人：陈焰华　陈必亮　付　伟　况国华　李　健　王登峰　于建水　张同秀
赵文成

1 总 则

1.0.1 为促进地热资源的开发利用，指导和规范地热管网设计，做到技术先进、经济合理、安全可靠、保护环境，制定本规范。

1.0.2 本规范适用于地热发电、地热直接利用工程中地热管网的设计，包括：

a） 地热井口与地热能源站之间的管网；

b） 附属于地热管网的集输站场。

1.0.3 地热管网设计应与地热资源条件和开发方式相匹配，并应符合区域规划要求。

1.0.4 地热管网设计除应符合本规范外，尚应符合国家现行有关标准的规定。

2 规范性引用文件

GB 3096 声环境质量标准
GB 4053.2 固定式钢梯及平台安全要求 第2部分：钢斜梯
GB 4053.3 固定式钢梯及平台安全要求 第3部分：工业防护栏杆及钢平台
GB 12348 工业企业厂界环境噪声排放标准
GB 14554 恶臭污染物排放标准
GB 16297 大气污染物综合排放标准
GB 50007 建筑地基基础设计规范
GB 50011 建筑抗震设计规范
GB 50013 室外给水设计规范
GB 50014 室外排水设计规范
GB 50015 建筑给水排水设计规范
GB 50046 工业建筑防腐蚀设计规范
GB 50052 供配电系统设计规范
GB 50053 20kV 及以下变电所设计规范
GB 50055 通用用电设备配电设计规范
GB 50057 建筑物防雷设计规范
GB 50060 3～110kV 高压配电装置设计规范
GB 50191 构筑物抗震设计规范
GB 50453 石油化工建（构）筑物抗震设防分类标准
GB 50838 城市综合管廊工程技术规范
GB 51019 化工工程管架、管墩设计规范
GB/T 8175 设备及管道绝热设计导则
GB/T 50065 交流电气装置的接地设计规范
NB/T 10273 地热供热站设计规范
CJJ 34 城镇供热管网设计规范
CJJ 138 城镇地热供热工程技术规程
CJJ/T 81 城镇供热直埋热水管道技术规程
CJJ/T 104 城镇供热直埋蒸汽管道技术规程
DL/T 5366 发电厂汽水管道应力计算技术规程

JGJ 79 建筑地基处理技术规范
SH/T 313231 石油化工钢筋混凝土水池结构设计规范
SY/T 0600 油田水结垢趋势预测方法
SY/T 6769 非金属管道设计、施工及验收规范
SY/T 6793 油气输送管道线路工程水工保护设计规范

3 术语和定义

下列术语和定义适用于本文件。

3.0.1 地热能源站 geothermal energy station

利用地热流体的热能进行供热、供冷、发电的站场。

3.0.2 地热两相流 geothermal two-phase fluid

地热水、地热蒸汽和不凝结气体的混合流体。

3.0.3 地热井口 geothermal wellhead

地热井露出地面的井管与井口主阀或井口装置的总称。

3.0.4 集输站场 gathering station

将地热井采出的地热流体汇集、处理和输送的站场，包括地热井场、汽水分离站、稳压放空站。

3.0.5 地热井场 geothermal well pad

建设单井或丛式井集输设施，并可用于修井作业的场地范围。

3.0.6 汽水分离站 steam separator station

在与地热电站配套的地热管网中，实现地热流体气相、液相分离工艺的站场。

3.0.7 稳压放空站 pressure regulation and emergency exhaust station

稳定地热蒸汽压力并兼具紧急泄放功能的站场。

3.0.8 单井汽水分离式管网 individual well head separation pipe network

在各生产井井口附近分别设置汽水分离站，对地热流体进行单井汽水分离后再输送的地热管网。

3.0.9 区域汽水分离式管网 satellite separation pipe network

分区域设置汽水分离站，将各区域内地热井产出的地热流体先分离为地热水和地热蒸汽，再继续向下游地热能源站输送的地热管网。

3.0.10 集中汽水分离式管网 central separation pipe network

靠近地热能源站集中设置一处汽水分离站，地热流体集中输送至汽水分离站进行分离的地热管网。

3.0.11 热回灌系统 hot re-injection system

在与闪蒸地热电站配套的地热管网中，将汽水分离站分离出的饱和地热水输送至回灌井进行回灌的工艺系统。

3.0.12 冷回灌系统 cold re-injection system

在与闪蒸地热电站配套的地热管网中，将电站凝结水或循环冷却水系统溢流水输送至回灌井进行回灌的工艺系统。

3.0.13 弹性敷设 pipe laying with elastic bending

利用管道在外力或自重作用下产生的弹性弯曲变形，改变管道走向或适应高程变化的管道敷设方式。

3.0.14 除盐管段 scrubbing lines

设置在地热蒸汽管道进入闪蒸地热电站前，用于减少地热蒸汽携带的含矿物液滴的管段。

3.0.15 井口回压 wellhead back pressure

地热生产井单井管线起点的压力；当为自喷井时，指单井流量调节阀后的压力。

4 基本规定

4.0.1 地热管网工程应依据地热井参数和地热流体分析化验资料进行设计。

4.0.2 地热管网工程设计前应对地热集输站场周边及管道沿线的地形地貌、地表设施等状况进行资料收集和调查，并应取得当地的气象、地质、水文、电力等基础资料。

4.0.3 地热管网设计规模宜根据地热井产量和数量确定。

4.0.4 地热管网总体布局应根据地热井分布、地热能源站位置、自然环境、运行维护和公用工程条件，经技术经济比较确定。

4.0.5 地热管网工艺流程应满足地热流体集输、回灌要求和地热能源站对地热流体参数、组分的要求。

5 管网形式

5.1 地热蒸汽及两相流管网

5.1.1 地热蒸汽管网宜与地热发电机组采用单元制配置。

5.1.2 地热蒸汽及两相流管网宜采用枝状管网汇集的输送形式。

5.1.3 地热井分散布置时，宜采用单井汽水分离式管网。

5.1.4 地热井为丛式井或集中布置时，宜采用区域汽水分离式管网。

5.1.5 地热井靠近地热能源站布置，且地热两相流管网能够顺坡到达地热能源站时，可采用集中汽水分离式管网。

5.1.6 地热蒸汽及两相流管网设计宜根据地热井数量和压力差异情况，选择采用单压管网或高低压管网。

5.2 地热水管网

5.2.1 地热直接利用工程地热水管网应采用闭式管网，地热发电工程地热水管网宜采用闭式管网。

5.2.2 地热水管网形式应综合考虑地热井与地热能源站的相对位置关系和分布特点、管网路由等因素经技术经济比较确定，可采用单井集输、枝状集输或丛式集输形式。

6 水力计算

6.1 一般规定

6.1.1 地热管网水力计算范围应包括从生产井到回灌井的完整输送管网。

6.1.2 地热管网水力计算应包括下列内容：

a） 确定地热管网的管径；

b） 分析地热管网的压力损失；

c） 必要时进行事故工况分析。

6.1.3 地热管网管径应按设计流量进行计算，并按最大流量下允许的压力损失进行校核。

6.1.4 地热发电工程地热管网水力计算方法应符合现行国家标准 GB 50764《电厂动力管道设计规范》的规定；地热直接利用工程地热管网水力计算方法应符合现行行业标准 CJJ 34《城镇供热管网设计规范》的规定。

6.1.5　地热管网压力损失计算时，应留有5%～10%的裕量。

6.2　水力计算方法

6.2.1　地热管网生产井的井口回压可按下列公式计算：

6.2.1.1　闭式地热管网

$$P_h = P_g + \Delta P_1 + \Delta P_2 + \Delta P_3 - \Delta P_z - 0.01h_p \quad (6.2.1\text{-}1)$$

式中：

P_h——地热生产井的井口回压，MPa；

P_g——回灌井井口压力，MPa；

ΔP_1——回灌管网压力损失，MPa；

ΔP_2——地热能源站内压力损失，MPa；

ΔP_3——集输管网和设备压力损失，MPa；

ΔP_z——生产井与回灌井的高程差产生的压差，MPa；

h_p——回灌加压泵扬程，无回灌加压泵时取0，m。

6.2.1.2　开式地热管网

$$P_h = P_i + \Delta P_3 - \Delta P_z' \quad (6.2.1\text{-}1)$$

式中：

P_i——地热能源站进站压力，MPa；

$\Delta P_z'$——生产井与地热能源站的高程差产生的压差，MPa。

6.2.2　水力计算时，地热蒸汽及两相流管网中的不凝结气体可近似为蒸汽。

6.2.3　地热两相流管网的管径选择和水力计算应符合下列规定：

a）初选管径时，应计算管道的通流能力，计算通流能力应大于设计流量；

b）根据通流能力选取管径后，可按输送介质为蒸汽进行总阻力计算；

c）当总阻力不能满足地热能源站压力要求时，应重新选择管径。

6.2.4　地热蒸汽管网的设计流量应考虑补偿管道热损失产生的凝结水的蒸汽量。

6.2.5　多井集中输送形式的地热水管网，当计算地热井之间的压力损失相对差额大于15%时，应采取水力平衡调节措施。

6.2.6　地热水管网任何一点的压力不应低于地热水的汽化压力。

6.3　水力计算参数

6.3.1　地热管网输送介质的最大允许设计流速应符合表6.3.1的规定。

表6.3.1　地热管网输送介质最大允许设计流速

输送介质	管径（mm）	最大允许设计流速（m/s）
蒸汽	≤200	35
	＞200	60
两相流	—	25
地热水	≤300	2
	＞300	3

6.3.2 地热水集输干线比摩阻宜小于等于 100Pa/m，单井管线比摩阻宜小于等于 200Pa/m。

6.3.3 地热管网管道内壁当量粗糙度应按表 6.3.3 选取。

表 6.3.3 地热管网管道内壁当量粗糙度

输送介质	管道材质	当量粗糙度（m）
蒸汽	钢管	0.0002
两相流	钢管	0.0005
地热水	钢管	0.0005
	耐热玻璃钢管	0.0002
	耐热聚乙烯管	0.0002
	其他非金属管	按相关资料取用

6.3.4 对现有地热管网进行水力计算，当管道内壁存在腐蚀、结垢现象时，宜采用经过测定的当量粗糙度值。

7 管网布置与敷设

7.1 管网布置

7.1.1 地热管网路由应符合规划要求，宜避开环境敏感区，当路由受限需要通过环境敏感区时，应征得其主管部门同意并采取保护措施。

7.1.2 地热管网线路走向宜顺直，并选择有利地形敷设，避开土质松软地区、滑坡危险地带以及高地下水位区等不利地段。

7.1.3 城市规划区内的地热管网宜沿道路或公路两侧敷设；当有城市管廊时，可敷设于城市管廊内。

7.1.4 地上敷设的地热管网不应妨碍交通通行及生产作业。

7.1.5 城市规划区内地热管网的布置还应符合现行行业标准 CJJ 34《城镇供热管网设计规范》的规定。

7.2 管道敷设

7.2.1 地热蒸汽及两相流管道宜采用地上敷设，地热水管道宜采用直埋敷设。

7.2.2 地热两相流管道、未经加压的热回灌系统管道应顺坡敷设。

7.2.3 直埋敷设和地上敷设地热管网与建筑物、构筑物、道路、铁路、电缆和其他管线的最小水平净距、垂直净距应符合现行行业标准 CJJ 34《城镇供热管网设计规范》的规定。

7.2.4 城市管廊内敷设的地热管网设计应符合现行国家标准 GB 50838《城市综合管廊工程技术规范》的规定。

7.2.5 城市规划区外直埋敷设地热管网的埋设深度应根据管道所经地段的农田耕作深度、地形和地质条件、地下水深度、地面车辆所施加的载荷及管道稳定性的要求等因素综合确定，管顶的覆土厚度不宜小于 0.8m。当敷设在道路下方时，管顶最小覆土厚度应符合表 7.2.5 的规定。当不符合要求时，应采取相应的技术措施对管道进行保护。

表 7.2.5　地热管网在道路下方敷设的最小覆土深度

管道公称直径（mm）	最小覆土深度（m）	
	机动车道	非机动车道
≤300	1.0	0.7
300＜DN≤500	1.2	0.9
＞500	1.3	1.0

7.2.6　城市规划区内直埋敷设的金属地热水管道最小覆土深度应符合现行行业标准 CJJ/T 81《城镇供热直埋热水管道技术规程》的规定；非金属地热水管道最小覆土深度应根据地质条件、地下水深度、地面车辆所施加的载荷及管道稳定性的要求等因素综合确定；地热蒸汽及两相流管道最小覆土深度应符合现行行业标准 CJJ/T 104《城镇供热直埋蒸汽管道技术规程》的规定。

7.2.7　管道敷设通过山地、丘陵地带时，供热管网走向宜沿地面整体走向敷设，遇到局部变坡地段应进行坡度设计优化。

7.2.8　供热管网采用弹性敷设时应符合下列规定：

a）弹性敷设管道与相邻的反向弹性弯管之间及弹性弯管和人工弯管之间，应采用直管段连接，直管段长度不应小于管子外径值，且不应小于 500mm。

b）弹性敷设管道的曲率半径应满足管子强度要求，且不应小于钢管外径的 1000 倍；垂直面上弹性敷设管道的曲率半径还应大于管道在自重作用下产生的挠度曲线的曲率半径，曲率半径应按式 7.2.8 计算：

$$R \geqslant 3600 \cdot \sqrt[3]{\frac{1-\cos\frac{\theta}{2}}{\theta^4} D^2} \qquad (7.2.8)$$

式中：

R——管道弹性弯曲曲率半径，m；

θ——管道的转角，（°）；

D——钢管外径，mm。

c）弯管不得使用褶皱弯或虾米弯弯管代替。管子对接偏差不应大于 3°。

7.2.9　直埋敷设的地热管网，管顶应铺设警示带，警示带距离管顶不应小于 300mm；当采用非金属管材时，应采用可探测警示带。

7.3　管道穿跨越

7.3.1　地热管网穿跨越方式的选择应根据障碍物结构类型、施工周期要求、交通条件及城市规划等因素综合确定。穿跨越位置的选择应满足管道穿跨越施工和维护对空间和环境的要求。

7.3.2　地热管网穿越铁路或二级及以上公路时，应采用顶进套管、顶进箱涵或水平定向钻穿越方式，并满足路基稳定性要求。对三级及三级以下公路穿越，宜采用挖沟加套管穿越方式。

7.3.3　地热管网穿越小型河流、沟渠时，在城市规划区内宜采用水平定向钻或开挖穿越方式，在城市规划区外可采用桁架跨越方式；穿越大中型河流时，穿越方式应经技术经济比较确定。

7.3.4　地热管网采用开挖穿越时，应符合下列规定：

a）开挖穿越河流时，挖深应根据冲刷或疏浚情况确定，无冲刷或疏浚水域，管道应埋设在河床底面 1.0m 以下；

b）开挖穿越公路时，穿越段宜采用套管保护。

7.3.5　地热管网采用水平定向钻穿越时，应符合下列规定：

a） 穿越管段与桥梁墩台冲刷坑外边缘的水平净距不宜小于 10m，且不应影响桥梁墩台安全；

b） 管道至规划河床的覆土厚度不宜小于 3m；

c） 当地热管网采用钢管时，水平定向钻穿越的曲率半径不宜小于钢管管径的 1500 倍，且不应小于 1200 倍；

d） 水平定向钻穿越的入土直线段与出土直线段的长度不宜小于 10m；

e） 穿越管段应根据地基土层的稳定性和密实性，采取防止地表塌陷的措施；

f） 定向钻不宜在卵石层、松散状砂土或粗砂层、砾石层与破碎岩石层穿越。当出入土管段穿过一定厚度的卵石、砾石层时，宜选择套管隔离、注浆固结、开挖换填措施处理。

7.3.6 地热管网采用顶管穿越时，应符合下列规定：

a） 顶进轨迹应根据水文、地质、地形、水土保持、环境、气象、交通、地下及地上其他建构筑物和管线的情况、施工工艺及管理条件确定；

b） 宜在淤泥质黏土、黏土、粉土及砂土中顶进；

c） 应避开地下障碍物；

d） 顶管穿越河道时的埋置深度应满足河道的规划要求，并应在河床的最大冲刷线以下；

e） 曲线顶进轨迹的曲率半径不宜小于管道直径的 1200 倍；

f） 顶进管道上部的覆土层厚度，应根据建（构）筑物、地下管线、水文地质条件等因素确定，应符合本规范 7.2.4 条相关规定，且不宜小于管道外径的 3 倍。

7.3.7 地热管网穿越河流、铁路或公路等天然或人工障碍时，穿越段不应设置水平或竖直弯管。

7.3.8 采用套管穿越公路或铁路时，套管长度应伸出路堤坡脚、排水沟外边缘不小于 1m。当被穿越的铁路、公路有扩建规划时，应按照扩建后的路堤坡脚、排水沟外边缘确定套管长度。

7.4 管道附件

7.4.1 地热管网各单井管线、集输支线与干线连接处宜安装关断阀门。

7.4.2 地热管网的关断阀和分段阀应采用双向密封阀门。

7.4.3 进入地热电站的地热蒸汽和地热卤水干线上，宜设置紧急关断阀。

7.4.4 直埋敷设地热管网的补偿器，应根据输送介质、水文地质条件和维护条件等因素，采用直埋安装或检查井内安装。

7.4.5 地热管网不允许有任何位移的部位应采取固定措施。

7.4.6 地热管网弯管应符合下列规定：

a） 地热管网用热煨弯管的曲率半径不应小于管道外径的 4 倍；

b） 热煨弯管的任何部位不应有裂纹和其他机械损伤，两端 100mm 长直管段范围内的圆度不应大于连接管圆度的规定值，其他部位圆度不应大于 2.5%；

c） 不应采用有环向焊缝的钢管制作热煨弯管；

d） 冷弯弯管的最小曲率半径应符合表 7.4.6 的规定。

表 7.4.6 冷弯弯管最小曲率半径

公称直径 DN（mm）	最小曲率半径 R（mm）
≤300	$18D$
350	$21D$
400	$24D$
450	$27D$

表 7.4.6 冷弯弯管最小曲率半径（续）

公称直径 DN（mm）	最小曲率半径 R（mm）
500	30D
550≤DN≤1000	40D
≥1050	50D

7.4.7 地热水管网宜根据管网输送压降并结合管网起伏状况设置自动排气装置。

7.4.8 采用套筒补偿器时，应计算各种安装温度下的补偿器安装长度，并应保证在管道可能出现的最高、最低温度下，补偿器留有不小于 20mm 的补偿余量。

7.4.9 架空敷设的地热管网采用波纹管轴向补偿器时，管道上应安装防止波纹管失稳的导向支座；采用其他形式补偿器，补偿管段过长时，亦应设导向支座。

8 管网调节

8.1 地热蒸汽及两相流管网调节

8.1.1 地热蒸汽及两相流管网的负荷调节应符合下列规定：

a） 发电机组负荷变化时，井口流量调节阀宜同步调节；

b） 发电机组长期低负荷运行时，应减少运行的地热生产井数量。

8.1.2 地热蒸汽及两相流管网的压力调节应符合下列规定：

a） 宜通过稳压放空系统实现；

b） 井口流量调节阀宜同步调节。

8.2 地热水管网调节

8.2.1 地热生产井宜采用由热负荷优化控制单井水量和运行井数相结合的调节方式。

8.2.2 负荷分期增长的地热水管网，宜根据负荷增长情况，分阶段匹配不同规格的地热井泵。

8.2.3 地热井泵宜采用变频启动，并宜根据负荷变化进行变频调节。

9 管道、附件选材及连接

9.1 管道及附件选材

9.1.1 管道及附件选材应根据地热流体的化学成分，按其腐蚀、结垢特性，经技术经济比选后确定。

9.1.2 金属管道可选用无缝钢管、螺旋缝焊接钢管。金属管道钢材钢号不应低于表 9.1.2 的规定。

表 9.1.2 地热管网金属管道管材

设计参数	钢号	执行标准
P≤1.6MPa　t≤150℃	Q235B	GB/T 3091
1.6MPa≤P≤2.5MPa　150℃≤t≤250℃	20 钢	GB/T 8163

9.1.3 非金属管道可选用耐热聚乙烯管、玻璃钢管，非金属管材的选择应符合表 9.1.3 规定。

表 9.1.3 地热管网非金属管材

管材类型	设计参数	执行标准
耐热聚乙烯管	$P \leqslant 1.0MPa$ $t \leqslant 85℃$	GB/T 28799
玻璃钢管	$P \leqslant 1.6MPa$ $t \leqslant 80℃$	HG/T 21633
	$P \leqslant 2.5MPa$ $t \leqslant 90℃$	SY/T 6266

9.1.4 冷回灌系统管网宜采用非金属管材或不锈钢管材。

9.1.5 地热蒸汽和两相流管道应采用钢制阀门；地热水管道阀门宜采用钢制阀门。

9.2 管道连接

9.2.1 地热管网管道连接方式应符合下列规定：

a） 金属管道宜采用焊接连接；

b） 聚乙烯管道可采用电熔或热熔连接；

c） 玻璃钢管道宜采用螺纹连接或对接胶合连接。

9.2.2 管道与设备、阀门等连接宜采用法兰连接；公称直径小于或等于 32mm 的阀门，可采用螺纹连接。

10 管道应力计算和作用力计算

10.0.1 运行温度大于 100℃且公称尺寸大于 *DN*65 的管道应进行管道应力计算。

10.0.2 管道应力计算的内容应包括：

a） 验算管道在内压、自重和其他外部荷载作用下所产生的一次应力和在热胀、冷缩及位移受约束时所产生的二次应力；

b） 计算各工况下管道支吊架的荷载和位移；

c） 计算管道对设备和固定装置的作用力及力矩。

10.0.3 管道应力分析计算的方法可采用：

a） 经过实际工程验证并经过鉴定的计算软件；

b） 对于低参数及简单的管道，可采用近似分析方法，包括表格法、图解法、经验公式法等进行简化分析计算。

10.0.4 在进行管道应力计算时，管道的计算压力应取系统在运行时管道各处可能出现的最高持续压力，计算温度应取管道在运行中的最高持续工作温度。

10.0.5 地热管道的许用应力取值、管壁厚度计算及应力验算执行下述规定：

a） 地上敷设和管沟敷设地热管道的许用应力取值、管壁厚度计算及应力验算应符合现行行业标准 DL/T 5366《发电厂汽水管道应力计算技术规程》规定；

b） 直埋敷设地热水管道的许用应力取值、管壁厚度计算及应力验算应符合现行行业标准 CJJ/T 81《城镇供热直埋热水管道技术规程》的规定；

c） 非金属管道的许用应力取值、管壁厚度计算应符合现行行业标准 SY/T 6769《非金属管道设计、施工及验收规范》的规定。

10.0.6 管道应力分析计算时偶然荷载的计入应符合以下规定：

a） 应根据管道所处环境条件选择计入风荷载、雪荷载、冰荷载；

b） 除有特殊要求外，地震烈度大于 8 度的地区应计入地震荷载的作用，但可不计入地震荷载与风荷载同时出现的工况；

c） 应计入其他可能发生的偶然荷载。

10.0.7 管道在工作状态和冷态下计算推力和力矩的最大值，应在与之连接的设备所能承受的范围内。

10.0.8 管道对固定点的作用力计算、固定点两侧管段作用力合成原则应符合现行行业标准 CJJ 34《城镇供热管网设计规范》的规定。

11 集输站场

11.1 一般规定

11.1.1 集输站场宜根据当地气候条件、景观要求及管理要求，选择采用露天布置或设置局部围护设施。

11.1.2 集输站场应预留设备安装和维护检修的通道和场地。

11.1.3 站内管道系统的布置应便于安装、操作和检修，操作面高度超过 1.5m 且需要经常操作的设备和阀门处应设操作平台、扶梯和防护栏杆等设施。

11.1.4 集输站场设备的材料应根据地热流体的化学成分，按其腐蚀、冲蚀特点，经技术经济比选后确定。

11.2 地热井场

11.2.1 位于城市建成区内的地热井，井口宜设置井口房或围栏，井口房的设计应符合现行行业标准 CJJ 138《城镇地热供热工程技术规程》的规定。

11.2.2 同一井场内的地热井宜采用母管制连接，但当地热井为自喷井时，压力参数差异较大的地热井宜采用不同压力级制的管道连接。

11.2.3 当生产井和回灌井需要切换时，井口应设置切换阀组，3 口及以上需要切换的地热井在井场汇集时，宜设置分集水器。

11.2.4 砂岩热储的回灌井宜设置回扬井泵，回扬井泵宜设置变频装置。

11.2.5 出水含砂量容积比大于 1/20000 的地热井，应在井场设置除砂器。

11.2.6 间断运行的非自喷地热生产井，宜采取防止井筒腐蚀的保护措施。

11.2.7 当地热井口装置不具备补偿井管伸缩的功能时，与地热井口连接的管道应采取适应井口上升和下降的补偿措施。

11.2.8 当与地热井口连接的管道施加到地热井口上的力超过井管、井口装置或井口主阀的允许受力而又无法通过补偿措施解决时，应采取加固地热井口的措施，采用的加固措施应允许地热井口在垂直方向自由上升和下降。

11.2.9 地热生产井单井调节阀的设置应符合下列要求：

a） 非自喷地热生产井，水力平衡调节阀的设置应符合本规范 6.2.5 条的规定；

b） 自喷地热井应设置手动或自动流量调节阀；当有多口生产井时，设置自动流量调节阀的生产井数量应根据地热能源站负荷调节需求确定；

c） 流量调节阀应根据设计单井流量调节范围及其前后工作压差选取。

11.2.10 设有流量调节阀的地热生产井，流量调节阀后应设置关断阀，关断阀的位置宜靠近单井管线与集输干线的连接处。

11.2.11 地热电站的回灌井井口应设置止回阀。

11.2.12 闪蒸地热电站的自喷地热井，应设置启动放空管路，启动放空管路应在关断阀前引出，启动放空管路应连接至井场常压闪蒸消声器。

11.2.13 自喷地热井的井口主阀前宜设置地热井关井气体放散管路，关井气体放散管路上应设置承担关断和节流功能的串联双阀组，关井气体放散管路应连接至井场常压闪蒸消声器。

11.2.14　自喷地热井的井口主阀、流量调节阀、关断阀应设置暖管旁路。

11.2.15　井场常压闪蒸消声器的额定流量应满足井场内流量最大的一口地热井的放喷需求。

11.2.16　井场常压闪蒸消声器不宜布置在高于井场地坪的地势高处。

11.2.17　每口地热井的单井管线上均应设置取样口，当地热井产出流体为两相流时，取样口宜设置在距井口约 1.5m 处的水平管段的侧面。

11.3　汽水分离站

11.3.1　汽水分离站的选址应根据地热井、地热能源站的位置和高程特征，结合地形地貌和建站条件综合确定。

11.3.2　汽水分离器的设置应符合下列规定：

a）单井汽水分离式管网汽水分离站的汽水分离器台数宜为 1 台；

b）区域汽水分离式管网和集中汽水分离式管网的汽水分离站，汽水分离器的台数不宜少于 2 台；

c）汽水分离器可不设备用。

11.3.3　汽水分离器的选择应符合下列规定：

a）蒸汽出口干度应满足地热能源站的要求；

b）宜采用离心式；

c）进口参数宜根据地热井试井数据和地热管网水力计算结果确定；

d）壳体厚度的腐蚀裕量不宜小于 3mm；

e）底部应设有便于砂石颗粒排出的排污口。

11.3.4　汽水分离器的安装高度应保证分离出的饱和地热水在流经站内管道系统、过滤器时不发生汽化。

11.3.5　汽水分离站的进出站总管和每台汽水分离器的进出口管线上均应设置关断阀。

11.3.6　汽水分离器上或其蒸汽出口管线上应设置安全泄放装置，其泄放能力不应小于汽水分离器额定蒸汽流量的 1.1 倍，安全泄放装置可采用安全阀、爆破片或两者的组合。

11.3.7　汽水分离器的液相出口管线上应设置具有低阻力特性的过滤器。

11.3.8　汽水分离器的液相出口管线上应设置流量调节阀，流量调节阀前应设置与常压闪蒸消声器连接的紧急泄放旁路，紧急泄放旁路上应设置紧急泄放阀。

11.3.9　汽水分离站应设置紧急泄放水池，当紧急泄放水池未与冷回灌系统连接时，其容积应能满足及时完成蒸发的要求。

11.3.10　汽水分离站内的蒸汽管道疏水宜集中收集并输送至常压闪蒸消声器排放。

11.3.11　汽水分离器的高位蒸汽接口管线上的阀门，宜引至低处安装，管道布置不应影响汽水分离器检修人孔的开启和检修操作。

11.3.12　每台汽水分离器的气相出口和液相出口均应设置取样口。

11.3.13　当热回灌系统的回灌压力不足时，汽水分离站应设置回灌加压泵，回灌加压泵的设置应符合下列规定：

a）回灌加压泵宜与汽水分离器采用单元制配置；

b）回灌加压泵宜采用筒袋式离心泵，可不设备用；

c）回灌加压泵宜选用调速泵，承压和耐温性能应满足其最高工作参数要求；

d）运行回灌加压泵的总流量不应小于设计地热水流量的 1.1 倍；

e）回灌加压泵的扬程应满足回灌井在最大回灌量下的回灌压力要求。

11.3.14　回灌加压泵应设置最小流量再循环管路，再循环管路应接至汽水分离器液相空间。

11.3.15　回灌加压泵的安装位置应在汽水分离器液相紧急泄放旁路引出点后，安装高度应使其具有足够的可用汽蚀余量。

11.4 稳压放空站

11.4.1 地热电站的地热管网应在主蒸汽管道进电站前设置稳压放空站。
11.4.2 稳压放空站的泄放装置宜与地热发电机组采用单元制配置。
11.4.3 每套泄放装置的泄放阀数量不宜少于2个，泄放阀应采用具有调节功能的紧急泄放阀，且应具有较好的耐垢性能，总泄放能力应满足相应机组主蒸汽全量放空要求。
11.4.4 泄放阀应与地热电站进站主蒸汽压力联锁，主蒸汽压力波动范围应满足地热发电机组对主蒸汽参数的要求。
11.4.5 稳压放空站的主蒸汽管道上应设置爆破片装置，爆破片装置的设计应符合下列规定：
a） 每条主蒸汽管道上爆破片的数量不应少于2个，当其中1个故障时，其余爆破片的泄放能力不应小于相应机组主蒸汽设计流量的1.1倍；
b） 爆破片的爆破压力应低于汽水分离站的安全泄放装置动作压力；
c） 爆破片装置与主蒸汽管道之间宜设置阀门。
11.4.6 稳压放空站应设置蒸汽放空消声器，放空消声器的总泄放能力应满足地热电站主蒸汽全量放空的要求。

12 防腐保温和防垢

12.1 防腐

12.1.1 地热流体的腐蚀性宜经腐蚀试验测定，当不具备腐蚀试验条件时，可采用经验指数法确定。
12.1.2 当腐蚀试验测定地热流体腐蚀等级为严重或采用经验指数法判定为强腐蚀性时，宜对与地热水接触的管道和设备采内防腐措施或抗腐蚀措施，可采取下列措施中的一种或多种：
a） 采用耐腐蚀材料；
b） 增大腐蚀裕量；
c） 采用内防腐涂层。
12.1.3 金属管道和设备的外表面应做防腐处理，防腐前应进行表面处理，除锈等级、表面粗糙度及清洁度应满足防腐涂料对设备和管道表面处理质量的要求。
12.1.4 外防腐涂料的耐温性能应满足介质设计温度的要求。
12.1.5 埋地管道的外防腐层材料和厚度应根据管道的防腐要求及土壤的腐蚀性确定。

12.2 保温

12.2.1 设备、管道及其附件发生下列情况之一时，应保温：
a） 管道及系统工艺需要减少散热损失者；
b） 管道需要防冻者；
c） 工艺不要求保温的设备及管道，当其表面温度超过60℃，对需要操作维护，又无法采取其他措施防止人身烫伤的管道，应设置防烫伤保温设施。
12.2.2 保温材料及其制品的选择应符合下列要求：
a） 地上管道宜采用成型制品；
b） 埋地管道宜采用管道、保护层、外护管紧密合成一体的预制管；
c） 允许使用温度应高于正常操作时设备和管道内介质的最高温度；
d） 宜选用导热系数低、吸湿性小、密度低、强度高、耐用、价格低、便于施工和维护的保温材料及其制品；

e） 燃烧性能等级应满足现行有关防火规范的要求。

12.2.3 管道的保温计算应符合下列要求：

a） 架空管道的保温计算，应符合现行国家标准 GB/T 8175《设备及管道绝热设计导则》的规定；

b） 直埋地热蒸汽管道的保温计算，应符合现行行业标准 CJJ/T 104《城镇供热直埋蒸汽管道技术规程》的规定；

c） 直埋地热水管道的保温计算，当采、灌管线同沟敷设时，应符合现行行业标准 CJJ/T 81《城镇供热直埋热水管道技术规程》的规定；当单管敷设时，可参照现行行业标准 CJJ/T 104—2014《城镇供热直埋蒸汽管道技术规程》的 6.4 节进行计算；

d） 当地热能源站对地热水或地热蒸汽进站温度有要求时，还应根据最低运行流量下管道输送温降计算结果，校核保温层厚度。

12.2.4 管道接口保温材料、保温结构应与直管道处一致，并保证与两侧直管道保温层紧密衔接。

12.2.5 地下敷设管道严禁在沟槽或管沟内用吸水性保温材料进行填充式保温。

12.2.6 阀门、法兰等部位宜采用可拆卸式保温结构。

12.2.7 管道、设备的保温层外应做保护层，保护层应防水、防潮、化学稳定性好，且不对保温层产生腐蚀或溶解作用，地上保护层应抗大气腐蚀，埋地保护层应耐土壤腐蚀。

12.3 防垢

12.3.1 地热直接利用工程中地热流体结垢性判定及防垢方法应符合现行行业标准 NB/T 10273《地热供热站设计规范》的规定。

12.3.2 地热发电工程地热流体的结垢性宜经结垢试验测定，当不具备结垢试验条件时，可按以下方法判定：

a） 碳酸钙、硫酸钙、硫酸钡、硫酸锶结垢趋势可按现行行业标准 SY/T 0600《油田水结垢趋势预测方法》的规定判定；

b） 无定形二氧化硅结垢趋势可采用溶解度指数法判定。

12.3.3 当地热发电工程地热流体具有结垢性时，应对与地热流体直接接触的管道和设备采取防垢措施。防垢可采取下列措施之一或同时采取多种：

a） 控温法；

b） 增压法；

c） 水质稳定法；

d） 化学加药法；

e） 物理场防垢法。

12.3.4 闪蒸地热电站地热蒸汽管网进站前宜设置除盐管段，除盐管段的长度可按本文件附录 A 给出的方法计算。

12.3.5 除盐管段上疏水装置的间距宜为管径的 25 倍～100 倍，并应沿流向采用前疏后密布置。

12.3.6 地热流体泄放阀门宜设置在泄放管线的末端。

13 监测与控制

13.1 一般规定

13.1.1 地热管网宜与地热能源站共用一套监测与控制系统。

13.1.2 地热管网宜设置数据通信系统。

13.1.3 地热管网集输站场的紧急控制信号与控制系统应采用硬连接。

13.1.4 地热管网控制系统与上级调控部门的通信，宜利用公共通信网络。

13.1.5 监测仪表与地热流体接触部分的材质应根据地热流体特性选取。

13.2 地热蒸汽及两相流管网监测与控制

13.2.1 地热蒸汽及两相流管网装设监测参数的仪表，应符合表13.2.1的规定。

表13.2.1 地热蒸汽及两相流管网装设监测参数的仪表

集输站场	监测项目	指示	积算	记录
地热井场	生产井井口压力、温度	√	—	√
	生产井流量调节阀后压力	√	—	—
	生产井流量	√	√	√
	回灌井井口压力、温度	√	—	√
	回灌井流量	√	√	√
汽水分离站	汽水分离器液位	√	—	—
	汽水分离器进口压力、温度	√	—	—
	汽水分离器气相出口压力、温度	√	—	—
	汽水分离器液相出口压力、温度	√	—	—
	汽水分离器气相出口流量	√	√	√
	汽水分离器液相出口流量	√	√	√
稳压放空站	主蒸汽压力、温度	√	—	—

注：表中符号“√”为需装设，“—”为可不装设。

13.2.2 地热蒸汽及两相流管网的报警信号，应按以下规定装设：

a） 汽水分离器应设置低液位报警、低低液位报警、高液位报警及高高液位报警；

b） 稳压放空站应设置主蒸汽低压力报警、高压力报警、高高压力报警。

13.2.3 汽水分离器的液位控制和联锁保护应符合下列规定：

a） 应设置液相出口流量自动调节装置；

b） 高高液位报警时，应联锁开启紧急泄放阀；

c） 用于高高液位报警的液位检测仪表应设置双路监测。

13.2.4 回灌加压泵的控制和联锁保护应符合下列规定：

a） 当采用调速泵时，宜设置转速自动调节装置；

b） 当输送量低于允许的最小流量时，应联锁开启最小流量再循环管路；

c） 当汽水分离器低低液位报警时，应联锁关闭回灌加压泵。

13.2.5 稳压放空站的压力控制和联锁保护应符合下列规定：

a） 应设置主蒸汽压力自动调节装置；

b） 高高压力报警时，应联锁泄放阀全开动作；

c） 用于高高压力报警的压力检测仪表应采用三选二联锁。

13.3 地热水管网监测与控制

13.3.1 地热水管网装设监测参数的仪表，应符合表13.3.1的规定。

表 13.3.1 地热水管网装设监测参数的仪表

监测项目	指示	积算	记录
生产井井口压力、温度	√	—	√
生产井流量	√	√	√
生产井水位	√	—	√
回灌井井口压力、温度	√	—	√
回灌井流量	√	√	√
回灌井水位	√	—	√
分集水器压力、温度	√	—	—
管网重要分支节点压力	√	—	—

注：表中符号“√”为需装设，“—”为可不装设。

13.3.2 生产井报警信号，应按以下规定装设：

a） 低水位报警及低低水位报警；

b） 井口回压高报警、高高报警；

c） 井泵故障报警。

13.3.3 生产井井泵的控制和联锁保护应符合下列规定：

a） 宜根据生产负荷自动控制井泵转速和运行台数；

b） 当生产井水位低低报警或井口回压高高报警时，应联锁关闭井泵。

14 公用工程

14.1 建筑结构

14.1.1 热力管道管架宜采用钢结构，管墩宜采用钢筋混凝土结构或混凝土结构，其计算应符合现行国家标准 GB 51019《化工工程管架、管墩设计规范》的规定。

14.1.2 复杂地形地区的管架结构和基础型式应与管道坡向、地形相适应；管道随坡敷设时，宜采用圆管状架顶。

14.1.3 热力管道埋地固定墩宜采用钢筋混凝土结构，其计算应符合现行行业标准 CJJ/T 81《城镇供热直埋热水管道技术规程》的规定。

14.1.4 热力管道穿越固定墩时应设置锚固法兰，法兰规格应根据管道对固定墩产生的推力进行计算确定。

14.1.5 采用钢筋混凝土结构形式的坑池，其混凝土的抗渗等级、抗冻等级应符合现行行业标准 SH/T 3132《石油化工钢筋混凝土水池结构设计规范》的规定。

14.1.6 地热管网附属建筑物属于戊类生产用房，耐火等级不应低于二级。

14.1.7 建筑物结构选型、布置宜规则对称，并应满足工艺安装、生产、检修的要求。

14.1.8 建筑物的大门位置、高度、宽度的设置应满足相关设备安装检修的要求。

14.1.9 操作平台宜采用钢结构，操作平台宽度不应小于 800mm。扶梯宽度不应小于 600mm，经常使用的钢梯坡度不宜大于 45°。钢结构平台的其他要求应符合现行国家标准 GB 4053.3《固定式钢梯及平台安全要求　第 3 部分：工业防护栏杆及钢平台》的规定；钢结构斜梯的其他要求应符合现行国家标准 GB 4053.2《固定式钢梯及平台安全要求　第 2 部分：钢斜梯》的规定。

14.1.10 建（构）筑物的抗震设防烈度和抗震设计应符合现行国家标准 GB 50011《建筑抗震设计规范》

及GB 50191《构筑物抗震设计规范》的规定。各类建（构）筑物的抗震设防类别及抗震设防标准应符合现行国家标准GB 50453《石油化工建（构）筑物抗震设防分类标准》的规定。

14.1.11 受腐蚀介质侵蚀的建（构）筑物的防腐蚀措施，应根据腐蚀介质及其对建（构）筑物的作用条件，结合所在环境及自然因素等影响确定，并应符合现行国家标准GB 50046《工业建筑防腐蚀设计规范》的规定。

14.1.12 建（构）筑物基础设计应符合国家现行标准GB 50007《建筑地基基础设计规范》的要求。若遇到不良地质，应进行地基处理，地基处理应符合国家现行行业标准JGJ 79《建筑地基处理技术规范》的要求。

14.1.13 地热管网通过不稳定边坡和危岩段，应采取水工保护措施，并应根据不稳定边坡的下滑力和危岩坠落冲击力，采取支挡物或覆盖物等措施对管道进行防护；采用开挖方式穿越河流、沟渠段，应采取水工保护措施。

14.1.14 水工保护措施的选取原则、适用范围以及材料要求应符合现行行业标准SY/T 6793《油气输送管道线路工程水工保护设计规范》的规定。

14.2 供配电

14.2.1 地热集输站场的电力负荷等级和供电方式，应根据工艺要求和用电负荷的重要性，按照现行国家标准GB 50052《供配电系统设计规范》的规定确定。

14.2.2 地热集输站场的供电宜依托已建或规划的供电设施。

14.2.3 地热集输站场控制系统、通信系统及站内重要负荷应采用不间断电源（UPS）供电，蓄电池后备时间不宜少于0.5h。

14.2.4 地热集输站场变配电室的布置应符合现行国家标准GB 50053《20kV及以下变电所设计规范》及GB 50060《3～110kV高压配电装置设计规范》的规定。

14.2.5 地热集输站场的配电宜采用放射式。电动机的控制和保护应符合现行国家标准GB 50055《通用用电设备配电设计规范》的规定。

14.2.6 电气设计和设备选型应充分考虑高温、潮湿场所的特点和要求，当电气柜与水泵等设备设置在同一空间时，其防护等级不应低于IP55；当电气柜为室外安装时，其防护等级不应低于IP65。

14.2.7 电动机宜就地设置控制按钮箱，其控制连锁应符合现行国家标准GB 50055《通用用电设备配电设计规范》的规定，控制按钮箱宜装设在电动机附近便于操作和观察的地点，地下房间的电机控制按钮箱宜装设在房间门外处。

14.2.8 地热集输站场室外线路宜采用电缆直埋地敷设，室内线路宜采用电缆穿热镀锌焊接钢管保护埋地敷设。

14.2.9 建（构）筑物、露天布置的设备防雷分类及防雷措施应符合现行国家标准GB 50057《建筑物防雷设计规范》的规定。

14.2.10 接地设计应符合现行国家标准GB/T 50065《交流电气装置的接地设计规范》的规定。防雷、防静电接地、电气设备工作接地、保护接地和信息系统设备接地宜采用联合接地，其接地电阻值应符合其中最小值的要求。

14.3 给排水

14.3.1 地热管网集输站场的给水水源宜利用市政给水系统。

14.3.2 地热管网集输站场应考虑检修排水和散水的收集，排水宜依托市政排水系统。

14.3.3 排水管道宜埋设在冰冻线以下，管顶最小覆土深度，应结合管材强度、外部荷载、土壤性质等条件综合确定。

14.3.4 地热管网集输站场的给排水设计应符合现行国家标准 GB 50013《室外给水设计规范》、GB 50014《室外排水设计规范》和 GB 50015《建筑给水排水设计规范》的有关规定。

15 环境保护

15.1 噪声与振动防治

15.1.1 地热管网噪声排放应符合现行国家标准 GB 12348《工业企业厂界环境噪声排放标准》和 GB 3096《声环境质量标准》的规定。

15.1.2 地热管网宜采用控制介质流速的方式减小管道震动及噪声。

15.1.3 地热管网集输站场的地热蒸汽和地热两相流的泄放应设置放空消声器。

15.2 废水及固体废弃物治理

15.2.1 地热发电工程地热管网的废水治理措施应符合现行国家标准 GB 50791《地热电站设计规范》的规定。

15.2.2 地热直接利用工程地热管网的废水治理措施应符合现行行业标准 NB/T 10273《地热供热站设计规范》的规定。

15.2.3 地热集输站场的设备排出的泥沙、检修清除的水垢应收集处理。

15.3 大气污染物防治

15.3.1 地热管网不凝结气体的排放，应符合现行国家标准 GB 16297《大气污染物综合排放标准》和 GB 14554《恶臭污染物排放标准》的规定。

15.3.2 当排放的大气污染物超过排放标准时，应针对超标的组分及浓度，选择合理的治理措施。

附　录　A
除盐管段的长度计算

A.0.1 除盐管段的长度可按下式计算：

$$L = t_s V_s \quad \text{(A.0.1-1)}$$

$$t_s = \frac{h}{V_t} \quad \text{(A.0.1-2)}$$

$$V_t = \frac{0.1529 g^{0.714} d_p^{1.142} (\rho_l - \rho_g)^{0.714}}{\rho_g^{0.286} \mu_g^{0.428}} \quad \text{(A.0.1-3)}$$

$$V_s = \frac{4 m_s}{\rho_g \pi D^2} \quad \text{(A.0.1-4)}$$

式中：

L——除盐管段长度，m；

t_s——液滴沉降时间，s；

V_t——液滴稳定沉降速度，m/s；

h——液滴竖向下落高度，m，取值为管径的 0.7～1.0 倍；

g——当地重力加速度，m/s^2；

d_p——液滴微粒下限直径，m，取值为 50×10^{-6}；

ρ_l——液相密度，kg/m^3；

ρ_g——气相密度，kg/m^3；

μ_g——气相动力黏度，cP；

V_s——蒸汽流速，m/s；

m_s——蒸汽质量流量，kg/s；

D——除盐管段管径，m。

本规范用词说明

1 为了便于在执行本规范条文时区别对待，对要求严格程度不同的用词说明如下：

1） 表示很严格，非这样做不可的用词：

正面词采用“必须”，反面词采用“禁止”。

2） 表示严格，在正常情况下均应这样做的用词：

正面词采用“应”，反面词采用“不应”或“不得”。

3） 表示允许稍有选择，在条件许可时首先应这样做的用词：

正面词采用“宜”，反面词采用“不宜”。

4） 表示有选择，在一定条件下可以这样做的用词，采用“可”。

2 本规范中指明应按其他有关标准、规范执行的写法为“应符合……的规定”或“应按……执行”。

中华人民共和国能源行业标准

地热管网设计规范

NB/T 10711—2021

条文说明

2021年 北 京

目　次

1 总 则

1.0.1 为实现水热型地热资源可持续发展、推动绿色清洁能源利用，技术先进、安全可靠、节约能源、保护环境、经济合理是地热管网设计中遵循的基本原则。

1.0.2 本条规定了适用的设计范围。

a） 地热井口装置出口法兰与地热能源站之间的管网，包括生产井至能源站的集输管网和能源站至回灌井的回灌管网；

b） 地热管网沿途设置的各类站场。

1.0.3 本条规定了地热管网设计的基本原则，设计时，根据地热资源条件、开发方式和区域规划布局地热管网。

1.0.4 地热管网设计综合了管道线路、建筑结构、仪表、供配电等多专业跨行业的系统，国家已经制定建筑结构、电力等专业标准，工程建设需要遵守相关标准的规定。

3 术 语

3.0.6 典型汽水分离站流程如图1所示。

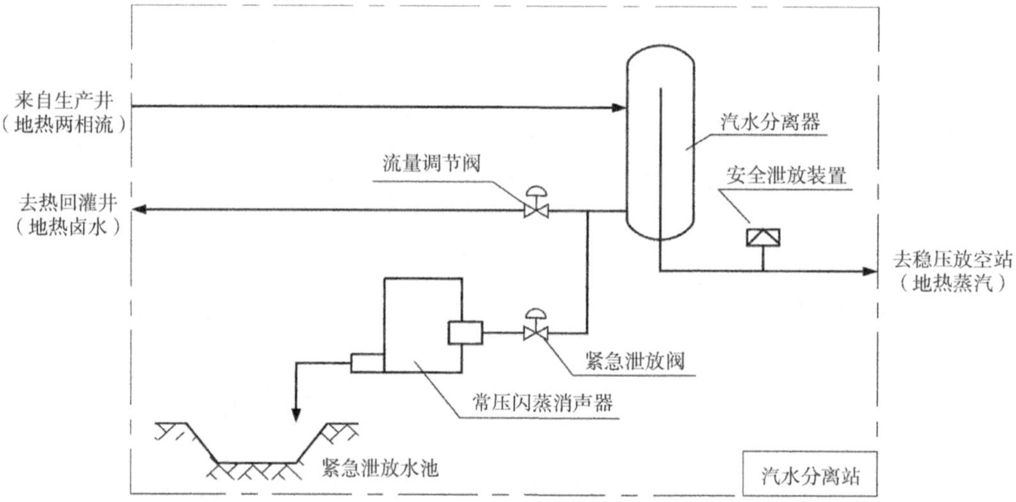

图1 典型汽水分离站流程示意图

3.0.7 典型稳压放空站流程如图2所示。

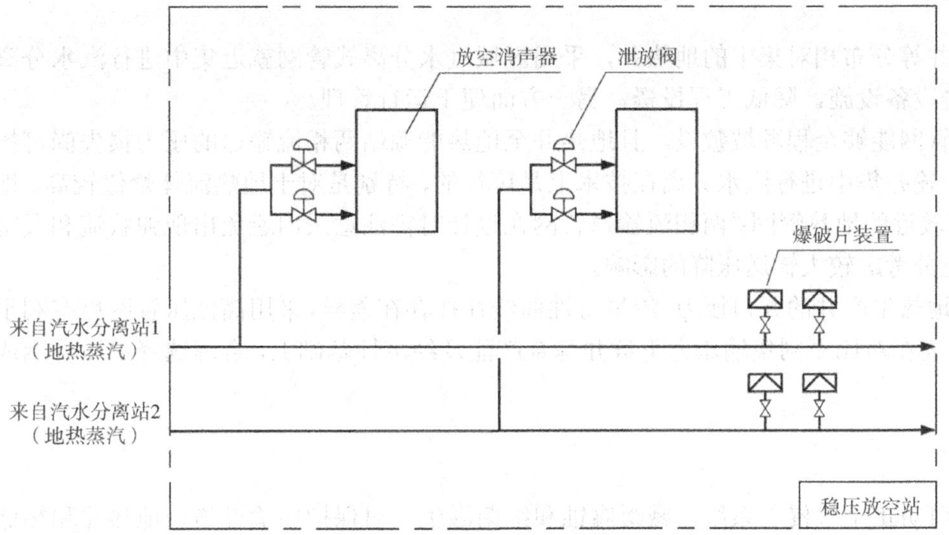

图2 典型稳压放空站流程示意图

4 基本规定

4.0.1 地热管网工程设计时根据地热井井口压力、温度、干度、流量，并结合地热流体组分，确定管网的管径、材质等。

4.0.2 地热管网工程设计时，为满足工艺流程和节约投资，合理布置地热集输站场和管网，要考虑地形地貌、地表设施等状况。同时取得当地的气象、地质、水文、电力等基础资料，只有这些基础资料落实后，才能开展设计工作。

4.0.3 根据设计经验，考虑到地热管网敷设时，临时征地、地上附着物清理等制约因素，建议设计规模宜根据地热井产量和数量确定。

4.0.4 地热管网及所属的地热集输站场总体布局一般需要进行方案比选，经技术经济比较确定。方案比选时，要考虑地热井分布、地热井与集输站场和地热能源站的距离、地形地貌及地质等自然条件、运行维护便捷程度和公用工程的依托条件。

4.0.5 地热管网工艺流程的确定要根据地热流体集输、回灌要求，使地热管网（地热蒸汽及两相流管网包括单井汽水分离管网、卫星站式汽水分离管网、集中汽水分离管网；地热水管网包括单井输送地热管网、多井集输地热管网）的布置和集输站场的设置更加有利于地热流体的输送及地热能源站对地热流体参数、组分的要求。

5 管网形式

5.1 地热蒸汽及两相流管网

5.1.1 采用单元制配置一是有利于地热蒸汽管网的压力控制，避免一台机组跳机造成紧急泄放时影响其他机组正常运行，提高电站可靠性；二是有利于减少连接至同一管网的地热井数量，有利于防控井间干扰；三是便于实现分期建设。在单元制基础上也可进一步采用扩大单元制，设置不同主蒸汽管线间的连通线。

5.1.2 在地热井参数允许前提下优先采用枝状管网有利于降低工程投资。

5.1.3 分散布置的地热井采用单井汽水分离管网有利于缩短地热两相流的输送距离，有利于降低压力损失。

5.1.4 对于丛式井等分布相对集中的地热井，采用区域汽水分离式管网就近集中进行汽水分离，一方面有利于简化集输设备设施，降低工程投资，另一方面便于运行管理。

5.1.5 当两相流管网能够全程顺坡敷设，且地热井至地热能源站两相流输送的压力损失尚可接受时，采用两相流管网集输并集中进行汽水分离在技术上是可行的，特别是对于地热流体焓值较高、地热井数量较少、输送距离较近的地热管网；两相流输送管网在设计时需注意采用避免出现弹状流和段塞流的管道布置方式，并充分考虑较大输送压降的影响。

5.1.6 不同自喷地热生产井的井口压力-流量特性曲线往往存在差异，采用高低压管网更有利于低压井发挥最大产能，但需在对比不同集输压力下群井综合产能及经济性基础上，合理选择单压管网或高低压管网。

5.2 地热水管网

5.2.1 闭式管网可防止空气侵入系统，减缓腐蚀和细菌滋生，对保护集输设施、地热井和热储层都是有利的；对于地热发电工程，除采用混合式凝汽器的闪蒸地热电站冷回灌管网外，其他情况采用闭式管网是可行的。

5.2.2 地热水管网单井集输、枝状集输、丛式集输系统形式如图3所示。

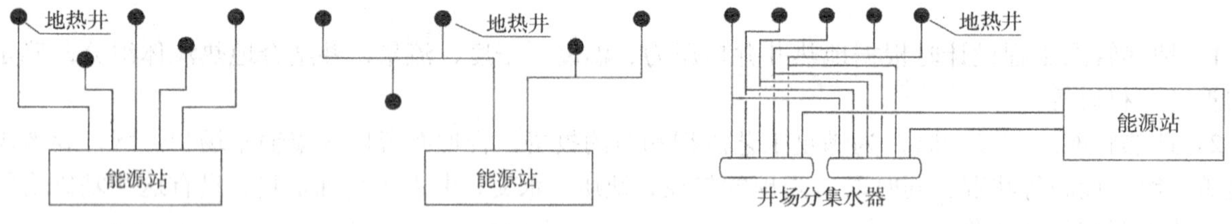

（a）单井集输　（b）枝状集输　（c）丛式集输

图3 地热水管网形式

6 水力计算

6.1 一般规定

6.1.1 对于开式地热管网，分别计算从生产井到地热能源站、从地热能源站到回灌井的输送过程。

6.1.2 当事故工况可能造成地热管网发生超压、水锤等安全风险时，有必要进行事故工况的动态水力计算。

6.1.3 对于采用动态开发方案的地热工程，需考虑在不同采灌井组合情形下各管段可能出现的最大流量工况。

6.2 水力计算方法

6.2.1 地热管网水力计算一般采用回压法，对于闭式地热管网即从回灌井开始沿逆流方向至生产井顺序，对于开式地热管网则从断开处开始沿逆流方向至生产井顺序，根据各管段输送量，逐段计算压力损失，并考虑高程、中间站场、中间加压设备影响，从而确定全部生产井的井口回压。

6.2.2 地热蒸汽及两相流中的不凝结气体含量较低，我国地热电站工程中常见占气相质量比在1%～3%左右，组分以 CO_2 为主，将不凝结气体近似为蒸汽，水力计算误差对于工程设计是可以接受的。

6.2.3 地热发电工程中常见的气液两相流体主要出现在地热生产井口至汽水分离器的输送管网中，本条规定了地热两相流管网的管径选择和水力计算要求：

a） 地热两相流管网的通流能力计算公式见式（1）：

$$G = 2.827\dot{m}D_i^2 \qquad (1)$$

式中：

$\dot{m}$ —— 质量流速，kg/(m²·s)；

D_i —— 管道内径，m。

计算的质量流速 $\dot{m}$ 与临界质量流速 $\dot{m}_c$ 非常接近，此时流量 G 为管道的通流能力，流动状态为临界流动。管道内径 D_i 的选取，应使得两相流管网的通流能力大于实际流量。质量流速 $\dot{m}$ 和临界质量流速 $\dot{m}_c$ 计算见 GB 50764《电厂动力管道设计规范》相关规定。

b） 地热两相流含气率较高，管道内流动不均匀，气相体积流速远大于液相体积流速，管道内流态可近似按照蒸汽管道进行计算。地热两相流管网的摩擦阻力损失 Δp_f 计算公式见式（2）：

$$\Delta p_f = \frac{\lambda \rho \omega^2}{2} \cdot \frac{L}{D_i} \qquad (2)$$

式中：

Δp_f —— 直管的摩擦阻力损失，MPa；

λ —— 管道摩擦系数；

ρ —— 流体密度，kg/m³；

ω —— 体积流速，m/s；

L —— 直管段长度，m。

根据计算的体积流速 ω 以及蒸汽参数可计算管道内的雷诺数 Re，并通过 Moody 图选取合理的管道摩擦系数 λ。

管道的总阻力损失，还包括因截面和流向变化等引起的局部阻力损失 Δp_k。管道的雷诺数 Re、管道摩擦系数 λ、体积流速 ω 和局部阻力损失 Δp_k 等计算可参照 GB 50764《电厂动力管道设计规范》。

6.2.4 地热蒸汽管网的一般输送距离较长，考虑管道热损失的影响是有必要的。

6.2.5 根据国内大量地热水输送工程实践总结，各单井输送管线压力损失相对差额超过 15%时，可能造成井间流量分配的严重不均；对于多井集中输送形式的地热水管网，水力平衡调节措施包括设置水力平衡调节阀、采用变频调速井泵等。

6.3 水力计算参数

6.3.1 地热管网输送介质参数与城镇供热蒸汽管网和热水管网参数较为接近，表 6.3.1 中地热管网输送介质最大允许设计流速是根据我国地热发电和地热供热工程实践，结合现行行业标准 CJJ 34《城镇供热管网设计规范》相关规定确定的。

6.3.2 本条规定的地热水集输管线允许上限比摩阻要高于 CJJ 34《城镇供热管网设计规范》对热水管道规定的 30Pa/m～70Pa/m，一方面是总结了工程实践，为使地热水管网流速不至过低，防止泥沙沉积、减缓结垢；另一方面是考虑到地热管网相比常规城镇供热管网，输送距离较短，且管径以中小口径为主。

6.3.3 本条规定的钢管内壁当量粗糙度与现行行业标准 CJJ 34《城镇供热管网设计规范》的规定一致。新的非金属管道内壁当量粗糙度通常远低于钢管，但需考虑垢层附着的影响。

7 管网布置与敷设

7.1 管网布置

7.1.1 地热管网布置时注意避开饮用水水源一级保护区、飞机场、火车站、海（河）港码头、军事禁区、国家重点文物保护范围、自然保护区的核心区等环境敏感区。当路由受限需要通过环境敏感区时，需征得其主管部门同意并采取保护措施。

7.1.2 本条提出了地热管网选线的原则，本条出发点是为了保证地热管网的安全稳定运行以及方便地热管网的维抢修。

7.1.3 城市规划区内地热管网的布置需服从城市总体规划布局。当缺少相关资料时，优先考虑沿道路或公路两侧敷设，尽可能避免与城市远期规划冲突，并有利于地热水管网维检修，但需征得有关公路管理部门的同意。国内目前尚没有地热管网在城市管廊内敷设的先例，现行国家标准 GB 50838《城市综合管廊工程技术规范》允许热力管线入廊，考虑到地热管网的热力管线属性，其敷设于城市综合管廊内在技术上是可行的，可根据当地规划要求，选择全部或部分采用管廊敷设。

7.1.4 本条规定了地上敷设地热管网的基本要求。地热管网架空穿越人行通道或公路时，与地面或公路路面的最小距离参照现行行业标准 CJJ 34《城镇供热管网设计规范》相关规定。对于需要进行生产作业的区域，地上敷设的地热管网需合理避让。

7.2 管道敷设

7.2.1 为了节省投资和安全稳定运行，条件允许时，地热蒸汽及两相流管道优先选用架空敷设。目前国内具有成熟技术的预制直埋保温管产品，能够满足多数地热水管道设计参数下的使用要求，地热水管道直埋敷设具备安全稳定运行先决条件，并且不影响沿线美观。

7.2.2 本条规定存在两相流状态的地热管网敷设与坡向的关系，顺坡敷设有利于保持两相流的流态稳定、防止饱和地热水气化，防止产生弹状流和段塞流而影响管道安全稳定运行。

7.2.3 地热管网所输送介质参数与城镇供热管网相似，对周边设施造成的影响也较为相似，本条引用了现行行业标准 CJJ 34《城镇供热管网设计规范》的相关要求。

7.2.4 地热管网属于汽水介质热力管线，执行现行国家标准 GB 50838《城市综合管廊工程技术规范》中有关热力管线的规定是合适的。

7.2.5 确定管道埋深需考虑本条所提出的各项因素。一般管道埋设在耕作深度以下，能防止机械损伤和地面动荷载对管道造成的破坏，本条规定的最小埋深主要是考虑农田耕作深度确定的，设计人员根据具体情况和本条所列因素，在安全经济的前提下，确定恰当的埋深。在岩石地区需减小覆土厚度时，要保证管线不同受力条件下的稳定性。根据第三方破坏管道失效概率统计，管道覆土越深，第三方破坏导致的事故频率越低。在人口密集区和其他工程建设活动频繁区适当增加管道埋深，对管道安全更有利。

地热管网在道路下方敷设时的最小覆土深度，参照 CJJ/T 81—2013《城镇供热直埋热水管道技术规程》中的第 4.1.3 条，结合地热管网的特点而制定。覆土深度不能保证时采取的保护措施包括设置过路套管或箱涵、在管道上方敷设混凝土板等。

7.2.6 非金属管道承受外荷载的能力一般较弱，需结合具体管材产品特性和敷设条件经应力分析、稳定性验算确定安全覆土深度。

7.2.7 本条指出地热管网通过山地、丘陵地带时为适应地形起伏变化推荐采用的敷设方法。在地形起伏不大或平面转角较小时，地热管网推荐沿地面整体走向敷设。遇到局部变坡地段，考虑采用弯管（包括现场冷弯管和工厂热煨弯管）或工厂预制弯头对坡度进行局部优化，以保证局部变坡地段的管道最小覆土深度。

7.2.8 本条编制参考了 GB 50235《输油管道工程设计规范》中弹性敷设相关条款。

a） 反向弹性弯曲之间，或弹性弯曲同弯管之间焊接的直管段长度是参照苏联规范制定的。

b） 弹性弯曲的曲率半径不宜小于钢管的外直径的 1000 倍是根据安装的经验确定的。但还应满足管道强度的要求，即由管道的轴向应力（包括温度应力和泊桑应力）、内压产生的环向应力和弯曲应力组合的当量应力不应大于 $0.9\sigma_s$。弯曲应力按式（3）计算：

$$\sigma_b = \frac{ED}{2R} \quad \cdots\cdots (3)$$

式中：

σ_b——弹性弯曲应力，MPa；

R——管道弹性弯曲曲率半径，m；

E——钢材的弹性模量，MPa；

D——钢管外直径，m。

对于竖向下凹的弹性弯曲管段，其曲率半径尚应满足管道自重作用下的变形条件，使管道下沟后能较好地同管沟贴合。其计算公式应按弹性基础上的连续梁推导，但为了简化起见，可近似地按均布荷载五跨连续梁推导，挠度系数采用 0.003。

b）虾米弯弯管的局部应力总是比同样曲率半径的弯管的局部应力高，即有较大的应力增强系数。从管道的安全考虑，只有在环向应力小于管子规定的最低屈服强度 20%的条件下运行的管道，才允许使用虾米弯弯管，地热水管道不得采用弯虾米弯管。由于褶皱弯的制造工艺，使其性态比煨制弯管和虾米弯弯管更为复杂，局部应力过大，承载能力低，不适用于地热水管道。

7.2.9 非金属管材难以被常规探测设备探测到，为确保安全，采用非金属管材时，需采用可探测型警示带。

7.3 管道穿跨越

7.3.1 为了满足穿跨越管道施工安装，正常维护以及事故抢险的需要，在穿跨越点四周需要有一定的空间。

7.3.2 铁路是供火车等交通工具行驶的轨道线路。公路是连接各城市、城市和乡村、乡村和厂矿地区的道路，分为五级：高速公路、一级公路、二级公路、三级公路、四级公路。本条从可行性和经济性考虑，对穿越铁路和等级公路的穿越方法进行规定。

7.3.3 穿越长度<100m 时为小型穿越，穿越长度≥100m 且<300m 时为中型穿越，穿越长度≥300m 时为大型穿越。随桥敷设影响桥梁结构安全和美观，涉及评估和审批较多，不推荐采用。城市规划区内对景观要求较高，桁架跨越对景观影响较大，建议根据工程条件择优采用水平定向钻或开挖穿越方式。

7.3.4 本条规定了与开挖穿越相关的要求：

a）在水域挖沟法设计中管段的最小覆土厚度要求。有冲刷或疏浚的水域，对于洪水冲刷线或设计疏浚线，取其深者。对于存在挖砂、取石、采矿等导致河床冲刷下切较大的开挖区域，管道的埋设深度还有必要加大。当采用压重块稳管时，管段埋设深度从压重块顶部算起。

b）开挖穿越公路推荐采用套管保护，一是套管可以代替管道承受外部载荷及土壤腐蚀；二是可以大幅度减小第三方破坏管道的概率；三是方便后期维检修。

7.3.5 本条规定了与水平定向钻相关的要求：

a）当水流流经桥梁墩台时，因桥梁墩台阻滞了水流，使水流的速度及流向发生改变，从而冲刷墩台周围的泥沙，掀起的泥沙又被水流形成的漩涡挟带走，从而形成桥梁墩台周围的局部冲刷坑，因此在水平定向钻法穿越时，穿越管段与桥梁墩台周围的局部冲刷坑外边缘的净距不宜小于 10m。

b）水平定向钻地热管道至规划河床的覆土厚度不宜小于 3m，是考虑了地层结构的稳定性、定向钻成孔稳定性和穿越存在深度偏差等因素确定。穿越深度太深会导致穿越管段过长，对现场施工条件要求较高。所以，设计人员需根据地质条件，结合穿越河段水利部门的要求，确定合理的穿越深度。

c）水平定向钻敷设的穿越管段，均为弹性曲线敷设。曲率半径越大，管段承受的弯曲应力越小，管段回拖阻力相对越小，亦可降低对防腐层、保温层和外护管的损伤。根据工程经验，本条规定曲率半径不宜小于 1500D；特殊条件下若达不到较大的曲率半径，也可以采取 1200D。有条件时尽量选取较大的曲率半径。

d） 在水平定向钻下土施工时，为了避免入土段钻杆发生变形提出了本条规定。

e） 我国在大口径水平定向钻穿越工程实践中，出现过冒浆、塌陷现象，随着管径的增大，复杂地层中的穿越难度大为增加。为此，设计人员应根据地质条件，并且要考虑挖砂、清淤、船舶抛锚、冒浆等不利影响，做出合理的穿越曲线设计。

f） 地层中钻孔的成孔性是水平定向钻能否敷设穿越管段的关键所在，在淤泥、流沙、卵石层中，成孔都很困难；在高强度且变化复杂的岩层中，由于岩性软硬变化也影响成孔顺直，易发生错台现象，不利于管段回拖。当两侧地质条件复杂时，可通过加套管隔离、开挖换填、地质改良硬化等措施，为定向钻扩孔、回拖创造条件。

7.3.6 管道顶进轨迹的确定，按照顶进管道轨迹的曲直度可分为直线顶管和曲线顶管。直线顶管较为常用，一般情况建议采用此方法。曲线顶管要求测量精度高、技术难点也大，不仅有平面曲线顶管，还有垂直向曲线顶管，一般用于地层复杂、地下设施多以及穿越交通繁忙、建筑物密集的闹市区，采用此方法时曲线轨迹曲率半径不小于 1200D，其中 D 指钢管外径。

7.3.7 此条提出是为了缩短穿越段长度，减小穿越段施工难度，减少对天然或人工障碍的破坏。

7.4 管道附件

7.4.1 本条规定装设阀门主要是考虑检修和切断故障段的需要。如果单井管线、集输支线长度较短，则根据检修频率与故障后果综合考虑确定是否在干线连接处安装关断阀门。

7.4.2 地热管网的关断阀和分段阀在地热管网检修关断时，压力方向可能与正常运行时的水流方向不同，因此应采用双向密封阀门；典型的双向密封阀门例如闸阀和球阀，普通的偏心硬密封蝶阀属于单向密封阀门。

7.4.3 地热电站蒸汽和卤水温度高，危险性大，设置远控的紧急关断阀是为了当电站发生跳机、泄漏等紧急情况时，能够快速切断热源。

7.4.4 补偿器安装形式的选择主要决定于对补偿器维修频率和寿命的预期，以及所在位置检查井的建设条件。当地热流体压力较高、腐蚀性较强、后期开挖维护条件较差时，若水文地质及用地条件允许，推荐在检查井内安装。

7.4.7 由于地热水本身溶解有不凝气体，地热水输送过程中压力逐渐降低，会不断有不凝气体从地热水中析出，并因管线起伏变化，造成某些管段气体积聚，对地热管网的输送产生不利影响。根据工程经验，建议地热水管网的门形管段，以及压力每降低 0.1MPa～0.2MPa 的一般管段，选择管道高点设置自动排气阀。当地热水携带气体组分含有毒有害气体时，需合理选择排气点位置并采取妥善的处理措施。

7.4.8 安装温度的不同，造成管道热态和冷态下相对于安装温度状态变形量不同，建议设计时以 5℃的间隔给出不同温度下的安装长度，保证管道在热态和冷态下补偿器安全工作。

7.4.9 波纹管轴向补偿器导向支座的设置，一般按厂家规定执行。球形补偿器、铰链波纹补偿器以及套筒补偿器的补偿能力很大，当其补偿段过长时（超过正常的固定支座间距时），需在补偿器处和管段中间设导向支座，防止管道纵向失稳。

8 管网调节

8.1 地热蒸汽及两相流管网调节

8.1.1 当发电机组负荷变化时，如不及时调节全部或部分地热井流量调节阀，可能造成集输系统压力过高或过低，一方面可能引发紧急泄放；另一方面可能造成汽水分离器偏离额定工况，影响汽水分离效果。

8.1.2 由于自喷井的井口压力-流量特性曲线并非都是下降型，有些为上凸型，且地热管网管道及设备有一定的容积，因此仅通过控制井口流量调节阀调节管网压力存在响应滞后问题。地热蒸汽及两相流管网的压力调节首先通过稳压放空系统实现快速响应，再逐步调整井口流量调节阀，使放空量归零。

8.2 地热水管网调节

8.2.1 根据负荷调整单井采水量和运行井的数量有利于降低地热水开采量和开采能耗、提高地热利用率。

8.2.2 单台地热井泵的流量调节范围一般为50%～100%，如果前期供热负荷较低，地热井泵长期在低负荷下运行，一方面泵效率较低，造成电能浪费；另一方面泵的轴向力得不到有效平衡，加剧轴承磨损。因此建议对于负荷分期增长的地热水管网，视负荷增长情况，分阶段更换采用不同规格的地热井泵。

8.2.3 采用变频启动一方面有利于降低启动电流，另一方面有利于降低泵轴启动力矩，对井泵和配电设施都能起到良好的保护作用；采用变频调节一方面可以起到显著的节能效果，另一方面有利于井泵适应地热井动水位和井口回压波动。

9 管道、附件选材及连接

9.1 管道及附件选材

9.1.1 非金属管材相比碳钢管材耐腐蚀性能好，结垢速率较低，但耐温和耐压性能一般，管材价格较高，有必要综合考虑地热流体腐蚀结垢倾向和其他技术经济因素，选择合适的管材。

9.1.2 当采用金属管道时，表9.1.2提出的材料为最低要求。

9.1.3 选择采用非金属管材时，需注意其在不同温度下的承压能力是否满足设计参数要求。

9.1.4 闪蒸地热电站冷回灌系统介质温度低，但可能含氧，腐蚀性强，特别是当电站采用混合式凝汽器时。根据对国内外采用混合式凝汽器的闪蒸地热电站调研，采用非金属管材或不锈钢管材是解决冷回灌管网腐蚀的有效方法。

9.1.5 钢制阀门密封面材料的选择需注意其耐腐蚀性能。

9.2 管道连接

9.2.1 本条规定了不同管材的连接方式：

a） 结垢严重的金属管道（如放空管道），有采用法兰连接等可拆卸连接方式的案例，以便除垢或更换管段。

b） 兼顾可靠性和经济性，一般小口径管道采用电熔连接，大口径管道采用热熔连接。

c） 玻璃钢管道采用螺纹加密封脂连接承压性能好，施工最为便捷，建议优先采用螺纹连接，无法采用螺纹连接的部位再考虑采用对接胶合连接。

10 管道应力计算和作用力计算

10.0.1 本条规定了应进行管道应力计算的地热管网范围。对于公称尺寸小于*DN*65的管道，如该管道压力和温度较高，建议也进行管道应力计算。

10.0.2 管道应力计算的主要内容除按规定应验算管道在内压、自重和其他持续外载作用下所产生的一次应力和在热胀、冷缩及位移受约束时所产生的二次应力之外，还要求验算管道承受偶然荷载时产生的应力。

10.0.4　管道的计算压力需要考虑泵的特性曲线扬程最高点、地形高差等因素，当设有安全阀、爆破片等泄压元件时，还需综合考虑泄放压力，取管道各处可能出现的最高持续压力。

10.0.5　由于不同地区地热流体的腐蚀性不同，在计算地热管道的壁厚时，需要针对具体地区地热流体的腐蚀性，确定管道的腐蚀附加厚度。

地上敷设和管沟敷设管道的应力验算按照 DL/T 5366《发电厂汽水管道应力计算技术规程》的规定执行。直埋敷设地热水管道的应力分析与计算不同于地上敷设和管沟敷设，有其特殊的规律，CJJ/T 81《城镇供热直埋热水管道技术规程》，根据直埋热水管道的特点，对管道应力分析与计算作了详细规定，故直埋敷设地热水管道的应力计算按照该标准执行。

11　集输站场

11.1　一般规定

11.1.1　集输站场中如有需防冻、防雨等的部位以及涉及景观影响和安全生产管理的部位，考虑局部设置围护设施。

11.1.2　维护检修需要考虑在集输站场全生命周期内可能发生的作业，如设备和管道更换、除垢、修井和通井、起下泵等。

11.1.4　旋流除砂器、汽水分离器等可能发生冲蚀的设备，在选材时需考虑冲蚀作用的影响。

11.2　地热井场

11.2.1　为保证安全和各项使用功能，执行现行行业标准 CJJ 138《城镇地热供热工程技术规程》中有关井口房的各项规定。

11.2.2　为避免井间干扰，提出对于压力参数差异较大的地热井宜采用不同压力级制连接，以保证低参数地热井发挥较大产能。

11.2.3　生产井和回灌井是否需要切换，根据地热开发方案、地热井采灌能力、回扬要求等综合确定。

11.2.4　砂岩热储的回灌井易发生堵塞，回扬周期较短，设置回扬井泵是必要的；对于已发生堵塞的回灌井，回扬时地层供液能力不足，如不采用变频装置调节井泵，易发生水位快速下降而造成井泵抽空现象。

11.2.5　本条与现行行业标准 CJJ 138《城镇地热供热工程技术规程》的要求一致。

11.2.6　间断运行的非自喷地热生产井由于水位频繁波动，空气易侵入井筒造成腐蚀，采取密闭、充氮等保护措施是有必要的。

11.2.7　地热井冷态和热态下，由于热胀冷缩，井管上端存在上升和下降现象。伸缩型地热井口装置自身具有伸缩套管，与地热管网连接时无需再采取补偿措施；但当采用非伸缩型地热井口装置时，需要采取设置金属波纹管、补偿管段等防止管道应力超限破坏的措施。

11.2.8　地热井口加固措施常见的是设置井口垂直导向支架，抵抗作用在井口上的水平方向推力，而又允许井口在垂直方向自由上升和下降。

11.2.9　生产井单井调节阀采用手动或自动阀门均可。对于自喷地热井，当井数较多时，建议至少为部分生产井设置自动调节阀，以满足能源站负荷调节需求。流量调节阀选型时，需要根据井口压力-流量特性曲线和管网水力计算确定的井口流量-回压曲线，确定在不同流量下的工作压差。

11.2.10　为便于流量调节阀的检修更换，提出在其后设置关断阀的要求，该关断阀同时兼顾单井管线的关断功能。

11.2.11　地热电站的回灌井反向涌水可能造成回灌系统总回灌量下降、汽水分离器液位超限，给电站安全稳定运行带来风险，在回灌井井口设置止回阀是必要的。

11.2.12　自喷地热井在启动初期，产出的地热流体焓值低、干度低，会造成汽水分离器偏离设计工况，甚至出现超负荷击穿效应，无法保证分离出的蒸汽干度，为保护闪蒸地热电站的汽轮机，需设置供启动阶段的放空管路，待地热井产出地热流体焓值稳定后再投入正式生产。

11.2.13　自喷地热井运行温度较高，在关井后井筒逐渐降温，井筒气相空间内的水蒸气逐渐凝结，会造成不凝气体浓度上升和积聚，加剧井筒腐蚀，设置关井气体放散管路主要是为了连续排出不凝气体，减缓井筒腐蚀。

11.2.14　连接自喷地热井的地热管网运行温度较高，设置暖管旁路以便控制暖管升温速度是必要的。

11.2.16　井场常压闪蒸消声器设置在地势高处不利于地热两相流和饱和卤水的泄放。

11.2.17　规定地热两相流的取样位置是为了保证取样的代表性。

11.3　汽水分离站

11.3.1　在进行汽水分离站选址时，除位置外，高程和地形地貌也是需要考虑的因素，汽水分离站的站址应有利于地热井至汽水分离器的两相流输送、有利于汽水分离器至回灌井的或至地热能源站的饱和卤水输送，避免地热两相流及饱和卤水管线的上坡敷设。

11.3.2　汽水分离器本身故障率较低，无需设置备用汽水分离器，但为了提高系统可靠性，避免供汽完全中断，对于处理量较大的区域汽水分离式管网和集中汽水分离式管网的汽水分离站，对汽水分离器的最少台数做了规定。

11.3.3　本条规定了与汽水分离器选型相关的要求：

a）汽水分离器的蒸汽出口干度是其关键性能指标，通常服务于闪蒸地热电站时，蒸汽出口干度不低于99.9%，对于其他使用情景，则满足气液分离输送需求即可。

b）汽水分离器主要有离心式和重力式两大类，离心式汽水分离器具有结构简单、可靠性高、单台处理量大、占地小、投资低的优点，国际上已建集中式地热电站多采用离心式汽水分离器，离心式汽水分离器应用占比在70%左右，技术成熟，应用广泛，建议优先采用。

c）汽水分离器的进口参数选择需慎重，建议依据准确的试井数据和地热管网水力计算结果确定，使其额定进口流量、焓值、压力与实际运行参数尽量接近，避免出现超过额定流量、偏离额定焓值和压力运行的情况，否则会造成分离效率下降。

d）根据火力发电厂汽水管道应力计算技术规程，对于存在两相流介质的管道，腐蚀和磨损的附加厚度可取用2mm。而GB 150《压力容器》4.3.6.2中，对于介质为压缩空气、水蒸气或水的碳素钢或低合金钢制容器，腐蚀裕量的要求为1mm。考虑到气液两相流的磨损情况以及地热流体本身的腐蚀性，对于地热两相流汽水分离器建议参考奥玛特公司的设计要求，按3mm选取。

e）地热流体携带的砂石可能来源于钻井时产生的岩屑，实际运行中发现砂石会在汽水分离器底部沉积，设置排污口是有必要的。

11.3.4　汽水分离器分离出的卤水为饱和水，降压会造成汽化，通常可通过增加汽水分离器基础高度或降低卤水过滤器等压力损失较大部件的安装高度，产生足够的静水压，防止汽化现象的发生。

11.3.6　安全阀和爆破片的数量可以是多个，当同时采用安全阀和爆破片时，安全阀优先动作。

11.3.7　汽水分离器液相为饱和卤水，过滤器阻力过大会造成卤水压降过大，发生汽化振动问题，过滤器需要有足够的滤网面积，以降低流动阻力。

11.3.8　一般通过液相流量调节阀稳定汽水分离器液位，另外为了防止流量调节阀失效时液位升高造成卤水漫入蒸汽管道，需设置紧急泄放阀，当液位升高至高高报警值时联锁开启紧急泄放阀。

11.3.9　为了暂时收集容纳汽水分离器紧急泄放排出的卤水，设置紧急泄放水池是有必要的，紧急泄放水池内的卤水可用于冷回灌，当不具备与冷回灌系统连接条件时，可按蒸发池进行设计。

11.3.13 本条规定了与热回灌系统回灌加压泵相关的要求：

a） 采用单元制配置是为了保证汽水分离器液位调节的可靠性；

b） 筒袋式离心泵较适合于输送饱和水的工况；

c） 由于回灌压力随回灌量和回灌时间均可能发生变化，采用调速泵是有必要的。

11.3.14 最小流量即“最小冷却流量”，流量低于最小冷却流量时，卤水温升会造成回灌泵汽蚀，此时需开启再循环管路，避免发生汽蚀。

11.4 稳压放空站

11.4.1 由于自喷井的井口压力-流量特性曲线并非都是下降型，有些为上凸型，且地热管网管道及设备有一定的容积，通过控制井口流量调节阀调节管网压力存在响应滞后问题。因此提出设置稳压放空站，作为地热井调节的前置调节手段，一方面实现快速稳压响应；另一方面当电站发电机组跳机时实现紧急泄放，确保安全。

11.4.2 采用单元制配置有利于地热蒸汽管网的压力控制，避免一台机组跳机造成紧急泄放时影响其他机组正常运行，提高电站可靠性。

11.4.3 增加泄放阀的数量有利于改善阀门的调节特性；由于泄压造成的闪蒸效应，泄放阀处易发生结垢，因此需要采用耐垢性能较好的阀门，如偏心旋转阀。

11.4.4 通过控制泄放量快速稳定主蒸汽压力，为进一步调节地热井争取时间。

11.4.5 地热蒸汽管网的安全泄放装置动作顺序依次是：稳压放空站紧急泄放阀、稳压放空站爆破片装置、汽水分离站安全泄放装置。爆破片装置与主蒸汽管道之间的阀门需铅封开启。

12 防腐保温和防垢

12.1 防腐

12.1.1 腐蚀试验方法可参照现行行业标准 SY/T 0026《水腐蚀性测试方法》，当不具备腐蚀试验条件时，可以采用拉伸指数等经验指数判定。

12.1.2 腐蚀裕量需根据腐蚀速率和设计管道寿命计算确定。

12.1.3 涂覆防腐涂料是减缓管道和设备腐蚀、延长管道和设备使用寿命的有效手段，但在涂料施工过程中，除锈等级、表面粗糙度及清洁度会严重影响涂层性能，故本条对此进行了规定。

12.1.4 不同涂料的推荐最高使用温度不同，若介质温度高于涂料的推荐最高使用温度，涂层加速老化，涂层寿命将无法达到工程要求。

12.1.5 确定防腐方案时需考虑具体工程地点的土壤腐蚀性，必要时考虑采用阴极保护。

12.2 保温

12.2.1 温度不高于 60℃的回灌管网一般可不做保温，但因回灌温度过低等原因需防冻时，仍有必要保温。

12.2.2 成型保温制品、一体预制保温管具有保温和防水效果好、施工便捷、施工质量容易控制、综合造价低的优点，越来越多地得到广泛应用，因此，在工程中推荐采用成型保温制品和一体预制保温管；对于在小区地下车库内敷设的地热管网等情况，需要注意保温材料的燃烧性能等级需满足防火设计规范的要求。

12.2.3 采用经济厚度方法或控制保温层外表面温度方法计算的保温厚度可能偏小，导致管道输送温降过大，对输送末点温度有要求时，进行最低运行流量下管道输送温降校核计算是有必要的。

12.2.4 在热状态下，管道升温膨胀时可能破坏保温层的完整性，不仅裂缝处增加了热损失，而且水汽易于侵入加速保温层的破坏，因此需要做好接口处理。

12.2.6　本条规定考虑到便于阀门、设备的检修，可节约重新做保温结构的费用。

12.2.7　常见地上保护层材料有彩色涂层钢板、镀锌薄钢板、镀铝锌薄钢板、不锈钢薄板、铝合金薄板等，埋地保护层材料有聚乙烯、不饱和聚酯玻璃钢、环氧玻璃钢等。

12.3　防垢

12.3.2　地热电站工程设计中，常见采用饱和指数法判断硅垢倾向，饱和指数计算方法如式（4）所示：

$$SSI=\frac{SiO_2(act)}{SiO_2(sat)} \quad (4)$$

式中：

SSI —— 饱和指数；

$SiO_2(act)$ —— 卤水中 SiO_2 浓度；

$SiO_2(sat)$ —— 卤水中 SiO_2 溶解度。

中性环境下无定形 SiO_2 溶解度计算方法如式（5）所示：

$$SiO_2(sat)=10^{4.52-\frac{731}{t+273.15}} \quad (5)$$

式中：

$SiO_2(sat)$ —— 中性环境下 SiO_2 溶解度，ppm；

t —— 溶液的温度，℃。

理论上认为，当 SSI≥1 时，可能发生硅垢；当 SSI＜1 时，通常不会发生硅垢。

近年来国际地热电站工程实践发现，在轻微的过饱和状态下，也不会造成无法接受的硅垢问题，工程上一般认为 SSI＜0.8 为硅垢低风险区；0.8≤SSI＜1.4 为硅垢中风险区；SSI≥1.4 为硅垢高风险区。绝大部分地热电站工程中将 SSI＜1 或 SSI＜1.2 作为实际运行控制指标。

12.3.3　本条列举了地热发电工程中可采取的防垢措施：

a）对于以硅垢为主的地热卤水，防止卤水温度过低而造成无定形二氧化硅过饱和是预防硅垢的有效手段；

b）对于以钙垢为主的地热流体，采用增压方法可减少溶解二氧化碳的析出，从而抑制碳酸氢根向碳酸根转化，起到减轻碳酸钙结垢的作用；

c）通过设置缓冲池等水质稳定设施，使水垢晶粒或胶体颗粒充分成核聚结后再输送，有利于减弱其在管壁上的附着能力；

d）如果地热井下和地面管道由于闪蒸降压产生钙垢，可在井内闪蒸面以下加注化学分散剂阻垢，由于降温产生硅垢，可在降温前的管道内加酸调整 pH 值抑制结垢，但应用化学加药法时需评估其环境影响；

e）物理场防垢法包括电场、声场、磁场等方法。

12.3.4　除盐管段（英文名称 scrubbing lines）近年来在国外闪蒸地热电站工程中被广泛采用，其工作原理是通过设置足够长的直管段，使地热蒸汽中携带的卤水液滴自然沉降并碰撞管壁，再通过疏水节排出，从而减少地热蒸汽携带的含盐卤水液滴，起到减缓地热汽轮机结垢的作用。在相同流速下，管径越小，除盐管段工作效果越好，例如将一根大管径管道分为并行的两根小管径管道。

12.3.5　除盐管段从起点到终点，疏水装置间距逐渐减小，主要是为了避免前段流态被疏水节扰动，给卤水液滴创造稳定的沉降条件，后段是卤水液滴的密集沉降区，需增加疏水装置数量以及时收集排出捕集的液滴。

12.3.6　地热流体泄放管线由于压力突降造成的闪蒸浓缩效应，极易发生结垢，将泄放阀门安装在泄放管线末端可有效减缓泄放阀前管段的结垢。

13 监测与控制

13.1 一般规定

13.1.1 地热管网通常附属于地热能源站建设，并与地热能源站统一管理，且地热管网相比于地热能源站监测控制点较少，与地热能源站共用一套监测与控制系统在技术经济和管理上都较为合理。

13.1.2 地热管网监测控制对象较为分散，且一般与地热能源站距离较远，设置数据通信系统是有必要的，根据系统需求可采用有线或无线数据传输方式。

13.1.3 采用硬连接是为了保证紧急控制的可靠性。

13.1.5 地热流体腐蚀性较强，监测仪表与地热流体接触部分的材质需要具有足够的耐腐蚀性能。

13.2 地热蒸汽及两相流管网监测与控制

13.2.1 监测仪表不局限于表 13.2.1 的规定，可根据实际情况和项目的具体要求增加监测点，为项目经济运行和经济核算提供可能和方便。

13.2.2 汽水分离器液位过低可能造成蒸汽损失或液相静水压不足，下游过滤器、热回灌泵等处可能发生卤水汽化、汽蚀问题；液位过高则有卤水漫入蒸汽管网的风险；设置液位报警是有必要的。

13.2.3 设置液相出口流量自动调节装置，是为了实现根据液位监测信号自动调节液相出口流量调节阀，使汽水分离器液位稳定在一定范围内。如果由于液相出口流量调节阀故障等原因，造成汽水分离器液位失控过高，卤水进入蒸汽管网，会给蒸汽管网和发电机组的安全运行造成严重危害，特别是对于闪蒸地热电站，可能造成汽轮机损坏，因此高高液位报警要求设置双路监测，以保证监测和联锁紧急泄放动作的可靠性。

13.2.4 设置转速自动调节装置，是为了实现根据汽水分离器液位自动调节转速。允许的最小流量即“最小冷却流量”，流量低于最小冷却流量时，卤水温升会造成回灌泵汽蚀，因此需联锁开启再循环管路，避免发生汽蚀。

13.2.5 主蒸汽压力自动调节一般通过压力监测信号自动控制泄放阀开度和开启数量实现。为防止主蒸汽泄放阀误动作，造成发电机组完全停运，要求按三选二逻辑判定压力高高报警。

13.3 地热水管网监测与控制

13.3.1 监测仪表不局限于表 13.3.1 的规定，可根据实际情况和项目的具体要求增加监测点，为项目经济运行和经济核算提供可能和方便。

13.3.3 井泵转速和运行台数自动控制有多种实现方式，例如当换热器地热水侧设置自动流量调节阀时，可根据井口回压调节井泵，当换热器供热热水侧有流量自动调节措施时，可根据回灌温度调节井泵，还可根据供热热水温度调节井泵。不管哪种调节方式，在制定控制逻辑时均需注意根据能源站负荷变化规律，适当超前调节。

14 公用工程

14.1 建筑结构

14.1.2 本条中复杂地形主要指山区段敷设的地热管网，采用圆管状架顶可实现管道支座与管架的多角度接触，与随坡敷设相适应。

14.1.4 锚固法兰可采用焊接法兰或成品法兰，均需要根据管道推力进行复核。

14.1.6 本条符合现行国家标准 GB 50016《建筑设计防火规范》的有关规定，附属建筑物主要为地热井房、集水间、加药间等，房间内常温下使用或加工难燃烧物质的生产，属于戊类生产厂房。

14.1.10 在实际工程中，当地震安全评估报告和抗震设计规范对场地的抗震参数规定不一致时，执行较严格的标准。

14.1.11 根据地勘报告中地下水、土的腐蚀等级说明，依据现行国家标准 GB 50046《工业建筑防腐蚀设计标准》的有关规定，对建（构）筑物采取相应的防腐蚀措施。

14.1.12 本条中不良地质包括湿陷性黄土、膨胀土和大厚度回填土等。地基处理方式除满足规范要求外，还需结合所在地地基处理经验。

14.2 供配电

14.2.1 地热集输站场停电的直接后果是地热流体输送中断，因此，在本条文中集输站场设备用电的负荷级别，应根据地热流体输送中断对生产经营造成的损失程度来确定，并相应决定其供电方式。对于输送中断影响较小的集输站场，优先按三级负荷考虑。

14.2.2 无依托条件时，可以从地热能源站引接。

14.2.4 地热集输站场供电电压应根据用电容量、供电距离、当地电网条件合理确定。

14.2.6 地热集输站场压力管道较多，一旦出现管道泄漏，可能影响到控制柜的运行，导致集输站场不能正常使用，因此要求当电气柜与水泵等设备放在同一空间时，其防护等级不应低于 IP55。

14.2.7 地下房间电机控制按钮箱推荐装设在房间门外处，主要是为操作时安全考虑。

14.2.8 集输站场供电电缆较少，采用直埋敷设较为安全。

14.2.10 对于接地电阻值，防雷、防静电接地、工作接地、保护接地和信息系统设备接地要求不同，因此按最小值考虑。

14.3 给排水

14.3.3 本条规定了管道埋深及管顶最小覆土深度：一般情况下，排水管道埋设在冰冻线以下，有利于安全运行。当有可靠依据时，也可埋设在冰冻线以上。这样可节省投资，但增加了运行风险，应综合比较确定。

管顶最小覆土深度一般为：人行道下 0.6m，车行道下 0.7m。覆土深度不足时，需对管道采取加固措施。

15 环境保护

15.1 噪声与振动防治

15.1.1 根据现行国家标准 GB 12348《工业企业厂界环境噪声排放标准》的规定，工业企业界外 1m 处，高度 1.2m 以上、距任一反射面距离不小于 1m 的位置，噪声排放限值如表 1 所示。

表 1 工业企业厂界环境噪声排放限值[dB(A)]

厂界外声环境功能区类别	昼间	夜间
1	55	45
2	60	50
3	65	55

表 1 工业企业厂界环境噪声排放限值[dB(A)]（续）

厂界外声环境功能区类别	昼间	夜间
4	70	55

注：厂界外声环境功能区类别划分按国家现行标准 GB 3096《声环境质量标准》的规定执行。1 类标准适用于居住、文教机关为主的区域；2 类标准适用于居住、商业、工业混杂区及商业中心区；3 类标准适用于工业区；4 类标准适用于交通干线道路两侧区域。

15.1.3 根据现行国家标准 GB 50087《工业企业噪声控制设计规范》的规定，对于声源上进行控制仍达不到要求的噪声，则应采用隔声、消声、吸声、隔振以及综合控制等噪声控制措施。因此提出地热蒸汽和地热两相流的泄放采用放空消声器控制噪声。

15.2 废水及固体废弃物治理

15.2.3 泥沙、水垢与普通生活垃圾相比处理方式不同，不可随意弃置。

15.3 大气污染物防治

15.3.2 地热管网排放的不凝结气体组分可能有：CO_2、N_2、CO、H_2S、H_2、NH_3、CH_4 等，需要根据排放的不凝结气体具体情况及执行的环保标准，选择合理的治理措施，达标排放。

ICS 35.240.50
CCS F 15

NB

中华人民共和国能源行业标准

NB/T 10712—2021

地热站智能化技术规范

Technical code for intelligent geothermal energy station

2021-11-16 发布 2022-05-16 实施

国家能源局 发布

目　次

前　言

本文件依据 GB/T 1.1—2020《标准化工作导则　第 1 部分：标准化文件的结构和起草规则》的规定起草。

本文件由中国石油化工集团有限公司提出。

本文件由能源行业地热能专业标准化技术委员会归口。

本文件起草单位：中国石化集团新星石油有限责任公司、北京玛斯莱特科技有限公司、中信建筑设计研究总院有限公司、山东海利丰清洁能源股份有限公司、河南万江新能源开发有限公司、中国石油天然气股份有限公司冀东油田分公司。

本文件主要起草人：刘中平、汤林、陈必亮、王琦、赵丰年、陈焰华、杨建文、马春红、康子明、雷建平、於仲义、张明远、李宏武、何建东、经秋霞、赵鹏飞、李希华、刘明昕、毛翔、胡德群。

本文件于 2021 年首次发布。

地热站智能化技术规范

1 范围

本文件规定了地热能开发利用过程中智能化系统的设计、施工、调试与验收的技术要求。

本文件适用于新建、改建及扩建地热站及所属地热管网（供热供冷的管网）、区域监控中心、地热数据中心项目智能化系统的设计、施工和验收。

2 规范性引用文件

下列文件中的内容通过文中的规范性引用而构成本文件必不可少的条款。其中，注日期的引用文件，仅该日期对应的版本适用于本文件；不注日期的引用文件，其最新版本（包括所有的修改单）适用于本文件。

GB/T 20271 信息安全技术 信息系统通用安全技术要求

GB/T 22239 信息安全技术 信息系统安全等级保护基本要求

GB/T 22240 信息安全技术 信息系统安全等级保护定级指南

GB 50016 建筑设计防火规范

GB 50034 建筑照明设计标准

GB 50054 低压配电设计规范

GB 50093 自动化仪表工程施工及质量验收规范

GB 50171 电气装置安装工程盘、柜及二次回路接线施工及验收规范

GB 50174 数据中心设计规范

GB 50348 安全防范工程技术规范

GB 50366 地源热泵系统工程技术规范

GB 50395 视频安防监控系统工程设计规范

GB 50462 数据中心基础设施施工及验收规范

GB 50464 视频显示系统工程技术规范

GB/T 50493 石油化工可燃气体和有毒气体检测报警设计标准

GB/T 50785 民用建筑室内热湿环境评价标准

DZ/T 0133 地下水动态监测规程

GA/T 367 视频安防监控系统技术要求

SJ/T 11449 集中空调电子计费信息系统工程技术规范

NB/T 10273 地热供热站设计规范

NB/T 10278 浅层地热能监测系统技术规范

NB/T 10711 地热管网设计规范

3 术语和定义

3.1

地热站 **geothermal station**

利用地热流体的热能，由换热系统、热泵机组、调峰锅炉、冷水塔等设备组成的系统进行区域供暖或供冷的站场。

3.2

智能化平台 intelligent platform

采用数据处理和分析技术构建的地热站生产数据实时监控、生产分析、安全预警、数据管理等功能的软件系统。

3.3

智能化系统 intelligent system

智能化系统是在地热能源利用领域，在数据采集、网络通信传输等技术的支持下，完成各地热站数据信息汇集、资源共享、智能监控及优化管理等综合功能的软件与硬件的集合。

3.4

区域监控中心 regional monitoring center

负责监控/监视所辖区域多个地热站及地热管网等地热利用生产设施运行情况的生产管理中心。

3.5

传输网络 data transmission network

采用无线和有线相结合的组网方式，为地热站监控系统、区域监控中心及智能化平台提供安全可靠的数据传输网络。

4 总则

4.1 为了规范智能化系统设计、施工及调试，选择技术先进、经济合理、安全高效并具备可扩充性的智能化系统，制定本文件。

4.2 智能化系统的安全设计，应符合现行国家标准 GB/T 20271《信息安全技术 信息系统通用安全技术要求》、GB/T 22239《信息安全技术 信息系统安全等级保护基本要求》等的规定，其中物理安全设计还应符合 GB 50174《数据中心设计规范》的规定。

4.3 智能化系统的安全保护能力应按照 GB/T 22240《信息安全技术 信息系统安全等级保护定级指南》的要求进行评级，应遵循信息安全等级保护一级的要求。

4.4 智能化系统的设计、施工和调试要求除符合本文件外，还应符合国家及行业现行有关标准、规范的规定。

5 总体架构

5.1 一般规定

5.1.1 智能化系统由地热站监控系统、区域监控中心、智能化平台及数据传输网络组成。

5.1.2 智能化系统的设置，宜根据企业规模、地热站的分布、运营管理模式、资金落实等实际情况分步实施，应设置地热站监控系统，宜设置区域监控中心和智能化平台。

5.1.3 智能化系统应考虑与地热收费系统等关联系统进行数据交互。

5.1.4 已建成的地热站、传输网络等宜通过适度改造，融入智能化系统。

5.2 智能化系统架构

5.2.1 智能化系统的总体架构见附录 A 图 A.1。

6 地热站监控系统

6.1 监测内容

6.1.1 地热站监控系统应监测地热井数据、地热站数据、室外环境数据、末端系统数据等。

6.1.2 地热站监测控制点的布置及热泵系统监测点的布置应具有代表性，工艺参数测点应符合 NB/T 10273 的规定；全部监测参数见附录 C。

6.1.3 地热管网监测与控制应符合 NB/T 10711—2021《地热管网设计规范》第 13.3 条 地热水管网监测与控制的规定，监测参数见附录 D。

6.1.4 地热站应监测总耗电量，热泵机组、循环泵、潜水泵应分别设置耗电量监测，单独安装电量表；其他类水泵可设置耗电量监测。

6.1.5 热泵机组、各类水泵、电动阀等设备的运行状态应进行监测。

6.1.6 室外环境监测

6.1.6.1 室外环境监测内容包括地热站外空气温度、相对湿度等。

6.1.6.2 地热站宜设置气候补偿器，配带室外温度检测元件；如未设置气候补偿器，需单独设置室外环境温湿度监测。

6.1.7 末端系统监测

6.1.7.1 末端系统监测宜使用终端数据采集模块，对用户室内供暖/制冷设施的使用时间、室内温度、用能情况等进行监测。

6.1.7.2 末端系统监测数据采集宜使用自动采集，人工采集为辅。

6.1.7.3 根据地热站智能化要求，对满足条件的末端系统进行监测时，应符合以下要求：

a） 末端系统监测数据，宜接入区域监控系统或地热供热站监控系统；

b） 末端系统监测可对用户的用能量和使用时间进行监测、采集、存储、统计；

c） 末端系统监测应按楼层和楼栋分别设置监测仪表，宜按一户一表配置监测（计量计费）设备。

6.1.8 当地热井距离地热站超过 500m 时，宜在地热井设置远程数据采集终端（RTU）进行数据采集、监测。

6.1.9 热泵机组、回灌过滤装置自带控制系统，系统应预留上传监控系统的数据通信接口。

6.2 基本控制要求

6.2.1 地热水系统宜设置地热水流量自动调节装置。

6.2.2 当供热系统有两台及以上热泵机组时，热泵机组宜采用总回水温度来控制热泵机组运行台数；当仅采用热泵供热系统供热时，热泵机组宜采用由热负荷优化控制运行台数的方式。

6.2.3 地热井井泵、供热热水系统循环水泵和补水系统宜采用变频控制装置。

6.2.4 对可能存在易燃易爆、有毒有害气体泄漏的地热供热站，应按照 GB 50493《石油化工可燃气体和有毒气体检测报警设计标准》的规定设置易燃易爆、有毒有害气体探测器，并联锁事故轴流风机。

6.3 控制系统

6.3.1 地热站控制系统要求：

a） 宜采用计算机控制系统进行监测与控制，监测数据传输并存储到计算机，监测数据应及时备份；

b） 地热站宜采用可编程逻辑控制器进行监测与控制；

c） 地热管网宜与地热站共用一套控制系统。

6.3.2 控制系统的通信接口应根据需要配置 RS485 通信接口、远程 I/O 通信接口、以太网等。

6.3.3 控制系统数据监测软件功能要求：

a）针对不同的用户设置不同的操作权限；

b）数据统计、图形显示、报表、查询功能：可对现场数据进行实时、分时段统计；可根据用户需求进行其他统计；可显示供热能源站系统流程图以及关键节点（压力、温度，调节阀开度等）信息；可根据用户需求形成实时流量动态数据曲线图、供水量柱状对比图等；

c）数据分析、运行控制指导功能：具备能耗分析管理，对各类数据进行统计、计算，形成实时报表；能够与气象参数同步进行负荷预测，为实际运行提供指导控制策略；能够形成曲线图（如一次二次网供/回水温曲线、室外温度曲线等），可根据经验曲线进行负荷预测。

6.3.4 地热站监控数据表参见附录 C。

6.4 监测设备

6.4.1 监测设备应具有良好的稳定性和可靠性，定期进行校准和标定。

6.4.2 监测设备精度应满足以下要求：

a）温度监测仪器测量精度应达到±0.5%FS；

b）压力传感器测量精度应达到±0.1%FS；

c）流量监测仪器测量精度应达到±1.0%FS；

d）电量传感器的输入功率精度应不低于 3.0 级；

e）水位传感器测量精度应达到±1.0%FS；

f）环境温湿度传感器精度应达到 0.5℃、1.2%RH。

6.4.3 末端系统监测仪表的选择应符合下列要求：

a）监测选用的当量空调表、热量表等仪表，应符合 SJ/T 11449 的要求；

b）监测仪表应具有数据通信接口，宜优先选用 RS-485 接口、Meter-Bus 接口或无线收发接口；

c）监测仪表应能准确识别末端系统运行状态，具备防盗、计量失效报警功能；

d）监测仪表、计量设备应经过检验校验，计量数据应准确可靠。

6.4.4 电能表应带通信接口，并提供各相线电流、电压、有功功率、无功功率、功率因数、有功电能、无功电能、线路频率等数据。

6.4.5 传感器应根据其工况条件不同，具有防水、抗压及防腐蚀、防冻、耐高温、稳定可靠等特性。

6.5 视频监控

6.5.1 地热站宜设置视频监控系统。

6.5.2 地热站视频监控系统应支持区域监控中心、智能化平台远程监控显示。

6.5.3 视频监控系统工程设计应符合 GB 50348《安全防范工程技术规范》和 GA/T 367《视频安防监控系统技术要求》的有关规定。

7 区域监控系统

7.1 一般规定

7.1.1 区域监控中心应设置一套区域监控系统，监测控制该区域的多个地热站及地热管网。

7.1.2 区域监控中心宜与某个地热站合建，也可单独建立区域监控中心；区域监控中心应符合职业卫生、安全和环境保护的要求。

7.2 采集数据

7.2.1 采集静态数据宜符合下列规定：

a） 地热井的静态数据应收集在区域监控系统内，包含但不限于：井名称、地区名称、小区名称、坐标、取水层位、取水层顶深、取水层底深、取水层厚度、静液位，水量、温度等；

b） 地热站的静态数据应收集在区域监控系统内，包括但不限于：单位名称、地热站名称、换热站名称、小区名称、最大供暖面积、收费面积、末端采暖方式、生产井数、回灌井数、热泵数量、锅炉数量等；

c） 区域监控中心的静态数据应收集在区域监控系统内，包含但不限于：区域名称、单位名称、管理地热站数量、管理供暖面积、收费面积等；

d） 其他需要自动产生报表的静态数据。

7.2.2 采集动态数据宜符合下列规定：

a） 地热井的动态数据宜采用自动方式进行采集，包含但不限于：出水温度、出水流量、出口压力、回灌温度、回灌流量、回灌压力、动液位、耗电量、潜水泵电流等；

b） 地热站的动态数据宜根据站内工艺操作所必需的参数监测采用自动方式进行采集，包括但不限于换热器一次/二次侧温度压力流量监测数据，热泵系统冷凝器侧/蒸发器侧温度压力、各类泵运行状态数据、用户侧温度压力流量/热量等；

c） 其他需要自动产生报表的动态数据。

7.2.3 区域监控系统应收集地热站内潜水泵、循环泵、热泵机组、燃气锅炉等主要设备的设备现状等数据。

7.2.4 区域监控系统应与地热收费系统等第三方平台进行数据交互，至少包括但不限于：已收费面积、应收费面积等数据。

7.2.5 地热井及地热站不能自动采集的动态数据、设备数据及接口数据，区域监控系统应提供人工输入界面或手机 APP 输入界面，值班人员按时输入数据。

7.3 控制

7.3.1 区域监控系统宜能够远程手动控制各个地热站的设备运行/停止、调节阀的开度、变频器的频率等。

7.3.2 区域监控系统宜根据气象数据计算各个地热站的调节参数，通过自动、手动方式下发到地热站控制系统进行控制。

7.4 硬件设备

7.4.1 服务器可采用冗余配置，采集服务器和应用服务器可合并为一台服务器，视频服务器应单独设置。

7.4.2 区域监控中心宜符合下列规定：

a） 存储设备宜按云存储架构设置，并符合数据中心存储设备的匹配要求；

b） 宜建立本地备份系统；

c） 设置足够的生产监控计算机；

d） 视频信息存储系统的容量应能存储不少于 1 年的连续信息量。

7.4.3 区域监控中心应使用不间断工作电源系统（UPS）供电，电池供电时间不低于 30min。

7.4.4 供电系统的配电设计应符合 GB 50054《低压配电设计规范》的规定。

7.4.5 应按照 GB 50034《建筑照明设计标准》的要求设置应急照明。

7.4.6 防雷和接地应满足 GB 50174《数据中心设计规范》的要求。

7.4.7 消防设施应满足 GB 50016《建筑设计防火规范》的要求。

7.5 指标

7.5.1 地热站的指标参见附录E。

7.5.2 区域监控系统应显示每个供暖季的收费率、经济型初评指标。

7.5.3 地热站的热源利用率、能效比、供热循环泵耗电指标、单位面积供热功率、地热热量中贡献率、回灌比例、热泵机组COP值等指标应在区域监控系统及智能化平台中实时显示。

7.6 监控系统要求

7.6.1 区域监控系统宜选择基于SCADA的地热能监控系统。

7.6.2 区域监控系统应具备生产过程监控、视频监控、报表管理、系统管理、运维管理、设备管理、WEB及移动终端等功能。

7.6.3 区域监控系统宜具备生产分析与工况诊断、数据管理、辅助分析与决策支持等功能。

7.6.4 生产过程监控包括地热井的监控、地热站的监控、末端用户数据监测、地热管网监测、气象数据监测及生产对象基础数据和历史数据查询、实时监测和超限告警等。

7.6.5 视频监控包括视频采集与控制、视频展示、视频分析报警功能。

7.6.6 报表管理应实现对生产数据报表、设备故障报表、系统运行报表的自动生成功能。

7.6.7 系统管理包括告警预警配置管理、用户权限管理、系统日志管理、数据字典管理功能。

7.6.8 运维管理包括地热站运维日志管理、地热站运维任务管理、系统备份管理等功能。

7.6.9 数据管理包括采集数据质量管理和数据集成管理功能。

7.6.10 设备管理应实现设备信息检索、设备故障管理和设备维护功能。

8 智能化平台

8.1 一般规定

8.1.1 智能化平台宜集中部署在公司的数据中心或云平台上。

8.1.2 数据中心的设计应符合GB 50174《数据中心设计规范》的规定。

8.2 平台基本要求

8.2.1 平台应支持关系数据库、实时数据库作为数据源。

8.2.2 平台应支持主流的应用服务器和Web服务器。

8.2.3 平台应支持通过SOA套件对外提供Web Service服务，宜通过Web Service与其他系统交互。

8.2.4 平台应提供云服务，用户可通过此平台开发应用。

8.2.5 平台应支持二次开发，将其他系统融合进来，通过平台进行统一展示。

8.2.6 平台应支持移动终端APP。

8.3 历史数据库

8.3.1 智能化平台的历史数据库应采用统一规定的数据库模型来搭建。

8.3.2 区域监控中心宜使用智能化平台的历史数据库。

8.4 实时数据库

8.4.1 智能化平台与区域监控中心的实时数据库宜分开搭建。

8.4.2 实时数据库应充分考虑技术的先进性、可靠性、可维护性、兼容性、开放性、可扩展性等原则。

8.4.3 实时数据库应支持分布式结构，支持分布式数据采集和处理。

8.4.4 区域监控中心实时数据库应保存1年以上历史数据，智能化平台实时数据库宜保存3年以上历史数据。

8.4.5 实时数据库应提供标准数据点类型，包括模拟量类型点、离散类型点以及文本类型点等。

8.4.6 实时数据库应具有良好的透明度和二次开发能力，应提供 Web Service、API 及 SDK 等标准的二次开发接口，应支持主流开发语言 JAVA、.NET、C++等。

8.4.7 实时数据库应能支持开放数据连接（ODBC 及 JDBC），支持利用 SQL 标准语句访问数据库。

8.5 硬件设备

8.5.1 智能化平台主要的硬件设备宜包括：生产监控计算机、视频监控计算机、服务器、存储设备、视频设备、大屏设备、交换机、网络安全设备、打印机。

8.5.2 服务器可冗余配置，视频服务器单独设置。

8.5.3 存储设备宜符合下列要求：

a） 存储系统可根据要求选择 DAS\NAS\SAN 或云存储系统；

b） 支持通用存储管理软件，可通过软件进行配置、定义、修改等功能；

c） 宜建立备份系统，可采用本地、异地或相结合的备份方式，宜具备容灾功能。

8.5.4 智能化平台宜设置时间校时同步系统，同步智能化平台、区域监控中心、地热站的时间。

8.6 平台系统要求

8.6.1 智能化平台宜选择基于 SCADA 系统的一体化信息平台。

8.6.2 智能化平台应具备整体展示、生产监视、报表管理、安全管理、视频监视、对标管理、分析报告、平台运维、WEB 及移动终端等功能。

8.6.3 智能化平台宜具备生产分析与工况诊断、辅助分析与决策支持等功能。

8.6.4 整体展示包括地图导航、直观数据展示、分类数据展示等。

8.6.5 生产监视包括地热站生产监视、区域生产监视、分子公司生产监视等。

8.6.6 安全管理包括设备安全管理、安全报告、安全评比等。

8.6.7 视频监视包括视频采集、视频展示、视频分析报警功能。

8.6.8 报表管理包括生产数据报表模板管理，实现对公司级、分公司级的生产数据报表、设备故障报表、系统运行报表的自动生成功能。

8.6.9 系统管理包括用户权限管理、系统日志管理、数据字典管理功能。

8.6.10 平台运维包括平台运维日志管理、运维任务管理、系统备份管理、系统版本控制功能。

8.6.11 设备管理实现公司级设备信息检索、设备故障管理。

8.6.12 对标管理包括按地热站、区域监控中心的各类指标横向及纵向评比考核。

8.6.13 分析报告包括数据分析报告、事故分析报告等。

9 传输网络

9.1 一般要求

9.1.1 传输网络可包括以下五部分：

a） 从末端用户到地热站或区域监控中心的传输网络；

b） 从地热井到地热站的传输网络；

c） 从地热站至区域监控中心的传输网络；

d） 从地热站至智能化平台的传输网络；

e） 从区域监控中心至智能化平台的传输网络。

9.1.2 传输网络可选择光纤专网或公共网络。

9.1.3 地热站应以有线通信方式为主、无线通信方式为辅；地热井宜以无线通信方式为主；末端用户应以无线通信方式为主。

9.1.4 传输网络的带宽应满足地热站数据、视频的传输。

9.1.5 传输网络的功能和方案应以系统的规模、现有通信设施、业务需求为依据，选择适合的技术和网络结构。

9.2 性能要求

9.2.1 有线传输网络的网络延时应低于120ms。

9.2.2 传输网络的传送速率应根据地热站传送数据量、传输频率等进行估算。生产数据传输速率需求估算过程见表1。

表1 数据类型采样时间要求

类型	数据包大小（kb）	发送间隔（s）	传送速率（kbps）
末端用户	0.2	60	0.026666667
地热井	2	5	3.2
地热站	200	5	320

9.2.3 视频图像数据传输性能应满足以下要求：

a）传输的视频信号和视频显示图像不应低于CIF格式；

b）传输单路CIF格式的图像所需要的视频信号网络带宽不应小于128kbps，传输单路4CIF格式的图像所需要的视频信号网络带宽不应小于512kbps；

c）捕影现场的网络带宽，不应小于允许并发接入的视频信号路数乘以单路视频信号的带宽；

d）区域监控中心及数据中心的网络带宽，不应小于并发显示视频信号路数乘以单路视频信号的带宽。

9.3 网络安全性

9.3.1 基于公共网络的传输方式，宜采用VPN专用通道。

9.3.2 应在地热站监控系统、区域监控中心和智能化平台网络出入口部署防火墙；宜在智能化平台网络出入口部署入侵防范系统，入侵防范系统和防火墙实时联动。

10 施工要求

10.1 一般规定

10.1.1 参与项目建设的服务供应商应具有相应的勘察、设计、施工、监理资质。

10.1.2 地热站、区域监控中心的智能化系统施工要求除符合本规范外，还应符合国家及行业现行有关标准、规范的规定。

10.1.3 地热站、区域监控中心在监控系统设备安装前应具备以下条件：

a）控制室、监控中心的地板、顶棚、内墙、门窗等施工已完成；

b）控制盘柜的基础底座已安装完毕；

c）接地系统应施工完毕，接地电阻应符合设计文件的规定。

d） 引入电源容量及路数应符合设计要求。

10.1.4 监控系统设备安装就位后应达到产品要求的供电条件、温度和湿度，并应保持室内清洁。

10.2 地热站监控系统

10.2.1 地热站监控系统宜与地热站同时施工。

10.2.2 仪表安装和使用前应进行检查、校准和试验，确认符合设计文件要求及产品技术文件所规定的技术性能。

10.2.3 温度传感器、压力传感器、流量传感器、液位传感器等现场监测仪表的安装及施工应满足GB 50093《自动化仪表工程施工及质量验收规范》的要求。

10.2.4 电量监测仪表的安装应满足GB 50171《电气装置安装工程盘、柜及二次回路接线施工及验收规范》的要求。

10.2.5 地热井水位传感器的安装要求：

a） 在地热井井口盖板上预留安装孔，水位传感器安装完成后应密封处理；

b） 水位传感器的下放深度应该在潜水泵吸入口5m以上。

10.2.6 监控系统在开箱和搬运中不应有剧烈震动和灰尘、潮气进入设备。

10.2.7 监控系统卡件的检查、安装、试验过程中应有防止静电的措施。

10.2.8 控制室仪表盘、柜、箱和操作台的安装位置、外形尺寸应符合设计文件要求。

10.2.9 控制室各仪表设备的保护接地端子和信号及屏蔽接地端子通过各自的接地线分别接至保护接地汇流排和工作接地汇流排。

10.3 区域监控中心智能化系统

10.3.1 区域监控中心应编制施工组织设计和技术方案，施工方案应已批准。

10.3.2 区域监控中心施工中的安全技术措施，应符合本规定及国家现行相关标准的规定。

10.3.3 区域监控中心设备及机柜的规格、型号、数量、铭牌、尺寸、安装孔等应符合设计要求和相关规定，且应具有质量合格证文件。

10.3.4 电源柜的安装应满足GB 50171《电气装置安装工程盘、柜及二次回路接线施工及验收规范》的要求。

10.3.5 显示屏的拼接缝、平整度、拼接误差等应符合GB 50464《视频显示系统工程技术规范》的有关规定。

10.4 智能化平台

10.4.1 数据中心基础设施的施工及验收应符合GB 50462《数据中心基础设施施工及验收规范》的要求。

10.4.2 智能化平台的建设应编制施工组织设计和技术方案，施工方案应已批准。

10.4.3 智能化平台施工中的安全技术措施，应符合本规定及国家现行相关标准的规定。

11 调试与验收

11.1 系统调试

11.1.1 系统施工完毕，应进行设备调试、通信网络调试、软件应用性调试以及系统联合调试，确认达到智能化系统建设目标任务要求。

11.1.2 应按照地热站、区域监控中心、智能化平台分层级进行系统单独调试，调试合格后再进行系统联合调试。

11.1.3 调试准备应符合以下规定：

a） 调试前对系统进行设计和施工情况一致性审查；

b） 应备齐和阅读整个系统设计文件、施工变更、产品使用说明等技术资料；

c） 编写系统调试大纲，确定调试流程、测试项目、测试指标等；

d） 各地热站监控系统应具备状态参数采集条件，设备连锁、自动调节、自动保护应能正确动作，满足与智能化系统联调的条件。

11.1.4 调试过程应符合以下规定：

a） 地热站的仪表应进行单体试验和校准，单体试验应满足 GB 50093《自动化仪表工程施工及质量验收规范》的要求；

b） 地热站应进行回路试验及系统试验，回路试验和系统试验应满足 GB 50093《自动化仪表工程施工及质量验收规范》的要求；

c） 通信网络调试应按照地热站、区域监控中心、智能化平台分层级调试；

d） 区域监控中心及智能化平台应进行系统调试，系统调试应满足软件的技术文件和设计文件的要求。

e） 安全防范系统调试应按 GB 50348《安全防范工程技术规范》的有关规定执行。

11.1.5 综合调试应进行功能测试和实用性测试，应符合下列要求：

a） 功能测试按照设计要求，逐项进行；

b） 实用性测试按照设计要求，对应用软件的操作界面、常用操作流程、输入输出、屏幕切换及键盘、鼠标的使用等进行逐项检测。

11.1.6 调试完成后应编写系统调试报告及操作规程，并提交业主确认后作为移交文件存档。

11.2 系统试运行

11.2.1 试运行应在系统调试验收合格后进行。可依次按照地热站监控系统、区域监控中心监控系统和智能化平台分层级进行单独试运行和联合试运行。

11.2.2 系统试运行期间应保持连续运行，不应变动或中断。

11.2.3 系统试运行期间应符合下列要求：

a） 操作人员应做好每天值班记录和试运行记录，试运行记录按照附录 B 中的表 B.2 填写；

b） 测试地热站监控系统、区域监控系统、智能化平台任何一级的监测情况；

c） 监测系统设备的工作状态。

11.2.4 试运行过程中对所属功能模块、功能名称、试运行的效果以及存在的问题进行记录。

11.2.5 试运行应完成设计文件中和双方合同中约定的全部功能的验证工作，完成后如实编写系统试运行报告，并提交业主确认后作为移交文件存档。

11.3 系统验收

11.3.1 系统验收应分为过程验收和竣工验收，过程验收和竣工验收均应做好记录、签署文件并归档备查。

11.3.2 竣工验收应按已审批的设计文件的要求验收。

11.3.3 系统竣工验收应由建设单位组织，设计、施工、监理单位共同进行，形成验收意见，并填写验收表。

11.3.4 地热站监控系统宜按照 GB 50093《自动化仪表工程施工及质量验收规范》进行验收；智能化平台系统工程验收合格应及时签署验收报告。

11.3.5 系统工程竣工验收前，施工单位应向建设单位提交下列技术文件：

a）工程合同及设计文件；

b）竣工图纸和设计变更文件；

c）主要计量设备的《制造计量器具许可证》或《型式批准证书》、国家计量主管部门授权的计量检定单位出具的检验合格证明材料；

d）系统使用说明书、操作和日常维护说明；

e）系统主要设备材料的出厂合格证明、检验合格证等证明文件；

f）隐蔽工程随工检查验收表、施工现场质量管理检查记录、设备材料进场检查表、工程质量和观感质量验收记录；

g）系统调试合格验收文件和试运行报告。

11.3.6 系统工程竣工验收合格应符合下列要求：

a）施工质量应符合设计要求和本规范的有关要求，施工质量和观感验收应按本规范附录 B 中表 B.1 要求填写；

b）系统应工作正常，能满足设计文件中的各项功能的要求；

c）系统通信应正常、稳定、可靠；

d）试运行应合格。

附 录 A
（规范性）
智能化平台总体架构

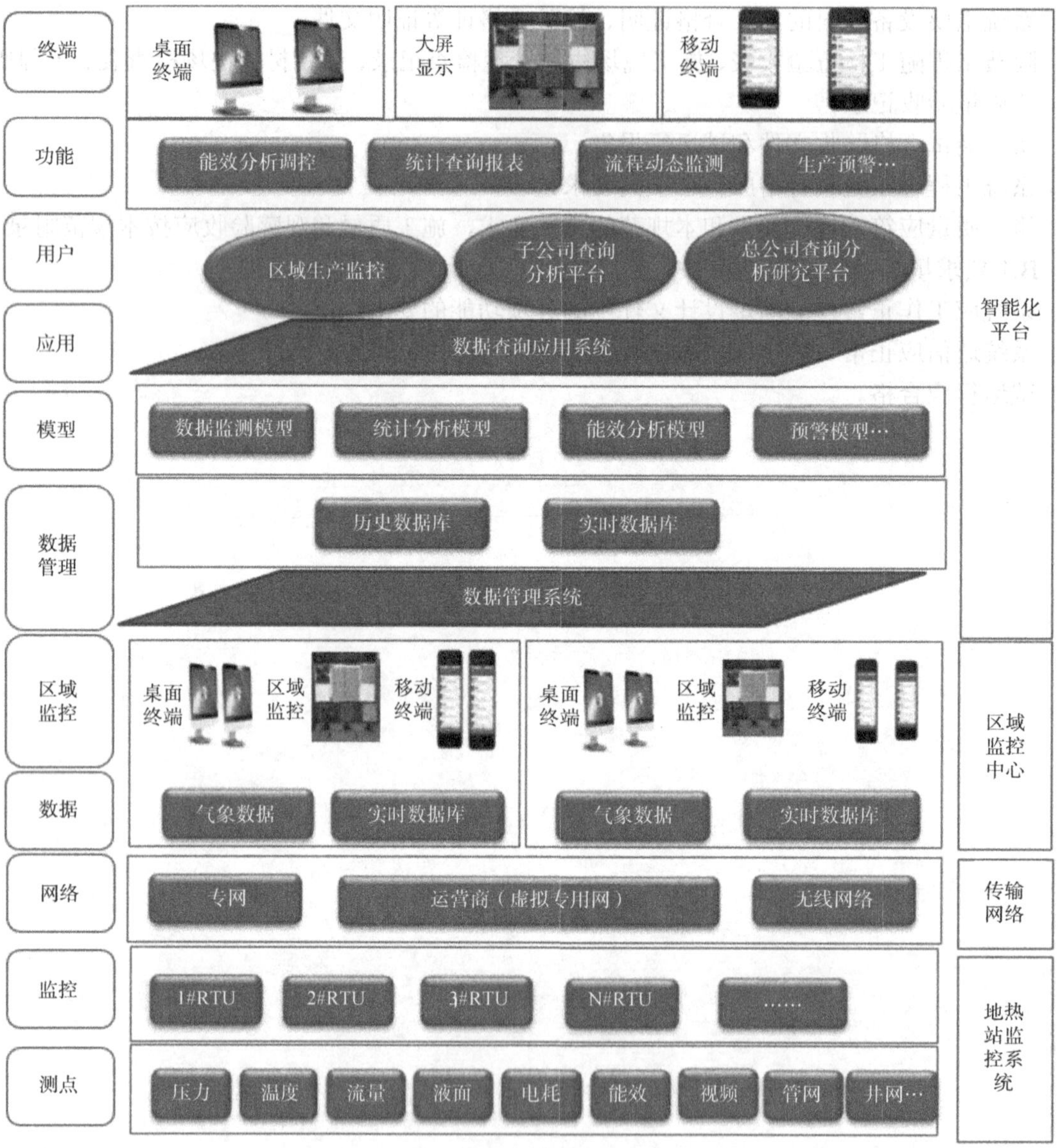

图 A.1 智能化系统总体架构图

附 录 B
（资料性）
工程实施及验收控制记录

表 B.1 工程质量和观感质量验收记录

工程名称		工程编号	
单位工程名称		分部工程名称	
施工单位			

设备/项目名称	要求	方法	主观评价	检查结果		抽查百分比
				合格	不合格	
检查结果						
安装质量检查结论						

注：

1.在检查结果栏按实际检查结果在相应空格内打√。

2.检查结果：K（合格率）=合格数/项目检查数（项目检查数无要求或实际缺项未检查的不计算在内）。

3.检查结论：$K \geq 80\%$的为合格，$K < 80\%$的为不合格。

4.主观评价栏内填写主观评价意见，分为“符合要求”和“不符合要求”，不符合要求的需注明主要问题。

施工单位	监理（建设）单位
校验员： 质检员： 技术负责人： 年 月 日	监理工程师（建设单位代表）： 年 月 日

表 B.2 系统试运行记录

工程名称				工程编号	
单位工程名称				分部工程名称	
建设（使用）单位					
设计（施工）单位					

1	功能模块	功能名称	试运行的效果	检查日期	值班人员	备注
2						
3						
4						
5						
6						
7						
8						
9						
10						
11						
12						
13						
14						

注：系统试运行的效果一栏中，注明正常/不正常。每班至少填写一次，不正常的在备注栏需要说明情况，包括修复情况。

班（组）长：	技术负责人：	建设（使用）代表：
年 月 日	年 月 日	年 月 日

附 录 C
（资料性）
地热站监控数据表（以板换+热泵+锅炉调峰为例）

序号	监测对象	测点名称	信号类型					备注
			模拟输入（AI）	模拟输出（AO）	数字输入（DI）	数字输出（DO）	RS485通信	
1		生产井供水压力	√					
2		生产井供水温度	√					
3		生产井供水流量	√					
4		生产井泵累积开启时间						
5		生产井泵远程/就地			√			
6		生产井泵运行状态			√			
7	生产井	生产井泵故障信号			√			
8		生产井泵频率反馈	√					
9		生产井泵电流反馈	√					
10		生产井泵频率给定		√				
11		生产井泵启停控制				√		
12		生产井耗电量					√	
13		生产井液位	√					
14		回灌井回水压力	√					
15		回灌井回水温度	√					
16		回灌井回水流量	√					
17		回灌泵累积开启时间						
18		回灌井泵远程/就地			√			
19	回灌井	回灌井泵运行状态			√			
20		回灌井泵故障信号			√			
21		回灌井泵频率反馈	√					
22		回灌井泵电流反馈	√					
23		回灌井泵频率给定		√				
24		回灌井泵启停控制				√		
25		蒸发侧进口温度	√					
26		蒸发侧出口温度	√					
27	热泵机组	蒸发侧循环水流量	√					
28		冷凝侧进口温度	√					
29		冷凝侧出口温度	√					

表（续）

序号	监测对象	测点名称	信号类型					备注
			模拟输入（AI）	模拟输出（AO）	数字输入（DI）	数字输出（DO）	RS485通信	
30	热泵机组	冷凝侧循环水流量	√					
31		蒸发侧循环泵组电量					√	
32		热泵机组耗电量					√	
33		冷凝侧调节阀给定		√			√	
34		冷凝侧调节阀反馈	√					
35		热泵机组远程启停				√		
36		热泵机组远程/就地			√			
37		热泵机组运行状态			√			
38		热泵机组综合故障指示			√			
39	天然气锅炉	锅炉进口温度	√					
40		锅炉出口温度	√					
41		锅炉循环水流量	√					
42		锅炉天然气耗气量					√	
43		锅炉循环泵电量	√					
44		锅炉出水温度设定值					√	
45		锅炉远程/就地			√			
46		锅炉运行状态			√			
47		锅炉综合故障指示			√			
48		锅炉远程停				√		
49	采暖系统	一次供水压力	√					
50		一次供水温度	√					
51		一次回水压力	√					
52		一次回水温度	√					
53		一级板换二次供水温度	√					
54		一级板换一次回水温度	√					
55		一级板换一次回水压力	√					
56		一级板换二次供水压力	√					
57		二级板换二次供水温度	√					
58		二级板换一次回水温度	√					
59		二级板换一次回水压力	√					
60		二级板换二次供水压力	√					
61		系统二次供水压力	√					
62		系统二次供水温度	√					
63		系统二次回水压力	√					

表（续）

序号	监测对象	测点名称	信号类型					备注
			模拟输入（AI）	模拟输出（AO）	数字输入（DI）	数字输出（DO）	RS485通信	
64	采暖系统	系统二次回水温度	√					
65		系统二次网瞬时流量					√	
66		循环泵总出口压力	√					
67		循环泵远程/就地			√			
68		循环泵运行状态			√			
69		循环泵故障信号			√			
70		循环泵频率反馈	√					
71		循环泵电流反馈	√					
72		循环泵频率给定		√				
73		循环泵启停控制				√		
74		补水泵远程/就地			√			
75		补水泵运行状态			√			
76		补水泵故障信号			√			
77		补水泵启停控制				√		
78		补水泵频率反馈	√					
79		补水泵电流反馈	√					
80		补水泵频率给定		√				
81		一级板换调节阀开度反馈	√					
82		二级板换调节阀开度反馈	√					
83		一级板换调节阀开度给定		√				
84		二级板换调节阀开度给定		√				
85		补水箱液位	√					
86		补水阀开关控制				√		
87		泄压阀开关控制				√		
88	能耗	一次网瞬时热量					√	
89		一次网累积热量					√	
90		站内补水瞬时流量					√	
91		站内补水累积流量					√	
92		站内总耗电量					√	
93		室外温度	√					

附 录 D
（资料性）
地热管网监控数据表

序号	监测对象	测点名称	信号类型					备注
			模拟输入（AI）	模拟输出（AO）	数字输入（DI）	数字输出（DO）	RS485通信	
1	生产井	生产井供水压力	√					
2		生产井供水温度	√					
3		生产井供水流量	√					
4		生产井液位	√					
5	回灌井	回灌井回水压力	√					
6		回灌井回水温度	√					
7		回灌井回水流量	√					
8		生产井液位	√					
9	分集水器	压力	√					
10		温度	√					
11		重要的管网分支压力	√					

附 录 E
（资料性）
指标

E.1 收费率

地热站收费率 = 实际收费面积 / 应收费面积

E.2 热源利用率

热源利用率 = 总供热功率/总消耗热源功率

E.3 能效比

能效比= 地热站总供热（冷）量/供热系统总电量

E.4 供热循环泵耗电指数

供热循环泵耗电供热贡献指数 = 地热站总供热量/供暖侧（末端侧）循环系统电量

E.5 单位面积供热功率

单位用户面积供热功率 = 地热站总供热功率/供热站总供热面积

E.6 地热热量总贡献率

地热热量总贡献率 = 地热井开采热量/地热站总供热量

E.7 回灌比例

回灌效率 = 回灌井回灌量/地热抽水井抽水量

E.8 经济性初评

经济性初评 =（总开发地热资源成本+总消耗水电气成本）/供热收益

E.9 热泵机组 COP 值

热泵机组 COP 值 = 热泵供热量 / 耗电量

ICS 91.200
CCS P 46
备案号：J3028-2022

NB

中华人民共和国能源行业标准

NB/T 10713—2021

地热管网施工验收规范

Code for construction and acceptance of geothermal pipe network

2021-11-16 发布 2022-05-16 实施

国家能源局 发布

目　次

前　言

根据国家能源局综合司《关于印发2018年能源领域行业标准制（修）订计划及英文版翻译出版计划的通知》（国能综通科技〔2018〕100号）的要求，规范编制组经广泛调查研究，认真总结国内外地热管网工程设计、建设、管理、验收的实践经验，参考国内相关标准，并在广泛征求意见的基础上，编制本规范。

本规范共分10章，主要内容有：总则、规范性引用文件、施工准备和设备、材料验收、工程测量、土建工程、管道安装、集输站场、防腐和保温、压力试验、清洗、试运行、工程竣工验收等。

本规范由国家能源局负责管理，由能源行业地热能专业标准化技术委员会负责日常管理，由北京泰利新能源科技发展有限公司负责具体技术内容的解释。本规范在执行过程中，如发现有需要修改和补充之处，请将意见和建议反馈至北京泰利新能源科技发展有限公司（地址：北京市通州区宋庄镇后夏公庄村工业园280号，邮编：101118）。

本规范主编单位：北京泰利新能源科技发展有限公司

本规范参编单位：中国石油工程建设有限公司华北分公司
中国石化集团新星石油有限责任公司
中国核电工程有限公司
辽河石油勘探局有限公司
万江新能源集团有限公司
北京玛斯莱特科技有限公司

主要起草人：桂江波　叶宏宇　陈　伟　韩　亮　李　松　樊梦芳　刘亮德　黄嘉超　赵丰年
马春红　李宏武　李　昊　苏英华　成　军　马永超　张　磊　雷　炯　张旭毅

主要审查人：陈必亮　陈焰华　付　伟　况国华　李　健　王登峰　于建水　张同秀　赵文成

1 总 则

1.0.1 为提高地热管网工程的施工水平，提高管道工程质量，制定本规范。
1.0.2 本规范适用于地热井口与地热能源站之间地热管网工程的施工及验收。
1.0.3 工程施工过程中应采用无污染或减少污染的技术和施工工艺，并应制定相应的环境保护措施。
1.0.4 地热管网工程施工及验收除应符合本规范外，尚应符合国家现行有关标准的规定。

2 规范性引用文件

GB/T 4272 设备及管道保温技术通则
GB/T 8163 输送流体用无缝钢管
GB 9112 钢制管法兰类型与参数
GB 9113 整体钢制管法兰
GB/T 9124 钢制管法兰技术条件
GB/T 9793 热喷涂金属和其他无机覆盖层锌铝及其合金
GB/T 12459 钢制对焊无缝管件
GB/T 21448 埋地钢质管道阴极保护设计规范
GB/T 28799 冷热水用耐热聚乙烯（PE-RT）管路系统
GB 50026 工程测量规范
GB 50184 工业金属管道工程施工质量验收规范
GB 50202 建筑地基基础工程施工质量验收规范
GB 50203 砌体结构工程施工质量验收规范
GB 50204 混凝土结构工程施工质量验收规范
GB 50231 机械设备安装工程施工及验收通用规范
GB 50235 工业金属管道工程施工规范
GB 50243 通风与空调工程施工质量及验收规范
GB 50251 输气管道工程设计规范
GB 50253 输油管道工程设计规范
GB 50254 电气装置安装工程低压电器施工及验收规范
GB 50268 给水排水管道工程施工及验收规范
GB 50303 建筑电气工程施工质量验收规范
GB 50369 油气长输管道工程施工及验收规范
CECS 382 水平定向钻法管道穿越工程技术规程
CJJ 28 城镇供热管网工程施工及验收规范
CJJ 34 城镇地热供热工程技术规程
CJJ 74 城镇地道桥顶进施工及验收规程
CJJ/T 81 城镇地热直埋热水管道技术规程
CJJ/T 104 城镇地热直埋蒸汽管道技术规程
CJJ 200 城市供热管网暗挖工程技术规程
HG/T 20229 化工设备、管道外防腐施工及验收规范
HG/T 21633 玻璃钢管和管件

JGJ 120　建筑基坑支护技术规程
SY/T 0442　钢制管道熔结环氧粉末内防腐层技术标准
SY/T 0457　钢制管道液体环氧粉末内防腐层技术标准
SY/T 4078　钢制管道内涂层液体涂料补口机补口工艺规范

3 施工准备和设备、材料验收

3.1 施工准备

3.1.1 工程开工前应进行现场调查，根据工程规模、特点和施工环境条件，确定项目组织机构及管理体系。

3.1.2 工程开工前应编制施工组织设计、安全技术措施方案和应急预案，并应经有关单位审批后方可组织施工。

3.1.3 施工安全管理措施应符合国家法律法规及国家现行有关规范、标准的规定。

3.1.4 工程开工前应取得设计文件、工程地质和水文地质等资料，并应进行图纸会审和设计交底。

3.1.5 工程开工前应组织施工管理人员踏勘现场，了解工程用地、现场地形、道路交通以及邻近的地上、地下建（构）筑物和各类管线等情况。

3.1.6 工程开工前应结合工程情况对施工人员进行安全技术培训。

3.1.7 物资准备应编制材料、设备采购供应计划，并应组织进场检验，办理验收手续。

3.2 设备、材料验收

3.2.1 工程所用材料、管道附件的材质、规格和型号应符合设计要求，其质量应符合国家现行有关标准的规定，应具有出厂合格证、质量证明书以及材质说明书和使用说明书。

3.2.2 管道线路的热煨弯管、冷弯管应符合表 3.2.1 的规定。

表 3.2.1 热煨弯管、冷弯管的规定

种类		曲率半径	外观和主要尺寸	其他规定
热煨弯管		≥4D	无褶皱、裂纹、重皮、机械损伤；两端椭圆度小于或等于 1.0%其他部位的椭圆度不应大于 2.5%	应满足清管器和探测仪顺利通过；端部保留不小于 0.5m 的直管段
冷弯管 DN（mm）	≤300	≥18D	无褶皱、裂纹、重皮、机械损伤；两端椭圆度小于或等于 2.5%	端部保留 2m 的直管段
	350	≥21D		
	400	≥24D		
	450	≥27D		
	500～1000	≥30D		
	≥1000	≥40D		

注：D 为管道外径，DN 为公称直径。

4 工程测量

4.0.1 工程测量所用控制点的精度等级不应小于图根级。

4.0.2 地热管网的中线桩、控制点和集输站场的四角坐标宜采用极坐标放样、平移、距离交会、方向交会等方法定位，不宜采用后方交会法定位。

4.0.3 控制点宜设置在便于观测的稳固部位。

4.0.4 当新建管线与既有管线相接时，应先测量既有管线接口处的管线走向、管中坐、管顶高程，新建管线应与既有管线顺接。

4.0.5 城镇规划区内的工程测量应符合现行国家标准 GB 50026《工程测量规范》的规定。

4.0.6 在规划区以外的工程，设计单位与施工单位在现场进行控制（转角）桩、沿线路设置的临时性、永久性水准点的交接。施工单位应从交接后的桩点坐标开始进行测量放线，将桩点坐标引到施工作业带边缘的施工临时控制点上。

4.0.7 规划区以外的工程测量应符合现行国家标准 GB 50369《油气长输管道工程施工及验收规范》的规定。

5 土建工程

5.1 一般规定

5.1.1 施工前应对工程影响范围内的障碍物进行现场核查，并应逐项查清障碍物构造情况及与拟建工程的相对位置。

5.1.2 在地下水位高于基底的地段应采取降水措施或地下水控制措施。降水措施应符合现行行业标准 JGJ/T 111《建筑与市政工程地下水控制技术规范》的相关规定，并应将施工部位的地下水位降至基底以下 0.5m 后方可开挖。

5.1.3 地热管网管道施工，在结构断面中的位置均应符合设计纵横断面要求。

5.1.4 冬期、雨期施工应采取季节性施工技术措施。

5.2 明挖

5.2.1 土方工程的施工及验收应符合现行国家标准 GB 50202《建筑地基基础工程施工质量验收规范》的相关规定。

5.2.2 开挖前，应向施工人员说明地下设施的分布情况。在地下设施两侧 3m 范围内，应采用人工开挖，并对挖出的地下设施给予必要的保护。对于重要地下设施，开挖前应征得其管理部门同意，必要时应在其监督下开挖。

5.2.3 在耕作区开挖管沟时，应将表层耕作土与下层土分别堆放，下层土放置在靠近管沟一侧。

5.2.4 当施工中采用边坡支护时，应符合现行行业标准 JGJ 120《建筑基坑支护技术规程》的相关规定。

5.2.5 当土方开挖中发现事先未探明的地下障碍物时，应与产权或主管单位协商，采取措施后，再进行施工。

5.2.6 土方开挖应保证施工范围内的排水畅通，并应采取防止地面水、雨水流入沟槽的措施。

5.2.7 土方开挖至槽底后，应对地基进行验收，并应符合现行国家标准 GB 50202《建筑地基基础工程施工质量验收规范》的相关规定。

5.3 暗挖

5.3.1 暗挖工程施工应符合现行行业标准 CJJ 200《城市供热管网暗挖工程技术规程》的相关规定。隧道开挖面应在无水条件下施工，开挖过程中应对地面、建（构）筑物和支护结构进行动态监测。

5.3.2 竖井和隧道应在无水状态下施工，地下水丰富的区域应先治水后开挖。

5.3.3 暗挖工程的施工组织应遵循短开挖、强支护、快封闭、勤测量的原则。

5.4 顶管

5.4.1 顶管施工应符合现行国家标准 GB 50268《给水排水管道工程施工及验收规范》和 CJJ 200《城市供热管网暗挖工程技术规程》的相关规定。方涵顶进施工应符合现行行业标准 CJJ 74《城镇地道桥顶进施工及验收规程》的相关规定。

5.4.2 顶管机型应根据工程地质、水文情况、施工条件、施工安全、经济性等因素选用。

5.4.3 一次顶进距离大于 100m 时，应采用中继间技术。

5.4.4 在沙砾层或卵石层顶管时，应采取管节外表面融蜡措施、触变泥浆技术等减少顶进阻力和稳定周围土体。

5.5 定向钻

5.5.1 定向钻顶管施工应取得项目所在地的工程勘察结果，了解项目地质情况后方可施工。

5.5.2 定向钻施工及验收应符合现行标准 CECS 382《水平定向钻法管道穿越工程技术规程》的相关规定。

5.5.3 采用定向钻穿越建（构）筑物、铁路、公路、重要水域等应征得有关部门同意，并采取有效的安全防护措施。

5.5.4 定向钻顶管施工应根据施工场地、地层条件、敷设管线直径、埋深和长度等因素，在保证工程质量和施工安全的前提下合理选用设备类型和性能参数。

5.6 土建工程

5.6.1 土建施工工序的安排和衔接应符合施工工艺流程。

5.6.2 对于深度不同的相应设备基础，在施工过程中应按照先深后浅的顺序进行施工。

5.6.3 小室的砌体结构施工应符合现行国家标准 GB 50203《砌体结构工程施工质量验收规范》的相关规定。小室封顶前，应将里面的渣土、杂物清扫干净。

5.6.4 钢筋混凝土的钢筋、模版、混凝土等工序的施工，应符合现行国家标准 GB 50204《混凝土结构工程施工质量验收规范》的相关规定。

5.6.5 混凝土垫层、基础应符合下列规定：

a） 表面应平整、不得有石子外露，构筑物不得有蜂窝、漏筋等现象；

b） 混凝土抗压强度应符合设计规定；

c） 混凝土垫层、基础允许偏差及检验方法应符合表 5.6.1 的规定。

表 5.6.1 混凝土垫层、基础允许偏差及检验方法

项目		允许偏差（mm）	检验频率		量具
			范围	点数	
垫层	中心线每侧宽度	不小于设计规定	20m	2 每 10m 计 1 点	挂中心线、量尺
	高程△	−15～0	20m	2	挂高程线、量尺或水平仪
基础	中心线每侧宽度	±10	20m	2 每 10m 计 1 点	挂中心线、量尺
	高程	±10	20m	2	挂高程线、量尺或水平仪
	蜂窝面积	＜1%	50m 之间两侧面蜂窝总面积	1	量尺

注：表中带“△”为主控项目，其余为一般项目。

5.7 回填

5.7.1 管沟回填前，应完成以下工作：

a）隐蔽工程验收合格；

b）预制保温管外保护层和接口应验收合格，不得有破损；

c）外防腐保护层应验收合格，不得有破损；

d）阴极保护测试引线施工外并引出地面。

5.7.2 回填前应先将槽底杂物、积水清除干净。

5.7.3 回填过程中不得影响构筑物的安全，并应检查墙体结构强度、外墙防水抹面层硬结程度、盖板或其他构件安装强度，当能承受施工操作动荷载时，方可进行回填。

5.7.4 回填应符合下列规定：

a）城镇区域内回填土中不得含有碎砖、石块、大于 100mm 的冻土块及其他杂物；

b）石方管段细土回填至管顶上方 300mm，最大粒径不应超过 10mm。然后可原土石方回填，石头的最大粒径不得超过 250mm；

c）耕作土地段应分层回填，应将表面耕作土置于最上层；

d）戈壁管段细土可回填至管顶上方 100mm，最大粒径不应超过 20mm；

e）湿陷性黄土地区管段回填应按设计要求做好垫层和夯实；

f）管顶应铺设警示带，警示带距离管顶不得小于 300mm，且不得敷设在道路基础中；

g）管道两侧应同时进行回填，并进行夯实，管顶或结构顶以上 300mm 内应采用人工回填，其余部分可采用机械回填；

h）回填土分层夯实，管顶或结构顶以上 500mm 范围内应采用人工夯实。

6 管道安装

6.1 一般规定

6.1.1 管道及管道附件应符合现行国家标准 GB/T 12459《钢制对焊无缝管件》（GB/T 12459《钢制对焊管件 类型与参数》）、GB 50235《工业金属管道工程施工规范》、GB 50184《工业金属管道工程施工质量验收规范》、HG/T 21633《玻璃钢管和管件》及 GB/T 28799《冷热水用耐热聚乙烯（PE-RT）管路系统》的相关规定。

6.1.2 管架、管墩的坡向、坡度应符合设计要求。

6.1.3 管道及管道附件安装前应按设计要求核对型号，并应检验合格。

6.1.4 雨期施工应采取防止浮管或泥浆进入管道及管道附件的措施。

6.1.5 管道安装前应将内部清理干净，安装间断时应及时封堵管口或阀门出入口，安装完成应及时封闭管口。

6.1.6 在有限空间内作业应制定作业方案，作业前必须进行气体检测，合格后方可进行现场作业。作业时的人数不得少于 2 人。

6.1.7 焊接设备的性能应满足焊接工艺要求，并具有良好的工作和安全性能。

6.1.8 焊接材料应按设计规定选用，当设计无规定时应选用焊缝金属性能、化学成分与母材相应且工艺性能良好的焊接材料。当采用不同的焊接材料时，应进行焊接工艺评定。

6.2 管道支架、吊架和固定墩

6.2.1 管道支架、吊架的安装应在管道安装前完成。支架、吊架的位置应正确、平整、牢固，标高和坡度应满足设计要求。

6.2.2 管道支架支承面的标高可采用加设金属垫板的方式进行调整，垫板不得大于2层，垫板应与预埋铁件或钢结构进行焊接。

6.2.3 管道支架、吊架制作、安装应符合CJJ 28《城镇供热管网工程施工及验收规范》的相关规定。

6.2.4 里程桩、转角桩、标志桩表面应光滑平整，无缺棱掉角，尺寸允许偏差为±10mm，混凝土强度应达到设计要求。埋设位置和深度应符合设计要求。

6.2.5 锚固墩预制件的尺寸、规格、材质应符合设计要求。焊接时不得损伤管道母材。焊接后应打磨棱角、毛刺，清除焊渣和表面锈蚀，除锈等级应达到国家现行标准SY/T 0407《涂装前钢材表面预处理规范》中规定的St3级，并按设计要求防腐绝缘。锚固墩及其以外2m范围内的管道防腐层经电火花检漏合格后方可浇筑混凝土。混凝土应加强养护。

6.3 金属管道安装

6.3.1 管道安装前的准备工作应符合下列规定：

a） 管径、壁厚、材质和预制直埋保温管的保温厚度应符合设计要求并检验合格；

b） 安装前应对钢管及管件进行除污，对有防腐、保温要求的宜在安装前进行防腐、保温处理；

c） 安装前宜测量管口周长、直径，以便匹配对口。

6.3.2 堆管场地应平坦，无石块、积水和坚硬根茎等损伤管材的物体，预制保温管的堆放不得大于3层，且高度不得大于2m。

6.3.3 管道安装应符合下列规定：

a） 管道安装坡向、坡度应符合设计要求；

b） 安装前应清除封闭物及其他杂物；

c） 管道应使用专用吊具进行吊装，运输吊装应平稳，不得损坏管道、管件；

d） 管道在安装过程中不得碰撞沟壁、沟底、支架等；

e） 地上敷设的管道应采取固定措施，管组长度应按空中就位和焊接的需要确定，宜大于或等于2倍支架间距；

f） 管件上不得安装、焊接任何附件。

6.3.4 地上布管前应铺（筑）管墩，每个管道下面应设置1个管墩。山区应根据地形变化设置，宜采用袋装软体物质作为管墩。管墩高度宜为400mm～500mm。

6.3.5 坡地布管时，应采取措施，防止管道滚落和滑动。

6.3.6 城市规划区内的地热管网安装应符合CJJ 28《城镇供热管网工程施工及验收规范》的相关规定。

6.4 金属管道焊接及检验

6.4.1 管材或板材应有制造厂的质量合格证及材料质量复验报告。

6.4.2 焊接材料应具有厂家的质量合格证。

6.4.3 焊接材料应按设计规定选用，当设计无规定时应选用焊缝金属性能、化学成分与母材相应且工艺性能良好的焊接材料。

6.4.4 管道坡口加工和组对应符合CJJ 28《城镇供热管网工程施工及验收规范》的相关规定。

6.4.5 焊件组对前应将坡口及其内外侧表面不小于10mm范围内的油、漆、垢、锈、毛刺等清除干净，且不得有裂纹、夹层等缺陷。

6.4.6 潮湿或粘有冰雪的焊接件应清理烘干后方可进行焊接。

6.4.7 焊接时应采取合理的施焊方案和施焊顺序。

6.4.8 焊件组对的定位焊应符合下列规定：

a） 在焊接前应对定位焊缝进行检查，当发现缺陷时应在处理后焊接；

b） 应采用与根部焊道相同的焊接材料和焊接工艺；

c） 在螺旋管、直缝管焊接的纵向焊缝处不得进行点焊；

d） 定位焊应均匀分布，点焊长度及点焊数应符合表 6.4.1 的规定。

表 6.4.1 点焊长度和点数

公称管径（mm）	点焊长度（mm）	点焊数
50～150	5～10	2～3
200～300	10～20	4
350～500	15～30	5
600～700	40～60	6
800～1000	50～70	7
＞1000	80～100	点间距宜为 300mm

6.4.9 多层焊接应符合下列规定：

a） 第一层焊缝根部应均匀焊透，且不得烧穿。各层焊缝的接头应错开，每层焊缝的厚度应为焊条直径的 0.8 倍～1.2 倍。不得在焊件的非焊接表面引弧；

b） 每层焊接完成后应清除熔渣、飞溅物等杂物，并应进行外观检查。发现缺陷时应铲除重焊；

c） 在焊缝未冷却至环境温度前，不得在焊缝部位进行敲打。

6.4.10 焊缝应进行 100%外观质量检验，并应符合下列规定：

a） 焊缝上的焊渣及周围飞溅物应清除干净，焊缝表面应均匀整齐，不应存在有害的焊瘤、凹坑等；

b） 焊缝高度不应小于母材表面，并应与母材圆滑过渡；

c） 加强高度不得大于被焊件壁厚的 30%，且应小于或等于 5mm。焊缝宽度应焊出坡口边缘 1.5mm～2.0mm；

d） 咬边深度应小于 0.5mm，且每道焊缝的咬边长度不得大于该焊缝总长的 10%；

e） 表面凹陷深度不得大于 0.5mm，且每道焊缝表面凹陷长度不得大于该焊缝总长的 10%。

6.4.11 安装在综合管廊内的管道宜在地面上完成拼装焊接及焊接检测后将拼装件运输到管廊内焊接。全部安装完成后在管廊内安装的焊缝应全部进行无损检测。

6.4.12 焊缝当需要进行无损检测时应符合下列规定：

a） 无损检测首选射线检测或超声波检测，焊缝表面缺陷可进行磁粉或液体渗漏检测；

b） 从事检测的单位和人员应取得国家有关部门颁发的无损检测资格证书；

c） 无损检测数量应符合设计要求，当设计未规定时应符合下列规定：

ⓐ 穿越铁路、高速公路的管道在路基两侧各 10m 范围内，穿越城市主要道路的不通行地沟在管道两侧 5m 范围内，穿越江、河、湖泊等水域的管道在岸边 10m 范围内的焊缝应进行 100%无损探伤；

ⓑ 不具备强度试验条件的管道焊缝，应进行 100%无损探伤；

ⓒ 现场制作的各种承压设备和管件，应进行 100%无损探伤。

6.4.13 管道采用全自动焊时，宜采用全自动超声波检测，检测比例为 100%，可不进行射线探伤复查。

6.5 聚乙烯管道安装

6.5.1 管节及管件的规格、性能应符合国家有关标准的规定和设计要求。

a） 内、外表面应光滑平整，无划痕、破损等现象；

b） 管端应平齐、无毛刺等缺陷；

c） 橡胶圈外观应光滑平整，不得有裂缝、破损、气孔、重皮等缺陷，每个橡胶圈的接头不得超过2个；

d） 聚乙烯外护管划痕深度不应大于外护管壁厚的10%，且不应大于1mm。

6.5.2 当聚乙烯管材存放处与施工现场温度相差较大时，连接前应将管材在施工场地放置一段时间，使其温度与施工现场温度相接近时方可进行连接。

6.6 聚乙烯管道连接及检验

6.6.1 聚乙烯管道中管材、管件及管道附件的连接采用电熔连接、热熔连接等；聚乙烯管道与金属管道或金属管道附件的连接，应采用法兰连接。

6.6.2 管道连接时应采用同种牌号、压力等级相同的管材，当采用不同牌号、压力等级的管材时应进行实验，实验结果判定连接质量能够达到设计要求后，方可使用。

6.6.3 管道连接时，聚乙烯管材切割应采用专用割刀或切管工具，切割断面应保持平整、光滑、无毛刺，端面应垂直于管轴线。

6.6.4 管道连接时，接口两端应保持洁净；每次收工，管口处应采取临时封堵措施。

6.6.5 电熔连接施工过程中应符合下列规定：

a） 电熔连接机具输出电流、电压应稳定，符合电熔连接工艺要求；

b） 电熔连接机具与电熔管件应正确连通，通电加热的电压和加热时间应符合电熔连接机具和电熔管件生产企业的规定；

c） 电熔连接冷却期间，不得移动连接件或在连接件上施加任何外力；

d） 电熔承插连接还应符合下列规定：

ⓐ 测量管件承口长度，并在管材插入端标出插入长度标记，用专业工具刮除插入段表皮；

ⓑ 用洁净棉布擦净管材、管件连接面上的污物；

ⓒ 将管材插入管件承口内，直至长度标记位置；

ⓓ 通电前，应校直两对应的待连接件，使其在同一轴线上，用整圆工具保持管材插入端的圆度。

e） 大口径电熔鞍形管件安装操作应符合下列规定：

ⓐ 电熔鞍形连接应采用机械装置固定干管连接部位的管段，使其保持直线度和圆度；

ⓑ 干管连接部位上的污物应使用洁净棉布擦拭，并用专用工具刮除干管连接部位表皮；

ⓒ 通电前，应将电熔鞍形连接件管件用机械装置固定在干管连接部位。

6.6.6 热熔连接时电熔连接工具的温度控制、时间控制，必须严格按照接头的技术指标和设备的操作程序进行。对接连接后应形成凸缘，且凸缘形状大小均匀一致，无气孔、鼓泡和裂缝；接头处有沿管节圆周平滑对称的外翻边，外翻边最低处的深度不低于管节外表面。

6.6.7 法兰连接施工过程中应符合下列规定：

a） 聚乙烯管端法兰盘（背压松套法兰）连接，应先将法兰盘（背压松套法兰）套入待连接的聚乙烯法兰连接件（跟形管端）的端部，再将法兰连接件（跟形管端）平口端与管道按本规程规定的热熔或电熔连接的要求进行连接；

b） 两法兰盘上螺孔应对中，法兰面相互平行，螺孔与螺栓直径应配套，螺栓长短应一致，螺帽应在同一侧；紧固法兰盘上螺栓时应按对称顺序分次均匀紧固，螺栓拧紧后宜伸出螺帽1丝扣～3丝扣；

c） 采用钢制松套法兰片时，应符合GB 9112《钢制管法兰　类型与参数》、GB 9113《整体钢制管法兰》的规定，松套法兰公称压力或承压性能应不小于管材的压力等级。

d） 法兰盘应采用钢质法兰盘且经过防腐处理。

6.6.8 管道安装完成后应立即进行水压试验。

6.7 玻璃钢管道安装

6.7.1 玻璃钢管节及管件的规格、性能应符合国家相关标准的规定和设计要求，进入施工现场时其外观质量应符合下列规定：

a） 内、外径偏差、承口深度（安装标记环）、有效长度、管壁厚度、管端面垂直度等应符合产品标准规定；

b） 内、外表面应光滑平整、无划痕、分层、针孔、杂质破碎等现象；管端面应平齐、无毛刺等缺陷；

c） 橡胶圈应符合本规范第 6.5.1c）条的规定。

6.7.2 接口连接、管道安装应符合下列规定：

a）管道安装就位后，接口周围不应有明显变形和胀破；

b） 施工过程中应防止管节受损伤，避免内表层和外保护层剥落；

c） 检查井、透气井、阀门井等附属构筑物或水平折角处的管节，应采取避免不均匀沉降造成接口转角过大的措施。

6.7.3 管道曲线铺设时，接口的允许转角不得大于表 6.7.1 的规定。

表 6.7.1 沿曲线安装接口的允许转角

管内径 D_i（mm）	允许转角（°）
	承插式接口
400～500	1.5
500＜D_i≤1000	1.0

6.7.4 玻璃钢管道通过铁路、公路下面时，应按铁路、公路部门的要求施工。穿越障碍时，应根据汽车荷载大小和最小埋深要求，采取管涵等形式加以保护。管涵端处与沟槽土壤夯实密度应一致。不均匀沉降应控制在允许范围内。

6.7.5 当沟底遇到岩石、卵石、硬质土、软的膨胀土、不规则碎石块及浸泡土质而不宜作沟底基础时，应根据实际情况挖除后做人工基础。基础厚度宜为 0.3 倍～0.5 倍的管径，且不得小于 150mm。

6.7.6 管道的垫层应按回填材料的要求使用沙或砾石。管床应平整，垫层厚度宜不小于 50mm，且不得大于 150mm。

6.7.7 管道的弯头、变径、三通处应设置固定支墩。支墩应包围住管件，并应设置在原状土上。

6.8 玻璃钢管道连接及检验

6.8.1 对接胶合连接施工时应符合下列规定：

a） 清理管道接口，形成坡口型对接，接口处要平整，对接严密；

b） 用二氧化硅与环氧树脂混合胶对接口处进行涂抹处理，形成密闭层；

c） 待密闭层充分干燥后，进行打磨处理；

d） 采用密度为 360 型的玻璃纤维布进行缠绕黏合连接，每层缠绕完成后应涂刷环氧树脂，使玻璃纤维布充分吸收环氧树脂；

e） 结合层完成后，待环氧树脂充分干燥后，再次打磨，进行初步绕组；

f） 初步绕组的缠绕方式和结合层相同；

g） 初步绕组完成后进行结构层绕组，结构层绕组采用 580 型玻璃纤维布，缠绕方式与结构层和初步绕组相同；

h） 当采用小胶圈承插连接时，用配套的润滑剂涂擦在承口内侧和橡胶圈上，检查涂覆是否完好；

i） 在插口上按要求做好安装标记，以便检查插入是否到位；

j） 接口安装时，将插口一次插入承口内，达到安装标记为止；

k） 安装时接头和管端应保持清洁；

l） 安装就位，放松紧管器具后进行下列检查：

ⓐ 复核管节的高程和中心线；

ⓑ 用特定钢尺插入承插口之间检查橡胶圈各部的环向位置，确认橡胶圈在同一深度；

ⓒ 接口处承口周围不应被胀裂；

ⓓ 橡胶圈应无脱槽、挤出等现象；

ⓔ 沿直线安装时，插口端面与承口底部的轴向间隙应大于 5mm，且不大于表 6.8.1 规定的数值。

表 6.8.1 管口间的最大轴向间隙

mm

管径（D_i）	内衬式管（衬筒管）		埋置式管（埋筒管）	
	单胶圈	双胶圈	单胶圈	双胶圈
600～1400	15	—	—	—
1200～1400	—	25	—	—
1200～4000	—	—	25	25

6.8.2 管道安装完成后应进行水压试验。

6.9 法兰和阀门

6.9.1 法兰应符合下列规定：

a） 现行国家标准 GB/T 9124《钢制管法兰》的相关规定，安装前应对密封面及密封垫片进行外观检查；

b） 钢塑转换管件钢管段应符合现行国家标准 GB/T 8163《输送流体用无缝钢管》的相关要求，塑料段应使用 PE80 或 PE100 聚乙烯配料制造。

6.9.2 阀门进场前应进行强度和严密性试验。

6.9.3 阀门安装前，应检测阀门填料，其压盖螺栓应留有调节余量。

6.9.4 当阀门与管道采用法兰或螺纹方式连接时，阀门应在关闭状态下安装。

6.9.5 法兰、阀门安装应符合 CJJ 28《城镇供热管网施工及验收规范》的相关规定。

6.10 管道附件和补偿器制作、安装

6.10.1 管道附件制作、安装应符合下列规定：

a） 现场制作的管道附件，制作尺寸应符合设计要求，其外观应整洁，表面无毛刺、铁锈，焊缝外形平整饱满，无凹陷、裂纹、漏焊及表面气孔等缺陷，表面焊渣应清理干净；

b） 采购的附件其型号、规格和性能应符合国家现行有关规定和设计要求。

6.10.2 管道补偿器的制作与安装应符合 CJJ 28《城镇供热管网施工及验收规范》的相关规定。

7 集输站场

7.1 一般规定

7.1.1 站场内管道、设备及管路附件安装前应对规格、型号和质量等进行检验和记录，并应符合设计要求。检验应包括下列项目：

a） 说明书和产品合格证；

b） 箱号和箱数以及包装情况；

c） 名称、型号和规格；

d） 装箱清单、测试单、材质单、出厂检验报告、技术文件、资料及专用工具；

e） 有无缺损件，表面有无损坏和锈蚀等；

f） 其他需要记录的情况。

7.1.2 站内设备基础施工前应根据设备图纸进行核实。

7.1.3 设备的混凝土基础位置、几何尺寸应符合现行国家标准 GB 50204《混凝土结构工程施工质量验收规范》的相关规定，设备基础尺寸和位置的允许偏差及检验方法应符合表 7.1.1 的规定。

表 7.1.1 设备基础尺寸和位置的允许偏差及检验方法

项目		允许偏差（mm）	检验方法
坐标位置（纵、横轴线）		0～20	钢尺检查
不同平面的标高		-20～0	水准仪、拉线、钢尺检查
平面外形尺寸		±20	钢尺检查
凸台上平面外形尺寸		-20～0	钢尺检查
凹穴尺寸		0～20	钢尺检查
水平度	每米	0～5	水平仪（水平尺）和楔形塞尺
	全长	0～10	水平仪（水平尺）和楔形塞尺
垂直度	每米	0～5	经纬仪或吊线和钢尺检查
	全长	0～10	经纬仪或吊线和钢尺检查
预留地脚螺栓	顶部标高	0～20	水准仪或拉线、钢尺检查
	中心距	±2	钢尺检查
预留地脚螺栓孔	中心线位置	0～10	钢尺检查
	深度	0～20	钢尺检查
	垂直度	0～10	吊线、钢尺检查

7.1.4 设备支架安装应平直牢固，位置应正确。支架安装的允许偏差应符合表 7.1.2 的规定。

表 7.1.2 设备支架安装允许偏差

项目		允许偏差（mm）	检验方法
支架立柱	位置	0～5	钢尺检查
	垂直度	≤H/1000	钢尺检查
支架横梁	上表面标高	±5	钢尺检查
	水平弯曲	≤L/1000	钢尺检查

注：H 为支架高度；L 为横梁长度。

7.1.5 地脚螺栓的施工及验收应符合现行国家标准 GB 50231《机械设备安装工程施工及验收通用规范》的相关规定。

7.2 地热井场

7.2.1 旋流除砂器应安装在供水管网的主管道上，进水和出水管之间需加旁通。

7.2.2 为保证进水水流平稳，在设备进水口前应安装一段与进水口等径的直通管，长度在 10 倍～15 倍的进水口直径之间。

7.2.3 旋流除砂器安装时设备四周应预留有足够的维护空间和泥沙等杂质清运的空间。

7.2.4 流量调节阀应垂直安装于水平管道上。

7.2.5 为便于操作和维修,流量调节阀组应尽量布置在地面或平台上，且便于操作的地方。

7.2.6 调节阀的膜头与旁通管外壁（或隔热层外壁）净距应大于 200mm。

7.3 汽水分离站

7.3.1 管道安装过程中，当临时中断安装时应对管口进行封闭。

7.3.2 管道穿越基础、墙壁和楼板，应配合土建施工预埋套管或预留孔洞，并应符合下列规定：

a） 管道环形焊缝不应置于套管或孔洞内；

b） 当穿墙时，套管两侧应伸出墙面 20mm～25mm；当穿楼板时，套管应高出楼板面 100mm；

c） 套管与管道之间的空隙应填塞柔性材料；

d） 预埋套管中心的允许偏差不应大于 0mm～10mm，预留孔洞中心的允许偏差不应大于 0mm～25mm；

e） 当设计无要求时，套管直径应比保温管道外径大 50mm。

7.3.3 安装前检查安装位置并按照介质流动方向安装。

7.3.4 汽水分离器应有货物清单和技术文件，安装前应对下列项目进行验收：

a） 规格、型号、设计压力等参数；

b） 产品标识牌、产品合格证和说明书；

c） 设备不得有缺损件，表面应无损坏和锈蚀，不应有变形、机械损伤。

7.3.5 汽水分离器应安装在水平管道上，排污口垂直向下且分离液体可顺利排出。

7.3.6 排污口的手动球阀在安装时应关闭。

7.3.7 回灌加压泵水泵安装应符合下列规定：

a） 水泵安装前应做下列检查：

ⓐ 基础的尺寸、位置、标高应符合设计要求；

ⓑ 设备应完好，盘车应灵活，不得有阻滞、卡涩和异常声响现象；

ⓒ 出厂前已配装、调试完善的部位应无拆卸现象。

b） 水泵安装应在泵的进出口法兰面或其他水平面上进行找平，整体安装时纵向安装水平允许偏差为 0‰～0.1‰，横向安装水平偏差为 0‰～0.2‰。

c） 当水泵主、从动轴用联轴器连接时，两轴的同轴度、两半联轴节端面的间隙应符合设备技术文件的规定。主、从动轴找正及连接后应进行盘车检查。

d） 设备基础应平整。

e）当同型号水泵并列安装时，水泵轴线标高的允许偏差为±5mm。

7.3.8 除污器应按热介质流动方向安装，除污口应朝向便于检修的位置。

7.3.9 站内监控和数据传输系统安装应符合设计和 NB/T 10712《地热站智能化技术规范》中相关条款的要求，安装完成后应进行调试。

7.4 稳压放空站

7.4.1 管道应使用专用吊具进行吊装，运输吊装应平稳，不得损坏管道、管件。

7.4.2 地上敷设的管道应采取固定措施，管组宜大于等于 2 倍支架间距且管道焊口距支架的距离应满足焊接操作的需要。

7.4.3 泄放阀和爆破片分水器、集水器的安装应符合设计要求，同类型的温度表和压力表应一致。

7.4.4 泄放阀安装应符合下列规定：

a） 应按设计或标准图组装；

b） 应安装在便于观察和检修的托架（或支座）上，安装应平整牢固；

c） 安装完成后，应根据使用压力进行调试，并应填写调试记录。

7.4.5 爆破片装置安装前应认真阅读安装、使用说明书，按照安装手册要求正确安装。

7.4.6 拆开爆破片装置包装后，应当认真检查爆破片有无损伤，拱面有无被挤压的痕迹，确认无损伤或无被挤压后才可以进行安装。

7.4.7 在爆破片装置安装过程中不得损伤爆破片的拱面，不得在爆破片与夹持器间随意附加密封垫片，不允许自行对夹持器进行任何修理、加工。

7.4.8 爆破片装置安装完成后应检查夹持器铭牌泄放方向与爆破片泄放方向是否保持一致。

8 防腐和保温

8.1 一般规定

8.1.1 防腐保温材料的品种、规格、性能应符合设计要求，同时应符合国家现行安全和环保的要求。产品应有质量合格证明文件，并在有效期内使用。

8.1.2 防腐保温原材料在运输、储存和施工过程中应采取防止变质和环境污染的措施。液体原材料应密封保存，不得遇明火或暴晒。

8.1.3 钢管、弯管、弯头的防腐保温，现场防腐补口、补伤施工除按设计要求执行外，还应符合 CJJ 28《城镇供热管网工程施工及验收规范》、HG/T 20229《化工设备、管道防腐工程施工及验收规范》和 GB/T 4272《设备及管道绝热技术通则》的要求。

8.1.4 地面上管道和设备的防腐保温层，当采用普通铁皮作为外保护壳时，铁皮内表面应涂刷防腐涂料，施工后外表面应涂刷防腐涂料和面漆。

8.2 防腐

8.2.1 凡遇到下列情况之一者，若不采取有效的措施，则不应进行防腐作业：

a） 雨、雪、雾、强风天气；

b） 环境温度低于 5℃或高于 40℃；

c） 灰尘过多；

d） 被涂表面温度高于 65℃；

e） 环境相对湿度大于 75%；

f） 钢管表面结露；

g） 已防腐、保温预制完毕的管道，当环境温度低于防腐、保温材料的脆化温度时，不得起吊、运输和敷设。

8.2.2 对管道和设备外表面防腐工程应按照设计规定执行，设计未规定的，应符合下列规定：

a） 地面上架空管道（包括地下管廊内管道）。针对钢材表面不同锈蚀等级、环境腐蚀程度分级、防腐设计年限或防腐蚀等级、设计温度及防腐材料品种，应按 HG/T 20679《化工设备、管道外防腐设计规范》和 SH/T 3022《石油化工设备和管道涂料防腐设计规范》相应规定，确定除锈方式、除锈等级、防腐蚀材料及防腐层结构。

b） 地下直埋钢制防腐保温管道。预制防腐保温管宜在工厂预制，现场的补口补伤施工。管道外壁应涂刷适应最高运行温度的防腐涂料。

c） 管道防腐的具体施工工序应按现行 CJJ 28《城镇供热管网工程施工及验收规范》的规定执行。

8.2.3 管道和设备内防腐应按照设计规定执行，具体施工工序应按 SY/T 0442《钢制管道熔结环氧粉末内防腐层技术标准》、SY/T 0457《钢制管道液体环氧粉末内防腐层技术标准》、GB/T 9793《热喷涂 金属和其他无机覆盖层 锌、铝及其合金》相关条文执行。现场的管道和设备内补口应按 SY/T 4078《钢制管道内涂层液体涂料补口机补口工艺规范》相关条文执行。

8.2.4 埋地钢管牺牲阳极防腐应符合下列规定：

a） 安装的牺牲阳极规格、数量及埋设深度应符合设计要求，当设计无规定时，应按现国家标准 GB/T 21448《埋地钢质管道阴极保护技术规范》的相关规定执行；

b） 牺牲阳极填包料应注水浸润；

c） 牺牲阳极电缆焊接应牢固，焊点应进行防腐处理；

d） 对钢管的保护电位值应进行检查，且不应小于-0.85Vcse。

8.2.5 管道锚固墩、穿越段管道、阴极保护测试线焊接处的防腐，应在检查合格后方可进行下一道工序。阴极保护测试线焊接处的防腐材料应与管道防腐层相匹配并与测试线外皮粘结良好。

8.2.6 当保温外保护层采用金属板时，表面应清理干净，缝隙应填实、打磨光滑，并应按设计要求进行防腐。

8.3 保温

8.3.1 保温材料的品种、规格、性能等应符合设计和环保的要求，产品应具有质量合格证明文件。

8.3.2 保温应在钢管表面质量检查及防腐合格后进行。根据保温材料的不同，保温施工可采用捆扎法、充填法、浇注法、喷涂法等施工方法进行。

8.3.3 保温材料的检验和保温层的施工应满足 CJJ 28《城镇供热管网工程施工及验收规范》的相关规定，设备应按设计要求进行保温。

8.3.4 当保温层遮盖设备铭牌时，应将铭牌复制到保温层外。

8.3.5 阀门、法兰处的保温结构不应影响阀门、法兰的更换及维修。应在靠近法兰处单侧留出螺栓长度加 25mm 的空隙。有冷紧或热紧要求的法兰，应在完成冷紧或热紧后再进行保温。

8.4 保护层

8.4.1 保护层施工前，保温层应已干燥并经检查合格，保护层应牢固、严密。

8.4.2 保护层质量检验应符合下列规定：

a） 毡、箔、布类保护层包缠施工前应对黏结剂进行试样检验，包缠搭接应粘贴严密，搭接部分应为 100mm～150mm，不得有松脱、翻边、皱褶和鼓包等缺陷，缠绕的起点和终点应采用镀锌钢丝或箍带捆扎结实，接缝处应进行防水处理；

b） 玻璃钢保护层不得有明显的凹坑。施工接缝应上搭下，并按照规定嵌填密封剂或在接缝处包缠密封带；

c） 金属保护层不得有松脱、翻边、豁口、翘缝和明显的凹坑。保护层的环向接缝应与管道轴线保持垂直。纵向接缝应与管道轴线保持平行。保护层的接缝方向应与设备、管道的坡度方向一致。保护层的不圆度不得大于 10mm；

d） 保护层表面应平整光洁、轮廓整齐，镀锌钢丝头不得外露，抹面层不得有酥松和裂缝；

e） 保护层表面不平度允许偏差及检验方法应符合表 8.4.1 的规定。

表 8.4.1 保护层表面不平度允许偏差及检验方法

项目	允许偏差（mm）	检验频率	检验方法
涂抹保护层	0～10	每隔 20m 取一点	用靠尺和 1m 钢尺
缠绕式保护层	0～10	每隔 20m 取一点	用靠尺和 1m 钢尺
金属保护层	0～5	每隔 20m 取一点	用靠尺和 1m 钢尺
复合材料保护层	0～5	每隔 20m 取一点	用靠尺和 1m 钢尺

9 压力试验、清洗、试运行

9.1 一般规定

9.1.1 地热管网工程施工完成后应按设计要求进行试压和清洗。

9.1.2 穿（越）大中型河流、铁路、二级以上公路、高速公路的管段应单独进行试压。

9.1.3 长距离输送管线可分段进行试验和清洗。分段试验合格后，连接各管段的接头焊缝应进行 100% 超声波检测和射线检测，可不再进行压力试验。

9.1.4 试验介质的选用应符合下列规定：

a） 输液管道试验介质应采用水，在人烟稀少、寒冷、严重缺水地区，可酌情采用气体作为试验介质，其管材必须满足止裂要求。试压时必须采用防爆安全措施；

b） 输汽管道根据施工区域条件可采用气体或水作试压介质；

c） 管道水压试验水质应符合设计要求。

9.2 压力试验

9.2.1 管道压力试验应严格按照设计要求执行，当设计无要求时应符合下列规定：

a） 强度试验压力应为 1.5 倍设计压力且不得小于 0.6MPa；严密性试验压力应为 1.25 倍设计压力，且不得小于 0.6MPa；

b） 当设备、管道附件有特殊要求时，试验压力应按产品说明书或根据设备性质确定；

c） 开式设备应进行满水试验，以无渗漏为合格。

9.2.2 试验现场应进行清理，具备检查的条件。

9.2.3 试压前应完成下列工作：

a） 检查管道焊接质量外观和无损检验应合格；

b） 爆破片装置与仪表组件等应拆除或已加盲板隔离。加盲板处应有明显的标记，并应做记录。安全阀应处于全开，填料应密实；

c） 试压介质的排放应选在安全地点。排放点应有操作人员控制和监视。

9.2.4 压力试验应符合下列规定：

a） 水压试验时，应安装高点排空，低点泄水阀门；

b） 试压介质为水时应沉淀后及时排放。当环境温度低于 5℃时，应采取防冻措施；

c） 地面高差较大的管道，试验介质的静压应计入试验压力中。地热管网管道的试验压力应以最高点的压力为准，最低点的压力不得大于管道及设备能承受的额定压力；

d） 压力试验方法和合格判定应符合表 9.2.1 的规定。

表 9.2.1 压力试验方法和合格判定

项目	试验方法和合格判定		检验范围
强度试验△	升压到试验压力，稳压 10min 无渗漏、无压降后降至设计压力，稳压 30min 无渗漏、无压降为合格		每个试验段
严密性试验△	升压至试验压力，当压力趋于稳定后，检查管道、焊缝、管路附件及设备等无渗漏，固定支架无明显的变形等		全段
	管网及站内	稳压在 1h，前后压降不大于 0.05MPa 为合格	

9.2.5 聚乙烯管道在进行强度试验和严密性试验时，可使用洗涤剂或肥皂液等进行漏气检查。检查完毕后，应及时用水冲去管道上的洗涤剂或肥皂液。

9.2.6 试验中如有泄漏，禁止带压修补。缺陷修补合格后，应重新试压。

9.2.7 试验结束后应及时排尽管内积水、拆除试验用临时加固装置。排水时不得形成负压，试验用水应排到指定地点，不得随意排放，不得污染环境。

9.3 吹扫与清洗

9.3.1 地热管网在压力试验合格后，应进行吹扫与清洗。

9.3.2 管道吹扫与清洗方法，应根据管道的使用要求、工作介质、系统回路、现场条件及管道内表面脏污程度确定，并应符合下列规定：

a） 公称尺寸大于或等于 800mm 的液体或气体管道，宜采用人工清理；

b） 公称尺寸小于 800mm 的液体管道宜采用水冲洗；

c） 当有条件时蒸汽管道可采用蒸汽吹扫；

d） 对有特殊要求的管道，应按设计文件规定采用相应的吹扫与清洗方法。

9.3.3 清洗前应编制清洗方案，并应报有关单位审批。方案中应包括清洗方法、技术要求、操作及安全措施等内容。清洗前应进行技术、安全交底。

9.3.4 清洗前应完成下列工作：

a） 仔细检查管道支吊架的承载力，应能够承受清洗时的冲击力，必要时应经设计核算；

b） 不与管道同时清洗的设备及仪表管，应进行隔离或者拆除；

c） 应将系统内的爆破片装置、疏水器、滤网、调节阀芯、止回阀芯及温度计的插入管等管道附件暂时拆除，并应以临时短管代替，待管道吹洗合格后重新复位；

d） 吹扫与清洗的顺序应按主管、支管、疏排管依次进行。吹洗出的脏物不得进入已吹扫与清洗合格的管道；

e） 管道吹扫与清洗合格后，除规定的检查和恢复工作外，不得再进行其他影响管内清洁的作业。

9.3.5 水力冲洗应符合下列规定：

a） 管道冲洗应使用洁净水；

b） 管道水冲洗的平均流速不应低于 1m/s，冲洗压力不得超过管道的设计压力；

c） 冲洗排放管的截面积不应小于被冲洗管截面积的 50%。排水时，不得形成负压；

d） 管道水冲洗应连续进行，当设计无规定时，排出口的水色和透明度应与入口处的水色和透明度目测一致；

e） 对有严重锈蚀和污染的管道，当使用一般清洗方法未能达到要求时，可将管道分段进行高压水冲洗；

f） 管道冲洗合格后，应及时将管内积水排净，并应及时吹干。

9.3.6 蒸汽吹洗应符合下列规定：

a） 蒸汽吹扫前应缓慢升温进行暖管，暖管速度不宜过快，并应及时疏水。检查管道热伸长、补偿器、管路附件及设备等工作情况，当有异常时，应及时进行处理，恒温 1h 后再进行吹洗；

b） 吹洗使用的蒸汽压力和流速应按设计计算确定。吹洗压力不应大于管道工作压力的 75%；

c） 蒸汽吹扫时，管道上及其附近不得放置易燃、易爆物品及其他杂物；

d） 吹洗次数应为 2 次～3 次，每次的间隔时间宜小于 20min～30min；

e） 蒸汽吹洗应以出口蒸汽无污物为合格。

9.4 试运行

9.4.1 试运行应在单位工程验收合格、地热井具备条件后进行。

9.4.2 试运行前应编制试运行方案。在环境温度低于 5℃时，应制定防冻措施。

9.4.3 试运行前加压回灌水泵应符合下列规定：

a） 启动前，泵的进口阀门应完全开启，出口阀门应完全关闭；

b） 水泵在启动前应与管网连通，水泵应充满水并排净空气；

c） 水泵应在水泵进口阀门完全开启、出口阀门关闭的状态下启动，水泵出口阀门前压力表显示的压力应符合水泵的最高扬程，水泵和电机应无异常情况；

d） 逐渐开启水泵出口阀门，流入水泵的扬程与设计选定的扬程应接近或相同，水泵和电机应无异常情况；

e） 水泵振动应符合设备技术文件的规定，设备文件未规定时，可采用手提式振动仪测量泵的径向振幅（双向），其值不应大于表 9.4.1 的规定。

表 9.4.1 泵的径向振幅（双向）

转速（r/min）	600～750	750～1000	1000～1500	1500～3000
振幅（mm）	0.12	0.10	0.08	0.06

9.4.4 试运行应符合下列规定：

a） 试运行应有完善可靠的通信系统及安全保障措施；

b） 试运行应在设计的参数下运行。试运行的时间应在达到试运行的参数条件下连续运行 72h；

c） 在试运行期间管道法兰、阀门、补偿器及仪表等处的螺栓应进行热拧紧。热拧紧时的运行压力应降低至 0.3MPa 以下；

d） 试运行期间应观察管道、设备的工作状态，并应运行正常。试运行应完成各项检查，并应做好试运行记录；

e） 试运行期间出现不影响整体试运行安全的问题，可待试运行结束后处理；当出现需要立即解决的问题时，应先停止试运行，然后进行处理。问题处理完后，应重新进行 72h 试运行；

f） 试运行完成后应对运行资料、记录等进行整理，并应存档；

g） 试运行开始后，每隔 lh 应对补偿器及其他设备和管路附件等进行检查并应进行记录。

10 工程竣工验收

10.0.1 施工单位按合同规定的范围完成全部工程项目后，由建设单位组织施工单位和设计单位、监理单位共同对管道进行检查和验收，验收合格后，应及时与建设单位办理交接验收手续。

10.0.2 工程交工后，竣工资料的编制应按照合同或当地主管部门要求进行编制，如无要求时，施工单位应至少提供下列资料：

a） 工程说明；

b） 竣工图纸；

c） 施工设计修改通知单；

d） 防腐绝热施工记录；

e） 隐蔽工程检测验收记录；

f） 设备、阀门、管道附件和焊材等原材料合格证；

g） 阀门试验记录；

h） 强度、严密性试验记录；

i） 管道吹扫、清洗记录。

本规范用词说明

1 为了便于在执行本规范条文时区别对待，对要求严格程度不同的用词说明如下：

1）表示很严格，非这样做不可的用词：

正面词采用“必须”，反面词采用“禁止”。

2）表示严格，在正常情况下均应这样做的用词：

正面词采用“应”，反面词采用“不应”或“不得”。

3）表示允许稍有选择，在条件许可时首先应这样做的用词：

正面词采用“宜”，反面词采用“不宜”。

4）表示有选择，在一定条件下可以这样做的用词，采用“可”。

2 本规范中指明应按其他有关标准、规范执行的写法为“应符合……的规定”或“应按……执行”。

中华人民共和国能源行业标准

地热管网施工验收规范

NB/T 10713－2021

条文说明

2021 年　北　京

目　次

1 总 则

1.0.1 随着工程技术的发展，地热的开发和利用越来越普遍，而一直以来并没有一个针对地热管网的施工验收规范来指导施工。为了确保管道工程质量，提高施工水平，保障工程质量，特此制定本规范。
1.0.3 根据生产工艺和施工工艺的要求，对工艺应进行研究，废除有污染的材料，选用新工艺，保证施工不破坏环境。

3 施工准备和设备、材料验收

3.1 施工准备

3.1.1 工程项目组织机构设置要根据工程量大小、工程总造价、施工工艺、城市或乡镇、工程地质、水文地质、施工的难易程度等情况并结合施工单位自身实际情况确定。管理体系包括质量管理体系、职业健康安全管理体系和环境管理体系。
3.1.2 施工单位在开工前要根据工程的实地情况，结合工程特点、主要设计指标、地方有关安全、质量和环保等政策性文件编制施工组织设计或施工方案，施工方案须经建设单位、监理单位审批后方可组织施工。
3.1.4 设计文件、工程地质、水文地质等资料由建设单位提供，施工单位在施工前要熟悉上述资料，进行图纸会审，参加设计交底。
3.1.5 施工前应探明拟建热网管道与其他地下管线的相对关系，查明相邻或交叉管线的性质、高程、走向等，对热网管道施工有影响的管线，须与管线产权单位协商加固或拆改移方案。地下管线及构筑物调查方法主要有以下几种：根据建设单位提供的现状管线物探图，施工单位组织人员现场核实，对现状管线进行现场标识；建设单位未提供物探图的，施工单位可以根据设计图纸和设计单位交底情况，沿拟建热力管道施工区域进行物探和坑探，绘制物探图，并将与拟施工的热网管道有关系的现状管线进行现场标识；施工单位根据现场调查的现状管线，联系现状管线产权单位，与产权单位管理人员共同确定现状管线位置、性质。
3.1.7 施工单位需根据图纸，编制《材料设备计划备料单》，并且要检查进场材料设备的质量、材质证明、合格证及有关技术资料等。

3.2 设备、材料验收

3.2.1 出厂合格证、质量证明书以及材质说明书和使用说明书是文件证明材料，也保证了竣工资料的收集。

4 工程测量

4.0.1 在工程测量中，所依据的控制点以就近、使用方便为原则，所以对控制点的精度级别没做具体规定，仅明确不小于图根级。
4.0.4 新建管线与现状管线顺接含义是：先测量现状管线接口点的管线走向、管中坐标、管顶高程、管径等，并与设计图纸标定的设计管线走向、管中坐标、管顶高程和管径对比，若现状与设计管线走向、管中坐标、管顶高程等一致，可直接平顺连接；若新建管线与现况管线出现偏差，则应及时与设计单位沟通，在设计给定的距离内，采用调整管道中线、水平和纵向角度、高程、增（减）管线长度等方法，确保新建管线与现状管线相接平顺，满足设计技术规范要求。
4.0.6 线路走向应经设计单位勘测，并确定线路控制桩，设计单位与施工单位应在现场进行交接。

5 土建工程

5.1 一般规定

5.1.1 工程影响范围内的设施包括沟槽边线杆、树木、相邻建筑物及地下管线等。在管沟开挖前应对上述设施进行排查并制定相应的保护措施。

5.2 明挖

5.2.2 应重视保护地下设施，在机械开挖时，不清楚地下设施，如光缆、电缆、高压线等则容易将其挖断造成事故，因此规定 3m 范围内采用人工开挖。

5.2.3 为了保护表层耕作土提出此条规定。

5.2.5 施工中会出现前期调查未发现地下障碍物（其他市政管线、文物等）的情况，施工单位应停止施工，查清障碍物性质，与产权单位或主管部门协商障碍物的拆改移或保护方案，确保施工安全及障碍物安全后再行施工。在城市道路及支护线、生活居住区域内明挖，地面以下 1m～2m 深度范围内不宜机械开挖，采取人工开挖的方式。

5.3 暗挖

5.3.1 暗挖施工时，如果有地下水存在，特别是在土层和不稳定岩体中，容易造成失稳，影响工程安全，因此遇到地下水时，应采取止水处理措施，确保在无水条件下施工。通过监控量测对围岩动态和支护结构状态作出正确评价，并及时反馈信息，为热力暗挖隧道设计和施工安全提供可靠的依据。

5.4 顶管

5.4.2 顶管机型的选用应遵循以下四个基本原则：

第一，与土质相适应的原则。如果选用的顶管机不能与土质相适应，那么，所导致的后果将是不堪设想的：轻者将影响施工的进度，重者将使顶管施工无法进行。例如，在固结性的黏土地层中，一般地说，选取有破碎功能和同时具有添加高压水功能的泥水平衡顶管机或加泥式大刀盘土压平衡顶管机就比较适合，选用面板式普通的泥水平衡顶管机则不适用。

第二，与施工条件相适应的原则。这里的施工条件是指土质条件以外的所有条件，包括地面上的和地下的两个方面。其中，地面上的包括既有建筑物、街道、公路、铁路、交通、河流、湖泊、大堤、驳岸等。地下的包括覆土深度和地下水的压力、各种构筑物、各种公用管线、桥桩、可能遇到的障碍物、顶进管的口径、顶进管的材质、顶进的长度和直线、曲线、工作坑和接收坑的构筑形式等等，所选用的顶管机都应和它们一一相适应。

第三，确保施工安全的原则。例如，在穿越河流时就应首选遥控的泥水平衡顶管机，一般情况下，不需要人待在管道内，比机内控制的土压平衡顶管机要安全。

第四，施工经济性好的原则。在众多的机型和工法中，从顶管机的售价、顶管机在施工中的售后服务和可靠性、顶进速度的快慢、施工质量的高低、弃土的处理方式、工法的适应性等一系列指标中进行筛选、优化，选出施工经济性好的顶管机。

5.5 定向钻

5.5.3 当采用定向钻穿越建（构）筑物、铁路、公路、重要水域等应征得有关部门同意，并采取有效的安全防护措施。避免施工过程中造成不必要的损失和事故。

5.5.4 定向钻施工需要根据施工场地、地层条件、敷设管线直径、埋深和长度等因素，合理选用设备类型和性能参数以保证工程质量和施工安全。

5.6 土建工程

5.6.2 如果先施工浅基础，则在施工深基础时，基槽开挖如果不采取保护措施会扰动浅基础部分地基，因此按照先深后浅的顺序进行施工是为了保证避免深浅地基在施工时的相互扰动影响和减少投资。

5.7 回填

5.7.3 回填时使用的压实机具，一般在沟槽两侧采用振动夯实机分层夯实。当外墙防水抹面层未达到一定强度时进行回填作业，夯实机具作业时会碰撞防水抹面层导致其破损或局部脱落，严重时会损坏内置防水层，直接影响结构防水质量。

5.7.4 回填

a） 碎砖、石块填筑时紧贴结构墙体会破坏防水层，影响防水质量。大于 100mm 的冻土块及其他杂物将影响回填质量。对直埋保温管道而言，会直接损坏保护层、保温层，影响管道的安全和使用寿命；

g） 铺设警示带以避免在其他施工或维修挖掘时损坏直埋保温管道；

h） 强调了管顶或管沟顶以上 500mm 内，应采用人工夯实，不得采用动力夯实机或压路机压实，以保证结构及管道的安全；对直埋保温管道，由于外护管及保温层的抗压强度比较低应进行强度核算加大人工夯实高度。

6 管道安装

6.1 一般规定

6.1.3 为避免施工中出现错误安装或使用不合格、有缺陷的钢管、管路附件及阀门等，本条强调在安装前应按设计图纸要求，核对其规格、型号并按相应规定进行检验。

6.1.4 如遇大雨，没有良好的防、排水措施，开挖的管沟就会变成泄洪沟槽，管沟中正在安装的管道或直埋保温管道将被浸泡、漂管，造成管道和保温损坏。因此在雨期建立完善的防、排水措施是非常必要的。

6.1.6 检查室、地沟等都是有限空间，由于有限空间易造成有毒有害、易燃易爆物质积聚或氧含量不足，因此进入有限空间前应先进行气体检测。未经检测，作业人员进入有限空间后吸入有毒有害气体可能会造成中毒、窒息等后果。规定作业时的人数不得少于 2 人，主要目的是为了发生安全事故时便于救援。由于有限空间内自然通风不良，易造成有毒有害、易燃易爆物质积聚或氧含量不足，作业前采用气体检测器可测出有限空间内的各种气体。

6.2 管道支架、吊架和固定墩

6.2.1 本条参照了 GB 50235《工业金属管道工程施工及验收规范》中的相关规定。

6.2.2 本条参照了 CJJ 28《城镇供热管网工程施工及验收规范》中的相关规定。

6.2.4、6.2.5 管道里程桩、转角桩、标志桩是为了便于寻找管道位置以便于维护管理，本规范对以上三桩的制作和埋设提出了较详细的要求。表面应光滑平整，无缺棱掉角，尺寸允许偏差为±10mm，混凝土强度应达到设计要求。埋设位置和深度应符合设计要求。

6.3 金属管道安装

6.3.2 提出本条旨在保护管道避免受到损坏。

6.3.4 山区布管的管墩应随地形变化，袋状物作管墩比较稳定、柔软、不易损坏管道。400mm～500mm 高度是保证焊接。

6.4 金属管道焊接及检验

6.4.1 为保证工程质量，供热管道使用的钢管和板材，应由制造厂家提供如下证明材料：
板材：质量合格证书、材质证明；
管材：质量合格证书、材质的质量复验报告。
为保证工程质量，在焊接前发现问题，经建设单位同意可对钢材进行抽检。

6.4.7 编制工艺方案是指导施工的有效手段，在焊接施工前，应根据现场情况制定出有效的施工方案或技术措施，完善组织体制，确保焊接质量、安全。方案经建设单位或监理单位审批后，方可实施。

6.5 聚乙烯管道安装

6.5.1 规定了管材和附件的质量要求，保证管道及附件的质量满足使用要求 。

6.5.2 管道的焊接参数根据现场温度进行调整，管材、管件的温度高于或低于现场温度，可能会使设定的加热时间过长或过短，影响焊接质量。

6.6 聚乙烯管道连接及检验

6.6.2 管道的焊接参数根据现场温度进行调整，管材、管件的温度高于或低于现场温度，可能会使设定的加热时间过长或过短，影响焊接质量。

6.6.4 整个管道安装过程中应尽量保证室内清洁，减少清管时的工作量。另外，防止坚硬物留在管中，清管过程中坚硬物可能会损伤管道内壁。

6.7 玻璃钢管道安装

6.7.1 为了保证连接管道连接质量，本条对管道和附件做了明确的要求。

6.7.4 在穿越铁路、公路等重点区域时应按照相关部门要求进行施工。当地上荷载较大时明确应采取管道保护的措施。

6.9 法兰和阀门

6.9.1 现行国家标准 GB/T 9124《钢制管法兰技术条件》对法兰面、法兰垫片、螺栓的紧固工作都做了明确的规定。

6.9.4 安装焊接前都应关闭阀门，是为了保护密封面不被电焊飞溅物等损坏。

7 集输站场

7.1 一般规定

7.1.1 为避免施工中出现错误安装或使用不合格、有缺陷的钢管、附件及设备等，本条强调在安装前应按设计图纸要求，核对其规格、型号并按相应规定进行检验。

7.2 地热井场

7.2.2 为了保证旋流除砂器的正常工作，对旋流除砂器进水口前直通管的长度提出了要求。

7.2.3 为了便于旋流除砂器的检修和泥沙外运，除砂器的四周需要预留足够的空间。

7.2.5、7.2.6 为了便于流量调节阀的操作，对流量调节阀的安装位置和与相邻管道的距离提出了要求。

7.3 汽水分离站

7.3.3 为了避免施工时错误安装，本条强调在安装前检查安装位置并按照介质流动方向安装。

7.3.7 回灌加压水泵安装

a）为了防止水泵由于运行和保管等原因将泵的主要部件损伤，故规定安装前必须检查，设备应完好，盘车应灵活，不得有阻滞、卡涩和异常声响现象；

b）结合多年的安装经验，整体安装的泵调平精度不需太高，在保证泵的正常运转情况下，本条将泵的横向安装水平确定不应大于 0.20/1000。本条为设备技术文件无规定时应符合的要求，当设备技术文件有规定时应符合设备技术文件的规定。

7.4 稳压放空站

7.4.4 泄放阀安装要求

a）为避免施工中出现错误安装或使用产品，本条强调应按设计图纸或标准图要求组装。

7.4.5 为了避免错误安装，本条强调应按照产品的安装手册要求正确安装。

7.4.6 爆破片容易损伤，因此拆开爆破片装置包装后，应当认真检查爆破片有无损伤，拱面有无被挤压的痕迹，确认无损伤或无被挤压后才可以进行安装。

7.4.8 为了避免由于安装错误使得爆破片装置无法正常工作，本条强调夹持器铭牌泄放方向与爆破片泄放方向是否保持一致。

8 防腐和保温

8.1 一般规定

8.1.1 现在市场上的防腐材料种类繁多、良莠不齐，为保证材料质量强调要有产品质量合格证明文件：出厂合格证、有资质的检测机构的检测报告等。

8.2 防腐

8.2.1 气温低于 5℃大，喷涂时会产生厚薄不均、不易干燥等缺陷，影响防腐质量。本条规定了涂料的适宜条件，对在不利环境条件下施工提出技术措施，以保证涂料和涂刷质量。对于特种涂料，应按该产品的说明书进行。

8.2.4 明确牺牲阳极防腐的技术要求和检验标准，牺牲阳极防腐应在专业施工人员指导下完成。

8.3 保温

8.3.1 现在市场上的保温材料种类繁多，良莠不齐，为保证保温质量强调要有质量合格证明文件：出厂合格证、有资质的检测机构的检测报告。

8.3.2 由于保温材料发展迅速，根据保温材料的要求，来确定保温的施工方法。

8.3.5 各种附件及设备的保温应按热伸长方向留出伸缩缝，以防热胀冷缩时破坏保温层。

8.4 保护层

8.4.1 保护层是指保温层的外保护。如果保护层做在潮湿的保温层上，会影响保护层和保温层质量，因此保护层应做在经验收合格的干燥保温层上。保护层的严密性要求是保证湿气和水不进入保温层。牢固性要求是保证在使用年限内保温层不损坏。严密性和牢固性是保温层正常工作的必要条件。

8.4.2 规定了各种复合材料保护层的验收标准。目的是统一标准，保证保护层的严密性。

9 压力试验、清洗、试运行

9.1 一般规定

9.1.3 本条款明确连接头可不重复试压。

9.1.4 根据 GB 50251《输气管道工程设计规范》和 GB 50253《输油管道工程设计规范》中的相关规定对试压介质做出规定。

9.2 压力试验

9.2.1 管道压力试验要求

a） 强度试验是对管道的强度性试验，强度试验段长度可根据实际施工分段而定。

9.2.4 压力试验符合的规定

a） 为了防止在试压介质中含有气体，在环境和压力条件下，造成膨胀和收缩，使试压数值不准确。

b） 在冬季试验应考虑防冻措施。

c） 对高差较大的管道工程，为防止低端超压，试验时应校核低端压力。

d） 强度试验时不得用铁锤击打焊缝等部位，当管道承受内压时，任何击打都将给管道造成损害。严密性试验时如有在压降小于 0.05MPa 时找出的漏点，可在试验后处理。

9.2.6 试验时带压处理管道和设备的缺陷是非常危险的，容易造成事故。

9.2.7 排水负压对管道和设备可能造成破坏，因为有些设备只是受内压，因此排水时一定要打开放气阀门，排尽积水，并及时清理管道及除污器内杂物。

9.3 吹扫与清洗

9.3.2 清洗方法中的人工清洗，用于管径大于等于 *DN*800 而且水源不足的条件下。水力冲洗可用于任何管径。气体吹洗一般用于蒸汽管道的清洗。清洗方法和装置应请设计复核。

9.3.3 为保证清洗工作的正常进行，要求清洗前制定切实可行的冲洗方案，以保证清洗的质量、安全。清洗方案的编制一般包括以下内容：编制依据、工程概况、冲洗范围、技术质量标准、清洗工作部署、安全措施、进出水口示意图、平面图、纵断图等。

9.3.4 为保证管网及设备不因清洗而受破坏，本条明确了清洗前应完成的各项工作。并制定了水力冲洗的进水口管径和出水口管径，保证冲洗过程中的水流量和流速，以排出管道内异物。设计无要求时，蒸汽吹洗进汽管的截面积不小于被吹洗管截面积的 60%，排汽管截面积不小于进汽管截面积。

9.3.5 水力冲洗符合的规定

b） 冲洗时管道内的流速不应小于 1m/s，是为了保证异物能够被冲出。

9.3.6 蒸汽冲洗符合的规定

a） 暖管前吹洗口的阀门应打开 1/3，进行少量排汽，以保证吹洗时能顺利打开阀门。

9.4 试运行

9.4.4 试运行符合的规定

c） 在试运行期间应对螺栓进行热拧紧，并要在 0.3MPa 压力以下进行，如压力过高进行热拧紧是非常危险的，而温度过低进行热拧紧将达不到目的。强调进行热拧紧一定要注意人员和设备的安全。

e） 在正常情况下，试运行应按设计参数进行，但因多种原因试运行时达不到设计参数，可按建设单位、设计单位认可的参数试运行。试运行参数应该是今后的正常运行参数。试运行的时间应为达到该参数条件下连续运行 72h。

10 工程竣工验收

10.0.1 工程验收和竣工验收应对验收项目做出结论性意见。如有缺陷应在处理合格后重新验收。

ICS 27.010
CCS F 01

NB

中华人民共和国能源行业标准

NB/T 11147—2023

地热供热系统运行与维护规范

Code for operation and maintenance of geothermal heating systems

2023-02-06 发布 2023-08-06 实施

国家能源局 发布

目　次

前言

本文件按照GB/T 1.1—2020《标准化工作导则　第1部分：标准化文件的结构和起草规则》的规定起草。

本文件由中国石油化工集团有限公司提出。

本文件由能源行业地热能专业标准化技术委员会归口。

中国石化集团新星石油有限责任公司、中石化绿源地热能开发有限公司、万江新能源股份有限公司。

本文件主要起草人：马鹏鹏、王延欣、杜利、丁畅、李红岩、殷升阳、高小荣、刘健、段宝佳、王培浩、王晓晓、杨卫、马春红、赵丰年、陈高凯。

本文件为2023年首次发布。

地热供热系统运行与维护规范

1 范围

本文件确立了地热供热系统运行与维护的要求和规定，包括地热供热井、站、网的运行、维护、管理等工作要求和规定。

本文件适用于以水热型地热井开采地热水为热源的新建、改扩建地热供热系统。

2 规范性引用文件

下列文件中的内容通过文中的规范性引用而构成本文件必不可少的条款。其中，注日期的引用文件，仅该日期对应的版本适用于本文件；不注日期的引用文件，其最新版本（包括所有的修改单）适用于本文件。

GB/T 29044 采暖空调系统水质

GB/T 33833 城镇供热服务

CJJ 88 城镇供热系统运行维护技术规程

CJJ 138 城镇地热供热工程技术规程

NB/T 10097 地热能术语

NB/T 10099 地热回灌技术要求

NB/T 10273 地热供热站设计规范

NB/T 10715 地热资源动态监测规程

DB11/T 760 供热燃气热水锅炉运行技术规程

3 术语和定义

下列术语和定义适用于本文件。

3.1

地热管网 geothermal pipe network

在地热开采井、地热供热站和回灌井之间输送地热水的管网系统。

3.2

地热井 geothermal well

为开采地热资源，按一定的施工方式在地层中钻成的孔眼及其配套设施。开采时，地下热水或地热蒸汽经由地热井到达地面。地热井可以分为勘探井、探采结合井、开采井、回灌井和监测井五类。

【来源：NB/T 10097—2018，2.4.4】

3.3

地热供热站 geothermal heat central

以地下热水为主要热源，具有间接换热、梯级利用、尾水回灌等功能的供热站，简称地热站。

3.4

地热供热系统 geothermal heating system

以地热井中的地下热水为热源，用直接或间接方式获取其热量，为热用户提供供热服务的系统。

3.5

供热管网 heat supply network

由地热站供热至热用户的管网系统。

3.6

深井泵 deep-well pump

地热井中开采地热水的潜水泵。

3.7

尾水阀门 tail water valve

地热侧换热器的出口阀门。

4 地热供热系统

4.1 地热供热系统组成

地热供热系统是以一个或多个地热井的地下热水为热源向建筑群供热。根据地热水的温度和开采情况，可以附加其他调峰系统（如传统的燃气锅炉和热泵）。地热供热系统主要由3个部分组成。

a） 地热水的开采系统包括地热开采井、回灌井、调峰设备以及换热器；

b） 输送、分配系统，将地热水或被地热加热的水引入建筑物；

c） 中心泵站和室内装置，将地热水输送到中心泵站的换热器或直接进入每个建筑中的散热器，必要时还可设蓄热水箱，以调节负荷的变化。

4.2 地热供热系统工艺

地热供热系统包含地热直接供热系统和地热间接供热系统，本文件中供热系统特指地热间接供热系统。

地热供热系统利用地热井中深井泵开采地热水（流体），通过地热管网输送至地热站，在地热站内进行热交换，将地热水热量传递给另外一侧的供暖循环水；温度升高的供暖循环水通过供热管网输送至热用户，供热用户利用，温度降低后的供暖循环水在循环泵的作用下返回至换热器重新吸收热量循环。温度降低后的地热水尾水，经过回灌系统进行同层回灌。根据供热系统有无调峰及调峰类型主要分为3种形式，即地热间接供热、地热+热泵机组、地热+热泵机组+调峰锅炉。

5 地热供热系统运行与维护基本要求

5.1 一般原则

地热供热系统运行与维护应遵循确保地热供热系统安全、平稳、保质、经济运行，采用回灌实现与用户双赢为原则。

地热供热系统应科学回灌和进行地热资源动态监测，保护地热资源，实现地热能的可持续开发和利用。

5.2 地热供热系统回灌要求按照NB/T 10099《地热回灌技术要求》相关规定执行；地热供热系统动态监测按照NB/T 10715《地热资源动态监测规程》相关规定执行。

5.3 地热供热运行操作人员应通过充分的运行前准备工作、初运行工作和巡检工作及时消除安全缺陷和隐患。

5.4 地热供热运行操作人员应通过实时的运行调节，确保供热质量并实现经济运行。

5.5 地热供热系统运行前应根据站内设备和实际情况，制定现场运行规程，编制相关应急预案。

5.6 地热供热运行操作人员应对设备运行状态、运行操作、异常及故障处理、维护等进行记录，并对运行指标进行分析。

5.7 地热站应配备能满足地热供热系统安全可靠运行的运行维护人员。运行维护人员上岗前应经过培训，掌握设备性能和运行状态。

6 地热供热系统运行操作

6.1 地热供热系统运行

6.1.1 地热供热系统运行准备

a） 运行操作人员培训合格、配备到位，特种作业人员取得资格证，技能满足上岗要求；

b） 地热井中的深井泵满足使用条件，提泵检修完成；正反转已确认；电气柜线路正常；井口装置正常；压力表、温度计、流量计正常；阀门开关转动正常；备品备件准备到位；

c） 循环泵、补水泵满足使用条件，检修质量合格；润滑到位；试转调试正常，能正常投入使用；单向阀、蝶阀、膨胀节正常；前后压力表、温度计正常；备品备件准备到位；

d） 换热器满足使用条件，清洗完成；夹紧适度、尺寸记录；试验无渗水；垫子无跑偏；表面洁净；

e） 软化水装置满足使用条件，设备完好；电气接入正常；树脂、盐料配备到位；

f） 锅炉满足使用条件，完成检修，年检通过；供气正常；泄漏监测正常；循环泵正常；

g） 热泵满足使用条件，完成相关检修；机油满足要求；送电正常；循环泵正常；

h） 地热管网、供热管网满足使用条件，管道完好，无腐蚀泄漏，保温完整；标记清楚；阀门开关正常；

i） 回灌设备设施满足使用条件，滤芯更换；密封完好；监测仪表正常；井泵正常；管网冲洗；

j） 仪器仪表、安全阀正常，校验合格，显示准确；

k） 配电柜、控制柜、监测系统正常；

l） 水、电、气、站内照明、相关报表等到位。

6.1.2 地热供热系统初运行

a） 检查站内、外所有设备及管线确保正常，阀门保持开启，送配电保持正常，自控设备设施正常；

b） 盘动水泵转轴，确保正常转动，检查润滑油量是否正常；

c） 打开来水阀门，开启软化水设施；开启补水箱的进水阀门，将水箱注满水；关闭每台换热器的供热侧进出口阀门及供热管网主阀门；

d） 打开补水泵进出口阀门，启动补水泵向系统内补水，开启系统排气阀排气，空气排尽后关闭排气阀；待系统压力稳定后，开启换热器的旁通，启动循环泵，打开除污器，排掉系统内的杂质后，关闭除污器；

e） 开启供热管网主阀门继续补水，待供热管网压力达到补水泵定压值时，再次进行除污；除污后，关闭换热器的旁通，开启换热器供热侧进出阀门，打开循环泵，由低频到高频缓慢进行系统循环，调节供热侧循环流量及压力，避免瞬时冲击而产生局部高压损坏设备；

f） 供热管网供回水压力达到系统规定值时，开启地热侧进出阀门，开启井泵，由低频到高频，逐渐缓慢增加流量，使地热侧管网、换热器及供热管网温度缓慢上升，进行暖管，并通过尾水阀门提高换热效率；

g）通过循环泵调节循环流量、压力；通过井泵及尾水阀门调节地热侧流量，从而调节供热管网供水温度；

h）初期运行时须持续检查站内、外所有设备及管线；

i）检查供热管网各阀门配件是否漏水，并进行记录，做好必要修理工作。对供热管网单元立管进行排查有无不过水现象，对楼内无效自动排气阀进行手动放气或进行更换，确保单元楼内自动排气阀正常工作；

j）对于地热井含有水溶气的地热站，在初始运行前应检查确认安全后开始上述操作；

k）正式回灌前首先应对系统进行初检，排出管线中残留水，对管路进行冲洗作业，保证停止回灌期间管道内铁锈及杂质冲洗干净。进行回扬作业对回灌管路进行清洗，检查管路密封性，确保各种设备、仪表、阀门正常使用。回灌前准备工作宜同供暖试水工作协同进行；

l）提前通知并要求各单位（用户），打开所有管路阀门并排气，注意观测供暖设备末端状况，确保不存在漏水。

6.1.3 地热水开采系统初运行操作

a）地热水开采系统初运行前，应检查相应的电路通电正常，检查井口装置确保无错位，对地热井至地热站地面埋设电缆进行巡线检查（是否压有重物或遭到破坏），确保无安全隐患，检查地热井至地热站沿路管网阀门，保持处于开启状态；

b）检查地热站深井泵控制柜配电正常，变频控制参数设置深井泵接线正常，检查地热站旋流除砂器阀门、换热器阀门以及回灌过滤装置阀门开启状态，保证回灌水路畅通；

c）打开旋流除砂器排污阀门后启动深井泵进行地热水开采，水清砂净后进行地热侧正常循环，地热水开采系统正常运行完成。

6.1.4 地热供热系统运行巡检

6.1.4.1 巡回检查总体要求

a）按照巡检路线内容要求完成巡查工作；

b）在巡查中应对管网的流量、压力、水温及设备运行情况和各种技术数据做详细的记录；

c）检查换热器确保正常运行，各承压部件无异常现象；

d）检查循环泵、补水泵、热泵、回灌加压泵运行情况，电动机与轴承的温升、振动与噪声不超限，电机接线盒无发热现象，联轴节填料松紧状况，排除不正常的漏水现象；

e）检查各设备润滑部位（润滑油油位正常、无泄漏，润滑脂加注情况）；

f）检查安全附件和地热侧、供热侧仪表正常，各指示信号无异常变化；

g）发现除污器两侧压力表压差大于 0.02MPa 时，说明除污器已被堵塞，应关闭循环泵、阀门等，进行清洗，也可反冲洗排污；

h）检查各阀门开关位置正常，各阀门管道无漏水现象；

i）运行人员应随时检查管网的供回水温度及压力，根据室外温度、供水温度情况，调整地热尾水阀门开度控制地热水流量；

j）及时查看水箱内的水位正常，应保持水位在水箱的 2/3 以上；

k）运行值班人员应做好交接班工作，包括设备运行、检修、备用及设备缺陷状况，主要仪器、仪表、自动装置、保护装置、远程控制装置、信号系统及通信装置的运行情况。前两班的运行方式变更和运行注意事项，计划要进行的重要操作和运行注意事项等。

6.1.4.2 检查设备设施运行状况

检查换热器地热侧和供热侧进、出温度及压力，进口压力应大于等于出口压力；监测配电总柜的电压、工作电流正常，控制柜显示的水泵的工作电流和频率的数据应在正常范围内；进入电控室，应按照安全操作规程对总控制柜、循环泵、补水泵等各种变频柜进行安全检查。

6.1.4.3　检查地热站主要设备运行情况

按各设备操作规程检查运行状态，主要包括补水箱、软化水装置、换热器、除砂器、除污器、排污池、水泵、热泵和消防器材等。

6.1.5　地热供热系统停止运行

a）调节循环泵变频器旋钮，缓慢降低循环泵转速并随时观察变频器频率指示，当变频器频率降到35Hz时关闭循环泵，切断循环泵电源；
b）关闭深井泵时应连续监测开采井水位，并切断深井泵电源；
c）注满补水箱，关闭供热管网补水泵；
d）关闭地热侧和供热侧各设备及管线阀门；
e）检查系统各设备及管线状况并进行针对性维护保养；
f）记录并统计停运后各项运行及成本数据。

6.1.6　地热供热系统检修与维护

a）供热结束后编制设备设施检维修计划，并由专人审核查验，确保检维修计划能够满足安全生产运行需求，无遗漏、无缺项；
b）由专人依据检维修计划，每月对检维修实施情况进行检查、监督；
c）针对检维修进度滞后、质量不达标的项，由专人跟进、协调、整改。

6.2　供热系统运行调节

6.2.1　供热系统调节要求

地热供热系统的运行调节是指当热负荷发生变化时，为实现按需供热，而对供热系统的流量、供水温度等进行的调节。

地热站运行人员应根据供热负荷、室外天气等情况制定供暖延时负荷图及供回水曲线图，采用气候补偿器进行科学调节，从而保证供热质量，提高运行效率，降低运行成本，维护系统稳定。

6.2.2　供热管网系统调节（初调节）

供热管网系统调节是在投入运行初期所进行的调节，指系统刚投入运行时将各用户的供暖循环水实际流量调整到与设计流量基本相符，主要是解决热力工况的水平失调而进行的调节。供热管网系统调节可分为手动调节和智能调节，智能调节相对简单，本文件只对手动调节进行说明。

a）当热用户管网入口安装普通调节阀或普通阀门时，调节使各用户的回水温度相等或供回水温差相等，实现热量均匀分布，使热能制备和输送经济合理；
b）热用户回水温度和总回水温度作比较：温度高时，调小阀门开度；温度低时，调大阀门开度；热用户间回水温差相同的条件下，管径越大时，调小阀门开度；管径越小时，调大阀门开度，不断平衡各热用户热力；
c）当总回水温度稳定在某一数值不变时，即可进行下一轮调整。第二轮调节的间隔时间应大于第一轮调整后最远热用户回水热源所需时间的2倍以上。如此反复进行，直至各热用户回水温度相同或者各热用户温度达标。

6.2.3 供热负荷调节

在供热运行过程中，使供暖用户散热设备的散热量与用户热负荷的变化规律相适应，以防止出现室温过高或过低的现象，主要是解决供热质量和供热经济性的问题，而进行的运行调节。

6.2.3.1 供热侧温度的调节（质调节）

在供热管网循环水流量不变的情况下，提高或降低井泵频率及开启或关闭地热侧供回水阀门，从而调节供热侧供水温度。这个温度的改变是从地热侧改变供热管网供水温度和回水温度。

6.2.3.2 供热侧流量及压力的调节（量调节）

在进行供热侧流量调节时，保持地热侧的供水温度、流量不变，随着室外温度的变化不断改变供热管网循环水量。这个流量的调节是在主阀门不变的情况下，提高或降低循环泵频率，从而增大或减少供热侧循环流量。

6.2.3.3 换热器供热负荷调节

在保证地热侧水温不变的情况下，调节尾水阀门，控制换热器地热侧供水流速和换热时间，从而调节换热器供热负荷，使地热侧供回温差最大。

6.2.3.4 供热区域最高点压头的调节

通过调节补水泵频率的大小，从而增大或降低供热侧回水压力，控制供热区域最高点压头，保证供热管网系统不倒空、不汽化。

6.2.3.5 负荷调节

a） 在供热初期或末期室外温度较高时，供热系统负荷较小，该时期在满足用户供热需求的情况下，设备可根据各地热站负荷情况低频运行或不改变供热管网的循环水流量和供水温度，只改变每天的供热小时数；
b） 在供热中期室外温度较低，供热系统负荷较大，该时期不能满足用户供热需求的情况下，可根据供热系统供热负荷情况，开启调峰装置。

7 设备运行操作和维护检修

7.1 水泵

地热供热系统中的水泵主要包括供热管网的主循环泵、系统补水泵、地热侧管网的增压中继泵、回灌加压泵等，都是离心泵，其操作规范及保养规程基本一致，统一做如下要求。

7.1.1 启动前的检查和准备工作

a） 拨动泵轴，叶轮应无摩擦声或卡死现象；
b） 瞬时开机试验电机，确保转向正确；
c） 打开排气阀，使液体充满整个泵体，待满水后关闭排气阀；
d） 用手盘动泵，以使润滑液进入机械密封端面；
e） 确保接地线连接良好。

7.1.2 启动及运转

a） 全开进口阀门，关闭出口阀门，启动电机；

b） 若水泵由变频器调速，则打开出口阀门，通过变频器调节电机转速，使水泵运行在合适工况下；

c） 若水泵为定频运转，则调节出口阀开度至所需工况，看水泵出口处压力表，使水泵在额定点附近运转，测量水泵的电机电流，使电机在额定电流内运行；

d） 检查轴封泄漏情况，应不大于 3 滴/min；

e） 检查电机轴承处温度，应不大于 70℃。

7.1.3 停车

a） 关闭出口阀门，停止电机，关闭进口阀门；

b） 如环境温度低于 0℃，停泵后应放尽泵内液体，以免冻裂；

c） 如长期停车，应将泵内水放净，进行保养润滑。

7.1.4 维护保养规范

7.1.4.1 运行中的维护

a） 进口管道必须充满液体，禁止水泵在汽蚀状态下运行；

b） 定时检查电机电流值，不得超过电机额定电流；

c） 长期运行后，当出现机组噪声及振动增大，泄漏及性能下降等状况时，应停车检查。必要时可更换易损件（如轴承、机械密封、叶轮等），机组大修期一般为 1 年。

7.1.4.2 机械密封维护

a） 机械密封润滑应清洁无固体颗粒；

b） 严禁密封在干磨情况下工作。在启动前必须打开泵盖上的放气旋塞，将此处空气放掉；

c） 启动前应先盘动泵（电机）几圈，以免突然启动造成石墨环断裂损坏；

d） 密封泄漏不应超过 3 滴/min，否则应检修；

e） 在检修装配机械密封时，避免接触油类物质，可采用肥皂水、洗涤剂之类来润滑减阻。

7.2 热泵机组

7.2.1 热泵运行前检查要求

7.2.1.1 电源、仪表的检查

a） 检查配电电源是否符合机组铭牌电源要求。电压在铭牌电源参数的±10%以内、电频率在额定频率的±2%以内、相电压不平衡率在额定电压的±2%以内；

b） 用万用表对所有的电气线路仔细检查，确认无外壳短路；

c） 确保接地线安装正确，对地绝缘电阻大于 2MΩ。

7.2.1.2 制冷系统的检查

a） 确保制冷系统高、低压力设定值符合设计要求；

b） 压缩机油位应在油镜的 1/2～3/4 之间，不足应立即停机添加润滑油；

c） 试运转前，应将机油加热器通电加温，满足该机组要求的加热时长。一般系统停机时机油加热器需持续加热，保持油温在 23℃以上才可运转；

d） 在全负荷情况下，视液镜内应无气泡。

7.2.1.3 水系统检查

a）确保水流方向正确，水流量满足机组要求；

b）机组启动之前，应隔离机组后对水管路系统进行单独清洗，确保流入机组的水质符合条件。

7.2.2 启动操作要求

7.2.2.1 机组启动操作程序

a）打开原水及热网水管路上的阀门；

b）启动原水循环水泵，管路出口压力不低于 0.1MPa，进入每台机组的循环水流量不低于最低水量要求；

c）启动热网循环泵，出口压力值范围应在系统设计要求范围内；

d）机组的最大启动电流不宜大于工作电流的 5 倍～7 倍；

e）按照厂家规定的热泵启动流程，启动热泵机组。

7.2.2.2 机组启动后的检查要求

a）蒸发器出口温度应不低于 3℃，吸气压力、排气压力和排气温度应在正常值范围内；

b）电源相间电压不平衡值应小于 2%，电压应在 360V～420V 区间内；

c）若出现跳闸、控制回路故障指示、压缩机异常噪声、水泵漏水等现象，应停机查找原因，妥善解决后，方可启动；

d）每隔 2h 检查、记录、分析如下相关数据，发现问题及时处理。压力数据：水泵进、出口水压，机组进、出口水压，压缩机回、排气压力；温度数据：机组进、出口水温；电源数据：电压，电流。

7.2.3 运行操作注意事项

a）禁止用电源开关或电闸直接控制机组的运行和停止；

b）禁止直接在机组容器本体上加工和焊接，管段处焊接必须确保焊接处无压力和冷冻机油等易燃物品；

c）机组运行异常（如有烧焦气味等），应立即切断电源，按规定程序进行处理；

d）不能用湿手操作机组，避免产生电击事故；

e）防止制冷剂泄漏，如发生制冷剂泄漏，应积极采取相应措施，防止由于制冷剂浓度过高而导致缺氧事故；

f）禁止使用超出额定参数以外的熔断器；

g）禁止用手指按在电磁接触器上而使压缩机启动；

h）禁止改变安全保护装置的设定；

i）机组上方禁止放置和悬挂任何物体，防止物体倾倒或坠落造成意外伤害；

j）清扫机组时应使机组停止运转并切断电源，防止造成意外伤害；

k）禁止用水冲洗机组；

l）不要触摸压缩机，制冷剂管道的高温部位，防止引起烫伤事故；

m）严禁强制连续启停机组压缩机。

7.2.4 停机操作程序

a）关闭热泵机组，依次将电路柜上各压缩机启动按钮旋到停止位置。压缩机全部停止后，按下机组的“ON/OFF”开关键，按下紧急停机按钮；

b） 关闭循环泵；

c） 关闭原水及供热侧水管路上阀门。

7.2.5 机组长时间停止时的注意事项

a） 关闭供液截止阀，运行机组直至低压报警停机；

b） 切断电源，断开控制电路，按下红色急停开关。确保油分离器中的电加热器在停机状态；

c） 将蒸发器或冷凝器中的水排放干净，并用高压空气充分对机组内部进行清扫。若介质为乙二醇溶液，则必须使用清水清洗容器水侧，使用高压氮气进行清扫。

7.2.6 机组长时间停止使用后再运转注意事项

a） 开始前需进行绝缘电阻测试（用三相交流 380V 时应不小于 2MΩ）；

b） 要将机组通电 4h 以上，确保油温达到 40℃以上，或大于环境温度 15℃；

c） 其他操作按照机组启动操作规范进行。

7.2.7 保养规程

7.2.7.1 月度维护

a） 检查分析运行参数记录表；

b） 检查电源接线及收紧机组电控柜内所有接线点；

c） 检查电磁接触器触点及互锁情况；

d） 测量供电电压、控制电压及各电磁阀动作是否正常；

e） 检查循环水系统水流量，并检查调整水流开关；

f） 检查压缩机油加热器运行情况（离心机检查油泵运行电流、油压是否正常）；

g） 检查制冷系统的高、低压力值是否正常；

h） 检查压缩机绝缘值应高于 5MΩ。

7.2.7.2 季度维护

a） 检查分析运行参数记录表；

b） 检查压缩机油位；

c） 清洁蒸发器和冷凝器水系统管路过滤器；

d） 检查电气接头是否紧固。

7.2.7.3 年度维护

a） 检查分析运行参数记录表；

b） 检查校正各压力、温度传感器、电流、电压互感器等测量元器件数据显示是否正常；

c） 使用电子检漏仪或者肥皂泡沫法对机组进行全面检漏；

d） 使用红外热成像仪检查电气部分是否有过热情况；

e） 按照机组厂家维护保养要求，由专业维修人员更换压缩机润滑油及过滤器；

f） 每年至少一次，由专业维修人员拆开安全阀出口的接管，仔细检查阀体，若出现腐蚀、生锈、结垢、泄漏等现象，则更换安全阀；

g） 清理冷凝器管程中的结垢。每年至少一次先用专用清洗剂进行化学清洗后，再用旋转式清洗设备清洗传热管，如果水受到污染，清洗应更频繁。传热管清洗过程中，宜使用专门的刷子，避免划伤和刮破管壁；

h） 检测压缩机电机绕组间及绕组对地的绝缘电阻。

7.3 燃气锅炉

7.3.1 燃气系统检查

工作人员进入燃气锅炉房前，启动室外防爆轴流风机开关对锅炉房进行通风，去除异味。停止风机，人员进入锅炉房后确认已经校验过的可燃气气体报警仪未发生报警，并应符合下列规定：

a） 燃气管线外观应良好，不得有泄漏；

b） 计量仪表应准确；

c） 点火装置、燃烧器应完好；

d） 快速切断阀动作应正常、安全有效；

e） 安全装置应完好；

f） 调压装置工作应正常，燃气压力应符合要求。

7.3.2 运行前检查

a） 应充分吹洗供气管道、阀门及滤网，保证气路畅通；

b） 天然气供气管道上的阀门应处于开启位置；

c） 自动补水系统应灵敏可靠；

d） 锅炉出水阀、回水阀和排污阀应严密；

e） 自动排气阀应通畅、无锈蚀；

f） 烟道应清洁无水；

g） 电机转向应正确；

h） 操作控制盘上的指示灯、仪表应完好；

i） 电源电压应正常，满足所用电机的要求；

j） 烟道门、防爆门应处于正常位置；

k） 检查可燃气体报警与事故通风机的联动，检查事故通风机的手动应急启动。

7.3.3 启动操作

a） 向锅炉水循环系统灌注软水，同时打开排气阀排气，到水灌满、气排尽为止；

b） 接通电源，启动一次水循环泵，确认系统无泄漏；

c） 点火前应通过观察确认炉膛内无残留可燃气体；

d） 燃气锅炉在每次启动前应检查可燃气体有无泄漏；

e） 按下锅炉控制盒上的启动电钮，锅炉即进入启动点火状态；

f） 点火连续三次失败，则应停炉检查，排除问题。

7.3.4 运行操作

7.3.4.1 锅炉升温

a） 在升火过程中，为了使锅炉各部件受热均匀，可采用间断放水的方法，从锅炉底部放出一部分水，并相应补充一部分水，这样可使锅炉本体各部分达到均匀的温度；

b） 当锅炉内水压水温逐渐升高时，应注意锅炉各部件有无特殊响声，如有应立即检查，必要时应立即停炉检查，解除故障后方可继续运行；

c） 升温期间，应冲洗压力表弯管。冲洗的方法是把三通旋塞转到联通大气的位置，放出存水弯管中的一部分水，再转回原位置，此时应注意观察压力表指针是否重新回到冲洗前的位置。如果一个锅炉装有两个压力表，还要看所指示的数据是否相同；

d） 当锅炉供水温度达到60℃～70℃时，应试用补水设备和排污装置，其顺序是先排污后补水。排污时注意观察锅炉压力，以控制排污量。排污后将排污阀关闭严密，并检查有无漏水现象；

e） 当水温上升到接近正常供水温度时，应检查各处有无渗漏现象。对人孔、手孔的连接螺栓拧紧一次。操作时应小心谨慎，不宜用力过大。

7.3.4.2 锅炉排污

a） 运行过程中，应每月排污一次。排污应在低负荷或停炉时进行；

b） 排污时应缓慢开启排污阀，尽量减小阀门开度，防止失水过多；

c） 排污阀开启次数，应根据排污效果确定；

d） 排污时如有严重水冲击、管道振动以及其他异常情况，应立即停止排污。

7.3.4.3 燃烧器使用注意事项

a） 电源电压应稳定，避免损坏燃烧器组件，确保燃烧器正常工作；

b） 锅炉房内温度不应太高，确保燃烧器控制盒正常运行；

c） 安装燃烧器时应采取相应的隔热措施，避开从炉口透出的热力；

d） 燃烧器启动不应太频繁。程控器保护状态，最少需要1min后才能按下复位按钮重新启动燃烧器；

e） 温控盒超温指示灯亮后，燃烧器将停止工作。等水温下降后，应将限温器按钮复位，超温指示灯灭后，燃烧器才能重新启动；

f） 火焰监测器前面的感光部分应保持清洁，定期取出抹拭。

7.3.5 停炉操作

7.3.5.1 正常停炉

a） 按下停止开关，燃烧器自动停止运行，继续通风5min，继续监视尾部烟温，以防止锅炉尾部烟道发生二次燃烧；

b） 关闭天然气的开关；

c） 停止供水后4h～8h内，锅炉各处门、孔和挡板不要打开，以免锅炉急剧冷却，此后可逐渐打开烟道挡板和炉膛各门、孔进行自然通风冷却；

d） 必须等锅水温度降到50℃以下，才能停止系统水的循环。

7.3.5.2 手动停炉

若锅炉无法自动停炉，则采用手动停炉。停炉顺序是“手动”“小火”“停炉”或者直接强制性断电等来停止锅炉燃烧。

7.3.5.3 紧急停炉

a） 锅炉运行中，遇有下列情况之一时，应立即停炉：水循环恶化造成锅水汽化，或出口水温上升到与出水压力下相应饱和温度的差小于20℃时；锅水温度急剧上升失去控制；循环泵或补给水泵全部失效；压力表或安全阀全部失效；锅炉元件损坏，危及运行人员安全；补水泵不断补水，锅炉压力仍然继续下降；燃烧器损坏，影响安全运行；

b） 紧急停炉流程：紧急停炉应立即切断燃烧机电源、气源，隔断总电源；严密监视水位和压力；视不同情况，进行处理，检查事故原因；不论是正常停炉还是紧急停炉，锅炉出口水温降到50℃以下时，才能停循环水泵。

7.3.6 维护保养

7.3.6.1 维护保养要求

a） 切断所有燃烧器、水泵电源及控制系统电源；
b） 关闭供气管路各阀门，清洗各级过滤器，然后打开供气管路阀门。在确保供气管路无泄漏时，关闭供气管路阀门；
c） 清洁燃烧器点火电极、稳焰器、火焰监测器；
d） 拆下燃烧器控制盒，妥善放置于干燥、安全的地方；
e） 清扫炉膛及烟管积炭（灰）的同时，要察看炉门耐火砖与石棉绳的使用情况，若有缺损应及时修复；
f） 打开防爆门，清理烟箱铁锈，清理排放烟管内部的炭渣，检查防爆门，确保开启灵活，排水管确保畅通；
g） 检查水循环系统，确保无泄漏；
h） 清洗水循环系统上的除污器，必要时更换系统循环水；
i） 开启烟道排水管阀门，关闭烟道上的闸板阀或调风碟阀，检查烟囱口防雨罩，确保风雨不倒灌入烟道；
j） 检查锅炉房，确保锅炉机体在任何情况下不受雨水侵淋。

7.3.6.2 锅炉清洗

a） 每个采暖期结束应清洗一次；
b） 停炉清洗前，应切断天然气供应及电源；
c） 锅炉清洗时应打开炉门及防爆门，用刷子刷洗炉膛、烟管及烟道；
d） 应清洗过滤器内的滤网；
e） 应检查耐火材料及隔热材料，若有缺损应及时修复；
f） 锅炉清洗后应将设备恢复到备用状态。

7.3.7 停炉保养方法

7.3.7.1 湿法保养

a） 湿法保养适用于停炉时间不超过一个月的情况，又称碱液保养。碱液配制可以在以下方案中任选一个。每吨水配：烧碱（NaOH）1kg、磷酸盐 0.1kg、硫酸钠（Na_2SO_4）0.25kg；每吨水配：烧碱（NaOH）2kg、磷酸三钠（Na_3PO_4）55kg；
b） 将配好的碱液注入锅炉，点火煮 2h～3h。目的是使外壁干燥，使锅炉内的碱液分布均匀；
c） 熄火后用泵对碱液加压 0.15MPa～0.4MPa 后密封，即进入保养状态；
d） 锅炉再度启用时，要事先将碱液排尽，然后注满软水作为工质才可进入使用状态；
e） 常压锅炉在加了碱液以后，关闭锅炉进出水阀门，把膨胀水箱加满水，始终保持锅炉本体处于满水状态。

7.3.7.2 干法保养

a） 干法保养适用于停炉时间一个月以上；
b） 用干燥剂防腐时，具体要求如下：放净锅炉内的水，对锅炉内外进行彻底清洗；可选用的干燥剂有氯化钙（$CaCl_2$）、硅胶、生石灰等；按锅炉水、烟道各自的空间，每立方米用干燥剂 1kg～3kg；将干燥剂分装若干布袋分别放入锅炉水、烟道两侧空间，然后将锅炉密闭，使其进入保养状态；
c） 采用干法保养，应每 30d～45d 检查一次，并更换干燥剂；
d） 采用除湿机做干法保养，按除湿机厂家说明书操作。

7.4 深井泵

7.4.1 深井泵运行

7.4.1.1 启动程序

a） 用 500V 级兆欧表对电机电缆绝缘电阻进行测量，绝缘电阻值应不低于 200MΩ；
b） 将水泵出水阀门关闭，但不要全部关死，以便排净扬水管中的空气；
c） 通过变频器启动深井泵，当有水流从水管中流出时，将阀门打开到需要的开度，其流量应该在深井泵额定流量的 0.7 倍～1.2 倍；
d） 启动完毕后应加强监护，观测水位变化，保证电泵在工况范围内运行；
e） 新泵第一次试运转，在正常运行 4h～6h 后应该停机测量热态绝缘电阻，充水式井用深井泵电机的热态绝缘电阻值不应小于 0.5MΩ。同时确保三相电流值平衡，任何一相与三相平均值的偏差不得大于 10%。

7.4.1.2 运行中的注意事项

a） 经常观测电源的电流和电压值，当出现电源电压低于 360V 或电流高于电机额定电流的 20%以上时，应该立即停机检查，处理后方可运行；
b） 定期检查电机对地热态绝缘电阻，确保阻值不小于 0.5MΩ；
c） 对所有的保护装置、电器仪表和启动设备应每月检查一次，确保运行正常；
d） 应定期测量井的水位变化、水泵出水量大小，机组振动和噪音，出现不正常现象应该立即停机，待查明原因后，方可运行；
e） 禁止频繁启动，否则将缩短使用寿命；
f） 深井泵长期不用时，应该把深井泵从井中提出，并经过检验、清洗、擦净后，放在干燥通风的室内保存；
g） 应通过变频器调节深井泵流量、扬程，不得超载运行。

7.4.1.3 有下列情况之一应立即停止运行

a） 额定电压时电流超过额定值；
b） 额定扬程下，流量较正常情况下降低较大；
c） 绝缘电阻低于 0.5MΩ；
d） 动水位降至泵吸入口时；
e） 电气设备及电路不合规定时；
f） 电泵有突然声响或较大的振动时；
g） 保护开关频繁跳闸时。

7.4.2 定期检查

每个采暖季结束后，应将深井泵从井中提出，进行检查。

a） 电机检查：拆下滤水网，旋去深井泵电机上的注水孔和放水孔的螺丝，放出电机内腔的水：如果放出的水颜色无异常，再向电机内腔灌满清水，冲洗内腔，然后灌满干净的清水，旋紧注水孔的螺丝，电机可以继续运行。如果电机内部放出的水颜色异常，则需要对电机进行拆检，若止推轴承、上下导轴承磨损严重，应该及时更换。

b） 深井泵检查：将深井泵上端逆止阀体拆下，用清水清洗泵体内腔，转动水泵，检查其转动部分：如果转动均匀，无卡滞现象，可继续使用。如果转动不均匀，有卡滞现象，则需要拆开水泵检查轴承、叶轮和密封环的磨损情况，如果磨损严重，则需要更换零部件，组装后重新投入使用。

7.4.3 维护保养

a） 每天检查电流电压以及出口压力，每天监测动水位，并做好记录；

b） 深井泵放置于0℃及以下环境中时，必须排净腔内清水，以防冻裂电机；

c） 深井泵长期不使用时，应及时放出电机内清水，表面擦拭干净，涂上防锈油，放在清洁、干燥、无化学腐蚀的场所。

7.5 换热器

7.5.1 运行前的检查

a） 四周夹紧螺栓应均匀夹紧，两压紧板平行度误差不超过2mm；

b） 按1.25倍操作压力分别对地热侧和供热侧进行水压试验，保压20min，设备密封部位应无泄漏现象方可投入使用，试验压力不得超过铭牌试验压力数值；

c） 冷热介质必须进行有效的过滤，避免泥沙或杂物堵塞板片通道；

d） 管路系统的空气应通过放气阀排放，确保传热效果。

7.5.2 运行及停运操作

a） 运行操作：先缓慢打开供热侧冷介质进出口阀门，再缓慢打开地热侧热介质进出口阀门，均应缓慢升压、升温，同时注意排气。根据进出口压力和温度指示，调整阀门达到设定的工艺参数。若发现有轻微渗漏，可在卸压状态下将压紧尺寸减小2mm～3mm后再运行；

b） 停运操作：先关闭地热侧热介质进口阀门，待供热侧冷介质温度降低后，再关闭供热侧冷介质进口阀门，所有阀门的关闭均应快速进行。如果长时间停运，应打开管道最低处的阀门，将设备内的残液排放干净。

7.5.3 运行注意事项

a） 刚运行时可能存在微漏，可不必调整，不久即可消失；若运行1h～2h仍有微漏，则停车后对夹紧螺栓稍加拧紧便可消除；

b） 运行中介质的压力降超过允许值时，应及时查找原因，采取措施处理。若阻力突然升高，一般为入口处有杂物堵塞或有严重的结疤，宜进行反冲洗，效果不明显时则应拆开换热板片进行清扫；

c） 通过分析介质成分或压力变化，判断是否存在两种介质相互串通的情况，若有则应立即停车，查出并更换穿孔或裂纹的板片；

d） 严格控制介质温度与管线压力在允许值范围内，避免密封垫片加速老化及严重泄漏情况发生；

e） 过滤器阻力超过允许值时则应反冲洗，效果不明显时则应更换；将换下的过滤器拆开用蒸汽或压缩空气清扫过滤网；

f） 检查发现换热板束泄漏时，应做好标记，以便拆开后换热板片和密封垫片的迅速更换；

g） 换热器在运行中带有压力的情况下，不允许紧固夹紧螺栓；

h） 紧固换热板片夹紧螺栓时，应严格控制两封头间的板束距离，避免损坏换热板片或密封垫片。

i） 活动封头上的滑动滚轮，应定期加油防止生锈；

j） 若换热器开始运行时出现冷热不均现象，可能是空气未放净、板片加错或通道阻塞，应妥善处理。

7.5.4 拆卸清洗及安装

a） 关闭换热器地热侧进出口阀门；

b） 关闭换热器供热侧进出口阀门；

c） 排掉介质；

d） 用钢尺量出换热片压缩的净尺寸（两块压紧板内面间上、中、下的距离）并记录；

e） 均匀对称地拆除换热器的夹紧螺栓（勿使压紧板倾斜）；

f） 换热器的四角定位螺栓最后拆除；

g） 轻轻活动压紧板，使压紧板与换热片分离；

h） 将压紧板沿轨道推至顶端；

i） 清点换热器片数及纹路，并记录；

j） 轻轻活动换热片，使其各换热片变得松散；

k） 用清水逐片清洗换热片，清洗一片，将该片紧靠活动压紧板，直至最后一片换热片；

l） 如换热片上结垢较多，不能用清水冲洗干净，则将换热板片拆下，用刷子清除水垢，再用清水冲洗干净；

m） 仔细观察换热片和密封垫圈是否损坏，如有损坏，需及时更换；

n） 将清洗好的换热片和密封垫圈按顺序安装在轨道上，安装压紧板至规定尺寸；

o） 对换热器加压至规定压力，检查有无泄漏现象，确认无泄漏后，整理工具，清理清洗现场，完成清洗作业。

7.5.5 在线清洗

a） 在供热系统中换热器供热侧压差达到 0.1MPa 左右时将供热管网的旁通打开；

b） 关闭换热器的供热侧进、出口阀门，打开泄水阀把换热器内的水泄完，打开 Y 型过滤器；

c） 将补水泵调到工频，系统压力达到设定的最高数值时打开换热器供热侧的出口阀门，让供热侧的循环水利用自身的压力对换热器供热侧进行冲洗。冲洗过程中若供热侧压差未降到 0.05MPa 以内，则应反复冲洗。若供热侧压差降到 0.05MPa 以内，则关闭换热器供热侧出口阀门，停止冲洗，恢复供热系统。

7.5.6 维护保养规程

7.5.6.1 日常维护

a） 定期检查换热器地热侧和供热侧的进出口温度、压力及流量满足技术参数；

b） 定期保持设备表面清洁；

c） 检查设备换热板片之间、板片与压紧板、法兰连接的密封性；

d） 检查地脚螺栓与设备是否连接紧固；

e） 检查排水、排气阀门是否能正常工作。

7.5.6.2 定期维护

a） 每半年对螺栓连接部位及螺母外表面涂抹润滑脂；

b） 润滑部位包括：法兰螺栓、地脚螺栓、夹紧螺柱及配套的螺母、滚动装置等。

7.5.6.3 设备拆装后维护

a） 清洗并擦拭上导杆板片悬挂处；

b） 取下夹紧螺柱上的塑料保护套，并用尼龙刷清理螺纹部位的杂物；

c） 所有螺纹连接部位涂抹润滑剂。

7.6 软化水装置

7.6.1 日常检查规范

a） 定期检查射流器及吸盐管路，保证气密性；

b） 确保进水压力应在 0.2MPa～0.6MPa 之间；

c） 确保盐箱内的食盐量满足食盐溶液处于过饱和状态；

d） 确保盐箱底部盐阀无堵塞，必要时进行清洗；

e） 不定期检查软化水水质，使其满足 GB/T 29044—2012《采暖空调系统水质标准》中的要求。

7.6.2 维护保养规范

7.6.2.1 正常使用时的维护保养

a） 定期向盐箱内加固体颗粒食盐（严禁加精盐或加碘盐），必须保证盐箱内食盐溶液处于过饱和状态；

b） 定期对盐箱底部进行清洗，清除杂质。清洗时可打开盐箱底部的排污阀，用清水冲洗直至无杂质流出为止，盐箱的清洗周期应根据固体颗粒食盐的杂质含量来确定；

c） 保证水不被污染，特别是铁离子，不能进入树脂罐内；

d） 保证水中杂质含量少，否则会缩短控制阀寿命；

e） 控制装置应安装在密封罩内，防止受潮和水浸。

7.6.2.2 停用时的维护保养

a） 每年拆卸一次，清理上下布水器及石英砂垫层内的杂质，检查树脂的损耗量和交换能力，更换老化严重的树脂，对于铁中毒的树脂可用盐酸溶液进行复苏；

b） 长期停用前，应对树脂进行一次充分再生，将树脂转换成钠型进行湿法保养，保证树脂温度在1℃～45℃，用盐水浸泡；

c） 在夏季停用时，每月应至少对软水器进行一次冲洗，防止交换罐内树脂发霉、结块。如果发现树脂发霉，可进行灭菌处理；

d） 冬季停用应做好防冻措施，可以把树脂储存于食盐水溶液中，食盐水的浓度要根据气温条件进行配制。

7.7 配电柜及变频器

7.7.1 配电柜使用前检查

a） 柜体内外应干净整洁；

b）电气元件紧固螺钉应牢固，刀开关、低压断路器等操作机构应灵活，无卡滞现象；
c）开关通断应可靠，接触面接触应良好，辅助触点通断应准确可靠；
d）电工指示仪表与互感器的变比、极性应连接正确可靠；
e）母线连接应良好，其绝缘支撑件、安装件及附件应安装牢固可靠；
f）熔断器的熔体规格选用正确，继电器的整定值符合设计要求，动作准确可靠；
g）绝缘电阻摇测，测量母线线间和对地电阻，测量二次线线间和对地电阻，应符合现行国家施工验收规范的规定。在测量二次回路电阻时，不应损坏其他半导体元件，摇测绝缘电阻时应将其断开，绝缘电阻摇測时应做记录；
h）低压开关柜有联络柜双路电源供电时，应进行并列核实相序，并做好核相记录。

7.7.2 配电柜使用

a）根据试送电操作安全程序组织施工人员进行送电操作，并请无关人员远离操作室；
b）由电工按程序逐一送电，并观察电工指示仪表电压、电流空载指示情况，如发现异常声响或局部发热等现象应及时停电进行处理解决；
c）经过空载运行后，可加负荷至全负载进行试运行，经观察电压、电流，随负荷变化无异常现象，经试运行无故障，即可投入正常运行，并做好调试记录；
d）正常运行时应注意各台断路器，经过多次合、分后主触头局部是否烧伤或产生炭类物质，若有应进行处理或更换断路器。

7.7.3 配电柜检查、维护与保养

a）检查前应穿上绝缘鞋，带上绝缘手套；
b）确保配电柜内外干净整洁；
c）确保控制按钮、电压表、电流表、空气开关完好；
d）确保线路不存在老化现象，接线柱无松动；
e）确保运行过程中无异味；
f）若出现电压、电流、频率显示出现异常，应立即停用，上报运行维修部及时维修。

7.7.4 变频器运行操作与检查

a）严格按照使用手册规定的使用方法安装、操作变频器；
b）确保电源电压正常，运行参数在规定的范围内；
c）确保操作面板显示正常，仪表指示正确，无振动、震荡等现象；
d）冷却风扇运转正常，无异常声响；
e）确保变频器及电机无异常噪音、异常振动及过热迹象；
f）确保变频器及引出电缆无过热、变色、变形、异味、噪音等异常情况；
g）确保变频器周围环境符合标准规范。

7.7.5 变频器定期检查注意事项

a）每3～6个月对变频器进行一次定期检查；
b）在定期检查时，先停止运行，切断电源，再打开机壳进行检查。但必须注意，即使切断了电源，主电路直流部分滤波电容器放电也需要时间，须待充电指示灯熄灭后，用万用表等测量，确认直流电压已降到安全电压（直流25V以下）后，再进行检查；
c）确认输入、输出端子和铜排无热变色、变形；

d）确认控制回路端子螺钉紧固；
e）确认输入R、S、T与输出U、V、W端子座无损伤；
f）确认R、S、T和U、V、W与铜排连接牢固；
g）确认主回路和控制回路端子绝缘满足要求；
h）确认电力电缆和控制电缆无损伤和老化变色；
i）污损的地方，用抹布沾上中性化学剂擦拭，用吸尘器吸去电路板、散热器、风道上的粉尘，确保散热性能良好；
j）对长期不使用的变频器，应进行充电试验。充电时，应使用调压器慢慢升高变频器的输入电压直至额定电压，通电时间应在2h以上，可以不带负载，充电试验至少每年一次；
k）对变频器进行绝缘测试：将变频器与外部电路和电机的连接线全部拆开，用导线可靠连接主回路端子R、S、T、P1、P、DB、N、U、V、W，用500V兆欧表对短接线和PE端子进行测试，5MΩ以上属于正常；
l）禁止对控制回路进行绝缘测试。

8 应急处理

8.1 突然停电

a）启动地热站突然停电应急处置方案；
a）关闭电源总开关，关闭各配电柜分开关；
b）如是区域停电，向供电局询问停电原因及恢复时间；
c）通知各用暖单位，并逐级汇报；
d）如果是本站停电，尽快联系专业人员检查维修；
e）电力恢复后，打开总电源开关，依次打开各配电柜分开关；
f）按照初运行操作流程进行操作。

8.2 突然停热

a）启动地热站突然停热应急处置方案；
b）立即分析原因；
c）向区域维修队请求抢修，并及时通知用户；
d）若不是因供热管网爆管停热，则供热管网维持正常压力运行；停热抢修时间较长时，可将循环泵停机，用补水泵维持供热管网系统压力；
e）及时与用热单位和用户沟通，协调市场服务人员积极向用户解释沟通。

8.3 突然停水

a）查明原因；
b）如果是区域停水，向自来水公司询问停水原因及恢复时间，并查看水箱水位，判断能够维持运行时间；如果是本站停水，尽快联系自来水公司检查维修并逐级汇报；
c）恢复供水时间短时，则降低循环泵和补水泵频率，密切关注运行情况，尽可能维持运行，同时汇报相关负责人，安排应急补水措施；当系统回水压力低于最低允许定压值0.1MPa时，停止循环泵等所有设备运行；
d）恢复供水时间长时，及时向区域负责人汇报，协调临时管线补水，保证供暖正常持续。

8.4 换热器突然泄漏

a）如轻微泄漏，可暂时维持运行，待经过一个班组时间观察泄漏是否减小或消失，若泄漏量无变化则通知有关人员处理；

b）如泄漏严重，则关闭换热器、供热侧进出阀门，并通知有关人员检查处理。

9 地热供热系统监控与数据管理

9.1 地热供热系统监控

9.1.1 深井泵和循环泵应采用变频控制装置，运行过程中监测配电总柜的电压、工作电流，变频控制柜显示的泵的工作电流和频率的数据应控制在正常范围内。

9.1.2 地热供热系统应在便于观察到的位置设置监测仪表，运行过程中应监测供暖供回水温度、供回水压力、供回水流量、系统补水量、天然气消耗量、回灌量、地热井动静液位、地热水温度、地热水流量；监测系统总耗电量、热泵机组及水泵耗电量。

9.1.3 各个地热站供暖区域宜选择 10 个～20 个代表性的用户安装温度测量仪表，监测供暖季室内温度参数，同时在室外典型位置安装温度测量仪表，监测室外温度参数。

9.2 数据管理

9.2.1 统一数据格式

监测由专人或某一责任部门来执行和管理。在数据入库前统一格式，便于数据的查询和利用。此项工作由数据库管理人员负责执行。

9.2.2 数据库建设和维护

根据实际情况建立数据库，并及时录入相关数据，数据库由专人或某一责任部门来管理和维护。数据录入数据库后，原始数据妥善保存。主要包含以下几个方面：

a） 地热站的基本信息：如项目名称、投资规模、人员情况、供暖设计能力、当季完全能力、实际供暖能力等；

b） 井的基本信息：如井编号、井位坐标、开钻和完井时间、施工队伍、施工工艺、成井试验数据、验收时间、投入使用时间等；

c） 地热站生产运营数据：如签约面积、实际入网面积、供暖面积、收费面积、成本数据等；

d） 地热站运行数据：各系统管网压力、温度、流量、井液位、回灌数据、用户侧温度、气温、项目运行主要事项记录等。

9.2.3 定期检查

定期检查监测的执行情况和数据质量，提高运行监测和数据管理人员的技术水平，确保通过有效数据分析满足对运行调节的数据需求。

10 培训

10.1 培训要求

运行操作人员上岗前，应经过安全培训和技术培训，建立运行与维护的安全意识，掌握基础暖通知识，熟悉系统运行原理，熟练掌握设备结构、性能、工作原理、操作及维保程序及其注意事项，经考试合格后上岗，司炉工等特殊工种无证不得操作。

10.2 培训内容

安全培训主要内容包括应急处置、安全防护方法。技术培训主要内容是地热站运行原理、负荷计算、操作规程、调节降耗、数据管理，及设备原理、操作、日常维保、故障判断及处理等应知应会知识。

ICS xx. xxx
CCS

NB

中 华 人 民 共 和 国 能 源 行 业 标 准

NB/T 11153—2023

地热双工质发电站设计规范

Code for design of binary geothermal power plants

2023-02-06 发布 2023-08-06 实施

国家能源局 发 布

目 次

前言

根据国家能源局综合司《关于下达2019年能源领域行业标准制（修）订计划及英文版翻译出版计划的通知》（国能综通科技〔2019〕58号）的要求，规范编制组经广泛调查研究，认真总结国内外地热双工质发电站设计、建设、管理方面的实践经验，参考国内相关标准，并在广泛征求意见的基础上，编制本规范。

本规范共分15章，主要技术内容包括：总则、术语、基本规定、站址选择、电站布置、热力系统及设备、辅助系统及设备、热工自动化、回灌系统及设备、站内管道、电气设备及系统、公用工程、消防、环境保护与水土保持、化验与检修等。

本规范由国家能源局负责管理，由中国石油化工集团有限公司提出，由能源行业地热能专业标准化技术委员会负责日常管理，由中国石油工程建设有限公司华北分公司负责具体技术内容的解释。本规范在执行过程中，如发现需要修改和补充之处，请将意见和建议反馈至中国石油工程建设有限公司华北分公司（地址：河北省沧州市任丘市建设路中路3号，邮编：062552）。

本规范主编单位、参编单位、主要起草人和主要审查人：

主编单位：中国石油工程建设有限公司华北分公司

参编单位：当雄县羊易地热电站有限公司
北京华航盛世能源技术有限公司
南京天加热能技术有限公司
中核坤华能源发展有限公司
中国石化集团新星石油有限责任公司

主要起草人：刘亮德 樊梦芳 陈晓林 陈情来 张 泽 况国华 李 健 王志刚 赵丰年
王善民 陈 宇 郭慧军 刘 欣 谢迎春 杨崇岳 马春红 杨 畅 李 云
刘雪梅 郭建慧 王春刚 赵常英 李付勇 张京龙 杜厚金 蒋执俊 刘发安
李 飞

主要审查人：任德刚 王剑波 龚宇烈 张加蓉 周航兵 张炳茂 胡平放 张同秀 赵文成
曾 毅 李宏武

地热双工质发电站设计规范

1 总则

1.0.1 为促进地热资源的开发利用，指导和规范地热双工质发电站设计，做到安全可靠、技术先进、保护环境、经济合理，制定本规范。

1.0.2 本规范适用于新建、改建和扩建的采用有机朗肯循环的水热型地热发电工程设计。

1.0.3 地热双工质发电站设计除应符合本规范外，尚应符合国家现行有关标准的规定。

2 术语

2.0.1

膨胀机 expander

利用工质膨胀降压向外输出机械功发电的机械。包括轴流式透平膨胀机、径向透平膨胀机、螺杆膨胀机等。

2.0.2

机组中间循环系统 intermediate cycle system of power unit

由换热器、循环水泵、补水定压等设施及管道组成，将中介水与地热流体换热，为双工质发电机组提供热量的系统。

2.0.3

回热度 regenerator effectiveness

在回热器中液态工质所吸收的热量，与气态工质降低到液态工质进口温度时所释放的理论热量之比。

2.0.4

冷端系统 cold-end system

冷却膨胀机排气，使膨胀机出口维持较低压力的系统。

2.0.5

发电机组装置区 power (generation) unit area

用于安装有机工质的蒸发器、预热器、膨胀机、回热器、冷凝器、发电机、润滑油站、工质泵、阀门及连接管道的区域。

2.0.6

工质储罐区 working fluid storage tank area

布置工质储罐及工质装卸设施的区域。

2.0.7

常压闪蒸消声器 atmospheric flash silencer

用于降低地热流体放空噪声的设备。

2.0.8

压缩式非冷凝性气体排出装置 compressed non-condensing gas discharge device

采用增压方式排出有机朗肯循环工质中非冷凝性气体的设备，以降低直接排放造成的工质泄漏损失。

3 基本规定

3.0.1 地热双工质发电站应根据当地电力系统规划进行设计，做到远近结合，以近期为主，并宜留有扩建余地；对扩建和改建地热双工质发电站的设计，应取得原有发电机组的原始资料，并应合理利用原有建筑物、构筑物、设备和管道，同时应与原有生产系统、设备和管道的布置、建筑物和构筑物形式相协调。

3.0.2 地热双工质发电站设计应取得地热井试井资料和地热流体化学分析资料，并应取得当地的气象、地质、水文和电力等有关基础资料。

3.0.3 地热双工质发电站的建设规模及单机容量的确定应符合现行国家标准《地热电站设计规范》GB 50791 的规定。

3.0.4 地热双工质发电站的原则性热力系统应根据地热流体参数和组分特征，并结合当地气象条件，经技术、经济比较确定。

3.0.5 地热双工质发电站有机工质的选择，应符合下列规定：

1 热物性应有利于提高地热发电系统热效率；

2 类型宜为干工质或绝热工质；

3 毒性应为无毒或低毒；

4 在最低冷凝温度下的饱和蒸气压宜高于当地大气压；

5 热稳定性应满足最高运行温度要求；

6 环境友好性应符合国家现行有关环保的规定；

7 站址位于城市规划区内时，宜选用非可燃工质。

3.0.6 地热双工质发电站应采取防止有机工质泄漏的措施，工质年泄漏率不宜高于 3%。

3.0.7 当地热双工质发电系统与闪蒸发电系统联合应用时，闪蒸发电系统的设计应符合现行国家标准《地热电站设计规范》GB 50791 的规定。

3.0.8 地热双工质发电站外地热管网的设计应符合现行行业标准《地热管网设计规范》NB/T 10711 的规定。

3.0.9 地热双工质发电站循环冷却水系统应采用消雾节水型设施，并应符合现行国家标准《地热电站设计规范》GB 50791 的规定。

3.0.10 地热双工质发电站的电力系统设计，应符合现行国家标准《地热电站设计规范》GB 50791 及《地热电站接入电力系统技术规定》GB/T 19962 的有关规定。

4 站址选择

4.0.1 地热双工质发电站的站址应根据地热田开发规划，结合电力并网、交通运输、地形、地质、地震、水文、气象、环境保护等因素进行选择。

4.0.2 地热双工质发电站位置的选择应符合下列规定：

1 宜靠近地热生产井或井群；

2 宜有利于电力系统接入；

3 应满足地热流体集输要求；

4 宜布置在地势开阔、不易积存有害气体的地带；

5 扩建端宜留有扩建余地；

6 应有利于减少有害气体、噪声对居住区、村镇、公共福利设施的影响，电站宜位于全年最小频率风向的上风侧。

4.0.3 当采用可燃工质时，地热双工质发电站与周边居住区、工厂、交通线等设施的防火间距，不应小于表 4.0.3 的规定。

表 4.0.3 采用可燃工质的地热双工质发电站与周边设施的防火间距 m

<table>
<tr><th colspan="2" rowspan="3">相邻设施</th><th colspan="3">防火间距（m）</th></tr>
<tr><th rowspan="2">发电机组装置区
（最外侧设备外缘或建筑物的最外轴线）</th><th colspan="2">工质罐区（罐外壁）</th></tr>
<tr><th>液化烃类可燃工质</th><th>甲、乙类液体可燃工质</th></tr>
<tr><td colspan="2">居住区、村镇、公共福利设施</td><td>100</td><td>300</td><td>100</td></tr>
<tr><td rowspan="2">相邻工厂
（围墙或用地边界线）</td><td>一般工厂</td><td>50</td><td>120</td><td>70</td></tr>
<tr><td>石化企业及油库</td><td>40</td><td>90</td><td>60</td></tr>
<tr><td colspan="2">变配电站（围墙）</td><td>40</td><td>80</td><td>50</td></tr>
<tr><td rowspan="2">公路
（路边）</td><td>高速公路、一级公路</td><td>30</td><td>35</td><td>30</td></tr>
<tr><td>其他公路</td><td>20</td><td>25</td><td>20</td></tr>
<tr><td rowspan="2">铁路
（中心线）</td><td>国家铁路线</td><td>35</td><td>55</td><td>45</td></tr>
<tr><td>工业企业铁路线</td><td>30</td><td>45</td><td>35</td></tr>
<tr><td rowspan="2">架空电力线（中心线）</td><td>330kV 以下</td><td rowspan="2">1.5 倍塔杆高度</td><td>1.5 倍塔杆高度且不小于 40m</td><td rowspan="2">1.5 倍塔杆高度</td></tr>
<tr><td>330kV 及以上</td><td>100m</td></tr>
<tr><td colspan="2">Ⅰ、Ⅱ级国家架空通信线路（中心线）</td><td>40</td><td>50</td><td>40</td></tr>
<tr><td colspan="2">埋地输油气管道（管道中心）</td><td>30</td><td>30</td><td>30</td></tr>
<tr><td colspan="2">爆炸作业场地场地围墙</td><td>300</td><td>300</td><td>300</td></tr>
</table>

注 1：液化烃、可燃液体的火灾危险性分类见现行国家标准《石油化工企业设计防火标准》GB 50160。

注 2：括号内指防火间距起止点。

注 3：地面敷设的输油（输气）管道的防火间距，可按埋地输油（输气）管道的规定增加 50%。

4.0.4 当地热双工质发电站站址地势高于周边居住区、村镇、公共福利设施时，应设置安全防护设施。

4.0.5 地热双工质发电站的站址选择除应符合本规范的规定外，尚应符合现行国家标准《建筑设计防火规范》GB 50016 和《小型火力发电厂设计规范》GB 50049 的有关规定。

5 电站布置

5.1 总平面布置

5.1.1 电站各建（构）筑物与场地的平面布置和空间组合，应紧凑合理、功能分区明确，并结合地形、风向等条件，经技术经济比选后确定。

5.1.2 电站的总体布置宜有明确的固定端和扩建端，建（构）筑物宜布置在固定端一侧。

5.1.3 采用非可燃工质的地热双工质发电站，其各系统设备设施、建（构）筑物之间的间距，不应小于表 5.1.3 的规定，并应满足安装、运行和检修的要求。

表 5.1.3 非可燃工质电站各系统设备设施、建（构）筑物之间的最小间距 m

建筑物、构筑物名称		丙、丁、戊类建筑耐火等级		发电机组装置区	屋外配电装置	主变压器或屋外厂用变压器（油重小于10t/台）	机械通风湿式冷却塔	厂内道路（路边）	围墙
		一、二级	三级						
丙、丁、戊类建筑耐火等级	一、二级	10	12	10	10	12	15～30	无出口时为1.5，有出口无引道时为3，有引道时为6	5
	三级	12	14	12	12	15			
发电机组装置区		10	12	—	—	-	15	3	5
屋外配电装置		10	12	—	—		40～60	1.5	—
主变压器或屋外厂用变压器（油重小于10t/台）		12	15	—				—	—
机械通风湿式冷却塔		15～30[a]		15[b]	40～60[c]		—	15	15
厂内道路		无出口时为1.5，有出口无引道时为3，有引道时为6		3	1.5	—	15	—	1
围墙		5		5	—	—	15	1	—

[a] 机械通风冷却塔与控制室等重要建筑物采用30m，与给水泵房、消防泵房等水工建筑为15m，其余建筑物均为20m，且不小于2倍塔的进风口高度。

[b] 机械通风冷却塔是为冷却发电机组中有机工质设置的，当发电机组的电气、仪表的防护等级达到IP65时，可无间距要求。

[c] 在非严寒地区或全年主导风向下风侧采用40m，严寒地区或全年主导风向上风侧采用60m。

5.1.4 采用可燃工质的地热双工质发电站，其各系统设备设施、建（构）筑物之间的间距，不应小于表5.1.4的规定，并应满足安装、运行和检修的要求。

表 5.1.4 可燃工质电站各系统设备设施、建（构）筑物之间的最小间距 m

建筑物、构筑物名称	站内重要设施	辅助生产设施	工质储罐			发电机组装置区	屋外配电装置	主变压器或屋外厂用变压器（油重小于10t/台）	机械通风湿式冷却塔	厂内道路（路边）		围墙
			液化烃（$100m^3 \leqslant V \leqslant 500m^3$）	液化烃（$V \leqslant 100m^3$）	可燃液体（$V \leqslant 500m^3$）					主要	次要	
站内重要设施	—	10	70	55	35	40	10	12	15～30[a]	无出口时为1.5，有出口无引道时为3，有引道时为6		5
辅助生产设施	10	—	60	45	30	35	10	12	15～20[b]			5

表 5.1.4 可燃工质电站各系统设备设施、建（构）筑物之间的最小间距（m）（续）

<table>
<tr><th colspan="2" rowspan="3">建筑物、构筑物名称</th><th rowspan="3">站内重要设施</th><th rowspan="3">辅助生产设施</th><th colspan="3">工质储罐</th><th rowspan="3">发电机组装置区</th><th rowspan="3">屋外配电装置</th><th rowspan="3">主变压器或屋外厂用变压器（油重小于 10t/台）</th><th rowspan="3">机械通风湿式冷却塔</th><th colspan="2">厂内道路（路边）</th><th rowspan="3">围墙</th></tr>
<tr><th rowspan="2">液化烃（$100m^3 \leqslant V \leqslant 500m^3$）</th><th rowspan="2">液化烃（$V \leqslant 100m^3$）</th><th rowspan="2">可燃液体（$V \leqslant 500m^3$）</th><th rowspan="2">主要</th><th rowspan="2">次要</th></tr>
<tr></tr>
<tr><td rowspan="3">工质罐区</td><td>液化烃（$100m^3 \leqslant V \leqslant 500m^3$）</td><td>70</td><td>60</td><td colspan="3" rowspan="3">—</td><td>50</td><td colspan="2" rowspan="3">40</td><td rowspan="3">15</td><td rowspan="3">15</td><td rowspan="3">10</td><td rowspan="2">30</td></tr>
<tr><td>液化烃（$V \leqslant 100m^3$）</td><td>55</td><td>45</td><td>40</td></tr>
<tr><td>可燃液体（$V \leqslant 500m^3$）</td><td>35</td><td>30</td><td>25</td><td>25</td></tr>
<tr><td colspan="2">发电机组装置区</td><td>40</td><td>35</td><td>50</td><td>40</td><td>25</td><td>—</td><td colspan="2">15</td><td>15</td><td colspan="2">3</td><td>25</td></tr>
<tr><td colspan="2">屋外配电装置</td><td>10</td><td>10</td><td colspan="3" rowspan="2">40</td><td rowspan="2">15</td><td colspan="2" rowspan="2">—</td><td rowspan="2">40～60[c]</td><td colspan="2">1.5</td><td>—</td></tr>
<tr><td colspan="2">主变压器或屋外厂用变压器（油重小于 10t/台）</td><td>12</td><td>12</td><td colspan="2">—</td><td>—</td></tr>
<tr><td colspan="2">机械通风湿式冷却塔</td><td>15～30</td><td>15～20</td><td colspan="3">15</td><td>15</td><td colspan="2">40-60</td><td>—</td><td colspan="2">15</td><td>15</td></tr>
<tr><td rowspan="2">厂内道路（路边）</td><td>主要</td><td colspan="2" rowspan="2">无出口时为 1.5，有出口无引道时为 3，有引道时为 6</td><td colspan="3">15</td><td rowspan="2">3</td><td colspan="2" rowspan="2">1.5</td><td rowspan="2">15</td><td colspan="2" rowspan="2">—</td><td rowspan="2">1</td></tr>
<tr><td>次要</td><td colspan="3">10</td></tr>
<tr><td colspan="2">围墙</td><td>5</td><td>5</td><td colspan="2">30</td><td>25</td><td>25</td><td>—</td><td>—</td><td>15</td><td colspan="2">1</td><td>—</td></tr>
</table>

[a] 机械通风湿式冷却塔与控制室等重要建筑物采用 30m，与消防泵房等水工建筑的重要设施为 15m，且不小于 2 倍塔的进风口高度。

[b] 机械通风湿式冷却塔与给水泵房等水工建筑为 15m，其余建筑物均为 20m，且不小于 2 倍塔的进风口高度。

[c] 在非严寒地区或全年主导风向下风侧采用 40m，严寒地区或全年主导风向上风侧采用 60m。

5.1.5 地热双工质发电站的构筑物基础顶面标高应至少高出周围地坪 0.15m。

5.1.6 发电机组装置区、工质储罐区、装卸区应与辅助生产区、办公区分开布置。其中可燃工质地热双工质发电站的辅助生产区和办公区必须单独成区且用 2m 高不燃烧实体围墙与发电机组装置区、工质储罐区、装卸区分开。

5.1.7 地热双工质发电站周边应设置不低于 2.2m 高的实体围墙。

5.1.8 当地热双工质发电站采用阶梯式竖向设计时，阶梯间应有防止泄漏可燃工质液体漫流的措施。

5.1.9 可燃工质地热双工质发电站的生产区应设置环形消防车道；当储罐总容积小于 $300m^3$ 时，可设置尽头式消防车道和回车场，且回车场面积不应小于 12m×12m。消防车道宽度不应小于 4m，消防车道净空高度不应小于 5m。消防道路转弯半径不应小于 9m，纵向坡度不宜小于 8%。

5.1.10 站内绿化应符合下列规定：

（1）生产区不应种植含油脂较多的树木，宜选择含水分较多的树木；

（2）工质储罐区内不应绿化；

（3）站内绿化不应妨碍消防操作。

5.2 工艺设施的布置

5.2.1 电站工艺设施的布置应确保设备安装、操作运行、维护检修的安全和方便，并应使各种管线流程短捷、结构简单，使场地和建筑物内的空间使用合理、紧凑。

5.2.2 采用可燃工质的双工质发电系统设备应采用露天或半露天布置。

5.2.3 工质储罐区和发电机组装置区应布置在人员集中场所的全年最小频率风的上风侧。

5.2.4 冷却塔、直接空冷冷凝器宜垂直于最大频率风向布置。

5.2.5 机械通风湿式冷却塔、蒸汽放喷装置宜布置在室外装置和主要建筑物的全年最小频率风向的上风侧。机械通风湿式冷却塔宜布置在发电机组装置区或主厂房全年主导风向的下风侧。

5.2.6 地热双工质发电站内所有高位布置的辅助设施及监测、控制装置和管道阀门等需要操作和维修的场所，应设置方便操作的安全平台和扶梯。阀门可设置传动装置引至地面进行操作。

5.2.7 地热双工质发电站内操作地点和通道的净空高度不应小于 2m，并应符合起吊设备操作高度的要求。

5.2.8 布置在室内的发电机组，应设置将发电机组配套油箱存储的油品排放到室外的事故油罐（池）的排放管。排放管上的阀门应装设在安全和便于操作的地点。

5.2.9 可燃工质钢瓶应存放于专用房间内。

5.3 辅助房间的布置

5.3.1 地热双工质发电站控制室应符合下列要求：

1 应至少设置 1 个直通室外的出入口，设置的门应向室外开启；

2 宜采用隔声门窗；

3 宜布置在采光较好、噪声和振动影响较小的位置。

5.3.2 地热双工质发电站应设置变配电室、空压机房、应急发电机房、UPS 间、检修车间、加药化验室等生产辅助房间；宜设置休息室或值班室、卫生间等生活间。

5.3.3 化验室应布置在采光较好、噪声和振动影响较小处，并宜取样方便。

6 热力系统及设备

6.1 机组设备

6.1.1 地热双工质发电机组的台数选择应结合电站建设规模、成熟机型的单机容量，并综合考虑输出电力负荷的波动、占地面积等因素确定。

6.1.2 地热双工质发电机组的参数应符合下列规定：

1 应按年运行期内的平均气象条件确定，并应校核月最高平均气象参数、月最低平均气象参数的性能；

2 应根据地热流体焓值、温度，冷却条件，并结合工质和设备特性确定；

3 发电机额定功率宜为装机容量的1.1倍～1.2倍，且应满足月最低平均气象参数下的膨胀机出力。

6.1.3 地热双工质发电机组的选型应符合下列规定：

1 宜综合考虑可靠性、效率、成本、泄漏率，经技术经济比选确定；

2 应选用高效、低噪声、低振动、低维护率的设备；

3 可选择轴流透平、径向透平和螺杆式膨胀机；

4 多台机组时，宜选择容量和型式相同的膨胀机。

6.1.4 膨胀机润滑油及密封油系统的设置应符合下列规定：

1 应设置润滑油、密封油供应系统和废油排放系统；

2 应能保证膨胀机、发电机所需的流量、压力、温度要求；

3 应具有保证机组安全停运的措施；

4 润滑油系统应设置备用油泵；

5 室外安装的发电机组应设置油箱加热器。

6.1.5 发电机的选择应符合下列规定：

1 发电机和膨胀机的容量选择应相互协调；

2 在腐蚀性气体环境中工作的发电机不宜采用开启式空气冷却；

3 在腐蚀性气体环境中工作的开启式膨胀机组的发电机应设置正压过滤送风装置；

4 露天安装的发电机应满足环境条件要求；

5 同步发电机及其励磁系统的选型和技术要求应分别符合现行国家标准《隐极同步发电机技术要求》GB/T 7064、《同步电机励磁系统》GB/T 7409及《中小型同步电机励磁系统 基本技术要求》GB 10585的有关规定。

6.1.6 蒸发器和预热器的选择及布置应符合下列规定：

1 蒸发器的设计热负荷应为机组额定工况下计算负荷的1.15倍～1.25倍。

2 地热流体流经蒸发器和预热器时，宜走管程，且管箱应采用可开启结构；

3 蒸发器的夹点温差不宜大于10℃；

4 蒸发器和预热器材料应按照介质参数和腐蚀、结垢特性选取；

5 以地热蒸汽为热源的蒸发器管程应采取不凝气体排放措施；

6 蒸发器的工质蒸气出口应采取消除携带液滴的措施；

7 预热器工质进出口应采用低进高出布置，预热器不宜高于蒸发器。

6.1.7 当蒸发器凝结水需要加压时，应设置凝结水泵，凝结水泵的选择应符合下列规定：

1 凝结水泵类型应根据凝结水的水质、流量、扬程等参数确定；

2 凝结水泵宜与蒸发器采用单元制配置，可不设备用；

3 凝结水泵的耐温应不低于蒸发器出口处凝结水可能出现的最高温度；

4 凝结水泵的流量不应小于蒸发器凝结水最大排水流量；

5 凝结水泵扬程应满足预热器进口压力需求。

6.1.8 当设置回热器时，回热器的选择和布置应符合下列规定：

1 回热器的回热度不宜低于0.3；

2 回热器宜采用全焊接式换热器，气相工质应走壳程。

6.1.9 地热双工质发电系统可采用直接空冷冷凝器或水冷冷凝器，当有以下情况之一时宜采用直接空冷冷凝器：

1 干旱指数大于3.0的水资源匮乏地区；

2 对开式冷却塔飘雾景观影响敏感的地区；

3 冬季易发生开式冷却塔冰冻问题的地区。

6.1.10 直接空冷冷凝器的配置和选型应符合下列规定：

1 设计冷却负荷应为机组额定工况下计算负荷的 1.1 倍～1.2 倍；

2 空气温升不宜大于 10℃，接近温差不宜小于 10℃；

3 管束安装高度、坡度应能保证管束内工质全部排出，排凝坡度不宜小于 1:100；

4 工质过冷度不宜高于 1℃；

5 宜采用引风式空冷器，风机数量应满足负荷调节和检修要求；其技术性能应符合现行行业标准《空冷式热交换器》NB/T 47007 的规定。

6.1.11 水冷冷凝器的配置和选型应符合下列规定：

1 设计冷却负荷应为机组额定工况下计算负荷的 1.1 倍～1.2 倍；

2 端差不宜大于 5℃；

3 技术性能应符合现行国家标准《热交换器》GB/T 151 的规定。

6.1.12 工质泵的配置和选型应符合下列规定：

1 工质泵密封方式和密封材料应与有机工质相匹配；

2 工质泵应采用变频调节；

3 工质泵的台数应满足负荷调节要求，可不设备用；

4 工质泵的安装布置应满足必须汽蚀余量的要求。

6.2 地热流体系统及设备

6.2.1 地热流体系统应采用闭式系统，地热尾水应科学回灌。

6.2.2 地热流体的进、出站阀组的设置应符合下列规定：

1 地热流体进、出站管道均应设置阀门，阀门应为双向密封阀门；

2 当两条以上单井管线在站内汇集时，宜设置地热流体汇集设施及阀门。

6.2.3 发电机组的地热水进口管道应装设过滤器，过滤器滤网的设置宜符合下列规定：

1 过滤器台数不宜少于 2 台；

2 滤网网孔直径不宜大于 5mm。

6.2.4 发电机组的地热水进口管道和出口管道之间应设置装设调节阀的旁路，调节阀应为自动调节。

6.2.5 发电机组的地热流体进口、出口管道高点应设置不凝气体排放口，并应引至安全位置。

6.2.6 当地热流体的水质不能满足直接进入机组蒸发器的要求时，应设置机组中间循环系统。

6.2.7 地热流体的预处理的设计应符合现行行业标准《地热管网设计规范》NB/T 10711 的有关规定。

6.3 机组中间循环系统及设备

6.3.1 机组中间循环系统应采用闭式循环。

6.3.2 换热器的配置应符合下列规定：

1 换热器台数不宜少于 2 台，可不设备用；

2 换热器的设计换热负荷应按机组计算负荷的 1.15 倍～1.25 倍确定。

6.3.3 当采用板式换热器时，地热水侧宜设置反冲洗措施。

6.3.4 换热器地热水进口管道和出口管道之间应设置装设调节阀的旁路，调节阀宜为自动调节。

6.3.5 循环泵宜设置在换热器进口侧，其配置应符合下列规定：

1 循环泵的台数不应少于 2 台；

2 循环泵的总额定流量不应小于机组在额定功率下的中介水循环水量的 1.1 倍；

3 循环泵的扬程不应小于换热器、蒸发器、预热器、中间循环管路的阻力损失之和。

6.3.6 换热器地热水进口处应装设过滤器，滤网网孔直径不宜大于 1mm。

6.3.7 机组中间循环系统应设置补水定压装置，补水定压点宜设置在循环泵的进口侧。

6.3.8 机组中间循环系统的补水水质硬度不应高于 0.6mmol/L，当超过时应设置补水软化处理设施。

7 辅助系统及设备

7.1 工质储存和装卸系统

7.1.1 地热双工质发电站宜设置工质储罐，工质储罐应为地上钢制压力储罐。

7.1.2 工质储罐数量不宜少于 2 个，单罐容积不应大于 $200m^3$。工质储罐的总容积不宜小于机组泄漏补充量和系统最大隔离空间内工质体积之和，且可燃工质储罐总容积不应大于 $500m^3$。

7.1.3 工质储罐区的设计应符合下列规定：

1 可燃工质储罐之间的防火距离应根据火灾危险性分类和储罐型式确定，并应符合现行国家标准《石油化工企业设计防火标准》GB 50160 的有关规定；

2 可燃工质储罐应设置防火堤（墙），防火堤的设计应符合现行国家标准《石油化工企业设计防火标准》GB 50160 的有关规定；

3 非可燃工质储罐应设置防护墙。防护墙内的有效容积不应小于罐组内一个最大储罐的容积；

4 非可燃工质储罐的间距应满足维护、操作所需要的空间。

7.1.4 可燃工质钢瓶总容积不应大于 $4m^3$。可燃工质钢瓶存储间的设计应符合现行国家标准《液化石油气供应工程设计规范》GB 51142 的有关规定。

7.1.5 地热双工质发电站应设置工质装卸系统实现工质注入和回收功能，下列情况下宜设置固定式工质装卸系统：

1 采用可燃或低毒工质；

2 工质价格较高；

3 工质在当地环境温度下饱和蒸气压高于大气压。

7.1.6 工质装卸系统的设计应符合下列规定：

1 宜设置工质装卸泵，装卸泵应布置在防火堤或防护墙外；

2 工质注入和回收点宜选择在系统的低点。

7.2 有机朗肯循环不凝性气体排放系统

7.2.1 发电机组宜设置有机朗肯循环不凝性气体排放系统。

7.2.2 有机朗肯循环不凝性气体排放系统的设计应符合下列要求：

1 不凝气排出口宜设置在冷凝器高点；

2 宜采用压缩式非冷凝性气体排出装置。

7.3 仪表风系统

7.3.1 仪表风系统气源宜采用压缩空气。

7.3.2 压缩空气气源吸入口宜位于相对于地热不凝气体排放点全年最小频率风向的下风侧，并应避免吸入易燃、易爆、有毒及腐蚀性气体。

7.3.3 空气压缩机宜选用风冷式空气压缩机。当用于多风沙地区时，空气压缩机应有较好的防尘保护措施。

7.3.4 压缩空气站和压缩空气管道的设计应符合现行国家标准《压缩空气站设计规范》GB 50029 的规定。

7.3.5 压缩空气气源应符合现行国家标准《工业自动化仪表气源压力范围和质量》GB/T 4830 的规定。
7.3.6 仪表风系统的设计应符合现行行业标准《仪表供气设计规定》HG/T 20510 的规定。

7.4 地热流体防垢工艺及系统

7.4.1 当地热流体具有结垢倾向时，应采取控制地热水温降和压降的工艺防垢措施。当工艺防垢措施不能满足要求时，可采取化学防垢措施。
7.4.2 工艺防垢措施宜符合下列规定：
1 地热双工质发电站的尾水温度不宜低于硅垢的生成温度；
2 地热流体泄放阀门宜设置在泄放管线的末端；
3 采用机械排采的地热井可采取提高地热水系统压力的措施。
7.4.3 化学防垢措施应符合下列规定：
1 地热流体防垢药剂类型和药剂投加量应经药剂筛选实验确定；
2 地热流体防垢药剂耐温性能应满足地热流体温度要求；
3 地热水阻垢剂应为环境友好型分散聚合物；
4 加药系统的药剂储存量不宜少于电站 7 天的药剂需求量。
7.4.4 化学防垢加药点的位置应符合下列规定：
1 当在井筒内加药时，加药点的位置应在井筒内地热水闪蒸点以下；
2 当在地面系统加药时，加药点应设置在换热器地热流体进口管道侧。
7.4.5 化学防垢加药设施应符合下列规定：
1 宜设置全自动地热水加药装置；
2 加药泵宜选用隔膜泵，并应设置备用泵。

8 热工自动化

8.1 一般规定

8.1.1 地热管网宜与地热双工质发电站共用一套监测与控制系统。
8.1.2 地热双工质发电站的控制系统宜采用分散控制系统（DCS）或可编程逻辑控制器（PLC），装机容量大于 6MW 的电站控制系统宜冗余设置。
8.1.3 地热双工质发电站仪表与控制系统应选择技术先进、质量可靠的设备和元件。关键监测点宜采用 3 选 2，或 2 选 1 的冗余设计。
8.1.4 地热双工质发电站的电气系统及电力网络控制宜独立设置，其监测和控制方式宜与热工仪表和控制协调一致。
8.1.5 腐蚀性气体环境的地热双工质发电站应根据工作环境腐蚀强度确定控制系统和电子部件的腐蚀防护类型。
8.1.6 地热双工质发电站发电机组装置区、工质储罐区、升压站和操作阀组区宜安装工业电视监控系统。
8.1.7 设立远程物联网平台的电站，应配备专用的工业级防火墙。

8.2 监测

8.2.1 装机容量大于 6MW 的地热双工质发电站装设的监测参数仪表应符合表 8.2.1 的规定。

表 8.2.1 地热双工质发电站装设监测参数仪表

	监测项目	监测仪表		
		指示	积算	记录
双工质发电机组	地热流体流量	√	√	√
	蒸发器地热流体侧进、出口温度	√	—	√
	蒸发器地热流体侧进口压力	√	—	√
	蒸发器地热流体侧进出口压差	√	—	√
	预热器地热流体侧出口温度	√	—	√
	预热器地热流体侧进出口压差	√	—	√
	蒸发器凝结水液位	√	—	√
	凝结水泵出口压力	√	—	√
	预热器工质侧进、出口温度	√	—	√
	蒸发器蒸发温度、压力	√	—	√
	蒸发器工质侧液位	√	—	√
	蒸发器地热流体侧不凝气体排放温度	√	—	√
	膨胀机进口压力	√	—	√
	膨胀机出口温度、压力	√	—	√
	冷凝器工质侧出口温度	√	—	√
	水冷冷凝器循环冷却水进、出口温度	√	—	√
	冷凝器热井液位	√	—	√
	工质泵进、出口压力	√	—	√
	发电机组转速	√	—	√
	发电机组轴振动	√	—	√
	发电机组轴温	√	—	√
	发电机绕组温度	√	—	√
	发电机冷却风温	√	—	√
	发电机冷却水温	√	—	√
	润滑油及密封油压力	√	—	√
	润滑油箱液位	√	—	√
	工质泵运行状态	√	—	√
	凝结水泵运行状态	√	—	√
	润滑油泵运行状态	√	—	√
	密封油泵运行状态	√	—	√
机组中间循环系统	地热流体流量	√	√	√
	换热器地热流体进、出口温度	√	—	√
	换热器地热流体进口压力	√	—	√
	换热器地热流体进、出口压差	√	—	√

表 8.2.1 地热双工质发电站装设监测参数仪表（续）

监测项目		监测仪表		
		指示	积算	记录
机组中间循环系统	过滤器进、出口压差	√	—	√
	换热器中介水进、出口温度	√	—	√
	循环泵运行状态	√	—	√
回灌系统	回灌泵进、出口汇管压力	√	—	√
	回灌泵进口汇管温度	√	—	√
	回灌过滤器进、出口压差	√	—	√
	回灌泵运行状态	√	—	√
仪表风系统	仪表风压力	√	—	√
	空气压缩机运行状态	√	—	√
循环冷却水系统	循环冷却水泵出口压力	√	—	√
	循环冷却水泵运行状态	√	—	√
	冷却塔水池液位	√	—	√
环境参数	大气压力	√	—	√
	大气温度	√	—	√
	相对湿度	√	—	√

8.2.2 装机容量大于 6MW 的地热双工质发电站的报警信号应符合表 8.2.2 的规定。

表 8.2.2 地热双工质发电站装设报警信号表

报警项目名称	报警信号		
	设备故障停运	参数过高	参数过低
蒸发器地热流体进、出口压差	—	√	—
预热器地热流体进、出口压差	—	√	—
蒸发器工质液位	—	√	√
蒸发器蒸发压力	—	√	—
膨胀机排气温度	—	√	—
膨胀机排气压力	—	√	—
膨胀机进气压力	—	—	√
膨胀机转速	—	√	√
膨胀机轴振动	—	√	√
发电机轴振动	—	√	—
发电机三相绕组温度	—	√	—
发电机冷却水泄漏液位	—	√	—
发电机冷却风温度	—	√	—
发电机差动保护	—	√	—
冷凝器热井液位	—	√	√

表 8.2.2 地热双工质发电站装设报警信号表（续）

报警项目名称	报警信号		
	设备故障停运	参数过高	参数过低
工质泵进口压力	—	√	√
工质泵出口压力	—	√	—
工质泵电机绕组温度	—	√	—
工质泵	√	—	—
凝结水泵	√	—	—
润滑油箱液位	—	√	√
润滑油泵出口压力	—	—	√
润滑油过滤器进、出口压差	—	√	—
润滑油温度	—	√	√
润滑油泵	√	—	—
密封油箱液位	—	√	√
膨胀机密封油进、出口温度	—	√	√
膨胀机密封油进口压力	—	√	√
膨胀机密封油进、出口压差	—	√	√
密封油泵	√	—	—
中间循环系统循环泵	√	—	—
循环冷却水泵出口压力	—	√	√
循环冷却水泵	√	—	—
冷却塔水池液位	—	—	√
仪表风管网压力	—	—	√
空气压缩机	√	—	—
地热水过滤器进、出口压差	—	√	—
回灌泵进口汇管压力	—	—	√
回灌泵进口汇管温度	—	√	—
回灌泵出口汇管压力	—	√	—
加药装置	√	—	—

注：表中符号："√"为需装设，"—"为可不装设。

8.2.3 地热双工质发电站应计量下列项目，以满足经济核算的需求：

（1）地热流体的流量计量；

（2）地热发电站厂用变总耗电量；

（3）发电量计量；

（4）总耗水量。

8.2.4 采用可燃工质的膨胀机、工质泵动密封处应设置可燃气体探测器，并应将信号上传至控制系统。

8.2.5 当地热流体不凝气体含有硫化氢时，应在站内可能发生泄漏并积聚的场所设置有毒气体探测器，并应将信号上传至控制系统。

8.3 控制

8.3.1 地热双工质发电站的启动、停止及运行宜由站控系统进行集中控制。

8.3.2 地热双工质发电站应设置负荷自动调节。

8.3.3 发电机组应设置蒸发器蒸发压力及液位自动调节。

8.3.4 发电机组应设置冷凝器冷却负荷自动调节。

8.3.5 工质泵流量低于最低冷却流量时，应联锁调节工质回流旁路。

8.3.6 地热双工质发电站应设置以下停机保护：

1 机组超速保护；

2 膨胀机进气压力过低保护；

3 膨胀机排气压力过高保护；

4 润滑油压过低保护；

5 轴承振动过大保护；

6 发电机绕组温度过高保护。

9 回灌系统及设备

9.0.1 地热双工质发电站回灌系统的设计应以取得的回灌能力评价报告为依据。

9.0.2 回灌加压泵前应设置过滤器，过滤器过滤精度应满足回灌泵安全运行要求及回灌地层对水质的要求。

9.0.3 当回灌系统设置加压泵时，加压泵应设置于排气和过滤设施后，加压泵的选择应符合下列要求：

1 加压泵宜采用离心泵，台数不应少于 2 台，其中 1 台备用；

2 加压泵宜选用调速泵，承压和耐温性能应满足其最高工作参数要求；

3 加压泵与地热水接触的部件应采用耐磨，耐腐蚀材料；

4 运行加压泵的总流量不应小于设计地热水出站流量的 1.1 倍；

5 加压泵的扬程不应小于在设计地热水出站流量下按式（9.0.3）的计算结果：

$$H = 0.1(P_i + \Delta P - p) + \Delta h \qquad (9.0.3)$$

式中：

H——加压泵计算扬程，m；

P_i——回灌井井口压力，kPa；

ΔP——回灌管线阻力损失，kPa；

Δh——回灌管线终点与加压泵出口的高程差，m；

p——加压泵最低进口压力，kPa。

9.0.4 回灌系统过滤设施和加压泵均应设置地热水过流旁路。

9.0.5 地热双工质发电站其他回灌技术要求应符合现行行业标准《地热回灌技术要求》NB/T 10099 的有关规定。

10 站内管道

10.1 地热流体管道

10.1.1 地热流体管道的设计流量应符合下列规定：

1 地热水管道的设计流量应根据管道承担的热负荷和地热水进出站温度计算确定；

2 地热蒸汽管道的设计流量应根据该管道承担的热负荷和地热蒸汽的饱和温度、干度确定。

10.1.2 地热流体的管径应经水力计算确定，管道计算流速宜符合下列规定：

1 地热水管道的计算流速宜取 1m/s～3m/s；

2 地热蒸汽管道的计算流速宜取 15m/s～30m/s。

10.1.3 地热流体管道的设计压力和设计温度应符合下列要求：

1 回灌加压泵前地热水管道的设计压力不应小于地热水进站压力；

2 回灌加压泵后地热水管道的设计压力不应小于回灌加压泵出口阀门关闭情况下可能出现的最高压力；

3 地热蒸汽管道的设计压力不应小于地热蒸汽进站温度下的饱和压力；

4 地热流体管道的设计温度不应小于地热流体的最高工作温度。

10.1.4 设计温度大于 100℃的地热流体管道应按照现行国家标准《压力管道规范 工业管道》GB/T 20801 的规定进行柔性分析。

10.1.5 管道的热膨胀宜采用自然补偿，当自然补偿不能满足要求时，应设置补偿器。

10.1.6 地热流体管道的布置和敷设应符合下列要求：

1 地热蒸汽管道应采用地上敷设，地热水管道宜采用地上敷设；

2 不宜横跨在发电机组等设备的上方；

3 穿越人员通道上方时，与通道地面的净高不应小于 2m；

4 跨越场区道路时，净空高度应满足车辆通行的要求；

5 穿越人员通道和跨越场区道路时，在通道和道路上方不宜设置阀门及易发生泄漏的管道附件。

10.1.7 管道及附件选材应根据地热流体的化学成分，按其腐蚀、结垢特性，经技术经济比选后确定。具体要求应符合现行行业标准《地热管网设计规范》NB/T 10711 的有关规定。

10.1.8 地热流体管道宜有合理的坡度，在管道的低点宜装设排放阀，在管道的高点宜装设放气阀。

10.1.9 不凝气体排放管道不应存在袋状管段，且壁厚不应小于 4mm。

10.1.10 凝结水泵入口应设置外排旁路，外排旁路应引至常压闪蒸消声器。

10.2 工质管道

10.2.1 工质管道的设计流量应根据年运行期平均气象条件下机组额定功率热力计算确定。

10.2.2 工质管道的管径应经水力计算确定，管道计算流速宜符合下列规定：

1 液相工质管道的计算流速宜取 1m/s～2m/s；

2 气相工质管道的计算流速宜取 10m/s～20m/s。

10.2.3 工质管道的设计压力和设计温度应符合下列规定：

1 工质泵出口至膨胀机进口管道设计压力应取工质泵在额定转速特性曲线最高点对应的压力与工质泵入口压力之和；

2 膨胀机出口至工质泵入口管道设计压力应取其最高工作压力，且不应小于 0.1MPa；

3 预热器出口至膨胀机入口管道设计温度应取蒸发器出口最高工作温度；

4 膨胀机排气管道设计温度应取最高排气温度；

5 有回热器时，冷凝器出口至预热器进口管道设计温度应取回热器出口工质最高工作温度；

6 无回热器时，冷凝器出口至预热器进口管道设计温度应取冷凝器出口工质最高工作温度。

10.2.4 工质管道旁路的设置宜符合下列规定：

1 膨胀机进口前应设置工质旁路，旁通管道应设置自动调节阀门；

2 工质泵进出管道应设置回流旁路，旁通管道上应设置自动调节阀；

3 回热器的液态工质进出口之间宜设置旁路，旁通管道宜设置自动阀门。

10.2.5 当蒸发器、冷凝器的工质侧无安全阀时，与其连接的气相工质管路上应设置安全阀。

10.2.6 有机工质管道除与设备、阀门、附件可采用法兰连接外，其余宜采用氩弧焊打底的焊接连接。

10.2.7 有机工质管道的附件应满足下列要求：

1 不应采用板式平焊法兰和活套法兰；

2 法兰垫片应与工质的特性相适应，材料不应被工质溶胀；

3 有机工质管道阀门应选用金属密封阀门。

10.2.8 连接蒸发器与膨胀机的有机工质管道应设置坡向蒸发器的坡度。

10.2.9 有机工质管道的布置和敷设除应符合本规范10.1.6的相关规定外，还应在系统管道低点设置工质回收泄放管路，且管道的布置不宜出现袋状管段。

10.3 其他辅助管道

10.3.1 仪表风管道应符合下列规定：

1 仪表风管道宜采用架空敷设，场区架空压缩空气管道，应考虑热补偿；

2 仪表风管道内空气流速宜为3m/s～5m/s；

3 仪表风管道的材料宜为不锈钢。

10.3.2 加药管道的材料宜采用不锈钢。

11 电气设备及系统

11.0.1 地热双工质发电站应结合站场环境、生产工艺特点和运行管理进行电气设备及系统设计。

11.0.2 腐蚀性气体环境工作的电气设备应符合下列规定：

1 应采用正压通风柜；

2 电缆和电缆接头应采取防腐蚀措施；

3 宜布置于主导风向的上风侧。

11.0.3 可燃工质的管道在下列部位应设静电接地设施：

1 进出发电机组装置、工质储罐处；

2 工质卸车阀组处；

3 工质泵及泵入口永久过滤器等。

11.0.4 可燃工质发电机组装置区的电缆沟应采取防止可燃工质聚集的措施。

11.0.5 可燃工质区域的电气设备的选择和线路敷设应符合现行国家标准《爆炸危险环境电力装置设计规范》GB 50058的有关规定。

11.0.6 地热双工质发电站内建（构）筑物的防雷措施应按《交流电气装置的过电压保护和绝缘配合设计规范》GB/T 50064的有关规定执行。

11.0.7 地热双工质发电站内其他电气设备及系统的设计，应按现行国家标准《地热电站设计规范》GB 50791的有关规定执行。

12 公用工程

12.1 建筑与结构

12.1.1 地热双工质发电站建（构）筑物的火灾危险性分类和耐火等级应符合表12.1.1的规定。

表 12.1.1 建（构）筑物的火灾危险性分类和耐火等级

建（构）筑物名称	火灾危险性	耐火等级
可燃工质钢瓶存储间	甲	二级
主厂房（非可燃工质）	丁	二级
循环水泵房	戊	二级
消防泵房	戊	二级
控制室	丁	二级
加药化验间	戊	二级
消防车库	丁	二级
空压机房（无润滑油或不喷油螺杆式）	戊	二级
变配电室（设备装油量大于 60kg）	丙	二级
变配电室（设备装油量不大于 60kg）	丁	二级
检修车间	戊	二级
一般材料库房	戊	二级
生活污水处理站	戊	二级
消防水池	戊	二级
冷却塔	戊	三级

12.1.2 建筑物的大门位置、高度、宽度的设置应满足相关设备安装检修的要求，当不能满足时，应设置安装洞。

12.1.3 防火堤应采用不燃烧材料建造，且必须密实、闭合、不泄漏。防火堤的设计应满足《储罐区防火堤设计规范》GB 50351 的相关规定。

12.1.4 钢结构构件的设计耐火极限应根据建筑的耐火等级，按现行国家标准《建筑设计防火规范》GB 50016 的规定确定。当耐火极限经验算低于设计耐火极限时，应采取防火保护措施。

12.1.5 建筑物结构选型、布置宜规则对称，并应满足工艺安装、生产、检修的要求。电站内建筑物平面布置的柱网、开间、进深等定位轴线尺寸应符合现行国家标准《建筑模数协调标准》GB/T 50002 和《厂房建筑模数协调标准》GB/T 50006 的有关规定。

12.1.6 建（构）筑物的抗震设计应符合现行国家标准《建筑抗震设计规范》GB 50011 及《电力设施抗震设计规范》GB 50260 的有关规定。

12.1.7 受腐蚀介质侵蚀的建（构）筑物的防腐蚀措施，应根据腐蚀介质及其对建（构）筑物的作用条件，结合所在环境及自然因素等影响综合确定，并应符合现行国家标准《工业建筑防腐蚀设计标准》GB 50046 的有关规定。

12.1.8 建（构）筑物基础设计遇到不良地质，应进行地基处理。地基处理应符合现行行业标准《建筑地基处理技术规范》JGJ 79 的规定。

12.2 采暖通风

12.2.1 地热双工质发电站内各类房间应根据站场环境、生产工艺特点和运行管理需要进行供暖、通风及空调设计。

12.2.2 供暖设计应符合下列规定：

（1）宜采用地热水作为供暖热源，并应设置热交换器，供暖换热系统的设计应符合现行行业标准《地热供热站设计规范》NB/T 10273 的有关规定；

（2）控制室、机柜间等电气房间宜采用空调系统供暖。有人值守的就地控制室可采用散热器热水供暖系统，但室内散热器、管线应焊接，不应安装任何阀门、管件等；

（3）房间的供暖室内计算温度，宜符合表 12.2.1 的规定。

表 12.2.1　房间的供暖室内计算温度

房间名称	供暖室内计算温度（℃）
主厂房	5
可燃工质钢瓶存储间	5

12.2.3　通风设计应符合下列规定：

（1）各房间通风宜优先采用自然通风，当采用自然通风不满足要求时，应设置机械通风系统。当机械通风系统仍达不到要求时，应采取局部降温措施；

（2）在可燃工质灌装处和可能泄漏处宜设置局部排风，通风机和电机应为防爆型；

（3）可燃工质钢瓶存储间应设置机械通风及事故通风，并应直接排向室外。事故通风风量不应小于 12 次/h。排风口高度应按工质种类确定；

（4）主厂房应采用机械通风及事故通风，并应直接排向室外。事故通风风量不应小于 12 次/h。排风口高度宜按工质种类确定；

（5）位于腐蚀性气体环境工作场所的配电室通风应设置正压通风；

（6）房间的通风换气次数，应符合表 12.2.2 规定的最小换气次数要求。

表 12.2.2　房间的通风换气次数

房间名称	正常通风（次/h）	事故通风（次/h）
主厂房	6	12
可燃工质钢瓶存储间	6	12

注：主厂房正常通风需要综合考虑消除室内余热、余湿通风量，当主厂房内余热、余湿不能确定时，宜按本表选择通风换气次数。

12.2.4　空调设计应符合下列规定：

（1）位于腐蚀性气体环境工作场所的控制室、机柜间应设置新风系统维持室内微正压。空调系统的新风及回风应过滤，新风系统应设置化学过滤器；

（2）其余办公、生活场所空气调节装置宜选用风冷分体型空调器，并宜选用电制冷空调机组。

12.2.5　发电站办公类及生活类建筑物供暖通风与空气调节系统的设计应符合现行国家标准《民用建筑供暖通风与空气调节设计规范》GB 50736 的有关规定，并应符合项目所在地地方标准的要求。

12.2.6　发电站厂房及辅助用房等建筑物供暖通风与空气调节系统的设计应符合现行国家标准《工业建筑供暖通风与空气调节设计规范》GB 50019 和《地热发电站设计规范》GB 50791 及《发电厂供暖通风与空气调节设计规范》DL/T 5035 的有关规定。

12.2.7　发电站建筑物防排烟设计应符合现行国家标准《建筑设计防火规范》GB 50016、《建筑防烟排烟系统技术标准》GB 51251 的有关规定，并应符合项目所在地地方标准的要求。

12.2.8　供暖通风与空气调节系统的防火设计应符合现行国家标准《建筑设计防火规范》GB 50016、《火力发电厂与变电站设计防火标准》GB 50229 的有关规定。

12.3　给排水

12.3.1　地热双工质发电站应根据站场环境、水源条件、生产运行特点等进行给排水的设计。

12.3.2 地热双工质发电站给水系统设计应符合下列规定：

（1）给水水源宜依托市政供水系统，当市政水源不满足要求时，可采用地表水、地下水等；

（2）生产用水水质应满足工艺装置及循环冷却水补水水质要求；

（3）当电站采用自备的生活饮用水系统时，水源卫生防护及水质应符合《生活饮用水卫生标准》GB 5749 的规定；

（4）取水构筑物和水泵房应符合现行国家标准《泵站设计规范》GB 50265 和《室外给水设计标准》GB 50013 的有关规定；

（5）给水系统设计应符合现行国家标准《室外给水设计标准》GB 50013 和《建筑给水排水设计标准》GB 50015 的有关规定。

12.3.3 地热双工质发电站排水系统设计应符合下列规定：

（1）站内的生活污水、生产废水和雨水排水系统，应采用完全分流制，宜依托城市或其他工业企业的排水系统；

（2）站内应考虑检修排水和散水的收集，排水管渠系统的设计，应以重力流为主，不设或少设提升泵站。当无法采用重力流或重力流不经济时，可采用压力流，压力管接入自流管渠时，应有消能设施；

（3）含有腐蚀性物质、油质或其他有害物质的废水、温度高于 40℃的废水和生活污水，应经处理合格后方可排入相应的系统内；

（4）排水系统设计应符合现行国家标准《室外排水设计标准》GB 50014 和《建筑给水排水设计标准》GB 50015 的有关规定。

12.3.4 给排水管道及附属设施应符合下列规定：

（1）给排水管道宜埋设在冰冻线以下。当该地区或条件相似地区有浅埋经验或采取相应措施时，也可埋设在冰冻线以上，其浅埋数值应根据该地区经验确定，但应保证给排水管道安全运行；

（2）管顶最小覆土深度，应根据管材强度、外部荷载、土壤冰冻深度和土壤性质等条件，结合当地埋管经验确定。管顶最小覆土深度宜为：人行道下 0.6m，车行道下 0.7m；

（3）检查井宜布置于绿化区域，确有困难布置于车行道的检查井，应采用具有足够承载力和稳定性良好的井盖与井座；

（4）给排水管道及附属设施设计应符合现行国家标准《室外给水设计标准》GB 50013、《室外排水设计标准》GB 50014 和《建筑给水排水设计标准》GB 50015 的有关规定。

13 消防

13.0.1 可燃工质地热电站应设有消防给水系统，还应按照消防对象的具体情况设置火灾自动报警装置，并合理配置灭火器。

13.0.2 可燃工质储罐区消防系统应根据可燃工质介质种类、储存容积、火灾危险性分类等进行设计，并应符合下列规定：

（1）液化烃储罐区总容量大于 $50m^3$ 或单罐容量大于 $20m^3$ 时，应设置固定式水喷雾或水喷淋系统和辅助水枪；总容量不大于 $50m^3$ 或单罐容量不大于 $20m^3$ 时，可设置半固定式消防冷却水系统；

（2）可燃液体储罐区宜设置移动式消防水系统和烟雾灭火系统，其设计应符合现行国家标准《消防给水及消火栓系统技术规范》GB 50974 和《泡沫灭火系统技术标准》GB 50151 的有关规定。

13.0.3 可燃工质发电机组装置区宜设置环状消防水管网及消火栓。

13.0.4 可燃工质地热电站的辅助生产设施、生活设施和非可燃工质地热电站的所有设施消防系统设计应根据建筑物的高度、体积等确定，应符合现行国家标准《建筑设计防火规范》GB 50016 和《消防给水及消火栓系统技术规范》GB 50974 的有关规定。

13.0.5 地热双工质发电站的消防补水宜与生活水系统合并布置。

13.0.6 消防水池（罐）宜独立设置，消防水池（罐）的容量应满足在火灾延续时间内室内、外消防用水总量的需要。当与生活或生产水池（罐）合并时，应有消防水不被它用的技术措施。

13.0.7 消防水池（罐）的补水时间不宜超过48h，严重缺水地区可延长到96h。

13.0.8 在常年环境温度极低的环境条件下，消防管网应埋设在冰冻线以下0.3m或采取保温伴热措施。

13.0.9 消防泵、消防泵房等消防系统的设置应符合现行国家标准《消防给水及消火栓系统技术规范》GB 50974的有关规定。

13.0.10 火灾探测和自动报警应按照现行国家标准《火灾自动报警系统设计规范》GB 50116的有关规定执行。

13.0.11 灭火器配置应按照现行国家标准《建筑灭火器配置设计规范》GB 50140的有关规定执行。

14 环境保护与水土保持

14.1 大气污染物防治

14.1.1 地热双工质发电站不凝结气体的排放，应符合现行国家标准《大气污染物综合排放标准》GB 16297和《恶臭污染物排放标准》GB 14554的规定。

14.1.2 当排放的大气污染物超过排放标准时，应针对超标的组分及浓度，选择合理的治理措施。

14.2 噪声与振动防治

14.2.1 地热双工质发电站噪声排放应符合现行国家标准《工业企业厂界环境噪声排放标准》GB 12348和《声环境质量标准》GB 3096的规定。

14.2.2 有机工质膨胀机、泵、冷却塔等设备噪声应优先在声源上进行控制，选用低噪声产品。对于声源上无法控制的生产噪声应采取有效的噪声控制措施。

14.2.3 应对地热双工质发电站的总平面布置、建筑物和绿化的隔声、消声、吸声等作用进行优化，以降低地热双工质发电站噪声影响。

14.2.4 地热蒸汽、地热两相流和不凝气体的泄放应设置放空消声器。

14.3 水土保持

14.3.1 水土保持措施设计应符合现行国家标准《生产建设项目水土保持技术标准》GB 50433的相关要求。

14.3.2 水土保持设施应与主体工程同时设计、同时施工、同时投产。对可能产生的水土流失应预先采取预防措施。

15 化验与检修

15.1 化验

15.1.1 地热流体进出站处应设置取样口。

15.1.2 地热双工质发电站宜设置地热水水质分析、不凝气体组分分析、硫化氢含量测定、垢样分析等设施。

15.1.3 药品贮存、计量要求应按现行国家标准《小型火力发电厂设计规范》GB 50049的有关规定执行。

15.1.4 当具备委托给专业公司承担分析化验任务条件时，可不设分析化验室。

15.2 检修

15.2.1 地热双工质发电机组检修场地的设置应符合现行国家标准《小型火力发电厂设计规范》GB 50049的有关规定。
15.2.2 采用室内布置的地热双工质发电机组，宜设置固定起吊设备。
15.2.3 室外布置的预热器、蒸发器、回热器和空冷器宜设置运行检修平台。

本规范用词说明

1　为了便于在执行本规范条文时区别对待，对要求严格程度不同的用词说明如下：

1）表示很严格，非这样做不可的用词：

正面词采用“必须”，反面词采用“禁止”。

2）表示严格，在正常情况下均应这样做的用词：

正面词采用“应”，反面词采用“不应”或“不得”。

3）表示允许稍有选择，在条件许可时首先应这样做的用词：

正面词采用“宜”，反面词采用“不宜”。

4）表示有选择，在一定条件下可以这样做的用词，采用“可”。

2　本规范中指明应按其他有关标准、规范执行的写法为“应符合……的规定”或“应按……执行”。

引用标准名录

1 《热交换器》GB/T 151
2 《工业锅炉水质》GB/T 1576
3 《声环境质量标准》GB 3096
4 《工业自动化仪表气源压力范围和质量》GB/T 4830
5 《生活饮用水卫生标准》GB 5749
6 《隐极同步发电机技术要求》GB/T 7064
7 《同步电机励磁系统》GB/T 7409
8 《中小型同步电机励磁系统 基本技术要求》GB 10585
9 《工业企业厂界环境噪声排放标准》GB/T 12348
10 《恶臭污染物排放标准》GB 14554
11 《大气污染物综合排放标准》GB 16297
12 《地热电站接入电力系统技术规定》GB/T 19962
13 《压力管道规范 工业管道》GB/T 20801
14 《建筑模数协调标准》GB/T 50002
15 《厂房建筑模数协调标准》GB/T 50006
16 《建筑抗震设计规范》GB 50011
17 《室外给水设计标准》GB 50013
18 《室外排水设计标准》GB 50014
19 《建筑给水排水设计标准》GB 50015
20 《建筑设计防火规范》GB 50016
21 《工业建筑供暖通风与空气调节设计规范》GB 50019
22 《工业建筑防腐蚀设计规范》GB/T 50046
23 《小型火力发电厂设计规范》GB 50049
24 《爆炸危险环境电力装置设计规范》GB 50058
25 《交流电气装置的过电压保护和绝缘配合设计规范》GB/T 50064
26 《石油库设计规范》GB 50074
27 《工业企业噪声控制设计规范》GB 50087
28 《火灾自动报警系统设计规范》GB 50116
29 《建筑灭火器配置设计规范》GB 50140
30 《泡沫灭火系统技术标准》GB 50151
31 《石油化工企业设计防火标准》GB 50160
32 《火力发电厂与变电站设计防火标准》GB 50229
33 《电力设施抗震设计规范》GB 50260
34 《储罐区防火堤设计规范》GB 50351
35 《生产建设项目水土保持技术标准》GB 50433
36 《民用建筑供暖通风与空气调节设计规范》GB 50736

37 《地热电站设计规范》GB 50791
38 《消防给水及消火栓系统技术规范》GB 50974
39 《液化石油气供应工程设计规范》GB 51142
40 《建筑防烟排烟系统技术标准》GB 51251
41 《工业企业设计卫生标准》GBZ 1
42 《发电厂供暖通风与空气调节设计规范》DL/T 5035
43 《地热回灌技术要求》NB/T 10099
44 《地热供热站设计规范》NB/T 10273
45 《地热管网设计规范》NB/T 10711
46 《空冷式热交换器》NB/T 47007
47 《建筑地基处理技术规范》JGJ 79
48 《仪表供气设计规范》HG/T 20510

中华人民共和国能源行业标准

地热双工质发电站设计规范

NB/T 11153—2023

条 文 说 明

目 次

1 总则

1.0.1 阐明制定本规范的宗旨，在当前“碳达峰、碳中和”双碳目标的压力下，我国地热发电将得到广泛应用，需要制定规范，使地热双工质发电站工程建设更加规范，健康发展。

1.0.2 主要叙述本规范适用范围，适用于采用有机朗肯循环的水热型地热发电工程，不适用于卡琳娜循环地热发电工程。根据对国内外地热发电现状调研，采用卡琳娜循环的地热发电技术尚未实现大规模商业化应用，国内也没有商业化运行的卡琳娜循环地热电站，因此暂未将采用卡琳娜循环的地热电站工程纳入本规范，待将来积累卡琳娜循环地热电站的设计经验，修订本规范时，再增加卡琳娜循环地热电站的设计条文。

1.0.3 地热双工质发电站综合热力、电力、仪表等多专业跨行业的系统，国家已经制定电力、仪表等专业标准，工程建设需要遵守相关标准的规定。

2 术语

本章所列术语，其定义及范围，仅适用于本规范。本规范列出了8个有关地热双工质发电站方面的术语，以便准确理解和执行本规范。关于术语的定义不一定是其最严密的定义，但在本规范中具有其特定意义。

3 基本规定

3.0.1 地热双工质发电站设计首先从当地电力系统的规划着手，确定电站近远期结合的设计原则。对于扩建和改建地热双工质发电站，需要收集的内容较多，强调应取得原有发电设备和管道的原始资料，包括设备和管道的布置、原有建筑物、构筑物及公用系统的设计图纸等有关资料。这样可以使改、扩建的地热双工质发电站设计既能充分利用原有发电设施，又与原有地热双工质发电站协调一致和节约投资。本条为设计地热双工质发电站的主要原则问题，列入基本规定的第一条。

3.0.2 地热双工质发电站设计需取得大量的基础资料，这些基础资料是地热双工质发电站设计的输入条件，只有这些输入条件落实后，才能开展设计工作。

3.0.4 根据地热流体的温度、流量等参数和当地的环境参数确定装机方案并进行比选，并绘制地热双工质发电站原则性热力系统。

3.0.5 本条规定有机工质的选用原则：

2 干性工质能够避免工质液滴的出现，保护膨胀机设备；

4 有机工质在最低冷凝温度下的饱和蒸气压高于当地大气压，主要是防止最冷时系统形成负压，容易混入空气等不凝性气体；

5 在最高运行温度下，有机工质不能分解，这就需要具有良好的热稳定性；

7 城市规划区内建设的地热双工质发电站选用可燃工质时，地热双工质发电站与周边建构筑物的间距、地热双工质发电站内各种设施和建构筑物的间距较非可燃工质的地热双工质发电站大，这样会增加占地面积，既增加项目的投资，也浪费国家的土地资源。

3.0.6 工质泄漏不仅要影响运行安全，同时会增加运行成本，需对工质的泄漏率进行规定，便于设计人员在计算运行成本时使用。

4 站址选择

4.0.1 地热双工质发电站的站址首先要满足地热田开发规划；其次是便于电力输出；交通运输方便；地形相对平坦；避开不良地质地段和地震活动区域；同时要结合水文特征便于地热水回灌管道的布置；并考虑环境保护等因素。

4.0.2 本条对地热双工质发电站位置的选择做出规定：

1 靠近地热生产井或井群可以减少地热流体管线的长度，减少工程投资；

2 减少电力外输线路的长度和工程投资；

3 地热流体集输的具体要求见国家行业标准《地热管网设计规范》NB/T 10711 的规定；

6 地热双工质发电站在运行过程中会连续产生噪声，地热流体中可能存在少量有害气体，把电站设置在全年最小频率风向的上风侧，减少对居民区等的影响。

4.0.3 采用可燃工质时，为了减少地热双工质发电站与周边居住区、工厂、交通线等设施在火灾事故中的相互影响，规定了其安全防火间距，对表 4.0.3 说明如下：

1 根据现行国家标准《石油化工企业设计防火标准（2018 年版）》GB 50160—2008 表 3.0.2 中对液化烃、可燃液体的火灾危险性分类，可燃工质的火灾危险性分类一般属于液化烃和甲、乙类液体。所以发电机组装置区按甲、乙类工艺装置或设施，可燃工质储罐按液化烃和甲乙类液体分别确定间距；

2 可燃工质地热电站选址时，要注意与居住区、村镇、公共福利设施的间距，不仅要保障初建时与周围设施的防火间距符合要求，还要保障长期生产运行的安全，选址时必须与相邻企业或当地政府签订协议，不得在防火间距范围内设置建构筑物；

3 一般工厂指除石油化工企业和油库以外的企业；

4 变电所系重要动力设施，一旦发生火灾影响面大，若可燃工质扩散到变电所会非常危险，参照有关规范的规定，确定了安全间距；

5 高速公路、一级公路、铁路都是重要的交通干线，与其的防火间距参考现行国家标准《石油化工企业设计防火标准（2018 年版）》GB 50160—2008，当地热双工质发电站内设置可燃工质储罐时，建议考虑《公路安全保护条例》的要求；

6 根据架空输电线路设计技术标准的有关规定，输电线路与可燃或易燃、易爆液（气）体储罐的防火间距，不应小于杆塔高度的 1.5 倍。杆上变压器亦按架空电力线路对待；

7 与通信线的距离主要根据通信线的重要性来确定，按可燃工质地热电站发生火灾事故时，不影响通信业务的正常进行来考虑间距；

8 输油气管道包括原油、成品油和天然气管道，要考虑地热双工质发电站发生火灾事故时，热辐射对管道的影响；

9 地热双工质发电站与爆炸作业场所的安全间距，主要考虑爆炸石块飞行的距离。

4.0.4 地热双工质发电站的工质的密度一般比空气大，站址地势高于周边居住区、村镇、公共福利设施，工质泄漏时会聚集在居住区、村镇等低洼处，容易发生危险，一般会设置实体围墙阻止工质的蔓延。

5 电站布置

5.1 总平面布置

5.1.1 为了安全生产，电站内部平面布置简洁协调，对各类设施和工艺装置进行功能分区，防止或减少火灾的发生及相互间的影响。同时防止事故发生时泄漏工质聚集或扩散，所以要结合地形和风向等条件进行布置。

5.1.2 电站的建（构）筑物宜布置在固定端一侧，便于今后发电机组的扩建。

5.1.3 非可燃工质的地热双工质发电站站内设施的间距、建（构）筑物之间的间距参考现行国家标准《小型火力发电厂设计规范》GB 50049 和《建筑设计防火规范》GB 50016 的有关规定确定，现对表 5.1.3 进行说明：

1 在非可燃工质电站中，建筑单体多为丙、丁、戊类建筑，按耐火等级规定建筑物与其他设施的间距能满足要求；

2 发电机组装置可布置在室内或室外，当布置在室内时，其主厂房按丁类建筑；当布置在室外，电气、仪表的防护等级达到 IP65 时，可无间距要求；

3 机械通风冷却塔是发电机组的附属设施，在布置时要求设置在发电机组装置（主厂房）全年主导风向的下风侧，尽量减少向发电机组装置抛洒水雾；

4 当双工质发电机组采用直接空冷冷凝器时，可将冷凝器当做装置的一部分，冷凝器与发电机组无间距要求，所以直接空冷冷凝器未单独列出；

5 考虑到机械通风湿式冷却塔的飘雾对厂内道路和围墙外设施的影响，其间距比其他设施至道路和围墙的间距大。

5.1.4 考虑到可燃工质的火灾危险性分类属于液化烃和可燃液体，可燃工质的地热双工质发电站站内设施的间距、建（构）筑物之间的间距参考现行国家标准《石油化工企业设计防火标准》GB 50160 和《建筑设计防火规范》GB 50016 的有关规定确定，现对表 5.1.4 进行说明：

1 站内重要设施指发生火灾时可能造成重大人身伤亡或影响全厂生产的设施。如宿舍楼、控制室等；辅助生产设施是指发生火灾时可能影响生产的设施，如循环水泵房、空压机房等；

2 考虑到可燃工质地热电站的站内重要设施和辅助生产设施一般按一、二级耐火等级设计，间距参照现行国家标准《建筑设计防火规范》GB 50016 确定；

3 站内重要设施与工质储罐的间距参考现行国家标准《石油化工企业设计防火标准》GB 50160 表 4.2.12 中全厂重要设施（一类）与液化烃储罐、可燃液体储罐间距确定；

4 站内重要设施与发电机组装置或空冷岛的间距参考现行国家标准《石油化工企业设计防火标准》GB 50160 表 4.2.12 中全厂重要设施（一类）与甲类工艺装置的间距确定；

5 辅助生产设施与工质储罐的间距参考现行国家标准《石油化工企业设计防火标准》GB 50160 表 4.2.12 中全厂重要设施（二类）与液化烃储罐、可燃液体储罐的间距确定；

6 工质储罐与发电机组装置区的间距参考现行国家标准《石油化工企业设计防火标准》GB 50160 表 4.2.12 中液化烃储罐、可燃液体储罐与甲类工艺装置的间距确定；

7 工质储罐与屋外配电装置、主变压器或屋外厂用变压器（油重小于 10t/台）的间距参考现行国家标准《建筑设计防火规范》GB 50016 表 4.2.1 中甲、乙类液体储罐与室外变配电站的间距确定；

8 工质储罐与厂内道路的间距参考现行国家标准《建筑设计防火规范》GB 50016 表 4.2.9 中甲、乙类液体储罐与厂内道路的间距确定；

9 工质储罐与围墙的间距参考现行国家标准《石油化工企业设计防火标准》GB 50160 表 4.2.12 中液化烃储罐、可燃液体储罐与围墙的间距确定；

10 发电机组装置区与屋外配电装置、主变压器或屋外厂用变压器（油重小于 10t/台）的间距参考现行国家标准《石油化工企业设计防火标准》GB 50160 表 5.2.1 中变配电所与其他工艺设备或房间（液化烃、可燃液体）的间距确定；

11 发电机组装置区与围墙的间距参考现行国家标准《石油化工企业设计防火标准》GB 50160 表 4.2.12 中甲类工艺装置与厂区围墙的间距确定。

5.1.5 地热双工质发电站的构筑物基础顶面标高高出周围地坪 0.15m 以上，考虑大雨时，防止雨水浸蚀构筑物，避免造成不利影响。

5.1.6 有机工质工艺装置区、储罐区、装卸区与辅助生产区、办公区分开布置，防止或减少火灾的发生及相互间的影响，特别是要考虑办公人员的人身安全。

5.1.9 依据可燃工质热电站的危险性，对电站内的消防车道提出了要求，储罐总容积小于 300m³ 时，设置尽头式消防车道和回车场可以节约占地，12m×12m 回车场面积，是目前消防车型中最起码的要求。

5.2 工艺设施的布置

5.2.1 本条文是对电站工艺设计的基本要求，要保障生产运行所需要的操作、维修空间。各种管线包括地热流体、工质、压缩空气、加药等管线，对这些管线要合理、紧凑予以布置。

5.2.2 由于可燃工质本身具有一定的火灾危险性，可燃工质的发电设备选用露天或半露天布置是最为安全的做法。对于非可燃工质发电机组的布置方式不做要求，根据周边环境、气象条件等因素考虑。

5.2.3 在事故情况下，由于大量泄漏的可燃工质扩散到人员集中的场所引起爆燃，造成人员伤亡；非可燃工质扩散到人员集中的场所引起人员窒息，所以要尽量避免工质泄漏后向人员集中的场所飘散，要把工质储罐区和设施布置在人员集中场所的全年最小频率风的上风侧。

5.2.4 冷却塔、直接空冷凝气器垂直于最大频率风向布置，便于与空气充分接触，冷却效果好。

5.2.5 为避免或减轻湿式冷却塔、蒸汽放喷装置的飘滴、水雾对室外装置和主要建筑物的不良影响，湿式冷却塔、蒸汽放喷装置布置在全年最小频率风向的上风侧。

5.2.6 对高位布置的辅助设施及监测、控制装置和管道阀门等场所设置安全平台和扶梯，才能完成操作和维修，对管道阀门的开启可设置传动装置引至地面进行远距离操作。

5.2.7 地热双工质发电站内操作地点和通道的净空高度，规定不小于 2m，是为了便于操作人员安全通过。设备上部设起吊装置，其净空高度应满足起吊设备操作高度要求。

5.2.8 布置在室内的发电机组，其配套的油箱要考虑防火措施，当发生危急事故时，可以把油箱内的油迅速排出，排放到室外事故油罐（池）。

5.2.9 可燃工质属于易燃易爆液体，且沸点较低，不能露天放置，要存放于用非燃烧体隔开的专用房间内。

5.3 辅助房间的布置

5.3.1 本条适用于发电机组附近设置控制室的情况。

控制室设置 1 个直通室外的出入口且设置向外开启的门，是为了保证工作人员出入的安全，遇到紧急情况时便于迅速离开现场。

控制室是操作人员长期工作的场所，应当尽量避免噪声和震动的不利影响，保证采光效果，创造良好的工作条件。

5.3.2 双工质地热发电站对生产辅助间和生活间的设置，要根据《工业企业设计卫生标准》GBZ 1 和当地的具体条件，因地制宜地设置，各项目的生产辅助间和生活间的设置情况不尽相同，特别是生活间的设置仅供参考。

5.3.3 采光、噪声和振动对化验室的分析工作有较大影响，在设置时应考虑上述影响，同时也要考虑其取样的便利。

6 热力系统及设备

6.1 机组设备

6.1.1 在选择地热双工质发电机组台数时，要考虑电力负荷的变化情况，对发电机组单机容量和台数进行合理的配置，考虑到地热双工质发电机组技术成熟情况，在确定机组的容量时，要充分与设备供应商交流，保障该容量的机组技术成熟、运行安全可靠。

6.1.2 地热双工质发电机组的性能参数是以运行期内当地年平均气象参数和当地海拔为基准确定的，但由于发电机组的出力随环境温度和当地大气压变化而变化，所以需要对其出力进行校核，并把满足最低环境条件下的膨胀机出力作为配置发电机的依据，最低环境条件是以运行期内最冷月最低平均气温为准，不能以极端最低气温为准。

6.1.3 地热双工质发电机组采用的膨胀机形式多种多样，每种类型的膨胀机的单机功率均有一定的范围，但随着设备制造技术的发展和进步，各类型的膨胀机的范围都在逐步扩大，表 6.1.3 中的数值仅为推荐的范围。

表 6.1.3 膨胀机功率范围

参数	轴流透平	径向透平	螺杆式
参考功率范围（kW）	≥1000	200～5000	50～2000

6.1.5 地热双工质发电机组选择要考虑地热流体中腐蚀性气体的溢出，发电机的工作环境存在腐蚀性气体时，要采取有效措施避免发电机长期暴露在腐蚀性气体环境中。

6.1.6 本条文对蒸发器和预热器的选型提出了要求：

2 蒸发器和预热器一般为管壳式换热器，考虑到地热流体污垢比较严重，走管程便于清洗；

5 地热流体中的不凝气体要不断排出，保障蒸发器的压力维持恒定；

6 蒸发器工质出口一般会设置除沫器拦截液滴，保障气态工质的干度。

6.1.7 本条是对凝结水泵的规定：

2 凝结水泵和蒸发器一对一配置，可以不设置备用，当凝结水泵故障时，可将凝结水外排至常压闪蒸消声器；

5 凝结水泵扬程不低于预热器进口的压力，保障蒸发器出口的凝结水能够进入预热器。

6.1.8 本条是对回热器的规定，采用全焊接式换热器是考虑气相工质和液相工质的密封，并保障气相工质侧的阻力尽量小。

6.1.10 直接空冷冷凝器的冷却负荷根据系统的冷却要求确定：

1 换热面积要考虑一定的富裕量，设计冷却负荷要比计算负荷大；

2 接近温差为空冷器内工质冷凝温度与环境干球温度的差值，接近温差越小，设计需要的空冷器换热面积越大，这样会导致工程投资的增加，因此接近温差不宜过小；

4 空冷冷凝器热井应有足够的气液界面面积，保障过冷度不高于 1℃。

6.1.12 本条是对工质泵的规定：

1 工质泵的密封性能直接影响着工质泵的可靠性及运维成本，需要根据有机工质本身的物化特性选择适宜的密封方式及密封材料；

2 热源和冷源参数的变化，均会导致工质泵前后压力、工质流量的变化，工质泵须采用变频调节以维持系统稳定运行；

3 如果选用可靠性较高的工质泵，可不设置备用。此外，不设置备用时，可简化机组结构；

4 汽蚀余量与工质泵安装位置、冷凝器（或冷凝液储液罐）液位高度相关。

6.2 地热流体系统及设备

6.2.1 地热双工质发电站的闭式系统，是指地热流体与机组蒸发器或中间循环系统中的换热器换热后，地热水或地热凝结水密闭回灌至地下，避免地热水与空气接触而含氧，避免加速回灌井筒的腐蚀，并能有效抑制好氧菌的滋生。

6.2.2 本条规定了地热流体进、出站阀组的设计要求：

1 采用双向密封阀门是为了在地热双工质发电站或站外地热管网因检修需要泄水时，使地热双工质发电站和站外地热管网有效隔离，以尽量减小泄水范围和泄水量；

2 当两条以上单井管线在站内汇集时，设置地热流体汇集设施及阀门是为了便于调节进站单井管线的水力平衡。

6.2.3 粒径较大的固体颗粒和施工遗留的焊渣等杂质进入机组蒸发器可能造成堵塞，在地热水进口管道装设过滤器是必要的。

6.2.4 本条规定了地热发电机组设置一个装有自动调节阀的旁路，以保证发电机组在不同工况下地热流体的流量基本稳定，减少地热水井泵或地热蒸汽井口阀门的调节。

6.2.5 地热流体含有的不凝气体会聚集在管道高点，要求在管道高点设置排放口，考虑到地热流体含有的不凝气体可能含有可燃或腐蚀性气体，要通过管道引至安全位置。

6.2.6 机组蒸发器多属于管壳式换热器，清洗维修不便，腐蚀穿孔还会造成工质泄漏，当地热水水质可能造成蒸发器腐蚀或结垢时，需要设置机泵中间循环系统。

6.2.7 地热流体的预处理包括地热水的除砂排气、地热两相流的汽水分离等。这些内容在现行行业标准《地热管网设计规范》NB/T 10711 里均有规定，设计时参考即可。

6.3 机组中间循环系统及设备

6.3.1 采用闭式循环一方面是为了防止中介水与空气接触造成氧腐蚀，另一方面是为了降低循环泵的能耗。

6.3.2 本条规定了机组中间循环系统换热器的配置要求，机组中间循环系统换热器承担地热双工质发电站的全部负荷，设置 2 台及以上换热器的情况下，可以保证发电机组运行的可靠性，是否设置备用，根据地热双工质发电站输出电力负荷的重要性确定。

6.3.3 当地热水直接进入板式换热器时，考虑到地热水中含有一些固体颗粒，长期运行会附着在换热表面，设置反冲洗措施可以在不拆开设备的情况下对换热面进行清洗，有利于降低运维成本和操作人员劳动强度。

6.3.4 稳定的中介水温度有利于保证机组稳定运行，中介水温度超限可能造成机组保护停机等问题，因此要求设置地热水侧流量调节旁路，实现中介水温度调节。

6.3.5 热泵中间循环系统的循环泵设置在板式换热器进口侧可使循环泵在较低水温下工作，有利于改善循环泵的工作条件。

6.3.6 考虑到地热水中含有一些固体颗粒，在换热器地热水进口设置 1 处过滤器能够减少固体颗粒进入换热器并沉积在换热器内。

6.3.8 机组中间循环系统中介水温度一般在 90℃以上，补水硬度的要求与现行国家标准《工业锅炉水质标准》GB/T 1576 要求一致。

7 辅助系统及设备

7.1 工质储存和装卸系统

7.1.1 地热双工质发电站设置的工质储罐为压力储罐，采用钢制储罐才能满足要求。

7.1.2 地热双工质发电站工质储罐是用于设备检修时将系统中两截断阀门之间隔离空间内的工质转移至储罐和存储因泄漏补充的工质。同时可燃工质储罐的容积越大，火灾危险性越大，发生火灾时，对周边建构筑物的影响越大，因此可燃工质储罐的容积以满足生产需要即可，根据羊易地热电站的调研，可燃工质储罐的总容积不大于 500m^3 的规定，能够满足工质的储存。

7.1.3 本条规定了工质储罐区的设计要求，可燃工质的火灾危险性分类属于液化烃和可燃液体，具体要求符合现行国家标准《石油化工企业设计防火标准》GB 50160 的有关规定，非可燃工质储罐的间距没有防火要求，能够满足维护、操作所需要的空间即可。

7.1.4 如果可燃工质采用钢瓶存储，放置在专用房间内，限制总容积是为了与现行国家标准《液化石油气供应工程设计规范》GB 51142 的要求保持一致。

7.1.5 地热双工质发电站设置工质装卸系统实现工质注入和回收功能，是为了补充工质和检修时回收工质。设置固定式工质装卸系统，是为了避免工质泄漏。

7.1.6 本条规定了工质装卸系统的设计要求，设置工质泵可实现工质的快速回收，系统的低点注入是避免工质的气化，低点回收是考虑到工质能够充分回收。

7.2 有机朗肯循环不凝气体系统

7.2.1 对于化学合成工质的小型机组，采用抽真空的方式，排除管道中的空气时，可不设置有机朗肯循环不凝气体排放系统。

7.3 仪表风系统

7.3.1 压缩空气是比较容易取得的仪表风气源，故推荐采用压缩空气系统。

7.3.2 不凝气体有可能含有易燃、易爆、有毒及腐蚀性气体，为了避免吸入，吸入口选在不凝气体排放点全年最小频率风向的下风侧。

7.3.3 本条是对空气压缩机的要求。风冷式空气压缩机使用广泛，操作简单方便。多风沙地区使用时，采用密封性能好的空压机，并设置空压机房等防尘保护措施。

7.4 地热流体防垢工艺及系统

7.4.1 地热流体结垢是影响发电站正常运行的主要因素之一，因此在地热双工质发电站设计时要考虑有利于防垢的工艺措施，一般采用控制地热水温降和控制地热水压降两种措施。当工艺措施效果不佳，地热流体结垢严重影响地热双工质电站正常运行时，可考虑采用化学防垢措施。

7.4.2 本条提出了推荐的工艺防垢措施：

1 地热双工质发电站设计时，可根据地热流体的性质，采用饱和指数法计算硅垢生成温度，控制地热水尾水温度高于硅垢生成温度，可以有效减少硅垢的生成。

2 地热流体泄放阀门靠近泄放管线的末端设置，可以有效地减少地热流体泄放时失压管段长度，可以减缓泄压管线的结垢现象。

3 提高地热水系统压力一般只适用于机械排采的地热井，不适用于自喷地热井，因为提高地热水系统压力会降低自喷地热井产水量。

7.4.3 本条对化学防垢措施提出了要求：

1 每个地热田的地热流体化学组分不同，分散聚合物成分和加药量都有所不同，因此药剂类型和药剂投加量需要经药剂筛选实验确定。

2 7 天的药剂储存量是最低要求，可根据地热双工质发电站的位置、交通条件等情况，适当提高。

7.4.4 本条对化学防垢加药点进行了规定：

1 当在井筒内加药时，根据地热水结垢特点需要加在井下二氧化碳分压面以下阻止碳酸钙结垢。

2 换热器为地面系统重要设施，也是对结垢最为敏感的设施。换热器结垢会直接导致换热效果降低，影响地热双工质发电站的正常运行。所以，地面系统化学防垢主要目的是阻止地热流体在换热器内结垢。因此，地面系统加药点要设在地热流体进入换热器之前，并且加药点要考虑进入换热器时，药剂与地热流体能够均匀混合。

7.4.5 本条对化学防垢加药设施提出了要求：

1 加药系统能够根据地热流体的流量自动调节药剂加注量，在保证防垢效果的同时节省药剂。

2 地热双工质发电站一般为全年连续运行，加药作为保证电站正常运行的重要措施，要保证与发电站同步运行，所以加药泵一般设置备用。

8 热工自动化

8.1 一般规定

8.1.2 本条确定装机容量大于 6MW 的电站控制系统冗余设置，是根据《国家电网公司关于做好分布式电源并网服务工作的意见（修订版）》，分布式电源分为两种类型，第一类：是 10kV 及以下电压等级接入，且单个并网点总装机容量不超过 6MW 的分布式电源。第二类：35kV 电压等级接入，年自发自用电量大于 50%的分布式电源；或 10kV 电压等级接入且单个并网点总装机容量超过 6MW，年自发自用电量大于 50%的分布式电源。根据国家电网对两种类型分布式电源并网管理及申请资料、审批时间等不同可以看出，装机容量大于 6MW 的分布式电源更为严格，机组运行需要更为可靠，故以装机容量大于 6MW 确定是否冗余设置。

8.1.4 要求电气系统及电力网络控制与热工仪表和控制协调一致，是为了保证电气系统在所监控设备发生故障的情况下，及时与热工控制系统进行通信，使热工控制系统能够执行相应连锁保护。

8.1.5 地热双工质发电站的腐蚀性环境主要考虑因素是 H_2S，浓度一般不高于 $3mg/m^3$，腐蚀防护类型一般不低于 WF1。

8.1.7 发电机组装置区、工质储罐区、升压站和操作阀组区为操作人员频繁操作区域，因此控制室需对该区域保持监视。

8.2 监测

8.2.1 本条中列出的监测参数主要适用于装机容量大于 6MW 的地热双工质发电站，因为根据《国家电网公司关于做好分布式电源并网服务工作的意见（修订版）》分布式电源分为两种类型，第一类：是 10kV 及以下电压等级接入，且单个并网点总装机容量不超过 6MW 的分布式电源。第二类：35kV 电压等级接入，年自发自用电量大于 50%的分布式电源；或 10kV 电压等级接入且单个并网点总装机容量超过 6MW，年自发自用电量大于 50%的分布式电源。根据国家电网对两种类型分布式电源并网管理及申请资料、审批时间等不同可以看出，装机容量大于 6MW 的分布式电源更为严格，机组运行需要更为可靠，同时结合目前国内地热双工质发电站监测的现状，确定装设的监测参数，主要为了保证发电机组安全、经济的运行，电力输出更加稳定。装机容量不大于 6MW 的地热双工质发电站的监测参数可参照执行。

8.2.2 为保证机组安全运行，需要装设必要的报警信号。为方便执行，将地热双工质发电站必须装设的报警信号表格化，分项列出，报警信号分为设备故障停运和参数过高或过低，比较直观清晰。

8.2.5 站内可能发生泄漏并积聚的场所一般包括操作阀门区域，不凝气体排放口周边区域，地热流体排放口周边区域，在这些区域需要装设有毒气体探测器进行监测。

8.3 控制

8.3.1 为便于地热双工质发电站运行管理，地热双工质发电站采用集中控制方式，控制屏推荐采用与机组成套设备。

8.3.2 本节的自动调节和停机保护是发电机组配带的控制系统完成的，在地热双工质发电站的控制系统组态时，要考虑将这些信号纳入。

9 回灌系统及设备

9.0.1 按照地热开发利用“以灌定采”的原则，回灌能力评价报告不仅是回灌系统的设计依据，也是地热双工质发电站装机规模的依据。

9.0.2 为减轻或避免回灌堵塞情况的发生，设置回灌过滤设施是有必要的。

9.0.3 加压泵设置在回灌过滤设施后，也就是站内地热水流程的末端，有利于降低加压泵之前的地热水系统设计压力，有利于地热水中气体析出和排气，也有利于防止加压泵接触固体颗粒，改善加压泵工作条件。

9.0.4 要求回灌过滤设施设置旁路是为了提高地热双工质发电站的可靠性，保证在设备完全故障情况下，使发电机组能够正常停机，减少紧急停机的情况发生；要求回灌加压泵设置旁路是考虑到地热水采灌是一个动态过程，早期可能不需要启动回灌泵加压。

10 站内管道

10.1 地热流体管道

10.1.2 地热水与热水较为接近，流速取 1m/s～3m/s，地热蒸汽与饱和蒸汽的状态接近，流速取 15m/s～30m/s，一般可以保证干线阻力损失适中。但管径最终还需设计方根据水力计算和经济性对比结果确定。

10.1.3 本条是对地热流体管道的设计压力和设计温度的要求，主要是考虑管道的最高运行压力和运行温度。

10.1.4 设计温度大于 100℃的地热流体管道属于 GC2 类压力管道，需按照现行国家标准《压力管道规范 工业管道》GB/T 20801 的规定进行柔性分析。

10.1.6 本条对地热流体管道的布置和敷设作出要求：

1 地热流体管道埋地敷设不利于及时发现管道的泄漏，不提倡采用。特别是在湿陷性黄土地区，采用埋地敷设存在不可预见的泄漏风险；

2 地热流体管道横跨在设备的上方，这既不利于安全，也不利于操作和维检修，不提倡采用这种方式；

3 为保证人员通行条件，地热流体管道穿过人员通道上方时，与通道地面的净高不应小于 2m；

4 地热流体管道跨越道路上方时，与道路地面的净高应满足车辆通行条件，特别是消防车辆的通行；

5 地热流体管道在道路和通道上方设置阀门及易发生泄漏的管道附件，既不便于操作和维护，也会给人员通行带来安全风险，如果设置，建议引至便于操作的位置。

10.1.7 管道及附件选材在现行行业标准《地热管网设计规范》NB/T 10711 中有明确的规定，设计时参考该规范即可。

10.1.8 地热流体管道设置合理的坡度，有利于管道系统的泄放和排气。

10.1.10 凝结水泵不要求备用，当发生故障时，可以将凝结水外排至常压闪蒸消声器。

10.2 工质管道

10.2.2 系统中的有机工质分液相和气相两种相态，故对两种相态的工质规定了流速范围。

10.2.4 本条是对工质管道旁路设置的要求，在膨胀机、工质泵、回热器设置一个装有自动阀门的旁路，以保证发电机组在不同工况下工质系统的流量基本稳定。

10.2.5 蒸发器、冷凝器工质侧没有装设超压保护设施时，为避免因工质气化超压，需要在与其连接的气相工质管道上装设安全阀。

10.2.6 有机工质管道采用焊接连接，氩弧焊打底，是为了保证焊接质量，避免有机工质泄漏。

10.2.7 有机工质管道的附件要采用密封性能好的法兰和阀门，这是因为非可燃工质价格相对昂贵，可燃工质泄漏会增加安全生产隐患，所以要尽量避免工质的泄漏。垫片的材料不能被有机工质腐蚀或溶解，以保证工质管道的使用安全。

10.2.8 蒸发器与膨胀机的有机工质管道中有液相工质时，该管段的坡向应使液相工质能够自流回蒸发器。

10.2.9 有机工质管道出现袋状管段会影响工质的正常流动状态，要尽量避免。

10.3 其他辅助管道

10.3.1 本条是对压缩空气管道的设计要求，给出空气流速的推荐值，供设计人员选择参考。

10.3.2 考虑到加药液体的腐蚀性，加药管道推荐采用了不锈钢管道。

11 电气设备及系统

11.0.2 本条规定了腐蚀性气体环境工作的电气设备：

2 根据国内外地热双工质发电站调研，在腐蚀环境中的电缆，其金属套、加强层、铠装上有聚乙烯外护层；电缆接头一般采取镀锡的防腐蚀措施。

11.0.3 本条规定可燃工质管道设置静电接地的位置：

根据《石油化工企业设计防火标准》GB 50160 的有关规定，发电机组装置区、工质储罐区、工质卸车阀组区、工质泵及泵入口的过滤器等均属于爆炸危险区域，所以在以上区域的进出管道上设置防静电接地装置。

11.0.4 可燃工质的气态密度一般比空气大，容易积聚在发电机组装置区的电缆沟，当到达爆炸极限时，遇火花容易发生爆炸。所有在可燃工质发电机组装置区电缆沟一般采用通风或充砂的措施防止可燃工质的聚集。

12 公用工程

12.1 建筑与结构

12.1.1 本条规定了地热双工质发电站内常见建（构）筑物火灾危险性类别和耐火等级。

12.1.2 建筑物大门的设置需与其他专业核实，满足设备安装检修的要求。

12.1.3 可燃工质防火堤的设计在石油化工行业非常成熟，本条规定了防火堤参照现行国家标准《储罐区防火堤设计规范》GB 50351 相关要求执行。

12.1.5 按现行国家标准《厂房建筑模数协调标准》GB/T 50006 和《建筑模数协调标准》GB/T 50002 的规定，采用装配式或部分装配式钢筋混凝土结构、混合结构的厂房和一般民用建筑物应符合模数协调要求。对采用现浇钢筋混凝土结构或钢结构，以及特殊形体的建筑物可参照执行。目前地热双工质发电站建（构）筑物已普遍采用现浇钢筋混凝土结构或钢结构，为方便工艺布置和设计优化，本条明确了建筑物模数设置的原则。

12.1.7 根据建（构）筑物所处环境、地勘报告中地下水、土的腐蚀等级说明，依据现行国家标准《工业建筑防腐蚀设计标准》GB/T 50046 的有关规定，对建（构）筑物采取相应防腐措施。

12.1.8 本条中的不良地质包括湿陷性黄土、液化土、淤泥、膨胀土和大厚度回填土等。地基处理方式除满足规范要求外，还需结合所在地地基处理经验。

12.2 采暖通风

12.2.2 本条规定了发电站内供暖设计相关要求：

1 地热水作为站内资源，宜优先考虑，节能环保。地热水一般含有多种成分，会产生有害气体或容易结垢，所以需要设置换热器间接利用。

若经过技术及经济方案对比，采用地热水供暖不合理、不经济时，可以采用其他节能环保的热源方案。

2 控制室、机柜间均为仪表机柜设备，遇水会发生电气短路危险。热水供暖系统管道存在一定的泄漏风险，故优先考虑安全性能更高的空调系统，若空调系统设置有循环水管路，循环水管路也不能进入控制室、机柜间。

在有人值守的控制室，一般只设置显示器等终端设备，无仪表机柜等核心设备，且一般均为 24h 有人值守，热水供暖系统泄漏可及时发现，迅速关闭阀门。散热器热水采暖系统阀门可安装在临时房间，便于控制调节。

12.2.3 本条规定了通风设计相关要求：

2 可燃工质灌装处及可能泄漏处容易短时间聚集大量危险气体，设置局部排风可以快速有效排除危险气体，避免发生危险。若灌装处、可能泄漏处为完全开敞环境，则仅考虑自然通风即可，可不设置机械排风设施。

4 主厂房设备会产生大量余热、余湿，且有可能发生工质泄漏的风险，靠自然通风往往不能满足使用和安全要求时，因此需要设置机械通风系统 。当主厂房内工质泄漏会造成人员窒息的风险时，需要快速排出室外，因此设置了事故通风系统。事故通风系统应与工质泄漏探测报警联动，室内外方便操作处设置电气开关。

有机工质泄漏气体密度一般大于空气，设置下部排风口更能有效排除泄漏气体。同时，由于主厂房设备会产生大量余热，在设计排风口过程中需要综合考虑有害气体浓度的空间分布规律，排风口按照现行国家标准《工业建筑供暖通风与空气调节设计规范》GB 50019 中的要求设置。

5 SO_2、H_2S 等气体对电气元件会有腐蚀性，送风系统需要设置相应的过滤器，并采用室内微正压形式防止室外空气的渗入，有效保证室内空气质量。室外新风过滤器宜采用 C3 级粗效过滤器，并设置化学过滤器。房间 H_2S 的浓度应小于 0.015mg/m^3，SO_2 的浓度应小于 0.15mg/m^3。

12.3.4 本条规定了空调设计相关要求：

1 控制室、机柜间属于站内重要设施，腐蚀性气体环境对仪表机柜设备的运行会造成安全隐患。需要设置空气过滤系统满足室内空气质量标准。室外新风过滤器宜采用 C3 级粗效过滤器和 Z2 级中效过滤器，并设置化学过滤器。房间 H_2S 的浓度应小于 0.015mg/m^3，SO_2 的浓度应小于 0.15mg/m^3。

2 当站内建筑面积较小，房间数量少，办公室、休息室等房间设置集中式空调系统不经济时，采用分体式空调器运行灵活，独立控制，推荐优先选用。使用电制冷空调机组技术成熟，运行安全可靠，宜优先选用。

12.3 给排水

12.3.2 本条针对水源、水质等情况进行说明。一般来说地热双工质发电站给水系统要优先考虑市政供水系统，若周边无市政系统可以依托，可考虑采用地下水、地表水作为供水水源。当水源水质不能满足生产、生活水质要求时，考虑对应处理设施进行处理。

12.4.3 随着环境保护要求逐步提高，地热电厂也采取了雨污分流的方式，防止水体污染。

13 消防

13.0.1 可燃工质地热电站一般来说设置可燃工质储罐或储罐区，考虑可燃工质的种类、储存容积、火灾危险性等方面，需要设有消防给水系统。同时考虑罐上火灾自动报警、连锁控制及现场手动报警装置的设置，并根据《建筑灭火器配置设计规范》GB 50140 规定配置对应灭火器。

13.0.2 可燃工质液化烃单罐容量较大和（或）储罐数量较多的储罐区，所需的消防冷却水量较大，只靠移动式系统难以胜任，所以应设置固定式消防水冷却系统。

另外，同时设置辅助水枪或水炮的作用是：当高速扩散火焰直接喷射到局部罐壁时，该局部需要较大的供水强度，此时应采用移动式水枪、水炮的集中水流加强冷却局部罐壁；同时用于因固定系统局部遭破坏而冷却不到地方；燃烧区周围亦需用水枪加强保护；稀释惰化及搅拌蒸汽云，使之安全扩散，防止泄漏的液化烃爆炸着火。这需要在罐区四周设置消火栓，并且消火栓的设置数量和工作压力要满足规定的水枪用水量。

对于总容量不大于 $50m^3$ 或单罐容量不大于 $20m^3$ 的储罐区，着火的可能性相对要小，特别是发生沸液蒸汽爆炸的可能性小，并且着火后需冷却的储罐数量少和面积小，所以规定可设置半固定式消防冷却水系统。

根据本规范可燃工质储罐容积的规定，单罐不大于 $200m^3$、总容积不大于 $500\ m^3$，参考目前现行规范，消防水系统采用移动式即可满足，但还需要设置烟雾灭火系统隔绝可燃工质与空气的接触，阻止火灾的发生。

13.0.5 地热双工质发电站消防补水系统可以根据生活水系统或工业水系统的供水条件，采用合并布置方式，但供水系统必须安全可靠。

13.0.6 消防水池（罐）与生活或生产水池（罐）合并时，设置液位控制或其他技术措施确保消防用水量不被它用。

13.0.8 在常年环境温度极低的环境条件下，消防系统一般采用稳压系统，消防管网在充水情况下要埋设在冰冻线以下 0.3m，如果不能满足，要采取热水伴热或电伴热方式及保温措施，确保管道内水不结冰。充水管道地上部分及冰冻线以上部分也要采取热水或电伴热及保温方式进行防冻。

14 环境保护与水土保持

14.1 大气污染物防治

14.1.1 地热双工质发电站生产运行中产生的大气污染物主要是地热流体中携带的不凝结气体，地热双工质发电站设计中，应结合电站特点，采用成熟、先进、可靠的技术，使大气污染物排放符合现行国家标准《大气污染物综合排放标准》GB 16297 和《恶臭污染物排放标准》GB 14554 的规定。

14.1.2 地热流携带的气体组分可能有：CO_2、N_2、CO、H_2S、O_2、NH_3、CH_4、He、Ar 等。在全球大多数双工质地热发电系统中，地热流体中的不凝气体都在高处直接排放到大气中，但在环保要求较高的少数国家地区，也强制要求将不凝气体与地热水一道回灌至地下，做到零排放。按照我国《大气污染物综合排放标准》GB 16297 和《恶臭污染物排放标准》GB 14554，地热流体中的不凝气体排放如果超标，应对地热水中的不凝气体进行加压和地热水一起回灌或者采用其他办法在地面对不凝气体进行处理。

14.2 噪声与振动防治

14.2.1 根据现行国家标准《工业企业厂界环境噪声排放标准》GB 12348 规定，工业企业界外 1m 处，高度 1.2m 以上、距任一反射面距离不小于 1m 的位置，噪声排放限值如表 14.2.1 所示。

表 14.2.1 工业企业厂界环境噪声排放限值[dB(A)]

厂界外声环境功能区类别	昼间	夜间
1	55	45
2	60	50
3	65	55
4	70	55

注：厂界外声环境功能区类别划分按国家现行标准《声环境质量标准》GB 3096 规定执行。1 类标准适用于居住、文教机关为主的区域；2 类标准适用于居住、商业、工业混杂区及商业中心区；3 类标准适用于工业区；4 类标准适用于交通干线道路两侧区域。

14.2.2 根据现行国家标准《工业企业噪声控制设计规范》GB 50087 规定，对于生产过程和设备产生的噪声，首先从声源上进行控制，以低噪声的工艺和设备替代高噪声的工艺和设备。

14.2.4 双工质地热发电站最大的噪声源是地热流体泄放产生的噪声，噪声值可达到 100dB（A）以上，安装消声器可以有效地降低噪声排放。

14.3 水土保持

14.3.1 水土保持是我国的一项基本国策，项目建设和生产过程中必须严格执行现行国家标准《生产建设项目水土保持技术标准》GB 50433 的相关规定，采取有效措施防治可能引起的水土流失。

14.3.2 水土保持措施的设计、施工、投运应与主体工程实施进度相协调。对可能产生的水土流失应预先采取预防措施。

15 化验与检修

15.1 化验

15.1.1 地热双工质发电站应对进站、出站的地热流体组分进行定期取样分析，主要是为了分析地热水的结垢趋势，以调整加药药剂种类和浓度，所以需设置取样口。

15.2 检修

15.2.2 在室内布置的地热双工质发电机组检修时，一般不便于布置移动式起吊设备，设计时优先采用固定起吊设备。露天和半露天布置的地热双工质发电机组可采用移动式起吊设备。

ICS 27.120.20
CCS P 60

NB

中华人民共和国能源行业标准

NB/T 11156—2023

地热发电机组术语

Vocabulary of geothermal power generation unit

2023-02-06 发布 2023-08-06 实施

国家能源局 发布

目　次

前言

本文件按照 GB/T 1.1—2020《标准化工作导则　第 1 部分：标准化文件的结构和起草规则》的规定起草。

本文件由中国石油化工集团有限公司提出。

本文件由能源行业地热能专业标准化技术委员会归口。

本文件起草单位：中核坤华能源发展有限公司、天津大学、南京天加热能技术有限公司、江西华电螺杆发电技术有限公司、中国电建集团华东勘测设计研究院有限公司、中国石化集团新星石油有限责任公司。

本文件主要起草人：王志刚、谢迎春、蒋执俊、赵丰年、吕心力、李健、刘凤钢、嵇建飞、刘军、王宗满、孙国强、李玲、马腾飞、李斌、刘富华、胡娟、马春红、高俊、徐展鹏、李永田、马丹丹、马小宇、孙杰、于胜斌。

本文件为 2023 年首次发布。

地热发电机组术语

1 范围

本文件规定了地热发电机组相关的术语。

本文件适用于行业和地方等地热发电机组有关标准化文件的起草，其他标准化文件的起草参照使用。

本文件适用于地热发电机组相关技术文件的编制，专业手册、教材和书刊等的编写和翻译。

2 规范性引用文件

下列文件中的内容通过文中的规范性引用而构成本文件必不可少的条款。其中，注日期的引用文件，仅该日期对应的版本适用于本文件；不注日期的引用文件，其最新版本（包括所有的修改单）适用于本文件。

GB/T 2900.52 电工术语 发电、输电及配电 发电

GB/T 19962 地热电站接入电力系统技术规定

GB/T 28812 地热发电用汽轮机规范

GB/T 30555 螺杆膨胀机（组）性能验收试验规程

GB/T 50297 电力工程基本术语标准

GB/T 50791 地热电站设计规范

DL/T 1033.6 电力行业词汇 第6部分：新能源发电

NB/T 10097 地热能术语

3 基本术语

3.1.1

地热发电 geothermal power generation

利用地热流体所运载的热能转换为电能的发电方式。

[来源：GB 50791—2013 地热电站设计规范]

3.1.2

地热发电机组 geothermal power generation unit

利用地热流体所运载的热能转换为电能的成套机械设备。

3.1.3

地热电站 geothermal power station

利用地热流体所运载的热能进行发电的电站。

[来源：GB 50791—2013 地热电站设计规范 GB/T 19962—2016 地热电站接入电力系统技术规定]

3.1.4

地热资源 geothermal resources

指在可以预见的未来时间内能够为人类经济开发和利用的地球内部热能资源，包括地热流体及其有

用组分。

[来源：GB 50791—2013 地热电站设计规范]

3.1.5

地热流体　geothermal fluid

包括地热水、地热蒸汽以及伴生的不凝结气体。

3.1.6

地热蒸汽　geothermal steam

从地热井中提取的蒸汽、经汽水分离器或扩容器产生的蒸汽。

3.1.7

地热水　geothermal water

从地热井中提取的热水。

[来源：GB/T 28812—2012 地热发电用汽轮机规范]

3.1.8

干度　dryness

汽水混合物中饱和蒸汽所占的质量百分数

3.1.9

不凝结气体　non-condensable gas

地热流体中所包含的，在地热发电热力循环过程中不能凝结为液态的气体。

[来源：GB 50791—2013 地热电站设计规范]

3.1.10

地热尾水　geothermal tail water

汽水分离器、扩容器和凝汽器排出的地热水。

[来源：GB 50791—2013 地热电站设计规范]

3.1.11

地热生产井　production well

能稳定产出来自地热储层的蒸汽、热水或汽水混合物的地热井。

[来源：GB 50791—2013 地热电站设计规范]

3.1.12

地热井出力　well production

指地热井的热流体产率（m^3/d、m^3/h 或 L/s）。

[来源：GB 50791—2013 地热电站设计规范]

3.1.13

井口装置　well head devices

指地热井口地面以上为地热发电所配置的设备，包括井口管道、阀门、三通及相应的压力表、温度表、取样管和平台扶梯等。

[来源：GB 50791—2013 地热电站设计规范]

3.1.14

干蒸汽地热发电机组　dry steam geothermal power generation unit

将地热干蒸汽引入动力机实现发电利用的机组。

3.1.15

闪蒸式地热发电机组　flash type geothermal power generation unit

通过闪蒸扩容从地热流体中分离出饱和蒸汽，再将闪蒸后的地热蒸汽引入动力机实现发电的机组。

3.1.16

双工质循环地热发电机组　binary cycle geothermal power generation unit

地热流体通过换热器加热低沸点工质并产生蒸气，再将蒸汽工质引入动力机实现发电的机组。做功后的低温低压蒸汽工质由凝汽器凝结成液态后，经工质泵送至换热器再循环使用。

3.1.17

全流地热发电机组　total-flow geothermal power generation unit

将地热流体（包含汽水混合物）引入动力机实现发电利用的机组。

3.1.18

地热发电机组总发电量　gross power output of geothermal power generation unit

地热电站发电机对外输出的总发电量。

3.1.19

地热发电机组净发电量　net power output of geothermal power generation unit

地热发电机组的总发电量扣除所有辅机消耗电量后的净发电量。

3.1.20

地热发电机组总发电效率　gross power generation efficiency of geothermal power generation unit

地热发电机组的总发电量与其自地热系统中获得的热量的比值。

3.1.21

地热发电机组净发电效率　net power generation efficiency of geothermal power generation unit

地热发电机组净发电量与其自地热系统中获得的热量的比值。

3.1.22

单位地热流体净发电量　net specific power output

地热发电机组净输出功率与输入地热流体流量的比值。

3.1.23

地热联合发电系统　combined geothermal power generation system

几种不同方式的地热发电系统按照能量梯级利用的原则组成的地热发电系统。

3.1.24

双工质地热发电系统　binary geothermal power generation system

双工质地热发电系统是用地热流体在热交换器中加热某种低沸点工质，使之蒸发相变为蒸汽进入膨胀机做功发电的系统。根据工质的性质，双工质地热发电系统通常可分为有机朗肯循环地热发电系统和卡琳娜循环地热发电系统。

4　地热发电系统

4.1　地热干蒸汽发电系统

4.1.1

地热干蒸汽　geothermal dry steam

从地热井中提取的饱和或过热蒸汽。

4.1.2

干蒸汽发电系统　dry steam power generation system

将地热干蒸汽引入汽轮机做功发电的系统，可分为背压式和凝汽式发电系统。

4.1.3

不凝气体含量　ratio of gas to steam

不凝结气体在地热蒸汽中所占的比例，其表示方式为：

$$P_v = \frac{V_g}{V_s} \times 100\% \text{或} P_g = \frac{G_g}{G_s} \times 100\%$$

式中：

P_v——不凝气体含量（体积分数），%；

V_g——地热蒸汽中不凝结气体的体积，m^3；

V_s——地热蒸汽体积，m^3；

P_g——不凝气体含量（质量分数），%；

G_g——地热蒸汽中不凝结气体的质量，kg；

G_s——地热蒸汽质量，kg。

[来源：GB/T 28812—2012 地热发电用汽轮机规范]

4.1.4

背压式地热发电机组　back pressure type geothermal power generation unit

膨胀机排汽压力大于大气压力，将做功后汽轮机排汽用于供热或其他用途的地热发电机组。

4.1.5

凝汽式地热发电机组　condensing type geothermal power generation unit

做功后膨胀机排汽全部进入凝汽器的地热发电机组。

4.2　地热闪蒸发电系统

4.2.1

闪蒸发电系统　flash power generation system

闪蒸发电系统是将地热流体先送到闪蒸器中进行减压闪蒸，使其产生部分蒸汽，再引到汽轮机做功发电的系统。根据闪蒸器的数量及其工作压力，闪蒸发电系统可分为单级闪蒸发电系统、双级闪蒸发电系统和多级闪蒸发电系统。

4.2.2

汽水混合物　steam-water mixture

地热蒸汽和地热水的两相混合物。

4.2.3

闪蒸器　flasher

地热发电系统中通过扩容闪蒸实现汽、液分离,使地热流体产生湿蒸汽的设备。

4.2.4

汽水分离器　steam-water separator

将地热流体中的蒸汽和热水分离的装置。

4.2.5

闪蒸蒸汽　flash steam from flasher

地热水压力降低到低于与其温度相对应的饱和压力，而汽化产生的蒸汽。

4.2.6

一次蒸汽 primary steam

地热汽轮机采用两级或两级以上闪蒸热力循环系统时，自一级汽水分离器或一级扩容器产生的蒸汽。

[来源：GB/T 28812—2012 地热发电用汽轮机规范]

4.2.7

二次蒸汽　secondary steam

地热汽轮机采用两级或两级以上闪蒸热力循环系统时，自一级汽水分离器或一级扩容器排出的热水经二级扩容器产生的蒸汽。

[来源：GB/T 28812—2012 地热发电用汽轮机规范]

4.2.8

汽水比　ratio of steam to water

汽水混合物中蒸汽质量与热水质量之比。

[来源：GB/T 28812—2012 地热发电用汽轮机规范]

4.2.9

蒸汽比例　steam fraction

地热蒸汽占地热流体质量之比。

4.2.10

高位式凝汽器（大气压力式）　high-level installed condenser (barometric condenser)

凝汽器内凝结水依靠自重排至大气压力空间的一种布置方式。

[来源：GB/T 28812—2012 地热发电用汽轮机规范]

4.2.11

低位式凝汽器　low-level installed condenser

凝汽器凝结水依靠凝结水泵排出的一种布置方式。

[来源：GB/T 28812—2012 地热发电用汽轮机规范]

4.3　地热双工质发电系统

4.3.1　有机朗肯循环 ORC

4.3.1.1

有机朗肯循环（ORC）　organic rankine cycle

以低沸点有机物为工质的朗肯循环。

4.3.1.2

有机朗肯循环预热器　preheater of ORC

有机朗肯循环中进入蒸发器前的液态工质与蒸发器出口的热源进行热交换的换热器。

4.3.1.3

有机朗肯循环蒸发器　evaporator of ORC

有机朗肯循环中液态工质与热源进行热交换而产生工质蒸气的换热器。

4.3.1.4

有机朗肯循环回热器　recuperator of ORC

有机朗肯循环中工质泵出口的液态工质与膨胀机出口气态工质进行换热，回收膨胀机出口乏气热量的换热器。

4.3.1.5

水冷式凝汽器　water-cooled condenser

通过与冷却水换热，将膨胀机出口气态工质冷凝成液态工质的换热器。

4.3.1.6

风冷式凝汽器　air-cooled condenser

通过与空气换热，将膨胀机出口气态工质冷凝成液态工质的换热器。

4.3.1.7

高效强化换热管　enhanced heat exchange tube

通过对换热管形状和表面性质特殊加工，改变流体在管壁处的流动方式和传热机理，进行强化传热的换热管。

4.3.1.8

夹点温差　pinch point temperature difference

换热过程中冷热两种流体间的最小换热温差，也称窄点温差。

4.3.1.9

有机朗肯循环吸热量　heat absorption of ORC

有机朗肯循环中，通过蒸发器和预热器输入到系统中的热量。

4.3.1.10

有机朗肯循环放热量　heat release of ORC

有机朗肯循环中，通过凝汽器输出的热量。

4.3.1.11

有机工质泄漏量　leakage of organic cycle fluid

ORC 机组单位时间内工质泄漏重量，如年泄漏量。

4.3.1.12

有机工质泄漏率　leakage rate of organic cycle fluid

ORC 机组平均单位时间内工质泄漏量与有机工质充注量的比值，如年泄漏率。

4.3.1.13

有机工质充注量　charge of organic cycle fluid

充注到 ORC 机组内的有机工质的重量。

4.3.1.14

机械密封　mechanical seal

由至少一对垂直于旋转轴线的端面在流体压力和补偿机构弹力的作用下以及辅助密封的配合下保持贴合并相对滑动而构成的防止流体泄漏的装置。

4.3.1.15

干气密封　dry gas seal

通过将高压气体泵入密封端面间，形成气膜，阻塞密封介质泄漏通道的方式。

4.3.1.16

有机工质　organic cycle fluid

用于有机朗肯循环发电系统的工质，主要包括卤代烃（制冷剂）、碳氢化合物、有机硅化合物单一工质以及使用两种到三种以上工质组成的混合工质。

4.3.1.17

干工质　dry cycle fluid

温熵图中对应工质的饱和蒸汽线斜率的倒数大于 0 的有机工质。

4.3.1.18

湿工质　wet cycle fluid

温熵图中对应工质的饱和蒸汽线斜率的倒数小于 0 的有机工质。

4.3.1.19

绝热工质　adiabatic cycle fluid

也叫等熵工质，温熵图中对应工质的饱和蒸汽线斜率的倒数等于 0 的有机工质。

4.3.1.20

可燃工质 combustible cycle fluid

根据国家或行业标准划分为可燃性的有机工质。

4.3.1.21

有机朗肯循环不凝性气体 non-condensable gas of ORC

也称 ORC 非冷凝性气体，指在有机朗肯循环系统内部工作过程中无法随着有机工质凝结为液态的气体总称。

4.3.1.22

（有机工质）燃烧性危险程度 risk degree of flammability

有机工质在一定条件下的可燃烧程度。

4.3.1.23

（有机工质）毒性危害程度 toxic hazard degree

有机工质危害人体健康程度。根据容许的接触量，毒性通常分为低慢性毒性和高慢性毒性。

4.3.1.24

（有机工质）臭氧层破坏程度 ozone depression potential

表征有机工质气体逸散到大气中对臭氧层破坏的潜在影响程度。

4.3.1.25

（有机工质）大气温室效应危害程度 global warming potential

是有机工质产生温室效应的指数，表示有机工质在不同时间内在大气中保持综合影响及其吸收外逸热红外辐射的相对作用。

4.3.2 卡琳娜循环

4.3.2.1

卡琳娜循环 kalina cycle

采用氨-水混合物作为工质的双循环。

4.3.2.2

卡琳娜循环发生器 kalina cycle generator

通过与热源进行能量交换，将基本溶液变为气液两相氨水混合物的设备。

4.3.2.3

卡琳娜循环蒸发器 kalina cycle evaporator

通过与地热流体的热交换，实现工质氨蒸发的设备。

4.3.2.4

卡琳娜循环吸收器 kalina cycle absorber

将富水溶液与汽轮机出口乏汽混合吸收成为基本溶液的设备。

4.3.2.5

卡琳娜循环回热器 kalina cycle recuperator

利用分离后的富水溶液加热进入发生器前的液态工质的设备。

4.3.2.6

卡琳娜循环凝汽器 kalina cycle condenser

将汽化工质冷却凝结为液体的设备。

4.4 地热全流发电系统

4.4.1

全流发电系统　total flow power generation system

将地热流体接入膨胀机进汽口，使其一边膨胀一边做功，最后以汽或汽水混合物的形式从膨胀机的排汽口排出的发电系统。

4.4.2

全流过程　total flow process

不经过闪蒸或汽液分离的汽液两相流体，在膨胀机中膨胀，最后以汽或汽水混合物的形式从膨胀机的排汽口排出的过程。

5　地热发电膨胀机

5.1　汽轮机设备

5.1.1

地热发电汽轮机　steam turbine for geothermal power generation

利用地热流体进行发电的汽轮机。

5.1.2

凝汽式汽轮机　condensing turbine

蒸汽在汽轮机中膨胀做功后排入凝汽器的汽轮机。

5.1.3

背压式汽轮机　back-pressure turbine

蒸汽在汽轮机中膨胀做功后排至热用户或其他用户的汽轮机，通常排汽压力高于大气压力。

5.1.4

饱和蒸汽汽轮机　saturated steam turbine

以饱和蒸汽为工质的汽轮机。

5.1.5

主蒸汽　main steam

汽轮机主汽阀前的蒸汽。

5.1.6

初蒸汽　initial steam

调节阀后喷嘴组前的蒸汽。

5.1.7

排汽　exhaust steam

自汽轮机排汽缸排出的蒸汽。

5.1.8

通流部分　flow passage

汽轮机本体中从调节阀后到汽缸排汽口的整个汽流通道和元件的总称。

5.1.9

蒸汽室　steam chest

由主汽阀出来的蒸汽进入调节阀前为均衡汽流而设置的腔室。

5.1.10

汽缸　casing

包容转子，并供安装隔板、静叶等的承压壳体。

5.1.11

主轴　main shaft

供套装叶轮传递汽轮机功的轴。

5.1.12

转子　rotor

由主轴及叶轮等组成的转动部件的总体。

5.1.13

叶片　blade

在通流部分中用以改变汽流参数实现能量转换的零件。一般由叶根和具有特定型面的叶身组成。

5.1.14

背压　back pressure

汽轮机出口排汽压力。

5.1.15

全周进汽　full arc admission

蒸汽通过分布在整个圆周上的喷嘴的进汽方式。

5.1.16

部分进汽　partial arc admission

蒸汽通过部分圆周上的喷嘴的进汽方式。

5.1.17

惰走时间　idling time

汽轮机在额定转速下从截断向汽轮机送汽时开始，至转子完全停止转动所需的时间。

5.2　螺杆膨胀机设备

5.2.1

螺杆膨胀机　screw expander

工质在带有螺旋槽的转子的机壳内膨胀，推动转子转动，并通过转子对外输出功的容积式膨胀机。通常可分为双螺杆膨胀机和单螺杆膨胀机。

5.2.2

双螺杆膨胀机　twin screw expander

由两个螺杆彼此啮合组成的螺杆式膨胀机。

5.2.3

单螺杆膨胀机　single screw expander

由一个螺杆和两个或者更多星轮组成的螺杆式膨胀机。

5.2.4

多级螺杆膨胀机组　multistage screw expansion unit

由一台螺杆膨胀机做功后排汽进入下一级螺杆膨胀机做功，两台螺杆机与发电机采用联轴器同心连接方式的机组。

5.2.5

抽凝式螺杆膨胀机组　extraction-condensing screw expansion unit

根据生产工艺要求，经由一次做功后排汽抽走部分蒸汽供给生产，剩余蒸汽进入下一级螺杆膨胀机做功的机组。

5.2.6
背压式螺杆膨胀机组 back pressure screw expansion unit
将高于大气压力的排汽用于供热或其他用途的螺杆膨胀机及附属系统。
[来源：GB/T 30555—2014 螺杆膨胀机（组）性能验收试验规程]

5.2.7
凝汽式螺杆膨胀机组 condensing screw expansion unit
排汽直接进入凝汽器的螺杆膨胀机组。
[来源：GB/T 30555—2014 螺杆膨胀机（组）性能验收试验规程]

5.2.8
有机朗肯循环螺杆膨胀机组 organic rankine cycle screw expansion unit
地热流体先通过蒸发器加热低沸点有机工质，产生蒸汽后推动螺杆膨胀机转动，排汽在凝汽器中凝结后由工质泵送至蒸发器循环使用的螺杆膨胀机组。
[来源：GB/T 30555—2014 螺杆膨胀机（组）性能验收试验规程]

5.2.9
阳转子 male rotor
由中间带凸形螺旋面，两端配轴承和机械密封的旋转件，对外输出扭矩，也称阳螺杆。

5.2.10
阴转子 female rotor
由中间带凹形螺旋面，两端配轴承和机械密封的旋转件，也称阴螺杆。

5.2.11
同步齿轮 synchronizing gear
一对与阴、阳转子的转速比相同的齿轮，大齿轮与阴转子转速相同，小齿轮与阳转子转速相同，阴转子的齿数与阳转子的齿数比等于大齿轮齿数与小齿轮的齿数比。

5.2.12
滑销系统 sliding key system
为使螺杆膨胀机的汽缸定向自由膨胀或收缩，并保持机组各部件正确的相对位置，在汽缸与基座之间所设置的一系列滑键。

5.2.13
减速机 speed reducer
一种动力传送机构，利用齿轮的速度转换，将螺杆膨胀机的转速减少到驱动设备包括发动机所要的转速。

5.2.14
排汽管 exhaust pipe
与机壳体相连接，排出已做功后的低压汽体的管道。

5.2.15
密封水套 sealed water jacket
以水为密封介质，防止转子轴端泄漏并使机体降温的装置。

5.2.16
膨胀比 volumetric expansion ratio
螺杆膨胀机膨胀终了封闭体积流量与进口终了封闭体积流量之比。

5.2.17
长径比 length-diameter ratio

螺杆带型线部分的长度与阳螺杆（转子）外径之比。

5.2.18

进汽角　flow inlet angle

进汽过程阴、阳转子旋转的角度。

5.2.19

扭转角　twist angle

螺杆齿面在吸、排汽端平面之间的扭转角度。

5.2.20

螺杆膨胀机漏汽损失　leakage loss

地热流体通过螺杆与螺杆、螺杆与机壳体之间的间隙产生的泄漏而引起的损失。

5.2.21

节流调节　throttle governing

通过控制调节阀开度对蒸汽节流改变流量、参数以控制螺杆膨胀机功率的调节方式。

5.2.22

旁路调节　**bypass governing**

通过控制旁路阀开度从而调节螺杆膨胀机功率的调节方式。

5.3　其他膨胀机设备

5.3.1

开启式膨胀机　open type expander

膨胀机的主轴一端露在机头外，通过联轴器与电机相连接。通常在主轴外露处需设置机械密封，防止工质泄漏。

5.3.2

半封闭式膨胀机　semi closed type expander

发电机壳体与膨胀机壳体是一体化设计，内腔相通，通常不需要设置机械密封。

5.3.3

容积式膨胀机　positive displacement expander

利用工质气体在内部容积变大过程中进行膨胀输出机械功的膨胀机。

5.3.4

速度式膨胀机　turbo-expander

利用工质气体在流道中流动速度的变化来进行能量转换的膨胀机，也称透平。

5.3.5

轴流式膨胀机　axial flow expander

工质流动的主方向与其旋转轴线平行的速度式膨胀机。

5.3.6

涡旋式膨胀机　scroll expander

由一个固定的渐开线涡旋盘和一个呈偏心回旋平动的渐开线运动涡旋盘组成可变容积式膨胀机。

5.3.7

径向向心透平　radial inflow turbine

工质流动的主方向与其旋转轴线垂直，且流动方向为由外向内的速度式膨胀机。

5.3.8

径向离心透平　radial outflow turbine

工质流动的主方向与其旋转轴线垂直，且流动方向为由内向外的速度式膨胀机。

5.4 膨胀机参数

5.4.1

地热蒸汽参数 geothermal steam parameters

地热蒸汽的压力、温度、湿度等的总称。

5.4.2

地热蒸汽流量 geothermal steam flowrate

进入膨胀机主汽阀的蒸汽流量。

5.4.3

饱和温度 saturated temperature

地热流体或循环工质处于饱和汽态或液态时对应的温度。

5.4.4

饱和压力 saturated pressure

地热流体或循环工质处于饱和汽态或液态时对应的压力。

5.4.5

闪蒸温度 flash temperature

地热流体在闪蒸器中发生闪蒸时的温度。

5.4.6

蒸发温度 evaporation temperature

地热发电系统蒸发器中低沸点工质蒸发相变时的温度。

5.4.7

冷凝温度 condensing temperature

凝汽器内汽体凝结相变时的温度。

5.4.8

新蒸汽参数 initial steam conditions

膨胀机主汽阀进口处的蒸汽参数。

5.4.9

汽耗量 steam consumption

膨胀机每小时的蒸汽消耗量。

5.4.10

汽耗率 specific steam consumption

膨胀机单位输出功的汽耗量。

5.4.11

热耗量 heat consumption

膨胀机每小时消耗的蒸汽热量。

5.4.12

热耗率 specific heat consumption

膨胀机单位输出功的热耗量。

5.4.13

额定工况 rated condition

在规定条件下膨胀机输出额定功率时的运行状况。

5.4.14

经济工况 economic condition

在规定条件下膨胀机输出经济功率时的运行状况。

5.4.15

额定参数 rated steam parameters

在设计时，所给定的主蒸汽参数、排汽参数等。

5.4.16

额定转速 rated speed

膨胀机在额定工况下的运行转速。

5.4.17

额定功率 rated power output

膨胀机在规定条件下运行时，发电机线端连续输出的最大功率。

5.4.18

总输出功率 gross power output

膨胀机组发电机端测量的输出功率。

[来源：GB/T 30555—2014 螺杆膨胀机组性能验收试验规程]

5.4.19

净输出功率 net power output

由发电机端测量的毛输出功率中扣除辅机耗功，即得到机组的净输出功率。

[来源：GB/T 30555—2014 螺杆膨胀机组性能验收试验规程]

5.4.20

一类参数 primary measurement

用来计算试验结果的测量参数。

[来源：GB/T 30555—2014 螺杆膨胀机组性能验收试验规程]

5.4.21

二类参数 secondary measurement

非用于计算试验结果，而用于确定机组运行状态的测量参数。

[来源：GB/T 30555—2014 螺杆膨胀机（组）性能验收试验规程]

5.4.22

螺杆膨胀机终端参数 screw expander terminal conditions

指合同所列的螺杆膨胀机（组）与外部设备相接的各终端点上所规定参数。这些参数通常包括：

——螺杆膨胀机组入口参数；

——螺杆膨胀机组出口参数；

——输出功率；

——冷却水参数；

——转速。

5.4.23

螺杆膨胀机入口参数 screw expander inlet parameters

螺杆膨胀机入口流体的压力、温度、流量、干度等参数的总称。

5.4.24

螺杆膨胀机出口参数 screw expander outlet parameters

螺杆膨胀机出口流体的压力、温度、流量、干度等参数的总称。

5.4.25

排汽参数　exhaust parameters

排汽的压力、温度、湿度等的总称。

5.4.26

真空度　vacuum

大气压与凝汽器内的绝对气压的差值。通常以 mmHg 表示。

5.4.27

凝汽器热负荷　condenser load

单位时间内排入凝汽器中的工质传给冷却介质的净热量。

5.4.28

膨胀机等熵效率　isentropic efficiency of expander

膨胀机的输出功与等熵膨胀输入功的比值。

5.4.29

厂用电率　power plant auxiliary consumption rate

指单位时间内厂用自耗电量与发电量的百分比。

5.4.30

辅机耗功　auxiliary power

膨胀机组中所有用电设备消耗的电功率。

[来源：GB/T 30555—2014 螺杆膨胀机组性能验收试验规程]

5.4.31

年可用小时数　annual usable hours

按年为单位一年的时间里机组处于可用状态的小时数。

5.4.32

年利用小时数　annual operating hours

按年为单位一年的时间里折合为额定功率下可利用的小时总和。

6　发电机

6.1.1

同步发电机 synchronous generator

同步发动机即转子转速与定子旋转磁场的转速相同的交流发电机。

6.1.2

永磁发电机 permanent magnet generator

用永久磁体取代电流励磁，以产生主极磁场的发电机。

6.1.3

励磁系统 excitation system

供给同步发电机励磁电流的电源及其附属设备的统称，包括所有调节与控制元件、励磁功率单元、磁场过电压抑制和灭磁装置以及其他保护装置。

6.1.4

电枢　armature

旋转磁场交流发电机的不动部分，金属芯和绕组的总称，产生感应电压。

6.1.5

定子　stator

电动机或发电机中静止不动的部分，由定子铁芯、定子绕组和机组组成，主要作用是产生旋转磁场。

6.1.6

转子　rotor

电动机或发电机中高速旋转的部分，由转子铁芯、转子绕组、转子轴伸、护环、中心环等组成，主要作用是在旋转磁场中被磁力线切割而产生电流。

6.1.7

绕组　winding

旋转电机内具有规定功能的一组线匝或线圈。

6.1.8

线圈　coil

具有一个或多个线圈单元的组件，通常具有公共绝缘。

6.1.9

接线装置　termination

为使电机内部引线与外界导体连接而提供的装置。

6.1.10

同期装置　synchronizing device

并网过程中，用来判断断路器两侧电压幅值、频率、相位是否一致，达到同期条件，从而决定断路器是否合闸的专用装置。

6.1.11

继电保护　relay protection

由继电保护技术和继电保护装置组成的一个系统，对电力系统中发生的故障或异常情况进行检测，发出报警信号或直接将故障部分隔离、切除的一种重要措施。

6.1.12

变压器　transformer

一种静止的电气设备，用来将某一数值的交流电压（电流）变成频率相同的另一种或几种数值不同的电压（电流）的设备。

6.1.13

浪涌　surge

超出正常工作电压的瞬间过电压或过电流。

6.1.14

逆置　inverted

电机的定子和转子的正常电磁功能相互对换。

6.1.15

同步转速　synchronous speed

按电机供电系统的频率和电机本身的极数所决定的转速。

6.1.16

容性负载　capacitive load

电路中类似电容的负载，使负载电流与负载电源相比，超前负载电压一个相位差。

6.1.17

感性负载　inductive load

电路中类似电感的负载，使负载电流与负载电源相比，滞后负载电压一个相位差。

6.1.18

阻性负载 resistance load

相比负载电源，负载电流和负载电压无相位差时负载为阻性。

6.1.19

异步发电机 asynchronous generator

利用定子与转子间气隙旋转磁场与定子绕组中感应电流相互作用的一种交流发电机，转速率高于同步发电机。

6.1.20

视在功率 apparent power

交流电源提供的总功率，数值上等于有功功率与无功功率平方和的开二次方值。

6.1.21

有功功率 active power

交流电路中，消耗在电阻元件上，功率不可逆变换的那部分功率（如转变为热能、光能、机械能等）。

6.1.22

无功功率 reactive power

交流电路中，电感元件建立磁场，电容元件建立电场消耗的功率，无功功率是随交流电的周期，与电源不断地进行能量转换，而并不消耗能量。

6.1.23

功率因数 power factor

交流电路中电压与电流之间相位差的余弦值，功率因数数值上等于有功功率与视在功率的比值。

6.1.24

转差率 slip rate

定子磁场旋转的速度与转子旋转的速度之差与定子磁场旋转速度之比，反映异步电机的各种运行情况和转速高低。

7 仪控系统

7.1 仪表

7.1.1

仪表和控制系统 instrumentation and control system

基于电气、电子和（或）可编程电子技术的系统，它执行 I&C 功能以及与系统自身运行有关的服务和监督功能。

7.1.2

地热电厂数字化仪表与控制系统 geothermal power plant digital instrumentation and control system

以分散式控制系统为基础，广泛采用计算机技术、网络通信技术和数字化图形显示技术的地热电厂一体化监测和控制系统。

7.1.3

一次仪表 primary meter/primary instrument

直接安装在工艺管道、设备上，或测点附近，与被测介质有接触，测量并显示工艺参数的表计，或者还能将被测变量转换后发送的表计，如弹簧压力表、玻璃管温度计和变送器等。

7.1.4

二次仪表　secondary meter/secondary instrument

接受由检测元件、传感器和变送器等一次仪表送来的电气或气动信号，并指示所检测的工艺参数量值的表计。

7.1.5

弹性元件式压力表　elastic element pressure gauge

以弹性敏感元件为感压元件的测量压力的仪表。

7.1.6

蒸气压温度计　vapour thermometer

利用纯物质的饱和蒸气压与温度的关系测温的温度计。

7.1.7

汽轮机监视仪表　turbine supervisory instruments (TSI)

连续测量汽轮机的转速、振动、膨胀、位移等机械参数，并将测量结果送入控制系统、保护系统等，用于控制变量及运行人员监视的自动化系统。

7.1.8

轴向位移指示器　shaft displacement indicator

指示和记录转子轴向位移的仪表。

7.1.9

相对膨胀指示器　differential expansion indicator

指示和记录气缸和转子膨胀差值的装置。

7.1.10

绝对膨胀指示器　cylinder expansion indicator

指示和记录气缸膨胀值的装置。

7.2　控制系统

7.2.1

转速控制　rotary speed control

是地热发电机组控制系统的功能之一，在地热发电机组启动、升速和定速运行过程中，按照设定的目标转速和升速率改变和/或维持地热发电机组转速。

7.2.2

协调控制　coordinated control

当单台发电机组的负荷指令发生变化时，调整地热井的产热量和膨胀机的负荷指令，使机组的实发功率尽快跟踪负荷指令的变化，同时保证机组的稳定性。

7.2.3

超驰控制　override control

当自动控制系统接到事故报警、偏差越限、故障等异常信号时，根据事故发生的原因立即执行自动切手动、优先增、优先减、禁止增、禁止减等逻辑功能，将系统切换到预设定好的安全状态，并发出报警信号。

7.2.4

旁路控制系统　bypass control system

地热发电机组旁路系统的自动投、切控制及旁路出口蒸汽压力、温度模拟量控制系统的总称。

7.2.5

膨胀机跟踪　expansion machine follow

有机工质蒸发器或者蒸汽闪蒸器的阀门控制以及膨胀机控制汽压，使机前蒸汽压力保持稳定的一种机组控制方式。

7.2.6

辅机故障减负荷　run back

是针对机组主要辅机故障采取的控制措施。即当主要辅机（如工质泵等）发生故障，部分退出工作，机组工况不能满足当前负荷时，快速降低机组负荷的措施。

7.2.7

超速保护控制　over-speed protection control

抑制超速的控制功能。当地热发电机组转速达到或超过某一限定值，或转子加速度超过规定值时，自动关闭调节汽门，当转速恢复正常时再开启调节汽门，如此反复，直至正常转速控制回路可以维持额定转速。

7.2.8

联锁控制　interlocking control

控制和联锁的功能应能满足地热电站启动、停止及正常运行工况的要求，并能实现机组在事故和异常工况下的控制和联锁操作，保证机组的安全。地热发电机组应设置扩容分离器水位与地热生产井出口阀门的联锁。

7.2.9

地热井监控　geothermal well monitoring and control

地热田（包括生产井和回灌井）应设置地热田监视管理系统，对所有的地热生产井、回灌井进行集中监视与控制。

7.2.10

调节系统　governing system

在地热发电机组并网运行时，根据电网周波（频率）偏差改变调节汽门的开度，即改变进汽量和焓降，由发电机的有功功率变化满足外界负荷要求。

7.2.11

蒸汽供应控制系统　steam supply control system

地热电站中控制蒸汽供应流量的系统，包括地热井、蒸汽集输管道、汽水分离器、主蒸汽管道、蒸汽控制阀、除雾器、回灌管道、凝结水混合系统和回灌井等。

7.3　保护系统

7.3.1

报警保护系统　alarm and protection system

在启动和运行过程中，地热发电机组主机或各系统主要参数超出正常值，或机组发生损伤及其他异常情况时，发出报警甚至停机等保护机组安全的系统。

7.3.2

发电机组保护系统　generator protection system

为防止地热发电机本身或电网发生故障，保障机组安全的系统。

7.3.3

紧急跳闸系统　emergency trip system (ETS)

当机组运行过程中出现异常、可能危及设备安全时，采取紧急措施停止机组运行的保护系统。

7.3.4

超速跳闸保护　over-speed trip protection

当地热发电机组转速超过某一限值时，采取紧急停机措施，自动迅速关闭调节汽门（阀）和主汽门（阀）。

7.3.5

保护正确动作率　rate of correct action of automation system

保护系统投运后，当保护条件成立时，保护正确动作的次数与保护动作总次数（保护正确动作与不正确动作的次数之和）的百分比。

7.3.6

停机保护　shutdown protection

地热发电机组停运后，为避免长时间停机引起设备或系统损坏，按照设备保护规范要求，对汽轮机组及其附属系统采取的必要的防护、保养措施。

7.3.7

电气控制和保护系统　electrical control and protection system

用于保护电气和电子电路中的设备、机械、部件和装置，防止短路、过电流和接地故障的系统，是电站配电和输电系统的重要组成部分。

索引

ICS 27.010
F 15

NB

中华人民共和国能源行业标准

NB/T 10270—2019

地热发电机组性能验收试验规程

Performance acceptance test code on geothermal power unit

2019-11-04 发布 2020-05-01 实施

国家能源局 发布

目　次

前　言

本标准按照GB/T 1.1—2009《标准化工作导则　第1部分：标准的结构和编写》给出的规则起草。

本标准由能源行业地热能专业标准化技术委员会（NEA/TC29）提出并归口。

本标准主要起草单位：江西华电螺杆发电技术有限公司。

本标准主要参加单位：西安热工研究院有限公司、上海交通大学、中石化新星（北京）新能源研究院有限公司、中国石化工程建设公司、天津大学。

本标准主要起草人：施延洲、胡达、余岳峰、刘凤钢、赵军、王英、赵丰年、王剑波、马春红。

本标准于2019年首次发布。

地热发电机组性能验收试验规程

1 范围

本标准规定了地热发电机组热力性能验收试验的方法和程序，给出了试验的准备、实施、评估的统一规则。

本标准适用于干蒸汽、闪蒸（扩容）、全流和双工质循环等地热发电机组的热力性能验收试验。

2 规范性引用文件

下列文件对于本文件的应用是必不可少的。凡是注日期的引用文件，仅所注日期的版本适用于本文件。凡是不注日期的引用文件，其最新版本（包括所有的修改单）适用于本文件。

GB/T 2624 流量测量节流装置用孔板、喷嘴和文丘里管测量充满圆管的流体流量（ISO 5167（所有部分）：2003，IDT）

GB/T 8117.1—2008 汽轮机热力性能验收试验规程 第1部分：方法A—大型凝汽式汽轮机高准确度试验

GB/T 8117.3—2014 汽轮机热力性能验收试验规程 第3部分：方法C—改造汽轮机的热力性能验证试验

GB/T 28812—2012 地热发电用汽轮机规范

GB/T 30555—2014 螺杆膨胀机（组）性能验收试验规程

GB 50791—2013 地热电站设计规范

DL/T 983—2005 核电厂蒸汽湿度测量技术规范

JJF 1059.1—2012 测量不确定度评定与表示

NB/T 10097—2018 地热能术语

NB/T 25004—2011 汽水分离再热器性能试验规程

3 术语、符号和定义

NB/T 10097、GB/T 28812、GB/T 30555和GB 50791界定的以及下列术语和定义适用于本标准。

3.1 术语

3.1.1

验收试验 acceptance test

确定新建或改建的机组是否达到合同中所规定的性能指标而进行的试验。

3.1.2

试验边界 test boundary

根据试验范围确定的热力学控制边界，用来明确所需测量的能量流以计算修正的结果。

3.1.3

规定的运行方式试验 specified operating mode test

在规定的机组运行方式下进行的试验，通过试验确定电功率和热效率。例如试验目标为在机组主调节阀全开条件下进行的试验，或者在规定的地热流体流量下进行的试验。

3.1.4

机组热耗量　unit heat consumption

单位时间内地热发电机组从外界热源所取得的热量。

3.1.5

电功率　electrical power

扣除外部励磁和非同轴主油泵所耗功率后，发电机出线端所输出的功率。

3.1.6

辅助电功率　electrical auxiliary power

非膨胀机驱动的膨胀机和发电机的辅机所耗功率。

3.1.7

净电功率　net electrical power

电功率与辅助电功率的差值。

3.1.8

单位地热流体净发电量　specific geothermal fluid net power output

单位地热流体流量的机组净电功率。

3.1.9

机组净热效率　unit net thermal efficiency

单位机组净电功率与机组热耗量之比。

3.1.10

地热尾水　geothermal waste water

经过利用后的地热水，如水气分离器、扩容器和膨胀机排出的地热水。

3.1.11

地热干蒸汽发电机组　dry steam geothermal power generation unit

直接利用地热干蒸汽推动膨胀机做功，然后将机械能转化为电能的发电机组。

3.1.12

地热闪蒸发电机组　flash geothermal power generation unit

地热流体通过闪蒸器降压产生部分低压蒸汽来推动膨胀机做功，然后将机械能转化为电能的发电机组。

3.1.13

地热双工质循环发电机组　binary cycle geothermal power generation unit

地热流体通过换热器加热低沸点工质并产生蒸气，这些蒸气通过朗肯循环先在膨胀机中将热能转换为机械能，然后将机械能转化为电能的发电机组。

3.1.14

地热全流发电机组　total-flow geothermal power generation unit

直接利用地热流体（含有汽水混合物）推动膨胀机做功，然后将机械能转化为电能的发电机组。

3.1.15

主要参数　primary measurement

用于计算试验结果的测量参数。

3.1.16

次要参数　secondary measurement

不用于计算试验结果，但用于确定机组运行状态的测量参数。

3.1.17

不确定度 uncertainty

对误差的数值估计。分为系统不确定度和随机不确定度两种，总不确定度是对系统不确定度和随机不确定度的合成。

3.1.18

系统不确定度 systematic uncertainty

系统误差的数值估计，按照系统误差的95%置信区来估算。

3.1.19

随机不确定度 random uncertainty

随机误差的数值估计，可通过重复测量值的分散度来计算。通常由一组试验数据的平均值的标准偏差来定量。

3.1.20

灵敏系数 sensitivity coefficient

某一参数的变化引起结果的瞬时变化率。

3.2 符号和定义

除非文中另有定义，表1中的符号和定义在本标准中使用。

表1 符号、定义和单位

符号	描述	单位
Q_{meas}	测量的机组热耗量	kJ/s
m_{in}	测量的地热流体入口流量	kg/s
m_{design}	设计的地热流体入口流量	kg/s
N_{meas}	测量的电功率	kW
N_{aux}	测量的辅助电功率	kW
N_{net}	机组净电功率，测量或计算	kW
N_{corr}	修正后净电功率	kW
h_{in}	测量的地热流体入口比焓	kJ/kg
w_{net}	测量的单位地热流体净发电量	kW·h/kg
w_{corr}	修正后单位地热流体净发电量	kW·h/kg
η_{net}	测量的机组净热效率	—
η_{corr}	修正后机组净热效率	—

3.3 保证值

3.3.1 机组净电功率

机组净电功率

$$N_{net} = N_{meas} - N_{aux} \quad (1)$$

式中：

N_{net}——机组净电功率，kW；

N_{meas}——测量的电功率，kW；

N_{aux}——测量的辅助电功率，kW。

3.3.2 单位地热流体净发电量和机组净热效率

3.3.2.1 单位地热流体净发电量

单位地热流体净发电量

$$w_{net}=\frac{N_{net}}{3600m_{in}} \quad \cdots\cdots (2)$$

式中：

w_{net}——测量的单位地热流体净发电量，kW·h/kg；

N_{net}——机组净电功率，kW；

m_{in}——测量的地热流体入口流量。

3.3.2.2 机组净热效率

机组净热效率

$$\eta_{net}=\frac{N_{net}}{Q_{meas}} \quad \cdots\cdots (3)$$

$$Q_{meas}=m_{in}\cdot h_{in} \quad \cdots\cdots (4)$$

式中：

η_{net}——测量的机组净热效率；

N_{net}——机组净电功率，kW；

Q_{meas}——测量的机组热耗量，kJ/s；

m_{in}——测量的地热流体入口流量；

h_{in}——测量的地热流体入口比焓，kJ/kg。

4 导则

4.1 概述

本标准要求机组在规定的运行方式下进行试验，本标准推荐的运行方式是膨胀机主调节阀全开的运行方式。通过试验确定机组修正后净电功率和修正后机组净热效率或单位地热流体净发电量。

4.2 试验前规划

4.2.1 在设计阶段，试验各方应对试验方法，保证值定义，测点与测量仪表的数量、位置与布置，以及阀门与管道布置等达成一致。建议对一些重要的测量提供专用的连接设施，如传压管及仪表阀、法兰和温度计套管等，以使仪表安装和验收试验可在不影响正常机组运行的情况下进行。

4.2.2 为了满足本标准对测量不确定度的要求，应进行必要的试验前准备工作和采取必要的措施。在设计阶段宜达成协议，主要内容包括：

a）功率测量位置；

b）主要流量测量装置的位置及其管道布置；

c）确定所需隔离阀门的数量及其位置；

d）关键测点上所需温度套管和压力接头的数量和位置的要求；

e）关键测点上所需双重或多重仪表接头的数量及位置的要求；

f）地热流体蒸汽品质（干度）的确定方法（如果适用）。

4.3 试验前协议

参与试验各方在试验前应就如下事项达成一致：试验程序、试验目的、测量方法以及在限定必要修正量下的运行方式、试验结果的修正方法和修正曲线，以及与保证值进行比较的方法。

4.4 试验边界和测量参数

4.4.1 试验边界

4.4.1.1 试验边界确定了用于计算和修正试验结果所需测量的能量流。参与计算的所有输入和输出能量流都应以其通过边界的点为参考来进行测量。在边界内的参数可不必测量，除非其用于确认运行条件或用于计算试验边界处的参数。

4.4.1.2 试验边界宜包括系统的所有设备，但是对具体的试验目的，可采取不同的试验边界。

4.4.1.3 对一些特殊的试验，规定的试验边界应由试验各方共同确认。典型试验边界：

a） 通用地热发电机组试验边界，见图1；

b） 地热干蒸汽发电机组试验边界，见图2；

c） 地热闪蒸发电机组试验边界，见图3；

d） 地热双工质循环地热发电机组试验边界，见图4。

注：图中，用于计算和修正试验结果所需测量的能量流用实线表示。不参与试验结果的能量流用虚线表示。

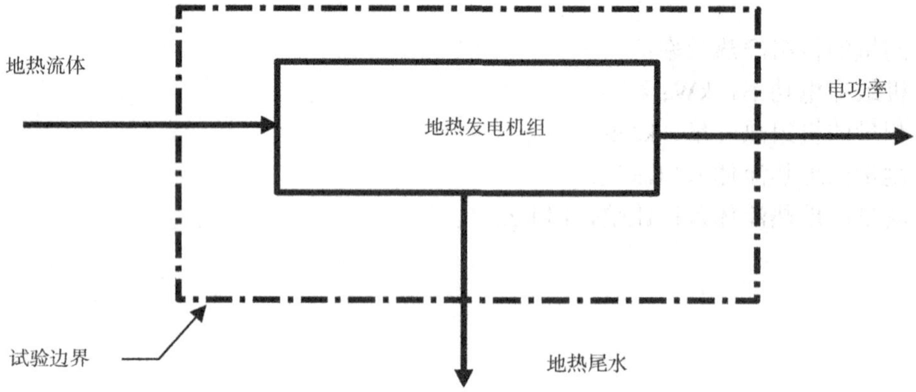

图1 通用地热发电机组试验边界

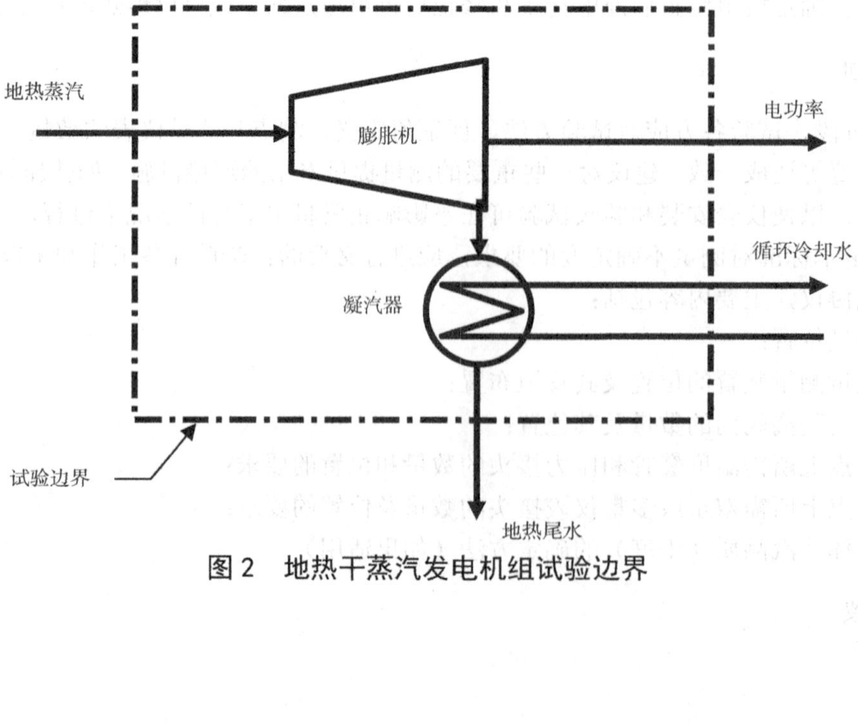

图2 地热干蒸汽发电机组试验边界

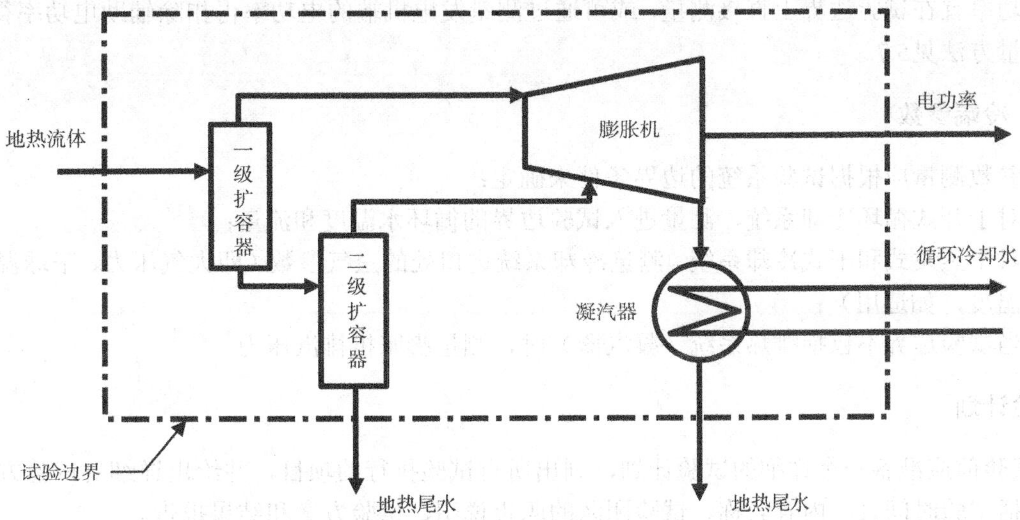

图3 地热闪蒸发电机组试验边界

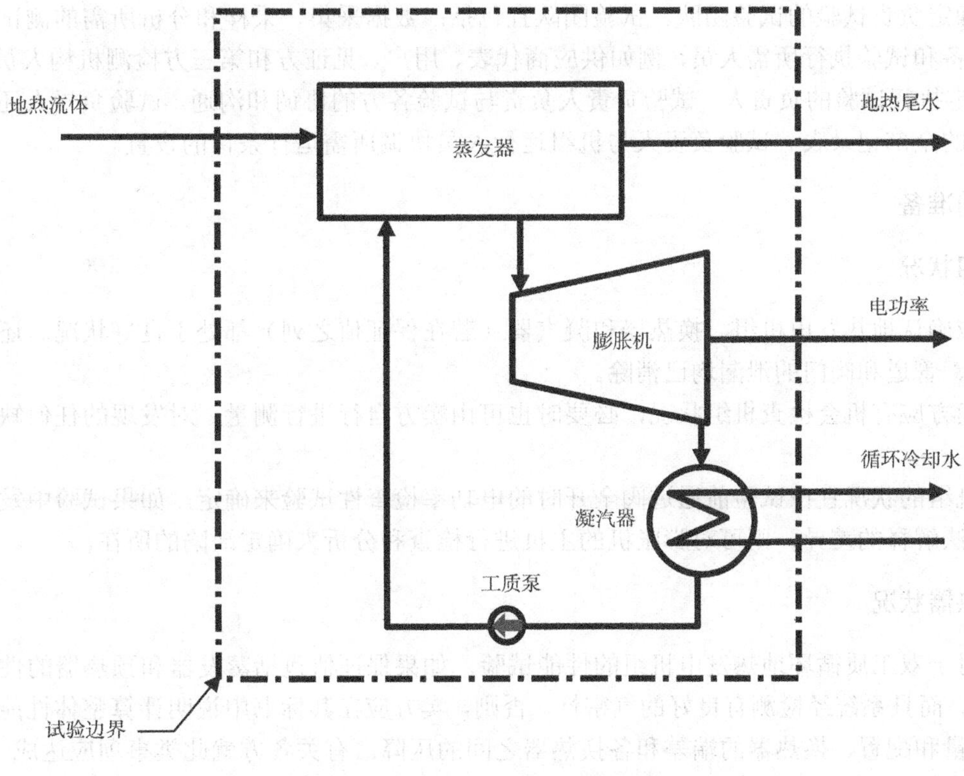

图4 地热双工质循环发电机组试验边界

4.4.2 主要测量参数及变量

4.4.2.1 机组热耗量

在试验边界处测量地热流体的压力、温度（或干度）和流量，来确定地热发电机组热耗量，计算见式（4）。如果有更好的测量点，且该测点处的流体参数与边界点上的相同，或如果可以精确地修正到规定的试验边界点上，则也可将实际测量点布置在试验边界点的上游或下游。

4.4.2.2 净电功率

净电功率宜在试验边界上直接测量，或可通过测量发电机端的电功率再扣除辅助电功率得到。电气参数的测量方法见5.7。

4.4.2.3 冷端参数

冷端参数测量应根据试验系统的边界条件来确定：

a） 对于开式循环冷却系统，测量进入试验边界的循环水温度和流量；

b） 对于蒸发式和干式冷却系统，测量冷却系统进口处的空气参数（即大气压力、干球温度和湿球温度，如适用）；

c） 当试验边界不包括排热系统（凝汽器）时，测量膨胀机排汽压力。

4.5 试验计划

4.5.1 试验前应准备一个详细的试验计划，列出所有试验执行的项目，并给出详细的试验方案。试验计划宜包括试验时间表、内容名称、试验团队的职责说明、试验方案和结果报告。

4.5.2 应制定一个试验时间表。试验时间表宜包括：事件顺序、预期测试时间、通知试验人员、试验准备和执行，以及结果报告的准备。

4.5.3 应确定负责试验的试验团队。试验团队宜包括：数据采集、采样和分析所需的测试人员，以及支持试验准备和试验执行所需人员，例如供应商代表、用户、见证方和第三方检测机构人员等。根据试验要求，指定执行试验的负责人。试验负责人负责与试验各方的协调和沟通。试验负责人还应准备好所有试验活动的全部记录表。试验负责人与机组运行人员协调所需运行条件的设置。

4.6 试验前准备

4.6.1 机组状况

4.6.1.1 应确认地热发电机组、换热器和凝汽器（若在保证值之列）都处于良好状况。还应确认换热器、凝汽器、管道和阀门的泄漏均已消除。

4.6.1.2 卖方应有机会检查机组状况，必要时也可由卖方自行进行测量。对发现的任何缺陷，均应予以消除。

4.6.1.3 机组的状况宜在试验前通过阀全开时的电功率检查性试验来确定。如果试验中发现与设计值有较大的无法解释的差异，则可对膨胀机的主机进行检查和分析来确定缺陷的所在。

4.6.2 换热器状况

4.6.2.1 对于双工质循环地热发电机组的性能试验，如果保证值包括蒸发器和预热器的性能，那么它们应是清洁，而且系统经检测有良好的气密性。否则，卖方应在其标书中说明计算整体性能指标时采用的换热器数量和配置、换热器的端差和各换热器之间的压降。有关各方就此类事项应达成一致。

4.6.2.2 换热器的状况可通过打开水室或测量端差来检查。在有结垢的情况下，买方可要求卖方在验收试验前予以清洗，或者试验各方也可商定一个合适的修正方法。

4.6.3 凝汽器状况

4.6.3.1 如果保证值包括凝汽器的性能，而且是以冷却水流量和温度为条件时，则凝汽器应是清洁，而且系统经检测有良好的气密性。

4.6.3.2 凝汽器的状况可通过打开水室或测量端差来检查，在有结垢的情况下，买方可要求卖方在验收试验前予以清洗，或者试验各方也可商定一个合适的修正方法。

4.6.4 系统的隔离

对试验过程需要隔离的设备以及实现隔离的方法宜达成一致，在试验报告中应说明系统的隔离情况。

4.6.5 进口滤网的清洁度

如有必要，应在试验前清理地热发电机组进口滤网，否则，试验各方也可商定一个合适的修正方法。

4.6.6 测量设备的检查

应对所有测量设备的状况及其适用性进行检查，以确认测量仪表、安装位置及安装方式是否符合有关要求，所有这些检查结果都应记录在试验报告中。

4.7 试验运行方式

4.7.1 试验期间，机组的运行方式应与试验目标相一致，并作为修正方法的基础。修正系数以及修正曲线的绘制受机组运行方式的影响。

4.7.2 机组电功率保证值试验宜在调节阀全开条件下进行。如果保证值是在给定的调节阀开度下给出，则试验宜在此给定的调节阀开度下进行。

4.8 验收试验

4.8.1 试验工况的稳定

4.8.1.1 所有试验开始之前应有一段稳定运行时间，其持续稳定时间由试验各方商定。

4.8.1.2 凡是会影响到试验结果的任何条件，应在试验开始前尽量使其接近稳定，而且在整个试验过程中保持在表2所规定的允许波动变化范围内。

4.8.2 试验工况的最大偏差与波动

除非试验各方另有协议，在任一试验过程中，运行工况的最大允许偏差与波动均不宜超过表2中所给的限值。

4.8.3 试验的持续时间和读数频率

4.8.3.1 试验所需的持续时间取决于运行工况的稳定程度和试验数据的采集频率。建议验收试验的持续时间为1h，试验持续时间也可根据协议缩短，但不得少于45min。

4.8.3.2 流量差压测量装置宜每半分钟读数一次。对输出电功率，如无积算式的功率表，读数间隔不宜超过1min。主要压力和温度读数间隔不宜大于5min。在波动情况下，为了获得具有代表性的平均值，尤其是流量计的读数，宜采用较短的读数间隔或较长的试验持续时间。

表2 运行工况的最大允许偏差与波动

参数	试验平均值与规定值之间的最大允许偏差	相对于试验平均值的最大允许快速波动（见注）
地热流体的压力	未加限定[a]	绝对压力的±2%
地热流体的温度	未加限定[a]	±4K
地热流体的流量	未加限定	±2%
冷端1：冷却塔或空冷器包含在试验边界内时的空气参数	湿球温度：±14℃ 干球温度：±17℃	—

表 2（续）

参数	试验平均值与规定值之间的最大允许偏差	相对于试验平均值的最大允许快速波动（见注）
冷端 2：冷却塔或空冷器不包含在试验边界内，或凝汽器不包含在试验边界内时的凝汽器压力	凝汽器压力变化引起的发电设备电功率的变化，不得超过制造商允许的范围	绝对压力的 2%
电功率	未加限定，不得超过发电设备制造商允许的范围	±2%
注：快速波动指其波动频率为读数频率二倍以上的频率。		
[a] 在任何情况下，地热流体的压力、温度不应超过制造厂允许的压力和温度变化范围。		

4.8.4 积算式仪表的读数

4.8.4.1 流量差压测量装置宜每半分钟读数一次。对输出电功率，如无积算式的功率表，读数间隔不宜超过 1min。主要压力和温度读数间隔不宜大于 5min。在波动情况下，为了获得具有代表性的平均值，尤其是流量计的读数，宜采用较短的读数间隔或较长的试验持续时间。

4.8.4.2 所有的积算式测量仪表都宜同时读数，有关的指示仪表也宜同时或接近同时读数。

4.8.4.3 建议在试验过程中，以相等的时间间隔同时对所有的积算式仪表进行读数，若有需要，在试验结束后，可进行试验一致性的检查，还可调整试验取值的时间范围。

4.8.4.4 如果所有运行条件保持不变，所有观测值宜在预定的试验时间之前一段时间就开始记录，并在预定试验结束时刻之后再延续记录一段时间。

4.8.5 试验记录

每位观测人员都应如实记录自己所观测到的值。试验后，试验各方均应立即收到一份完整的试验记录复印件。

4.8.6 初步计算

在试验结束后应立即进行试验结果及修正值的初步计算，以便确定测量数据的有效性。

4.8.7 试验的一致性

4.8.7.1 正式验收试验宜进行重复试验，同一试验工况点的两次试验数据，当修正到相同的运行条件下，若两次试验结果之间的差别大于 0.5%，就应认为试验结果不一致。

4.8.7.2 如果在某一试验或一系列试验的计算过程中发现了严重的不一致现象，除非另有协议，该试验或一系列试验应全部或部分作废。

4.8.7.3 如果对验收试验结果不满意，那么应给卖方提供机会进行设备改进，并由其出资重做验收试验。如果协议的任一方有证据对试验结果有怀疑，也可要求重做试验。

4.8.7.4 如果卖方由于其责任范围的原因，在验收试验后对机组做过改造，致使保证值可能不再在合理的范围内，买方可要求重做验收试验。

4.9 试验不确定度

4.9.1 本标准规定可接受的最大允许试验不确定度：修正后净电功率的不确定度为±1.0%；修正后净热效率或单位地热流体发电量的不确定度为±1.5%。

4.9.2 应在试验前进行不确定度的分析，以确定期望的试验不确定度水平。试验后也应进行不确定度分析以确认试验有效。如果试验后的不确定度值大于所要求的最大允许值，则试验无效。

5 仪表和测量方法

5.1 通则

5.1.1 测量分类

参数可分为主要参数或次要参数。主要参数用于计算试验结果，典型的主要参数有：地热发电机组入口地热流体参数、电功率和排汽压力。次要参数主要用于确认所要求的试验条件是否满足。应根据具体热力循环，由试验不确定度分析来确定主要参数测量的项目和测量仪表的精度等级。

5.1.2 测量仪表

经过校准的试验专用仪表或永久安装的现场仪表都可以使用。如果使用永久安装的现场仪表，建议检查整个仪表测量系统。

5.1.3 仪表验证和校准

主要参数应使用经校准的试验仪表进行测量。校准环境宜尽可能与试验期间仪表的工作环境一致，可以通过将仪表安装在可调节的环境中。有些仪表可能需要试验后复校。

5.2 压力测量

5.2.1 压力测点

如果流体流动较均匀，只需要布置1个点来测量，否则，需要布置几个点来测量。

5.2.2 压力测量仪表

5.2.2.1 推荐使用经校准的压力变送器。

5.2.2.2 绝对压力变送器宜用于测量压力小于或等于大气压力的场合。绝对压力变送器也可用于测量高于大气压力的场合。大气压力宜采用绝对压力变送器测量。

5.2.2.3 表压变送器只可用于测量高于大气压力的场合。

5.2.2.4 差压变送器主要用于测量由差压确定流量的场合。

5.2.2.5 其他设备比如静重式压力计、试验用弹簧管压力表或水银压力计也可用于测量压力。但应明确使用这些仪表的不确定度和校准要求。

5.2.3 取压孔和传压管

5.2.3.1 取压孔宜与管道内壁垂直。内孔口边缘应是尖锐直角且无毛刺，在至少2倍孔径长度内，孔应笔直且孔径不变。取压孔的内径宜在6mm～12mm。

5.2.3.2 除非仪表和取压口位于同一高度，否则连接管应连续倾斜向上或向下，避免形成水柱或汽柱。如果仪表在取压点之上，可通过在取压点处设置密封环使传压管内充满水。但是对于低于大气压的测点，仪表位于取压口上方时，应采取排气措施，避免凝结水聚积在取压管中产生静压头的情况。

5.2.4 大气压力

建议用高准确度的绝对压力变送器或者膜式压力表来测量。

5.2.5 排汽压力测量

应测量膨胀机排汽口处的平均静压力。测量建议如下：

a） 可在凝汽器的任何平面选择测点，除非另有规定；

b） 如果各方同意，壁面取压也可使用；

c） 由于凝汽器布置或者其他原因而不能使用壁面取压时，可安装比如网笼探头或导流板等内部装置。具体参见 GB/T 8117.1 第 5.5.3 节；

d） 推荐在排汽环形面积中每 $1.5m^2$ 设置一个测点。总数量最少 2 个，最多 8 个；

e） 如果使用均压管，应使用尺寸足够大的均压管以避免回流影响；

f） 推荐使用低量程绝压变送器来测量；

g） 不推荐使用测量温度来获得排汽压力的方法；

h） 传压管宜满足第 5.2.3 节的要求。注意保证传压管可以自排污，以免因传压管内少量积水而产生误差。试验期间可使用可控的低流量空气吹扫装置来清除传压管中的积水。

5.2.6 不确定度的要求

5.2.6.1 主要压力测量仪表的系统不确定度应不大于 0.3%。大气压力测量仪表的系统不确定度应不大于 0.1%。

5.2.6.2 次要压力可使用任何类型的压力变送器或等效仪表来测量。

5.3 温度测量

5.3.1 温度测点

温度测点应布置在温度均匀分布且尽可能靠近相应压力测点下游的位置。不应将温度套管安装在流动死区。对试验结果有直接影响的温度测点，应在测点附近的不同位置上进行多点测量，取平均后作为流体的温度。

5.3.2 温度测量仪表

5.3.2.1 可使用热电阻、热电偶温度计作为温度测量仪表。

5.3.2.2 对于较高温度和高准确度的温度测量，建议如下：

a） 采用经校准的热电阻连同校准过的数字电压表；

b） 采用经校准的精密级热电偶连同经校准的数字电压表。当要求高准确度测量时，建议采用连续补偿导线。应准确测量冷端温度。如果可能，可使用冰以保持冷端温度恒定。

5.3.3 不确定度的要求

5.3.3.1 主要温度测量仪表的不确定度要求：当测量温度低于 100℃时，仪表系统不确定度应不大于 0.3℃；当测量温度高于 100℃时，仪表系统不确定度应不大于 0.6℃。

5.3.3.2 次要温度测量仪表系统不确定度不宜大于 4.0℃。

5.4 空气湿度测量

5.4.1 空气湿度测点

应在接近环境干球或湿球温度条件下进行测量，以确定空气中水分含量，并以此作为确定空气性质的基础。

5.4.2 湿度测量仪表

推荐的湿度测量仪表有：相对湿度传感器、干湿球湿度计以及冷镜露点仪。

5.4.3 不确定度的要求

湿度测量仪表的系统不确定度不应大于2%。

5.5 流量测量

5.5.1 流量测量装置

5.5.1.1 宜根据不同应用场合选用合适的流量测量装置。流量测量装置包括：差压式流量计（孔板，喷嘴和文丘里管，参见 GB/T 2624）、质量流量计（科里奥利流量计）、超声波流量计和机械式流量计（涡轮和容积式流量计）。在选择最合适的流量测量装置时，应考虑经济性、应用性和不确定度等因素。表 3 给出了不同流体类型的流量测量装置的使用建议，建议分为：推荐、可接受和不推荐。

5.5.1.2 测量湿蒸汽流量和湿度，推荐采用示踪剂技术的测量方法（参见附录 A）。

表 3 不同流体类型的流量测量装置的使用建议

流体类型	差压式流量计（孔板、喷嘴和文丘里管）	质量流量计（科里奥利）	超声波流量计	机械式流量计（涡轮和容积式）	示踪剂技术
水[a]	推荐	推荐	可接受	可接受	可接受
蒸汽	推荐	不推荐	不推荐	不推荐	不推荐
两相混合物	不推荐	不推荐	不推荐	不推荐	推荐
[a] 对于管径小于 76.2mm 的水流量测量，推荐使用涡轮或容积式流量计。					

5.5.2 不确定度的要求

除非另外规定，主要流量测量装置的系统不确定度应不大于0.75%。

5.6 湿蒸汽湿度测量

5.6.1 如果地热蒸汽在量热计中产生可测出的过热度的条件下，可采用节流量热计测量湿蒸汽湿度。否则，宜采用电加热量热计测量湿蒸汽湿度。如果管道中湿蒸汽水分含量不均匀，难以获得具有代表性的样品，则需要采用其他测量方法，试验各方应达成一致。

5.6.2 推荐采用示踪剂技术测量湿度的方法。一般考虑采用钠、锂、钾和铯盐作为示踪剂。放射性示踪剂应采用半衰期较短的同位素，如 ^{24}Na；非放射性示踪剂可选取 $LiOH$、Cs_2CO_3、$LiNO_3$ 等。示踪剂浓度测量仪表采用质谱分析仪或原子吸收光谱仪，仪表测量精度为 0.1μg/L。采用稀释法的示踪技术参见附录 A。

5.7 电气参数测量

5.7.1 电功率的测量

5.7.1.1 对于中线直接接地（地面）或四线制的三相发电机，机组电功率应采用三功率表法测量。

5.7.1.2 对于中线通过电阻、电抗或变压器加电阻接地（地面）的三相发电机，机组电功率可采用两功率表法，但推荐使用三功率表法测量。

5.7.1.3 采用电度表测量时，应按一定时间间隔（推荐至少每隔 5min）读取电度表读数。任何情况下功率表都可用来代替电度表。便携或永久安装的仪表均可使用。单相或多相仪表或功率分析仪均可使用。

5.7.1.4 电气仪表的连接

电气仪表的连接要求如下：

a） 仪用互感器应接在尽可能靠近发电机出线端子上，而且处在电能进、出发电机回路的任何外部连接的发电机侧；
b） 从仪表接出的各组导线编成辫子形状以消除电感应的影响，其长度至少 1 m。最好检查仪表导线以及其他干扰源对整个表计布置区是否有干扰磁场；
c） 只要可能，互感器的校准应与试验时同样的仪器和导线阻抗下进行；
d） 选择电压回路中导线的横截面时，应考虑到导线的长度、电压互感器以及回路中保险丝电阻的影响。

5.7.2 仪表互感器

5.7.2.1 宜采用试验专用的、合适规格和准确度的仪用电流互感器和电压互感器。等效于试验期间仪表和导线的负载条件所用的变比和相角修正值，应由覆盖电流、电压试验值范围的公认的校准方法得到。对于仪用互感器，除了试验仪表和导线外，不应有其他负载，否则，应证实其负载未超过允许值。

5.7.2.2 当使用数字功率分析仪时，如果回路负载对全部试验都相同，则电流互感器和电压互感器负载不用修正。当高阻抗功率分析仪接入试验电流互感器和电压互感仪时，可加适当的负载到回路中。

5.7.3 不确定的要求

5.7.3.1 主要电压应使用系统不确定度不大于 0.3%的电流互感器（计量型）测量。主要电流应使用系统不确定度不大于 0.3%的电流互感器（计量型）测量。

5.7.3.2 主要电功率应使用系统不确定度不大于 0.2%的功率表测量。次要电功率应使用系统不确定度不大于 0.5%的功率表测量。

6 试验结果的计算

6.1 计算前的准备

试验结果计算之前，应在整个读数期间选取一段时间段作为正式试验时间段，不能少于4.8.3所规定的试验持续时间。在选定的时间段内，运行工况与保证工况的参数偏差应满足表2的规定，所有仪表的读数都应有效。

6.2 计算过程

6.2.1 仪表读数平均值的计算

在选定的时间段内，计算每一测量仪表读数的平均值，通常取算术平均值。对于流量测量装置的差压读数，宜采用读数平方根的算术平均值。

6.2.2 平均值的修正和换算

由读数的平均值换算到所需单位的计算值时，应对仪表引起的所有影响进行修正，这些修正包括：

a） 仪表常数和零位修正；

b） 校准修正；

c） 仪表读数的基准值（如大气压力，环境温度）；

d） 任何附加影响（如水柱）。

6.2.3 测量数据的检查

6.2.3.1 相容性检查

对测量数据如压力、温度和流量，在平均值计算之后应做一次彻底检查，检查有无严重的错误、不符物理定律和总体不相容的现象。如果发现有重大偏差，其原因和范围又不明，则该次试验应全部或部分重做。为了澄清事实，应做适当的附加测量。对那些明显不正确的仪表读数应予以删除。经试验有关各方商定，这些数据可由其它仪表的读数代替，或用适当的计算或估算值代替。

6.2.3.2 多重测量的数据处理

当同一参数由数台相互独立的仪表测得时，通常采用算术平均值。

6.2.3.3 泄漏检查

在试验前，应尽可能发现系统泄漏并将其消除。如果任何已发现的泄漏不能消除，其流量应测量或者估算。凡引起工质损失的不明泄漏量，如果需要考虑，也应估计其流量及其泄漏地点。

6.2.4 工质的热力学特性

6.2.4.1 蒸汽和水的热力学特性表或程序，应由买卖双方协商并且在合同中规定。推荐采用由国际水和蒸汽性质协会1997年发布的水和蒸汽热力性能的工业用公式（IAPWS-IF97）或由IAPWS-IF97导出的表和图。

6.2.4.2 低沸点工质的热力学特性表或程序，应说明所用的图、表源于化工手册名称和版本。

6.2.5 性能保证值计算

地热发电机组性能指标应按保证值的定义（见3.3）进行计算。为了保持较小的修正量，在试验过程中，运行工况应尽可能接近规定的保证工况。如果有任何运行工况偏离保证工况，试验结果在与保证值比较之前应进行修正。

6.3 结果的修正

6.3.1 机组净电功率的修正

6.3.1.1 修正公式

当试验工况偏离保证工况时，所有影响机组功率的试验边界参数都应修正。

修正后机组净电功率为：

$$N_{corr} = \frac{N_{net}}{K_1 \cdot K_2 \cdot K_3 \cdot K_4 \cdot K_5 \cdot K_6 \cdot K_7} \quad \cdots\cdots (5)$$

式中：

N_{corr} —— 修正后机组净电功率；

N_{net} —— 测量机组净电功率；

K_1 —— 地热流体入口压力的功率修正系数；

K_2——地热流体入口温度的功率修正系数；
K_3——地热流体入口干度的功率修正系数（对汽水两相地热流体）；
K_4——冷源参数的功率修正系数；
K_5——辅助电功率的功率修正系数；
K_6——发电机功率因数的功率修正系数；
K_7——地热流体不凝气体含量的功率修正系数。

如果运行方式影响机组功率，也应进行修正。如：当采用主调节阀全开工况的运行方式试验时，如果机组主调节阀未全开，则应对阀门开度偏离设计值进行修正。

6.3.1.2 修正系数说明

a) 入口压力、入口温度和入口干度修正：
——如果地热流体是单相热水，只需要使用入口温度修正系数，则 K_1=1 和 K_3=1。
——如果地热流体是过热蒸汽，需要使用入口压力和入口温度修正系数，则 K_3=1。
——如果地热流体是汽水两相流，或者使用入口压力和入口干度修正系数，则 K_2=1；或者使用入口温度和入口干度修正系数，则 K_1=1。

b) 冷源参数修正：
——如果冷却塔或空冷式凝汽器包含在试验边界内，则需对冷却塔或空冷式凝汽器进口空气参数进行修正。对于干式冷却塔或空冷式凝汽器，进口空气修正参数是干球温度和大气压力，这时冷源参数修正系数等于干球温度修正系数和大气压力修正系数的乘积。对于湿式冷却塔，进口空气参数是湿球温度和大气压力，也可以使用湿度和干球温度代替湿球温度，这时冷源参数修正系数等于湿球温度修正系数和大气压力修正系数的乘积。典型机组试验边界和测点图见图 5。
——如果冷却塔或空冷式凝汽器不包含在试验边界内，则根据测得的循环水温度和流量进行修正，这时冷源参数修正系数等于循环水温度修正系数和循环水流量修正系数的乘积。典型机组试验边界和测点图见图 6。
——如果凝汽器不包含在试验边界内，则根据测得的膨胀机排汽压力进行修正。典型机组试验边界和测点图见图 7。

c) 辅助电功率的修正：
辅助电功率修正是针对在试验条件下的非设计辅助电功率的修正，用于补偿不规则、周期性、间歇性或偏离设计的辅助电功率对结果的影响。

d) 发电机功率因数的修正：
发电机的输出应修正到设计功率因数下。

6.3.2 单位地热流体净发电量和机组净热功率的修正

修正后机组净电功率由式（5）计算得到，当采用主调节阀全开工况的运行方式试验时，修正后单位地热流体净发电量

$$w_{corr}=\frac{N_{corr}}{3600m_{in}} \quad\cdots\cdots(6)$$

修正后机组净热效率

$$\eta_{corr}=\frac{N_{corr}}{Q_{meas}} \quad\cdots\cdots(7)$$

式中：

w_{corr}——修正后单位地热流体净发电量，kW·h/kg；

N_{corr}——修正后机组净电功率，kW；

m_{in}——测量的和设计的地热流体入口流量，kg/s；

η_{corr}——修正后机组净热效率；

Q_{meas}——测量的机组热耗量，kJ/s。

6.4 与保证值的比较

6.4.1 系统边界参数和运行方式等条件应清楚地予以定义，并形成规定的保证工况。

6.4.2 修正后的试验结果与保证值进行比较。

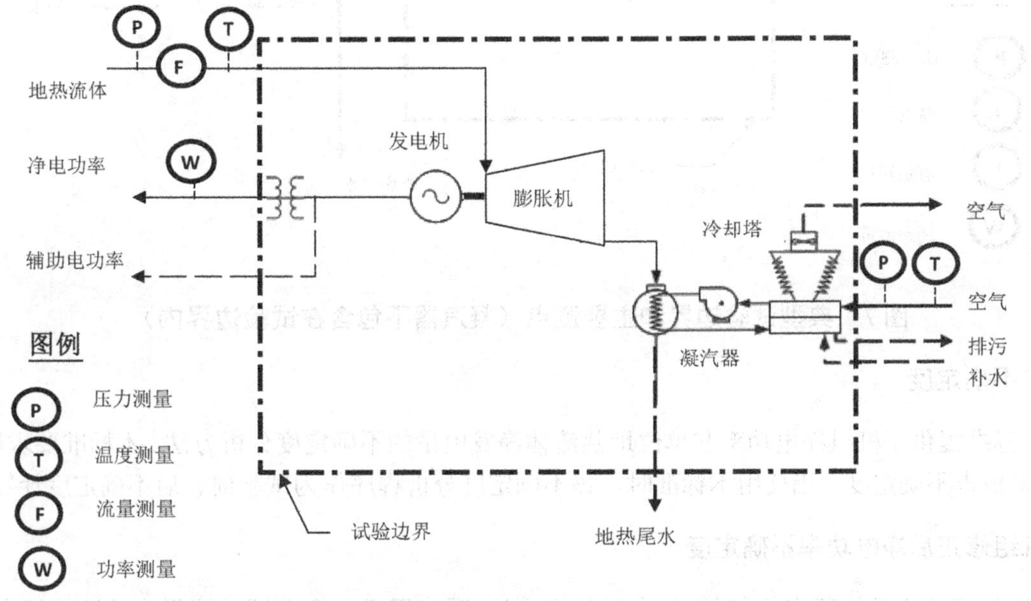

图5 典型试验边界和主要测点（冷却塔包含在试验边界内）

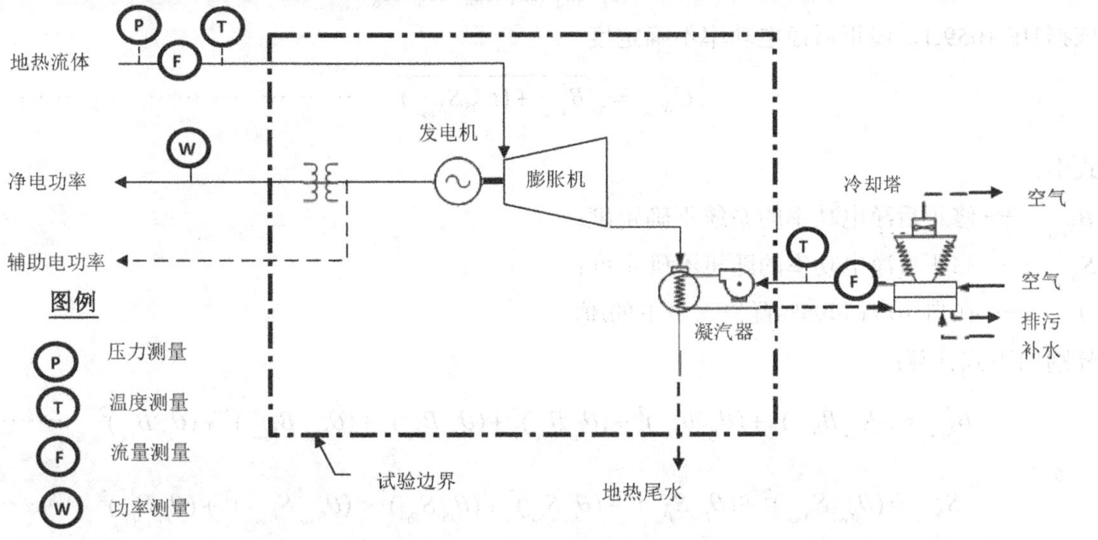

图6 典型试验边界和主要测点（冷却塔不包含在试验边界内）

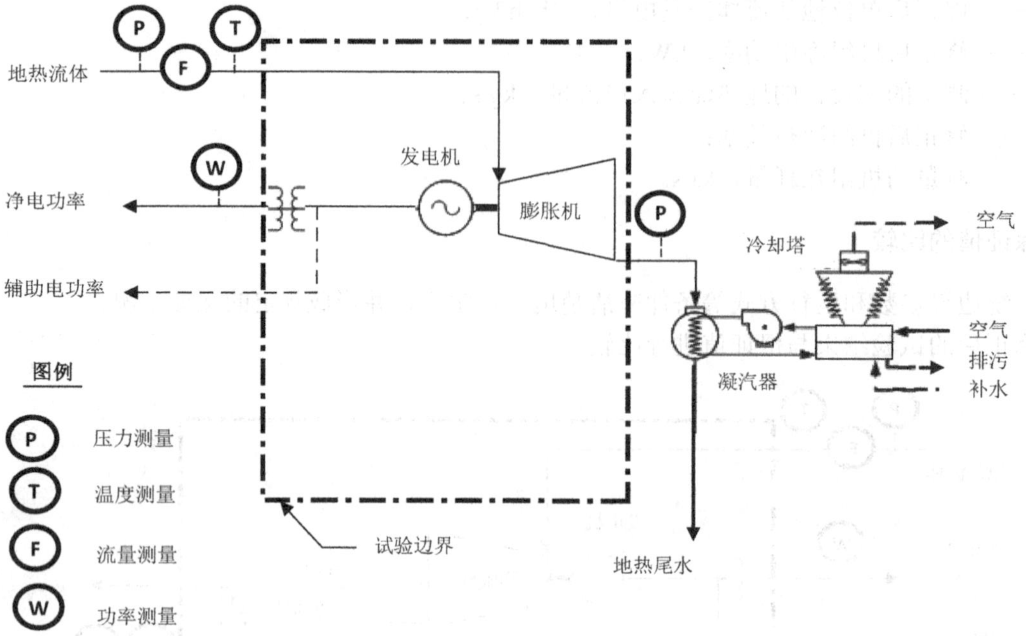

图 7　典型试验边界和主要测点（凝汽器不包含在试验边界内）

6.5　试验不确定度

6.5.1　本标准提供了机组净电功率和单位地热流体净发电量的不确定度分析方法。本标准要求以 95%的置信水平来报告不确定度。当使用本标准时，该不确定度分析程序作为试验前、后不确定度计算的依据。

6.5.2　机组修正后净电功率不确定度

对于地热流体为过热蒸汽，不凝气体含量忽略不计，凝汽器不包含在试验边界内的地热发电机组时，公式（5）简化为：

$$N_{\mathrm{corr}}=\frac{N_{\mathrm{net}}}{K_1\cdot K_2\cdot K_3\cdot K_4\cdot K_5\cdot K_6} \qquad (8)$$

依据JJF 1059.1，修正后净电功率不确定度

$$U_{N_{\mathrm{corr}}}=\sqrt{B_{N_{\mathrm{corr}}}^2+(t_{v,95}S_{N_{\mathrm{corr}}})^2} \qquad (9)$$

式中：

$B_{N_{\mathrm{corr}}}$ —— 修正后净电功率的系统不确定度；

$S_{N_{\mathrm{corr}}}$ —— 修正后净电功率的随机不确定度；

$t_{v,95}$ —— 在自由度v和95%置信水平下的t值。

分别由下式计算：

$$B_{N_{\mathrm{corr}}}^2=(\theta_{N_{\mathrm{net}}}B_{N_{\mathrm{net}}})^2+(\theta_{p_{\mathrm{in}}}B_{p_{\mathrm{in}}})^2+(\theta_{t_{\mathrm{in}}}B_{t_{\mathrm{in}}})^2+(\theta_{p_{\mathrm{k}}}B_{p_{\mathrm{k}}})^2+(\theta_{N_{\mathrm{aux}}}B_{N_{\mathrm{aux}}})^2+(\theta_{p_{\mathrm{f}}}B_{p_{\mathrm{f}}})^2 \qquad (10)$$

$$S_{N_{\mathrm{corr}}}^2=(\theta_{N_{\mathrm{net}}}S_{N_{\mathrm{net}}})^2+(\theta_{p_{\mathrm{in}}}S_{p_{\mathrm{in}}})^2+(\theta_{t_{\mathrm{in}}}S_{t_{\mathrm{in}}})^2+(\theta_{p_{\mathrm{k}}}S_{p_{\mathrm{k}}})^2+(\theta_{N_{\mathrm{aux}}}S_{N_{\mathrm{aux}}})^2+(\theta_{p_{\mathrm{f}}}S_{p_{\mathrm{f}}})^2 \qquad (11)$$

式中：

p_{in} —— 地热流体入口压力；

t_{in} —— 地热流体入口温度；

p_k —— 膨胀机排汽压力；

N_{aux} —— 辅助电功率；

p_f —— 发电机功率因数；

$B_{N_{net}}$ —— 净电功率测量的系统不确定度；

$B_{p_{in}}$ —— 地热流体入口压力测量的系统不确定度；

$B_{t_{in}}$ —— 地热流体入口温度测量的系统不确定度；

B_{p_k} —— 膨胀机排汽压力测量的系统不确定度；

$B_{N_{aux}}$ —— 辅助电功率测量的系统不确定度；

B_{p_f} —— 发电机功率因数测量的系统不确定度；

$S_{N_{net}}$ —— 净电功率测量的随机不确定度；

$S_{p_{in}}$ —— 地热流体入口压力测量的随机不确定度：

$S_{t_{in}}$ —— 地热流体入口温度测量的随机不确定度；

S_{p_k} —— 膨胀机排汽压力测量的随机不确定度；

$S_{N_{aux}}$ —— 辅助电功率测量的随机不确定度；

S_{p_f} —— 发电机功率因数测量的随机不确定度；

$\theta_{N_{net}}$ —— 净电功率对修正后净电功率的灵敏系数；

$\theta_{p_{in}}$ —— 地热流体入口压力对修正后净电功率的灵敏系数；

$\theta_{t_{in}}$ —— 地热流体入口温度对修正后净电功率的灵敏系数；

θ_{p_k} —— 膨胀机排汽压力对修正后净电功率的灵敏系数；

$\theta_{N_{aux}}$ —— 辅助电功率对修正后净电功率的灵敏系数；

θ_{p_f} —— 发电机功率因数对修正后净电功率的灵敏系数。

灵敏系数计算如下：

$$\theta_{N_{net}}=\frac{\partial N_{corr}}{\partial N_{net}},\ \theta_{p_{in}}=\frac{\partial N_{corr}}{\partial p_{in}},\ \theta_{t_{in}}=\frac{\partial N_{corr}}{\partial t_{in}}$$

$$\theta_{p_k}=\frac{\partial N_{corr}}{\partial p_k},\ \theta_{N_{aux}}=\frac{\partial N_{corr}}{\partial N_{aux}},\ \theta_{p_f}=\frac{\partial N_{corr}}{\partial p_f}$$

6.5.3 修正后单位地热流体净发电量不确定度

对于地热流体为过热蒸汽，不凝气体含量忽略不计，凝汽器不包含在试验边界内的地热发电机组，修正后单位地热流体净发电量计算见公式（6）。

依据JJF 1059.1，修正后单位地热流体净发电量的总不确定度为：

$$U_{w_{corr}}=\sqrt{B_{w_{corr}}^2+(t_{v,95}S_{w_{corr}})^2} \qquad (12)$$

式中：

$B_{w_{corr}}$ —— 单位地热流体净发电量的系统不确定度；

$S_{w_{corr}}$ —— 单位地热流体净发电量的随机不确定度；

$t_{v,95}$ —— 在自由度v和95%置信水平下的t值。

分别由下式计算：

$$B_{w_{corr}}^2 = (\theta_{N_{corr}} B_{N_{corr}})^2 + (\theta_{m_{in}} B_{m_{in}})^2 \tag{13}$$

$$S_{w_{corr}}^2 = (\theta_{N_{corr}} S_{N_{corr}})^2 + (\theta_{m_{in}} S_{m_{in}})^2 \tag{14}$$

式中：

$B_{N_{corr}}$ —— 修正后机组净电功率的系统不确定度；

$B_{m_{in}}$ —— 地热流体入口流量测量的系统不确定度；

$S_{N_{corr}}$ —— 修正后机组净电功率随机不确定度；

$S_{m_{in}}$ —— 和地热流体入口流量测量的随机不确定度。

$\theta_{N_{corr}}$ —— 修正后净电功率的灵敏系数；

$\theta_{m_{in}}$ —— 地热流体流量对修正后单位地热流体净发电量的灵敏系数。

灵敏系数计算如下：

$$\theta_{N_{corr}} = \frac{\partial w_{corr}}{\partial N_{corr}} = \frac{1}{3600 m_{in}}$$

$$\theta_{m_{in}} = \frac{\partial w_{corr}}{\partial m_{in}} = \frac{w_{corr}}{m_{in}}$$

式中：

m_{in}——地热流体入口流量。

对于单相或两相地热流体，或不凝气体含量较高，或排热系统边界与上述不同时，需要修改不确定度计算公式。

7 结果报告

7.1 一般要求

试验报告应简明扼要地提供与试验相关的所有文件和信息。

7.2 摘要

摘要应对试验进行简洁的概述。包括提供以下信息：

a） 试验背景信息，如工程名称、地点、日期和时间；
b） 业主和识别信息；
c） 机组类型，循环和运行方式；
d） 参加和负责试验的各方；
e） 试验目的和范围；
f） 试验结果摘要和试验结论，包括不确定度；
g） 与合同保证值的比较；
h） 与参加试验各方达成协议的试验要求的偏差。

7.3 概述

本部分宜至少包括下面的基本信息：

a） 设备运行历史和投入商业运行的日期（如果有必要的话）；
b） 试验的设备及其附属设备的描述；

c）试验边界和试验热力循环系统图；

d）参加试验各方代表的名单；

e）在摘要中没有包括的试验前协议；

f）试验目的。

7.4 测量仪表

本部分应包括所有用于试验仪表的详细说明，包括下面的仪表信息：

a）试验测量仪表的表格，包括类型、制造厂家、型号和准确度等级；

b）试验测量仪表的测量位置，连接和标识号等描述；

c）试验测量仪表的校准文件；

d）备用仪表的标识；

e）数据的采集方法，例如临时性或永久性的数据采集系统或手工记录；

f）所用数据采集系统的描述。

7.5 计算和结果

计算和结果部分应包括所有用于试验结果和不确定度分析的假设、数据整理、计算、修正和分析的详细说明。所需信息的清单如下：

a）用于计算试验结果的所有公式；

b）为计算结果需要整理的数据，以及其他没有包括在这些数据中的运行参数表；

c）从数据整理开始的详细试验结果计算过程；

d）根据可用数据对主要流量的详细计算，如果需要的话，还包括中间的计算结果；

e）直接引用的标准转换、科学常数和特性信息；

f）因异常值或其他原因而删除数据，对此提供信息和计算的支持；

g）试验的重复性。

7.6 结论

结论部分应给出最终的试验结果，以及与保证值的比较结论。

7.7 附录

附录部分宜给出不适合放在试验报告正文中的其他信息。包括但不只限于下面的信息：

a）原始数据表格和数据采集系统打印的原始数据的复印件；

b）用于试验结果计算的修正曲线的复印件；

c）试验期间的必要的运行数据；

d）阀门操作清单和其他表明所需试验配置和运行方式的文件的复印件；

e）实验室给出的测量仪表的校准报告和生产商的合格证书。

附　录　A
（资料性附录）
示踪技术

为了确定湿蒸汽的流量和湿度，并获得湿蒸汽焓值，推荐采用稀释法的示踪技术（见GB/T 8117.1和GB/T 8117.3）。

A.1　方法

采用稀释法的示踪技术主要有凝结法和恒量注入法。可采用放射性或非放射性示踪剂。

A.1.1　凝结法

溶解在湿蒸汽水相中的示踪剂浓度为c_w，当蒸汽全部凝结成水之后，凝结水中的示踪剂浓度为c_{cnd}，这两个浓度值之间的关系如下：

$$m_w \cdot c_w = m_{cnd} \cdot c_{cnd} \qquad (A.1)$$

式中：

m_w —— 湿蒸汽中水相的流量；

m_{cnd} —— 湿蒸汽全部凝结成水的流量。

从试验测得凝结前后示踪剂的浓度，计算蒸汽湿度W公式如下：

$$W = \frac{m_w}{m_{cnd}} = \frac{c_{cnd}}{c_w} \qquad (A.2)$$

蒸汽干度（x）：

$$x = 1 - W \qquad (A.3)$$

A.1.2　恒量注入法

将浓度为c_{inj}的水溶性示踪剂以一恒定的流量m_{inj}注入到需要测定湿度的湿蒸汽中。在注入点的下游经充分混合之后，测得湿蒸汽水相中的示踪剂浓度为c_w，示踪剂质量平衡公式如下：

$$m_w \cdot c_0 + m_{inj} \cdot c_{inj} = (m_w + m_{inj} + \Delta m_w) \cdot c_w \qquad (A.4)$$

或

$$m_w = \frac{m_{inj} \cdot (c_{inj} - c_w) - \Delta m_w}{c_w - c_0} \qquad (A.5)$$

式中：

m_w —— 取样点处湿蒸汽中水相的流量；

c_0 —— 在注入之前由于自然存在造成其在取样点处水相中示踪剂的初始浓度（背景浓度）；

Δm_w —— 湿蒸汽中水相的流量变化（因注入冷的示踪剂溶液而引起蒸汽的凝结）。

公式（A.4）的先决条件是示踪剂溶于水相中而不溶于汽相中。由于即使在注入截面的上游，水流中仍通常具有一定的示踪剂背景浓度，所以公式（A.5）中考虑了示踪剂背景浓度和湿蒸汽中水相的流量变化。

实际应用时，通常，$c_w \ll c_{inj}$，$c_0 \ll c_w$，$\Delta m_w \ll m_w$。

因而，公式（A.5）简化为：

$$m_{w}=m_{inj}\cdot\frac{c_{inj}}{c_{w}} \quad\text{(A.6)}$$

作为节流装置的替代流量测量装置，恒量注入示踪方法能用于单相水（液体）流量的精密测量。通过采用放射性示踪剂，能达到±0.2%的测量不确定度。经比较证实，示踪测量的结果与由校正过的节流装置所获得的结果非常吻合。

示踪剂通常是连续注入，每次试验前要用经过校准的孔板来测量其流量m_{inj}。孔板只应在校准范围内使用，因此，m_{inj}的测量不确定度一般约为±0.1%。

A.2 确定扩容分离器入口湿蒸汽的湿度和焓值

扩容分离器入口湿蒸汽水相流量m_w采用恒量注入法测量确定。通过测量扩容分离器分离后水中的示踪浓度c_L，由示踪剂质量平衡计算出分离后水的流量m_L，则由扩容分离器的质量和能量平衡计算扩容分离器入口湿蒸汽的湿度和焓值。扩容分离器入口湿蒸汽的湿度和焓值测量计算示意图见图A.1。

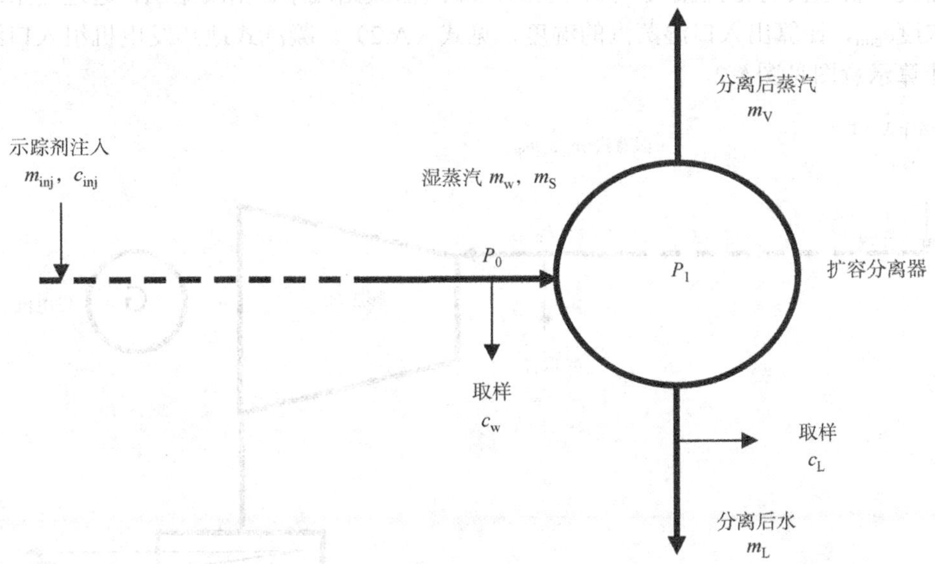

图 A.1 扩容分离器入口湿蒸汽的湿度和焓值测量计算示意图

根据扩容分离器示踪剂质量平衡，分离后水的流量公式：

$$m_{L}=m_{w}\cdot\frac{c_{w}}{c_{L}} \quad\text{(A.7)}$$

式中：

m_w ——扩容分离器入口处湿蒸汽中水相的流量；

c_w ——扩容分离器入口处湿蒸汽中水相的示踪剂浓度；

m_L ——扩容分离器分离后水的流量；

c_L ——扩容分离器分离后水的示踪浓度。

假设扩容分离器没有质量和能量损失，且汽水分离效率100%，根据质量平衡和能量平衡，列出以下公式：

$$m_{w}+m_{S}=m_{L}+m_{V} \quad\text{(A.8)}$$

$$m_w \cdot h_w + m_S \cdot h_S = m_L \cdot h_L + m_V \cdot h_V \quad\cdots\cdots\cdots\cdots\cdots\cdots \text{(A.9)}$$

式中：

m_S ——扩容分离器入口处湿蒸汽中汽相的流量；

m_V ——扩容分离器分离后蒸汽的流量；

h_w ——扩容分离器入口处压力P_0下饱和水焓；

h_S ——扩容分离器入口处压力P_0下干饱和蒸汽焓；

h_L ——扩容分离器压力P_1下饱和水焓；

h_V ——扩容分离器压力P_1下干饱和蒸汽焓。

根据式（A.8）和式（A.9），计算扩容分离器入口处湿蒸汽中汽相的流量，得到入口湿蒸汽的湿度和焓值。

A.3 确定凝汽式地热发电机组入口湿蒸汽的湿度和焓值

凝汽式地热发电机组入口湿蒸汽中水相流量m_w采用恒量注入法测量确定，见式（A.6）。假设地热蒸汽经过地热发电机组没有泄漏损失，蒸汽全部经凝汽器凝结成水。由凝结法，通过测量凝汽器出口凝结水的示踪浓度c_{cnd}，计算出入口湿蒸汽的湿度，见式（A.2）。凝汽式地热发电机组入口湿蒸汽的湿度和焓值测量计算示意图见图A.2。

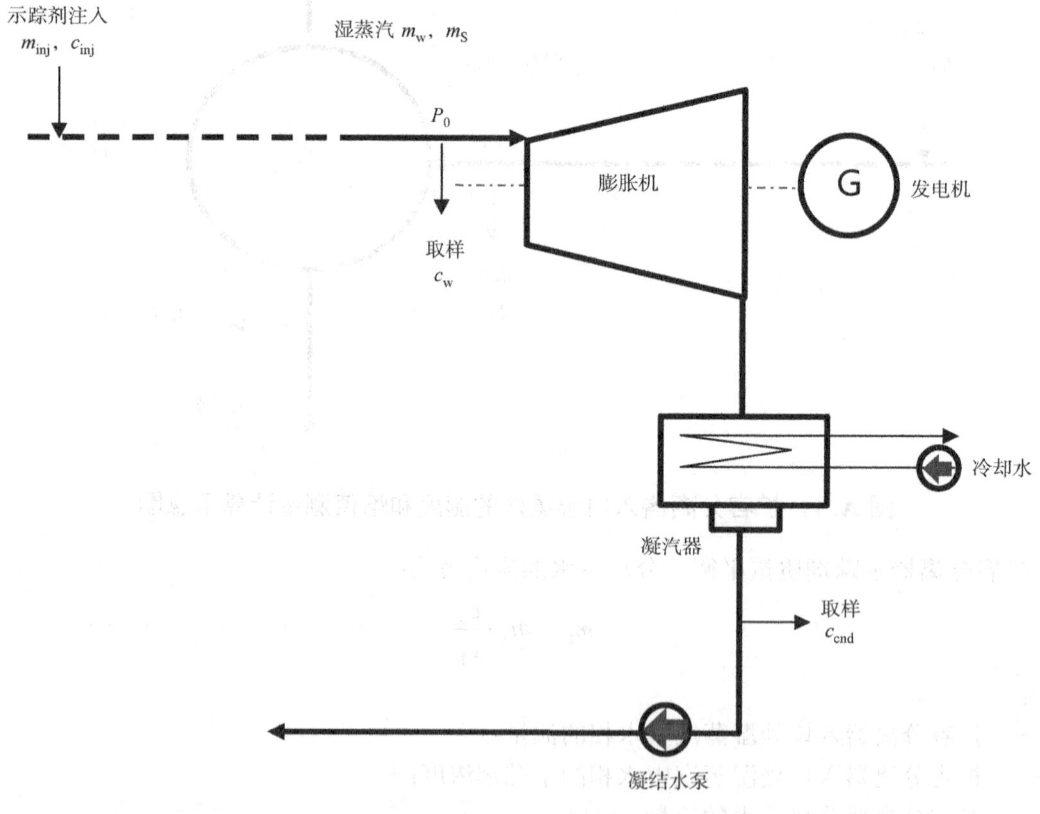

图 A.2 凝汽式地热发电机组入口湿蒸汽的湿度和焓值测量计算示意图

A.4 两个界面之间的蒸汽湿度关系

如果两个截面的蒸汽流速和压力不同，则蒸汽湿度也会有所差别。已知截面1处的蒸汽湿度，如果忽略两个截面之间的散热损失，建立能量平衡，可得到截面2处的蒸汽湿度与截面1处的蒸汽湿度存在如下关系：

$$W_2 = \frac{1}{h_{W_2} - h_{S_2}}\left[W_1 \cdot (h_{W_1} - h_{S_1}) + h_{S_1} - h_{S_2} + \frac{1}{2}V_1^2 - \frac{1}{2}V_2^2\right] \quad \text{(A.10)}$$

式中：

W_1 —— 截面1处的蒸汽湿度；

W_2 —— 截面2处的蒸汽湿度；

h_{W_1}，h_{W_2} —— 截面1处、截面2处的饱和水比焓；

h_{S_1}，h_{S_2} —— 截面1处、截面2处的干饱和蒸汽比焓；

V_1、V_2 —— 截面1处、截面2处的湿蒸汽流速。

A.5 不确定度

对于放射性和非放射性的示踪剂，流量测量的不确定度在0.2%～1.0%的范围内。中等测量准确度水平的测量装置（包括所有影响因素在内）不确定度能够达到0.5%～1.0%。随着费用的增加，测量不确定度可达到0.2%（参见GB/T 8117.3）。

因此，采用示踪剂技术测量流量，不确定度将与未校正的孔板相同或更好。

A.6 安装条件

示踪剂有放射性示踪剂和非放射性示踪剂。放射性示踪剂比非放射性示踪剂有更高溶解度的优点，即测量时需要极少量的示踪剂。而非放射性示踪剂不需要运输和装卸的管理授权。应根据各种特定情况决定使用哪一种类型的示踪剂。

示踪剂注入点可以在任何有小量水流存在的位置。而取样点，特别要求示踪剂与水要充分混合的位置，即管道截面上的浓度差不大于0.1%。充分混合的距离是雷诺数、管道阻力和注入类型（单壁注入、单中心注入和沿圆周的多点注入）的函数。对直管管壁单点注入和管道截面上的浓度差为0.1%时，充分混合距离的参考值如下：

对单相水（液体）流：150*D*～300*D*；

对汽水两相流：30*D*～80*D*。

注：*D*=管道内径。

所给范围基于不同雷诺数（影响较小）和不同的管道阻力的结果。管道布置情况诸如管弯头、阀门、泵等通常会大大减小所要求的混合距离。

如果即使考虑了管子的布置情况仍达不到充分混合距离，则可采用沿管道四周的多点注入来代替管壁单点注入的方式。

另一个保证示踪测量成功的关键是选择合适的取样速度，即：

——为了获得良好的测量准确度（试样和注入流量的瞬时对应），取样速度宜尽可能高。

——样品宜只从水中获取，且不应包含蒸汽（在两相流体的情况下）。这就确立了取样速度的上限。

根据测点情况，取样速度应调整到最高允许值。由于该值不能预先算出，故宜对每个测点及其连接点要进行验证测量。

然而，在取样点上不可能检出是否有蒸汽进入水中，因为取样管通过冷却器时蒸汽已凝结。如果取自两相流体的样品仅包含液体，则不管取样速度是多少，其浓度将保持不变。如果样品开始混入蒸汽，则浓度将因蒸汽凝结而下降，曲线变成不连续，称之为“断点”。应确定两相流管道所有试样的断点。

A.7 示踪剂的应用

为了确定汽或水的流量，通常使用孔板或喷嘴进行测量。根据不确定度的要求，可对其进行校准或做成标准流量测量装置。然而，这些装置要求在试验之前已安装在循环系统中，并满足较高的安装条件。对于地热发电应用，特别是对于两相地热流体，使用孔板或喷嘴进行测量，不确定度经常不能满足，而应使用示踪技术来测量。

示踪技术适用于测量：

a） 凝结水流量；

b） 给水流量；

c） 疏水流量；

d） 喷水流量；

e） 抽汽流量；

f） 扩容分离器入口湿蒸汽的湿度和焓值；

g） 地热发电机组入口湿蒸汽的湿度和焓值。

在要求高准确度的单相流管路中，推荐采用孔板/喷嘴和示踪剂技术的组合测量方式。

ICS 27.180
F 15

NB

中华人民共和国能源行业标准

NB/T 10271—2019

地热发电系统热性能计算导则

Calculation guide for thermal performance of geothermal power generation systems

2019-11-04 发布　　2020-05-01 实施

国家能源局　发布

目　次

前　言

本标准按照GB/T 1.1—2009《标准化工作导则　第1部分：标准的结构和编写》给出的规定起草。

本标准由能源行业地热能专业标准化技术委员会（NEA/TC29）提出并归口。

本标准起草单位：天津大学、东营晶昌石油装备科技有限公司、中国科学院广州能源研究所、中国石化工程建设公司、浙江开山压缩机股份有限公司、江西华电螺杆发电技术有限公司、北京优奈特燃气工程技术有限公司、烟台欧森纳地源空调股份有限公司、国网天津电力科学研究院、中国核电工程有限公司、中国石化集团新星石油有限责任公司、清华大学能源互联网创新研究院。

本标准主要起草人：赵军、王永真、安青松、龚宇烈、王剑波、赵丰年、高峻、吕心力、邓帅、朱强、骆超、曲勇、胡达、汤森、岳吉祥、王宗满、甘智勇、高中显、刘平、周连升、许文杰、尹洪梅、胡立凯。

本标准于2019年首次发布。

地热发电系统热性能计算导则

1 范围

本标准规定了地热发电系统热性能的计算方法。

本标准适用于地热闪蒸发电系统、地热双工质循环发电系统、地热全流发电系统、地热干蒸汽发电系统以及地热联合发电系统的热性能计算。

2 规范性引用文件

下列文件对于本文件的应用是必不可少的。凡是注日期的引用文件，仅所注日期的版本适用于本文件。凡是不注日期的引用文件，其最新版本（包括所有的修改单）适用于本文件。

NB/T 10097 地热能术语

3 术语和定义

NB/T 10097界定的以及下列术语和定义适用于本文件。

3.1 地热流体及其热工参数

3.1.1

地热水 geothermal water

处于液态的地热流体。

3.1.2

地热湿蒸汽 geothermal wet steam

含有饱和水的地热蒸汽。

3.1.3

地热干蒸汽 geothermal dry steam

处于饱和状态或者过热状态的地热蒸汽。

3.1.4

地热流体流量 flow rate of geothermal fluid

单位时间内流经封闭管道或明渠有效截面的地热流体量。

3.2 地热发电系统及其设备

3.2.1

地热发电系统 geothermal power generation systems

将地热流体所运载的热能转换为电能的系统，可分为地热闪蒸发电系统、地热双工质循环发电系统、地热全流发电系统、地热干蒸汽发电系统以及地热联合发电系统。我国现有地热发电系统的示意图参见附录A。

3.2.2

地热闪蒸发电系统　flash geothermal power generation system

地热闪蒸发电系统是将地热井中的地热流体，先送到闪蒸器中进行闪蒸，再将产生的蒸汽引入膨胀机做功发电的系统。

3.2.3

地热双工质循环发电系统　binary cycle geothermal power generation system

地热双工质循环发电系统由地热流体循环和低沸点工质发电循环组成，是用地热流体在热交换器中加热低沸点工质，使之蒸发为蒸气，再将其引入膨胀机做功发电的系统。

3.2.4

地热全流发电系统　total flow geothermal power generation system

地热全流发电系统是将地热井中的地热流体直接引入膨胀机做功发电的系统。

3.2.5

地热干蒸汽发电系统　dry steam geothermal power generation system

地热干蒸汽发电系统是将地热井中的地热干蒸汽直接引入膨胀机做功发电的系统。

3.2.6

闪蒸器　flasher

地热闪蒸发电系统中通过扩容闪蒸使地热流体产生蒸汽并实现汽液分离的设备。

3.2.7

膨胀机　expander

利用地热流体或低沸点工质膨胀降压向外输出机械功的设备。

3.2.8

工质泵　working fluid pump

输送低沸点工质的设备。

3.2.9

辅助设备　auxiliary equipment

除膨胀机和发电机外用于地热发电系统地热流体或循环工质开采、输运、循环、冷却及回灌的设备，又称辅机。不包括电站办公及照明等设备。

3.2.10

热力系统边界　thermodynamic system boundary

用于划分地热发电系统热性能计算对象的质量流和能量流边界。

3.3　地热发电系统热性能

3.3.1

膨胀机等熵效率　isentropic efficiency of expander

地热发电系统中地热流体或低沸点工质在膨胀机中的实际焓降与理想焓降之比，又称绝热效率。

3.3.2

发电功率　gross power output

扣除外部励磁和非同轴主油泵所耗功率后，地热发电系统发电机出线端所输出的功率。

3.3.3

净发电功率　net power output

发电功率与辅机耗电功率的差值。

3.3.4

单位地热流体净发电量　net power output per unit geothermal fluid

地热发电系统净发电功率与进入地热发电系统的地热流体质量流量之比。

3.3.5

单位时间输入热量　heat input rate

进入地热发电系统地热流体的质量流量与比焓的乘积。

3.3.6

系统热效率　thermal efficiency of system

地热发电系统发电功率与单位时间输入热量之比。

3.3.7

系统㶲效率　exergy efficiency of system

地热发电系统发电功率与单位时间驱动地热发电系统的地热流体携带的最大可用功之比。

3.3.8

地热水利用率　geothermal water utilization ratio

地热发电系统有效利用地热水的热量与地热水可供热量的比值，适用于地热水驱动的地热发电系统。

3.3.9

系统自用电率　auxiliary consumption rate of system

地热发电系统的辅机耗电功率与发电功率的比值。

3.3.10

冷却耗电率　consumption rate of cooling

地热发电系统的冷却设备（包括循环水泵、风机等）耗电功率与发电功率的比值。

3.3.11

装机容量利用系数　installed capacity factor

统计期内地热发电系统的总发电量与装机容量发电量的比值，一般以1年作为统计期。

3.3.12

汽耗率　specific steam consumption per unit power generation

地热干蒸汽发电系统或地热闪蒸发电系统膨胀机单位输出功率的汽耗量，即膨胀机入口蒸汽流量与发电功率之比。

4 基本规定

4.1 地热发电系统及其设备的热性能计算应建立在系统和设备的质量守恒和能量守恒的基础上。

4.2 对于涵盖地热发电和直接利用的地热综合利用系统，本标准只涉及发电子系统的热力系统边界，地热发电系统的热性能计算不考虑地热直接利用带来的能量收益。

4.3 地热发电系统热性能计算中的工质比焓、比熵等物性参数，可由物性数据软件（表）、状态方程查找或计算。

5 计算步骤

5.1 确定计算边界

应根据地热发电系统的形式明确地热发电系统热性能计算的边界和子系统的划分方式，不同地热发电系统热性能的计算边界可参考GB/T 30555—2014中4.3.1和NB/T 10270—2019中4.4.1的内容。

5.2 明确环境基准

地热发电系统热性能计算的环境参考态可参考GB/T 14909—2005中3.1的内容。

5.3 说明计算依据

说明所使用的热物性参数的来源。

5.4 核实能量平衡

核算地热发电系统的能量输入、输出和损失之间的平衡。

5.5 热性能的计算

确定初始参数计算地热发电系统相应的热性能。

6 热性能计算

6.1 膨胀机等熵效率

根据地热发电系统膨胀机中工质的实际焓降和理想焓降，按式（1）计算膨胀机等熵效率。

$$\eta_{s,exp}=\frac{h_{exp,in}-h_{exp,out}}{h_{exp,in}-h_{exp,out,s}} \quad (1)$$

式中：

$\eta_{s,exp}$——膨胀机等熵效率；

$h_{exp,in}$——膨胀机进口工质比焓，单位为千焦每千克（kJ/kg）；

$h_{exp,out}$——膨胀机出口工质的实际比焓，单位为千焦每千克（kJ/kg）；

$h_{exp,out,s}$——膨胀机出口工质的理想比焓，单位为千焦每千克（kJ/kg）。

6.2 发电功率

根据膨胀机进出口工质的质量流量、实际焓差、机械效率和发电机效率，按式（2）计算地热发电系统的发电功率。

$$W_{exp}=m_{exp}(h_{exp,in}-h_{exp,out})\eta_m\eta_{s,gen} \quad (2)$$

式中：

W_{exp}——发电功率，单位为千瓦（kW）；

m_{exp}——膨胀机进口工质质量流量，单位为千克每秒（kg/s）；

η_m——机械效率；

$\eta_{s,gen}$——发电机效率。

6.3 净发电功率

根据发电功率和辅机耗电功率，按式（3）计算地热发电系统的净发电功率。

$$W_{net}=W_{exp}-W_{aux} \quad (3)$$

式中：

W_{net}——净发电功率，单位为千瓦（kW）；
W_{aux}——辅机耗电功率，单位为千瓦（kW）。

6.4 单位地热流体净发电量

根据地热发电系统净发电功率和进入系统的地热流体质量流量，按式（4）计算单位地热流体净发电量。

$$w_{geo}=\frac{W_{net}}{3.6m_{geo}} \quad (4)$$

式中：
w_{geo}——单位地热流体净发电量，单位为千瓦时每吨（kW·h/t）；
m_{geo}——进入地热发电系统的地热流体的质量流量，单位为千克每秒（kg/s）。

6.5 单位时间输入热量

系统单位时间输入热量按式（5）计算得到。

$$Q_{geo}=m_{geo}h_{in} \quad (5)$$

式中：
Q_{geo}——单位时间输入热量，单位为千瓦（kW）；
h_{in}——进入地热发电系统的地热流体的比焓，单位为千焦每千克（kJ/kg）。

6.6 系统热效率

根据地热发电系统发电功率和单位时间输入热量，按式（6）计算系统热效率。

$$\eta_{th}=\frac{W_{exp}}{Q_{geo}} \quad (6)$$

式中：
η_{th}——系统热效率。

6.7 系统㶲效率

根据地热发电系统发电功率和单位时间驱动地热发电系统的地热流体携带的最大可用功，按式(7)计算㶲效率。

$$\eta_{ex}=\frac{W_{exp}}{E_{geo}}=\frac{W_{exp}}{m_{geo}\left[(h_{in}-h_{o})-T_{0}(s_{in}-s_{o})\right]} \quad (7)$$

式中：
η_{ex}——系统㶲效率；
E_{geo}——单位时间驱动地热发电系统的地热流体携带的最大可用功，单位为千瓦（kW）；
h_{o}——进入地热发电系统的地热流体在环境工况下的比焓，单位为千焦每千克（kJ/kg）；
s_{in}——进入地热发电系统的地热流体的比熵，单位为千焦每千克每开尔文[kJ/(kg·K)]；
s_{o}——进入地热发电系统的地热流体在环境工况下的比熵，单位为千焦每千克每开尔文[kJ/(kg·K)]；
T_{0}——环境温度，单位为开尔文（K）。

6.8 地热水利用率

根据地热发电系统有效利用地热水的热量和地热水可供热量，按式（8）计算地热水利用率。

$$\eta_{geo}=\frac{h_{w,in}-h_{w,out}}{h_{w,in}-h_{w,amb}} \qquad (8)$$

式中：

η_{geo}——地热水利用率；

$h_{w,in}$——进入地热发电系统的地热水的比焓，单位为千焦每千克（kJ/kg）；

$h_{w,out}$——流出地热发电系统的地热水的比焓，单位为千焦每千克（kJ/kg）；

$h_{w,amb}$——地热水在当地平均温度下的比焓，单位为千焦每千克（kJ/kg）。

6.9 系统自用电率

根据地热发电系统的辅机耗电功率与发电功率，按式（9）计算系统自用电率。

$$X_d=\frac{W_{aux}}{W_{exp}} \qquad (9)$$

式中：

X_d——系统自用电率。

6.10 冷却耗电率

根据地热发电系统的冷却设备耗电功率与发电功率，按式（10）计算冷却耗电率。

$$L_c=\frac{W_c}{W_{exp}} \qquad (10)$$

式中：

L_c—— 冷却耗电率；

W_c—— 冷却设备耗电功率，单位为千瓦（kW）。

6.11 装机容量利用系数

根据统计期内地热发电系统的总发电量和装机容量发电量，按式（11）计算装机容量利用系数。

$$CF=\frac{E_{gen}}{P_{cap}t} \qquad (11)$$

式中：

CF——装机容量利用系数；

E_{gen}——统计期内地热发电系统总发电量，单位为千瓦时（kW·h）；

P_{cap}——地热发电系统装机容量，单位为千瓦（kW）；

t——地热发电系统统计期内的累计运行时间，单位为小时（h）。

6.12 汽耗率

根据地热干蒸汽发电系统或地热闪蒸发电系统膨胀机入口蒸汽流量和发电功率，按式（12）计算汽耗率。

$$d = \frac{3600 m_s}{W_{exp}} \quad \cdots\cdots (12)$$

式中：

d——汽耗率，单位为千克每千瓦时[kg/(kW·h)]；

m_s——膨胀机入口蒸汽流量，单位为千克每秒（kg/s）。

附 录 A
（资料性附录）
我国现有地热发电系统示意图

A.1 地热闪蒸发电系统

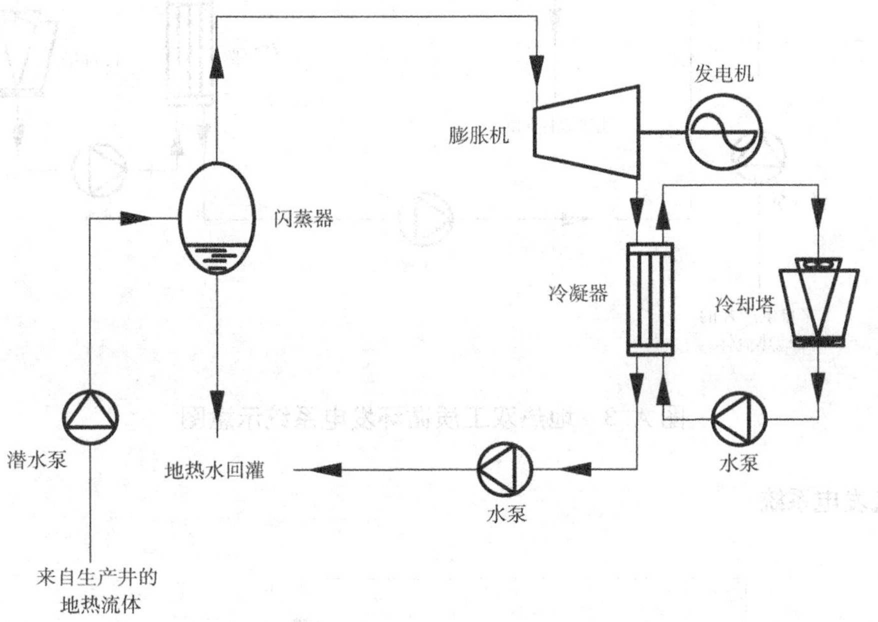

图 A.1 地热单级闪蒸发电系统示意图

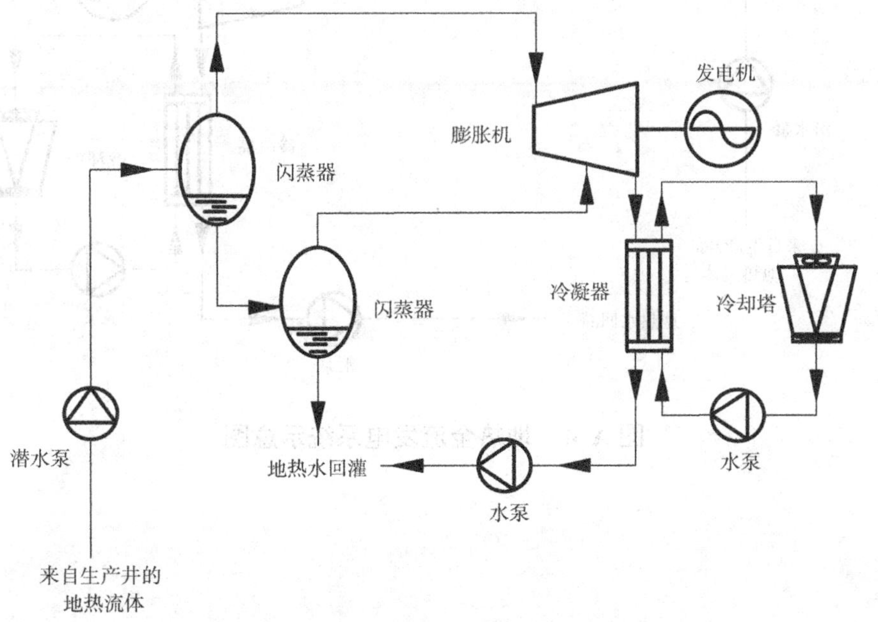

图 A.2 地热双级闪蒸发电系统示意图

A.2 地热双工质循环发电系统

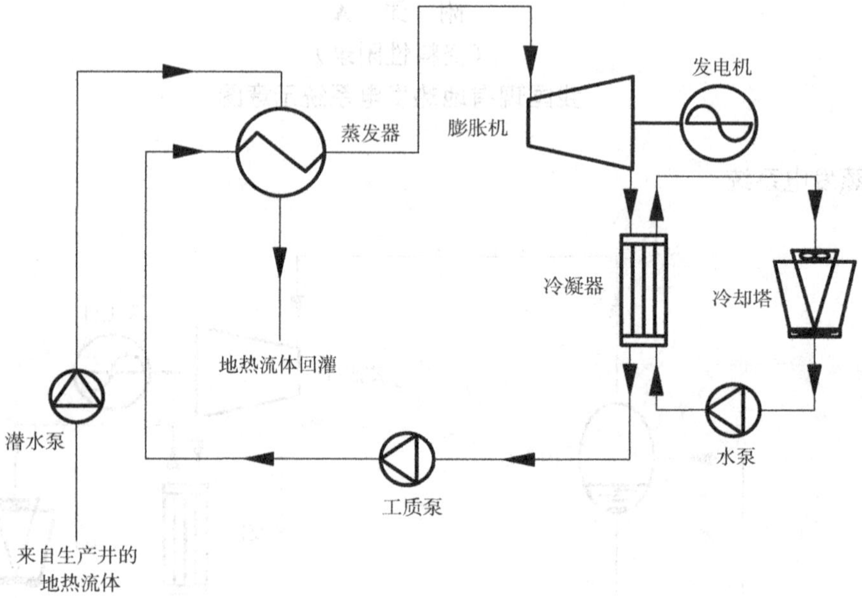

图 A.3 地热双工质循环发电系统示意图

A.3 地热全流发电系统

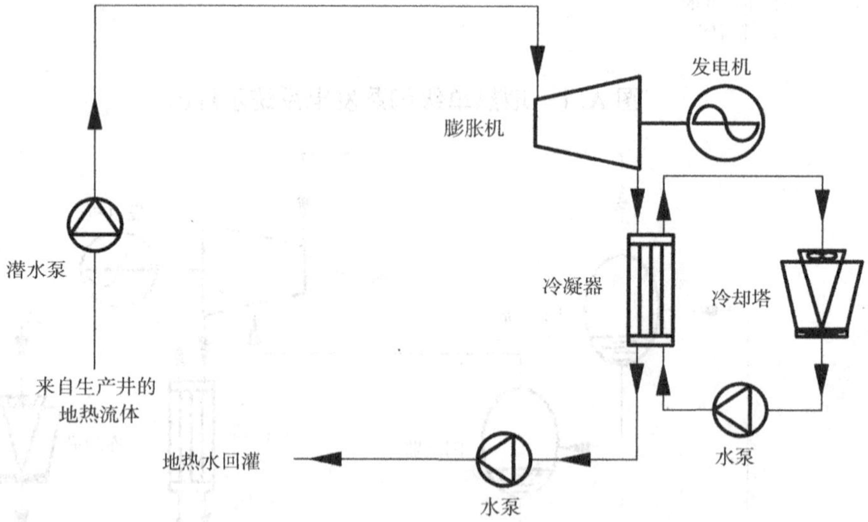

图 A.4 地热全流发电系统示意图

参 考 文 献

[1] GB/T 14909—2005 能量系统㶲分析技术导则
[2] GB/T 19962—2005 地热发电接入电力系统的技术规定
[3] GB/T 26972—2011 聚光型太阳能热发电术语
[4] GB/T 28812—2012 地热发电用膨胀机规范
[5] GB/T 30555—2014 螺杆膨胀机（组）性能验收试验规程
[6] GB 50791—2013 地热电站设计规范
[7] DL/T 904—2015 火力发电厂技术经济指标计算方法
[8] NB/T 10270—2019 地热发电机组性能验收试验规程
[9] ASTM E974—2000 Standard Guide for Specifying Thermal Performance of Geothermal Power Systems
[10] Ronald DiPippo. Geothermal Power Plants: Principles, Applications, Case Studies and Environmental Impact (Third Edition), 2016
[11] Arnold Watson. Geothermal Engineering Fundamentals and Applications, 2013
[12] 沈维道，童钧耕. 工程热力学(第四版). 北京：高等教育出版社，2007

ICS 01.040.27
F 10

NB

中华人民共和国能源行业标准

NB/T 10265—2019

浅层地热能开发工程勘查评价规范

Exploration specification for shallow geothermal energy development project

2019-11-04 发布　　2020-05-01 实施

国家能源局　发布

目　次

前　　言

本标准按照GB/T 1.1—2009《标准化工作导则 第1部分：标准的结构和编写》给出的规定起草。

本标准由能源行业地热能专业标准化技术委员会提出并归口。

本标准起草单位：北京市地质矿产勘查开发局、北京市地热研究院、北京市华清地热开发集团有限公司、中国地质调查局浅层地温能研究与推广中心、中石化新星（北京）新能源研究院有限公司。

本标准主要起草人：李宁波、杨俊伟、张进平、刘少敏、郑佳、于湲、李翔、李娟、郭艳春、贾子龙、刘爱华、杜境然、李富、王立志、卫万顺、张文秀、李海东、刑罡、林海亮、赵丰年、向烨。

本标准于2019年首次发布。

浅层地热能开发工程勘查评价规范

1 范围

本标准规定了浅层地热能开发工程勘查评价的基本内容、勘查要求、勘查设计、开发利用评价及报告编写等要求。

本标准适用于浅层地热能开发利用系统，包括地埋管地源热泵系统、地下水地源热泵系统和地表水（含再生水）地源热泵系统工程项目可行性研究及设计前期进行的工程勘查。

2 规范性引用文件

下列文件对于本文件的应用是必不可少的。凡是注日期的引用文件，仅所注日期的版本适用于本文件。凡是不注日期的引用文件，其最新版本（包括所有的修改单）适用于本文件。

GB 50021 岩土工程勘察规范

GB 50027 供水水文地质勘察规范

GB/T 50123 土工试验方法标准

GB 50202 建筑地基基础工程施工质量验收规范

GB/T 50801 可再生能源建筑应用工程评价标准

GB/T 18430.1 蒸气压缩循环冷水(热泵)机组

DZ/T 0225 浅层地热能勘查评价规范

NB/T 10097 地热能术语

3 术语和定义

下列术语和定义适用于本文件。

3.1

浅层地热能 shallow geothermal energy

从地表至地下200m深度范围内，储存于水体、土体、岩石中的温度低于25℃，采用热泵技术可提取用于建筑物供热或制冷等的地热能。

[NB/T 10097—2018，术语和定义2.1.6]

3.2

复合式地源热泵系统 compound ground source heat pump system

加入其他辅助能源，开发利用浅层地热能的热泵系统。

3.3

岩土热响应试验 rock-soil thermal response test

利用测试仪器对项目所在场区的测试孔进行一定时间连续换热，获得岩土综合热物性参数及岩土初始平均温度的试验。

[NB/T 10097—2018，定义2.4.32]

3.4

岩土初始平均温度　**initial average temperature of the rock-soil**

从自然地表下10m～20m 至竖直地埋管换热器埋设深度范围内，岩土常年的平均温度。

[GB 50366—2005，定义2.0.27]

3.5

浅层地热容量　**shallow geothermal capacity**

在浅层岩土体、地下水和地表水中储存的单位温差所吸收或排出的热量，单位是kJ/℃。

[NB/T 10097—2018，术语和定义2.4.30]

3.6

浅层地热换热功率　**heat exchanger power**

从浅层岩土体、地下水和地表水中单位时间内通过热交换方式所获取的热量。

[NB/T 10097—2018，术语和定义2.4.35]

3.7

浅层地热能资源评价　**shallow geothermal resources assessment**

在综合分析浅层地热能资源勘查成果的基础上，运用合理方法对浅层地热容量和换热功率进行的计算与评价。

3.8

有效传热系数　**effective heat transfer coefficient**

反映换热孔换热性能的参数，为单位长度换热器在单位温差下的换热功率。

3.9

抽水试验　**pumping test**

从井中连续抽水，并根据其出水量与降深的关系来测定含水层渗透性和水文地质参数的试验。

3.10

回灌试验　**reinjection test**

向井中连续注水，并记录水位、水量的变化来测定含水层渗透性和水文地质参数的试验。

3.11

抽灌井间距　**distance between pumping well and reinjection well**

抽水井和回灌井之间的距离。

4　总则

4.1　地源热泵系统方案设计前，应进行浅层地热能开发工程勘查评价工作。

4.2　勘查完成后，勘查单位应根据工程勘查结果分析浅层地热能开发的可行性和经济性，编写勘查评价报告。

5　勘查工作内容及要求

5.1　通则

5.1.1　浅层地热能开发工程勘查目的是查明工程场地浅层地热能地质条件，进行场地浅层地热能资源评价和开发利用的环境影响预测，评估经济性和可行性，为浅层地热能开发工程项目可行性研究及设计提供基础依据。

5.1.2　勘查前应收集建设场地及其周边的地质、水文地质、已建地源热泵系统工程勘查和运行情况、区域其它可利用能源的资源条件等资料，选择适宜的浅层地热能换热方式，确定相应的勘查方法。

5.2 地埋管地源热泵系统工程勘查

5.2.1 勘查工作内容

a）查明工程场地及周边的地形地貌、地下管线布设等场地施工条件；

b）查明工程场地范围内地层岩性结构、地下水位、含水层富水性等水文地质条件以及地温场分布特征；

c）通过勘查孔取样、测试获取勘查场地岩土的天然含水率、孔隙率、颗粒结构、密度、导热系数、比热容等参数；

d）勘查孔应进行岩土热响应试验，取得换热孔的有效传热系数、岩土平均导热系数、岩土初始平均温度等地层换热能力参数；

e）进行浅层地热能开发利用评价，计算浅层地热容量和浅层地热换热功率，确定换热孔的布设数量及布设方式，预测环境影响，对热泵系统工程建设经济性进行分析，提出合理的开发利用方案。

5.2.2 勘查孔施工要求

a）勘查孔施工前应先开展工作区地质条件调查；

b）勘查孔的地埋管换热器设置方式、深度和回填方式应与拟建设的工程换热孔保持一致；

c）水平地埋管地源热泵系统工程场地勘查采用槽探或钎探进行，槽探位置和长度应根据场地形状确定，槽探的深度宜超过预计的埋管深度 1m，钎探技术标准参照 GB 50202 的相关规定执行；

d）竖直地埋管地源热泵系统工程场地勘查采用钻探进行，勘查孔的深度宜比预计的埋管深度深 5m，勘查孔施工按 GB 50021 的规定执行；

e）工程场地内地层岩性差异较小时，根据浅层地热能开发工程的服务面积需求，确定勘查工作量，按表 1 确定；

f）工程场地地层岩性差异较大时，宜根据场地内地质条件增加勘查孔数量；

g）竖直地埋管地源热泵系统勘查孔应进行岩心编录、地球物理测井，划分地层结构。

表 1　槽探和勘查孔工作量

埋管方式	工程供暖/制冷面积 A（m^2）	槽探、勘查孔数量(个)
水平	$A<500$	1（探槽）
	$A\geqslant500$	≥2（探槽）
竖直	$A<10000$	1（孔）
	$10000\leqslant A<20000$	2（孔）
	$20000\leqslant A<40000$	2～3（孔）
	$A\geqslant40000$	≥3（孔）
注：工程供暖/制冷面积取两者面积中较大者。		

5.2.3 取样及测试要求

a）勘查孔岩土层单层厚度大于 1m 的，每层应取代表性的原状样品（砂、砾石层除外），细砂粒径以上应取扰动样；

b）岩土试样土工测试指标应包含颗粒分析、密度、导热系数、比热容、孔隙率、天然含水率等参数；

c）岩土试样测试分析按 GB/T 50123 的规定执行。

5.2.4　岩土热响应试验要求

a）岩土热响应试验应在勘查孔施工完成周围岩土温度恢复后进行，对于灌注水泥砂浆的回填方式，岩土恢复时间应不少于 10 天，对于其它的回填方式，应不少于 2 天；

b）试验设备与勘查孔的连接应减少弯头、变径，连接管外露部分应保温，保温层厚度不宜小于 20mm。同一管路内，勘查孔孔口水温与试验设备进、出水口水温温差不宜大于 0.2℃；

c）岩土初始平均温度测试，可采用埋设温度传感器法、无功循环法或水温平衡法，采用无功循环法测试岩土初始平均温度时，温度稳定（地埋管出水温度连续 12h 变化不大于 0.5℃）后，持续时间不宜小于 12h；

d）岩土热响应试验可采用稳定热流测试或稳定工况测试法，岩土热响应测试持续时间不宜小于 48h；

e）稳定热流测试方法，宜进行两次不同负荷的试验，当勘查孔深度在 80m～100m 时，大负荷宜采用 5kW～7kW，小负荷宜采用 3kW～4kW，当勘查孔深度在 100m～150m 时，大负荷宜采用 7kW～10kW，小负荷宜采用 4kW～6kW，实际加热功率的平均值与加热功率设定值的偏差不应大于±0.2kW，温度稳定（地埋管出水温度连续 12h 变化不大于 1℃）后，持续时间不宜小于 12h；

f）稳定工况测试方法，设定工况应为系统的设计运行工况，实际供水温度平均值与供水温度设定值的偏差不应大于±0.2℃，温度稳定（地埋管出水温度连续 12h 变化不大于 0.5℃）后，持续时间不宜小于 24h；

g）地埋管换热器内传热介质流态应保持紊流，单 U 型地埋管换热器管内流速不宜小于 0.4m/s，双 U 型地埋管换热器管内流速不宜小于 0.2m/s。

5.3　地下水地源热泵系统工程勘查

5.3.1　地下水地源热泵系统工程勘查内容

a）开展场地周边水文地质条件调查，根据浅层地热能开发工程的建筑类型、工程场地面积、建筑负荷等浅层地热能利用需求，确定调查范围，查明区域地下水资源状况及其开发利用情况；

b）查明工程场地范围内地层岩性结构、含水层类型及埋藏条件、地下水位等；

c）勘查井应进行抽水试验和回灌试验，通过抽水试验获得单井出水量及相应的降深、水温，通过回灌试验获得单井回灌量及相应的水位上升值；

d）勘查井进行地球物理测井，取样分析地下水水质；

e）根据技术、经济和地质环境保护的要求确定合理的地下水循环利用量和抽灌井间距；

f）进行地下水地源热泵系统浅层地热能资源评价，提出合理的开发利用方案。

5.3.2　抽水试验及回灌试验

a）抽水试验及回灌试验可利用已建井开展，不具备合适水井的应专门施工勘查井，勘查井施工应满足 GB 50027 的要求；

b）根据浅层地热能开发工程的建设需求、工作面积、工程负荷，确定勘查井的数量，按表 2 确定；

c）勘查井的深度，应根据含水层或含水构造带埋藏条件确定，宜小于 200m，当有多个含水层组且无水质分析资料时，应进行分层勘查，取得各层水化学资料；

d）勘查井的布置应依据地下水流场、渗透率及其他水文地质参数确定；

e）抽水试验及回灌试验步骤应满足 GB 50027 和 DZ/T 0225 的要求。

表 2 勘查井工作量

工程供暖/制冷面积 A/m^2	勘查井数量/个
A＜10000	1～2
10000≤A＜40000	2～3
A≥40000	≥3
注：工程供暖/制冷面积取两者面积中较大者。	

5.3.3 水样测试

a） 在勘查井中取样分析地下水，机组热源侧水质应符合 GB/T 18430.1 的要求；
b） 不符合水质要求的水源应进行特殊处理或采用适宜的换热装置。

5.4 地表水（含再生水）地源热泵系统工程勘查

5.4.1 勘查主要内容

a） 查明地表水（含再生水）源性质、利用现状、深度、面积及其分布；
b） 查明地表水（含再生水）水温、水质、流量及逐时动态变化；
c） 查明地表水（含再生水）悬浮物、无机物、有机物、微生物及衍生物的含量；
d） 确定地表水（含再生水）取回水适宜地点和路线，确定地表水循环利用量；
e） 查明再生水取水管线下游用户情况，包括用水需求的水量、水温、水质等；
f） 查明再生水处理厂的维修规律；
g） 进行地表水地源热泵系统浅层地热能资源评价，提出合理的开发利用方案。

5.4.2 勘查要求

a） 获取水量、水位、水温和水质动态监测数据，监测数据时间不少于 1 个水文年；
b） 试验测试工作应在采暖期或制冷期的最不利的水源条件下进行；
c） 河流的水循环利用量应根据长系列监测数据所做的水文分析成果确定；
d） 湖泊、水库等地表水体循环利用量应根据其深度、面积确定，不得影响生态环境；
e） 再生水可利用量应根据再生水逐时流量及逐时水温数据确定；
f） 确定水源保证程度。

6 浅层地热能开发利用评价

6.1 通则

6.1.1 浅层地热能开发利用评价内容包括：环境影响预测、投资估算和开发利用方案制定。
6.1.2 环境影响预测的任务是评价和预测浅层地热能开发可能带来的生态环境效应和环境地质问题。
6.1.3 投资估算的任务是论证浅层地热能开发利用工程的建设成本。
6.1.4 开发利用方案应以环境影响预测和投资估算为基础，满足区域浅层地热能利用规划和地源热泵工程设计的需要。

6.2 环境影响预测

6.2.1 大气环境效应评价：

a）可定量评价开发浅层地热能对减少大气污染、清洁环境的效应，计算替代常规能源量，估算减少排放的燃烧产物，包括二氧化碳减排量、二氧化硫减排量、粉尘减排量等；

b）替代常规能源量和节能减排量计算方法参照GB/T 50801。

6.2.2 生态环境影响评价：

a）地下水地源热泵系统，应评价回灌水对地下水环境的影响，并对能否产生地面沉降、岩溶塌陷和地裂缝等地质环境问题进行评价；

b）地埋管地源热泵系统，应评价循环介质泄漏对地下水及岩土层的影响；

c）地表水地源热泵系统，应评价浅层地热能的开发利用对河流、湖泊、水库、海洋等地表水体的影响，评价回水对水化学特征及生态环境的影响，论证再生水取回水对下游用户的影响。

6.2.3 应对浅层地热能开发过程中地下水、地表水和岩土体中的热平衡进行评价，分析地表水体温度及地下温度场变化趋势及可能造成的影响，提出防治浅层地热能利用产生不利环境影响的措施。

6.3 投资估算

6.3.1 应估算浅层地热能开发工程建设初投资。

6.3.2 地埋管地源热泵系统的初投资估算主要考虑埋管深度、管材、孔径、回填材料、地层硬度等因素。

6.3.3 地下水地源热泵系统的初投资估算主要考虑抽灌井的数量、深度、前期勘查钻探及试验成本。

6.3.4 地表水（含再生水）地源热泵系统的初投资估算主要考虑取水口的远近、水质对换热管材、换热器的影响、取热方式等因素。

6.4 开发利用方案

6.4.1 开发利用方案应在浅层地热能资源评价和环境影响预测、投资估算的基础上制定。

6.4.2 开发利用方案内容包括：热源侧换热方式、换热系统规模、取热和排热温差、监测方案等。

6.4.3 对于冷热负荷差别比较大，或者单纯利用地源热泵系统不能满足冷负荷或热负荷需求时，综合考虑场地周边其它可利用能源的资源条件，经技术经济分析论证合理时，可采用复合式地源热泵系统。

7 勘查设计及报告编写

7.1 勘查设计编写要求

编写设计前应进行现场踏勘，设计编写提纲及要求见附录A。

7.2 勘查报告编写要求

报告内容包括浅层地热能地质条件、计算浅层地热容量、浅层地热换热功率、采暖期取热量和制冷期排热量及其保证程度评价、环境影响预测、投资估算、开发利用建议，报告编写提纲及要求见附录B，相关参数的计算方法参见附录C、附录D。

附　录　A
（规范性附录）
勘查设计编写要求

A.1　设计提纲

第一章　前言
第二章　工作区地质背景
第三章　技术路线及工作方法
第四章　勘查内容及工作部署
第五章　实物工作量
第六章　经费预算
第七章　保障措施

A.2　设计编写要求

第一章，简述工程概况、项目来源、任务、工作起止时间及有关要求；工作区地理位置、行政区划、自然地理、气候、交通等（附工作区交通位置图）。

第二章，简述工程场地及周边地质-水文地质条件、场地条件以及浅层地热能资源利用现状。

第三章，根据项目规模和勘查工作方向确定勘查技术路线，选用勘查工作方法。

第四章，根据勘查目的任务以及技术路线，部署勘查工作内容、进度安排、组织机构及人员安排等。

第五章，实物工作量。

第六章，编制经费预算。

第七章，明确质量、安全等方面的保障措施。

附 录 B
（规范性附录）
勘查报告编写要求

B.1 报告提纲

第一章 前言
第二章 浅层地热能资源赋存条件
第三章 浅层地热能开发工程勘查
第四章 浅层地热能资源量评价
第五章 浅层地热能开发利用评价
第六章 结论及建议

B.2 报告编写要求

第一章，说明任务来源及要求，建设项目的规模、功能及冷热负荷需求；勘查区以往地质工作程度及浅层地热能开发利用现状；勘查工作的进程及完成的工作量。

第二章，概述工作区自然地理条件、气象和水文特征；详细阐述工作区地质、水文地质条件，包括地层分布特征、含水层、富水性、地下水水化学特征、水位动态特征和补径排条件等，岩土体热物性参数特征，分析浅层地热能资源赋存条件。应根据工程场地浅层地热能资源赋存条件，分析不同开发利用方式的适宜性。

第三章，详细论述开展的勘查孔钻探、岩土取样及测试、岩土热响应试验、抽灌试验、地表水水量及温度监测等工作，并对获取的资料和数据进行整理分析，为浅层地热能资源评价和开发利用方案制定奠定工作基础。

第四章，按照附录C中的公式计算浅层地热容量，按照附录D中的公式计算浅层地热换热功率。

第五章，浅层地热能开发利用评价内容包括环境影响预测、投资估算和开发利用方案制定。

第六章，结论及建议，施工中和运行后应注意的事项。

附 录 C
（资料性附录）
浅层地热能资源量计算方法

采用体积法计算浅层地热容量，应分别计算包气带和饱水带中的单位温差储藏的热量，然后合并计算评价范围内地质体的储热性能：

a）在包气带中，浅层地热容量按下式计算：

$$Q_R = Q_S + Q_W + Q_A \quad \text{(C.1)}$$

$$Q_S = \rho_S C_S (1-\phi) M d_1 \quad \text{(C.2)}$$

$$Q_W = \rho_W C_W \omega M d_1 \quad \text{(C.3)}$$

$$Q_A = \rho_A C_A (\phi - \omega) M d_1 \quad \text{(C.4)}$$

式中：

Q_R —— 浅层地热容量，kJ/℃；

Q_S —— 岩土中的热容量，kJ/℃；

Q_W —— 岩土所含水中的热容量，kJ/℃；

Q_A —— 岩土中所含空气中的热容量，kJ/℃；

ρ_S —— 岩土密度，kg/m^3；

C_S —— 岩土骨架的比热容，kJ/(kg·℃)；

ϕ —— 岩土的孔隙率；

M —— 计算面积，m^2；

d_1 —— 包气带厚度，m；

ρ_W —— 水的密度，kg/m^3；

C_W —— 水的比热容，kJ/(kg·℃)；

ω —— 岩土的含水率；

ρ_A —— 空气的密度，kg/m^3；

C_A —— 空气的比热容，kJ/(kg·℃)。

b）在饱水带中，浅层地热容量按下式计算：

$$Q_R = Q_S + Q_W \quad \text{(C.5)}$$

$$Q_W = \rho_W C_W \phi M d_2 \quad \text{(C.6)}$$

式中：

Q_R —— 浅层地热容量，kJ/℃；

Q_S —— 岩土骨架的热容量，kJ/℃；

Q_W —— 岩土所含水中的热容量，kJ/℃；

d_2 —— 潜水位至计算下限的岩土厚度，m。

附　录　D
（资料性附录）
浅层地热换热功率计算方法

D.1　地埋管换热功率计算

根据岩土热响应试验取得的热导率或地埋管换热器有效传热系数等基础数据，计算单孔换热功率。在浅层地热能条件相同或相近区域，根据单孔换热功率和浅层地热能计算面积，计算地埋管换热功率（见图D.1）。

a）在层状均匀的土壤或岩石中，稳定传热条件下U形地埋管的单孔换热功率按下式计算：

$$D=\frac{2\pi L|t_1-t_4|}{\frac{1}{\lambda_1}\ln\frac{r_2}{r_1}+\frac{1}{\lambda_2}\ln\frac{r_3}{r_2}+\frac{1}{\lambda_3}\ln\frac{r_4}{r_3}} \quad \cdots\cdots (D.1)$$

式中：

D——单孔换热功率，W；

λ_1——地埋管材料的热导率，W/(m·℃)，PE管为0.42W/(m·℃)；

λ_2——换热孔中回填料的热导率，W/(m·℃)；

λ_3——换热孔周围岩土的平均热导率，W/(m·℃)；

L——地埋管换热器长度，m；

r_1——地埋管束的等效半径，m，单U为管内径的$\sqrt{2}$倍，双U为管内径$\sqrt{4}$倍；

r_2——地埋管束的等效外径，m，等效半径r_1加管材壁厚；

r_3——换热孔平均半径，m；

r_4——换热温度影响半径，m，可通过岩土热响应试验时设观测孔求取或根据数值模拟软件计算求得；

t_1——地埋管内流体的平均温度，℃；

t_4——温度影响半径之外岩土的温度，℃。

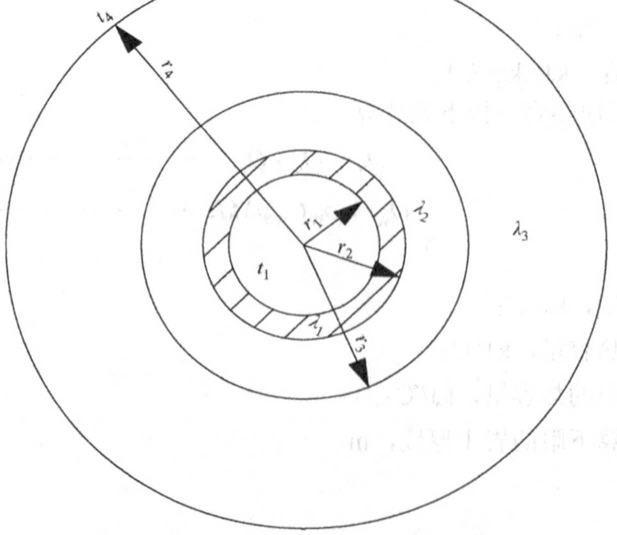

图D.1　地埋管换热功率计算示意图

b）根据地埋管换热器有效传热系数 K_S，计算单孔换热功率：

$$D = K_S \times L \times |t_1 - t_4| \quad \text{(D.2)}$$

式中：

K_S——地埋管换热器有效传热系数，W/(m·℃)，即单位长度换热器、单位温差换热功率；

c）根据地埋管单孔换热功率，计算评价区换热功率：

$$q_h = D \times n \times 10^{-3} \quad \text{(D.3)}$$

式中：

q_h——换热功率，kW；

D——单孔换热功率，W；

n——计算面积内换热孔数。

d）地层的平均导热系数和地埋管换热器有效传热系数的应用：

通过岩土热响应试验装置，连续以固定功率向测试孔加热（或吸热），得到一条完整的地埋管进出口温度时延曲线，用这条曲线可以求取地层的平均导热系数 λ（W/m·℃），（D.1 式中的 λ_3）。也可以求取地下换热器的有效传热系数 K_S（W/m·℃）。

地层平均导热系数 λ（D.1 式中的 λ_3）可以用来进行设计工况下的动态耦合计算，得出地埋管的进出水温度和换热器的设计参数，并可以代入 D.1 式求得 D。

换热器的有效传热系数 K_S 可依据 D.2 式计算特定换热温差下单孔的最大换热功率 D，为计算换热器总长度提供依据（静态）。

D.2　地下水、地表水或污水（再生水）换热功率计算

适用于取得地下水、地表水或污水（再生水）利用后，计算换热功率，公式如下：

$$q_h = q_w \times \Delta T \times \rho_W \times C_W \quad \text{(D.4)}$$

式中：

q_h——换热功率，kW；

q_w——地下水、地表水或污水（再生水）利用量，m^3/s；

ρ_W——地下水、地表水或污水（再生水）的密度，kg/m^3；

C_W——地下水、地表水或污水（再生水）的比热容，kJ/(kg·℃)，液态水为 4.18kJ/(kg·℃)；

ΔT——地下水、地表水或污水（再生水）利用温差，℃。

ICS 01.040.27
F 10

NB

中华人民共和国能源行业标准

NB/T 10274—2019

浅层地热能开发地质环境影响监测评价规范

Monitoring and evaluation specification for shallow geothermal energy development impact on the geological environment

2019-11-04 发布　　2020-05-01 实施

国家能源局　发布

目　次

前　言

本标准按照GB/T 1.1—2009《标准化工作导则 第1部分：标准的结构和编写》给出的规定起草。

本标准由能源行业地热能专业标准化技术委员会提出并归口。

本标准起草单位：北京市地质矿产勘查开发局、北京市地热研究院、北京市华清地热开发集团有限公司、中国地质调查局浅层地温能研究与推广中心、中石化新星（北京）新能源研究院有限公司。

本标准主要起草人：李宁波、杨俊伟、刘少敏、张进平、郑佳、于湲、李翔、郭艳春、李娟、王哲、朱昕鑫、刘冰、项悦鑫、王立志、卫万顺、张文秀、李海东、刑罡、林海亮、李敏、赵丰年、向烨。

本标准于2019年首次发布。

浅层地热能开发地质环境影响监测评价规范

1 范围

本标准规定了浅层地热能开发利用地质环境监测系统建设、监测数据采集、传输及存储以及地质环境影响评价的内容、方法和要求。

本标准适用于浅层地热能开发利用系统（包括地埋管地源热泵系统、地下水地源热泵系统，不包括地表水、再生水热泵系统）地质环境影响监测系统建设及地质环境影响评价。

2 规范性引用文件

下列文件对于本文件的应用是必不可少的。凡是注日期的引用文件，仅所注日期的版本适用于本文件。凡是不注日期的引用文件，其最新版本（包括所有的修改单）适用于本文件。

GB 50366 地源热泵系统工程技术规范

GB/T 14848 地下水质量标准

DZ/T 0225 浅层地热能勘查评价规范

NB/T 10097 地热能术语

HJ/T 164 地下水环境监测技术规范

DB11/T 1253 地埋管地源热泵系统工程技术规范

3 术语和定义

下列术语和定义适用于本标准。

3.1

浅层地热能 shallow geothermal energy

从地表至地下200m深度范围内，储存于水体、土体、岩石中的温度低于25℃，采用热泵技术可提取用于建筑物供热或制冷等的地热能。

[NB/T 10097—2018，定义2.1.6]

3.2

地源热泵系统 ground-source heat pump system

以岩土体、地下水和地表水为低温热源，由水源热泵机组、浅层地热能换热系统、建筑物内系统组成的供暖制冷系统。根据地热能交换方式，可分为地埋管地源热泵系统、地下水地源热泵系统和地表水地源热泵系统。

[GB 50366—2005，定义2.0.1]

3.3

地埋管地源热泵系统 pipe ground-source heat pump system

传热介质通过竖直或水平地埋管换热器与岩土体和地下水进行热交换的地源热泵系统。

3.4

地下水地源热泵系统 groundwater-source heat pump system

通过地下水进行热交换的地源热泵系统。

3.5

换热孔　heat exchange hole

地埋管地源热泵系统中，埋设地埋管换热器参与热量交换的钻孔。

3.6

热源侧　heat source side

地源热泵系统中，通过热交换提供冷、热量的循环侧。

3.7

总管　main pipe

地源热泵系统中，各区域支管道汇总后的总管道。

3.8

换热监测孔　heat exchange monitoring hole

通过在换热孔内下入温度传感器，用于监测地埋管换热器换热过程中孔内温度变化的换热孔。

3.9

换热影响监测孔　heat exchange effect monitoring hole

通过在钻孔内下入温度传感器，用于监测换热孔、抽灌井温度变化影响范围的钻孔。

3.10

常温监测孔　initial temperature monitoring hole

通过在钻孔内下入温度传感器，用于监测地层原始温度的钻孔。

4　总则

4.1　浅层地热能开发地质环境影响监测与评价是通过建设监测系统对浅层地热能开发利用过程中地质环境因素的动态变化情况进行监测，评价浅层地热能资源开发利用过程中对地质环境的影响规律和程度。

4.2　浅层地热能开发地质环境影响监测系统建设应设置地质环境影响监测平台，进行监测数据的显示、存储和预警，监测方式为长期、连续监测。

5　地质环境影响监测

5.1　监测内容

5.1.1　应监测地源热泵系统热源侧进、出水总管温度、流量，供暖/制冷面积 $10000m^2$ 以上的地源热泵工程，并根据工程的规模设置地质环境影响监测孔。

5.1.2　供暖/制冷面积 $10000m^2$ 以上的地下水地源热泵系统监测内容：

a）系统热源侧进、出水总管温度；

b）水井抽水、回灌量；

c）原始地温、水位、水质；

d）水井及周边地温、水位、水质变化。

5.1.3　供暖/制冷面积 $10000m^2$ 以上的地埋管地源热泵系统监测内容：

a）系统热源侧进、出水总管温度、流量；

b）原始地温；

c）换热区及周边地温场变化。

5.2 系统热源侧总管温度、流量监测

5.2.1 监测点应选择管道满液的位置。

5.2.2 总管温度监测宜采用插入式温度传感器，当传感器为后期安装且管道不可开孔时，可采用贴片式温度传感器。

5.2.3 循环流量监测宜采用通过式流量计，当流量计为后期安装且不能破坏原管道时，可采用超声波流量计。

5.2.4 温度传感器精度不应低于 0.2℃，流量计精度不应低于 0.5 级。

5.3 地下温度及水位监测

5.3.1 地下水地源热泵系统监测要求：

a） 应监测所有水井的水温、水位变化；

b） 宜在水井影响半径内布设不少于 1 个监测孔，监测场区地温场、水位变化，监测孔的布置应考虑地下水流动方向；

c） 在竖直方向上，监测孔的深度应不小于水井的深度。

5.3.2 竖直埋管地源热泵系统监测要求：

a） 地温场监测孔数量应不少于换热孔数量的 1%；

b） 地温场监测孔的类型包括换热监测孔、换热影响监测孔及常温监测孔，换热监测孔应在布孔区中心和边缘均有布设，换热影响监测孔应在布孔区内部和外围均有布设，常温监测孔应布设于布孔区温度影响范围以外，一般不小于 10m，监测孔的布置应考虑地下水流动方向；

c） 监测孔的深度应不小于换热孔的深度。

5.3.3 水平埋管地源热泵系统监测要求：

a） 地温场监测的类型包括换热监测、换热影响监测及常温监测，换热监测应在地埋管埋设区中心和边缘均布设测温探头，换热影响监测应在地埋管埋设区内部和外围均布设测温探头，常温监测测温探头应布设在地埋管埋设区温度影响范围以外，距地埋管埋设区不小于 10m；

b） 所有地埋管埋设层均应监测。

5.3.4 监测设备要求：

a） 地埋温度传感器应加装钢制护套，护套内应充实导热介质，护套直径应与线径匹配，接口处应做防水处理；

b） 温度传感器精度不应低于 0.2℃，液位传感器精度不应低于 0.5 级。

5.3.5 水井温度、液位传感器安装方法：

a） 水井温度传感器安装方式分为井外埋设和井内埋设。井外埋设是将温度传感器安装于井管外壁，井内埋设是将温度传感器下入井管内部；

b） 水井温度应分层监测，温度传感器可按照地层岩性排布，也可均匀排布，间距不宜大于 10m，变温带温度传感器宜加密至间距 2m，不同监测孔内的温度传感器排布深度应相同；

c） 水井液位传感器应采用井内埋设，必须位于水井年最低水位以下，且量程必须大于水位年变化幅度。

5.3.6 竖直地埋温度传感器安装方法：

a） 竖直地埋温度传感器安装方式包括地埋管外埋设、地埋管内埋设和单独埋设。地埋管外埋设是将温度传感器预先固定在地埋管外部，随地埋管一同下入监测孔后回填；地埋管内埋设是先将地埋管下入监测孔后回填，再将温度传感器下入地埋管内部；单独埋设是将温度传感器单独下入监测孔后回填；

b） 地埋管地源热泵项目中，竖直地埋温度传感器测温探头可按照地层岩性排布，也可均匀排布，间距不宜大于 10m，变温带温度传感器宜加密至间距 2m，不同监测孔内的温度传感器排布深度应相同；

c） 地下水地源热泵项目中，竖直地埋温度传感器排布应与水井相同。

5.3.7 水平地埋温度传感器安装方法：

a） 水平地埋温度传感器安装方式包括地埋管外埋设和单独埋设，地埋管外埋设是将温度传感器固定在地埋管外壁，单独埋设是将温度传感器单独埋入监测沟；

b） 换热监测及换热影响监测温度传感器测温探头的间距不宜大于 20m。

5.3.8 传感器连接方法：

a） 传感器附带电缆线长度宜直接到达数据采集器，当必须进行电缆线延长对接时，延长线应与附带线使用相同型号；

b） 电缆线延长对接后，接线处应具有不低于电缆线的机械强度及绝缘、防水性能；

c） 传感器电缆线宜沿水平管沟到达数据采集器，也可另行开沟埋设，埋设深度不应小于冻土层厚度；

d） 数据采集器宜安装于地面以上或机房内。

5.3.9 监测间隔及方式：

a） 地下温度及水位监测时间间隔不宜大于 1h；

b） 监测方式应为长期、连续监测。

5.4 地下水水质监测

5.4.1 地下水地源热泵系统，应对所有抽、灌井进行水质监测。

5.4.2 地埋管地源热泵系统，宜对换热区附近水井进行水质监测。

5.4.3 地下水水质监测可采用现场在线监测、采样现场检测或采样送实验室检测等方式。

5.4.4 地下水水质监测指标宜参照 GB/T 14848 的规定，现场采样、样品管理、水质检测方法宜符合 HJ-T 164 的规定。

5.4.5 现场在线监测时间间隔不宜大于 1 天，现场采样检测时间间隔不宜大于 3 个月，监测应为长期、连续监测。

6 监测数据采集、传输及存储

6.1 数据采集

6.1.1 宜在监测孔附近或机房内设置监控机柜，在监控机柜内安装带通信功能的数据采集仪表或模块。

6.1.2 为避免产生信号干扰，不同类型的信号应分开采集，即采用多个仪表或模块分别采集电阻、电流、脉冲等信号。

6.1.3 监测数据采集间隔不宜大于 1h。

6.2 数据传输

6.2.1 宜在系统维护单位住所建设监测项目的远程监测平台，用于接收远程传输的监测数据。

6.2.2 传输网络可采用互联网或无线通信网络，互联网宜采用专线。

6.3 数据存储

6.3.1 数据采集后，宜做现场存储。

6.3.2 远程监测平台应具备数据显示、存储、导出功能。

6.3.3 监测数据应定期导出，并做备份存储。

6.4 数据校验

6.4.1 应对监测数据进行校验；

6.4.2 监测数据校验每年不宜少于2次。

7 地质环境影响评价

7.1 评价内容

7.1.1 评价内容包括地温场影响评价、地下水水位影响评价及地下水水质影响评价。

7.1.2 对各评价内容进行评价时，应同时考虑监测项目运行以外的影响因素。

7.2 地温场影响评价

7.2.1 评价阶段及指标：

a）运行季影响评价，评价指标包括影响速率（a_1）、影响幅度（a_2）及影响范围（a_3）；

b）过渡季恢复评价，评价指标包括恢复速率（a_4）及恢复程度（a_5）；

c）年度影响评价，评价指标包括影响幅度（a_6）及恢复程度（a_7）；

d）多年累计影响评价，评价指标包括影响速率（a_8）及影响幅度（a_9）。

7.2.2 运行季影响评价：

a）以总管实时温度最大日变化值，评价运行季地温场的影响速率；

b）以总管实时温度与运行初期总管温度的最大差值，评价运行季地温场的影响幅度；

c）以换热监测孔实时温度及换热影响监测孔实时温度与常温监测孔实时温度差值的最大日变化值，评价运行季地温场的影响速率；

d）以换热监测孔实时平均温度及换热影响监测孔实时平均温度与常温监测孔实时平均温度的最大差值，评价运行季地温场的影响幅度；

e）以不同位置换热影响监测孔实时平均温度与常温监测孔实时平均温度的差值，评价运行季地温场影响的广度范围；

f）以换热孔深度以深的地层温度值，评价运行季地温场影响的深度范围。

7.2.3 过渡季恢复评价：

a）以相邻运行季运行初期总管温度的差值，评价过渡季地温场的恢复程度；

b）以换热监测孔实时平均温度及换热影响监测孔实时平均温度与常温监测孔实时平均温度差值的最大日变化值，评价过渡季地温场的恢复速率；

c）以过渡季末换热监测孔平均温度及换热影响监测孔平均温度与常温监测孔平均温度的差值，评价过渡季地温场的恢复程度。

7.2.4 年度影响评价：

a）以相邻年度相同运行季运行初期总管温度的变化值，评价年度地温场的恢复程度；

b）以相邻年度相同过渡季末换热监测孔及换热影响监测孔平均温度的变化值，评价年度地温场恢复程度。

7.2.5 多年影响评价：

a）以多年首末年度相同运行季运行初期总管温度的差值，评价多年地温场的影响幅度；

b）以多年首末年度相同过渡季末换热监测孔平均温度及换热影响监测孔平均温度的变化值，评价多年地温场的影响幅度；

c） 以多年地温场的影响幅度与年度数的比值，评价多年地温场的影响速率。

7.2.6 评价指标定性结论：

a） 影响速率定性结论按表1确定：

表 1 地温场影响速率定性评价表

评价指标		评价指标定性结论		
		1级	2级	3级
运行季影响速率（℃/d）	总管	a_1＜0.5	0.5≤a_1＜4	4≤a_1
	换热监测孔	a_1＜0.5	0.5≤a_1＜4	4≤a_1
	换热影响监测孔	a_1＜0.2	0.2≤a_1＜1	1≤a_1
多年影响速率（℃/a）	总管	a_8＜0.2	0.2≤a_8＜1	1≤a_8
	换热监测孔	a_8＜0.2	0.2≤a_8＜1	1≤a_8
	换热影响监测孔	a_8＜0.2	0.2≤a_8＜1	1≤a_8

b） 恢复速率定性结论按表2确定：

表 2 地温场恢复速率定性评价表

评价指标		评价指标定性结论		
		1级	2级	3级
过渡季恢复速率（℃/d）	换热监测孔	4≤a_4	0.5≤a_4＜4	a_4＜0.5
	换热影响监测孔	1≤a_4	0.2≤a_4＜1	a_4＜0.2

c） 影响幅度定性结论按表3确定：

表 3 地温场影响幅度定性评价表

评价指标		评价指标定性结论		
		1级	2级	3级
运行季影响幅度（℃）	总管	a_2＜5	5≤a_2＜25	25≤a_2
	换热监测孔	a_2＜5	5≤a_2＜25	25≤a_2
	换热影响监测孔	a_2＜0.5	0.5≤a_2＜4	4≤a_2
年度影响幅度（℃）	总管	a_6＜0.5	0.5≤a_6＜4	4≤a_2
	换热监测孔	a_6＜0.5	0.5≤a_6＜4	4≤a_2
	换热影响监测孔	a_6＜0.2	0.2≤a_6＜1	1≤a_2
多年影响幅度（℃）	总管	a_9＜0.5	0.5≤a_9＜4	4≤a_2
	换热监测孔	a_9＜0.5	0.5≤a_9＜4	4≤a_2
	换热影响监测孔	a_9＜0.2	0.2≤a_9＜1	1≤a_2

d） 影响范围定性结论按表4确定：

表 4　地温场影响范围定性评价表

评价指标		评价指标定性结论		
		1级	2级	3级
水平方向（m）	地下水上游方向	$a_3<1$	$1\leq a_3<4$	$4\leq a_3$
	地下水下游方向	$a_3<2$	$2\leq a_3<5$	$5\leq a_3$
竖直方向（m）	布孔区中心	$a_3<1$	$1\leq a_3<2$	$2\leq a_3$
	布孔区外围	$a_3<0.5$	$0.5\leq a_3<1.5$	$1.5\leq a_3$

e）恢复程度定性结论按表5确定：

表 5　地温场恢复程度定性评价表

评价指标		评价指标定性结论		
		1级	2级	3级
过渡季恢复程度（℃）	总管	$a_5<0.5$	$0.5\leq a_5<4$	$4\leq a_5$
	换热监测孔	$a_5<0.5$	$0.5\leq a_5<4$	$4\leq a_5$
	换热影响监测孔	$a_5<0.2$	$0.2\leq a_5<1$	$1\leq a_5$
年度恢复程度（℃）	总管	$a_7<0.5$	$0.5\leq a_7<4$	$4\leq a_7$
	换热监测孔	$a_7<0.5$	$0.5\leq a_7<4$	$4\leq a_7$
	换热影响监测孔	$a_7<0.2$	$0.2\leq a_7<1$	$1\leq a_7$

7.3　地下水水位影响评价

7.3.1　评价阶段及指标：

a）运行季影响评价，评价指标包括影响速率（b_1）、影响幅度（b_2）；

b）过渡季恢复评价，评价指标包括恢复速率（b_3）及恢复程度（b_4）；

c）年度影响评价，评价指标包括影响幅度（b_5）及恢复程度（b_6）；

d）多年累计影响评价，评价指标包括影响速率（b_7）及影响幅度（b_8）。

7.3.2　运行季影响评价方法：

a）以运行季内抽水井水位的最大小时变化值，评价运行季地下水水位的影响速率；

b）以运行季内抽水井水位的最大变化值，评价运行季地下水水位的影响幅度。

7.3.3　过渡季恢复评价：

a）以过渡季内抽水井、回灌井各自水位的最大小时变化值，评价过渡季地下水水位的恢复速率；

b）以过渡季末抽水井、回灌井各自水位与地下水水位背景值的差值，评价过渡季地下水水位的恢复程度。

7.3.4　年度影响评价：

a）以相邻相同过渡季末抽水井水位的差值，评价年度地下水水位的恢复程度；

b）以相邻相同过渡季末回灌井水位的差值，评价年度地下水水位的恢复程度。

7.3.5　多年影响评价：

a）以多年首尾过渡季末抽灌井水位的差值，评价多年地下水水位的影响幅度；

b）以多年首尾过渡季末抽灌井水位的差值与年度数的比值，评价多年地下水水位的影响速率。

7.3.6　评价指标定性结论：

a）影响速率定性结论按表6确定：

表6　地下水水位影响速率定性评价表

评价指标		评价指标定性结论		
		1级	2级	3级
运行季影响速率（m/h）	抽水井	$b_1<0.5$	$0.5\leqslant b_1<4$	$4\leqslant b_1$
多年影响速率（m/a）	抽水井	$b_7<0.1$	$0.1\leqslant b_7<1$	$1\leqslant b_7$
	回灌井	$b_7<0.1$	$0.1\leqslant b_7<1$	$1\leqslant b_7$

b）恢复速率定性结论按表7确定：

表7　地下水水位恢复速率定性评价表

评价指标		评价指标定性结论		
		1级	2级	3级
过渡季恢复速率（m/h）	抽水井	$4\leqslant b_3$	$0.5\leqslant b_3<4$	$b_3<0.5$
	回灌井	$4\leqslant b_3$	$0.5\leqslant b_3<4$	$b_3<0.5$

c）影响幅度定性结论按表8确定：

表8　地下水水位影响幅度定性评价表

评价指标		评价指标定性结论		
		1级	2级	3级
运行季影响幅度（m）	抽水井	$b_2<5$	$5\leqslant b_2<10$	$20\leqslant b_2$
	回灌井	$b_2<5$	$5\leqslant b_2<10$	$20\leqslant b_2$
多年影响幅度（m）	抽水井	$b_8<0.5$	$0.5\leqslant b_8<2$	$4\leqslant b_8$
	回灌井	$b_8<0.5$	$0.5\leqslant b_8<2$	$4\leqslant b_8$

d）恢复程度定性结论按表9确定：

表9　地下水水位恢复程度定性评价表

评价指标		评价指标定性结论		
		1级	2级	3级
过渡季恢复程度（m）	抽水井	$b_4<0.5$	$0.5\leqslant b_4<2$	$4\leqslant b_4$
	回灌井	$b_4<0.5$	$0.5\leqslant b_4<2$	$4\leqslant b_4$
年度恢复程度（m）	抽水井	$b_6<0.5$	$0.5\leqslant b_6<2$	$4\leqslant b_6$
	回灌井	$b_6<0.5$	$0.5\leqslant b_6<2$	$4\leqslant b_6$

7.4　地下水水质影响评价

7.4.1　评价阶段：

a）运行季影响评价；

b）过渡季恢复评价；

c）年度影响评价；

d）多年累计影响评价。

7.4.2 评价方法：

a）单因子评价法，分析各水质监测指标的变化情况，水质监测指标至少包含pH、色度、嗅和味、浑浊度、肉眼可见物、总硬度、高锰酸钾指数、溶解性总固体、氨氮、亚硝酸盐氮、硝酸盐氮、Mn、Fe、氯化物、氟化物、硫酸盐、细菌总数、硫化物、钠；

b）模糊综合评判法，具体评价方法见附录A，评价因子根据项目评价需求选取。

7.4.3 评价指标定性结论：

a）单因子评价法定性结论按表10确定：

表10 地下水水质单因子影响定性评价表

评价指标	评价指标定性结论		
	1级	2级	3级
相应指标变化幅度（c）	$c<1\%$	$1\%\leqslant c<10\%$	$10\%\leqslant c$

b）模糊综合评判法定性结论按表11确定：

表11 地下水水质模糊综合影响定性评价表

评价指标	评价指标定性结论		
	1级	2级	3级
水质类别变化幅度	无	1～2个类别	3～5个类别

7.5 项目综合影响评价

7.5.1 以项目所有定性评价结论级别的平均值（A），对项目进行综合评价，评价结论按表12确定。

表12 项目综合影响定性评价表

评价指标	评价指标定性结论		
	风险较小	风险一般	风险较大
所有定性评价结论级别的平均值范围	$1\leqslant A<1.6$	$1.6\leqslant A\leqslant 2.3$	$2.3<A\leqslant 3$

7.5.2 如个别指标出现不可接受的影响，则综合评价结论即为“风险较大”。

8 评价报告编写

8.1 评价报告内容

评价报告内容包括监测过程及成果、评价内容及方法、项目评价计算。

8.2 评价报告编写提纲及要求

评价报告编写提纲及要求应按附录B执行。

附 录 A
（资料性附录）
水质评价模糊综合评判法

A.1 复合运算

A.1.1 建立水质因子集合

选择具有代表性的污染物作为评价因子，建立评价因子集$U=\{A_1, A_2 \cdots\cdots A_n\}$。

A.1.2 建立水质评价集合

采用中华人民共和国地下水质量标准（GB/T 14848）中的Ⅰ～Ⅴ类水质标准进行评价，建立评价集V={Ⅰ，Ⅱ，Ⅲ，Ⅳ，Ⅴ}。

A.1.3 构建隶属函数

用隶属度划分水质分级界限。令y为隶属度，它表示属于某种标准值的百分数。根据水质的5个级别标准，建立评价因子相对应的5个隶属度函数，隶属度函数如下：

第1级评价隶属度函数：

$$y_1=\begin{cases}1 & x \leqslant x_1 \\ \dfrac{x_2-x}{x_2-x_1} & x_1<x<x_2 \\ 0 & x \geqslant x_2\end{cases} \quad\cdots\cdots\cdots\cdots (A.1)$$

第2～4级评价隶属度函数：

$$y_i=\begin{cases}1 & x=x_i \\ \dfrac{x-x_{i-1}}{x_i-x_{i-1}} & x_{i-1}<x<x_i \\ \dfrac{x_{i+1}-x}{x_{i+1}-x_i} & x_i<x<x_{i+1} \\ 0 & x \leqslant x_{i-1}\ x \geqslant x_{i+1}\end{cases} \quad\cdots\cdots\cdots\cdots (A.2)$$

第5级评价隶属度函数：

$$y_5=\begin{cases}1 & x \geqslant x_5 \\ \dfrac{x-x_5}{x_5-x_4} & x_4<x<x_5 \\ 0 & x \leqslant x_4\end{cases} \quad\cdots\cdots\cdots\cdots (A.3)$$

式中：x为实测值，x_1、x_2、x_3、x_4、x_5分别对应Ⅰ级、Ⅱ级、Ⅲ级、Ⅳ级、Ⅴ级的水质标准。

A.1.4 模糊矩阵 *R* 的建立

已知U为n个污染物指标的集合，V为水质分级的集合，A为污染物的各项指标。$U=\{A_1, A_2 \cdots\cdots A_n\}$，

V={Ⅰ，Ⅱ，Ⅲ，Ⅳ，Ⅴ}，通过计算隶属函数，求出n个单项指标对5级水的隶属程度，得出模糊矩阵$\boldsymbol{R}$，即：

$$\boldsymbol{R}=\begin{cases} y(A_1,\mathrm{I})\ y(A_1,\mathrm{II})\ y(A_1,\mathrm{III})\ y(A_1,\mathrm{IV})\ y(A_1,\mathrm{V}) \\ y(A_2,\mathrm{I})\ y(A_2,\mathrm{II})\ y(A_2,\mathrm{III})\ y(A_2,\mathrm{IV})\ y(A_2,\mathrm{V}) \\ \cdots\cdots \\ y(A_n,\mathrm{I})\ y(A_n,\mathrm{II})\ y(A_n,\mathrm{III})\ y(A_n,\mathrm{IV})\ y(A_n,\mathrm{V}) \end{cases} \qquad (\mathrm{A}.4)$$

A.1.5 计算权重

根据各评价因子的污染指数计算出各水样各评价因子的权重值。污染指数为：

$$W_i=\frac{C_i}{S_i} \qquad (\mathrm{A}.5)$$

式中：C_i为第i种污染物实测浓度；S_i为第i种污染物各级水质标准的算术平均值。

为进行模糊计算，将各单项污染指数进行归一化，即：

$$Z_i=\frac{\dfrac{C_i}{S_i}}{\sum_{i=1}^{n}\dfrac{C_i}{S_i}}=\frac{W_i}{\sum_{i=1}^{n}W_i} \qquad (\mathrm{A}.6)$$

计算得权重矩阵$\boldsymbol{B}$={Z_1，Z_2……Z_n}。

A.1.6 模糊矩阵复合运算

将$\boldsymbol{B}$矩阵与$\boldsymbol{R}$矩阵进行复合运算，确定水体的综合隶属度。

A.2 确定水质级别

按照最大隶属度原则确定水质级别，即隶属度最大值所在的级别为该监测井的水质类别。当出现2个或2个以上隶属度最大值时，选择贴近次大值的隶属度所在的级别为该监测井的最终水质类别。

附 录 B
（规范性附录）
评价报告编写要求

B.1 报告提纲

第一章 前言
第二章 监测过程及成果
第三章 评价内容及方法
第四章 项目评价
第五章 结论及建议

B.2 报告编写要求

第一章，简述项目来源，对项目的地理位置、建筑类型、使用功能、建筑规模、地质及水文地质条件、工程场地井、孔布设情况等进行阐述。

第二章，详细阐述各监测内容的监测过程及取得的监测数据情况。

第三章，详细阐述评价的内容、评价指标及所采用的方法。

第四章，根据项目选取的评价内容及采取的评价方法，对监测项目进行评价计算。

第五章，对评价项目给出综合评价结论，对项目存在的风险部分提出规避风险的措施。

ICS 27.010
F 15

NB

中华人民共和国能源行业标准

NB/T 10276—2019

浅层地热能地下换热工程验收规范

Acceptance specification for shallow geothermal underground heat exchange project

2019-11-04 发布　　　　2020-05-01 实施

国家能源局　发布

目　次

前　言

本标准按照GB/T 1.1—2009《标准化工作导则 第1部分：标准的结构和编写》给出的规定起草。

本标准由能源行业地热能专业标准化技术委员会提出并归口。

本标准起草单位：河南省地质矿产勘查开发局第二地质环境调查院、河南工程学院资源与环境学院、河南省深部探矿工程技术研究中心、河南省地热能开发利用有限公司、中石化新星（北京）新能源研究院有限公司、中国地质大学（武汉）。

本标准主要起草人：卢予北、陈莹、吴烨、卢玮、赵丰年、向烨、申云飞、王憬、邓晓颖、赵建粮、张新春、金萍、窦斌、刘帅霞、齐玉峰。

本标准于2019年首次发布。

浅层地热能地下换热工程验收规范

1 范围

本标准规定了浅层地热能地下换热工程的验收准备、验收内容、验收合格条件、验收文件要求。

本标准适用于竖直地埋管地源热泵系统和地下水地源热泵系统的地下换热工程。

2 规范性引用文件

下列文件对于本文件的应用是必不可少的。凡是注日期的引用文件，仅注日期的版本适用于本文件。凡是不注日期的引用文件，其最新版本（包括所有的修改单）适用于本文件。

GB 50366 地源热泵系统工程技术规范

DZ/T 0148 水文水井地质钻探规程

DZ/T 0225 浅层地热能勘查评价规范

3 术语和定义

下列术语和定义适用于本文件。

3.1

浅层地热能地下换热工程 underground heat exchange project for shallow geothermal

浅层地热能开发利用过程中，与地下岩土体或地下水进行换热的各类地下工程的总称。

3.2

竖直地埋管换热器 vertical ground heat exchanger

换热管路埋置在竖直钻孔内的地埋管换热器，又称竖直土壤热交换器。

[GB 50366—2005，定义2.0.9]

3.3

热源井 heat source well

用于从地下含水层中取水或向含水层灌注回水的井，是抽水井和回灌井的统称。

[GB 50366—2005，定义2.0.21]

3.4

隐蔽工程 concealed project

在工程施工过程中，能被后续工序施工所隐蔽，或者工程完工后在正常情况下无法完成复验的项目。

4 验收准备

4.1 整体验收前，所需资料如下：

a） 与验收项目相关的合同、技术要求等文件（如有约定）；

b） 浅层地热能地下换热工程图纸；

c） 浅层地热能地下换热工程施工方案或施工组织设计；

d） 现场施工日志或监理报告；

e） 完成竖直地埋管换热器或热源井的验收，验收合格后签署浅层地热能地下换热工程隐蔽工程验收表，样式参见附录A。

4.2 整体验收应在地下换热工程完工，且施工单位自检合格后进行，应符合以下要求：

a） 应在施工单位提出申请后10个工作日内进行；

b） 可由施工单位与建设单位（或合同甲方）共同协商成立验收小组，必要时可委托独立第三方机构进行验收。

5 验收内容

5.1 竖直地埋管地源热泵系统

5.1.1 竖直地埋管换热器的验收

竖直地埋管换热器的验收按工程进度随时进行，验收内容、验收方法、验收标准见附录B，包括以下内容：

a） 根据浅层地热能地下换热工程图纸进行钻孔孔位检查；

b） 提供各类管材、管件、材料的采购合同、合格证、进场检验证明；

c） 能够证明工程施工过程和质量的其他材料（如有时）；

d） 根据地埋管钻孔的设计或施工组织设计进行钻孔孔深、孔径的检查；

e） 检查水压试验（U形管下入前）记录；

f） 根据地埋管钻孔的设计或施工组织设计检查U形管下入深度是否满足设计要求；

g） 检查水压试验（U形管下入后）记录；

h） 回填是否满足设计要求；

i） 由施工单位配合监理单位完成，验收合格后签署浅层地热能地下换热工程隐蔽工程验收表。

5.1.2 整体验收

竖直地埋管地源热泵系统地下换热工程整体验收的验收内容、验收方法、验收标准见附录B，包括以下内容：

a） 验收条件完备性审查。根据4.1中所需资料，审查各项内容的完整性、有效性和一致性；

b） 检查水平管沟开挖、水平管下入及回填质量，使用聚乙烯管时应有沿管道走向的金属示踪线；

c） 检查管道冲洗情况；

d） 检查系统水压试验（竖直或水平埋管与环路集管装配完成后）记录；

e） 钻孔质量的抽检，按照不低于5%的比例进行，抽检钻孔应呈均匀分布，孔深和U形管下入深度是否满足抽检比例的设计值，孔径满足设计要求；

f） 施工完毕场地恢复检查；

g） 孔口保护检查；

h） 孔口标志检查。

5.2 地下水地源热泵系统

5.2.1 热源井的验收

单个热源井的验收应在单井完工后立即进行，验收内容、验收方法、验收标准见附录C，应包括以下内容：

a） 施工单位根据热源井施工进度提前3～5天向监理单位提出申请，提前做好验收人员、设备的准备；
b） 根据各类管材、管件、材料的采购合同、合格证、进场检验证明，检查热源井所用材料是否符合质量要求；
c） 根据浅层地热能地下换热工程图纸检查井位；
d） 根据热源井的设计或施工组织设计，通过测井记录检查井深、井径、井斜等是否满足设计要求；
e） 成井质量检查，包括下管深度、过滤管位置是否在有效含水层、填砾质量等；
f） 洗井质量检查；
g） 抽水试验和回灌试验检查；
h） 热源井的出水量或回灌量检查；
i） 热源井的验收由施工单位配合监理单位完成，验收合格后签署浅层地热能地下换热工程隐蔽工程验收表。

5.2.2 整体验收

地下水地源热泵系统地下换热工程整体验收的验收内容、验收方法、验收标准见附录C，应包括以下内容：

a） 验收条件完备性审查，根据4.1中所需资料，审查各项内容的完整性、有效性和一致性；
b） 热源井总水量；
c） 热源井的泵室（如有时）建设质量；
d） 井口装置检查；
e） 施工完毕现场清理情况。

6 验收合格条件

6.1 竖直地埋管换热器的验收合格条件

竖直地埋管换热器的验收合格条件应满足以下要求：

a） 验收条件审查合格，4.1所要求的文件和报告齐全、有效；
b） 地埋管地源热泵系统竖直地埋管钻孔深度、总地埋管长度、管材管件规格符合设计要求，管道试压过程中无渗漏。

6.2 热源井验收合格条件

热源井的验收合格条件应满足以下要求：

a） 验收条件审查合格，4.1所要求的文件和报告齐全、有效；
b） 地下水地源热泵系统热源井深度、井径、井斜、水量、抽水试验和回灌试验符合设计要求。

6.3 整体验收合格条件

整体验收合格条件应满足以下要求：

a） 地埋管地源热泵系统的总埋管深度和规格符合设计要求或地下水地源热泵系统热源井总水量、总回灌量符合设计要求；
b） 验收过程中未发现不符合设计要求的其他缺陷和隐患。

7 验收文件要求

浅层地热能地下换热工程验收文件应包括：

a） 程隐蔽工程验收证明（格式参见附录A）；

b） 整体验收申请书（格式参见附录D）；

c） 验收小组成员确认单（格式参见附录E）；

d） 施工单位、监理单位与建设单位（或合同甲方）签署的验收表（格式参见附录F）。

附　录　A
（资料性附录）
浅层地热能地下换热工程隐蔽工程验收表

浅层地热能地下换热工程隐蔽工程验收表见表A.1。

表 A.1　浅层地热能地下换热工程隐蔽工程验收表

<table>
<tr><td colspan="2">工程名称</td><td colspan="3"></td><td colspan="2">编号</td><td colspan="2"></td></tr>
<tr><td colspan="2">隐蔽项目</td><td colspan="3"></td><td colspan="2">验收日期</td><td colspan="2">年　月　日</td></tr>
<tr><td colspan="2">隐检部位</td><td colspan="7"></td></tr>
<tr><td colspan="9">隐检依据：

主要材料名称及规格/型号：</td></tr>
<tr><td colspan="9">隐检内容：</td></tr>
<tr><td colspan="9">检查结论：

□同意隐蔽
□不同意隐蔽，修改后复查</td></tr>
<tr><td colspan="9">复查结论：

复查人：　　　　复查日期：　年　月　日</td></tr>
<tr><td rowspan="3">签字栏</td><td colspan="2" rowspan="2">施工单位</td><td rowspan="2"></td><td colspan="2">项目负责人</td><td colspan="2">专业质检员</td><td>专业工长</td></tr>
<tr><td colspan="2"></td><td colspan="2"></td><td></td></tr>
<tr><td colspan="2">监理单位</td><td colspan="3"></td><td colspan="2">监理工程师</td><td></td></tr>
</table>

附 录 B
（规范性附录）
竖直地埋管地源热泵系统地下换热工程验收内容

竖直地埋管地源热泵系统地下换热工程验收检验项目、验收方法、验收标准见表B.1。

表 B.1 竖直地埋管地源热泵系统地下换热工程验收内容

序号	类别	检验项目	验收方法	验收标准
1	竖直地埋管换热器的验收	竖直地埋管钻孔孔位	核对图纸位置，尺量或GPS定位	符合放线位置或图纸位置
2		管材、管件进场检验	检查合格证、采购合同、进场检验记录	符合设计要求
3		竖直地埋管钻孔孔深、孔径	查阅现场施工日志、旁站记录或监理日志	不小于设计要求
4		水压试验（U形管下入前）	按GB 50366执行，检查水压试验记录	无渗漏
5		U形管下入	查阅影像资料、旁站记录或监理日志	下入长度符合设计要求
6		水压试验（U形管下入后）	按GB 50366执行，检查水压试验记录	无渗漏
7		回填	查阅现场施工日志、旁站记录或监理日志	回填材料配比符合设计要求，回填量不小于计算值
8	整体验收	水平管沟	查阅现场施工日志、旁站记录或监理日志	符合设计或图纸要求
9		水平管下入及回填	查阅现场施工日志、旁站记录或监理日志	符合设计或施工组织设计要求
10		管道冲洗	检查现场施工日志、现场施工日志或冲洗记录	有，符合设计要求
11		水压试验（竖直或水平埋管与环路集管装配完成后）	按GB 50366执行，检查水压试验记录	无渗漏
12		地埋管钻孔的抽检	按抽检比例，检查抽检地埋管钻孔的深度、孔径、U形管下入深度，逐一查阅旁站记录、监理日志或隐蔽工程验收单	满足抽检比例的设计要求
13		现场清理与恢复	现场检查	现场整洁无杂物
14		孔口保护	现场检查	有
15		孔口标志	现场检查	有，且包含井号信息

附 录 C
（规范性附录）
地下水地源热泵系统地下换热工程验收内容

地下水地源热泵系统地下换热工程验收检验项目、验收方法、验收标准见表C.1。

表 C.1 地下水地源热泵系统地下换热工程验收内容

序号	类别	检验项目	验收方法	验收标准
1	热源井的验收	热源井井管质量	检查合格证、采购合同、进场检验记录	达到设计要求
2		热源井井位	核对图纸位置，尺量或 GPS 定位	符合设计或图纸位置
3		热源井深度、井径、井斜	查阅测井记录、旁站记录或监理日志	井深和井径应不小于设计要求，井斜按 DZ/T 0148 执行
4		热源井下管	查阅影像资料、旁站记录或监理日志	成井深度满足设计要求，含水层地层中过滤管长度符合设计要求
5		热源井填砾	查阅影像资料、旁站记录或监理日志	砾料质量和数量符合 DZ/T 0148 的规定
6		洗井	查阅洗井记录、旁站记录或监理日志	洗井方法、操作规程、水质等按 DZ/T 0148 执行
7		抽水试验	查阅抽水试验记录表，按 DZ/T 0225 执行	达到设计要求
8		回灌试验	查阅回灌试验记录表，按 DZ/T 0225 执行	达到设计要求
9		热源井出水量或回灌量	现场测试，按 DZ/T 0225 执行	达到设计要求
10	整体验收	热源井总水量	现场测试，按 DZ/T 0225 执行	达到设计要求
11		泵室建设（如有时）	现场检查	若有时，应达到设计或合同要求
12		现场清理情况	现场检查	现场整洁无杂物
13		井口装置	现场检查	有，且包含井号、用途信息

附　录　D
（资料性附录）
浅层地热能地下换热工程整体验收申请书

浅层地热能地下换热工程整体验收申请书样式见表D.1。

表 D.1　浅层地热能地下换热工程整体验收申请书

工程名称：　　　　　　　　　　　　　　　　　　　　　　　　编号：

<table>
<tr><td colspan="2">致________（建设单位）________：

________地源热泵项目地下换热工程于____年____月____日至____年____月____日期间完成了地下换热工程的施工，并通过了施工单位和监理单位组织的隐蔽工程验收，目前具备验收条件，现申请地下换热工程验收，请予审查。</td></tr>
<tr><td>施工单位意见</td><td>（盖章）
年　月　日</td></tr>
<tr><td>监理单位意见</td><td>（盖章）
年　月　日</td></tr>
<tr><td>建设单位意见</td><td>（盖章）
年　月　日</td></tr>
</table>

附 录 E
（资料性附录）
浅层地热能地下换热工程验收小组成员确认单

浅层地热能地下换热工程验收小组成员确认单样式见表E.1。

表 E.1 浅层地热能地下换热工程验收小组成员确认单

工程名称： 编号：

致＿＿＿＿＿＿（施工单位）＿＿＿＿＿＿：

现委托下列人员代表我方参加＿＿＿＿＿＿项目浅层地热能地下换热工程验收工作，并在验收文件上签字。

附验收小组成员名单：

序号	姓名	工作单位	职称	从事专业

（建设单位盖章）

年 月 日

注：验收小组成员名单根据实际人数增加行或删除行。

附 录 F
（资料性附录）
浅层地热能地下换热工程验收表

浅层地热能（竖直地埋管地源热泵系统和地下水地源热泵系统）地下换热工程验收表见表F.1。

表 F.1 浅层地热能地下换热工程验收表

<table>
<tr><td colspan="2">工程名称</td><td colspan="2"></td><td>供暖/制冷面积/m^2</td><td></td></tr>
<tr><td colspan="2">建设单位</td><td colspan="2"></td><td>验收日期</td><td>年 月 日</td></tr>
<tr><td colspan="2">地源热泵形式</td><td colspan="4">□竖直地埋管地源热泵系统 □地下水地源热泵系统 □其他________</td></tr>
<tr><td rowspan="5">竖直地埋管钻孔</td><td>地埋管形式</td><td colspan="4">□单U □双U □其他________</td></tr>
<tr><td>地埋管钻孔数量/个</td><td colspan="4"></td></tr>
<tr><td>地埋管钻孔总深度/m</td><td></td><td colspan="2">地埋管最小埋深深度/m</td><td></td></tr>
<tr><td>钻孔抽检数量/个</td><td></td><td colspan="2">抽检合格率/%</td><td></td></tr>
<tr><td>地埋管系统试压结论</td><td colspan="4"></td></tr>
<tr><td rowspan="3">热源井</td><td>抽水井数量/口</td><td></td><td colspan="2">回灌井数量/口</td><td></td></tr>
<tr><td>抽水井深度/m</td><td></td><td colspan="2">回灌井深度/m</td><td></td></tr>
<tr><td>抽水井最小取水量/（m^3/h）</td><td></td><td colspan="2">回灌井最小回灌量/（m^3/h）</td><td></td></tr>
<tr><td colspan="6">施工管材、回填或填砾材料、现场恢复情况验收意见：</td></tr>
<tr><td colspan="6">验收意见：
本项目的地下换热工程的施工符合/不符合设计要求，同意/不同意通过验收。
验收小组成员签字：
年 月 日</td></tr>
<tr><td rowspan="2">签字盖章栏</td><td colspan="2">施工单位</td><td colspan="2">监理单位</td><td>建设单位</td></tr>
<tr><td colspan="2">（代表签字） （盖章）
年 月 日</td><td colspan="2">（代表签字） （盖章）
年 月 日</td><td>（代表签字） （盖章）
年 月 日</td></tr>
</table>

ICS 73.020
D 10

NB

中华人民共和国能源行业标准

NB/T 10277—2019

浅层地热能钻探工程技术规范

Technical specification for shallow geothermal drilling

2019-11-04 发布　　2020-05-01 实施

国家能源局　发布

目　次

前 言

本标准按照GB/T 1.1—2009《标准化工作导则 第1部分：标准的结构和编写》给出的规定起草。

本标准由能源行业地热能专业标准化技术委员会提出并归口。

本标准起草单位：河南省地质矿产勘查开发局第二地质环境调查院、河南工程学院资源与环境学院、河南省深部探矿工程技术研究中心、河南省地热能开发利用有限公司、中石化新星（北京）新能源研究院有限公司、河南省煤炭地质勘察研究总院。

本标准主要起草人：卢予北、陈莹、吴烨、卢玮、申云飞、赵丰年、王攀科、张晗、张建良、景兆凯、杨卫、刘国谋、张秋冬、黄烜、朱玉娟。

本标准于2019年首次发布。

浅层地热能钻探工程技术规范

1 范围

本标准规定了竖直地埋管地源热泵系统和地下水地源热泵系统的钻探工作技术要求，可作为浅层地热能钻探设计、施工、管理等各项工作的依据。

本标准适用于竖直地埋管地源热泵系统和地下水地源热泵系统的钻探工作。

2 规范性引用文件

下列文件对于本文件的应用是必不可少的。凡是注日期的引用文件，仅注日期的版本适用于本文件。凡是不注日期的引用文件，其最新版本（包括所有的修改单）适用于本文件。

GB 50296 管井技术规范

GB 50366 地源热泵系统工程技术规范

DZ/T 0225 浅层地热能勘查评价规范

3 术语和定义

下列术语和定义适用于本文件。

3.1

浅层地热能 shallow geothermal energy

从地表至地下200m深度范围内，储存于水体、土体、岩石中的温度低于25℃，采用热泵技术可提取用于建筑物供热或制冷等的地热能。

[NB/T 10097—2018，定义2.1.6]

3.2

地源热泵系统 ground-source heat pump system

以岩土体、地下水或地表水为低温热源，由水源热泵机组、地热能交换系统、建筑物内系统组成的供热空调系统。根据地热能交换系统形式的不同，地源热泵系统分为地埋管地源热泵系统、地下水地源热泵系统和地表水地源热泵系统。

[GB 50366—2005，定义2.0.1]

3.3

地埋管换热器 ground heat exchanger

供传热介质与岩土体换热用的，由埋于地下的密闭循环管组构成的换热器，又称土壤热交换器。根据管路埋置方式不同，分为水平地埋管换热器和竖直地埋管换热器。

[GB 50366—2005，定义2.0.7]

3.4

竖直地埋管换热器 vertical ground heat exchanger

换热管路埋置在竖直钻孔内的地埋管换热器，又称竖直土壤热交换器。

[GB 50366—2005，定义2.0.9]

3.5

回填材料　backfill material

在地埋管换热器下入钻孔后，回填的起固定、换热作用的物料。

3.6

热源井　heat source well

用于从地下含水层中取水或向含水层灌注回水的井，是抽水井和回灌井的统称。

[GB 50366—2005，定义2.0.21]

3.7

沉淀管　sediment tube

井管底部用以沉积井内砂粒和沉淀物的无孔管。

[GB 50296—2014，定义2.1.18]

4　竖直地埋管地源热泵系统的钻探工程

4.1　设计

4.1.1　现场踏勘

竖直地埋管钻孔施工前，应对施工现场和环境进行实地踏勘，具体包括：

a）勘测现场施工条件，地下管线及构筑物等情况，钻机、管材等设备器材的进场条件和堆放位置等；

b）对钻孔场地的位置、大小、障碍物等进行核实；

c）勘测施工中的噪声、污水、废浆、废土对周围环境的影响，并编写安全环保、职业健康措施。

4.1.2　基础资料准备

竖直地埋管钻孔设计前，宜结合前期收集的资料、现场踏勘和系统设计要求完成以下工作：

a）收集施工地区以往钻孔地层岩性资料；

b）根据系统设计要求确定钻孔的数量、深度和平面位置图；

c）根据系统设计要求确定竖直地埋管换热器的规格和技术要求；

d）收集系统设计中对回填材料的要求；

e）根据现场踏勘、基础资料、系统设计和进度要求，编写钻探工程的施工组织设计。

4.1.3　钻孔结构

竖直地埋管钻孔的孔身结构设计要求如下：

a）垂直地埋管钻孔结构应满足顺利下入地埋管换热器及充分换热的要求；

b）孔径应大于U形管与灌浆管的组件尺寸，不宜小于110mm；

c）孔身结构宜为一径到底。

4.1.4　竖直地埋管换热器

竖直地埋管换热器应以系统设计为准，并满足以下条件：

a）U形管材质要求应满足GB 50366和设计的规定，常用地埋管换热器管材规格参见附录A；

b）地埋管换热器内传热介质的流态应为紊流，单U形管流速不宜小于0.6m/s，双U形管流速不宜小于0.4m/s，管径的计算可参照GB 50366执行。

4.1.5 回填材料

回填材料应以设计为准，其他情况下可根据以下内容进行选择：

a） 回填材料的热导率不应低于钻孔周围土壤的热导率；

b） 回填材料宜采用膨润土和细砂（或水泥）的混合浆或专业灌浆材料；

c） 密实或坚硬岩土体中，宜选用水泥基料回填材料；

d） 常用地埋管回填材料热导率参见附录 B。

4.2 施工

4.2.1 设备选择与安装

钻机及配套设备的选择与安装应满足以下条件：

a） 钻机和配套设备应根据竖直地埋管钻孔深度、孔径，结合实际设备状况进行选择和配套使用；

b） 钻机的类型应满足方便移动或快速拆卸组装的要求；

c） 应根据钻机和主要设备的用电量来确定供电方式；

d） 钻机的安装应以确定的孔位中心为基准，开钻前需确认钻机安装水平、周正、稳固。

4.2.2 材料运输与存放

现场使用的管材、管件运输和储存应符合以下规定：

a） 在运输时应避免尖硬物件划伤刻痕，沾染污物，不应用钢丝绳成捆吊装，不应重压；

b） 在运输过程中不应剧烈撞击、滚、拖、抛、摔；

c） 运输、存放中不应损坏外包装；

d） 存放时不应暴晒，不应与油、酸、碱及易燃等危险品存放在一个库房内，且远离火源；

e） 存放在通风良好、温度不超过 40℃的库房内，工地临时堆放时应有防晒遮盖措施。

4.2.3 钻进工艺选择

钻进工艺应根据场区的地质条件等因素选择，宜参照以下进行选择：

a） 以黏土、砂土为主的松散覆盖地层，宜采用正循环回转钻进工艺或泵吸反循环钻进工艺；

b） 基岩地层宜采用空气潜孔锤钻进工艺。

4.2.4 冲洗介质

钻孔冲洗介质应使用对地下水无污染的材料，应根据地质条件、钻进方法、设备条件合理选择冲洗介质类型。不同地区钻井液选择宜参考以下规定：

a） 在缺水地区宜采用节水冲洗介质（空气、泡沫、水雾、泡沫泥浆、雾化泥浆等）；

b） 致密稳定地层宜选用清水、空气、无固相或气-液混合冲洗介质。

4.2.5 钻进

钻进过程中应满足以下要求：

a） 钻进过程中，时刻注意地质条件和地层变化，应做好记录；

b） 钻孔孔壁不稳定时，应设护壁套管或者调整冲洗介质性能指标；

c） 钻进至设计孔深后，应对钻孔进行换浆、通孔。

4.2.6 地埋管换热器下入

地埋管换热器的下入应符合以下规定：

a） 地埋管换热器下入前应进行检查，外观质量应完整无变形、无缺陷、合模缝交口平整、无开裂；
b） 下入前应对地埋管换热器进行试压，确认不渗、不漏、无破裂；
c） 地埋管换热器端部设防护装置，以防止在下入过程中受损伤；
d） 钻孔完钻后应及时下入地埋管换热器，且地埋管换热器内应充满水，带压下入；
e） 下入速度应均匀，防止下入过程中损坏地埋管换热器，如果遇到有障碍和不顺畅现象，应及时查明原因，待做好处理后再继续下入；
f） 地埋管换热器应均匀平稳下入，下入过程中与地面垂直的地上管段不宜小于 1 m；
g） 管件的连接按 GB 50366 执行。

4.2.7 回填

竖直地埋管钻孔的回填应满足以下要求：

a） 垂直地埋管换热器安装完毕后，应立即向孔内进行回填；
b） 回填方法包括人工回填、机械灌浆回填等；
c） 回填方法应根据钻孔情况、回填材料确定，回填材料自下而上注入封孔，确保钻孔回灌密实，无空腔；
d） 采用机械灌浆回填方法时，应确保灌浆的连续性；
e） 应对钻孔回填情况进行检查，对未回填密实的钻孔应进行二次回填，确保回填质量。

4.3 验收

垂直地埋管钻孔验收应包括以下内容：

a） 钻孔达到设计深度、能够保证地埋管换热器顺利下入；
b） 钻孔、水平埋管的位置和深度、地埋管的直径、壁厚及长度均应符合设计要求；
c） 使用的管材、管件等材料应符合设计要求；
d） 水压试验应符合 GB 50366 的规定；
e） 施工单位应提交竣工报告，报告应包括地埋管钻孔结构示意图、钻孔位置平面图、地埋管换热器下入情况、回填材料、水压试验等资料。

5 地下水地源热泵系统的钻探工程

5.1 设计

5.1.1 现场踏勘

热源井设计前，应对施工现场和环境进行实地踏勘，具体包括：

a） 勘测现场施工条件，地下管线及构筑物等情况，钻机、管材等设备器材的进场条件和堆放位置等；
b） 应对钻井场地的位置、大小、障碍物等进行核实；
c） 勘测施工中的噪声、污水、废浆、废土对周围环境的影响，并编写安全环保、职业健康措施；
d） 根据热源井数量和进度要求，配备合理的施工设备和人员；
e） 根据现场踏勘、基础资料、设计和进度要求，编写钻井工程的施工组织设计。

5.1.2 基础资料准备

热源井设计时，宜结合前期收集的资料、现场踏勘和系统设计要求收集以下资料：

a） 施工地区地质、气候、水文地质参数、地下水开采情况等；
b） 施工区域类似抽水井或回灌井的地层、水量资料；
c） 设计中给定的抽水井和回灌井的数量、深度和平面位置图；
d） 成井管材要求。

5.1.3 井身结构

5.1.3.1 设计原则

井身结构应根据地层情况、地下水埋深及钻井工艺进行设计，不同地层条件下应遵循的原则如下：

a） 松散地层井身结构设计：
   1） 按技术要求合理确定开采段和安置泵室段井径；
   2） 按地层、钻井方法确定井段的变径和相应长度；
   3） 按地层复杂程度和终孔口径确定井的开孔口径。
b） 基岩地层井身结构设计：
   1） 当上部有覆盖层或不稳定岩层时，应设置井壁管，下部开采段岩层破碎时，应设置过滤管；
   2） 当同时在覆盖层取水时，覆盖层段的管井设计应按松散层管井的要求进行；
   3） 泵室段部位应设置井管；
   4） 根据岩层情况、成井工艺和钻进方法等确定井段长度及其变径位置。

5.1.3.2 井深

井深设计应综合考虑水文地质条件、水质要求、水温、出水能力或回灌能力等因素。

5.1.3.3 井径

井径的设计应遵循以下原则：

a） 开采段或回灌段井径，应根据地下水源井设计出水量或回灌量、允许井壁进水流速、过滤器类型及钻进工艺等因素综合确定；
b） 松散地层非填砾过滤器管井的开采段井径，宜比设计过滤器外径大 50mm；
c） 基岩地层不下过滤管的热源井开采段井径，应根据含水层的富水性和设计出水量确定，井径宜大于 200mm；
d） 使用 PVC-U 井管时，井壁与井管之间环状间隙应不小于 80mm；
e） 泵室段井管内径，应根据抽水设备型号及测量动水位仪器的需要确定。

5.1.4 井管选择

5.1.4.1 井壁管

井壁管应根据热源井建设地区地层条件、水文地质条件、用户需求综合确定，常见井管类型和特点见表1。

表 1　常见井管类型和特点

井管类型	井管特性
铸铁管	抗压强度较高、抗拉强度较低，与钢管相比腐蚀结垢速度较慢，质量大，价格适中，使用寿命较长
钢管	材料综合力学性能指标较好、强度高，腐蚀与结垢速度较快，管材质量较铸铁管低，价格适中

表1（续）

井管类型	井管特性
PVC-U管	抗腐蚀和结垢性能好，质量轻，价格适中，成井方便，使用寿命长（≥50年）
水泥管	耐腐蚀，管材质量大，价格低，强度低

5.1.4.2 过滤器

过滤器长度设计应根据GB 50296中有关规定确定。过滤器应与井壁管同种材质，常用过滤器类型和适用条件见表2。

表 2 常用过滤器类型及适用条件

过滤器类型	骨架材料	过滤器特性	适用条件
缠丝过滤器（圆形或梯形丝）	钢 铸铁 PVC-U	适用较大孔深，可根据水质选择缠丝的材料和断面形状，具有较好的挡砂透水性能；加工成本较高，孔隙率低	与管外填砾配合，适用于第四系和基岩含水层，可按水质选择骨架管和缠丝材料
桥式过滤管	钢 不锈钢	适用于中深孔或浅孔，滤缝为桥式结构，不易堵塞，透水性好，加工方便，孔隙率较高	与管外填砾配合，适用于第四系和基岩含水层
条缝过滤管	钢	孔隙率大、透水性能好，加工方便	只适用于粗颗粒含水层和基岩裂隙含水层
	PVC-U	直接在管体垂向或横向铣缝（0.7mm～5mm），有良好的防腐蚀性能，成本较低	与管外填砾配合，适用于第四系地层，尤其适用于水质腐蚀性较大的热源井
包网过滤管	水泥	用竹帘、棕皮或尼龙网包裹在带孔的混凝土管外，起到挡砂作用，有良好的防腐蚀性能	
贴砾过滤器	钢衬 塑衬	滤料和过滤管粘为一体，具有良好的挡砂、透水性能，应根据含水层颗粒大小，选择相应的滤料规格的过滤管	根据水质选择骨架管，可适用于各种水质的水井，尤其适用于填砾困难的粉细砂含水层水井

5.1.4.3 沉淀管

沉淀管宜与井壁管同种材质。沉淀管长度应根据含水层岩性和井深确定，宜大于5m。

5.1.5 砾料

砾料的规格按照GB 50296执行，砾料的数量按公式（1）计算。

$$V = 0.785(D_k^2 - D_g^2)L \cdot \alpha \quad \cdots\cdots (1)$$

式中：

V——滤料数量，单位为立方米（m^3）；

D_k——填砾段井径，单位为米（m）；

D_g——过滤器外径，单位为米（m）；

L——填砾段长度，单位为米（m）；

α——超径系数，一般为1.2～1.5。

5.1.6 封闭

5.1.6.1　松散地层地下水源井封闭位置的设计，应符合下列规定：

a）井口外围应封闭；

b）水质不良含水层或非开采含水层井管外围应封闭。

5.1.6.2　基岩地层地下水源井封闭位置的设计，应符合下列规定：

a）覆盖层不取水时，井管外围应封闭；

b）覆盖层取水时，根据地层情况对接近地面位置进行封闭；

c）覆盖层井管底部与稳定岩层间应封闭；

d）非开采含水层井管变径间的重叠部位应封闭；

e）水质不良含水层（或上部已污染含水层）与开采含水层间应封闭。

5.2　施工

5.2.1　设备选择与安装

热源井施工的设备选择与安装应符合以下规定：

a）根据地层条件、钻进工艺方法、设计井深、井身结构等条件，结合实际设备状况进行选择和配套使用；

b）根据钻机的类型、钻进工艺、井身结构，选择泥浆泵，泵压、泵量应满足冲洗介质循环要求；

c）根据钻机和主要设备的用电量来确定供电方式；

d）钻机的安装应以确定的井位中心为基准，开钻前需确认钻机安装水平、周正、稳固。

5.2.2　材料运输与存放

现场使用的管材、冲洗介质材的运输与存放应满足以下要求：

a）现场使用的管材应摆放有序、便于成井时取用；

b）使用 PVC-U 管材时，运输过程中不能有与尖锐且坚硬物品长期接触的情况，存放时不应暴晒；

c）冲洗介质材料的存放应放置在库房或有防雨措施的临时场地内。

5.2.3　钻进工艺

根据地层岩性、水文地质条件和设计要求等选择合理的钻探设备和工艺，见表3。

表 3　常见地层钻探技术方法

钻探方法	适宜地层	特点	深度
正循环回转钻进	松散地层、卵砾石地层、基岩地层	效率较低、污染和堵塞地层	不限
空气潜孔锤钻进	稳定土层、基岩地层	效率高、不污染地层	＜300m
泵吸反循环钻进	松散地层、卵砾石地层	效率高、不污染地层	＜110m
气举反循环钻进	松散地层、卵砾石地层、易漏失地层	效率较高	＞30m
钢丝绳冲击钻进	卵石、漂石等地层	成本低、不污染地层	≤100m

5.2.4　冲洗介质与护壁堵漏

5.2.4.1　冲洗介质的选择主要依据地层特征，应遵守以下原则：

a）满足正常的钻进和护壁；

b）条件允许情况下宜选择清水或空气钻进，减少对地层的污染；

c） 冲洗介质材料应具有经济性和无毒、无腐蚀性。

5.2.4.2 护壁堵漏方法应根据地层特征、钻进方法及施工用水情况等确定，常用的护壁堵漏方法主要包括：

a） 钻井液护壁与堵漏；
b） 水泥护壁与堵漏；
c） 化学浆液护壁与堵漏；
d） 套管护壁与堵漏；
e） 惰性材料充填堵漏。

5.2.5 成井

热源井成井施工时，按以下要求进行：

a） 井管安装前应进行井深校正、测井、配管、通孔、冲孔换浆；
b） 填砾应从井管四周均匀填入，滤料填至预定位置后，在进行止水或管外封闭前，应再次测定填砾面位置，若有下沉，应补填至预定位置；
c） 宜采用动水填砾；
d） 止水材料宜选用黏土、水泥、橡胶等；
e） 成井后应及时进行洗井至水清砂净。

5.2.6 抽水试验

抽水试验按GB 50296执行。

5.2.7 回灌试验

回灌试验按DZ/T 0225执行。

5.3 验收

热源井验收时，应符合以下要求：

a） 热源井应单独进行验收，应符合 GB 50296 及设计要求；
b） 热源井持续出水量和回灌量应稳定，抽水出水量不应小于设计出水量，回灌量应大于等于设计回灌量；
c） 抽水试验结束前应采集水样，进行水质测定和含砂量测定，含砂量体积比宜小于 1/50000，经处理后的水质应满足系统设备的使用要求；
d） 施工单位应提交热源井竣工报告，报告应包括管井综合柱状图，洗井、抽水和回灌试验，热源井水质及验收资料。

附　录　A
（资料性附录）
常用地埋管换热器管材规格

常用地埋管换热器管材的外径及公称壁厚应符合表A.1、表A.2的规定。

表 A.1　聚乙烯（PE）管外径及公称壁厚

单位为毫米

公称外径 *dn*	平均外径		公称壁厚/材料等级		
			公称压力		
	最小	最大	1.0MPa	1.25MPa	1.6MPa
20	20.0	20.3	—	—	—
25	25.0	25.3	—	$2.3^{+0.5}$/PE80	—
32	32.0	32.3	—	$3.0^{+0.5}$/PE80	$3.0^{+0.5}$/PE100
40	40.0	40.4	—	$3.7^{+0.6}$/PE80	$3.7^{+0.6}$/PE100
50	50.0	50.5	—	$4.6^{+0.7}$/PE80	$4.6^{+0.7}$/PE100
63	63.0	63.6	$4.7^{+0.8}$/PE80	$4.7^{+0.8}$/PE100	$5.8^{+0.9}$/PE100
75	75.0	75.7	$4.5^{+0.7}$/PE100	$5.6^{+0.9}$/PE100	$6.8^{+1.1}$/PE100
90	90.0	90.9	$5.4^{+0.9}$/PE100	$6.7^{+1.1}$/PE100	$8.2^{+1.3}$/PE100
110	110.0	111.0	$6.6^{+1.1}$/PE100	$8.1^{+1.3}$/PE100	$10.0^{+1.5}$/PE100
125	125.0	126.2	$7.4^{+1.2}$/PE100	$9.2^{+1.4}$/PE100	$11.4^{+1.8}$/PE100
140	140.0	141.3	$8.3^{+1.3}$/PE100	$10.3^{+1.6}$/PE100	$12.7^{+2.0}$/PE100
160	160.0	161.5	$9.5^{+1.5}$/PE100	$11.8^{+1.8}$/PE100	$14.6^{+2.2}$/PE100
180	180.0	181.7	$10.7^{+1.7}$/PE100	$13.3^{+2.0}$/PE100	$16.4^{+3.2}$/PE100
200	200.0	201.8	$11.9^{+1.8}$/PE100	$14.7^{+2.3}$/PE100	$18.2^{+3.6}$/PE100
225	225.0	227.1	$13.4^{+2.1}$/PE100	$16.6^{+3.3}$/PE100	$20.5^{+4.0}$/PE100
250	250.0	252.3	$14.8^{+2.3}$/PE100	$18.4^{+3.6}$/PE100	$22.7^{+4.5}$/PE100
280	280.0	282.6	$16.6^{+3.3}$/PE100	$20.6^{+4.1}$/PE100	$25.4^{+5.0}$/PE100
315	315.0	317.9	$18.7^{+3.7}$/PE100	$23.2^{+4.6}$/PE100	$28.6^{+5.7}$/PE100
355	355.0	358.2	$21.1^{+4.2}$/PE100	$26.1^{+5.2}$/PE100	$32.2^{+6.4}$/PE100
400	400.0	403.6	$23.7^{+4.7}$/PE100	$29.4^{+5.8}$/PE100	$36.3^{+7.2}$/PE100
注：引自《地源热泵系统工程技术规范》（GB 50366—2005）。					

表 A.2 聚丁烯（PB）管外径及公称壁厚

单位为毫米

公称外径 dn	平均外径		公称壁厚
	最小	最大	
20	20.0	20.3	$1.9^{+0.3}$
25	25.0	25.3	$2.3^{+0.4}$
32	32.0	32.3	$2.9^{+0.4}$
40	40.0	40.4	$3.7^{+0.5}$
50	49.9	50.5	$4.6^{+0.6}$
63	63.0	63.6	$5.8^{+0.7}$
75	75.0	75.7	$6.8^{+0.8}$
90	90.0	90.9	$8.2^{+1.0}$
110	110.0	111.0	$10.0^{+1.1}$
125	125.0	126.2	$11.4^{+1.3}$
140	140.0	141.3	$12.7^{+1.4}$
160	160.0	161.5	$14.6^{+1.6}$
注：引自《地源热泵系统工程技术规范》（GB 50366—2005）。			

附 录 B
（资料性附录）
常见地埋管回填材料热导率

常见地埋管回填材料热导率见表B.1。

表 B.1 常见地埋管回填材料热导率

类型	热导率 W/（m·℃）
回填膨润土（含有 20%～30%的固体）	0.73～0.75
回填混合物（含有 30%膨润土、70%石英砂）	2.08～2.42
回填混合物（含有 20%膨润土、80%石英砂）	1.47～1.64
回填混合物（含有 15%膨润土、85%石英砂）	1.00～1.10
回填混合物（含有 10%膨润土、90%石英砂）	2.08～2.42
注：引自《浅层地热能勘查评价规范》（DZ/T 0225—2009）。	

参考文献

[1] NB/T 10097—2018 地热能术语
[2] DB41/T 597—2018 PVC-U 供水管井技术规范

ICS 91.140.99
F 15

NB

中华人民共和国能源行业标准

NB/T 10278—2019

浅层地热能监测系统技术规范

Technical code of shallow geothermal energy monitoring system

2019-11-04 发布　　2020-05-01 实施

国家能源局　发布

目　次

前 言

本规范按照GB/T 1.1—2009《标准化工作导则　第1部分：标准的结构和编写》给出的规定起草。

本规范由能源行业地热能专业标准化技术委员会提出并归口。

本规范起草单位：中信建筑设计研究总院有限公司、湖北省地质局武汉水文地质工程地质大队、浙江陆特能源科技股份有限公司、湖北风神净化空调设备工程有限公司、郑州春泉节能股份有限公司、山东格瑞德集团有限公司、湖北洁能工程技术开发公司、湖北卓立集控智能技术有限公司、中国地质大学（武汉）、华中科技大学、青岛理工大学、中石化新星（北京）新能源研究院有限公司、武汉制冷学会。

本规范主要起草人：陈焰华、刘红卫、於仲义、夏惊涛、胡志高、陈传伟、刘国涛、刘朝阳、黄真银、段新胜、胡平放、胡松涛、雷建平、陈继文、马宏权、张望喜、柯立、周敏锐、赵丰年、杨东、朱娜、马春红。

本规范于2019年首次发布。

浅层地热能监测系统技术规范

1 范围

本规范规定了浅层地热能开发利用过程中监测系统的设计、施工、验收及运行维护的技术要求。

本规范适用于新建、改建及扩建地埋管地源热泵系统、地下水地源热泵系统和地表水地源热泵系统等浅层地热能利用项目监测系统的设计、施工、验收及运行维护。

2 规范性引用文件

下列文件对于本文件的应用是必不可少的。凡是注日期的引用文件，仅所注日期的版本适用于本文件。凡是不注日期的引用文件，其最新版本（包括所有的修改单）适用于本文件。

GB 50026 工程测量规范
GB 50027 供水水文地质勘察规范
GB 50093 自动化仪表工程施工及质量验收规范
GB 50174 数据中心设计规范
GB 50296 管井技术规范
GB 50311 综合布线系统工程设计规范
GB 50366 地源热泵系统工程技术规范
GB 50462 数据中心基础设施施工及验收规范
GB/T 778 封闭满管道中水流量的测量 饮用冷水水表和热水水表
GB/T 14914 海滨观测规范
GB/T 50063 电力装置电测量仪表装置设计规范
GB/T 50785 民用建筑室内热湿环境评价标准
GB/T 51040 地下水监测工程技术规范
DZ/T 0133 地下水动态监测规程
DZ/T 0154 地面沉降水准测量规范
HJ/T 91 地表水和污水监测技术规范
NB/T 10097 地热能术语
SJ/T 11449 集中空调电子计费信息系统工程技术规范
SL 531 大坝安全监测仪器安装标准

3 术语与定义

下列术语和定义适用于本文件。

3.1

浅层地热能 shallow geothermal energy

从地表至地下200m深度范围内，储存于水体、土体、岩石中的温度低于25℃，采用热泵技术可提取用于建筑物供热或制冷等的地热能。

[NB/T 10097—2018，定义2.1.6]

3.2

地源热泵系统　ground-source heat pump system

以岩土体、地下水和地表水为低温热源，由水源热泵机组、浅层地热能换热系统、建筑物内系统组成的供暖制冷系统。根据地热能交换方式，可分为地埋管地源热泵系统、地下水地源热泵系统和地表水地源热泵系统。

[NB/T 10097—2018，定义2.5.6]

3.3

地埋管换热系统　pipe heat exchanger system

也称土壤热交换系统，传热介质（通常为水或者是加入防冻剂的水溶液）通过竖直或水平地埋管换热器与岩土体进行热交换的地热能交换系统。

[NB/T 10097—2018，定义2.5.8]

3.4

地下水换热系统　groundwater heat exchange system

与地下水进行热交换的地热能交换系统，分为直接地下水换热系统和间接地下水换热系统。

[NB/T 10097—2018，定义2.5.9]

3.5

地表水换热系统　surface water heat exchange system

与地表水进行热交换的地热能交换系统，分为开式地表水换热系统和闭式地表水换热系统。

[GB 50366—2005，定义2.0.13]

3.6

地温背景值监测孔　undisturbed soil temperature monitoring borehole

用于监测不受地下换热系统影响的岩土体温度值的钻孔。

3.7

地温变化监测孔　variational soil temperature monitoring borehole

用于监测受地下换热系统影响的岩土体温度值的钻孔。

3.8

监测井　monitoring well

按照一定的时间间隔和技术要求对地下水含水层或含水段进行监测的水井。

3.9

监测软件　monitoring software

为采集、监测、存储、分析、输出数据而设计开发的计算机程序集合。

3.10

监测硬件　monitoring hardware

为配合监测软件运行的各种物理装置的总称，主要包括采集设备、传输设备、存储设备等。

4　基本规定

4.1　浅层地热能监测系统宜作为地源热泵系统的组成部分，列入建设计划，同步设计、施工和验收。

4.2　监测系统建设不应影响地源热泵系统既有功能，不降低系统技术指标，并应保证作业和环境安全。

4.3　监测系统应由数据采集系统、数据传输系统和数据中心软硬件设备及系统组成，软件应具备综合分析功能。

4.4　监测系统应采用成熟、可靠的技术与设备，监测设备和系统安装完成后应进行综合测试和调试，测量精度在允许偏差范围内。

4.5　监测井（孔）位的布置，应便于监测系统的建设、数据传输和设施维护。

4.6　监测系统数据宜采用自动实时采集方式，当无法采用自动方式采集时，可采用人工采集方式。

4.7　监测系统除应符合本规范外，尚应符合国家及行业现行有关标准、规范的规定。

5　监测系统设计

5.1　监测内容

5.1.1　浅层地热能监测系统应包括地质环境、地源热泵系统运行状态、室内外环境和末端系统的监测。

5.1.2　地质环境监测内容包括：

a）　地埋管地源热泵系统应对岩土体地温背景值、地温变化情况进行监测；

b）　地下水地源热泵系统宜对水位、水质、水温、热源井抽灌量、含砂量、岩土体地温背景值、地温变化情况以及周边地面、管网、建构筑物变形、热源井及附属设备运行情况（热源井淤塞、井管腐蚀等）等进行监测；

c）　地表水地源热泵系统宜对地表水水位、水质、水温、流速、流向、取排水口淤积情况等进行监测。海水源热泵系统还宜对潮位、海水透明度、盐度、渗流系数等进行监测。

5.1.3　地源热泵系统运行状态监测内容应包括：

a）　地源侧供/回水温度、流量、压力；

b）　用户侧供/回水温度、流量、压力；

c）　热泵机组、水泵及辅助设备耗电量；

d）　热泵机组、阀门、水泵、辅助设备等运行状态。

5.1.4　室内外环境监测内容宜包括空气干球温度、相对湿度等。

5.1.5　末端系统监测宜对用户空调的使用时间、用能情况等进行监测。

5.1.6　监测项目应按表1、表2、表3进行设置。

表1　地埋管地源热泵系统监测项目设置

项目规模	热泵系统运行状态					地质环境				室内外环境		末端系统	
	埋管侧供/回水温度、流量、压力	用户侧供/回水温度、流量、压力	热泵机组及水泵耗电量	分集水器温度、压力	机组/阀门/水泵运行状态	换热孔内岩土地温	换热孔间岩土地温	岩土体地温背景值	地下水	室内温湿度	室外温湿度	用能时间	用能量
小型项目	●	●	●	☆						☆			
中型项目	●	●	●	●	●	●	●	☆	☆	☆	☆	☆	☆
大型项目	●	●	●	●	●	●	●	●	☆	●	●	●	●
重要及特殊项目	●	●	●	●	●	●	●	●	●	●	●	●	●

注1：● 为应监测项，☆ 为宜监测项。

注2：小型项目是指浅层地热能应用面积小于 20000m^2 的居住建筑和小于 5000m^2 的公共建筑；中型项目是指浅层地热能应用面积在 20000m^2～50000m^2 的居住建筑和 5000m^2～20000m^2 的公共建筑；大型项目是指浅层地热能应用面积超过 50000m^2 的居住建筑和超过 20000m^2 的公共建筑；重要及特殊项目是指有科研示范等特殊要求。其他建筑利用浅层地热能时根据单位面积负荷大小参照以上分类执行。

表 2　地下水地源热泵系统监测项目设置

项目规模	热泵系统运行状态						地质环境						室内外环境		末端系统	
	地下水侧供/回水温度、流量、压力	用户侧供/回水温度、流量、压力	热泵机组及水泵耗电量	分集水器温度、压力	机组/阀门/水泵运行状态	热源井运行状态	地下水水位	热源井抽水回灌量	水温水质	含砂量	岩土体地温	建构筑物变形	室内温湿度	室外温湿度	用能时间	用能量
小型项目	●	●	●	●			●	●	●	●		☆				
中型项目	●	●	●	●	●	☆	●	●	●	●	☆	●	☆		☆	☆
大型项目	●	●	●	●	●	☆	●	●	●	●	☆	●	●	●	●	●
重要及特殊项目	●	●	●	●	●	☆	●	●	●	●	●	●	●	●	●	●

注 1：● 为应监测项，☆ 为宜监测项。

注 2：小型项目是指浅层地热能应用面积小于 20000m^2 的居住建筑和小于 5000m^2 的公共建筑；中型项目是指浅层地热能应用面积在 20000m^2～50000m^2 的居住建筑和 5000m^2～20000m^2 的公共建筑；大型项目是指浅层地热能应用面积超过 50000m^2 的居住建筑和超过 20000m^2 的公共建筑；重要及特殊项目是指有科研示范等特殊要求，以及位于软土区的地下水地源热泵系统应用项目等。其他建筑利用浅层地热能时根据单位面积负荷大小参照以上分类执行。

表 3　地表水地源热泵系统监测项目设置

项目规模	热泵系统运行状态					地质环境				室内外环境		末端系统	
	地表水侧供/回水温度、流量、压力	用户侧供/回水温度、流量、压力	分集水器温度、压力	热泵机组及水泵耗电量	机组/阀门/水泵运行状态	水温水质	流速流向	水位潮位	取排水口淤积	室内温湿度	室外温湿度	用能时间	用能量
小型项目	●	●	●	●		●		☆		☆			
中型项目	●	●	●	●	●	●		☆		☆	☆	☆	☆
大型项目	●	●	●	●	●	●	☆	●	☆	●	●	●	●
重要及特殊项目	●	●	●	●	●	●	☆	●	●	●	●	●	●

注1：● 为应监测项，☆ 为宜监测项。

注2：小型项目是指浅层地热能应用面积小于20000m^{2}的居住建筑和小于5000m^{2}的公共建筑；中型项目是指浅层地热能应用面积在20000m^2～50000m^{2}的居住建筑和5000m^2～20000m^{2}的公共建筑；大型项目是指浅层地热能应用面积超过50000m^{2}的居住建筑和超过20000m^{2}的公共建筑；重要及特殊项目是指有科研示范等特殊要求。其他建筑利用浅层地热能时根据单位面积负荷大小参照以上分类执行。

注 3：潮位监测为海水源热泵系统特有。

5.2 地质环境监测

5.2.1 地埋管地源热泵系统地质环境监测设计，应满足以下要求：

a）应按表1要求设置岩土地温背景值监测孔、换热孔间岩土地温变化监测孔和换热孔内岩土地温变化监测孔，形成监测网；

b）设置换热孔间岩土地温变化监测孔和换热孔内岩土地温变化监测孔时，单个埋管区域应设置不少于2组监测孔，当埋管区域较大时，应适当增加监测孔数量；有多个埋管区域时，每个区域应设置不少于1组监测孔。当埋管区域跨越不同地质结构单元时，应在不同地质单元分别至少设置1组监测孔；

c）应根据地埋管管群形状，选择代表性换热孔布设为换热孔内岩土地温变化监测孔。换热孔间岩土地温变化监测孔应布置在换热孔内岩土地温变化监测孔与相邻换热孔的中间位置；

d）每个项目应至少设置 1 个岩土地温背景值监测孔，孔位离地埋管管群最外围的距离不宜小于10m；

e）沿地温监测孔垂直方向应根据地层变化分层设置地温监测点，地温监测点不宜少于5个；

f）地温监测孔深度应大于埋管深度2m，孔径不宜小于130mm，孔斜不应超过1°；

g）温度传感器及线缆的埋设应满足长期监测的要求，宜采用埋设测管方式。测管宜采用PE管，管底应密封，管壁不渗漏；

h）线缆出监测孔后可沿水平换热管路布置。当现场不具备布置水平测线条件时，宜采用无线发射的方式；

i）当地埋管埋设区域有地下水径流时，地温变化监测孔应沿地下水径流方向设置，岩土地温背景值监测孔应设在地下水径流上游部位；

j）自动方式采集岩土地温监测数据时，在热泵系统运行期间，换热孔内的数据采集、传输频率宜每30min 1次，其他监测孔宜每60min 1次；热泵系统停止运行期间，采集、传输频率宜每60min 1次。采用人工方式时，热泵系统运行期间宜每天1次，停止运行期间宜每周1次；

k）监测孔应设置明显可见的标识；

l）典型地温监测孔结构参见附录A。

5.2.2 地下水地源热泵系统地质环境监测设计，应满足以下要求：

a）监测井设计应符合以下规定：

1）应优先利用场地周边已有水井作为监测井，抽水井和回灌井可兼作监测井，一井多用，应设置井台（井室）和显著标识；

2）监测井的布置及设计应符合GB/T 51040《地下水监测工程技术规范》的相关要求；

3）基岩监测井在稳定基岩段可采用裸孔结构，松散砂层监测井和基岩监测井不稳定井壁段应设置钢管或滤管护壁；

4）线缆出监测井后宜沿水平输水管路布置。当现场不具备布置水平测线条件时，宜采用无线发射的方式；

5）已报废或完成使用功能的监测井应进行回填处理；

6）典型监测井结构参见附录B。

b）水位监测应符合以下规定：

1）自动监测系统的静压类水位传感器或人工监测时的测管管头应安装在监测井动水位以下。浮子类水位传感器其线缆应有防止浮子变动时拉断的措施；

2）自动监测时的监测频率，热泵系统运行期间宜每30min 1次，热泵系统停止运行期间宜每60min 1次。人工监测时，热泵系统制冷、供热季宜在抽水前、停泵前各监测1次，过渡季运行宜每周1次。

c）抽水、回灌量监测应符合以下规定：

1）宜在抽（回）水总管、热源井进出口处及溢流管上安装计量装置，监测地下水抽水量、回灌量、溢流回扬量；

2）自动监测时，监测频率宜每 30min 1 次；人工监测时，宜每天 1 次；

3）计量装置的选用及安装应符合 GB/T 778《封闭满管道中水流量的测量 饮用冷水水表和热水水表》的有关规定。

d）水温监测应符合以下规定：

1）监测井内应设置温度传感器；

2）自动监测时，宜每 30min 1 次；人工监测时，宜每天 1 次。

e）水质监测应符合以下规定：

1）水质全分析采样要求及水质全分析项目应符合 DZ/T 0133《地下水动态监测规程》的相关要求；

2）中小型项目每年、大型和重要及特殊项目每季度应取样进行水质全分析；

3）发现地下水水质出现较大变化时，应加密取样监测频率；

4）每个制冷季、供热季应对抽水井取水样分析含砂量、矿化度等，发生换热器堵塞或回扬发现地下水长时间浑浊时，应加密取样频率。

f）变形监测宜符合以下规定：

1）宜对抽水影响范围内的地面沉降、周边建构筑物沉降、开裂与倾斜、地下管网沉降及位移变形等进行监测；

2）变形监测范围应以控制周边主要建构筑物、管网和地面沉降变形敏感区为准，宜在井群影响半径范围内；

3）沉降测量的基准点宜设置在最深热源井的井口管上，或外围不受抽水影响的稳定物体上；

4）监测等级、监测网点布置、监测方法等应符合 GB 50026《工程测量规范》、DZ/T 0154《地面沉降水准测量规范》的相关要求；

5）新建项目宜与主体建筑沉降监测结合进行，应在热泵系统运行前取得基准值，运行期内宜连续进行监测，运行前两年内每季度应监测 1 次，变形稳定后每年应监测 1 次；出现异常情况应加密监测点位布置和监测频次。

g）应布置一个监测井，观测抽水、回灌影响范围内含水层的温度变化，温度传感器宜按含水层变化分层设置。

5.2.3 地表水地源热泵系统地质环境监测设计，应满足以下要求：

a）应按表 3 设置水位、水温、流速监测点；

b）水库、湖水等流动缓慢水体，应在退水口周边 30m 范围内监测水温；江河等流动水体，应在退水口下游 50m 范围内监测水温；

c）闭式地表水地源热泵系统抛管换热器布设区域应设置不少于 1 个水温监测断面，监测断面应垂直于换热器延伸方向，每个断面监测点数量不少于 3 个；水温监测点位置宜根据水文条件、换热器形状和尺寸确定；

d）开式系统宜在取水口、退水口附近进行水质监测；闭式系统宜在每个抛管换热器区域中心及边缘进行水质监测。具体采样分析方法参照 HJ/T 91《地表水和污水监测技术规范》执行；

e）在海水内埋设前端换热器时，应对水下泥沙或砂砾的渗流系数、密度、比热容、换热系数进行测定；

f）监测频率参照第 5.2.2 条地下水监测频率执行。

g）热泵系统运行状态监测

5.2.4 热泵系统运行状态参数监测点的布置应具有代表性，监测数据和结果应能反映系统运行状态。

5.2.5 地源侧、用户侧供水及回水总管、支管上均应设置温度、压力监测点，供水总管上应设置流量监测点。

5.2.6 热泵系统设置有中间换热器时，应在换热器的一、二次侧供水及回水总管上设置温度、压力监测点，供水总管上设置流量监测点。

5.2.7 热泵机组与循环水泵电耗应分别监测，监测点应设置在动力配电柜（箱）处；不同类别水泵应单独安装电量计量装置。

5.2.8 应对水过滤器及水处理设备的进出口压差进行监测，当压差超限时应报警。

5.2.9 应对热泵机组、水泵的工况转换及联锁阀门的启停状态进行监测。

5.2.10 应监测并记录热源井淤塞、洗井、腐蚀破损与修复、输配水管网维修更换、热源井封井情况，以及深井泵及附属设施（线缆、井室、阀门、井管）运行及使用情况。

5.2.11 应监测并记录地埋管换热管群、管路、分集水器、井室等的清洗、维护、修复情况。

5.2.12 自动监测时，宜每 30min 1 次；人工监测时，宜每天 1 次。

5.3 室内外环境监测

5.3.1 空调房间温湿度监测点应选择有代表性的楼层和功能空间布置，监测点位、数量及方法应符合 GB/T 50785《民用建筑室内热湿环境评价标准》的相关要求。

5.3.2 监测点应避开电磁干扰，有稳定可靠的电力供应并易于安装检修。

5.3.3 室外温湿度监测应将传感器置于室外空气中（设有防辐射罩），应采取措施防晒、防雨、防风、防死角。

5.3.4 自动监测时，宜每 30min 监测 1 次；人工监测时，宜每天监测 1 次。

5.4 末端系统监测

5.4.1 末端系统监测应对用户的用能量和使用时间进行检测、采集、存储和统计。应按楼层和楼栋分别设置监测仪表，宜按一户一表配置监测（计量计费）设备。

5.4.2 末端系统监测数据采集宜使用计量计费系统自动采集，人工采集为辅。监测选用的当量空调表、热量表等仪表，应符合 SJ/T 11449《集中空调电子计费信息系统工程技术规范》的相关要求。

5.4.3 监测仪表应能准确识别末端系统运行状态，具备防盗、计量失效报警功能。

5.4.4 人工监测宜每天 1 次，自动监测宜按设定时间间隔采集数据。

5.5 数据采集与传输

5.5.1 监测数据可通过有线或无线方式传输并存储到计算机或监测数据中心，监测数据应及时备份。

5.5.2 应设置监测数据采集传输装置，包括必要的中继器、网关等传输设备，监测设备宜安装在弱电井。

5.5.3 数据采集装置通道数应满足监测的要求，不应低于 2 个数据采集通道，无线方式采集可使用单通道。

5.5.4 数据采集传输装置和监测传感器之间的传输宜采用主-从结构的半双工通信方式，监测仪表应执行数据中心的操作指令并应答。

5.5.5 数据采集装置和数据中心的传输宜采用基于 TCP/IP 协议的通信方式。

5.5.6 数据采集装置应具有以下功能：

a） 支持标准输出的传感器；

b） 数据采集分辨率不低于 11bit；

c） 具备工业环境的现场应用能力和过压保护功能；

d） 数据输出应以标准协议上传，应至少支持通用协议 M_Bus、Modbus、BACnet、Lonmark 等中的一种；

e） 宜选用 RS-485 接口。

5.5.7 数据传输线路应采用标准的传输线缆和相关硬件连接，其配置应符合 GB 50311《综合布线系统工程设计规范》的相关要求。

5.5.8 大型和重要项目应设置监测数据中心。监测数据中心可与项目监控中心联合建设，设置在热泵机房控制室或项目中心控制机房内。

5.5.9 数据中心功能设计应满足以下要求：

a） 数据中心监测软件宜具有管理、数据采集、查询维护、数据分析、数据共享以及数据安全防护等功能；

b） 应具备监测数据或监测仪表异常报警功能，自动生成日志文件留存；

c） 数据中心应具备扩展功能，可向第三方平台系统传输数据；

d） 应通过技术防护措施和非技术防护措施建立信息安全技术体系，保障系统数据安全；

e） 数据中心应具有数据备份策略，自动备份数据资料，保存时间不应低于 2 年。

5.5.10 数据中心电源应设置双路市电，配置不间断工作电源系统（UPS），如不能设置双路市电，应配置后备柴油发电机组。

5.5.11 数据中心建设和硬件配置应符合 GB 50174《数据中心设计规范》的要求，达到 B 级标准，机房应具有良好的电磁兼容工作环境，关键设备应有冗余后备系统。

5.6 监测设备

5.6.1 监测设备应具有良好的稳定性和可靠性，按国家相关标准定期进行校准和标定。

5.6.2 监测设备精度应满足以下要求：

a） 温度监测仪器测量误差不超过±0.2℃；

b） 环境温湿度传感器测量误差不超过±0.5℃、±3%RH；

c） 压力传感器测量误差不大于±0.01MPa；

d） 流量监测仪器测量误差不大于±1.0%；

e） 电量传感器的输入功率精度应不低于 3.0 级；

f） 水位传感器测量误差不大于±20mm；

g） 超声波物位变送器测量误差不超过±0.5%F·S；

h） 末端计量仪表的计时误差不大于 0.1%。

5.6.3 地下传感器根据其使用要求，应具有防水、抗压及防腐蚀、防冻、稳定可靠等性能。

6 监测系统施工

6.1 监测孔施工

6.1.1 监测孔施工过程应按现行国家标准 GB 50366《地源热泵系统工程技术规范》的有关规定执行。

6.1.2 施工准备及开孔应符合下列规定：

a） 施工前应编制施工方案，准备施工材料、设备、场地等，准确测放监测孔孔位；

b） 钻孔前，钻机立轴中心与井管中心偏差不应大于 10mm；

c） 应校正钻杆垂直度，钻机塔架头部滑轮组、立轴与孔位中心应始终保持在同一铅垂线上；

d） 泥浆循环钻进时，钻场应设简易泥浆循环系统，配置沉淀池和循环池，沉淀池体积应不小于成孔体积的 1.5 倍，并及时清除沉淀池中的沉砂。

6.1.3 监测孔钻进应符合下列规定：

a） 应根据设计和地层特征，选择适当的钻速、钻压、泵（气）量等进行钻进；

b） 如地层复杂，可下置套管、变径钻进，终孔孔径不应小于设计值；

c） 终孔时应测量孔斜，终孔孔斜不应大于设计值。孔斜超出标准时，应采取措施纠正；

d） 终孔深度应大于设计孔深，终孔后应进行清孔换浆。

6.1.4 下置温度传感器或测管应符合下列规定：

a） 直接埋设温度传感器时，应预先检查、标记温度传感器，绑扎固定好温度传感器和线缆，在监测孔清孔、验收完成后立即将其下入孔内指定位置。当线缆（管）承受浮力较大时，应在最下端部位适当增加配重；

b） 在监测孔清孔、验收完成后，应将带有温度传感器、信号线的测管管底封闭，测管入孔后应立即回填钻孔。

6.1.5 监测孔回填应采用与换热孔相同的材料和工艺。

6.1.6 监测孔完成后应做好孔口保护，设置标识。

6.1.7 监测孔施工过程中，应同时进行钻孔编录，获取地层资料，绘制岩性柱状图及监测设备安装示意图。

6.2 监测井施工

6.2.1 监测井施工过程应按现行国家标准 GB 50296《管井技术规范》和 GB 50027《供水水文地质勘察规范》的有关规定执行。

6.2.2 施工前应编制施工方案，准备材料、设备、场地等，准确测放监测井井位。

6.2.3 共用热源井时，可在热源井井口盖板上预留监测管孔，并下置测管。测管应下置至深井泵泵头下 5m。测管宜采用 *DN*40 镀锌管，测管下端 2m 应钻凿一定数量的小孔。

6.2.4 水位、水温传感器和测线下入测管后应预留一定长度的测线，下置过程中应通过数据采集设备对传感器、测线进行检测；测线、数据采集和传输设备应安装牢固并有保护措施。

6.2.5 当利用监测井监测岩土体温度时，宜在填砾前将温度传感器设置在井管与孔壁间。

6.2.6 井口端测线布置完成后，宜将线缆穿入到 *DN*25 的 PE 管内，做好密封，随水平集管接入到数据中心。

6.2.7 无线发射（接收）装置安装应稳妥可靠，符合通信传输装置安装要求。

6.2.8 监测井完成后应做好井口保护，设置标识。

6.2.9 监测井施工过程中，应同时进行钻孔地质编录，绘制岩性柱状图及井孔结构图等。

6.3 监测设备安装

6.3.1 监测设备安装前应对型号、规格、尺寸、数量、性能参数进行检验，并应符合设计要求。

6.3.2 管路上温度传感器、流量传感器、压力传感器等监测仪表安装应符合 GB 50093《自动化仪表工程施工及验收规范》的相关要求。

6.3.3 水量监测仪表安装应符合 GB/T 778《封闭满管道中水流量的测量　饮用冷水水表和热水水表》的相关要求。

6.3.4 电量监测仪表安装应符合 GB/T 50063《电力装置电测量仪表装置设计规范》的相关要求。

6.3.5 冷热量监测仪表安装应符合 SJ/T 11449《集中空调电子计费信息系统工程技术规范》的相关要求。

6.3.6 渗流传感器安装应符合 SL 531《大坝安全监测仪器安装规范》的相关要求。

6.3.7 潮汐监测设备在短期验潮站可只设立水尺和水准点，在长期验潮站应设置验潮井。具体安装应符合 GB/T 14914《海滨观测规范》的相关要求。

6.3.8 监测设备安装后应对设备运行状况进行全面检查，宜包括模拟传感器参数变化、遥测终端机的各项参数设置、数据发送和固态存储器数据的写入、读取及监测数据的一致性检查等。

6.4 数据中心施工

6.4.1 数据中心施工应符合 GB 50174《数据中心设计规范》和 GB 50462《数据中心基础设施施工及验收规范》的相关要求。

6.4.2 数据中心的施工应包括部署和配置检测硬件和监测软件，设置运行环境和参数。

6.4.3 数据中心设备应检验合格后进行安装，设置主机房（机柜）区、辅助支持区和管理区。

6.4.4 数据中心安装完成后，应根据设计要求进行系统调试和性能测试。

7 监测系统调试与验收

7.1 系统调试

7.1.1 监测系统施工完毕后，应根据设计要求进行设备、系统、软件的联合调试、性能测试和试运行。

7.1.2 监测系统调试应由施工单位负责，监理单位、设计单位与建设单位共同配合完成。

7.1.3 监测系统调试前的准备，应符合以下规定：

a）应编制系统调试方案，并报送专业监理工程师审核批准。

b）系统调试应由专业施工和技术人员实施；

c）对施工完毕的监测系统外观和安装状态应进行检查，确认符合设计和产品说明书要求；

d）应在地源热泵系统运转正常 24h 后，进行监测系统调试。

7.1.4 监测系统调试过程应进行记录，并应符合以下规定：

a）应测试监测设备采集数据、传输数据和存储数据的正确性、一致性；

b）监测系统应用软件的数据采集和处理功能应正常，并验证数据处理的正确性，各项性能应满足设计要求；

c）监测设备、服务器、交换机、存储设备等设备之间的网络连接应正确，并符合设计和产品说明书要求；

d）应对通信过程中发送和接收数据的正确性、及时性和可靠性进行验证，并符合设计要求。

7.1.5 监测系统调试应分夏、冬两季进行，调试结果应达到设计要求。调试结束后，应提交完成的调试报告及操作维护手册。

7.2 系统验收

7.2.1 监测系统的竣工验收，应符合 GB 50093《自动化仪表工程施工及质量验收规范》和 GB 50462《数据中心基础设施施工及验收规范》的有关规定。

7.2.2 监测系统的竣工验收，应在完成设备和管线安装、系统联合调试及性能测试、系统试运行后进行。

7.2.3 监测系统调试完成后，在实际工作条件下联合试运行不应少于一个月。

7.2.4 系统验收应由建设单位组织施工、设计、监理等单位共同进行，形成验收意见，并填写验收表。浅层地热能监测系统验收表参见附录 C。

7.2.5 监测系统的质量控制资料应完整，并应包括以下内容：

a）施工现场质量管理检验记录；

b）设备材料进场检验记录；

c）监测井（孔）检验记录；

d）监测仪表、设备检验记录；

e） 隐蔽工程验收记录；

f） 工程安装质量及观感质量验收记录。

7.2.6 监测系统的竣工验收资料应完整，并应包括以下内容：

a） 工程施工合同；

b） 图纸会审记录、设计变更通知单；

c） 竣工图纸；

d） 系统设备产品说明书；

e） 设备及系统测试记录；

f） 系统技术、操作和维护手册；

g） 系统调试和试运行报告。

7.2.7 验收合格的系统应全部符合设计和相关要求；验收不合格时，建设单位应责成责任单位限期整改，直至验收合格，否则不得通过验收。

8 监测系统维护及运行

8.1 系统维护

8.1.1 应编制监测工作实施方案，定期排查、定期保养，及时维修维护和排除监测系统故障，保障监测系统安全、正常使用。

8.1.2 应定期对监测仪器稳定性和精度进行校准校验，精度不符合要求的，应及时校正或更换。

8.1.3 每个供冷或供热季运行前应进行现场调试，宜进行数据比测，消除监测误差。

8.1.4 应每月检查一次监测数据采集情况，保证监测数据的连续性、完整性和可靠性。

8.1.5 每年宜对热源井进行一次井深测量，当井深小于滤水管顶部5m或井内水深小于2m时，应进行洗井。

8.1.6 增加监测点、监测内容时，应按本标准要求进行设计、施工、验收和运行；删减监测点和监测内容时，应说明原因并留存记录。

8.1.7 数据中心应配备专业人员进行日常运行管理和维护。

8.2 监测数据处理

8.2.1 自动监测及数据处理应符合下列要求：

a） 定时进行监测系统运行状态的监控，出现故障的监测设备应及时进行维护；

b） 应比照前后监测信息，分析异常。如有异常，应检查监测仪器设备，必要时进行复测；

c） 对监测的原始信息数据进行存储和备份，编制系统运行日志，记录出现的问题及处理结果。

8.2.2 人工监测及数据处理应符合下列要求：

a） 监测应及时，信息应准确，记录应工整、清晰；

b） 应比照前后监测信息，分析异常。如有异常，应检查监测仪器设备，必要时进行复测；

c） 原始记录不得毁坏和丢失，应按要求及时上报。

8.2.3 应定期对监测数据进行分类整理，剔除异常数据，绘制相关参数随时间变化曲线图，提出监测结论和运行建议，宜包括以下内容：

a） 根据地温变化监测数据，掌握系统长期运行条件下地温场变化的幅度、范围、趋势，分析岩土体温度动态变化规律，并结合岩土体热平衡情况，提出地下换热系统优化运行方案、建议；

b） 根据监测数据，分析地源热泵系统运行时地下水水位、水质、水温、抽灌量变化特征，提出地下水开采和抽灌井运行优化建议；

c） 根据变形监测数据，分析、评价地下水开采对周边建构筑物、管网的影响；
d） 根据地表水监测数据，分析、评价取退水和抛管换热器的可靠性及对环境的影响；
e） 根据地源热泵系统运行状态监测数据，分析机组能效、系统能效及换热设施、辅助设备运行状态，评价运行策略，提出优化运行方案和建议；
f） 根据室内外环境监测数据，评价地源热泵系统运行效果，优化系统运行控制；
g） 根据空调末端系统监测数据，分析用户实际用能习惯和需求，优化供能服务方案。

8.3 监测预警

8.3.1 地埋管地源热泵系统出现下列状况，应予以预警：
a） 岩土体年平均温度的增幅或降幅超过 1.5℃；
b） 换热区范围地下水水质发生明显变化；
c） 管道压力发生明显变化，地埋管路发生渗漏或局部堵塞；
d） 地埋管出水温度偏离设计值 3℃以上。

8.3.2 地下水地源热泵系统出现下列状况，应予以预警：
a） 回灌量小于抽水量；
b） 地下水水位下降至设计最低动水位；
c） 水质明显变化或浑浊；
d） 专用监测井地下水水温年变幅超过 2℃；
e） 地面沉降或周边建构筑物、管网等变形超限；
f） 热源井抽水量低于设计值 20%以上；
g） 热源井淤塞、井管破损。

8.3.3 地表水地源热泵系统出现下列状况，应予以预警：
a） 地表水水质发生明显变化；
b） 对流动水体，下游 50m 处水温超过取水口温度 1℃；
c） 水库、湖水等静缓水体抛管换热区域水温周平均最大温升≥1℃，周平均最大温降≥2℃；
d） 开式系统地表水水深小于 4m，闭式系统地表水水深小于 3m；
e） 管道压力发生明显变化，换热管路发生渗漏；
f） 取水口水底淤积影响取水。

8.3.4 热泵系统出现下列情况时，应予以预警：
a） 机房内流量、温度、压力或压差超过限值；
b） 运行阶段用户室内温度高于或低于设计值 3℃以上；
c） 系统输配管网压力下降、管道渗漏；
d） 能源供应与用户用能情况（计量情况）相差 15%以上。

8.4 监测评估报告

8.4.1 监测系统运行过程中的各种监测数据、检查记录、维修维护情况、运行状态分析等，应定期形成监测评估报告。

8.4.2 监测评估报告应按月报（运行期）、季报（供冷季、供热季）、年报编报，包括前言、总体运行情况、监测数据整理与分析评价、结论及建议。主要内容参见附录 D。

附 录 A
（资料性附录）
监测孔结构

监测孔结构示意见图A.1。

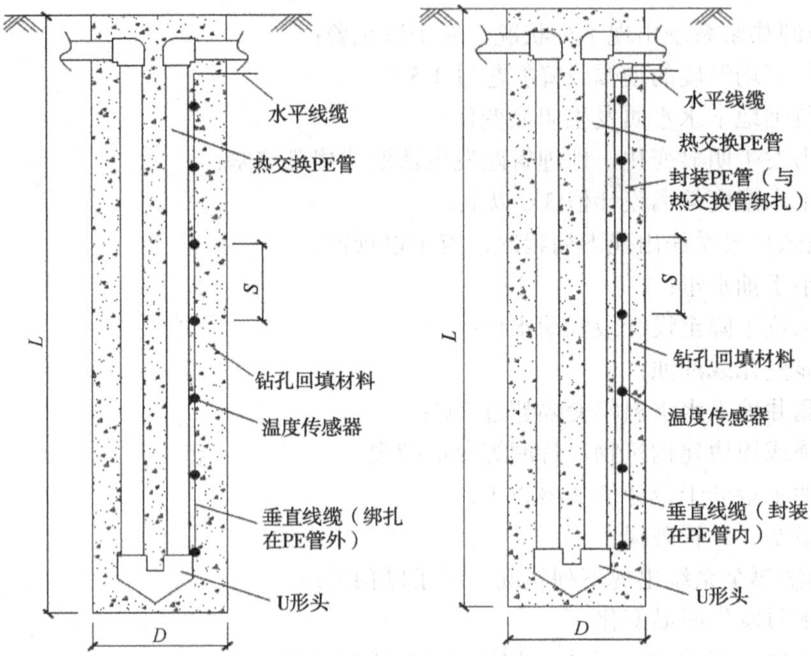

图 A.1 换热孔内地温监测孔结构图

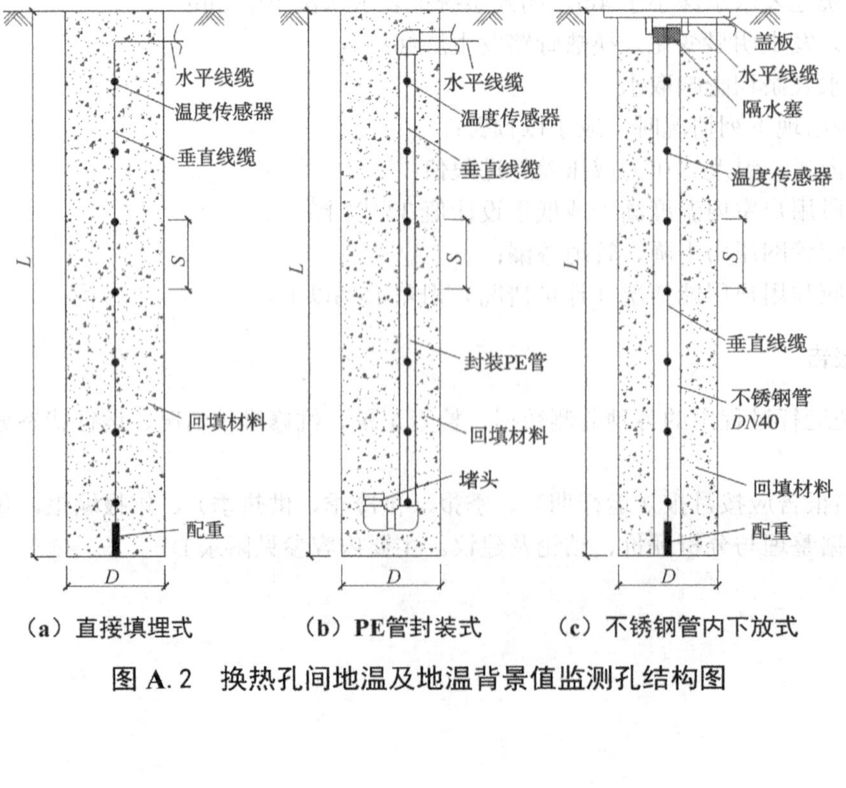

（a）直接填埋式　（b）PE管封装式　（c）不锈钢管内下放式

图 A.2 换热孔间地温及地温背景值监测孔结构图

附 录 B
（资料性附录）
监测井结构

监测井结构示意见图B.1。

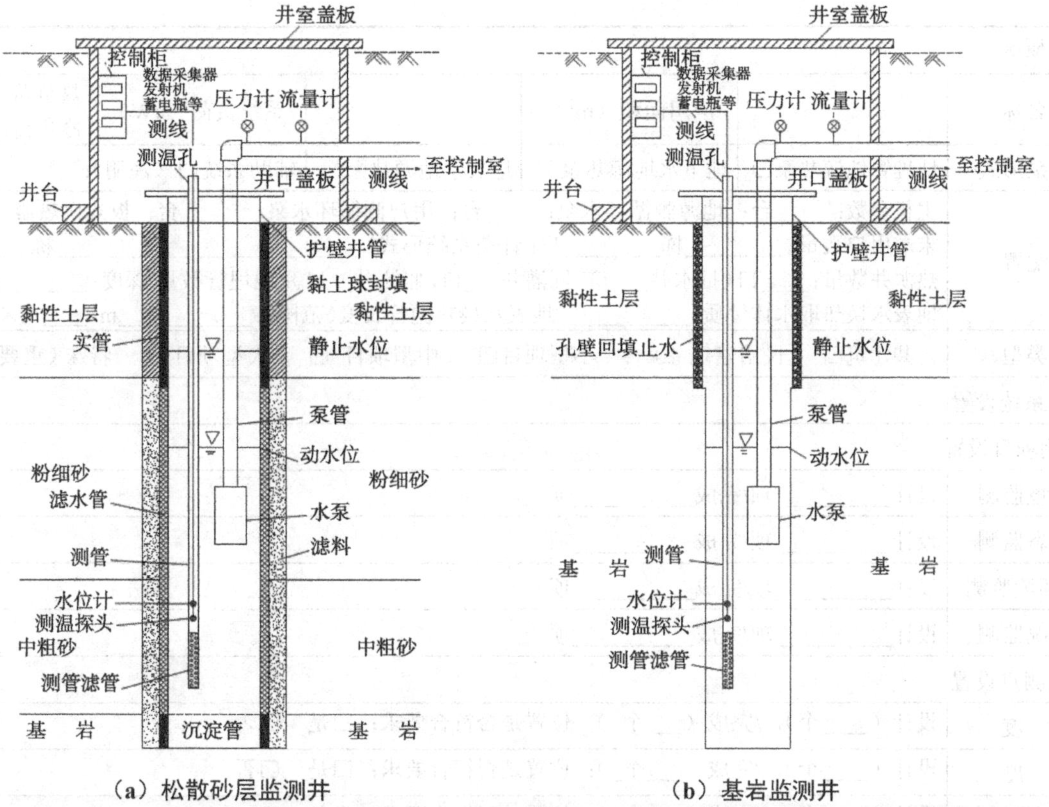

图 B.1 监测井结构示意图

附 录 C
（资料性附录）
监测系统验收表

浅层地热能利用监测系统验收表见表C.1。

表C.1 浅层地热能利用监测系统验收表

一、项目概况					
项目名称		应用面积（m^2）		系统负荷（kW）	热负荷：______ 冷负荷：______
地源热泵形式	地埋管地源热泵□	地下水地源热泵□	地表水地源热泵□	辅助系统□（注明）：	
系统配置	主机台数：____台；地源侧循环水泵：____台；用户侧循环水泵：_____台；板式换热器：____台； 末端用户数量：________栋________户；计费系统形式：____________________（ 栋 户）； 热源井数量：____口（抽水井___口，回灌井___口，监测井__口）；地埋管数量/深度：_______孔/ m； 地表水换热取水体性质：__________ 地表水换热抛管长度（范围）：____________m（____m×____m）。				
项目类型	公共建筑□ 民用建筑 □ / 小型项目□ 中型项目 □ 大型项目□ 特殊（重要项目）□				
二、监测系统设置					
(一）监测项目设置					
地质环境监测	设计__________项/完成__________项				
运行状态监测	设计__________项/完成__________项				
室内外环境监测	设计__________项/完成__________项				
用能情况监测	设计__________项/完成__________项				
（二）监测点设置					
温 度	设计（____个），/完成（___个_）；位置是否符合要求：□是 □否				
湿 度	设计（____个），/完成（___个_）；位置是否符合要求：□是 □否				
压 力	设计（____个），/完成（___个_）；位置是否符合要求：□是 □）				
流 量	设计（____个），/完成（___个_）；位置是否符合要求：□是 □否				
电 量	设计（____个），/完成（___个_）；位置是否符合要求：□是 □否				
冷（热）量	设计（____个），/完成（___个_）；位置是否符合要求：□是 □否				
水 位	设计（____个），/完成（___个_）；位置是否符合要求：□是 □否				
水 质	设计（____个），/完成（___个_）；位置是否符合要求：□是 □否				
流 速	设计（____个），/完成（___个_）；位置是否符合要求：□是 □否				
变 形	设计（____个），/完成（___个_）；位置是否符合要求：□是 □否				
含 砂 量	设计（____个），/完成（___个_）；位置是否符合要求：□是 □否				
附属设施	设计（____个），/完成（___个_）；位置是否符合要求：□是 □否				
三、监测系统施工					
项目分项	验收内容（符合要求√，不符合要求×）				
监测井	井类型□ 井数□ 井位□ 井径□ 井深□ 井斜□ 井管材料□ 成井工艺□ 探头（测管）埋设□ 成井试验□ 附属设施 □ 监测标识□				

表 C.1（续）

<table>
<tr><td>监测孔</td><td colspan="5">孔类型（背景监测孔、孔内监测孔、孔间监测孔）□　孔数量□　孔位□　孔径□　孔深□
孔斜□　回填下管□　试压记录□　探头埋设□　附属设施□　监测标识□</td></tr>
<tr><td>监测设备及安装</td><td colspan="5">类型□　数量□　合格证□　说明书□　设备标定□　安装位置□　检验校测□
设备环境□　安装记录□　设备编号□　监测标识□</td></tr>
<tr><td>数据采集、传输</td><td colspan="5">传输方式□　数据采集□　传输线路□　数据存储□　检修井□　线路及标识□</td></tr>
<tr><td>监测软件</td><td colspan="5">监测分析功能 □　接口□　互联互通□</td></tr>
<tr><td>数据中心</td><td colspan="5">硬件配置□　温湿度环境□　电源□　电磁环境□　线缆安装质量□　冗余备份□</td></tr>
<tr><td>其他</td><td colspan="5">变形监测（范围、对象、点位、基准、标识）□　取样□</td></tr>
<tr><td colspan="6">四、系统调试及试运行</td></tr>
<tr><td>调试记录</td><td colspan="5">符合要求□　不符合要求□</td></tr>
<tr><td>监测频率</td><td colspan="5">符合要求□　不符合要求□</td></tr>
<tr><td>试运行记录</td><td colspan="5">符合要求□　不符合要求□</td></tr>
<tr><td>试运行调试报告</td><td colspan="5">符合要求□　不符合要求□</td></tr>
<tr><td colspan="6">五、验收资料</td></tr>
<tr><td rowspan="13">资料内容</td><td>设计资料</td><td>齐全□</td><td>合格□</td><td>缺失□</td><td>不合格□</td></tr>
<tr><td>施工方案</td><td>齐全□</td><td>合格□</td><td>缺失□</td><td>不合格□</td></tr>
<tr><td>施工记录</td><td>齐全□</td><td>合格□</td><td>缺失□</td><td>不合格□</td></tr>
<tr><td>采购资料（合格证）</td><td>齐全□</td><td>合格□</td><td>缺失□</td><td>不合格□</td></tr>
<tr><td>检验及标定资料</td><td>齐全□</td><td>合格□</td><td>缺失□</td><td>不合格□</td></tr>
<tr><td>地质资料</td><td>齐全□</td><td>合格□</td><td>缺失□</td><td>不合格□</td></tr>
<tr><td>化验分析报告</td><td>齐全□</td><td>合格□</td><td>缺失□</td><td>不合格□</td></tr>
<tr><td>调试运行记录</td><td>齐全□</td><td>合格□</td><td>缺失□</td><td>不合格□</td></tr>
<tr><td>隐蔽工程验收记录</td><td>齐全□</td><td>合格□</td><td>缺失□</td><td>不合格□</td></tr>
<tr><td>分部分项工程验收记录</td><td>齐全□</td><td>合格□</td><td>缺失□</td><td>不合格□</td></tr>
<tr><td>竣工图纸</td><td>齐全□</td><td>合格□</td><td>缺失□</td><td>不合格□</td></tr>
<tr><td>竣工报告（小结）</td><td>齐全□</td><td>合格□</td><td>缺失□</td><td>不合格□</td></tr>
<tr><td>其　他</td><td>齐全□</td><td>合格□</td><td>缺失□</td><td>不合格□</td></tr>
<tr><td colspan="6">六、验收意见</td></tr>
<tr><td>验收等次</td><td colspan="5">合格□　不合格□</td></tr>
<tr><td>验收意见</td><td colspan="5"></td></tr>
<tr><td colspan="6">七、验收单位</td></tr>
<tr><td>建设单位（盖章）</td><td></td><td>技术负责人（签字）</td><td></td><td>日　期</td><td></td></tr>
<tr><td>施工单位（盖章）</td><td></td><td>技术负责人（签字）</td><td></td><td>日　期</td><td></td></tr>
<tr><td>设计单位（盖章）</td><td></td><td>技术负责人（签字）</td><td></td><td>日　期</td><td></td></tr>
<tr><td>监理单位（盖章）</td><td></td><td>技术负责人（签字）</td><td></td><td>日　期</td><td></td></tr>
</table>

附　录　D
（资料性附录）
监测评估报告

监测评估报告，应包括以下主要内容：

a）前言：说明建设单位、项目位置、建筑规模和使用功能、浅层地热能资源条件、地源热泵系统形式、供冷供热量、热泵系统组成、运行管理方式、监测系统组成、监测要求、监测及运行维护单位等。

b）运行情况：说明热泵系统和监测系统运行情况，监测工作开展情况，完成的监测工作量及存在的问题。

c）监测数据整理与分析评价：对地质环境动态变化、热泵系统运行状况、运行能效及级别判定、空调末端设备使用情况及室内舒适性、节能环保效益等进行分析评价，预测系统运行变化趋势。

d）结论及建议：评估浅层地热能监测系统运行的可靠性，根据监测系统分析评价结果总结地源热泵系统运行状况，提出地源热泵系统优化运行、地质环境保护和强化系统运行维护的意见建议。

e）附件：报告应附必要的监测、检查、维修记录，运行分析曲线、图标等及小结和报告单。

f）监测评估报告应按月报（运行期）、季报（供冷季、供热季）、年报编报。